westermann

Heinrich Hübscher, Dieter Jagla

Technische Mathematik für Elektroberufe

Betriebs- und Automatisierungstechnik
Energie- und Gebäudetechnik

3. Auflage

Bestellnummer 223249

Zusatzmaterialien zu Technische Mathematik für Elektroberufe

Für Lehrerinnen und Lehrer:

Lösungen: 978-3-14-223254-6
Lösungen Download: 978-3-14-223252-2

BiBox westermann inkl. E-Book

BiBox Einzellizenz für Lehrer/-innen (Dauerlizenz): 978-3-14-223262-1
BiBox Kollegiumslizenz für Lehrer/-innen (Dauerlizenz): 978-3-14-223264-5

Für Schülerinnen und Schüler:

BiBox westermann inkl. E-Book

BiBox Einzellizenz für Schüler/-innen (1 Schuljahr): 978-3-14-223256-0

westermann GRUPPE

Druck und Bindung: Westermann Druck GmbH, Braunschweig

ISBN 978-3-14-223249-2

Vorwort

Elektrotechnische Probleme, Zusammenhänge innerhalb der Technik und die dabei zugrunde liegenden Strukturen lassen sich häufig durch mathematische Beziehungen verdeutlichen. Deshalb gehört zu einem ganzheitlichen Verständnis der Elektrotechnik eine mathematische Durchdringung der Fachtheorie.

Das vorliegende Buch richtet sich vorwiegend an die Ausbildung in den Berufen zur

- **Betriebs- und Automatisierungstechnik** sowie
- **Energie- und Gebäudetechnik**.

Darüber hinaus kann das Buch auch in

- Berufsfachschulen,
- Fachschulen,
- Fachoberschulen und
- Fachgymnasien eingesetzt werden.

Das vorliegende Buch basiert auf den Lerninhalten des Mathematikunterrichts an allgemeinbildenden Schulen und benutzt die mathematische Fachsprache. Weil es im Unterricht mitunter erforderlich ist, mathematische Grundkenntnisse aufzuarbeiten oder Lücken zu schließen, werden im ersten Kapitel „Mathematische Grundlagen“ behandelt.

Das Buch enthält insgesamt 12 Kapitel, die fachsystematisch aufgebaut sind. Die Kapitel bzw. Teilkapitel können in einer unterschiedlichen Reihenfolge bearbeitet werden.

Das Buch kann unabhängig von Technologiebüchern eingesetzt werden, da zu Beginn eines jedes Kapitels bzw. Teilkapitels übersichtliche **Informationsblöcke** vorangestellt werden, in denen die jeweilige Thematik verdeutlicht wird. Ein Vor- oder Nachbereiten des Lehrstoffs bzw. ein Beseitigen von fachlichen Defiziten ist dadurch rasch möglich.

Nach dem Informationsblock folgt eine **Beispielaufgabe** mit der ausführlichen Lösung. Sie verdeutlicht eine Lösungsstrategie und gewährleistet ein selbstständiges und exemplarisches Einarbeiten in die jeweilige Thematik.

Nach der gelösten Beispielaufgabe folgen **zahlreiche Aufgaben**. Aufgrund der Menge muss von der jeweiligen Lehrkraft eine Auswahl entsprechend dem Lehrstoff getroffen werden. Der Schwierigkeitsgrad und die Angemessenheit der Aufgaben kann mithilfe des Lösungsbandes (ISBN 978-3-14-223252-2) abgeschätzt werden.

Da zur Lösung der Aufgaben **Taschenrechner** eingesetzt werden, wird im Anhang exemplarisch ein Taschenrechner vorgestellt (S. 302). Mit ihm werden anschließend beispielhaft Lösungsvorgänge anhand der zu betätigenden Tasten vorgestellt. Hinweise zu den im Anhang vorgestellten Aufgabentypen werden in Form eines Taschenrechnersymbols auf der jeweiligen Seite gegeben.

Bei den exemplarisch vorgestellten Lösungen im Anhang gibt es Hinweise in Form der Kapitelnummer, sodass auch ein Rückbezug auf bestimmte Aufgabentypen möglich ist.

Beispiel:

Brüche Kapitel 1.1.1, 1.1.2

Damit der Gebrauchswert des Buches hoch ist, werden wiederkehrende Funktionsfarben eingesetzt, eine klare Gliederung verwendet und eine adressatengerechte Sprache benutzt.

Für Hinweise und Verbesserungsvorschläge sind Autoren und Verlag jederzeit aufgeschlossen und dankbar.

Anhang

Zahlenarten

- **Natürliche Zahlen ℕ**
  Sie entstehen durch Abzählen (positive ganze Zahlen und die Null).

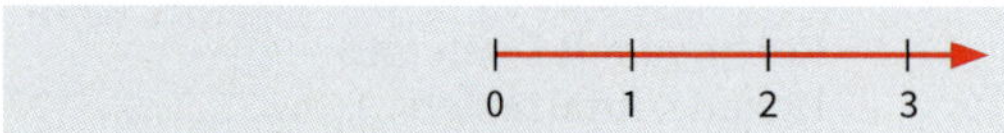

Mengenschreibweise (DIN 5473)

$\mathbb{N} = \{0; 1; 2; 3; 4; \dots\}$

- Elemente der Menge
- Mengenklammer
- Menge der natürlichen Zahlen

- **Ganze Zahlen ℤ**
  Sie umfassen die natürlichen Zahlen und deren Gegenzahlen (negative Zahlen).

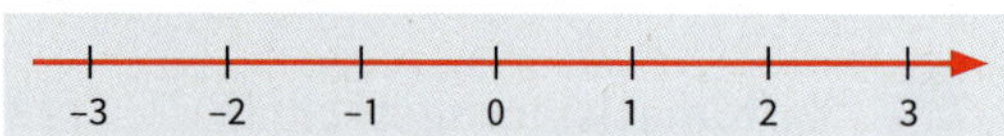

$\mathbb{Z} = \{\dots; -3; -2; -1; 0; 1; 2; 3; \dots\}$

- **Rationale Zahlen ℚ**
  Sie umfassen alle Zahlen, die als Bruch $\frac{a}{b}$ darstellbar sind. Die Zahlen der Zähler (a) und der Nenner (b) sind Elemente aus der Menge der ganzen Zahlen ($a \in \mathbb{Z}$ und $b \in \mathbb{Z}$), mit der Ausnahme $b \neq 0$.

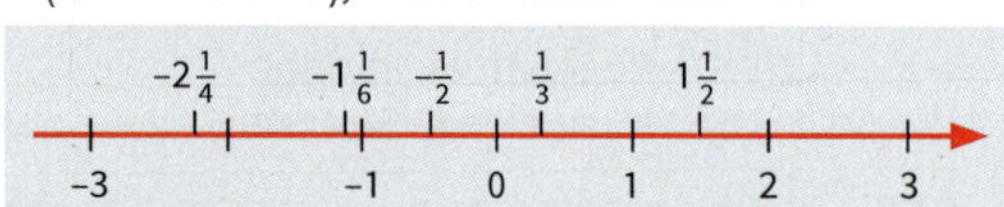

$\mathbb{Q} = \{\frac{a}{b} \mid a \in \mathbb{Z}; b \in \mathbb{Z}; b \neq 0\}$

Brüche

Darstellung: $\frac{\text{Zähler}}{\text{Nenner}}$; $\frac{a}{b}$; a/b; a:b; $(b \neq 0)$

Jede ganze Zahl kann als Bruch dargestellt werden, z. B. $a = \frac{a}{1}$

Gleichnamige Brüche

$\frac{a}{b}; \frac{c}{b}; \dots$

z. B. $\frac{1}{3}; \frac{2}{3}; \dots$

Ungleichnamige Brüche

$\frac{a}{b}; \frac{c}{d}; \dots$

z. B. $\frac{1}{4}; \frac{5}{7}; \dots$

Dezimalbrüche

- Zähler wird durch den Nenner dividiert.

z. B. $\frac{3}{4} = 0{,}75$

- Jeder Dezimalbruch kann wieder in einen Bruch umgewandelt werden. Dazu wird er in der Form $c = \frac{a}{b}$ geschrieben und gekürzt.

z. B. $0{,}2 = \frac{2}{10} = \frac{1}{5}$; $\quad 0{,}25 = \frac{25}{100} = \frac{1}{4}$

- Dezimalbrüche werden in der Technik sinnvoll auf- bzw. abgerundet; z. B.
  Abrundung: $0{,}33 \approx 0{,}3$ (letzte Ziffer ≤ 4)
  Aufrundung: $1{,}857142 \approx 1{,}86$ (letzte Ziffer ≥ 5)

Endlicher Dezimalbruch

Nach einer bestimmten Stelle treten nur noch Nullen auf; z. B.

$\frac{3}{4} = 0{,}75000\dots$

$\frac{1}{8} = 0{,}12500\dots$

Periodischer Dezimalbruch

Er besitzt eine periodisch sich wiederholende Zahlenfolge; z. B.

$\frac{9}{7} = 1{,}285714285714$

$\frac{9}{7} = 1{,}\overline{285714}$

- **Irrationale Zahlen 𝕀**
  Sie sind nicht als Quotient ganzer Zahlen (Bruch) darstellbar.

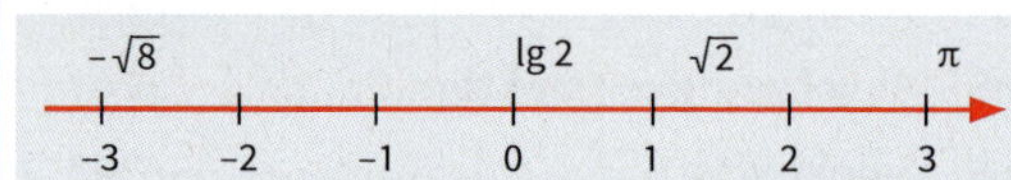

Irrationale Zahlen sind unendliche und nicht periodische Dezimalbrüche und können deshalb nicht auf der Zahlengeraden markiert werden, obwohl sie auf der Zahlengeraden liegen.

z. B. $\sqrt{2} = 1{,}41421356\dots$; $\pi = 3{,}1415926\dots$
$\sqrt{8} = 2{,}82842712\dots$

Sie werden bei Rechnungen sinnvoll auf- bzw. abgerundet, z. B. $\sqrt{2} \doteq 1{,}414$, und können dann auf der Zahlengeraden markiert werden.

- **Reelle Zahlen ℝ**
  Sie umfassen die Mengen der rationalen und irrationalen Zahlen!

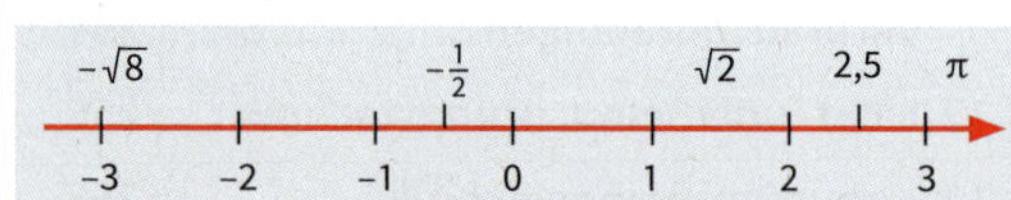

Für die Zahlenmengen gilt insgesamt:
$\mathbb{N} \subset \mathbb{Z} \subset \mathbb{Q} \subset \mathbb{R}$
($\subset$ bedeutet: Teilmenge von …)

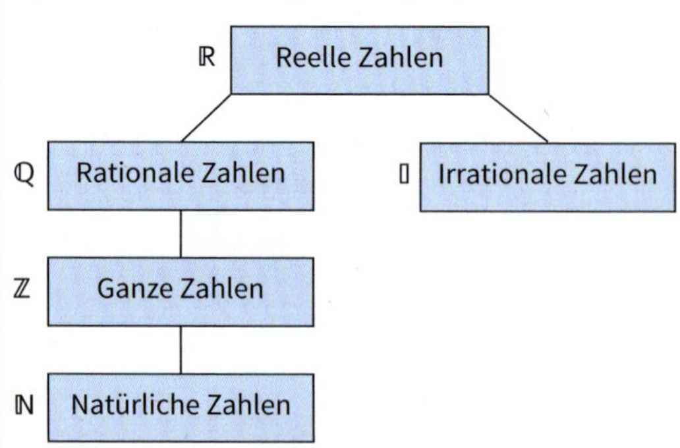

1 Grundlagen

1.1 Mathematik

1.1.1 Addition und Subtraktion

- **Addition**
  Summand + Summand + … = Summe
  $a + b + \ldots = x$
- **Subtraktion**
  Minuend − Subtrahend − … = Differenz
  $a - b - \ldots = x$

Die Differenz ist negativ, wenn der Subtrahend größer als der Minuend ist.

Regeln

- Kommutativgesetz $a + b = b + a$
- Assoziativgesetz $(a + b) + c = a + (b + c)$

Rechenoperation in Klammer zuerst ausführen!

- Klammern auflösen

$a + (+b) = a + b$ | $a + (b + c) = a + b + c$
$a + (-b) = a - b$ | $a + (b - c) = a + b - c$
$a - (+b) = a - b$ | $a + (b + c) = a - b - c$
$a - (-b) = a + b$ | $a + (b - c) = a - b + c$

- Mehrere Klammern

$$a - [(b - c) - (a + c)] = a - [b - c - a - c] = 2a - b + 2c$$

Zuerst innere Klammer auflösen!

- Irrationale Zahlen

z. B.: $\sqrt{2} + 3 \approx 1{,}414 + 3 = 4{,}414$

(Rundungsregeln anwenden)

Aufgaben

1. a) $[(273 - 681) - (-491 + 831 - 1245)] + 433 - 68$
b) $55 - [(-689 + 512) + (798 - 663) - 113 + 516]$
c) $[-894 - (547 - 148) - (420 - 776)] + 591 - (567 - 321)$

2. a) $7a - (-9b) - 5c - 6b + (-5a) - (-6c) + 3b$
b) $17x + (-26y) + 31z + (-15x) + 14y + (-15z) - 11x$

3. a) $b + (-c + a)$ c) $(-u + v) - a$
b) $c + (-d - a)$ d) $A - (-U + B) + (-A - D)$

4. a) $(17a + 5b) + (-3a - 6b) - (6a - 9b) - (-3a - b)$
b) $(4a + 3b - 8c) + (-2a + 3c - 7b) - (-6a - 5c + 2b)$

5. a) $6x - (3y + 5) - [-(4x + 7) + 3x - (5 - 3y)] - (3x - 5)$
b) $5 - [4a - (3b - 2a) - 7] - [-2a + (8b - 6)] - [(3a - 2b) + 2]$

6. a) $\frac{3a - 5b}{2xy} + \frac{2a - 8b}{2xy} - \frac{3a + b}{2xy}$
b) $\frac{5a - 2b + 3c}{2bc} - \frac{6c + 3a - 2b}{2bc} + \frac{2b - 3c - 4a}{2bc}$

Brüche $(a, b, c, d \in \mathbb{R})$

- Gleichnamige Brüche (Zähler addieren bzw. subtrahieren, Nenner unverändert belassen)
  $$\frac{a}{b} \pm \frac{c}{b} = \frac{a \pm c}{b}$$
- Ungleichnamige Brüche (Hauptnenner bilden, kleinste gemeinsame Vielfache)
  $$\frac{a}{b} \pm \frac{c}{d} = \frac{a \cdot d \pm b \cdot c}{b \cdot d}$$
- Zähler als Term (Klammer um Zähler)
  $$\frac{a + b}{c} + \frac{c - d}{c} = \frac{(a + b) + (c - d)}{c}$$

7. a) $\frac{3}{5} - \left(\frac{2}{5} - \frac{9}{5}\right)$ c) $\frac{3}{7} + \left(\frac{-5}{7} - \frac{-6}{7}\right)$
b) $2\frac{4}{5} - \left(3\frac{1}{5} + \frac{-3}{5}\right)$ d) $\left(-\frac{1}{8} + \frac{3}{8}\right) - \frac{5}{8}$

8. a) $\frac{3a}{4b} + \frac{5a}{6b} - \frac{2a}{3b}$ c) $5 - \frac{1}{b} + \frac{1}{c} - \frac{2}{a}$
b) $\frac{a}{b} - \left(a - \frac{c}{d}\right) + a$ d) $\frac{x}{a - b} + \frac{-x}{a + c}$

9. a) $\frac{c}{a} + \frac{d - c}{a - m}$ c) $\frac{x}{x - y} - 1$
b) $\frac{x + y}{u + v} - \frac{y}{v}$ d) $\frac{x + y}{x - y} + \frac{a - b}{a + b}$

10. a) $3\frac{1}{2} + 0{,}25 - \frac{5}{6} + 0{,}5 - \frac{3}{10} + 4\frac{1}{5}$
b) $\frac{0{,}5a}{2b} + \frac{2{,}5a}{3b} - \frac{\frac{a}{3}}{b} - \frac{11a}{0{,}5b}$
c) $\frac{3x + 1}{4a} + \frac{2a - 2}{3x} - \frac{2x + 5}{3a} + \frac{6a - 3}{2x}$

11. a) $4\pi - \frac{\pi}{2}$ c) $\sqrt{2} - 2 + \pi$
b) $3 - \left(\frac{\pi}{2} - \frac{\pi}{3}\right)$ d) $3\sqrt{3} + \frac{\pi}{\sqrt{2}} - \frac{\sqrt{2}}{\pi}$

12. a) $(a\sqrt{2} + b\sqrt{3}) - (-a\sqrt{3} - 3b)$
b) $\frac{\pi}{2} + \frac{\sqrt{2}}{b} - 3\pi + \frac{2}{b}$
c) $ax + \sqrt{2}\,ax + \frac{x}{3} - \pi x$

Beträge

Soll von einer Zahl nur der Wert ohne Berücksichtigung des Vorzeichens geschrieben werden, setzt man die Zahl zwischen zwei senkrechte Striche (Betrag):

z. B. $|-13| = 13$; $|1{,}5| = 1{,}5$

1.1.2 Multiplikation und Division

- **Multiplikation**

  Faktor · Faktor = Produkt

  $a \cdot b = c$

Kommutativgesetz	$a \cdot b = b \cdot a$
Assoziativgesetz	$a \cdot (b \cdot c) = (a \cdot b) \cdot c$

- **Division** $(a, b, c \in \mathbb{R}, b \neq 0)$

  $\frac{\textbf{Dividend}}{\textbf{Divisor}} = \textbf{Quotient} \quad \frac{a}{b} = c$

Regeln

- Division durch Null ist nicht erlaubt!
- Division durch 1 $\quad \frac{a}{1} = a$
- Vorzeichen

  $\frac{+a}{+b} = \frac{a}{b} \quad \frac{+a}{-b} = -\frac{a}{b}$

  $\frac{-a}{+b} = -\frac{a}{b} \quad \frac{-a}{-b} = \frac{a}{b}$

- Punktrechnung vor Strichrechnung (Rechnung höherer Ordnung geht vor)

  $4 \cdot a = 4a \quad a \cdot b = ab$

  Rechenzeichen kann entfallen

  $(+a) \cdot (+b) = ab \quad (-a) \cdot (+b) = -ab$

  $(+a) \cdot (-b) = -ab \quad (-a) \cdot (-b) = ab$

  $a \cdot 0 = 0 \quad a \cdot 1 = a$

  $3a \cdot 8b = 24ab \quad 3a + 8b = 3a + 8b$

  $ab \cdot cd = abcd \quad ab + cd = ab + cd$

- Ausklammern

  $4a + 9a - 3a = (4 + 9 - 3) \cdot a = 10a$

  $ba + ca - da = (b + c - d) \cdot a$

  $2a + 3a - 4m + m = a \cdot (2 + 3) + m \cdot (-4 + 1) = 5a - 3m$

  $ba + ca + dm + fm = a \cdot (b + c) + m \cdot (d + f)$

  $(a + b) \cdot (c + d) = a(c + d) + b(c + d) = ac + ad + bc + bd$

- Irrationale Zahlen werden multipliziert und dividiert, nachdem man gerundet hat.

Brüche $(a, b, x \in \mathbb{R})$

- Multiplikation

  $\frac{a}{b} \cdot c = \frac{ac}{b} \quad \frac{a}{b} \cdot \frac{c}{d} = \frac{ac}{bd} \quad \frac{a}{b} \cdot \frac{b}{a} = 1$

- Division

  $\frac{a}{b} : c = \frac{a}{bc} \quad \frac{a}{b} : \frac{c}{d} = \frac{ad}{bc}$ (mit Kehrwert multipliziert)

Aufgaben

1. a) $(55 - 14) \cdot (8 + 6)$ c) $67 - 4 \cdot 12 + 9 - 4$
b) $124 - 5 \cdot (8 + 15)$ d) $20 : 5 - 4 + 3 \cdot 25$

2. a) $(a + 6) \cdot c + 4c$ c) $(-u + v) - a$
b) $(a + 9) \cdot (a - 3)$ d) $(3a - 2b) \cdot (2c - 4d)$

3. a) $\frac{7}{25} \cdot 15$ c) $\frac{12}{15} \cdot \frac{35}{32}$ e) $\frac{21}{24} : \frac{7}{3}$
b) $\frac{7}{10} \cdot (-12)$ d) $\frac{5}{9} : 6$

4. a) $\frac{-6}{7} \cdot \frac{21}{18}$ c) $\left(-\frac{13}{10}\right) \cdot \frac{12}{39}$ e) $\frac{8}{15} : \frac{-16}{25}$
b) $\frac{5}{-6} \cdot \frac{3}{-10}$ d) $-\frac{4}{9} : \frac{8}{3}$

5. a) $\frac{4}{5} \cdot \frac{1}{4} \cdot \left(-\frac{5}{6}\right) \cdot \left(-\frac{1}{2}\right)$ c) $\frac{1}{2} \cdot 0{,}5 : \frac{1}{3} \cdot 1{,}5 \cdot (-2)$
b) $\frac{1}{4} \cdot \frac{2}{3} \cdot \frac{4}{3} : \frac{4}{5} : \frac{1}{6} \cdot \frac{3}{4}$ d) $0{,}0033 : \frac{2}{7} \cdot \frac{1}{3}$

6. a) $\frac{a}{b} \cdot b$ c) $\frac{-x}{a} \cdot 4a$ e) $\frac{a}{b} : \frac{c}{-b}$
b) $\frac{b}{a} : b \cdot d$ d) $\frac{b}{1} \cdot a$ f) $\frac{-a}{x} : \frac{y}{0}$

7. a) $\frac{4b}{3a} \cdot \frac{69}{16}$ c) $\frac{15ab}{6} : \frac{-25}{4}$
b) $\frac{6ay}{5b} : \frac{48y}{35b(-c)}$ d) $\frac{11bn}{4am} \cdot \left(\frac{-8ay}{-33nx}\right)$

8. a) $\frac{a + b}{a - b} \cdot \frac{2(a - b)}{3(a + b)}$ b) $\frac{5(x + y)}{4(y - x)} : \frac{-15(-y - x)}{16(x - y)}$

9. a) $\left(\frac{1}{x} + \frac{1}{y}\right) \cdot \frac{3xy}{5a}$ c) $\left(\frac{a}{b} - \frac{c}{d}\right) \cdot \frac{db}{-c}$
b) $\left(\frac{3}{5a} - \frac{1}{10b}\right) : \frac{6}{50ab}$ d) $\left(x - \frac{a}{x}\right) \cdot \frac{6x}{ax}$

10. a) $\left(\frac{4}{7} - \frac{1}{4}\right) : \left(\frac{1}{2} + \frac{5}{14}\right)$ c) $\left(\frac{a}{b} + \frac{b}{a}\right) \cdot \left(\frac{c}{d} - \frac{d}{c}\right)$
b) $\left(\frac{1}{m} - \frac{1}{n}\right) : \left(\frac{1}{m} + \frac{1}{n}\right)$ d) $\left(\frac{1}{4} - \frac{-1}{6}\right) : \frac{-2}{3} + \frac{7}{8}$

11. a) $\frac{2a + 4b}{xy} : \frac{3b + 4a}{2xy}$ c) $\frac{4xy}{x + y} \cdot \frac{3x + 3y}{12xy}$
b) $-\frac{ac - ab}{b + c} : \frac{by - cy}{bx + cx}$ d) $\frac{a - b}{x - y} : \frac{a + b}{x + y}$

12. a) $123{,}4 \cdot (-17{,}3)$ d) $22{,}4\,(-14)/22{,}5$
b) $75{,}8 : (-15)$ e) $1/3 \cdot 4/5\,(-2{,}5)$
c) $-13{,}7 \cdot (-16{,}34)$ f) $1{,}5 : (-3{,}3)\,(15{,}4)$

13. a) $2 \cdot \sqrt{2} \cdot \pi$ d) $(\sqrt{5} \cdot 2) : \pi$
b) $(\sqrt{3} + \pi) \cdot 5$ e) $\frac{\pi}{4} \cdot (-6) : 3$
c) $\left(\frac{3}{\sqrt{3}} \cdot \pi\right) : 2$ f) $\frac{(a + b)\,\pi}{\frac{\pi}{4} + \frac{\pi}{3}}$

14. a) $\frac{5}{24} \cdot 8$ c) $\frac{16}{25} \cdot \frac{15}{24}$ e) $\frac{21}{27} : \frac{7}{9}$

b) $\frac{14}{15} \cdot (-5)$ d) $\frac{4}{9} : 8$

15. a) $\frac{-3}{7} \cdot \frac{21}{15}$ c) $\left(-\frac{11}{10}\right) \cdot \frac{12}{55}$ e) $\frac{16}{25} : \frac{-8}{15}$

b) $\frac{5}{-9} \cdot \frac{3}{-10}$ d) $-\frac{2}{9} : \frac{4}{3}$

16. a) $\frac{4}{5} \cdot \frac{3}{4} \cdot \left(-\frac{5}{6}\right) \cdot (-2)$ c) $\frac{1}{2} \cdot 1{,}75 : \frac{1}{3} \cdot 0{,}2$

b) $\frac{1}{2} \cdot \frac{2}{3} \cdot \frac{3}{4} : \frac{5}{4} : \frac{6}{5}$ d) $0{,}0021 : \frac{2}{7}$

17. a) $\frac{a}{b} \cdot b$ c) $\frac{-m}{n} \cdot 2n$ e) $\frac{a}{b} : \frac{c}{-b}$

b) $\frac{b}{a} : bd$ d) $\frac{b}{0} \cdot a$ f) $\frac{-a}{c} : \frac{b}{0}$

18. a) $\frac{3a}{4b} \cdot \frac{16}{94}$ c) $\frac{5mn}{6} : \frac{-25m}{8}$

b) $\frac{6ax}{5b} : \frac{42x}{35b(-y)}$ d) $\frac{3am}{4bn} \cdot \left(-\frac{8bx}{-33my}\right)$

19. a) $\frac{3a}{5(a-b)} \cdot \frac{25(a-b)}{17a}$

b) $\frac{7ab}{9(x+y)} : \frac{21(-b)}{18(x+y)}$

c) $\frac{a+b}{a-b} \cdot \frac{3(a-b)}{2(a+b)}$

d) $\frac{5(a+b)}{4(b-a)} : \frac{-25(-b-a)}{12(a-b)}$

e) $\frac{4a+2b}{6c-2d} \cdot \frac{9c-6d}{10a+5b}$

20. a) $\left(\frac{1}{a} + \frac{1}{b}\right) \cdot \frac{5ab}{3c}$ c) $\left(\frac{a}{b} - \frac{c}{d}\right) \cdot \frac{bd}{-m}$

b) $\left(\frac{3}{5m} - \frac{1}{10n}\right) : \frac{6}{25mn}$ d) $\left(a - \frac{b}{a}\right) \cdot \frac{5a}{ab}$

21. a) $\frac{a-b}{x+y} \cdot \frac{x+y}{a+b}$ d) $\left(\frac{a}{b} + \frac{b}{a}\right) \cdot \left(\frac{c}{d} - \frac{d}{c}\right)$

b) $\frac{x+y}{x-y} : \frac{a}{x-y}$ e) $\left(\frac{1}{b} - \frac{1}{a}\right) : \left(\frac{1}{b} + \frac{1}{a}\right)$

c) $\left(\frac{4}{5} - \frac{3}{7}\right) : \left(\frac{1}{4} + 1\frac{1}{2}\right)$ f) $\left(\frac{1}{3} - \frac{-1}{5}\right) : \left(\frac{-2}{3} + \frac{7}{10}\right)$

22. a) $\frac{3x}{5y-5x} \cdot \frac{20y-20x}{21xy}$ d) $\frac{4ab}{a+b} \cdot \frac{13a+3b}{16ac}$

b) $\frac{4ab}{ca-cb} : \frac{8ax}{da-db}$ e) $-\frac{ac-ab}{b+c} : \frac{yb-yc}{xb+xc}$

c) $\frac{4n+2m}{ax} : \frac{6m+3n}{ay}$ f) $\frac{a-b}{x-y} : \frac{a+b}{x+y}$

1.1.3 Veranschaulichung mathematischer Operationen

- Addition am Zahlenstrahl 2 + 5

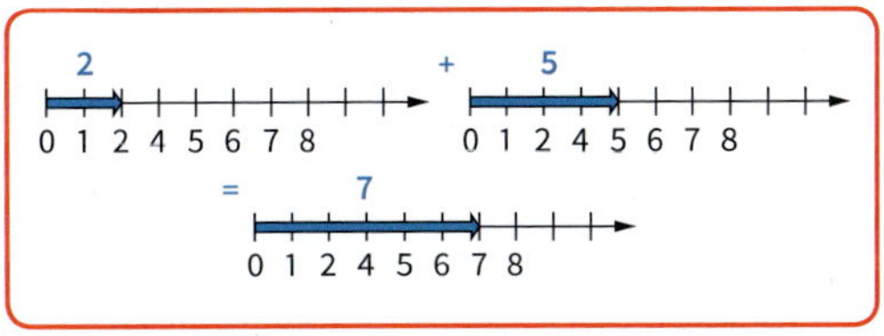

- Subtraktion am Zahlenstrahl 7 – 3

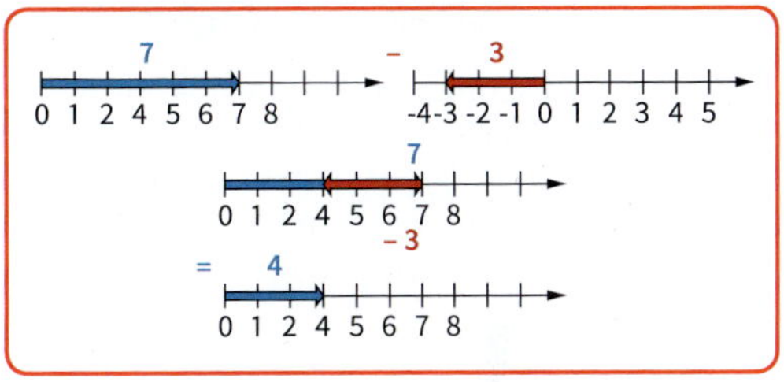

- Addition von Brüchen

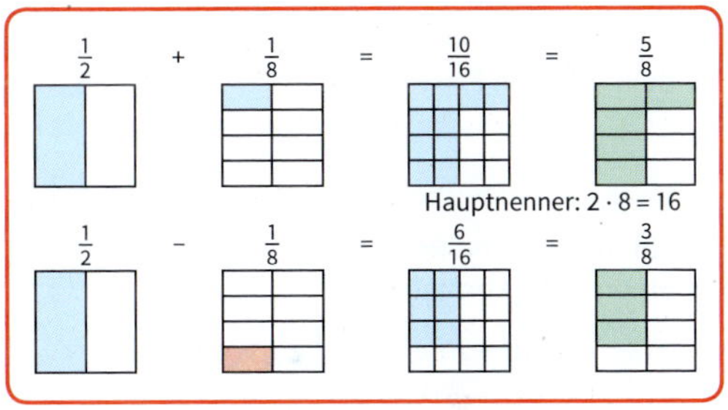

- Multiplikation von Brüchen

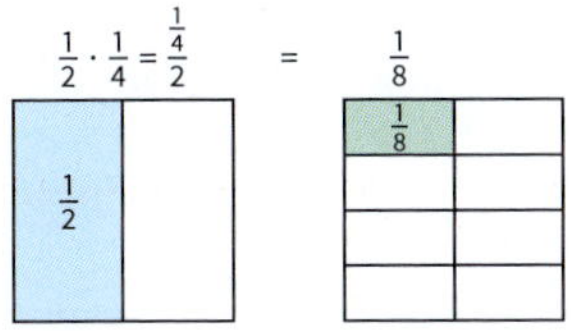

Wenn „ein Halbes“ mit „einem Viertel“ multipliziert wird, entsteht ein „Achtel“.

- Division von Brüchen

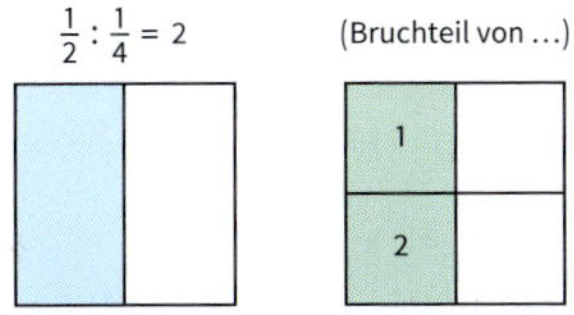

Wenn „ein Halbes“ durch „ein Viertel“ dividiert wird, entstehen „zwei Ganze“.

1.1.4 Potenzieren

$a^n = c$	$n \in \mathbb{N}$	a Basis
$a^n = a \cdot a \cdot \ldots \cdot a = c$	$a, b, c, \in \mathbb{R}$	n Exponent
		c Potenz

Regeln

- Positive Basis — $a \geq 0;\ b \geq 0;\ c \geq 0$

  $a^b = c$

- Negative Basis — $a > 0;\ c > 0;\ n \in \mathbb{N}$

  Exponent geradzahlig: $(-a)^{2n} = c$

  Exponent ungeradzahlig: $(-a)^{2n+1} = -c$

- Addition und Subtraktion von Potenzen mit der gleichen Basis und dem gleichen Exponenten

  $a \cdot b^n \pm c \cdot b^n = (a \pm c) \cdot b^n$

- Multiplikation und Division von Potenzen mit der gleichen Basis

  $a^m \cdot a^n = a^{m+n}$ $\quad a^1 = a \quad a^{-n} = \frac{1}{a^n}$

  $a^m : a^n = a^{m-n}$ $\quad a^0 = 1$

- Multiplikation und Division von Potenzen mit dem gleichen Exponenten

  $a^m \cdot b^m = (ab)^m \qquad a^m : b^m = \frac{a^m}{b^m} = \left(\frac{a}{b}\right)^m$

- Potenzieren von Potenzen $\quad (a^b)^c = a^{bc}$

  Binomische Formeln:

  $(a+b)^2 = a^2 + 2ab + b^2$

  $(a-b)^2 = a^2 - 2ab + b^2$

  $(a+b)(a-b) = a^2 - b^2$

- Zehnerpotenzen (Basis 10)

  $0{,}001 = \frac{1}{1000} = \frac{1}{10^3} = 10^{-3}$ usw.

Aufgaben

1. a) 3^4 b) 2^5 c) $(-3)^3$ d) $(-3)^{-3}$ e) 5^{-4} f) $-(5^{-4})$ g) $(-22)^{-2}$ h) $(-22)^{-3}$

2. a) $\left(\frac{1}{3}\right)^2$ b) $-\left(\frac{3}{4}\right)^3$ c) $\left(-\frac{2}{3}\right)^3$ d) $\left(\frac{-13}{27}\right)^{-4}$ e) $\left(\frac{-2}{3}\right)^4$ f) $\left(\frac{-1{,}5}{-3}\right)^{-3}$

3. a) $6x^4 + 3x^4$ b) $ab^3 + cb^3$ c) $\frac{3}{4}a^2 - \frac{1}{4}a^2$

4. a) $2x^3 - 7x^2 + 3x^3 + 2x^5 + 6x^2 + 2x^2$

b) $2a^m + 3a^b - 2a^n + 4a^n + 5a^b - a^m + a^n$

5. a) $\frac{x^{2n+2}}{x^{2n-2}}$ b) $\frac{6x^{n+2} + 3x^{n+1} - 3x^n}{x^3}$

1.1.5 Radizieren

$\sqrt[n]{a} = b$	$a, b \in \mathbb{R}$	n Wurzelexponent
	$n \in \mathbb{Z}$	a Radikant
	$a \geq 0$	b Wurzel

Regeln

- Addition und Subtraktion von Wurzeln mit gleichem Exponenten und gleichem Radikanden

  $b \cdot \sqrt[n]{a} \pm c \cdot \sqrt[n]{a} = (b \pm c)\sqrt[n]{a}$ $\qquad a \geq 0;\ n \in \mathbb{N};\ n \neq 0$

- Multiplikation und Division von Wurzeln mit gleichem Exponenten

  $n\sqrt[x]{a} \cdot m\sqrt[x]{b} = nm\sqrt[x]{ab}$

  $m\sqrt[y]{a} : n\sqrt[y]{b} = \frac{m}{n}\sqrt[y]{\frac{a}{b}}$

- Potenzieren und Radizieren $\qquad (m, n \in \mathbb{R})$

  $(\sqrt[n]{a})^m = \sqrt[n]{a^m}$

  $\sqrt[n]{a^m} = a^{\frac{m}{n}}$

  $\frac{1}{\sqrt[n]{a^m}} = a^{-\frac{m}{n}}$

  $a^{\frac{m}{n}} \cdot a^{\frac{p}{q}} = a^{\frac{m}{n} + \frac{p}{q}}$

  $a^{\frac{m}{n}} : a^{\frac{p}{q}} = a^{\frac{m}{n} - \frac{p}{q}}$

  $\sqrt[m]{\sqrt[n]{a}} = \sqrt[m \cdot n]{a}$

  $\left(a^{\frac{m}{n}}\right)^{\frac{p}{q}} = a^{\frac{mp}{nq}}$

6. a) $(2a^3 - 3b)(2a^3 + 3b)$ b) $(2x + 3y^2)(x^2 - 3y)$ c) $(a^2 - b^2)^2$ d) $(a+b)^3$

7. a) $5^2 \cdot 4^2$ b) $4^a \cdot 3^a$ c) $6^{-x} \cdot 5^{-x}$ d) $(-2)^3 \cdot (-6)^3$ e) $4^5 \cdot \left(\frac{1}{3}\right)^5$ f) $(-3)^{-a} \cdot (-5)^{-a}$

8. a) $\frac{x^2 + 2xy + y^2}{x^2 - y^2}$ b) $\frac{4a^2 - 12ab + 9b^2}{4a^2 - 3b^2}$

9. a) $(2^3)^2$ b) $(2y^3)^a$ c) $(0{,}5^2)^3$ d) $(x^m)^{2n}$ e) $(a^3)^{x+1}$ f) $[(a^4)^x]^3$

10. a) $\sqrt[3]{1000}$ b) $\sqrt[2]{256}$ c) $\sqrt[2]{153{,}5}$ d) $\sqrt[2]{747}$ e) $\sqrt[4]{65{,}5}$ f) $\sqrt[5]{0{,}00392}$

11. a) $\sqrt[3]{54} : \sqrt[3]{2}$ b) $\sqrt[3]{5} : \sqrt[2]{5}$ c) $\sqrt[3]{4} : \sqrt[3]{8} \cdot \sqrt[3]{2}$ d) $\sqrt[4]{64} \cdot \sqrt[3]{25} : \sqrt[2]{9}$

12. a) $2\sqrt[3]{8} + 4\sqrt[3]{8} + 3\sqrt[3]{8} - 2\sqrt[3]{8}$

b) $\sqrt[3]{5} - \sqrt[2]{4} + \sqrt[2]{8} - \sqrt[3]{3} + \sqrt[3]{2}$

13. a) $\sqrt[3]{a} \cdot \sqrt[3]{a^4} \cdot \sqrt[3]{a^2} \cdot \sqrt[3]{a^3}$

b) $\sqrt[4]{2x} \cdot \sqrt[4]{8x} \cdot \sqrt[4]{2x^3} \cdot \sqrt[4]{x^{-1}}$

14. a) $(\sqrt[4]{x^3})^3$ b) $(\sqrt[\alpha]{b^c})^3$ c) $\sqrt[3]{\sqrt[2]{a^6}}$ d) $\sqrt[3]{\sqrt[3]{512}}$

1.1.6 Zehnerpotenzen

$10^n = c$ $n \in \mathbb{Z}$

$10^n = 10 \cdot 10 \cdot 10 \ldots \cdot 10$ Basis 10

$10^0 = 1$		
$10^1 = 10$	$10^{-1} = \frac{1}{10}$	$= 0{,}1$
$10^2 = 100$	$10^{-2} = \frac{1}{100}$	$= 0{,}01$
$10^3 = 1000$	$10^{-3} = \frac{1}{1000}$	$= 0{,}001$

Beispiele für Rechenoperationen:

Addieren	$4 \cdot 10^2 + 2 \cdot 10^2 = (4+2) \cdot 10^2 = 6 \cdot 10^2$		
Subtrahieren	$4 \cdot 10^2 - 2 \cdot 10^2 = (4-2) \cdot 10^2 = 2 \cdot 10^2$		
Multiplizieren	$10^4 \cdot 10^3$	$= 10^{(4+3)}$	$= 10^7$
Dividieren	$\frac{10^4}{10^3}$	$= 10^{(4-3)}$	$= 10^1$
Potenzieren	$(10^2)^3$	$= 10^{2 \cdot 3}$	$= 10^6$
Radizieren	$\sqrt{10^6}$	$= 10^{\frac{6}{2}}$	$= 10^3$

Aufgaben

1. Wandeln Sie folgende Zahlen in Zehnerpotenzen um.

a) 100 d) 1 g) 0,00001
b) 100 000 e) 0,01 h) 0,0000001
c) 1000 f) 0,001

2. Bilden Sie die Summen.

a) $6 \cdot 10^2 + 0{,}4 \cdot 10^3 + 1000 \cdot 10^0 + 95 \cdot 10^1$
b) $3 \cdot 10^{-2} + 550 \cdot 10^{-3} + 0{,}5 \cdot 10^{-1} + 0{,}006 \cdot 10^3$

3. Schreiben Sie die Zahlen mit Exponenten, die durch 3 teilbar sind.

a) 0,0045 c) 44 000 000
b) 280 000 d) 0,000006

4. Geben Sie sinnvolle Vorsätze an.

a) 4500 m c) 96000 V e) 0,001 µF
b) 0,005 Ω d) 0,015 A f) 10 000 Ω

5. Berechnen Sie:

a) $3 \cdot 10^2\,\text{V} + 5500\,\text{mV} + 0{,}01\,\text{kV} + 2 \cdot 10^{-2}\,\text{kV}$
b) $1{,}5 \cdot 10^1\,\Omega + 13\,\Omega + 18 \cdot 10^4\,\text{m}\Omega + 5 \cdot 10^{-4}\,\text{k}\Omega$
c) $8{,}6 \cdot 10^2\,\text{mA} + 470 \cdot 10^3\,\mu\text{A} + 15 \cdot 10^{-1}\,\text{A}$
d) $42 \cdot 10^{-2}\,\text{V} + 160 \cdot 10^2\,\text{mV} + 0{,}068 \cdot 10^3\,\text{V} + 0{,}24\,\text{kV}$
e) $150 \cdot 10^2\,\text{m}\Omega + 470 \cdot 10^{-1}\,\Omega + 0{,}0027\,\text{k}\Omega$

Vorsatzzeichen	Vorsatz	Faktor
P	Peta	10^{15}
T	Tera	10^{12}
G	Giga	10^9
M	Mega	10^6
k	Kilo	10^3
d	Dezi	10^{-1}
c	Zenti	10^{-2}
m	Milli	10^{-3}
µ	Mikro	10^{-6}
n	Nano	10^{-9}
p	Pico	10^{-12}
f	Femto	10^{-15}

6. Schreiben Sie folgende Zahlen als Produkt aus einer Zahl und einer Zehnerpotenz mit durch drei teilbarem Exponenten:

a) 6 543 700 g) 0,000 000 275
b) 72 341 h) 0,001 47
c) 483 412 i) 0,0374
d) 56 400 000 k) 0,000 034 675
e) 1357 l) 0,438 275
f) 967 m) 0,000 003 276

7. Schreiben Sie das Ergebnis als Produkt von Zahl und Zehnerpotenz:

a) $5{,}3 \cdot 10^3 + 7{,}25 \cdot 10^2$ e) $1{,}025 \cdot 10^{-2} - 3{,}5 \cdot 10^{-4}$
b) $4{,}2 \cdot 10^2 : 0{,}14 \cdot 10^4$ f) $1{,}8 \cdot 10^6 : 1{,}5 \cdot 10^{-3}$
c) $2{,}37 \cdot 10^{-5} + 0{,}26 \cdot 10^{-3}$ g) $6{,}24 \cdot 10^{-2} - 8{,}74 \cdot 10^{-3}$
d) $22 \cdot 10^{-4} : 4{,}4 \cdot 10^{-6}$ h) $0{,}5 \cdot 10^{-6} : 1{,}2 \cdot 10^{-3}$

8.
a) 500 kW = W g) 78 kA = mA
b) 75 kΩ = Ω h) 0,25 µV = kV
c) 350 µV = V i) 66,5 µW = mW
d) 55 µA = A k) 0,02 S = mS
e) 76,5 mV = V l) 0,25 ms = s
f) 650 mΩ = Ω m) 75,5 µC = nC

9.
a) 25 cm + 0,44 m – 32 mm
b) 420 µV – 0,22 mV + 1,57 V – 25 mV
c) 250 mA – 2,5 A + 3,65 A – 150 µA
d) 1,25 km – 2,25 dm + 4,75 m – 3,5 cm
e) 2,5 MΩ + 220 kΩ + 47 Ω
f) 247 N + 2,57 kN – 375 mN

10. Multiplizieren bzw. dividieren Sie die folgenden Potenzen.

a) $10^7 \cdot 10^3$ e) $\frac{10^8}{10^4}$
b) $10^{-1} \cdot 10^4$ f) $\frac{10^{-2}}{10^{-4}}$
c) $10^3 \cdot 10^{-6}$ g) $\frac{10^3}{10^{-4}}$
d) $5 \cdot 10^4 \cdot 6 \cdot 10^{-4}$ h) $\frac{2 \cdot 10^{-6}}{4 \cdot 10^{-6}}$

11. Potenzieren Sie nachfolgende Potenzen.

a) $(10^2)^2$ c) $(10^{-2})^3$ e) $(10^{-3})^4$
b) $(10^6)^3$ d) $(10^3)^3$ f) $(10^{-3})^3$

1.1.7 Logarithmieren

$a^n = c$ $\qquad$ $\log_a c = n$

a Basis
c Numerus
n Logarithmus

Aussprache:
Logarithmus zur Basis a von c ist n.
Der Logarithmus n gibt an, mit welcher Zahl man die Basis a potenzieren muss, um den Numerus c als Potenz zu erhalten.

Regeln $\qquad a > 0;\ c > 0;\ d > 0$

- Multiplizieren
  $\log_a(c \cdot d) = \log_a c + \log_a d$ — Multiplikation wird zur Addition.
- Dividieren
  $\log_a \frac{c}{d} = \log_a c - \log_a d$ — Division wird zur Subtraktion.
- Potenzieren
  $\log_a c^n = n \cdot \log_a c$ — Potenzieren wird zum Multiplizieren.
- Radizieren
  $\log_a \sqrt[m]{c} = \frac{1}{m} \log_a c$ — Radizieren wird zum Dividieren.

Sonderfälle

$\log_a 0 = -\infty$ $\qquad$ $\log_a 1 = 0$ $\qquad$ $\lg 10 = 1$
$\log_a \infty = \infty$ $\qquad$ $\log_a a = 1$ $\qquad$ $\ln e = 1;\ \mathrm{lb}\, 2 = 1$

Umrechnungen

$\ln x = 2{,}30258 \cdot \lg x$ $\qquad$ $\ln x = 0{,}69314 \cdot \mathrm{ld}\, x$
$\mathrm{lb}\, x = 3{,}32193 \cdot \lg x$

Arten von Logarithmen

Basis	Logarithmus-Bezeichnung	Schreibweise	Taschenrechner
10	dekadischer (Zehnerlogarithmus)	lgc; log10 c	log
e = 2,71828...	natürlicher	lnc; $\log_e c$	ln
2	binärer	lbc; $\log_2 c$	

Logarithmische Teilung (dekadisch)

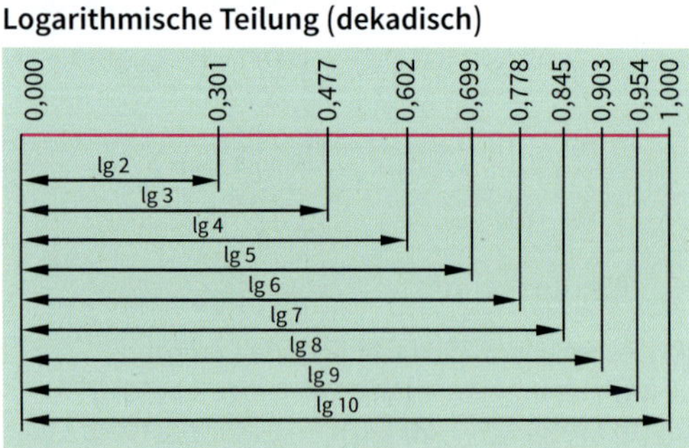

Beispiel:
Zwei Verstärker für eine Datenübertragung sind in Reihe geschaltet. Die Verstärkungen betragen $v_1 = 3750$ und $v_2 = 50\,000$. Die Gesamtverstärkung würde man durch Multiplikation der Einzelwerte erhalten. Man verwendet aber in der Regel für die Zahlenwerte Logarithmen, sodass man diese dann addieren kann ①.

Die Gesamtverstärkung erhält man, indem man den Logarithmus ② wieder in den Zahlenwert umwandelt (Taschenrechner: SHIFT- bzw. INV-Taste einsetzen).

Lösung:
Geg.: $v_1 = 3750;\ v_2 = 50\,000$
Ges.: v_g

$v_g = v_1 \cdot v_2$
$\lg v_g = \lg 3750 + \lg 50\,000$
$= 3{,}574 + 4{,}699$ ①
$= 8{,}273$ ②
$\underline{\underline{v_g}} = 10^{8{,}273} = \underline{\underline{187{,}5 \cdot 10^6}}$

Aufgaben

1. Ermitteln Sie die Zehnerlogarithmen.
a) lg 0,503 $\quad$ b) lg 0,037 $\quad$ c) lg 0,004 $\quad$ d) lg 3,24 $\quad$ e) lg 5,98 $\quad$ f) lg 9,90 $\quad$ g) lg 12 $\quad$ h) lg 120 $\quad$ i) lg 1200 $\quad$ k) $\lg 6{,}8 \cdot 10^{-3}$ $\quad$ l) $\lg 4{,}0 \cdot 10^{8}$ $\quad$ m) $\lg 70 \cdot 10^{9}$

2. Berechnen Sie:
a) lg 10 $\quad$ b) lg e $\quad$ c) lg 2 $\quad$ d) ln 10 $\quad$ e) ln e $\quad$ f) ln 2 $\quad$ g) lb 10 $\quad$ h) lb e $\quad$ i) lb 2 $\quad$ k) lg 2 + ln 4 $\quad$ l) lg 5,3 – ld 4 $\quad$ m) ln 2 + lb 5

3. Folgende Achsen von Diagrammen sollen mithilfe des dekadischen Logarithmus geteilt werden:
a) 5 cm $\quad$ b) 20 cm $\quad$ c) 30 cm $\quad$ d) 7,8 cm

4. Führen Sie die folgenden Berechnungen durch, indem Sie Logarithmen verwenden.
a) $0{,}00071 \cdot 1563 \cdot 1{,}785$
b) $5 \cdot 10^4 \cdot 0{,}356 \cdot 10^{-3} \cdot 7563$
c) $(7{,}84 \cdot 10^2 \cdot 5{,}4 \cdot 10^{-3}) : 7530 \cdot 10^{-5}$
d) $\dfrac{5{,}743 \cdot 10^4}{8{,}4 \cdot 10^2 \cdot 0{,}0047 \cdot 3125}$

5. Führen Sie folgende Berechnungen durch, indem Sie Logarithmen verwenden.
a) $3{,}57^3$ $\quad$ b) $5{,}9^4$ $\quad$ c) 12^5 $\quad$ d) $4^{1,3}$ $\quad$ e) $65^{2,5}$ $\quad$ f) $125^{3,3}$ $\quad$ g) $\sqrt[3]{64}$ $\quad$ h) $\sqrt[5]{64}$ $\quad$ i) $\sqrt[10]{64}$ $\quad$ k) $64^{\frac{1}{2}}$ $\quad$ l) $\sqrt[0,3]{3}$ $\quad$ m) $\sqrt[0,1]{10}$

1.1.8 Prozentrechnung

$$P = \frac{G \cdot p}{100\,\%}$$

G Grundwert
P Prozentwert
p Prozentsatz

Prozent (%) bedeutet: $1\,\% = \frac{1}{100}$

Promille (‰) bedeutet: $1\,‰ = \frac{1}{1000}$

Beispiel:

Die Spannung des bestehenden Energieversorgungsnetzes wurde ab dem Jahr 2003 erhöht. Am Stichtag der Übergangsregelung wurde die Netzspannung auf 230 V + 6 % und – 10 % verändert.

a) Berechnen Sie die zulässigen Spannungsänderungen.

b) Welche Spannungen U_{max} bzw. U_{min} können sich ergeben?

Lösung:

Geg.: $G = 230\,\text{V}$
$p_1 = +6\,\%$
$p_2 = -10\,\%$

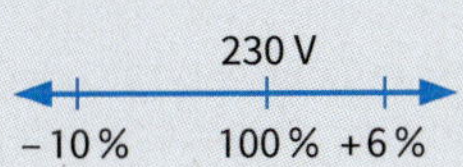

Ges.: $P(U)$

a) $U_1 = \frac{G \cdot p_1}{100\,\%}$

$U_1 = \frac{230\,\text{V} \cdot 6\,\%}{100\,\%}$ $\quad \underline{\underline{U_1 = +13{,}8\,\text{V}}}$

$U_2 = \frac{230\,\text{V} \cdot (-10\,\%)}{100\,\%}$ $\quad \underline{\underline{U_2 = -23\,\text{V}}}$

b) $U_{max} = U + U_1$

$U_{max} = 230\,\text{V} + 13{,}8\,\text{V}$ $\quad \underline{\underline{U_{max} = 243{,}8\,\text{V}}}$

$U_{min} = U - U_2$

$U_{min} = 230\,\text{V} - 23\,\text{V}$ $\quad \underline{\underline{U_{min} = 207\,\text{V}}}$

Aufgaben

1. Bei der Belastung eines Drehstrommotors steigt der Strom von 5 A auf 6,72 A. Um wie viel % ist er gestiegen?

2. Die Klemmenspannung einer Spannungsquelle ist bei Belastung um 3 % auf 23,28 V gesunken. Wie groß ist die Leerlaufspannung?

3. Ein Drehstrommotor besitzt eine Leistung von 3 kW. An der Welle gibt er 2,5 kW ab. Wie viel % der ursprünglichen Leistung sind das?

1.1.9 Zinsrechnung

$$Z = \frac{K \cdot p \cdot t}{100\,\%}$$

Z Zinsen in €
K Kapital in €
p Zinssatz in % pro Jahr (a)
t Zeit in Jahren (a)

Beispiel:

Herr Müller legt sein Erbteil von 135 000 € in einem Aktiendepot zu einem Zinssatz von 8 % für ein Jahr an. Wie hoch sind die Zinsen in €?

Lösung:

Geg.: $K = 135\,000\,€$; $p = 8\,\%/\text{a}$; $t = 1\,\text{a}$
Ges.: Z

$Z = \frac{K \cdot p \cdot t}{100\,\%}$

$Z = \frac{135000\,€ \cdot 8\,\% \cdot 1\,\text{a}}{100\,\% \cdot \text{a}}$

$\underline{\underline{Z = 10\,800\,€}}$

Aufgaben

4. Der Toleranzbereich eines 6,8 kΩ Widerstands ist mit ± 5 % angegeben

a) Zwischen welchen Grenzwerten kann der Widerstand liegen?

b) Wie groß ist die Widerstandsabweichung vom Bemessungswert?

5. Mit einem Spannungsmessgerät wird aufgrund des zu kleinen Innenwiderstands eine Spannung von 155 V statt 170 V gemessen. Wie groß ist der prozentuale Messfehler?

6. Zur Finanzierung seines Autos nimmt ein Auszubildender einen Kredit von 5000 € auf. Der Zinssatz beträgt 12,5 % pro Jahr. Wie viel Zinsen in € muss er im Jahr bezahlen?

7. Einem Bausparvertrag wurden nach einem Jahr 160 € an Zinsen gutgeschrieben. Der Zinssatz lag bei 4 % pro Jahr. Wie viel Geld wurde bereits in den Bausparvertrag eingezahlt?

8. Ein Kunde kauft eine Videoanlage für 1250 €. Da er die Rechnung 30 Tage zu spät bezahlt, werden ihm 6,25 € zusätzlich berechnet. Wie hoch ist der Prozentsatz für die Verzugszinsen?
(Hinweis: 1 Jahr = 360 Tage ansetzen)

1.1.10 Proportionalität, Dreisatz

Merkmale:

- Zwischen zwei Größen, z. B. x und y, gibt es eindeutige Beziehungen.
- Durch diese Beziehungen kann von einer Größe eines Wertebereichs auf die andere Größe eines anderen Wertebereichs geschlossen werden.
- Die Zuordnungen können durch **Rechnervorschriften** ①, **Wertetabellen** ② oder **Diagramme** gegeben sein.
- Eine spezielle Zuordnung ist die Funktion. Jedem Wert aus einem Bereich wird genau ein Wert eines anderen Bereichs zugeordnet.

Direkte Proportionalität

Beispiel:

100 m Antennenleitung kosten 85 €. Wie viel kosten bei gleichem Preis 30 m?

Lösung:

- **Rechenvorschrift** ①

: 100

$100 \text{ m} \mathrel{\hat{=}} 85 \text{ €}$ — Der Preis für 1 m Länge wird berechnet.

$1 \text{ m} \mathrel{\hat{=}} \frac{85 \text{ €}}{100}$

· 30

$30 \text{ m} \mathrel{\hat{=}} \frac{85 \text{ €} \cdot 30}{100} = 25{,}50 \text{ €}$ — Der Preis für 30 m Länge wird berechnet.

Es sind drei „Sätze" bis zur Lösung erforderlich (Dreisatz)

1. Beziehung zwischen den gegebenen Größen aufstellen.
2. Den Wert für eine (Mengen-)Einheit berechnen.
3. Mithilfe der einen Einheit die gesuchte (Mengen-)Einheit berechnen.

- **Tabellenform** ②

x (Länge)	1 m	100 m	30 m
y (Preis)	$\frac{85 \text{ €}}{100} = 0{,}85$ €	85 €	0,85 € · 30 = 25,50 €

- **Vereinfachte Berechnung**

$\frac{100 \text{ m}}{85 \text{ €}} = \frac{30 \text{ m}}{y}$ $\quad y = \frac{30 \text{ m} \cdot 85 \text{ €}}{100 \text{ m}}$ $\quad y = 25{,}50 \text{ €}$

Allgemein gilt:

Größe x	a	c	…
Größe y	b	d	…

$\frac{a}{b} = \frac{c}{d} = \dots$

Bei der direkten Proportionalität zwischen zwei Größen stehen diese in einem direkten Verhältnis zueinander. Wenn eine der Größen größer bzw. kleiner wird, wird die andere ebenfalls im gleichen verhältnis größer bzw. kleiner.

AUFGABEN

1. Mithilfe eines Baggers werden in 2 Stunden 40 m Erdkabel verlegt. Wie viel Meter können in 210 Minuten verlegt werden?
2. Ein Mechatroniker verdient in 38 Stunden 351,50 €. Wie hoch ist sein Verdienst bei 176 Stunden im Monat?
3. Durch einen Bestückungsautomaten werden 120 Platinen in 5 Stunden bestückt. Wie viel Zeit braucht der Automat zum Bestücken von 175 Platinen?
4. Die Prüfung von 18 Endgeräten durch einen Facharbeiter dauert 6 Stunden. Wie lange benötigt er für 60 Geräte?
5. Fünf einfache Leuchtstoffleuchten mit Leuchtstofflampen kosten 85 €. Wie viel kosten 13 dieser Leuchten?
6. Eine Bank tauscht 100 Dollar in 110 € um. Wie viel Dollar bekommt man für 390 €?
7. Ein Facharbeiter montiert einen Lichtschalter in 5 min. Wie viel Schalter montiert er in 2 Stunden?
8. Eine Rolle NYM 3 x 1,5 mm^2 der Länge 100 m wiegt 12,5 kg.
   a) Wie viel Meter NYM 3 x 1,5 mm^2 wurden verbraucht, wenn der Rest noch 7,25 kg wiegt?
   b) Wie viel Meter sind noch auf der Rolle?
9. Um eine Tonne mit Wasser zu füllen, benötigt man 8 Wassereimer mit je 9 Liter Inhalt. Wie viel 12 l-Eimer benötigt man zur Füllung?
10. Zur Erstellung eines Grabens für einen Bandeisenerder von 27 m Länge benötigt ein Spezialbagger 45 min. Wie viel Zeit benötigt er für einen Graben von 62 m Länge?

Indirekte (umgekehrte) Proportionalität

Beispiel:

Für einen Umzug benötigen 6 Arbeiter insgesamt 8 Stunden. Wie viele Stunden würden 10 Arbeiter benötigen?

Lösung:

Vorüberlegung:
Das Ergebnis muss kleiner als 8 Stunden sein (Merkmal der indirekten Proportionalität).

- **Rechenvorschrift**

$\cdot 6$: 6 Arbeiter $\triangleq$ 8 h → 1 Arbeiter $\triangleq$ 8h · 6 — Der Zeitbedarf für 1 Arbeiter wird berechnet

$:10$: → 10 Arbeiter $\triangleq \frac{8\,\text{h} \cdot 6}{10}$ $= 4{,}8\,\text{h}$ — Der Zeitbedarf für 10 Arbeiter wird berechnet

- **Tabellenform**

x (Arbeiter)	1 Arbeiter	6 Arbeiter	10 Arbeiter
y (Zeit)	8 h · 6	8 h	$\frac{8\,\text{h} \cdot 6}{10} = 4{,}8\,\text{h}$

- **Vereinfachte Berechnung**

$$\frac{y}{6\ \text{Arbeiter}} = \frac{8\,\text{h}}{10\ \text{Arbeiter}}$$

$$y = \frac{8\,\text{h} \cdot 6\ \text{Arbeiter}}{10\ \text{Arbeiter}}$$

$$y = 4{,}8\,\text{h}$$

Allgemein gilt:

Größe x	a	c	…
Größe y	b	d	…

$\frac{a}{c} = \frac{d}{b} = \ldots$

$a \cdot b = c \cdot d = \ldots$

Vergleich:

direkt:
gleiche Quotienten
$\frac{a}{b} = \frac{c}{d} = \ldots$

indirekt:
gleiche Produkte
$a \cdot b = c \cdot d = \ldots$

Bei der indirekten Proportionalität stehen die Größen in einem umgekehrten (indirekten) Verhältnis zueinander. Wenn eine der Größen größer wird, wird die andere im gleichen Verhältnis kleiner. Wenn eine der Größen kleiner wird, wird die andere im gleichen Verhältnis größer.

Aufgaben

1. Das Labor einer Schule soll mit einer neuen Elektroinstallation versehen werden. Dazu benötigen 4 Gesellen, wenn sie täglich 8 Stunden arbeiten, 12,5 Tage. Nach wie vielen Tagen hätten 5 Gesellen die Arbeit geschafft?

2. Vier elektronisch gesteuerte Pumpen fördern in 15 Stunden 2100 l Öl. Welche Fördermenge schaffen 6 Pumpen in 18 Stunden?

3. Zur Installation einer Gemeinschaftsantennenanlage benötigen 3 Facharbeiter bei einer täglichen Arbeitszeit von 8 Stunden 14 Tage. Wie viele Stunden am Tag müßten 5 Facharbeiter arbeiten, damit die Anlage in 10 Tagen fertiggestellt wird?

4. Die 12 Notleuchten gleicher Leistung in einer Anlage können bei Netzausfall aus einem Akkumulator 5 Stunden lang versorgt werden. Die Anlage wird durch 3 zusätzliche Leuchten gleicher Art erweitert. Nach welcher Zeit ist der Akkumulator bei Netzausfall entladen?

5. Ein Elektromeister hat die Elektroinstallationsarbeiten für eine Fabrikhalle übernommen. Wenn seine 15 Facharbeiter täglich 8 Stunden arbeiten, wird die Installation nach 8 Tagen beendet sein.
   a) Wie viele Überstunden muss jeder Arbeiter machen, damit die Installation in 6 Tagen fertig wird?
   b) Wie viele zusätzliche Arbeiter müsste er stattdessen einstellen?

6. Drei Stanzautomaten stanzen 8000 Ständerbleche eines Drehstrom-Asynchronmotors in 8 Stunden. Wie viele Maschinen müssen eingesetzt werden, um die doppelte Menge in 6 Stunden zu stanzen?

1.1.11 Gleichungen

Gleichungen bestehen aus zwei **Termen** (Sammelname für einzelne Summen, Differenzen, usw.), die durch ein Gleichheitszeichen verknüpft sind.

Term 1 = **Term 2**

Beim Lösen einer Gleichung sucht man alle Werte, die beim Einsetzen in die unbekannte Größe (Lösungsvariable, in der Regel x) eine wahre Aussage ergeben.

Lösungsverfahren mit einer Unbekannten

- Beide Seiten der Gleichung so weit wie möglich vereinfachen (Klammern auflösen, zusammenfassen, ...).
- Alle Glieder mit der Variablen x auf eine Seite bringen und alle Glieder ohne die Variable x auf die andere Seite bringen.
- Die Glieder jeder Seite zusammenfassen.
- Ausdrücke dividieren bzw. multiplizieren.

Beispiel:

Geg.: $\frac{x}{3} + 2 = 2 \cdot (x + 2)$

Ges.: x

Lösung:

Durch Multiplikation den Bruch beseitigen.	$\frac{x}{3} + 2 = 2 \cdot (x + 2)$ $\frac{3 \cdot 5 \cdot x}{3} + 2 \cdot 3 = 3 \cdot 2 \cdot (x + 2)$ $x + 6 = 6 \cdot (x + 2)$
Klammern auflösen.	$x + 6 = 6 \cdot x + 12$
Glieder ordnen.	$x - 6x = 12 - 6$
Glieder zusammenfassen.	$-5x = 6$
Terme durch – 5 dividieren.	$-5x = 6$
Kürzen.	$\frac{-5x}{-5} = \frac{6}{-5}$
Lösung	$x = -\frac{6}{5}$ $x = -1\frac{1}{5}$

Allgemein gilt: $a, b \in \mathbb{R}$

$ax + b = 0$

$$x = -\frac{b}{a}$$

Aufgaben

1. a) $16 + x = 34$ b) $35 - x = 28$ c) $16 - x = 16$ d) $36 = 68 + x$ e) $23 = x - 23$

2. a) $18 + x = 9$ b) $16 - x = 15$ c) $32 - x = -21$ d) $-14 = -23 + x$ e) $32 = -41 - x$

3. a) $\frac{x}{3} - \frac{x}{6} = 2$ b) $\frac{3x}{8} + 4 = \frac{3x}{2} + 2$ c) $\frac{x+1}{2} - \frac{x+2}{3} = 4 + \frac{x-3}{4}$ d) $\frac{x}{3} - 2 = \frac{x}{4} - 3$ e) $\frac{2x-1}{5} = 6 - \frac{x+2}{3}$ f) $2 - \frac{x}{2} = 5 + x$

4. a) $6x = 36$ b) $7x = 4$ c) $0 = 3x$ d) $22x = 15$ e) $12x = -12$ f) $25 = -9x$

5. a) $6 = \frac{x}{4}$ b) $0 = \frac{24}{x}$ c) $18 = \frac{x}{6}$ d) $3 = \frac{1}{x}$ e) $\frac{25}{x} = 1$ f) $\frac{10}{x} = \frac{4}{x}$

6. a) $x - 3 = 4(1 - x) + 18$
b) $0{,}4(x + 3) = 1{,}6x - 1{,}2(2x - 0{,}5)$
c) $2x - 3 + 4(0{,}5x - 2) = x + 7$
d) $(1{,}2x + 0{,}3)4 = 3(1 - 1{,}6x)$
e) $(x - 3) \cdot (x + 4) = (x - 5) \cdot (x - 2)$
f) $(x + 6) \cdot (2x - 3) = (2x + 5) \cdot (x - 8)$

7. a) $\frac{1}{x-5} - \frac{1}{x-4} = \frac{1}{x-8} - \frac{1}{x-7}$
b) $\frac{2x+3}{3x-6} - \frac{3x-5}{4x-8} = \frac{x+1}{2x-4}$
c) $\frac{x-3}{x-1} - \frac{x+2}{x+1} = \frac{2x-1}{x^2-1}$
d) $\frac{5}{x+1} + \frac{3}{x-1} = \frac{8}{x}$

8. a) $x^2 = 36$ b) $x^2 = 0{,}0121$ c) $x^2 = 225$ d) $x^2 = \frac{1}{9}$ e) $x^2 = 1$ f) $x^2 = -9$

9. a) $4x^2 - 100 = 0$
b) $6x^2 - 2{,}94 = 0$
c) $16x^2 - 32 = 0$
d) $(x + 5)(x - 5) + 2 = (x + 7)(x - 7)$
e) $\frac{x-5}{x+5} + \frac{x+5}{x-5} = 82$

10. a) $x^2 + 2 = 6$ b) $3 - x^2 = 12 - 2x^2$ c) $8(x^2 - 3) = 48$ d) $1{,}5x^2 = 0{,}06$ e) $\frac{1}{3}x^2 - \frac{1}{2} = \frac{5}{6}$ f) $\frac{2}{5}x^2 + \frac{4}{5} = 1\frac{1}{5}$

Lösungsverfahren mit zwei Unbekannten

Einsetzungsverfahren
- Erste Gleichung A) nach der Unbekannten (z. B. x) umstellen.
- Den Term für x in die zweite Gleichung B) einsetzen.
- Lösung für y in der zweiten Gleichung B) ermitteln.
- y in die erste Gleichung A) einsetzen und x ermitteln.

Gleichsetzungsverfahren
- Beide Gleichungen nach einer Unbekannten umstellen (z. B. Auflösung nach x).
- Terme gleichsetzen (z. B. für x) und andere Größe (z. B. y) ermitteln.
- y in eine Ausgangsgleichung einsetzen und x ermitteln.

Additionsverfahren
- Gleichung so umstellen, dass die eine Unbekannte in beiden Gleichungen den gleichen Faktor, aber ein umgekehrtes Vorzeichen besitzt.
- Beide Gleichungen addieren.
- Gleichung nach der Unbekannten (z. B. y) auflösen.
- y in eine Ausgangsgleichung einsetzen und x ermitteln.

Beispiel Einsetzungsverfahren:

Gegeben: Gleichung A) $x + 3 = 6y$
Gleichung B) $3x = 8 + y$

Lösung:

Gleichung A) nach x umstellen.	$x + 3 = 6y$ $x = 6y - 3$
Gleichung A) in B) einsetzen.	$3\,(6y - 3) = 8 + y$
Klammer auflösen.	$18y - 9 = 8 + y$
Glieder ordnen.	$18y - y = 8 + 9$ $17y = 17$
Unbekannte y berechnen.	$\underline{\underline{y = 1}}$
Wert für y in Gleichung A) einsetzen.	$x = 6 \cdot 1 - 3$
Unbekannte x berechnen.	$\underline{\underline{x = 3}}$

Allgemeine Lösung:

$a_1x + b_1y = c_1$ $\quad a_1, b_1, c_1, a_2, b_2, c_2 \in \mathbb{R}$

$a_2x + b_2y = c_2$ $\quad a_1, b_1, c_1, a_2, b_2, c_2$ konstant

$$x = \frac{c_1b_2 - c_2b_1}{a_1b_2 - a_2b_1} \qquad y = \frac{a_1c_2 - a_2c_1}{a_1b_2 - a_2b_1}$$

Aufgaben

1. a) $\frac{5}{x+1} + \frac{3}{x-1} = \frac{8}{x}$ b) $\frac{x-3}{x-1} - \frac{x+2}{x+1} = \frac{2x-1}{x^2-1}$

2. a) $\frac{x^2}{4} - \frac{1}{2} = \frac{2}{5}$ b) $5(x^2 - 4) = 425$

3. a) $9x = 5y - 10$
$48x = 30y - 60$

c) $7(x+2) - 6(y+3) = 41$
$4(x+2) + 9(y+3) = 11$

b) $x = 3y - 27$
$y = 2x + 26$

d) $3(x-2) + 8y + 6 = 0$
$5x + 15 - 3y + 1 = 16$

4. a) $(7x + 3y) - 2(5x + 2y - 1) = \frac{x}{2} - 6{,}5$
$10(3 - 2y) + 6(11x - 3y - 20) = 180 - 2y$

b) $10(x-2) - 15(y+2) = 6(x - 2y)$
$\frac{x-y}{3} + \frac{3y+2}{2} = \frac{2[x - 2(y-1)]}{3}$

5. Man erhält das Achtzehnfache einer Zahl, wenn man zu dem Fünffachen dieser Zahl vier addiert und diese Summe mit drei multipliziert.

6. Welche fünf aufeinanderfolgende Zahlen ergeben addiert 100?

7. Addiert man zum Fünffachen einer Zahl 4, so erhält man 15.

8. Subtrahiert man von 6 das Achtfache einer Zahl, so erhält man das Vierfache der Zahl.

9. Die Zahl 30 ist gleich dem Sechsfachen einer Zahl dividiert durch 10.

10. Dividiert man das Fünffache einer Zahl durch ein Drittel, so erhält man 105.

11. Multipliziert man die Summe aus dem Zweifachen einer Zahl und 7 mit der Zahl 4, so erhält man das Zehnfache der Zahl.

12. Vor wie vielen Jahren war der 50 Jahre alte Vater doppelt so alt wie sein 30 Jahre alter Sohn?

13. Der Unterschiedsbetrag zweier Geldbeträge für die Personen A und B beläuft sich auf 600 €. Wie viel erhält jede Person, wenn ein Gesamtbetrag von 4 200 € zur Verfügung steht?

14. Auf der Empore in einer Kirche sitzen die Mitglieder des Kirchenchores auf Bänken. Würden sich auf jede Bank fünf Chormitglieder setzen, dann müßten vier stehen. Sitzen auf jeder Bank sieben Personen, dann bleiben vier Plätze frei. Wie viele Bänke sind vorhanden und wie viele Mitglieder hat der Chor?

1.1.12 Flächen

Quadrat

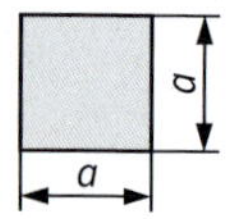

$A = a^2$
$U = 4 \cdot a$

Rechteck

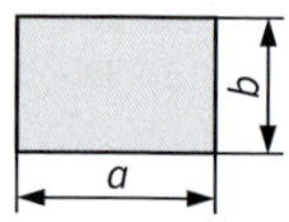

$A = a \cdot b$
$U = 2 \cdot (a + b)$

Dreieck

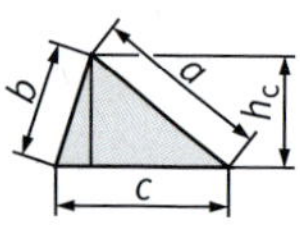

$A = \frac{c \cdot h_c}{2}$
$U = a + b + c$

Parallelogramm

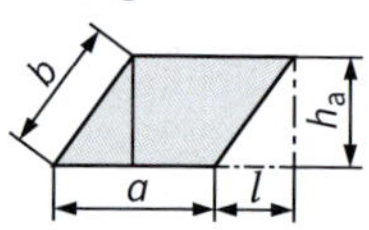

$A = a \cdot h_a$
$U = 2\left(a + \sqrt{l^2 + h_a^2}\right)$
$U = 2\,(a + b)$

Trapez

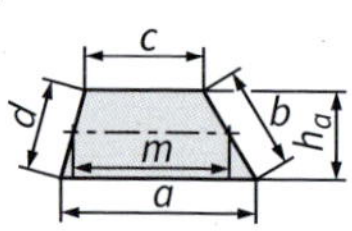

$A = m \cdot h_a$
$m = \frac{a + c}{2}$
$U = a + b + c + d$

Kreis

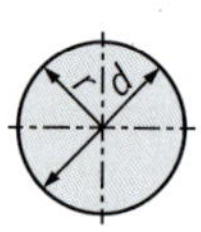

$A = \pi \cdot r^2$
$A = \frac{\pi \cdot d^2}{4}$
$U = \pi \cdot d$

Kreisring

$A = \pi\,(R^2 - r^2)$
$A = \frac{\pi}{4}\,(D^2 - d^2)$

Beispiel:

Aus einem Blech mit den Maßen 85 mm x 85 mm wird das dargestellte Transformatorblech (M-Abschnitt) hergestellt. Wieviel Prozent der ursprünglichen Fläche sind bei dem fertigen Transformatorblech noch vorhanden?

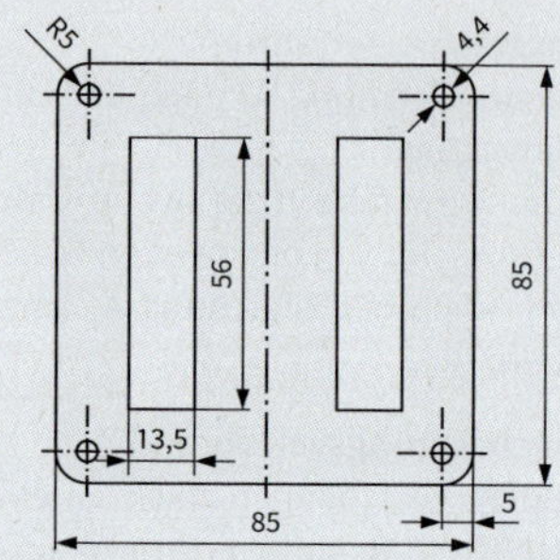

Lösung:

Geg.: Maße des Transformatorblechs
Ges.: Fläche des fertigen Bleches

Die Fläche des fertigen Transformatorbleches ergibt sich aus der ursprünglichen Fläche abzüglich der Fläche der Ausschnitte, der Bohrungen und der Abrundungen.

Gesamtfläche: $A = 85\text{ mm} \cdot 85\text{ mm}$

Ausschnitte: $A_1 = 2 \cdot (13{,}5\text{ mm} \cdot 56\text{ mm})$

Bohrungen: $A_2 = 4 \cdot \frac{(4{,}4\text{ mm})^2 \cdot \pi}{4}$

Abrundungen:
$A_3 = 4 \cdot \left(5\text{ mm} \cdot 5\text{ mm} - \frac{(5\text{ mm})^2 \cdot \pi}{4}\right)$

Fläche des fertigen Bleches:
$A_4 = A - A_1 - A_2 - A_3$
$A = 7225\text{ mm}^2 - 1512\text{ mm}^2 - 60{,}82\text{ mm}^2 - 21{,}46\text{ mm}^2$
$A = \underline{\underline{5630{,}72\text{ mm}^2}} \rightarrow \underline{\underline{77{,}93\,\%}}$

AUFGABEN

1. Wie groß ist die Oberfläche eines Banderders aus verzinktem Eisen, der 4 m lang ist und einen rechteckigen Querschnitt von 30 mm x 3 mm hat?

2. Wie groß ist die Oberfläche des dargestellten Transformatorenbleches?

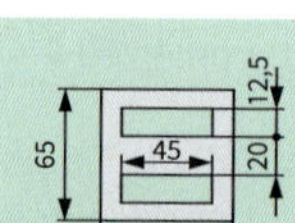

3. Bestimmen Sie die Oberfläche (Innen- und Außenseite) des dargestellten Profil-Kühlkörpers aus Aluminium.

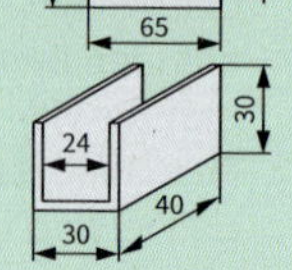

4. Berechnen Sie die Flächen der dargestellten Werkstücke.

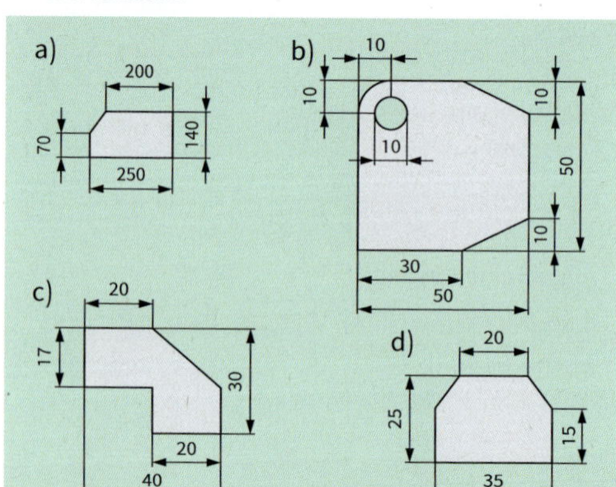

1.1.13 Volumen

Würfel

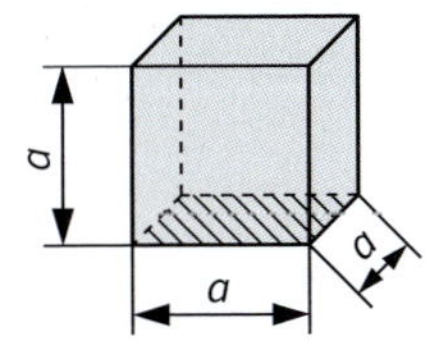

$V = a^3$

$A = a^2$

$A_M = 6 \cdot A$

Quader

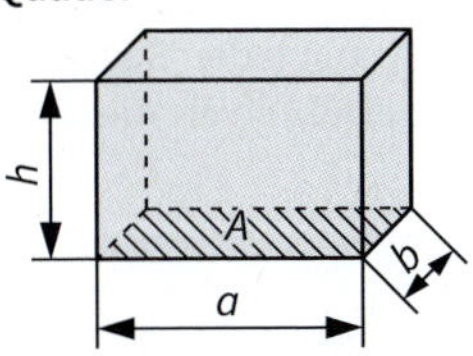

$V = a \cdot b \cdot h$

$A = a \cdot b$

$A_M = 2(ab + bh + ah)$

Zylinder

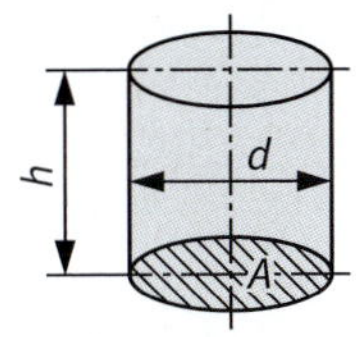

$V = a \cdot h$

$A = \frac{\pi \cdot d^2}{4}$

$A_M = \pi \cdot d \cdot h + \frac{\pi \cdot d^2}{4}$

A_M: Mantelfläche

Beispiel:

Ein 10 m langes Erdkabel ist mit einem 4 mm dicken Bleimantel versehen. Der äußere Durchmesser des Kabels beträgt 45 mm.

a) Berechnen Sie die Querschnittsfläche des Bleimantels in cm².

b) Wie groß ist das Volumen in m³?

Lösung:

Geg.: $D = 45\ \text{mm}$; $D - d = 2 \cdot 4\ \text{mm}$; $l = 10\ \text{m}$

Ges.: A, V

a) $d = D - 2 \cdot 4\ \text{mm}$

$d = 37\ \text{mm}$

$A = \frac{\pi(D^2 - d^2)}{4}$

$A = \frac{\pi[(45\ \text{mm})^2 - (37\ \text{mm})^2]}{4}$

$A = 515{,}22\ \text{mm}^2 = \underline{\underline{5{,}15\ \text{cm}^2}}$

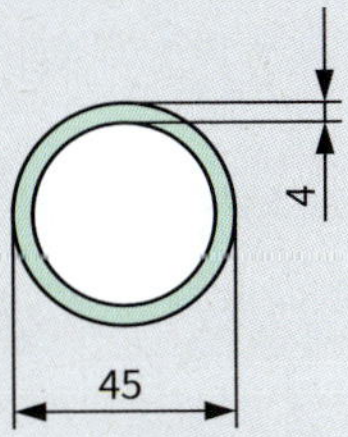

b) $V = a \cdot h$

$V = 5{,}15 \cdot 10^{-4}\ \text{m}^2 \cdot 10\ \text{m}$

$V = \underline{\underline{5{,}15 \cdot 10^{-3}\ \text{m}^3}}$

Aufgaben

1. Formen Sie die folgenden Werte um:

a) 1,5 m²	in dm²	e) 0,01 dm²	in mm²
b) 15 mm²	in cm²	f) 48 cm²	in dm²
c) 250 cm²	in m²	g) 380 mm²	in m²
d) 45 000 mm²	in m²	h) $23 \cdot 10^{-2}$ cm²	in mm²

2. Rechnen Sie die folgenden Werte um:

a) 15 000 cm³	in dm³	c) 350 dm³	in m³
b) 0,1 m³	in cm³	d) 0,5 cm³	in mm³

3. Für die Abschirmung gegen Störstrahlungen wird ein Gehäuse mit folgenden Abmessungen benötigt:

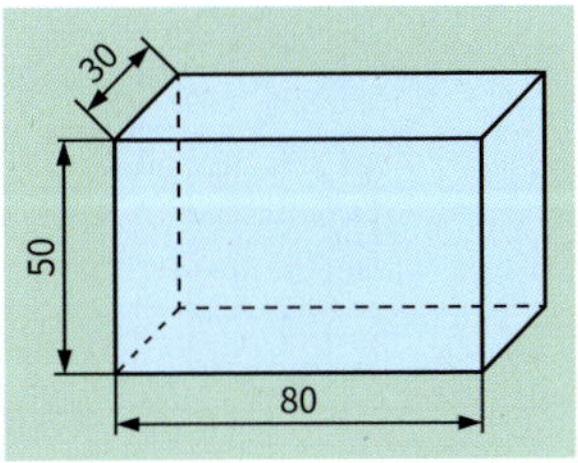

a) Berechnen Sie die gesamte Oberfläche (Maße in mm).

b) Wie viele Gehäuse könnten aus einer Blechplatte mit 1 m² Fläche hergestellt werden, wenn der Verschnitt 15 % beträgt?

c) Berechnen Sie das Volumen eines Gehäuses und geben Sie dieses in dm³ an.

4. Auf einen runden Spulenkörper soll einlagig Kupferdraht gewickelt werden. Wie viele Meter Draht werden benötigt?

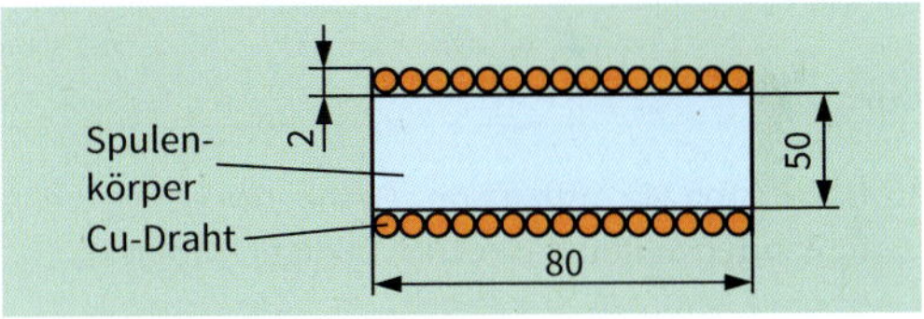

5. Der dargestellte Transformatorkern M 102/52 besteht aus einzelnen Dynamoblechen, die gegeneinander isoliert sind. Für diese Isolation werden 5 % der Schichtdicke des Kerns benötigt. Wie groß ist das Volumen des Eisens?

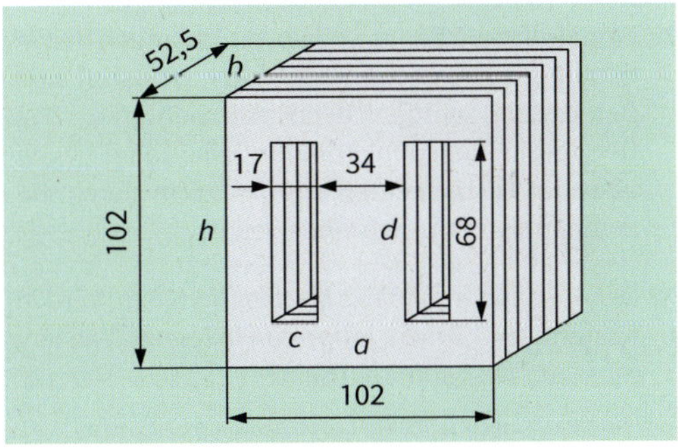

1.1.14 Rechtwinkliges Dreieck (Pythagoras)[1)]

Satz des Pythagoras

a, b	**Katheten**	(die Seiten, die den rechten Winkel bilden)
c	**Hypotenuse**	(längste Seite, liegt dem rechten Winkel gegenüber)

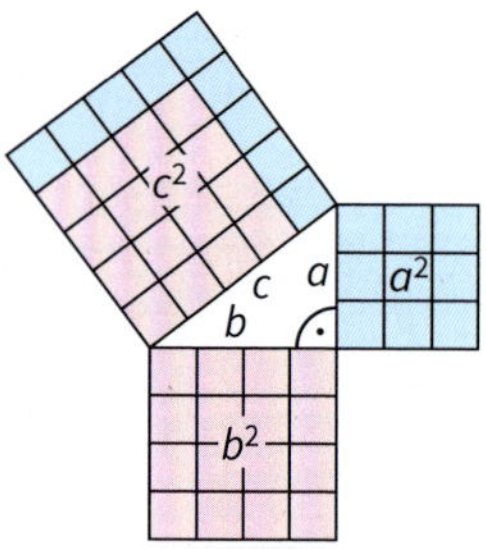

$c^2 = a^2 + b^2$
$a^2 = c^2 - b^2$
$b^2 = c^2 - a^2$

$c = \sqrt{a^2 + b^2}$
$a = \sqrt{c^2 - b^2}$
$b = \sqrt{c^2 - a^2}$

Beispiel:

Die Hypotenuse eines rechtwinkligen Dreiecks soll berechnet werden.

Geg.: $a = 2{,}8\ \text{cm}$; $b = 3{,}5\ \text{cm}$
Ges.: c

Lösung:

$c = \sqrt{a^2 + b^2}$ $\quad c = \sqrt{(2{,}8\ \text{cm})^2 + (3{,}5\ \text{cm})^2}$

$\underline{\underline{c = 4{,}482\ \text{cm}}}$

AUFGABEN

1. Berechnen Sie mithilfe des Pythagoras die jeweils fehlenden Seiten des rechtwinkligen Dreiecks.
a) $a = 17\ \text{cm}$; $b = 35\ \text{cm}$
b) $a = 2{,}7\ \text{cm}$; $c = 6{,}8\ \text{cm}$
c) $b = 5{,}5\ \text{mm}$; $c = 7{,}3\ \text{mm}$

2. Zwei Kräfte $F_1 = 800\ \text{N}$ und $F_2 = 1{,}5\ \text{kN}$ greifen im rechten Winkel an einem Punkt an. Wie groß ist die resultierende Kraft?

3. Eine Hoflampe hängt an zwei gleichlangen Seilen, die auf gleicher Höhe an 2 Haken befestigt sind. Der Abstand zwischen den Haken beträgt $a = 9\ \text{m}$. Der Verbindungspunkt beider Seile hängt gegenüber der Waagerechten um $b = 0{,}5\ \text{m}$ durch. Berechnen Sie die Länge eines Seiles.

4. Der Abspanndraht eines Mastes ($h = 6{,}6\ \text{m}$) wird im Abstand $a = 4{,}2\ \text{m}$ im Erdboden befestigt. Wie lang muss der Abspanndraht sein?

[1)] Pythagoras: Griechischer Philosoph, geb. um 570 v. Chr.

5. Im rechtwinkligen Dreieck ist die fehlende Seite zu berechnen.

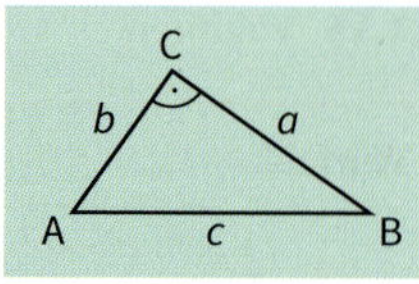

Gegeben sind:
a) $a = 1{,}8\ \text{dm}$; $b = 4{,}2\ \text{dm}$
b) $a = 3{,}6\ \text{cm}$; $c = 12{,}6\ \text{cm}$
c) $b = 0{,}4\ \text{m}$; $c = 0{,}8\ \text{m}$
d) $a = b = 0{,}88\ \text{dm}$

6. Zwischen zwei Häusern befindet sich die Straßenlampe. Sie hängt in der Mitte, und die Seile für die Aufhängevorrichtung sind auf jeder Seite 13 m lang. Berechnen Sie die Strecke, um die die Lampe durchhängt.

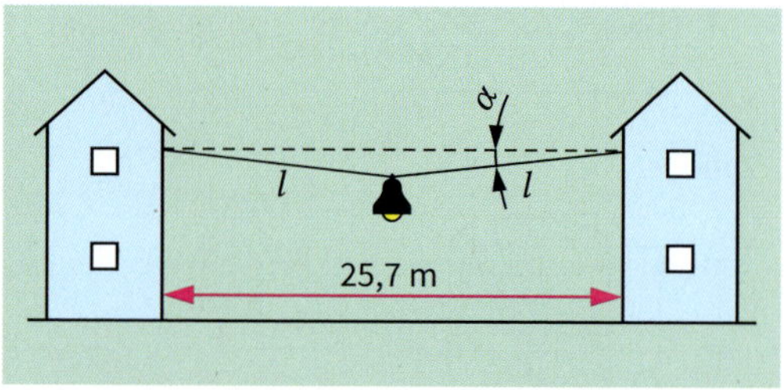

7. Mit einem Kran soll ein Eisenträger angehoben werden. Die Länge der beiden Befestigungsseile am Eisenträger beträgt je 1,5 m.
a) In welchem Abstand müssen die beiden Seile am Träger befestigt werden, damit zwischen ihnen ein Winkel von 90° entsteht?
b) Wie groß sind die Kräfte in den Seilen, wenn der Träger eine Gewichtskraft von 1,88 kN hat?

8. Berechnen Sie in den Dreiecken die fehlenden dritten Längen, wenn folgende Größen gegeben sind:

a) $a = 6{,}6\ \text{cm}$
$b = 3{,}4\ \text{cm}$
$h = 2{,}4\ \text{cm}$

b) $c = 14{,}5\ \text{cm}$
$q = 4{,}5\ \text{cm}$
$h = 3\ \text{cm}$

c) $p = 1{,}6\ \text{dm}$
$q = 1{,}7\ \text{dm}$
$a = 2{,}8\ \text{dm}$

d) $a = 4{,}9\ \text{cm}$
$p = 2{,}3\ \text{cm}$
$b = 3{,}8\ \text{m}$

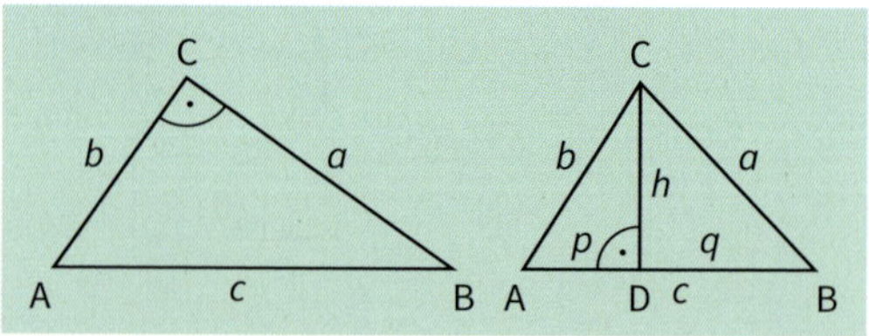

9. Aus einer Entfernung von 90 m erblickt man die Spitze eines Hochspannungsmastes. Der Erhebungswinkel vom Standort aus beträgt 32,5°. Die Augenhöhe beträgt 1,68 m. Wie hoch ist der Mast?

1.1.15 Winkel und Winkelfunktionen

Winkelfunktionen

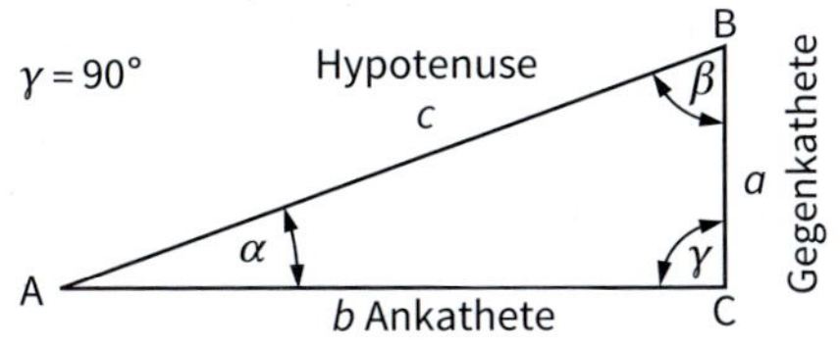

$\sin\alpha = \frac{a}{c}$ $\qquad$ $\sin\alpha = \frac{\text{Gegenkathete}}{\text{Hypotenuse}}$

$\cos\alpha = \frac{b}{c}$ $\qquad$ $\cos\alpha = \frac{\text{Ankathete}}{\text{Hypotenuse}}$

$\tan\alpha = \frac{a}{b}$ $\qquad$ $\tan\alpha = \frac{\text{Gegenkathete}}{\text{Ankathete}}$

$\cot\alpha = \frac{b}{a}$ $\qquad$ $\cot\alpha = \frac{\text{Ankathete}}{\text{Gegenkathete}}$

Winkelmaße

α_G: Winkel im Gradmaß $\qquad [\alpha_G] = °$
α_B: Winkel im Bogenmaß $\qquad [\alpha_B] = \text{rad}$

Zusammenhang zwischen α_G und α_B:

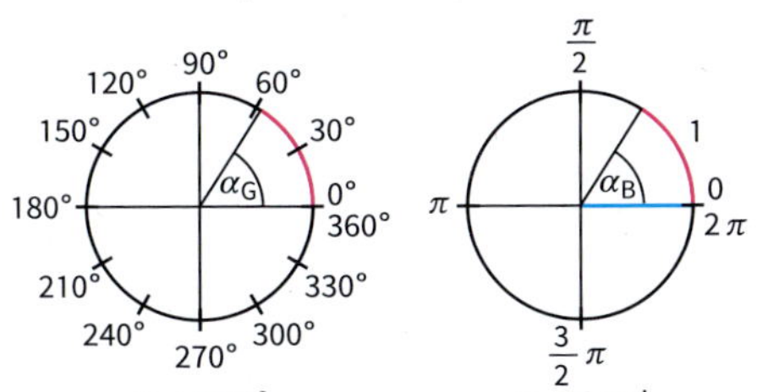

$\alpha_G \approx 57{,}3°$ $\qquad$ $\alpha_B \approx 1$ rad

$$\frac{\alpha_G}{\alpha_B} = \frac{360°}{2 \cdot \pi} = \frac{57{,}3°}{1\ \text{rad}}$$

$$\frac{\alpha_B}{\alpha_G} = \frac{2 \cdot \pi}{360°} = 0{,}01745\ \frac{1\ \text{rad}}{1°}$$

Beispiel:

Ein rechtwinkliges Dreieck soll berechnet werden.

Geg.: $a = 15$ cm; $\sin\alpha = 0{,}6$
Ges.: a) α_G; α_B; $\tan\alpha$ $\quad$ b) b, c

Lösung:

a) $\sin\alpha = 0{,}6 \Rightarrow \alpha^G = 36{,}87°$

$\cos\alpha = 0{,}8$ $\qquad$ $\tan\alpha = 0{,}75$

$\frac{\alpha_G}{\alpha_B} = \frac{360°}{2\pi}$ $\qquad$ $\frac{\alpha_B}{\alpha_G} = 0{,}01745\ \frac{1\ \text{rad}}{1°}$

$\alpha_B = \frac{\alpha_G \cdot 2\pi}{360°}$ $\qquad$ $\alpha_B = 0{,}01745\ \frac{1\ \text{rad}}{1°} \cdot \alpha_G$

$\alpha_B = \frac{36{,}87° \cdot 2 \cdot \pi}{360°}$ $\qquad$ $\alpha_B = 0{,}01745\ \frac{1\ \text{rad}}{1°} \cdot 36{,}87°$

$\alpha_B = 0{,}6435$ rad $\qquad$ $\alpha_B = 0{,}6434$ rad

b) $\sin\alpha = \frac{a}{c}$ $\qquad$ $c = \frac{a}{\sin\alpha}$

$c = \frac{15\ \text{cm}}{0{,}6}$ $\qquad$ $c = 25$ cm

$\cos\alpha = \frac{b}{c}$ oder $\tan\alpha = \frac{a}{b}$

$b = c \cdot \cos\alpha$ $\qquad$ $b = \frac{a}{\tan\alpha}$

$b = 25\ \text{cm} \cdot 0{,}8$ $\qquad$ $b = \frac{15\ \text{cm}}{0{,}75}$

$b = 20$ cm $\qquad$ $b = 20$ cm

oder

$c^2 = a^2 + b^2$ $\qquad$ $b^2 = c^2 - a^2$

$b = \sqrt{c^2 - a^2}$

$b = \sqrt{(25\ \text{cm})^2 - (15\ \text{cm})^2}$

$b = 20$ cm

AUFGABEN

1. Wandeln Sie die folgenden Winkel in das Bogenmaß um:
a) 45°; b) 145°; c) 400°; d) 3600°

2. Wandeln Sie die folgenden Winkel in das Gradmaß um:
a) $\frac{\pi}{4}$ rad; b) 0,5348 rad; c) 2 rad; d) 9,2478 rad

3. Für ein rechtwinkliges Dreieck sind $\cos\alpha = 0{,}44$ cm und $b = 23{,}5$ cm gegeben. Berechnen Sie $\sin\alpha$, $\tan\alpha$ sowie die Winkel α und β im Grad- und im Bogenmaß.

4. Ein rechtwinkliges Dreieck besitzt die Seiten $a = 11$ cm und $b = 15$ cm.
a) Berechnen Sie die Seite c.
b) Wie groß sind die Winkel im Grad- und im Bogenmaß?

5. Ermitteln Sie die Winkel im Grad- und im Bogenmaß.

a) $\sin\alpha = 0{,}7532$	e) $\sin\beta = -0{,}5432$
b) $\cos\alpha = 0{,}5000$	f) $\cos\beta = 0{,}9982$
c) $\tan\alpha = 1{,}0000$	g) $\tan\beta = -0{,}5000$
d) $\cot\alpha = 2{,}3333$	h) $\cot\beta = -1{,}0000$

Winkelfunktionen und Einheitskreis

Einheitskreis

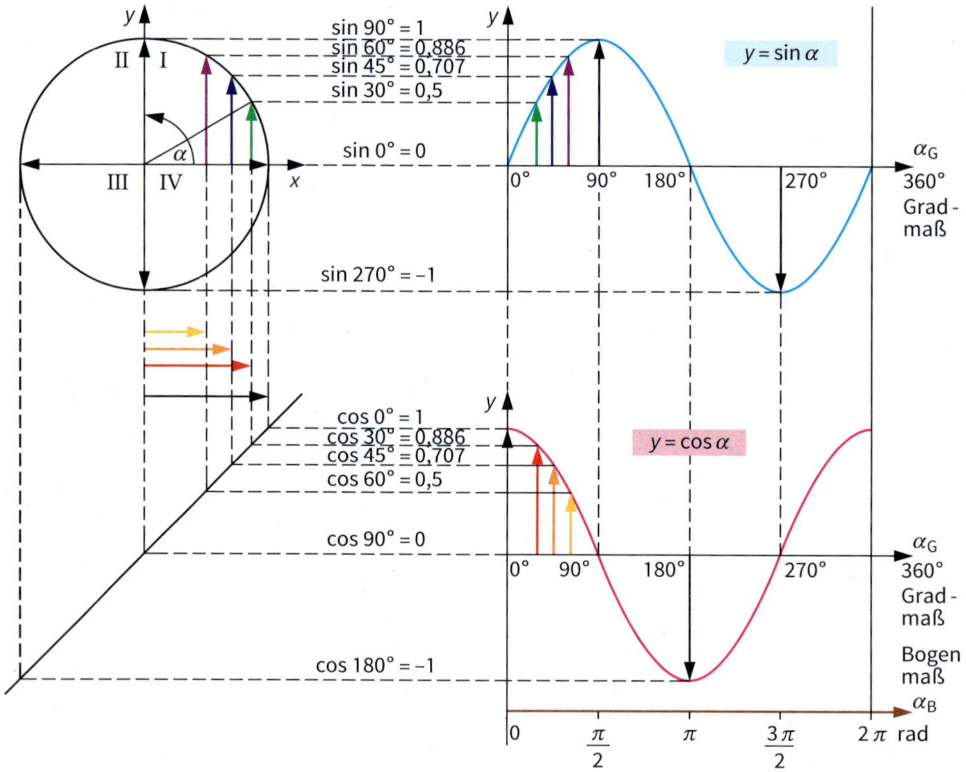

Mithilfe des Einheitskreises (Radius = 1) können die Sinus- bzw. Cosinuskurven konstruiert werden. Hierzu werden auf der Abszisse die Winkel und auf der Ordinate die zugehörigen Sinus- bzw. Cosinuswerte abgetragen.

Aufgaben

1. Zeichnen Sie an einem Einheitskreis die Strecken für sin 45°, tan 45° und cot 45°.

2. Ermitteln Sie das Vorzeichen der Winkelfunktionen $\sin\alpha$, $\cos\alpha$, $\tan\alpha$ und $\cot\alpha$ für den

a) I. Quadranten $(0° < \alpha < 90°)$
b) II. Quadranten $(90° < \alpha < 180°)$
c) III. Quadranten $(180° < \alpha < 270°)$
d) IV. Quadranten $(270° < \alpha < 360°)$

3. Berechnen Sie in einem rechtwinkligen Dreieck die Katheten, wenn folgende Größen bekannt sind:

a) $\alpha = 35°$; $c = 13$ cm
b) $\beta = 15°$; $c = 26$ cm
c) $\alpha = 83°$; $c = 45$ mm

4. Weisen Sie nach, dass $\tan\alpha = \frac{\sin\alpha}{\cos\alpha}$ und $\tan\alpha = \frac{1}{\cot\alpha}$ gilt.

5. Berechnen Sie die Winkelfunktionen sin, cos und tan sowie die Winkel im Gradmaß für die folgenden Winkel im Bogenmaß:

a) $\alpha_B = \frac{\pi}{2}$ rad d) $\varphi_B = 0{,}5$ rad g) $\alpha_B = \sqrt{2} \cdot \pi$ rad
b) $\gamma_B = 2\frac{1}{2}\pi$ rad e) $\beta_B = 0{,}\overline{8}$ rad h) $\alpha_B = \frac{1}{\sqrt{2}}$ rad
c) $\beta_B = 2\pi$ rad f) $\gamma_B = 1{,}75$ rad i) $\beta_B = \pi^2$ rad

6. Überprüfen Sie die folgende Formel für ein rechtwinkliges Dreieck auf ihre Richtigkeit:
$\sin^2\alpha + \cos^2\alpha = 1$

1.2 Physik

1.2.1 Physikalische Größen und Einheiten

Schreibweise

	Größenwert	=	Zahlenwert	·	Einheit
Bsp.:	l	=	$\{l\}$	·	$[l]$
	l	=	3	·	m
	Länge	=	Zahlenwert der Länge	·	Einheit der Länge

Physikalische Gleichungen

Größengleichungen	Einheitengleichungen
z. B. $v = \frac{s}{t}$; $m = 8$ kg	z. B. 1 h = 3600 s
Zugeschnittene Größengleichung	**Zahlenwertgleichungen**
z.B. $\frac{v}{\text{km/h}} = 3{,}6 \cdot \frac{\text{s/m}}{\text{t/s}}$	z. B. $[v] = 3{,}6 \frac{\{s\}}{\{t\}}$ v in km/h s in m t in s

Regeln

- **Addieren und Subtrahieren**
  Zahlenwerte addieren bzw. subtrahieren (nur möglich bei gleichen Einheiten).
  z. B. 5 m + 3 m = 8 m
- **Multiplizieren**
  Zahlenwerte und Einheiten multiplizieren.
  z. B. 5 · 3 m = 15 m; 3 N · 2 m = 6 Nm
- **Dividieren**
  Zahlenwerte und Einheiten dividieren.
  z. B. $\frac{400}{2}$ min $= 200 \cdot \frac{1}{\text{min}} = 200 \cdot \text{min}^{-1}$
- **Potenzieren**
  Zahlenwerte und Einheiten potenzieren.
  z. B. $(5\ \text{V})^2 = 5^2 \cdot \text{V}^2 = 25\ \text{V}^2$
- **Radizieren**
  Zahlenwerte und Einheiten radizieren.
  z. B. $\sqrt{16\ \text{A}^2} = \sqrt{16} \cdot \sqrt{\text{A}^2} = 4$ A

AUFGABEN

1. a) 135 cm + 7350 mm + 60 dm + 0,02 m
b) 16 A – 0,035 kA + 500 · 10–3 A – 7650 mA
c) 0,86 kg – (550 g – 0,03 kg + 195 · 10-3 kg)
d) 1/4 kg + 0,25 kg + 1/3 kg – 500 g
e) 3/8 m + 75 cm – 0,55 m – 680mm + 0,47 m

2. a) 35 V · 24 A + 230 V · A – 20 A · 30 V
b) 932 Nm – 23 N · 5 m + 25 Nm – 3 m · 15 N
c) 16 V · 3 s + 600 mV · 300 ms – 15 Vs
d) 66 W · 0,3 s + 3,5 Ws – 220 mWs + 700 mW · 320 ms

SI-Basiseinheiten[1)]

Größe	Formelzeichen	Einheitenname	Einheitenzeichen
Länge	l	Meter	m
Masse	m	Kilogramm	kg
Zeit	t	Sekunde	s
Elektrische Stromstärke	I	Ampere	A
Temperatur	T	Kelvin	K
Lichtstärke	I_V	Candela	cd
Stoffmenge	n	Mol	mol

3. a) 533 V · A : 27 V d) (65 kg · m/s²) : 15 kg
b) 735 Vs : 16 m e) (122,3 VAs) : 12 ms
c) 735,4 Nm/25 N f) (17,5 Nm) : (1,5 Nm + 0,3 Nm)

4. a) $6 \cdot \pi \cdot 70$ cm d) $(3\ \text{cm}^2 + 0{,}5\ \text{cm}^2) : 0{,}5$ cm
b) $\pi^2 \cdot 9\ \text{m}^2$ e) 65 Nm : (60 cm + 25 cm)
c) $\frac{2\ \text{cm} + 0{,}3\ \text{dm}}{4}$ f) $520\ \text{m/s} + 27 \cdot 13 \frac{\text{m}}{\text{s}}$

5. a) 530 km : 12 h + 330 km/h + 24 · 10 km/10 h
b) $560/\text{min} + 330\ \text{min}^{-1} - 5\frac{1}{\text{s}} + 200 : 3$ min
c) $3{,}6\ \text{m}^2/5\ \text{m} + 77 \cdot 12\ \text{m} \cdot 2\ \text{m}/25\ \text{m} - 0{,}3 \cdot 2{,}5$ m
d) $0{,}2(653\ \text{mm}^3 : 0{,}43\ \text{cm}^2) - (1{,}3 \cdot 10^3\ \text{mm}^3/8\ \text{cm}^2)$

6. a) $(12\ \text{cm} + 56\ \text{mm})^2 + (0{,}03\ \text{m} + 12\ \text{cm})^2$
b) $(3\ \text{m} + 15\ \text{dm})^2 + 6\ \text{m}^2 - (2\ \text{m})^2 + 0{,}3\ \text{m} \cdot 2{,}5$ m
c) $\frac{2}{3}(20\ \text{mm} + 0{,}2\ \text{m} \cdot 3)^2 + 3(0{,}33\ \text{dm} + 2 \cdot 3{,}5\ \text{cm})^2$

7. Wandeln Sie die folgenden Dichteangaben in g/cm³ um.
a) Stahl 7,9 kg/dm³ b) Kupfer 8,93 kg/dm³

8. Drücken Sie die Geschwindigkeitsangaben in m/s aus.
a) 5,3 km/h c) 5000 mm/min e) 10³ km/24 h
b) 60 cm/s d) 67 dm/6 s f) $\frac{3{,}5\ \text{km}}{45\ \text{min}}$

9. Drücken Sie die Energieeinheit 1 J (Joule) durch Basiseinheiten aus. Es gilt:
1 J = Nm $\frac{1\ \text{kg} \cdot \text{m}}{\text{s}^2} = 1$ N

10. Drücken Sie die Einheit 1 V (Volt) durch Basiseinheiten aus. Es gilt: 1 VA = 1 W; $\frac{1\ \text{kg} \cdot \text{m}}{\text{s}^2} = 1$ N
1 N · m = 1 W · s

11. Addieren Sie die Leistungen, wenn folgende Einheitengleichungen gelten:
1 V · A = 1 W; $\frac{1\ \text{V}}{\text{A}} = 1\ \Omega$
Das Ergebnis soll in W (Watt) angegeben werden.
$\frac{6\ \text{V}^2}{5\ \Omega} + \frac{(3\ \text{V})^2}{2\ \Omega} + 5 \cdot \text{A}^2 \cdot \Omega + 1{,}5\ \text{V} \cdot \text{A} + \frac{3\ \text{W}}{2}$

[1)] Système international d'unités (Internationales Einheitensystem)

1.2.2 Kraft, Gewichtskraft, Masse und Dichte

Kraft

F_G	Kraft	$[F] = \mathrm{N}$
m	Masse	$[m] = \mathrm{kg}$
a	Beschleunigung	$[m] = \frac{\mathrm{m}}{\mathrm{s}^2}$

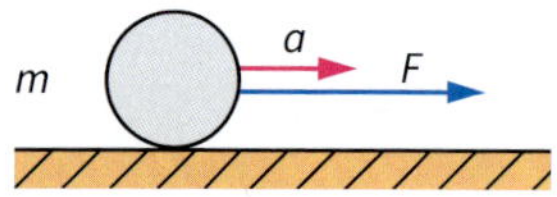

$F = m \cdot a$

$1\ \mathrm{N} = 1\ \frac{\mathrm{kg} \cdot \mathrm{m}}{\mathrm{s}^2}$

Gewichtskraft

F_G	Gewichtskraft	$[F_G] = \mathrm{N}$
m	Masse	$[m] = \mathrm{kg}$
g	Örtliche Fallbeschleunigung	$[g] = \frac{\mathrm{m}}{\mathrm{s}^2}$

$F_G = m \cdot g$

$g = 9{,}81\ \frac{\mathrm{m}}{\mathrm{s}^2}$

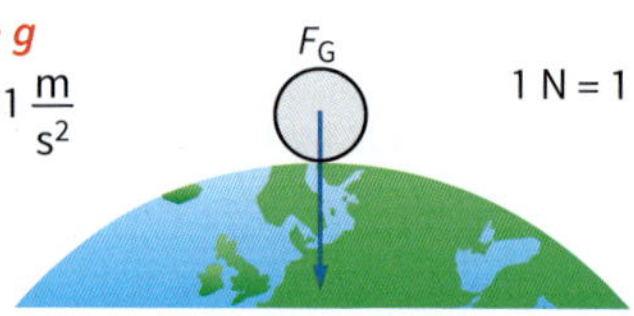

$1\ \mathrm{N} = 1\ \frac{\mathrm{kg} \cdot \mathrm{m}}{\mathrm{s}^2}$

Dichte

ϱ	Dichte	$[\varrho] = \frac{\mathrm{kg}}{\mathrm{dm}^3};\ \frac{\mathrm{g}}{\mathrm{cm}^3};\ \frac{\mathrm{kg}}{\mathrm{m}^3}$
m	Masse	$[m] = \mathrm{kg}$
V	Volumen	$[V] = \mathrm{cm}^3;\ \mathrm{dm}^3;\ \mathrm{m}^3$
		$1\ \mathrm{t} = 1000\ \mathrm{kg}$ (Tonne)

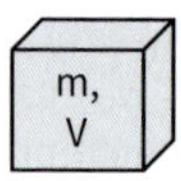

$\varrho = \frac{m}{V}$

Aufgaben

1. Ein Aufzug mit einer Masse von 3000 kg wird beim Anfahren mit $a = 2{,}4\ \frac{\mathrm{m}}{\mathrm{s}^2}$ beschleunigt. Wie groß ist die dafür erforderliche Kraft?

2. Ein Fahrzeug mit einer Masse von 1400 kg wird durch eine konstante Kraft in 18 s von $0\ \frac{\mathrm{m}}{\mathrm{s}}$ auf eine Geschwindigkeit von $95\ \frac{\mathrm{km}}{\mathrm{h}}$ beschleunigt. Wie groß ist die Kraft?

3. Ein Fahrzeug bewegt sich mit einer konstanten Geschwindigkeit $v = 20\ \frac{\mathrm{m}}{\mathrm{s}}$ und besitzt eine Masse von $1{,}4 \cdot 10^3$ kg. Auf das Fahrzeug wirkt 4 Sekunden lang eine konstante Kraft von $F = 1900$ N in Fahrtrichtung. Wie groß ist die Geschwindigkeit am Ende des Beschleunigungsvorgangs?

4. Ein Wagen mit einer Masse von 80 kg wird durch eine horizontale Kraft von 120 N aus dem Stillstand gleichmäßig beschleunigt. Wie lang muss man die Kraft wirken lassen, damit eine Geschwindigkeit von $v = 20\ \frac{\mathrm{km}}{\mathrm{h}}$ erreicht wird?

5. Welche Kraft ist erforderlich, um eine Masse von a) 50 kg; b) 1500 kg anzuheben?

6. Welche Gewichtskraft übt ein Eimer mit 10 Litern Wasser auf seine Unterlage aus? (1 Liter Wasser ≙ 1 kg; Masse des Eimers: 0,6 kg)

7. Ein Personenaufzug mit einer Masse von 1000 kg befördert 8 Personen mit einer durchschnittlichen Masse von 75 kg. Welche Gewichtskraft muss ein Gegengewicht aufbringen, wenn 63 % der gesamten Last (Aufzug und Personen) ausgeglichen werden sollen?

8. Die Masse eines Fahrstuhls beträgt 2300 kg. Beim Anfahren wird er mit $1{,}2\ \frac{\mathrm{m}}{\mathrm{s}^2}$ beschleunigt. Die Verzögerung beträgt $0{,}8\ \frac{\mathrm{m}}{\mathrm{s}^2}$. Berechnen Sie die auftretenden Kräfte.

9. Die Dichte von Spiritus beträgt $0{,}83\ \frac{\mathrm{g}}{\mathrm{cm}^3}$. Wie groß ist die Masse eines Volumens von 25 cm^3?

10. Wie groß ist das Volumen einer Kupfermasse von 1,5 kg?

11. Luft von 20 °C hat eine Dichte von $0{,}0013\ \frac{\mathrm{g}}{\mathrm{cm}^3}$. Berechnen Sie die Luftmasse eines Raumes mit den Abmessungen $a = 5$ m; $b = 12$ m und $h = 4$ m.

12. Ein Werkstück (Quader) aus Aluminium besitzt eine Masse von 12,5 kg. Es hat eine Höhe von 30 cm. Berechnen Sie die Seite der quadratischen Grundfläche.

13. Für ein Kupferrohr mit dem Außendurchmesser von 10 mm, einer Wanddicke von 2 mm und einer Länge von 2 m soll die Masse berechnet werden.

14. Berechnen Sie a) das Volumen und b) die Masse des dargestellten Werkstücks ($\varrho = 7{,}9\ \frac{\mathrm{kg}}{\mathrm{dm}^3}$).

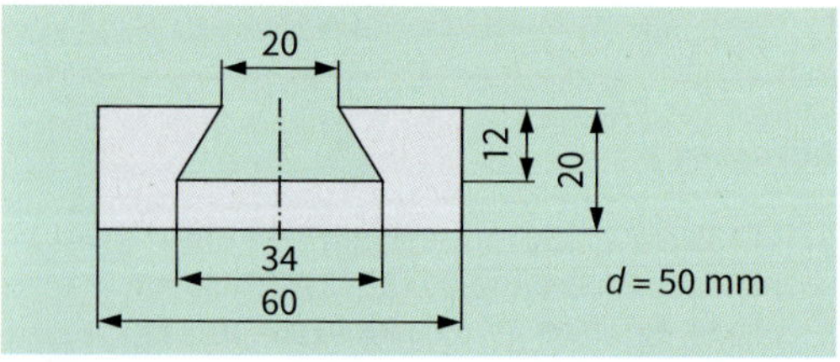

Dichte von Werkstoffen

Material	Stahl	Stahlblech	Aluminium	Kupfer	PVC
ϱ in $\frac{\mathrm{kg}}{\mathrm{dm}^3}$	7,9	7,85	2,7	8,93	1,38

1.2.3 Zusammensetzung und Zerlegung von Kräften

- Kräfte sind gerichtete Größen (Vektoren). Sie können als Pfeile dargestellt werden. Diese haben eine Richtung und einen Angriffspunkt.
- Wenn mehrere Kräfte an einem Angriffspunkt wirken, können diese zu einer Gesamtkraft (Resultierende Kraft F_R) zusammengefasst werden.

Zusammensetzung von Kräften

Gleiche Richtung

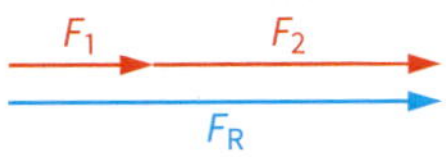

$F_R = F_1 + F_2$

Entgegengesetzte Richtung

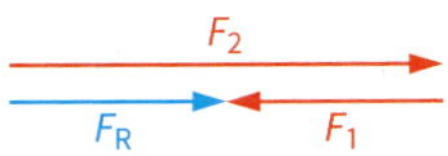

$F_R = F_2 - F_1$

Winkel 90°

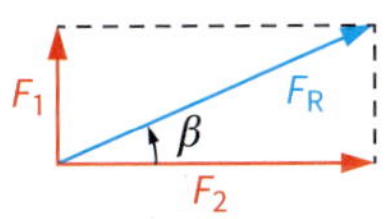

$F_R = \sqrt{F_1^2 + F_2^2}$

$\tan \beta = \frac{F_1}{F_2}$

Winkel beliebig

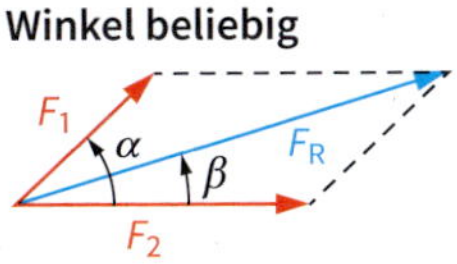

$\tan \beta = \frac{F_1 \cdot \sin \alpha}{F_2 + F_1 \cdot \cos \alpha}$

$F_R = \sqrt{F_1^2 + F_2^2 - 2\,F_1 \cdot F_2 \cdot \cos(180° - \alpha)}$

Zerlegung von Kräften

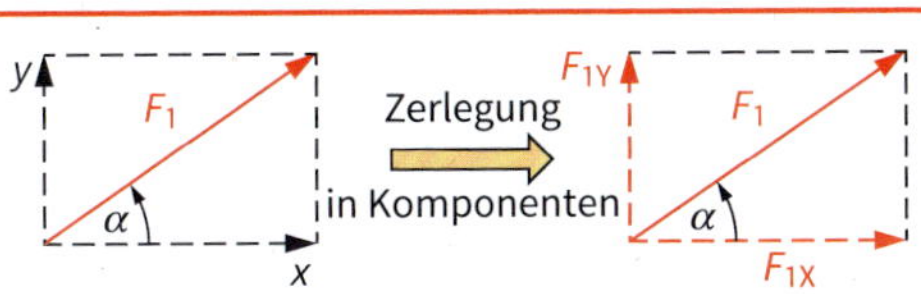

$F_{1x} = F_1 \cdot \cos \alpha$ $\qquad$ $F_{1y} = F_1 \cdot \sin \alpha$

AUFGABEN

1. Zwei Kräfte $F_1 = F_2 = 150$ N bilden einen Winkel von a) 30°, b) 60°, c) 90°, d) 120°. Bestimmen Sie jeweils die resultierende Kraft F.

2. An einem Mast wirken 2 Freileitungen F_1 = 12 kN und F_2 = 15 kN unter einem Winkel von 100°. Bestimmen Sie Größe und Richtung der Kraft F, die beide Teilkräfte im Gleichgewicht hält.

3. Eine Last (F = 8 kN) wird durch zwei Stahlseile, die einen Winkel von 40° bilden, von einem Kran angehoben. Ermitteln Sie die Zugkräfte in den beiden Seilen.

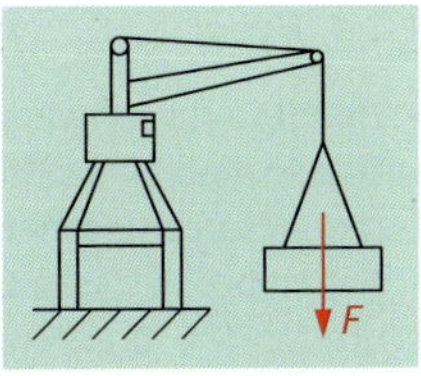

4. Wie groß sind die Kräfte, die auf die Befestigungsseile ausgeübt werden? Wie ändern sich die Kräfte, wenn die Lampe weniger durchhängen soll?

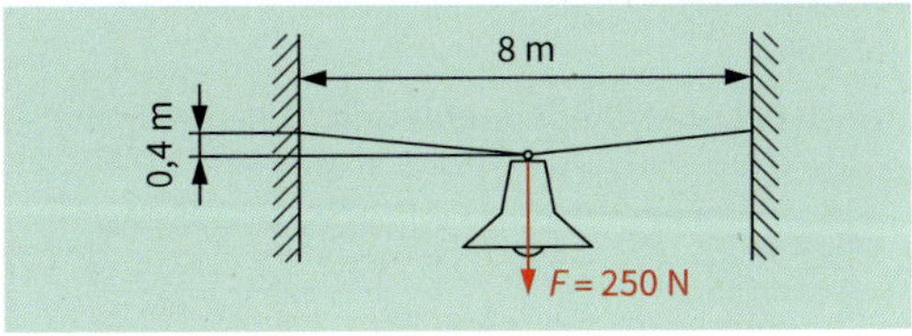

5. Eine Lampe (F = 360N) hängt an zwei Seilen.

a) Wie groß sind die Zugkräfte F_1 und F_2 in den Seilen?

b) Wie groß sind die Zugkräfte, wenn die Lampe in der Mitte zwischen den Befestigungspunkten A und B hängt?

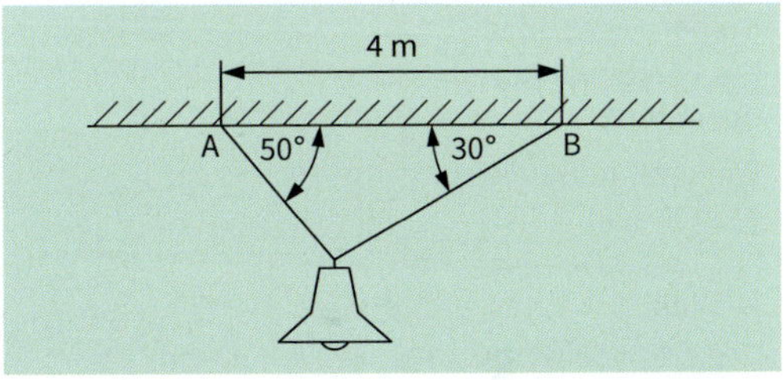

6. Die Befestigungspunkte A und B werden durch die beiden Seilkräfte jeweils auf waagerechtem (F_w) und senkrechtem (F_s) Zug beansprucht. Bestimmen Sie die Teilkräfte F_w und F_s in den beiden Punkten A und B.

7. Die Kraft F_2 = 500 N und die resultierende Kraft F = 1,5 kN bilden einen Winkel von 50°. Wie groß ist die Kraft F_1?

8. An einem Mast wirken zwei Freileitungen mit F_1 = 15 kN und F_2 = 18 kN unter einem Winkel von 120°. Gesucht sind Größe und Richtung der Kraft F_3, die die beiden Kräfte im Gleichgewicht halten soll.

9. An einem Mast greifen drei Kräfte an. F_1 = 1,2 kN; F_2 = 1,5 kN; F_3 = 1,8 kN. Die Kräfte F_2 und F_3 bilden einen Winkel von 150° und die Kräfte F_1 und F_3 einen Winkel von 120°.

a) Wie groß muss die Kraft F_4 sein, die die Wirkungen der anderen drei Kräfte aufhebt?

b) Welchen Winkel bildet sie mit der Kraft F_2?

1.2.4 Hebel

- Hebel sind Kraftwandler.
- Das Produkt aus Kraft und Hebelarm bezeichnet man als **Drehmoment** ***M***.
- Am Hebel herrscht Gleichgewicht, wenn die linksdrehenden Drehmomente gleich den rechtsdrehenden Drehmomenten sind.
- Die Arbeit an jedem Hebelarm ist gleich.

Drehmoment ***M*** $[M] = \text{Nm}$

$M = F \cdot s$

Nach Lage des Drehpunktes unterscheidet man

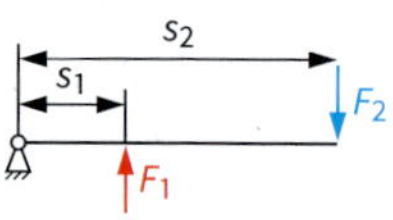

einseitige Hebel

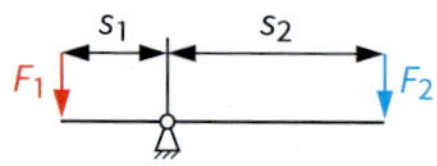

zweiseitige Hebel

$F_1 \cdot s_1 = F_2 \cdot s_2$

Beispiel:

Wie groß ist das Drehmoment, das am Seitenschneider auftritt?

Wie groß muss die Kraft F_2 sein?

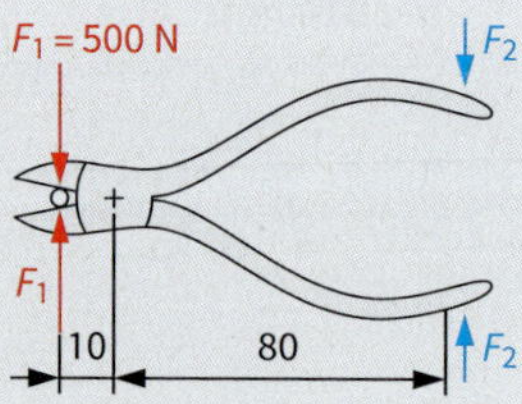

Lösung:

Geg.: $F_1 = 500\ \text{N}$; $s_1 = 10\ \text{mm}$; $s_2 = 80\ \text{mm}$

Ges.: M und F_2

$M = F \cdot s$; $M = 500\ \text{N} \cdot 10\ \text{mm}$;

$\underline{\underline{M = 5000\ \text{Nmm}}}$

$F_1 \cdot s_1 = F_2 \cdot s_2$

$F_2 = \frac{F_1 \cdot s_1}{s_2}$; $F_2 = \frac{500\ \text{N} \cdot 10\ \text{mm}}{80\ \text{mm}}$

$\underline{\underline{F_2 = 62{,}5\ \text{N}}}$

Aufgaben

1. An einer Riemenscheibe mit dem Durchmesser 600 mm entsteht ein Drehmoment von 480 Nm. Wie groß ist die am Umfang der Scheibe wirkende Kraft?

2. Ein 1 m langer Hebel liegt mit dem einen Ende auf einer Mauer auf. 30 cm von diesem Auflagepunkt hängt ein Motor mit der Masse von 50 kg. Wie groß muss die Kraft am Ende des Hebels sein, damit Gleichgewicht besteht?

3. Bei einem Drehstrommotor beträgt das Bemessungsdrehmoment 80 Nm. Welchen Durchmesser darf die Riemenscheibe höchstens haben, wenn an ihrem Umfang eine Kraft von 850 N benötigt wird?

4. Auf einer Wippe sitzt ein Junge ($m_1 = 25$ kg) zwei Meter vom Drehpunkt entfernt. In welchem Abstand muss sein Partner ($m_2 = 20$ kg) sitzen?

5. An einem einseitigen Hebel wirkt im Abstand von 130 cm vom Drehpunkt eine Kraft von 520 N. Wie groß muss die Gegenkraft sein, die im Abstand von a) 20 cm, b) 40 cm, c) 80 cm wirkt?

6. Ein zweiseitiger Hebel wird auf einer Seite im Abstand von 0,6 m vom Drehpunkt mit der Kraft $F_1 = 440$ N belastet.
a) In welchem Abstand wirkt die Kraft $F_2 = 550$ N?
b) Wie groß ist das Drehmoment?

7. Die Antriebsscheibe eines Motors hat einen Durchmesser von a) 8 cm und b) 15 cm.
Welche Kräfte entstehen, wenn das Bemessungsdrehmoment 78 Nm beträgt?

8. Ein zweiseitiger Hebel soll durch die Kräfte $F_1 = 1{,}2$ kN und $F_2 = 0{,}8$ kN im Gleichgewicht gehalten werden. Die Gesamtlänge des Hebels beträgt 1,6 m.
a) An welcher Stelle muss sich der Drehpunkt befinden?
b) Wie groß ist das Drehmoment?
c) Im welchem Verhältnis stehen die beiden Längen der Hebelarme bzw. die Kräfte?

9. An einem zweiseitigen Hebel verhalten sich die beiden Längen der Hebelarme $s_1 : s_2 = 2 : 5$. Die Kraft F_1 beträgt 2,2 kN.
a) Wie groß ist die Kraft F_2?
b) Bestimmen Sie die Längen der Hebelarme, wenn die Gesamtlänge des Hebels 2,8 m beträgt.
c) Wie groß ist das Drehmoment?

10. Am zweiseitigen Hebel verhalten sich die Kräfte $F_1 : F_2 = 4 : 3$. Die Gesamtlänge des Hebels beträgt 1,4 m, das Drehmoment ist 2,2 kNm.
a) Berechnen Sie die beiden Längen der Hebelarme!
b) Wie groß sind die Kräfte F_1 und F_2?

11. Zum Anheben eines Motors mit der Masse 125 kg steht ein Hebel mit 2 m Länge zur Verfügung. Wo muss der Drehpunkt des Hebels liegen, wenn zum Anheben des Motors eine Kraft von 450 N vorhanden ist?
Wo liegt der Drehpunkt, wenn die Masse (4 kg) des Hebels berücksichtigt wird?

1.2.5 Rollen

- Rollen sind Kraftwandler.
- Rollen sind im Prinzip Hebel, bei denen die Hebelarme gleich lang sind.

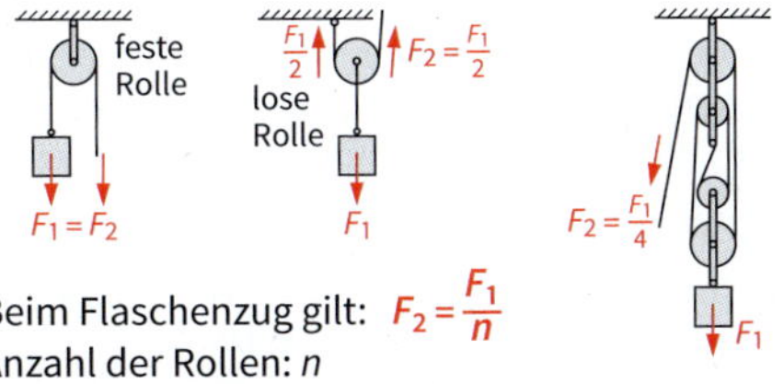

Beim Flaschenzug gilt: $F_2 = \frac{F_1}{n}$
Anzahl der Rollen: n

Beispiel:

Ein Transformator mit einer Masse von 250 kg soll mit einem Flaschenzug angehoben werden.

Mit welcher Kraft muss am Seilende gezogen werden, wenn der Flaschenzug aus zwei festen und zwei losen Rollen besteht?

Lösung:

Geg.: $m = 250$ kg; $n = 4$ Ges.: F_2

$F_2 = \frac{F_1}{n}$; $F_1 = m \cdot g$

$F_2 = \frac{m \cdot g}{n}$; $F_2 = \frac{250\text{ kg} \cdot 9{,}81\text{ m}}{4\text{ s}^2}$; $\underline{\underline{F_2 = 613\text{ N}}}$

Aufgaben

1. Wie groß ist die Masse, die an einer losen Rolle hängt, wenn am Seilende mit einer Kraft von 250 N gezogen werden muss, damit Gleichgewicht besteht?

2. Mit einer losen Rolle, die eine Masse von 8,15 kg hat, soll eine Masse von 55 kg angehoben werden. Infolge der Reibungsverluste kann eine zusätzliche Masse von 5 % der Gesamtmasse angenommen werden. Wie groß muss die Kraft am Zugseil bei Gleichgewicht sein?

3. Mit einem 6-Rollen-Flaschenzug soll eine Masse von 200 kg angehoben werden. Jede Rolle hat eine Masse von 0,5 kg. Damit Gleichgewicht besteht, muss die Kraft am Zugseil 340 N betragen. Welcher zusätzlichen Masse entsprechen dabei die Reibungsverluste?

4. Die Masse eines Gewichtes beträgt 85 kg. Die Reibungsverluste sind mit 4 % der Masse zusätzlich zu berücksichtigen. Bestimmen Sie die Zugkraft bei Verwendung a) einer losen Rolle, b) eines Flaschenzuges mit 6 Rollen und c) eines Flaschenzuges mit 8 Rollen.

5. Mit der Zugkraft von 450 N wird eine Masse von 350 kg angehoben. Die Verluste werden mit ca. 3 % der Masse angenommen. Wie viele Rollen muss der Flaschenzug mindestens haben?

6. Bei einem Flaschenzug verhalten sich die Zugkraft zu der Gewichtskraft wie 1 : 4. Die bewegte Masse einschließlich der Verluste beträgt a) 580 kg und b) 860 kg.
Bestimmen Sie die Größe der Gewichtskraft, der Zugkraft und die Anzahl der Rollen des Flaschenzuges.

7. Ein Motor mit der Gewichtskraft von 1200 N soll mithilfe
a) einer losen Rolle,
b) eines Flaschenzuges (6 Rollen)
angehoben werden. Wie groß ist jeweils die Zugkraft, wenn die Verluste mit 2 % der Gewichtskraft berücksichtigt werden?

8. Über einen einseitigen Hebel soll im Abstand 0,6 m vom Drehpunkt die Gewichtskraft 500 N angehoben werden. Die Zugkraft wirkt über einen Flaschenzug mit 4 Rollen im Abstand 0,9 m vom Drehpunkt. Wie groß ist die Zugkraft?

9. Bei der in Aufgabe 8 beschriebenen Anordnung wird
a) die Gewichtskraft verdoppelt,
b) die Gewichtskraft halbiert.
Wie groß ist die jeweilige Zugkraft?

10. Wie ändert sich bei der in Aufgabe 8 beschriebenen Anordnung die Zugkraft, wenn der Abstand vom Drehpunkt
a) von 0,9 m auf 1,2 m vergrößert und
b) von 0,9 m auf 0,75 m verkleinert wird?

11. Eine Maschine mit der Masse $m = 220$ kg soll mithilfe eines Flaschenzuges auf eine 2 m hohe Rampe gehoben werden. Zur Verfügung stehen ein Flaschenzug mit 6 Rollen oder ein Flaschenzug mit 8 Rollen.
a) Wie groß ist die zu verrichtende Arbeit?
b) Wie groß muss die Zugkraft bei jedem Flaschenzug mindestens sein?
c) Um wie viele Meter muss das Zugseil jeweils gezogen werden?
d) Für welche Belastung müssen die Zugseile der beiden Flaschenzüge mindestens ausgelegt sein (fünffache Sicherheit)?

1.2.6 Mechanische Arbeit, Energie und Leistung

Leistung

W Leistung $[W] = N \cdot m$

W_p Potenzielle Energie (Lageenergie)

W_k Kinetische Energie (Bewegungsenergie)

F Kraft J (Joule)

s Weg

$W = F \cdot s$ $1\ Nm = 1\ J = 1\ Ws$

Energie = gespeicherte Arbeit $1\ Nm = 1 \frac{kg \cdot m}{s^2}$

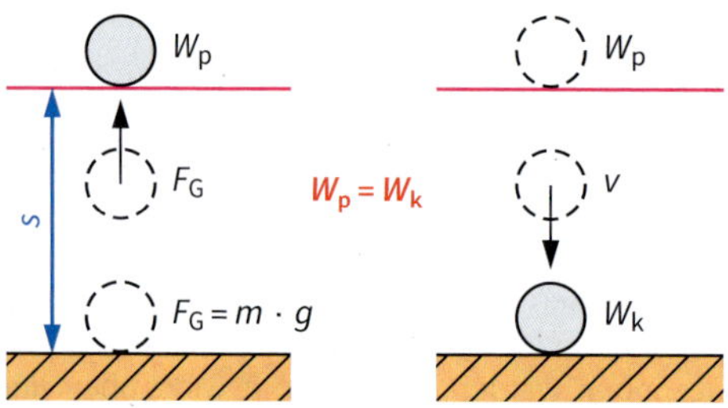

Energieumwandlung

$W_p = F_G \cdot s$ $W_k = \frac{1}{2} m \cdot v^2$

Leistung

P Leistung $[P] = \frac{Nm}{s}$

$P = \frac{W}{t}$ $W = F \cdot s$ $1 \frac{Nm}{s} = 1\ W$ (Watt)

$P = \frac{F \cdot s}{t}$ $P = F \cdot v$

Beispiel:

Von einem Lagerarbeiter werden in 6 Sekunden 8 Pakete ($m = 1$ kg) in ein 1,2 m hohes Regal gestellt. Wie groß sind die

a) Arbeit und

b) Leistung?

Lösung:

Geg.: $m_1 = 1$ kg; $s = 1{,}2$ m; $t = 6$ s

Ges.: a) W b) P

a) $F = m \cdot g$ $F = 8\ kg \cdot 10\ N/kg$ $F = 80\ N$

$W = F \cdot s$ $W = 80\ N \cdot 1{,}2\ m$ $\underline{\underline{W = 96\ Nm}}$

b) $P = \frac{W}{t}$ $P = \frac{96\ Nm}{6\ s}$ $\underline{\underline{P = 16 \frac{Nm}{s}}}$

AUFGABEN

1. Elektrische Geräte mit einer Masse von 25 kg werden angehoben. Dabei wird insgesamt eine mechanische Arbeit von 2,4 kNm verrichtet. Auf welche Höhe werden die Geräte transportiert?

2. Ein Facharbeiter mit einer Masse von 75 kg transportiert Leitungen von 12 kg in die vierte Etage eines Neubaus (Etagenhöhe: 2,9 m). Berechnen Sie die insgesamt verrichtete Arbeit.

3. Ein Testfahrzeug mit einer Masse von 1100 kg fährt frontal mit $v = 72 \frac{km}{h}$ gegen eine Mauer.
   a) Berechnen Sie die kinetische Energie beim Aufprall.
   b) Aus welcher Höhe über dem Erdboden müsste das Fahrzeug fallen, damit die gleiche Verformungsarbeit entsteht?

4. Für die Geschwindigkeit einer Elektrolokomotive von $v = 140 \frac{km}{h}$ wird eine Antriebskraft von 32,5 kN benötigt. Wie groß ist die Leistung?

5. In einem Aufzug mit einer Fördergeschwindigkeit von 2,5 m/s werden Massen von 850 kg befördert. Die verrichtete Arbeit beträgt dabei 300 kNm.
   a) Wie groß ist die Gewichtskraft?
   b) Wie lange ist der Motor in Betrieb?
   c) Wie groß ist die Wegstrecke?

6. Eine Pumpe mit einer Leistung von $3{,}8 \frac{kNm}{s}$ befördert Wasser in 2 min auf eine Höhe von 25 m. Berechnen Sie die geförderte Wassermenge.

7. Berechnen Sie die Arbeit und die Leistung.

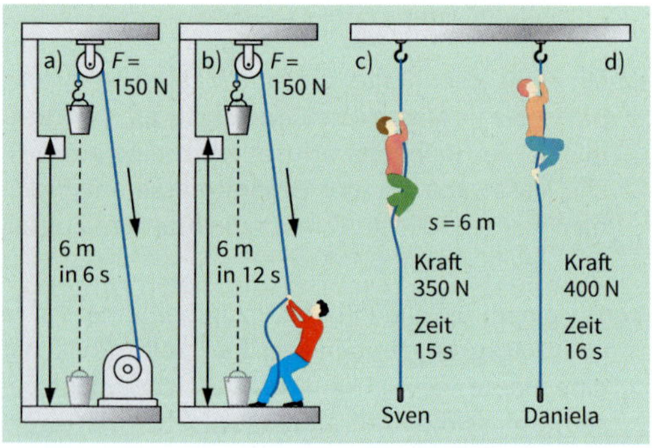

8. Welche Pumpe hat die größte Leistung?

Pumpe	Wassermenge	Hubhöhe	Zeit	Leistung
Archi	30 l	4 m	6 s	?
Galli	700 l	6 m	70 s	?
Newti	75 l	8 m	12 s	?
Westi	450 l	5 m	25 s	?

1.2.7 Geradlinig gleichförmige Bewegung

Geradlinig gleichförmig bedeutet:

In gleichen Zeitabschnitten werden gleiche Wegstrecken zurückgelegt.

Größen und Einheiten

s Weg, Strecke — $[s]$ = m; km

t Zeit — $[t]$ = s; min; h

v Geschwindigkeit — $[v] = \frac{\text{m}}{\text{s}}; \frac{\text{km}}{\text{h}}; \frac{\text{m}}{\text{min}}$

$1\,\frac{\text{km}}{\text{h}} = \frac{1}{3{,}6}\,\frac{\text{m}}{\text{s}}$ — $60\,\frac{\text{m}}{\text{min}} = 3{,}6\,\frac{\text{km}}{\text{h}}$

Weg

Weg-Zeit-Diagramm

Die Wegstrecke nimmt kontinuierlich zu.

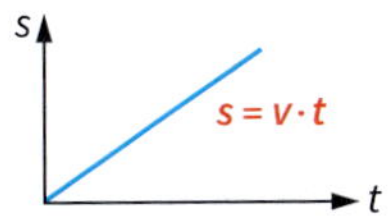

Geschwindigkeit

Keine Änderung

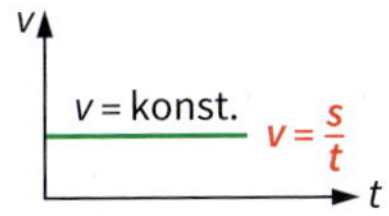

Beschleunigung

Null

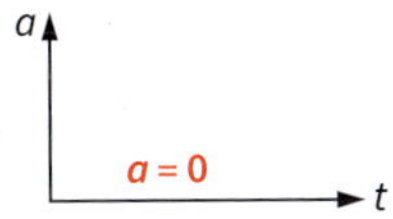

Beispiel:

In dem Diagramm ist die zurückgelegte Wegstrecke eines Personen- und eines Lastaufzugs in Abhängigkeit von der dafür benötigten Zeit dargestellt. Bestimmen Sie mithilfe des Diagramms die Geschwindigkeiten der beiden Aufzüge.

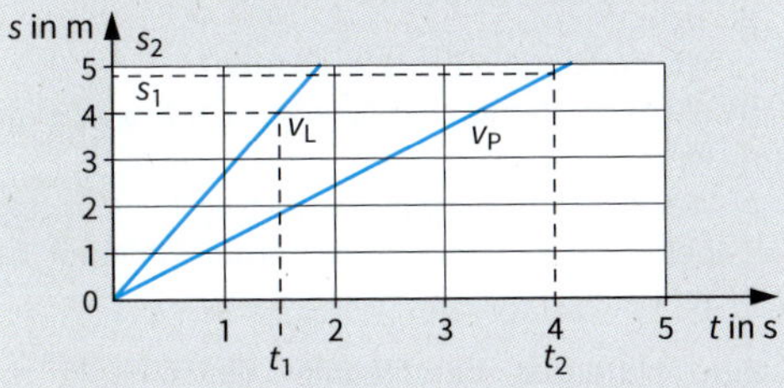

Lösung:

Geg.: Werte für s und t im Diagramm.

Ges.: v_P und v_L

$s_1 = 4$ m und $s_2 = 4{,}8$ m

$v = \frac{s}{t}$

$v_P = \frac{4{,}8\text{ m}}{4\text{ s}}$ — $v_L = \frac{4\text{ m}}{1{,}5\text{ s}}$

$\underline{\underline{v_P = 1{,}2\,\frac{\text{m}}{\text{s}}}}$ — $\underline{\underline{v_L = 2{,}67\,\frac{\text{m}}{\text{s}}}}$

Aufgaben

1. In einer Zeit von 4,5 s legt ein Motorradfahrer einen Weg von 140 m zurück. Wie groß ist die mittlere Geschwindigkeit in km/h?

2. Die Geschwindigkeit eines Magnetbandes zur Datenaufzeichnung beträgt $9{,}5\,\frac{\text{cm}}{\text{s}}$. Welche Länge besitzt das Band bei einer gesamten Spieldauer von 45 Minuten?

3. Für eine Urlaubsreise wird eine durchschnittliche Reisegeschwindigkeit von $95\,\frac{\text{km}}{\text{h}}$ ermittelt. In welcher Zeit wird eine Strecke von 320 km zurückgelegt?

4. Für eine geradlinig gleichförmige Bewegung wird innerhalb von $t_1 = 5$ s bis $t_2 = 13$ s eine Wegänderung von 38 m festgestellt. Wie groß ist die Geschwindigkeit in $\frac{\text{km}}{\text{h}}$?

5. Zwei Fahrzeuge haben die durchschnittliche Geschwindigkeit $v_1 = 75\,\frac{\text{km}}{\text{h}}$ und $v_2 = 90\,\frac{\text{km}}{\text{h}}$. In welcher Zeit legen die Fahrzeuge die Strecke von 60 km zurück?

6. Ein Fahrzeug fährt die Strecke von 150 km mit den Geschwindigkeiten $v_1 = 50\,\frac{\text{km}}{\text{h}}$ für $s_1 = 30$ km und $v_2 = 60\,\frac{\text{km}}{\text{h}}$ für $s_2 = 120$ km. Welche Zeit benötigt das Fahrzeug insgesamt für die Strecke?

7. Ein 12 Meter langer Lastzug fährt mit der Geschwindigkeit $v_1 = 80\,\frac{\text{km}}{\text{h}}$. Diesen Lastzug will ein 3 Meter langer Pkw, der mit der Geschwindigkeit $v_2 = 100\,\frac{\text{km}}{\text{h}}$ fährt, überholen. Der Überholvorgang beginnt, wenn der Abstand zwischen dem Lastzug und dem Pkw 40 Meter beträgt und endet, wenn der Abstand 50 Meter beträgt.

a) Wie lange dauert es, bis der Überholvorgang abgeschlossen ist?

b) Wie lang sind die Strecken, die jedes Fahrzeug während dieser Zeit zurückgelegt hat?

8. Zwei Orte A und B liegen 500 km voneinander entfernt. Zwei Fahrzeuge starten in A und B gleichzeitig und fahren mit einer Durchschnittsgeschwindigkeit von $v_1 = 70\,\frac{\text{km}}{\text{h}}$ und $v_2 = 95\,\frac{\text{km}}{\text{h}}$.

a) Welche Zeiten werden für die 500 km lange Wegstrecke benötigt?

b) Nach welcher Zeit treffen sich die Fahrzeuge (zeichnerische und mathematische Lösung)?

c) Wie groß sind die jeweils zurückgelegten Strecken im Zeitpunkt des Zusammentreffens?

1.2.8 Gleichmäßig beschleunigte Bewegung

Gleichmäßig beschleunigt bedeutet:

In gleichen Zeiten werden ungleiche Wegstrecken zurückgelegt.

Größen und Einheiten

a Beschleunigung $[a] = \frac{m}{s^2}$

Weg

Weg-Zeit-Diagramm

Quadratischer Anstieg der Geschwindigkeit

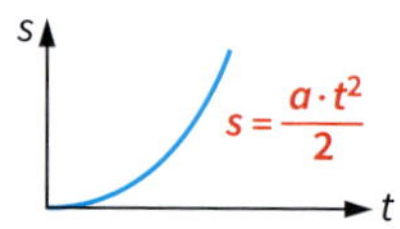

Geschwindigkeit

Linearer Anstieg der Geschwindigkeit

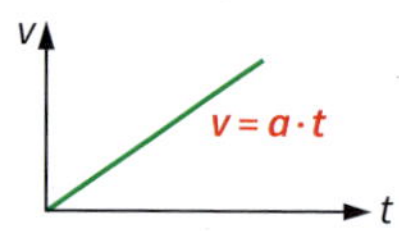

Beschleunigung

Beschleunigung bleibt konstant

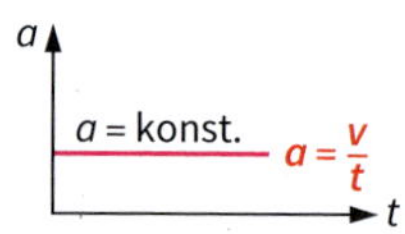

Beispiel:

In dem Weg-Zeit-Diagramm ist für einen anfahrenden Aufzug die zurückgelegte Wegstrecke dargestellt worden. Die Beschleunigung ist konstant.

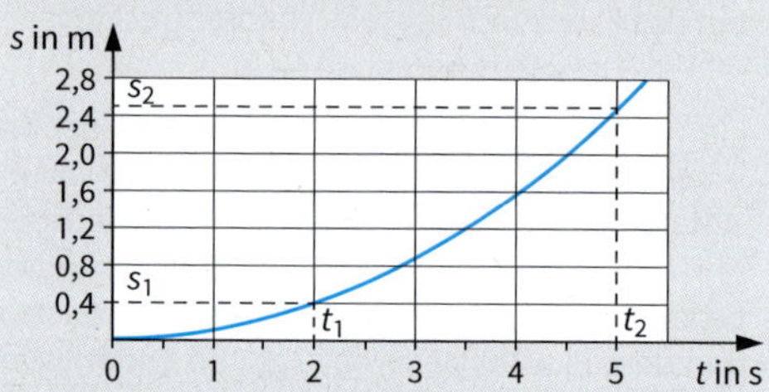

Die Geschwindigkeit steigt kontinuierlich an. Sie ist in Abhängigkeit von der Zeit im Geschwindigkeit-Zeit-Diagramm dargestellt.

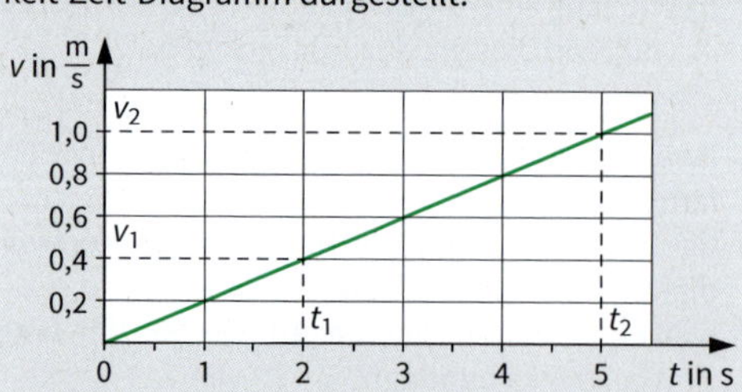

a) Welchen Weg hat der Aufzug nach 2 und nach 5 Sekunden zurückgelegt?

b) Wie groß ist die Beschleunigung des Aufzugs?

Lösung:

Geg.: Weg-Zeit- und Geschwindigkeit-Zeit-Diagramm

Ges.: a) s nach 2 und 5 Sekunden; b) a

a) Aus dem Diagramm wird abgelesen:
Für die 2. Sekunde $s_1 = 0{,}4$ m
Für die 5. Sekunde $s_1 = 2{,}5$ m

b) $a = \frac{v}{t}$

$a_1 = \frac{0{,}4\,\frac{m}{s}}{2\,s}$ $\qquad a_2 = \frac{1\,\frac{m}{s}}{5\,s}$

$\underline{\underline{a_1 = 0{,}2\,\frac{m}{s^2}}}$ $\qquad \underline{\underline{a_2 = 0{,}2\,\frac{m}{s^2}}}$

Aufgaben

1. Welche konstante Beschleunigung muss ein Kraftwagen haben, wenn er aus dem Stillstand in 3 s eine Geschwindigkeit von 50 $\frac{km}{h}$ erreichen soll?

2. Nach wie vielen Sekunden erreicht ein Auto eine Geschwindigkeit von 50 $\frac{km}{h}$, wenn es aus dem Stillstand mit 2,77 $\frac{m}{s^2}$ konstant beschleunigt?

3. Ein Pkw fährt mit einer konstanten Beschleunigung von 0,12 $\frac{m}{s^2}$ aus dem Stillstand an.
a) Welche Strecke hat er nach 15 s zurückgelegt?
b) Welche Geschwindigkeit hat er nach dieser Zeit erreicht?
c) Wie viel Meter rollt der Wagen in den nächsten 5 s, wenn er nicht mehr beschleunigt wird und der Luft- und Rollwiderstand vernachlässigbar sind (gleichförmige Bewegung)?

4. Ein Aufzug fährt mit konstanter Beschleunigung an. Nach 2 s hat er eine Geschwindigkeit von 3 $\frac{m}{s}$ erreicht.
a) Wie groß ist die Beschleunigung?
b) Welchen Weg hat der Aufzug nach 2 s zurückgelegt?
c) Welche Zeit benötigt der Aufzug für den doppelten Weg, wenn er weiterhin konstant beschleunigt?

5. Ein Schnellzug beschleunigt gleichmäßig mit $a = 0{,}25\,\frac{m}{s^2}$ und erreicht dabei eine Endgeschwindigkeit von 140 $\frac{km}{h}$.
a) Berechnen Sie die dafür benötigte Zeit.
b) Wie groß ist dabei der zurückgelegte Weg?

6. Ein Fahrzeug wird in 8,8 s von $v_1 = 50\,\frac{km}{h}$ auf $v_2 = 110\,\frac{km}{h}$ konstant beschleunigt.
Berechnen Sie
a) die Geschwindigkeitsänderung,
b) die Beschleunigung und
c) den zurückgelegten Weg.

1.2.9 Gleichförmige Kreisbewegung

Gleichförmig bedeutet, dass die Geschwindigkeit konstant ist. In gleichen Zeitabschnitten werden gleiche Wegstrecken zurückgelegt.

Geschwindigkeit v

s_K Kreisumfang
d Durchmesser
T Zeit für eine Umdrehung
n Drehzahl (Umdrehungsfrequenz)
v Geschwindigkeit

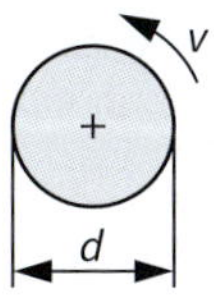

$s_K = d \cdot \pi$

$v = d \cdot \pi \cdot n$

$n = \frac{1}{T}$ $\qquad [n] = \frac{1}{s}; \frac{1}{min}$

Winkelgeschwindigkeit ω

In gleichen Zeiten werden gleiche Winkel überstrichen.

$\alpha_B = \frac{s}{r}$

$\frac{\alpha_G}{\alpha_B} = \frac{360°}{2\pi}$

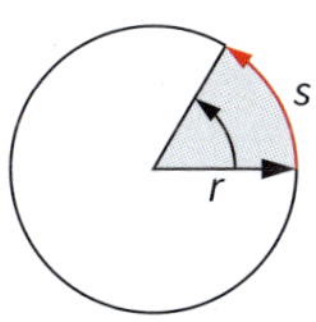

$\omega = \frac{2\pi}{T}$ $\qquad \omega = 2\pi \cdot n$

Beispiel:

Aus der abgebildeten Trennscheibe kann man folgende Daten entnehmen:
Durchmesser: 230 cm
80 $\frac{m}{s}$ und max.
6.600 RPM

Berechnen Sie die Drehzahl.

Lösung:

Geg.: $d = 230$ cm; $v = 80 \frac{m}{s}$

Ges.: n

$v = d \cdot \pi \cdot n$

$n = \frac{v}{d \cdot \pi}$

$n = \frac{80 \frac{m}{s}}{230 \cdot 10^{-3}\,m \cdot \pi}$

$n = 110{,}72 \frac{1}{s}$

$n = 6643 \frac{1}{min}$

Die ermittelte Drehzahl entspricht der Angabe 6.600 RPM (Revolutions Per Minute).

Aufgaben

1. Eine Handbohrmaschine hat die beiden Drehzahlen $n_1 = 1500$/min und $n_2 = 3300$/min. Berechnen Sie die jeweiligen Schnittgeschwindigkeiten in $\frac{m}{s}$ für Bohrer mit den Durchmessern:
   a) $d = 2{,}5$ mm
   b) $d = 4{,}5$ mm
   c) $d = 6{,}5$ mm
   d) $d = 13$ mm

2. Ein Kran hat eine Seiltrommel mit dem Durchmesser $d = 180$ mm. Die Drehzahl beträgt 34/min.
   a) Mit welcher Geschwindigkeit wird eine Last angehoben?
   b) Wie groß ist die Hubzeit, wenn die Last 24 m hoch gehoben wird?

3. Welchen Durchmesser in Metern hat eine Schleifscheibe mit einer Umfangsgeschwindigkeit von 12 $\frac{m}{s}$, die von einem Motor mit der Drehzahl 1500 Umdrehungen pro Minute ($\frac{1}{min}$) angetrieben wird?

4. Die Umfangsgeschwindigkeit eines Stromwenders darf bei einer Drehzahl von 1600/min maximal 30 $\frac{m}{s}$ betragen. Welchen Durchmesser darf der Stromwender haben?

5. Die Drehzahl einer Drehmaschine beträgt 82/min. Zur Bearbeitung eines Werkstückes ist eine Schnittgeschwindigkeit von 0,4 $\frac{m}{s}$ zulässig. Bei welchem Durchmesser des Werkzeuges wird diese Geschwindigkeit eingehalten?

6. Die Antriebswelle für das Band eines Kassettenrekorders hat einen Durchmesser von 2 mm. Wie hoch muss die Drehzahl in $\frac{1}{min}$ des Motors sein, wenn das Band mit einer Geschwindigkeit von 4,75 $\frac{cm}{s}$ abgespielt wird?

7. Bei einem 10 mm-Spiralbohrer soll die Umfangsgeschwindigkeit (Schnittgeschwindigkeit) 16 $\frac{m}{min}$ betragen. Mit welcher Drehzahl in $\frac{1}{min}$ muss der Motor der Bohrmaschine laufen?

8. Eine Turbine hat einen Läufer mit 1,6 m Durchmesser. Die zulässige Umfangsgeschwindigkeit beträgt 200 $\frac{m}{s}$. Berechnen Sie die Drehzahl der Turbine.

9. Die Antriebsscheibe eines Motors hat den Durchmesser von $d = 230$ mm und die Umfangsgeschwindigkeit von 12 $\frac{m}{s}$. Wie groß ist die Scheibendrehzahl?

10. Ein 4 mm-Spiralbohrer wird mit einer Drehzahl von 1480 $\frac{1}{min}$ angetrieben. Wie groß ist die Schnittgeschwindigkeit des Bohrers in $\frac{m}{s}$?

1.2.10 Temperatur und Wärmemenge

- Mit der **Temperatur** wird der Wärmezustand eines Stoffes beschrieben.
- Für Temperaturangaben werden die Celsius- und Kelvin-Skala verwendet.

Temperaturskalen

ϑ Temperatur, Celsius-Temperatur $[\vartheta] = °C$

T Thermodynamische Temperatur $[T] = K$

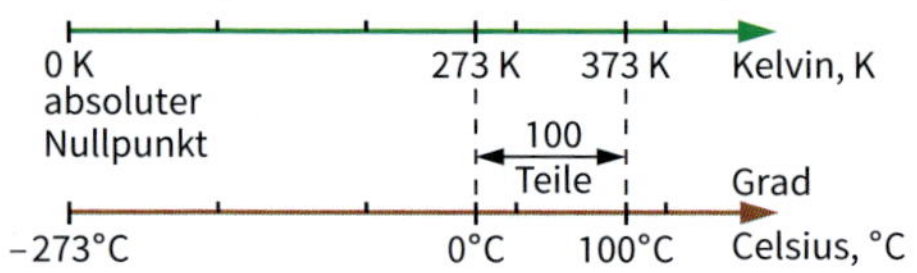

Änderung um 1 °C = Änderung um 1 K

Wärmemenge

Q Wärmemenge $[Q] = J$ (Joule)

m Masse $[m] = kg$

c Spezifische Wärmekapazität $[c] = \frac{kJ}{kg \cdot K}$

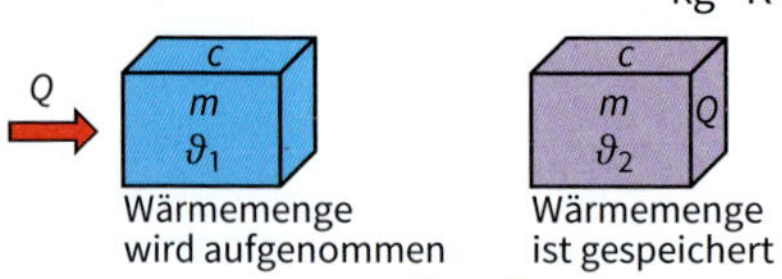

$Q = m \cdot c \cdot \Delta T$ $\quad T = \vartheta_2 - \vartheta_1$

$c_{Wasser} = \frac{4{,}19\ kJ}{kg \cdot K}$ $\quad$ 1 J = 1 Ws (Wattsekunde)

Beispiel:

Ein Kühlkörper aus Aluminium für einen Leistungstransistor erwärmt sich von 20 °C auf 75 °C. Er besitzt eine Masse von 110 g.

a) Wie groß ist die dafür erforderliche Wärmemenge?

b) Welche elektrische Energie ist für die Erwärmung verantwortlich, wenn ein Wirkungsgrad von 80 % zugrunde gelegt wird?

Lösung:

Geg.: c_{Al} s. Tab.; $m = 110\ g$; $\vartheta_1 = 20\ °C$; $\vartheta_2 = 75\ °C$; $\eta = 0{,}8$

Ges.: Q und W_{el}

a) $Q = m \cdot c \cdot \Delta T$

$$Q = \frac{0{,}11\ kg \cdot 0{,}92\ kJ \cdot 55\ K}{kg \cdot K} \qquad \underline{\underline{Q = 5{,}566\ kJ}}$$

b) $W_{el} = \frac{Q}{\eta}$ $\quad$ 1 J = 1 Ws (Wattsekunde)

$$W_{el} = \frac{5{,}566 \cdot 10^3\ Ws}{0{,}8}$$

$$W_{el} = 6{,}958 \cdot 10^3\ Ws \qquad \underline{\underline{W_{el} = 1{,}933\ Wh}}$$

Aufgaben

1. Rechnen Sie die folgenden Temperaturen in Kelvin bzw. Grad Celsius um.
   a) – 55 °C c) + 80 °C e) 75 K g) 455 K
   b) + 413 °C d) – 200 °C f) 170 K h) 280 K

2. Addieren Sie die folgenden Temperaturen.
   a) 75 °C + 55 K – 80 °C + 100 K
   b) – 200 °C + 200 K + 80 °C – 20 °C

3. In einem Heißwassergerät werden 10 Liter Wasser von 15 °C auf 90 °C erwärmt. Wie groß ist die im Wasser enthaltene Wärmemenge und die dafür erforderliche elektrische Energie, wenn ein Wirkungsgrad von 65 % zugrunde gelegt wird?

4. Eine Kupferfreileitung erwärmt sich von 10 °C (Nachttemperatur) auf 62 °C (Tagestemperatur). Sie besitzt eine Länge von 20 km und einen Querschnitt von 35 mm^2. Wir groß ist die aufgenommene Wärmemenge? (Dichte von Kupfer: 8,93 $\frac{kg}{dm^3}$)

5. Durch ein Kühlsystem wird einem Aluminiumkühlkörper (250 g) eine Wärmemenge von 2,5 kJ entzogen. Die erreichte Endtemperatur beträgt 14 °C. Wir groß war die Temperatur vor dem Abkühlungsvorgang?

6. Ein Stahlkörper wird von – 15 °C auf 83 °C erwärmt. Dazu wird eine elektrische Energie von 250 kWs eingesetzt ($\eta = 55\ \%$). Berechnen Sie die Masse des Körpers.

7. Berechnen Sie die spezifische Wärmekapazität!
   a) $Q = 180\ kJ$; $m = 1{,}5\ kg$; $\Delta T = 35\ K$
   b) $Q = 120\ kJ$; $m = 0{,}5\ kg$; $\vartheta_1 = 20\ °C$; $\vartheta_2 = 80\ °C$

8. In einem Kühlsystem werden 80 l Wasser von 15 °C mit 35 l Wasser von 85 °C gemischt.
   a) Stellen Sie eine Beziehung zwischen der aufgenommenen und der abgegebenen Wärmemenge auf (Verluste sind vernachlässigbar).
   b) Berechnen Sie die Mischungstemperatur.

Spezifische Wärmekapazitäten

Material	Kupfer	Messing	Nickel	Stahl
c in $\frac{kJ}{kg \cdot K}$	0,39	0,39	0,46	0,50

Material	Aluminium	Luft	Eis	Wasser
c in $\frac{kJ}{kg \cdot K}$	0,92	1	2,1	4,19

1.2.11 Diagramme

Diagramme sind grafische Darstellungen, die den Zusammenhang zwischen zwei Größen veranschaulichen.

- x (Abszisse): Unabhängige Veränderliche
- y (Ordinate): Abhängige Veränderliche

Gerade

$y = m \cdot x$

m Steigung des Graphen

m = 0,5

x	1	2	3	4
y	0,5	1	1,5	2

m = 1

x	1	2	3	4
y	1	2	3	4

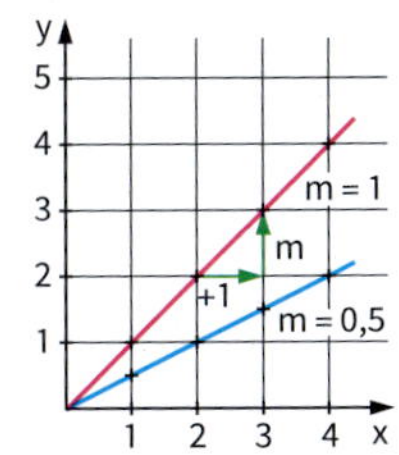

Elektrotechnik: $U = R \cdot I$ (s. Kap. 2.5)

$y = mx + b$

b Achsenabschnitt

m = 0,5 b = 2

x	1	2	3	4
y	2,5	3	3,5	4

m = 1 b = 2

x	1	2	3	4
y	3	4	5	6

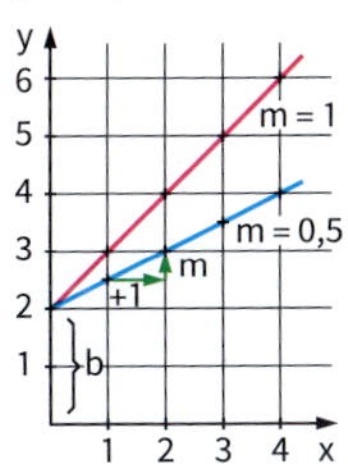

Elektrotechnik: Wirkwiderstand und Temperatur

$R_T = R_{20} + R_{20} \cdot \Delta T \cdot \alpha$ (s. Kap. 2.5.5)

Hyperbel

$y = m \cdot \frac{1}{x}$ (m = konstant)

m = 2

x	1	2	3	4
y	2	1	$0,\overline{6}$	0,5

m = 4

x	1	2	3	4
y	4	2	1,33	1

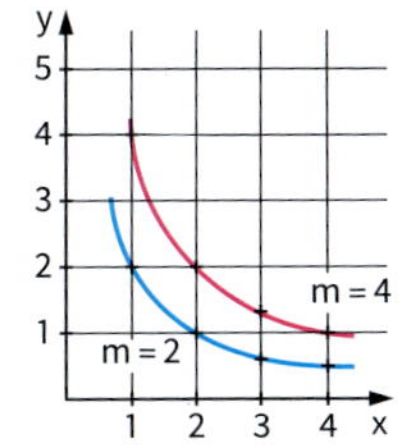

Elektrotechnik: Stromstärke in Abhängigkeit vom Widerstand (U = konstant)

$I = U \cdot \frac{1}{R}$ (s. Kap. 2.5.3)

Parabel

$y = m \cdot x^2$ (m = konstant)

m = 0,25

x	1	2	3	4
y	0,25	1	2,25	4

m = 0,5

x	1	2	3	4
y	0,5	2	4,5	8

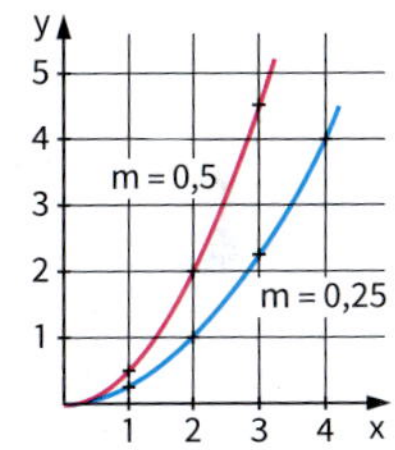

Elektrotechnik:

$P = \frac{1}{R} \cdot U^2$ (s. Kap. 2.7)

Aufgaben

1. Gegeben ist die Schaltung. Stellen Sie eine Wertetabelle auf und zeichnen Sie die Kennlinie (Graphen), wobei sich die Stromstärke I in 1 A-Schritten von 0…10 A ändern soll.

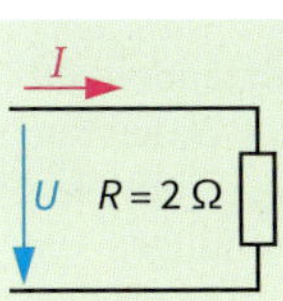

$y = m \cdot x$

↓ ↓ ↓

$U = R \cdot I$

I Stromstärke in A
U Spannung in V
R Widerstand in Ω (R = konst.)

2. Die messtechnische Untersuchung der Schaltung hat folgende Werte ergeben:

R in kΩ	2	4	6	8	10	12
I in mA	12	6	4	3	2,4	2

Zeichnen Sie die Kennlinie I in Abhängigkeit von R.

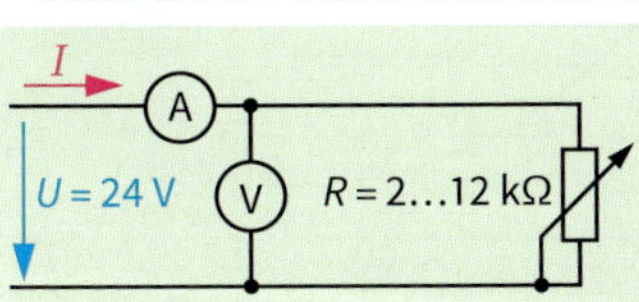

$y = m \cdot \frac{1}{x}$

↓ ↓ ↓

$I = U \cdot \frac{1}{R}$

(U = konst.)

3. Ein Widerstand mit 20 Ω wird an eine einstellbare Spannungsversorgung angeschlossen. Dabei soll die Spannung zwischen 0…20 V (in 2 V-Schritten) geändert werden.

a) Berechnen Sie die am Widerstand auftretende Leistung ($P = \frac{U^2}{R}$) und stellen Sie eine Wertetabelle auf.

b) Zeichnen Sie das Leistungs-Spannungs-Diagramm.

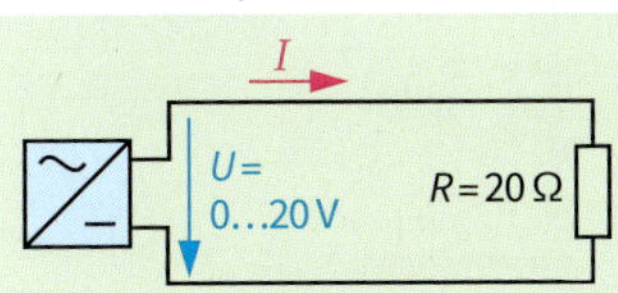

$y = m \cdot x^2$

↓ ↓ ↓

$P = \frac{1}{R} \cdot U^2$

P Leistung in W
(R = konst.)

4. Mithilfe eines einstellbaren Widerstands sollen unterschiedliche Stromstärken eingestellt werden. Dabei wird der Widerstandswert von 1 kΩ bis 7 kΩ geändert (6 Schritte).

a) Berechnen Sie die zu den Widerstandswerten gehörenden Stromstärken ($I = \frac{U}{R}$).

b) Zeichnen Sie die Stromstärke-Widerstands-Kennlinie! Maßstab: 1 kΩ ≙ 2 cm bzw. 5 mA ≙ 1 cm.

Logarithmische Teilung

Nur der Abstand von Längeneinheit (LE) zu Längeneinheit ist konstant. Innerhalb der Längeneinheit erfolgt eine logarithmische (nichtlineare) Teilung.

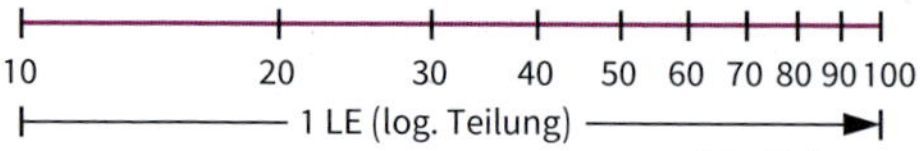

Lineare Teilung

Der Abstand von Längeneinheit (LE) zu Längeneinheit ist konstant. Die Teilung innerhalb der Längeneinheit ist ebenfalls konstant.

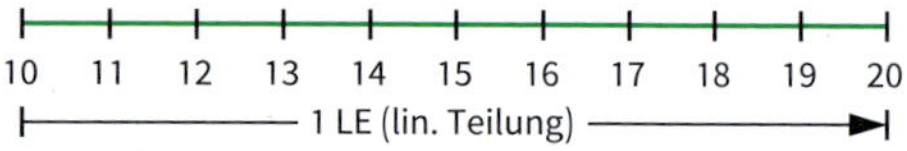

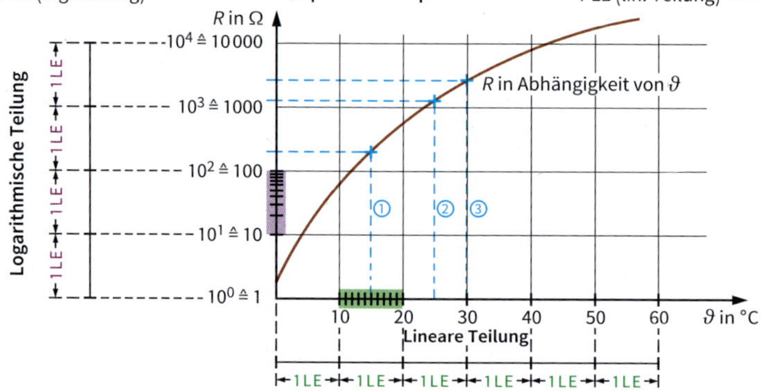

Widerstand in Abhängigkeit von der Temperatur (s Kap. 2.2.5)

Beispiel:

Der Zusammenhang zwischen Widerstand und Temperatur soll untersucht werden.

a) Bestimmen Sie den Widerstand bei den Temperaturen ϑ = 15 °C, 25 °C und 30 °C (Kennlinie s. oben)!

b) Wie groß ist die Widerstandsänderung zwischen 15 °C und 40 °C?

c) Bei welcher Temperatur stellt sich ein Widerstand von 2 kΩ ein?

Lösung:

Geg.: Diagramm im oberen Informationsblock

a) 15 °C ⇒ $R = 200\ \Omega$ ①

25 °C ⇒ $R = 1{,}3\ \text{k}\Omega$ ②

30 °C ⇒ $R = 2{,}8\ \text{k}\Omega$ ③

b) $R_{15} = 200\ \Omega$ $R_{40} = 8\ \text{k}\Omega$

$\Delta R = R_{40} - R_{15}$ $\Delta R = 8\ \text{k}\Omega - 0{,}2\ \text{k}\Omega$

$\Delta R = 7{,}8\ \text{k}\Omega$

c) 2 kΩ ⇒ $\vartheta = 27\ °\text{C}$

Zahl	Logarithmus	Logarithmus LE (z.B. 10 cm)	Teilungsstrecke
2	0,3010	0,3010 · 10 cm	3,01 cm
3	0,4771	0,4771 · 10 cm	4,77 cm
4	0,6021	0,6021 · 10 cm	6,02 cm
5	0,6990	0,6990 · 10 cm	6,99 cm
6	0,7782	0,7782 · 10 cm	7,78 cm
7	0,8451	0,8451 · 10 cm	8,45 cm
8	0,9031	0,9031 · 10 cm	9,03 cm
9	0,9542	0,9542 · 10 cm	9,54 cm

Aufgaben

1. Bei spannungsabhängigen Widerständen (VDR-Widerständen) verkleinert sich der Widerstandswert mit zunehmender Spannung. Ermitteln Sie die Widerstandswerte für die Spannungen 100 V; 200 V; 300 V; 400 V; 500 V.

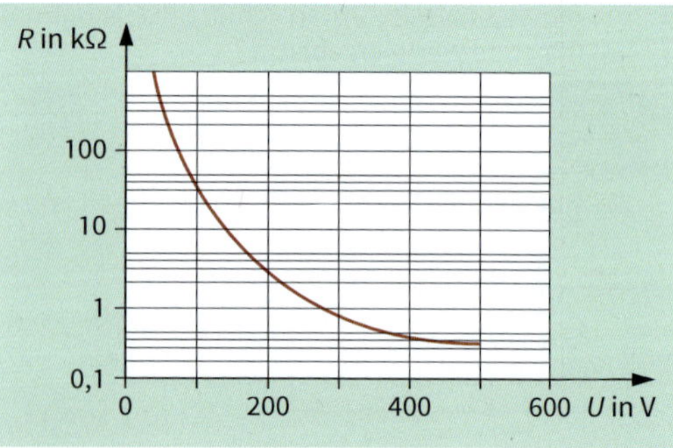

2. Ermitteln Sie aus der Kennlinie für den VDR (Kennlinie in Aufgabe 1, S. 36) die Widerstandsänderungen ΔR für Spannungsänderungen ΔU von jeweils 50 V im Bereich 50 V...500 V. Stellen Sie mit den ermittelten Werten die Kennlinie der Stromstärke in Abhängigkeit von der Spannung für den VDR-Widerstand dar.

3. Lichtabhängige Widerstände (LDR-Widerstände) verringern ihren Widerstandswert mit steigender Beleuchtungsstärke E in Lux (lx). Im folgenden Diagramm ist die Kennlinie eines solchen Widerstands dargestellt. Bestimmen Sie für die Beleuchtungsstärken 1 lx, 100 lx und 10000 lx die jeweiligen Widerstandswerte auf der logarithmisch geteilten R-Achse.

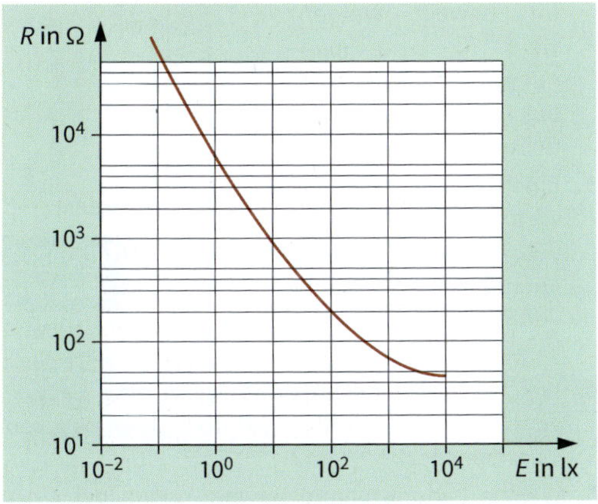

4. Magnetfeldabhängige Widerstände (MDR-Widerstände) vergrößern ihren Widerstandswert mit steigender magnetischer Flußdichte B in Tesla (T). Das Diagramm zeigt eine solche Kennlinie. Wie groß sind die Widerstandswerte auf der logarithmisch geteilten R-Achse für die magnetischen Flußdichten 0,6 T; 1 T und 1,5 T?

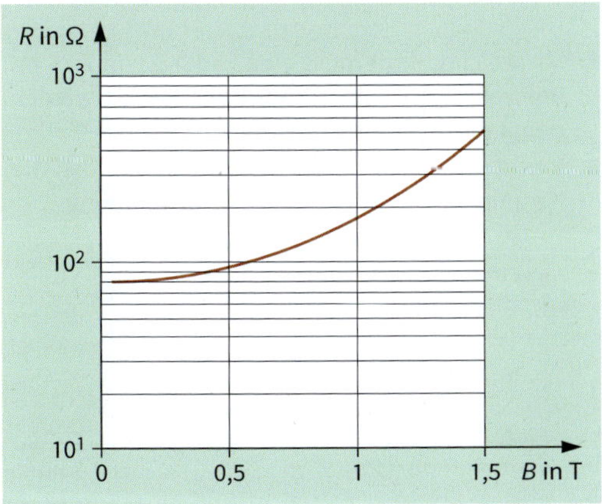

5. Die Kennlinien stellen das Widerstandsverhältnis $\frac{R_B}{R_0}$ (R_B: Widerstand der Feldplatte in einem Magnetfeld; R_0: Grundwiderstand der Feldplatte bei 25 °C ohne Magnetfeld) in Abhängigkeit von der magnetischen Flußdichte B bei verschiedenen Halbleiterwerkstoffen von Feldplatten dar. Der Grundwiderstand R_0 beträgt 10 Ω.

a) Legen Sie eine Wertetabelle an und tragen Sie die abgelesenen $\frac{R_B}{R_0}$-Werte für die D- und M-Kurven in den Abständen 0; 0,1; 0,2; ... 1 T ein. Berechnen Sie mithilfe von R_0 die jeweiligen Werte für R_B(D) und R_B(M). Tragen Sie diese Werte ebenfalls in die Tabelle ein.

b) Zeichnen Sie die Kennlinien der Feldplatten D und M so in ein Koordinatensystem ein, dass die Abhängigkeit des Widerstandes R_B von der magnetischen Flußdichte B dargestellt wird.

c) Welche Widerstandswerte ergeben sich bei diesen Feldplatten für die magnetischen Flussdichten 0,25 T; 0,5 T und 0,75 T?

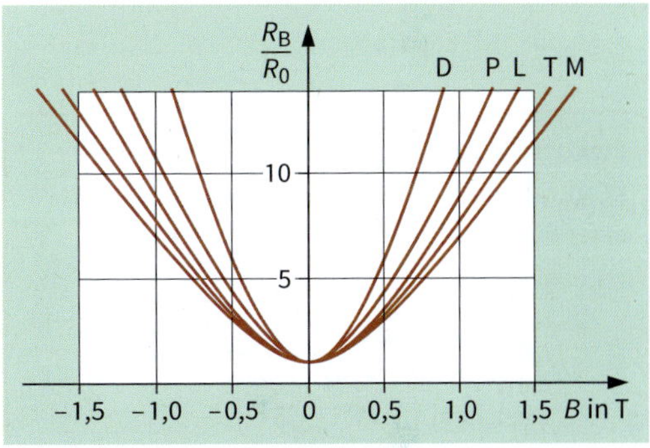

6. Das Diagramm stellt die Abhängigkeit des Fotostromes I_P einer Fotodiode von der Beleuchtungsstärke E_V dar. Ermitteln Sie den Fotostrom I_P für die Beleuchtungsstärken 20 lx, 400 lx und 6000 lx (lx: Lux, Einheit der Beleuchtungsstärke).

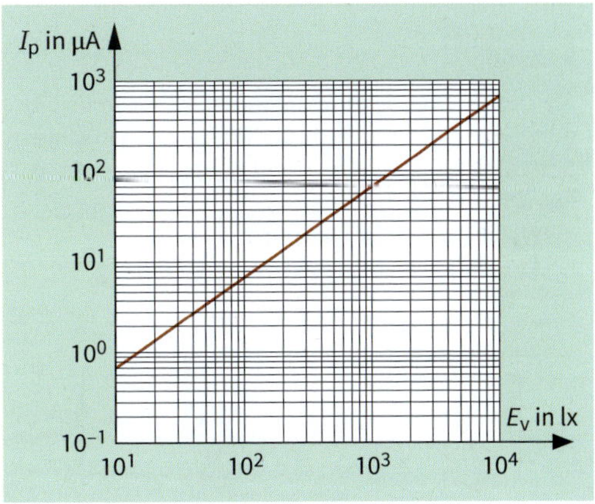

2 Elektrische Größen

2.1 Elektrische Ladung und Spannung

Ladungen können **positiv** (Protonen) oder **negativ** (Elektronen) sein.

Elektrische Ladung Q

$Q = n \cdot e$ $[Q]$ = C (Coulomb)

$1e = 1{,}602 \cdot 10^{-19}$ As n Anzahl der Ladungen

$1\text{As} = 6{,}24 \cdot 10^{18}\, e$ e Elementarladungen

Beispiel:

Eine Metallkugel wird mit einem Bandgenerator aufgeladen. Die Kugel trägt eine Ladung von $Q = 3{,}3 \cdot 10^{-7}$ C. Wie viele Elektronen befinden sich auf der Kugel?

Lösung:

$Q = n \cdot e \qquad n = \frac{Q}{e} \qquad n = \frac{3{,}3 \cdot 10^{-7}\,\text{C}}{1{,}6 \cdot 10^{-19}\,\text{C}}$

$\underline{\underline{n = 2{,}06 \cdot 10^{12}\ \text{Elektronen}}}$

Elektrische Spannung U

Es ist Arbeit erforderlich, um eine Ladung von einer Platte zur anderen zu transportieren.

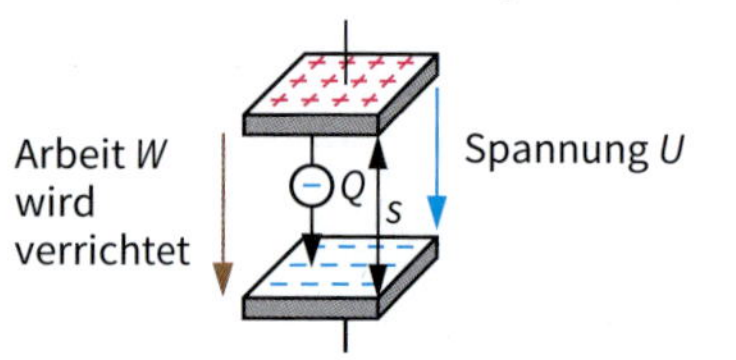

$W = F \cdot s \qquad U = \frac{W}{Q}$

$[W]$ = Nm

$[F]$ = N (Newton)

$[U]$ = V (Volt)

$1\ \text{V} = 1\ \frac{\text{Nm}}{\text{C}}$

W Arbeit

F Kraft

s Weg, Strecke

Beispiel:

Auf den Platten 1 und 2 befinden sich jeweils Ladungen von 10 mC. Um die Platten zu verschieben, wird für den Weg von 12 cm eine Kraft F von 600 N benötigt.

a) Welche Arbeit ist dazu erforderlich?

b) Berechnen Sie die elektrische Spannung.

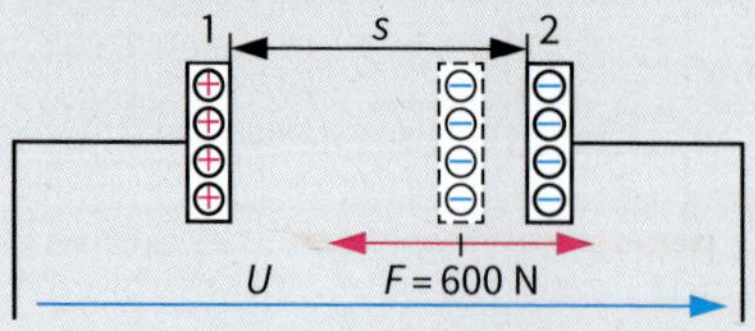

Lösung:

Geg.: $Q = 10$ mC, $s = 12$ cm, $F = 600$ N

Ges.: a) W b) U

a) $W = F \cdot s \qquad W = 600\ \text{N} \cdot 0{,}12\ \text{m} \qquad \underline{\underline{W = 72\ \text{Nm}}}$

b) $U = \frac{W}{Q} \qquad U = \frac{72\ \text{Nm}}{10 \cdot 10^{-3}\ \text{C}} \qquad \underline{\underline{U = 7200\ \text{V}}}$

Aufgaben

1. Im homogenen elektrischen Feld wird eine Ladung von 0,025 mC mit der Kraft von 0,012 N über 45 cm transportiert. Wie groß sind Arbeit und Spannung?
2. Welche Ladung musste bei einem Bandgenerator bewegt werden, wenn für eine Spannung von 1,2 kV eine Arbeit von 0,2 kNm verrichtet wurde?

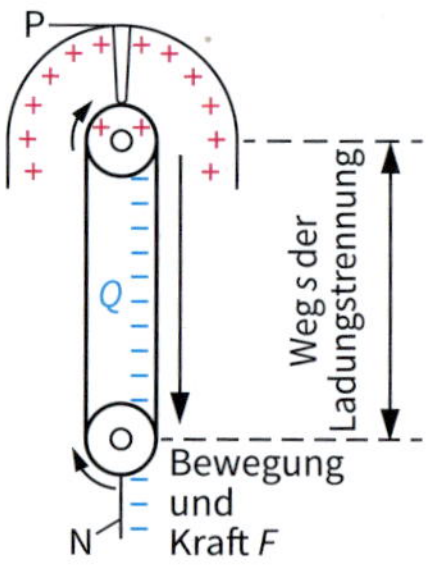

3. Eine Ladung von 0,2 mC wird über die Strecke von 240 mm bewegt. Es entsteht eine Spannung von 550 V. Wie groß sind Arbeit und Kraft zur Bewegung der Ladung?
4. Welche Spannung entsteht, wenn eine Ladung von 25 C mit der Kraft 1,5 kN über einen Weg von 1 cm transportiert wird?
5. Welche Ladung wurde bewegt, wenn bei einer Arbeit von 15,75 kNm eine Spannung von 75 V entsteht?
6. Um welchen Weg s wurde eine Ladung von 0,5 C bewegt, wenn die Kraft 33 N beträgt und eine elektrische Spannung von 10 mV entstanden ist?
7. Ein Kondensator hat eine elektrische Ladung von 0,5 mC bei einer Spannung von 50 V gespeichert. Welche Arbeit war zur Ladung des Kondensators notwendig?
8. Mit welcher Kraft muss eine Ladung von 2,75 mC über einen Weg von 2 mm transportiert werden, damit die Spannung 20 V beträgt?
9. Ermitteln Sie aus dem Diagramm für die drei Kennlinien jeweils die elektrische Spannung.

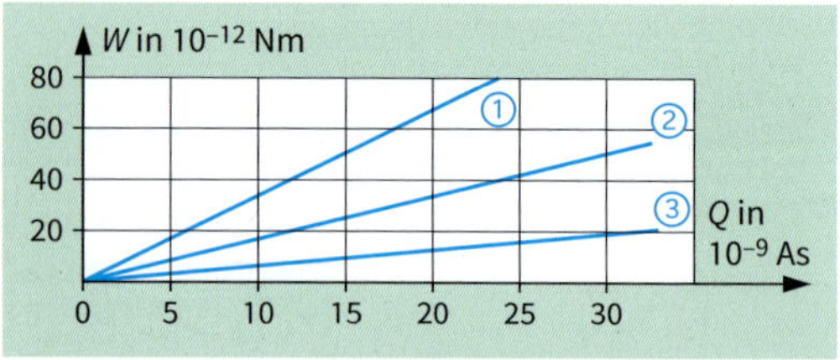

Aufgaben

1. Wandeln Sie folgende Spannungsangaben um:
a) 0,3 V; 76 µV; $300 \cdot 10^{-6}$ V in mV
b) 570 V; 100 000 V; $25 \cdot 10^{6}$ V in kV
c) 0,005 V; 0,6 V; $36 \cdot 10^{-3}$ V in mV
d) $700 \cdot 10^{-3}$ V; $0{,}5 \cdot 10^{3}$ V; 270 mV in V

2. Folgende Spannungsangaben in Potenzschreibweise sollen in die Einheit Volt (V) umgerechnet werden:
$22 \cdot 10^{-2}$ kV; $0{,}4 \cdot 10^{-4}$ kV; $50 \cdot 10^{2}$ mV;
$5 \cdot 10^{4}$ mV; $4{,}2 \cdot 10^{5}$ µV; $44 \cdot 10^{5}$ µV.

3. Ein Plattenkondensator wird in verschiedenen Versuchen aufgeladen. Dabei ergeben sich folgende Ladungen: 0,5 nC, 15 mC, 0,02 µC, 20 µC und 0,1 mC.
a) Rechnen Sie die Werte in Coulomb (C) um.
b) Geben Sie die Werte in der Potenzschreibweise an.

4. Bei der Aufladung eines Plattenkondensators ergaben sich folgende Spannungen zwischen den Platten: 0,9 kV; 50 kV; 120 kV; 750 kV; 1000 kV.
a) Rechnen Sie die Werte in V um.
b) Geben Sie die Werte in der Potenzschreibweise an.

5. Zwischen zwei parallelen Platten eines Kondensators besteht eine Spannung von 10 kV. Wie groß ist die Arbeit, um ein Elektron von der positiven Platte zur negativen zu befördern?

6. Ermitteln Sie aus dem Diagramm die elektrische Spannung.

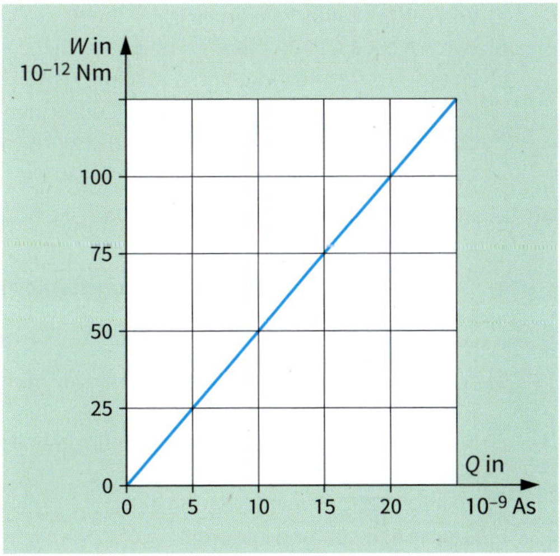

2.2 Elektrischer Strom und Stromstärke

Mit elektrischem Strom drückt man lediglich aus, dass Strom fließt. Wie groß dieser Strom ist, wird durch die Stromstärke angegeben.

Elektrische Stromstärke I

$I = \frac{Q}{t}$ $[I]$ = A (Ampere)
$[t]$ = s

t Zeit

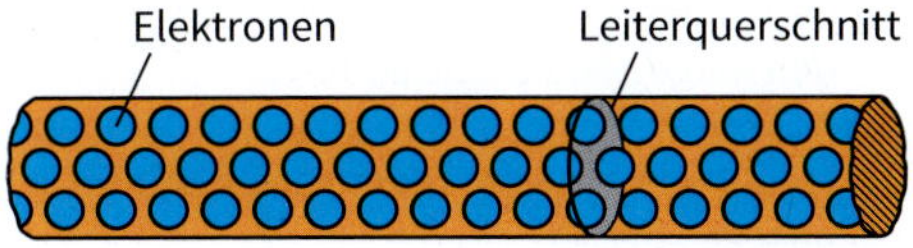

Beispiel:

Bei der Aufladung eines Akkumulators fließt in 2,5 Stunden die Ladung von 4500 C durch den Leiterquerschnitt der Zuleitung.
a) Wie groß ist die Ladestromstärke I?
b) Welche Anzahl n von Ladungsträgern fließt durch den Leiter?
c) Zeichnen Sie das I-t-Diagramm.

Lösung:

Geg.: $Q = 4500$ C; $t = 2{,}5$ h
(Umrechnung: $t = 9000$ s)

Ges.: a) I b) n c) I-t-Diagramm

a) $I = \frac{Q}{t}$ $\quad I = \frac{4500\ \text{As}}{9000\ \text{s}}$ $\quad \underline{\underline{I = 0{,}5\ \text{A}}}$

b) $n = \frac{Q}{e}$ $\quad n = \frac{4{,}5 \cdot 10^{3}\ \text{C}}{1{,}5 \cdot 10^{-19}\ \text{C}}$ $\quad \underline{\underline{n = 2{,}8 \cdot 10^{22}}}$

Das negative Vorzeichen entfällt, weil die Art der Ladungen für deren Anzahl ohne Bedeutung ist.

c)

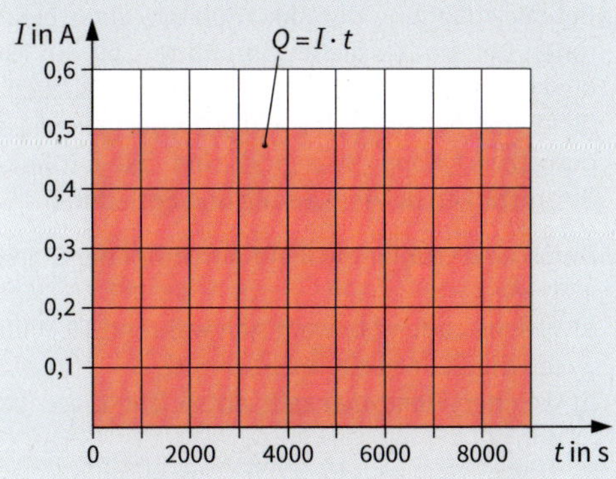

Aufgaben

1. Durch den Glühfaden einer Anzeigenlampe fließt ein Strom von $I = 0{,}05$ A. Die Lampe ist 10 min lang in Betrieb.
a) Wie groß ist die Ladung, die durch den Leiterquerschnitt des Glühfadens transportiert wird?
b) Berechnen Sie die Anzahl der geflossenen Elektronen.

2. Ein Akkumulator wird wie dargestellt aufgeladen.
a) Berechnen Sie die transportierte Ladung für den dargestellten Zeitraum.
b) Auf wie viel Prozent ist der Akkumulator aufgeladen, wenn seine Ladungsmenge mit 36 Ah angegeben ist?

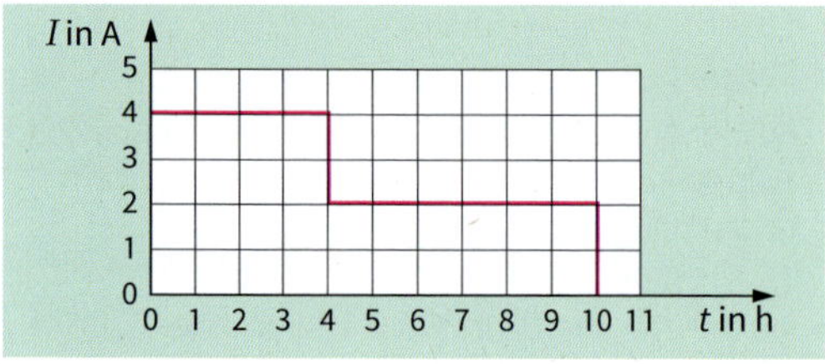

3. Eine Autobatterie wird in 25 Stunden mit 2,5 A geladen. Berechnen Sie die gespeicherte Ladung.

4. Die Abbildung zeigt die durch einen Leiter fließende Ladung.
a) Berechnen Sie die Stromstärke.
b) Stellen Sie die Stromstärke I als Abhängige der Zeit t grafisch dar.

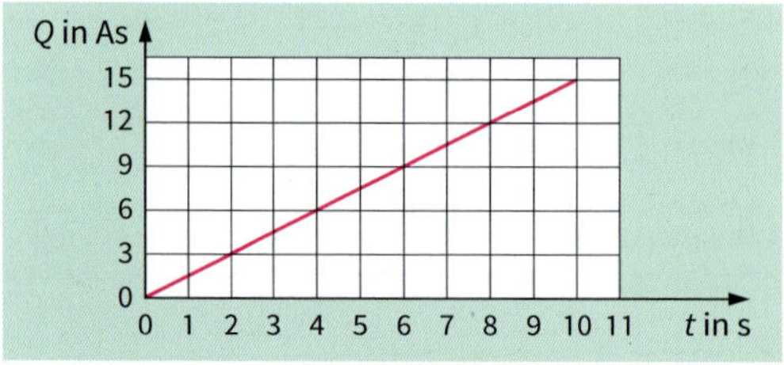

5. Bei der Aufladung des Akkumulators eines Elektronen-Blitzgerätes fließt während der Zeit von 18 s die Ladung 0,26 As. Bei der Entladung (Blitzlicht) fließt während der Zeit von 0,002 s die gleiche Ladung zur Lampe. Wie groß sind die mittleren Stromstärken bei der Ladung und Entladung?

6. Durch eine Glühlampe fließt ein Strom der Stärke 450 mA.
a) Welche Ladung bewegt sich während 10 Minuten durch den Leiterquerschnitt?
b) Welcher Elektronenzahl entspricht diese Ladung?
c) Stellen Sie die Ladung Q im Diagramm dar.

7. Mit welcher Stromstärke muss ein Akkumulator aufgeladen werden, wenn die Ladung 48 Ah in 8 Stunden erreicht werden soll?

8. Eine Fahrradglühlampe trägt die Aufschrift 0,5 A/5 V.
a) Welche Ladung fließt während 10 Minuten?
b) Welche Arbeit war zur Erzeugung dieser Spannung bei der errechneten Ladung notwendig?

9. Ein Kondensator wurde 10 ms lang bei einer mittleren Stromstärke von 25 µA geladen. Wie groß ist seine Ladung?

10. Wie groß ist die Ladung eines Akkumulators, der 10 Stunden lang mit 5 A aufgeladen wurde? Welcher Elektronenzahl entspricht diese Ladung?

11. Aus einer Stromquelle fließt eine Ladung, die $3{,}65 \cdot 10^{15}$ Elektronen entspricht. Wie groß ist die Stromstärke, wenn die Ladung in der Zeit von 0,3 ms fließt?

12. Während der Zeit von 40 s steigt die Stromstärke gleichmäßig (linear) von 0 A auf 4 A an. Welche Ladung fließt durch den Leiterquerschnitt? Lösen Sie die Aufgabe zeichnerisch mithilfe des I-t-Diagramms.

13. In welcher Zeit fließt die Ladung von 2500 C durch den Leiter, wenn die Stromstärke I
a) 250 mA; b) 625 mA und c) 2,5 A beträgt?
Zeichnen Sie die Funktion I in Abhängigkeit von t im I-t-Diagramm. Kennzeichnen Sie durch Schraffur die jeweils transportierte Ladungsmenge.

14. In der Zeit von 50 s steigt die Stromstärke in folgenden Stufen an:
a) Von 0 A bis 1 A in 10 s (linear),
b) von 1 A bis 3 A in 30 s (linear) und
c) konstante Stromstärke von 3 A während 10 s.
Welche Ladung fließt durch den Leiterquerschnitt? Lösen Sie die Aufgabe zeichnerisch mithilfe des I-t-Diagramms.

15. Eine Stromquelle liefert die Stromstärke von 10 A.
a) Tragen Sie in ein Diagramm die Stromstärke in Abhängigkeit von der Zeit ein. ($t = 0 \ldots 20$ min)
b) Wie groß ist die Ladung nach 1 min, 5 min, 10 min und 20 min?
c) Welcher Elektronenzahl entsprechen jeweils die in b) errechneten Ladungen?
d) Welcher Zusammenhang besteht zwischen Elektronenzahl und Ladung?

2.3 Spitzen- und Effektivwerte

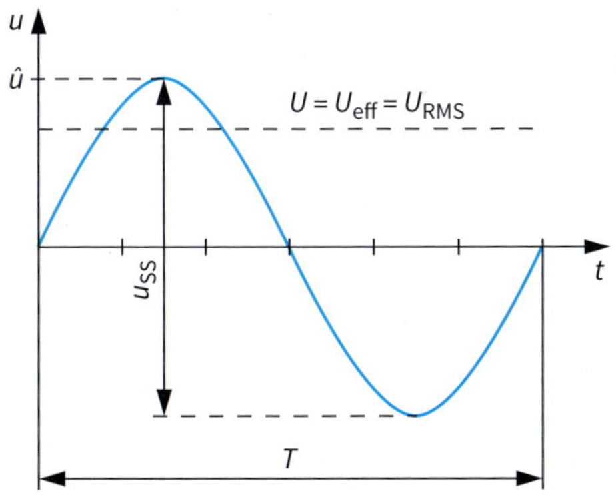

$U = \frac{\hat{u}}{\sqrt{2}}$ $\quad I = \frac{\hat{i}}{\sqrt{2}}$ $\quad u_{SS} = 2 \cdot \hat{u}$

$i_{SS} = 2 \cdot \hat{i}$

$U = \frac{u_{SS}}{2\sqrt{2}}$ $\quad I = \frac{i_{SS}}{2\sqrt{2}}$ $\quad f = \frac{1}{T}$

u, i Augenblickswerte, Momentanwerte

$\hat{u}, \hat{i}$ Maximalwerte, Scheitelwerte, Amplituden

U, I Effektivwerte $\quad \sqrt{2}$ Scheitelfaktor

U_{RMS}, I_{RMS} [1)]

U_{eff}, I_{eff} [2)]

u_{SS}, i_{SS} Spitze-Spitze-Wert

T Periodendauer

f Frequenz

$[U] = \text{V}$ $\quad [I] = \text{A}$

$[T] = \text{s}$ $\quad [f] = \frac{1}{\text{s}} = 1\ \text{Hz}$ (Hertz)

1) RMS (Root Mean Square = Quadratischer Mittelwert)

2) Effektivwert

Beispiel:

Mit einem Oszilloskop wurde eine Spannung von $u_{SS} = 650$ V gemessen. Die Periodendauer der sinusförmigen Schwingung betrug 20 ms.

a) Wie groß ist der Maximalwert?

b) Berechnen Sie den Effektivwert.

c) Bestimmen Sie die Frequenz der Wechselspannung.

Lösung:

Geg.: $U_{SS} = 650$ V, $T = 20$ ms

Ges.: $\hat{u}$; U; f

a) $\hat{u} = \frac{u_{SS}}{2}$ $\quad \hat{u} = \frac{650\ \text{V}}{2}$ $\quad \underline{\underline{\hat{u} = 325\ \text{V}}}$

b) $U = \frac{\hat{u}}{\sqrt{2}}$ $\quad U = \frac{325\ \text{V}}{\sqrt{2}}$ $\quad \underline{\underline{U = 229{,}8\ \text{V}}}$

c) $f = \frac{1}{T}$ $\quad f = \frac{1}{20\ \text{ms}}$ $\quad \underline{\underline{f = 50\ \text{Hz}}}$

Aufgaben

1. Folgende Spize-Spitze-Werte sind in Effektivwerte umzurechnen:

a) 108,82 mV d) 2517,3 V g) 3,394 A
b) 169,7 V e) 56,57 nA h) 183,85 µA
c) 231,93 mV f) 989,95 mV

2. Berechnen Sie die Maximalwerte der folgenden Spannungen und Stromstärken aus den gegebenen Effektivwerten:

a) 2,12 V d) 593,97 V g) 97,58 µA
b) 35,36 mV e) 45,25 mA h) 1,16 A
c) 96,17 µV f) 516,2 nA

3. Bestimmen Sie die Frequenzen von Wechselströmen mit folgender Periodendauer:

a) 15 ns d) 64 µs g) 1 ms
b) 30 ns e) 100 µs h) 40 ms
c) 200 ns f) 250 µs

4. Welche Periodendauer haben Wechselspannungen mit den folgenden Frequenzen:

a) 10 Hz b) 20 kHz c) 144 MHz d) 11 GHz

5. Bestimmen Sie aus dem Liniendiagramm folgende Größen.

a) u_{SS}, $\hat{u}$, U, T und f

b) Ermitteln Sie die Momentanwerte u für die Zeiten: $\frac{T}{8}$; $\frac{T}{4}$; $\frac{T}{2}$ und $\frac{3\,T}{4}$

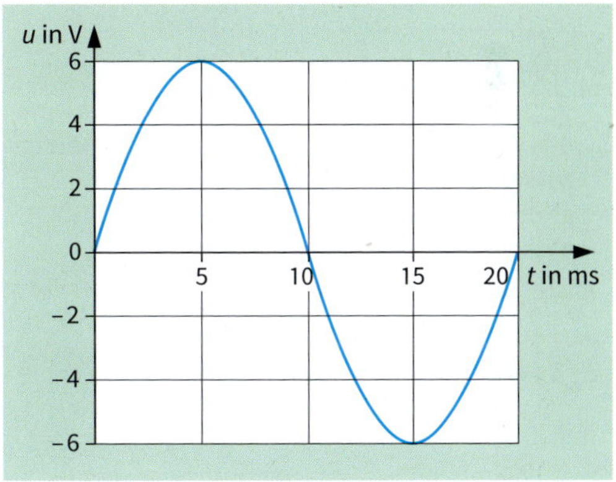

6. An einen Widerstand wird eine Wechselspannung von $u_{SS} = 200$ V gelegt. Welchen Effektivwert besitzt die Spannung?

7. Die mit einem Vielfachmessgerät gemessene Spannung über einem Widerstand beträgt 24 V. Wie groß wäre der Scheitelwert der Spannung, wenn man die Messung mit einem Oszilloskop durchgeführt hätte?

Aufgaben

1. Welche Frequenz haben Wechselspannungen mit folgender Periodendauer *T*:
a) 60 ms c) 16,7 ms e) 181,8 µs g) 800 ns
b) 25 ms d) 5 ms f) 80 µs

2. Welche Scheitelwerte haben Wechselspannungen mit folgenden Effektivwerten:
a) 24 V b) 50 V c) 110 V d) 240 V

3. Bestimmen Sie die Periodendauer von Wechselspannungen mit den Frequenzen:
a) 100 Hz b) 2,5 kHz c) 10 kHz d) 0,5 MHz

4. Ermitteln Sie aus dem Oszillogramm
a) die Größen $\hat{u}$, U, T und f und
b) die Augenblickswerte u für die Zeiten t = 1,25; 2,5; 5; 6,25 und 7,5 ms.

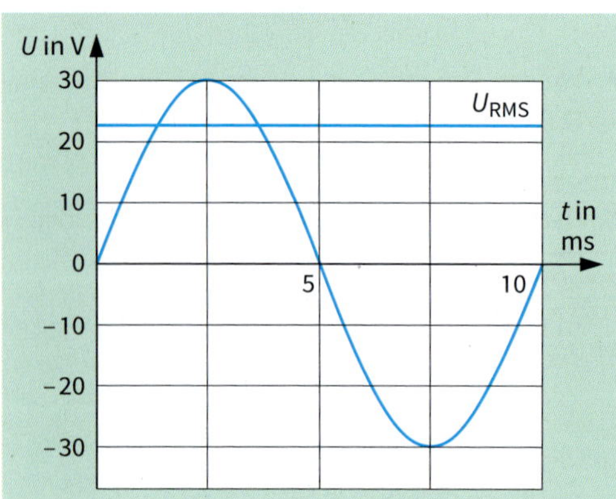

5. Das Oszillogramm zeigt zwei Wechselspannungskurven. Bestimmen Sie für beide Kurven
a) die Größen $\hat{u}$, U, T und f sowie
b) die Augenblickswerte u für die Zeiten: $\frac{T}{8}$; $\frac{T}{4}$; $\frac{T}{2}$; $\frac{5\,T}{8}$ und $\frac{3\,T}{4}$

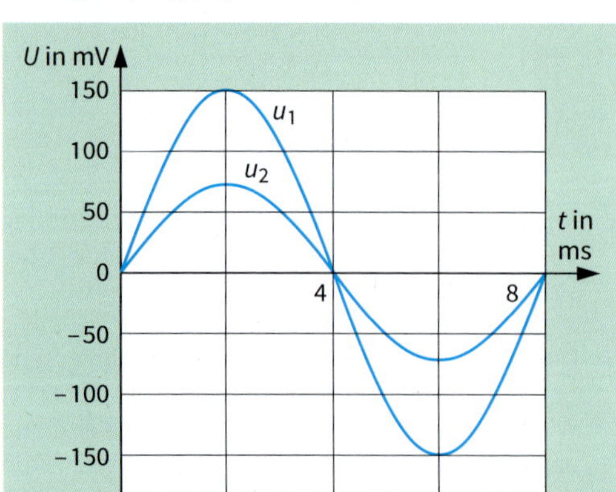

6. Mit einem 2-Kanal-Oszilloskop wurden die abgebildeten Liniendiagramme ermittelt.
a) Bestimmen Sie jeweils folgende Größen: u_{SS}, $\hat{u}$, U, T und f.
b) Wie viele ms nach u_1 erreicht u_2 den Nulldurchgang?
c) Wie groß ist der Phasenverschiebungswinkel zwischen u_1 und u_2, wenn 40 ms einem Winkel von 360° entsprechen?

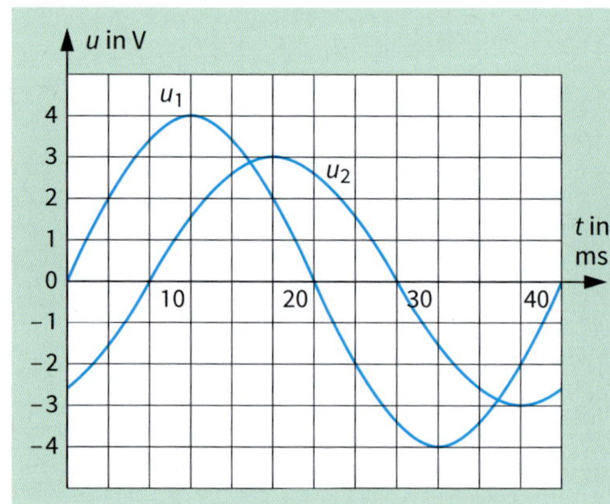

7. Die Amplitude der Wechselspannung am Ausgang eines Sinusgenerators beträgt 12 V. Wie groß ist der Spitze-Spitze-Wert?

8. Mithilfe des abgebildeten Oszillogramms sollen folgende Größen bestimmt werden:
a) u_{SS}, U, T und f sowie
b) die Momentanwerte von u zu den Zeitpunkten: t_1 = 1 ms; t_2 = 2 ms; t_3 = 4 ms; t_4 = 6 ms und t_5 = 8 ms

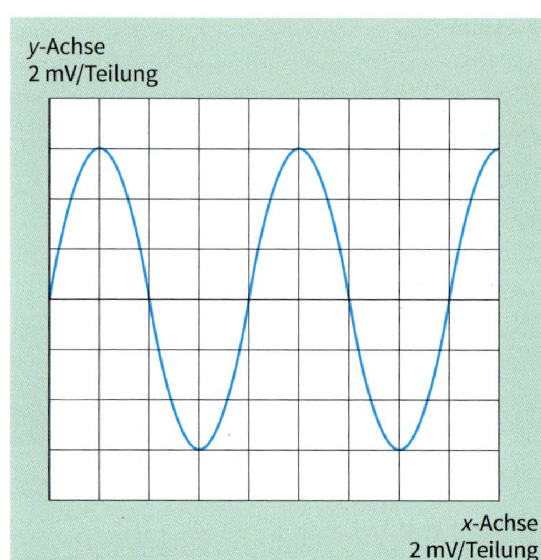

Gleichrichtung

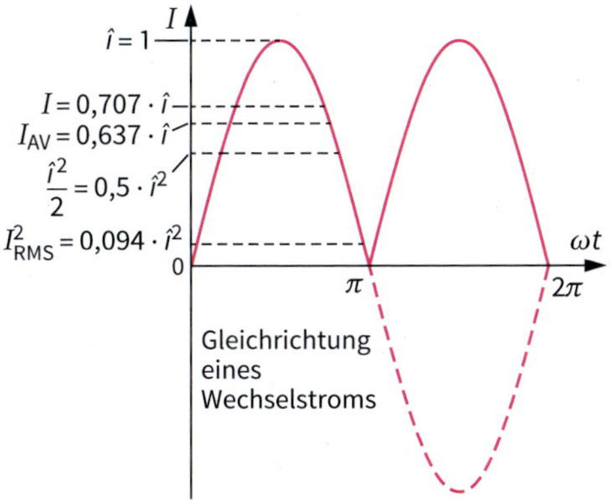

Scheitelwert $\hat{\imath}$

Effektivwert I bzw. $I_{RMS} = \sqrt{\frac{\hat{\imath}^2}{2}} \rightarrow I^2_{RMS} = \frac{\hat{\imath}^2}{2} = 0{,}5 \cdot \hat{\imath}^2$

$I = \frac{\hat{\imath}}{\sqrt{2}}$; mit $\frac{1}{\sqrt{2}} \approx 0{,}707 \rightarrow$ $\mathbf{I = 0{,}707 \cdot \hat{\imath}}$

$I \triangleq I_{RMS}$ des Mischstroms

Effektivwert des Mischstroms I_{RMS}

Arithmetischer Mittelwert des Gleichstromanteils $I_{AV} = \frac{2}{\pi} \cdot \hat{\imath} \approx 0{,}637 \cdot \hat{\imath}$

$\frac{I_{AV}}{I_{RMS}} = \frac{0{,}637 \cdot \hat{\imath}}{0{,}707 \cdot \hat{\imath}} = 0{,}9 \rightarrow$ $\mathbf{I_{AV} = 0{,}9 \cdot I_{RMS}}$

Effektivwert des Wechselstromanteils I_{rms}

$\mathbf{I^2_{rms} = I^2_{RMS} - I^2_{AV} = 0{,}5 \cdot \hat{\imath}^2 - 0{,}406 \cdot \hat{\imath}^2 = 0{,}094 \cdot \hat{\imath}^2}$

Beispiel:

Berechnen Sie zu einem Wechselstrom mit $\hat{\imath}$ = 150 mA und zum gleichgerichteten Wechselstrom folgende Größen:

a) Effektivwert des Wechsel- und Mischstroms
b) Arithmetischer Mittelwert des Gleichstromanteils
c) Effektivwert des Wechselstromanteils

Lösung:

Geg.: $\hat{\imath} = 150$ mA
Ges.: a) I bzw. I_{RMS}; b) I_{AV}; c) I_{rms}

a) $I = 0{,}707 \cdot \hat{\imath}$
$I = 0{,}707 \cdot 150$ mA
$\underline{\underline{I = I_{RMS} = 106{,}05 \text{ mA}}}$

b) $I_{AV} = 0{,}9 \cdot I_{RMS}$
$I_{AV} = 0{,}9 \cdot 106{,}05$ mA
$\underline{\underline{I_{AV} = 95{,}45 \text{ mA}}}$

c) $I^2_{rms} = I^2_{RMS} - I^2_{AV}$
$I^2_{rms} = (106{,}05 \text{ mA})^2 - (95{,}45 \text{ mA})^2$
$\underline{\underline{I^2_{rms} = 46{,}22 \text{ mA}}}$

Aufgaben

1. Ein Wechselstrom hat einen Scheitelwert von 84,9 mA.
a) Berechnen Sie den Effektivwert des Wechselstromes bzw. des Mischstromes bei Gleichrichtung.
b) Wie groß sind der arithmetische Mittelwert des Gleichstromanteils sowie Effektivwert des Wechselstromanteils?

2. Mit einem Drehspulmessgerät wird der Effektivwert von 1,8 A gemessen. Wie groß ist der Scheitelwert?

3. Bei einem gleichgerichteten Wechselstrom beträgt der Gleichstromanteil 24 mA.
a) Berechnen Sie den Effektivwert des Mischstromes und den Effektivwert des Wechselstromanteils.
b) Wie groß sind der Effektivwert des Wechselstromes und sein Scheitelwert?

4. In einem Stromkreis mit Mischstrom (s. Abbildung) werden Messungen durchgeführt. Mit einem Drehspulmesswerk wird der Gleichstromanteil des Mischstromes mit 64,6 mA, mit einem Dreheisenmesswerk der Effektivwert des gesamten Mischstromes mit 71,8 mA ermittelt.
Wie groß sind der Effektivwert des Wechselstromanteils und der Scheitelwert des Wechselstromes?

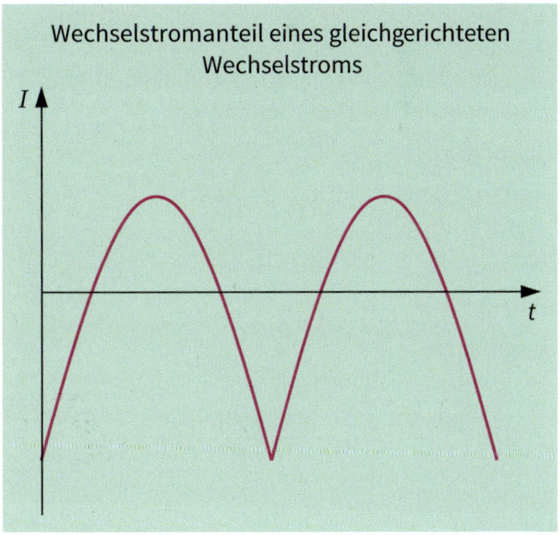

5. In einer Labormessung werden in einer Versuchsreihe folgende Effektivwerte gemessen:

a) 80 mA	c) 560 mA	e) 1,24 A
b) 190 mA	d) 960 mA	f) 2,78 A

Bestimmen Sie die Größen I_{RMS}, I_{AV} und I_{max}. Stellen Sie die Werte in einer Tabelle zusammen.

2.4 Pulsförmige Spannungen

Rechteckförmige Spannungen

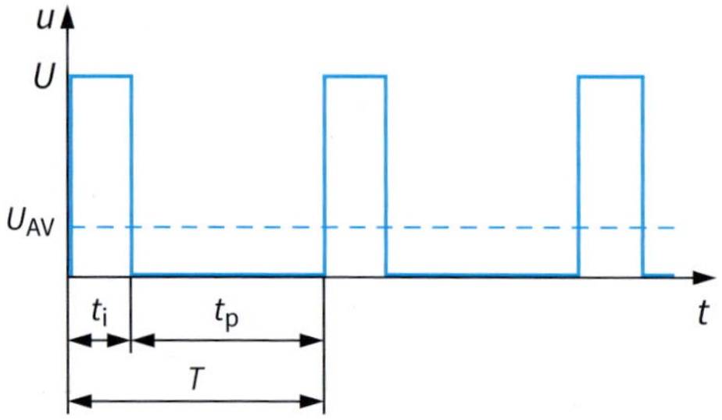

$T = t_i + t_p$

$g = \frac{t_i}{T}$

$U_{AV} = \frac{U \cdot t_i}{T}$

t_i	Impulsdauer	$[t] = \text{s}$
t_p	Impulspause	
T	Periodendauer	$[T] = \text{s}$
f	Frequenz	$[f] = \text{Hz}$
g	Tastgrad	
U_{AV}	Arithmetischer Mittelwert [1]	

[1] U_{AV} (Average Value: Arithmetischer Mittelwert)

Beispiel:

Eine rechteckförmige Spannung besitzt eine Impulsdauer von 3 ms; die anschließende Impulspause dauert 9 ms. Die Spannung während der Impulsdauer wird mit $U = 18\ \text{V}$ gemessen.

a) Bestimmen Sie die Periodendauer und die Frequenz.

b) Ermitteln Sie den Tastgrad und den arithmetischen Mittelwert der Spannung.

Lösung:

Geg.: $t_i = 3\ \text{ms}$, $t_p = 9\ \text{ms}$, $U = 18\ \text{V}$

Ges.: T; f; g; U_{AV}

a) $T = t_i + t_p$ $\quad T = 3\ \text{ms} + 9\ \text{ms}$ $\quad \underline{\underline{T = 12\ \text{ms}}}$

$f = \frac{1}{T}$ $\quad f = \frac{1}{12\ \text{ms}}$ $\quad \underline{\underline{f = 83{,}33\ \text{Hz}}}$

b) $g = \frac{t_i}{T}$ $\quad g = \frac{3\ \text{ms}}{12\ \text{ms}}$ $\quad \underline{\underline{g = 0{,}25}}$

$U_{AV} = \frac{U \cdot t_i}{T}$ $\quad U_{AV} = \frac{18\ \text{V} \cdot 3\ \text{ms}}{12\ \text{ms}}$ $\quad \underline{\underline{U_{AV} = 4{,}5\ \text{V}}}$

Aufgaben

1. Berechnen Sie Periodendauer, Impulsfrequenz und Tastgrad eines rechteckförmigen Spannungsimpulses, wenn Impulsdauer 5 ms und Impulspause 20 ms betragen.
Wie groß ist der Mittelwert des Impulses U_{AV} bei einer Spannung von 10 V?

Gleichgerichtete sinusförmige Spannungen

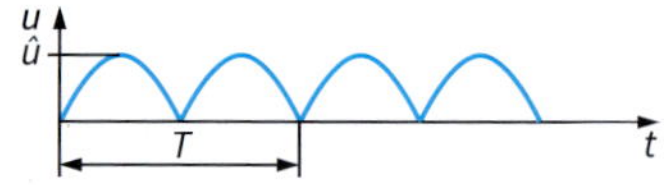

$U_{RMS} = \frac{1}{\sqrt{2}} \cdot \hat{u}$ $\qquad U_{AV} = \frac{2}{\pi}\,\hat{u}$

$U_{RMS} = 0{,}707 \cdot \hat{u}$ $\qquad U_{AV} = 0{,}637 \cdot \hat{u}$

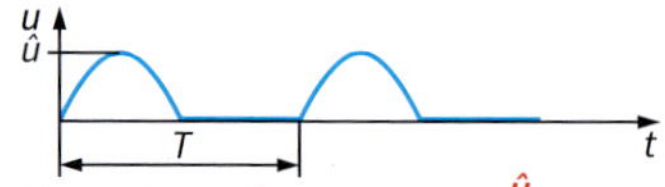

$U_{RMS} = 0{,}353\ \hat{u}$ $\qquad U_{AV} = \frac{\hat{u}}{\pi}$ $\qquad U_{AV} = 0{,}318 \cdot \hat{u}$

2. Die Periodendauer eines rechteckförmigen Spannungsimpulses beträgt 15 ms. Die Impulspause wird mit 3 ms angegeben, die Spannung hat einen Wert von 8,5 V.

a) Bestimmen Sie Impulsdauer und Frequenz.

b) Wie groß sind Tastgrad und Mittelwert des Impulses?

c) Welchen Wert hat der Tastgrad, wenn die Impulspause verdoppelt wird?

d) Wie groß wird dann U_{AV}?

3. Bestimmen Sie Tastgrad und Mittelwert der Impulse bei einer Spannung von 5,5 V und folgenden Impulsfolgen:

a) $t_i = 3\ \text{ms}$; $T = 15\ \text{ms}$ c) $t_i = 1{,}5\ \text{ms}$; $T = 7{,}5\ \text{ms}$

b) $t_i = 0{,}8\ \text{ms}$; $T = 8\ \text{ms}$ d) $t_i = 6\ \text{ms}$; $T = 20\ \text{ms}$

4. Mit einer Impulsfrequenz von 0,5 kHz werden Impulse mit folgenden Tastgraden erzeugt:

a) 0,015 b) 0,05 c) 0,2 d) 0,25

Bestimmen Sie Periodendauer und jeweils Impulsdauer und Impulspause.

5. Lesen Sie aus dem Diagramm die Werte für die Spannungsimpulshöhe, die Impulsdauer und die Periodendauer ab.

a) Berechnen Sie Tastgrad und Mittelwert des Impulses.

b) Zeichnen Sie ein Diagramm mit geeignetem Maßstab für den Spannungsimpuls, wenn der Tastgrad verdoppelt wird und die Periodendauer konstant bleibt.

c) Berechnen Sie den Mittelwert des Impulses und zeichnen Sie diese Größe in das Diagramm ein.

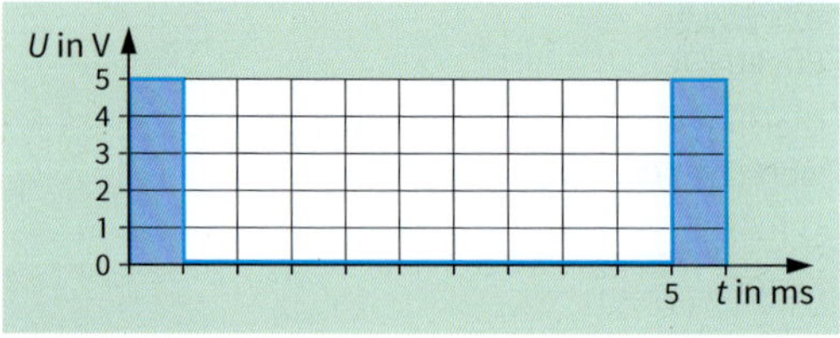

6. Mit einer Impulsfrequenz von
a) 20 Hz b) 50 Hz c) 100 Hz d) 150 Hz
werden Spannungsimpulse von 8 V erzeugt. Der Mittelwert eines Spannungsimpulses soll jeweils 3,2 V betragen. Bestimmen Sie Periodendauer, Impulsdauer und Tastgrad.
Zeichnen Sie jeweils im *U*-*t*-Diagramm die Impulsgrößen ein. Wählen Sie für die Diagramme geeignete Maßstäbe.

7. Berechnen Sie Tastgrad und arithmetischen Mittelwert folgender Rechteckimpulse:
a) $t_i = 2$ ms $t_p = 12$ ms $U = 4$ V
b) $t_i = 3{,}5$ ms $T = 14$ ms $U = 6$ V
c) $t_p = 4$ ms $T = 16$ ms $U = 8$ V

8. Eine Rechteckspannung besitzt eine Impulsfrequenz von 2 kHz. Aus ihr werden Impulse mit den folgenden Tastgraden gewonnen:
a) 0,01 b) 0,02 c) 0,25 d) 0,4
Ermitteln Sie die Periodendauer und die jeweilige Impulsdauer und Impulspause.

9. Bestimmen Sie von der Rechteckspannung folgende Größen:
a) t_i b) t_p c) T d) f e) g f) U_{AV}

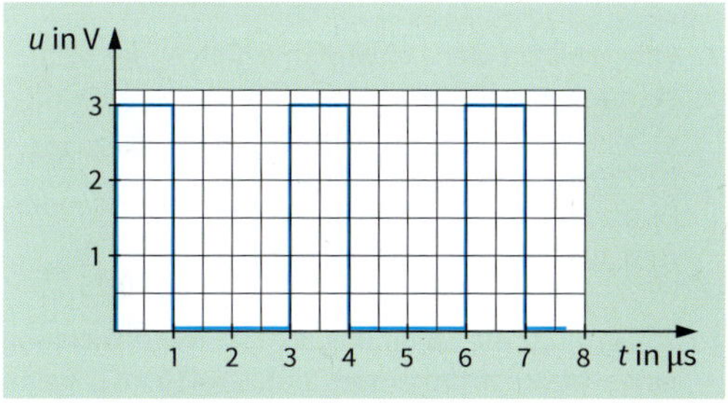

10. Mit einem Funktionsgenerator werden symmetrische Spannungen unterschiedlicher Schwingungsformen erzeugt, deren Spannungen 4 V von Spitze zu Spitze betragen. Wie groß sind für Sinus-, Rechteck- und Dreieckform folgende Größen (s. Tabelle Spannungsformen):
a) Effektivwert c) Scheitelfaktor
b) Gleichrichtwert (2-Puls)

Spannungsformen

Kurvenform	Sinus	Rechteck	Dreieck/ Sägezahn
Effektivwert	0,707 $\hat{u}$	1,0 $\hat{u}$	0,578 $\hat{u}$
Gleichrichtwert (2-Puls)	0,637 $\hat{u}$	1,0 $\hat{u}$	0,5 $\hat{u}$
Scheitelfaktor $\frac{\hat{u}}{U}$	$\sqrt{2} = 1{,}414$	1,0	$\sqrt{3} = 1{,}732$

2.5 Stromdichte

Bei der Stromdichte gibt man an, wie groß die Stromstärke in einem Leiterquerschnitt ist.

Stromdichte *J*

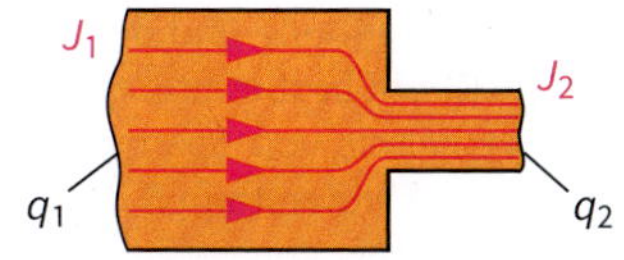

$J = \frac{I}{q}$

J	Stromdichte	$[J] = \frac{A}{mm^2}$
I	Stromstärke	$[I] = A$
q	Leiterquerschnitt	$[q] = mm^2$

Beispiel:

In der Zuleitung eines Heizlüfters beträgt die Stromstärke 5 A. Der Querschnitt ist mit 1,5 mm² angegeben. Berechnen Sie die Stromstärke.

Lösung:

Geg.: $I = 5$ A; $q = 1{,}5$ mm²
Ges.: J

$J = \frac{I}{q}$ $J = \frac{5\,A}{1{,}5\,mm^2}$ $J = \frac{3{,}3\overline{3}\,A}{mm^2}$

AUFGABEN

1. Die Stromstärke in der Zuleitung einer Lichterkette ist mit 1,2 A angegeben. Der verwendete Leitungsquerschnitt beträgt 0,75 mm². Berechnen Sie die Stromdichte.

2. Welcher Leitungsquerschnitt wurde verwendet, wenn die Stromdichte mit 6 $\frac{A}{mm^2}$ angegeben und eine Stromstärke von 0,35 A gemessen wurde?

3. Eine Leiterbahn auf einer Platine ist 25 µm hoch und 0,5 mm breit. Die maximal auftretende Stromstärke beträgt 0,1 A.
a) Berechnen Sie den Querschnitt der Leiterbahn.
b) Wie groß ist die Stromdichte?

4. Die Wicklung eines Übertragers besitzt einen Drahtdurchmesser von 0,1 mm und ist für eine zulässige Stromdichte von 0,6 $\frac{A}{mm^2}$ ausgelegt. Wie groß darf die maximal auftretende Stromstärke höchstens sein?

5. Ein Satellitenempfänger benötigt eine Stromstärke von 0,5 A. Die Stromdichte ist mit $6{,}\overline{6}$ $\frac{A}{mm^2}$ angegeben. Berechnen Sie den minimalen Leitungsdurchmesser der Netzleitung.

2.6 Elektrischer Widerstand

2.6.1 Größe und Einheit

Wenn ein Bauelement, Gerät oder Anlage an eine Spannungsquelle angeschlossen wird, fließt entsprechend der Spannung und der Eigenschaften der Objekte ein Strom bestimmter Größe (Stromstärke).

- Das Verhältnis von Spannung U zu Stromstärke I nennt man **Widerstand R**.
- Das Verhältnis von Stromstärke I zu Spannung U nennt man **Leitwert G**.

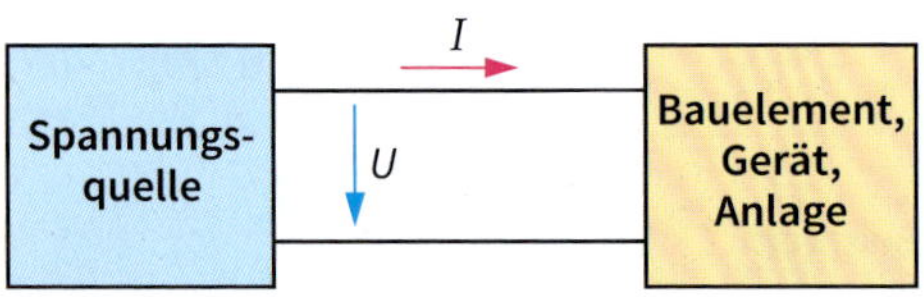

$I = \frac{U}{R}$ $[R] = \Omega$ $1\,\frac{\text{V}}{\text{A}} = 1\,\Omega$

Einheit von R
Ohm (Einheitenzeichen Ω)[1]

$I = G \cdot U$ $[G] = \text{S}$ $1\,\frac{\text{A}}{\text{V}} = 1\,\text{S}$

Einheit von G
Siemens (Einheitenzeichen S)[2]

Zusammenhang:
$R = \frac{1}{G}$ $G = \frac{1}{R}$

Beispiel:

Im Betriebszustand fließt durch das Gewebeheizelement eines Toasters ein Strom von 3,4 A. Das Gerät wird an der Spannung von 230 V betrieben.

a) Wie groß ist der elektrische Widerstand des Heizelements?

b) Wir groß ist sein Leitwert?

Lösung:

Geg.: $I = 3{,}4$ A; $U = 230$ V
Ges.: a) R b) G

a) $R = \frac{U}{I}$ $R = \frac{230\text{ V}}{3{,}4\text{ A}}$ $\underline{\underline{R = 67{,}6\,\Omega}}$

b) $G = \frac{I}{U}$ $G = \frac{3{,}4\text{ A}}{230\text{ V}}$ $\underline{\underline{G = 14{,}8\text{ mS}}}$

Aufgaben

1. Ein Glühlämpchen trägt die Aufschrift 3,2 V/0,3 A.
a) Berechnen Sie den Widerstand des Glühfadens für den Nennbetrieb.
b) Wie groß ist der Leitwert?

[1] Georg Simon Ohm, 1789–1854, deutscher Physiker
[2] Ernst Werner Siemens, 1816–1982, deutscher Entwickler

2. Die Heizwicklung eines Heißwasserbereiters hat bei Betrieb einen Widerstand von 24,2 Ω. Berechnen Sie die Stromstärke bei einer Versorgungsspannung von 230 V.

3. Die Wicklung eines Gleichstrommotors mit dem Widerstand 0,95 kΩ liegt an 1,5 kV. Wie groß ist die Stromstärke durch die Motorwicklung?

4. Ein Spannungsmesser zeigt bei Vollausschlag eine Spannung von 150 mV an. Der Widerstand des Messgerätes beträgt 150 kΩ. Berechnen Sie die Stromstärke durch das Messgerät.

5. Ein Strommesser hat einen Innenwiderstand von 100 mΩ. Bei Vollausschlag zeigt das Messgerät eine Stromstärke von 100 mA an. Welche Spannung liegt am Innenwiderstand des Strommessers?

6. Der Widerstand einer Übertragungsstrecke ist mit 1,2 Ω angegeben. Der Spannungsfall an der Leitung beträgt 0,36 V.
a) Ermitteln Sie den Leitwert der Leitung.
b) Berechnen Sie die Stromstärke.

7. Wie groß ist der Leitwert nachfolgender Widerstände?

a) 560 Ω	e) 680 kΩ
b) 125 mΩ	f) 0,33 kΩ
c) 8,2 MΩ	g) 1750 Ω
d) 0,36 mΩ	h) 1,2 kΩ

8. Wie groß ist die Spannung an der Erregerwicklung eines Gleichstrommotors mit $R = 450$ mΩ, wenn die Stromstärke durch die Wicklung mit 400 A ermittelt wurde?

9. Durch einen Verbraucher, der an 230 V angeschlossen ist, wird eine Stromstärke von 3,25 A gemessen. Wie groß sind sein Widerstand und sein Leitwert?

10. Eine Stromschiene besitzt einen Widerstand von 2,5 mΩ. Die Stromstärke beträgt 17,5 kA. Welche Spannung liegt an der Stromschiene?

11. Durch einen Widerstand in einer elektronischen Schaltung fließt ein Strom von 20 µA. Wie groß sind Widerstand und Leitwert, wenn er dabei an einer Spannung von 115 mV liegt?

12. Welche Höchstspannung liegt an einem Drahtwiderstand von 30 kΩ, wenn die zulässige Stromstärke 13,3 mA beträgt?

2.6.2 Bauelemente

Widerstände gibt es als reale Objekte (Bauelemente). Sie bestehen aus elektrischen Leitern, z. B. Drahtwicklungen oder Kohleschichten. Mit ihnen können bestimmte Stromstärken erzeugt und Spannungen aufgeteilt werden (s. Kap. 3.4).

Beispiel:

Ermitteln Sie die Werte der beiden abgebildeten Widerstände.

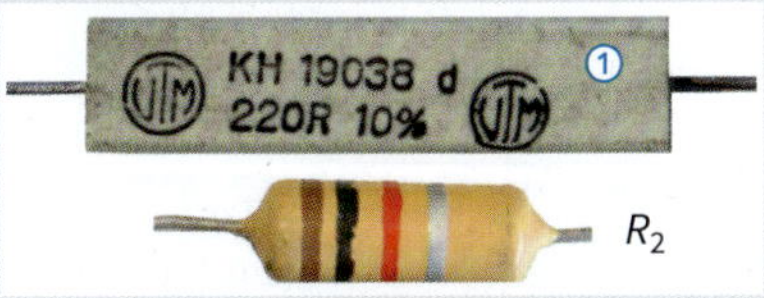

Lösung:

Geg.: Foto von zwei Widerständen mit entsprechenden Kennzeichnungen; Tabellen

Ges.: R_1 und R_2

R_1: Aufdruck 220R, 10%; ⇒
$R_1 = 220\ \Omega = \pm 10\ \%$ ①

R_2: Farbringe braun (8 ②), schwarz (③), rot (10^4 ④), silber (±10 % ⑤) ⇒
$R_2 = 1\ \text{k}\Omega \pm 10\ \%$

Codierung durch Ziffern und Buchstaben

Kennbuchstabe	Multiplikator		Beispiele
m	Milli	10^{-3}	R 33 = 0,33 Ω
R ①		10^0	3R3 = 3,3 Ω
K	Kilo	10^3	33 K = 33 kΩ
M	Mega	10^6	330 K = 330 kΩ
G	Giga	10^9	M33 = 0,33 MΩ

Codierung durch Farbschlüssel

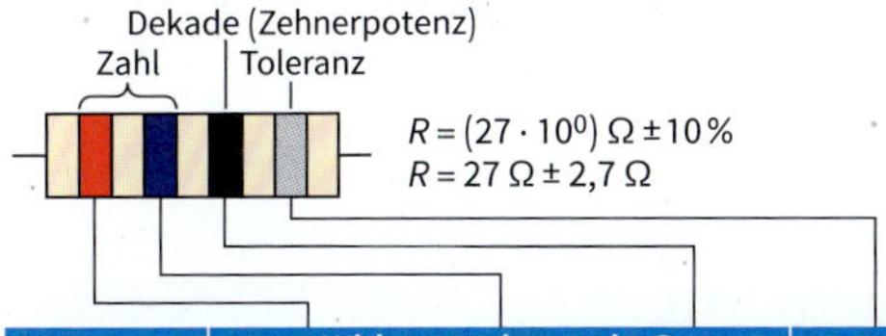

Kennfarbe	Widerstandswert in Ω 1. Kennziffer	2. Kennziffer	3. Kennziffer	Toleranz
keine	–	–	–	± 20 %
silber	–	–	10^{-2}	± 10 % ⑤
gold	–	–	10^{-1}	± 5 %
schwarz	–	③ 0	$10^0 = 1$	–
braun	1 ②	1	10^1	± 1 %
rot	2	2	10^2	± 2 %
orange	3	3	10^3	–
gelb	4	4	④ 10^4	–
grün	5	5	10^5	± 0,5 %
blau	6	6	10^6	–
violett	7	7	10^7	–
grau	8	8	10^8	–
weiß	9	9	10^9	–

Aufgaben

1. Geben Sie die Farbringfolge für folgende Widerstände an:

a) 2,2 kΩ ± 10 %
b) 330 Ω ± 5 %
c) 4,7 Ω ± 2 %
d) 1,5 MΩ ± 5 %
e) 82 kΩ ± 1 %
f) 566 Ω ± 1 %

2. Wie groß sind die Widerstände auf der Platine?

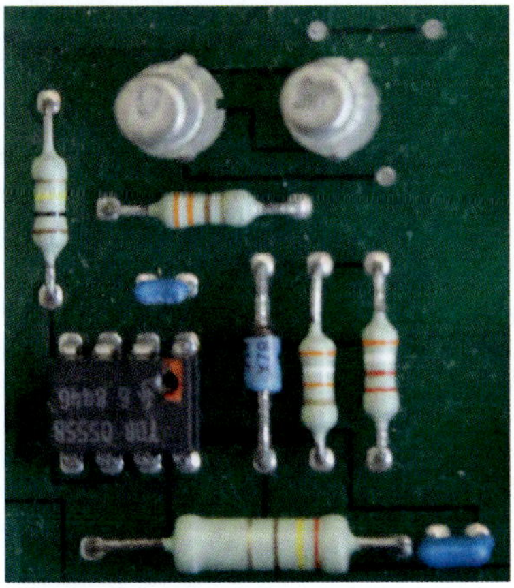

3. Der Widerstand mit der Farbkodierung rot – violett – orange – silber wird von einer Stromstärke von 0,75 mA durchflossen.

a) Wie groß sind die Widerstands- und Leitwerte?
b) In welchem Bereich kann die angelegte Spannung liegen?

4. Ein Widerstand mit der Farbkennzeichnung rot – rot – rot – rot wird von der Stromstärke von 2,5 mA durchflossen.

a) In welchem Bereich kann die angelegte Spannung liegen?
b) Um welchen Wert kann die Spannung von dem mittleren Wert abweichen?
c) Wie groß ist diese maximale Abweichung in % des Mittelwertes?

5. Der Widerstand 750 Ω wird an 50 V angeschlossen.

a) Wie groß ist die Stromstärke?
b) Um wie viel % ändert sich die Stromstärke, wenn die Spannung auf die Hälfte gesenkt wird?
c) Um wie viel Ampere ändert sich die Stromstärke, wenn die Spannung um 15 % steigt?

2.6.3 Kennlinien

Der Zusammenhang zwischen zwei Größen kann grafisch in Form eines Diagramms (s. Kap. 1.2.11) dargestellt werden.

Beispiel:

Die Kennlinien von zwei Widerständen mit $R_1 = 50\ \Omega$ und $R_2 = 200\ \Omega$ sollen dargestellt werden. Dazu werden verschiedene Spannungen eingestellt und die jeweilige Stromstärke gemessen.

Lösung:

Geg.: $R_1 = 50\ \Omega$; $R_2 = 200\ \Omega$
Ges.: a) I_1 und I_2 b) Widerstandskennlinien

Einstell- und Messwerte:

a)

U in V	10	20	30	40	50	60
I_1 in A	0,2	0,4	0,6	0,8	1,0	1,2
I_2 in A	0,05	0,10	0,15	0,2	0,25	0,3

b)

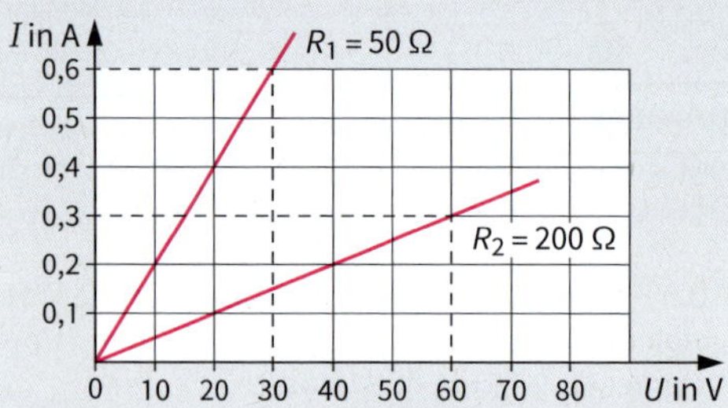

Ergebnis:

- Die Stromstärke steigt im gleichen Verhältnis an wie die Spannung. Man nennt diesen Zusammenhang **proportional.**
- Das Verhältnis U/I ist konstant (Widerstand R). Wenn dies der Fall ist, nennt man diese Beziehung auch **Ohm'sches Gesetz.**
- Die Kennlinie ist eine Gerade.

Aufgaben

1. Eine Strom-Spannungs-Messung an einem unbekannten Widerstand R_x aus Konstantan ergab folgende Messwerte:
   $U = 45$ V; $I = 1{,}5$ A.
   Stellen Sie weitere Wertepaare für U und I in einer Wertetabelle zusammen und zeichnen Sie die Widerstandskennlinie.
   (Maßstab: 10 V ≙ 1 cm; 0,5 A ≙ 1 cm.)

2. Im I-U-Diagramm ist das Kennlinienfeld von Festwiderständen dargestellt werden.
   a) Bestimmen Sie durch Ablesen entsprechender I-U-Wertepaare die Widerstände.
   b) Welcher Zusammenhang besteht zwischen Steilheit der Kennlinie und Größe des Widerstandes?

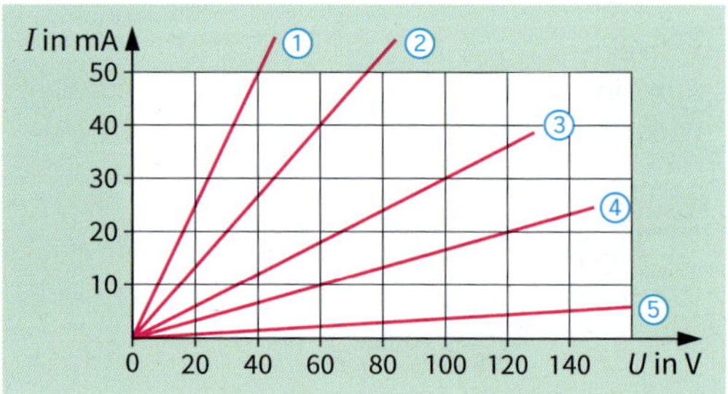

3. Zeichnen Sie im I-U-Diagramm die Kennlinien für $R_1 = 10\ \Omega$, $R_2 = 20\ \Omega$ und $R_3 = 50\ \Omega$. Ermitteln Sie zuvor für jeden Widerstand zwei I-U-Wertepaare. Wertetabelle! (Maßstab: 1 A ≙ 1 cm; 10 V ≙ 1 cm)

4. Ein verstellbarer Widerstand liegt an einer konstanten Spannung von 50 V. Eine Messreihe liefert für die Stromstärken folgende Werte:
   $I_1 = 2$ A; $I_2 = 1$ A; $I_3 = 0{,}67$ A; $I_4 = 0{,}5$ A; $I_5 = 0{,}333$ A.
   Berechnen Sie die entsprechenden Werte für die eingestellten Widerstände und stellen Sie eine Wertetabelle auf. Zeichnen Sie die Kennlinie im I-R-Diagramm. (Maßstab: 25 Ω ≙ 1 cm; 0,5 A ≙ 1 cm)

5. Welche Stromstärke fließt durch einen Drahtwiderstand von 150 Ω, wenn er an 220 V angeschlossen wird? Tragen Sie die Widerstandskennlinie in ein I-U-Diagramm ein (40 V ≙ 1 cm; 0,2 A ≙ 1 cm).

6. Der Widerstand 470 kΩ liegt an einer Spannung von 30 V.
   a) Welche Stromstärke fließt?
   b) Zeichnen Sie die Widerstandsgerade in das I-U-Diagramm ein.
   (Maßstab: 5 V ≙ 1 cm; 10 µA ≙ 1 cm.)

7. An eine Spannung von 500 mV wird ein Widerstand von 2,7 kΩ angeschlossen.
   a) Welche Stromstärke ergibt sich?
   b) Tragen Sie die Widerstandsgerade in ein I-U-Diagramm ein, für das der Maßstab selbst gewählt werden soll.

8. In welchem Bereich liegt die Stromstärke durch einen an eine Spannung von 50 V gelegten Widerstand, der von 1,5 kΩ bis 250 Ω verändert werden kann? Tragen Sie die Widerstandsgeraden mit der größten und mit der kleinsten Steigung in ein I-U-Diagramm ein.

Beispiel:

An eine konstant bleibende Spannung von 60 V wird ein veränderbarer Widerstand angeschlossen.

R_1 = 600 Ω, 300 Ω, 150 Ω und 100 Ω

a) Es sollen die jeweiligen Stromstärken ermittelt werden.

b) In einem Diagramm soll danach die Stromstärke in Abhängigkeit vom Widerstand grafisch dargestellt werden.

Lösung:

Geg.: Spannung U = 60 V, konstant, veränderbarer Widerstand

Ges.: a) Stromstärke und b) Diagramm

Einstell- und Messwerte:

a)

R in Ω	600	300	150	100
I_1 in A	0,1	0,2	0,4	0,6

b)

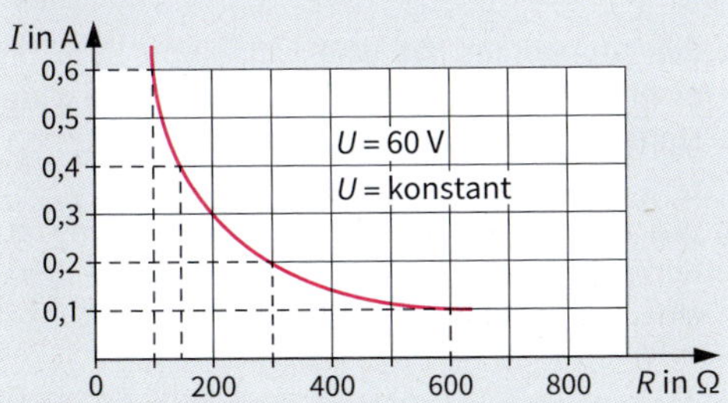

Ergebnis:

- Die Stromstärke sinkt, wenn der Widerstand größer wird. Man nennt diesen Zusammenhang **umgekehrt proportional**.
- Die Kennlinie ist eine **Hyperbel** (s. Kap. 1.2.11).

AUFGABEN

9. Eine labormäßige Untersuchung an einem Widerstand ergab folgende Messreihe:

R in kΩ	5	10	15	20	25
I in mA	10	5	3,33	2,5	2
R in kΩ	30	35	40	45	50
I in mA	1,66	1,43	1,25	1,11	1

a) Stellen Sie I in Abhängigkeit von R grafisch dar. (Maßstäbe: 5 kΩ ≙ 1 cm; 1 mA ≙ 1 cm)

b) Welche Spannung lag am Widerstand?

10. In der Abbildung sind die Kennlinien von drei verschiedenen Widerständen abgebildet.

a) Woran lässt sich erkennen, welcher Widerstand der größte ist?

b) Ermitteln Sie die Größen der einzelnen Widerstände.

c) Wie groß muss die Spannung an R_1 sein, damit die Stromstärke 0,3 A beträgt?

d) Welche Stromänderung tritt an R_2 auf, wenn die Spannung (U = 50 V) an ihm um 20 % erhöht wird? Geben Sie die prozentuale Änderung der Stromstärke an.

e) Wodurch lässt sich die Stromstärke an R_3 von 0,8 A auf 0,5 A senken?

f) Überprüfen Sie, ob das Ohm'sche Gesetz Gültigkeit hätte, wenn die Aussage getroffen würde, eine Spannungsänderung an R_2 um 40 V führt zu einer Stromänderung von 0,3 A.

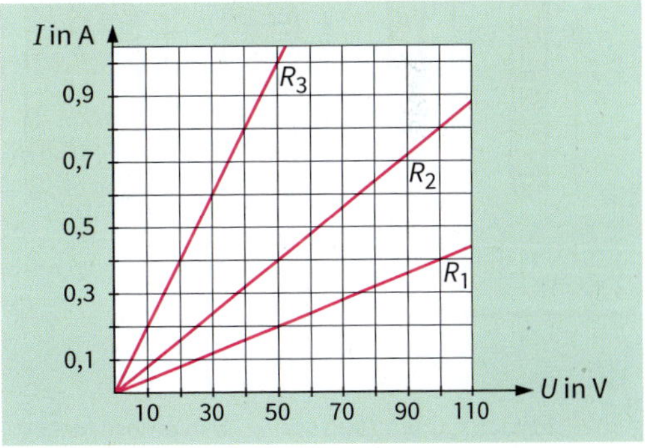

11. Die Kennlinie ist zu untersuchen.

a) Wie groß ist die angelegte konstante Spannung?

b) Bestimmen Sie die Stromstärke bei 6 kΩ und 16 kΩ.

c) Bestimmen Sie eine Messschaltung, mit der die Messreihe aufgenommen wurde.

d) Zeichnen Sie in ein neues Diagramm den Kennlinienverlauf bei halber Spannung (Maßstab wie dargestellt).

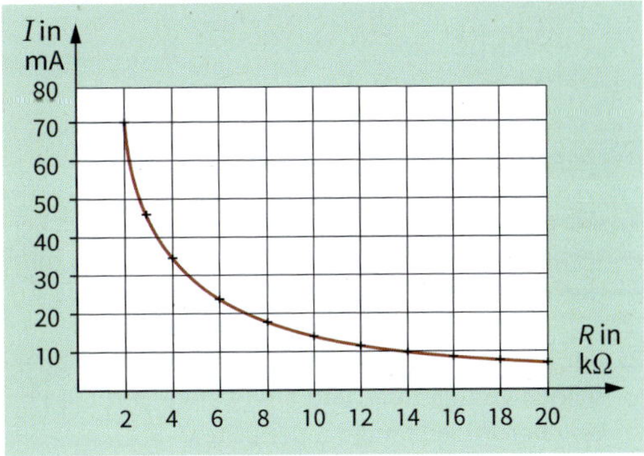

2.6.4 Leiterwiderstand

$R = \frac{\varrho \cdot l}{q}$ $R = \frac{l}{\varkappa \cdot q}$ $\varrho = \frac{1}{\varkappa}$

ϱ	Spezifischer Widerstand	$[\varrho] = \mu\Omega \cdot m$
$\varkappa$	Elektrische Leitfähigkeit	$[\varkappa] = \frac{MS}{m}$
q, S	Querschnittsfläche	$[q] = m^2, mm^2$
l	Leiterlänge	$[l] = m$

$1 \frac{\Omega \cdot mm^2}{m} = 1\ \mu\Omega \cdot m$ $1 \frac{S \cdot m}{mm^2} = 1 \frac{MS}{m}$

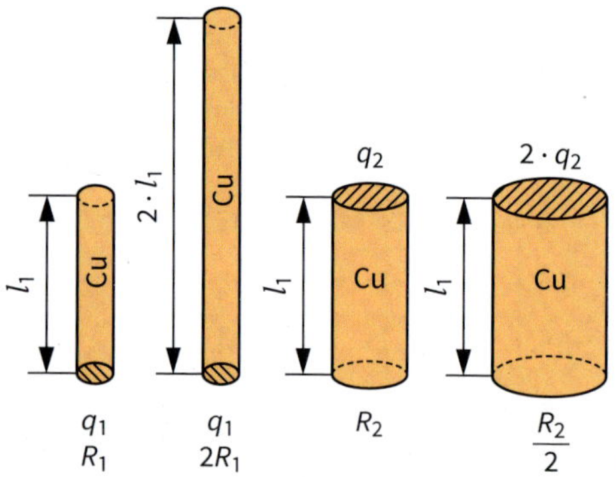

Beispiel:

Ein Präzisionswiderstand von 35 Ω in einem Messgerät ist hochohmig geworden. Er soll aus Konstantandraht mit 0,15 mm Durchmesser neu gewickelt werden. Wie lang muss der Draht sein?

Lösung:

Geg.: $R = 35\ \Omega$, $d = 0{,}15$ mm
Ges.: l

$$q = \frac{d^2 \cdot \pi}{4} = \frac{(0{,}15\ mm)^2 \cdot \pi}{4} = 0{,}0177\ mm^2$$

$$R = \frac{\varrho \cdot l}{q} \qquad l = \frac{R \cdot q}{\varrho}$$

$$l = \frac{35\ \Omega \cdot 0{,}0177\ mm^2}{0{,}5\ \mu\Omega \cdot m} \qquad \underline{\underline{l = 1{,}239\ m}}$$

Aufgaben

1. Wie groß ist der Widerstand eines elektrischen Leiters aus Kupfer, der einen Querschnitt von 6 mm² und eine Länge von 8,5 m hat?

2. Der Kupferleiter einer Freileitung hat einen Querschnitt von 25 mm² und eine Länge von 5,4 km. Welchen Widerstand hat der Leiter?

Spezifische Widerstände von Werkstoffen bei einer Temperatur von 20 °C

Werkstoffe	Kupfer	Aluminium	Stahl
ϱ in μΩm	0,01786	0,02857	0,13
Werkstoffe	**Blei**	**Nickel**	**Konstantan**
ϱ in μΩm	0,208	0,43	0,5

3. Wie groß ist der Widerstand einer 100 m langen Kupferleitung, wenn der Durchmesser des Drahtes 2,26 mm beträgt?

4. Wie groß ist der elektrische Widerstand eines Kupferleiters von 1 m Länge und einem Querschnitt von 2,5 mm²? Welchen Widerstand hat ein Leiterstück einer anderen Leitung von 1,5 mm² bzw. 4 mm² Querschnitt und 1 m Länge?

5. Welchen Widerstand hat die Zuleitung zu einem Verbraucher, der in einer Entfernung von 26 m zur Steckdose über eine Kunststoffschlauchleitung 3 x 1,5 mm² angeschlossen ist?

6. Ein Kupferdraht hat eine Länge von 25 m und einen Durchmesser von 1,7 mm. Welchen Widerstand hat der Draht?

7. Welchen Widerstand hat eine Messleitung aus Kupferlitze bei einem Durchmesser von 1 mm und einer Länge von 1 m?

8. Wie lang ist ein Leiter aus Konstantandraht bei einem Durchmesser von 0,2 mm und einem Widerstand von 150 Ω?

9. Zur Messbereichserweiterung eines Strommessgerätes soll ein Widerstand von 2 mΩ hergestellt werden. Wie viel Millimeter Konstantandraht mit dem Querschnitt 1 mm² sind erforderlich?

10. Zur Herstellung von Messwiderständen soll Konstantandraht mit dem Durchmesser 0,2 mm verwendet werden. Die Widerstände sollen die Werte 120 Ω und 330 Ω haben.
    a) Berechnen Sie den Drahtquerschnitt.
    b) Wie viel Meter Draht sind für die Widerstände jeweils erforderlich?

11. Eine Schützspule ist aus Kupfer-Lackdraht mit dem Durchmesser 0,17 mm gewickelt und hat einen Widerstand von 60 Ω. Welche Länge hat der Draht?

12. Ein Stellwiderstand von 33 Ω soll aus Konstantandraht mit einem Durchmesser von 0,45 mm gewickelt werden.
a) Wie groß ist der Querschnitt?
b) Welche Drahtlänge ist erforderlich?

13. Der Widerstand einer Sammelschiene aus Kupfer soll 0,893 mΩ betragen. Welche Breite muss die rechteckige Sammelschiene haben, wenn ihre Länge 10 m und ihre Höhe 40 mm betragen?

14. Eine Relaisspule besteht aus 7000 Windungen Kupferdraht mit dem Durchmesser von 0,12 mm.
a) Welche Drahtlänge ist für einen Widerstandswert von 350 Ω erforderlich?
b) Welchen Durchmesser hat die Spule?

15. Für einen Wohnraum wurde eine mehradrige Kupferleitung mit dem Querschnitt 1,5 mm² verlegt.
a) Berechnen Sie zunächst folgende Leitungslängen:
l_1: Schalter S1 zu Lampe E1
l_2: Schalter S2 zu Lampe E2
l_3: Abzweigdose X1 zu Steckdose X4
l_4: Abzweigdose X2 zu Steckdose X5
Für die Verbindung in den Schalter- und Abzweigdosen soll ein Leitungszuschlag von jeweils 10 cm berücksichtigt werden.
b) Wie groß sind die Leitungswiderstände R_1 bis R_4 bei einfacher Leitungslänge und bei doppelter Leitungslänge (Hin- und Rückleitung) zu den Verbraucherstellen?

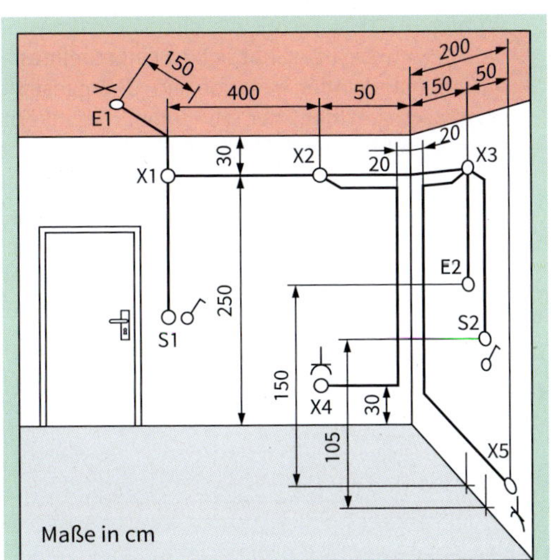

Maße in cm

16. Die Wicklung eines Transformators hat einen Leiterquerschnitt von 1,2 mm x 4 mm. Der Widerstand der Kupferwicklung soll 0,12 Ω betragen.
a) Wie groß ist der Leiterquerschnitt?
b) Welche Länge muss das Flachkupferband haben?

17. Ein Aluminiumkabel besteht aus 25 Einzelleitern, deren Querschnitt jeweils 6 mm² beträgt. Das Kabel hat eine Länge von 50 m.
a) Wie groß ist der Durchmesser eines Leiters?
b) Berechnen Sie den Widerstand des Kabels.
c) Wie groß ist die Leitfähigkeit des Kabels?

18. Ein Aluminium-Stahl-Leitungsseil besteht aus 6 Aluminiumdrähten mit einem Durchmesser von je 3,2 mm, die mantelförmig um einen Stahldraht von 3,2 mm Durchmesser gelegt sind.
a) Berechnen Sie den Gesamtquerschnitt der Aluminiumdrähte und den Querschnitt des Stahldrahtes.
b) Geben Sie die Normquerschnitte an.

19. Ein Fundamenterder wird verlegt. Die Anschlussfahne des Erders ist 30 cm über dem Erdboden herausgeführt. Berechnen Sie den Widerstand des Erders, wenn folgende Leitermaterialien verwendet werden:
a) Stahl, feuerverzinkt, Band 30 mm x 3,5 mm
b) Rundstahl, Durchmesser 10 mm

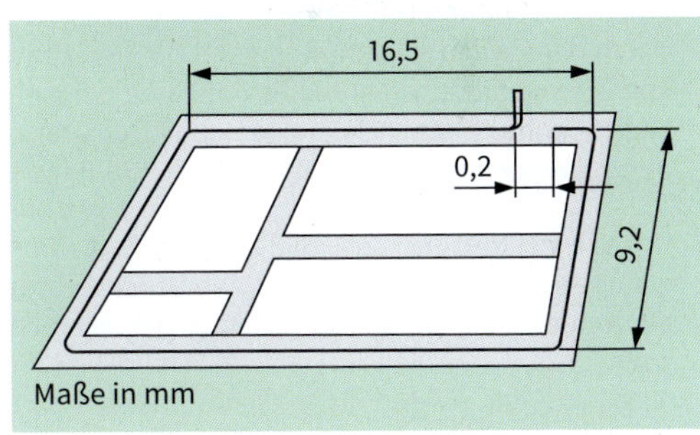

Maße in mm

20. Die 3800 Windungen eines Relais haben einen Widerstand von 35 Ω. Wie groß sind die Drahtlänge und der mittlere Windungsdurchmesser, wenn der Drahtdurchmesser des Kupferdrahtes 0,4 mm beträgt?

21. Ein 38 m langer Kupferdraht mit dem Querschnitt 10 mm² soll durch einen widerstandsgleichen Stahldraht gleicher Länge ersetzt werden. Welchen Durchmesser muss der Stahldraht haben?

Aufgaben

1. Ein defekter Drahtwiderstand aus Konstantandraht soll erneuert werden. Der ursprüngliche Widerstand hatte eine Länge von 10 m und einen Querschnitt von 0,1 mm². Zur Verfügung steht aber nur Konstantandraht mit dem Querschnitt 0,15 mm².
Wie viel Meter länger muss der neue Draht gewählt werden, damit der ursprüngliche Widerstandswert erreicht wird?

2. Ein Kupferdraht soll durch einen Aluminiumdraht ersetzt werden. In welchem Verhältnis stehen die beiden Drahtlängen, wenn Querschnitt und Widerstandswert gleich groß sind? Welches Drahtstück ist kürzer?

3. Die Gleichstrommessung an der Sekundärseite eines Transformators ergab bei einer Spannung von 2 V die Stromstärke 40 mA. Der Durchmesser des Kupferlackdrahtes wurde zu 1,784 mm ermittelt. Welche Länge hat der Draht der Wicklung?

4. Ein Widerstand besitzt beim Anschluss an eine Spannung von 10 V die Stromstärke 100 mA. Wie viel Meter Konstantandraht mit dem Querschnitt 0,2 mm² müssen zu dem Widerstand geschaltet werden, damit die Stromstärke bei gleicher Spannung auf die Hälfte absinkt?

5. Wie viel Zentimeter müssen bei einem Widerstand aus Konstantandraht abgeschnitten werden, durch den bei einer Spannung von 12 V ein Strom von 250 mA fließt, wenn die Stromstärke bei gleicher Spannung um 50 % steigen soll? Der Drahtdurchmesser beträgt 0,125 mm.

6. Um wie viel Prozent muss die Länge eines Leiters geändert werden, wenn man seinen Durchmesser verdoppelt, der Widerstand aber gleich bleiben soll?

7. Um wie viel Prozent sinkt der Widerstand eines Leiters, wenn der ursprüngliche Aluminiumdraht durch einen Kupferdraht mit gleichen Abmessungen ersetzt wird?

8. Folgende Kupferleiter haben die Normquerschnitte von 1,5 mm², 2,5 mm², 4 mm², 6 mm², 10 mm², 16 mm² und 25 mm² sowie eine Länge von jeweils 1 m.
a) Berechnen Sie die einzelnen Leiterwiderstände.
b) Stellen Sie den Graph der Funktion R in Abhängigkeit von q im R-q-Diagramm dar.
(Maßstab: 2 mΩ ≙ 1 cm; 2 mm² ≙ 1 cm)

9. Eine 100 m lange Leitung ist mit einem Bleimantel (0,20833 µΩm) umgeben. Berechnen Sie die Dicke der Ummantelung, wenn der Außendurchmesser 50 mm und der Widerstand 0,03 Ω betragen.

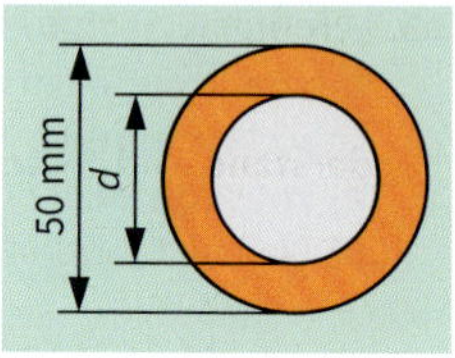

10. Eine Freileitung (0,02646 µΩm) zur Energieübertragung besteht aus Aluminium. Die Länge der Leitung beträgt 0,5 km und der Leiterquerschnitt ist mit 2,5 mm² angegeben. Wir groß ist der Leiterwiderstand?

11. Ein aufgedampfter Dünnfilm-Widerstand besitzt folgende Abmessungen: Höhe 8 µm, Breite 0,1 mm, Länge 15 mm. Sein Widerstand wurde mit 9,37 Ω gemessen. Welches Material wurde verwendet?

12. Die Versorgungsspannung eines LNC (Low Noise Converter) für eine Satellitenanlage wird über eine 20 m lange Koaxial-Leitung (Cu-Ag-Legierung $\varrho = 0{,}01731$ µΩ für Innen- und Außenleiter) eingespeist.
a) Wie groß ist der Leitungswiderstand?
b) Berechnen Sie den Spannungsfall an der Leitung, wenn die Stromstärke 150 mA beträgt.

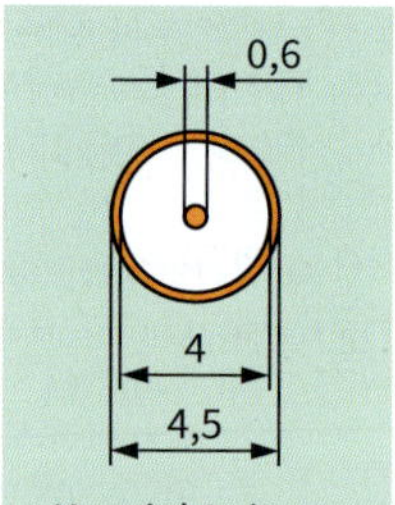

Koaxial-Leitung

13. Ein 1 mm dicker Leiter soll durch einen Leiter gleichen Materials mit einem Durchmesser von 0,707 mm ersetzt werden. In welchem Verhältnis stehen die Widerstände zueinander ($l_1 = l_2$)?

14. Zwischen zwei 120 m langen Datenleitungen aus Kupfer (0,01724 µΩm), die einen Durchmesser von 0,5 mm besitzen, hat sich an einer Stelle aufgrund mangelnder Isolation ein Übergangswiderstand gebildet, der zu einem Datenkurzschluss führt. Zur Fehlerbestimmung wird der Leiterwiderstand von beiden Seiten gemessen. Die Messergebnisse ergaben:
$R_1 = 15{,}8\ \Omega$ und $R_2 = 12{,}3\ \Omega$
a) Welcher Übergangswiderstand ist entstanden?
b) Wie weit ist die Fehlerquelle von einer Seite entfernt?

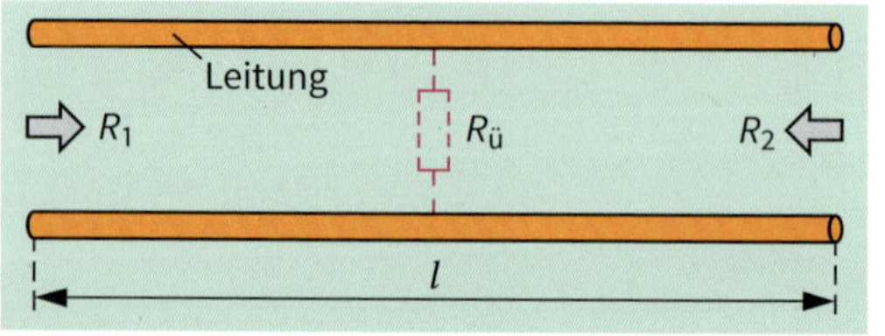

2.6.5 Temperaturabhängigkeit

Widerstand und Temperatur

$R_T = R_{20} + \Delta R$ $\quad$ $R_T = R_{20} \cdot (1 + \alpha \cdot \Delta T)$

$\Delta R = R_{20} \cdot \alpha \cdot \Delta T$ $\quad$ $\Delta\vartheta = \Delta T$

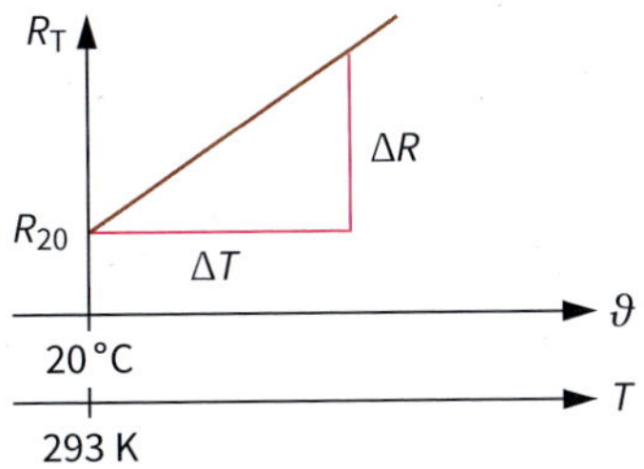

R_{20}	Widerstand bei 20°C	$[R_{20}] = \Omega$
R_T	Widerstand nach Temperaturänderung	$[R_T] = \Omega$
ΔR	Widerstandsänderung	$[\Delta R] = \Omega$
α	Temperaturkoeffizient	$[\alpha] = \frac{1}{K}$
ΔT	Temperaturänderung	$[\Delta T] = K$

Aufgaben

1. Der Widerstand einer Schützspule aus Kupfer beträgt bei 20°C 150 Ω.
   a) Wie groß ist der Widerstand bei 45 °C?
   b) Berechnen Sie die Widerstandsänderung.
   c) Wie groß ist die Widerstandsänderung in Prozent?

2. Der Widerstand eines Kupferdrahtes hat sich infolge von Erwärmung um 4,68 Ω erhöht. Um wie viel Grad Celsius hat sich dabei die Temperatur geändert, wenn $R_{20} = 20\ \Omega$ groß war?

3. Der Widerstand einer Leitung erhöht sich von 120 Ω auf 137,28 Ω, wenn die Temperatur von 20 °C auf 60 °C steigt. Aus welchem Material besteht die Leitung?

4. Ein temperaturabhängiger Messwiderstand aus Eisen besitzt bei 20 °C einen Widerstand von 800 Ω. Die nachfolgende Auswerteschaltung ist so ausgelegt, dass sie Widerstandswerte bis 1000 Ω verarbeiten kann. Für welchen Temperaturbereich ist der Messfühler geeignet?

5. Wird eine Leiter von 20 °C auf 70 °C erwärmt, so vergrößert sich sein Widerstand um 0,75 %. Welches Leitermaterial wurde verwendet?

Beispiel:

Die Kupferwicklung eines Motors besitzt einen Widerstand von $R_{20} = 120\ \Omega$. Laut Herstellerangaben kann er in einem Temperaturbereich von –30 °C bis +60 °C eingesetzt werden. Berechnen Sie die jeweiligen Wicklungswiderstände.

Mathematische Lösung:

Geg.: $R_{20} = 120\ \Omega$, $\alpha_{CU} = 0{,}0039\ \frac{1}{K}$
$\vartheta_1 = -30\ °C$, $\vartheta_2 = 60\ °C$

Ges.: R_{T1}, R_{T2}

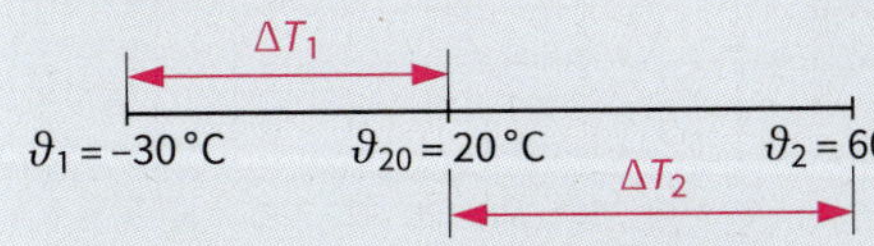

• Bei –30 °C

$\Delta T_1 = \vartheta_1 - \vartheta_{20}$

$\Delta T_1 = (-30\ °C) - 20\ °C$

$\Delta T_1 = -50\ °C \triangleq -50\ K$

$\Delta R_1 = R_{20} \cdot \alpha \cdot \Delta T_1$

$\Delta R_1 = 120\ \Omega \cdot 0{,}0039\ \frac{1}{K} \cdot (-50\ K)$

$\Delta R_1 = -23{,}4\ \Omega$ (Widerstandsabnahme)

$R_{T1} = R_{20} + \Delta R_1$

$R_{T1} = 120\ \Omega + (-23{,}4\ \Omega)$

$\underline{\underline{R_{T1} = 96{,}6\ \Omega}}$ ①

• Bei 60 °C

$\Delta T_2 = \vartheta_2 - \vartheta_{20}$

$\Delta T_2 = 60\ °C - 20\ °C$

$\Delta T_2 = 40°C \triangleq 40\ K$

$\Delta R_2 = R_{20} \cdot \alpha \cdot \Delta T_2$

$\Delta R_2 = 120\ \Omega \cdot 0{,}0039\ \frac{1}{K} \cdot 40\ K$

$\Delta R_2 = 18{,}72\ \Omega$ (Widerstandszunahme)

$R_{T2} = R_{20} + \Delta R_2$

$R_{T2} = 120\ \Omega + 18{,}72\ \Omega$

$\underline{\underline{R_{T2} = 138{,}72\ \Omega}}$ ②

Grafische Lösung:

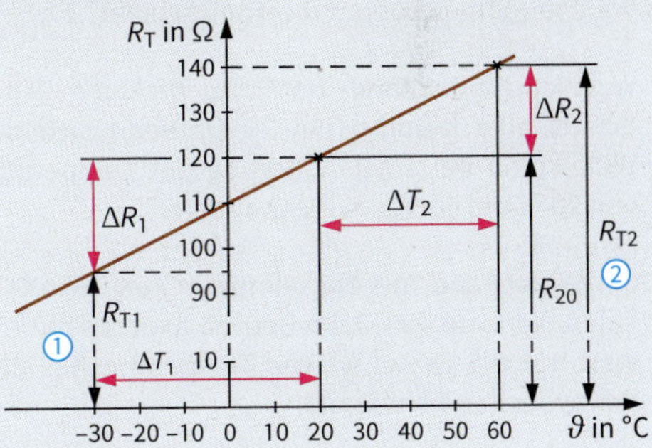

Temperaturkoeffizienten

Werkstoffe	α in $\frac{1}{K}$ bei 20°C	Werkstoffe	α in $\frac{1}{K}$ bei 20°C
Eisen	0,0046	Aluminium	0,0036
Wolfram	0,0041	Nickelin	0,00015
Silber	0,0041	Manganium	0,00001
Gold	0,0040	Konstantan	0,00008
Kupfer	0,0039	Kohle	– 0,00045

Aufgaben

1. Die Abbildung zeigt die Veränderung eines Leiters in Abhängigkeit von der Temperatur.
a) Bestimmen Sie den Temperaturkoeffizienten.
b) Welches Material wurde verwendet?

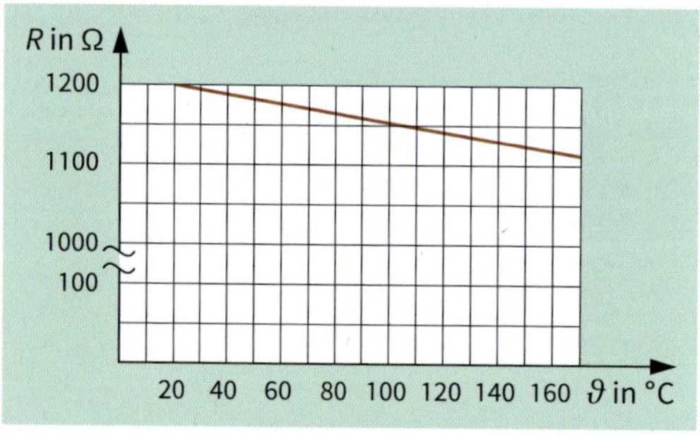

2. Ein aus Nickelin hergestellter Widerstand darf nur so eingesetzt werden, dass sich bei Temperaturänderung sein Widerstand höchstens um ±0,05 %, bezogen auf 20 °C, verändert. In welchem Temperaturbereich kann der Widerstand eingesetzt werden?

3. Ein Leiter wird von 20 °C auf 70 °C erwärmt. Dabei nimmt sein Widerstand um 18 % zu. Wie groß ist α und welches Material wurde verwendet?

4. Ein Kohleschichtwiderstand hat bei 20 °C einen Widerstand von 2 kΩ. Nach längerer Betriebsdauer beträgt der Widerstand nur noch 1,96 kΩ. Welche Temperatur hat die Kohleschicht?

5. Welchen Widerstand hat die Wicklung einer Schützspule (Kupfer) bei 20 °C, wenn sich der Widerstand bei einer Änderung der Temperatur von 20 °C auf 60 °C um 4,2 Ω ändert?

6. Ein Widerstand aus Nickelindraht hat bei 20 °C einen Wert von 400 Ω. Im Betrieb ändert sich sein Wert auf 405 Ω. Auf welche Temperatur hat sich der Widerstand erwärmt?

7. Bei einer Temperatur von 12 °C hat die Kupferwicklung eines Motors den Widerstand von 440 Ω.
a) Welchen Widerstand hat die Wicklung bei 20 °C?
b) Wie groß ist der Warmwiderstand bei 60 °C?

8. Bei einer Temperatur von 10 °C hat eine Freileitung aus Kupfer einen Widerstand von 1,6 Ω. Wie groß ist der Widerstand bei einer Temperatur von 30 °C?

9. Bei einer Schützspule aus Kupfer erhöhte sich nach kurzer Betriebsdauer der Widerstand um 128 Ω. Bei 20 °C wurde der Widerstand von 776 Ω gemessen.
a) Welche Temperatur hat die Wicklung angenommen?
b) Zeichnen Sie die Kennlinie R in Abhängigkeit von der Temperatur im R-ϑ-Diagramm. (Maßstab: 100 Ω ≙ 1 cm ; 10 °C ≙ 1 cm)
c) Lesen Sie weitere Werte für den Warmwiderstand bei 10 °C, 30 °C, 40 °C und 50 °C ab. Stellen Sie eine Wertetabelle auf.

10. Die Kupferwicklung eines Elektromotors besitzt bei 20 °C den Widerstand von 73,8 Ω und bei 48 °C den Warmwiderstand von 82 Ω.
a) Zeichnen Sie die Kennlinie R in Abhängigkeit von der Temperatur im R-ϑ-Diagramm. (Maßstab: 10 Ω ≙ 1 cm ; 10 °C ≙ 1 cm)
b) Bestimmen Sie aus dem Diagramm die Temperatur der Wicklung bei $R_T = 75\ \Omega$ bzw. 85 Ω.
c) Bestimmen Sie den Temperaturkoeffizienten der Motorwicklung.
d) Lesen Sie aus dem unter a) gezeichneten Diagramm Werte für den Widerstand bei 15 °C, 25 °C, 35 °C, 45 °C und 55 °C ab.
Stellen Sie die Wertepaare in einer Tabelle zusammen.

11. Die Heizwicklung eines Elektrogerätes hat bei 20 °C einen Widerstand von 24 Ω. Nach kurzer Betriebszeit wird ein Warmwiderstand von 25 Ω ermittelt.
a) Welche Temperatur hat die Heizwicklung aus Nickel-Eisen-Legierung ($\alpha = 0{,}003\ \frac{1}{K}$)?
b) Zeichnen Sie die Kennlinie R in Abhängigkeit von der Temperatur im R-ϑ-Diagramm. (Maßstab: 5 Ω ≙ 1 cm ; 10 °C ≙ 1 cm)

12. Ein Kohlefaden hat bei 20 °C einen Widerstand von 640 Ω. Nach kurzer Betriebszeit beträgt sein Warmwiderstand nur noch 620 Ω.
a) Bestimmen Sie die Widerstands- und Temperaturänderung.
b) Auf welche Temperatur hat sich der Kohlefaden erwärmt?
c) Zeichnen Sie die Kennlinie R in Abhängigkeit von der Temperatur im R-ϑ-Diagramm. (Maßstab: 50 Ω ≙ 1 cm ; 20 °C ≙ 1 cm)
d) Lesen Sie aus dem unter c) gezeichneten Diagramm Werte für den Widerstand bei folgenden Temperaturen ab: 30 °C, 35 °C, 40 °C, 45 °C, 50 °C, 55 °C und 60 °C. Stellen Sie eine Wertetabelle auf.

2.6.6 Nichtlineare Widerstände

In der Elektrotechnik/Elektronik werden Widerstände verwendet, die z. B. von der **Temperatur**, **Spannung** oder Lichteinwirkung abhängig sind. Der Zusammenhang zwischen dem Widerstand und der Einflussgröße ist **nichtlinear**.

Heißleiter (NTC-Widerstand)

$\vartheta\uparrow \Rightarrow R\downarrow$

Kaltleiter (PTC-Widerstand)

$\vartheta\uparrow \Rightarrow R\uparrow$

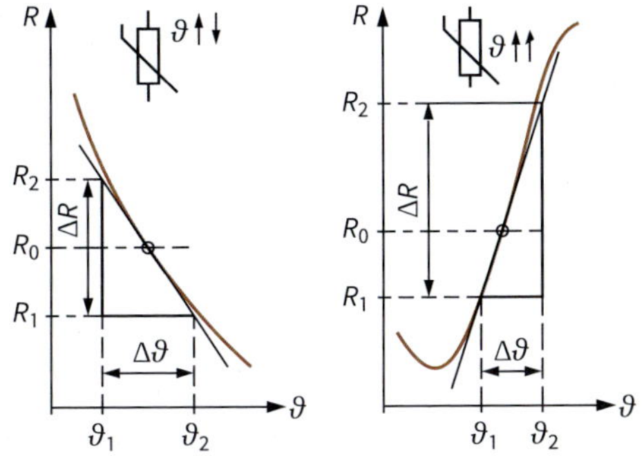

$\Delta\vartheta = \vartheta_2 - \vartheta_1$; $\Delta R = R_2 - R_1$

Beispiel:

Die vier Kennlinien zeigen die Temperaturabhängigkeit von Heißleiterwiderständen.

a) Ermitteln Sie für 40 °C den jeweiligen Widerstand.

b) Entnehmen Sie für den Heißleiter $R = 6$ kΩ die Widerstandswerte zwischen − 20 °C und + 80 °C (10 °C-Abstand).

c) Wie verändert sich der Widerstand ΔR des Heißleiters $R = 1$ kΩ, wenn eine Temperaturveränderung von 10 °C auf 40 °C eintritt?

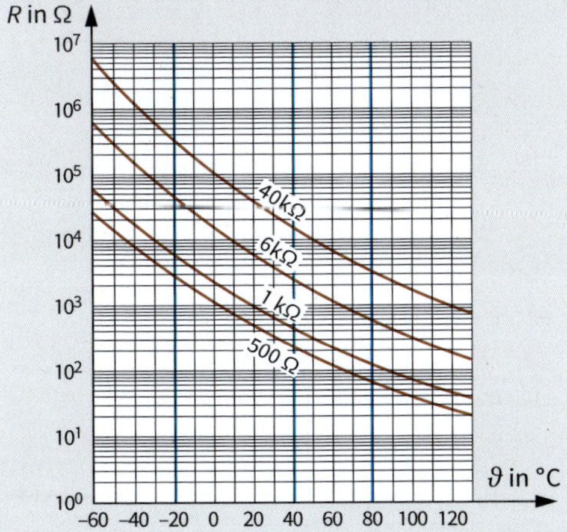

Lösung:

a) $R_{20} = 500\ \Omega \Rightarrow R_{40} = 230\ \Omega$
$R_{20} = 1\ \text{k}\Omega \Rightarrow R_{40} = 470\ \Omega$
$R_{20} = 6\ \text{k}\Omega \Rightarrow R_{40} = 2{,}5\ \text{k}\Omega$
$R_{20} = 40\ \text{k}\Omega \Rightarrow R_{40} = 15\ \text{k}\Omega$

b)

ϑ in °C	− 20	− 10	0	10	20	30
R in kΩ	42	25	15	9,5	6	3,8
ϑ in °C	40	50	60	70	80	
R in kΩ	2,5	1,8	1,2	0,8	0,6	

c) von 1500 Ω → 450 Ω

AUFGABEN

1. Im Diagramm sind Kennlinien für Messheißleiter dargestellt.
   a) Ermitteln Sie die Widerstände bei 100 °C, wobei die Toleranz + 20 % betragen soll.
   b) Welche Spannung liegt am 100 kΩ Heißleiter bei 50 °C, wenn seine Leistung 290 mW beträgt?

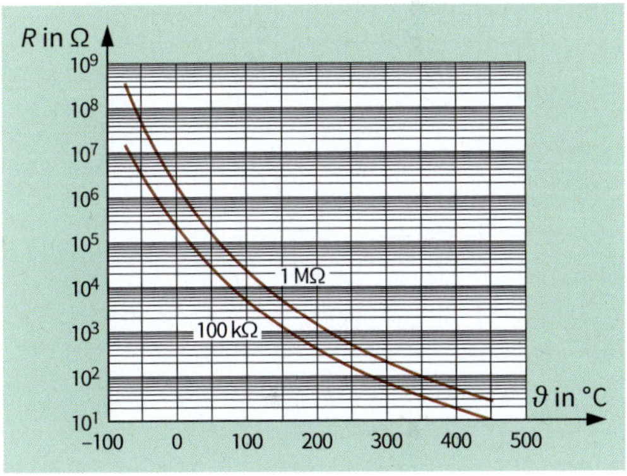

2. An dem PTC-Widerstand P 390-C 11 liegt eine Spannung von 1,5 V.
   a) Wie verändert sich sein Widerstand, wenn eine Temperaturänderung von 120 °C auf 140 °C eintritt?
   b) Berechnen Sie den Quotienten $\frac{R_{120}}{R_{100}}$
   c) Welche Leistung wird in dem PTC-Widerstand bei 120 °C umgesetzt?

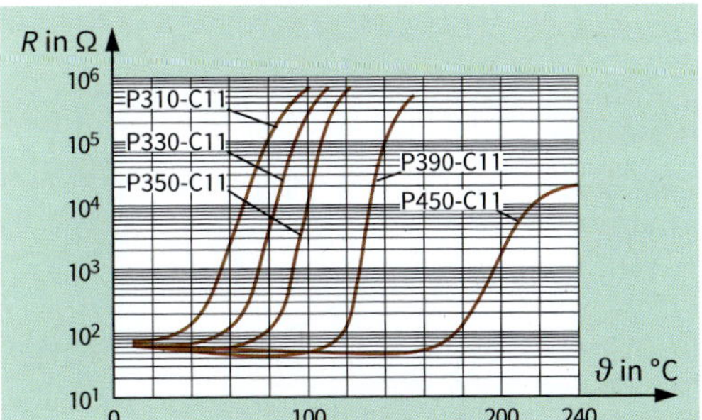

Aufgaben

1. Im Diagramm ist die Kennlinie eines Kaltleiters dargestellt.
   a) Bestimmen Sie den Widerstand zwischen 20 °C und 140 °C (20 °C-Abstände).
   b) Ab welcher Temperatur erfolgt ein steiler Widerstandsanstieg und wie lässt sich dieser ausnutzen?
   c) Wo werden PTC-Widerstände eingesetzt?

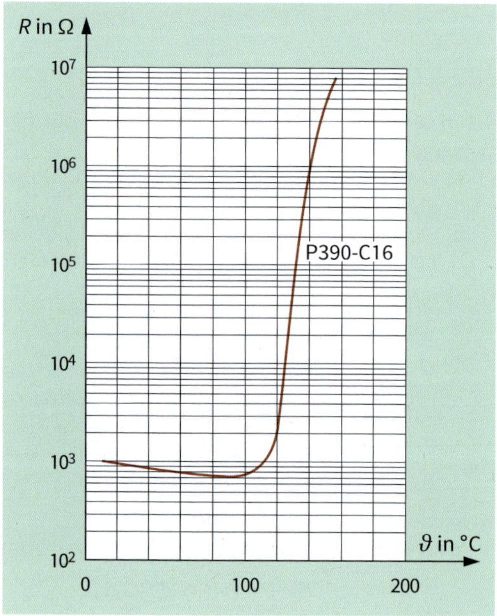

2. Mithilfe der Kennlinie eines LDRs sind folgende Untersuchungen durchzuführen:
   a) Welche Stromstärken ergeben sich, wenn der LDR an eine Spannung von 1,5 V gelegt wird und die Beleuchtungsstärken $E = 10^1$ lx, 10^2 lx und 10^3 lx betragen? (lx: Lux)
   b) Wird die Maximalleistung P_V von 40 mW überschritten, wenn die Beleuchtungsstärke 10 lx beträgt?

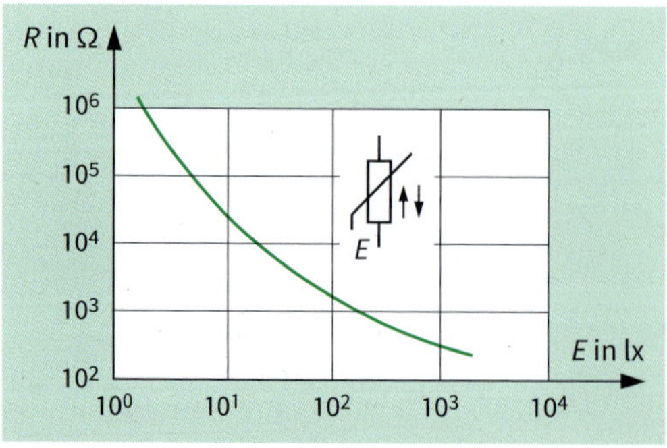

3. Das Diagramm zeigt die Kennlinie eines VDR (Varistor), dessen Widerstand mit zunehmender Spannung stark abnimmt.
   a) Entnehmen Sie die Widerstände bei 30 V, 40 V, 50 V und 60 V.
   b) Um welchen Faktor ändert sich der Widerstand, wenn statt der geforderten 65 V Betriebsspannung eine Überspannung von 150 V auftritt?

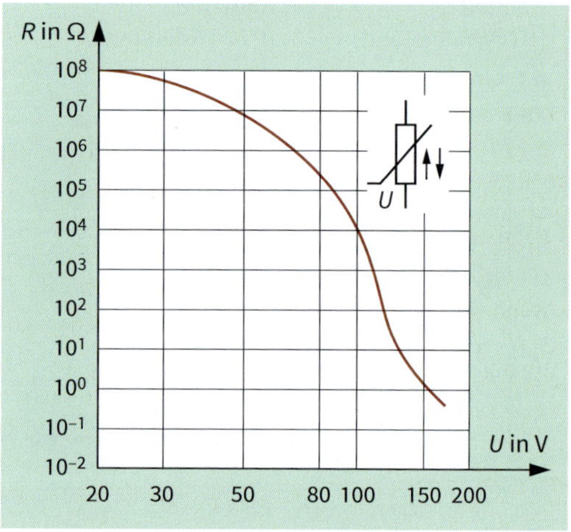

4. Kaltleiter können als Flüssigkeits-Niveaufühler eingesetzt werden. Man kann mit ihrer Hilfe z. B. eine Füllstandsmessung bei einem Öltank vornehmen.
   a) Wie verändert sich die Stromstärke, wenn eine Spannung von 16 V angelegt wird, wobei als Medien Luft und Öl zur Verfügung stehen?
   b) Beschreiben Sie das Wirkungsprinzip.

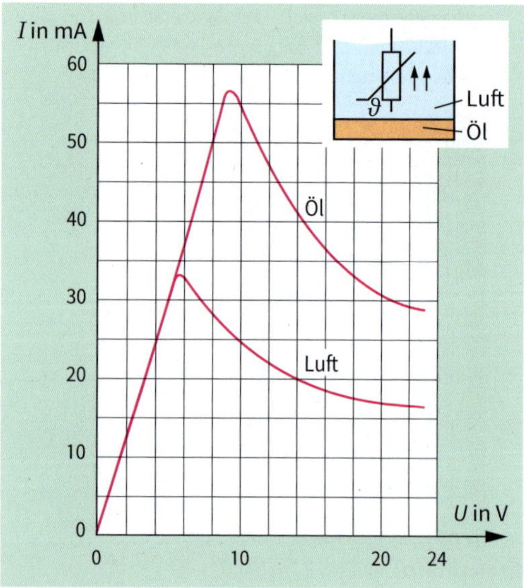

2.7 Elektrische Arbeit (Energie)

Elektrische Arbeit (Energie) W

$W = U \cdot Q$

$W = U \cdot I \cdot t$

$W = I^2 \cdot R \cdot t$

$W = \frac{U^2}{R} \cdot t$

W	Elektrische Arbeit	$[W]$ = Ws, VAs
I	Stromstärke	$[I]$ = A
U	Spannung	$[U]$ = V
t	Zeit	$[t]$ = s, h

kWh: Kilowattstunde

1 kWh = $3{,}6 \cdot 10^6$ Ws 1 Wh = $3{,}6 \cdot 10^3$ Ws

Beispiel:

Die Stromstärke in einem Heizofen beträgt 8,7 A, wenn dieser an 230 V Netzspannung angeschlossen wird.

a) Wie groß ist die verrichtete Arbeit bei einer Betriebsdauer von 14 Stunden?

b) Wie hoch sind die Energiekosten, wenn für 1 kWh ein Preis von 0,28 € berechnet werden?

Lösung:

Geg.: $I = 8{,}7$ A; $U = 230$ V; $t = 14$ h

Ges.: a) W; b) K

a) $W = U \cdot I \cdot t$ $W = 230\ \text{V} \cdot 8{,}7\ \text{A} \cdot 14\ \text{h}$

$W = 28014$ Wh $\underline{\underline{W = 28{,}014\ \text{kWh}}}$

b) $K = W \cdot k$ $k = 0{,}28\ \frac{€}{\text{kWh}}$

$K = \frac{28\ \text{kWh} \cdot 0{,}28\ €}{1\ \text{kWh}}$ $\underline{\underline{K = 7{,}84\ €}}$

1: „Elektrizitätszähler“

Energiekosten K

$K = W \cdot k$

K Energiekosten in €

k Arbeitspreis in $\frac{€}{\text{kWh}}$

Zusätzliche Kosten wie Leistungspreis/Jahr und Ausgleichsabgabe bleiben unberücksichtigt.

Aufgaben

1. An 230 V wird eine Glühlampe betrieben. Sie ist täglich 5,5 h eingeschaltet. Die Stromstärke beträgt 454,5 mA. Wie hoch ist der wöchentliche Energiebedarf?

2. Welche Stromstärke ist vorhanden, wenn ein Elektrogerät an 230 V in 45 min eine elektrische Arbeit von 0,6 kWh benötigt? Berechnen Sie den Heizwiderstand im Betriebszustand.

3. Ein Schichtwiderstand von 2,2 kΩ wird 12 min lang von einer Stromstärke von 30 mA durchflossen.
a) Wie groß ist die elektrische Arbeit?
b) An welcher Spannung liegt der Widerstand?

4. Die Heizwicklung eines Heißwasserbereiters hat bei Betrieb an 380 V einen Widerstand von 24,2 Ω.
a) Wie groß ist die Arbeit, wenn das Gerät 25 min eingeschaltet ist?
b) Berechnen Sie die Betriebsstromstärke.

5. Berechnen Sie jeweils die elektrische Arbeit für 25 Signallampen eines Typs bei 16stündigem Betrieb, wenn folgende Lampentypen zur Verfügung stehen:
a) $\frac{6\ \text{V}}{0{,}2\ \text{A}}$ b) $\frac{12\ \text{V}}{0{,}05\ \text{A}}$ c) $\frac{24\ \text{V}}{0{,}025\ \text{A}}$ d) $\frac{24\ \text{V}}{0{,}05\ \text{A}}$ e) $\frac{60\ \text{V}}{0{,}02\ \text{A}}$

6. Durch den Heizwiderstand eines Bügeleisens fließt bei einer angelegten Spannung von $U = 230$ V ein Strom von $I = 1{,}5$ A.
a) Berechnen Sie den Heizwiderstand.
b) Wie groß ist die elektrische Arbeit bei 2 Stunden Betriebsdauer?
c) Welche Energiekosten entstehen jährlich, wenn das Bügeleisen an 90 Tagen im Jahr 2 Stunden täglich benutzt wird und 0,28 € für eine kWh zu entrichten sind?

7. Eine defekte Waschmaschine wird durch ein neues Modell ersetzt, dessen Energieverbrauch um 1,2 kWh geringer ist.
a) Wie viel Energie wird weniger verbraucht, wenn die Betriebsdauer mit 1,5 Stunden an 200 Tagen angenommen wird?
b) Zu welcher Einsparung führt diese Maßnahme bei Energiekosten von 0,28 $\frac{€}{\text{kWh}}$?

2.8 Elektrische Leistung

Die elektrische Leistung ist das Produkt aus Spannung und Stromstärke. Sie gibt an, wie groß die Fähigkeit ist, elektrische Energie in eine andere Energieart umzuwandeln (z. B. Wärme).

P Elektrische Leistung $[P] = \text{W (Watt)}$

$P = U \cdot I$

$P = \frac{U^2}{R}$

$P = I^2 \cdot R$

$P = \frac{W}{t}$

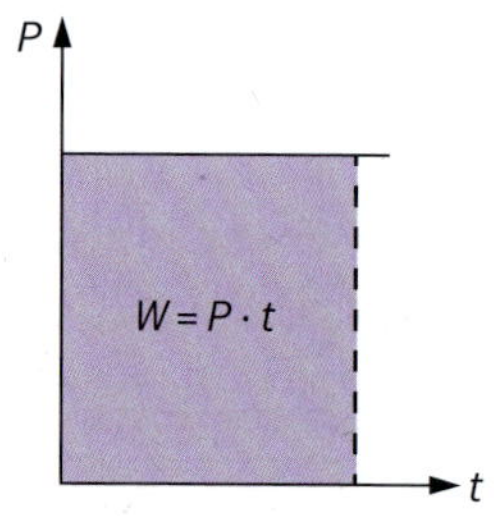

Beispiel:

Die Stromstärke in einem Lötkolben beträgt $I = 0{,}435\ \text{A}$, wenn er an eine Spannung von 230 V angeschlossen wird.

a) Berechnen Sie die Leistung des Lötkolbens.

b) Wie groß ist die elektrische Arbeit bei einer täglichen Betriebsdauer von 6 Stunden?

Lösung:

Geg.: $I = 0{,}435\ \text{A}$; $U = 230\ \text{V}$; $t = 6\ \text{h}$

Ges.: a) P b) W

a) $P = U \cdot I$

$P = 230\ \text{V} \cdot 0{,}435\ \text{A}$

$\underline{\underline{P = 100\ \text{W}}}$

b) $W = P \cdot t$

$W = 100\ \text{W} \cdot 6\ \text{h}$

$\underline{\underline{W = 600\ \text{Wh}}}$

Aufgaben

1. Ein Elektrogerät ist 15 min lang eingeschaltet. Es wird eine elektrische Arbeit von 0,125 kWh gemessen. Bestimmen Sie die elektrische Leistung.

2. Ein Gerät mit der Leistungsangabe 750 Watt ist 20 min lang in Betrieb. Wie groß ist die Arbeit in kWh? Bestimmen Sie die Stromstärke.

3. Welche Leistung haben Glühlämpchen mit folgenden Angaben?

a) $\frac{2{,}2\ \text{V}}{0{,}4\ \text{A}}$ c) $\frac{4{,}8\ \text{V}}{0{,}5\ \text{A}}$

b) $\frac{3{,}7\ \text{V}}{0{,}3\ \text{A}}$ d) $\frac{6\ \text{V}}{0{,}4\ \text{A}}$

4. Ein Drahtwiderstand, der an 112 V angeschlossen ist, wird von einer Stromstärke von 22,36 mA durchflossen.

a) Wie groß ist die elektrische Leistung?

b) Berechnen Sie die Größe des Widerstands.

5. Ein Heizgerät trägt auf dem Typenschild die Angabe 230 V/4 kW. Das Gerät ist 40 min in Betrieb.

a) Wie groß ist der Heizwiderstand?

b) Berechnen Sie die elektrische Arbeit.

6. Wie groß ist der Heizwiderstand eines Heizlüfters, der an einer Spannung von 230 V eine Leistung von 2 kW besitzt?

7. Eine Relaisspule für 6 V hat einen Widerstand von 80 Ω.

a) Wie groß ist die Stromstärke?

b) Welche Leistung ist vorhanden?

8. Bei einer Spannung von 12 V beträgt in einer Relaisspule die Stromstärke 36,36 mA.

a) Welchen Wert hat der Spulenwiderstand?

b) Wie groß ist die Leistung?

9. Für welche Spannung ist eine Projektorlampe mit dem Aufdruck 250 W/10,4 A vorgesehen?

10. Wie groß darf die Stromstärke in einem Widerstand 2,2 kΩ/0,5 W höchstens werden, damit die Leistung nicht überschritten wird?

11. Welche höchstzulässige Stromstärke darf in den folgenden Widerständen auftreten (Toleranzen bleiben unberücksichtigt)?

a) braun-rot-gelb-gold: 0,25 W

b) grau-rot-schwarz-silber: 1 W

c) orange-weiß-orange-rot: 0,5 W

12. Wie hoch ist der Leistungsverlust bei einem Netzteil mit einem Innenwiderstand von 0,8 Ω, wenn die Quellenspannung von 32 V auf 30 V an den Ausgangsklemmen absinkt?

13. Welche prozentuale Leistungsabnahme ergibt sich bei einer Herdplatte, wenn die Netzspannung von 230 V auf 225 V abnimmt?

14. Welche Spannung darf an einen 2,2 kΩ Widerstand mit 0,25 W Belastbarkeit höchstens angelegt werden? Lösen Sie die Aufgabe grafisch und stellen Sie dazu den Verlauf P in Abhängigkeit von U dar. (Maßstab: 25 mW ≙ 1 cm; 2,5 V ≙ 1 cm)

15. Ein Elektrogerät besitzt bei 230 V eine Leistung von 60 W. Wie groß ist seine Leistung, wenn die Betriebsspannung um 6 % geringer ist?

Aufgaben

16. Um welchen Faktor muss die Spannung erhöht werden, damit sich die Leistung eines Elektrogerätes verfünffacht (Widerstand konstant)?

17. Ein Widerstand soll die dreifache Leistung besitzen. Um das Wievielfache muss sich die Spannung erhöhen, wenn der Widerstandswert konstant bleibt?

18. Für welche Leistung ist der Widerstand (Kennlinie s. unten) ausgelegt?
Überprüfen Sie Ihre Überlegungen rechnerisch anhand von 3 Wertepaaren.

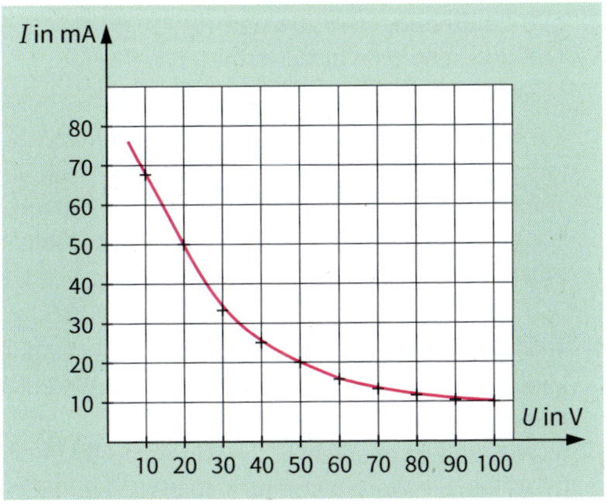

19. Ein Bügeleisen mit $P = 500$ W bleibt 1,5 Stunden lang in Betrieb. Stellen Sie P in Abhängigkeit von der Zeit t grafisch dar und berechnen Sie die verrichtete Arbeit.

20. Das Diagramm zeigt die Leistung in Abhängigkeit von der Zeit bei einer automatischen Kochplatte. Ermitteln Sie die elektrische Arbeit.

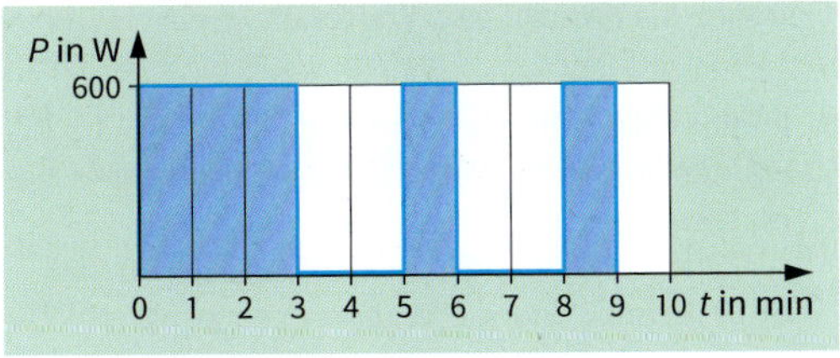

21. An die Netzspannung von 230 V sind eine Kochplatte mit 750 W und ein Heizkissen von 50 W angeschlossen.
a) Berechnen Sie die Stromstärke in den Geräten.
b) Welche elektrische Arbeit in kWh wird dem Netz entnommen, wenn die Geräte 2 Stunden lang in Betrieb sind?
c) Wie hoch sind die Kosten, wenn eine Kilowattstunde 0,28 € kostet?

Beispiel:

An einen konstant bleibenden Widerstand von 10 Ω wird eine Spannung von 0 V … 10 V gelegt.
a) Berechnen Sie die jeweiligen Leistungen.
b) Wie verläuft die Kennlinie im *P*-*U*-Diagramm?

Lösung:

Geg.: $R = 10\,\Omega$, $U_0 = 0$ V, $U_1 = 1$ V … $U_{10} = 10$ V
Ges.: a) P_0 und $P_1 \dots P_{10}$; b) Kennlinie

a) $P = \frac{U^2}{R}$; Wertetabelle

U in V	0	1	2	3	4	5	6	7	8	9	10
P in W	0	0,1	0,4	0,9	1,6	2,5	3,6	4,9	6,4	8,1	10

b)
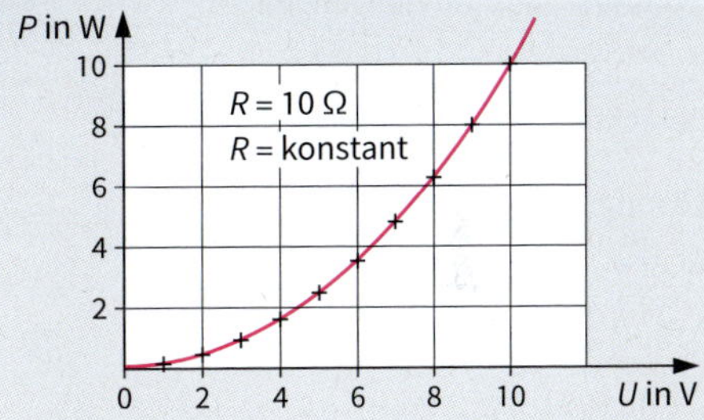

22. Die Kennlinie in der Beispiellösung zeigt die Abhängigkeit der Leistung an einem Widerstand von der angelegten Spannung.
a) Tragen Sie in ein Koordinatensystem die Funktion *P* in Abhängigkeit von *U* für den doppelten Widerstandswert ein.
(Maßstab: 0,5 W ≙ 1 cm; 1 V ≙ 1 cm)
Stellen Sie zuvor eine Wertetabelle bei folgenden Spannungswerten auf:
1 V, 2V, 4 V, 6 V, 8 V und 10 V.
b) Berechnen Sie die jeweiligen Stromstärken und ergänzen Sie damit die Wertetabelle.

23. Im Heizdraht des Tauchsieders fließt ein Strom von 2,5 A, wenn er an 230 V Netzspannung angeschlossen ist. Mit ihm lassen sich 2 l Wasser in 25 min von 20 °C auf 100 °C erhitzen ($c = 4{,}19\,\frac{\text{J}}{\text{g} \cdot \text{K}}$).
a) Berechnen Sie die elektrische Arbeit.
b) Berechnen Sie die Wärme Q.
c) In welchem Verhältnis steht die abgegebene Wärme zur elektrischen Arbeit?

24. Der Widerstand eines Heizgerätes wird mit 10 Ω ermittelt. Das Gerät liegt an der Netzspannung von 230 V und bleibt 2 Stunden lang eingeschaltet.
a) Berechnen Sie die Stromstärke durch den Widerstand.
b) Wie groß ist die Leistung?
c) Welche Arbeit wird verrichtet?

Zählerkonstante c_z

$$P = \frac{n \cdot 3600}{t \cdot c_z}$$

$[P] = \text{kW}$

$[t] = \text{s}$

$[c_z] = \frac{1}{\text{kWh}}$

Beispiel:

In einer elektrischen Anlage soll die Gesamtleistung aller angeschlossenen Geräte bestimmt werden. Mithilfe eines mechanisch arbeitenden Zählers wird festgestellt, dass die Zählerscheibe in 22 Sekunden 4 Umdrehungen macht.
($c_z = 180 \frac{1}{\text{kWh}}$)

Berechnen Sie auch die elektrische Arbeit.

Lösung:

Geg.: $c_z = 180 \frac{1}{\text{kWh}}$, $n = 4$, $t = 22$ s

Ges.: P und W

$$P = \frac{n \cdot 3600}{t \cdot c_z}$$

$$P = \frac{4 \cdot 3600}{22\ \text{s} \cdot 180 \frac{1}{\text{kWh}}}$$

$$\underline{\underline{P = 3{,}64\ \text{kW}}}$$

$$W = P \cdot t$$

$$W = 3{,}64\ \text{kW} \cdot \frac{22}{3600}\ \text{h}$$

$$\underline{\underline{W = 0{,}022\ \text{kWh}}}$$

Aufgaben

1. Wie groß ist die elektrische Leistung, wenn die Zählerscheibe des Zählers ($c_z = 180 \frac{1}{\text{kWh}}$) 2 Umdrehungen in 15 s macht? Berechnen Sie die elektrische Arbeit.

2. Ein Zähler macht 600 Umdrehungen pro kWh. Welche elektrische Arbeit hat das angeschlossene Elektrogerät benötigt, wenn 36 Umdrehungen pro Minute gezählt werden?
Wie groß ist die Leistung?

3. Der Anschlusswert eines Warmwassergerätes soll bestimmt werden. Die Zählerscheibe des Zählers ($c_z = 120 \frac{1}{\text{kWh}}$) macht 18 Umdrehungen in 45 s.

4. In einem Haushalt sind eine Anzahl verschiedener Elektrogeräte in Betrieb. Die Zählerscheibe des Zählers ($c_z = 75 \frac{1}{\text{kWh}}$) macht in einer Minute 25 Umdrehungen.
a) Wie groß ist die eingeschaltete Gesamtleistung?
b) Berechnen Sie die Arbeit, die in der angegebenen Zeit zum Betrieb der Elektrogeräte benötigt wurde.

5. Eine Zählerscheibe ($c_z = 180 \frac{1}{\text{kWh}}$) macht 4 Umdrehungen in 10 s. Wie ändert sich die Leistung der angeschlossenen Verbraucher, wenn
a) 6 Umdrehungen in 20 s,
b) 8 Umdrehungen in 25 s und
c) 9 Umdrehungen in 15 s ermittelt werden?

6. Zur Bestimmung der unleserlich gewordenen Zählerkonstanten werden zwei Glühlampen mit je 100 W und eine Glühlampe mit 60 W eingeschaltet. Wie groß ist die Zählerkonstante, wenn die Zählerscheibe 2 Umdrehungen in 46 s macht?

7. Eine Strom-Spannungs-Messung an einem unbekannten Widerstand aus Konstantan ergab die Messwerte $U = 4{,}5$ V und $I = 0{,}15$ A.
a) Wie groß ist der elektrische Widerstand?
b) Stellen Sie Wertepaare für U (0 bis 5 V) und P in einer Wertetabelle zusammen.
c) Zeichnen Sie die P-U-Kennlinie.
(Maßstab: 1 V ≙ 1 cm; 0,1 W ≙ 1 cm)

8. Tragen Sie in das P-U-Diagramm der Aufgabe Nr. 7 weitere Kennlinien für die konstanten Widerstände $R_1 = 20\ \Omega$ und $R_2 = 40\ \Omega$ ein. Ermitteln Sie zuvor für jeden Widerstand einige U-P-Wertepaare und tragen Sie diese in eine Wertetabelle ein.

9. In einer Messreihe an dem Widerstand $R = 1{,}5$ kΩ werden folgende Werte für die Stromstärke gemessen:
$I_1 = 10$ mA, $I_2 = 20$ mA, $I_3 = 40$ mA und $I_4 = 60$ mA.
a) Berechnen Sie die entsprechenden Werte für die Leistung bei konstantem Widerstand.
b) Stellen Sie eine Wertetabelle auf.
c) Zeichnen Sie die Kennlinie im P-I-Diagramm.
(Maßstab: 10 mA ≙ 1 cm, 1 W ≙ 1 cm)

2.9 Leistung im Wechselstromkreis

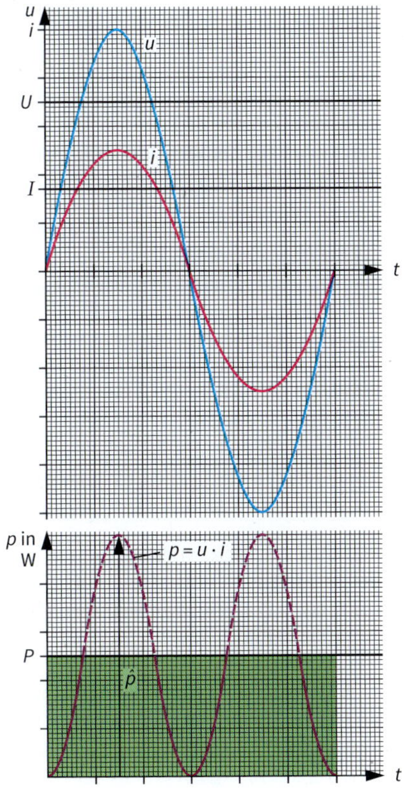

$\hat{p} = \hat{u} \cdot \hat{\imath}$ $\quad P = \frac{\hat{u} \cdot \hat{\imath}}{2}$ $\quad P = \frac{\hat{p}}{2}$

$U_{RMS} = U = \frac{\hat{u}}{\sqrt{2}}$ $\quad I_{RMS} = I = \frac{\hat{\imath}}{\sqrt{2}}$

$P = U \cdot I$ $\quad P = U_{RMS} \cdot I_{RMS}$

Beispiel:

Ein 56 Ω Widerstand wird an eine Wechselspannung angeschlossen, deren Spitzenwert 12 V beträgt.

a) Berechnen Sie den Effektivwert der Stromstärke.

b) Wie groß ist die Leistung, die in dem Widerstand umgesetzt wird?

Lösung:

Geg.: $R = 56\ \Omega$, $\hat{u} = 12\ \text{V}$ Ges.: a) I; b) P

a) $\hat{\imath} = \frac{\hat{u}}{R}$ $\quad \hat{\imath} = \frac{12\ \text{V}}{56\ \Omega}$ $\quad \hat{\imath} = 0{,}214\ \text{A}$

$I = \frac{\hat{\imath}}{\sqrt{2}}$ $\quad I = \frac{0{,}214\ \text{A}}{\sqrt{2}}$ $\quad \underline{\underline{I = 0{,}152\ \text{A}}}$

b) $P = \frac{\hat{u} \cdot \hat{\imath}}{2}$ $\quad P = \frac{12\ \text{V} \cdot 0{,}214\ \text{A}}{2}$ $\quad \underline{\underline{P = 1{,}284\ \text{W}}}$

Aufgaben

1. Mithilfe eines Oszilloskops wurde an einem 820 Ω Widerstand eine sinusförmige Wechselspannung von $u_{SS} = 6{,}5$ V gemessen.

a) Berechnen Sie die Effektivwerte der Spannung und Stromstärke.

b) Welche Leistung wird in dem Widerstand umgesetzt?

2. Ein 75 W Elektrogerät ist an eine Wechselspannung von $U = 230$ V angeschlossen. Wie groß ist die Spitzenstromstärke?

3. Der Eingangswiderstand eines NF-Vorverstärkers beträgt 120 kΩ. Der Spitzenstrom wird mit 1,2 µA gemessen.

a) Ermitteln Sie den Effektivwert der am Eingang liegenden Wechselspannung.

b) Welche Leistung wird im Eingangswiderstand umgesetzt?

4. Berechnen Sie den Heizwiderstand eines 30 W Lötkolbens, der an eine sinusförmige Wechselspannung von $u_{SS} = 650$ V angeschlossen ist.

5. Die in einem Wirkwiderstand umgesetzte Leistung beträgt 0,3 W. Wie groß ist die angelegte Spannung U, wenn der Scheitelwert der Stromstärke 2,5 mA beträgt?

6. Die an einem Heizwiderstand liegende Wechselspannung wurde mit einem Oszilloskop gemessen. Die Stromstärke beträgt $I = 2{,}5$ A.

a) Welchen Effektivwert besitzt die Spannung?

b) Berechnen Sie die im Heizwiderstand umgesetzte Leistung.

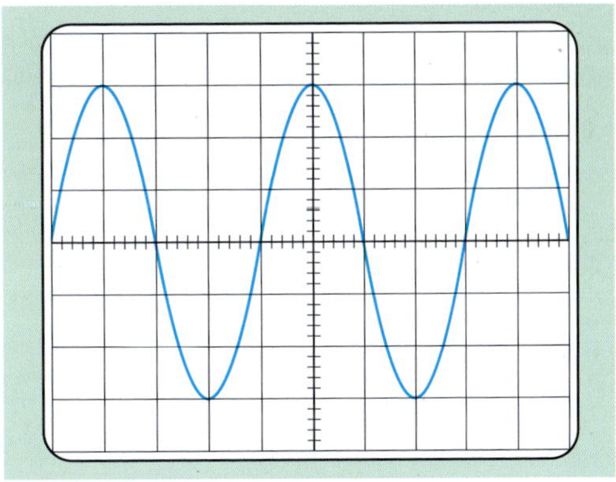

$A_y = 20\ \frac{\text{V}}{\text{Skt}}$

2.10 Elektrowärme

W_{zu}	Zugeführte elektrische Energie	$[W_{zu}]$ = Ws, Wh
W_{ab}, Q_{ab}	Abgegebene Wärmemenge	$[Q]$ = J, kJ 1 Ws = 1 J (Joule)
η_{th}	Wärmewirkungsgrad	
m	Masse	$[m]$ = kg
c	Spezifische Wärmekapazität	$[c] = \frac{kJ}{kg \cdot K}$
ΔT, $\Delta\vartheta$	Temperaturdifferenz	$[\Delta T]$ = K (Kelvin)
K	Energiekosten	$[K]$ = Euro
p	Preis pro kWh	$[p] = \frac{Euro}{kWh}$

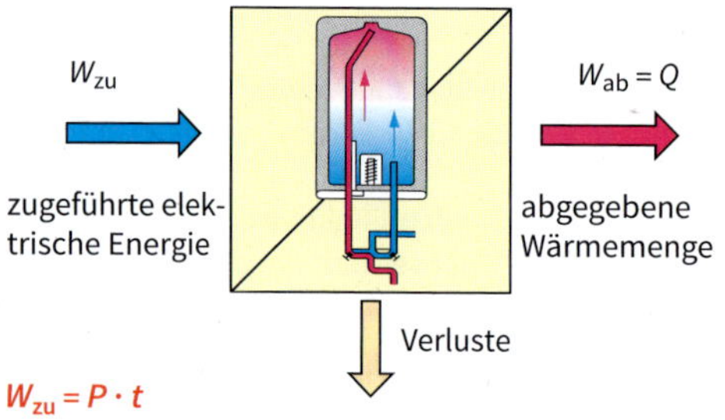

$W_{zu} = P \cdot t$

$Q = Q_{ab} = m \cdot c \cdot \Delta T$ $\qquad \Delta T = \vartheta_2 - \vartheta_1$

$\eta_{th} = \frac{W_{ab}}{W_{zu}} = \frac{Q_{ab}}{W_{zu}}$ $\qquad K = W_{el} \cdot p$

Beispiel:

Eine Elektrokochplatte ($P = 1{,}2$ kW) und ein Schnellkochtopf ($P = 1{,}8$ kW) sollen hinsichtlich ihres Wärmewirkungsgrades verglichen werden. In beiden wird jeweils 1 Liter Wasser (1 kg) um 40 K erwärmt. Die Elektrokochplatte benötigt dazu 300 s und der Schnellkochtopf 120 s. Berechnen Sie die Energiekosten beim Preis von $0{,}3 \frac{Euro}{kWh}$.

Lösung:

Geg.: Elektrokochplatte $P_1 = 1{,}2$ kW, $t_1 = 300$ s
Schnellkochtopf $P_2 = 1{,}8$ kW, $t_2 = 120$ s
$m = 1$ kg, $\Delta T = 40$ K, $c = 4{,}19 \frac{kJ}{kg \cdot K}$, $p = 0{,}3 \frac{Euro}{kWh}$

Ges.: a) η_{th1} b) η_{th2} c) Energiekosten K

a) $\eta_{th1} = \frac{Q_{ab}}{Q_{zu}}$ $\quad Q_{zu} \triangleq W_{zu} = P_1 \cdot t_1$ $\quad \eta_{th1} = \frac{m \cdot c \cdot \Delta T}{P_1 \cdot t_1}$

$\eta_{th1} = \frac{1\,kg \cdot 4{,}19 \frac{kJ}{kg \cdot K} \cdot 40\,K}{1{,}2\,kW \cdot 300\,s}$ $\qquad \underline{\underline{\eta_{th1} = 0{,}47}}$

b) $\eta_{th2} = \frac{Q_{ab}}{Q_{zu}}$ $\quad Q_{zu} \triangleq W_{zu} = P_2 \cdot t_2$ $\quad \eta_{th2} = \frac{m \cdot c \cdot \Delta T}{P_2 \cdot t_2}$

$\eta_{th2} = \frac{1\,kg \cdot 4{,}19 \frac{kJ}{kg \cdot K} \cdot 40\,K}{1{,}8\,kW \cdot 120\,s}$ $\qquad \underline{\underline{\eta_{th2} = 0{,}78}}$

c) $K = W_{el} \cdot p = P \cdot t \cdot p$

$K_1 = 1{,}2\,kW \cdot 0{,}083\,h \cdot 0{,}3 \frac{Euro}{kWh}$ $\qquad \underline{\underline{K_1 = 0{,}03\,Euro}}$

$K_2 = 1{,}8\,kW \cdot 0{,}033\,h \cdot 0{,}3 \frac{Euro}{kWh}$ $\qquad \underline{\underline{K_2 = 0{,}02\,Euro}}$

Aufgaben

1. Ein Schnellkocher mit einer Leistung von 2000 W bringt in 5 min 1,5 Liter Wasser von 10 °C zum Sieden. Wie groß ist der Wärmewirkungsgrad?

2. Eine Elektrokochplatte mit einer Leistung von 700 W erwärmt in der Zeit von 16 min die im Topf befindliche Wassermenge von 1 Liter von 18 °C auf 100 °C. Berechnen Sie den Wärmewirkungsgrad.

3. Ein Tauchsieder hat die Leistung von 600 W und soll 1,5 Liter Wasser von 18 °C in 15 min zum Sieden bringen. Wie groß ist der Wärmewirkungsgrad?

4. Ein Heißwassergerät mit Wärmeisolation besitzt einen Wärmewirkungsgrad von 0,98. In welcher Zeit erwärmt das Gerät ($P = 2$ kW) 5 Liter Wasser von 12 °C auf
   a) 35 °C, b) 60 °C und c) 85 °C?
   d) Berechnen Sie für c) die Energiekosten K bei einem kWh-Preis von 0,3 € pro Kilowattstunde.

5. Wie viel Liter Wasser können von einem Heißwasserspeicher mit der Leistung 4 kW in 25 min von 15 °C auf 60 °C erwärmt werden? Der Wärmewirkungsgrad ist 93 %.

6. Mit einem Tauchsieder von 2000 W werden in 15 min 8 Liter Wasser von 12 °C auf 63 °C erwärmt.
   a) Wie groß ist die zugeführte Energie W_{zu}?
   b) Wie groß ist die abgegebene Wärmemenge?
   c) Berechnen Sie den Wirkungsgrad des Tauchsieders.

7. Eine Kaffeemaschine kocht aus Wasser mit 12 °C in 20 min 12 Tassen (je $\frac{1}{8}$ Liter) Kaffee. Die Leistung der Maschine beträgt 1 kW.
   a) Welche Wärmemenge wird zur Erzeugung der Kaffeemenge benötigt?
   b) Welche elektrische Energie W_{zu} wird zugeführt?
   c) Berechnen Sie den Wirkungsgrad der Kaffeemaschine.

8. Ein Frittiergerät besitzt die Leistung von 2,5 kW und eine Ölfüllung von 4 Liter. Das Öl soll von 15 °C auf 180 °C erhitzt werden.
   a) Welche Wärmemenge Q_{ab} wird dazu benötigt, wenn folgende Werte bekannt sind:
   $\varrho_{Öl} = 0{,}9 \frac{kg}{dm^3}$ und $c_{Öl} = 1{,}68 \frac{kJ}{kg \cdot K}$
   b) Welche elektrische Arbeit W_{zu} ist erforderlich, wenn der Wirkungsgrad 75 % beträgt?
   c) Nach welcher Zeit ist die Endtemperatur des Öls erreicht?

9. Durch die Einstellung (warm-mittel-heiß) eines Temperaturwählers kann ein Heißwassergerät 15 Liter Wasser von 12 °C auf a) 35 °C, b) 60 °C und c) 85 °C aufheizen. Wie groß ist die jeweils im Wasser enthaltene Wärmemenge?

10. Die Wassermenge von 0,003 m^3 soll mit einem Warmwasserkocher von der Anfangstemperatur 10 °C auf die Endtemperatur 95 °C aufgeheizt werden. Berechnen Sie die erforderliche Wärmemenge.

11. Welche Wassermenge wird durch Zuführung der Wärmemenge von 835 kJ von 20 °C zum Sieden gebracht?

12. Ein Kupferkessel (0,5 kg) wird durch das zum Sieden gebrachte Wasser von 20 °C auf 100 °C erwärmt. Wie groß ist die im Kupfer enthaltene Wärmemenge, wenn die abgestrahlte Wärmemenge unberücksichtigt bleibt?

13. Auf welche Temperatur erwärmen sich 5 Liter Wasser von 20 °C, wenn die zugeführte Wärmemenge 1200 kJ beträgt? Wie groß ist ϑ_2, wenn die Wassermenge verdoppelt wird?

14. Zur Bestimmung von c bzw. der Art des Materials eines festen Körpers wird folgendes Experiment gemacht. Der unbekannte Körper (0,8 kg, $\vartheta_1 = 20\,°C$) wird in eine Wassermenge von 2 kg getaucht, deren Temperatur daraufhin nach einer gewissen Zeit von 52,63 °C auf 50 °C absinkt.

a) Welche Wärmemenge gibt die Wassermenge an den Körper ab bzw. welche Wärmemenge nimmt der Körper auf?

b) Aus welchem Material besteht der Körper?

15. Ein Transformator enthält eine Ölfüllung von 150 Hektoliter Transformatoröl ($c = 2\,\frac{kJ}{kg \cdot K}$; $\varrho = 0{,}85\,\frac{kg}{dm^3}$). Wie groß ist der Wärmeverlust, wenn das Öl im Lastbetrieb des Transformators von 20 °C auf 60 °C erwärmt wird?

16. Welche Wärmemenge nimmt eine Kupferfreileitung von 25 km Länge und 35 mm^2 Querschnitt auf, wenn sie durch die Sonneneinstrahlung von 10 °C Nachttemperatur auf 60 °C Mittagstemperatur erwärmt wird (Dichte $\varrho_{Cu} = 8{,}93\,\frac{kg}{dm^3}$)?

17. Einer Kupferschiene mit den Abmessungen 5 mm x 15 mm x 4550 mm wird bei einem Kurzschluss eine Wärmemenge von 250 kJ zugeführt.

a) Um wie viel Kelvin erwärmt sich die Kupferschiene, wenn die Wärmeabstrahlung unberücksichtigt bleibt?

b) Wie heiß wird die Schiene, wenn sie vorher eine Temperatur von 15 °C hatte und die Wärmeabgabe an die Luft vernachlässigt werden kann (Dichte $\varrho_{Cu} = 8{,}93\,\frac{kg}{dm^3}$)?

18. Die Freileitung aus Kupfer mit einem Querschnitt von 50 mm^2 und einer Länge von 36 km hat sich am Tag auf 55 °C erwärmt. Welche Wärmemenge wird abgegeben, wenn die Freileitung nachts auf 10 °C abkühlt?

19. Der Kühlkörper mit der Masse von 0,25 kg wird von 60 °C auf 20 °C abgekühlt. Dabei wird eine Wärmemenge von 9,2 kJ frei. Aus welchem Material besteht der Kühlkörper?

20. Ein Edelstahltopf (0,4 kg) mit dem Inhalt von 1,5 Liter Wasser wird von 20 °C auf 75 °C erwärmt.

a) Welche Wärmemenge wird zur Erwärmung des Wassers benötigt?

b) Mit welcher Wärmemenge wurde der Edelstahltopf erwärmt?

21. Die Luft in einem Raum von 50 m^3 soll von −4 °C auf +22 °C erwärmt werden. Welche Wärmemenge ist dafür erforderlich? (Wärmeabgabe an die Wände bleibt unberücksichtigt, $c = 1\,\frac{kJ}{kg \cdot K}$)

22. Das Öl eines Ölschützes (4 Liter, $c = 2\,\frac{kJ}{kg \cdot K}$); erwärmt sich bei Belastung von 18 °C auf 35 °C. Welche Wärmemenge ist als Verlust entstanden?

23. Die Flüssigkeitsmenge von 15 kg erwärmt sich von 15 °C auf 66 °C, wenn eine Wärmemenge von 1,3 MJ zugeführt wird. Wie groß ist die spezifische Wärmekapazität der Flüssigkeit?

24. Das Becken einer Badeanstalt hat die Abmessungen 12 m x 25 m x 2 m. Das Wasser des gefüllten Beckens soll von 8 °C auf 26 °C erwärmt werden. Wie groß ist die zugeführte Wärmemenge, wenn Verluste vernachlässigt werden?

25. Ermitteln Sie zum folgenden Diagramm die spezifische Wärmekapazität der Stoffe.

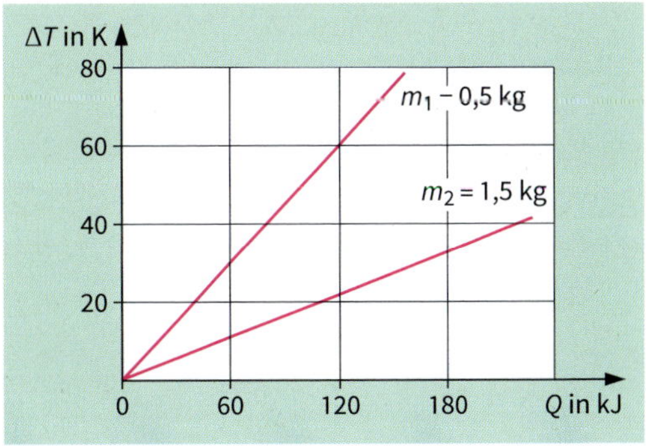

2.11 Wirkungsgrad

η Wirkungsgrad $[\eta] = 1$

η_{ges} Gesamtwirkungsgrad

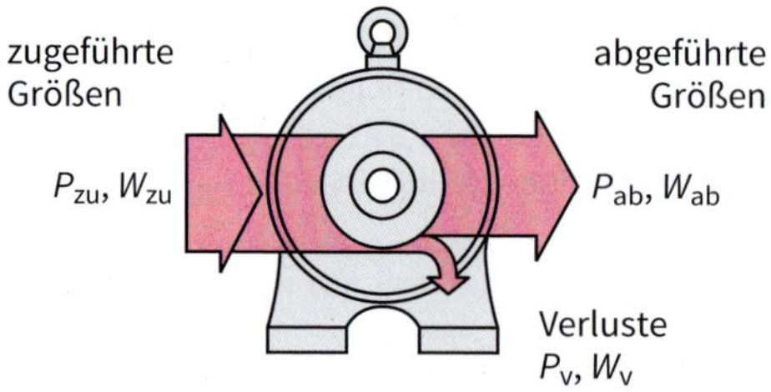

$P_v = P_{zu} - P_{ab}$ $\quad$ $W_v = W_{zu} - W_{ab}$

$\eta = \frac{P_{ab}}{P_{zu}}$ $\quad$ $\eta = \frac{W_{ab}}{W_{zu}}$

Der Wirkungsgrad kann als Dezimalzahl, z. B. 0,78, oder in Prozent 78 % angegeben werden. Er ist immer kleiner als 1 bzw. 100 %, da bei Energieumwandlungen Verluste entstehen.

Beispiel:

Ein Elektromotor hat eine Leistung von 2,82 kW und gibt eine Leistung von 2,2 kW ab. Der Motor treibt eine Pumpe mit einem Wirkungsgrad von 0,72 an.

a) Wie groß ist die Verlustleistung des Motors?
b) Welchen Wirkungsgrad hat der Motor?
c) Welche Leistung gibt die Pumpe ab?
d) Wie groß ist der Gesamtwirkungsgrad?

Lösung:

Geg.: $P_{zu} = 2{,}82$ kW, $P_{ab} = 2{,}2$ kW, $\eta_P = 0{,}72$

Ges.: a) P_V b) η_M c) P_{P2} d) η_{ges}

a) $P_V = P_{zu} - P_{ab}$ $\quad$ $P_V = 2{,}82\text{ kW} - 2{,}2\text{ kW}$

$\underline{\underline{P_V = 0{,}62\text{ kW}}}$

b) $\eta_M = \frac{P_{ab}}{P_{zu}}$ $\quad$ $\eta_M = \frac{2{,}2\text{ kW}}{2{,}82\text{ kW}}$ $\quad$ $\underline{\underline{\eta_M = 0{,}78}}$

c) $P_{P2} = P_{P1} \cdot \eta_P$ $\quad$ $P_{P2} = 2{,}2\text{ kW} \cdot 0{,}72$

$\underline{\underline{P_{P2} = 1{,}58\text{ kW}}}$

d) $\eta_{ges} = \eta_M \cdot \eta_P$ $\quad$ $\eta_{ges} = 0{,}78 \cdot 0{,}72$ $\quad$ $\underline{\underline{\eta_{ges} = 0{,}56}}$

Aufgaben

1. Ein Elektromotor hat eine Leistung von 3750 W und gibt 3000 W ab.
a) Wie groß ist die Verlustleistung?
b) Berechnen Sie den Wirkungsgrad.

2. Welche Leistung gibt ein Motor ab, der bei einem Wirkungsgrad von 0,8 eine Leistung von 4200 W hat?

3. Berechnen Sie die abgegebene Leistung eines Motors, der bei einem Wirkungsgrad von 75 % an 220 V eine Stromstärke von 6,4 A besitzt.

4. Eine Pumpe mit einem Wirkungsgrad von 0,77 wird von einem Motor mit einem Wirkungsgrad von 0,86 angetrieben. Der Motor gibt eine Leistung von 2,4 kW ab.
a) Berechnen Sie den Gesamtwirkungsgrad.
b) Welche Leistung hat der Motor?
c) Welche Leistung gibt die Pumpe ab?

5. Der Motor eines Elektroaufzugs soll in 30 s eine Last um 6 m anheben. Die abgegebene Leistung des Motors beträgt 7,2 kW.
a) Welche Last kann der Motor heben?
b) Welche Leistung hat der Motor bei einem Wirkungsgrad von 0,81?

6. Wie groß ist der Wirkungsgrad eines Motors, der bei einer Leistung von 5,4 kW eine Verlustleistung von 880 W hat?

7. Ein Motor hat eine Leistung von 1 kW und einen Wirkungsgrad von 79 %.
a) Berechnen Sie die abgegebene Leistung des Motors.
b) Wie groß ist die Verlustleistung?

8. Berechnen Sie den Gesamtwirkungsgrad in % der dargestellten Energieübertragungskette, wenn folgende Wirkungsgrade bekannt sind:
$\eta_K = 0{,}33$; $\eta_T = 0{,}95$; $\eta_L = 0{,}82$

Kraftwerk η_K ⇨ **Transformator** η_T ⇨ **Leitungsnetz** η_L

9. Ein Wärmekraftwerk hat die Leistung von 850 MW bei einem Wirkungsgrad von η = 42 %. Berechnen Sie die zugeführte Leistung und die Verlustleistung.

10. Wie groß ist der Gesamtwirkungsgrad bei der Energieübertragung von einem
a) Wärmekraftwerk (η_W = 0,34) und einem
b) Pumpspeicherkraftwerk (η_P = 0,77)?
Den Anlagen sind vier Transformatoren (jeweils η_T = 0,95) hintereinandergeschaltet. Der Wirkungsgrad der Übertragungsleitungen bleibt unberücksichtigt. Die angegebenen Wirkungsgrade sind mittlere Werte.

11. Eine Pumpe mit dem Wirkungsgrad von 0,71 wird von einem Motor angetrieben, dessen Wirkungsgrad 0,74 beträgt. Der Motor hat eine Leistung von 1,5 kW.
a) Wie groß ist der Gesamtwirkungsgrad?
b) Welche Leistung gibt die Pumpe ab?
c) Wie groß ist die gesamte Verlustleistung?

12. Auf dem Leistungsschild eines Gleichstrommotors ist die Angabe für die Leistung unleserlich geworden. Die übrigen Angaben lauten:
Spannung: 440 V, Strom: 7,5 A und Wirkungsgrad: 0,82
Wie groß ist die abgegebene Leistung?

13. Ein Motor gibt eine Leistung von 720 W ab. Sein Wirkungsgrad beträgt 75 %.
a) Wie groß ist die Leistung des Motors?
b) Wie groß ist die Verlustleistung in Watt?

14. Ein Gleichstrommotor hat eine Verlustleistung von 250 W und einen Wirkungsgrad von 86 %. Gesucht: P_{zu} und P_{ab}.

15. Ein Generator hat eine Klemmenspannung von 440 V und wird mit 24 A belastet. Die Verluste im Generator betragen 1840 W. Der Generator wird von einem 220 V Gleichstrommotor angetrieben, dessen Wirkungsgrad 84 % beträgt.
a) Wie groß sind Leistung und Stromstärke des Motors?
b) Welchen Gesamtwirkungsgrad hat die Anlage?
c) Wie groß ist die gesamte Verlustleistung?

16. Eine Dampflokomotive (η_{Da} = 0,2) hat eine abgegebene Leistung von 1450 kW, bei einer Diesellokomotive (η_{Di} = 0,6) beträgt diese 1400 kW und bei einer Elektrolokomotive (η_E = 0,85) liegt sie bei 2280 kW. Berechnen Sie jeweils die zugeführte Leistung und die Verlustleistung.

17. Die Messungen an einem Maschinensatz aus Gleichstrommotor und Gleichstromgenerator ergeben folgende Werte:
Motor: U = 224 V, I = 31,5 A
Generator: U = 440 V, I = 12,4 A
a) Berechnen Sie den Gesamtwirkungsgrad und den Leistungsverlust.
b) Wie groß ist der Wirkungsgrad des Generators, wenn für den Motor ein Wirkungsgrad von 87 % aus den Unterlagen entnommen wird.

18. Berechnen Sie den Wirkungsgrad eines Motors, der bei einer elektrischen Leistung von 5,5 kW eine Verlustleistung von 750 W besitzt.

19. Eine Pumpe (η_P = 63 %) wird von einem Elektromotor (η_M = 82 %) angetrieben. Der Motor besitzt eine Leistung von 1,5 kW.
a) Berechnen Sie den Gesamtwirkungsgrad.
b) Welche Leistung besitzt die Pumpe?
c) Wie groß ist die Verlustleistung der gesamten Anlage?

20. Ein Blockheizkraftwerk mit Kraft-Wärme-Kopplung erzeugt elektrische Energie und Wärme. Der Brennstoffeinsatz (zugeführte Leistung) entspricht 39,7 kW. Die abgegebene elektrische Leistung beträgt 12 kW, die thermische Leistung 23,6 kW. Wie groß ist der Wirkungsgrad des Blockheizkraftwerks?

21. Eine Pumpenanlage wird von einem Elektromotor angetrieben, dessen elektrische Leistung 2,82 kW beträgt. Der Motor gibt an die Pumpe eine Leistung von 2,2 kW ab, die einen Wirkungsgrad von 0,72 besitzt. Berechnen Sie folgende Größen:
a) Verlustleistung des Motors
b) Wirkungsgrad des Motors
c) Abgegebene Leistung der Pumpe
d) Gesamtwirkungsgrad

22. In der Graphik werden Leistungen und Verlustleistungen angezeigt. Berechnen Sie die
a) gesamte Verlustleistung P_{vg} und
b) den Wirkungsgrad.

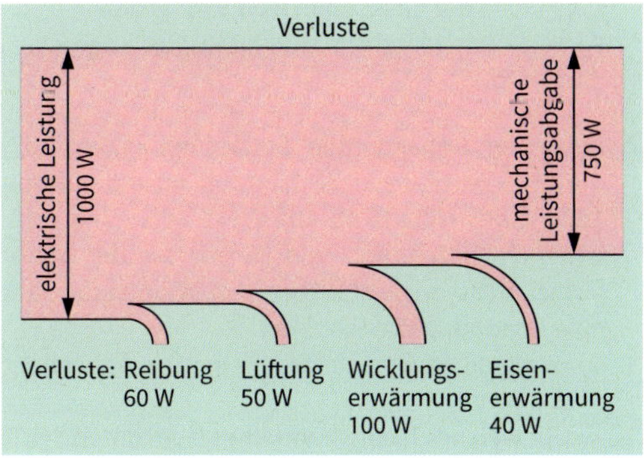

2.12 Elektrolyse

m	Abgeschiedene Masse	$[m] = \text{kg}$
I	Stromstärke	$[I] = \text{A}$
t	Zeit	$[t] = \text{h}$
J	Elektrische Stromdichte	$[J] = \frac{\text{A}}{\text{dm}^2}$
A	Fläche	$[A] = \text{dm}^2$
c	Elektrochemisches Äquivalent	$[c] = \frac{\text{mg}}{\text{As}}$

$m = c \cdot I \cdot t$

$J = \frac{I}{A}$

Beispiel:

Aus einer Silbernitratlösung wurde in einer Galvanisierungsanlage in der Zeit von 3 Stunden eine Masse von 56 g Silber abgeschieden.
Welche Stromstärke war dazu erforderlich?

Lösung:

Geg.: $t = 3\text{ h} = 3 \cdot 3600\text{ s}$, $m = 56\text{ g} = 56\,000\text{ mg}$

$c = 1{,}118\,\frac{\text{mg}}{\text{As}}$

Ges.: I

a) $m = c \cdot I \cdot t$

$I = \frac{m}{c \cdot t} \qquad I = \frac{56\,000\text{ mg}}{1{,}118\,\frac{\text{mg}}{\text{As}} \cdot 10\,800\text{ s}}$

$\underline{\underline{I = 4{,}64\text{ A}}}$

Aufgaben

1. Aus einem Bad mit Schwefelsäure und Kupfersulfat soll durch Elektrolyse Kupfer abgeschieden werden. Zwischen den Elektroden liegt eine Spannung von 1 V. Es fließt ein Strom von 200 A pro m^2. Die Fläche der Elektroden ist 0,8 m^2 groß.
Wie viel Zeit vergeht, bis 30 kg Kupfer abgeschieden werden?

2. Aus einer unbekannten Salzlösung lagern sich durch Elektrolyse in 36 Minuten an der Katode 180 g eines Metalls ab. Die Elektroden sind über einen Vorwiderstand von 40 mΩ an die Spannungsquelle angeschlossen. Am Widerstand fällt eine Spannung von 9,83 V ab.
   a) Wie groß ist das elektrochemische Äquivalent des Metalls?
   b) Um welches Metall handelt es sich dabei?

3. Eine Galvanisierungsanlage besitzt eine Leistung von 1,2 kW. Wie groß ist die abgeschiedene Masse aus einer Silbersalzlösung, wenn mit Spannungen von 3,8 V bzw. 4,2 V gearbeitet wird und die Anlage 3 Stunden in Betrieb bleibt? Verluste der Anlage sollen bei der Berechnung unberücksichtigt bleiben.

4. In der Tabelle für elektrochemische Äquivalente sind die Größen in $\frac{\text{mg}}{\text{As}}$ angegeben. Es sollen die elektrochemischen Äquivalente berechnet werden. Berechnen Sie für die Metalle der Tabelle die Werte in $\frac{\text{g}}{\text{Ah}}$.

5. Bei der Gewinnung von Aluminium durch die Schmelzflusselektrolyse wird eine Leistung von 420 kW bei einer Spannung von 6 V benötigt.
Berechnen Sie, welche Masse in 24 Stunden abgeschieden wird.

6. In dem Einführungsbeispiel wurde die Stromstärke zum Galvanisieren berechnet. Wie viel Silbernitratatome haben sich an der Elektrode niedergeschlagen?
Elementarladung: $e = 1{,}6 \cdot 10^{-19}$ As

7. Zum Vernickeln wird eine Stromdichte von $J = 2\,\frac{\text{A}}{\text{dm}^2}$ Stunden lang eingestellt. Die Oberfläche des Körpers beträgt 0,8 m^2. Wie groß ist das abgeschiedene Volumen des Nickels?
Dichte von Nickel: $\varrho = 8{,}85\,\frac{\text{kg}}{\text{dm}^3}$

8. Eine Eisenplatte soll verzinkt werden. In der Zeit von 8 Stunden wird eine Stromdichte von $J = 1{,}5\,\frac{\text{A}}{\text{dm}^2}$ eingestellt. Die Oberfläche der Eisenplatte beträgt 1,0 m^2. Welches Zink-Volumen wird auf beiden Seiten der Platte abgeschieden?
Die Plattendicke bleibt unberücksichtigt.
Dichte von Zink: $\varrho = 7{,}13\,\frac{\text{kg}}{\text{dm}^3}$

Elektrochemisches Äquivalent

Metall	Silber	Gold	Zink	Kupfer
c in $\frac{\text{mg}}{\text{As}}$	1,118	0,681	0,339	0,329

Metall	Nickel	Eisen	Aluminium
c in $\frac{\text{mg}}{\text{As}}$	0,304	0,289	0,093

3 Grundschaltungen

3.1 Reihenschaltung von Widerständen

Maschenregel

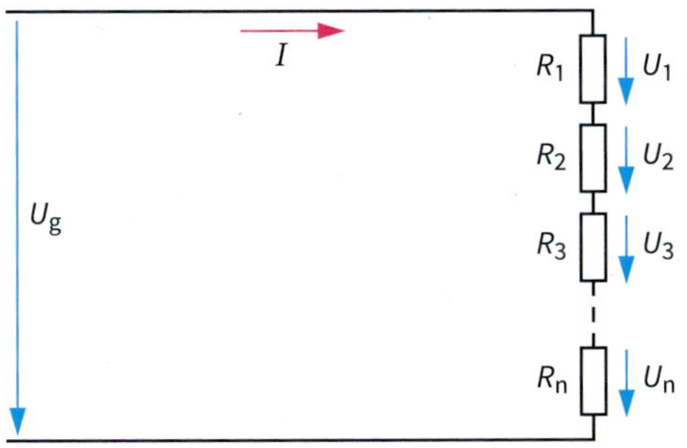

$U_g = U_1 + U_2 + U_3 + \ldots + U_n$

$R_g = R_1 + R_2 + R_3 + \ldots + R_n \qquad R_g = \frac{U_g}{I}$

$\frac{U_1}{U_2} = \frac{R_1}{R_2} \quad \ldots \quad \frac{U_n}{U_g} = \frac{R_n}{R_g}$

$I = \frac{U_g}{R_g} \qquad I = \frac{U_1}{R_1} \quad \ldots \quad I = \frac{U_n}{R_n}$

Beispiel:

Bei einer Herdplatte mit 7-Takt-Schalter sind in der Zwischenstufe 0•1 alle Widerstände in Reihe geschaltet. Gesucht sind

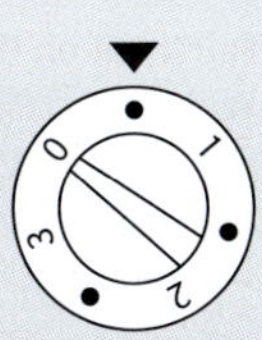

a) der Gesamtwiderstand,
b) die Stromstärke und
c) die Teilspannungen an den Einzelwiderständen.

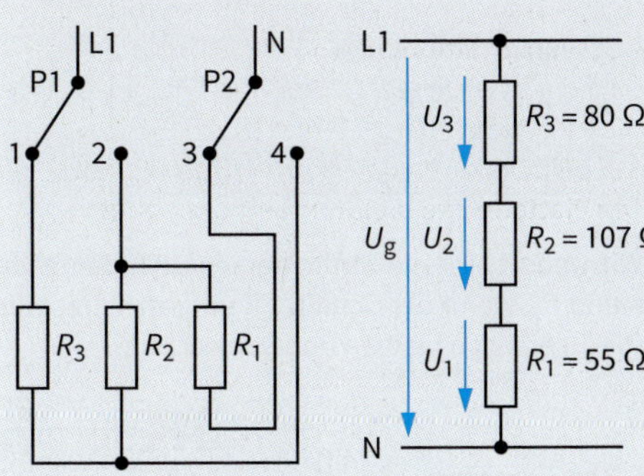

Lösung:

Geg.: $R_1 = 55\ \Omega$, $R_2 = 107\ \Omega$, $R_3 = 80\ \Omega$, $U = 230\ \text{V}$
Ges.: a) R_g; b) I; c) U_1, U_2 und U_3

Lösungsvariante 1:

a) $R_g = R_1 + R_2 + R_3$
$R_g = 55\ \Omega + 107\ \Omega + 80\ \Omega$
$\underline{\underline{R_g = 242\ \Omega}}$

b) $I = \frac{U}{R_g}$
$I = \frac{230\ \text{V}}{242\ \Omega}$
$\underline{\underline{I = 0{,}95\ \text{A}}}$

c) $U = I \cdot R$
$U_1 = I \cdot R_1$
$U_1 = 0{,}95\ \text{A} \cdot 55\ \Omega$
$\underline{\underline{U_1 = 52{,}3\ \text{V}}}$

$U_2 = I \cdot R_2$
$U_2 = 0{,}95\ \text{A} \cdot 107\ \Omega$
$\underline{\underline{U_2 = 101{,}7\ \text{V}}}$

$U_3 = I \cdot R_3$
$U_3 = 0{,}95\ \text{A} \cdot 80\ \Omega$
$\underline{\underline{U_3 = 76\ \text{V}}}$

Lösungsvariante 2:

$\frac{U_n}{U_g} = \frac{R_n}{R_g}$

$\frac{U_1}{U_g} = \frac{R_1}{R_g}$

$U_1 = \frac{R_1}{R_g} \cdot U_g$

$U_1 = \frac{55\ \Omega}{242\ \Omega} \cdot 230\ \text{V}$

$\underline{\underline{U_1 = 52{,}3\ \text{V}}}$

$U_2 = \frac{R_2}{R_g} \cdot U_g$

$U_2 = \frac{107\ \Omega}{242\ \Omega} \cdot 230\ \text{V}$

$\underline{\underline{U_2 = 101{,}7\ \text{V}}}$

$U_3 = \frac{R_3}{R_g} \cdot U_g$

$U_3 = \frac{80\ \Omega}{242\ \Omega} \cdot 230\ \text{V}$

$\underline{\underline{U_3 = 76\ \text{V}}}$

Aufgaben

1. In einer elektronischen Schaltung liegen zwei Widerstände $R_1 = 27\ \text{k}\Omega$, $R_2 = 10\ \text{k}\Omega$ in Reihe (unbelasteter Spannungsteiler) an einer Gesamtspannung von 5 V. Ermitteln Sie die Stromstärke und die Teilspannungen an R_1 und R_2.

2. Eine kleine Glühlampe wird über einen Vorwiderstand an 30 V Spannung betrieben. Welchen Wert hat der Widerstand R und welche Teilspannung tritt an ihm auf, wenn die Bemessungsspannung von 7 V an der Lampe liegen muss?

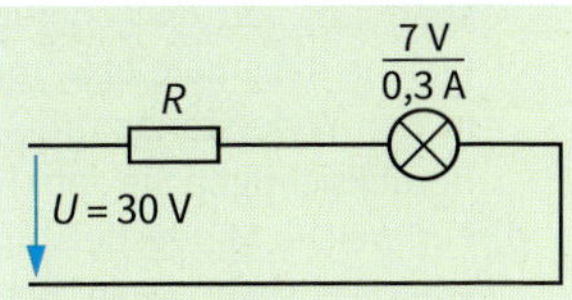

3. Welchen Widerstand muss das Potentiometer annehmen, damit sich an R_2 eine Spannung von 15 V einstellt?

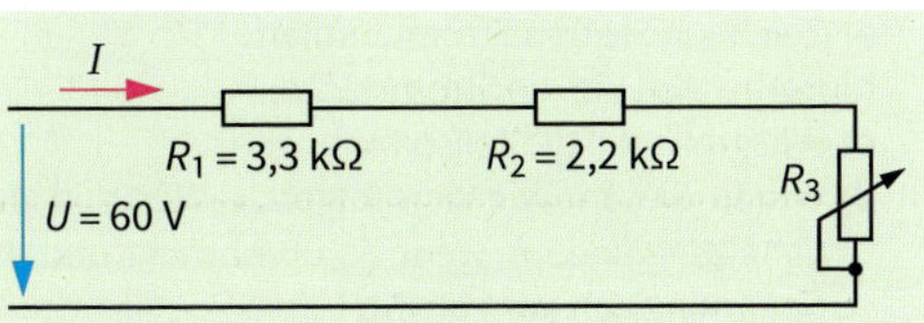

Aufgaben

1. Glimmlampen werden mit einem Widerstand in Reihe geschaltet, damit sie im Betrieb nicht zerstört werden.
a) Berechnen Sie den Gesamtwiderstand der Schaltung.
b) Ermitteln Sie die Teilspannungen und den Widerstand der Glimmlampe.

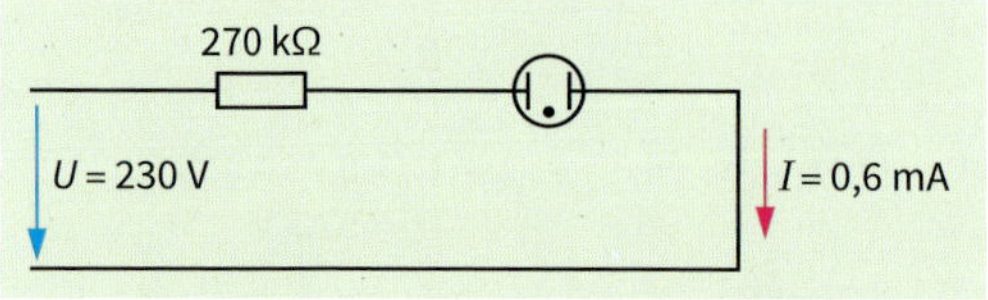

2. Die Werte zweier Widerstände einer Reihenschaltung verhalten sich wie 1 : 3,133. Wie wird die Gesamtspannung von 230 V aufgeteilt?

3. Für die vier Widerstände einer Reihenschaltung gilt:
$R_1 : R_2 : R_3 : R_4 = 1 : 3{,}133 : 1{,}467 : 5$
R_4 hat einen Wert von 75 kΩ.
a) Berechnen Sie die unbekannten Teilwiderstände und den Gesamtwiderstand der Schaltung.
b) Welche Werte ergeben sich für Stromstärke und Teilspannungen, wenn an die Schaltung eine Spannung von 380 V angelegt wird?

4. a) Welche neuen Gesamtwiderstände könnten sich unter Berücksichtigung der Toleranzen aus der Reihenschaltung der Widerstände R_{122} und R_{123} ergeben?

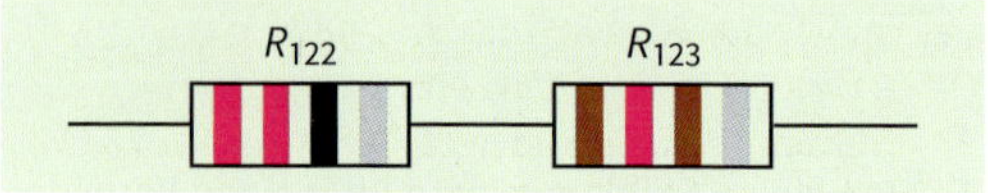

b) Welche Stromstärken könnten sich unter Berücksichtigung der Toleranzen bei einer Gesamtspannung von 2,4 V ergeben?
c) Welche maximale bzw. minimale Leistung wird in den Widerständen R_{122} und R_{123} umgesetzt? Berücksichtigen Sie dabei die Toleranzen.
d) Für welche Mindestleistung müssen die Widerstände ausgelegt sein (Begründung)?

5. Drei Widerstände sind in Reihe geschaltet und liegen an einer konstanten Spannung von 6 V. Der Gesamtwiderstand beträgt 1,71 kΩ. Zwei Widerstände haben Werte von $R_1 = 330\ \Omega$ und $R_3 = 820\ \Omega$.
a) Zeichnen Sie den Stromlaufplan.
b) Berechnen Sie die Stromstärke.
c) Wie groß sind die Teilspannungen?
d) Geben Sie an, wie sich folgende Werte in der Schaltung ändern, wenn R_2 überbrückt und die Spannung konstant bleibt:
$R, I, U_1, U_2, U_3, P_1, P_2, P_3$ und P
Stellen Sie eine Tabelle auf mit den Symbolen: größer ≙ ↑; kleiner ≙ ↓; gleich ≙ =
e) Überprüfen Sie die Tabellenangaben durch Berechnung der Werte.

6. Berechnen Sie in der gegebenen Schaltung
a) den Gesamtwiderstand,
b) die Stromstärke I,
c) die Teilspannungen U_1, U_2, U_3 und
d) die Gesamtleistung.

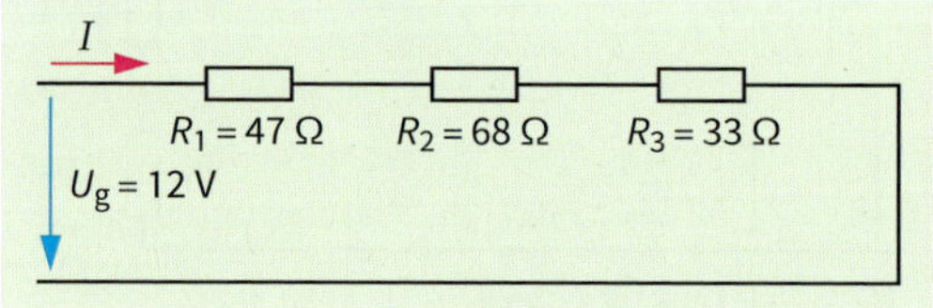

7. Eine Glühlampe 6 V/0,3 A soll mit einem Vorwiderstand an 10 V betrieben werden.
a) Skizzieren Sie die Schaltung.
b) Berechnen Sie den Vorwiderstand.
c) Würde es genügen, einen Vorwiderstand mit einer Belastbarkeit von 1 W einzubauen (rechnerische Überprüfung)?

8. Durch einen Feinschluss auf der Platine wurde der Widerstand R_2 überbrückt. Die Widerstände R_1 und R_3 sind mit 1 Watt belastbar.
Welche Auswirkungen ergeben sich (rechnerische Überprüfung)?

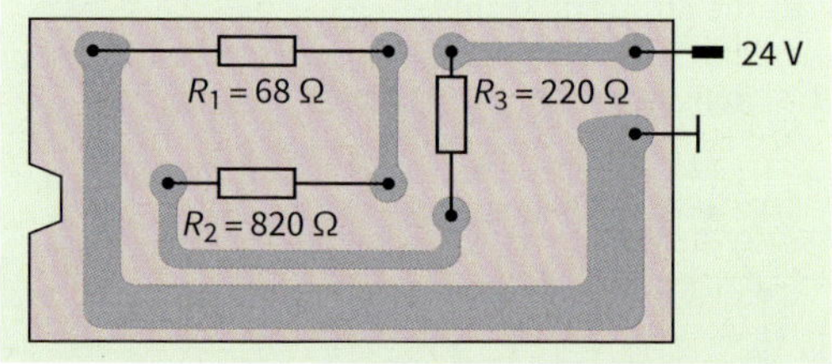

9. Wie ändert sich die Stromstärke durch den Widerstand R_1, wenn der Schalter S umgeschaltet wird? Die Toleranzen bleiben unberücksichtigt.

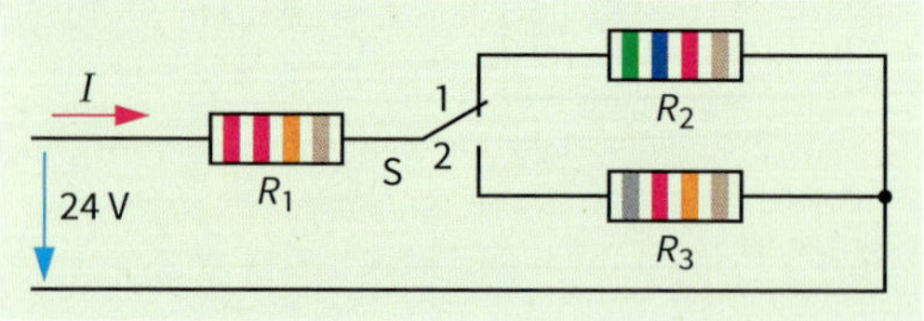

10. Mit zwei Widerständen soll eine Spannung von 90 V im Verhältnis 3:1 heruntergeteilt werden. Die maximale Stromstärke soll dabei 0,5 A betragen. Berechnen Sie die Größe der Widerstände.

11. Im Stromlaufplan ist das Widerstandsersatzschaltbild eines Reihenschlussmotors mit Anlasswiderstand dargestellt. Der Motor wird an 230 V angeschlossen. Welcher Spannungsfall tritt beim Anlassen am Anlasswiderstand R_1 auf, wenn der Anlassstrom das Doppelte des Nennstroms $I_N = 12$ A beträgt?

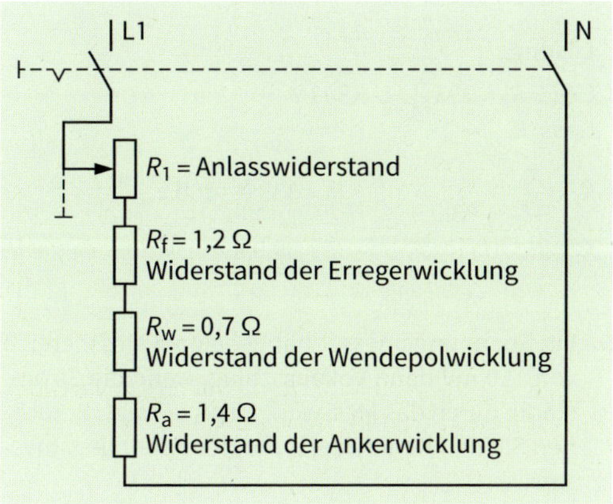

12. In einer Schaltung zur Anzugsverzögerung von Relais wird ein Heißleiter mit dem Relais geschaltet.

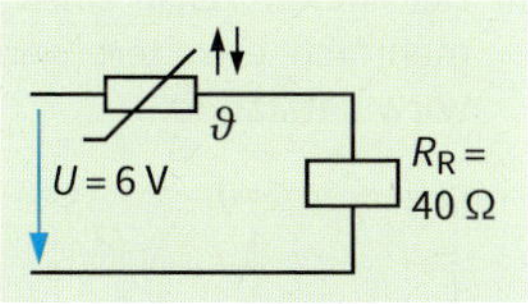

Berechnen Sie mithilfe der Heißleiter-Kennlinie den Widerstand der Reihenschaltung bei einer Heißleitertemperatur von 20 °C bis 100 °C in Abständen von 10 K.

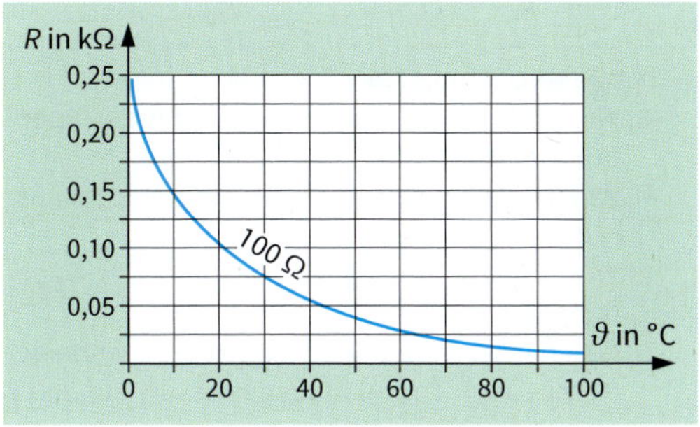

13. Gegeben ist die Schaltung mit einem Relais mit einem Vorwiderstand. Welchen Wert muss der erforderliche Vorwiderstand haben?

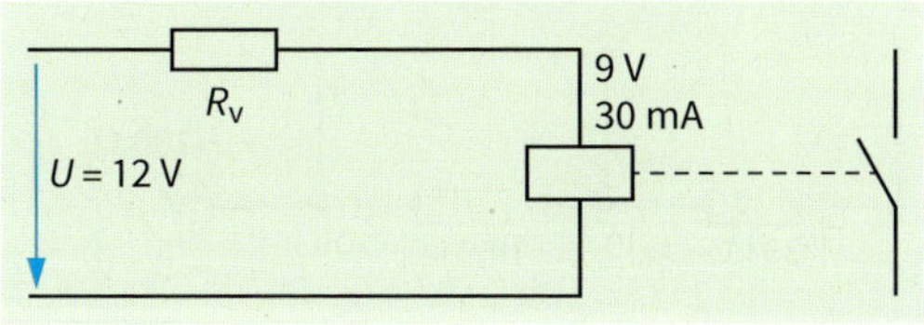

14. Der Stromlaufplan zeigt die übliche Betriebsschaltung mit einer Leuchtdiode.

a) Berechnen Sie den Wert des Vorwiderstands.

b) Welchen Wert muss der Vorwiderstand besitzen, wenn zwei Leuchtdioden in Reihe geschaltet werden?

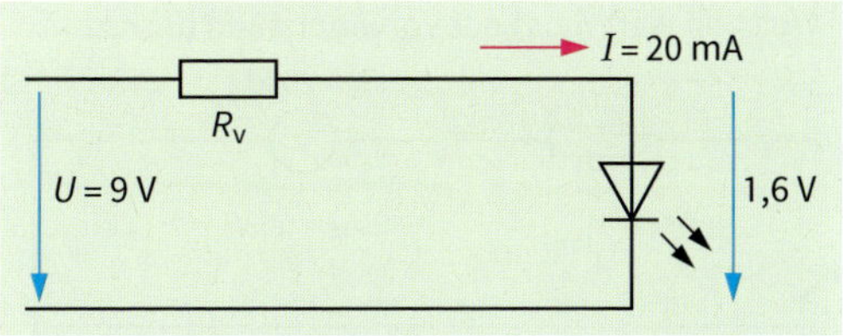

15. Durch eine Halogenlampe 12 V/20 W fließt ein Strom von 1,67 A. Berechnen Sie den Vorwiderstand, wenn eine Lampe an 60 V angeschlossen werden soll.

16. In einer Schützschaltung wird der Strom durch das Schütz nach dem Anzug durch einen Vorwiderstand herabgesetzt. Dabei fällt an R_V eine Spannung von 21 V ab. Berechnen Sie die Größe des Vorwiderstands und die Stromstärke durch das Schütz nach dem Anziehen (U = 230 V).

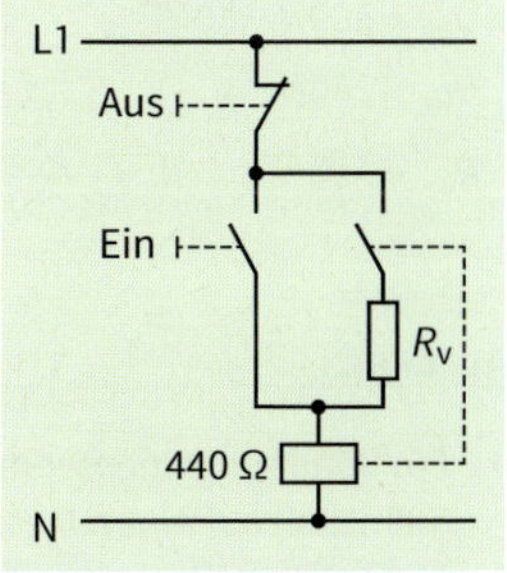

17. Im Verlauf von Instandsetzungsarbeiten soll der Wicklungswiderstand eines Schützes überprüft werden. Da kein Widerstandsmessgerät zur Verfügung steht, wird das Schütz mit einem Vorwiderstand von 680 Ω (IEC-Reihe E24) an 230 V geschaltet. Die Teilspannung an R_V wird mit einem Spannungsmessgerät zu 134 V bestimmt. Zwischen welchen Werten liegt der Widerstand der Wicklung, wenn der Fehler bei der Spannungsmessung zu vernachlässigen ist.

18. Der Stromlaufplan zeigt einen Teil einer Verstärkerschaltung. Berechnen Sie den Arbeitswiderstand R_a und die an ihm auftretende Spannung.

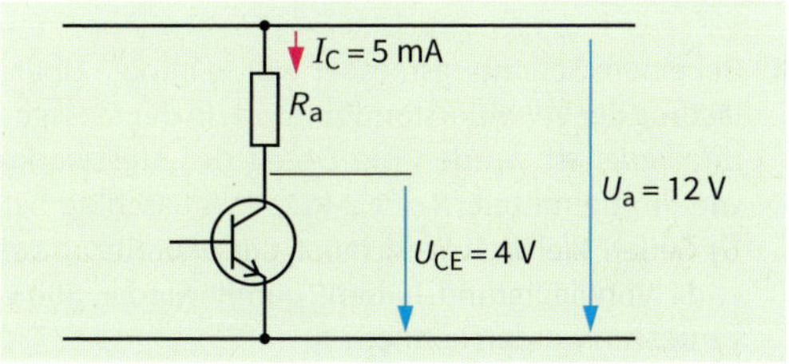

Messbereiche analoger Messgeräte

Beispiel 1:

Durch eine Messbereichserweiterung soll erreicht werden, dass mit dem Spannungsmesser Spannungen bis 300 V gemessen werden können. Welchen Wert muss der Vorwiderstand besitzen?

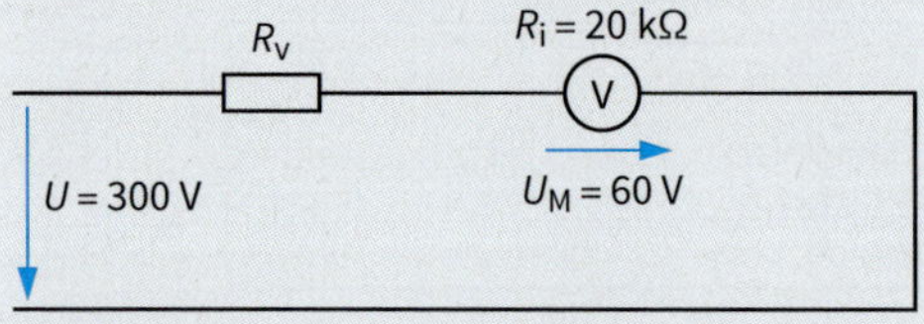

Lösung:

Geg.: $U = 300\ V$, $U_M = 60\ V$, $R_i = 20\ k\Omega$

Ges.: R_V

$U_g = U_1 + U_2$ $\qquad I = \frac{U_M}{R_i}$

$U = U_{RV} + U_M$

$U_{RV} = U - U_M$ $\qquad I = \frac{60\ V}{20 \cdot 10^3\ \Omega}$

$U_{RV} = 300\ V - 60\ V$

$U_{RV} = 240\ V$ $\qquad I = 3\ mA$

$R_V = \frac{U_{RV}}{I}$ $\qquad R_V = \frac{240\ V}{3 \cdot 10^{-3}\ A}$ $\qquad \underline{\underline{R_V = 80\ k\Omega}}$

Beispiel 2:

Bei einem Spannungsmesser mit mehreren umschaltbaren Messbereichen ist statt des Innenwiderstands der Kennwiderstand R_k mit $333\ \frac{\Omega}{V}$ angegeben. Wie groß ist der Innenwiderstand des Spannungsmessers bei einem Messbereich von $U = 300\ V$?

Lösung:

Geg.: $R_k = 333\ \frac{\Omega}{V}$, $U = 300\ V$

Ges.: R_i

$R_k = \frac{R_i}{U}$ $\qquad R_i = 333\ \frac{\Omega}{V} \cdot 300\ V$

$R_i = R_k \cdot U$ $\qquad \underline{\underline{R_i = 99{,}9\ k\Omega}}$

Aufgaben

1. Ein Spannungsmesser mit einem Messbereich von 300 V soll auf einen Messbereich von 600 V erweitert werden. R_i beträgt 99,9 kΩ. Berechnen Sie den erforderlichen Vorwiderstand.

2. Ein Spannungsmesser hat einen Messbereich von 10 V. Der Kennwiderstand beträgt $10\ \frac{k\Omega}{V}$. Der Messbereich soll einmal auf 100 V und danach auf 300 V erweitert werden. Welche Vorwiderstände sind erforderlich?

3. Welche Spannung kann mit dem Spannungsmesser höchstens gemessen werden?

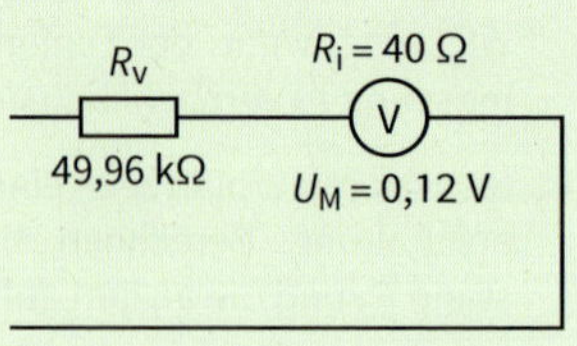

4. Bei einem Spannungsmesser wurde infolge Überlastung der Vorwiderstand zerstört. In der Messgerätewerkstatt wurden die Daten des Messwerks wie folgt ermittelt: $R_i = 1{,}2\ k\Omega$, Vollausschlag bei $I = 50\ \mu A$. Welchen Wert muss der neu einzubauende Vorwiderstand haben, damit wieder 300 V gemessen werden können?

5. Ein Spannungsmesser hat bei einem Messbereich von 150 mV dann Vollausschlag, wenn die Stromstärke durch das Messwerk 20 μA beträgt. Berechnen Sie den Kennwiderstand des Spannungsmessers.

6. Der Messbereich eines Spannungsmessers soll mehrfach erweitert werden. Berechnen Sie die Vorwiderstände.

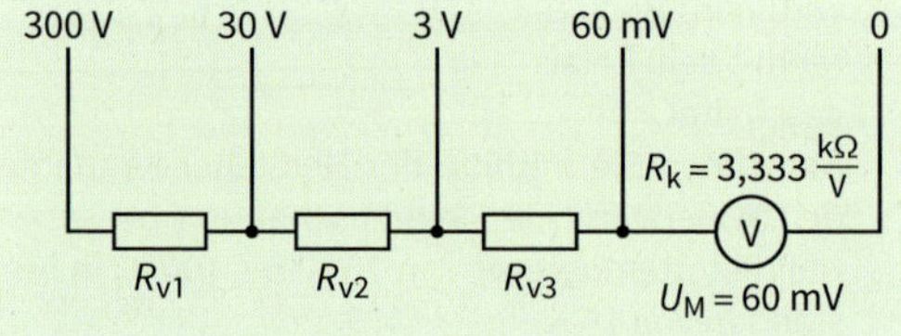

7. Ein Spannungsmesser für 40 V zeigt 23 V an. Dabei beträgt die Stromstärke 0,23 mA.
   a) Wie groß ist der Gesamtwiderstand des Spannungsmessers?
   b) Welche Stromstärke ergibt sich bei Vollausschlag?
   c) Wie groß ist der Kennwiderstand des Spannungsmessers?
   d) Welcher Vorwiderstand ist zu wählen, wenn der Messbereich des Spannungsmessers auf 200 V erweitert werden soll?

8. Gegeben ist der Stromlaufplan eines Spannungsmessers. Welche Messbereiche hat das dargestellte Messgerät?

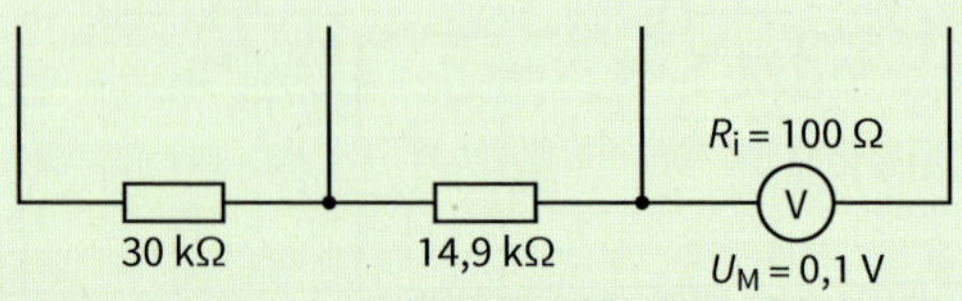

Grafische Lösung von Reihenschaltungen

Verfahren (zwei Widerstände):

1. Achsenkreuz mit dem zu erwartenden Spannungs- und Stromstärkenbereich zeichnen und Maßstab wählen.
2. Stromstärke durch R_1 für eine beliebige Spannung berechnen und diesen Koordinatenpunkt mit dem Nullpunkt verbinden (Kennlinie für R_1).
3. Stromstärke durch R_2 für eine beliebige Spannung berechnen und diesen Koordinatenpunkt mit dem Wert für die Gesamtspannung auf der U-Achse verbinden (Kennlinie für R_2).
4. An der I-Achse die Stromstärke der Reihenschaltung ablesen (Schnittpunkt).
5. An der U-Achse die Teilspannungen ablesen (Schnittpunkt).

Beispiel:

Zwei in Reihe geschaltete Widerstände mit $R_1 = 100\ \Omega$ und $R_2 = 150\ \Omega$ liegen an einer Gesamtspannung von $U_B = 60$ V. Ermitteln Sie grafisch die Stromstärke und die Teilspannungen.

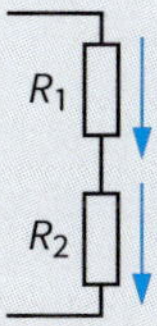

Lösung:

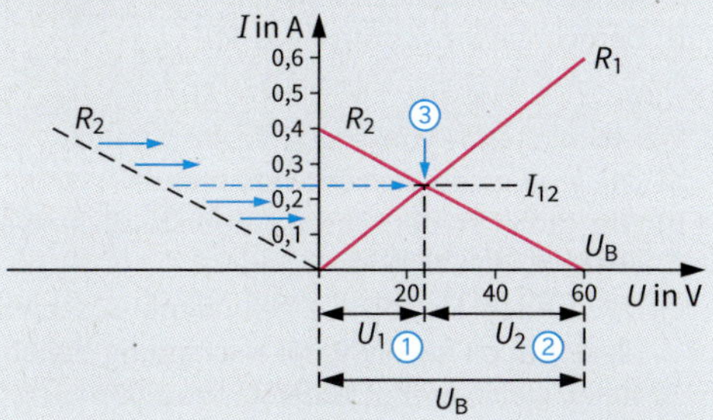

$\underline{\underline{U_1 = 24\text{ V}}}$ ① $\underline{\underline{U_2 = 36\text{ V}}}$ ② $\underline{\underline{I_{12} = 0{,}24\text{ A}}}$ ③

Aufgaben

1. Für die abgebildete Schaltung sind die Teilspannungen U_1 und U_2, sowie die Gesamtstromstärke I und der Gesamtwiderstand R_g grafisch zu ermitteln.

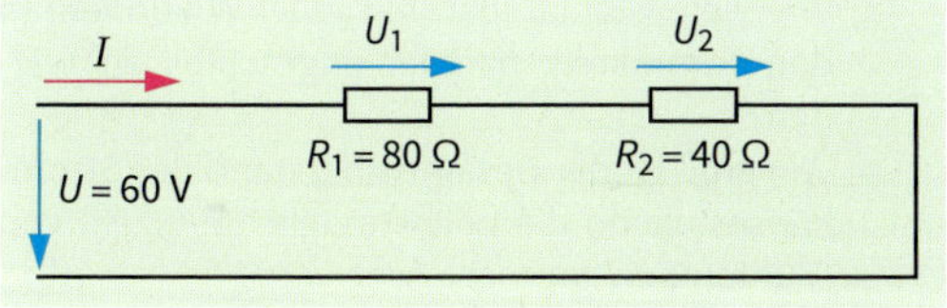

2. a) Bestimmen Sie grafisch die Größe des Widerstands R_2 in der Schaltung.

b) Wie groß sind die Teilspannungen U_1 und U_2 (Innenwiderstand des Operationsverstärkers unendlich groß)?

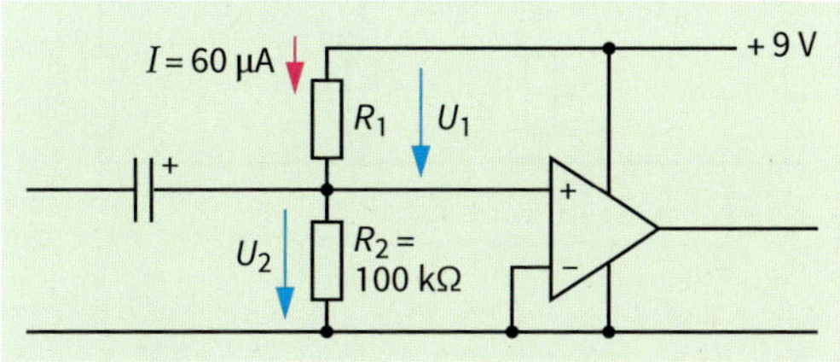

3. a) Ermitteln Sie grafisch, bei welcher Temperatur der NTC-Widerstand in der Schaltung betrieben wird.

b) Wie groß sind R_g bei –20 °C und 120 °C (R_1 = konstant)?

c) Berechnen Sie die Spannung U_2 bei den in b) angegebenen Temperaturen.

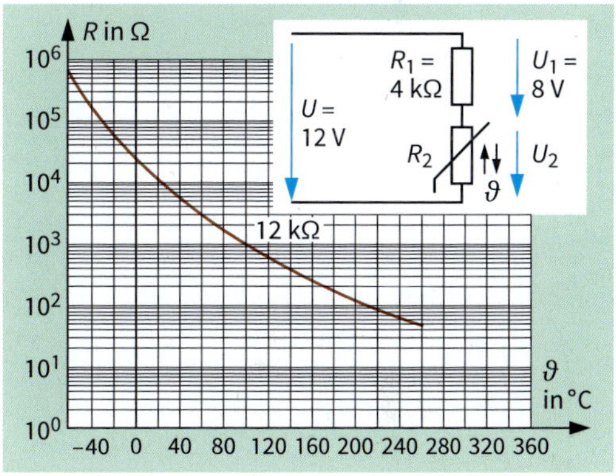

4. Ein Heißleiter R_1 wird zur Spannungsstabilisierung mit einem Widerstand R_V in Reihe geschaltet.

a) Ermitteln Sie grafisch, welche Spannungsaufteilung die Schaltung zeigt (I = 0 bis 20 mA).

b) Entnehmen Sie aus der neu gewonnenen Kennlinie, um wie viel Volt sich die Spannung maximal ändert, wenn eine Stromänderung von 3 mA bis 14 mA eintritt?

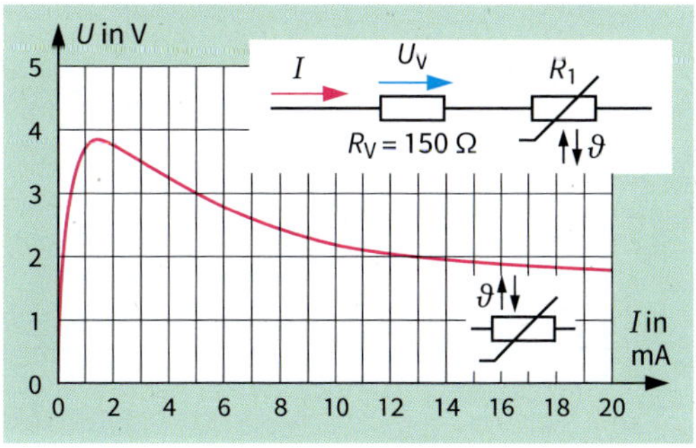

3.2 Parallelschaltung von Widerständen

Knotenregel

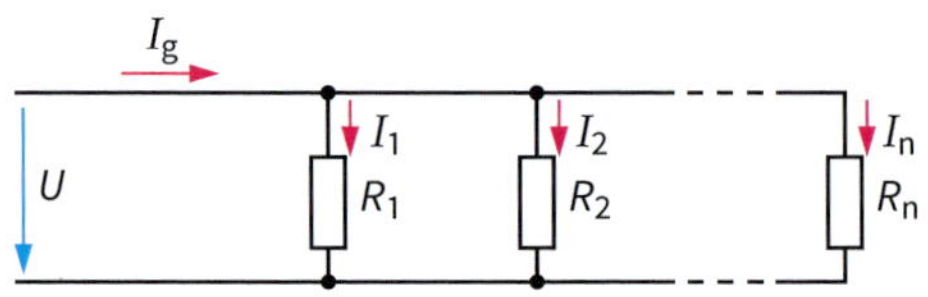

$I_g = I_1 + I_2 + \ldots + I_n$

$G_g = G_1 + G_2 + \ldots + G_n$

$\frac{1}{R_g} = \frac{1}{R_1} + \frac{1}{R_2} + \ldots + \frac{1}{R_n}$

$R_g = \frac{U}{I_g}$ $\quad R_g = \frac{1}{G_g}$

$\frac{I_1}{I_2} = \frac{R_2}{R_1}$ $\quad \frac{I_2}{I_3} = \frac{R_3}{R_2}$ $\quad \frac{I_3}{I_n} = \frac{R_n}{R_3}$

$\frac{I_1}{I_2} = \frac{G_1}{G_2}$ $\quad \frac{I_2}{I_3} = \frac{G_2}{G_3}$ $\quad \frac{I_3}{I_n} = \frac{G_3}{G_n}$

Beispiel:

Überprüfen Sie, ob die Herdplatte in Schalterstellung 3 an einer mit 16 A abgesicherten Steckdose betrieben werden kann.

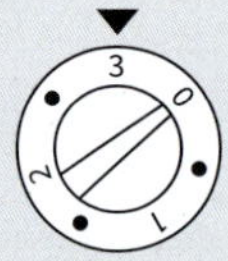

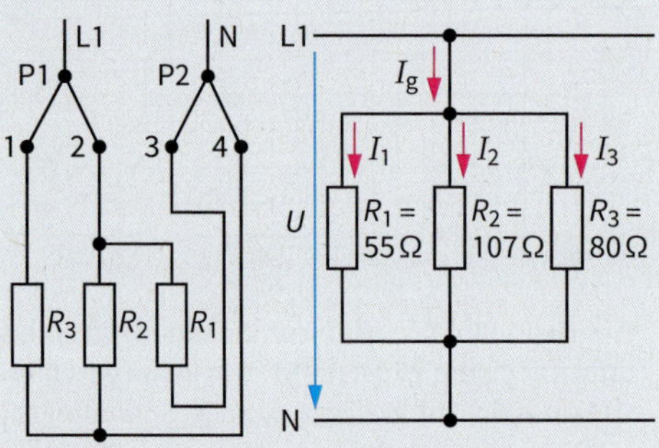

Lösung:

Geg.: $R_1 = 55\ \Omega$, $R_2 = 107\ \Omega$, $R_3 = 80\ \Omega$, $U = 230$ V
Ges.: I_q

Variante 1:

$\frac{1}{R_g} = \frac{1}{R_1} + \frac{1}{R_2} + \frac{1}{R_3}$ $\quad \frac{1}{R_g} = \frac{1}{55\ \Omega} + \frac{1}{107\ \Omega} + \frac{1}{80\ \Omega}$

$\frac{1}{R_g} = 18{,}18\ \text{mS} + 9{,}35\ \text{mS} + 12{,}5\ \text{mS}$

$\frac{1}{R_g} = 40\ \text{ms}$ $\quad R_g = 25\ \Omega$

$I_g = \frac{U}{R_g}$ $\quad I_g = \frac{230\ \text{V}}{25\ \Omega}$

$\underline{\underline{I_g = 9{,}2\ \text{A}}}$

Sonderfälle

- Parallelschaltung von zwei Widerständen

  $R_g = \frac{R_1 \cdot R_2}{R_1 + R_2}$

- Parallelschaltung *n* gleich großer Widerstände *R*

  $R_g = \frac{R}{n}$ $\quad I_g = n \cdot I_n$

Variante 2:

$I_1 = \frac{U}{R_1}$ $\quad I_1 = \frac{230\ \text{V}}{55\ \Omega}$ $\quad I_1 = 4{,}18$ A

$I_2 = \frac{U}{R_2}$ $\quad I_2 = \frac{230\ \text{V}}{107\ \Omega}$ $\quad I_1 = 2{,}15$ A

$I_3 = \frac{U}{R_3}$ $\quad I_3 = \frac{230\ \text{V}}{80\ \Omega}$ $\quad I_3 = 2{,}88$ A

$I_g = I_1 + I_2 + I_3$

$I_g = 4{,}18\ \text{A} + 2{,}15\ \text{A} + 2{,}88\ \text{A}$

$\underline{\underline{I_g = 9{,}2\ \text{A}}}$

AUFGABEN

1. Drei Widerstände $R_1 = 22\ \Omega$, $R_2 = 47\ \Omega$ und $R_3 = 15\ \Omega$ liegen parallel an 230 V.
   a) Wie groß ist der Gesamtwiderstand im Vergleich zum kleinsten Teilwiderstand?
   b) Berechnen Sie die Stromstärke.

2. Vier Widerstände von je 82 Ω liegen parallel.
   a) Wie groß ist der Gesamtwiderstand?
   b) Wie groß ist der Gesamtwiderstand im Vergleich zu den Teilwiderständen?
   c) Überprüfen Sie, ob die gefundene Gesetzmäßigkeit auch für die Parallelschaltung beliebig vieler, gleich großer Widerstände gilt.

3. Durch die Parallelschaltung dreier Widerstände fließt bei einer Spannung von 230 V ein Gesamtstrom von 178 mA.
   Wie groß ist R_3, wenn $R_1 = 3{,}6$ kΩ und $R_2 = 2{,}7$ kΩ betragen?

4. Ein Stromkreis ist mit einer Sicherung von 16 A abgesichert.
   a) Wie viele Glühlampen mit je 60 W können an den Stromkreis parallel angeschlossen werden?
   b) Wie groß ist der Gesamtwiderstand des Stromkreises, wenn die höchstmögliche Anzahl von Glühlampen angeschlossen wird?

5. Berechnen Sie die Stromstärken I_2 und I_g.

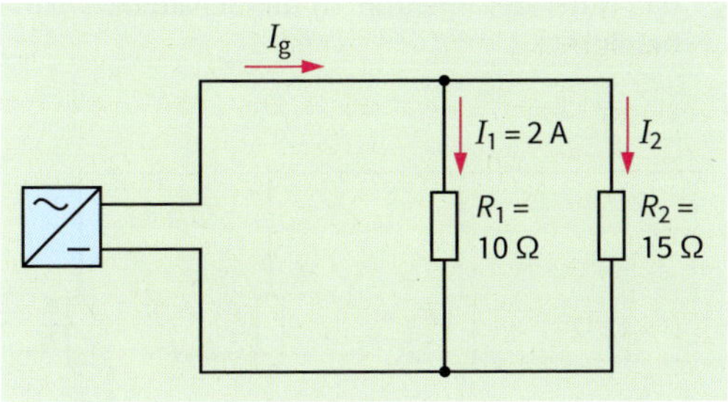

6. Drei Widerstände $R_1 = 2{,}2$ kΩ, $R_2 = 6{,}8$ kΩ und $R_3 = 8{,}6$ kΩ sind parallel geschaltet. Sie liegen an einer Spannung von 24 V.

a) Berechnen Sie den Gesamtwiderstand.
b) Wie groß ist der Gesamtleitwert?
c) Ermitteln Sie die Stromstärken I_1, I_2 und I_3.
d) Bestimmen Sie die Gesamtstromstärke.
e) Durch welchen Widerstand fließt der geringste Strom?

7. Der Gesamtleitwert einer Pallelschaltung aus zwei Widerständen beträgt $75{,}\overline{75}$ µS. Der Widerstand von R_1 hat einen Wert von 22 kΩ. Wie groß ist R_2?

8. Wie ändern sich die Größen $I_1, I_2, I_3, I_g, R_g, P_1, P_2, P_3$ und P_g in der Schaltung, wenn der

a) Schalter geöffnet und
b) danach wieder geschlossen wird?

Stellen Sie eine Tabelle auf und verwenden Sie folgende Symbole: größer ≙ ↑; kleiner ≙ ↓; gleich ≙ =

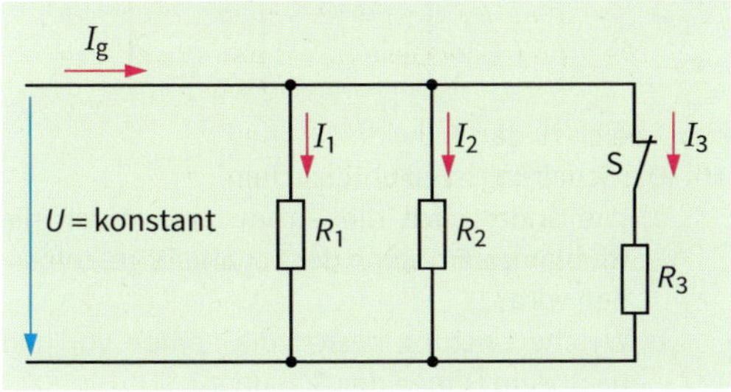

9. Eine Raumbeleuchtung besteht aus 12 parallelgeschalteten 60 W Glühlampen. Sie sind an eine Spannung von $U = 230$ V angeschlossen.

a) Berechnen Sie die Einzelwiderstände der Glühlampen und den Gesamtwiderstand der Schaltung.
b) Welche Stromstärke tritt in jeder einzelnen Glühlampe auf?
c) Ermitteln Sie die Gesamtstromstärke.
d) Wie ändern sich die Stromstärken in der Schaltung, wenn bei zwei Glühlampen der Heizfaden eine Unterbrechung aufweist?

10. a) Ermitteln Sie die Gesamtstromstärke, wenn der Schalter S geöffnet wird.

b) Berechnen Sie die Gesamtleistung vor und nach dem Öfffnen des Schalters.
c) Durch welche zusätzliche Maßnahme lässt sich der Gesamtleitwert bei geschlossenem Schalter auf 2 mS erhöhen?

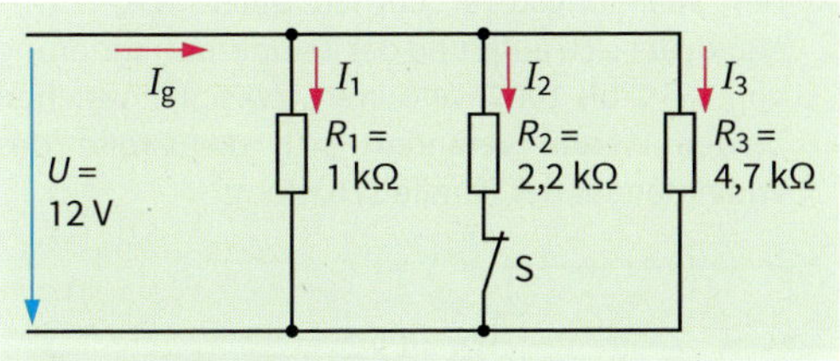

11. Realisieren Sie durch Parallelschalten von 4 Widerständen zwischen 1 kΩ und 10 kΩ der E12-Reihe (Toleranzen bleiben unberücksichtigt) einen Gesamtwiderstand von annähernd 1 kΩ.

12. Die Heizwiderstände einer Herdplatte sind wie in der Abbildung geschaltet. In der gezeichneten Schalterstellung wird eine Gesamtleistung von 1500 W umgesetzt. Die Leistung von R_2 beträgt 500 W an 230 V.

a) Berechnen Sie die Leistung von R_1.
b) Berechnen Sie die Widerstände R_1 und R_2.
c) Bestimmen Sie I_1 und I_2.

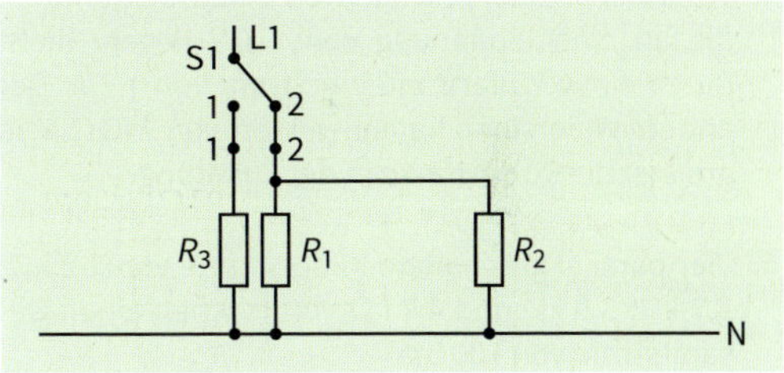

13. Vier Widerstände sind wie in der Abbildung miteinander verschaltet.
Dabei betragen $R_1 = R_2 = R_3 = R_4 = 2{,}2$ kΩ.

a) Wie ändert sich die Stromstärke durch R_4, wenn der Schalter S geschlossen wird?
b) Welche Auswirkung hat das Schließen des Schalters S auf den Gesamtstrom (Begründung)?

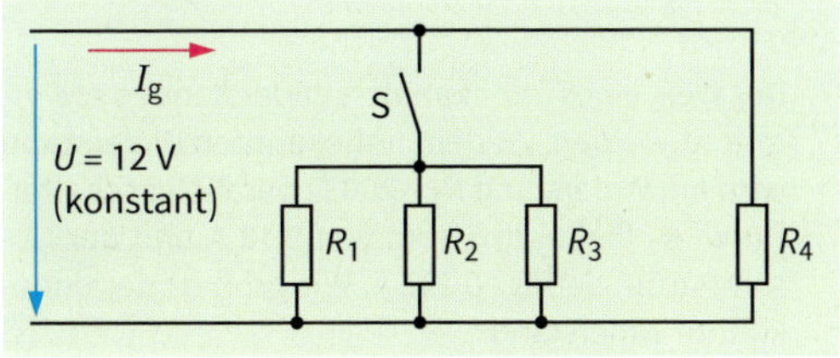

Aufgaben

1. Zu einem Widerstand von 0,33 Ω soll ein zweiter parallel geschaltet werden, sodass sich ein Gesamtwiderstand von 80 mΩ ergibt. Wie groß ist der zweite Widerstand?

2. Der Spannungsteiler enthält einen NTC-Widerstand, der sich aufgrund der Temperaturänderung von 165 Ω bis 100 Ω verändert. Zwischen welchen beiden Werten verändert sich die Größe des Widerstandes der Parallelschaltung?

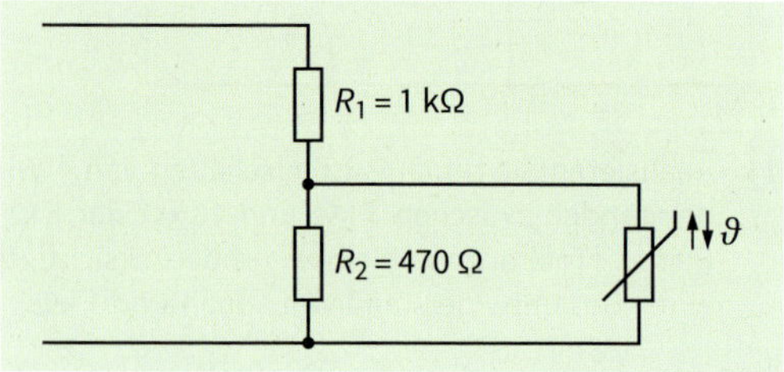

3. Zu einem Widerstand von 6,8 MΩ sollen zwei untereinander gleich große Widerstände parallel geschaltet werden, sodass der Gesamtwiderstand der Schaltung 2 MΩ beträgt. Wie groß sind die beiden zuschaltbaren Widerstände?

4. Von zwei parallel geschalteten Heizwiderständen, die an einer Spannung von 110 V liegen, fließt durch einen Widerstand ein Strom von 1,2 A. Der andere Widerstand hat einen Wert von 240 Ω. Wie groß ist die Stromstärke in der Zuleitung?

5. Vier parallel geschaltete Widerstände von 2,2 kΩ; 2,7 kΩ; 3,9 kΩ und 4,7 kΩ verursachen einen Gesamtstrom von 100 mA.
a) Wie groß ist die Spannung an den Widerständen?
b) Wie groß sind die Teilstromstärken?

6. Durch die Parallelschaltung eines zweiten Widerstandes zu einem Widerstand von $R_1 = 40\ \Omega$ soll sich die Gesamtstromstärke um 30 % erhöhen. Berechnen Sie die Größe des Parallelwiderstandes, wenn die Schaltung an einer Spannung von 50 V liegt.

7. Der Wert eines unbekannten Widerstandes soll ermittelt werden. Zu dem unbekannten Widerstand wird ein Widerstand $R_2 = 200\ \Omega$ parallelgeschaltet. Durch R_2 fließt ein Strom von 0,18 A und der Gesamtstrom beträgt 0,233 A. Wie groß ist der unbekannte Widerstand?

8. Auf welchen Wert muss R_3 eingestellt werden, damit der Gesamtstrom in der Schaltung 170 mA beträgt?

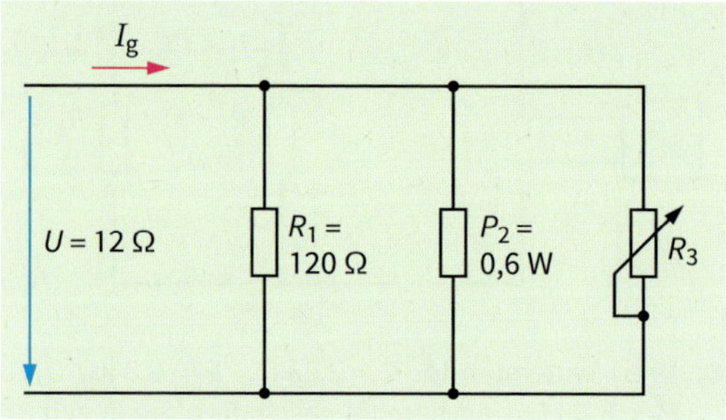

9. Die Schaltung ist zu untersuchen.
a) Um wie viel Prozent ändert sich die Gesamtstromstärke in der Schaltung, wenn der Schalter S geöffnet wird?
b) Wie groß ist die Leistung vor und nach dem Öffnen des Schalters?
c) Durch welche zusätzlichen Schaltungsmaßnahmen könnte die Gesamtleistung auf 0,257 W verringert werden?

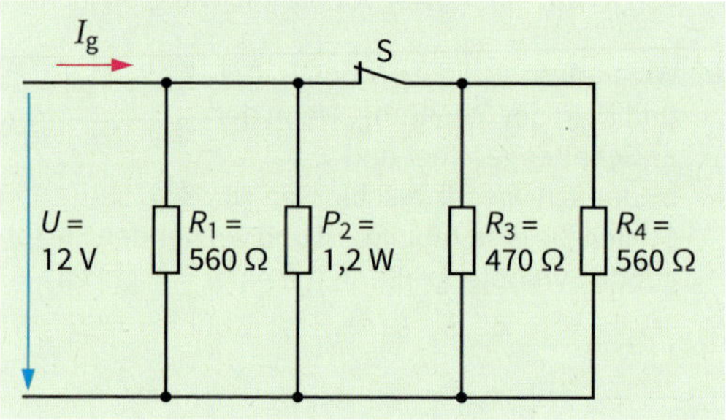

10. Die Schaltung ist zu untersuchen.
a) Wie ändert sich die Stromstärke durch die Glühlampe E1, wenn der Schalter S geschlossden wird?
b) Welche Leistung besitzt die Lampe vor und nach dem Öffnen des Schalters?
c) Wie verändert sich die Gesamtstromstärke nach Betätigen des Schalters?

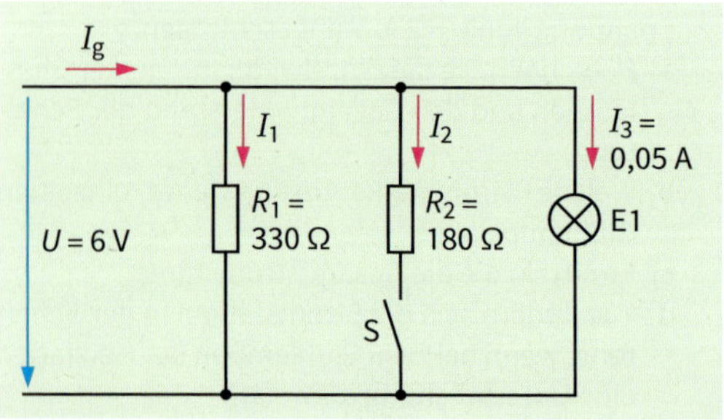

Messbereiche analoger Messgeräte

Beispiel:

Mit einem Strommesser ($I_M = 10$ mA, $R_i = 10\ \Omega$) soll nach **Messbereichserweiterung** ein Strom von höchstens 0,25 A gemessen werden. Welcher Nebenwiderstand R_{par} (Parallelwiderstand) ist zu wählen?

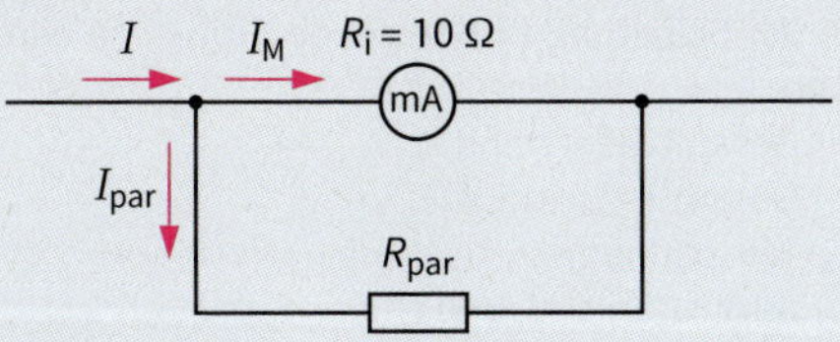

Lösung:

Geg.: $R_i = 10\ \Omega$, $I_M = 10$ mA, $I = 0{,}25$ A

Ges.: R_{par}

$$\frac{R_{par}}{R_i} = \frac{I_M}{I_{par}} \qquad I_{par} = I - I_M$$

$$R_{par} = \frac{I_M}{I_{par}} \cdot R_i \qquad I_{par} = 250\text{ mA} - 10\text{ mA}$$

$$R_{par} = \frac{10\text{ mA}}{240\text{ mA}} \cdot 10\ \Omega \qquad I_{par} = 240\text{ mA}$$

$$\underline{\underline{R_{par} = 417\text{ m}\Omega}}$$

Aufgaben

1. Der Messbereich eines Strommessers ($R_i = 2\ \Omega$; $I_M = 4$ A) soll auf 10 A erweitert werden. Welchen Wert muss der erforderliche Nebenwiderstand R_{par} erhalten? R_{par} soll aus Konstantandraht ($\varrho = 0{,}5\ \mu\Omega$m; $q = 0{,}5$ mm^2) hergestellt werden. Welche Drahtlänge ist erforderlich?

2. Ermitteln Sie die Messbereiche des Gerätes.

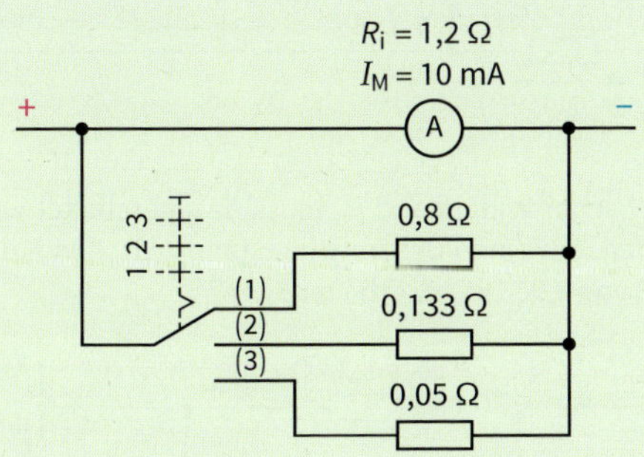

3. Ein Strommesser ($R_i = 0{,}2\ \Omega$; $I_m = 1$ A) besitzt einen Nebenwiderstand $R_{par} = 0{,}022\ \Omega$. Welcher Strom I kann mit dem Gerät höchstens gemessen werden?

4. a) Welcher zusätzliche Widerstand ist zu R_{par} parallel zu schalten, damit Stromstärken bis 0,75 A gemessen werden können?

b) Der zusätzliche Widerstand soll aus Konstantandraht ($d = 0{,}75$ mm; $\varrho = 0{,}5\ \mu\Omega$m) hergestellt werden. Welche Drahtlänge ist erforderlich?

c) Welcher zusätzliche Widerstand ist zu R_{par} parallel zu schalten, damit Stromstärken bis 1,5 A gemessen werden können?

d) Der zusätzliche Widerstand soll aus dem gleichen Material wie unter b) hergestellt werden. Welche Drahtlänge ergibt sich?

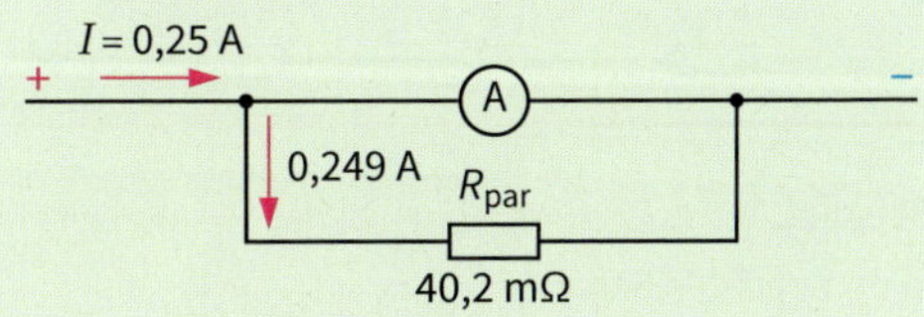

5. Der Kurzschlussstrom eines Akkumulators soll durch Messung bestimmt werden. Es steht lediglich ein Strommesser mit $I_m = 10$ A und $R_i = 0{,}6\ \Omega$ zur Verfügung. Es ist aber bekannt, dass der Kurzschlussstrom des betreffenden Akkumulators bis zu 200 A betragen kann.

a) Welchen Widerstand muss der als Parallelwiderstand vorgesehene Eisendraht aufweisen?

b) Wie lang muss der Draht sein, wenn sein Querschnitt 1,5 mm^2 beträgt?

6. Entwickeln Sie eine Formel zur Berechnung von R_{par}, in welcher als Variable der Innenwiderstand R_i des Messwerks und $n = I_m : I$ vorkommen.

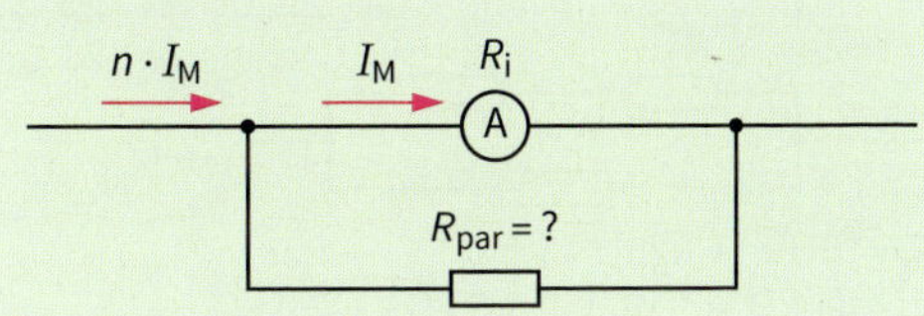

7. Gegeben ist die Schaltung eines Drehspulmessgerätes. Die Drehspule des Messwerks besteht aus Kupferdraht. Infolge einer Überlastung hat sie sich von 20 °C auf 50 °C erwärmt.
Welche Stromstärke zeigt das Messwerk bei einer Temperatur von 20 °C an?

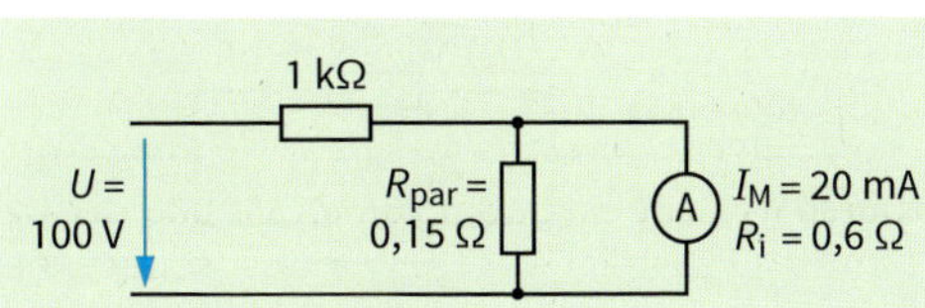

3.3 Gruppenschaltungen von Widerständen

Erweiterte Reihenschaltung | **Erweiterte Parallelschaltung**

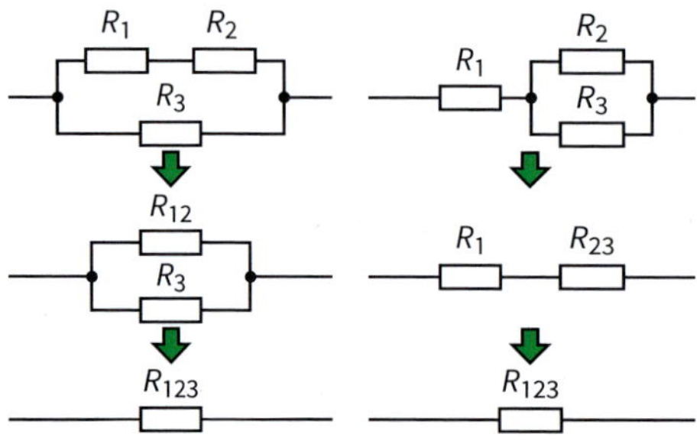

Beispiel:

In dem rechten Schaltungsauszug einer elektronischen Schaltung befinden sich Widerstände. Berechnen Sie den Gesamtwiderstand der Widerstände R19, R20, R21 und R28 zwischen den Punkten A und B. Die Kondensatoren und der Operationsverstärker IC 6 kann für die Berechnung vernachlässigt werden.

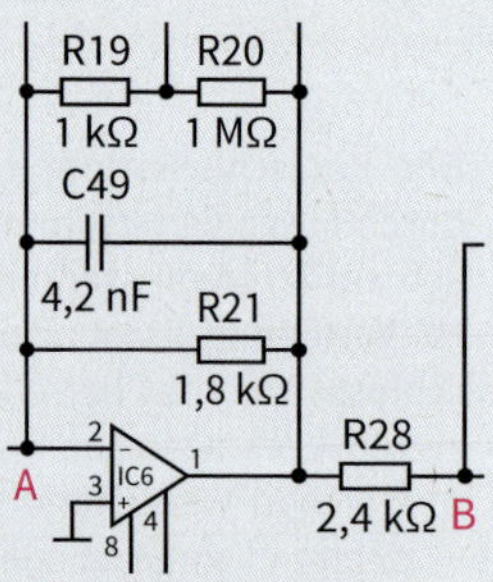

Lösung:

Geg.: R19, R20, R21 und R28 (s. Schaltung)
Ges.: R_g

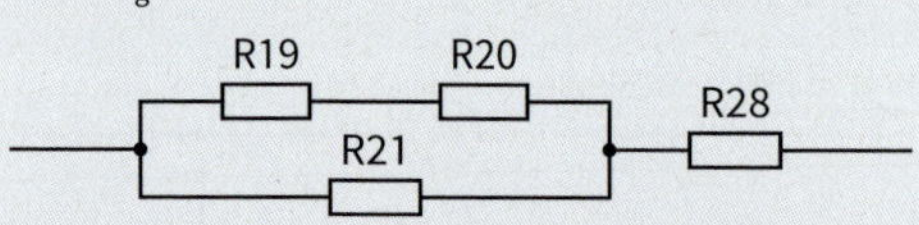

$$R_g = [(R19 + R20) \parallel R21] + R28$$
$$R_g = [(1\,k\Omega + 1\,M\Omega) \parallel 1{,}8\,k\Omega] + 2{,}4\,k\Omega$$
$$R_g = \frac{1{,}001\,M\Omega \cdot 1{,}8\,k\Omega}{1{,}001\,M\Omega + 1{,}8\,k\Omega} + 2{,}4\,k\Omega \qquad \underline{\underline{R_g = 4{,}197\,k\Omega}}$$

Aufgaben

1. Berechnen Sie R_g, I_2 und U_3.

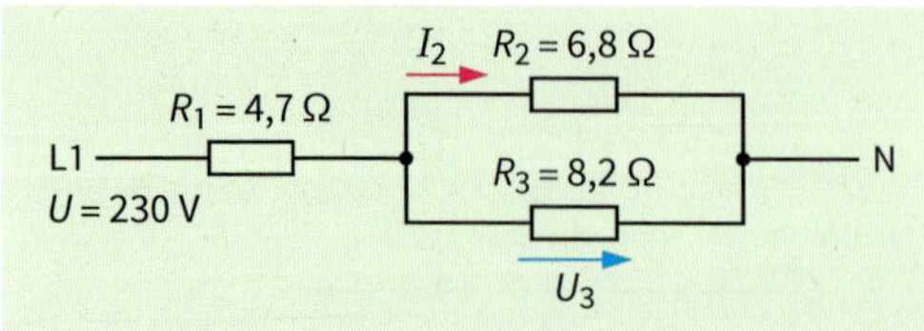

2. Berechnen Sie R_g, I_2 und U_2.

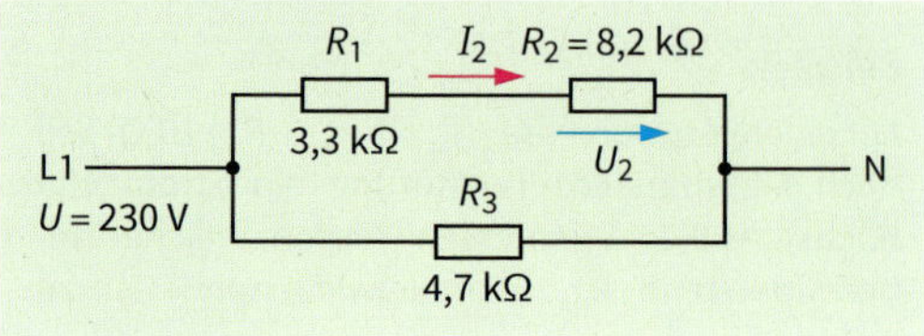

3. In der Schaltung sind folgende Größen zu berechnen:
a) Gesamtwiderstand R_g
b) Gesamtstromstärke I_g
c) Teilspannung U_1
d) Stromstärken I_1 und I_2
e) Gesamtspannung U_g

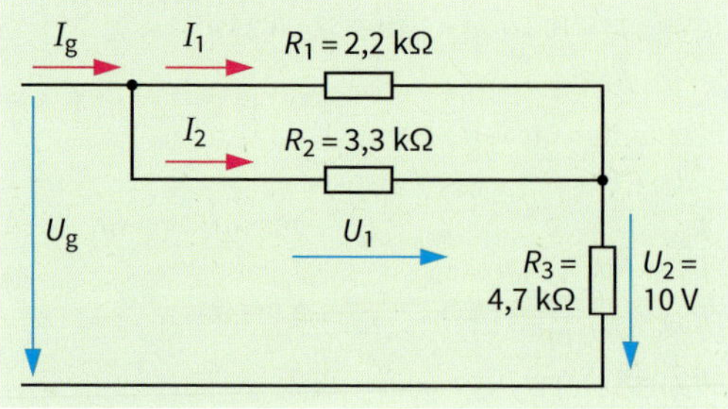

4. Berechnen Sie für die Schaltung folgende Größen:
a) Gesamtwiderstand R_g
b) Teilspannung U_{123}
c) Stromstärken I_1, I_2 und I_3

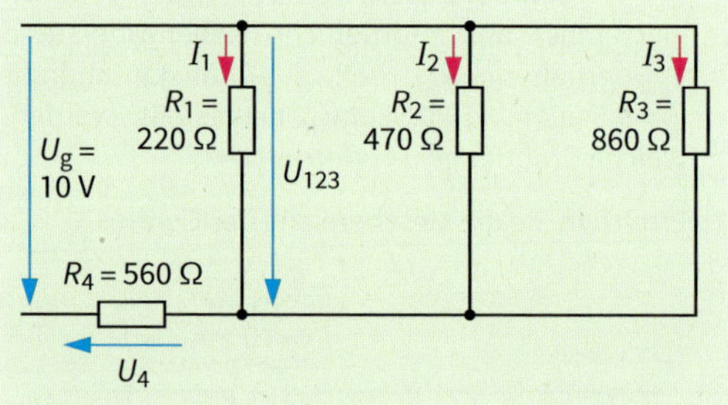

5. Welcher Widerstand R_5 muss dazugeschaltet werden, um einen Gesamtwiderstand zwischen A und B von 1,966 kΩ zu erhalten?

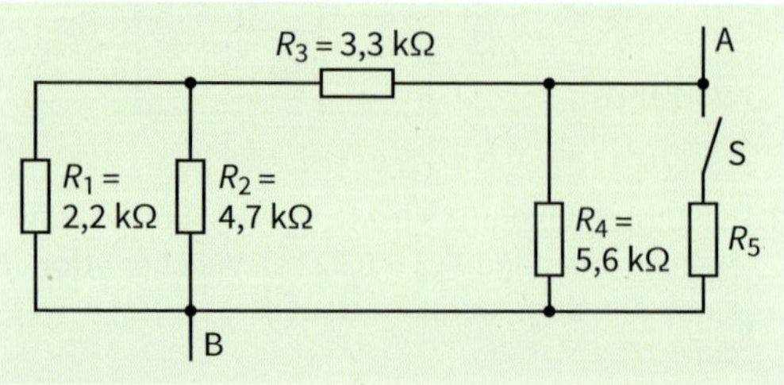

6. Die Schaltung ist an eine Spannung von $U_g = 60$ V angeschlossen. Berechnen Sie alle Stromstärken und Teilspannungen.

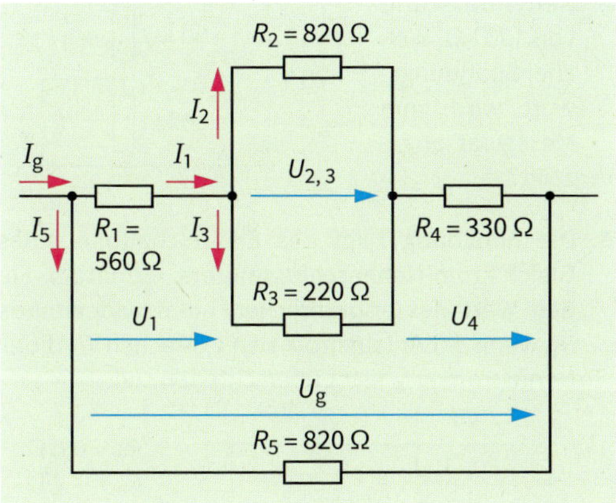

7. Berechnen Sie R_3, U_1 und $U_{2,3}$.

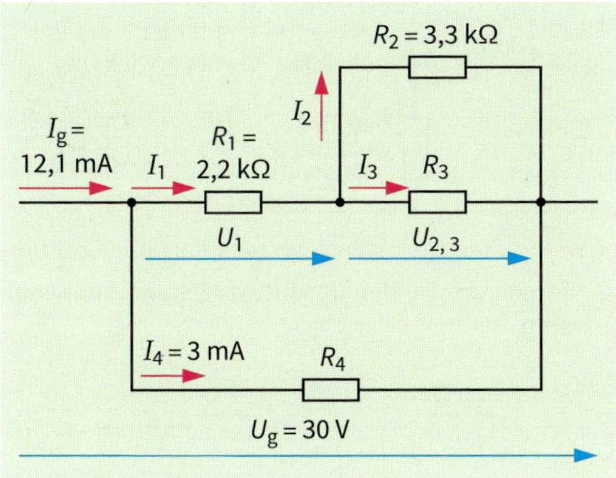

8. In der Schaltung wird der Schalter S geschlossen. Wie ändern sich folgende Größen: $I_g, I_3, I_4, I_5, U_1, U_2, U_{3,4}, R_g, P_g$ (↑, =, ↓)? Erstellen Sie dazu eine Tabelle und ergänzen Sie diese.

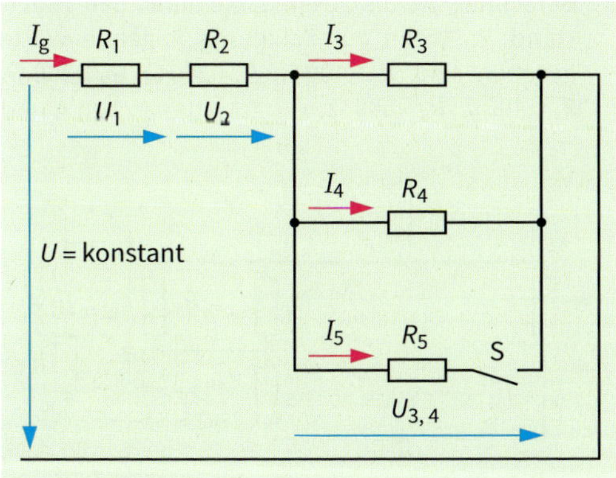

9. Wie ändert sich die Stromstärke I_2, wenn der Schalter S geschlossen wird? Überprüfen Sie dazu folgende Größen: I_g, I_2, U_1, U_2 und R_g (↑, =, ↓). Belegen Sie Ihre Überlegungen durch entsprechende Berechnungen.

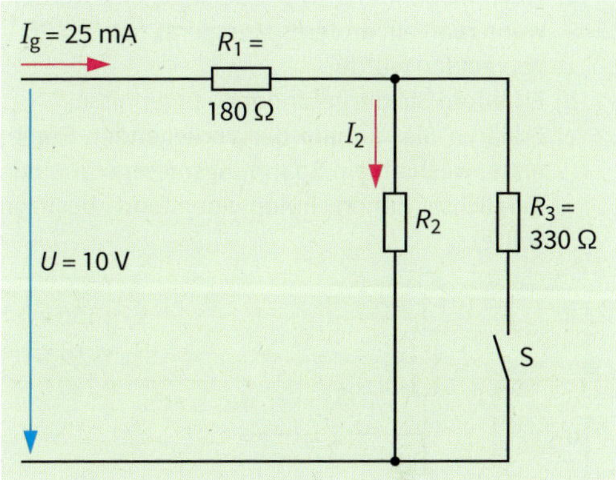

10. Berechnen Sie die Größe des Widerstands R_3. Der Gesamtwiderstand der Schaltung beträgt 500 Ω.

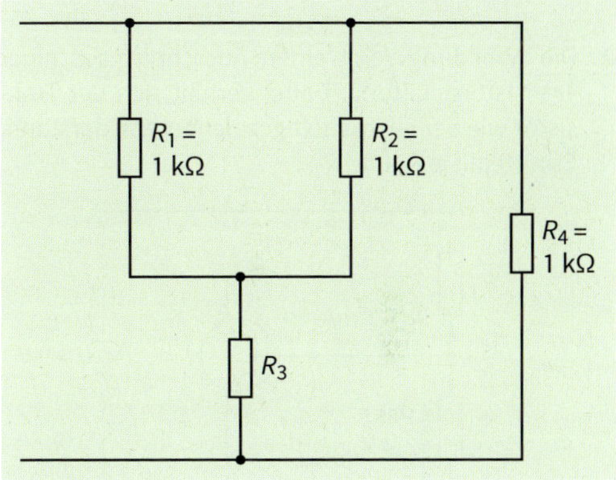

11. Berechnen Sie die Größe der Widerstände R_3 und R_4.

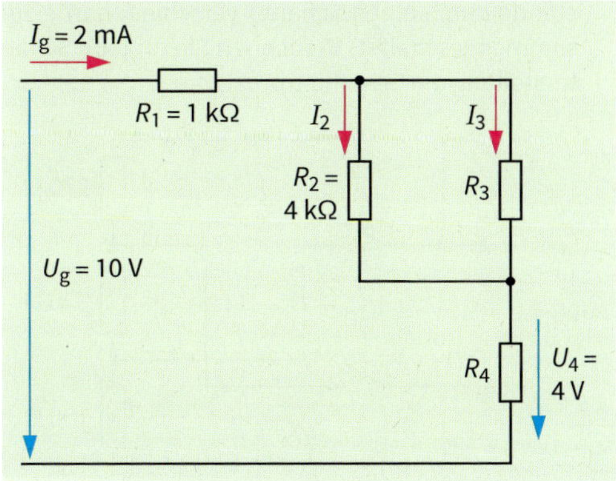

Aufgaben

1. Die Spannung U_2 soll bestimmt werden.
a) Welcher Wert ergibt sich, wenn S1 geöffnet ist?
b) Welchen Wert zeigt das Messgerät bei geschlossenem Schalter an?
c) Welche Spannung U_2 würde angezeigt werden, wenn man ein anderes Messgerät mit $R_k = 20\,\frac{k\Omega}{V}$ verwenden würde?
d) Erläutern Sie die gefundenen Ergebnisse.
e) Erklären Sie mithilfe der vorliegenden Ergebnisse, weshalb ein Spannungsmessgerät einen möglichst hohen Innenwiderstand besitzen sollte.

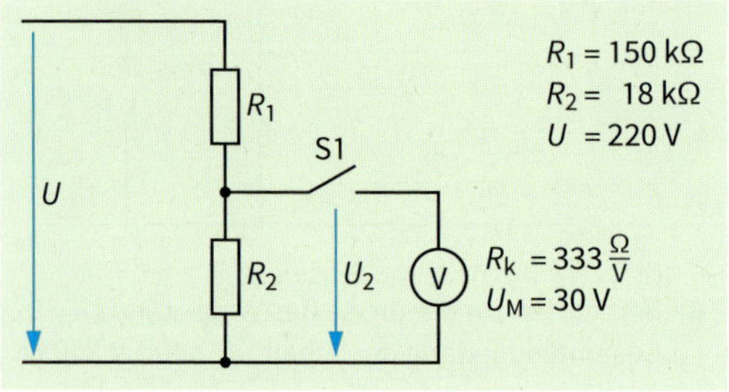

2. Die Abbildung zeigt einen Ausschnitt aus einer Transistorschaltung. Dabei verhält sich der Transistor wie der gestrichelt gezeichnete Widerstand. Ermitteln Sie R_1 und R_2.

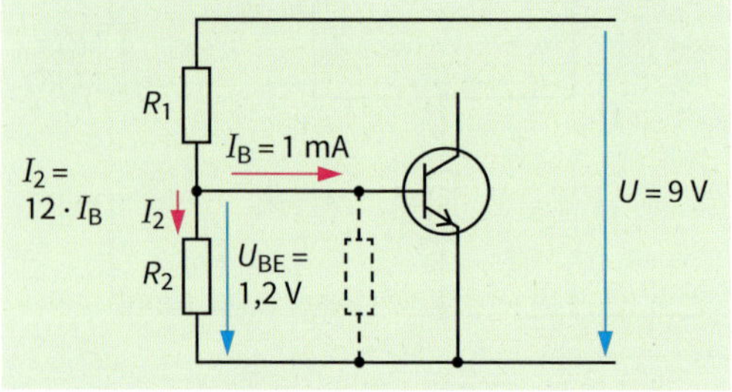

3. In der abgebildeten Schaltung werden drei Widerstände durch einen Schalter verschiedenartig zusammengeschaltet. Berechnen Sie für jede Schalterstellung die Gesamtstromstärke.

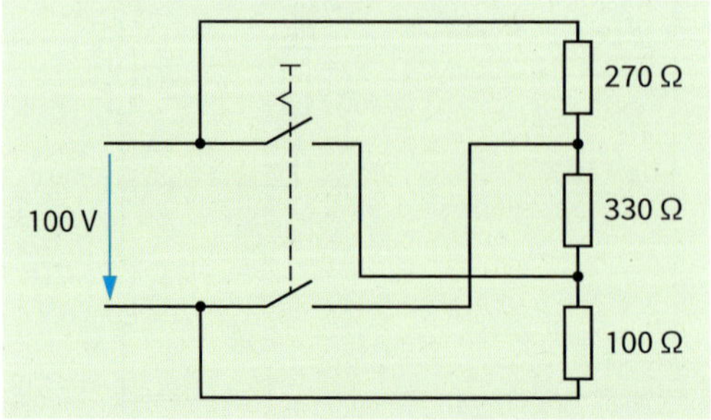

4. Mit dem Spannungsmessgerät wird die Spannung am 60 kΩ-Widerstand gemessen. Das Messgerät besitzt einen Innenwiderstand von 120 kΩ. Welcher Spannungswert wird vom Messgerät angezeigt?

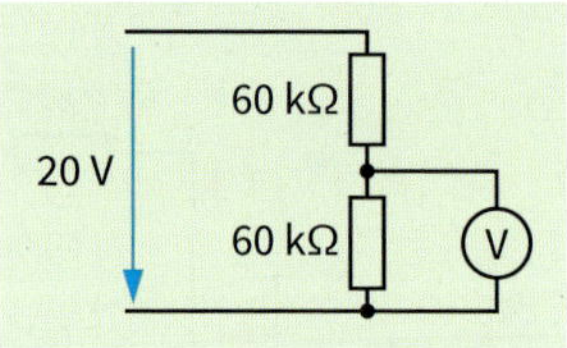

5. Die Abbildung zeigt das Ersatzschaltbild eines Gleichstrom-Nebenschlussmotors. Ermitteln Sie den Wert des erforderlichen Anlasswiderstands R_1, wenn der Anlaufstrom den 1,5-fachen Wert des Nennstromes I_N nicht überschreiten soll.

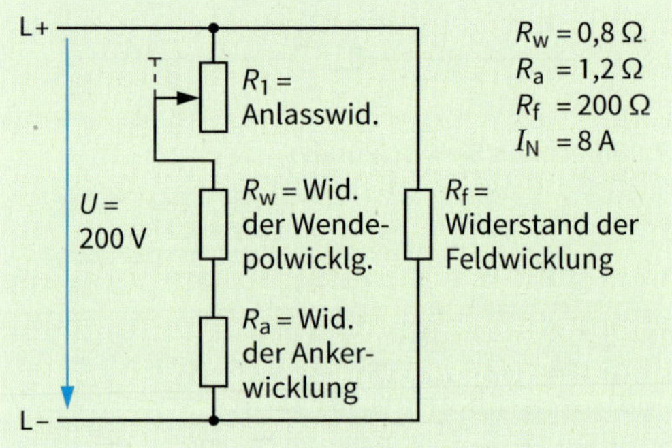

6. Berechnen Sie den Gesamtwiderstand der Schaltung.

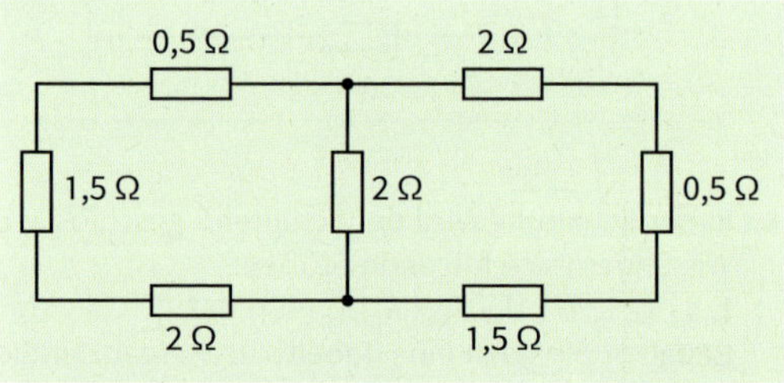

7. Berechnen Sie die Stromstärke durch den Widerstand R_5, wenn zur Schaltung folgende Werte gegeben sind: $R_1 = 100\ \Omega$; $R_2 = 200\ \Omega$; $R_3 = 300\ \Omega$; $R_4 = 400\ \Omega$; $R_5 = 500\ \Omega$.

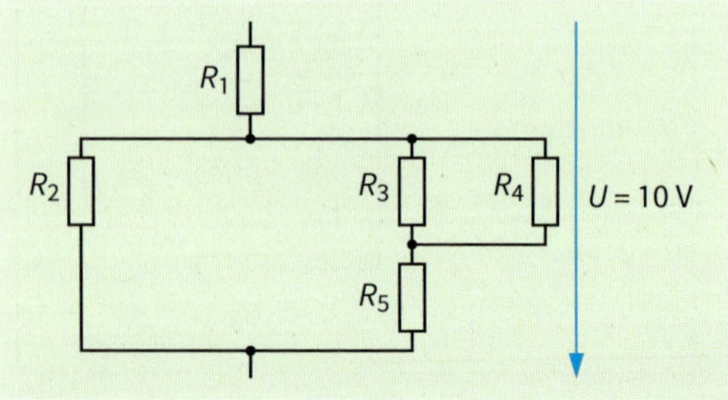

8. Die Schaltung liegt an einer Spannung von 230 V. Berechnen Sie Ströme und Spannungen an allen Widerständen.

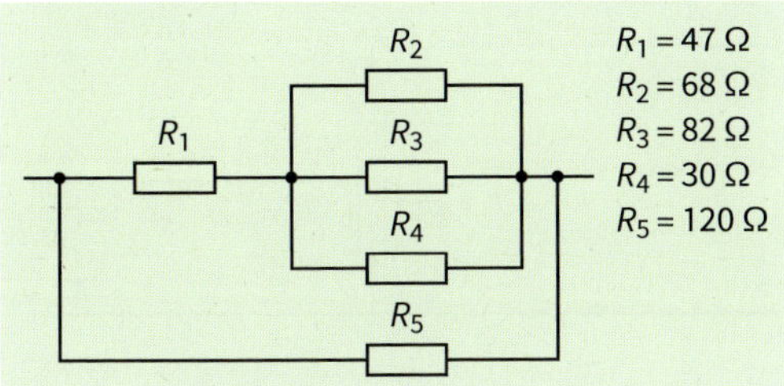

9. Die Schaltung liegt an 150 V.

a) Berechnen Sie den Gesamtwiderstand, wenn alle Widerstände gleichgroß sind.

b) Welche Werte haben Stromstärke und Spannung an R_7?

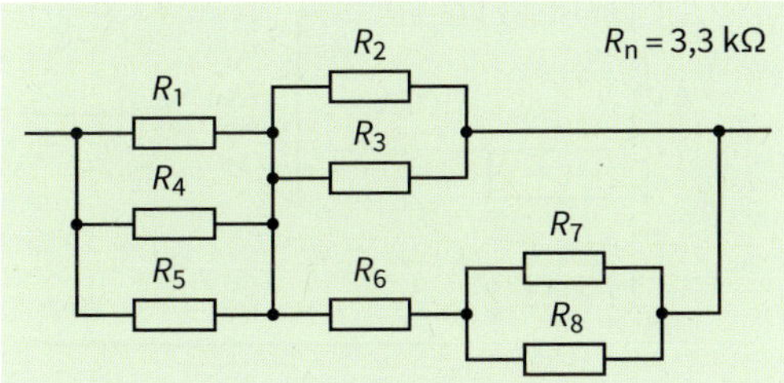

10. In der Schaltung haben die Widerstände $R_1 \ldots R_4$ jeweils einen Wert von 560 Ω. $R_5 \ldots R_7$ betragen je 470 Ω. R_8 und R_9 haben je 330 Ω.

a) Berechnen Sie den Gesamtwiderstand.

b) Ermitteln Sie Strom und Spannung an R_6.

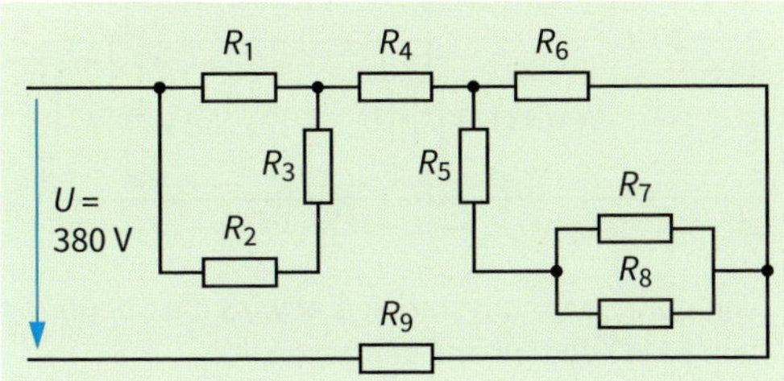

11. Wie groß ist die Spannung, die von dem Messgerät angezeigt wird?

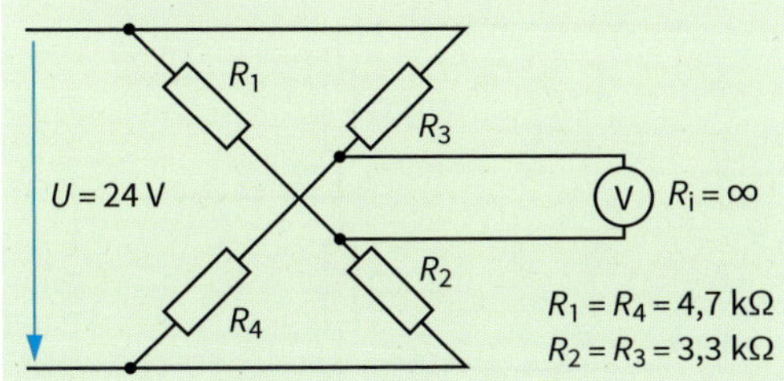

12. a) Berechnen Sie den Gesamtwiderstand.

b) Welcher Strom fließt durch R_9?

c) Wie groß ist die Spannung an R_8?

d) Welche Leistung nimmt R_7 auf?

e) Wie ändert sich der Gesamtwiderstand, wenn R_6 unendlich groß wird?

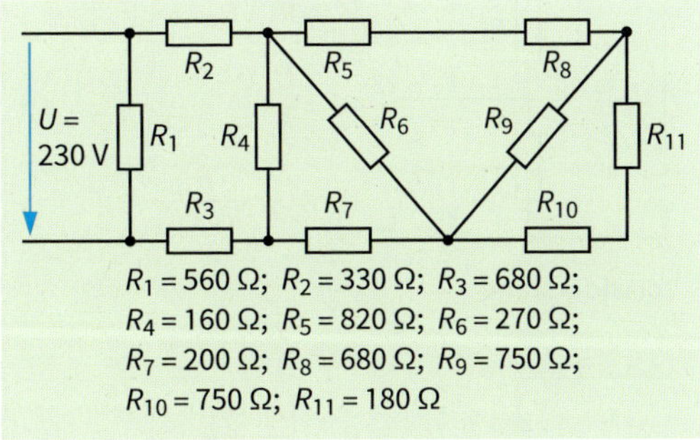

13. a) Berechnen Sie den Gesamtwiderstand der Schaltung.

b) Ermitteln Sie die Gesamtstromstärke I.

c) Ermitteln Sie die Ströme und Spannungen an allen Widerständen.

d) Wie groß ist der Strom durch die Verbindung A–B und welche Richtung hat er?

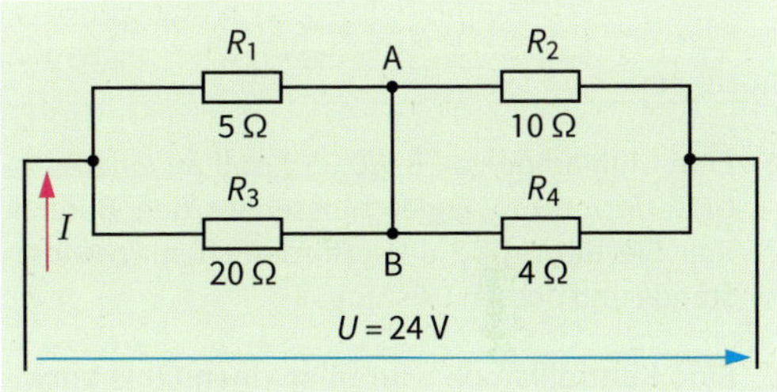

14. a) Berechnen Sie den Gesamtwiderstand und die Gesamtstromstärke.

b) Ermitteln Sie die Stromstärken in jedem Widerstand.

c) Wie groß sind die Spannungsfälle an jedem Einzelwiderstand?

d) Wie groß ist die Spannung U_{AB}?

e) Wie verändert sich U_{AB}, wenn die Gesamtspannung U auf 48 V erhöht wird?

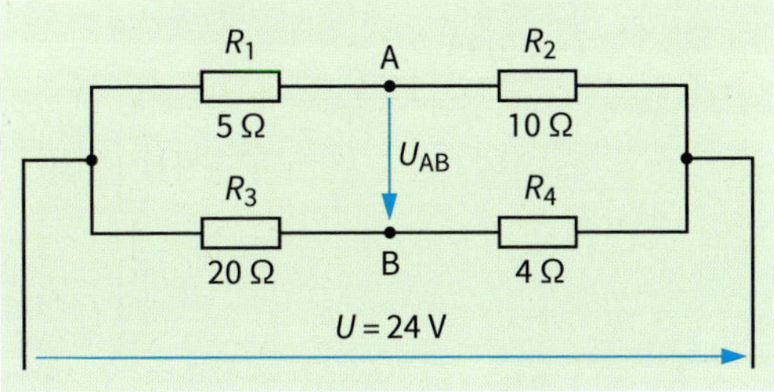

3.4 Spannungsteiler

Unbelasteter Spannungsteiler

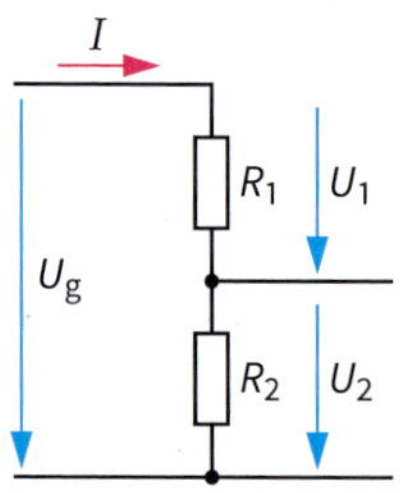

$$U_g = U_1 + U_2$$

$$R_g = R_1 + R_2$$

$$I = \frac{U_g}{R_g}$$

$$U_2 = U_g \cdot \frac{R_2}{R_1 + R_2}$$

Vorwiderstand

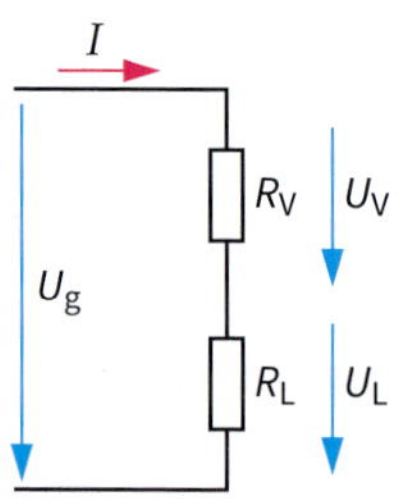

$$R_V = \frac{U_V}{I}$$

$$R_V = \frac{U_g - U_L}{I}$$

$$I = \frac{U_g}{R_V + R_L}$$

$$U_L = U_g \cdot \frac{R_L}{R_V + R_L}$$

R_V und R_L bilden einen unbelasteten Spannungsteiler.

Aufgaben

1. Eine Glühlampe von 6 V/0,05 A soll an eine Autobatterie von 12 V angeschlossen werden. Berechnen Sie die Größe des erforderlichen Vorwiderstands und dessen Leistung.

2. Eine Kontrolllampe wird über einen 85 Ω Vorwiderstand an 230 V angeschlossen. Durch die Schaltung fließt ein Strom von 2,4 A.
a) Welche Spannung fällt über der Lampe ab?
b) Wie groß ist die Leistung, die in der Lampe umgesetzt wird?

3. Die Widerstände R_1 und R_2 sind als Spannungsteiler geschaltet. Berechnen Sie den Widerstand R_2, wenn die angegebenen Ströme und Spannungen gemessen wurden.

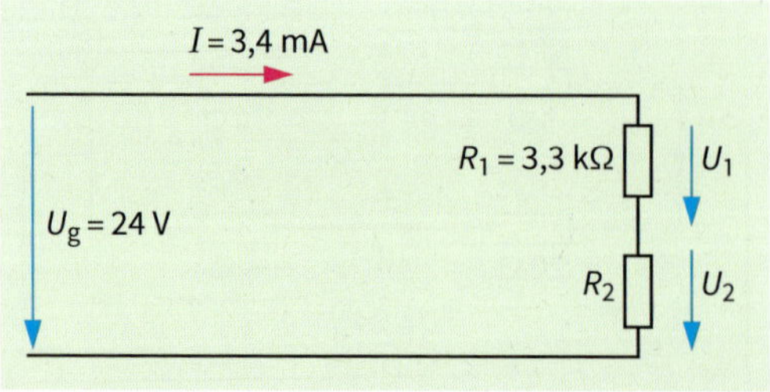

4. Berechnen Sie die Spannung U_2 des Potentiometers.

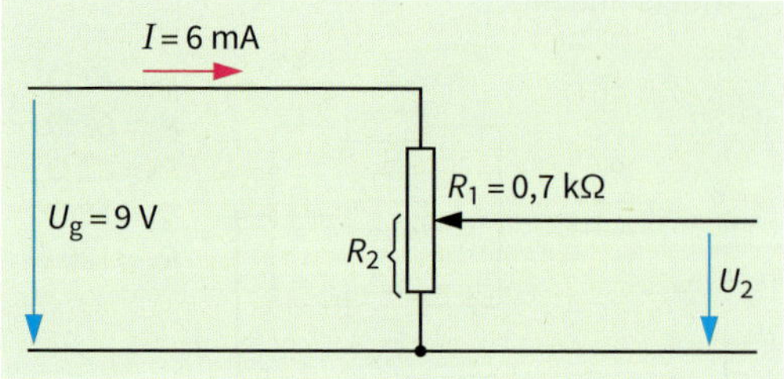

5. Auf welchen Wert muss das Potentiometer R_P eingestellt sein, damit sich eine Spannung U_T von 2,2 V am nichtinvertierenden Eingang des Operationsverstärkers einstellt?

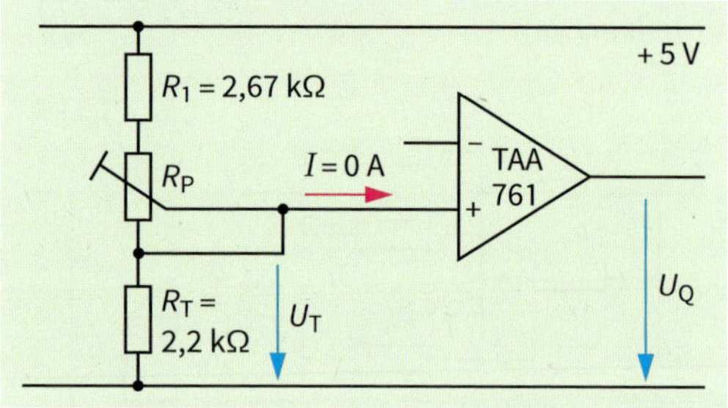

6. Berechnen Sie die Spannung U_2 für den Spannungsteiler.

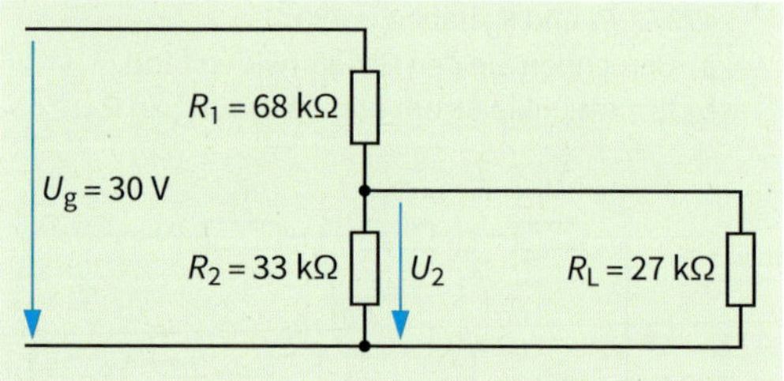

7. Mit dem Spannungsmessgerät wird die Spannung am 60 kΩ Widerstand gemessen.
Das Messgerät besitzt einen Innenwiderstand von 120 kΩ. Welcher Spannungswert wird vom Messgerät angezeigt?

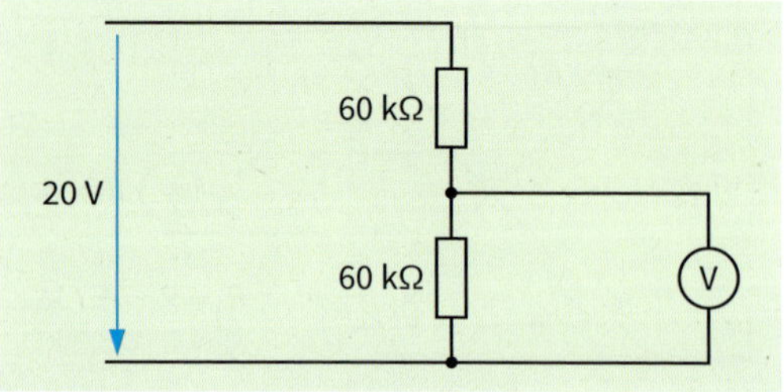

Belasteter Spannungsteiler

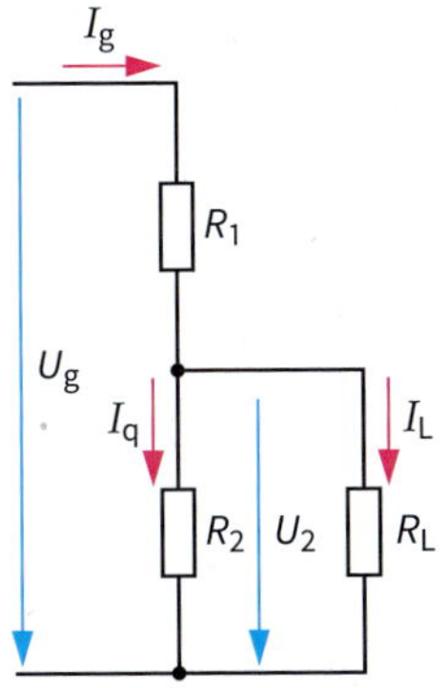

$$I_g = I_q + I_L$$

$$m = \frac{I_q}{I_L} \qquad m = \frac{R_L}{R_2}$$

$$R_g = R_1 + \frac{R_2 \cdot R_L}{R_2 \cdot R_L}$$

$$U_2 = I_q \cdot R_2$$

$$U_2 = I_L \cdot R_L$$

$$I_g = \frac{U_g}{R_1 + \frac{R_2 \cdot R_L}{R_2 + R_L}}$$

m Querstromfaktor

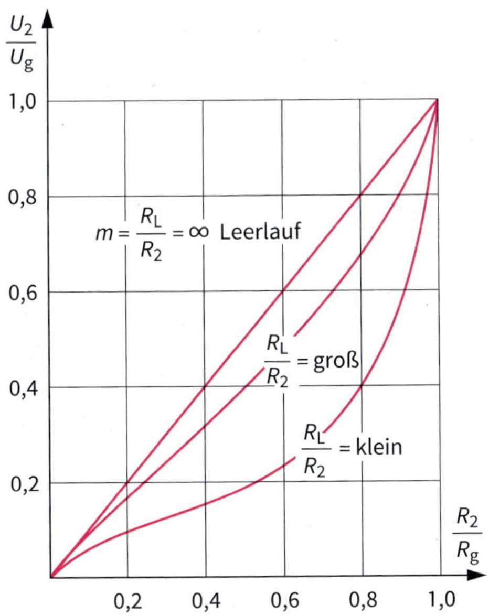

8. Ermitteln Sie den Wert von U_2, wenn die Schaltung als unbelasteter und belasteter Spannungsteiler betrieben wird.

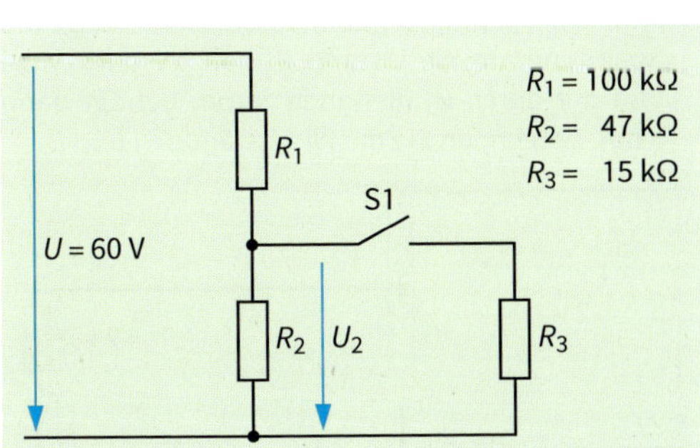

9. Wie groß sind U_3 und I_3 bei dem belasteten Spannungsteiler? Welchen Wert nimmt U_3 an, wenn R_2 aus der Schaltung entfernt wird?

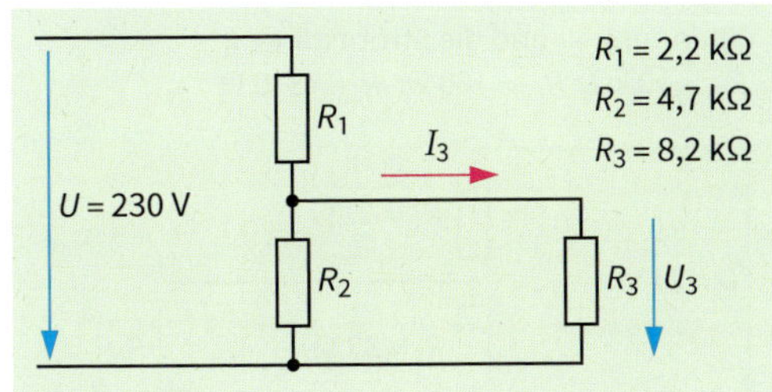

10. Ermitteln Sie R_1, R_2, R_3 und R_g in dem Spannungsteiler.

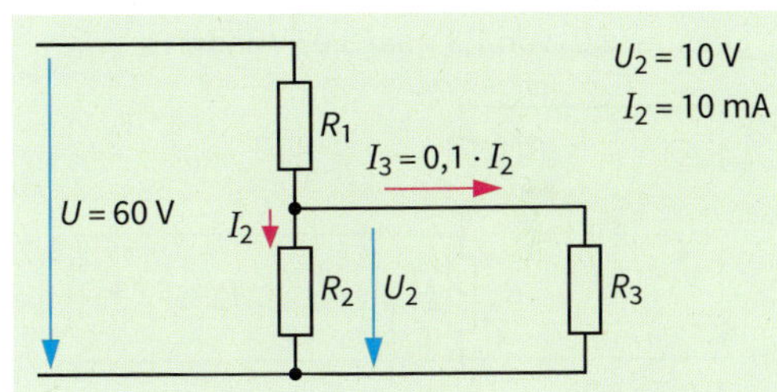

11. Gegeben ist der belastete Spannungsteiler.

a) Welche Werte nimmt U_2 an, wenn sich die Umgebungstemperatur des Heißleiters von 20 °C … 80 °C ändert? (Bestimmung für 10er-Werte)

b) Stellen Sie den Verlauf von U_2 grafisch dar.

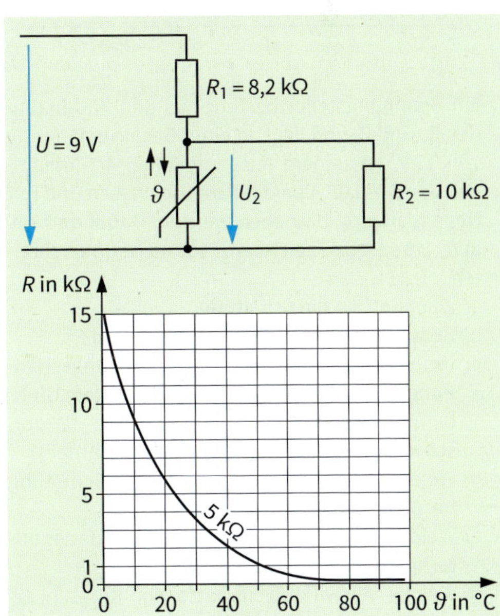

Aufgaben

1. Berechnen Sie für den Spannungsteiler in der Abbildung für drei verschiedene Belastungsfälle die Spannung U_L und die Stromstärke I_L.
$R_{L1} = 10\ k\Omega$; $R_{L2} = 100\ \Omega$; $R_{L3} = 820\ \Omega$

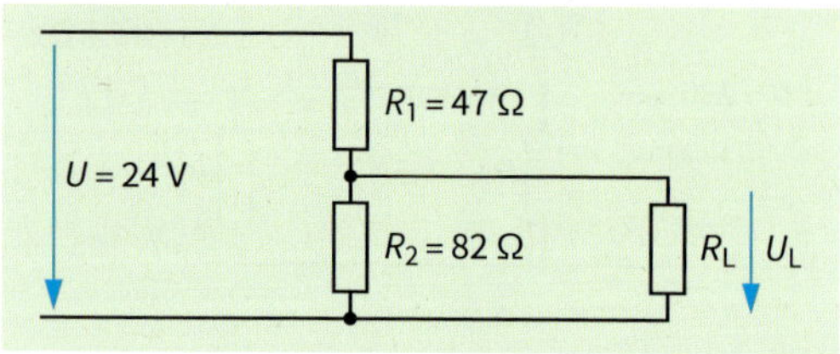

2. Zwischen welchen Werten schwankt die Umgebungstemperatur des Heißleiters, wenn sich die Spannung U_2 von 1,3 V auf 3,07 V ändert?

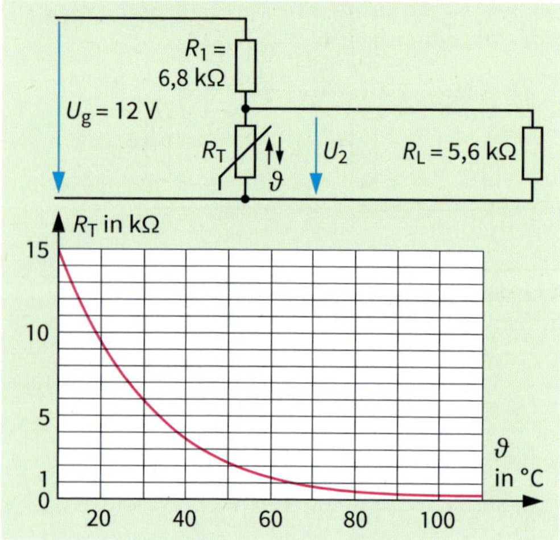

3. Ein Spannungsteiler besteht aus den Widerständen R_1 und R_2 und liegt an einer Gesamtspannung von 12 V. An seinem Ausgang sollen 4 Glühlampen von 6 V/0,05 A parallel angeschlossen und mit Nennspannung betrieben werden. Dabei darf die in R_1 umgesetzte Leistung 2,4 W nicht überschreiten.

a) Zeichnen Sie die Schaltung.
b) Berechnen Sie die Widerstände R_1 und R_2.
c) Um wie viel Prozent würde die Ausgangsspannung absinken, wenn zusätzlich 2 weitere Glühlampen parallel geschaltet würden (Widerstand der Glühlampen konstant annehmen)?
d) Welche Gesamtleistung würde die Schaltung bei 6 Glühlampen besitzen?
e) Welche Auswirkungen hätte die Heizfadenunterbrechung einer Glühlampe?
f) Welche Auswirkungen hätte ein Kurzschluss einer Glühlampe?

4. Welchen Eingangswiderstand R_E muss die Schaltung besitzen, damit an ihrem Eingang 70,7 % der angelegten Gesamtspannung abfallen?

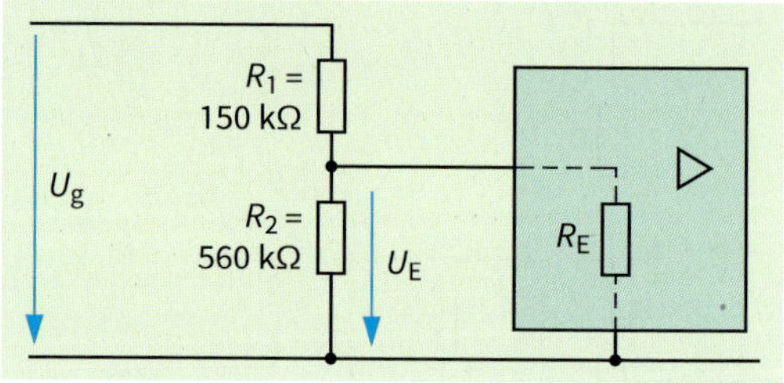

5. Auf welchen Wert muss R_2 eingestellt werden, damit sich an ihm eine Ausgangsspannung von 10,2 V einstellt? Der Strom durch R_2 beträgt dabei $1{,}6 \cdot I_L$.

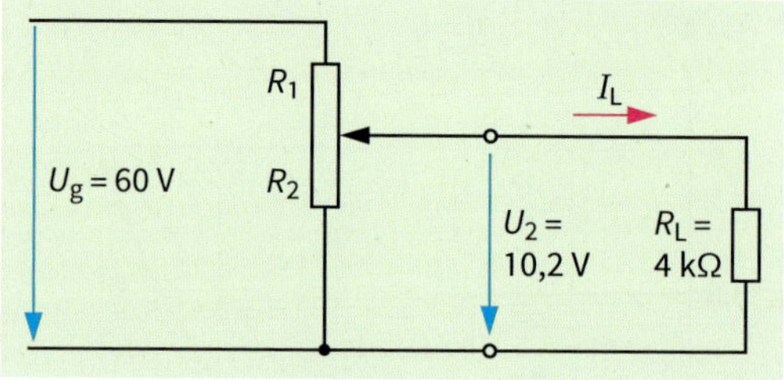

6. Mit welchem Eingangswiderstand R_E wird der Spannungsteiler belastet, wenn die Spannung am Widerstand R_2 durch die Belastung auf die Hälfte absinkt und dabei ein Laststrom von 0,836 mA fließt? Im unbelasteten Fall beträgt der Spannungsabfall über R_1 7 V. Wie groß sind im belasteten Fall die einzelnen Ströme und R_E?

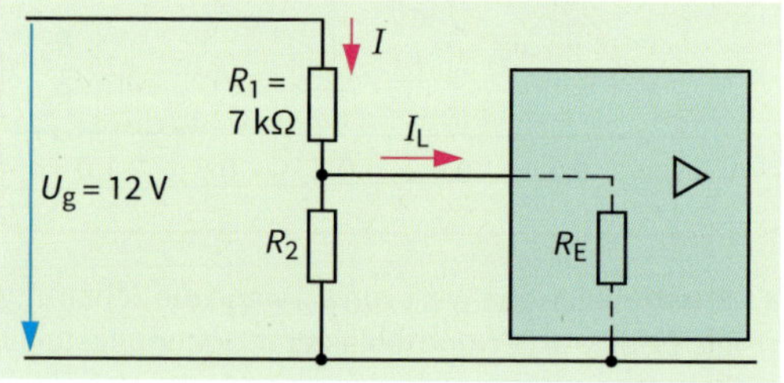

7. Wird der Schalter S geschlossen, dann steigt die Spannung am Widerstand R_1 von 4 V auf 6 V an und der durch R_2 fließende Strom beträgt dann 3 mA. Berechnen Sie die Widerstände R_1 und R_2.

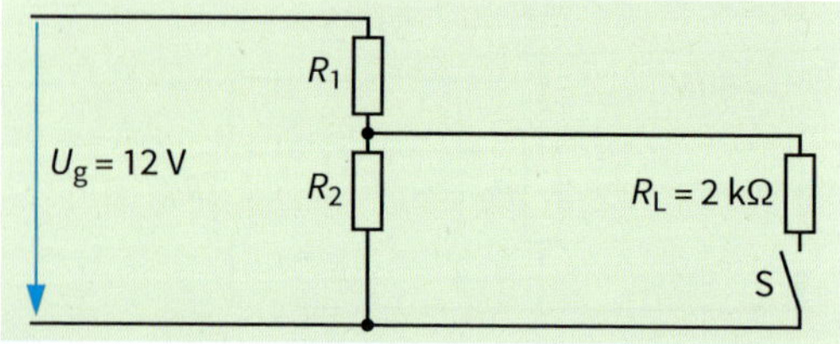

3.5 Spannungsquellen und Innenwiderstand

Reale Spannungsquellen | Ersatzschaltbild

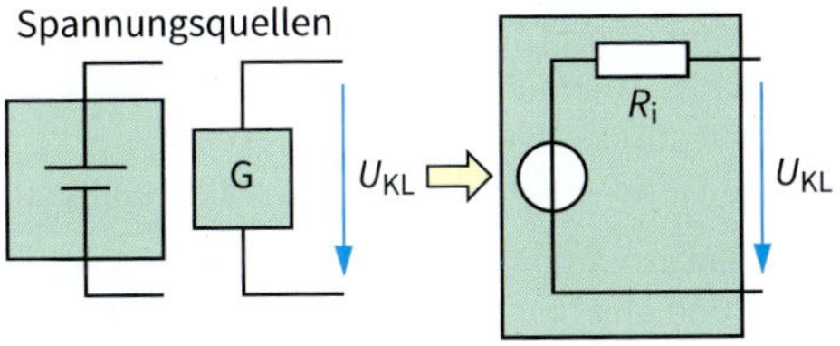

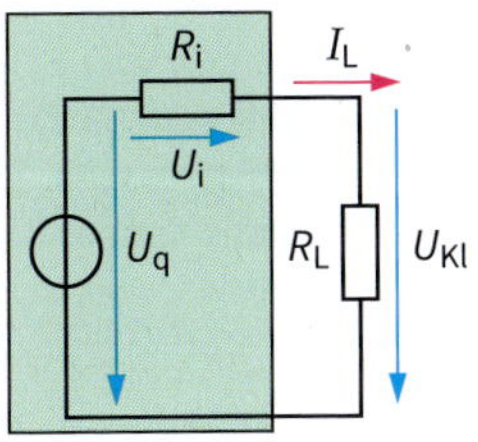

$U_q = U_i + U_{Kl}$

$R_i = \frac{U_i}{I_L}$

Kurzschluss: $I_K = \frac{U_q}{R_i}$

Leerlauf: $U_{Kl} = U_q$

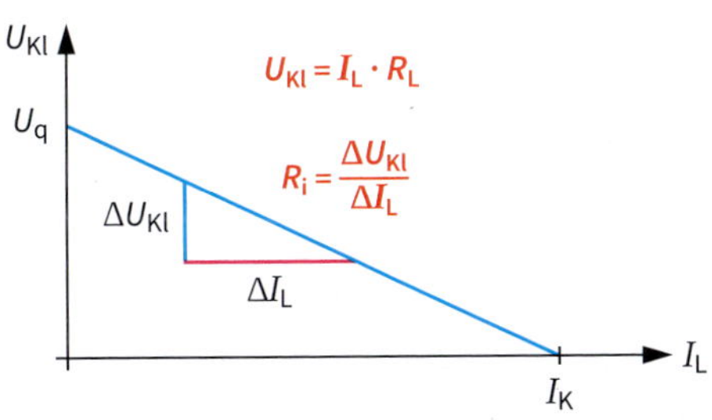

U_q	Leerlaufspannung, Quellenspannung	I_q	Quellenstromstärke
U_{Kl}	Klemmenspannung	I_L	Stromstärke durch Belastungswiderstand
U_i	Spannung an R_i	I_i	Stromstärke duch Innenwiderstand
R_i	Innenwiderstand		
R_L	Belastungswiderstand	I_K	Kurzschlussstromstärke

Beispiel:

Der Innenwiderstand und die Kennlinie eines Netzteils sollen über Messwerte bestimmt werden. Die Messung der Quellenspannung ist nicht möglich, da ständig eine Belastung angeschlossen ist. Es können lediglich die Stromstärken bei dieser Belastung und die Klemmenspannungen gemessen werden.

Messwerte: $U_{Kl1} = 9{,}3\,V$; $I_{L1} = 0{,}72\,A$

$U_{Kl2} = 8{,}9\,V$; $I_{L2} = 1{,}25\,A$

a) Die Kennlinie des Netzteils mit den Belastungswiderständen soll gezeichnet werden.

b) Wie groß ist der Innenwiderstand?

Lösung:

Geg.:

Schaltung 1

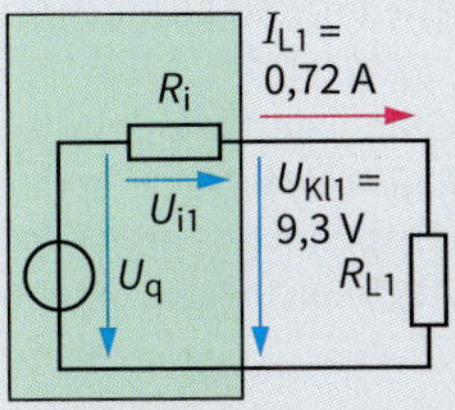

Schaltung 2

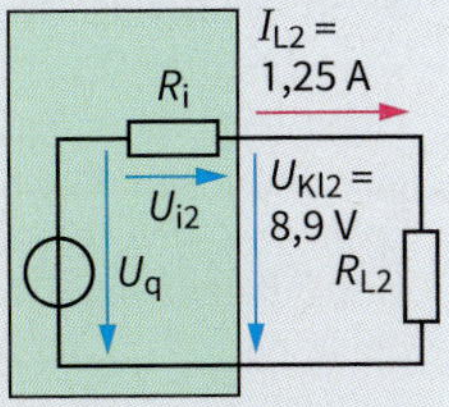

Ges.: a) Kennline, b) Innenwiderstand R_i

a) • *U*-*I*-Diagramm zeichnen und Messpunkte eintragen ①, ②,
- Punkte verbinden, evtl. verlängern,
- Messpunkte mit Nullpunkte verbinden (Widerstandsgeraden der Belastungswiderstände ③, ④).

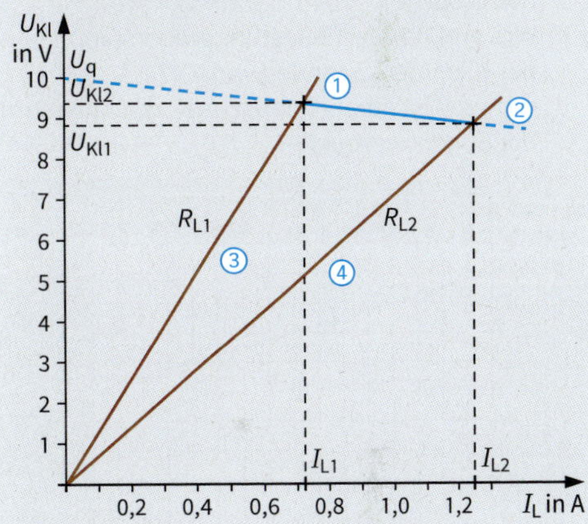

b) Schaltung 1

$U_q = U_{i1} + U_{Kl1}$

$U_q = I_{L1} \cdot R_i + U_{Kl1}$

$R_i = \frac{U_q - U_{Kl1}}{I_{L1}}$

Schaltung 2

$U_q = U_{i2} + U_{Kl2}$

$U_q = I_{L2} \cdot R_i + U_{Kl2}$

$R_i = \frac{U_q - U_{Kl2}}{I_{L2}}$

Gleichsetzungsverfahren (s. S. 19)

$I_{L1} \cdot R_i = U_q - U_{Kl1}$

$I_{L1} \cdot R_i + U_{Kl1} = U_q$

$I_{L2} \cdot R_i = U_q - U_{Kl2}$

$I_{L2} \cdot R_i + U_{Kl2} = U_q$

$I_{L1} \cdot R_i + U_{Kl1} = I_{L2} \cdot R_i + U_{Kl2}$

$U_{Kl1} - U_{Kl2} = I_{L2} \cdot R_i - I_{L1} \cdot R_i$

$U_{Kl1} - U_{Kl2} = R_i\,(I_{L2} - I_{L1})$

$R_i = \frac{U_{Kl1} - U_{Kl2}}{I_{L2} - I_{L1}}$

$R_i = \frac{\Delta U_{Kl}}{\Delta I_L}$ $\qquad$ $R_i = \frac{9{,}3\,V - 8{,}9\,V}{1{,}25\,A - 0{,}72\,A}$

$R_i = \frac{0{,}4\,V}{0{,}53\,A}$ $\qquad$ $\underline{\underline{R_i = 0{,}755\,\Omega}}$

Aufgaben

1. Berechnen Sie zu der Beispiellösung auf S. 83 die
a) Leerlaufspannung der Spannungsquelle und
b) Größen der Belastungswiderstände.

2. Eine Gleichspannungsquelle liefert bei Belastung eine Stromstärke von 0,55 A. Zwischen Leerlaufspannung und Klemmenspannung ergibt sich eine Differenz von 3 V. Berechnen Sie den Innenwiderstand.

3. Die Kennlinie zeigt die Abhängigkeit der Klemmenspannung von der Belastungsstromstärke bei einer Spannungsquelle.
a) Wie groß ist die Änderung der Spannung an den Klemmen, wenn sich der Belastungsstrom von 0 A auf 0,6 A vergrößert?
b) Wie groß ist der Innenwiderstand der Spannungsquelle?
c) Wie groß ist der Belastungswiderstand bei einer Klemmenspannung von 7 V?
d) Wie groß ist der rechnerische Kurzschlussstrom der Spannungsquelle?

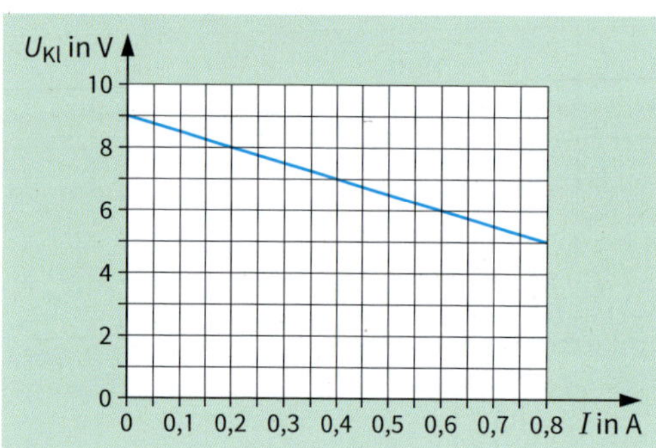

4. Bei einem Akkumulator ändert sich der Belastungsstrom von 16,3 A auf 28,5 A. Dabei ändert sich die Klemmenspannung von 24,0 V auf 23,7 V.
a) Wie groß ist der Innenwiderstand?
b) Wie groß sind die Belastungswiderstände?
c) Wie groß ist die Leerlaufspannung?

5. Der Bleiakkumulator eines Kraftfahrzeugs hat einen Innenwiderstand von 25 mΩ. Die Leerlaufspannung beträgt 13,2 V. Wie groß ist die Klemmenspannung beim Anlassen, wenn der Laststrom 120 A beträgt?

6. Ein Zink-Kohle-Element ($U_q = 1{,}5$ V; $R_i = 0{,}35$ Ω) wird mit einem Widerstand von 20 Ω belastet. Welche Werte erreichen Klemmenspannung und Laststrom?

7. Der Bleiakkumulator eines Kraftfahrzeugs hat eine Leerlaufspannung von ca. 12 V. Zur Funktionsprüfung wird er mit einem Widerstand von 0,1 Ω belastet. Dabei fällt an dem Widerstand eine Spannung von 10 V ab. Berechnen Sie
a) den während der Funktionsprüfung fließenden Belastungsstrom und
b) den Innenwiderstand des Bleiakkumulators.

8. Ein Akkumulator mit der Quellenspannung von 12 V und einem Innenwiderstand von 60 mΩ wird kurzgeschlossen. Wie groß ist die Kurzschlussstromstärke?

9. Die Anschlüsse einer Monozelle mit $U_q = 1{,}5$ V und einem R_i von 0,3 Ω werden kurzgeschlossen. Berechnen Sie die im Innenwiderstand umgesetzte Leistung.

10. Gegebene Werte: $U_q = 9{,}2$ V; $R_i = 0{,}5$ Ω; $R_L = 8{,}2$ Ω. Berechnen Sie die Klemmenspannung und die im Belastungswiderstand umgesetzte Leistung.

11. Berechnen Sie die Stromstärke in der Schaltung.

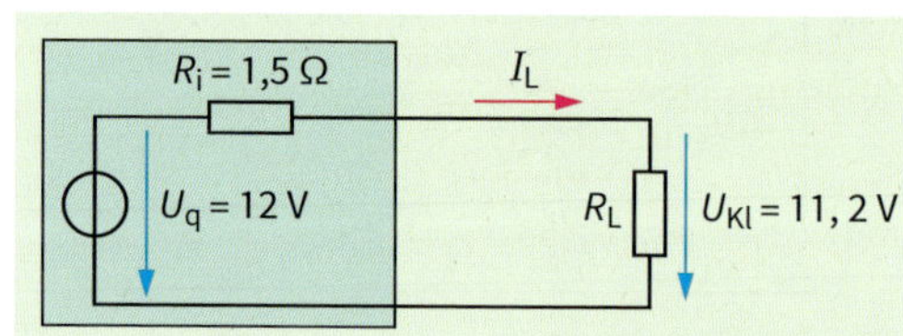

12. Die Abbildung zeigt in einem Diagramm die Kennlinie einer Spannungsquelle und die Kennlinie des Belastungswiderstands R_L.
a) Wie groß ist der Belastungswiderstand?
b) Wie groß sind Klemmenspannung und Stromstärke im Belastungsfall (aus Diagramm entnehmen)?
c) Welche Werte können die Klemmenspannung und die Stromstärke annehmen, wenn der Belastungswiderstand eine Toleranz von ±20 % besitzt?
d) Welche Kurzschlussstromstärke kann bei dieser Quelle theoretisch erreicht werden?

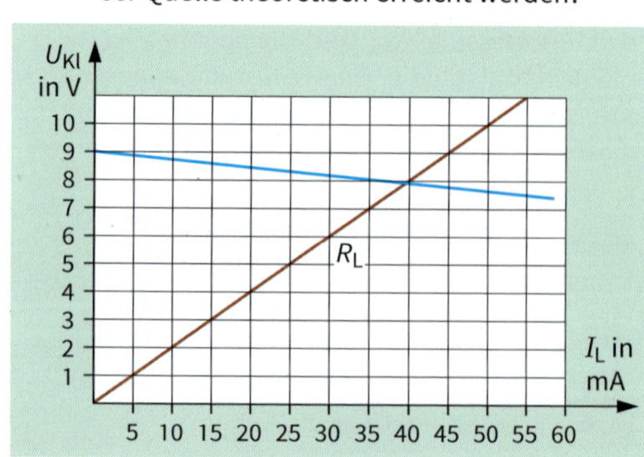

13. Eine Spannungsquelle wird mit verschiedenen Widerständen belastet. Die Klemmenspannung wird dabei in Abhängigkeit von der Stromstärke gemessen.

U_{Kl} in V	5,00	4,80	4,70	4,50	4,35	4,20
I_L in mA	0	40	80	120	160	200

a) Zeichnen Sie die Kennlinie.
b) Ermitteln Sie mithilfe des Diagramms die Quellenspannung und den Innenwiderstand.
c) Berechnen Sie die theoretische Kurzschlussstromstärke.
d) Zeichnen Sie einen Belastungswiderstand mit $R_L = 47\ \Omega$ ein und ermitteln Sie zeichnerisch und rechnerisch die Klemmenspannung und die Stromstärke.

14. Gegeben ist die idealisierte Kennlinie einer stabilisierten Spannungsquelle.
a) Ermitteln Sie den Innenwiderstand der Quelle für die Laststromstärke von 0,1 A bis 1,0 A.
b) Ermitteln Sie den Innenwiderstand für eine Laststromstärke $I_L > 1{,}0$ A.
c) In welchem Strombereich sollte die stabilisierte Spannungsquelle sinnvollerweise betrieben werden?

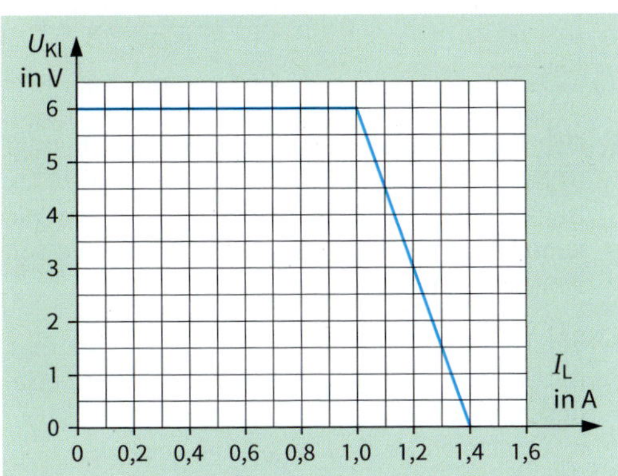

15. Bei einem Akkumulator ändert sich der Belastungsstrom von 8,3 A auf 16,5 A. Dabei ändert sich die Klemmenspannung von 12,0 V auf 10,7 V.
a) Wie groß ist der Innenwiderstand?
b) Wie groß sind die Belastungswiderstände?
c) Wie groß ist die Leerlaufspannung?
d) Zwischen den Akkumulatoranschlüssen und dem Belastungswiderstand von 1,2 Ω befindet sich eine 20 m lange Kupferleitung mit einem Durchmesser von 2,26 mm. Wie groß sind die Stromstärke und die Spannung am Belastungswiderstand? ($\varrho_{CU} = 0{,}01724\ \mu\Omega \cdot m$)

16. Die elektrische Energieversorgung im Haus erfolgt durch Spannungsquellen. Einzelne Geräte wie z. B. Heizungen, Warmwasserbereiter oder Elektroherde werden direkt über eine Zuleitung vom Verteiler mit elektrischer Energie versorgt. In der Abbildung sind zwei Schaltstufen mit den ermitteleten Kenndaten dargestellt.
a) Berechnen Sie die Belastungswiderstände für die jeweilige Schalterstellung.
b) Wie groß sind die Stromstärken in den Belastungsfällen.
c) Berechnen Sie den Innenwiderstand der Spannungsversorgung und die Leerlaufspannung.
d) Zeichnen Sie das Ersatzschaltbild der Spannungsversorgung und geben Sie darin die ermittelten Werte an.

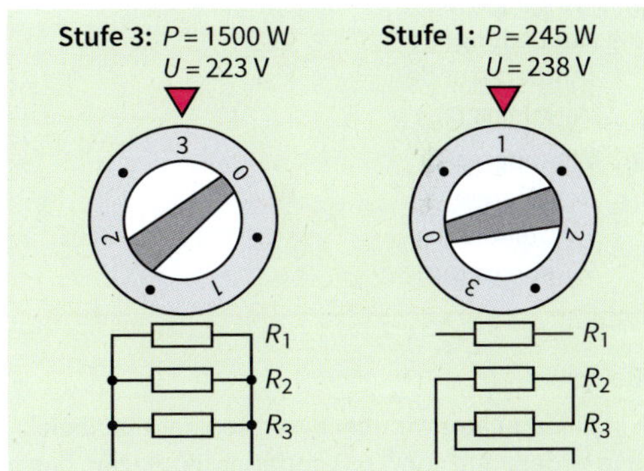

17. Ein Mikrofon lässt sich wie eine Wechselspannungsquelle auffassen.
a) Wie groß müssen bei den aufgeführten Mikrofonen die Eingangswiderstände der nachfolgenden Verstärker sein, damit die Eingangsspannung $\frac{U_q}{2}$ groß wird?
b) Die vier Mikrofontypen werden an einem Verstärker mit einem Eingangswiderstand von 10 kΩ betrieben. Wie groß sind für diesen Fall die Eingangsspannungen für die Verstärker?
c) Welche der in b) ermittelten Belastungsfälle sind sinnvoll?

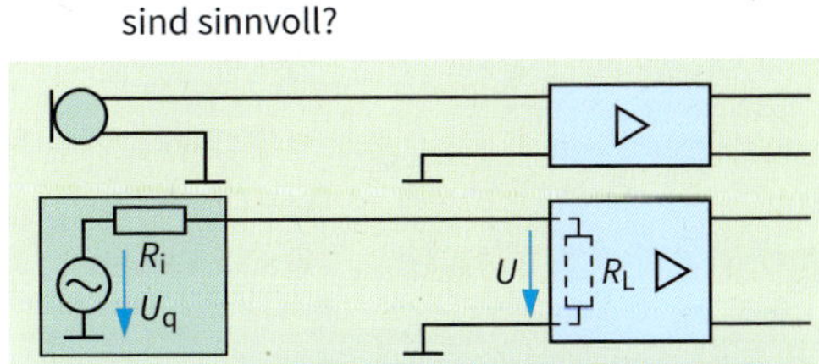

Mikrofontyp	R_i	U_q (z. B.)
Tauchspul (m. Übertrager)	200 Ω	2 mV
Bändchen (m. Übertrager)	200 Ω	0,1 mV
Kristall	1 MΩ	1 mV
Kondensator	50 MΩ	10 mV

3.6 Laden und Entladen von Akkumulatoren

Aufladung | Entladung

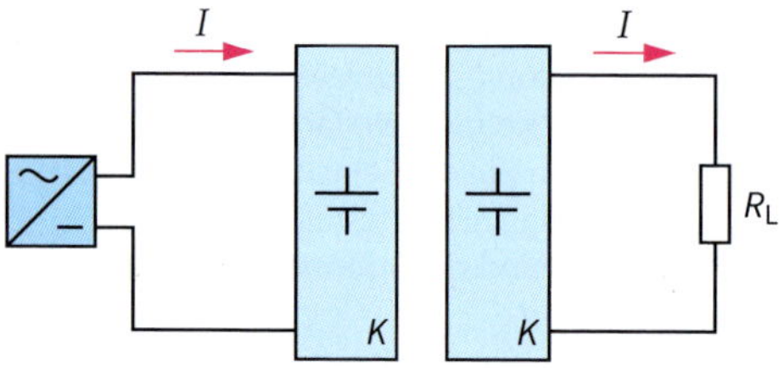

$Q_{zu} = I \cdot t$ $Q_{ab} = I \cdot t$

Q	Ladung		
K	Kapazität	$K = I \cdot t$	$[K]$ = As, Ah
η	Wirkungsgrad der Ladung (Amperestunden-Wirkungsgrad)	$\eta = \frac{Q_{ab}}{Q_{zu}}$	$Q = I \cdot t$
η	Wirkungsgrad der Energie (Wattstunden-Wirkungsgrad)	$\eta = \frac{W_{ab}}{W_{zu}}$	$W = U \cdot I \cdot t$

Beispiel:

Ein Akkumulator wir über einen konstant bleibenden Widerstand von 5,6 Ω entladen. Zu Beginn der Entladung beträgt die Klemmenspannung 12,6 V. Bis zur Entladeschlussspannung von 6,3 V fällt sie gleichmäßig ab. Die Entladezeit beträgt 15 Stunden und 20 Minuten. Wie groß war die Kapazität des Akkumulators?

Lösung:

Geg.: $R_L = 5{,}6\,\Omega$, $U_1 = 12{,}6\,V$, $U_2 = 6{,}3\,V$

Ges.: K

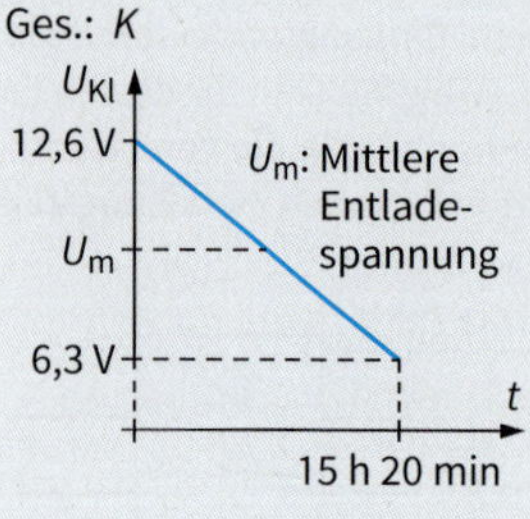

$U_m = \frac{12{,}6 + 6{,}3\,V}{2}$

$U_m = 9{,}45\,V$

$I_m = \frac{U_m}{R_L}$

$I_m = \frac{9{,}45\,V}{5{,}6\,\Omega}$

$I_m = 1{,}69\,A$

$K = I \cdot t$ $K = 1{,}69\,A \cdot 15{,}3\,h$ $\underline{\underline{K = 25{,}9\,Ah}}$

Aufgaben

1. Ein Bleiakkumulator mit einer Kapazität von $K_{20} = 36\,Ah$ wird in 18 Stunden und 30 Minuten entladen. Wie groß war dabei die mittlere Stromstärke?

2. Ein Akkumulator mit einer Kapazität von 14 Ah wird mit einer konstanten Stromstärke von 0,48 A belastet. Wie lange kann er betrieben werden?

3. Berechnen Sie den Wirkungsgrad der Ladung, wenn über den Auflade- und Entladevorgang die folgenden Daten bekannt sind: Kapazität 36 Ah; Ladezeit: 20 Stunden und 50 Minuten; Ladestromstärke 2,1 A.

4. Der Spannungsverlauf einer elektrochemischen Spannungsquelle bei konstanter Belastung ist dargestellt.

a) Wie groß ist die mittlere Stromstärke bei der Entladung?

b) Wie groß ist die Kapazität der Quelle?

c) Berechnen Sie den Wirkungsgrad der Ladung, wenn folgende Daten gegeben sind: $t = 24\,h$; $I = 1{,}25\,A$.

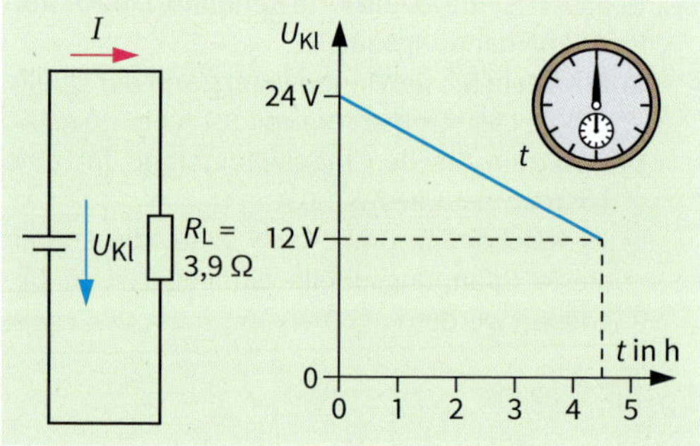

5. Der Wirkungsgrad eines Akkumulators beträgt 91,5 %. Seine Kapazität hat einen Wert von 28 Ah. Berechnen Sie die erforderliche Zeit, um den Akkumulator mit einer konstanten Stromstärke von 2,5 A zu laden.

6. Ein 12 V-Akkumulator kann in 18 Stunden eine mittlere Stromstärke von 2,9 A bis zu einer Entladeschlussspannung von 6 V abgeben.

a) Berechnen Sie die abgegebene Energie.

b) Berechnen Sie den Energie-Wirkungsgrad, wenn beim Aufladen 0,58 kWh zugeführt werden müssen.

7. Eine 24 V-Akkumulator-Anlage (12 Zellen) soll mit einer konstanten Spannung aufgeladen werden, die nicht größer als die Gasungsspannung (2,4 V/Zelle) sein darf. Verwendet werden soll ein Netzteil mit 48 V. Der Innenwiderstand kann vernachlässigt werden. Der maximale Ladestrom beträgt 50 A.

a) Berechnen Sie den erforderlichen Vorwiderstand zum Aufladen.

b) Berechnen Sie die Leistung des Vorwiderstands und erörtern Sie den Sinn dieser Maßnahme.

3.7 Anpassung

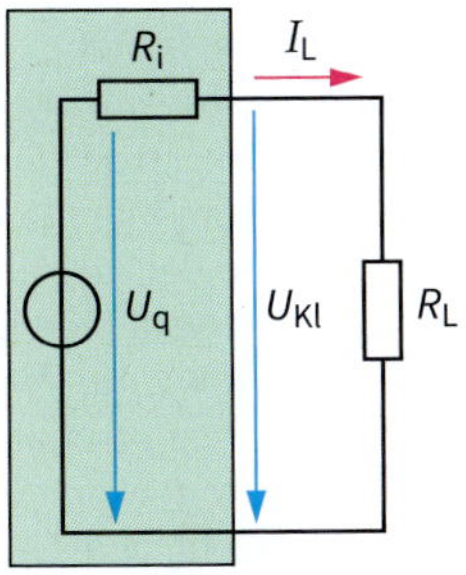

Leistungsanpassung bei $R_i = R_L$

$U_{Kl} = \frac{U_q}{2}$ $\quad I_L = \frac{U_q}{2\,R_i}$

$P_L = \frac{U_q^2}{4\,R_i}$

$\eta = \frac{R_L}{R_i + R_L} = 0{,}5$

η Wirkungsgrad

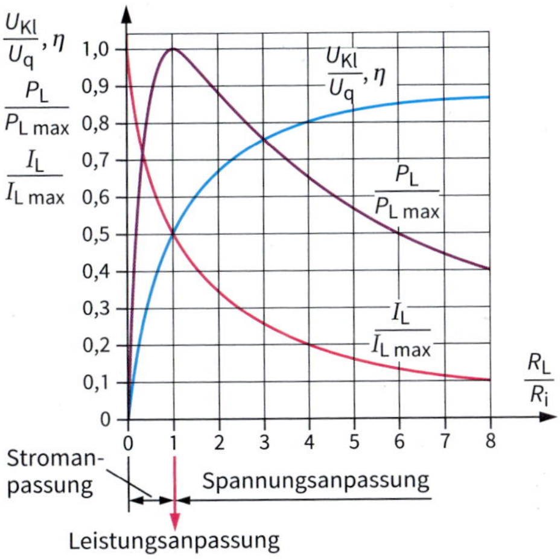

Beispiel:

Bei einem Netzteil wird eine Leerlaufspannung von 12 V gemessen. Laut Herstellerangaben ist ein Innenwiderstand von 5 Ω vorhanden. Ermitteln Sie die Größen, wenn eine Leistungsanpassung hergestellt wird.

Lösung:

Geg.: $R_i = 5\,\Omega$, $U_q = 12\,V$
Ges.: R_L, U_{Kl} und I

Für Leistungsanpassung gilt:

$R_L = R_i$

$\underline{\underline{R_L = 5\,\Omega}}$

$U_{Kl} = \frac{U_q}{2}$

$U_{Kl} = 6\,V$

$\underline{\underline{U_{Kl} = 0{,}5 \cdot U_q}}$

$I = \frac{U_q}{R_i + R_L}$

$I = \frac{12\,V}{5\,\Omega + 5\,\Omega}$

$I = 1{,}2\,A$

$I_k = \frac{U_q}{R_i}$

$I_k = \frac{12\,V}{5\,\Omega}$

$I_k = 2{,}4\,A$

$\underline{\underline{I = 0{,}5 \cdot I_k}}$

Aufgaben

1. An einem leistungsangepassten Generator werden folgende Messwerte ermittelt:
$U_{Kl} = 36\,V$; $R_L = 1{,}2\,\Omega$
Wie groß sind Leerlaufspannung, Stromstärke und abgegebene Leistung?

2. An eine Spannungsquelle mit $U_q = 12\,V$ und $R_i = 15\,\Omega$ werden nacheinander verschiedene Lastwiderstände $R_L = 5\,\Omega$ bis $30\,\Omega$ angeschlossen, wobei die Widerstände in 5-Ω-Schritten geändert werden.
a) Zeichnen Sie den Verlauf von P_L als Funktion von R_L.
b) Bei welchem Wert von R_L herrscht Leistungsanpassung?
c) Wie groß ist der Laststrom bei Leistungsanpassung?

3. Eine Spannungsquelle mit $U_q = 4{,}5\,V$ und $R_i = 5\,\Omega$ soll mit verschiedenen Widerständen belastet werden. Die Lastwiderstände haben die Werte von 1 Ω bis 10 Ω (Einerschritte).
a) Berechnen Sie die jeweils am Innenwiderstand R_i umgesetzte Leistung.
b) Welche Folgen hat die Fehlanpassung der Spannungsquelle mit kleinen Widerständen?

4. Bei Betrieb einer Spannungsquelle in Leistungsanpassung beträgt der Lastwiderstand 6 Ω. Wie groß ist die Quellenspannung U_q, wenn $I = 1{,}2\,A$ beträgt?

5. Der Innenwiderstand einer Spannungsquelle beträgt 3 Ω. Die bei Leistungsanpassung an den Lastwiderstand abgegebene Leistung beträgt 15 W. Wie groß sind Quellen- und Klemmenspannung?

6. Um wie viel Prozent verändert sich bei einer belasteten Spannungsquelle ($U_q = 100\,V$; $R_i = 24\,\Omega$) die abgegebene Leistung gegenüber der maximal abzugebenden Leistung, wenn sich der Belastungswiderstand um 20 % verändert?

7. Eine Spannungsquelle mit $U_q = 24\,V$ und $R_i = 10\,\Omega$ wird mit $R_L = 30\,\Omega$ belastet. Auf welchen Wert in % sinkt P_L gegenüber dem Wert der Leistungsanpassung?

8. An eine Spannungsquelle mit $U_q = 12\,V$ und $R_i = 2\,m\Omega$ werden nacheinander Lastwiderstände $R_L = 10\,\Omega$ bis $100\,\Omega$ angeschlossen.
a) Berechnen Sie U_{Kl} der Spannungsquelle, wenn sich R_L in Zehnerschritten ändert.
b) Welche Feststellung machen Sie?

Aufgaben

1. Eine Spannungsquelle mit $U_q = 60$ V und $R_i = 5\ \Omega$ wird nacheinander mit Widerständen von 1 Ω bis 10 Ω (Einerschritte) belastet.
a) Ermitteln Sie jeweils die im Lastwiderstand umgesetzte Leistung P_L und die Verlustleistung P_v am Innenwiderstand der Spannungsquelle.
b) Ermitteln Sie für die verschiedenen Lastwiderstände den Wirkungsgrad der Spannungsquelle.
c) Stellen Sie η als Funktion von R_L dar.
d) Wie groß ist η bei Leistungsanpassung?

2. Der Wirkungsgrad einer Spannungsquelle beträgt 0,78. Wie groß ist die am Innenwiderstand entstehende Verlustleistung, wenn $P_L = 7$ W beträgt?

3. Ein Generator mit $U_q = 24$ V und $R_i = 10$ kΩ wird mit Widerständen R_L von 100 Ω bis 1 kΩ (Änderung in Hunderterschritten) belastet.
a) Ermitteln Sie die Werte des Laststromes I für die verschiedenen Lastwiderstände.
b) Welche Feststellung machen Sie?
c) Erklären Sie die Ergebnisse aus Teilaufgabe a).
d) Ermitteln Sie für die verschiedenen Lastwiderstände den Wirkungsgrad der Spannungsquelle.

4. Ein Antennenverstärker mit 75 Ω-Anschlüssen liefert an seinem Ausgang eine Quellenspannung von 563,6 mV. Fasst man den Ausgang des Verstärkers als Spannungsquelle auf, so rechnet man mit einem Innenwiderstand der Spannungsquelle von 75 Ω.
a) Berechnen Sie die Leistung, die der Verstärker bei Leistungsanpassung abgibt.
b) Ermitteln Sie die abgegebenen Leistungen, wenn der Verstärker mit 37,5 Ω, 25 Ω und 18,75 Ω belastet wird.
c) Um wie viel % weicht die abgegebene Leistung bei Fehlanpassung mit einem Lastwiderstand von 37,5 Ω von der Leistungsabgabe bei $R_L = R_i$ ab?

5. Bei einer Spannungsquelle mit $U_q = 4{,}5$ V und einem $R_i = 5\ \Omega$ werden die Belastungswiderstände von 0 Ω bis 10 Ω (1 Ω-Schritte) geändert.
a) Berechnen Sie die jeweils am Innenwiderstand R_i in Wärme umgesetzte Leistung.
b) Welche Folgen hat die Fehlanpassung der Spannungsquelle mit Widerständen, die kleiner als R_i sind?
c) Stellen Sie die Leistung im Innenwiderstand in Abhängigkeit vom Belastungswiderstand grafisch dar.

6. Es sind drei Lautsprecher an einen Verstärker mit $R_i = 6\ \Omega$ angeschlossen.
a) Berechnen Sie, ob in diesem Fall Leistungsanpassung oder eine Fehlanpassung besteht.
b) Wenn eine Unteranpassung ($R_L/R_i < 1$) vorliegt, wird durch die höhere Stromstärke in den Endstufentransistoren mehr Wärme im Innern des Verstärkers erzeugt. Die Gefahr der Überlastung besteht. Deshalb ist es sinnvoll, eine geringfügige Überanpassung ($R_L/R_i > 1$) zu realisieren. Wie müssen die Lautsprecher geschaltet werden, damit eine Anpassung oder eine geringfügige Überanpassung erreicht wird? Wie groß ist in diesem Fall die Leistung, wenn $U_q = 5$ V angenommen wird?

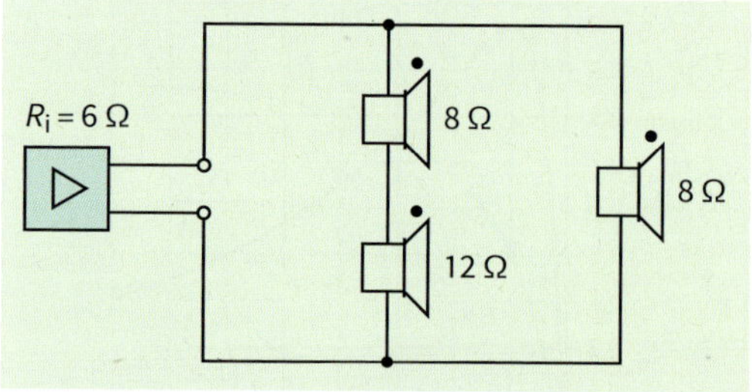

7. Ein Verstärker gibt am Ausgang eine Leerlaufspannung von $U_q = 15$ V ab. Die Kurzschlussstromstärke beträgt 1,25 A. Welchen Widerstandswert muss der anzuschließende Lautsprecher bei Leistungsanpassung haben?

8. Ein Antennenverstärker besitzt an seinem Ausgang eine Leerlaufspannung von 563,6 mV. Fasst man den Ausgang des Verstärkers als Spannungsquelle auf, so beträgt der Innenwiderstand 75 Ω.
a) Berechnen Sie die Leistung, die der Verstärker bei Leistungsanpassung abgibt.
b) Ermitteln Sie die abgegebenen Leistungen, wenn der Verstärker mit den Widerständen 100 Ω; 37,5 Ω; 25 Ω und 18,75 Ω belastet wird.

9. Ein Niederfrequenzverstärker liefert bei Leistungsanpassung mit einem Lautsprecher von 8 Ω eine Leistung von 30 W. Berechnen Sie die
a) Klemmenspannung bei Leistungsanpassung,
b) Stromstärke bei Leistungsanpassung und
c) Kurzschlussstromstärke des Verstärkers.
d) Wie groß ist der Kurzschlussstrom im Vergleich zum Laststrom bei Leistungsanpassung?

10. Die Klemmenspannung einer unbekannten Spannungsquelle wird mit einem Messgerät ($R_K = 333\ \frac{\Omega}{V}$; 200 V-Messbereich) zu 178 V ermittelt. Nach Belastung mit $R_L = 150\ \Omega$ ergibt sich U_{Kl} zu 144 V. Bei welchem Lastwiderstand ist die Spannungsquelle leistungsangepasst?

3.8 Reihenschaltung von Spannungsquellen

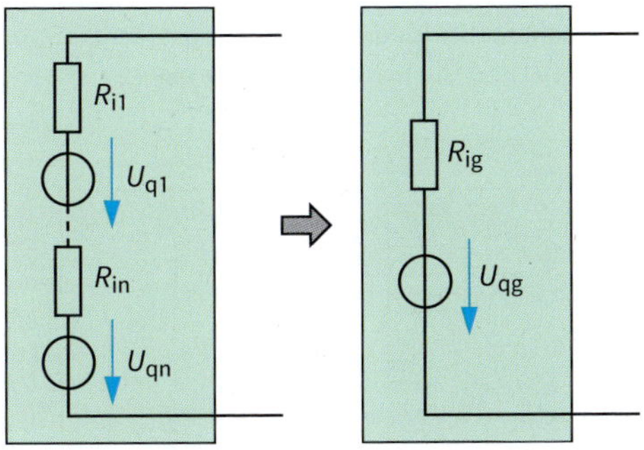

U_q Leerlaufspannung, Quellenspannung $\quad U_{qg} = U_{q1} + U_{q2} + \ldots + U_{qn}$

R_i Innenwiderstand $\quad R_{ig} = R_{i1} + R_{i2} + \ldots + R_{in}$

Beispiel:

In einer Notstromanlage einer Funkstation ist ein 24 V Akkumulator ausgefallen. Die Anlage soll vorübergehend durch zwei 12 V Akkumulatoren betriebsbereit gehalten werden. Über die alte Anlage sind folgende Werte bekannt.

$U_q = 24\,V \qquad R_i = 9{,}8\,m\Omega$

Für die neuen Akkumulatoren wurden folgende Werte ermittelt:

$U_{q1} = 12{,}5\,V \qquad R_{i1} = 7{,}5\,m\Omega$

$U_{q2} = 12{,}1\,V \qquad R_{i2} = 8{,}2\,m\Omega$

Durch die neue Anlage muss ebenfalls gewährleistet sein, dass bei einer Belastung mit 110 A die Klemmenspannung um höchstens 10 % von 24 V absinkt. Erfüllt die neue Anlage diese Bedingung ebenfalls?

Lösung:

Geg.: $U_q = 24\,V \qquad R_i = 9{,}8\,m\Omega$

$U_{q1} = 12{,}5\,V \qquad R_{i1} = 7{,}5\,m\Omega$

$U_{q2} = 12{,}1\,V \qquad R_{i2} = 8{,}2\,m\Omega$

Bei $I_L = 110\,A$ darf ΔU_{Kl} nicht kleiner als 10 % von 24 V werden.

Ges.: Überprüfung der Bedingung

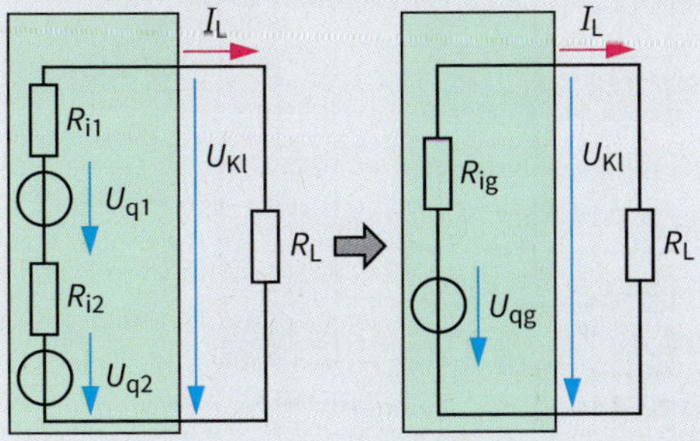

- Quellenspannung und Innenwiderstand

  $U_{qg} = U_{q1} + U_{q2} \qquad R_{ig} = R_{i1} + R_{i2}$

  $U_{qg} = 12{,}5\,V + 12{,}1\,V \qquad R_{ig} = 7{,}5\,m\Omega + 8{,}2\,m\Omega$

  $U_{qg} = 24{,}6\,V \qquad R_{ig} = 15{,}7\,m\Omega$

- Maximal zulässiger Spannungsabfall am Innenwiderstand

  $24\,V \mathrel{\hat{=}} 100\,\% \qquad 2{,}4\,V \mathrel{\hat{=}} 10\,\%$

- Spannungsabfall der neuen Anlage

  $U_{ig} = I \cdot R_{ig} \qquad U_{ig} = 110\,A \cdot 15{,}7\,m\Omega$

  $U_{ig} = 1{,}727\,V$

Ergebnis: Der maximal zulässige Wert von 2,4 V wird nicht überschritten.

AUFGABEN

1. Zur Spannungserhöhung werden zwei Netzteile in Reihe geschaltet. Folgende Werte wurden messtechnisch ermittelt:

   $U_{q1} = 26{,}0\,V \qquad R_{i1} = 0{,}85\,\Omega$

   $U_{q2} = 24{,}5\,V \qquad R_{i2} = 1{,}05\,\Omega$

   a) Skizzieren Sie die Schaltung und geben Sie darin die bekannten Werte an.
   b) Ermitteln Sie den Gesamtinnenwiderstand und die Gesamtquellenspannung.
   c) Berechnen Sie die Klemmenspannung, wenn die Reihenschaltung der Quellen mit einem Widerstand von 3,3 Ω belastet wird.

2. Vier Trockenelemente mit Spannungen von 1,5 V sind in einem mobilen Funkgerät in Reihe geschaltet. Bei Leerlauf wird eine Spannung von 6,7 V gemessen. Bei Belastung sinkt die Klemmenspannung auf 5,8 V. Die Stromstärke beträgt dabei 0,25 mA. Für die einzelnen Trockenelemente sind gleiche Quellenspannungen und gleiche Innenwiderstände anzusetzen.
   a) Wie groß ist der Innenwiderstand der Reihenschaltung?
   b) Berechnen Sie die Quellenspannung der Trockenelemente.

3. Zwei Akkumulatoren besitzen gleiche Quellenspannungen aber unterschiedliche Innenwiderstände. Sie sind in Reihe geschaltet.

   $U_{q1} = U_{q2} = 12{,}5\,V$

   $R_{i1} = 0{,}27\,\Omega \qquad R_{i2} = 1{,}03\,\Omega$

   Die Stromstärke für den Belastungsfall beträgt 1,15 A. Berechnen Sie
   a) die Klemmenspannung,
   b) den Belastungswiderstand,
   c) die Leistung im Belastungswiderstand,
   d) die Leistung in den Innenwiderständen,
   e) die theoretische Kurzschlussstromstärke und
   f) die Leistung, die im Kurzschlussfall in den Innenwiderständen umgesetzt würde.

Aufgaben

1. Vier Trockenelemente mit einer Nennspannung von 1,5 V sind in Reihe geschaltet und befinden sich in einem Gerät. Bei nicht eingeschaltetem Gerät wird eine Leerlaufspannung von 6,8 V gemessen. Bei maximalem Betrieb sinkt die Klemmenspannung auf 5,7 V. Die Stromstärke ist dann 0,3 A.

a) Berechnen Sie den Innenwiderstand der Reihenschaltung und die Einzelwiderstände. Die Einzelquellen sollen als gleichwertig angenommen werden (gleiche Quellenspannung und Innenwiderstände).

b) Berechnen Sie die Quellenspannungen der Trockenelemente.

2. Zwei Spannungsquellen mit gleichen Quellenspannungen aber unterschiedlichen Innenwiderständen werden in Reihe geschaltet.

$U_{q1} = 12{,}4\,V$ $R_{i1} = 0{,}2\,\Omega$

$U_{q2} = 12{,}4\,V$ $R_{i2} = 4{,}8\,\Omega$

Es fließt ein Belastungsstrom von 1,3 A.

a) Berechnen Sie die Klemmenspannung.

b) Berechnen Sie den Belastungswiderstand.

c) Berechnen Sie die Leistung in den Innenwiderständen und im Belastungswiderstand.

d) Berechnen Sie den Kurzschlussstrom.

3. An die Gleichspannungsquelle von Abb. 1 ist ein veränderbarer Belastungswiderstand geschaltet. Es werden folgende Werte eingestellt:

$R_{L1} = 0\,\Omega$; $R_{L2} = 100\,\Omega$; $R_{L3} = 200\,\Omega$

Wie groß sind Ströme und Klemmenspannungen bei diesen Belastungsfällen?

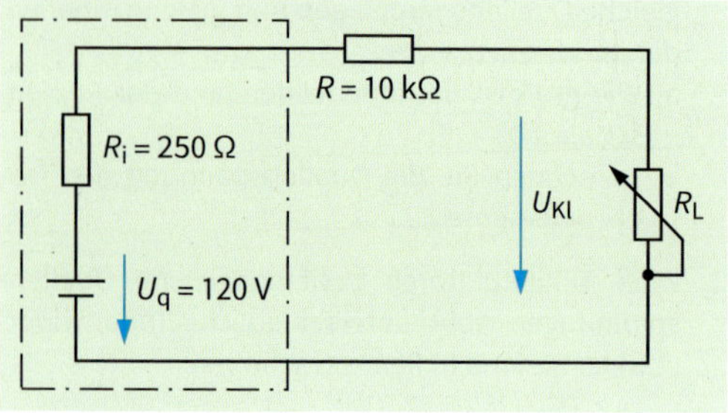

4. Berechnen Sie

a) die Leerlaufspannung und

b) die Klemmenspannung bei Belastung mit dem Widerstand *R* und

c) die Kurzschlussstromstärke der Anlage.

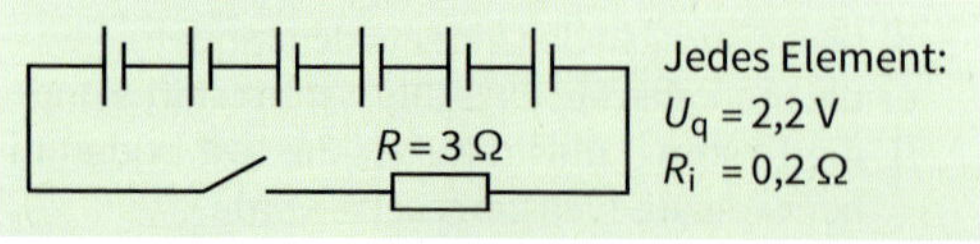

5. Die Spannungsquelle wird durch folgende Widerstände belastet:

$R_{L1} = 0\,\Omega$; $R_{L2} = 2{,}5\,\Omega$; $R_{L3} = 10\,\Omega$; $R_{L4} = 20\,\Omega$

Berechnen Sie für diese Belastungsfälle die Stromstärken und die Klemmenspannungen.

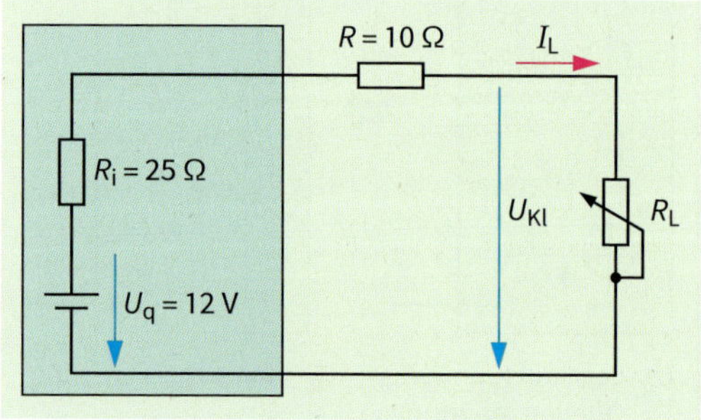

6. Das Schaltbild zeigt vereinfacht die Energieversorgung für eine Telekommunikationsanlage. Jede Zelle der Batterie besitzt im aufgeladenen Zustand eine Leerlaufspannung von 2,23 V.

a) Welche Funktionen haben die Netzteile 1 und 2 sowie die Batterie für den störungsfreien Fall?

b) Wie groß sind die messbaren Spannungen zwischen den Anschlüssen A, B und C der Batterie?

c) Beschreiben Sie die Energieversorgung für die Anlage, wenn es zu einem Netzausfall kommt. Wie groß ist dann die Versorgungsspannung für die Anlage?

Hinweis: Die Diode kann als eine leitende Verbindung aufgefasst werden, wenn der Anschluss B negativer als D ist.

d) Etwa 100 ms nach dem Netzausfall schaltet der Batterie-Entladekontakt K11. Welche Änderungen treten dadurch für die Energieversorgung der Anlage auf?

e) Wenn die Netzspannung vorhanden ist, bleibt K11 noch etwa 30 min bis 3 h geschlossen. Wie sind für diesen Fall die Energieversorgungsgeräte geschaltet?

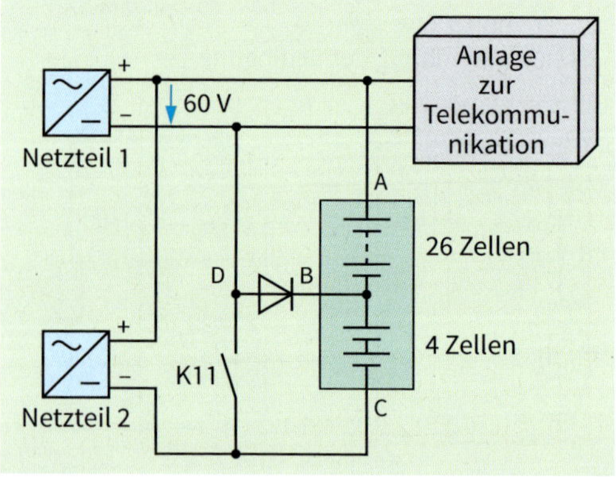

3.9 Parallelschaltung von Spannungsquellen

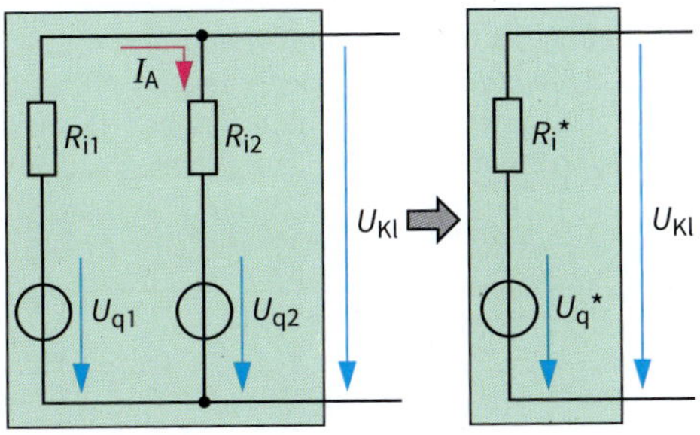

$$\frac{1}{R_i^*} = \frac{1}{R_{i1}} + \frac{1}{R_{i2}}$$

bei $U_{q1} > U_{q2}$ gilt: $U_q^* = U_{q2} + I_A \cdot R_{i2}$

$I_A = \frac{\Delta U}{R_{i1} + R_{i2}}$ $\quad \Delta U = U_{q1} - U_{q2}$

I_A Ausgleichsstromstärke
U_q^* Quellenspannung der Ersatzspannungsquelle
R_i^* Innenwiderstand der Ersatzspannungsquelle

Beispiel:

Zur Leistungssteigerung werden in einem Elektrofahrzeug zwei Akkumulatoren parallel geschaltet. Trotz gleicher Nenndaten weichen die Betriebsdaten geringfügig voneinander ab, sodass bei einer Parallelschaltung ein Ausgleichsstrom I_A fließt. Um diesen bei Nichtbetrieb des Fahrzeugs zu verhindern, werden erst beim Anfahren beide Akkumulatoren parallel geschaltet.

a) Berechnen Sie die Stromstärke zwischen den Akkumulatoren, wenn S1 geschlossen wird.
b) Wie groß ist der Innenwiderstand der parallel geschalteten Spannungsquellen?
c) Berechnen Sie die Klemmenspannung, wenn S1 geschlossen ist.

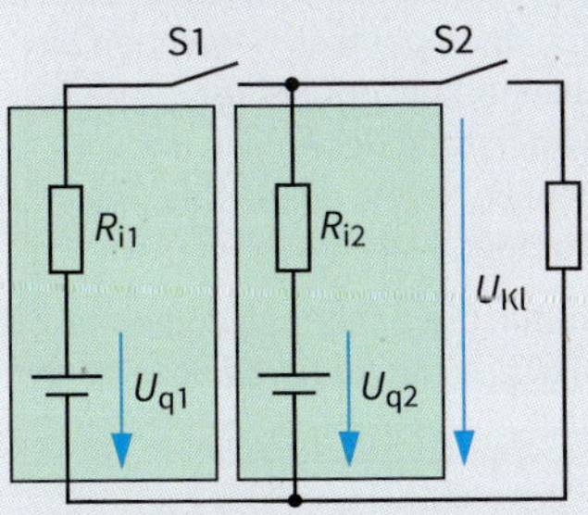

$U_{q1} = 12{,}3\ \text{V}$
$R_{i1} = 8{,}3\ \text{m}\Omega$

$U_{q2} = 11{,}7\ \text{V}$
$R_{i2} = 9{,}8\ \text{m}\Omega$

Geg.: $U_{q1} = 12{,}3\ \text{V}$ $\quad R_{i1} = 8{,}3\ \text{m}\Omega$
$U_{q2} = 11{,}7\ \text{V}$ $\quad R_{i2} = 9{,}8\ \text{m}\Omega$

Ges.: a) Ausgleichsstromstärke
b) Innenwiderstand
c) Klemmenspannung

a) Parallel geschaltete Spannungsquellen

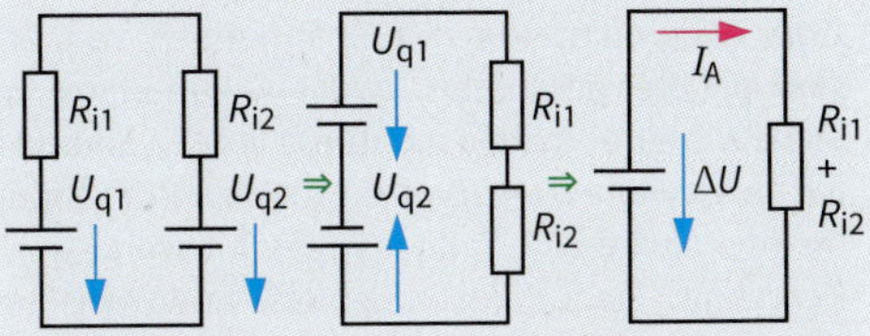

$\Delta U = U_{q1} - U_{q2}$ $\quad I_A = \frac{\Delta U}{R_{i1} + R_{i2}}$

$\Delta U = 12{,}3\ \text{V} - 11{,}7\ \text{V}$ $\quad I_A = \frac{0{,}6\ \text{V}}{8{,}3\ \text{m}\Omega + 9{,}8\ \text{m}\Omega}$

$\Delta U = 0{,}6\ \text{V}$ $\quad \underline{\underline{I_A = 33{,}15\ \text{A}}}$

b) Innenwiderstand

$\frac{1}{R_{ig}} = \frac{1}{R_{i1}} + \frac{1}{R_{i2}}$ $\quad \frac{1}{R_{ig}} = \frac{1}{8{,}3\ \text{m}\Omega} + \frac{1}{9{,}8\ \text{m}\Omega}$

$R_{ig} = \frac{1\ \Omega}{222{,}5}$ $\quad \underline{\underline{R_{ig} = 4{,}49\ \text{m}\Omega}}$

c) Klemmenspannung

$U_{Kl} = U_{q2} + I_A \cdot R_{i2}$

$U_{Kl} = 11{,}7\ \text{V} + 33{,}15\ \text{A} \cdot 9{,}8 \cdot 10^{-3}\ \Omega$

$\underline{\underline{U_{Kl} = 12{,}02\ \text{V}}}$ $\quad U_{Kl} = U_q^*$

Aufgaben

1. In der Beispielaufgabe werden die Schalter S1 und S2 geschlossen und ein Belastungswiderstand von 0,47 Ω angeschlossen.
a) Berechnen Sie die Klemmenspannung.
b) Wie groß sind die Leistungen im Belastungswiderstand und in den Innenwiderständen?

2. Zwei Akkumulatoren mit jeweils 26,4 V Leerlaufspannung sind für eine Notstromanlage parallel geschaltet. Jeder Akkumulator besteht aus einer Reihenschaltung von 12 Zellen mit $U_q = 2{,}2$ V.
In der Anlage tritt folgender Fehler auf: Durch Ablagerungen wird eine Zelle mit $R = 1{,}0\ \text{m}\Omega$ kurzgeschlossen. Für die nicht defekten Zellen kann jeweils ein $R_i = 1{,}8\ \text{m}\Omega$ angesetzt werden.
a) Berechnen Sie die Ausgleichsstromstärke.
b) Wie groß ist die Leerlaufspannung der parallel geschalteten Anlage?
c) Wir groß ist für den Fehlerfall die Klemmenspannung, wenn mit einem Widerstand von $R_L = 0{,}5\ \Omega$ belastet wird?

3. Vier Monozellen mit gleichen Quellenspannungen von 1,5 V sind parallel geschaltet. Die Innenwiderstände sind jedoch unterschiedlich.
$R_{i1} = 0{,}7\ \Omega$; $R_{i2} = 0{,}5\ \Omega$; $R_{i3} = 0{,}9\ \Omega$; $R_{i4} = 1{,}0\ \Omega$
a) Wie groß ist der gesamte Innenwiderstand?
b) Wie groß ist die rechnerische Kurzschlussstromstärke?
c) Bei welchem Belastungswiderstand ist die Klemmenspannung gleich 3/4 der Leerlaufspannung?

AUFGABEN

4. Zwei Akkumulatoren mit Spannungen von 24 V sind parallel geschaltet. Jeder Akkumulator besteht aus einer Reihenschaltung von 12 Einzelzellen mit jeweils $U_q = 2$ V. Durch einen Kurzschluss im Innern wird eine Zelle kurzgeschlossen. Berechnen Sie für diesen Fehlerfall den zwischen den Akkumulatoren fließenden Ausgleichsstrom, wenn folgende Werte gegeben sind:
Funktionsfähiger Akkumulator: $R_i = 2{,}2$ mΩ
Defekter Akkumulator: $R_i = 2{,}0$ mΩ

5. In einer Telefonanlage sind 3 Akkumulatoren parallel geschaltet. Es ergeben sich folgende Daten:
$U_{q1} = U_{q2} = U_{q3} = 12{,}4$ V
$R_{i1} = R_{i2} = R_{i3} = 60$ mΩ
Die Anlage wird mit einem Widerstand von 0,83 Ω belastet.
a) Wie groß ist der Innenwiderstand der gesamten Anlage?
b) Wie groß ist die Klemmenspannung?
c) Wie groß sind die von den einzelnen Akkumulatoren gelieferten Stromstärken?

6. Vier Spannungsquellen mit der gleichen Quellenspannung werden parallel geschaltet. Die Innenwiderstände haben die Werte
$R_{i1} = 0{,}8$ Ω, $R_{i2} = 0{,}6$ Ω, $R_{i3} = 1{,}3$ Ω und $R_{i4} = 0{,}7$ Ω.
Die Quellenspannung U_q ist 1,5 V.
a) Berechnen Sie den gesamten Innenwiderstand der Schaltung.
b) Wie groß ist der Kurzschlussstrom der Anlage?

7. Für einen bestimmten Zweck wird eine Spannungsquelle mit einem Innenwiderstand von 0,04 Ω benötigt. Zur Verfügung stehen Zink-Kohle-Elemente mit $U_q = 1{,}5$ V und einem Innenwiderstand von $R_i = 0{,}2$ Ω.
a) Wie müssen die Elemente geschaltet werden, damit der gewünschte Innenwiderstand erreicht wird?
b) Welche Anzahl von Elementen ist erforderlich?
c) Wie groß wird die Klemmenspannung bei Belastung mit einem Widerstand von 3 Ω?

8. Eine Notstromversorgungsanlage besteht aus 48 Elementen mit $U_q = 2$ V und $R_i = 0{,}02$ Ω. Je 24 Elemente sind in Reihe geschaltet. Die beiden Reihenschaltungen liegen wiederum parallel zueinander. Berechnen Sie
a) die Leerlaufspannung der Anlage,
b) den Innenwiderstand der Stromversorgung,
c) die Klemmenspannung bei einer Belastung mit einem Widerstand von 7 Ω.

9. Berechnen Sie
a) den Gesamtinnenwiderstand R_{ig},
b) die sich an den Anschlüssen der Schaltung einstellende Leerlaufspannung und
c) den Kurzschlussstrom der Anlage.
d) Welche Klemmenspannung ergibt sich, wenn die Stromversorgung mit 16 Ω belastet wird?

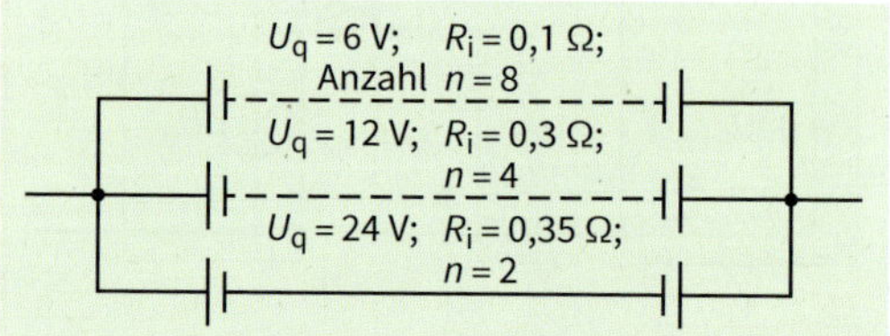

10. In einer Telefonanlage sind Akkumulatoren mit folgenden Kenndaten geschaltet:
$U_{q1} = 11{,}5$ V $R_{i1} = 60$ mΩ
$U_{q2} = 12{,}1$ V $R_{i2} = 60$ mΩ
Die Anlage wird mit einem Widerstand von 0,15 Ω belastet.
a) Berechnen Sie den Innenwiderstand der Anlage.
b) Wir groß ist die Klemmenspannung?
c) Berechnen Sie die von den Akkumulatoren gelieferte Stromstärke im Lastwiderstand.

11. Für die Versorgung einer Notbeleuchtung wird eine Anlage mit einem Innenwiderstand von 0,04 Ω benötigt. Zur Verfügung stehen Akkumulatoren mit $U_q = 2{,}2$ V und $R_i = 0{,}15$ Ω.
a) Wie viele Akkumulatoren müssen mindestens parallel geschaltet werden?
b) Berechnen Sie die Klemmenspannung bei einer Belastung von $R_L = 0{,}24$ Ω.

12. Eine Spannungsversorgung besteht aus 48 Elementen mit Quellenspannungen von 2,2 V und Innenwiderständen von 18 mΩ. In dieser Analge sind 24 Elemente in Reihe geschaltet. Die zwei Einheiten liegen dann parallel. Berechnen Sie
a) die Leerlaufspannung der Anlage,
b) den Innenwiderstand der Anlage und
c) die Klemmenspannung, wenn eine Belastung von 4,7 Ω vorliegt.

13. Berechnen Sie für die Schaltung folgende Größen: a) R_{ig}; b) U_{qg}; c) I_K; d) U_{Kl} bei $R_L = 1{,}6$ Ω

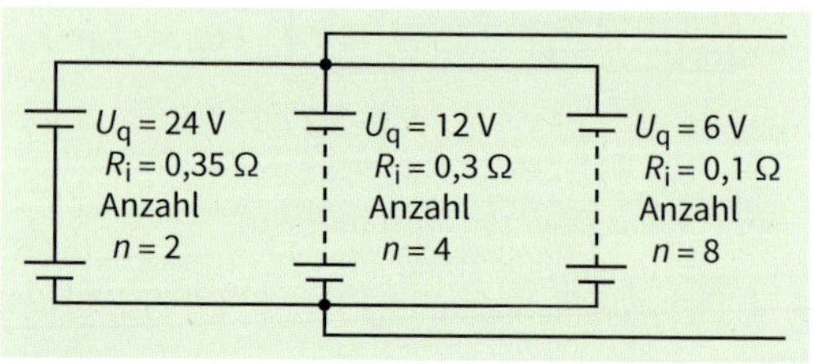

3.10 Photovoltaik

Kennlinie einer Solarzelle

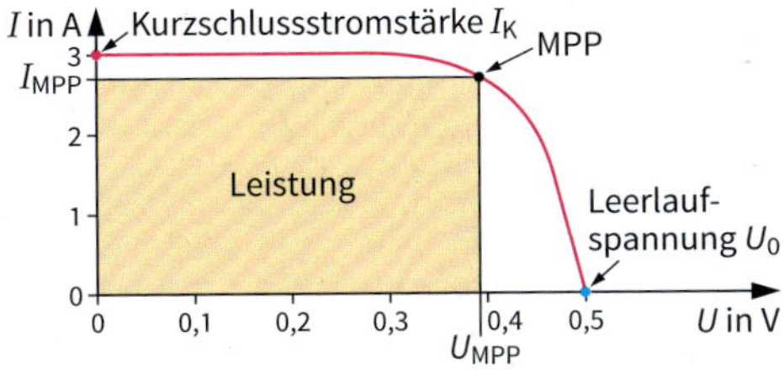

Kenngrößen

MPP: **M**aximum **P**ower **P**oint (Leistungspunkt)

$P_{MPP} = U_{MPP} \cdot I_{MPP}$ $\qquad \eta = \frac{P_{MPP}}{A \cdot E}$ $\qquad f = \frac{P_{MPP}}{U_0 \cdot I_K}$

P_{MPP}	Leistung im Leistungspunkt in W
U_{MPP}	Spannung im Leistungspunkt in V
I_{MPP}	Stromstärke im Leistungspunkt in A
A	Fläche, Zelle oder Modul
E	Strahlungsintensität in $\frac{W}{m^2}$
η	Wirkungsgrad in %
f	Füllfaktor (nutzbare Leistung durch fiktive Leistung)

Beispiel:

Berechnen Sie zu der oben abgebildeten Kennlinie einer Solarzelle die Leistung im Leistungspunkt und den Füllfaktor.

Lösung:

Geg.: $U_{MPP} = 0{,}39$ V, $I_{MPP} = 2{,}8$ A, $U_0 = 0{,}5$ V
$I_0 = 3$ A

Ges.: P_{MPP} und f

$P_{MPP} = 0{,}39\ \text{V} \cdot 2{,}8\ \text{A}$ $\qquad \underline{\underline{P_{MPP} = 1{,}092\ \text{W}}}$

$f = \frac{1{,}092\ \text{W}}{0{,}5\ \text{V} \cdot 3\ \text{A}}$ $\qquad \underline{\underline{f = 72{,}8\ \%}}$

Aufgaben

1. Die rechts oben abgebildeten Kennlinien zeigen den Zusammenhang zwischen der Stromstärke und der Spannung bei einem Solarzellenmodul.

a) Wie groß sind die Leerlaufspannung und die Kurzschlussstromstärke bei maximaler Beleuchtungsstärke (E)?

b) Wie viele Zellen sind in dem Modul in Reihe geschaltet, wenn im beleuchteten Zustand pro Zelle etwa 0,4 V angesetzt werden können?

c) Das Modul wird mit der Beleuchtungsstärke $E = 800\ \frac{W}{m^2}$ beleuchtet und mit $R_L = 20\ \Omega$ belastet. Wir groß sind die Stromstärke und die Klemmenspannung?

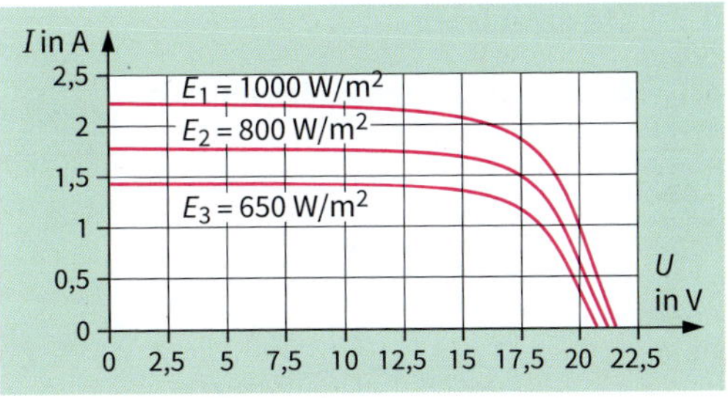

2. Die Ausgangsspannung einer vollständig beleuchteten Solarzelle beträgt etwa 0,4 V. Zur Aufladung der Bleibatterie mit 6 Zellen und maximalen Ladespannungen von 2,35 V pro Zelle müssen deshalb viele Einzelzellen zu einem Strang (Module) zusammengeschaltet werden. Die Diode verhindert eine Entladung der Batterie über die Solarzellen (Sperrverhalten). Im Fall der Aufladung fällt an ihr eine Spannung von 0,7 V ab.

a) Berechnen Sie die Mindestzahl der Solarzellen, wenn R_1 vernachlässigt werden kann ($R_1 = 0\ \Omega$).

b) Es stehen Solarmodule mit der Zellenzahl von n = 38, 40, 55 und 144 zur Verfügung. Welches Modul ist zu wählen?

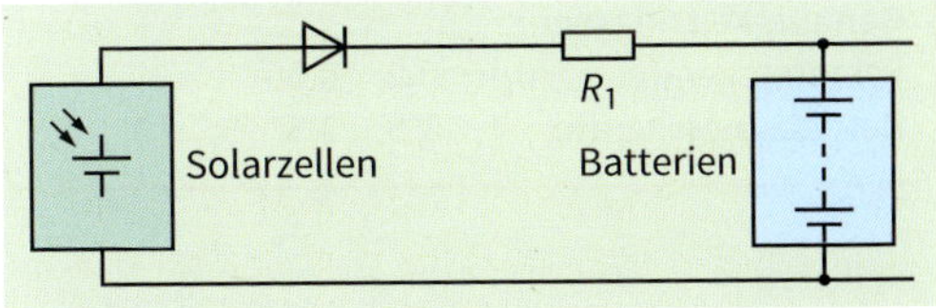

3. Im Diagramm ist die Kennlinie eines Solarzellenmoduls abgebildet.

a) Bei welcher Spannung und welcher Stromstärke ist die Leistung des Moduls maximal?

b) Wie groß müsste für diesen Sonderfall der Belastungswiderstand sein?

c) Das Modul wird über einen Widerstand zur Aufladung eines Akkumulators mit einer Leerlaufspannung von 2 V verwendet. Der Ladewiderstand besitzt einen Wert von 5 Ω. Zeichnen Sie das Schaltbild und übertragen Sie die Spannungs-Strom-Kennlinie auf ein Extrablatt. Ermitteln Sie dann zeichnerisch die Einzelspannungen und die Ladestromstärke.

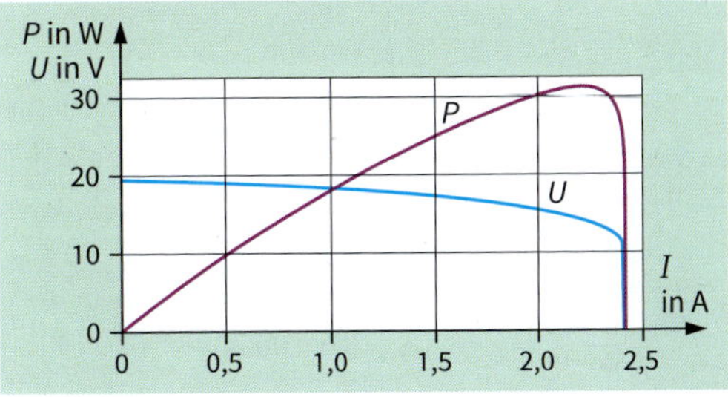

4 Messtechnik

4.1 Analog anzeigende Messgeräte

Analoge Anzeige

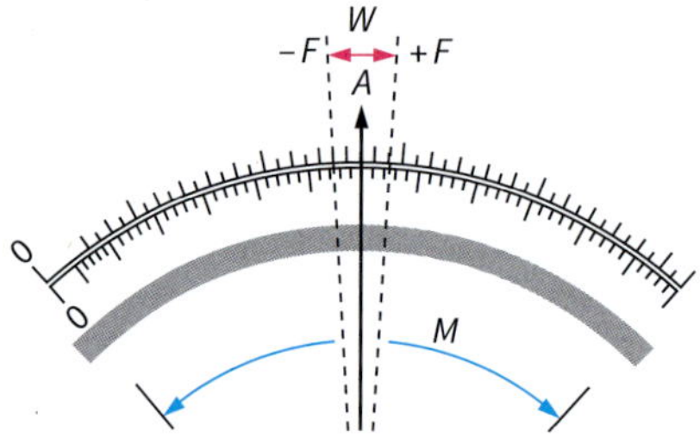

W Wahrer Wert
A Angezeigter Wert (Messwert) $W = A \pm F$
M Messbereich (Messbereichswert) $F = \frac{M \cdot G}{100}$
F Absoluter Fehler
f Relativer Fehler $f = \frac{F}{W}$
G Genauigkeitsklasse

Genauigkeitsangaben werden immer auf den Messbereichsendwert bezogen.

Genauigkeitsklassen:
Feinmessgeräte: 0,1; 0,2; 0,5
Betriebsmessgeräte: 1; 1,5; 2,5; 5; 10

Beispiel:
Ein Dreheisenmessgerät, dessen Skala in Abb. 1 zu sehen ist, wird im Wechselspannungs-Messbereich mit 130 V betrieben.
a) Wie groß ist die angezeigte Spannung?
b) Berechnen Sie den absoluten Fehler.
c) Zwischen welchen Werten liegt der wahre Wert?
d) Berechnen Sie den größtmöglichen relativen Fehler.

Lösung:
Geg.: $M = 130$ V; $G = 0{,}5$ (s. Abb. 1 ①)
Ges.: a) A b) F c) W_1 und W_2 d) f

a) Angezeigter Wert: $\underline{\underline{A = 70\text{ V}}}$

b) $F = \frac{M \cdot G}{100}$ $F = \frac{130\text{ V} \cdot 0{,}5}{100}$ $\underline{\underline{F = 0{,}65\text{ V}}}$

c) $W_1 = 70\text{ V} - 0{,}65\text{ V}$ $\underline{\underline{W_1 = 69{,}35\text{ V}}}$
$W_2 = 70\text{ V} + 0{,}65\text{ V}$ $\underline{\underline{W_2 = 70{,}65\text{ V}}}$

d) Den größtmöglichen relativen Fehler erhält man, wenn der absolute Fehler F auf den kleinsten möglichen wahren Wert (W_1) bezogen wird.
$f = \frac{F}{W_1}$ $f = \frac{0{,}65\text{ V}}{69{,}35\text{ V}}$ $f = 0{,}0094$ $\underline{\underline{f = 0{,}94\ \%}}$

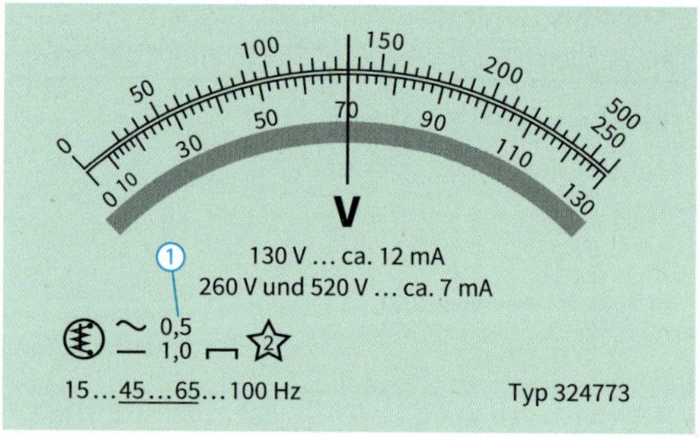

Abb. 1: Anzeige bei einem Spannungsmesser

Aufgaben

1. Ein Messgerät der Güteklasse 1,5 hat einen Messbereich von 6 A.
   a) Zwischen welchen Werten kann der wahre Wert des Stromes liegen, wenn der Zeiger 4 A anzeigt?
   b) Wie groß ist bei dieser Anzeige der größtmögliche relative Fehler?

2. Ein Spannungsmessgerät hat bei dem Messbereich 300 V die Güteklasse 1,5.
   a) Wie groß kann der absolute Fehler sein?
   b) Wie groß kann der wahre Wert sein, wenn der Zeiger bei 90 V steht?
   c) Wie groß ist der größtmögliche relative Fehler bei der Anzeige 90 V?

3. Ein Strommessgerät hat bei dem Strommessbereich 3 A eine Güteklasse von 2,5.
   a) Wie groß kann der absolute Fehler sein?
   b) Wie groß kann der wahre Wert sein, wenn der Zeiger 2 A bzw. 0,5 A anzeigt?
   c) Wie groß ist der größtmögliche relative Fehler bei den Anzeigen 2 A bzw. 0,5 A?

4. Die Spannung einer Eichspannungsquelle beträgt 25 V. Diese Spannung wird mit einem Messgerät gemessen, das in den Messbereichen 30 V und 100 V die Güteklasse 1,5 besitzt.
   a) Zwischen welchen Werten kann die Anzeige liegen, wenn diese Spannung sowohl im 30 V- als auch im 100 V-Messbereich gemessen wird?
   b) Wie groß ist in den beiden Messbereichen der größtmögliche relative Fehler?

5. Ein Vielfach-Messgerät hat eine Güteklasse von 1,5. Beim eingeschalteten Messbereich von 300 V steht der Zeiger beim 12. Teilstrich der 30teiligen Skala.
   a) Wie groß ist der Wert, der angezeigt wird?
   b) Zwischen welchen Werten kann der wahre Wert der gemessenen Spannung liegen?
   c) Wie groß ist der größtmögliche relative Fehler?

Technische Daten eines analogen Messgeräts

Typ	A		B	
Sicherung	x		x	
Elektronischer Schutz			x	
Abschaltzeit in ms			etwa 6	
Klasse (DIN VDE 0410) DC I, U	1			
AC I, U	1,5; 2 bei 3 V und 10 V			
R	1,5			
Anzahl Messbereiche	33			
Spannung	Innenwiderstand R_i in $\frac{k\Omega}{V}$ Frequenzbereich 15 Hz bis 50 Hz bis f_0 in kHz			
	DC	AC		
	R_i			
100 mV		–		
300 mV		–		
1 V		–		
			R_i	f_0
3 V			0,33	20
10 V	1			
30 V			1	20
100 V				
300 V				
1000 V			1	8
Stromstärke	Spannungsfall U in mV, Frequenzbereich 15 Hz bis 50 Hz bis f_0 in kHz			
	DC	AC		
	U			
1 mA		–	U	f_0
3 mA				
10 mA				
30 mA	100 bis 50 bis 250		550 bis 25 bis 190	20
100 mA				
300 mA				
1 A				
3 A				
10 A				
Widerstand	Letzter bezifferter Teilstrich/ Skalenmitte/ max. Stromstärke			
Ω x 1	50 kΩ/1,25 kΩ/1,25 mA			

6. Ein analog anzeigendes Vielfachmessgerät (technische Daten s. Tabelle oben) wird im Wechselstrombereich mit dem Vollausschlag von 3 A eingesetzt.

a) Berechnen Sie den absoluten Fehler.

b) Wie groß sind die wahren Wertebereiche, wenn zunächst 2,5 A und dann 0,4 A gemessen werden?

c) Berechnen Sie zu b) die größtmöglichen relativen Fehler.

7. Ein Drehspulmessgerät mit der Genauigkeitsklasse von 1,5 besitzt einen Messbereich von 6 A.

a) Zwischen welchen Werten kann die Stromstärke tatsächlich liegen, wenn 3,8 A angezeigt werden?

b) Brerechnen Sie dazu den größtmöglichen relativen Fehler.

4.2 Digital anzeigende Messgeräte

Digitale Anzeige

Beispiel: $3\frac{1}{2}$ stellige Anzeige

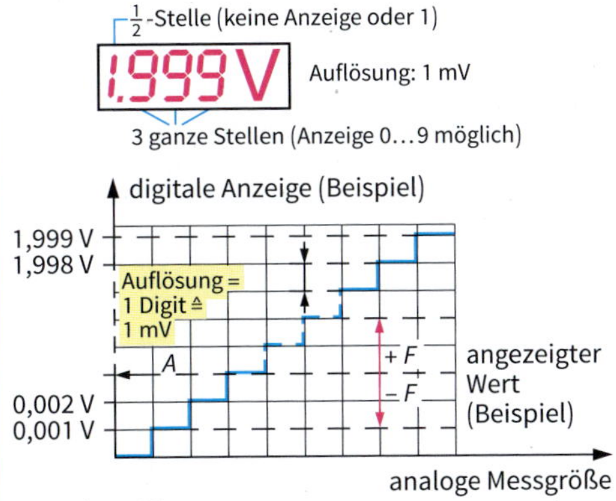

W Wahrer Wert

A Angezeigter Wert (Messwert)

F Absoluter Fehler

f Relativer Fehler

x Fehlergrenze (in % vom Messwert)

D Auflösung, Digit

n Anzahl der Digits

$$W = A \pm F$$

$$F = \frac{x \cdot A}{100} + n \cdot D$$

$$f = \frac{F}{W}$$

Genauigkeitsangaben werden immer auf den Messwert bezogen.

Beispiel:

Ein digital anzeigendes Messgerät (Kenngrößen s. Tabelle rechts) zeigt eine Gleichspannung von 155,3 V im 200 V-Bereich an. Berechnen Sie den absoluten Fehler, den wahren Wert und den größtmöglichen relativen Fehler.

Lösung:

Geg.: $A = 155{,}3\,\text{V}$

Aus den technischen Unterlagen:

$x = 0{,}2$ ①; $n = 1$ ②; $D = 100\,\text{mV}$ ③

Ges.: F, W und f

$$F = \frac{x \cdot A}{100} + n \cdot D \qquad F = \frac{0{,}2 \cdot 155{,}3\,\text{V}}{100} + 1 \cdot 0{,}1\,\text{V}$$

$$F = 0{,}3106\,\text{V} + 0{,}1\,\text{V} \qquad \underline{\underline{F = 0{,}4106\,\text{V}}} \approx 0{,}4\,\text{V}$$

$$W = A \pm F \qquad W = 155{,}3\,\text{V} \pm 0{,}4\,\text{V}$$

$$\underline{\underline{W = 154{,}9\,\text{V} \ldots 155{,}7\,\text{V}}}$$

$$f = \frac{F}{W} \qquad f = \frac{0{,}4106\,\text{V}}{154{,}9\,\text{V}} \qquad \underline{\underline{f = 0{,}27\,\%}}$$

Aufgaben

1. Die Mess- und Genauigkeitsangaben eines Messvorgangs lauten wie folgt:
AC-Bereich mit ± 20 V; Auflösung 10 mV;
Fehlergrenze 0,4 % vom Messwert + 2 Digits;
Messwert 16,75 V.
Berechnen Sie den absoluten und den größtmöglichen relativen Fehler.

2. Mit einem digital anzeigenden Multimeter (s. Tabelle) wird eine Gleichspannung von 19,00 V im 20 V-Bereich und im 200 V-Bereich gemessen. Berechnen Sie für beide Fälle den absoluten und den größtmöglichen relativen Fehler.

3. Eine Wechselspannung von 50 mV und 200 Hz wird im 2 V-Bereich eines Multimeters (s. Tabelle) angezeigt.

a) Wie groß sind der absolute und größtmögliche relative Fehler?

b) Ermitteln Sie den absoluten und größtmöglichen relativen Fehler, wenn im 2 V-Bereich eine Wechselspannung (200 Hz, s. Tabelle) von 1,775 V angezeigt wird.

c) Erörtern Sie Vor- und Nachteile der Messungen in a) und b).

4. Wechselströme von 180,0 mA werden mit einem digital anzeigenden Multimeter (s. Tabelle) bei unterschiedlichen Frequenzen gemessen. Berechnen Sie die absoluten Fehler, wenn die Frequenzen 25 Hz und 1 kHz betragen. Wählen Sie den günstigsten Messbereich.

Technische Daten digital anzeigendes Messgerät

Gleichspannung

Messbereich	Auflösung	max. Anzeige	Fehlergrenze % v. Mw. + Digits	
± 200 mV	100 µV	1999	0,2	1
± 2 V	1 mV	1999	0,2	1
± 20 V	10 mV	1999	0,2	1
± 200 V	100 mV ③	1999	0,2 ①	1 ②
± 1000 V	1 V	1000	0,2	1
Eingangswiderstand		2 MΩ in allen Bereichen		
Einstellzeit		etwa 1 s		

Gleichstrom

Messbereich	Auflösung	max. Anzeige	Fehlergrenze % v. Mw. + Digits	
± 20 mA	10 µA	1999	0,75	1
± 200 mA	100 µA	1999	0,75	1
± 2 A	1 mA	1999	0,75	1
± 10 A	10 mA	1000	0,1	1
Spannungsabfall		250 mV, 500 mV im 2 A-Bereich, 400 mV im 10 A-Bereich		
Einstellzeit		etwa 1 s		

Wechselspannung

Messbereich 0 bis …	Auflösung	max. Anzeige	Fehlergrenze % v. Mw. + Digits bei 15 bis < 40 Hz	bei 40 bis < 400 Hz	bei 400 bis < 5000 Hz
200 mV	100 µV	1999	1,5+5	0,75+3	–
2 V	1 mV	1999	1,5+5	0,75+3	2,5+15
20 V	10 mV	1999	1,5+5	0,75+3	2,5+15
200 V	100 mV	1999	1,5+5	0,75+3	2,5+15
750 V	1 V	750	1,5+5	0,75+3	–
Eingangsimpedanz			2 MΩ II 50 pF in allen Bereichen		
Einstellzeit			etwa 4 s		

Wechselstrom

Messbereich 0 bis …	Auflösung	max. Anzeige	Fehlergrenze % v. Mw. + Digits bei 15 bis < 40 Hz	bei 40 bis < 400 Hz	bei 400 bis < 5000 Hz
20 mA	10 µA	1999	2,5+5	1,5+3	1,5+3
200 mA	100 µA	1999	2,5+5	1,5+3	1,5+3
2 A	1 mA	1999	2,5+5	1,5+3	1,5+3
10 A	10 mA	1999	2,5+5	1,5+3	–
30 A	100 mA	300	2,5+5	1,5+3	–
Spannungsfall			250 mV, 500 mV im 2 A-Bereich, 400 mV im 10 A-Bereich, 40 mV im 30 A-Bereich		
Einstellzeit			etwa 4 s		

Widerstand

Messbereich 0 bis …	Auflösung	max. Anzeige	Fehlergrenze % v. Mw. + Digits	
20 Ω	10 mΩ	1999	0,5	10
200 Ω	100 mΩ	1999	0,3	5
2 kΩ	1 Ω	1999	0,2	1
20 kΩ	10 Ω	1999	0,2	1
200 kΩ	100 Ω	1999	0,2	1
2 MΩ	1 kΩ	1999	2	1
Einstellzeit		etwa 2 s, etwa 4 s im 2 MΩ-Bereich		

5. Ein Spannungsteiler aus $R_1 = 4{,}7\,\text{k}\Omega$ und $R_2 = 56\,\text{k}\Omega$ liegt an einer Gleichspannung von 10 V (Toleranzen der Spannung und der Widerstände sollen nicht berücksichtigt werden). Die Spannung an R_2 wird gemessen. Berechnen Sie die Spannung, die ein digital und ein analog anzeigendes Messgerät anzeigen würde. Die Daten des analogen Messgerätes befinden sich auf Seite 95. Begründen Sie eventuelle Abweichungen.

4.3 Messen mit dem Oszilloskop

Oszilloskop

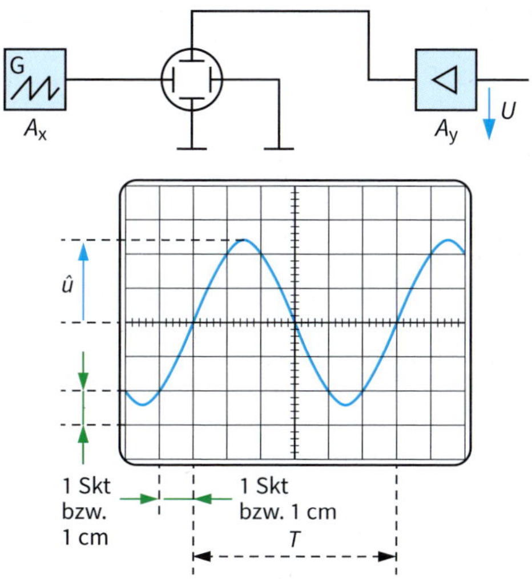

$\hat{u} = y \text{ Skt} \cdot A_y$ $\qquad$ $\hat{u} = y \text{ cm} \cdot A_y$

$\varphi = x \text{ Skt} \cdot A_x$ $\qquad$ $\varphi = x \text{ cm} \cdot A_x$

$T = x \text{ Skt} \cdot A_x$ $\qquad$ $T = x \text{ cm} \cdot A_x$ $\qquad$ $T = \frac{1}{f}$

A_y y-Ablenkkoeffizient $\qquad [A_y] = \frac{\text{V}}{\text{Skt}}; \frac{\text{V}}{\text{cm}}$

y Azahl der Skalenteile bzw. cm in y-Richtung

A_x x-Ablenkkoeffizient (Zeitbasis, Zeitkoeffizient) $\qquad [A_x] = \frac{\text{s}}{\text{Skt}}; \frac{\text{s}}{\text{cm}}$

x Anzahl der Skalenteile bzw. cm in x-Richtung

φ Phasenverschiebungswinkel

T Periodendauer $\qquad [T] = \text{s}$

f Frequenz $\qquad [f] = \text{Hz} \quad 1\text{ Hz} = \frac{1}{\text{s}}$

Beispiel:

Die Abb. 1 zeigt den Verlauf zweier Wechselspannungen auf dem Bildschirm eines Oszilloskops.

a) Wie groß sind die Spitzenwerte der beiden Spannungen?

b) Welche Frequenz haben die dargestellten Spannungen?

c) Wie groß ist der Phasenverschiebungswinkel zwischen den beiden Spannungen?

- Spannung 1: $20 \frac{\text{V}}{\text{Skt}}$
- Spannung 2: $0{,}5 \frac{\text{mV}}{\text{Skt}}$
- Zeitbasis: $50 \frac{\mu\text{s}}{\text{Skt}}$

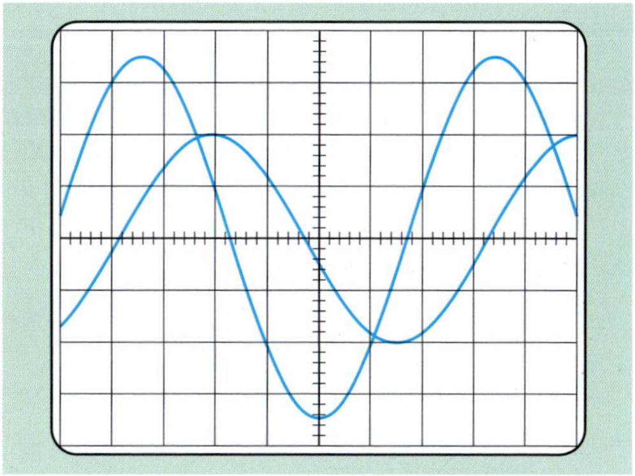

Abb. 1: Spannungsmessung mit dem Oszilloskop

Lösung:

Geg.: Oszillogramm und Einstellung laut Abb. 1

Ges.: a) $\hat{u}_1$, $\hat{u}_2$; $\quad$ b) f; $\quad$ c) φ

a) $\hat{u}_1 = y \text{ Skt} \cdot A_{y1}$

$\hat{u}_1 = 3{,}6 \text{ Skt} \cdot \frac{20\text{ V}}{\text{Skt}}$ $\qquad$ $\underline{\underline{\hat{u}_1 = 72\text{ V}}}$

$\hat{u}_2 = 2{,}0 \text{ Skt} \cdot 0{,}5 \frac{\text{mV}}{\text{Skt}}$ $\qquad$ $\underline{\underline{\hat{u}_2 = 1{,}0\text{ mV}}}$

b) $T = 7{,}2 \text{ Skt} \cdot 50 \frac{\mu\text{s}}{\text{Skt}}$ $\qquad$ $T = 0{,}36\text{ ms}$

$f = \frac{1}{T}$ $\qquad$ $f = \frac{1}{0{,}36\text{ ms}}$ $\qquad$ $\underline{\underline{f = 2{,}78\text{ kHz}}}$

c) $\varphi \mathrel{\widehat{=}} 1{,}4 \text{ Skt} \cdot 50 \frac{\mu\text{s}}{\text{Skt}}$ $\qquad$ $\varphi \mathrel{\widehat{=}} 0{,}070\text{ ms}$

$360° \mathrel{\widehat{=}} 0{,}36\text{ ms}$ $\qquad$ $\varphi = \frac{360° \cdot 0{,}070\text{ ms}}{0{,}36\text{ ms}}$

$\underline{\underline{\varphi = 70°}}$

Aufgaben

1. Auf dem Bildschirm eines Oszilloskops wird der Verlauf einer sinusförmigen Wechselspannung dargestellt. Bei einer Einstellung des y-Ablenkkoeffizienten von $5 \frac{\text{V}}{\text{Skt}}$ wird ein Spitzenwert von 3,5 Skt abgelesen.

a) Wie viel Volt beträgt der Spitzenwert der Spannung?

b) Wie groß ist der Effektivwert der Spannung?

c) Welcher Spannungswert ergibt sich von Spitze zu Spitze?

2. Der Spitzenwert der Netzspannung von 230 V soll mithilfe eines Oszilloskops gemessen werden. Auf welche Stellung muss der y-Ablenkkoeffizient eingestellt werden, damit die positive Halbschwingung der Wechselspannung möglichst groß dargestellt wird? y-Ablenkkoeffizienten 1; 2; 5; 10; 20; $50 \frac{\text{V}}{\text{Skt}}$. Der Bildschirm hat eine Höhe von 8 Skt.

Aufgaben

1. Die Frequenz einer sinusförmigen Wechselspannung soll mithilfe eines Oszilloskops gemessen werden. Bei einer Einstellung des x-Ablenkkoeffizienten von $2\,\frac{\text{ms}}{\text{Skt}}$ werden 7 Skt von einem Nulldurchgang bis zum nächsten Nulldurchgang abgelesen.

a) Wie groß ist die Periodendauer der Wechselspannung?

b) Welche Frequenz hat die Wechselspannung?

c) Berechnen Sie für a) und b) die Wertebereiche, wenn für den x-Bereich ein Fehler von ± 3 % angegeben wird.

2. Der Phasenverschiebungswinkel zwischen zwei Wechselspannungen beträgt 30°. Bei der Messung mit dem Oszilloskop wird ein Abstand zwischen den Nulldurchgängen der beiden Spannungen von 1,5 Skt abgelesen. Wie viel Skt werden für eine Halbschwingung abgelesen?

3. Mit dem Oszilloskop soll die Stromstärke in einem Stromkreis gemessen werden. Dazu wird ein Messwiderstand von 100 Ω in den Stromkreis eingefügt und die Spannung gemessen.

a) Wie groß sind der Spitzen- und der Effektivwert bei einem Ablenkkoeffizienten von $A_y = 1\,\frac{\text{V}}{\text{cm}}$?

b) Welche Frequenz besitzt die Wechselspannung, wenn 1 cm auf dem Schirm einer Zeit von 2 ms entspricht?

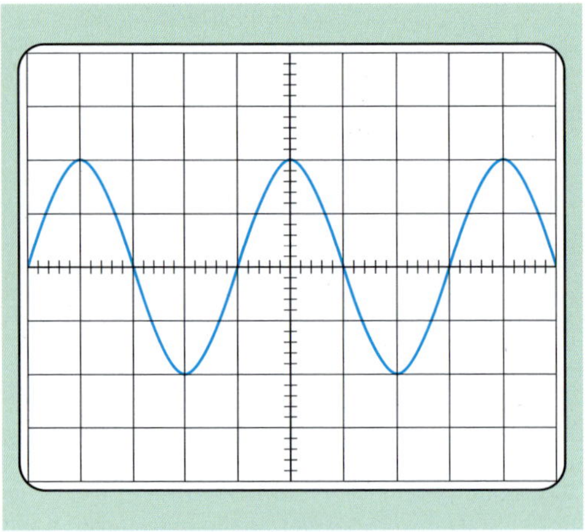

4. Bei der Messung der Frquenz einer Wechselspannung mit 50 Hz werden für eine Halbschwingung 10 Skt benötigt. Auf welche Stellung ist der x-Ablenkkoeffizient eingestellt?

x-Ablenkkoeffizienten: 50; 10; 5; 1; 0,5; 0,1 $\frac{\text{ms}}{\text{Skt}}$

5. Ermitteln Sie die Periodendauer, die Frequenz sowie den Wert der Spannung von Spitze zu Spitze.

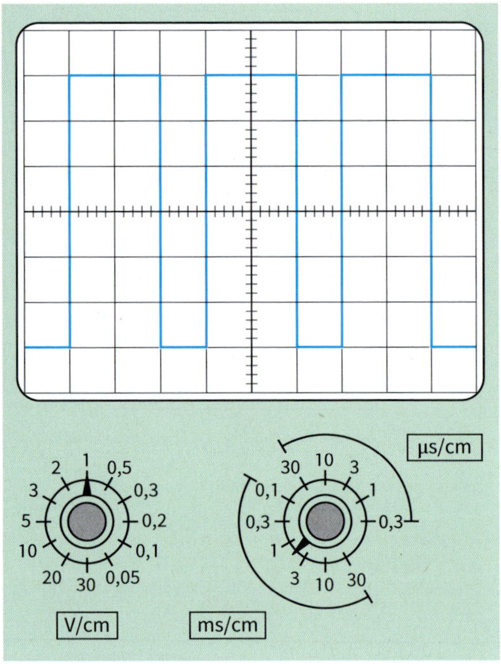

6. Mit einem Oszilloskop wird der trapezförmige Impuls sichtbar gemacht.

a) Ermitteln Sie die Fläche unter der Kurve in der Einheit Volt · Sekunde (Vs).

b) Wie groß muss die Höhe einer Gleichspannung sein, die während einer Periode eine gleich große Fläche ausfüllt?

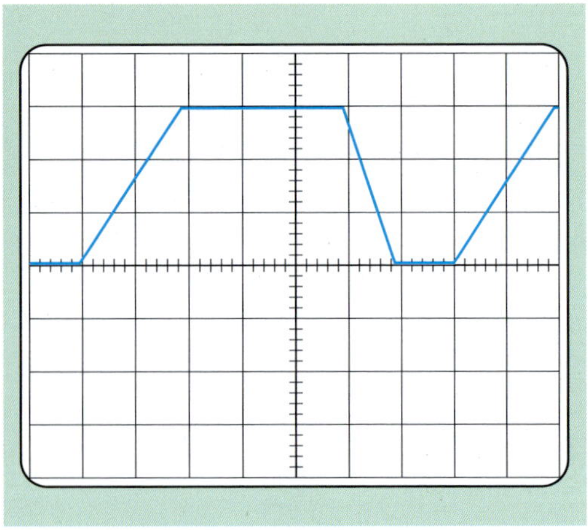

$A_y = 10\,\frac{\text{mV}}{\text{cm}}$; $A_x = 0{,}2\,\frac{\text{ms}}{\text{cm}}$; Stellung DC

7. In der Abbildung sind mit einem Zweistrahloszilloskop zwei Spannungsverläufe abgebildet worden. Ermitteln Sie die
a) Zeit, mit der die zweite Spannung gegenüber der ersten verzögert auftritt,
b) Frequenzen der Spannungen,
c) Spannungen von Spitze zu Spitze.

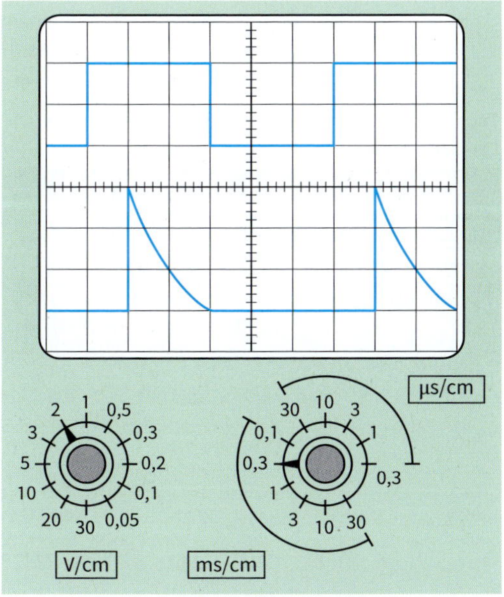

$A_x = 0{,}3\,\frac{ms}{cm}$; $A_y = 0{,}3\,\frac{V}{cm}$

8. Für die phasenverschobenen Wechselspannungen sind folgende Größen zu ermitteln:
a) Spitzenwerte und Effektivwerte
b) Werte von Spitze zu Spitze
c) Frequenz
d) Phasenverschiebung in Zeit- und Winkelwerten

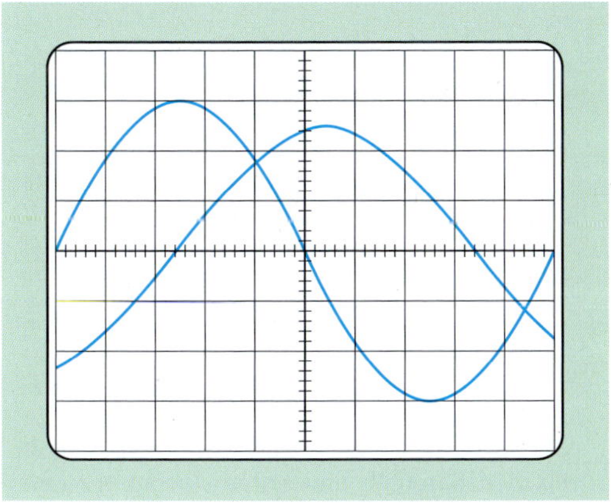

$A_y = 0{,}5\,\frac{V}{cm}$; $A_x = 1\,\frac{ms}{cm}$

9. Ermitteln Sie für den Spannungsverlauf die Steilheit des Abstiegs und die Steilheit des Abfalls, indem Sie die Spannungsänderung durch die jeweils dazugehörige Zeit dividieren.

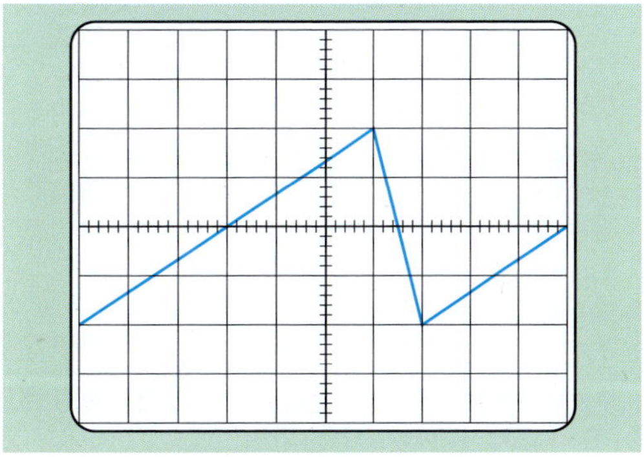

$A_y = 1\,\frac{V}{cm}$; $A_x = 10\,\frac{ms}{cm}$

10. Das Oszilloskop lässt sich zur Darstellung von Kennlinien verwenden. Dazu muss anstelle einer kontinuierlichen Zeitablenkung der Elektronenstrahl wie in y-Richtung durch eine Spannung abgelenkt werden. In x-Richtung kann z. B. dann die Spannung am Widerstand und in y-Richtung die Stromstärke (Spannungsabfall an einem weiteren Widerstand) dargestellt werden. Damit kein einzelner Punkt sondern eine Kurve entsteht, muss eine Wechselspannung verwendet werden.
a) Berechnen Sie zu der dargestellten Kennlinie die Spitzen- und Effektivwerte der Spannungen.
b) Wie groß ist der Widerstand R_2?
c) Begründen Sie, weshalb die Kurve in den Quadranten II und IV liegt.

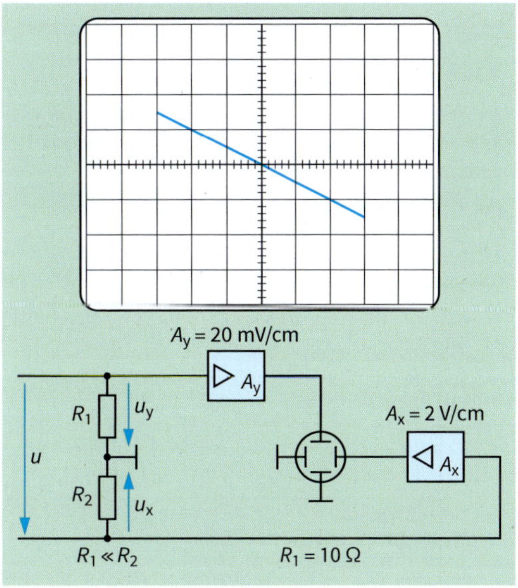

4.4 Spannungs- und Stromstärkenmessung

Anzeige analoger Messinstrumente

Messinstrument	Sinnbilder	Anzeige
Drehspulmesswerk ohne Gleichrichter		Arithmetischer Mittelwert
Drehspulmesswerk mit Gleichrichter		Effektivwert bei Sinusform
Dreheisenmesswerk	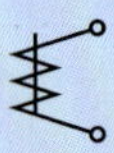	Effektivwert für alle Kurvenformen
Oszilloskop	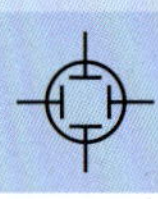	Spitzenwerte, Verlauf der Spannungen

U_{AV} Arithmetischer Mittelwert einer Spannung

t_i Impulsdauer

t_p Pausendauer

T Periodendauer

g Tastgrad

$$U_{AV} = \frac{U \cdot t_i}{T}$$

$$g = \frac{t_i}{T}$$

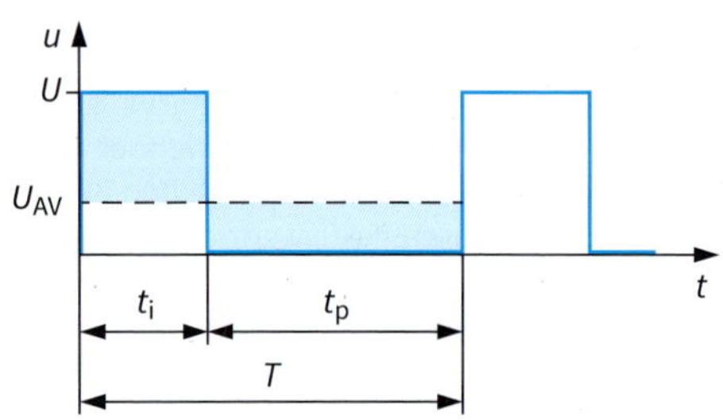

Beispiel:

Die im Liniendiagramm dargestellte Spannung wird mit einem Drehspulmessgerät ohne Gleichrichter und mit einem Oszilloskop gemessen.

a) Wie groß ist die mit dem Drehspulmessgerät angezeigte Spannung?

b) Welchen Tastgrad besitzt die Spannung?

c) Welche Veränderung tritt ein, wenn beim Oszilloskop von Stellung DC in Stellung AC geschaltet wird?

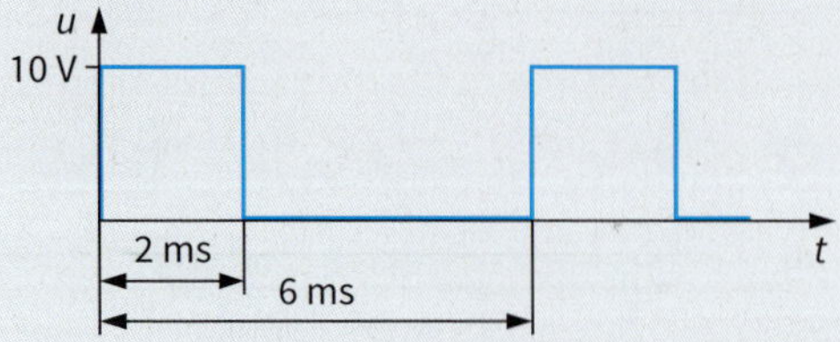

Lösung:

Geg.: Kurvenverlauf
$U = 10\,\text{V}$; $t_i = 2\,\text{ms}$; $T = 6\,\text{ms}$

Ges.: Spannungswerte, Anzeigewerte

a) Drehspulmessgerät (Arithmetischer Mittelwert)

$$U_{AV} = \frac{U \cdot t_i}{T} \qquad U_{AV} = \frac{10\,\text{V} \cdot 2\,\text{ms}}{6\,\text{ms}}$$

$$\underline{\underline{U_{AV} = 3{,}33\,\text{V}}}$$

b) $g = \frac{t_i}{T}$ $\qquad g = \frac{2\,\text{ms}}{6\,\text{ms}}$ $\qquad \underline{\underline{g = 0{,}33}}$

c) Die Kurve verschiebt sich „nach unten", bis die Flächen oberhalb und unterhalb der Nulllinie gleich groß sind.

Aufgaben

1. Eine sinusförmige Spannung mit $\hat{u} = 125\,\text{V}$ ($f = 50\,\text{Hz}$) soll gemessen werden.

a) Welche Spannung zeigen analog und digital anzeigende Messgeräte (technische Daten s. S. 95 und 96) im Gleich- und Wechselspannungsbereich an?

b) Wie groß ist der angezeigte Wert mit einem Dreheisenmessgerät (s. technische Daten unten)? Wie groß sind der absolute und relative Fehler?

Technische Daten eines Multimeters mit einem Dreheisenmesswerk

Schutzeinrichtung	Schmelzsicherung		
Klasse (DIN VDE 0410) DC I, U / AC I, U	1,5 / 1,5		
Anzahl Messbereiche	20		
Spannung	(Innenwiderstand R_i in $\frac{\Omega}{\text{V}}$ Frequenzbereich 15 Hz bis 50 Hz bis f_0 in kHz)		
	DC R_i	AC R_i	f_0
6 V, 30 V	16,6	16,6	150
60 V, 300 V, 600 V	200	200	150
Strom	(Frequenzbereich 15 Hz bis 50 Hz bis f_0 in Hz)		
	DC	AC	f_0
0,06 A, 0,3 A, 1,5 A, 6 A, 30 A			280

2. Am Ausgang eines Rechteckgenerators liegt die abgebildete Spannung. Wie groß ist die Anzeige mit einem Dreheisenmessinstrument und einem Drehspulmessinstrument (Gleichspannungsbereich eingeschaltet)?

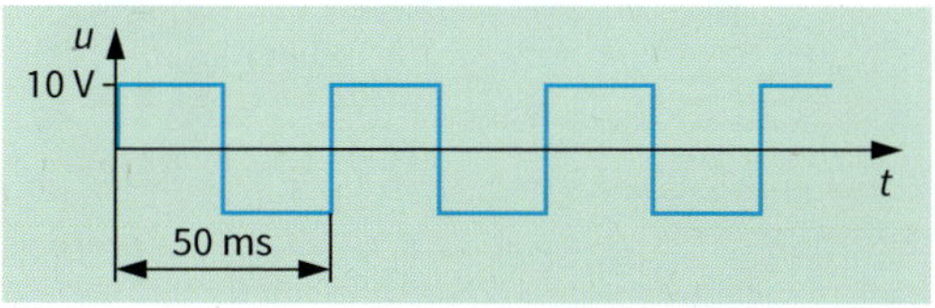

3. Mit einem Oszilloskop wird die abgebildete Spannung gemessen. Wie groß ist der mit einem Drehspulmessgerät im Gleichspannungsbereich gemessene Wert, wenn die in der Abbildung angegebenen Ablenkkoeffizienten eingestellt sind?

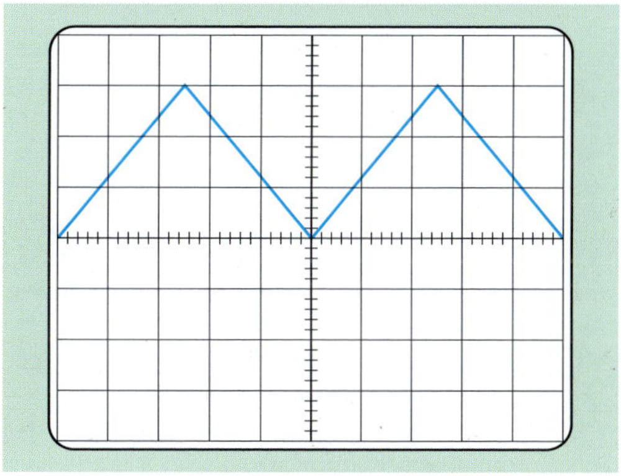

$A_y = 0{,}5\,\frac{\text{V}}{\text{cm}}$; $A_x = 10\,\frac{\text{ms}}{\text{cm}}$

4. Die zwei Generatoren sind in Reihe geschaltet. Für U_1 wird eine sinusförmige Wechselspannung von $U_1 = 3\,\text{V}$ und für U_2 eine Gleichspannung von 6 V ermittelt.

a) Skizzieren Sie den Verlauf der Klemmenspannung.

b) Wie groß ist der Spitzenwert der Klemmenspannung?

c) Welchen Spannungswert zeigt ein Drehspulmessgerät ohne und mit Gleichrichter im Wechselspannungsbereich an?

d) Welcher Bereich ist mit dem Multimeter von Seite 100 zu wählen und wie groß ist die angezeigte Spannung?

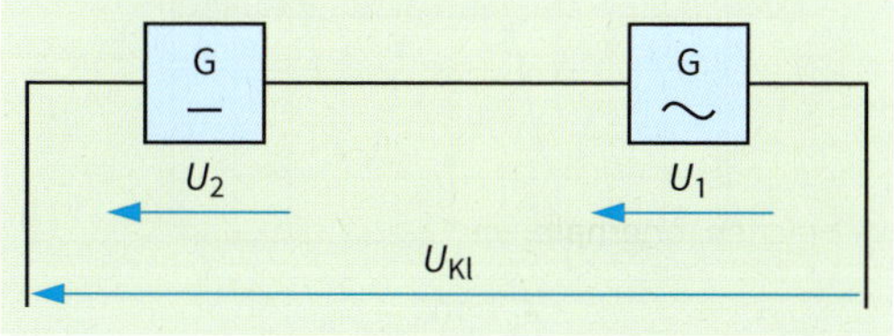

5. In der Abbildung ist der mit einem Oszilloskop abgebildete Spannungsverlauf zu sehen. Es ist der Ablenkkoeffizient $A_y = 0{,}1\,\frac{\text{V}}{\text{cm}}$ eingestellt. Der Eingangsschalter befindet sich in Stellung DC.

a) Welche Änderung tritt ein, wenn in Stellung AC umgeschaltet wird?

b) Wie groß ist der Spitzenwert?

c) Welche Anzeige erhält man mit einem Dreheisenmessinstrument?

d) Wie groß ist der von einem Drehspulmessinstrument angezeigte Wert im Gleichspannungsbereich?

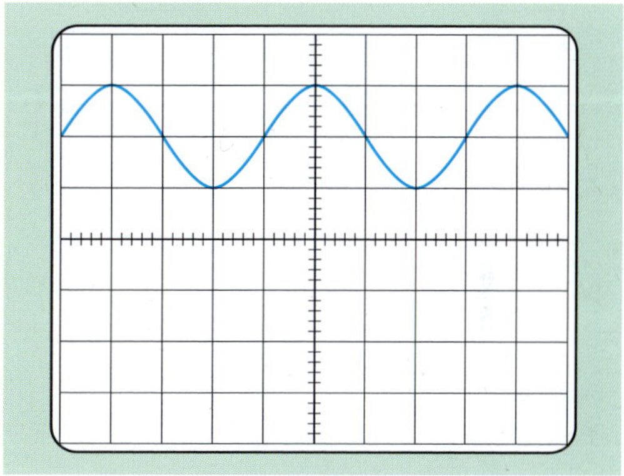

6. Berechnen Sie für die Spannungen die Frequenzen sowie die Arithmetischen Mittelwerte.

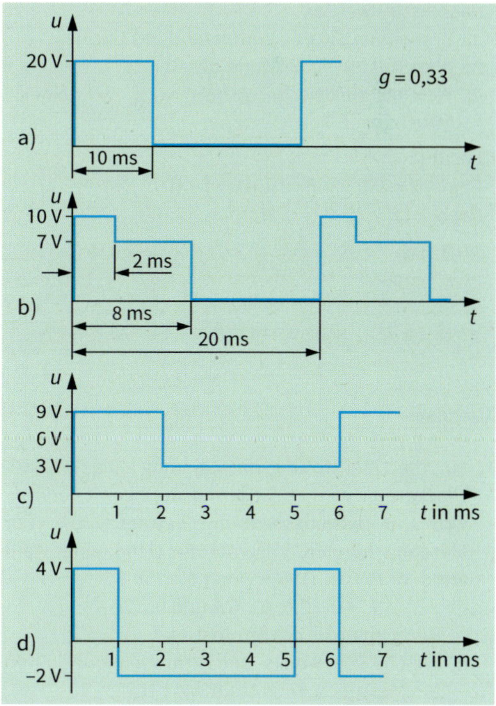

4.5 Leistungs- und Arbeitsmessung

Leistungsmessung

Spannungsfehlerschaltung | **Stromfehlerschaltung**

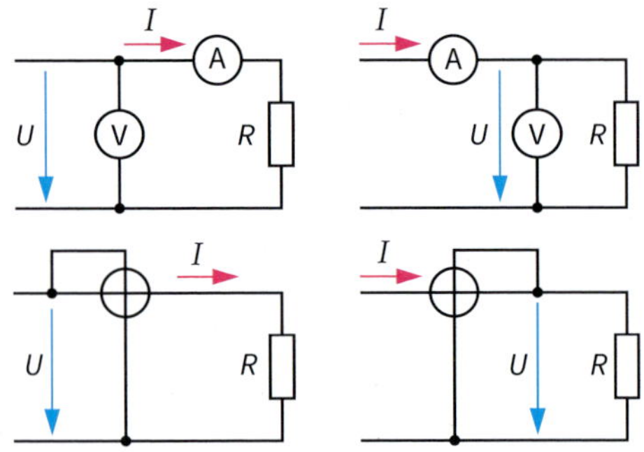

$P = U \cdot I$ $\qquad$ $[P] = \text{W (Watt)}$

Arbeitsmessung

$W = U \cdot I \cdot t \qquad W = P \cdot t$ $\qquad$ $[W] = \text{Ws, kWh}$

Beispiel:

Um die Energiekosten eines Elektrogeräts zu ermitteln, wurden folgende Werte gemessen:
$U = 230\ \text{V}$ und $I = 0{,}25\ \text{A}$.
Die Fehler der Messgeräte und die Beinflussung der Messung durch die Messgeräte können vernachlässigt werden.

a) Berechnen Sie den Widerstand des Geräts.
b) Wie groß ist die Leistung des Geräts?
c) Welche elektrische Arbeit wird bei einer 10stündigen Betriebsdauer verrichtet?

Lösung:

Geg.: $U = 230\ \text{V}$; $I = 0{,}25\ \text{A}$; $t = 10\ \text{h}$
Ges.: a) R b) P c) W

a) $R = \frac{U}{I}$ $\quad R = \frac{230\ \text{V}}{0{,}25\ \text{A}}$ $\quad \underline{\underline{R = 920\ \Omega}}$

b) $P = U \cdot I$ $\quad P = 230\ \text{V} \cdot 0{,}25\ \text{A}$ $\quad \underline{\underline{P = 57{,}5\ \text{W}}}$

c) $W = P \cdot t$ $\quad W = 57{,}5\ \text{W} \cdot 10\ \text{h}$ $\quad \underline{\underline{W = 0{,}575\ \text{kWh}}}$

Aufgaben

1. Für die Überprüfung der Leistung eines 1,2 kW-Heizgerätes wird ein Leistungsmessgerät verwendet. Die Betriebsspannung beträgt 230 V. Zur Messung können folgende Bereiche eingestellt werden: $U = 0 \ldots 199{,}9\ \text{V}$ und $0 \ldots 750\ \text{V}$
$I = 0 \ldots 2\ \text{A}$; $0 \ldots 6\ \text{A}$ und $0 \ldots 20\ \text{A}$
   a) Berechnen Sie die Stromstärke.
   b) Welche Spannungs- und Strombereiche sollten am Messgerät eingestellt werden?

Arbeitsmessgerät („Elektrizitätszähler")

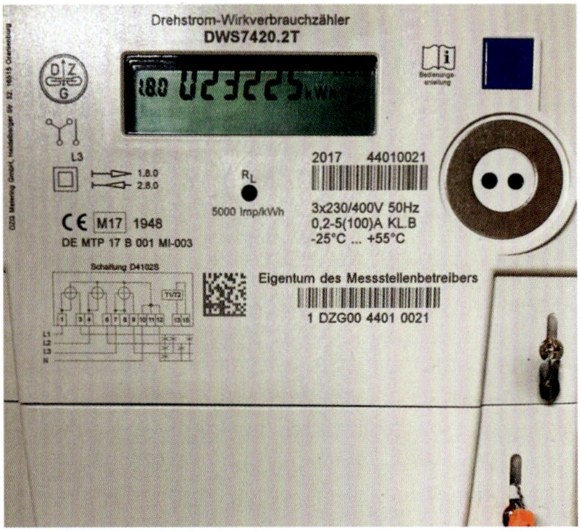

2. In einem an 230 V Wechselspannung angeschlossenen Heizgerät befindet sich ein Widerstand von 100 Ω. Die Leistung wird durch Strom- und Spannungsmessung bestimmt.
   Die Messgeräte haben folgende Kenndaten:
   Spannungsmessgerät $R_i = 10\ \text{k}\Omega$, Strommessgerät $R_i = 3\ \Omega$.
   a) Berechnen Sie die Leistung aus den gegebenen Größen.
   b) Welche Größen zeigen die Messgeräte in der Spannungsfehlerschaltung an?
   c) Welche Größen zeigen die Messgeräte in der Stromfehlerschaltung an?
   d) Welche Messschaltung sollte sinnvollerweise gewählt werden?

3. Die Spannung an einem Heizwiderstand ist auf dem Bildschirm eines Oszilloskops abgebildet. Die Stromstärke wird mit einem Drehspulmessgerät gemessen. Sie beträgt 1,05 A.
   a) Berechnen Sie die Spitzen- und Effektivwerte von Spannung und Stromstärke.
   b) Berechnen Sie die Leistung (Effektivwert) und die elektrische Arbeit bei einer Einschaltdauer von 12 Std. und 35 Minuten (Angabe in kWh).

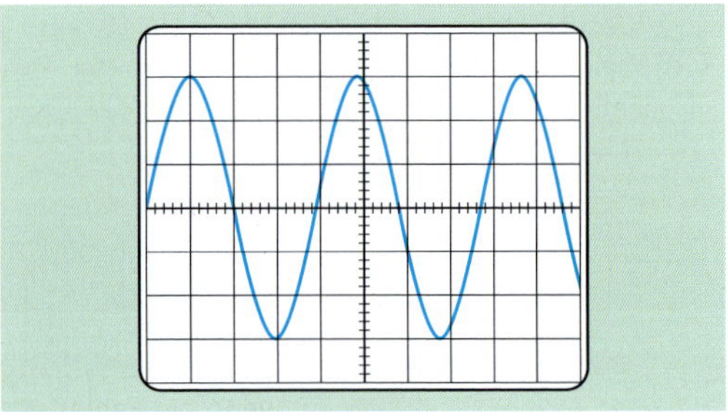

$A_y = 100\ \frac{\text{V}}{\text{Skt}}$

Daten eines Messgerätes für U, I und P

Spannungsmessung	
Messbereiche	AC bis 199,9 V und AC 0 bis 750 V
Auflösung	100 mV bzw. 1 V
Fehlergrenzen	0,3 % v. Mw. + 0,5 % v. Ew. (47 bis 63 Hz) 0,7 % v. Mw. + 0,5 % v. Ew. (64 bis 1000 Hz) 1,5 % v. Mw. + 0,5 % v. Ew. (15 bis 46 Hz)
Max. Anzeige	± 1999 bzw. 750 im 750-Bereich
Aussteuer-bereich	10 bis 100 % des Messbereichsend-wertes
Überlastgrenze	$U_{eff} \leq 1000$ V, $U_S \leq 1400$ V in beiden Bereichen
Eingangs-impedanz	1 MΩ II 15 pF in beiden Bereichen
Strommessung	
Messbereiche	AC 0 bis 2/6/20 A
Auflösung	1/10/10 mA
Fehlergrenzen	0,3 % v. Mw. + 0,5 % v. Ew. (47 bis 63 Hz) 0,7 % v. Mw. + 0,5 % v. Ew. (64 bis 1000 Hz) 1,5 % v. Mw. + 0,5 % v. Ew. (15 bis 46 Hz)
Max. Anzeige	± 1999 7,20 im 6 A-Bereich
Aussteuer-bereich	10 bis 120% des Messbereichsend-wertes
Überlastgrenze	$I_{eff} \leq 30$ A, 40 A max. 20 s, 200 A max. 5 s in allen Bereichen; keine Sicherung; Potentialtrennung der Wandler
Eingangs-impedanz	etwa 3 mΩ
Leistungsmessung	
Messbereiche	0 bis 0,4/1,2/1,5/4/4,5/15 kW mit Vorzeichen
Auflösung	0,1 W bis 1 W durch automatische Umschaltung bei Messwerten < 180 Digits im Nennbereich bzw. 1 W bis 10 W bei Messwerten > 195 Digits
Max. Anzeige	± 1999
Fehlergrenzen (bei cos φ = 1)	0,6 % v. Ew. bei 47 bis 63 Hz 1 % v. Ew. bei 64 bis 1000 Hz 3,5 % v. Ew. bei 15 bis 46 Hz

4. Mit zwei Messgeräten, deren technische Daten in der obigen Tabelle aufgeführt sind, werden in einem Wechselstromkreis ($f = 50$ Hz) folgende Werte gemessen: $U = 235$ V und $I = 1{,}885$ A.

a) Ermitteln Sie für beide Bereiche die jeweilige Auflösung.

b) Zwischen welchen Bereichen befindet sich der wahre Wert der Leistung, wenn die Fehler der Messgeräte berücksichtigt werden?

5. Das Leistungsmessgerät (Daten s. Tabelle linke Spalte) zeigt eine Leistung von 1,543 kW im Wechselstromkreis an.
Berechnen Sie den Fehler bei

a) $f = 50$ Hz und

b) $f = 800$ Hz.

c) Wie groß ist bei dem angezeigten Wert die Auflösung?

6. „Elektrizitätszähler“ zeigen die genutzte elektrische Arbeit an.

a) Wie groß ist bei einer Einschaltdauer von 5,3 Stunden die Leistung, wenn 24,5 kWh angezeigt werden?

b) Wie groß ist der Effektivwert der Stromstärke, wenn das Gerät an 230 V Wechselspannung betrieben wird?

7. Ein Aufzeichnungsgerät für die Leistung in Abhängigkeit von der Zeit bei den Geräten A und B zeigt die dargestellten Verläufe.

a) Berechnen Sie die jeweils verrichtete elektrische Arbeit.

b) Ermitteln Sie für die Einschaltdauer die mittlere Leistung.

c) Wie groß müsste eine mittlere Stromstärke sein, wenn für die Einschaltdauer eine konstante Spannung von 100 V angenommen wird?

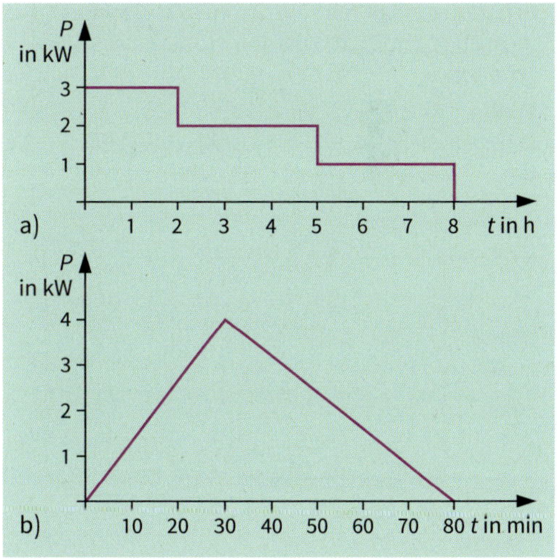

8. Mit einem Dreheiseninstrument werden die Stromstärke ($I = 0{,}4$ A) und die Spannung ($U = 110$ V) im Wechselstromkreis (50 Hz) gemessen.

a) Wie groß ist die Leistung?

b) Berechnen Sie den Spitzenwert der Leistung.

c) Welche Werte würde ein Drehspulmessinstrument (mit Gleichrichter) anzeigen?

4.6 Messung von Widerständen

Spannungsfehlerschaltung

$R_{i(I)}$ Widerstand des Strommessgeräts

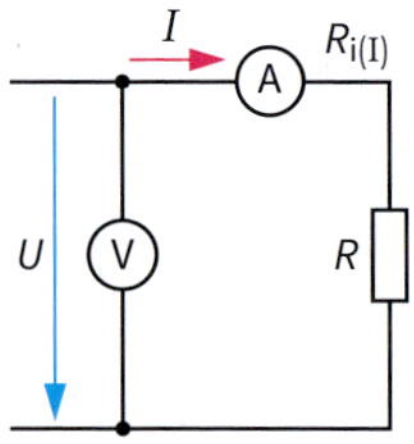

$$R = \frac{U - I \cdot R_{i(I)}}{I}$$

Anwendbar bei großen Widerständen:

$$\frac{R_{i(I)}}{R} < \frac{R}{R_{i(U)}}$$

Stromfehlerschaltung

$R_{i(U)}$ Widerstand des Spannungsmessgeräts

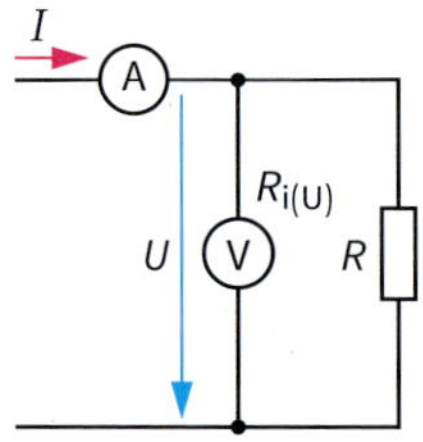

$$R = \frac{U}{I - \frac{U}{R_{i(U)}}}$$

Anwendbar bei kleinen Widerständen:

$$\frac{R_{i(I)}}{R} > \frac{R}{R_{i(U)}}$$

Beispiel:

Der Eingangswiderstand R_E einer integrierten Schaltung soll durch eine Strom- und Spannungsmessung ermittelt werden (Spannungsfehlerschaltung).

Messwerte: $U = 5\ \text{V}$; $I = 2{,}3\ \text{mA}$

Messgeräte: $R_{i(U)} = 1\ \frac{\text{k}\Omega}{\text{V}}$; 10 V-Messbereich
$R_{i(I)} = 100\ \Omega$

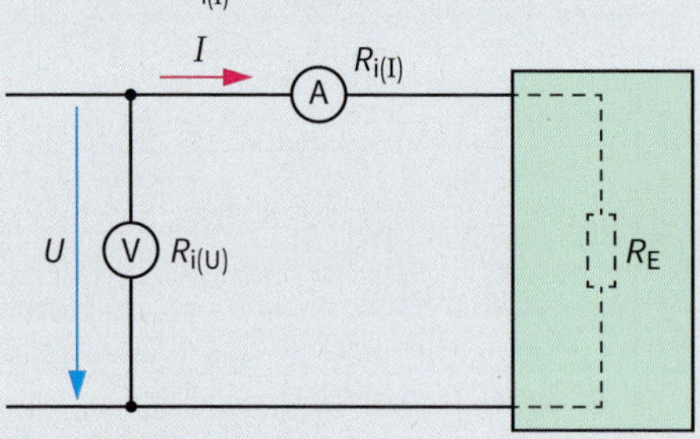

Lösung:

Geg.: $U = 5\ \text{V}$; $I = 2{,}3\ \text{mA}$; $R_{i(U)} = 10\ \text{k}\Omega$
$R_{i(I)} = 100\ \Omega$

Ges.: R_E

$$R_E = \frac{U - I \cdot R_{i(I)}}{I} \qquad R_E = \frac{5\ \text{V} - 2{,}3\ \text{mA} \cdot 100\ \Omega}{2{,}3\ \text{mA}}$$

$$\underline{\underline{R_E = 2{,}074\ \text{k}\Omega}}$$

Aufgaben

1. a) Um wie viel Prozent würde der Widerstand R_E aus der Beispielaufgabe vom unkorrigierten Wert (gemessene Spannung/gemessene Stromstärke) abweichen?
b) Begründen Sie, weshalb die Spannungsfehlerschaltung in der Beispielaufgabe besser geeignet ist als die Stromfehlerschaltung.

2. Gegeben ist die abgebildete Messschaltung. Für die Spannungsmessung wird das Drehspulmessgerät von Seite 95 (Tabelle) verwendet. Berechnen Sie den unbekannten Widerstand.

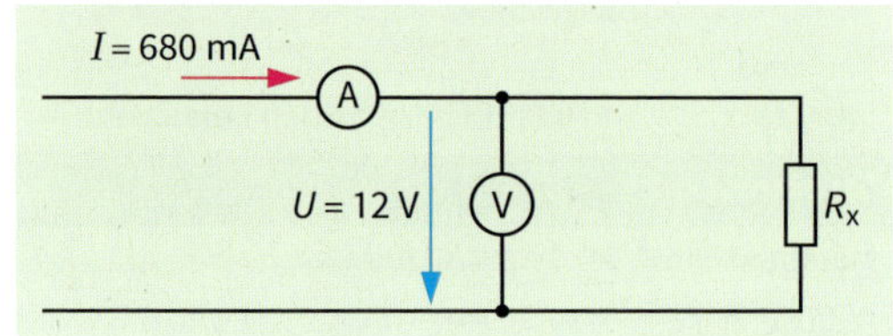

3. Der Widerstand eines Relais wird durch eine Spannungsfehlerschaltung bestimmt.
Messwerte: $U = 60\ \text{V}$; $I = 21\ \text{mA}$
Spannungsmesser: Daten s. Seite 95 (Tabelle)
Strommesser: Messbereich 30 mA (100 mV)
a) Berechnen Sie den unkorrigierten Wert.
b) Berechnen Sie den korrigierten Wert und die prozentuale Abweichung vom unkorrigierten Wert.
c) Zwischen welchen Werten bewegt sich der wahre Wert des Relaiswiderstands, wenn für die Messgeräte Genauigkeitsklassen von 1,0 angegeben werden?

4. Ein Widerstand mit den Farbringen Rot, Violett, Orange und Gold wird mit dem Multimeter von Seite 96 (Tabelle) direkt bestimmt. Der angezeigte Wert beträgt 27,3 kΩ.
a) Bestimmen Sie den Widerstandsbereich mithilfe der angegebenen Fehlergrenze.
b) Liegt der ermittelte Widerstandsbereich innerhalb des durch den letzten Farbring angegebenen Toleranzbereich?

5. Berechnen Sie den unbekannten Widerstand in der abgebildeten Schaltung. Die Angaben zum Spannungsmessgerät befinden sich auf Seite 96 (Tabelle).

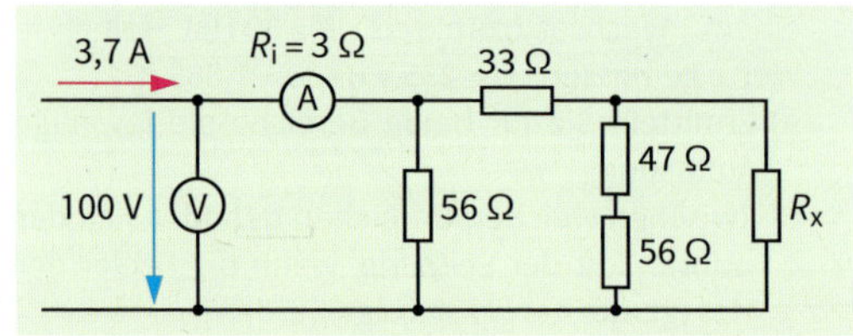

6. Der Wert eines unbekannten Widerstands soll mithilfe der Spannungsfehlerschaltung bestimmt werden. Der Strommesser hat einen Innenwiderstand von 2 Ω und es wird ein Strom von 22 mA angezeigt. Welchen Wert hat der unbekannte Widerstand, wenn mit einer Spannung von 9 V gemessen wird?

7. Gegeben ist die folgende Schaltung. Bestimmen Sie die Größe des gesuchten Widerstands.

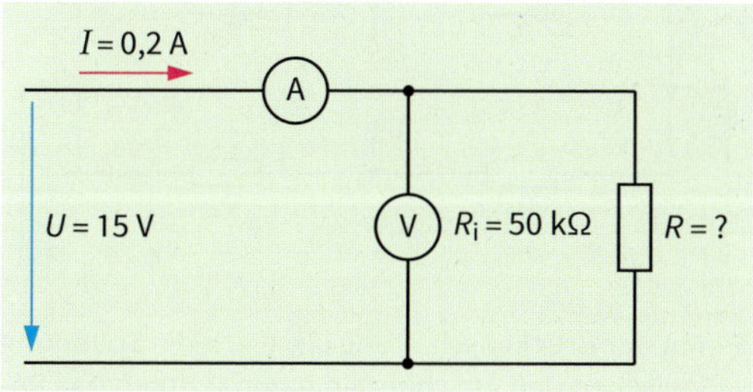

Brückenschaltung

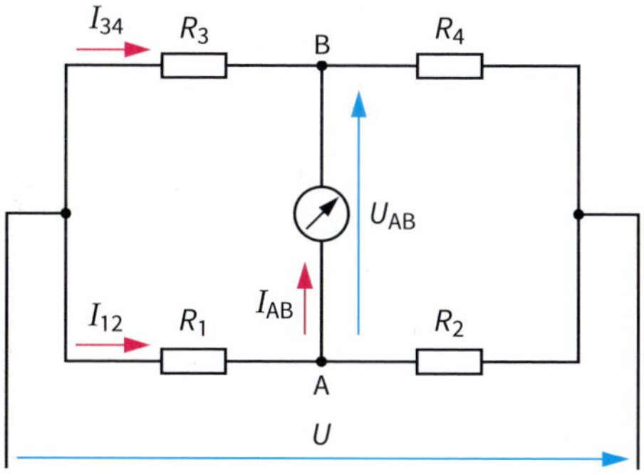

Abgleichbedingung:

$I_{AB} = 0$ $\quad U_{AB} = 0$ $\quad \frac{R_1}{R_2} = \frac{R_3}{R_4}$

8. Ein Widerstand, dessen Wert unbekannt ist, wird mit der Brückenschaltung gemessen. Wie groß ist R_x, wenn folgende Werte gegeben bzw. eingestellt wurden:
$R_v = 14{,}3$ kΩ; $R_3 = 5{,}6$ kΩ; $R_4 = 8{,}2$ kΩ

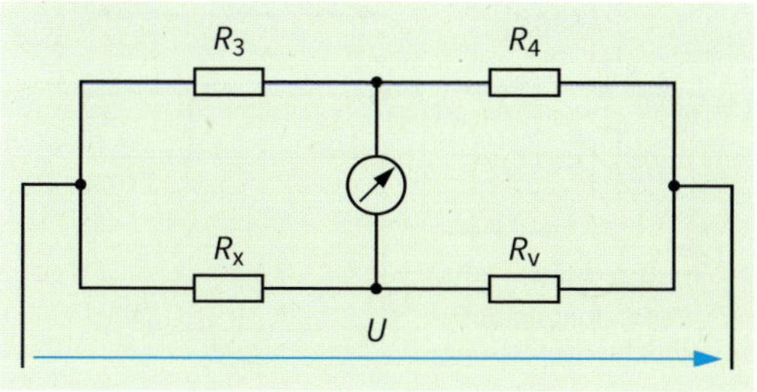

Beispiel:

In der abgebildeten Berückenschaltung kann der Widerstand R_3 zum Brückenabgleich verwendet werden.

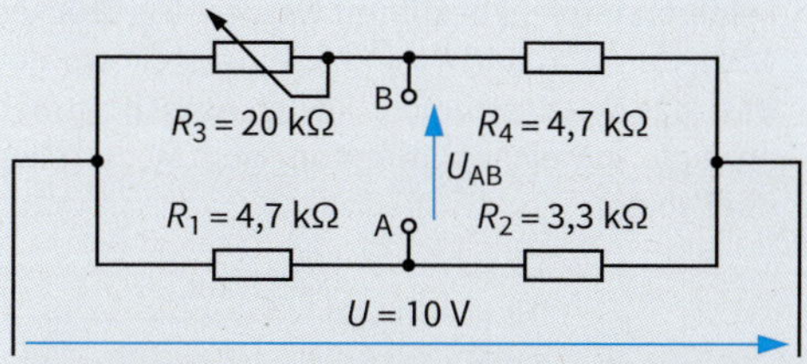

a) Auf welchen Wert muss R_3 eingestellt werden, damit $U_{AB} = 0$ V wird?
b) Zwischen welchen Werten kann die Spannung U_{AB} eingestellt werden?

Lösung:

Geg.: $R_1 = 4{,}7$ kΩ; $R_2 = 3{,}3$ kΩ; $R_3 = 20$ kΩ
$R_4 = 4{,}7$ kΩ; $U = 10$ V

Ges.: a) R_2 für $U_{AB} = 0$ V
b) Einstellbereich für U_{AB}

a) $\frac{R_1}{R_2} = \frac{R_3}{R_4}$ $\qquad R_3 = \frac{R_1 \cdot R_4}{R_2}$

$R_3 = \frac{4{,}7\ \text{k}\Omega \cdot 4{,}7\ \text{k}\Omega}{3{,}3\ \text{k}\Omega}$ $\qquad \underline{\underline{R_3 = 6{,}69\ \text{k}\Omega}}$

b) **Fall 1:** $R_3 = 0\ \Omega$

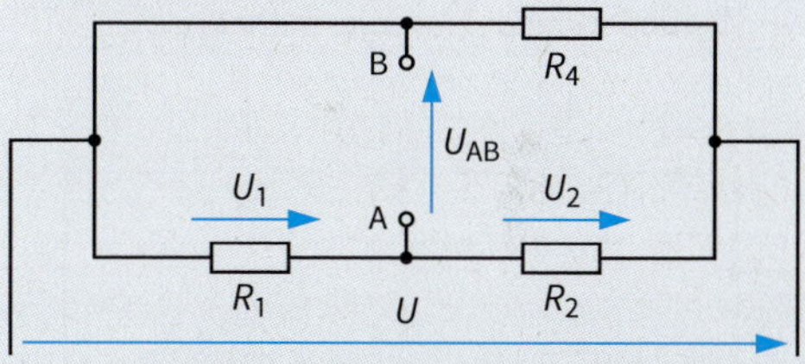

$U_{AB} = -U_1$ $\qquad \frac{U_1}{U} = \frac{R_1}{R_1 + R_2}$ $\qquad U_1 = \frac{10\ \text{V} \cdot 4{,}7\ \text{k}\Omega}{4{,}7\ \text{k}\Omega + 3{,}3\ \text{k}\Omega}$

$U_1 = 5{,}875$ V $\qquad U_{AB} = -5{,}875$ V

Fall 2: $R_3 = 20$ kΩ

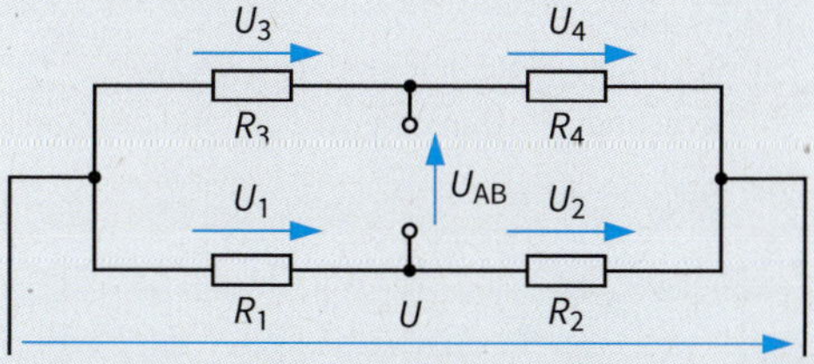

$U_{AB} = U_3 - U_1$ $\qquad U_{AB} = U\left(\frac{R_3}{R_3 + R_4} - \frac{R_1}{R_1 + R_2}\right)$

$U_{AB} = 2{,}222$ V

Bereich: $\underline{\underline{U_{AB} = -5{,}875\ \text{V} \ldots +2{,}222\ \text{V}}}$

Aufgaben

1. Die Ader einer Leitung in einem Telekommunikationsnetz hat den eingezeichneten Erdschluss. Mit der angeschlossenen Brückenschaltung kann der Fehlerort indirekt bestimmt werden. Die Brückenwiderstände R_1 und R_2 sind so eingestellt worden, dass das Messinstrument keinen Ausschlag mehr anzeigte. In welcher Entfernung vom Messort liegt der Fehler?

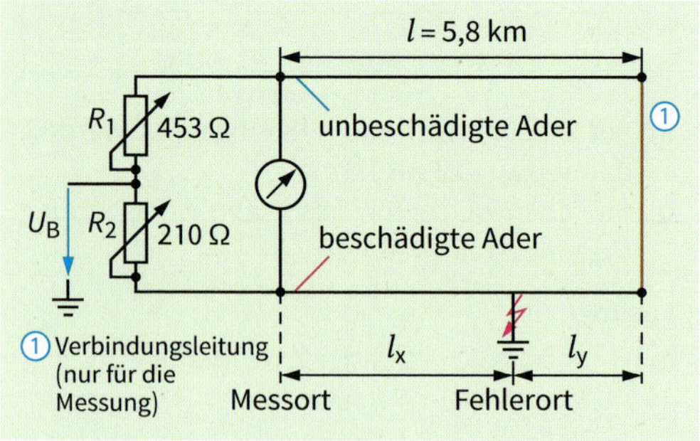

2. Brückenschaltungen lassen sich zur Ermittlung der Innenwiderstände von Messinstrumenten entsprechend der abgebildeten Schaltung verwenden.

a) Erklären Sie die Arbeitsweise.

b) Wie groß ist der Innenwiderstand R_i, wenn bei den gegebenen und eingestellten Werten sich beim Öffnen und Schließen des Tasters keine Veränderung der Anzeige mehr ergibt.

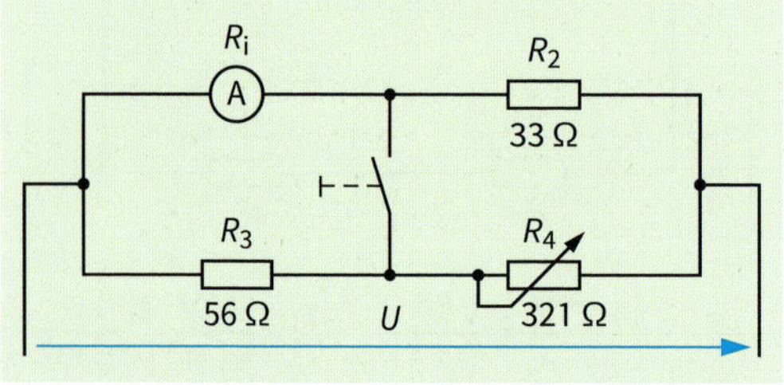

3. Mithilfe der abgebildeten Brückenschaltung lässt sich der Innenwiderstand von Spannungsquellen bestimmen.

a) Beschreiben Sie den Abgleichvorgang.

b) Berechnen Sie den Innenwiderstand der Quelle.

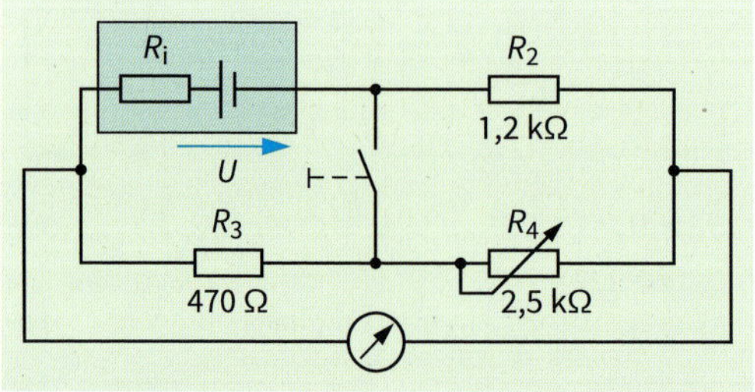

4. Die Brückenschaltung für einen Temperatursensor ist so abgeglichen, dass bei einer Temperatur von $\vartheta = 20\,°C$ die Brückenspannung $U_{AB} = 0\,V$ ist.

a) Wie verändert sich die Spannung zwischen A und B, wenn die Temperatur steigt (Polarität angeben)?

b) Überprüfen Sie Ihre Aussage durch eine Berechnung. Wählen Sie ggf. eigene Werte.

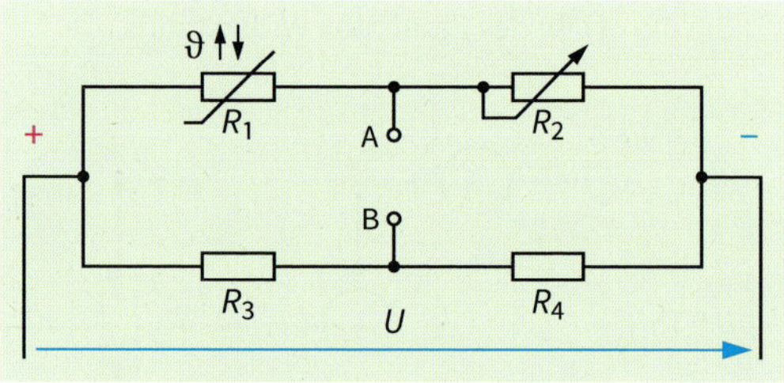

5. Mit der Brückenschaltung lässt sich die Spannung zwischen den Anschlüssen A und B durch das Potentiometer einstellen.

a) Wie groß sind die Spannungen an den einzelnen Widerständen?

b) Zwischen welchen Werten lässt sich die Spannung U_{AB} einstellen?

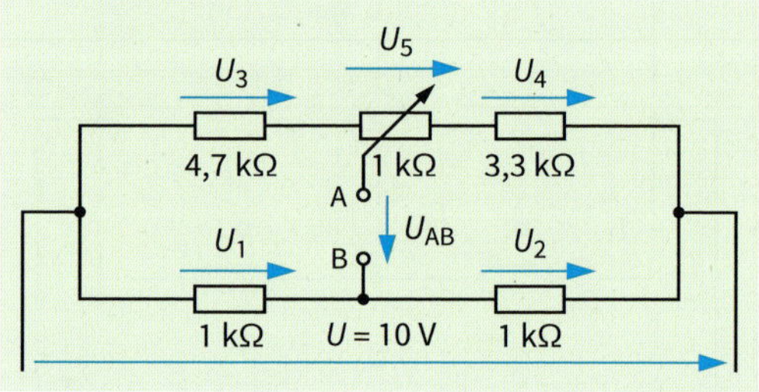

6. Zwischen zwei Adern kam es zu einer Berührung. Der Berührungsort wird mit der abgebildeten Messschaltung ermittelt. Der Übergangswiderstand zwischen den Adern kann vernachlässigt werden.

a) Stellen Sie die Formel für die Abgleichbedingung auf.

b) Berechnen Sie die Länge l_x.

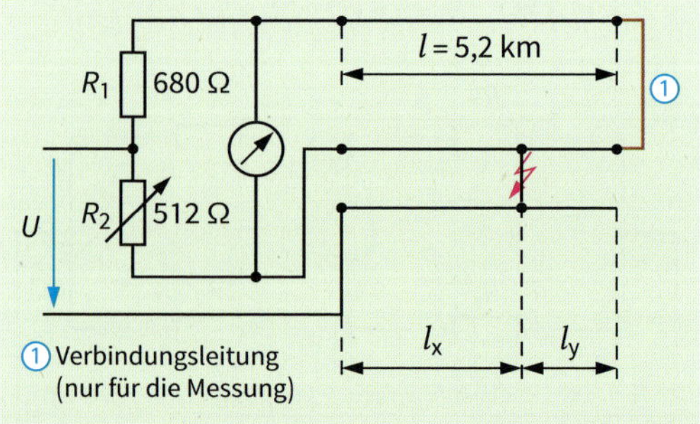

5 Elektrisches Feld und Kondensator

5.1 Elektrische Feldstärke

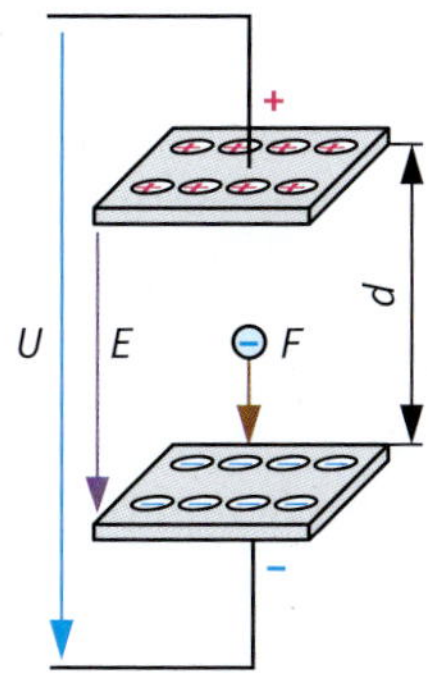

F Kraft $[F] = \text{V}$

E Elektrische Feldstärke $[E] = \frac{\text{N}}{\text{C}}$

$E = \frac{F}{Q}$ $Q = n \cdot e$

Q Ladung $[Q] = \text{C}$

1 C = 1 As

1 Nm = 1 VAs

e Elementarladung

$1\,e = 1{,}6 \cdot 10^{-19}$ As

Feldstärke des Plattenkondensators

$E = \frac{U}{d}$ *d* Plattenabstand $[E] = \frac{\text{V}}{\text{m}}$

Beispiel:

Im Oszilloskop bewegen sich Elektronen zwischen zwei parallelen Platten zum Bildschirm. Sie können als Plattenkondensator aufgefasst werden.

Durch die Spannung zwischen den Platten kommt es zu einer Ablenkung. Berechnen Sie die Feldstärke und die Kraft auf ein einzelnes Elektron.

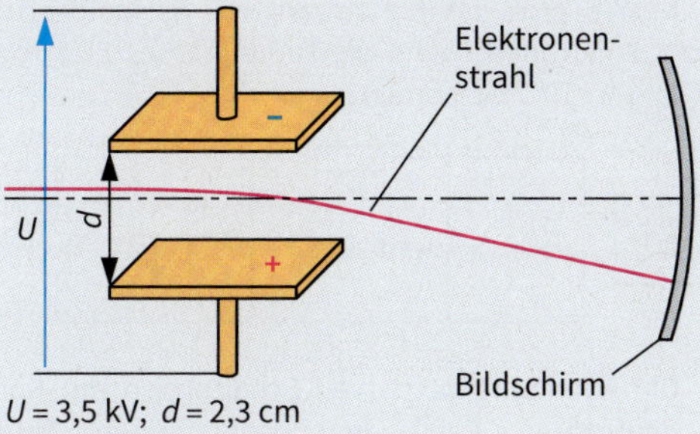

$U = 3{,}5$ kV; $d = 2{,}3$ cm

Lösung:

Geg.: $U = 3{,}5$ kV; $d = 2{,}3$ cm; $e = 1{,}6 \cdot 10^{-19}$ As

Ges.: *E* und *F*

$E = \frac{U}{d}$ $E = \frac{3{,}5 \cdot 10^3\,\text{V}}{2{,}3 \cdot 10^{-2}\,\text{m}}$ $\underline{\underline{E = 152 \cdot 10^3\,\frac{\text{V}}{\text{m}}}}$

$E = \frac{F}{Q}$ $Q = e$ $F = E \cdot e$

$F = 152 \cdot 10^3\,\frac{\text{V}}{\text{m}} \cdot 1{,}6 \cdot 10^{-19}\,\text{As}$

$F = 24{,}3 \cdot 10^{-15}\,\frac{\text{VAs}}{\text{m}}$ $\underline{\underline{F = 24{,}3 \cdot 10^{-15}\,\text{N}}}$

Aufgaben

1. In einer Versuchsreihe wurden zwei Kennlinien über die Kraftwirkung auf Ladungen im elektrischen Feld ermittelt.
   a) Beschreiben Sie die Zusammenhänge.
   b) Ermitteln Sie die Feldstärken für $F = 0{,}3$ mN.
   c) Wie groß sind die Ladungen Q_1 und Q_2?
   d) Die Ladungen Q_1 und Q_2 sollen negativ sein. Berechnen Sie die Anzahl der Elementarladungen.

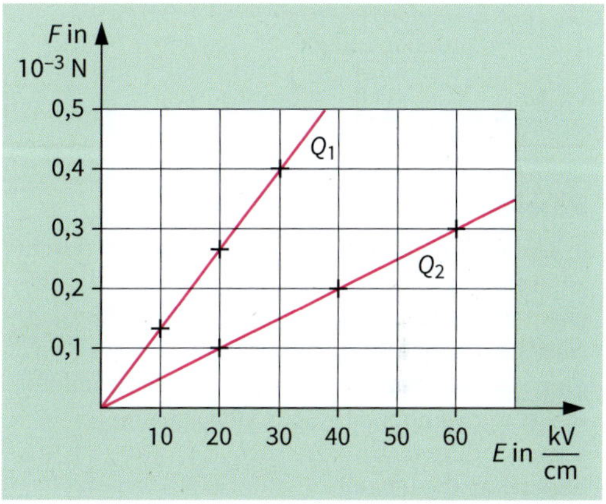

2. Zur Luftreinigung werden elektrostatische Luftfilter eingesetzt. In ihnen werden Kräfte auf geladene Staubteilchen ausgeübt. Wie groß ist die Kraft auf eine Ladung von $2{,}7 \cdot 10^{-12}$ C, wenn eine Feldstärke von 40 $\frac{\text{kV}}{\text{m}}$ angenommen werden kann?

3. Welcher Mindestabstand darf bei einer Betriebsspannung von 8000 V zwischen den Platten eines Kondensators nicht unterschritten werden, wenn die Feldstärke $1{,}3 \cdot 10^5\,\frac{\text{V}}{\text{m}}$ beträgt?

4. Berechnen Sie die Feldstärke in $\frac{\text{V}}{\text{m}}$ und $\frac{\text{V}}{\text{mm}}$, wenn die Spannung zwischen zwei parallelen Platten 110 kV beträgt. Als Plattenabstand werden 7,5 cm festgestellt.

5. Wenn zwischen zwei Platten die Feldstärke etwa 2,4 $\frac{\text{kV}}{\text{mm}}$ beträgt, besteht bei Luft die Gefahr eines Überschlags (Durchbruchs-, Durchschlagsfeldstärke). Ermitteln Sie den Minimalabstand eines Plattenkondensators, wenn eine Spannung von 300 kV anliegt.

6. Zeichnen Sie ein Diagramm, in dem die Feldstärke *E* in Abhängigkeit vom Abstand *d* beim Plattenkondensator dargestellt wird. Wählen Sie die Werte so, dass ein übersichtliches Diagramm entsteht.

5.2 Ladung, Kapazität und Spannung

C Kapazität des Kondensators $\quad [C] = \frac{\text{As}}{\text{V}}$

$1\,\frac{\text{As}}{\text{V}} = 1\text{ F}$ (Farad)

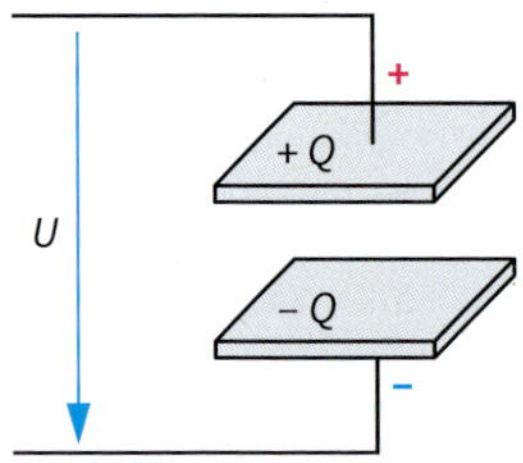

$1\text{ mF} = 10^{-3}\text{ F}$

$1\text{ µF} = 10^{-6}\text{ F}$

$1\text{ nF} = 10^{-8}\text{ F}$

$1\text{ pF} = 10^{-12}\text{ F}$

$Q = C \cdot U$

$Q = I \cdot t$

Beispiel:

In einem Physiklabor werden Materialien durch kurzzeitige Entladevorgänge zur Eignung als Dielektrika getestet. Zur Versuchsdurchführung wird stets die gleiche Ladungsmenge eines Kondensators verwendet. Die Aufladung des Kondensators erfolgt über eine Spannungsquelle.

Ladung: $Q = 2\text{ As}$

Kapazität: $C = 100\text{ µF}$

Wie groß ist die Spannung am Kondensator?

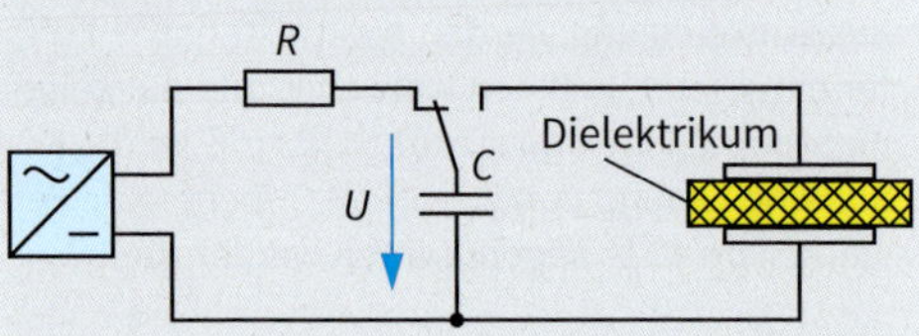

Lösung:

Geg.: $Q = 2\text{ As} \quad C = 100\text{ µF}$

Ges.: U

$Q = C \cdot U$

$U = \frac{Q}{C}$

$U = \frac{2\text{ As}}{100\text{ µF}}$

$U = \frac{2\text{ As}}{100\text{ µF}}$

$U = \frac{2\text{ As}}{100 \cdot 10^{-6}\,\frac{\text{As}}{\text{V}}}$

$U = \frac{2 \cdot 10^{6}\text{ V}}{100}$

$\underline{\underline{U = 20\text{ kV}}}$

Aufgaben

1. Ein Kondensator von 12 µF wird mit einem konstanten Ladestrom von 23 mA in der Zeit von 4,6 s aufgeladen. Wie groß ist die Endspannung?

2. Ein Kondensator mit unbekannter Kapazität wird 5 ms lang mit dem Strom von 2,86 mA aufgeladen. Die Spannung steigt auf den Wert von 530 V. Wie groß ist die Kapazität?

3. Ermitteln Sie aus dem Diagramm die Kapazitäten C_1 und C_2.

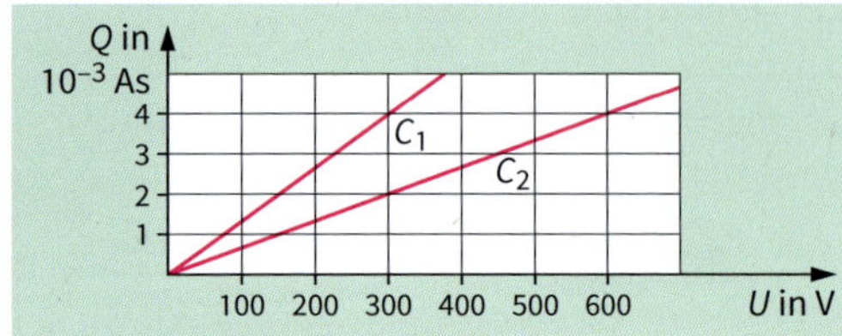

4. Zwei Kondensatoren werden mit einer konstanten Stromstärke geladen.
   a) Auf welche Spannung lädt sich C_2 nach 0,5 s auf, wenn ein konstanter Strom von 13 mA fließt?
   b) Wie groß ist die Kapazität C_1 bei gleicher Ladestromstärke?

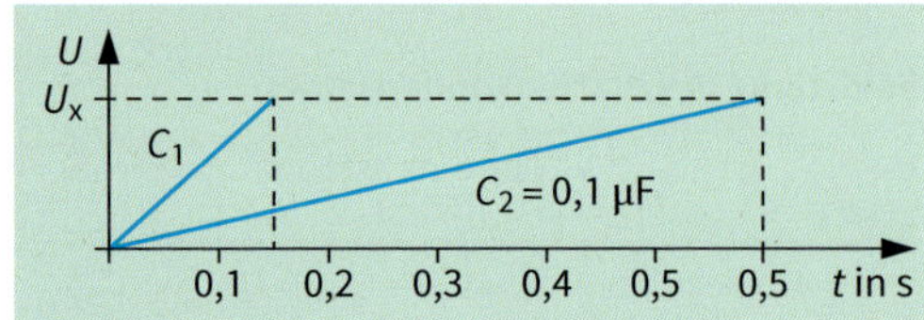

5. Die dargestellte Siebkette einer Gleichrichterschaltung enthält einen Lade- und Siebkondensator. Die Spannungen an den Kondensatoren $C_1 = 50\text{ µF}$ und $C_2 = 200\text{ µF}$ werden mit $U_1 = 380\text{ V}$ und $U_2 = 340\text{ V}$ gemessen.
   a) Wie groß ist die in den Kondensatoren gespeicherte Ladung?
   b) Wie groß ist die Anzahl der gespeicherten Elektronen, wenn die Ladung eines Elektrons $1{,}6 \cdot 10^{-19}$ As beträgt?

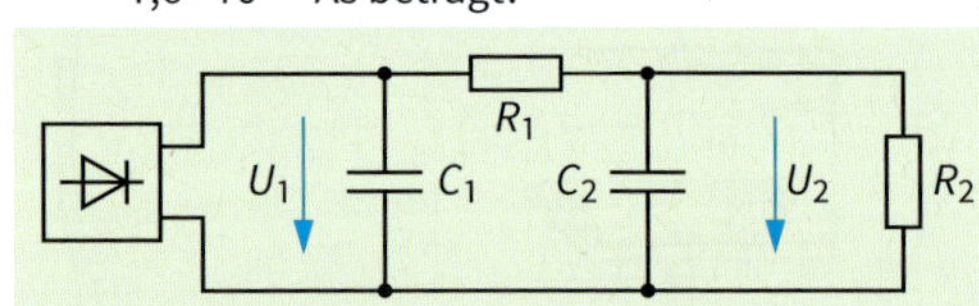

6. Die Abbildung zeigt zwei Schaltungen mit Kondensatoren, Relais und Widerständen. Beide Schaltungen haben folgende Werte:
   $U = 12\text{ V}$; $R = 470\ \Omega$; $C = 220\text{ µF}$; Relais: $200\ \Omega$
   a) Auf welche Endspannung laden sich die Kondensatoren auf?
   b) Wie groß ist die Ladung der Kondensatoren, wenn die Aufladevorgänge abgeschlossen sind?

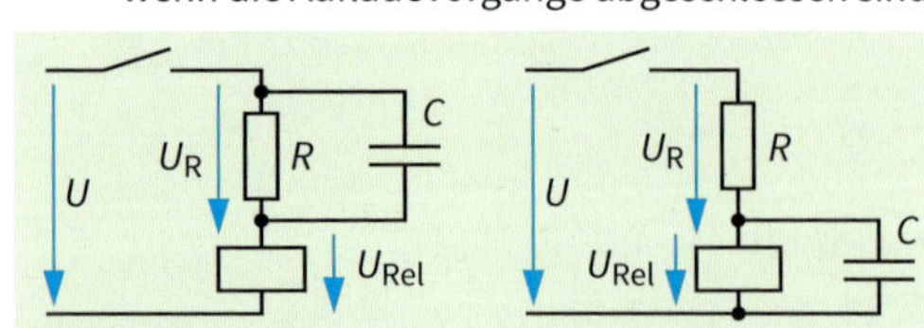

Relais mit Anzugsbeschleunigung — Relais mit Anzugs- und Abfallverzögerung

5.3 Kapazität des Kondensators

C Kapazität des Kondensators $[C] = \frac{\text{As}}{\text{V}}$

ε_0 Elektrische Feldkonstante $[\varepsilon_0] = \frac{\text{As}}{\text{Vm}}$

$\varepsilon_0 = 8{,}86 \cdot 10^{-12} \frac{\text{As}}{\text{Vm}}$

ε_r Permittivitätszahl $[\varepsilon_r] = 1$

ε Permittivität

$\varepsilon = \varepsilon_0 \cdot \varepsilon_r$

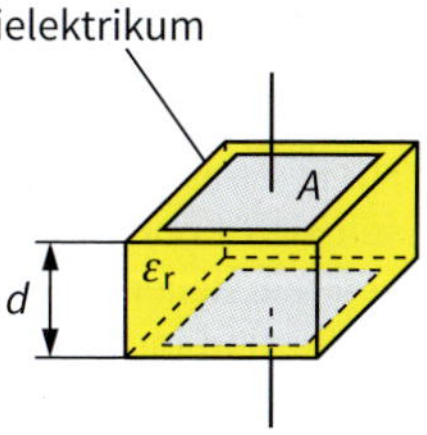

Die Permittivitätszahl ε_r gibt an, um wie viel sich die Kapazität eines Kondensators durch ein Dieklektrikum gegenüber Vakuum ($\varepsilon_r = 1$) erhöht. Für Luft gilt annähernd: $\varepsilon_r = 1$.

Plattenkondensator

$C = \frac{\varepsilon \cdot A}{d}$ A Fläche, d Plattenabstand

Beispiel:

Beim Erreichen eines bestimmten Füllstandes soll der abgebildete kapazitive Sensor auslösen. Er besteht im Prinzip aus zwei voneinander isolierten Kondensatorplatten. Ermitteln Sie die Kapazitätsänderung, wenn der Sensor vorher in Luft und dann in Öl eintaucht.

$a = 3{,}5$ cm
$b = 6{,}7$ cm
$\varepsilon_r = 2{,}5$ (Öl)
$d = 0{,}85$ cm

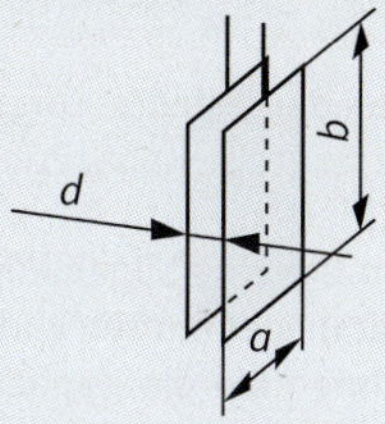

Lösung:

Geg.: Abmessungen (s. o.)
Ges.: Kapazitätsänderung von Luft nach Öl (ΔC)

$C_1 = \frac{\varepsilon_0 \cdot \varepsilon_r \cdot A}{d}$ $\quad A = a \cdot b \quad \varepsilon_r = 1$

$C_1 = \frac{8{,}86 \cdot 10^{-12}\,\text{As} \cdot 3{,}5\,\text{cm} \cdot 6{,}7\,\text{cm}}{\text{Vm} \cdot 0{,}85\,\text{cm}}$

$C_1 = 2{,}44$ pF

$C_2 = \frac{\varepsilon_0 \cdot \varepsilon_r \cdot A}{d}$ $\quad C_2 = 6{,}11$ pF

$\Delta C = C_2 - C_1$ $\quad \underline{\underline{\Delta C = 3{,}67\text{ pF}}}$

Aufgaben

1. Es sind folgende Werte angegeben:
$\varepsilon_r = 1$; $d = 8$ mm; $A = 100$ cm² … 500 cm²
$\varepsilon_r = 1$; $A = 200$ cm²; $d = 5$ mm … 60 mm
   a) Berechnen Sie für $A = 100$ cm², 200 cm², 300 cm², 400 cm² und 500 cm² die Kapazität.
   b) Zeichnen Sie den Kurvenverlauf für die Kapazität in Abhängigkeit von der Fläche.
   c) Berechnen Sie für $d = 5$ mm, 10 mm, 15 mm, 20 mm, 25 mm, 30 mm, 35 mm, 40 mm, 50 mm und 60 mm die Kapazität.
   d) Zeichnen Sie den Kurvenverlauf für die Kapazität in Abhängigkeit vom Plattenstand.
2. Auf einer beidseitig mit Leiterbahnen beschichteten Platine liegen einzelne Bahnen gegenüber. Sie wirken wie Platten von Kondensatoren. Die dadurch entstandenen Kondensatoren dürfen den Wert von 10 pF nicht überschreiten. Berechnen Sie die durch den Aufbau hervorgerufene Kapazität zwischen den Leiterbahnen, wenn folgende Werte bekannt sind:
Wirksame Leiterfläche: $A = 16$ mm²
Plattenabstand: $d = 2$ mm
Permittivitätszahl: $\varepsilon_r = 1{,}8$
3. Keramische Kondensatoren haben Dielektrika mit großen Permittivitätszahlen. Deshalb können auch bei großen Kapazitäten die Flächen klein sein. Über einen solchen Kondensator sind folgende Werte bekannt: $C = 47$ µF; $A = 1{,}3$ cm²
Wie groß muss die Fläche eines Folienkondensators der gleichen Kapazität in cm² sein, wenn $d = 0{,}05$ mm und $\varepsilon_r = 1{,}5$ groß sind?
4. Bei Elektrolytkondensatoren erreicht man durch Aufrauen der Plattenfläche eine Oberflächenvergrößerung. Berechnen Sie die wirksame Plattenfläche, wenn folgende Werte bekannt sind:
$C = 100$ µF; $\varepsilon_r = 1{,}3$ (Gesamtwert)
Dicke der Oxidschicht: 0,7 µm
Dicke des Papierdielektrikums: 6 µm
5. Ein Experimentierkondensator wird aufgeladen und danach von der Spannungsquelle getrennt. Die Spannung beträgt 500 V. Die Isolation des Kondensators ist gut, sodass für die Dauer des Versuchs die Ladung konstant bleibt. Auf welchen Wert ändert sich die Spannung, wenn der Plattenabstand von 3 cm auf 9 cm vergrößert wird?
6. Ein Elektrolytkondensator besitzt eine Kapazität von 220 µF. Die gleiche Kapazität soll mit einem Kunststofffolienkondensator realisiert werden. Die Foliendicke beträgt dabei 0,1 µm. Berechnen Sie die Fläche der Folie, wenn das Dielektrikum eine Permittivitätszahl von $\varepsilon_r = 1{,}9$ besitzt.

Aufgaben

1. Berechnen Sie zu dem Keramikkondensator die Permittivitätszahl des Dielektrikums.

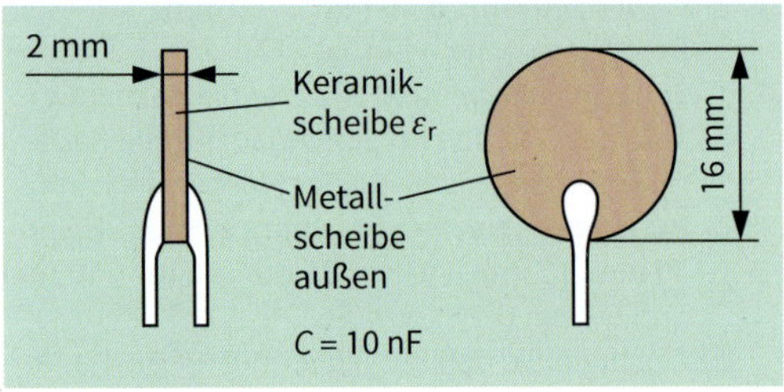

2. In der folgenden Abbildung ist der Aufbau eines abstimmbaren Kondensators zu sehen. Die halbkreisförmigen Scheiben lassen sich gegeneinander verdrehen. Berechnen Sie die maximal einstellbare Kapazität, wenn das Keramikdielektrikum eine Permittivitätszahl von 25,8 besitzt.

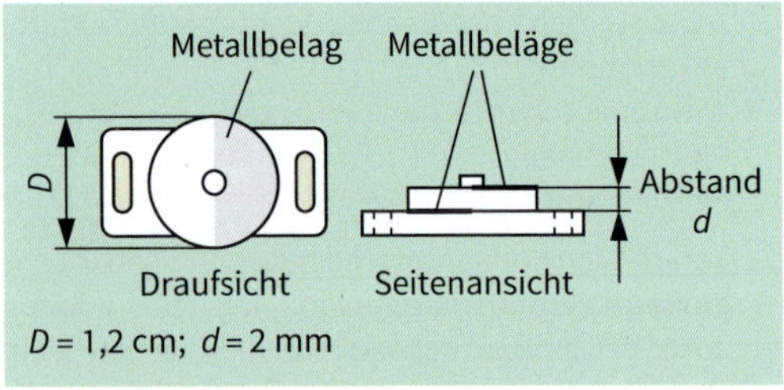

3. Elektrolytkondensatoren haben eine aufgeraute Plattenoberfläche. Dadurch erhöht sich die wirksame Oberfläche. Berechnen Sie die wirksame Oberfläche eines 470 µF Kondensators, dessen Oxidschicht 0,6 µm und dessen Dicke des Papierdielektrikums 6,5 µm betragen. Als Permittivitätszahl kann ein Wert von 8,5 angesetzt werden.

4. Im Diagramm sind die Kapazitäten von zwei Kondensatoren in Abhängigkeit von der Fläche dargestellt. Berechnen Sie die dazugehörigen Plattenabstände.

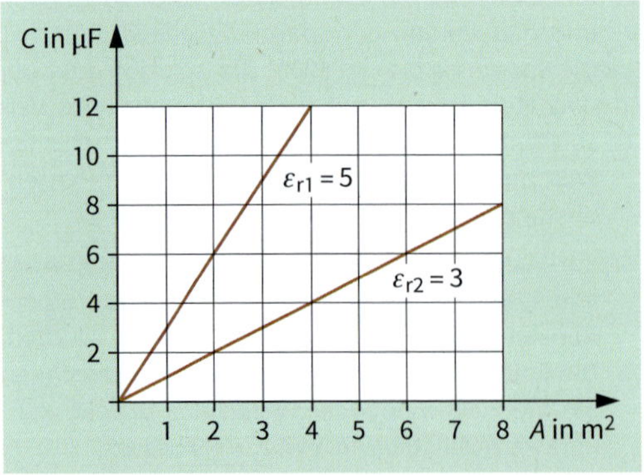

5. Der Zusammenhang zwischen der Kapazität und den Baugrößen soll berechnet und verdeutlicht werden.

a) Berechnen Sie die Kapazität C_1 und stellen Sie die Kapazität in Abhängigkeit von der Fläche grafisch dar, wenn folgende Größen gegeben sind: $\varepsilon_r = 1$; $d = 8$ mm; $A = 100$ cm² bis 500 cm².

b) Berechnen Sie die Kapazität C_2 und stellen Sie die Kapazität in Abhängigkeit von dem Plattenabstand grafisch dar, wenn folgende Größen gegeben sind: $\varepsilon_r = 1$; $A = 200$ cm²; $d = 5$ mm bis 60 mm.

6. Mit keramischen Materialien als Dielektrikum lassen sich Kondensatoren mit kleinen Abmessungen herstellen. Die Permittivitätszahlen dieser Stoffe sind im Vergleich zu Kunststoffen oder Papier recht groß. Die Fläche kann deshalb dementsprechend klein sein. Beispiel: $C = 47$ nF; $A = 1{,}2$ cm². Wie groß in cm² müsste z. B. die Fläche des in der Abbildung dargestellten Folienkondensators mit der gleich großen Kapazität sein, wenn folgende Werte gegeben sind: $d = 0{,}06$ mm; $\varepsilon_r = 1{,}4$?

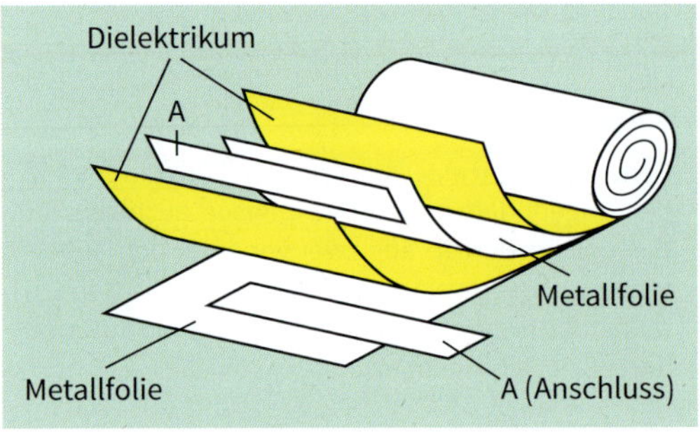

7. Der unten dargestellte Kondensator besitzt eine neunmal so große Kapazität wie ein Kondensator mit zwei Platten.

a) Stellen Sie eine allgemeine Formel auf, in der die Anzahl der Platten vorkommt.

b) Berechnen Sie die Kapazität eines Kondensators mit insgesamt 36 parallel geschalteten Belägen, mit jeweils 60 mm² für eine Fläche, einem Plattenabstand von 0,02 mm und einer Permittivitätszahl von 4.

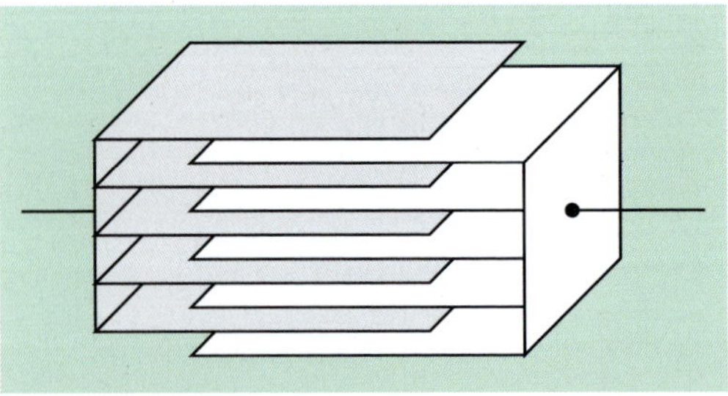

5.4 Auf- und Entladung von Kondensatoren

Einschaltvorgang

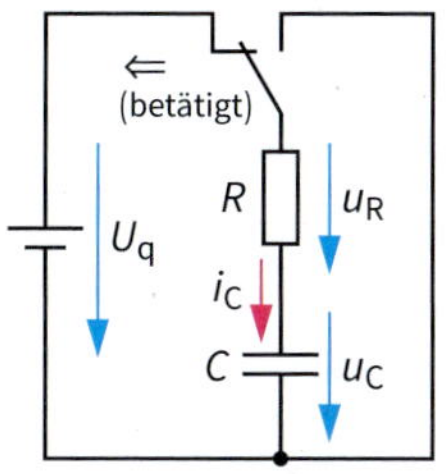

τ Zeitkonstante $[\tau] = \text{s}$

$\tau = R \cdot C$

$u_C = U_q \cdot (1 - e^{-\frac{t}{\tau}})$

$i_C = I_{max} \cdot e^{-\frac{t}{\tau}}$

$I_{max} = \frac{U_q}{R}$

Bei $t \approx 5\,\tau$ gilt: Kondensator ist aufgeladen

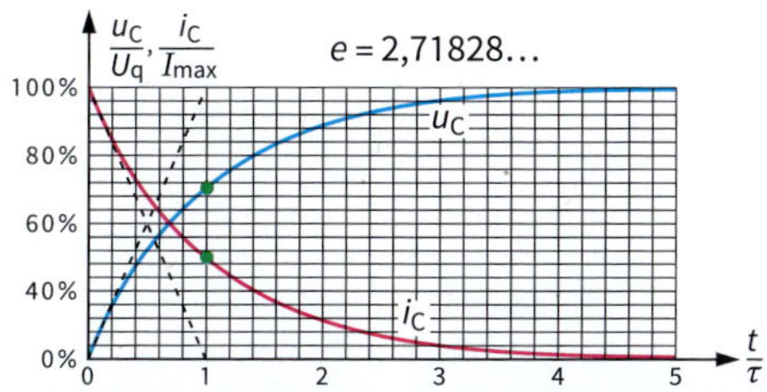

Zeit in τ	Ansteigende Kurve in Prozent		Zeit in τ	Abfallende Kurve in Prozent	
0	0	0 %	0	1,00	100 %
1	0,6321	63 %	1	0,3689	37 %
2	0,8646	86 %	2	0,1353	14 %
3	0,9502	95 %	3	0,0498	5 %
4	0,9817	98 %	4	0,0183	2 %
5	0,9933	99 %	5	0,0067	1 %

Beispiel:

Ein Kondensator mit $C = 47\,\mu\text{F}$ wird über einen Widerstand von $10\,\text{k}\Omega$ an eine Spannungsquelle mit $U_q = 10\,\text{V}$ gelegt und aufgeladen.

a) Wie groß ist die Stromstärke im Einschaltmoment?

b) Berechnen Sie die Zeitkonstante.

c) Auf welche Spannung lädt sich der Kondensator nach $t = 5 \cdot \tau$ auf?

d) Wie groß ist die Spannung am Kondensator nach 120 ms?

Lösung:

Geg.: $C = 47\,\mu\text{F}$; $R = 10\,\text{k}\Omega$; $U_q = 10\,\text{V}$; $t = 120\,\text{ms}$

Ges.: a) I_{max} b) τ c) u_C bei $t = 5 \cdot \tau$
d) u_C nach 120 ms

a) $I_{max} = \frac{U_q}{R}$ $I_{max} = \frac{10\,\text{V}}{1\,\text{k}\Omega}$ $\underline{\underline{I_{max} = 10\,\text{mA}}}$

b) $\tau = R \cdot C$ $\tau = 47\,\mu\text{F} \cdot 10\,\text{k}\Omega$
$\tau = 470 \cdot 10^{-3}\,\text{s}$ $\tau = 0{,}47\,\text{s}$

c) Bei $t = 5 \cdot \tau$ ist $u_C = 0{,}9933 \cdot U_q$ $\underline{\underline{u_C = 9{,}933\,\text{V}}}$

d) **1. Lösung mit normiertem Diagramm**
Bei normierten Diagrammen sind die Größen an den Achsen Brüche (Momentanwert/Maximalwert). Um den Wert aus dem Diagramm entnehmen zu können, muss zunächst der Wert t/τ berechnet werden.

$\frac{t}{\tau} = \frac{0{,}12\,\text{s}}{0{,}47\,\text{s}}$ $\frac{t}{\tau} = 0{,}255$

Mit diesem Wert wird aus dem Diagramm das Spannungsverhältnis u_C/U_q bestimmt und dann u_C berechnet.

$\frac{u_C}{U_q} = 0{,}23$ $u_C = 10\,\text{V} \cdot 0{,}23$ $\underline{\underline{u_C = 2{,}3\,\text{V}}}$

2. Mathematische Lösung

$u_C = U_q \cdot (1 - e^{-\frac{t}{\tau}})$ $\frac{t}{\tau} = 0{,}255$

$u_C = 10\,\text{V} \cdot (1 - e^{-0{,}255})$

$u_C = 10\,\text{V} \cdot (1 - 0775)$ $\underline{\underline{u_C = 2{,}25\,\text{V}}}$

Aufgaben

1. Mit einem parallel geschalteten Kondensator reagiert ein Relais anzugs- und abfallverzögert. Der Widerstand des Relais soll als Wirkwiderstand mit $500\,\Omega$ aufgefasst werden.
   a) Berechnen Sie die Stromstärke I im Einschaltmoment.
   b) Wie groß ist die Stromstärke I, wenn der Aufladevorgang abgeschlossen ist?
   c) Berechnen Sie die Spannung am Relais, wenn der Aufladevorgang abgeschlossen ist.
   d) Wie groß ist die Stromstärke durch die Relaiswicklung, wenn nach Ablauf der Aufladung der Schalter geöffnet wird?
   e) Berechnen Sie die Stromstärke durch die Relaiswicklung eine Sekunde nach Öffnen des Schalters (Lösung mit normiertem Diagramm und mathematisch).

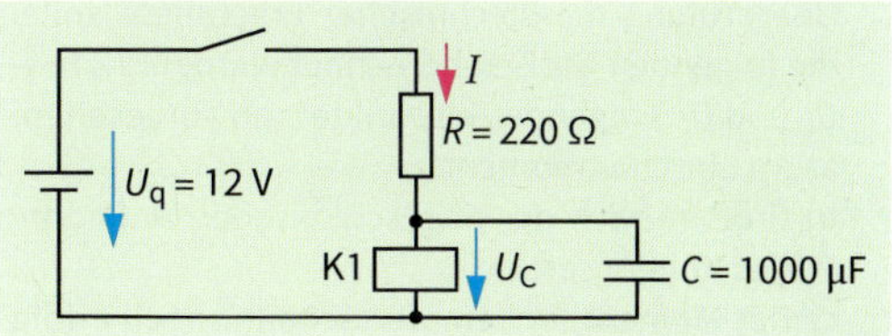

2. Das RC-Glied arbeitet als Impulsformer. Die Zeitkonstante der Schaltung reicht nicht aus. Sie soll durch Zuschalten eines Kondensators bzw. Widerstands verdoppelt werden. Zeichnen Sie die Schaltungen mit dem zugeschalteten Widerstand und Kondensator. Berechnen Sie beide Werte.

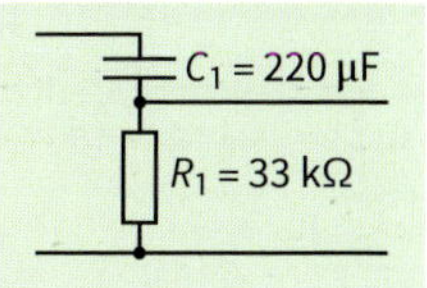

Ausschaltvorgang

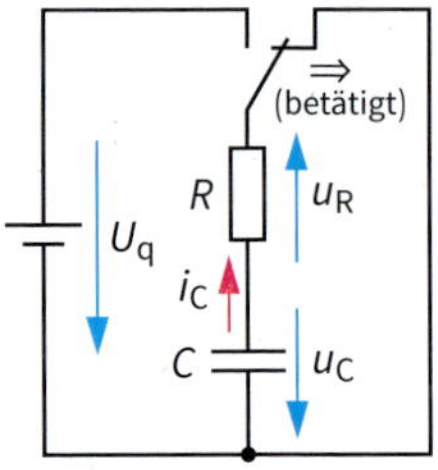

τ Zeitkonstante $[\tau] = s$

$\tau = R \cdot C$

$u_C = U_q \cdot e^{-\frac{t}{\tau}}$

$i_C = -I_{max} \cdot (e^{-\frac{t}{\tau}})$

$I_{max} = \frac{U_q}{R}$

Bei $t \approx 5\,\tau$ gilt: Kondensator ist entladen

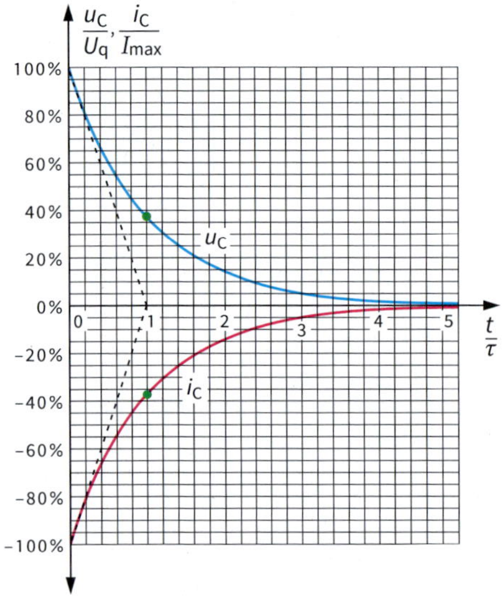

Beispiel:

Kondensatoren sind keine idealen Bauteile. Aufgrund des Dielektrikums liegt zur Kapazität immer ein Wirkwiderstand parallel (Isolationswiderstand). Zur Bestimmung dieses Isolationswiderstands wurden bei einem 10 µF Kondensator folgende Messungen durchgeführt:

- Aufladespannung 100 V
- Nach einer Zeit von 2,2 s wurde noch eine Spannung von 60 V gemessen, nachdem er von der Spannungsquelle getrennt wurde.

Berechnen Sie den Isolationswiderstand.

Lösung:

Geg.: $C = 10\,\mu F$; $U_q = 100\,V$; bei $t = 2{,}2$ s wird eine Spannung von 60 V gemessen

Ges.: Isolationswiderstand

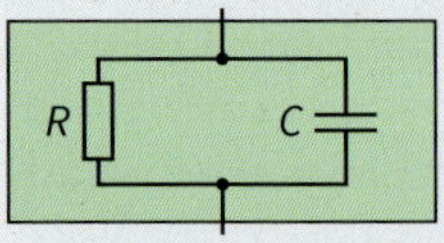

$u_C = U_q \cdot e^{-\frac{t}{\tau}}$

$\frac{u_C}{U_q} = e^{-\frac{t}{\tau}}$

$0{,}6 = e^{-\frac{t}{\tau}}$

Den Exponenten $\frac{t}{\tau}$ erhält man, indem auf dem Taschenrechner die Umkehrfunktion gebildet wird (natürlicher Logarithmus, ln)

$-\frac{t}{\tau} = \ln 0{,}6$ $\qquad \tau = R \cdot C$

$-\frac{t}{R \cdot C} = \ln 0{,}6$ ln $\qquad R = \frac{-t}{C \cdot \ln 0{,}6}$

$R = \frac{-2{,}2\,s}{10 \cdot 10^{-6}\,\frac{As}{V}\,(-0{,}511)}$ $\qquad \underline{\underline{R = 431\,k\Omega}}$

Aufgaben

1. Das dargestellte RC-Netzwerk soll untersucht werden. Dazu wird der Schalter geschlossen und nach Aufladung des Kondensators wieder geöffnet. Zur Überprüfung messtechnischer Ergebnisse sollen die folgenden Größen berechnet werden: I_1, I_2, I_3, U_C und U_2. Folgende Zeitpunkte sind vorgesehen:
   a) Im Einschaltmoment.
   b) Größen nach der abgeschlossenen Aufladung des Kondensators.
   c) Der Moment, in dem der Schalter nach erfolgter Aufladung wieder geöffnet wird.

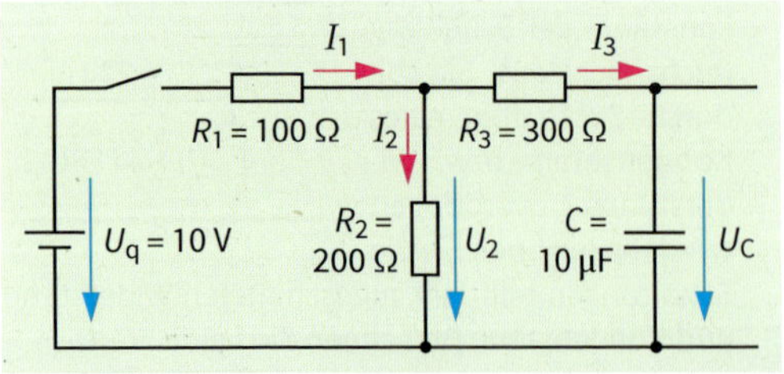

2. Das RC-Glied im abgebildeten Schaltbild dient der Übertragung von Impulsen zwischen zwei Verstärkern. In dem Widerstand R ist bereits der Eingangswiderstand der nachfolgenden Stufe enthalten.
   a) Skizzieren Sie den Verlauf der Spannung u_R, wenn als Eingangsspannungen rechteckförmige Impulse mit einem Maximalwert von 4,8 V auftreten. Die Periodendauer der Impulse ist etwa zehnmal so groß wie die Zeitkonstante der RC-Schaltung.
   b) Berechnen Sie die Zeitkonstante.
   c) Berechnen Sie die Spannung u_R, wenn nach einem positiven Spannungssprung am Eingang Zeiten von $0{,}10 \cdot \tau$ und $0{,}75 \cdot \tau$ vergangen sind.

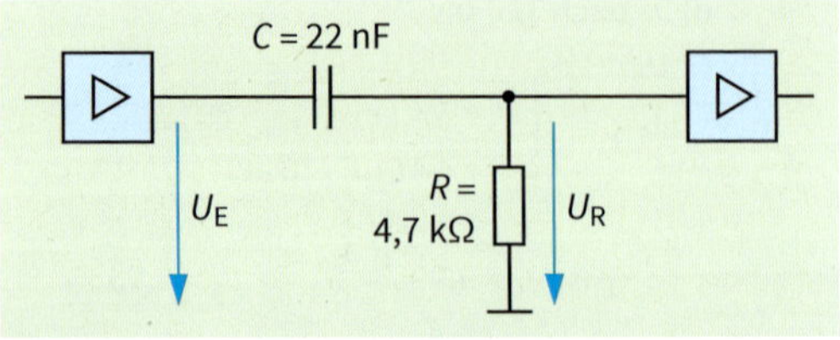

3. Die Glimmlampe besitzt eine Zündspannung von 83 V. Sie wird über einen Vorwiderstand an einer Gleichspannung mit $U_q = 200$ V betrieben. Im ungezündeten Zustand ist der Widerstand der Glimmlampe im Vergleich zum Vorwiderstand sehr groß (vernachlässigbar).
Berechnen Sie die Zeit, die bis zum Zünden der Glimmlampe nach dem Betätigen des Schalters vergeht.

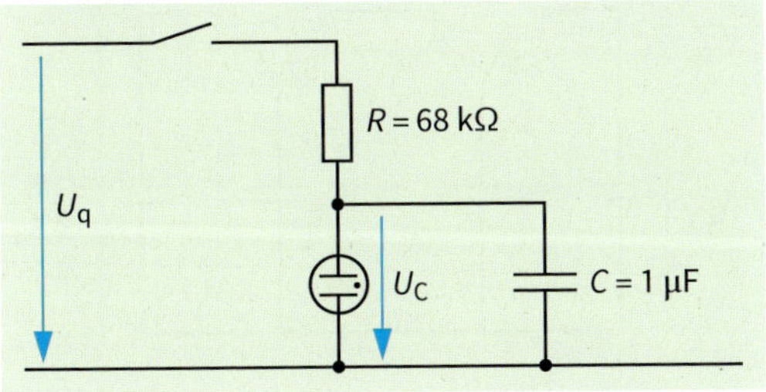

4. Die Zeitkonstante aus R_1 und C_1 beträgt $47 \cdot 10^{-3}$ s.

a) Auf welchen Wert sinkt die Spannung am Kondensator, wenn der Widerstand $R_2 = 4{,}7$ kΩ hinzugeschaltet wird?

b) Skizzieren Sie die Spannung u_C und die Stromstärke i_C, wenn der Schalter hin- und hergeschaltet wird. Die Schaltzeiten betragen $5 \cdot \tau$.

c) Berechnen Sie für die Schaltvorgänge in b) die maximalen Stromstärken.

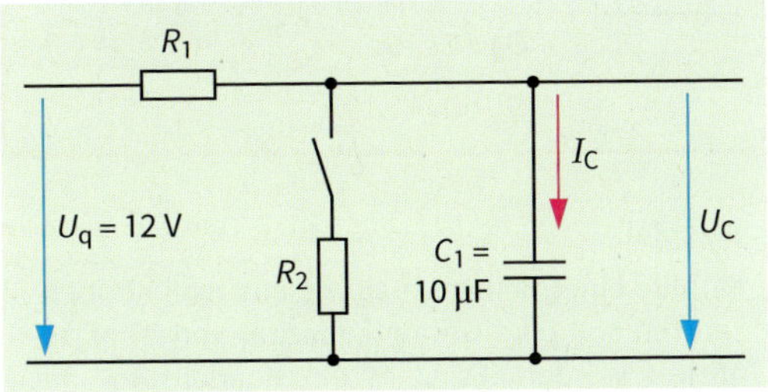

5. Der Kondensator zwischen den Verstärkern soll in Verbindung mit dem Eingangswiderstand der nachfolgenden Stufe als Impulsformer arbeiten. Die damit erzielbare Zeitkonstante reicht jedoch nicht aus. Mit einem zuschaltbaren Widerstand bzw. Kondensator soll eine Verdopplung der Zeitkonstante erreicht werden. Zeichnen Sie die Schaltung und berechnen Sie die zuschaltbaren Bauteile.

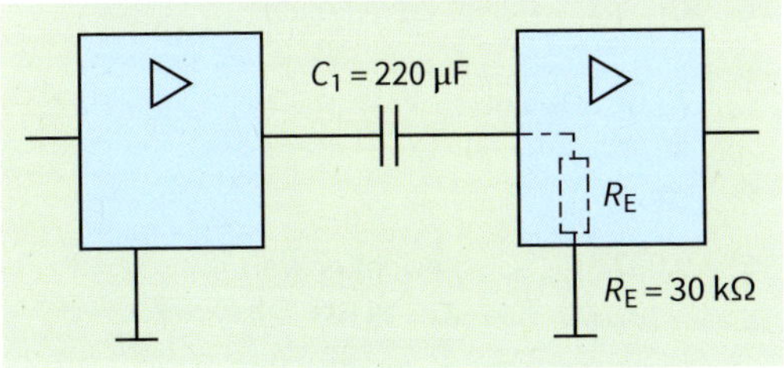

6. Am Eingang einer Transistorschaltung liegen Rechteckimpulse mit einer Impulshöhe von 5 V. Bekannt sind folgende Größen:
$C = 86$ nF; $R_1 = 3{,}9$ kΩ; $R_{BE} = 2{,}4$ kΩ (Eingangswiderstand des Transistors).

a) Berechnen Sie die Zeitkonstante der Parallelschaltung aus R_1 und C.

b) Wie groß ist der maximale Basisstrom I_B, wenn die Spannung von 0 V auf 5 V ansteigt?

c) Wie groß ist die Spannung U_{BE}, wenn Ausgleichsvorgänge abgeschlossen sind und der Eingangsimpuls von 5 V lange genug anliegt?

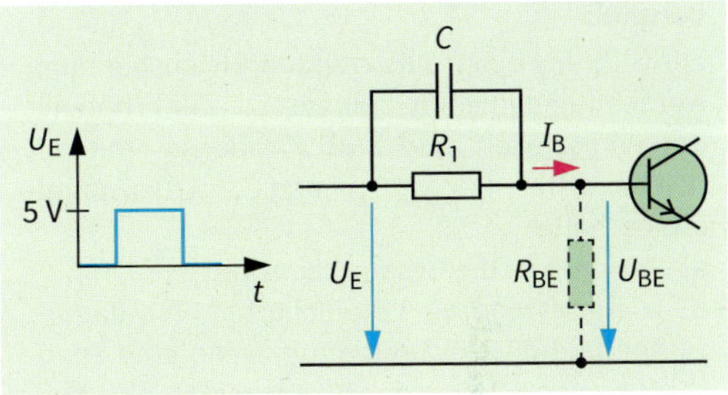

7. Die Transistorschaltung befindet sich in einer Logikschaltung, in der Rechteckimpulse auftreten. Folgende Werte sind bekannt bzw. vorgegeben:
$R_1 = 10$ kΩ; $R_{BE} = 4{,}8$ kΩ (Eingangswiderstand des Transistors).
Die Kapazität des Kondensators soll so bemessen werden, dass die Eingangsschaltung eine Zeitkonstante von 0,14 ms aufweist. Wie groß ist die Kapazität? Wählen Sie den nächstliegenden Normwert.

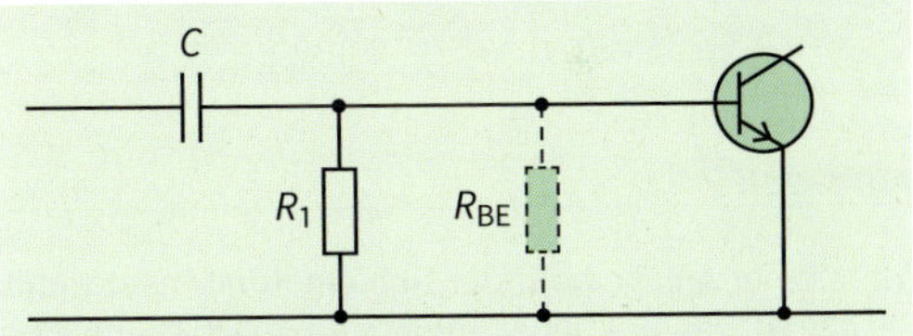

8. Gegeben ist das Netzwerk mit den dort aufgeführten Werten. Der Schalter wird geschlossen und nach der Aufladung von C wieder geöffnet. Berechnen Sie I_1, I_2, I_3, U_C und U_2

a) im Einschaltmoment,

b) nach Aufladung des Kondensators und

c) im Ausschaltmoment.

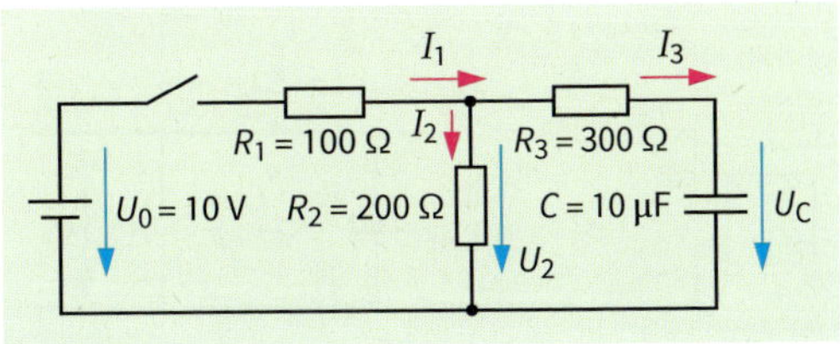

5.5 Schaltungen mit Kondensatoren

Parallelschaltung

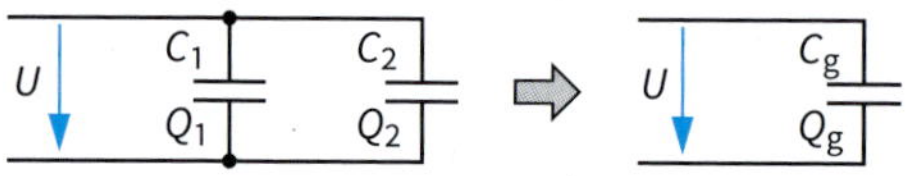

$Q_1 = C_1 \cdot U$

$Q_2 = C_2 \cdot U$

$Q_n = C_n \cdot U$

$Q_g = Q_1 + Q_2 + \ldots Q_n$

$C_g = C_1 + C_2 + \ldots C_n$

Beispiel:

Zur Glättung einer pulsierenden Gleichspannung werden Kondensatoren eingesetzt. Zur Erhöhung der Wirksamkeit sind zwei Kondensatoren mit den Kapazitäten $C_1 = 220\ \mu F$ und $C_2 = 470\ \mu F$ parallel geschaltet.

a) Wie groß ist die Gesamtkapazität?

b) Wie groß sind die gespeicherten Einzelladungen und die Gesamtladung, wenn eine Spannung von 5,3 V an den Kondensatoren gemessen wurde?

Lösung:

Geg.: $C_1 = 220\ \mu F$; $C_2 = 470\ \mu F$; $U = 5{,}3\ V$

Ges.: a) C_g b) Q_1, Q_2 und Q_g

a) $C_g = C_1 + C_2$ $\quad \underline{\underline{C_g = 690\ \mu F}}$

b) $Q_1 = C_1 \cdot U$ $\quad Q_1 = 220\ \mu F \cdot 5{,}3\ V$

$\underline{\underline{Q_1 = 1{,}17 \cdot 10^{-3}\ As}}$

$Q_2 = C_2 \cdot U$ $\quad Q_2 = 470\ \mu F \cdot 5{,}3\ V$

$\underline{\underline{Q_2 = 1{,}17 \cdot 10^{-3}\ As}}$

$Q_g = Q_1 + Q_2$ $\quad \underline{\underline{Q_g = 3{,}66 \cdot 10^{-3}\ As}}$

Aufgaben

1. In einer Anlage befindet sich ein Kondensator mit 470 µF, der mit 300 V aufgeladen wird. Durch Parallelschaltung eines weiteren Kondensators soll die Gesamtladung auf $Q_g = 0{,}5$ As vergrößert werden. Wie groß ist die Kapazität des zuschaltbaren Kondensators (Normwert wählen)?

2. Ein Kondensator C_1 ist auf 90 V aufgeladen worden. Wie groß wird die Spannung U_2, wenn S1 geöffnet und S2 geschlossen werden?

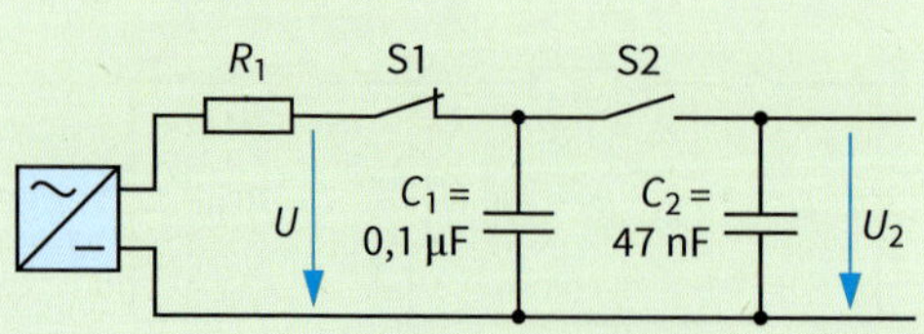

3. Die Kondensatoren $C_1 = 10$ nF und $C_2 = 30$ nF sind in den Schalterstellungen 1 (S1 und S2) aufgeladen worden. Nach erfolgter Aufladung werden die Schalter in Stellung 2 gebracht. Verluste können vernachlässigt werden. Berechnen Sie die Spannung an den Kondensatoren, wenn die Ausgleichsvorgänge abgeschlossen sind.

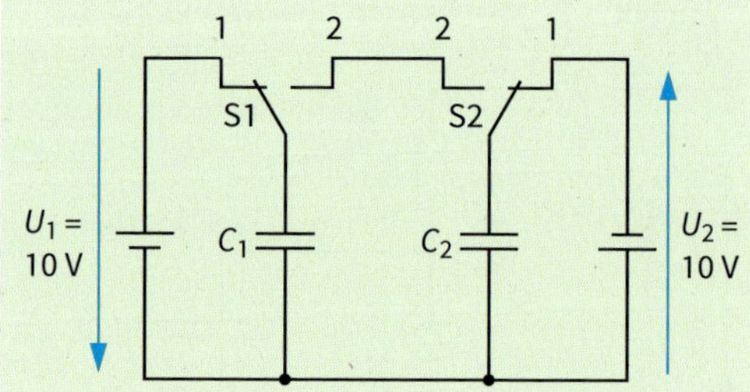

Reihenschaltung

$U_g = U_1 + U_2 + \ldots U_n$

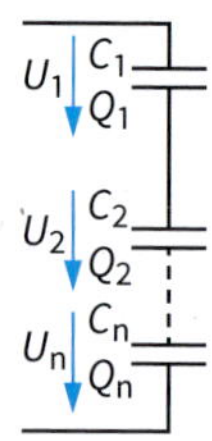

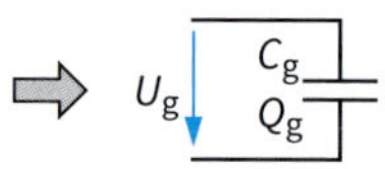

$Q_1 = C_1 \cdot U_1$

$Q_2 = C_2 \cdot U_2$

$Q_n = C_n \cdot U_n$ $\quad \frac{1}{C_g} = \frac{1}{C_1} + \frac{1}{C_2} + \ldots + \frac{1}{C_n}$

$Q_1 = Q_2 = \ldots Q_g$

Beispiel:

Mithilfe einer Reihenschaltung aus zwei Kondensatoren soll eine Gesamtkapazität von 27 nF realisiert werden. Es steht ein Kondensator mit $C_1 = 150$ nF zur Verfügung. Wie groß ist die Kapazität des zuschaltbaren Kondensators? (nächstliegenden Normwert wählen)

Lösung:

Geg.: $C_g = 27$ nF; $C_1 = 150$ nF

Ges.: C_2

$\frac{1}{C_g} = \frac{1}{C_1} + \frac{1}{C_2}$ $\quad \frac{1}{C_2} = \frac{1}{C_g} - \frac{1}{C_1}$

$\frac{1}{C_2} = \frac{1}{27\ nF} - \frac{1}{150\ nF}$

$\frac{1}{C_2} = \frac{30{,}3}{nF}$

$C_2 = 0{,}033$ nF $\quad$ gewählter Wert: $\underline{\underline{C_2 = 33\ nF}}$

Aufgaben

4. Die zwei Platten eines Experimentierkondensators werden mit einer Spannungsquelle aufgeladen. Dann entfernt man die Spannungsquelle. Die Isolation der Platten kann als sehr gut angenommen werden.
Auf welchen Wert verändert sich die Spannung, wenn durch eine Abstandsvergrößerung die Kondensatorkapazität auf $\frac{1}{3}$ verringert wird?

5. Ein Kondensator mit $C = 10$ nF ist an einer Spannungsquelle mit $U = 20$ V aufgeladen worden. Danach wurde er von der Spannungsquelle entfernt und zu ihm ein nicht aufgeladener Kondensator von ebenfalls 10 nF parallel geschaltet. Wie groß ist die Spannung an der Parallelschaltung, wenn Ausgleichsvorgänge abgeschlossen sind und Verluste vernachlässigt werden können?

6. Wie groß ist die Fläche eines Folienkondensators von $C = 10$ nF, wenn $\varepsilon_r = 2{,}3$ beträgt und der Abstand zwischen den Flächen mit $d = 0{,}01$ mm angenommen werden kann?

7. Die Reihenschaltung aus zwei Kondensatoren hat eine Kapazität von 16 µF. Der eine Kondensator besitzt eine Kapazität von 47 µF. Wie groß ist die Kapazität des zweiten Kondensators?

8. Berechnen Sie die Spannungen an den Kondensatoren der Reihenschaltung, die Gesamtkapazität und die Ladungen auf den Kondensatoren.

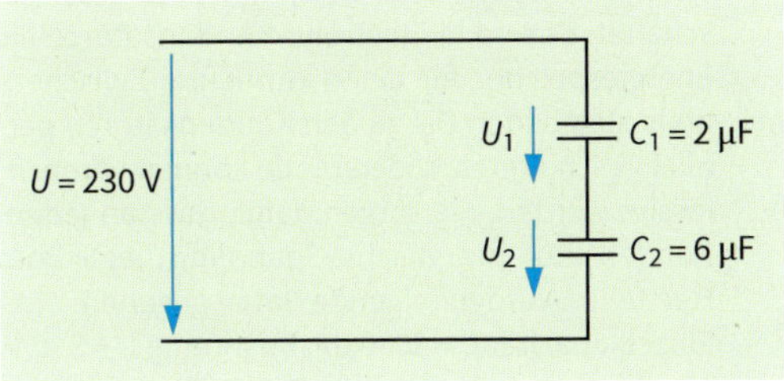

9. Durch Vergleich der Spannungen an der Reihenschaltung von zwei Kondensatoren lassen sich unbekannte Kapazitäten bestimmen. Bekannte Kapazität $C_N = 5$ nF, Teilspannungen $U_x = 230$ V, $U_N = 170$ V.
Berechnen Sie die unbekannte Kapazität C_x.

10. Die Gesamtkapazität einer Reihenschaltung aus drei Kondensatoren beträgt 120 nF. Zwei Kondensatoren haben die Werte 470 nF und 560 nF. Wie groß ist C_3?

11. Drei Kondensatoren mit den Kapazitäten von 0,1 µF; 0,22 µF und 0,68 µF sind in Reihe geschaltet und liegen an einer Gesamtspannung von 100 V. Berechnen Sie die
a) Gesamtkapazität,
b) Spannungen an den Einzelkondensatoren und
c) Ladungen der Kondensatoren.

12. Drei Kondensatoren sind in Reihe geschaltet. Bekannt ist die Gesamtkapazität und zwei Teilkapazitäten: $C_g = 18$ nF; $C_1 = 47$ nF; $C_2 = 56$ nF
a) Berechnen Sie die dritte Kapazität.
b) Wie groß sind die Teilspannungen, wenn die Gesamtschaltung an einer Spannung von 136 V liegt?
c) Berechnen Sie die Gesamtkapazität, wenn alle drei Kondensatoren parallel liegen.

13. Berechnen Sie zur abgebildeten Schaltung die Spannungen an den Kondensatoren, die Gesamtkapazität und die Ladung der Kondensatoren.

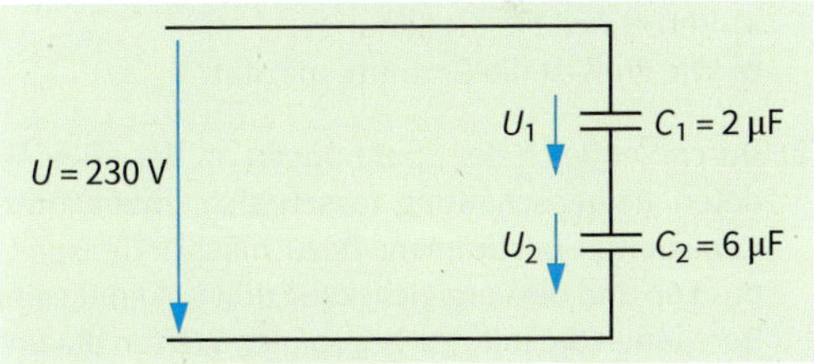

14. Entstörfilter besitzen Spulen und Kondensatoren. Berechnen Sie die Gesamtkapazität aus C_x und C_y auf der Eingangsseite.

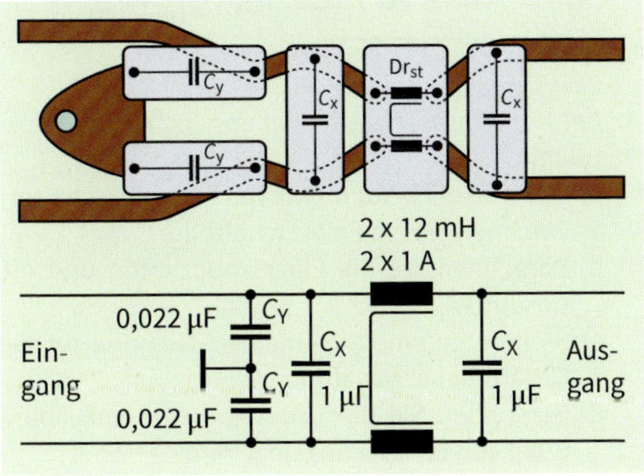

15. Es stehen drei Kondensatoren mit $C_1 = 7$ µF; $C_2 = 4$ µF und $C_3 = 12$ µF zur Verfügung. Mit ihnen soll möglichst genau der Wert von 10 µF verwirklicht werden. Zeichnen Sie die Schaltung und weisen Sie durch eine Berechnung die Richtigkeit der Schaltung nach.

Aufgaben

1. Die Reihenschaltung aus zwei Kondensatoren liegt an einer Gesamtspannung von 200 V. Die Kondensatoren sind für jeweils 100 V Bemessungsspannung ausgelegt. Berechnen Sie, ob in dieser Schaltung die Spannungen überschritten werden.

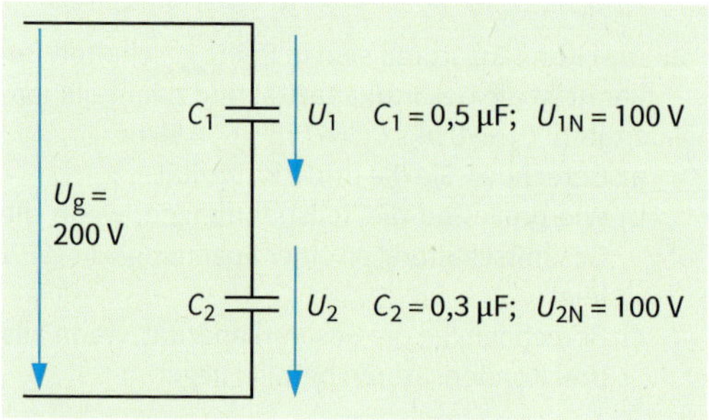

2. Die Reihenschaltung aus $C_1 = 1{,}5\ \mu F$ und $4{,}7\ \mu F$ wird 1,2 Sekunden lang durch eine konstante Stromstärke von 3 mA aufgeladen.
a) Berechnen Sie die Ladung.
b) Wie groß ist die Gesamtkapazität?

3. Durch Vergleich der Spannungen an der abgebildeten Reihenschaltung lassen sich unbekannte Kapazitäten bestimmen. Dazu müssen Teilspannungen und die Vergleichskapazität bekannt sein. Berechnen Sie mit den gegebenen Werten die unbekannte Kapazität C_X.

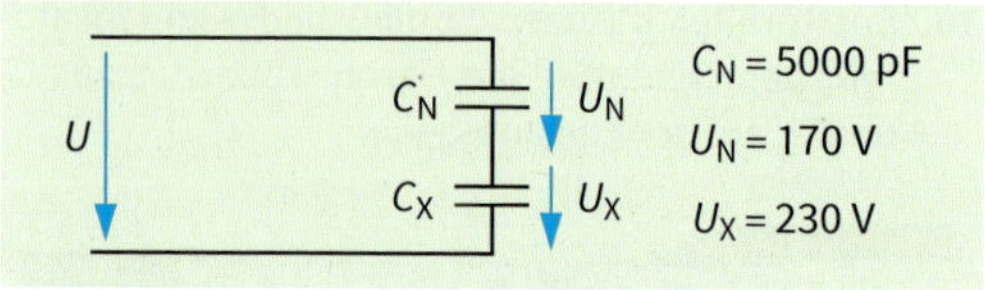

4. Der Kondensator besitzt ein geschichtetes Dielektrikum.
a) Wie sind die beiden Teilkapazitäten geschaltet? Zeichnen Sie ein Ersatzschaltbild.
b) Berechnen Sie die Einzelkapazitäten und die Gesamtkapazität.
c) Stellen Sie eine allgemeine Gleichung für die Gesamtkapazität auf.
d) Berechnen Sie die Ladung, wenn eine Spannung von $U = 24\ V$ angelegt wird.

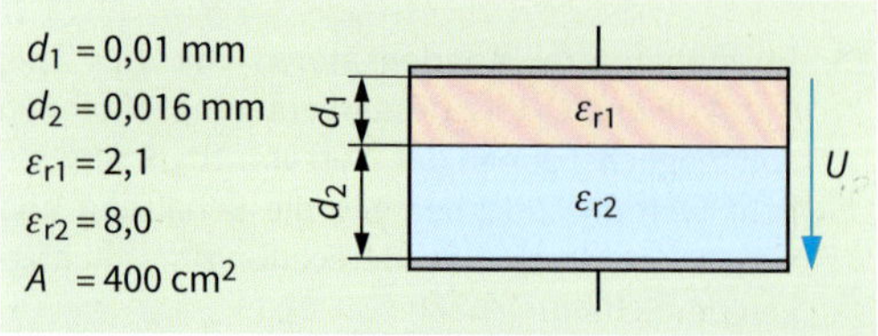

5. Die Reihenschaltung aus zwei Kondensatoren besitzt eine Gesamtkapazität von 16 μF. Ein Kondensator hat eine Kapazität von 47 μF. Wie groß ist die Kapazität des zweiten Kondensators?

6. Drei Kondensatoren mit je 22 nF sind in Reihe geschaltet. Berechnen Sie die Gesamtkapazität der Schaltung.

7. Wie groß muss der Einstellbereich von C_2 sein, wenn die Gesamtkapazität C_g von 59 pF ... 114 pF veränderbar sein soll?

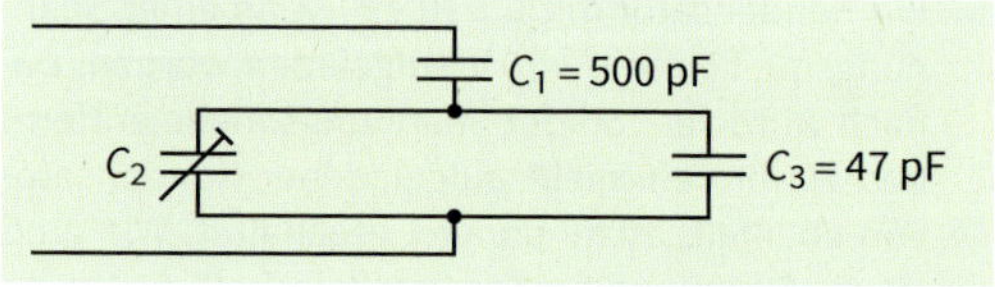

8. Es stehen drei Kondensatoren mit $C_1 = 7\ \mu F$, $C_2 = 4\ \mu F$ und $C_3 = 12\ \mu F$ zur Verfügung. Mit ihnen soll möglichst genau der Wert von 10 μF verwirklicht werden. Zeichnen Sie die Schaltung und weisen Sie durch eine Berechnung die Richtigkeit der Schaltung nach.

9. Berechnen Sie die Gesamtkapazität der Schaltung.

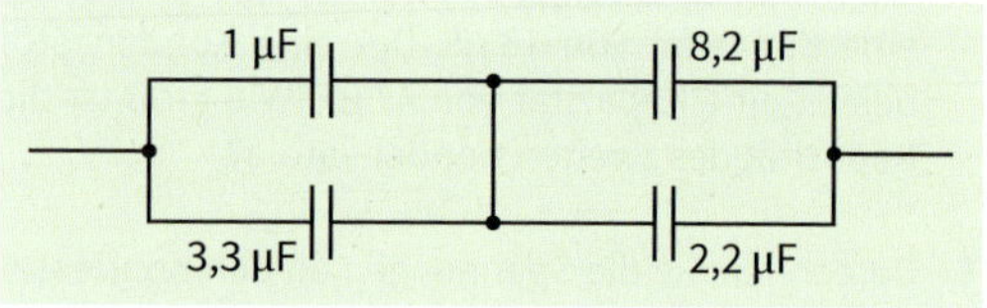

10. In Schaltungen der Energieversorgung werden oft Kondensatoren zu Batterien zusammengeschaltet. Es sind Al-Elektrolyt-Kondensatoren als Energiespeicher für einen Umrichter-Zwischenkreis abgebildet. Die zu den Kondensatoren parallel geschalteten Widerstände können vernachlässigt werden. Sie sorgen dafür, dass an jedem Kondensator die gleiche Spannung liegt. Vom Hersteller wurden folgende Daten gegeben: Einzelkapazität $C = 6000\ \mu F$; Spannung $U = 350\ V$; Anzahl der Kondensatoren: 3 in Reihe und 27 parallel, insgesamt 81.
a) Berechnen Sie die Gesamtkapazität.
c) Wie groß ist die gespeicherte Ladung?

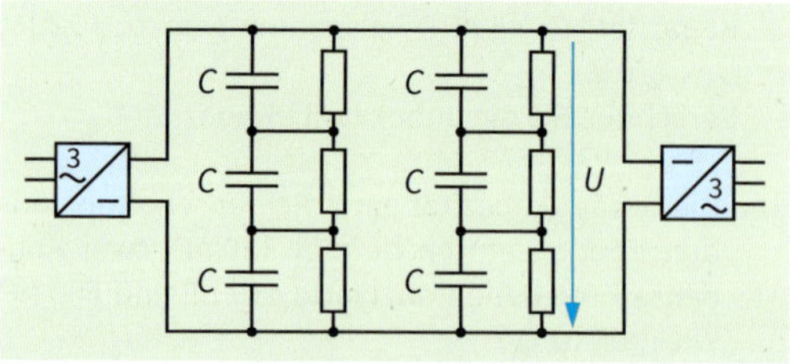

6 Magnetisches Feld und Spulen

6.1 Magnetische Feldgrößen

Durchflutung (magnetische ...) Θ

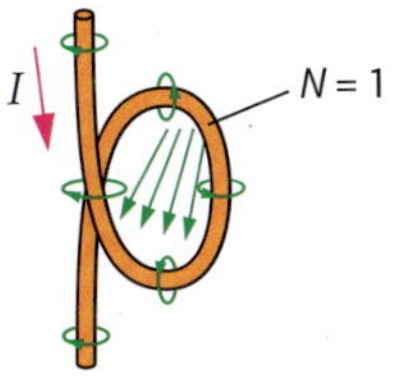

$\Theta = I \cdot N$

$[\Theta] = \text{A}$

N Windungszahl

Magnetische Feldstärke H

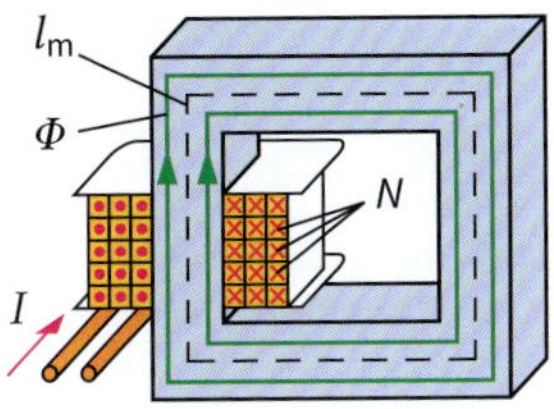

$H = \frac{\Theta}{l_m}$

$H = \frac{I \cdot N}{l_m}$

$[H] = \frac{\text{A}}{\text{m}}$

Φ Magnetischer Fluss

l_m mittlere Feldlinienlänge

Beispiel:

Im Innern einer Ringspule ohne Eisenkern soll eine Feldstärke von 400 $\frac{\text{A}}{\text{m}}$ erzeugt werden. Wie viele Windungen muss die Spule haben, wenn die Stromstärke 0,5 A betragen soll?

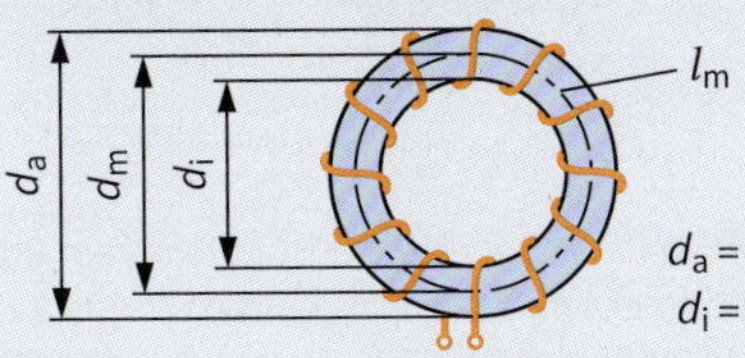

$d_a = 25$ mm
$d_i = 15$ mm

Lösung:

Geg.: $H = 400\,\frac{\text{A}}{\text{m}}$; $d_a = 25$ cm; $d_i = 15$ cm; $I = 0{,}5$ A
Ges.: N

$N = \frac{H \cdot l_m}{I}$ $\quad l_m = d_m \cdot \pi \quad d_m = \frac{d_a + d_i}{2}$

$N = \frac{H \cdot \frac{d_a + d_i}{2} \cdot \pi}{I} \quad N = \frac{400\,\frac{\text{A}}{\text{m}} \cdot \frac{0{,}25\text{ m} + 0{,}15\text{ m}}{2} \cdot \pi}{0{,}5\text{ A}}$

$N = 502{,}6$ $\quad \underline{\underline{N = 503}}$

Aufgaben

1. Die magnetische Auslösevorrichtung eines Leitungsschutzautomaten hat 10 Windungen. Bei Kurzschluss wird die Wicklung von 25 A durchflossen. Wie groß ist die magnetische Durchflutung?

2. Eine Relaisspule hat einen Widerstand von 40 Ω. Wie groß ist die Durchflutung, wenn die Spule mit ihren 1400 Windungen an eine Spannung von 6 V angeschlossen wird?

3. Der Widerstand einer Relaiswicklung mit 2000 Windungen beträgt 720 Ω. Bei Nennspannung besteht eine Durchflutung von 67 A. Für welche Spannung ist die Relaisspule bestimmt?

4. Eine Ringspule mit 300 Windungen hat einen inneren Durchmesser von 30 mm und einen äußeren Durchmesser von 38 mm. Wie groß muss die Stromstärke in der Spule sein, wenn eine Feldstärke von 85 $\frac{\text{A}}{\text{m}}$ erreicht werden soll?

5. Wie viele Meter Kupferdraht von 0,8 mm² Querschnitt werden für eine Ringspule mit der mittleren Feldlinienlänge 35 cm benötigt, damit beim Anschluss der 1200 Windungen an 24 V eine Feldstärke von 4500 $\frac{\text{A}}{\text{m}}$ erzeugt wird?

6. In einer Ringspule soll eine Feldstärke von 2000 $\frac{\text{A}}{\text{m}}$ bestehen. Die Spule soll bei einer mittleren Feldlinienlänge von 25 cm 1500 Windungen erhalten. Welchen Durchmesser muss der 800 m lange Kupferdraht haben, wenn die Spule an eine Spannung von 12 V angeschlossen werden soll?

7. Bei einer mittleren Feldlinienlänge von 40 cm soll aus 700 m Kupferdraht mit dem Querschnitt 1 mm² eine Ringspule hergestellt werden, die beim Anschluss an 60 V eine Feldstärke von 2500 $\frac{\text{A}}{\text{m}}$ haben soll.
   a) Welchen Widerstand hat der Draht der Spule?
   b) Wie groß ist die Stromstärke in der Spule?
   c) Wie viele Windungen muss die Spule haben?

Abb. 1: Spulen

Magnetische Flussdichte B

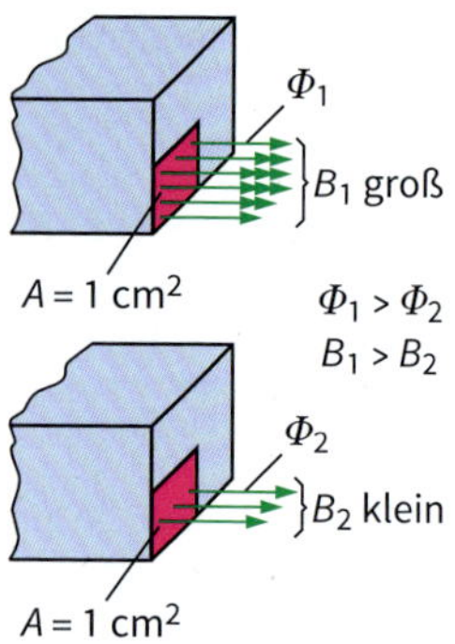

$B = \mu \cdot H$

$B = \mu_0 \cdot \mu_r \cdot H$

$\mu = \mu_0 \cdot \mu_r$

$B = \frac{\Phi}{A}$

$[B] = \frac{Vs}{m^2}$

$1 \frac{Vs}{m^2} = 1\,T$ (Tesla)

μ Permeabilität

μ_0 Magn. Feldkonstante $\mu_0 = 1{,}257 \cdot 10^{-6} \frac{Vs}{Am}$

μ_r Permeabilitätszahl des Werkstoffs $[\mu_r] = 1$

Magnetischer Fluss Φ

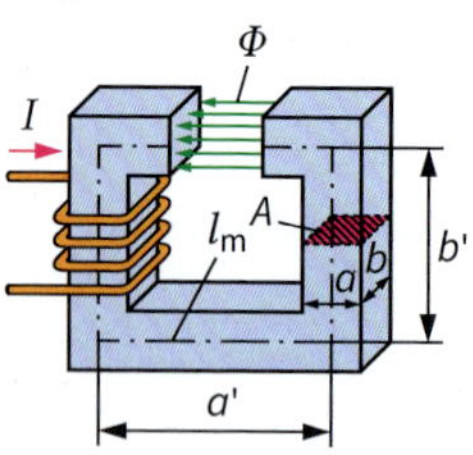

$\Phi = B \cdot A$

$\Phi = \frac{\Theta \cdot \mu_0 \cdot \mu_r \cdot A}{l_m}$

$l_m = 2 \cdot a' + 2 \cdot b'$

$[\Phi] = Vs$

$1\,Vs = 1\,Wb$ (Weber)

Beispiel:

Ein Spulenkörper mit 2600 Windungen hat einen Eisenkern. Bei einem Strom von 150 mA besitzt das Eisen eine Permeabilitätszahl von 650.

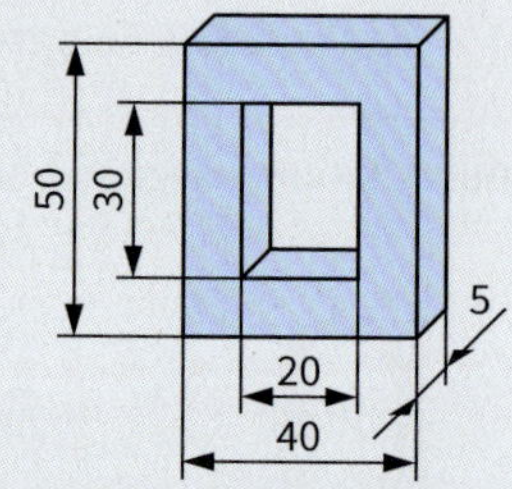

a) Wie groß ist die Durchflutung?
b) Welche Feldstärke besitzt die Spule?
c) Wie groß ist die magnetische Flussdichte?
d) Welcher magnetische Fluss tritt im Eisenkern auf?

Lösung:

Geg.: $N = 2800$; $I = 150\,mA$
$\mu_r = 650$; $\mu_0 = 1{,}257 \cdot 10^{-6} \frac{Vs}{Am}$

Ges.: a) Durchflutung Θ b) Feldstärke H
c) Flussddichte B d) Magnetischer Fluss Φ

a) $\Theta = I \cdot N$
$\Theta = 150\,mA \cdot 2880$ $\underline{\underline{\Theta = 420\,A}}$

b) $l_m = 2 \cdot a' + 2 \cdot b'$
$l_m = 2 \cdot 30\,mm + 2 \cdot 40\,mm$ $\underline{\underline{l_m = 140\,mm}}$
$H = \frac{I \cdot N}{l_m}$ $H = \frac{420\,A}{140\,mm}$ $\underline{\underline{H = 3000\,\frac{A}{m}}}$

c) $B = \mu_0 \cdot \mu_r \cdot H$
$B = 2{,}451\,\frac{Vs}{m^2}$ $\underline{\underline{B = 2{,}451\,T}}$

d) $a = \frac{40\,mm - 20\,mm}{2}$ $\underline{\underline{a = 10\,mm}}$
$A = a \cdot b$ $A = 10\,mm \cdot 5\,mm$ $\underline{\underline{A = 50\,mm^2}}$
$\Phi = B \cdot A$ $\Phi = 2{,}451\,\frac{Vs}{m^2} \cdot 50 \cdot 10^{-6}\,m^2$
$\Phi = 122{,}55\,\mu Vs$ $\underline{\underline{\Phi = 122{,}55\,\mu Wb}}$

Aufgaben

1. Ein Spulenkörper mit 1300 Windungen besitzt einen Eisenkern. Bei einer Stromstärke von 150 mA besitzt das Eisen eine Permeabilitätszahl von 600.
a) Wie groß ist die Durchflutung?
b) Welche Feldstärke besitzt die Spule?
c) Wie groß ist die magnetische Flussdichte?
d) Welcher magnetische Fluss entsteht im Eisenkern?

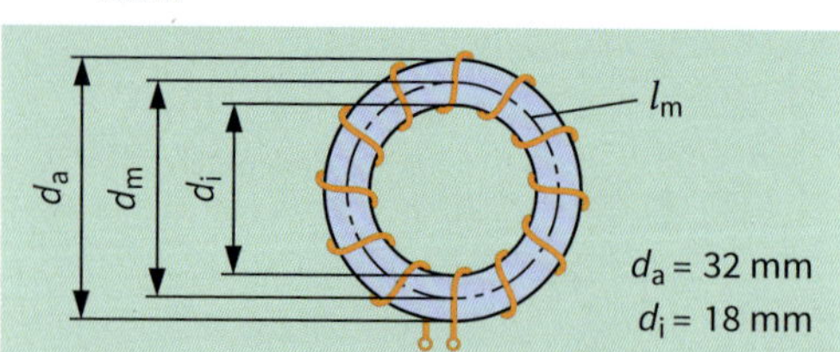

2. Wie groß ist die Durchflutung einer Relaisspule mit einer mittleren Feldlinienlänge von 5,5 cm, einem magnetischen Fluss von 200 μWb, einer Permeabilitätszahl von 500 und einer Querschnittsfläche von 20 mm²?

3. Wie groß ist der magnetische Fluss in einem Ringkern, mit einem mittleren Durchmesser von 8 cm, einem Kernquerschnitt von 2 cm² und einer Permeabilitätszahl von 500? Der Kern ist mit 500 Windungen umwickelt, durch die ein Strom von 500 mA fließt.

4. In einem Eisenkern ist eine Flussdichte von 1,5 T gewünscht. Die Permeabilitätszahl beträgt dabei 550.
Wie viele Windungen sind zu wickeln, wenn die Stromstärke 200 mA betragen soll?

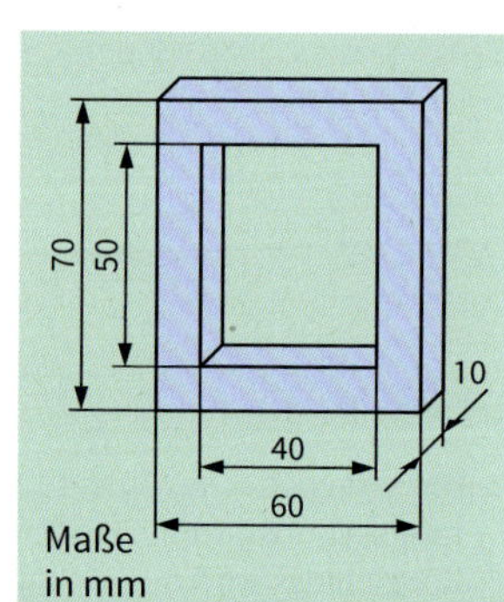

5. Gegeben ist ein Eisenkern mit 8 cm^2 Querschnitt, einer mittleren Feldlinienlänge von 200 mm und einem magnetischen Fluss von $0{,}8 \cdot 10^{-3}$ Wb. Dieser Kern ist umwickelt mit 2500 Windungen. Die Stromstärke beträgt 900 mA. Welche Permeabilitätszahl besitzt das Kernmaterial?

6. Eine Ringspule mit 247 Windungen wird an eine Spannung von 15 V angeschlossen. Dabei soll eine Feldstärke von 2000 $\frac{A}{m}$ entstehen. Der Kern besitzt eine mittlere Feldlinienlänge von 25 cm. Welchen Durchmesser muss der Kupferdraht besitzen, wenn die Länge des Drahtes mit 800 m bemessen wird? (vgl. 1.1.13)

7. Eine Ringspule mit 1000 Windungen zum Entmagnetisieren soll auf einem Ringkern mit einer mittleren Feldlinienlänge von 45 cm gewickelt werden. An 12 V soll eine Feldstärke von 2000 $\frac{A}{m}$ entstehen. Wie viel Meter Kupferdraht von 1,2 mm^2 Querschnitt sind erforderlich?

8. Die Daten einer Zylinderspule ohne Eisenkern lauten: 1,2 A; 10 Ω; 1200 Windungen. Die Länge der Spule beträgt 8 cm und der Durchmesser 2 cm. Wie groß sind
a) Θ b) $H\ (l_m = l)$ c) B d) Φ

9. Ein geschlossener Graugusskern (Kennlinie s. linke Spalte unten) besitzt eine mittlere Feldlinienlänge von 35 cm. Wie groß ist die magnetische Flussdichte und die Permeabilitätszahl, wenn die 500 Windungen der Wicklung von 1,2 A durchflossen werden?

10. Ein geschlossener Kern aus Dynamoblech (Kennlinie s. linke Spalte unten) besitzt eine mittlere Feldlinienlänge von 60 cm. Die Spule besteht aus 2500 Windungen. Wie groß ist der nötige Strom, wenn die Flussdichte 1,1 T betragen soll?

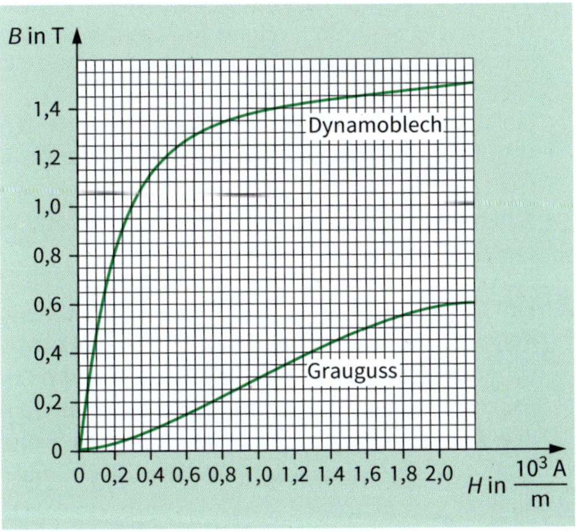

Beispiel:

Auf einen geschlossenen Graugusskern ist eine Wicklung mit 500 Windungen aufgebracht. Die mittlere Feldlinienlänge beträgt 40 cm. Wie groß sind die magnetische Flussdichte und die Permeabilitätszahl, wenn die Spule von 1,68 A durchflossen wird?

Lösung:

Geg.: Magnetisierungskurve für Grauguss
$N = 500;\quad l_m = 40\text{ cm};\quad I = 1{,}68\text{ A}$

Ges.: B und μ_r

$B = \mu_0 \cdot \mu_r \cdot H \qquad \mu_r = \frac{B}{\mu_0 \cdot H}$

$H = \frac{I \cdot N}{l_m} \qquad H = \frac{1{,}68\text{ A} \cdot 500}{0{,}4\text{ m}} \qquad H = 2100\,\frac{A}{m}$

Zum H-Wert an der Magnetisierungskennlinie B-Wert ablesen. $\underline{\underline{B = 0{,}6\text{ T}}}$

$\mu_r = \frac{0{,}6\text{ T}}{1{,}257 \cdot 10^{-6}\,\frac{Vs}{Am} \cdot 2500\,\frac{A}{m}} \qquad \underline{\underline{\mu_r = 190{,}9}}$

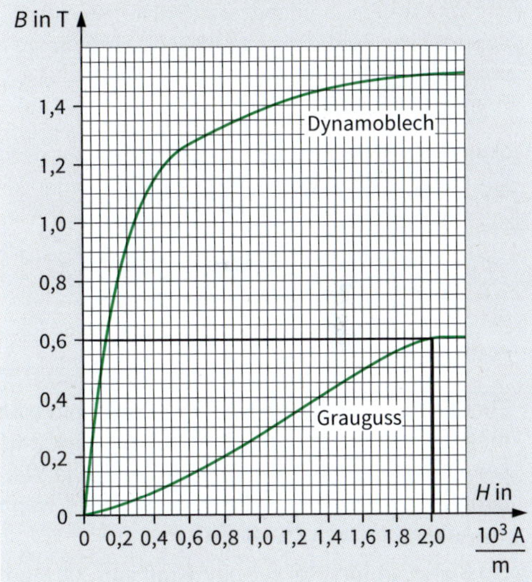

11. In dem Eisenkern aus Dynamoblech mit dem Querschnitt 10 mm x 15 mm soll ein magnetischer Fluss von 165 µWb herrschen. Die mittlere Feldlinienlänge ist 145 mm. Die Spule hat 1800 Windungen.
a) Welche magnetische Flussdichte ist im Eisenkern vorhanden (Kennlinie, s. Beispiel oben)?
b) Wie groß ist die Feldstärke?
c) Welche Durchflutung wird zur Erreichung der Feldstärke benötigt?
d) Welcher Strom fließt dabei durch die Spule?

6.2 Kraftwirkung im Magnetfeld

Kraft auf stromdurchflossene Leiter

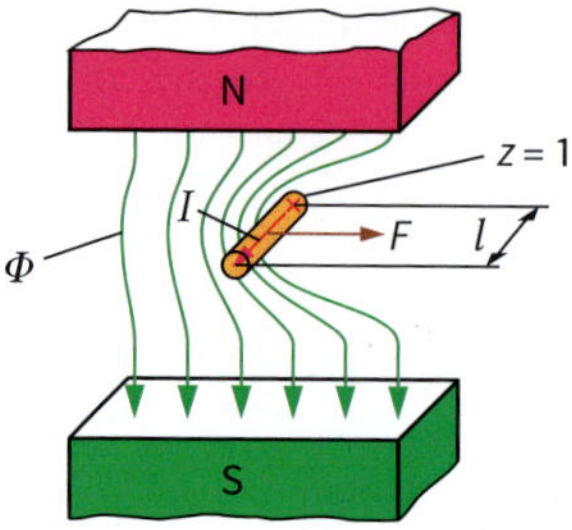

F Kraft
B Magn. Flussdichte
I el. Stromstärke
l wirksame Leiterlänge
z Anzahl der Leiter

$F = B \cdot I \cdot l \cdot z$

$[F] = \frac{V \cdot s \cdot A}{m}$

$1\,N = \frac{1\,V \cdot s \cdot A}{m}$

Kraft zwischen zwei stromdurchflossenen Leitern

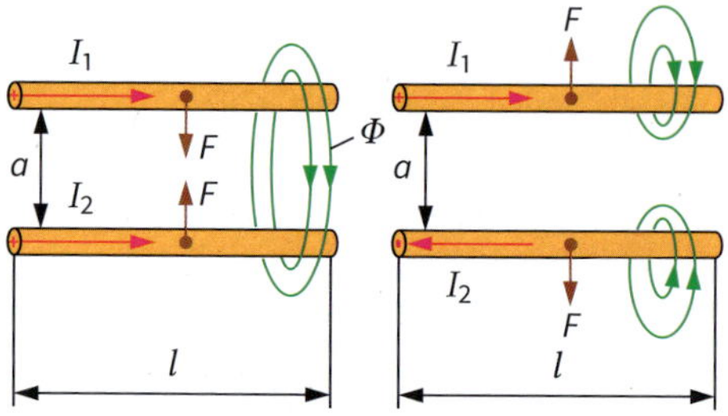

a Abstand der Leiter
μ_0 magnetische Feldkonstante

$\mu_0 = 1{,}257 \cdot 10^{-6}\,\frac{Vs}{Am}$

$[F] = \frac{V \cdot s \cdot A}{m} = N$

$F = \frac{\mu_0 \cdot I_1 \cdot I_2 \cdot l}{2 \cdot \pi \cdot a}$

Beispiel:

Ein stromdurchflossener Leiter befindet sich mit einer wirksamen Leiterlänge von 500 mm in einem magnetischen Feld. Die magnetische Flussdichte beträgt $1{,}0\,\frac{Vs}{m^2}$ und die Stromstärke im Leiter 4 A. Wie groß ist die Kraft?

Lösung:

Geg.: $l = 500$ mm; $B = 1{,}0\,\frac{Vs}{m^2}$; $I = 4$ A; $z = 1$
Ges.: F

$F = B \cdot I \cdot l \cdot z \quad F = 1{,}0\,\frac{Vs}{m^2} \cdot 4\,A \cdot 0{,}5\,m \cdot 1 \quad \underline{\underline{F = 2\,N}}$

Aufgaben

1. Ein Gleichstrommotor besitzt im Erregerfeld eine magnetische Flussdichte von 0,75 T. Die wirksame Leiterlänge der 1500 Windungen beträgt je Windung 20 cm. Wir groß ist die Kraft am Anker, wenn ein Ankerstrom von 25 A fließt?
2. Ein Gleichstrommotor soll eine Kraft von 800 N am Ankerumfang entwickeln. Die Stromstärke durch den Anker beträgt 1,6 A. Die Flussdichte des Erregerfelds hat einen Wert von 0,85 T. Wie viele Windungen werden bei 200 mm wirksamer Leiterlänge benötigt?

Abb. 1: Rotor eines Elektromotors

3. Mit welcher Kraft ziehen sich zwei 1 m lange Stromschienen (Abstand von 50 mm) an, wenn sie bei einem Kurzschluss von 1000 A in gleicher Richtung durchflossen werden?
4. Bei einer Spule beträgt der Abstand der Windungen 0,2 mm. Wie groß ist die Kraft pro Meter zwischen zwei nebeneinanderliegenden Windungen, wenn die Spule von 10 A durchflossen wird?
5. Für zwei 3 m lange Stromschienen wurde die Verankerung für eine Kraft von 100 N berechnet. Sie sind im Abstand von 5 cm parallel montiert. Wie groß darf der Kurzschlussstrom höchstens werden, um die Schienen nicht aus der Verankerung zu reißen?
6. In zwei parallel verlaufenden Leitern mit einem Abstand von 2 mm fließen unterschiedliche Ströme. I_1 beträgt 20 A und I_2 50 A. Beide Ströme fließen gegensinnig. Welche Kraft entsteht zwischen den Leitern auf 10 m Länge?
7. Ein bifilar (antiparallel) gewickelter Drahtwiderstand auf einem Keramikkörper besitzt eine gewickelte Länge von 52 m. Wie groß ist die Kraft zwischen den Leitern bei einem Strom von 12 A und einem Abstand von 0,1 mm?
8. Ein Gleichstrommotor hat im Erregerfeld eine magnetische Flussdichte von 0,85 T. Die wirksame Leiterlänge beträgt je Windung 20 cm. Es wird Cu-Lackdraht mit 0,2 mm Drahtdurchmesser verwendet. Der Motor soll an 24 V Gleichspannung eine Kraft von 300 N entwickeln. Welcher Strom muss fließen?

6.3 Elektromagnetische Induktion

Induktionsspannung durch magnetische Flussänderung

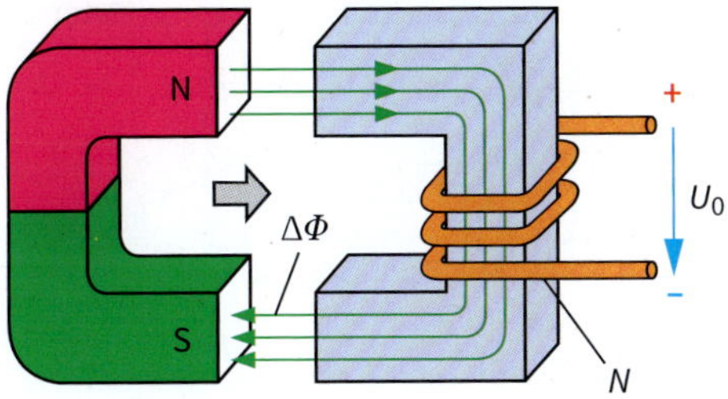

U_0	Induktionsspannung	$U_0 = N \frac{\Delta \Phi}{\Delta t}$
N	Windungszahl	
$\Delta \Phi$	Magnetische Flussänderung	$\Delta \Phi = \Phi_2 - \Phi_1$
Δt	Zeitabschnitt	$\Delta t = t_2 - t_1$

Beispiel:

In einer Spule mit 1000 Windungen ändert sich der magnetische Fluss (Abb. 1). Bestimmen Sie die induzierte Spannung in den Zeitabschnitten ⓐ bis ⓓ.

Lösung:

Geg.: Abb. 1; $N = 1000$; $U_0 = N \frac{\Delta \Phi}{\Delta t}$

Ges.: Abb. 2

ⓐ $U_{0a} = 1000 \frac{2\text{ mVs}}{2\text{ s}}$ $\qquad \underline{\underline{U_{0a} = 1\text{ V}}}$

ⓑ $U_{0b} = 1000 \frac{0\text{ mVs}}{2\text{ s}}$ $\qquad \underline{\underline{U_{0b} = 0\text{ V}}}$

ⓒ $U_{0c} = 1000 \frac{-4\text{ mVs}}{2\text{ s}}$ $\qquad \underline{\underline{U_{0c} = -2\text{ V}}}$

ⓓ $\Delta t \to 0$ $\qquad \Rightarrow \underline{\underline{U_{0d} = \to \infty}}$

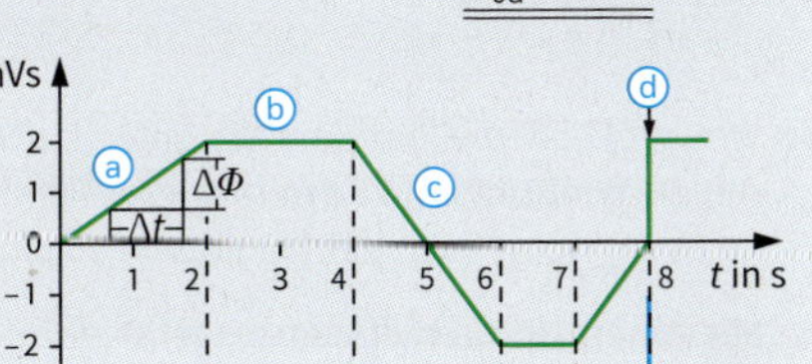

Abb. 1

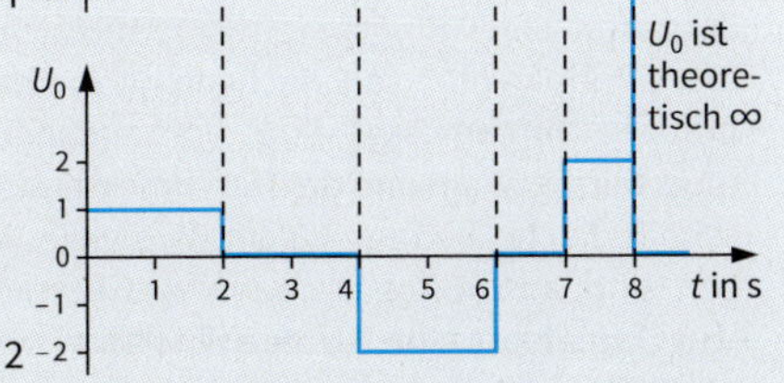

Abb. 2

Aufgaben

1. Die Abbildung zeigt den zeitlichen Verlauf des magnetischen Flusses. Zeichnen Sie den zugehörigen Verlauf von U_0 für eine Spule mit 2000 Windungen.

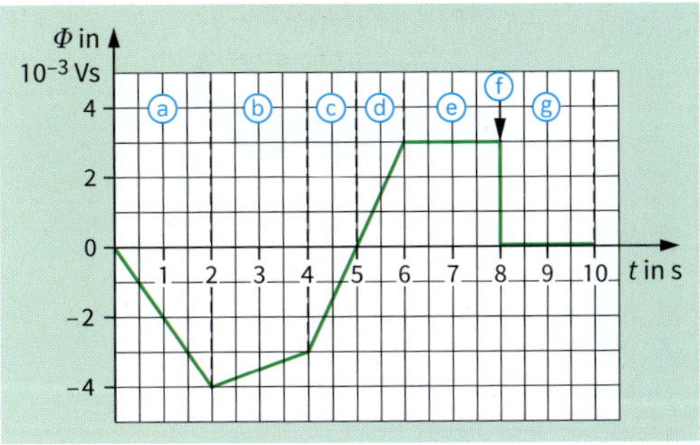

2. Der magnetische Fluss ändert sich in 0,5 s von $0{,}75 \cdot 10^{-3}$ T auf $1{,}25 \cdot 10^{-3}$ T. Wie viele Windungen besitzt die Spule, wenn dabei eine Spannung von 3 V induziert wird?

3. Die Abbildung zeigt den zeitlichen Verlauf der induzierten Spannung. Zeichnen Sie den zugehörigen Verlauf des magnetischen Flusses für eine Wicklung von 1500 Windungen.

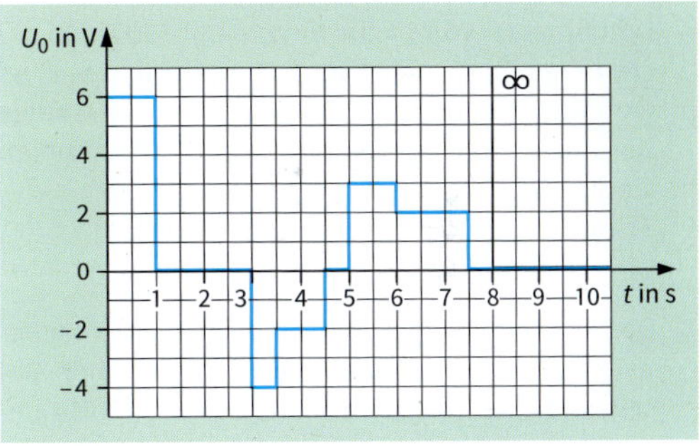

4. Wie viele Windungen hat eine Spule, wenn sich der Fluss in 2 Sekunden von $3 \cdot 10^{-4}$ Vs auf $2 \cdot 10^{-3}$ Vs ändert. Die dabei induzierte Spannung beträgt 4,25 V.

5. Welche Windungszahl hat eine Spule, wenn bei einer Flussänderung von 20 mWb auf 10 mWb innerhalb von 250 ms eine Spannung von – 25 V induziert wird?

6. Der magnetische Fluss in einer Spule mit 1200 Windungen wird in 0,5 s von 25 mWb auf Null verändert. Wie groß ist die in der Spule erzeugte Spannung?

Induktionsspannung durch bewegte Leiter

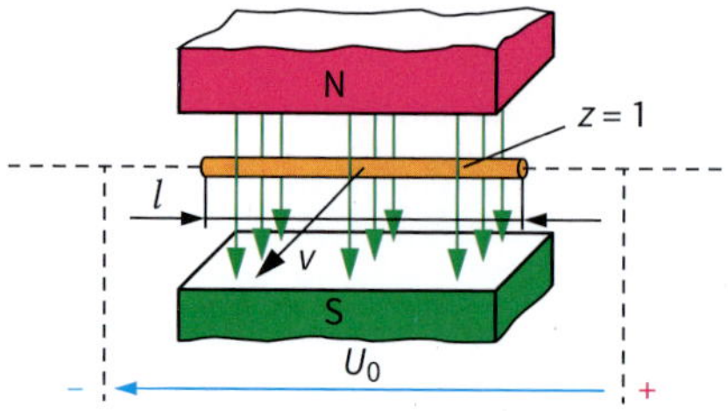

v Geschwindigkeit des Leiters

z Anzahl der bewegten Leiter

l Wirksame Leiterlänge

B Magnetische Flussdichte

$$U_0 = B \cdot l \cdot v \cdot z$$

AUFGABEN

1. Eine Turbine treibt den Rotor eines Generators mit einer Drehzahl von 800/min an. Der Rotor hat einen Durchmesser von 11,25 cm. Die Rotorwicklung besteht aus 350 Windungen. Die wirksame Leiterlänge einer Windung beträgt 500 mm. Das Erregerfeld hat eine magnetische Flussdichte von 0,8 T. Wie groß ist die induzierte Spannung?

2. Der Anker eines Gleichstromgenerators hat einen Durchmesser von 14 cm. Er wird mit 1500/min angetrieben. Die magnetische Flussdichte des Erregerfeldes beträgt 0,6 T. Die wirksame Leiterlänge der Ankerwicklung beträgt 26 m. Zu bestimmen sind:
a) Umfangsgeschwindigkeit des Ankers,
b) induzierte Spannung je Wicklung.

3. Das Erregerfeld eines Generators hat eine magnetische Flussdichte von 0,86 T. Mit welcher Geschwindigkeit müssen die 200 auf dem Rotor befindlichen Leiter bewegt werden, wenn die wirksame Leiterlänge je Leiter 200 mm beträgt und die induzierte Spannung 220 V betragen soll?

4. Der Anker eines Gleichstromgenerators hat einen Durchmesser von 28 cm. Auf ihm befinden sich 320 in Reihe geschaltete Leiter aus Kupfer von je 22 cm Länge. Die Stärke des Magnetfeldes ist mit 0,8 T angegeben. Die Ankerdrehzahl beträgt $750 \frac{1}{\text{min}}$.
Berechnen Sie
a) die Umfangsgeschwindigkeit des Ankers,
b) die im Anker induzierte Spannung, wenn 75 % der gesamten Leiterlänge der Ankerwicklung im Feld wirksam sind und
c) den Widerstand der Ankerwicklung bei einem Drahtquerschnitt von 1,5 mm².

6.4 Induktivität

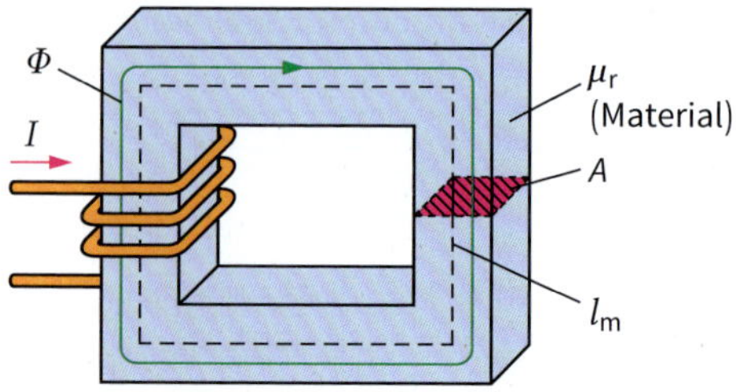

L Induktivität

N Windungszahl

A Kernquerschnittsfläche

l_m Mittlere Feldlinienlänge

μ_0 Magnetische Feldkonstante

μ_r Permeabilitätszahl

$$U_0 = L \frac{\Delta I}{\Delta t}$$

$$L = \frac{\mu_0 \cdot \mu_r \cdot N^2 \cdot A}{l_m}$$

$$[L] = \frac{\text{Vs}}{\text{A}}$$

$$\frac{1\ \text{Vs}}{\text{A}} = 1\ \text{H}$$

Beispiel:
Eine Spule mit 500 Windungen ist auf einen Kern mit folgenden Daten gewickelt: Kernquerschnitt 25 mm², mittlere Feldlinienlänge 50 cm, Permeabilitätszahl 120.
Wie groß ist die Induktivität der Spule?

Lösung:

Geg.: $N = 500$; $A = 25\ \text{mm}^2$; $l_m = 50\ \text{cm}$

$\mu_r = 120$; $\mu_0 = 1{,}257 \cdot 10^{-6}\ \frac{\text{Vs}}{\text{Am}}$

Ges.: L

$$L = \frac{\mu_0 \cdot \mu_r \cdot N^2 \cdot A}{l_m}$$

$$L = \frac{1{,}257 \cdot 10^{-6}\ \text{Vs} \cdot 120 \cdot 500^2 \cdot 25 \cdot 10^{-6}\ \text{m}^2}{\text{Am} \cdot 500 \cdot 10^{-3}\ \text{m}}$$

$\underline{\underline{L = 1{,}886\ \text{mH}}}$

5. Wie groß ist die Induktivität einer Luftringspule mit 30 Windungen, 25 cm mittlerer Feldlinienlänge und einem Kernquerschnitt von 15 cm²?

6. Mit einem Induktivitätsmessgerät wurde die Induktivität einer Ringspule mit 72 mH gemessen. Diese Induktivität soll nachgebaut werden. Der mittlere Durchmesser eines vorhandenen Kernrings beträgt 7 cm und der Durchmesser der Querschnittsfläche beträgt 1,2 cm. Wie viele Windungen sind aufzubringen, wenn das Kernmaterial laut Datenblatt eine Permeabilitätszahl von 4000 besitzt?

7. Eine Ringspule ohne Eisenkern besitzt die Daten:
$L = 0{,}8$ H; $l = 25$ cm; $A = 16$ cm^2.
Wie groß ist die Windungszahl?

8. In der Abbildung sind die Permeabilitätszahlen in Abhängigkeit von der Feldstärke H dargestellt.
Es ist eine Feldstärke von $H = 0{,}4$ A/m vorgesehen.
Das Produkt aus $\frac{\mu_0 \cdot N^2 \cdot A}{l}$ beträgt $1{,}5 \cdot 10^{-3}\,\frac{\text{Vs}}{\text{A}}$.
Wie groß ist die Induktivität?

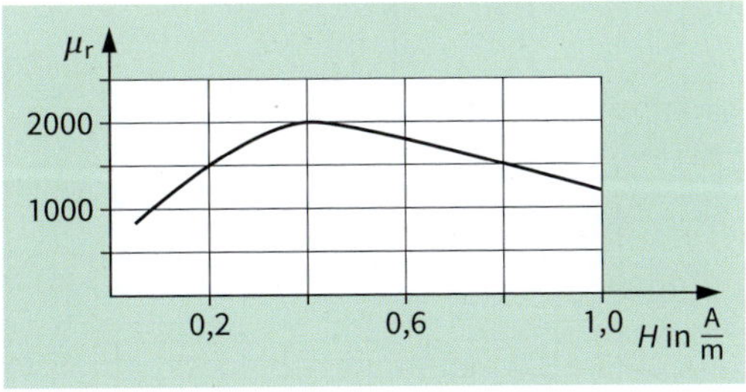

9. Von einer Spule mit $L = 5$ H wird die Windungszahl von 500 auf 420 verringert. Wie groß ist die Induktivitätsänderung in Prozent?

10. Bei einer Spule wird das Kernmaterial mit $\frac{\mu_0 \cdot \mu_r \cdot A}{l}$ beträgt $1{,}48 \cdot 10^{-6}\,\frac{\text{V}}{\text{A}}$ angegeben.
Wie groß muss die Windungszahl sein, damit eine Induktivität von $L = 370$ mH entsteht?

11. Wie groß muss die Fläche bei einer Ringspule mit 60 mH ohne Eisenkern gewählt werden, wenn der Durchmesser $d = 8$ cm und die Windungszahl $N = 1200$ betragen?

12. Mit einem Induktivitätsmessgerät wurde die Induktivität einer Spule mit $L = 68{,}7$ mH bei einer Windungszahl von $N = 280$ festgestellt. Die Permeabilitätszahl beträgt 1800. Wie groß ist das Verhältnis $\frac{A}{l}$, wenn eine Ringspule angenommen wird?

13. Die Induktivität einer Ringspule mit 356 Windungen wird mit 250 mH ermittelt. Die Permeabilitätszahl beträgt 4000. Berechnen Sie das Verhältnis von $\frac{A}{l}$.

14. Eine Ringspule mit Eisenkern besitzt eine Windungszahl von $N = 700$, einen Querschnitt von $A = 2$ cm^2 und eine mittlere Feldlinienlänge von 13 cm. Welche Permeabilitätszahl besitzt das Kernmaterial, wenn eine Induktivität von 0,8 H angegeben ist?

Induktivitätsfaktor (A_L-Wert)

$$A_L = \frac{\mu_0 \cdot \mu_r \cdot A}{l_m} \qquad [A_L] = \frac{\text{Vs}}{\text{A}}$$

$$L = A_L \cdot N^2$$

15. Durch Vergrößern der Windungszahl soll eine Induktivität von 490 µH auf 740 µH gesteigert werden. Der A_L-Wert der Spule beträgt 100 nH. Wie viele Windungen sind nachzuwickeln?

16. Der A_L-Wert eines Schalenkerns beträgt 250 nH. Wie viele Windungen werden benötigt, um eine Induktivität von 200 µH zu wickeln?

17. In Dimmern werden Entstördrosseln eingesetzt. Welchen A_L-Wert muss das Kernmaterial haben, wenn die Spule bei 50 Windungen eine Induktivität von 45 µH besitzt?

18. Die Permeabilitätszahl von Elektroblechen für Transformatorkerne ist von der Stromstärke abhängig. Als Anfangspermeabilitätszahlen werden Werte von 250 bis 500 und als maximale Permeabilitätszahlen Werte von 10000 bis 12000 angegeben. Zwischen welchen Extremwerten kann sich die Induktivität in % verändern, wenn als mittlere Permeabilitätszahl ein Wert von 5000 angenommen wird (100 %)?

19. Für Thyristor- und Triacschaltungen werden Entstördrosseln verwendet. Welchen A_L-Wert muss das Material haben, wenn die Drossel bei 30 Windungen eine Induktivität von 30 µH hat?

Abb. 1: Spule im Schaltnetzteil eines PCs

6.5 Zeitverhalten

Einschaltvorgang

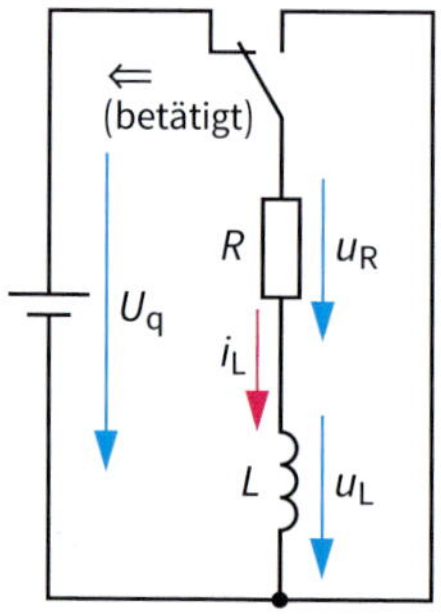

τ Zeitkonstante $[\tau] = \text{s}$

$\tau = \frac{L}{R}$

$i_L = I_{max} \cdot (1 - e^{-\frac{t}{\tau}})$

$u_L = U_q \cdot e^{-\frac{t}{\tau}}$

$I_{max} = \frac{U_q}{R}$

Bei $t = 5\,\tau$ gilt: $i_L \approx I_{max}$; $u_L \approx 0\,\text{V}$

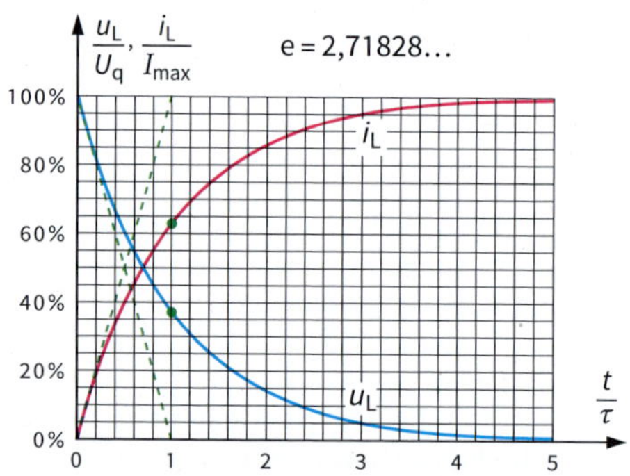

Zeit in τ	Ansteigende Kurve in Prozent	
0	0	0 %
1	0,6321	63 %
2	0,8646	86 %
3	0,9502	95 %
4	0,9817	98 %
5	0,9933	99 %

Zeit in τ	Abfallende Kurve in Prozent	
0	1,00	100 %
1	0,3689	37 %
2	0,1353	14 %
3	0,0498	5 %
4	0,0183	2 %
5	0,0067	1 %

Ausschaltvorgang

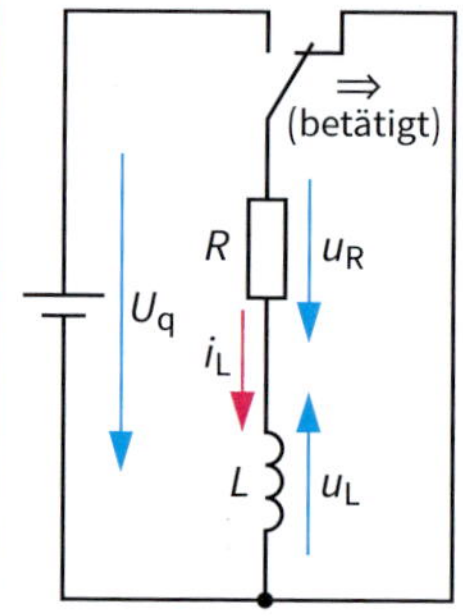

τ Zeitkonstante $[\tau] = \text{s}$

$\tau = \frac{L}{R}$

$i_L = I_{max} \cdot e^{-\frac{t}{\tau}}$

$u_L = -U_q \cdot e^{-\frac{t}{\tau}}$

$I_{max} = \frac{U_q}{R}$

Bei $t = 5\,\tau$ gilt: $i_L \approx 0\,\text{A}$; $u_L \approx 0\,\text{V}$

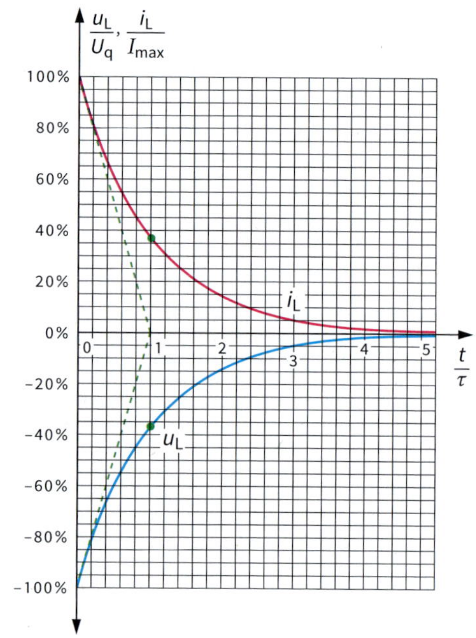

Beispiel:

Nach welcher Zeit beträgt i_L 50 % von I_{max}, wenn die Induktivität 5 H, der Widerstand 100 Ω und die Betriebsspannung 100 V betragen?

Lösung:

Geg.: $L = 5\,\text{H}$; $R = 100\,\Omega$; $U_q = 100\,\text{V}$
Ges.: t

$I_{max} = \frac{U_q}{R}$

$I_{max} = \frac{100\,\text{V}}{100\,\Omega} = 1\,\text{A}$

$i_L = \frac{I_{max} \cdot 50\,\%}{100\,\%}$ $\quad i_L = 0{,}5\,\text{A}$

$i_L = I_{max}\,(1 - e^{-\frac{t}{\tau}})$

$\frac{i_L}{I_{max}} = 1 - e^{-\frac{t}{\tau}}$ $\quad e^{-\frac{t}{\tau}} = 1 - \frac{i_L}{I_{max}}$

$-\frac{t}{\tau} = \ln\,(1 - \frac{i_L}{I_{max}})$ $\quad \frac{-t \cdot R}{L} = \ln\,(1 - \frac{i_L}{I_{max}})$

$-t = \frac{\ln\,(1 - \frac{i_L}{I_{max}})}{R} \cdot L$

$-t = \frac{\ln\,(1 - \frac{0{,}5\,\text{A}}{1\,\text{A}})}{100\,\Omega} \cdot 5\,\text{H}$ $\quad \underline{\underline{t = 34{,}66\,\text{ms}}}$

AUFGABEN

1. Welche Zeitkonstante besitzt eine Spule mit 5 H und einen Widerstand von 15 Ω?

2. Auf welchen Wert steigt die Stromstärke 0,3 s nach dem Einschalten, wenn die Induktivität der Spule 2,44 H, der Widerstand 7,5 Ω und die Betriebsspannung 45 V betragen?

3. Eine *R*/*L*-Reihenschaltung besitzt eine Zeitkonstante von 1,25 s. In welcher Zeit erreicht der Strom i_L annähernd
   a) seinen Maximalwert,
   b) 63,2 % seines Maximalwerts und
   c) 86,5 % seines Maximalwerts?

4. Wie groß ist die Induktivität eines Hubmagneten mit einem Wirkwiderstand von 12,5 Ω, wenn 2,5 s nach dem Einschalten der Strom auf 50 % seines Endwertes gestiegen ist?

5. Ein Relais wird an einer Gleichspannung mit 24 V betrieben. Die Induktivität beträgt 0,5 H und der Widerstand 50 Ω.
   a) Mit welchem Endwert des Stroms ist zu rechnen?
   b) Wie groß ist u_L 10 ms nach dem Einschalten?

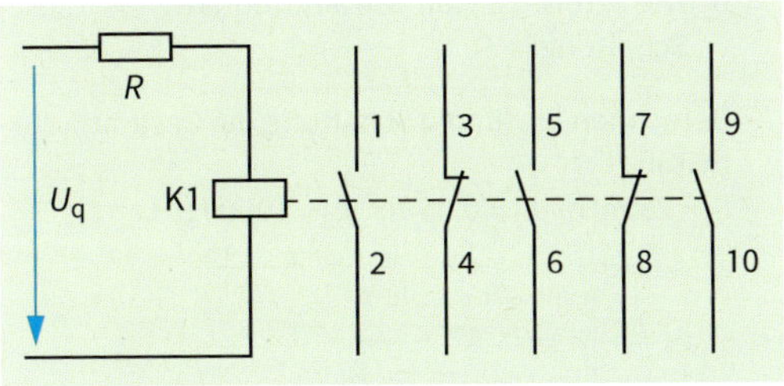

6. Der Strom in einer Induktivität soll 0,2 s nach dem Einschalten 75 % seines Endwerts erreichen. Welcher Widerstand ist zu wählen, wenn die zur Verfügung stehende Induktivität 5 H beträgt?

7. Der AL-Wert des Schalenkerns einer Spule (s. Abbildung) beträgt 250 nH. Wie viele Windungen sind nötig, wenn der Strom in 1 s auf 86,5 % des Maximalwerts steigen soll?

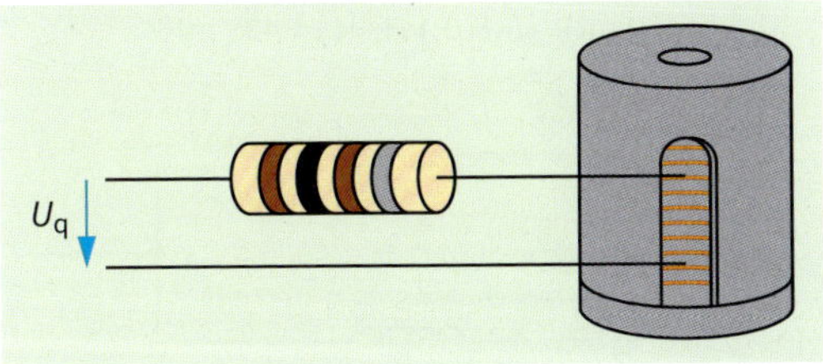

8. Die Lampen besitzen jeweils einen Widerstand von 50,0 Ω (die Widerstandsänderung durch Temperatureinfluss wird vernachlässigt).
   Der Widerstand *R* beträgt 10 Ω, die Induktivität *L* 800 mH und ihr Verlustwiderstand 5 Ω.
   a) Mit welcher Verzögerung erreicht E2 gegenüber E1 die volle Lichtstärke?
   b) Mit welcher Ausschaltverzögerung ist bei beiden Lampen zu rechnen?

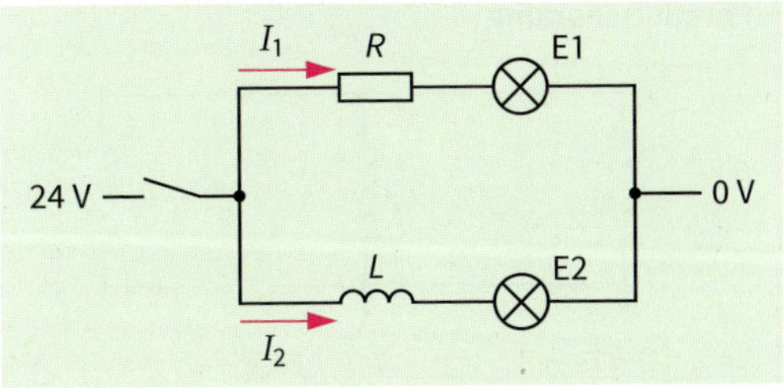

9. Ein Relais wird geschaltet. Der Verlustwiderstand der Spule beträgt 4 Ω und die Induktivität 0,3 H. Der Einschaltpunkt des Relais liegt bei 0,8 A (U_{CEsat} = 0,2 V).
   a) Wie groß ist der Endwert der Stromstärke?
   b) Mit welcher Verzögerungszeit schaltet das Relais ein?
   c) Welche Aufgabe hat die Freilaufdiode?

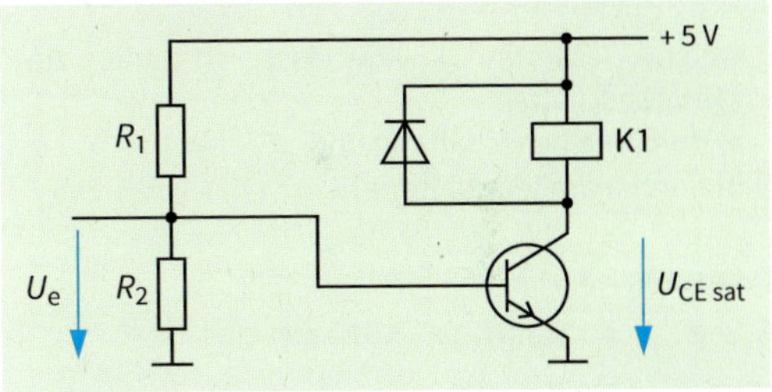

10. Welche Zeitkonstante hat eine Spule, die einen Wirkwiderstand von 5 Ω und eine Induktivität von 300 mH besitzt?

11. Welchen Wert hat die Induktivität einer Spule, wenn sich bei einem Wirkwiderstand *R* = 8 Ω eine Zeitkonstante von 720 ms ergibt?

12. Bei einer Spule mit der Induktivität 5 H ergab sich eine Zeitkonstante von 2,5 s. Welchen Wert hat der Widerstand?

13. Eine Relaisspule hat eine Induktivität von 3,6 H und einen Wirkwiderstand von 2 Ω. Welchen Wert muss ein Vorschaltwiderstand haben, damit die Stromstärke nach 2,5 s ihren Höchstwert erreicht?

6.6 Reihen- und Parallelschaltung von Induktivitäten

Reihenschaltung

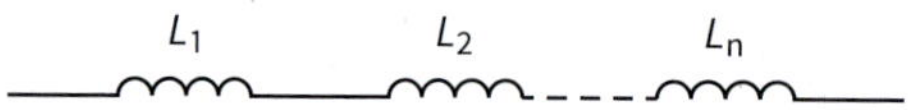

$$L_{ges} = L_1 + L_2 + \ldots + L_n$$

Parallelschaltung

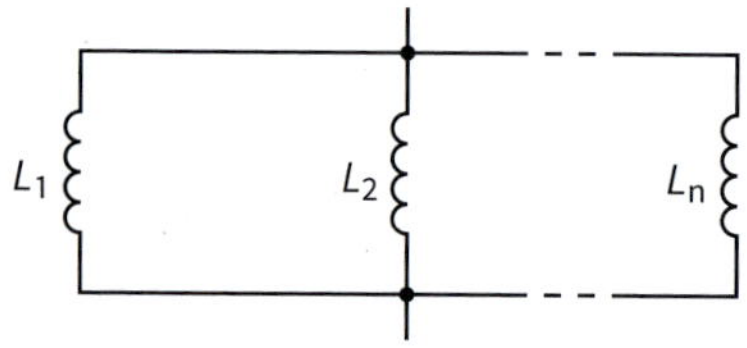

$$\frac{1}{L_{ges}} = \frac{1}{L_1} + \frac{1}{L_2} + \ldots + \frac{1}{L_n}$$

Für zwei Induktivitäten gilt:

$$L_{ges} = \frac{L_1 \cdot L_2}{L_1 + L_2}$$

Beispiel:

Mit einer Induktivitätsmessbrücke wurden die Induktivitäten zweier Spulen mit 127 mH und 512 mH gemessen.

Welche Gesamtinduktivität lässt sich daraus zusammenschalten:
a) durch Reihenschaltung und
b) durch Parallelschaltung?

Lösung:

Geg.: $L_1 = 127$ mH; $L_2 = 512$ mH

Ges.: a) L_{ges} (Reihenschaltung)
b) L_{ges} (Parallelschaltung)

a) $L_{ges} = L_1 + L_2$

$L_{ges} = 127\text{ mH} + 512\text{ mH}$

$\underline{\underline{L_{ges} = 639\text{ mH}}}$

b) $L_{ges} = \dfrac{L_1 \cdot L_2}{L_1 + L_2}$

$L_{ges} = \dfrac{127\text{ mH} \cdot 512\text{ mH}}{127\text{ mH} + 512\text{ mH}}$

$\underline{\underline{L_{ges} = 101{,}76\text{ mH}}}$

Aufgaben

1. Berechnen Sie die Gesamtinduktivität einer Reihenschaltung von drei Induktivitäten mit $L_1 = 25$ mH, $L_2 = 0{,}045$ H und $L_3 = 8500$ µH.

2. Die Gesamtinduktivität zweier in Reihe geschalteter Spulen beträgt 47 mH. Der Wert einer Spule ist mit 27000 µH bekannt. Welche Induktivität besitzt die zweite Spule?

3. Drei in Reihe geschaltete Induktivitäten besitzen eine Gesamtinduktivität von 3,6 H. Die Einzelinduktivitäten verhalten sich zueinander wie 1 : 2 : 3. Welchen Wert hat jede einzelne Induktivität?

4. Berechnen Sie die Gesamtinduktivität einer Parallelschaltung aus drei Spulen mit folgenden Werten: $L_1 = 6{,}75$ mH, $L_2 = 7500$ µH und $L_3 = 0{,}012$ H.

5. Berechnen Sie L_1 für eine Parallelschaltung aus zwei Induktivitäten. Bekannt sind L_2 mit 14 mH und die Gesamtinduktivität L_{ges} mit 5,5 mH.

6. Drei Induktivitäten mit jeweils 5 mH sind parallel geschaltet.
   a) Stellen Sie eine vereinfachte allgemeingültige Formel zur Berechnung der Gesamtinduktivität bei gleichen Einzelinduktivitäten auf.
   b) Wie groß ist die Gesamtinduktivität dieser Schaltung?

7. Berechnen Sie für die Schaltung die Gesamtinduktivität.
   $L_1 = 25$ mH; $L_2 = 0{,}05$ H; $L_3 = 10000$ µH

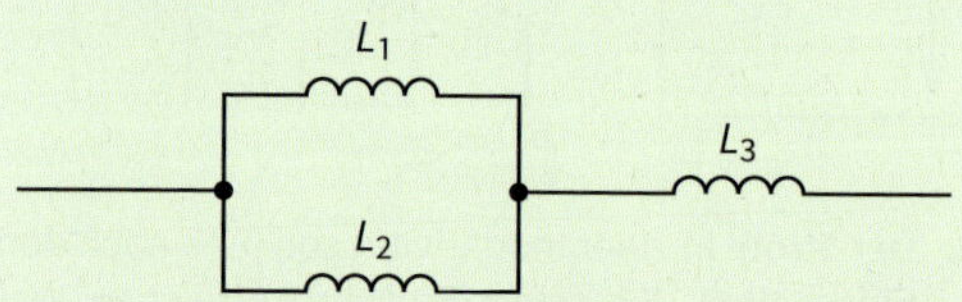

8. Die Induktivität eines Netzteiltransformators beträgt primärseitig 1750 mH. Wie viele Geräte können mit dem gleichen Transformator am Netz betrieben werden, wenn die Gesamtinduktivität von 10 H nicht überschritten werden soll?

9. Berechnen Sie die Induktivität L_1.
   $L_{ges} = 150$ mH; $L_2 = 0{,}1$ H; $L_3 = 425$ mH

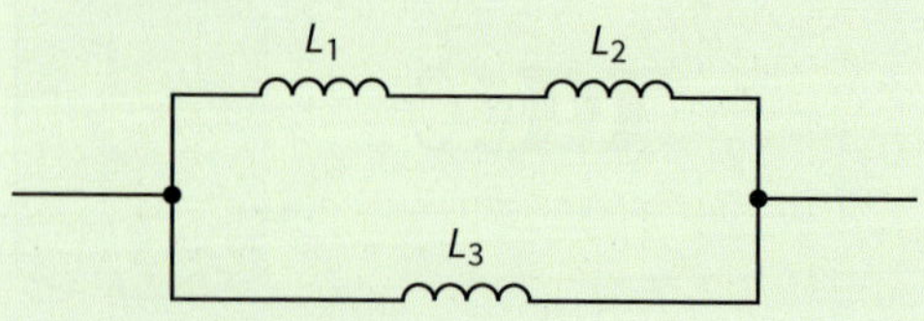

7 Wechselspannung und Wechselstrom

7.1 Sinusförmige Wechselspannung

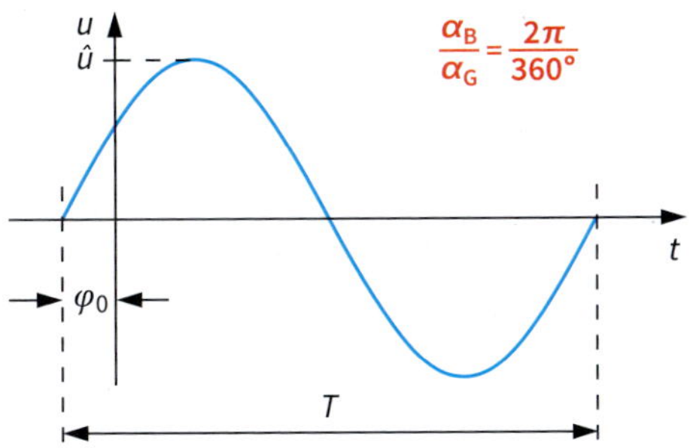

$$\frac{\alpha_B}{\alpha_G} = \frac{2\pi}{360°}$$

$u = \hat{u} \cdot \sin(\omega \cdot t + \varphi_0)$

$\omega = 2\pi \cdot f$ $\quad f = \frac{1}{T}$

$[f] = \text{Hz}$

$[T] = \text{s}$

$1\ \text{Hz} = \frac{1}{\text{s}}$

α_B Winkel im Bogenmaß
α_G Winkel im Gradmaß
u Momentanwert, Augenblickswert
$\hat{u}$ Maximalwert, Scheitelwert, Amplitude
ω Kreisfrequenz
f Frequenz
T Periodendauer
φ Phasenverschiebungswinkel

Beispiel:

Zur abgebildeten sinusförmigen Wechselspannung sollen folgende Werte berechnet werden:

a) Wie groß ist die Spannung bei $t = 1{,}3$ ms (Momentanwert)?
b) Wie viel Zeit vergeht von $t = 0$ s bis eine Spannung von 3 V erreicht wird?

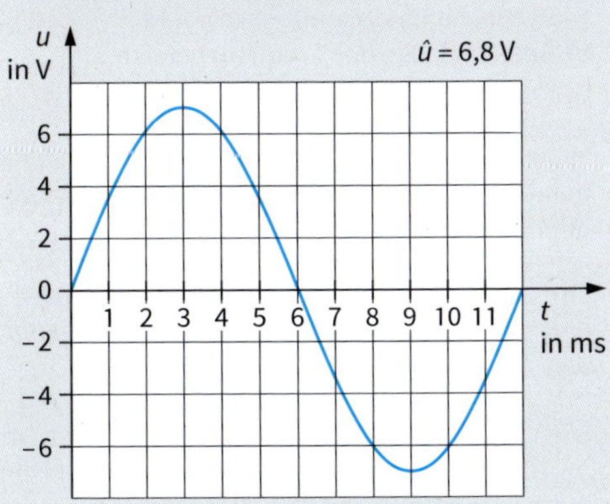

Lösung:

Geg.: a) $\hat{u} = 6{,}8$ V; $t = 1{,}3$ ms; b) $u = 3$ V
Ges.: a) u b) t

a) $u = \hat{u} \cdot \sin \omega t$ $\qquad u = \hat{u} \cdot \sin \frac{2\pi \cdot t}{T}$

$T = 12$ ms (aus Kurvenverlauf ermittelt)

$u = 6{,}8\ \text{V} \cdot \sin \frac{2\pi \cdot 1{,}3\ \text{ms}}{12\ \text{ms}}$

$u = 6{,}8\ \text{V} \cdot \sin 0{,}6807$ $\qquad \underline{\underline{u = 4{,}28\ \text{V}}}$

b) $u = \hat{u} \cdot \sin \omega t$ $\qquad \frac{u}{\hat{u}} = \sin \omega t$

$\frac{3\ \text{V}}{6{,}8\ \text{V}} = \sin \omega t$

$0{,}4412 = \sin \omega t$ $\qquad$ SHIFT sin

$0{,}4569 = \omega t$ $\qquad$ (Winkel im Bogenmaß)

$t = \frac{0{,}4569 \cdot T}{2\pi}$ $\qquad \underline{\underline{t = 0{,}873\ \text{ms}}}$

Aufgaben

1. Zu welchen beiden Zeiten erreicht die Spannung aus der Beispielaufgabe den Wert – 3 V (rechnerische Lösung)?
2. Die sinusförmige Wechselspannung der Beispielaufgabe erhält einen Phasenverschiebungswinkel φ_0. Der Nulldurchgang liegt bei $t = 2$ ms. Die Spannung wird von da ab positiv. Wie groß ist der Wert der Spannung bei $t = 4$ ms?
3. Wie viele Millisekunden nach dem Nulldurchgang erreichen Wechselspannungen von 1 kHz und 10 kHz zum ersten Mal ihren Maximalwert?
4. Wie viele Sekunden nach dem Nulldurchgang erreicht eine Wechselspannung von 125 Hz 90 % des Maximalwerts?
5. Wie groß ist der Momentanwert einer sinusförmigen Spannung mit $\hat{u} = 17$ V und 50 Hz, wenn eine Zeit von 0,25 ms nach dem Nulldurchgang verstrichen ist?
6. Wie groß ist die Frequenz einer sinusförmigen Wechselspannung, wenn 0,8 ms vor dem Erreichen der Amplitude der Momentanwert dem Effektivwert der Wechselspannung entspricht?
7. Berechnen Sie den Momentanwert einer Wechselspannung, wenn folgende Größen bekannt sind: $\hat{u} = 65$ mV; $f = 30$ Hz; $\varphi_0 = 30°$; $t = 3$ ms.

7.2 Drehzahl, Umdrehungsfrequenz

Drehzahl n

$[n]=\frac{1}{s}$ $[n]=\frac{1}{min}$ $\frac{1}{s}=s^{-1}$ $\frac{1}{min}=min^{-1}$

Polpaarzahl p

Frequenz f $[f]=Hz$

$f=\frac{1}{T}$ $1\,Hz=\frac{1}{s}$

$f=p\cdot n$

Periodendauer T $[T]=s$

Kreisfrequenz ω $[\omega]=\frac{1}{s}$

$\omega=\frac{2\cdot\pi}{T}$ $\omega=2\cdot\pi\cdot f$

Beispiel:

Die Abbildung zeigt das Oszillogramm der Spannung eines Wechselstrom-Generators mit der Drehzahl $n=1500\,\frac{1}{min}$.

Wie groß sind

a) die Periodendauer,

b) die Frequenz,

c) die Kreisfrequenz (Winkelgeschwindigkeit) und

d) die Polzahl?

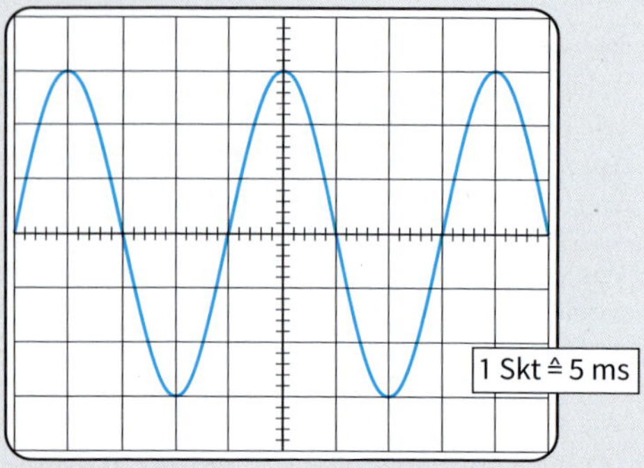

Lösung:

Geg.: Oszillogramm $n=1500\,\frac{1}{min}$

Ges.: a) T b) f c) ω d) Polzahl

a) Aus der Abbildung ergeben sich für eine Periode 4 Skalenteile (Skt).

$T=4\,Skt\cdot 5\,\frac{ms}{Skt}$ $\underline{\underline{T=20\,ms}}$

b) $f=\frac{1}{T}$ $f=\frac{1}{20\,ms}$ $\underline{\underline{f=50\,Hz}}$

c) $\omega=2\cdot\pi\cdot f$ $\omega=2\cdot\pi\cdot 50\,Hz$

$\underline{\underline{\omega=100\,\pi\,\frac{1}{s}}}$ $\underline{\underline{\omega\approx 314\,\frac{1}{s}}}$

d) $f=p\cdot n$ $p=\frac{f}{n}$ $p=\frac{50\,Hz}{1500\,\frac{1}{min}}$

$p=\frac{50\,min}{1500\,s}$ $p=\frac{50\cdot 60\,s}{1500\,s}$ $p=2$

<u>Die Maschine hat $2\cdot p=4$ Pole.</u>

Aufgaben

1. Welche Frequenzen haben die erzeugten Wechselspannungen eines Generators mit 4 Polpaaren bei folgenden Drehzahlen:

a) $250\,\frac{1}{min}$ c) $375\,\frac{1}{min}$ e) $750\,\frac{1}{min}$

b) $900\,\frac{1}{min}$ d) $3000\,\frac{1}{min}$ f) $6000\,\frac{1}{min}$

2. Der vierzigpolige Generator in einem Laufwasserkraftwerk wird mit $n=150\,\frac{1}{min}$ angetrieben. Wie groß sind die Frequenz, die Periodendauer und die Kreisfrequenz der erzeugten Wechselspannung?

3. Welche Drehzahl muss ein Generator mit 12 Polpaaren haben, um eine Wechselspannung mit folgenden Frequenzen zu erzeugen:

a) $16\frac{2}{3}$ Hz c) 50 Hz e) 60 Hz

b) 25 Hz d) 200 Hz f) 400 Hz

4. Wie viele Schwingungen pro Sekunde macht ein Wechselstrom, der in einem achtpoligen Wechselstromgenerator bei einer Drehzahl von $925\,\frac{1}{min}$ erzeugt wird?

5. Eine zwölfpolige Drehstromlichtmaschine arbeitet im Drehzahlbereich $1000\,\frac{1}{min}$ bis $4500\,\frac{1}{min}$. In welchem Bereich liegt die Frequenz der erzeugten Wechselspannung?

6. Der vierpolige Generator eines Notstromaggregates wird von einem Dieselmotor angetrieben, dessen Drehzahl je nach Belastung zwischen $1280\,min^{-1}$ und $1620\,min^{-1}$ schwankt.

a) Berechnen Sie den Frequenzbereich.

b) Um wie viel % schwankt die Frequenz?

7. Mit welcher Drehzahl wird ein vierpoliger Bahngenerator angetrieben, der eine Wechselspannung mit $f=16\frac{2}{3}$ Hz erzeugt?

8. Ein Generator wird mit $n=150\,\frac{1}{min}$ angetrieben und erzeugt eine Wechselspannung mit $f=60$ Hz. Wie viele Pole hat er?

9. Wie viele Pole hat ein Generator, der mit $n=10000\,\frac{1}{min}$ angetrieben wird, wenn er eine Wechselspannung mit $f=1$ MHz erzeugt?

7.3 Addition sinusförmiger Spannungen und Ströme

Liniendiagramm

- Zeichnerische Lösung:
  Momentanwerte punktweise addieren
  $(u_g = u_1 + u_2)$

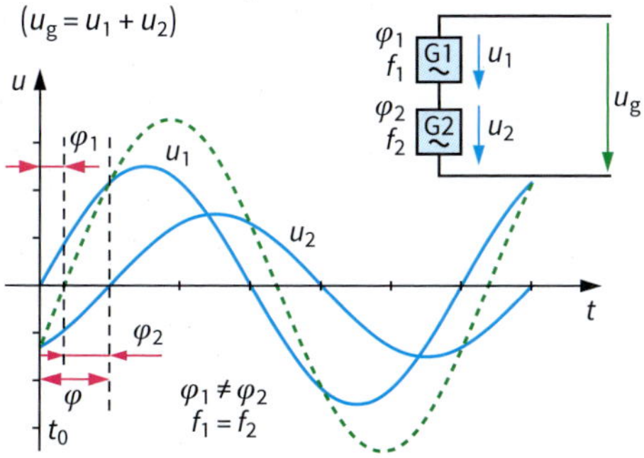

Zeigerdiagramm

- Mathematische Lösung:

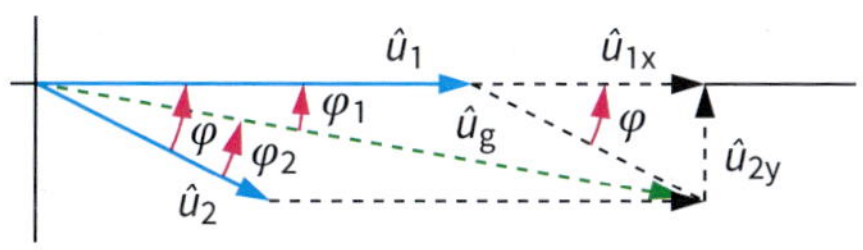

$\hat{u}_g^2 = (\hat{u}_1 + \hat{u}_{1x})^2 + \hat{u}_{2y}^2$

$\hat{u}_{1x} = \hat{u}_2 \cdot \cos\varphi$

$\hat{u}_{2y} = \hat{u}_2 \cdot \sin\varphi$

$\tan\varphi_1 = \dfrac{\hat{u}_{2y}}{\hat{u}_1 + \hat{u}_{1x}}$

$\varphi_2 = \varphi - \varphi_1$

Beispiel:

Zwei Wechselspannungsgeneratoren mit gleicher Frequenz sind in Reihe geschaltet.

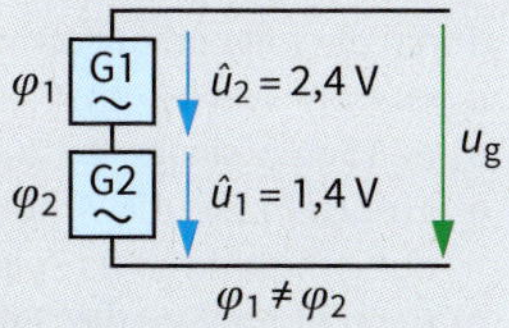

Die Spannung u_2 eilt der Spannung u_1 um 30° voraus.

a) Welchen Verlauf hat die resultierende Spannung (zeichnerische Lösung mit Liniendiagramm)?

b) Wie groß ist die Amplitude der resultierenden Spannung und wie groß sind die Phasenverschiebungswinkel zwischen den Spannungen (zeichnerische Lösung mit Zeigerdiagramm und mathematische Lösung)?

Lösung:

Geg.: $\hat{u}_1 = 1{,}4$ V; $\hat{u}_2 = 2{,}4$ V; $\varphi = 30°$

Ges.: a) Spannungsverlauf, Liniendiagramm

b) $\hat{u}_g$, φ_1 und φ_2 (Zeigerdiagramm und mathematische Lösung)

a) **Liniendiagramm**

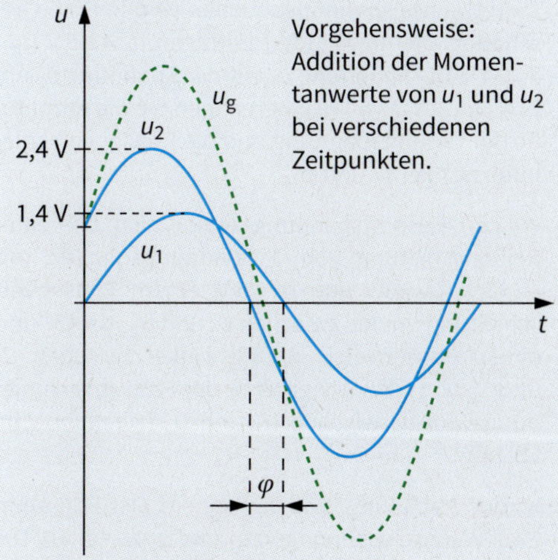

b) **Zeigerdiagramm**

- Zeichnerische Lösung

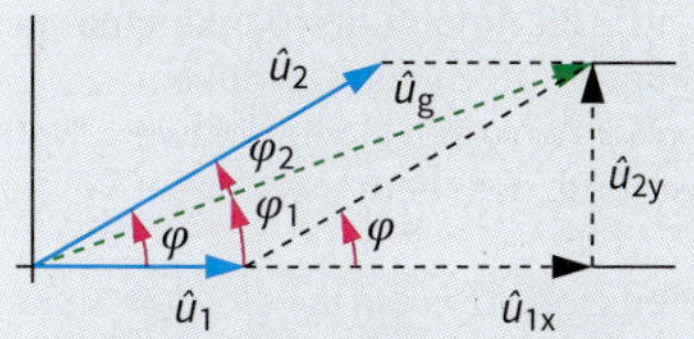

$\underline{\underline{\hat{u}_g = 3{,}7\ \text{V}}}$

$\underline{\underline{\varphi_1 = 20°}}$

$\underline{\underline{\varphi_2 = 10°}}$

- Mathematische Lösung

$\hat{u}_{1x} = \hat{u}_2 \cdot \cos\varphi$

$\hat{u}_{1x} = 2{,}4\ \text{V} \cdot \cos 30°$ $\qquad \hat{u}_{1x} = 2{,}08$ V

$\hat{u}_{2y} = \hat{u}_2 \cdot \sin\varphi$

$\hat{u}_{2y} = 2{,}4\ \text{V} \cdot \sin 30°$ $\qquad \hat{u}_{2y} = 1{,}2$ V

$\hat{u}_g^2 = (\hat{u}_1 + \hat{u}_{1x})^2 + \hat{u}_{2y}^2$ $\qquad \underline{\underline{\hat{u}_g = 3{,}68\ \text{V}}}$

$\tan\varphi_1 = \dfrac{\hat{u}_{2y}}{\hat{u}_1 + \hat{u}_{1x}}$

$\tan\varphi_1 = \dfrac{1{,}2\ \text{V}}{1{,}4\ \text{V} + 2{,}08\ \text{V}}$

$\underline{\underline{\varphi_1 = 19°}}$ $\qquad \varphi_2 = \varphi - \varphi_1$ $\qquad \underline{\underline{\varphi_2 = 11°}}$

Aufgaben

1. Die Amplituden zweier Ströme haben Werte von $\hat{i}_1 = 1$ mA und $\hat{i}_2 = 1{,}2$ mA. Der Strom i_1 eilt dem Strom i_2 um 45° voraus.
   a) Addieren Sie grafisch die Ströme und ermitteln Sie die Amplitude des resultierenden Stroms.
   b) Berechnen Sie die Amplitude des resultierenden Stroms und die Phasenverschiebungswinkel zwischen den Strömen.

Aufgaben

1. Zwei Wechselspannungsquellen sind in Reihe geschaltet. Die Amplituden betragen $\hat{u}_1 = 2{,}5$ V und $\hat{u}_2 = 4$ V. Die Spannung u_1 eilt der Spannung u_2 um 2 ms voraus ($f = 50$ Hz). Berechnen Sie die Amplitude der Gesamtspannung und die Phasenverschiebungswinkel φ_1 und φ_2.

2. Welche Gesamtspannung ergibt sich bei einer Reihenschaltung von 3 Spannungsquellen mit $U_1 = 2$ V, $U_2 = 3$ V und $U_4 = 5$ V, einem Phasenverschiebungswinkel zwischen U_1 und U_2 von 45° und einem Phasenverschiebungswinkel zwischen U_1 und U_3 von 60°? Wie groß ist der Phasenverschiebungswinkel zwischen U_1 und U_g (zeichnerische Lösung)?

3. In der Abbildung sind mit einem Oszillogramm zwei Wechselspannungen u_1 und u_2 zu sehen. Die Spannung u_1 eilt der Spannung u_2 voraus. Es sind am Oszilloskop folgende Ablenkkoeffizienten eingestellt: $A_y = 5\,\frac{\text{V}}{\text{Skt}}$ und $A_x = 2\,\frac{\text{ms}}{\text{Skt}}$

a) Berechnen Sie die Amplituden der Spannungen und den Phasenverschiebungswinkel.

b) Berechnen Sie für u_1 den Momentanwert, wenn $u_2 = 0$ V ist und aus dem negativen Bereich kommt.

c) Die Spannungsquellen sind in Reihe geschaltet. Ermitteln Sie die Amplitude der Gesamtspannung zeichnerisch.

d) Ermitteln Sie die Phasenverschiebungswinkel zwischen der Gesamtspannung und den Einzelspannungen.

e) Wie groß sind die Effektivwerte der drei Spannungen?

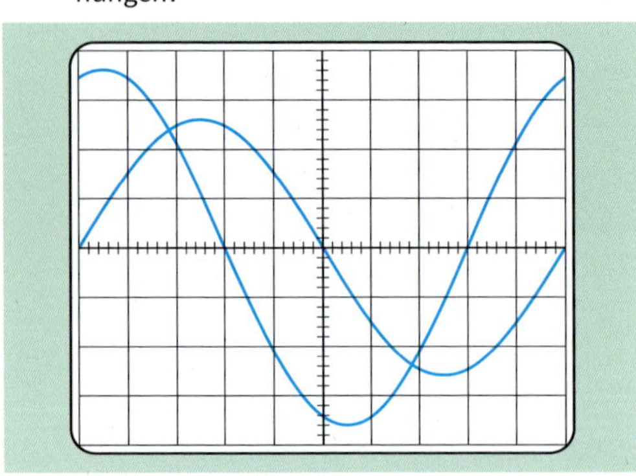

4. Zwei sinusförmige Wechselspannungen sollen grafisch addiert werden. Die Amplituden betragen $\hat{u}_1 = 10$ mV und $\hat{u}_2 = 12$ mV. Die Spannung u_1 eilt der Spannung u_2 um 45° voraus. Bestimmen Sie die Phasenverschiebungswinkel zwischen den einzelnen Größen zeichnerisch.

5. In der Abbildung sind zwei sinusförmige Spannungen mit einem Zweikanaloszilloskop dargestellt. Es sind folgende Ablenkkoeffizienten eingestellt. $A_y = 10\,\frac{\text{V}}{\text{Skt}}$ und $A_x = 5\,\frac{\text{ms}}{\text{Skt}}$

a) Berechnen Sie die Amplituden und die Effektivwerte der Spannungen.

b) Berechnen Sie den Phasenverschiebungswinkel zwischen den Spannungen im Grad- und im Bogenmaß.

c) Ermitteln Sie die Frequenz, Kreisfrequenz und Periodendauer.

d) Ermitteln Sie zeichnerisch die Amplitude der Gesamtspannung, wenn beide Quellen in Reihe geschaltet sind.

e) Bestimmen Sie aus d) die Phasenverschiebungswinkel zwischen den Einzelspannungen und der Gesamtspannung im Grad- und im Bogenmaß.

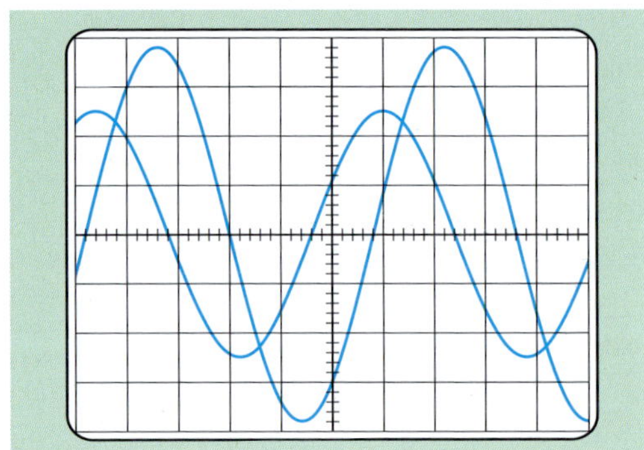

6. Drei Spannungsquellen mit gleichen Frequenzen sind in Reihe geschaltet. Die Spannungen sind durch die folgenden Formeln gekennzeichnet:
$u_1 = 17\text{ mV} \cdot \sin(\omega \cdot t)$; $u_2 = 25\text{ mV} \cdot \sin(\omega \cdot t + 20°)$;
$u_3 = -15\text{ mV} \cdot \sin(\omega \cdot t - 20°)$

a) Ermitteln Sie die Amplitude der Gesamtspannung mithilfe eines Zeigerdiagramms.

b) Berechnen Sie die Effektivwerte der Einzelspannungen und deren Gesamtspannung.

c) Wie groß ist der Phasenverschiebungswinkel zwischen der Einzelspannung u_1 und der Gesamtspannung (aus Zeigerdiagramm entnehmen)?

7. Die durch Zeiger dargestellten Spannungen sind in Reihe geschaltet (nicht maßstäblich).

a) Ermitteln Sie zeichnerisch die Gesamtspannung.

b) Wie groß sind die Phasenverschiebungswinkel zwischen der Gesamtspannung und den Einzelspannungen?

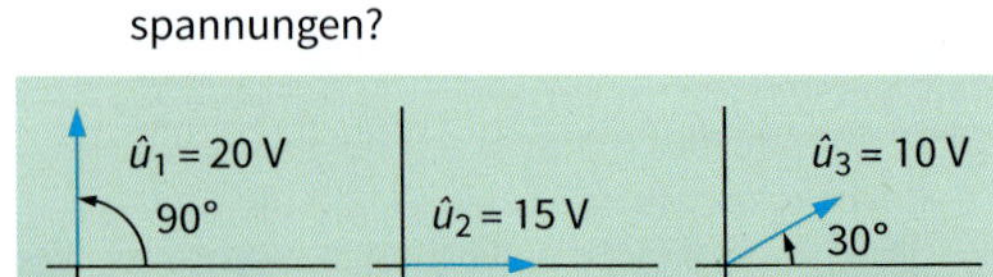

7.4 Wirkwiderstand im Wechselstromkreis

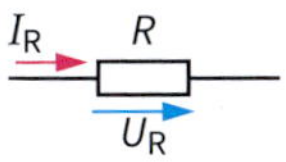

Liniendiagramme

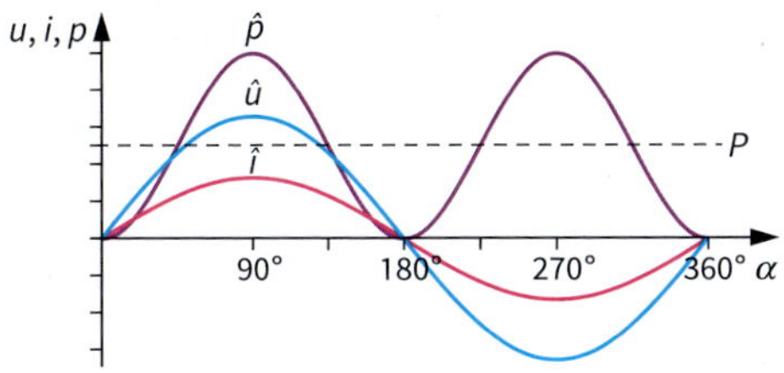

Zeigerdiagramm

Stromstärke und Spannung sind in Phase

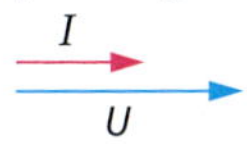

Scheitelwerte	$\hat{u}; \hat{i}$
Momentanwerte	$u; i$

$u = \hat{u} \cdot \sin \alpha$

$i = \hat{i} \cdot \sin \alpha$

$\alpha = \omega \cdot t$

Effektivwerte

$U = \frac{\hat{u}}{\sqrt{2}} \qquad I = \frac{\hat{i}}{\sqrt{2}}$

Aufgaben

1. Wie groß sind die Momentanwerte einer sinusförmigen Spannung für folgende Winkel α bei $\hat{u} = 50$ V:

a) $\alpha = 15°$ d) $\alpha = 205°$ g) $\alpha = 270°$
b) $\alpha = 305°$ e) $\alpha = \frac{\pi}{6}$ h) $\alpha = \frac{13}{12}\pi$
c) $\alpha = 1{,}4$ f) $\alpha = 3$ i) $\alpha = 0{,}25$

2. Bestimmen Sie die Scheitelwerte:

a) $U = 42$ V e) $I = 3{,}5$ mA
b) $U = 230$ V f) $I = 12$ kA
c) $I = 10$ A g) $U = 24$ V
d) $U = 400$ V h) $I = 75$ µA

3. Bestimmen Sie zu folgenden Scheitelwerten die Effektivwerte:

a) $\hat{u} = 566$ V c) $\hat{u} = 155{,}5$ V e) $\hat{u} = 7{,}1$ kV
b) $\hat{i} = 7{,}75$ mA d) $\hat{i} = 75$ kA f) $\hat{i} = 14{,}1$ A

4. Ein Wechselstrom $f = 50$ Hz hat den Scheitelwerte $\hat{i} = 14$ A. Wie groß sind die Momentanwerte bei folgenden Zeiten:

a) $t = 1$ ms c) $t = 40$ ms e) $t = 12$ ms
b) $t = 7$ ms d) $t = 5$ ms f) $t = 1$ s

5. Zwei Wechselspannungsquellen sind in Reihe geschaltet. Die Scheitelwerte betragen $\hat{u}_1 = 2{,}5$ V und $\hat{u}_2 = 4$ V. Die Spannung u_1 eilt der Spannung u_2 um 2 ms voraus, $f = 50$ Hz.
Bestimmen Sie grafisch die Gesamtspannung u und die Phasenverschiebung zwischen u_1 und u bzw. u_2 und u.

6. Wie groß ist die Stromstärke i_1 im Knotenpunkt?

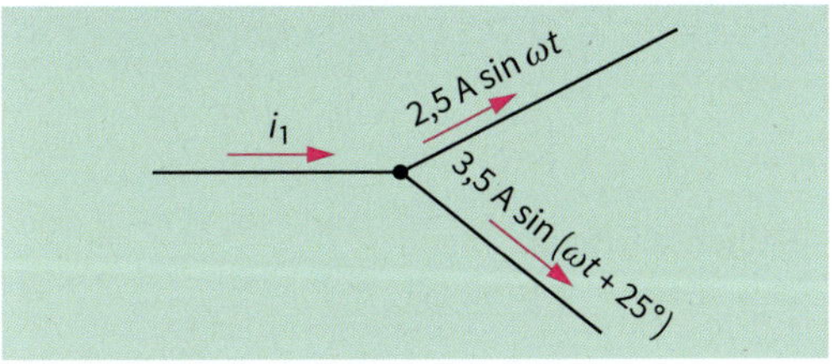

7. Addieren Sie grafisch die Ströme i_1 und i_2 zu i. Die Scheitelwerte betragen $\hat{i}_1 = 10$ A und $\hat{i}_2 = 12$ A. Der Strom i_1 eilt dem Strom i_2 um 45° voraus.
Wie groß sind die Phasenverschiebungen zwischen i_1 und i bzw. i_2 und i?

8. Mit einem Oszilloskop wird das Oszillogramm ermittelt (1 Skt ≙ 5 ms und 1 Skt ≙ 10 V).

a) Wie groß sind die Scheitelwerte der Spannungen und der Phasenverschiebungswinkel?
b) Wie groß sind die Effektivwerte der Spannungen?
c) Wie groß sind Frequenz und Periodendauer?
d) Wie groß ist die Gesamtspannung, wenn die beiden Spannungsquellen in Reihe geschaltet werden (Lösung mit Liniendiagramm und Zeigerdiagramm)?
e) Wie groß ist die Phasenverschiebung zwischen der Gesamtspannung und der Spannung der Spannungsquelle mit u_1?
f) Welchen Effektivwert hat die Gesamtspannung?

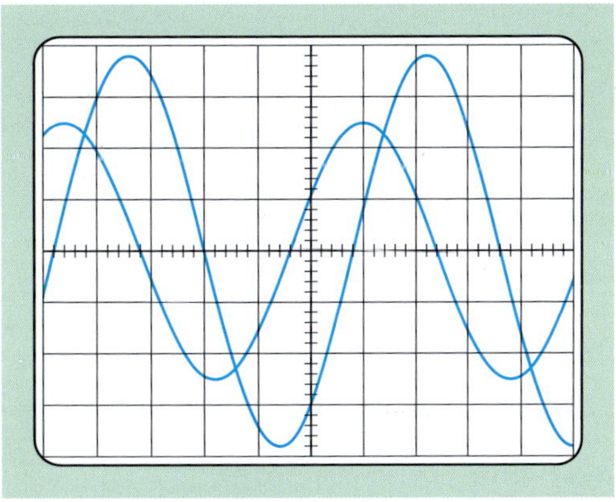

7.5 RC-Schaltungen

7.5.1 Blindwiderstand des Kondensators

Blindwiderstand X_C $[X_C] = \Omega$

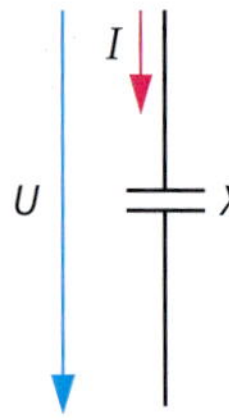

$$X_C = \frac{U}{I}$$

$$X_C = \frac{1}{2\pi \cdot f \cdot C}$$

$$X_C = \frac{1}{\omega \cdot C}$$

Reihenschaltung

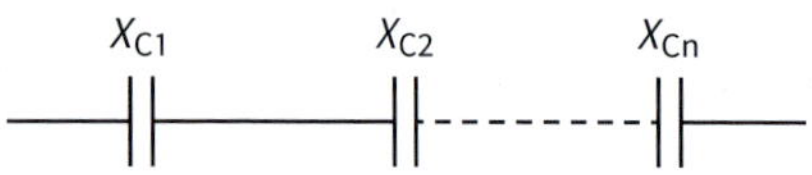

$$X_{C\,ges} = X_{C1} + X_{C2} + \ldots + X_{Cn}$$

$$\frac{1}{C_{ges}} = \frac{1}{C_1} + \frac{1}{C_2} + \ldots + \frac{1}{C_n}$$

Parallelschaltung

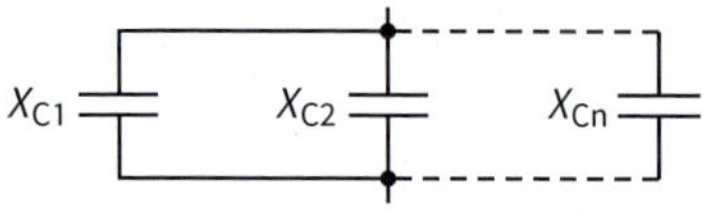

$$\frac{1}{X_{C\,ges}} = \frac{1}{X_{C1}} + \frac{1}{X_{C2}} + \ldots + \frac{1}{X_{Cn}}$$

$$C_{ges} = C_1 + C_2 + \ldots + C_n$$

Beispiel:

In einer Leuchtstofflampenschaltung befindet sich ein Kondensator, dessen Beschriftung unleserlich geworden ist. Durch Strom- und Spannungsmessung soll die Kapazität ermittelt werden. Messwerte: $U = 230$ V/50 Hz, $I = 138$ mA.

Lösung:

Geg.: $U = 230$ V/50 Hz; $I = 138$ mA

Ges.: C

$$X_C = \frac{U}{I} \qquad X_C = \frac{1}{2\pi \cdot f \cdot C} \qquad \frac{U}{I} = \frac{1}{2\pi \cdot f \cdot C}$$

$$C = \frac{I}{U \cdot 2\pi \cdot f} \qquad C = \frac{138 \cdot 10^{-3}\,\text{A}}{230\,\text{V} \cdot 2 \cdot \pi \cdot \frac{50}{\text{s}}} \qquad \underline{\underline{C = 2\,\mu\text{F}}}$$

AUFGABEN

1. Wie groß ist der Blindwiderstand eines Kondensators von 4,7 µF bei
a) $16\frac{2}{3}$ Hz, b) 50 Hz und c) 60 Hz?

2. Zur Kompensation werden in einer Anlage drei Kondensatoren von 4,7 µF; 6,8 µF und 10 µF parallel geschaltet. An ihnen liegt eine Spannung von 400 V/50 Hz. Wie groß sind die Stromstärken durch die Kondensatoren?

3. Berechnen Sie die Kapazität eines Kondensators, durch den bei 380 V/50 Hz ein Strom von 1,25 A fließt.

4. Für eine Filterschaltung wird bei 1 kHz ein Blindwiderstand von 420 Ω benötigt. Wie groß muss die Kapazität des Kondensators sein?

5. Ermitteln Sie die Gesamtkapazität der Kondensatorschaltung und den Gesamtblindwiderstand ($f = 50$ Hz).

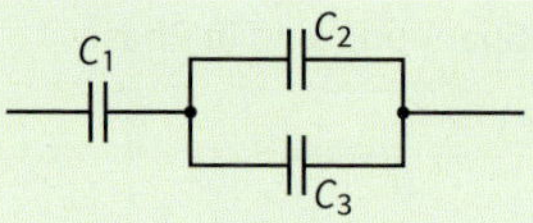

$C_1 = 47$ nF
$C_2 = 10$ nF
$C_3 = 27$ nF

6. Drei Kondensatoren mit $C_1 = 10$ µF; $C_2 = 4{,}7$ µF und $C_3 = 6{,}8$ µF liegen in Reihe an $U = 230$ V. Wie groß sind
   a) der Blindwiderstand der Schaltung,
   b) die Spannungen an den Kondensatoren und
   c) die Gesamtstromstärke?

7. a) Berechnen Sie die Gesamtkapazität und den Gesamtblindwiderstand der Gruppenschaltung bei $f = 1$ kHz.
   b) Berechnen Sie die Stromstärken und die Einzelspannungen, wenn an der Schaltung eine Wechselspannung von 3,2 V liegt ($f = 1$ kHz).

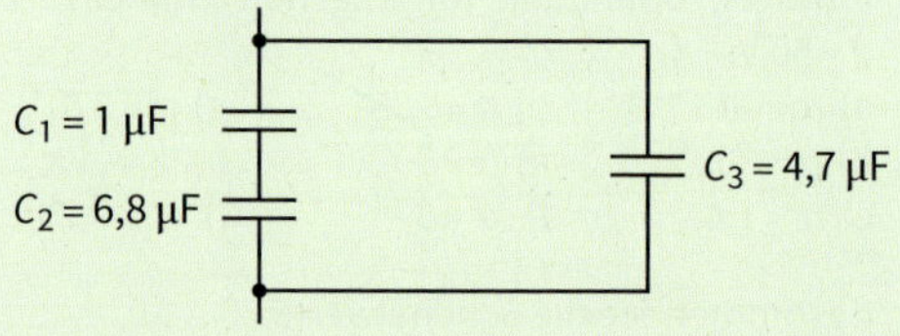

8. Ermitteln Sie aus dem Diagramm die Kapazität des Kondensators.

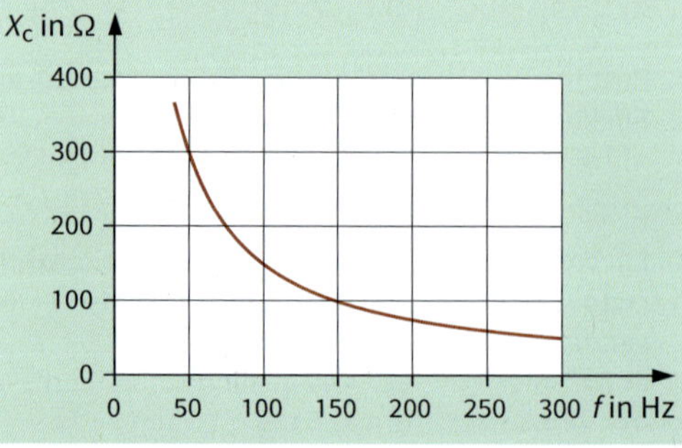

Aufgaben

9. In einer Messschaltung treten an einem Kondensator Spannungen mit unterschiedlicher Frequenz auf. Sie verdoppelt sich von 1 kHz auf 2 kHz. Um wie viel Prozent verändert sich der Blindwiderstand des Kondensators, wenn die Frequenz von 1 kHz mit 100 % festgelegt wurde?

10. Ermitteln Sie aus dem Diagramm die Blindwiderstände und die jeweiligen Kapazitäten der Kondensatoren.

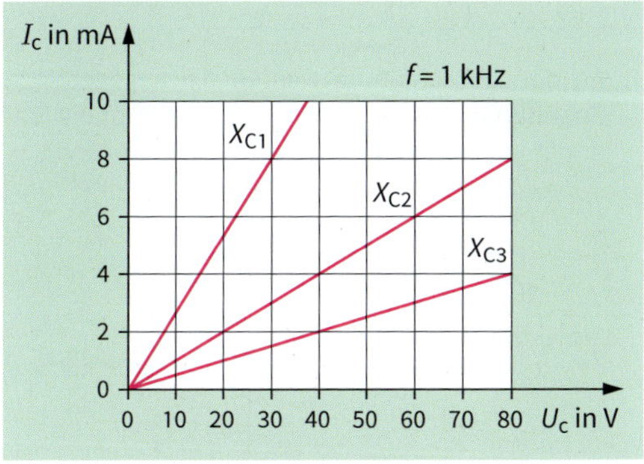

11. Das Diagramm zeigt den Verlauf von $\frac{1}{X_C}$ (Blindleitwert) in Abhängigkeit von der Frequenz. Berechnen Sie die Kapazitäten C_1, C_2 und C_3.

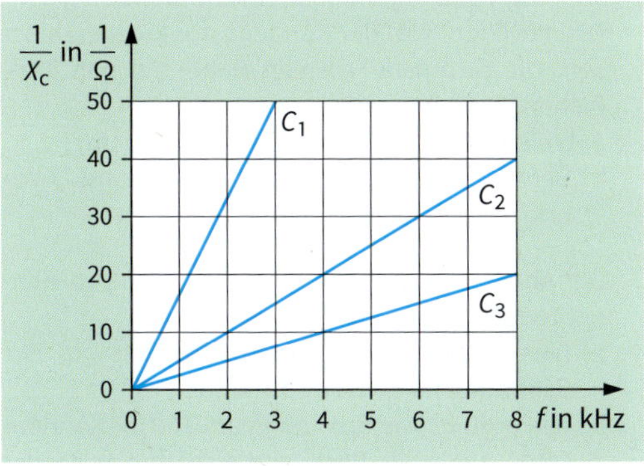

12. Ein Kondensator von 10 µF wird an einen Wechselspannungsgenerator mit veränderbarer Frequenz angeschlossen. Die Spannung bleibt konstant. Die Stromstärke ändert sich von 30 mA bis 110 mA. Um wie viel Prozent hat sich dabei die Frequenz geändert?

13. Ein Kondensator mit einer Kapazität von 22 nF und einer Toleranz von ±20 % liegt an einer Wechselspannung von 10 V (1 kHz). Zwischen welchen Werten liegt der Blindwiderstand des Kondensators?

14. Ein Kompensationskondensator mit 4,7 µF liegt parallel zu einem Motor an einer Spannung von 230 V (50 Hz). Die Toleranz des Kondensators beträgt ±20 %. Zwischen welchen Werten kann die Stromstärke liegen?

15. Ein Entstörkondensator von 1 µF wird irrtümlich gegen einen Kondensator von 0,5 µF ausgetauscht. Berechnen Sie die Blindwiderstände für 50 Hz und 100 kHz.

16. a) Berechnen Sie die Gesamtkapazität und den Gesamtblindwiderstand (f = 50 Hz) der Schaltung.
b) Wie groß sind die Stromstärke und die Einzelspannungen an den Kondensatoren, wenn die Schaltung an einer Gesamtspannung von 230 V (50 Hz) liegt?

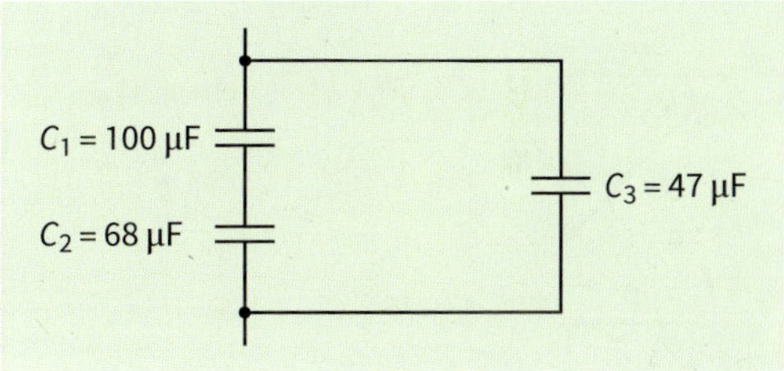

17. Ermitteln Sie für die drei Kondensatoren von 1 µF, 5 µF und 10 µF die Frequenzen, bei denen der kapazitive Blindwiderstand 100 Ω beträgt.

18. Kondensatoren mit unbekannten Werten werden an 230 V Wechselspannung (50 Hz) gelegt und anschließend wird die Stromstärke gemessen. Welche Kapazitäten ergeben sich, wenn a) 5,3 mA; b) 17,5 mA und c) 120 mA fließen?

19. Durch einen Kondensator von 10 µF mit einer Toleranz von +20 % darf nur ein effektiver Wechselstrom von 120 mA fließen. Wie groß darf der Scheitelwert der Wechselspannung höchstens werden? (f = 50 Hz)

20. Ein Kondensator von 10 µF wird an einen Generator mit veränderbarer Frequenz angeschlossen. Bei einer gleichbleibenden Spannung ändert sich die Stromstärke von 30 mA bis 110 mA. Um wie viel Prozent hat sich dabei die Frequenz verändert?

21. Ein Kondensator mit einer Kapazität von 22 µF und einer Toleranz von ±20 % liegt an einer Wechselspannung von 400 V (50 Hz). Zwischen welchen Werten liegt der Blindwiderstand des Kondensators?

7.5.2 Reihenschaltung

Reihenschaltung aus *R* und *C*

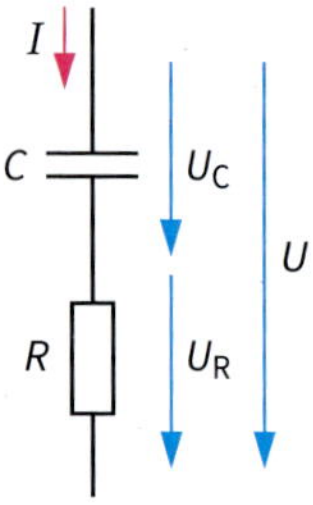

Z Scheinwiderstand $[Z] = \Omega$

S Scheinleistung $[S] = \text{V} \cdot \text{A}$

P Wirkleistung $[P] = \text{W}$

Q Blindleistung $[Q] = \text{var}$

φ Phasenverschiebungswinkel

$\cos \varphi$ Leistungsfaktor

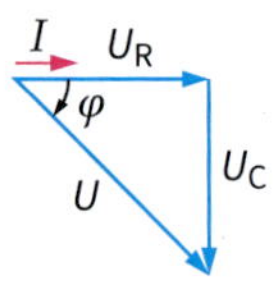

$U^2 = U_R^2 + U_C^2$ $\qquad \sin \varphi = \frac{U_C}{U}$

$\tan \varphi = \frac{U_C}{U_R}$ $\qquad \cos \varphi = \frac{U_R}{U}$

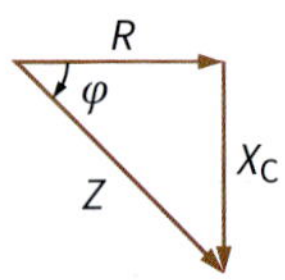

$Z^2 = R^2 + X_C^2$ $\qquad \sin \varphi = \frac{X_C}{Z}$

$\tan \varphi = \frac{X_C}{R}$ $\qquad \cos \varphi = \frac{R}{Z}$

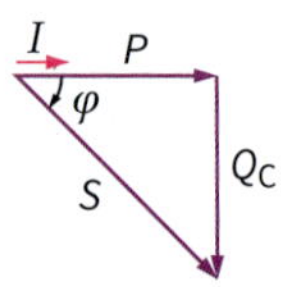

$S^2 = P^2 + Q^2$ $\qquad S = U \cdot I$

$P = S \cdot \cos \varphi$ $\qquad P = U_R \cdot I$

$Q = S \cdot \sin \varphi$ $\qquad Q = U_C \cdot I$

Beispiel:

Zur Leistungsverminderung eines Lötkolbens ist ein Kondensator in Reihe geschaltet. Die Gesamtspannung beträgt 230 V (50 Hz). Am Lötkolben werden lediglich 180 V gemessen.

a) Wie groß ist die Spannung am Kondensator?

b) Welcher Phasenverschiebungswinkel ergibt sich zwischen Gesamtspannung und Stromstärke?

c) Wie groß sind die Leistungen in der Reihenschaltung, wenn eine Stromstärke von 0,15 A ermittelt wurde?

Lösung:

Geg.: $U = 230\,\text{V}/50\,\text{Hz}$; $U_R = 180\,\text{V}$; $I = 0{,}15\,\text{A}$

Ges.: a) U_C b) φ c) S, P, Q

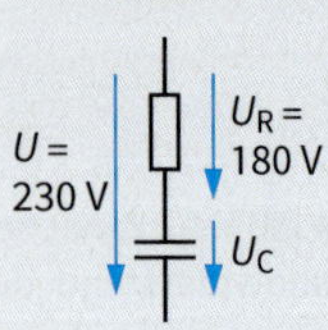

a) $U^2 = U_R^2 + U_C^2$

$U_C = \sqrt{U^2 - U_R^2}$

$U_C = \sqrt{(230\,\text{V})^2 - (180\,\text{V})^2}$

$\underline{\underline{U_C = 143{,}2\,\text{V}}}$

b) $\cos \varphi = \frac{U_R}{U}$ $\qquad \cos \varphi = \frac{180\,\text{V}}{230\,\text{V}}$

$\cos \varphi = 0{,}783$ $\qquad \underline{\underline{\varphi = 38{,}5°}}$

c) $S = U \cdot I$ $\qquad S = 230\,\text{V} \cdot 0{,}15\,\text{A}$ $\qquad \underline{\underline{S = 34{,}5\,\text{V} \cdot \text{A}}}$

$P = U_R \cdot I$ $\qquad P = 180\,\text{V} \cdot 0{,}15\,\text{V}$ $\qquad \underline{\underline{P = 27\,\text{W}}}$

$Q = U_C \cdot I$ $\qquad Q = 143{,}2\,\text{V} \cdot 0{,}15\,\text{A}$ $\qquad \underline{\underline{Q = 21{,}5\,\text{var}}}$

AUFGABEN

1. An der Siebschaltung werden die angegebenen Spannungen gemessen. Berechnen Sie für die Frequenz von 100 Hz die Werte für U_R, I, Z, X_C und C.

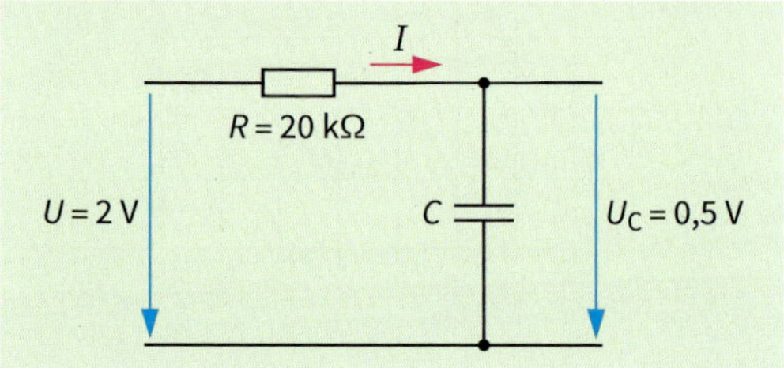

2. Ein Kondensator liegt in Reihe mit einem Wirkwiderstand von 270 Ω an einer Wechselspannung von 230 V (50 Hz). Infolge eines Durchschlags im Dielektrikum wird der Kondensator kurzgeschlossen. Die Stromstärke steigt dabei auf den fünffachen Wert.

a) Welche Kapazität besaß der Kondensator?

b) Berechnen Sie die Leistungen S, P und Q vor und nach dem Kurzschluss.

3. Die Abbildung zeigt die Siebung in einer Gleichrichterschaltung.

a) Berechnen Sie den Scheinwiderstand der Schaltung für 50 Hz und 100 Hz.

b) Wie groß ist die Spannung am 100 µF-Kondensator, wenn als Restwechselspannung an der Reihenschaltung eine Spannung von 3 V bei 100 Hz angenommen wird?

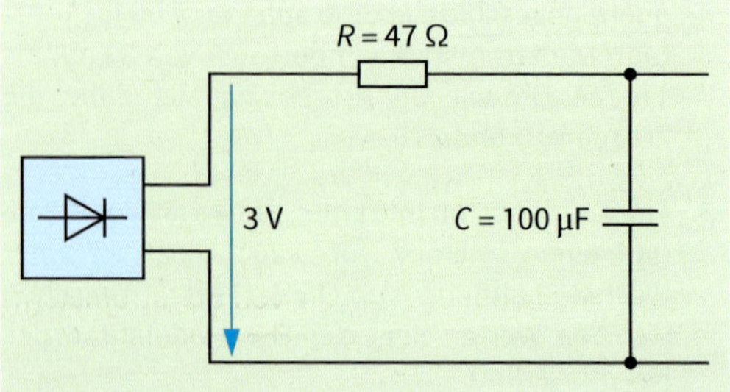

4. Ein Wirkwiderstand von 120 Ω und ein Kondensator mit einem Blindwiderstand von 300 Ω liegen in Reihe an einer Wechselspannung. Die Stromstärke beträgt 63 mA.
a) Wie groß sind die Spannungen an R und an X_C?
b) Wie groß sind die angelegte Spannung und der Phasenverschiebungswinkel zwischen der Gesamtspannung U und der Stromstärke?

5. Wie groß ist der Scheinwiderstand einer Reihenschaltung von $R = 1$ kΩ und $C = 3{,}3$ µF bei $f = 50$ Hz?

6. Wie groß ist die Stromstärke durch einen Kondensator von 0,5 µF, wenn er in Reihe mit einem Wirkwiderstand von 3,9 kΩ liegt? Die Gesamtspannung beträgt 110 V/50 Hz.

7. Der Blindwiderstand eines unbekannten Kondensators wird in einer Messschaltung ermittelt. Bei einer Frequenz von 50 Hz hat der Blindwiderstand einen Wert von 14,3 kΩ.
a) Berechnen Sie die Kapazität.
b) Wie groß ist der Scheinwiderstand, wenn ein Wirkwiderstand von 18 kΩ in Reihe geschaltet wird?
c) Welcher Wert ergibt sich im Fall b) für den Phasenverschiebungswinkel zwischen der Gesamtspannung und der Stromstärke?

8. Wie groß sind $Z, I, U_{R1}, U_{R2}, U_C$ und φ in der Schaltung?

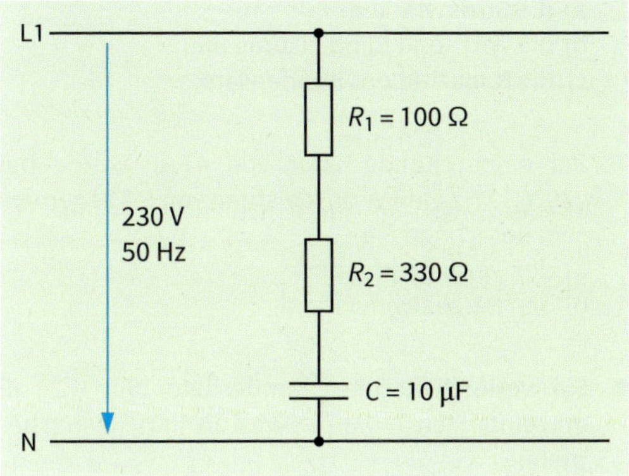

9. Eine Glühlampe hat die Nennwerte 230 V und 60 W. Sie liegt mit einem Kondensator von 2,2 µF in Reihe an der Gesamtspannung von 230 V (50 Hz). Der Widerstand der Glühlampe soll für die Berechnung als unabhängig von der Stromstärke angenommen werden. Berechnen Sie Z, I, U_R, U_C und φ.

10. In der Laborschaltung werden bei 230 V/50 Hz eine Leistung von $P = 60$ W und eine Stromstärke von 0,5 A gemessen. Berechnen Sie U_R, U_C, S und Q.

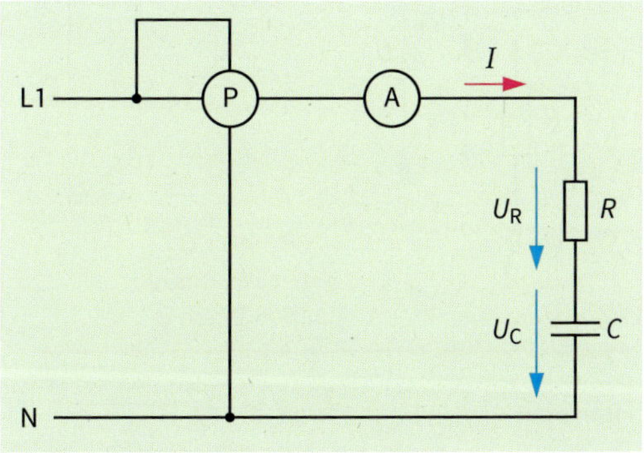

11. Durch die Reihenschaltung eines 10 µF-Kondensators wird die Wirkleistung eines kleinen Heizgeräts herabgesetzt. Ohne Kondensator beträgt die Leistung 100 W bei einer Spannung von 230 V/50 Hz. Wie groß ist die Wirkleistung des Heizgeräts mit Kondensator?
Der Widerstand des Heizgeräts wird als konstant angenommen.

12. Eine Glühlampe von 115 V/60 W soll an 230 V/50 Hz betrieben werden. Berechnen Sie die Kapazität des in Reihe zu schaltenden Kondensators.

13. Der Wirkwiderstand von 820 Ω eines Heizgeräts und ein Kondensator von 4 µF sind an 230 V und 50 Hz in Reihe geschaltet. Berechnen Sie S, P und Q.

14. Die Transistoren in der Schaltung sind kapazitiv gekoppelt. Der Eingangswiderstand des Transistors ist durch den Widerstand R_{BE} gekennzeichnet worden. Die Schaltung wird mit einem Wechselspannungsgenerator untersucht und die Eingangsspannung U mit 10 mV konstant gehalten. Berechnen Sie X_C, Z, I, U_R und φ für die Grenzfrequenzen von 30 Hz und 15 kHz.

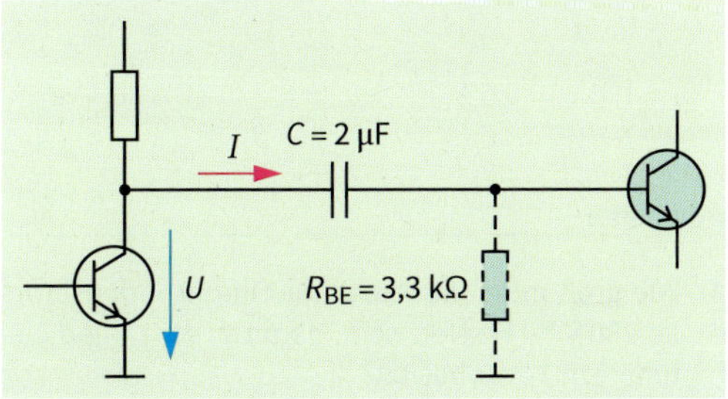

Leistung

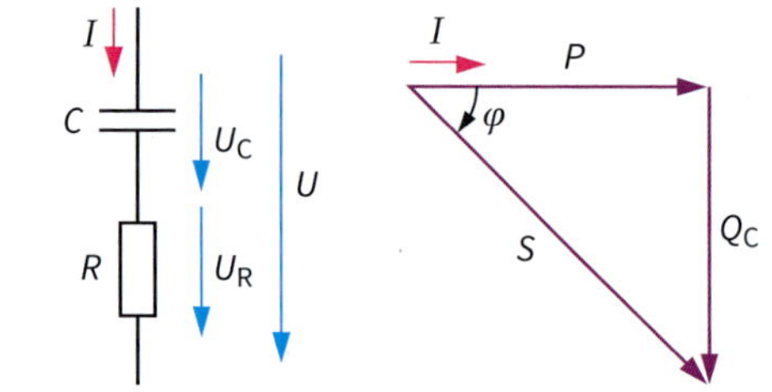

$S = U \cdot I$ $\quad S^2 = P^2 + Q_C^2$

$P = U_R \cdot I$ $\quad P = S \cdot \cos\varphi$

$Q_C = U_C \cdot I$ $\quad Q_C = S \cdot \sin\varphi$

Beispiel:

Die Laborschaltung besitzt an 230 V/50 Hz eine Leistung von $P = 60$ W. Es fließt ein Strom von 0,5 A. Wie groß sind U_R, U_C, S und Q_C?

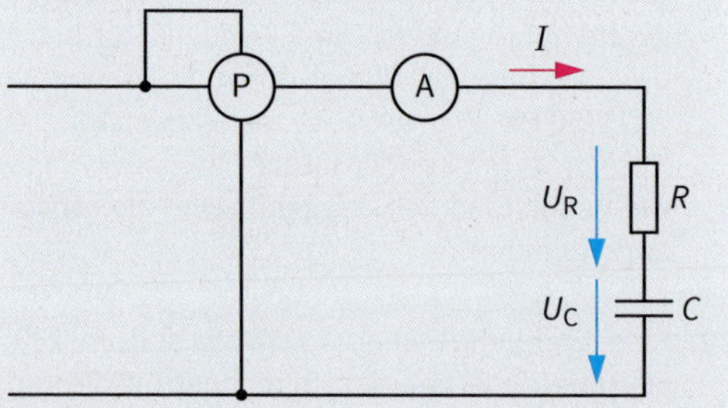

Lösung:

Geg.: $U = 230$ V/50 Hz $\quad P = 60$ W
$I = 0{,}5$ A

Ges.: U_R, U_C, S und Q_C

$P = U_R \cdot I$

$U_R = \frac{P}{I} \qquad U_R = \frac{60\text{ W}}{0{,}5\text{ A}} \qquad \underline{\underline{U_R = 120\text{ V}}}$

$U^2 = U_R^2 + U_C^2$

$U_C = \sqrt{U^2 - U_R^2}$

$U_C = \sqrt{(230\text{ V})^2 - (120\text{ V})^2} \qquad \underline{\underline{U_C = 196{,}2\text{ V}}}$

$S = U \cdot I \qquad S = 230\text{ V} \cdot 0{,}5\text{ A} \qquad \underline{\underline{S = 115\text{ VA}}}$

$Q_C = U_C \cdot I$

$Q_C = 196{,}2\text{ V} \cdot 0{,}5\text{ A} \qquad \underline{\underline{Q_C = 98{,}1\text{ var}}}$

Aufgaben

1. Wie groß muss die Kapazität eines Kondensators im 230 V/50 Hz Netz sein, damit er eine Blindleistung von 1 kvar besitzt?

2. Ein Kondensator soll in einer Schaltanlage eine Blindleistung von $Q_C = 250$ var bei einer Spannung von 230 V/50 Hz liefern. Wie groß sind Stromstärke und Kapazität des Kondensators?

3. Durch die Reihenschaltung eines 10 µF-Kondensators wird die Wirkleistung eines kleinen Heizgerätes herabgesetzt. Ohne Kondensator beträgt die Leistung 100 W bei einer Spannung von 230 V/50 Hz. Wie groß ist die Wirkleistung des Heizgerätes mit Kondensator? Der Widerstand des Heizgerätes bleibt konstant.

4. Eine Glühlampe von 115 V/60 W soll an 230 V/50 Hz betrieben werden. Berechnen Sie die Kapazität des in Reihe zu schaltenden Kondensators.

5. Parallel zu einem Wirkwiderstand von 330 Ω ist ein Kondensator von 6 µF geschaltet. Die Schaltung liegt an 230 V/50 Hz. Berechnen Sie
   a) den Blindwiderstand des Kondensators,
   b) die Scheinleistung,
   c) die Teil- und die Gesamtstromstärke,
   d) die Wirk- und Blindleistung und
   e) den Leistungsfaktor.

6. Zu einem Wirkwiderstand von 100 Ω soll ein Kondensator parallel geschaltet werden, damit sich bei Anlegen an 230 V/50 Hz eine Scheinleistung von 620 VA ergibt. Berechnen Sie
   a) die Stromstärken,
   b) die Wirk- und Blindleistung und
   c) die Kapazität des Kondensators.

7. Bei einem Kondensator von 47 µF wurde bei 230 V/50 Hz eine Verlustleistung von 5,7 W gemessen. Berechnen Sie
   a) den Verlustfaktor und
   b) den Parallelwiderstand.

8. Ein verlustbehafteter Kondensator von 220 µF und einem $\tan\delta = 6 \cdot 10^{-3}$ wird an 400 V (50 Hz) betrieben.
   a) Berechnen Sie den parallelen Verlustwiderstand.
   b) Wie groß sind Wirk-, Blind- und Scheinleistung?

9. Zu einem 12 µF Kondensator wird eine Verlustleistung von 1,5 W angegeben. Er wird an 230 V (50 Hz) betrieben. Wie groß ist der Verlustfaktor des Kondensators?

7.5.3 Parallelschaltung

Parallelschaltung aus R und C

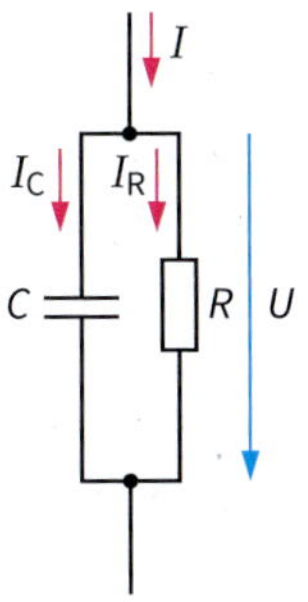

Z	Scheinwiderstand	$[Z] = \Omega$
Y	Scheinleitwert	$[Y] = \text{S}$
B	Blindleitwert	$[B] = \text{S}$
G	Wirkleitwert	$[G] = \text{S}$
S	Scheinleistung	$[S] = \text{V} \cdot \text{A}$
P	Wirkleistung	$[P] = \text{W}$
Q	Blindleistung	$[Q] = \text{var}$
φ	Phasenverschiebungswinkel	
$\cos\varphi$	Leistungsfaktor	

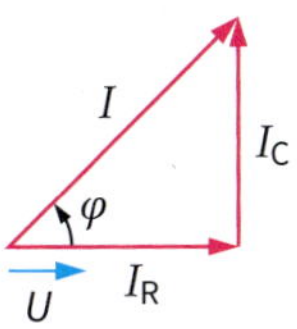

$I^2 = I_R^2 + I_C^2$ $\quad \sin\varphi = \frac{I_C}{I}$

$\tan\varphi = \frac{I_C}{I_R}$ $\quad \cos\varphi = \frac{I_R}{I}$

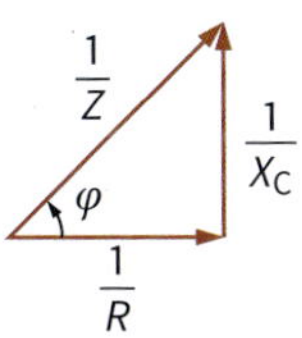

$\left(\frac{1}{Z}\right)^2 = \left(\frac{1}{R}\right)^2 + \left(\frac{1}{X_C}\right)^2$

$Y^2 = G^2 + B_C^2$ $\quad \sin\varphi = \frac{Z}{X_C}$

$\tan\varphi = \frac{R}{X_C}$ $\quad \cos\varphi = \frac{Z}{R}$

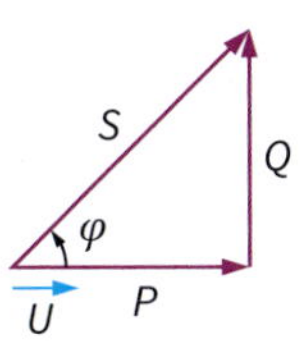

$S^2 = P^2 + Q^2$ $\quad S = U \cdot I$

$P = S \cdot \cos\varphi$ $\quad P = U \cdot I_R$

$Q = S \cdot \sin\varphi$ $\quad Q = U \cdot I_C$

Beispiel:

Der Verlustfaktor eines MP-Kondensators wird mit $7 \cdot 10^{-3}$ bei 50 Hz angegeben. Die Nennkapazität beträgt 47 µF.

a) Wie groß ist der parallele Verlustwiderstand?

b) Wie groß sind Blind- und Wirkstromstärke bei einer Spannung von 230 V/50 Hz?

Lösung:

Geg.: $\tan\delta = 7 \cdot 10^{-3}$; $f = 50\,\text{Hz}$; $C = 47\,\mu\text{F}$

Ges.: a) R b) I_C, I_R

a) $\tan\delta = \frac{X_C}{R}$ $\quad R = \frac{X_C}{\tan\delta}$ $\quad R = \frac{1}{2\pi f \cdot C \cdot \tan\delta}$

$$R = \frac{1}{2\pi \cdot \frac{50}{\text{s}} \cdot 47 \cdot 10^{-6}\,\frac{\text{As}}{\text{V}} \cdot 7 \cdot 10^{-3}}$$

$\underline{\underline{R = 9{,}68\,\text{k}\Omega}}$

b) $X_C = \frac{1}{2\pi \cdot f \cdot C}$ $\quad X_C = \frac{1}{2\pi \cdot \frac{50}{\text{s}} \cdot 47 \cdot 10^{-6}\,\frac{\text{As}}{\text{V}}}$

$X_C = 67{,}7\,\Omega$

$I_C = \frac{U}{X_C}$ $\quad I_C = \frac{220\,\text{V}}{67{,}7\,\Omega}$ $\quad \underline{\underline{I_C = 3{,}25\,\text{A}}}$

$I_R = \frac{U}{R}$ $\quad I_R = \frac{220\,\text{V}}{9{,}68\,\text{k}\Omega}$ $\quad \underline{\underline{I_R = 22{,}7\,\text{mA}}}$

AUFGABEN

1. Ein Elektrolytkondensator von 0,1 µF hat bei 100 Hz einen Verlustfaktor von $250 \cdot 10^{-3}$.
a) Wie groß ist der parallele Verlustwiderstand?
b) Wie groß sind Wirk- und Blindstromstärke bei einer Spannung von 10 V ($f = 100$ Hz)?

2. Welcher Wirkwiderstand ist bei $f = 50$ Hz einem Kondensator von 1 µF parallel geschaltet, wenn sich ein Phasenverschiebungswinkel von 35° ergibt?

3. Ein Kondensator von 2,2 µF und ein Wirkwiderstand von 500 Ω sind parallel geschaltet. Die Gesamtspannung beträgt 230 V/50 Hz. Wie groß sind Z, I_C, I_R, I, φ?

4. An einer Schaltung mit unbekannten Bauteilen wird bei Anlegen einer Wechselspannung von 100 V und 50 Hz eine Gesamtstromstärke von 125 mA gemessen. Es wird eine Phasenverschiebung zwischen Gesamtstromstärke und Spannung von 23° gemessen. Der Strom eilt der Spannung voraus. Welche Werte haben die Bauteile in
a) Parallelschaltung und
b) Reihenschaltung?

5. Bei Anschalten einer Gleichspannung von 60 V an eine Parallelschaltung aus R und X_C fließt ein Strom von 0,3 A. Bei Anlegen einer Wechselspannung (50 Hz) von ebenfalls 60 V verdoppelt sich die Stromstärke. Wie groß sind R und C?

6. Bei einer Parallelschaltung aus R und C werden bei $f = 1$ kHz folgende Messwerte ermittelt:
$I_C = 4\,\text{mA}$, $I_R = 3\,\text{mA}$.
a) Zeichnen Sie das Stromdreieck und ermitteln Sie die Gesamtstromstärke zeichnerisch (1 mA ≙ 1 cm).
b) Überprüfen Sie die zeichnerische Lösung durch eine Berechnung.
c) Berechnen Sie den Phasenverschiebungswinkel.

Aufgaben

1. Die Abbildung zeigt einen Ausschnitt aus einer Schaltung mit einem Transistor. Zwischen Basis und Masse liegt eine Parallelschaltung aus R_2 und C. Berechnen Sie den Scheinwiderstand der Schaltung für $f = 100$ MHz.

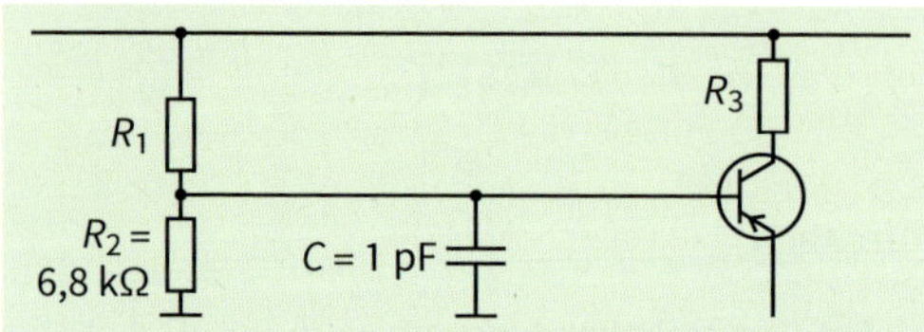

2. Ein Kondensator von 4,7 nF und ein Wirkwiderstand von 22 kΩ liegen parallel. Es wird bei $f = 1$ kHz eine Spannung von 5,3 V gemessen. Berechnen Sie I_R, X_C, I_C, Z und φ.

3. Zu einem Wirkwiderstand von 18 kΩ soll ein Blindwiderstand (Kondensator) so parallel geschaltet werden, dass sich eine Phasenverschiebung von 30° bei $f = 10$ kHz ergibt. Wir groß ist die Kapazität?

4. Beim Anschalten einer Gleichspannung von 60 V an eine Parallelschaltung aus R und C fließt ein Strom von 0,3 A. Bei Anlegen einer Wechselspannung von 50 Hz und ebenfalls 60 V verdoppelt sich die Stromstärke. Wie groß sind R und C?

5. Berechnen Sie zum Schaltbild den Scheinwiderstand und die Spannungen an C_1 und C_2, wenn die Gesamtspannung 100 V/50 Hz beträgt.

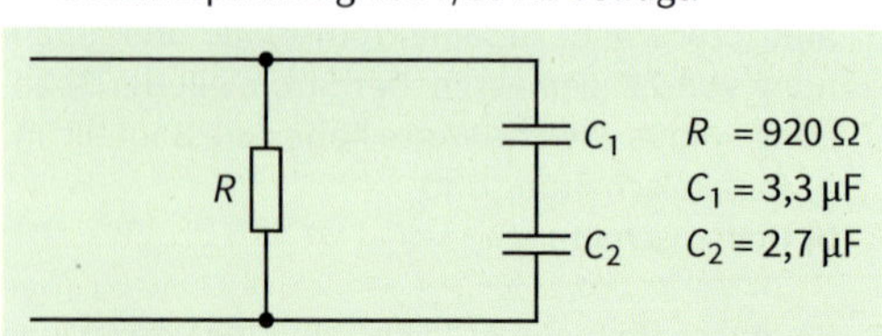

6. Berechnen Sie die Teilströme, den Gesamtstrom, den Phasenverschiebungswinkel zwischen Spannung und Gesamtstrom und den Scheinwiderstand einer Parallelschaltung.

a)	b)
$R = 220\ \Omega$	$R = 3{,}3$ kΩ
$C = 0{,}39\ \mu F$	$C = 2{,}2$ nF
$U = 100$ mV	$U = 8$ V
$f = 500$ Hz	$f = 300$ kHz

7. Zwischen Emitter und Masse eines Transistors liegt eine Parallelschaltung aus $R = 1$ kΩ und $C = 33$ nF. In der Schaltung treten Grenzfrequenzen von 50 Hz und 15 kHz auf. Zwischen welchen Werten ändern sich der Scheinwiderstand und der Phasenverschiebungswinkel?

8. Durch Zuschalten von C_2 soll eine Phasenverschiebung zwischen Spannung und Gesamtstromstärke von 35° erreicht werden. Wie groß ist die Kapazität des Kondensators C_2?

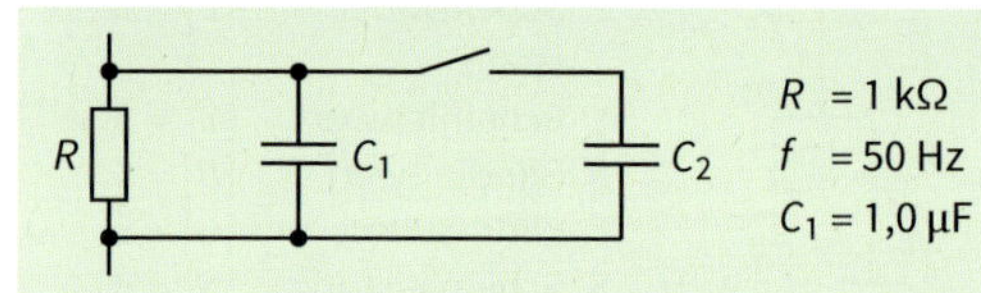

9. Bei welcher Frequenz beträgt der Scheinwiderstand 1 kΩ, wenn ein Kondensator von 2,2 nF und ein Wirkwiderstand von 4,7 kΩ parallel liegen?

10. Zu einem Widerstand von 2,2 kΩ kann zur Veränderung des Frequenzgangs wahlweise ein Kondensator von 100 nF oder 68 nF parallel geschaltet werden. Berechnen Sie die Scheinwiderstände für $f = 1$ kHz.

11. An einer Schaltung mit unbekannten Bauteilen wird bei Anlegen einer Wechselspannung von 100 V und 50 Hz eine Gesamtstromstärke von 125 mA gemessen. Es wird eine Phasenverschiebung zwischen Gesamtstromstärke und Spannung von 23° gemessen. Der Strom eilt der Spannung voraus. Welche Werte haben Bauteile in
a) Parallelschaltung und b) Reihenschaltung?

12. Bei einem Kondensator von 47 nF wurde bei 230 V/50 Hz eine Verlustleistung von 5,7 W gemessen. Der Kondensator kann als eine Parallelschaltung aus Wirk- und Blindwiderstand aufgefasst werden. Berechnen Sie den Parallelwiderstand.

13. In der Abbildung ist die Schaltung eines elektronischen Generators zu sehen, der sinusförmige Wechselspannungen (U_a) erzeugt.

a) Berechnen Sie die Frequenz, bei der $X_{C1} = R_1$ wird.

b) Berechnen Sie die Scheinwiderstände für R_1 mit C_1 und R_2 mit C_2 mithilfe der in a) ermittelten Frequenz.

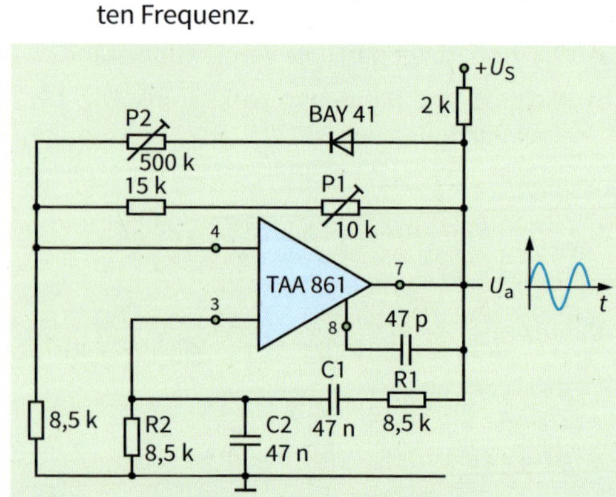

14. Berechnen Sie zum Schaltbild den Scheinwiderstand und die Spannungen an C_1 und C_2, wenn die Gesamtspannung 100 V/50 Hz beträgt.

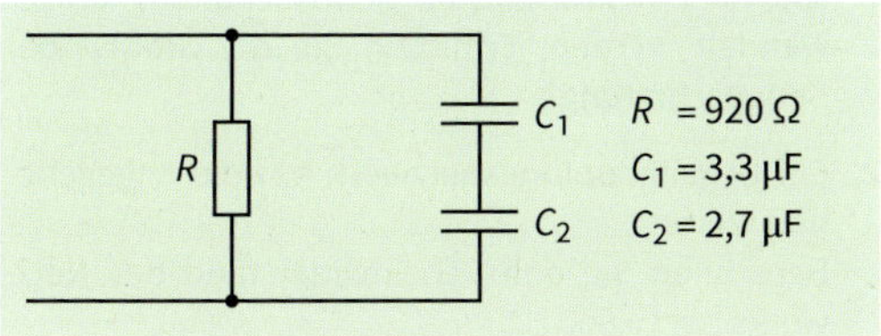

15. Durch Zuschalten von C_2 soll eine Phasenverschiebung zwischen Spannung und Gesamtstrom von 35° erreicht werden. Wie groß ist die Kapazität des zugeschalteten Kondensators C_2?

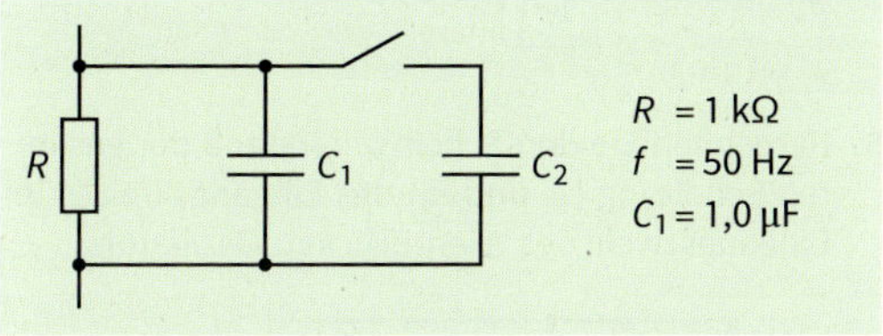

16. Zu einem Wirkwiderstand von 1 kΩ liegen zwei Kondensatoren parallel. Der eine Kondensator besitzt eine Kapazität von 2,2 µF. Wie groß muss die zweite Kapazität sein, damit sich bei 50 Hz ein Phasenverschiebungswinkel zwischen der angelegten Spannung und der Gesamtstromstärke von 45° ergibt?

17. Berechnen Sie den Scheinwiderstand und den Phasenverschiebungswinkel, wenn folgende Werte bekannt sind:
$R = 820\ \Omega$; $C_1 = 2{,}2\ \mu F$; $C_2 = 3{,}3\ \mu F$ und $f = 50$ Hz

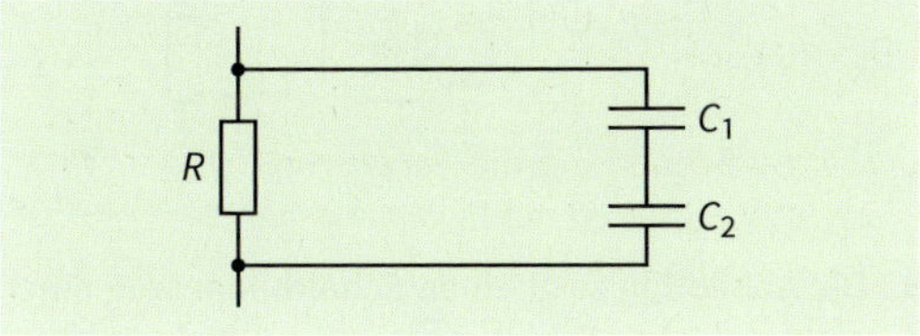

18. Zu einer 60 W-Glühlampe, die an 230 V (50 Hz) betrieben wird, ist ein Kondensator von 4,7 µF parallel geschaltet. Berechnen Sie
a) die Stromstärken der Schaltung,
b) die Blind- und die Scheinleistung und
c) den Phasenverschiebungswinkel.

19. Zu einem 330 µF Kompensationskondensator ist ein Entladewiderstand von 1,2 MΩ parallel geschaltet. Die Spannung beträgt 400 V (50 Hz).
a) Berechnen Sie die Stromstärken.
b) Wie groß sind die Leistungen?

Leistung

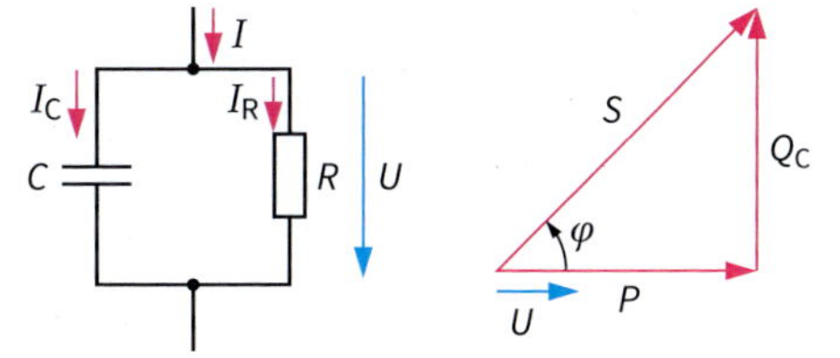

$S = U \cdot I$
$P = U \cdot I_R$
$Q_C = U \cdot I_C$

$S^2 = P^2 + Q^2$
$P = S \cdot \cos\varphi$
$Q_C = S \cdot \sin\varphi$

20. Der Wirkwiderstand von 820 Ω eines Heizgerätes und ein Kondensator von 4 µF sind an 230 V und 50 Hz in Reihe geschaltet. Berechnen Sie S, P und Q.

21. Eine Reihenschaltung aus einem Wirkwiderstand und einem Kondensator liegt an 230 V (50 Hz). Die Schaltung wird messtechnisch untersucht. Dabei werden eine Stromstärke von 3,5 A und ein $\cos\varphi$ von 0,6 gemessen.
a) Wie groß sind die Widerstände?
b) Welche Kapazität besitzt der Kondensator?
c) Wie groß sind die einzelnen Leistungen und die Scheinleistung?

22. Ein Lötkolben hat bei einer Netzspannung von 230 V und 50 Hz eine Leistung von 80 W. Er soll durch einen vorgeschalteten Kondensator in seiner Leistung auf 40 W verringert werden. Berechnen Sie die Kapazität des Kondensators, die Scheinleistung und die Blindleistung.

23. Zur Verringerung der Wirkleistung in einem Wechselstromkreis wurde der Kondensator vor den Wirkwiderstand geschaltet. Die Wirkleistung ist durch diese Maßnahme von 100 W auf 40 W verringert worden. Berechnen Sie den Widerstand, die Scheinleistung und die Blindleistung.

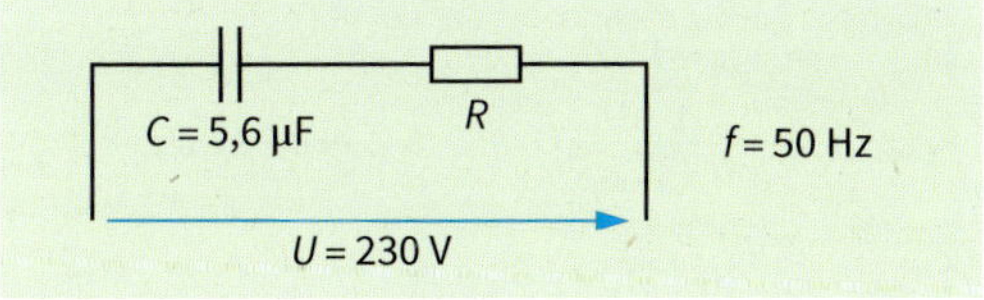

24. Parallel zu einem Wirkwiderstand von 330 Ω ist ein Kondensator von 6 µF geschaltet. Die Schaltung liegt an 230 V/50 Hz. Berechnen Sie
a) den Blindwiderstand des Kondensators,
b) die Scheinleistung,
c) die Teil- und Gesamtstromstärke,
d) die Wirk- und Blindleistung und
e) den Leistungsfaktor.

7.5.4 Umrechnungen zwischen RC-Schaltungen

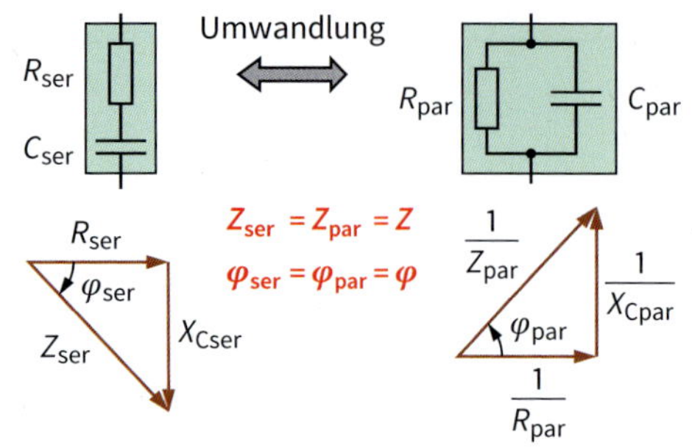

$\cos\varphi = \frac{R_{ser}}{Z}$ $\qquad$ $\cos\varphi = \frac{Z}{R_{par}}$

Beispiel:

Im Eingangskreis des Transistors liegt ein RC-Glied zur Absenkung hoher Frequenzen. Zur Abschätzung des Frequenzverhaltens soll die Reihenschaltung in eine gleichwertige Parallelschaltung bei $f = 1$ kHz umgerechnet werden.

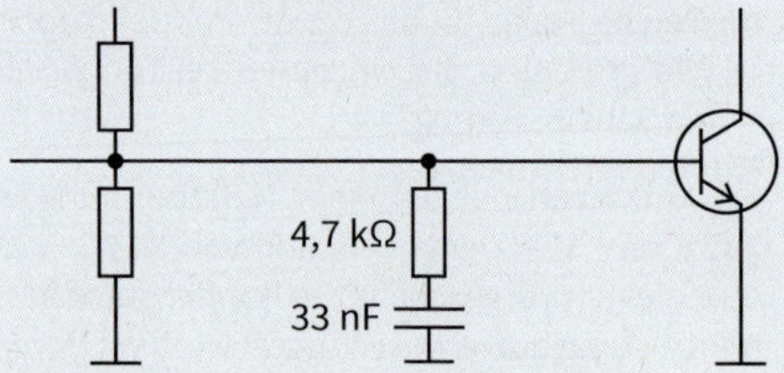

Lösung:

Geg.: Reihenschaltung mit $R_{ser} = 4{,}7\ \text{k}\Omega$
$C_{ser} = 33$ nF und $f = 1$ kHz

Ges.: R_{par} und C_{par}

$\tan\varphi_{ser} = \frac{X_{C\,ser}}{R_{ser}}$ $\qquad$ $\tan\varphi_{ser} = \frac{1}{2\pi \cdot f \cdot C_{ser} \cdot R_{ser}}$

$$\tan\varphi_{ser} = \frac{1}{2\pi \cdot \frac{10^3}{\text{s}} \cdot 33 \cdot 10^{-9}\,\frac{\text{As}}{\text{V}} \cdot 4{,}7 \cdot 10^3\,\frac{\text{V}}{\text{A}}}$$

$\varphi_{ser} = \varphi_{par} = 45{,}7°$

$X_{C\,ser} = \frac{1}{2\pi \cdot f \cdot C_{ser}}$ $\qquad$ $X_{C\,ser} = 4{,}82\ \text{k}\Omega$

$Z_{ser} = \sqrt{R_{ser}^2 + X_{C\,ser}^2}$

$Z_{ser} = Z_{par} = 6{,}73\ \text{k}\Omega$

$\cos\varphi_{par} = \frac{Z_{par}}{R_{par}}$ $\qquad$ $R_{par} = \frac{Z_{par}}{\cos\varphi_{par}}$

$\underline{\underline{R_{par} = 9{,}64\ \text{k}\Omega}}$

$\sin\varphi_{par} = \frac{Z_{par}}{X_{C\,par}}$ $\qquad$ $C_{par} = \frac{\sin\varphi_{par}}{Z_{par} \cdot 2\pi \cdot f}$

$\underline{\underline{C_{par} = 16{,}9\ \text{nF}}}$

Aufgaben

1. Eine Parallelschaltung mit $R = 10\ \text{k}\Omega$ und $C = 22$ nF soll für $f = 1$ kHz in eine Serienschaltung umgewandelt werden. Ermitteln Sie die Größen der Serienschaltung?

2. Ein Gegenkopplungsnetzwerk hat die angegebenen Werte.
Berechnen Sie den Scheinwiderstand des Netzwerks bei $f = 800$ Hz.

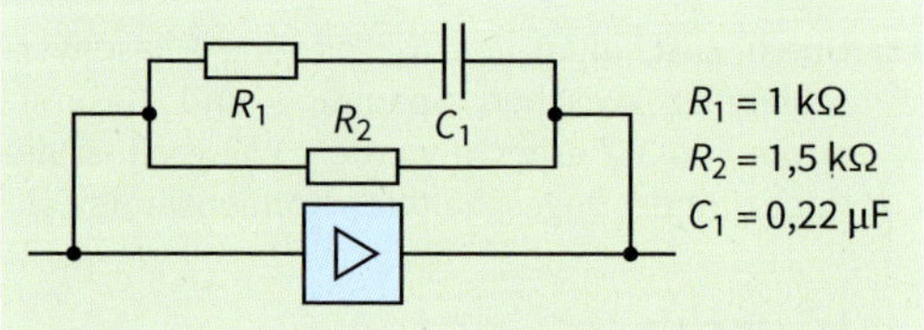

3. Berechnen Sie den Scheinwiderstand der gesamten Schaltung (Z_1 und Z_2) des Eingangskreises im Eingangszweig des Wien-Brücken-Oszillators.

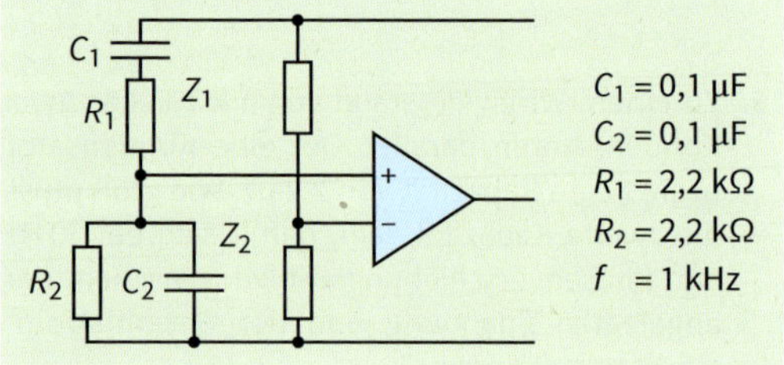

4. Berechnen Sie die Ausgangsspannung für eine Frequenz von 50 Hz.

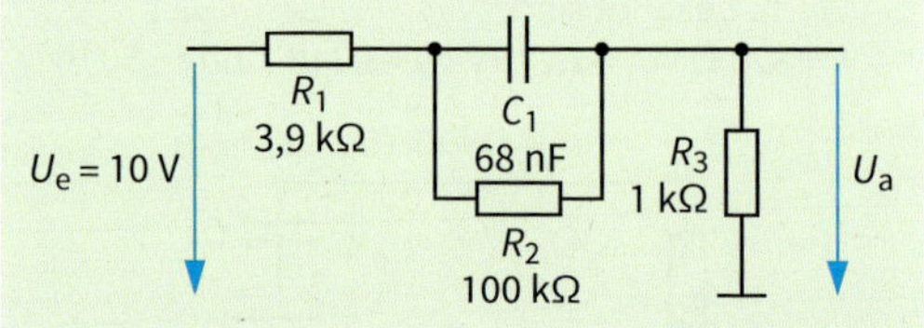

5. Die Abbildung zeigt einen Schaltbildauszug einer elektronischen Schaltung.
Wandeln Sie die Parallelschaltungen (20 kΩ und 3,9 nF sowie 220 kΩ und 12 nF) in Reihenschaltungen für 1 kHz um und berechnen Sie die Ersatzschaltung, bestehend aus einem Kondensator und einem Wirkwiderstand.

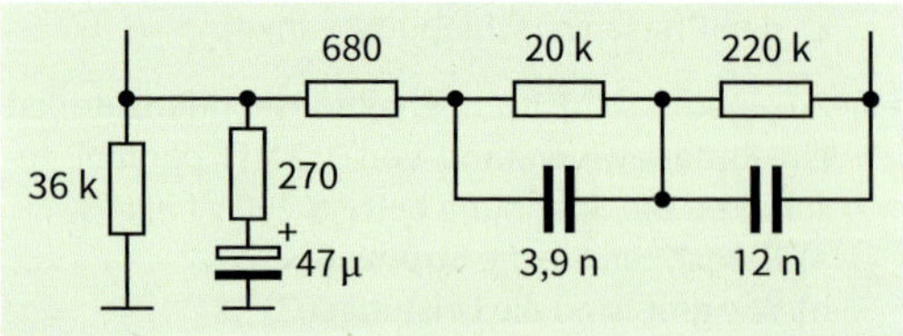

7.5.5 Verlustbehafteter Kondensator

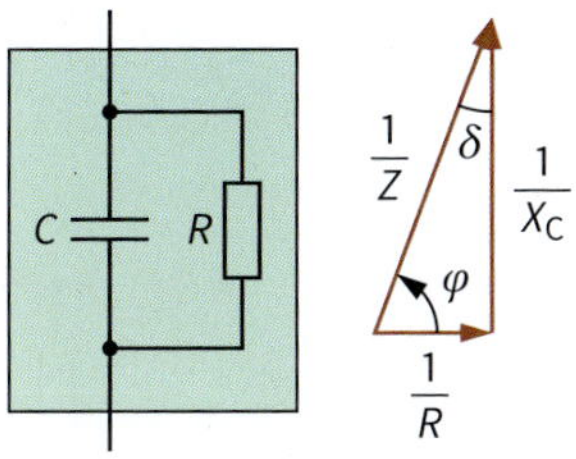

$$d = \tan\delta$$

$$d = \frac{X_C}{R}$$

$$\delta = 90° - \varphi$$

$\tan\delta$, d Verlustfaktor R Verlustwiderstand

Beispiel:

Ein Aluminium-Elektrolyt-Kondensator von 4,7 µF in einem Netzteil besitzt einen Verlustfaktor von $d = 0{,}12$. Berechnen Sie den parallelen Verlustwiderstand bei 100 Hz.

Lösung:

Geg.: $C = 4{,}7\ \mu F$; $d = 0{,}12$; $f = 100\ Hz$

Ges.: R

$$d = \frac{X_C}{R} \qquad R = \frac{X_C}{d}$$

$$R = \frac{1}{2\pi \cdot f \cdot C \cdot d}$$

$$R = \frac{1}{2\pi \cdot \frac{100}{s} \cdot 4{,}7 \cdot 10^{-6}\,\frac{As}{V} \cdot 0{,}12}$$

$$\underline{\underline{R = 2{,}82\ k\Omega}}$$

Aufgaben

1. Berechnen Sie den Verlustfaktor eines Kondensators, wenn die Kapazität mit 22 µF und für $f = 50$ Hz ein Verlustwiderstand von 8,6 kΩ angegeben wird.

2. Ein Styroflex-Kondensator (besonders verlustarmer Kondensator) von 470 pF hat bei 1 MHz einen Verlustfaktor von $0{,}83 \cdot 10^{-3}$. Berechnen Sie den Blindwiderstand des Kondensators und seinen Verlustwiderstand.

3. Der Verlustfaktor eines MP-Kondensators (Metallpapier) wird mit $7 \cdot 10^{-3}$ bei 50 Hz angegeben. Die Kapazität beträgt 47 µF.
   a) Wie groß ist der parallele Verlustwiderstand?
   b) Wie groß sind Blind- und Wirkstrom bei einer Spannung von 230 V und 50 Hz?
   c) Wie groß ist der Scheinwiderstand der Schaltung, wenn zur Entladung ein Wirkwiderstand von 10 kΩ parallel geschaltet wird?

4. An einen verlustbehafteten Kondensator wird eine Wechselspannung mit $U = 5$ V und $f = 1$ kHz angelegt. Es fließt ein Strom von $I = 2{,}6$ mA. Zwischen Stromstärke und Spannung wird eine Phasenverschiebung von 89,2° festgestellt.
Berechnen Sie Z, X_C, R und d.

5. Ein Keramik-Kondensator von 0,47 µF hat bei 1 kHz einen Verlustfaktor von $12 \cdot 10^{-3}$. Berechnen Sie den Scheinwiderstand und den Phasenverschiebungswinkel zwischen Stromstärke und Spannung.

6. Ein MP-Kondensator von 10 µF hat bei 50 Hz einen parallelen Verlustwiderstand von 86 kΩ. Wie groß ist der Verlustfaktor und der Phasenverschiebungswinkel φ?

7. Für einen Elektrolyt-Kondensator und einen Keramik-Kondensator sind die Verlustfaktoren in Abhängigkeit von der Temperatur dargestellt.
   a) Zwischen welchen Werten kann der Verlustfaktor für beide Kondensatoren liege, wenn sich die Temperatur von −40 °C bis +80 °C ändert?
   b) Berechnen Sie für beide Kondensatoren den parallelen Verlustwiderstand, wenn die Kondensatoren in einem Temperaturbereich von 0 °C bis 50 °C eingesetzt werden.

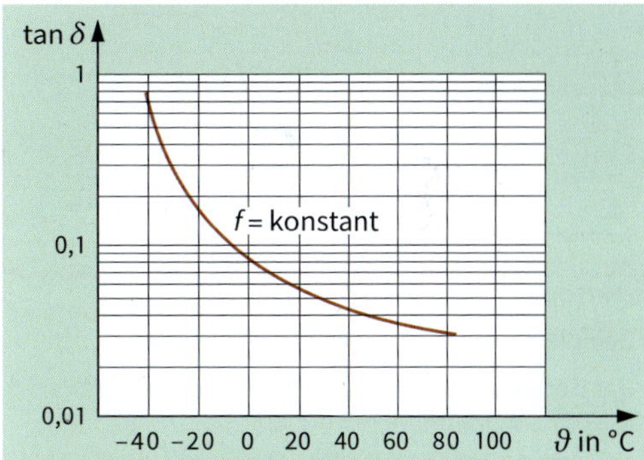

a) Elektrolyt-Kondensator (X_C = 1 kΩ)

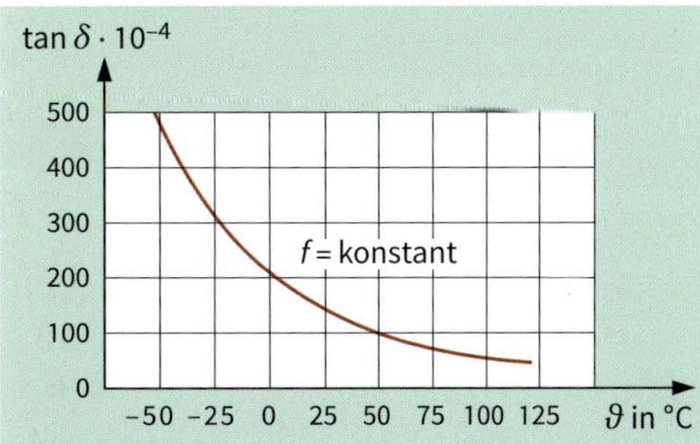

b) Keramik-Kondensator (X_C = 1 kΩ)

7.5.6 Tief- und Hochpass

f_g Grenzfrequenz
Definition: $X_C = R$; $\varphi = 45°$

$$\frac{U_2}{U_1} = \frac{1}{\sqrt{2}}$$

$$f_g = \frac{1}{2\pi \cdot R \cdot C}$$

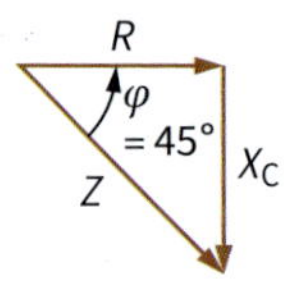

Tiefpass

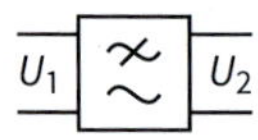

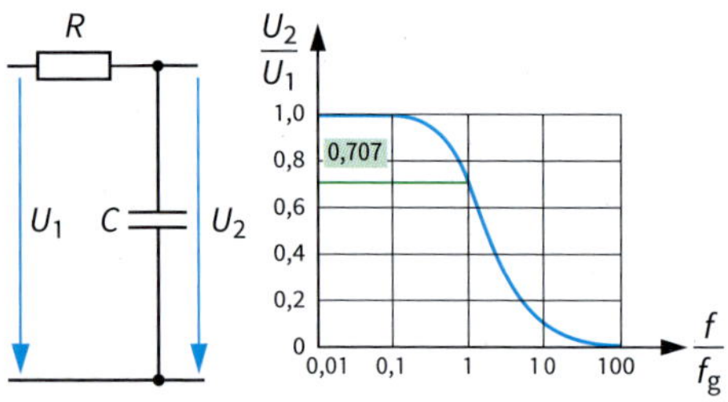

Hochpass

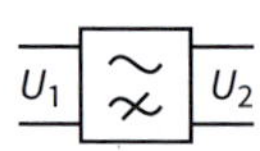

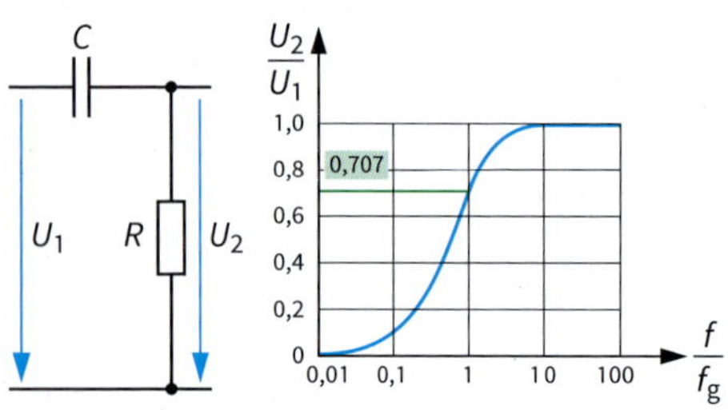

Beispiel:

Der Koppelkondensator C_1 zwischen zwei Transistoren soll so dimensioniert werden, dass bei der tiefsten zu übertragenden Frequenz von 50 Hz (Grenzfrequenz f_g) die Spannung U_{BE} zwischen Basis und Emitter auf den Wert $u_e/\sqrt{2}$ gesunken ist. Wie groß ist die Kapazität?

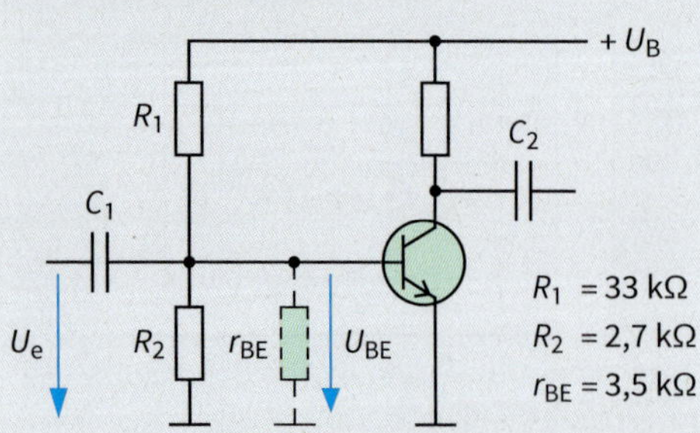

Lösung:

Geg.: $R_1 = 33\ \text{k}\Omega$; $R_2 = 02{,}7\ \text{k}\Omega$
$r_{BE} = 3{,}5\ \text{k}\Omega$; $f_g = 50\ \text{Hz}$

Ges.: C_1

Ersatzschaltbilder

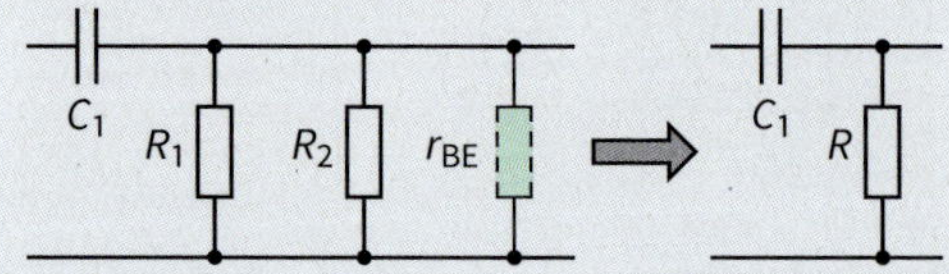

$$\frac{1}{R} = \frac{1}{R_1} + \frac{1}{R_2} + \frac{1}{R_{BE}}$$

$$\frac{1}{R} = \frac{1}{33\ \text{k}\Omega} + \frac{1}{2{,}7\ \text{k}\Omega} + \frac{1}{3{,}5\ \text{k}\Omega} \qquad R = 1{,}46\ \text{k}\Omega$$

$$X_C = R \qquad R = \frac{1}{2\pi \cdot f_g \cdot C_1}$$

$$C_1 = \frac{1}{2\pi \cdot f_g \cdot R} \qquad C_1 = \frac{1}{2\pi \cdot \frac{50}{\text{s}} \cdot 1{,}46 \cdot 10^3 \frac{\text{V}}{\text{A}}}$$

$$\underline{\underline{C_1 = 2{,}18\ \mu\text{F}}}$$

Aufgaben

1. Der normierte Kurvenverlauf der Ausgangsspannung $\frac{U_2}{U_1}$ in % soll in Abhängigkeit von der Frequenz für folgendes RC-Glied gezeichnet werden:
   $R = 10\ \text{k}\Omega$, $C = 0{,}22\ \mu\text{F}$ (Tiefpass und Hochpass)
   Es sind folgende Frequenzen zu wählen: $f = 10$ Hz, 100 Hz, 1 kHz und 10 kHz (log. Achseneinteilung).

2. Durch einen Tiefpass in einem Klangeinstellnetzwerk soll eine obere Grenzfrequenz von 15 kHz realisiert werden. Der Wirkwiderstand beträgt 8,2 kΩ. Am Ausgang des Tiefpasses sind bereits Schaltkapazitäten von 290 pF vorhanden. Berechnen Sie den Wert der zuzuschaltenden Kapazität.

3. In einem einfachen Klangeinstellnetzwerk sind die dargestellten Bauteile vorhanden.
   a) Welche Grenzfrequenzen lassen sich mit dem Potentiometer einstellen?
   b) Wie groß ist die Ausgangsspannung U_2, wenn sich das lineare Potentiometer in Mittelstellung befindet und eine Spannung von $U_1 = 0{,}3$ V mit 1 kHz anliegt?

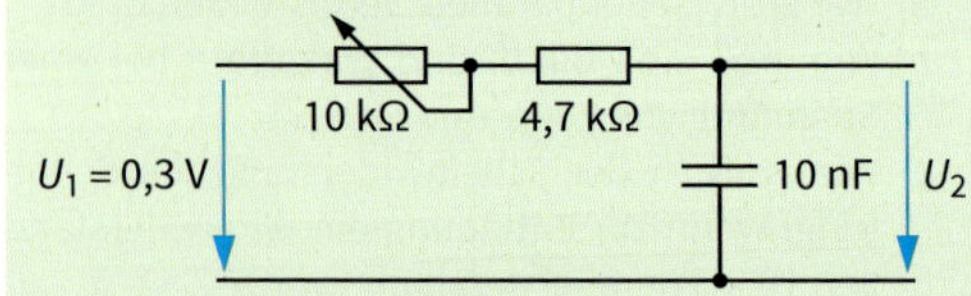

7.6 RL-Schaltungen

7.6.1 Blindwiderstand der Spule

Blindwiderstand X_L $[X_L] = \Omega$

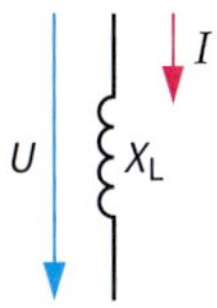

$X_L = \frac{U}{I}$

$X_L = 2\pi \cdot f \cdot L$

$X_L = \omega \cdot L$

$L = A_L \cdot N^2$

Reihenschaltung

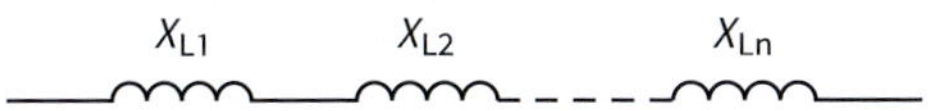

$X_{L\,ges} = X_{L1} + X_{L2} + \ldots + X_{Ln}$

Parallelschaltung

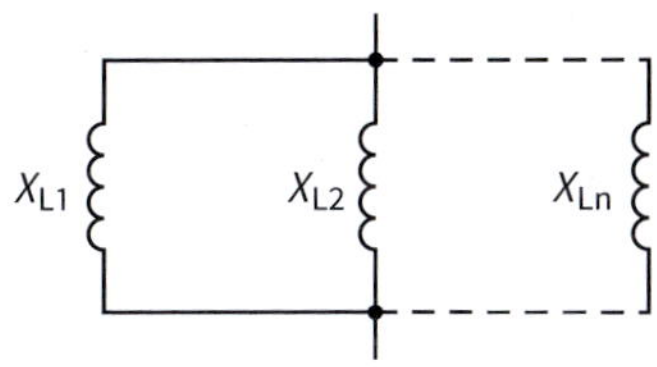

$\frac{1}{X_{L\,ges}} = \frac{1}{X_{L1}} + \frac{1}{X_{L2}} + \ldots + \frac{1}{X_{Ln}}$

Alle Induktivitäten werden ohne gegenseitige Beeinflussung betrachtet.

Induktivität L

$[L] = \frac{Vs}{A}$; $1\,\frac{Vs}{A} = 1\,H$

Induktivitätsfaktor A_L

$[A_L] = \frac{Vs}{A}$

Formeln zur Induktivität L und zum Induktivitätsfaktor A_L in Kapitel 6.4

Beispiel:

Durch eine als verlustlos angenommene Spule fließt bei $U = 3\,V$ und $f = 1\,kHz$ ein Strom von 1,63 mA. Berechnen Sie den Blindwiderstand und die Induktivität.

Lösung:

Geg.: $U = 3\,V$; $f = 1\,kHz$; $I = 1{,}63\,mA$

Ges.: X_L und L

$X_L = \frac{U}{I}$ $\quad X_L = \frac{3\,V}{1{,}63\,mA}$

$\underline{\underline{X_L = 1840\,\Omega}}$

$X_L = 2\pi \cdot f \cdot L$ $\quad L = \frac{X_L}{2\pi \cdot f}$ $\quad L = \frac{1840\,\Omega}{2\pi \cdot \frac{10^3}{s}}$

$\underline{\underline{L = 0{,}293\,H}}$

AUFGABEN

1. Für eine Frequenz von 470 kHz wird eine Drosselspule mit einer Induktivität von 520 mH benötigt. Das Kernmaterial hat einen A_L-Wert von 730 nH. Berechnen Sie die erforderliche Windungszahl und den Blindwiderstand der Spule.

2. Bei $f = 15\,kHz$ liegt an einer verlustlos angenommenen NF-Spule mit $X_L = 5{,}3\,k\Omega$ eine Wechselspannung von 0,8 V. Berechnen Sie die Stromstärke und die Induktivität.

3. Zwei Blindwiderstände mit $X_{L1} = 1{,}2\,k\Omega$ und $X_{L2} = 510\,\Omega$ werden parallel geschaltet. Wie groß ist der gesamte Blindwiderstand?

4. In der Abbildung ist der A_L-Wert eines Schalenkerns in Abhängigkeit vom Luftspalt dargestellt.
   a) Zwischen welchen Werten lässt sich bei einer Windungszahl von $N = 810$ die Induktivität verändern, wenn der Luftspalt von 0,04 mm auf 0,2 mm vergrößert wird?
   b) Berechnen Sie für beide Fälle den induktiven Blindwiderstand, wenn die Spule bei einer Wechselspannung von 10 kHz betrieben wird.

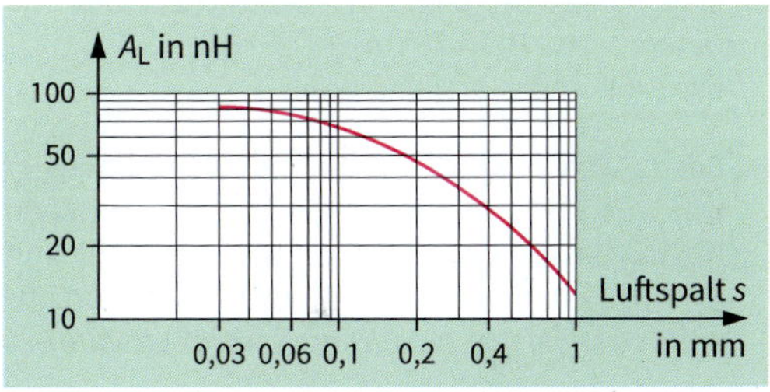

5. Von einer Spule mit $L = 5\,H$ wird die Windungszahl von 500 auf 420 Windungen verringert.
   a) Wie groß ist die Induktivitätsänderung in %?
   b) Berechnen Sie die Änderung des Blindwiderstands bei einer Frequenz von 100 Hz.

6. Ermitteln Sie die Induktivitäten von L_1 und L_2.

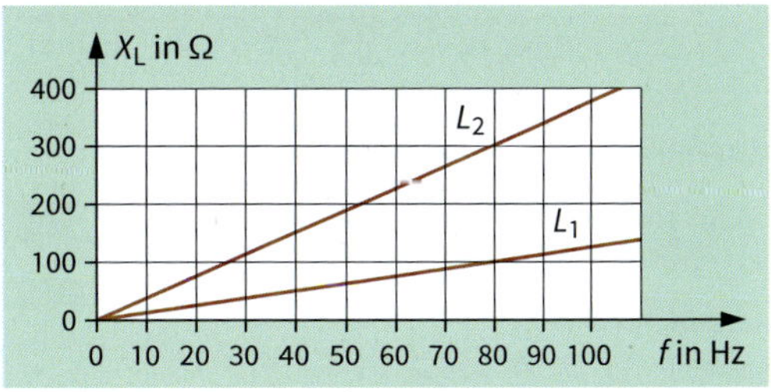

7. Eine als verlustlos angenommene Spule hat bei $f = 50\,kHz$ einen induktiven Blindwiderstand von 720 Ω. Bei welchen Frequenzen hat die Spule einen Blindwiderstand von 350 Ω und 2,7 kΩ?

Aufgaben

1. Die Steuersignale für Speicherheizungen werden mithilfe der Energieversorgungsleitungen übertragen. Die Frequenz der Wechselspannung beträgt 0,5 kHz. Wie groß sind die Blindwiderstände einer Drosselspule mit 6 H bei 0,5 kHz und 50 Hz?

2. Eine Spule mit einem vernachlässigbaren Wirkwiderstand liegt zu Messzwecken an einer Wechselspannung von 24 V bei 50 Hz. Die Stromstärke beträgt 0,8 A.
Wie groß sind Blindwiderstand und Induktivität?

3. Die Induktivität einer Spule kann durch Umschalten von 500 mH auf 800 mH verändert werden. Zwischen welchen Werten ändert sich der induktive Blindwiderstand, wenn die Frequenz 50 Hz und 1 kHz beträgt?

4. Für die Endstufe eines Verstärkers wird eine Induktivität mit $L = 65$ mH benötigt. Es soll ein Schalenkern mit dem A_L-Wert von 160 nH verwendet werden. Wie groß ist die Windungszahl?

5. Eine Ringspule ohne Eisenkern hat folgende Daten: $L = 0{,}8$ H; $l = 25$ cm; $A = 16\ \text{cm}^2$.
Wie groß ist die Windungszahl?

6. Der A_L-Wert eines Schalenkerns ist in Abhängigkeit vom Luftspalt dargestellt. Zwischen welchen Werten lässt sich bei einer Windungszahl von $N = 810$ die Induktivität verändern, wenn der Luftspalt von 0,04 mm auf 0,2 mm vergrößert wird?

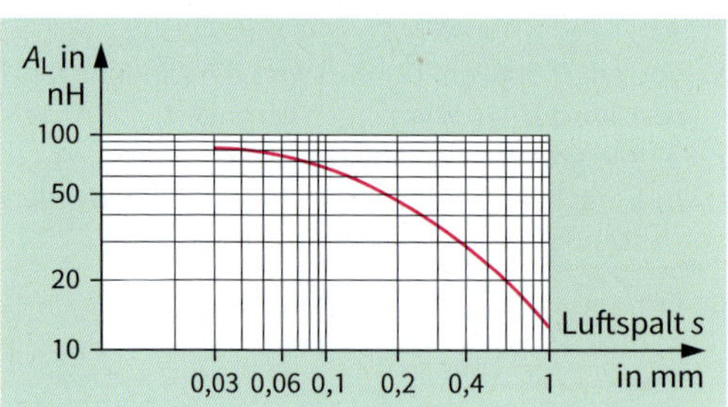

7. Ermitteln Sie die Induktivitäten von L_1 und L_2.

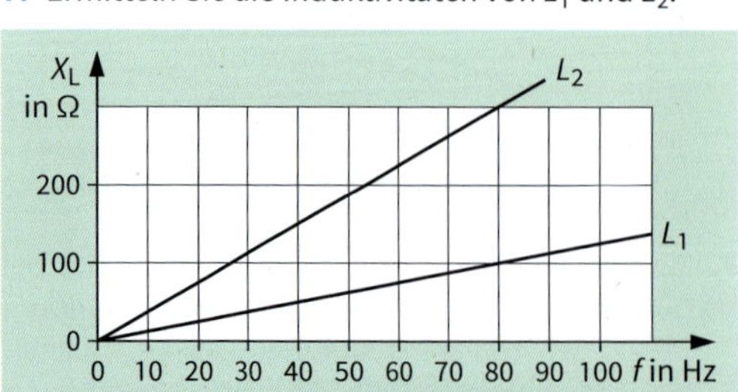

8. Zwei Drosselspulen mit $L_1 = 3{,}3$ H und $L_2 = 5{,}0$ H werden in Reihe geschaltet.

a) Wie groß ist der gesamte Blindwiderstand bei 50 Hz?

b) Die Reihenschaltung liegt an 230 V Wechselspannung und 50 Hz. Wirkwiderstände sind vernachlässigbar. Wie groß ist der Spannungsfall an jeder Drosselspule?

9. Zwei Induktivitäten mit 0,5 H und 0,6 H sind in Reihe geschaltet. Für welche Frequenz ergibt sich ein Blindwiderstand von 3140 Ω?

10. Zu zwei parallel geschalteten Induktivitäten mit je 80 mH werden drei weitere mit je 0,12 H parallel geschaltet.

a) Berechnen Sie die Gesamtinduktivität.

b) Wie groß ist der Gesamtblindwiderstand bei 50 Hz?

c) Welche Gesamtstromstärke ergibt sich bei einer Wechselspannung von 100 V?

11. An einer Wechselspannung von 230 V und 50 Hz liegt eine als verlustlos angenommene Spule mit einer Induktivität von 750 mH. Durch Hinzuschalten einer zweiten, ebenfalls als verlustlos anzusehenden Spule, soll die Gesamtstromstärke auf 3 A steigen. Berechnen Sie die Induktivität der hinzugeschalteten Spule.

12. Die Induktivität einer Spule kann durch Umschalten von 500 mH auf 800 mH verändert werden. Zwischen welchen Werten ändert sich der induktive Blindwiderstand, wenn die Frequenzen 50 Hz und 1 kHz betragen?

13. Berechnen Sie den gesamten Blindwiderstand der Schaltung.

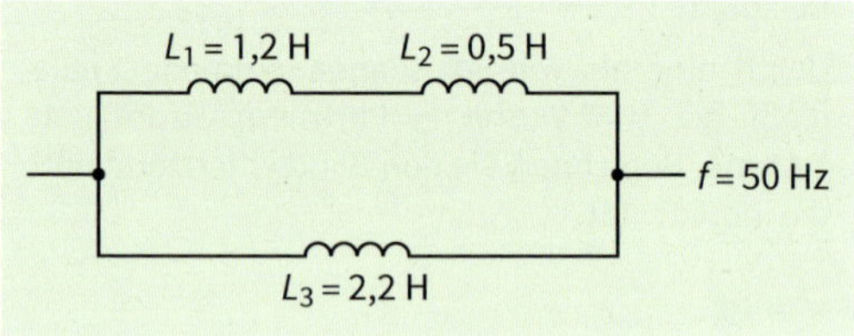

14. Berechnen Sie den Blindwiderstand X_{L3} der Schaltung bei 50 Hz.

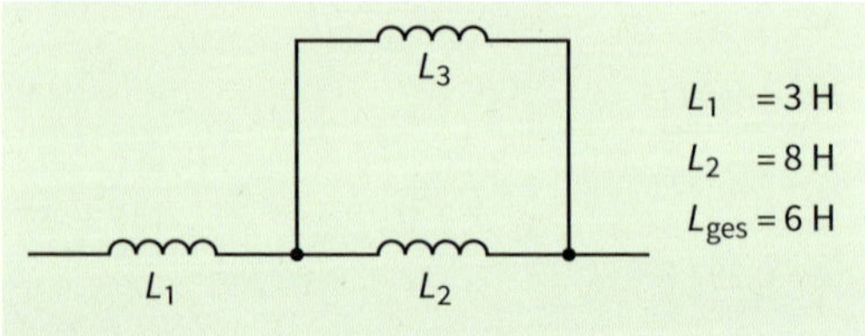

7.6.2 Reihenschaltung

Reihenschaltung aus *R* und *L*

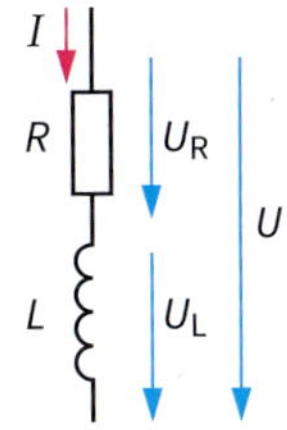

Z Scheinwiderstand $[Z] = \Omega$
S Scheinleistung $[S] = V \cdot A$
P Wirkleistung $[P] = W$
Q Blindleistung $[Q] = var$
φ Phasenverschiebungswinkel
$\cos\varphi$ Leistungsfaktor

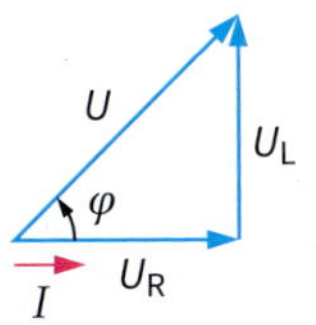

$U^2 = U_R^2 + U_L^2$ $\sin\varphi = \frac{U_L}{U}$

$\tan\varphi = \frac{U_L}{U_R}$ $\cos\varphi = \frac{U_R}{U}$

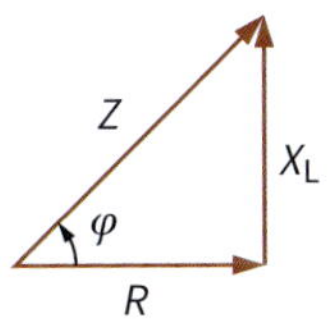

$Z^2 = R^2 + X_L^2$ $\sin\varphi = \frac{X_L}{Z}$

$\tan\varphi = \frac{X_L}{R}$ $\cos\varphi = \frac{R}{Z}$

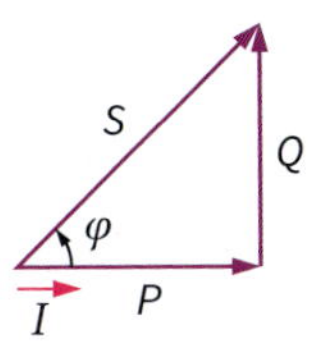

$S^2 = P^2 + Q^2$ $S = U \cdot I$

$P = S \cdot \cos\varphi$ $P = U_R \cdot I$

$Q = S \cdot \sin\varphi$ $Q = U_L \cdot I$

Beispiel:

An einer Spule (Induktivität und Wirkwiderstand) liegt eine Spannung von 230 V/50 Hz. Die Stromstärke beträgt 0,8 A.
Zwischen Strom und Spannung herrscht eine Phasenverschiebung von 68°.

a) Wie groß sind die Spannungen am Wirk- und am Blindwiderstnd?
b) Wie groß sind die Schein-, Wirk- und Blindwiderstände?

Lösung:

Geg.: $U = 230$ V/50 Hz; $I = 0{,}8$ A; $\varphi = 68°$
Ges.: a) U_R, U_L b) Z, R und X_L

a) $\sin\varphi = \frac{U_L}{U}$

$U_L = U \cdot \sin\varphi$ $U_R = U \cdot \cos\varphi$

$U_L = 230\,V \cdot \sin 68°$ $U_R = 230\,V \cdot \cos 68°$

$\underline{\underline{U_L = 213\,V}}$ $\underline{\underline{U_R = 86{,}2\,V}}$

b) $Z = \frac{U}{I}$ $X_L = Z \cdot \sin\varphi$

$Z = \frac{230\,V}{0{,}8\,A}$ $X_L = 287{,}5\,\Omega \cdot \sin 68°$

$\underline{\underline{Z = 287{,}5\,\Omega}}$ $\underline{\underline{X_L = 266{,}6\,\Omega}}$

$R = Z \cdot \cos\varphi$

$R = 287{,}5\,\Omega \cdot \cos 68°$

$\underline{\underline{R = 107{,}7\,\Omega}}$

Aufgaben

1. Eine Spule ist an eine Wechselspannung von 60 V/50 Hz angeschlossen. Es fließt ein Strom von 300 mA. Der Phasenverschiebungswinkel zwischen Stromstärke und Spannung beträgt 68°. Wie groß sind U_R, U_L, X_L und R?

2. Eine Spule hat einen Wirkwiderstand von 45 Ω und eine Induktivität von 22 mH. Bei Anschluss an eine Wechselspannung von 800 Hz wird eine Stromstärke von 78,3 mA gemessen. Wie groß sind U, U_R und U_L?

3. Von einer Spule ohne Eisenkern wird der Wirkwiderstand mit 76,3 Ω ermittelt. Legt man die Spule an eine Wechselspannung von 220 V/ 50 Hz, dann fließt ein Strom von 1,2 A. Wie groß sind der Scheinwiderstand, der Blindwiderstand und der Phasenverschiebungswinkel zwischen Stromstärke und Gesamtspannung?

4. Wie groß sind der Phasenverschiebungswinkel und der Scheinwiderstand, wenn über eine Reihenschaltung aus R und X_L folgende Werte bekannt sind:
   $R = 0{,}7\,\Omega$; $X_L = 3{,}0\,\Omega$
   (zeichnerische und rechnerische Lösung, Maßstab: 1 Ω ≙ 1 cm).

5. Über eine Reihenschaltung sind folgende Werte bekannt: $f = 60$ Hz, $\varphi = 55°$, $R = 167\,\Omega$.
   Wie groß sind Scheinwiderstand und Induktivität der Reihenschaltung?

6. Ein Relais wird über einen Vorwiderstand betrieben. Die Gesamtspannung beträgt 24 V. Der Wirkwiderstand der Spule soll vernachlässigt werden. Am Vorwiderstand wird eine Spannung von 6 V gemessen.
   a) Ermitteln Sie zeichnerisch die Spannung am Relais.
      Es soll folgender Maßstab verwendet werden: 6 V ≙ 1 cm.
   b) Berechnen Sie die Spannung am Relais bei einer Gesamtspannung von 24 V.

Aufgaben

1. Von einer Reihenschaltung aus R und X_L sind die Werte angegeben.
Berechnen Sie R, X_L, L, Z und φ.

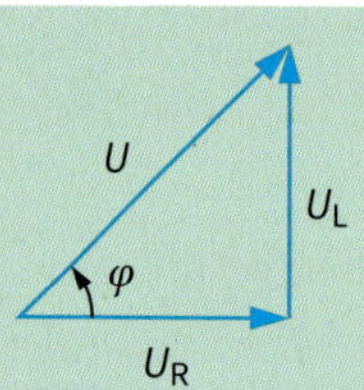

$U = 380$ V
$U_L = 180$ V
$I = 0{,}2$ A
$f = 50$ Hz

2. Zu einer Drosselspule mit 2,5 H (Wirkwiderstand vernachlässigbar), soll ein Wirkwiderstand so in Reihe geschaltet werden, dass eine Phasenverschiebung zwischen Gesamtspannung und der Stromstärke von 45° entsteht. Berechnen Sie bei $f = 50$ Hz den Wirkwiderstand und den Scheinwiderstand.

3. Eine Drosselspule hat einen Wirkwiderstand von 98 Ω. Bei Anschluss an 230 V/50 Hz fließt ein Strom von 1,3 A. Durch einen Vorschaltwiderstand soll die Stromstärke auf 0,8 A reduziert werden. Wie groß ist der Vorschaltwiderstand R_v?

4. An einer Quecksilberdampflampe mit vorgeschalteter Drosselspule werden folgende Werte gemessen:
$I = 3{,}5$ A; $U = 230$ V (Gesamtspannung);
Spannung an der Drosselspule: $U_L = 180$ V.
Die Drosselspule wird für die Berechnung als verlustlos angenommen.
Berechnen Sie
a) die Spannung an der Lampe,
b) den Blindwiderstand der Drosselspule,
c) den Phasenverschiebungswinkel zwischen Stromstärke und Gesamtspannung.

5. Ein Wirkwiderstand mit $R = 120$ Ω und eine Induktivität sind in Reihe geschaltet. Es werden ein $\cos\varphi$ von 0,53 und eine Wirkspannung von 68 V gemessen. Berechnen Sie
a) die Stromstärke,
b) den Blindwiderstand der Induktivität,
c) die Spannung am Blindwiderstand und
d) die Gesamtspannung.

6. Zu einer verlustbehafteten Spule mit dem $\cos\varphi = 0{,}3$ und $Z = 580$ Ω soll ein Wirkwiderstand so in Reihe hinzugeschaltet werden, dass sich ein Phasenverschiebungswinkel von 60° ergibt. Wie groß muss der zuschaltbare Wirkwiderstand sein, damit die aufgeführte Bedingung erfüllt wird?

7. An einer Spule mit einem Reihenverlustwiderstand von 45 Ω und einer Induktivität von 22 mH wird bei Anschluss an eine Wechselspannung (800 Hz) eine Stromstärke von 78,3 mA gemessen. Wie groß sind U, U_R und U_L?

8. Wie groß muss bei einer Reihenschaltung aus R und L der Widerstand R gewählt werden, damit eine Phasenverschiebung von 45° entsteht?
$L = 150$ µH, $f = 300$ kHz.

9. Bei einer Reihenschaltung aus R und L wird am Wirkwiderstand R eine Spannung von 3,1 V gemessen. Die Gesamtspannung beträgt 4,8 V bei einer Eingangsfrequenz von 1,8 kHz. Es fließt ein Strom von 0,6 mA. Wie groß sind U_L, R, L und der Phasenverschiebungswinkel?

10. Eine Reihenschaltung aus R und L besitzt bei $f = 1$ kHz einen Scheinwiderstand von 1,7 kΩ und der Wirkwiderstand einen Wert von 1,2 kΩ. Die Gesamtspannung beträgt 5,8 V.
Berechnen Sie X_L, L, U_L, U_R und φ.

11. Berechnen Sie für die Schaltung folgende Größen: Z, I, U_L und U_R. Ermitteln Sie den Scheinwiderstand zeichnerisch (1 kΩ ≙ 2 cm).

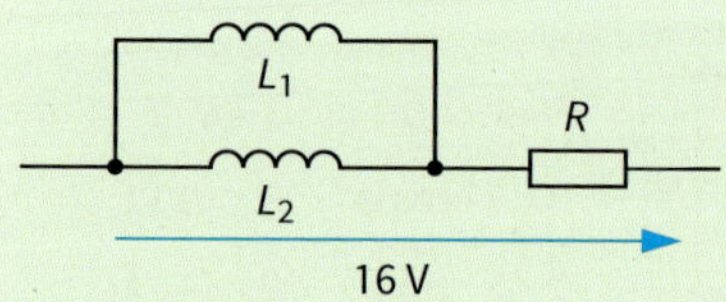

$L_1 = 0{,}2$ H
$L_2 = 0{,}38$ H
$R = 2{,}2$ kΩ
$f = 1$ kHz

12. Durch eine Drosselspule fließt bei einer Wechselspannung von 10 V/50 Hz ein Strom von 48 mA. Der Wirkwiderstand beträgt 26 Ω. Eisenverluste sind vernachlässigbar. Berechnen Sie Z und X_L.

13. Zwei Spulen mit $L_1 = 0{,}8$ H, $R_1 = 200$ Ω und $L_2 = 1{,}3$ H, $R_2 = 150$ Ω sind in Reihe geschaltet. Berechnen Sie den Scheinwiderstand der Reihenschaltung bei 50 Hz.

14. Gegeben ist die abgebildete Schaltung.
a) Wie groß sind die Spannungen an den Blind- und Wirkwiderständen der Anlage?
b) Wie groß ist die Gesamtspannung?
c) Wie groß ist der $\cos\varphi$ der Anlage?

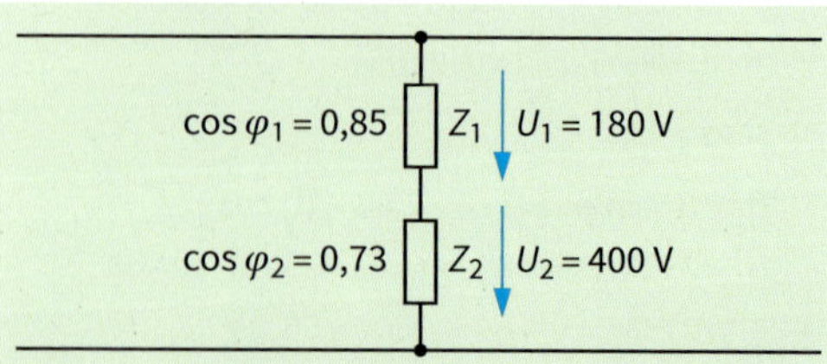

Leistung

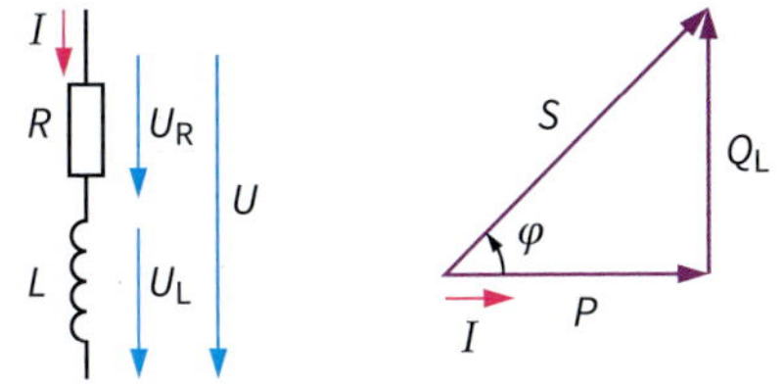

$S = U \cdot I$

$P = U_R \cdot I$

$Q_L = U_L \cdot I$

$S^2 = P^2 + Q_L^2$

$P = S \cdot \cos\varphi$

$Q_L = S \cdot \sin\varphi$

Beispiel:

Aus dem Leistungsschild eines Motors sind folgende Größen entnommen worden:
$P = 0{,}8$ kW; $U = 230$ V; $\cos\varphi = 0{,}83$; $f = 50$ Hz; $I = 6{,}4$ A

a) Wie groß sind Schein-, Wirk- und Blindleistung?

b) Wie groß ist der Wirkungsgrad?

Lösung:

Geg.: $P = 0{,}8$ kW; $U = 230$ V; $\cos\varphi = 0{,}86$
$f = 50$ Hz; $I = 6{,}4$ A

Ges.: a) S, P, Q_L b) η

a) $S = U \cdot I$ $\quad S = 230\,\text{V} \cdot 6{,}4\,\text{A}$

$\underline{\underline{S = 1472\,\text{VA}}}$

$P = S \cdot \cos\varphi$ $\quad P = 1472\,\text{W} \cdot 0{,}83$

$\underline{\underline{P = 1222\,\text{W}}}$

$Q_L = S \cdot \sin\varphi$ $\quad Q_L = 1472\,\text{var} \cdot 0{,}558$

$\varphi = 33{,}9°$ $\quad \underline{\underline{Q_L = 821\,\text{var}}}$

b) $\eta = \dfrac{P_{ab}}{P_{zu}}$ $\quad \eta = \dfrac{800\,\text{W}}{1222\,\text{W}}$

$\underline{\underline{\eta = 0{,}655}}$

Aufgaben

1. An einer Schützspule werden eine Scheinleistung von 320 VA und eine Wirkleistung von 140 W gemessen. Berechnen Sie den Leistungsfaktor.

2. Über einen Motor sind folgende Größen bekannt: $U = 230$ V; $I = 3{,}8$ A; $\cos\varphi = 0{,}7$.
Wie groß ist die Wirkleistung?

3. Eine Schützspule besitzt an 230 V Wechselspannung (50 Hz) eine Wirkleistung von 75 W. Der Leistungsfaktor beträgt 0,45. Wie groß ist die Stromstärke durch die Spule?

4. Durch eine Spule ohne Eisenkern mit $L = 0{,}3$ H und vernachlässigbarem Wirkwiderstand fließt ein Strom von 0,86 A ($f = 50$ Hz).
a) Wie groß ist die anliegende Spannung?
b) Wie groß ist die Blindleistung?

5. Durch den Motor einer Wasserpumpe mit 1,4 kW an 230 V/50 Hz fließt ein Strom von 11,7 A. Der Leistungsfaktor beträgt 0,85. Wie groß sind
a) Scheinleistung,
b) Wirkleistung,
c) Blindleistung und
d) der Wirkungsgrad?

6. Berechnen Sie mithilfe der Größen aus dem Leistungsschild eines älteren Motors S, P, Q und η.

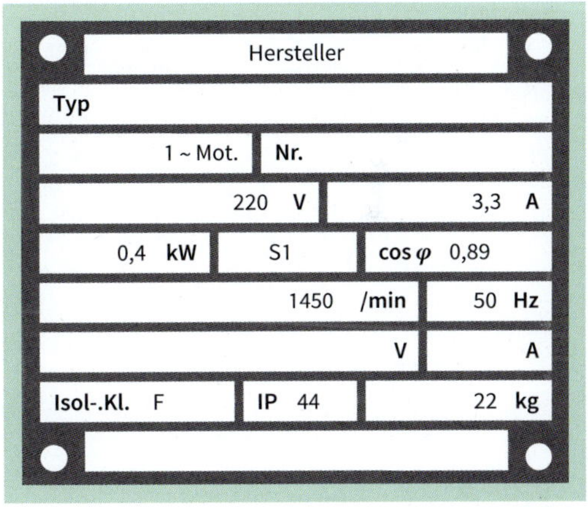

7. Durch eine Reihenschaltung von R und X_L fließt ein Strom von 3,5 A. Es werden am Wirkwiderstand 85 V und am Blindwiderstand 67 V gemessen. Berechnen Sie die Spannung, sowie Schein-, Wirk- und Blindleistung.

8. Mit der Spule ist ein Wirkwiderstand R_X in Reihe geschaltet. Er soll so groß gewählt werden, dass sich bei $f = 50$ Hz ein gesamter Scheinwiderstand von 30 Ω ergibt.
a) Wie groß muss R_X sein?
b) Wie groß ist dann der Leistungsfaktor?

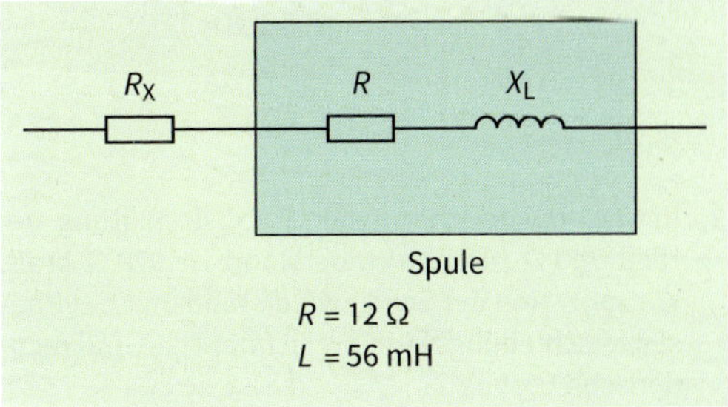

7.6.3 Parallelschaltung

Parallelschaltung aus *R* und *L*

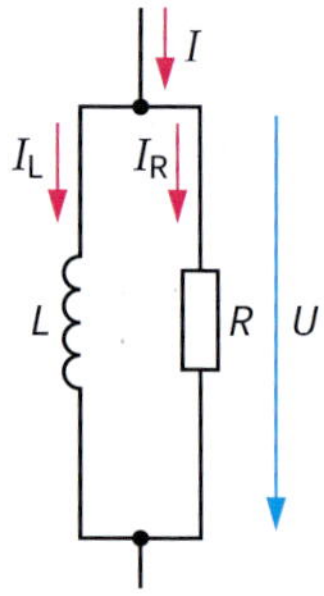

Z	Scheinwiderstand	$[Z] = \Omega$
Y	Scheinleitwert	$[Y] = \mathrm{S}$
B	Blindleitwert	$[B] = \mathrm{S}$
G	Wirkleitwert	$[G] = \mathrm{S}$
S	Scheinleistung	$[S] = \mathrm{V \cdot A}$
P	Wirkleistung	$[P] = \mathrm{W}$
Q	Blindleistung	$[Q] = \mathrm{var}$
φ	Phasenverschiebungswinkel	
$\cos\varphi$	Leistungsfaktor	

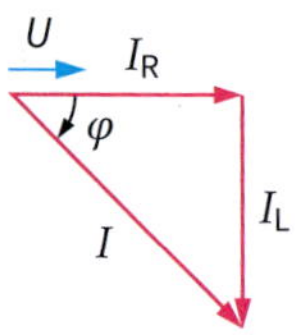

$I^2 = I_R^2 + I_L^2$ $\sin\varphi = \frac{I_L}{I}$

$\tan\varphi = \frac{I_L}{I_R}$ $\cos\varphi = \frac{I_R}{I}$

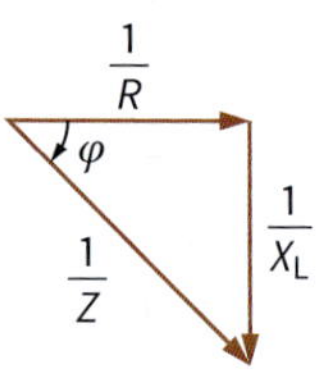

$\left(\frac{1}{Z}\right)^2 = \left(\frac{1}{R}\right)^2 + \left(\frac{1}{X_L}\right)^2$

$Y^2 = G^2 + B_L^2$ $\sin\varphi = \frac{Z}{X_L}$

$\tan\varphi = \frac{R}{X_L}$ $\cos\varphi = \frac{Z}{R}$

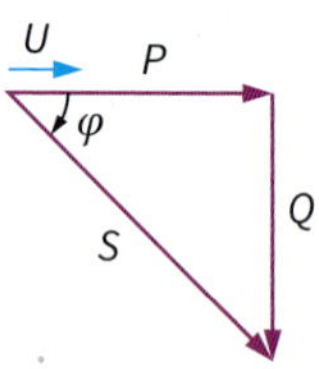

$S^2 = P^2 + Q^2$ $S = U \cdot I$

$P = S \cdot \cos\varphi$ $P = U \cdot I_R$

$Q = S \cdot \sin\varphi$ $Q = U \cdot I_L$

Beispiel:

Zwischen der Spannung an einem elektrischen Gerät und dem hineinfließenden Strom gibt es die abgebildete Phasenverschiebung. Die Spannung wurde mit $U = 24\ \mathrm{V}$ und die Stromstärke mit $I = 65\ \mathrm{mA}$ gemessen.

a) Wie groß sind die Frequenz der Wechselspannung und der Phasenverschiebungswinkel, wenn am Oszilloskop ein Ablenkkoeffizient von $A_X = 0{,}1\ \frac{\mathrm{ms}}{\mathrm{Skt}}$ eingestellt wurde?

b) Wie groß ist der Scheinwiderstand?

c) Wie groß sind R und X_L?

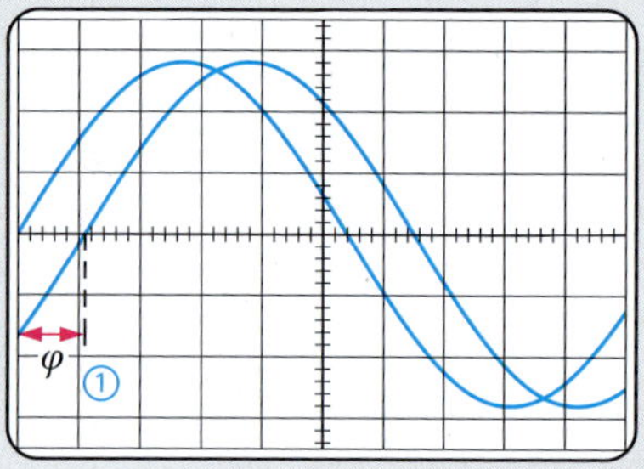

Lösung:

Geg.: $U = 24\ \mathrm{V}$; $I = 68\ \mathrm{mA}$; Oszillogramm; $A_X = 0{,}1\ \frac{\mathrm{ms}}{\mathrm{Skt}}$

Ges.: a) f und φ b) Z c) X_L und R

a) $\frac{T}{2} = \frac{5{,}4\ \mathrm{Skt} \cdot 0{,}1\ \mathrm{ms}}{\mathrm{Skt}}$ $T = 1{,}08\ \mathrm{ms}$

$f = \frac{1}{T}$ $f = \frac{1}{1{,}08 \cdot 10^{-3}\ \mathrm{s}}$ $\underline{\underline{f = 926\ \mathrm{Hz}}}$

$\frac{180°}{5{,}4\ \mathrm{Skt}} = \frac{\varphi}{1{,}1}$ $\underline{\underline{\varphi = 36{,}7°}}$ ①

b) $Z = \frac{U}{I}$ $Z = \frac{24\ \mathrm{V}}{68\ \mathrm{mA}}$ $\underline{\underline{Z = 353\ \Omega}}$

c) $\sin\varphi = \frac{Z}{X_L}$ $X_L = \frac{Z}{\sin\varphi}$ $X_L = \frac{353\ \Omega}{\sin 36{,}7°}$

$\underline{\underline{X_L = 591\ \Omega}}$

$\cos\varphi = \frac{Z}{R}$ $R = \frac{Z}{\cos\varphi}$ $R = \frac{353\ \Omega}{\cos 36{,}7°}$

$\underline{\underline{R = 440\ \Omega}}$

Aufgaben

1. Von der Parallelschaltung aus R und X_L sind die Werte gegeben. Berechnen Sie I, X_L, L, Z und φ.

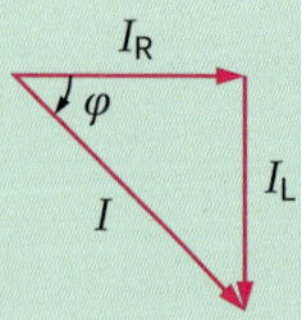

$U = 110\ \mathrm{V}/50\ \mathrm{Hz}$

$I_R = 0{,}8\ \mathrm{A}$

$I_L = 1{,}2\ \mathrm{A}$

2. Der Blindwiderstand einer Parallelschaltung beträgt 760 Ω. Der Wirkwiderstand ist 920 Ω groß. Wie groß sind der Scheinwiderstand und der Phasenverschiebungswinkel (zeichnerische und rechnerische Lösung)?

3. Berechnen Sie für die Parallelschaltung folgende Größen: U, R_2, X_L, I_L, I, Z und φ.

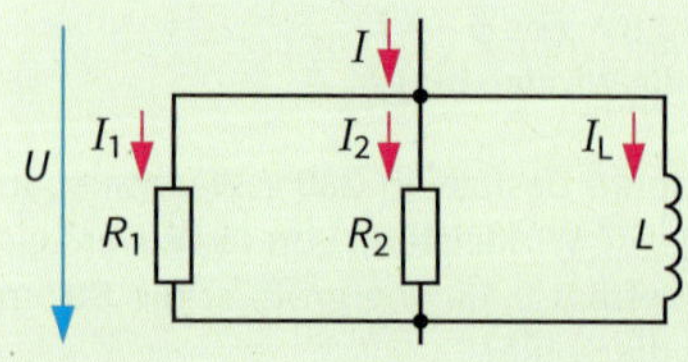

$I_1 = 50\ \mathrm{mA}$

$R_1 = 400\ \Omega$

$I_2 = 40\ \mathrm{mA}$

$L = 80\ \mathrm{mH}$

$f = 600\ \mathrm{Hz}$

4. Berechnen Sie folgende Größen:
$f, X_{L1}, I_L, I_{L1}, I$ und Z.

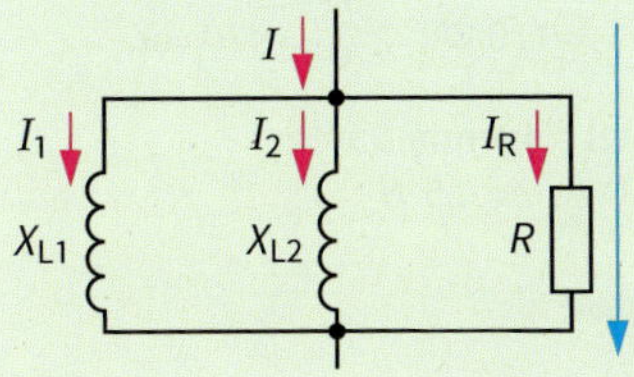

$X_{L2} = 80\ \Omega$
$I_R = 35$ mA
$L_1 = 60$ mH
$L_2 = 35$ mH
$U = 24$ V

5. Der Gesamtwirkwiderstand einer RL-Schaltung besitzt einen Wert von 637 Ω. Durch Parallelschalten einer als verlustlos aufzufassenden Spule soll der Scheinwiderstand auf 280 Ω bei 50 Hz verringert werden. Wie groß ist die Induktivität der Spule?

6. Berechnen Sie zu der Schaltung die fehlenden Größen.

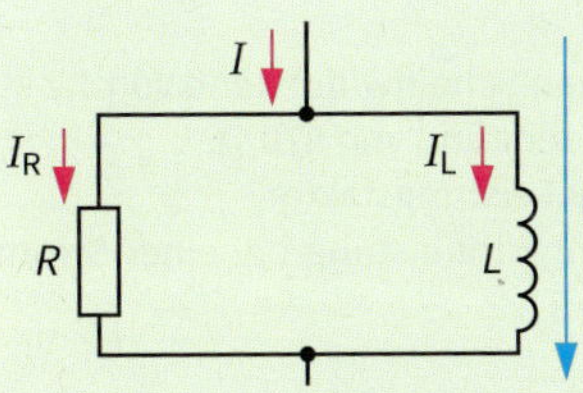

$U = 24$ V/50 Hz
$I = 179$ mA
$I_R = 80$ mA

7. Für eine Parallelschaltung aus R und X_L sind gegeben: $R = 175\ \Omega$, $I = 80$ mA, $U = 12$ V/50 Hz.
Wie groß sind Z, I_R, I_L und φ?

8. In einer Parallelschaltung aus R und X_L beträgt der Phasenverschiebungswinkel zwischen Spannung und Gesamtstromstärke 60°. Der Scheinwiderstand wird mit 25 Ω angegeben. Wir groß sind R und X_L?

9. Wie groß muss die Induktivität gewählt werden, um bei einer Parallelschaltung mit einem Wirkwiderstand von $R = 560\ \Omega$ bei einer Frequenz von 800 Hz eine Phasenverschiebung von 75° zu erreichen?

10. Von der Parallelschaltung aus R und X_L sind einige Werte gegeben.
Berechnen Sie I, X_L, L, Z und φ.

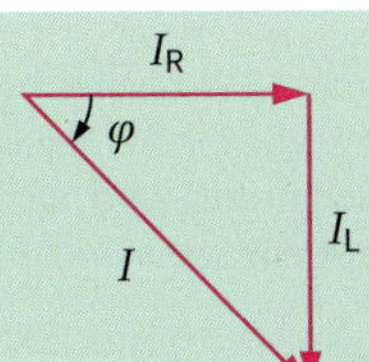

$U = 110$ V/50 Hz
$I_R = 0{,}8$ A
$I_L = 1{,}2$ A

11. Parallel zu einer Induktivität mit $L = 0{,}5$ H und einem vernachlässigbaren Wirkwiderstand liegt ein Heizwiderstand mit $R = 180\ \Omega$. Die Spannung beträgt 230 V/50 Hz. Wie groß sind die Stromstärken und Z?

12. Für eine Parallelschaltung aus R und X_L sind gegeben: $R = 175\ \Omega$, $I = 80$ mA, $U = 12$ V/50 Hz.
Wie groß sind Z, I_R, I_L und φ?

13. Der Blindwiderstand einer Parallelschaltung beträgt 760 Ω. Der Wirkwiderstand ist 920 Ω groß. Wie groß sind Z und φ (zeichnerische/rechnerische Lösung)?

14. Der Phasenverschiebungswinkel zwischen Spannung und Gesamtstromstärke beträgt bei einer Parallelschaltung aus R und X_L 60°. Der Scheinwiderstand wird mit 25 Ω angegeben. Wie groß sind R und X_L?

15. Berechnen Sie die Größen U, R_2, X_L, I_L, I, Z und φ.

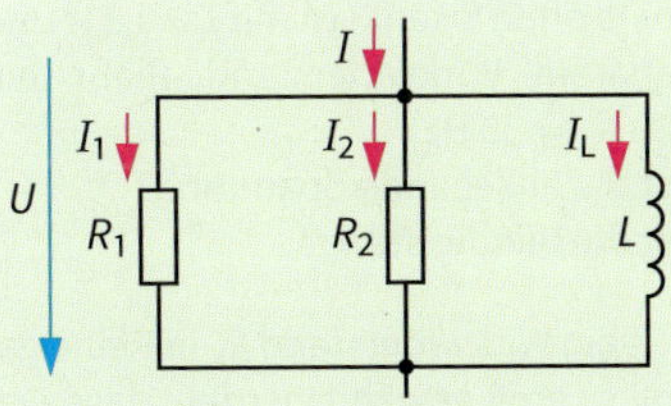

$I_1 = 50$ mA
$R_1 = 400\ \Omega$
$I_2 = 40$ mA
$L = 80$ mH
$f = 600$ Hz

16. Berechnen Sie die Größen $f, X_{L1}, I_L, I_{L1}, I$ und Z.

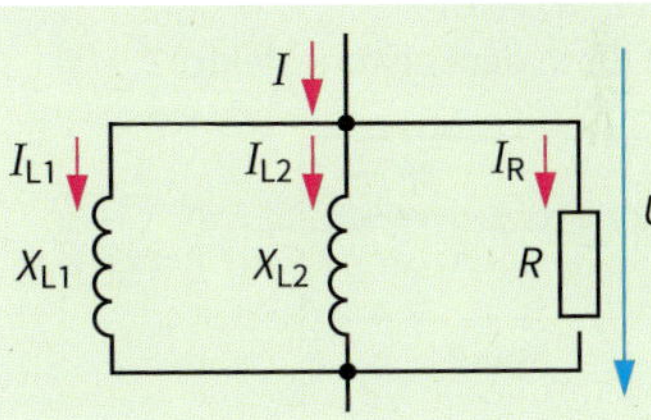

$X_{L2} = 80\ \Omega$
$I_R = 35$ mA
$L_1 = 60$ mH
$L_2 = 35$ mH
$U = 24$ V

17. Berechnen Sie zu der Schaltung die fehlenden Größen I_L, X_L, L, Z und φ.

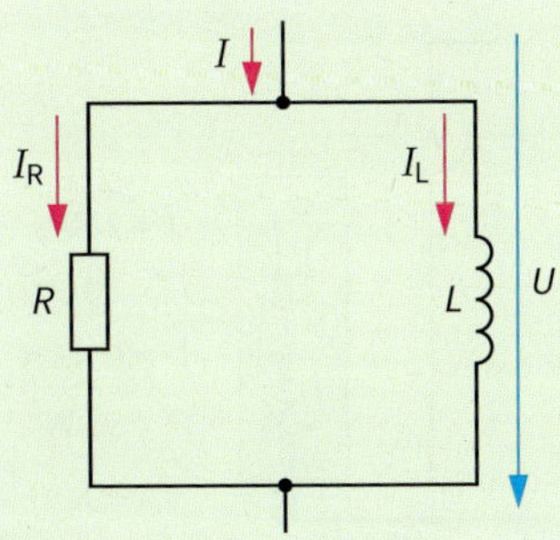

$U = 24$ V/50 Hz
$I = 179$ mA
$I_R = 80$ mA

Leistung

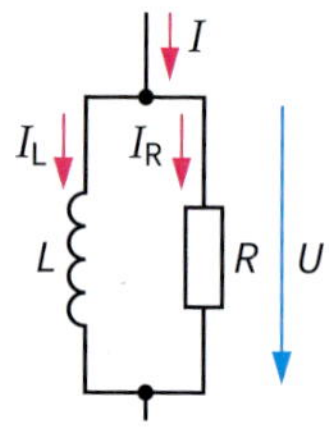

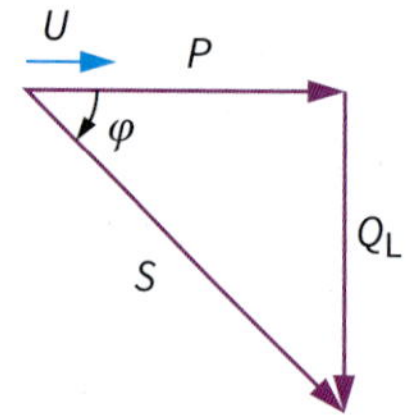

$S \;= U \cdot I$

$P \;= U \cdot I_R$

$Q_L = U \cdot I_L$

$S^2 = P^2 + Q_L^2$

$P \;= S \cdot \cos\varphi$

$Q_L = S \cdot \sin\varphi$

AUFGABEN

1. Ein induktiver Blindwiderstand mit $L = 200$ mH (verlustlos angenommen) liegt parallel zu $R = 560\ \Omega$. Die Schaltung liegt an einer Spannung von $U = 3{,}5$ V bei 1 kHz. Gesucht sind: I, Z, $\cos\varphi$, P, S und Q_L.

2. Durch eine Spule ohne Eisenkern mit $L = 0{,}3$ H und vernachlässigbarem Wirkwiderstand fließt ein Strom von 0,86 A ($f = 50$ Hz).
a) Wie groß ist die anliegende Spannung?
b) Wie groß ist die Blindleistung?

3. Zu der Spule ist ein Wirkwiderstand R_X in Reihe geschaltet. Er soll so groß gewählt werden, dass sich bei $f = 50$ Hz ein gesamter Scheinwiderstand von 30 Ω ergibt.
a) Wie groß muss R_X sein?
b) Wie groß ist dann der Leistungsfaktor?

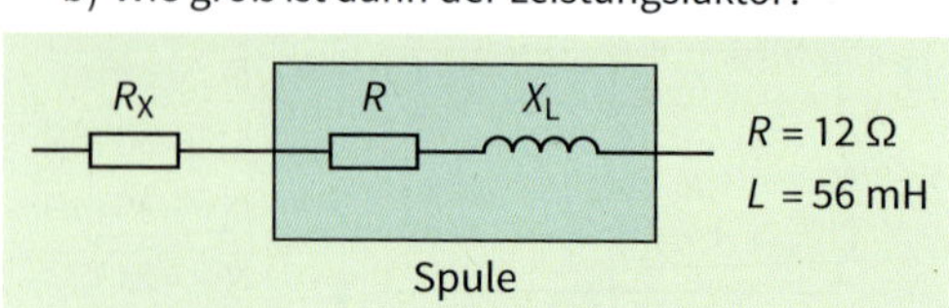

4. Die Abbildung zeigt eine Messschaltung mit einer verlustbehafteten Spule. Berechnen Sie aus den Messwerten die Induktivität der Spule!

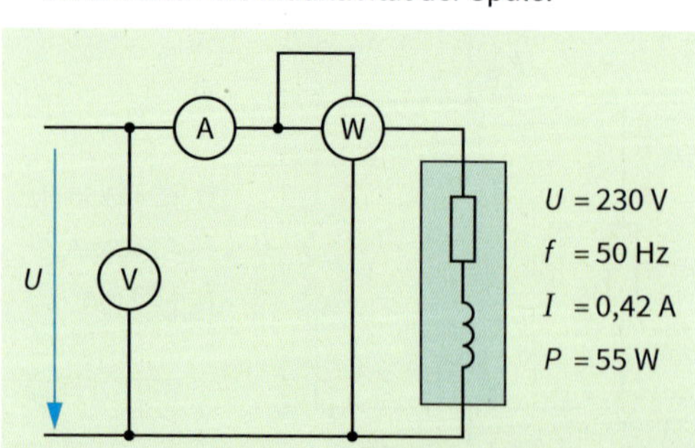

5. Ermitteln Sie für zwei parallel geschaltete Motoren folgende Gesamtgrößen: P, S und Q_L.
Gegeben sind: $S_1 = 900$ VA; $Q_{L1} = 533$ var;
$S_2 = 720$ VA; $Q_{L2} = 470$ var.

6. Ein Schütz besitzt folgende Daten:
$U = 230$ V; $S = 10$ VA; $P = 6{,}5$ W
Wie groß sind
a) Leistungsfaktor,
b) Blindleistung,
c) Blind- und Wirkwiderstand, wenn eine Parallelschaltung angenommen wird?

7. Der Phasenverschiebungswinkel zwischen Stromstärke und Spannung bei einer Leuchtstofflampenanlage (Lampe und Drosselspule) beträgt 65°. Sie wird an 230 V/50 Hz betrieben. Es fließt ein Strom von 7,7 A. Berechnen Sie
a) die Wirk- und Blindspannung,
b) die Schein-, Wirk- und Blindwiderstände sowie
c) die Schein-, Wirk- und Blindleistung.

8. Eine Spule hat einen Scheinwiderstand von 1,2 kΩ und einen Wirkwiderstand von 820 Ω.
a) Wie groß ist der Leistungsfaktor?
b) Wie groß ist die Wirkleistung bei einer Stromstärke von 0,3 A?

9. Ein Wechselstrommotor hat folgende Daten:
$P = 300$ W (abgebbare Leistung); $U = 230$ V/50 Hz;
$\cos\varphi = 0{,}9$ und $\eta = 0{,}7$.
Wie groß sind
a) I, b) S, c) Q_L, d) X_L und R?
(Parallelschaltung angenommen)

10. Ermitteln Sie aus den gegebenen Daten
a) die Schein-, Wirk- und Blindleistungen der einzelnen Motoren sowie
b) den Gesamtleistungsfaktor und die Gesamtstromstärke.

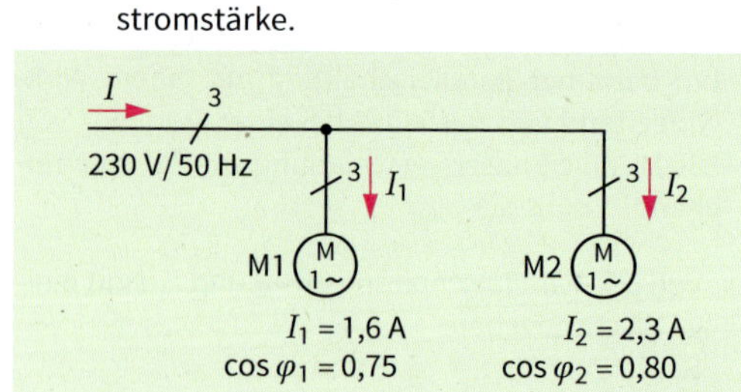

11. Eine Leuchtstofflampe mit 65 W besitzt bei Anschluss mit einer Drosselspule eine Wirkleistung von 80 W. Die Lampenschaltung wird an 230 V (50 Hz) betrieben. Es fließt ein Strom von 0,68 A. Wie groß sind:
a) Q_L und S, b) $\cos\varphi$, c) U_{Lampe} und U_{Spule}?

7.6.4 Verlustbehaftete Spule

$\tan\delta, d$ Verlustfaktor
Q Güte (Gütefaktor)
R Verlustwiderstand

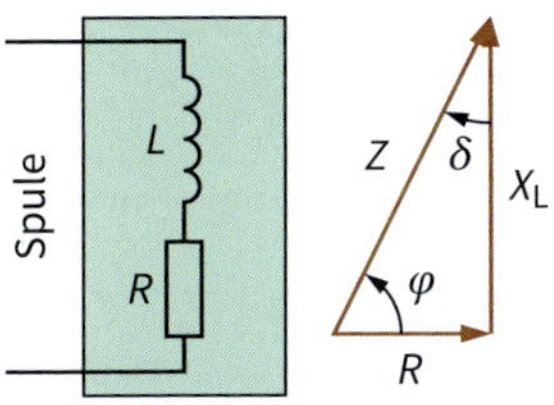

$d = \tan\delta$

$\tan\delta = \frac{R}{X_L}$

$Q = \frac{X_L}{R}$

$Q = \frac{1}{d}$

Beispiel:

Der Blindwiderstand einer Spule beträgt 1,5 kΩ bei 800 Hz. Der Scheinwiderstand wurde bei dieser Frequenz mit 1,9 kΩ ermittelt. Berechnen Sie den Phasenverschiebungswinkel, den Verlustwiderstand und die Güte.

Lösung:

Geg.: $Z = 1{,}9\ \text{k}\Omega$; $X_L = 1{,}5\ \text{k}\Omega$

Ges.: φ, δ, R, Q

$\sin\varphi = \frac{X_L}{Z}$ $\quad \sin\varphi = \frac{1{,}5\ \text{k}\Omega}{1{,}9\ \text{k}\Omega}$ $\quad \underline{\underline{\varphi = 52{,}1°}}$

$\delta = 90° - \varphi$ $\quad \underline{\underline{\delta = 37{,}9}}$

$R = X_L \cdot \tan\delta$ $\quad R = 1{,}5\ \text{k}\Omega \cdot \tan 37{,}9°$

$\underline{\underline{R = 1{,}17\ \text{k}\Omega}}$

$Q = \frac{X_L}{R}$ $\quad Q = \frac{1{,}5\ \text{k}\Omega}{1{,}17\ \text{k}\Omega}$ $\quad \underline{\underline{Q = 1{,}28}}$

AUFGABEN

1. Eine Spule von 180 µH besitzt einen Verlustwiderstand von 20 Ω bei 1,5 MHz. Wie groß sind Verlustfaktor, die Güte und der Scheinwiderstand?

2. Die Abbildung zeigt das Ersatzschaltbild eines keramischen ZF-Filters für 460 kHz. Berechnen Sie mithilfe von L_1 und R_1 die Güte und den Verlustfaktor.

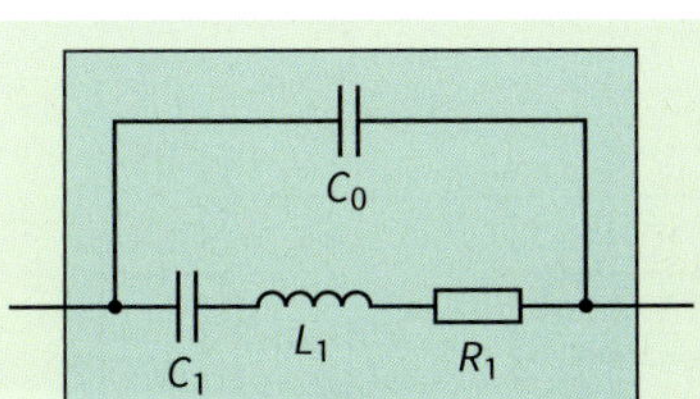

$C_0 = 260\ \text{pF}$
$C_1 = 18\ \text{pF}$
$L_1 = 7{,}5\ \text{mH}$
$R_1 = 5{,}3\ \Omega$

3. Eine Spule mit der Güte 36 wird an eine Spannung von 2,2 V bei 50 Hz gelegt. Es fließt ein Strom von 3,6 mA. Berechnen Sie X_L, L und R.

4. Eine verlustbehaftete Spule verursacht bein Anlegen einer Spannung von $U = 3\ \text{V}$ (10 kHz) die Phasenverschiebung von 82°. Es fließt dabei ein Strom von 8,3 mA. Berechnen Sie den
   a) Wirk- und Blindwiderstand,
   b) Verlustfaktor und die Güte.

5. Zu einer verlustbehafteten Spule liegt ein Wirkwiderstand von 0,47 kΩ in Serie. Der Verlustfaktor der Spule beträgt 0,0175 und der Scheinwiderstand 2,1 kΩ.
   a) Auf welchen Wert verändert sich der Verlustfaktor der gesamten Schaltung, wenn der zugeschaltete Widerstand berücksichtigt wird?
   b) Berechnen Sie die Güte der gesamten Schaltung.
   c) An der gesamten Schaltung liegt eine Spannung von 193 mV. Berechnen Sie die Spannung am Serienwiderstand von 470 Ω.

6. Eine verlustbehaftete Spule verursacht bei Anlegen an eine Wechselspannung von 230 V und 50 Hz eine Phasenverschiebung von 22,5°. Es fließt dabei ein Strom von 0,3 A.
   a) Wie groß ist der Scheinwiderstand?
   b) Wie groß sind die Einzelwiderstände?
   c) Welche Spannungen würden sich an den einzelnen Widerständen ergeben?

7. Zu einer verlustbehafteten Spule mit dem $\cos\varphi = 0{,}3$ und $Z = 580\ \Omega$ soll ein Wirkwiderstand so in Reihe hinzugeschaltet werden, dass sich ein Phasenverschiebungswinkel von 60° ergibt. Wie groß muss der zuschaltbare Wirkwiderstand sein, damit die aufgeführte Bedingung erfüllt wird?

8. Zur Verringerung der Schwingneigung befindet sich im Kollektorkreis ein Widerstand von $R_4 = 100\ \Omega$. Die Spule L_2 besitzt eine Güte von 25 bei einer Induktivität von 16 µH. Die Betriebsfrequenz beträgt 100 MHz.
   Auf welchen Wert verändert sich die Güte durch den Widerstand R_4?

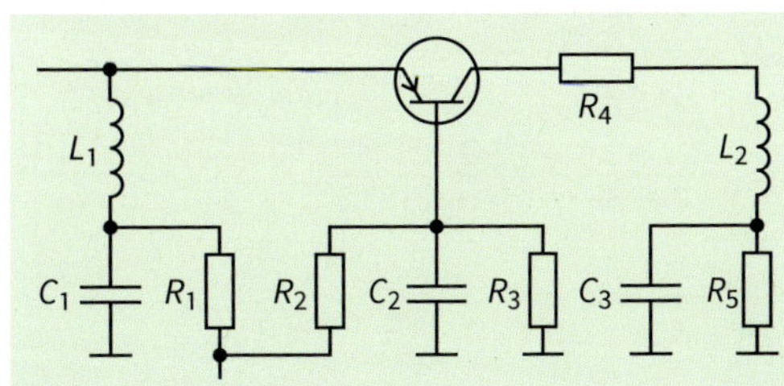

7.6.5 Umrechnungen zwischen RL-Schaltungen

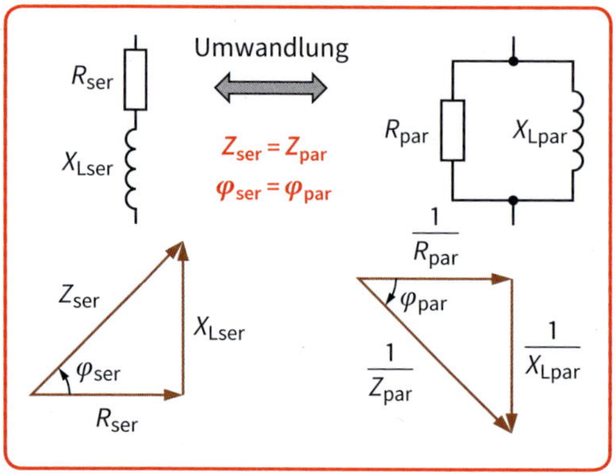

Beispiel:

Eine Spule mit einem Serienverlustwiderstand von 8,2 Ω hat eine Induktivität von 370 µH. Sie soll in eine gleichwertige Parallelschaltung umgewandelt werden.

Berechnen Sie R_{par}, L_{par} ($f = 33$ kHz) und die Güte Q.

Lösung:

Geg.: $R_{ser} = 8{,}2\ \Omega$; $L_{ser} = 370\ \mu\text{H}$; $f = 33\ \text{kHz}$

Ges.: R_{par}, L_{par} und Q

$$\tan \varphi_{ser} = \frac{X_{L\,ser}}{R_{ser}} = \frac{2\pi \cdot 33 \cdot 10^3\ \text{Hz} \cdot 370 \cdot 10^{-6}\ \text{H}}{8{,}2\ \Omega}$$

$$\varphi_{ser} = \varphi_{par} = 83{,}9°$$

$$\cos \varphi_{ser} = \frac{R_{ser}}{Z_{ser}} \qquad Z_{ser} = \frac{R_{ser}}{\cos \varphi_{ser}}$$

$$Z_{ser} = Z_{par} = 77{,}2\ \Omega$$

$$\cos \varphi_{par} = \frac{\frac{1}{R_{par}}}{\frac{1}{Z_{par}}} \qquad \cos \varphi_{par} = \frac{Z_{par}}{R_{par}}$$

$$R_{par} = \frac{Z_{par}}{\cos \varphi_{par}} \qquad \underline{\underline{R_{par} = 726\ \Omega}}$$

$$\sin \varphi_{par} = \frac{\frac{1}{X_{L\,par}}}{\frac{1}{Z_{par}}} \qquad \sin \varphi_{par} = \frac{Z_{par}}{X_{L\,par}}$$

$$X_{L\,par} = \frac{Z_{par}}{\sin \varphi_{par}} \qquad L_{par} = \frac{Z_{par}}{2\pi \cdot f \cdot \sin \varphi_{par}}$$

$$L_{par} = \frac{77{,}2\ \Omega}{2\pi \cdot 33 \cdot 10^3\ \text{Hz} \cdot \sin 83{,}9°}$$

$$\underline{\underline{L_{par} = 374\ \mu\text{H}}}$$

$$L_{par} \approx L_{ser}$$

$$Q = \frac{X_{L\,ser}}{R_{ser}}$$

$$Q = \frac{2\pi \cdot 33 \cdot 10^3 \cdot 0{,}37 \cdot 10^{-3}\ \text{Vs}}{\text{s} \cdot 8{,}2 \frac{\text{V}}{\text{A}} \cdot \text{A}} \qquad \underline{\underline{Q = 9{,}36}}$$

Wenn die Güte einer Spule größer als 10 ist, gilt:

$$L_{ser} \approx L_{par}$$

Aufgaben

1. Die Spule ist verlustbehaftet. Sie besitzt eine Güte von 36,8. Die Induktivität L_{ser} beträgt 25 µH bei $f = 460$ kHz. Auf welchen Wert hat sich die Güte der gesamten Schaltung durch den parallel liegenden Wirkwiderstand von $R = 3{,}3$ kΩ verändert?

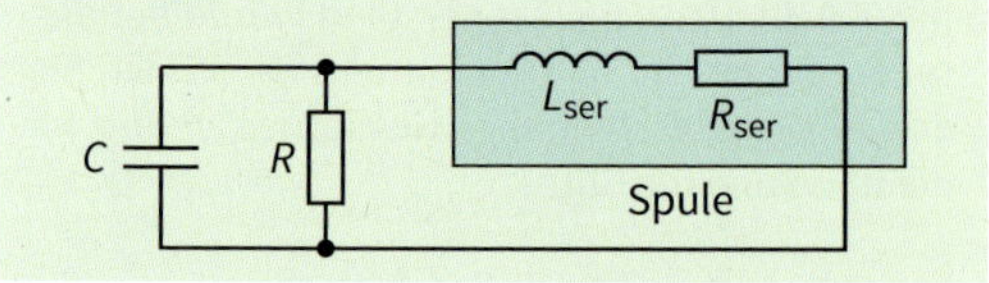

2. Rechnen Sie die Reihenschaltung von R_1 und L_1 in eine Parallelschaltung für $f = 5$ MHz um. Der Kondensator C_1 von 0,1 µF kann bei dieser Frequenz als Kurzschluss aufgefasst werden. Beweisen Sie dieses durch eine Berechnung.

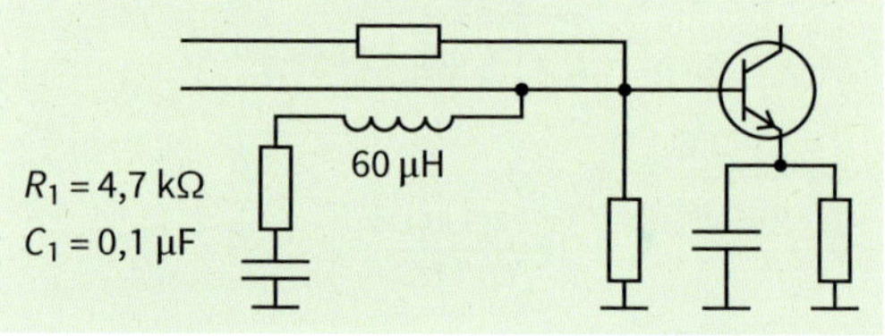

3. Im Eingangskreis des Transistors liegt eine verlustbehaftete Spule mit $L_{ser} = 120$ µH und $Q = 45$. Der Kondensator C_1 ist so dimensioniert, dass er für die Frequenz von 1 MHz einen Kurzschluss darstellt. Parallel zur verlustbehafteten Spule liegen somit die Widerstände R_1, R_2 und der Eingangswiderstand R_{BE} des Transistors mit 6,3 kΩ. Berechnen Sie den Parallelersatzwiderstand der Spule und die sich insgesamt ergebende Güte.

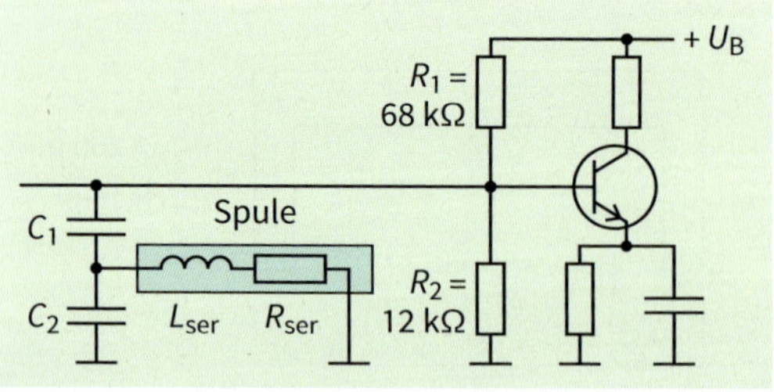

7.6.6 Tief- und Hochpass

f_g Grenzfrequenz
Definition: $X_L = R$; $\varphi = 45°$

$$\frac{U_2}{U_1} = \frac{1}{\sqrt{2}}$$

$$f_g = \frac{R}{2\pi \cdot L}$$

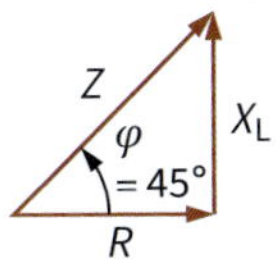

Tiefpass

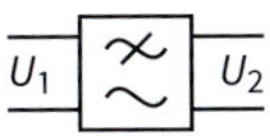

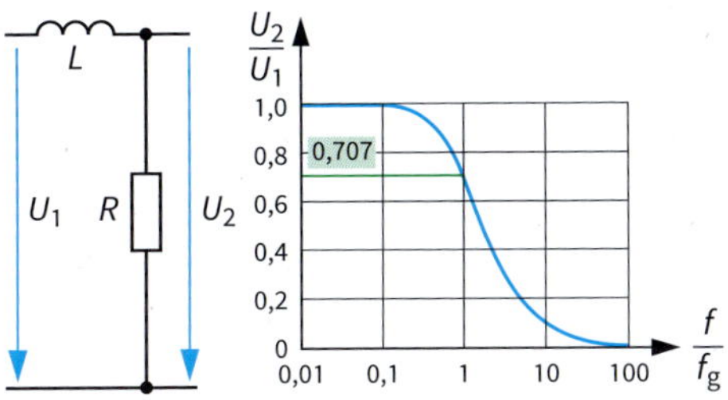

Hochpass

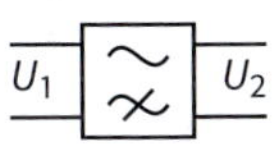

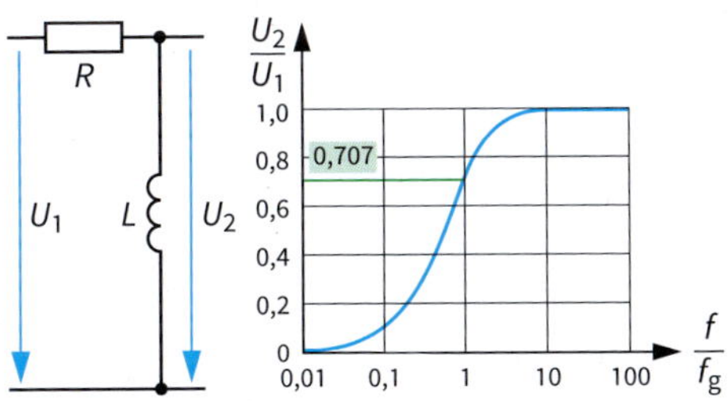

Beispiel:

In der Betriebsspannungszuführung eines elektronischen Gerätes befinden sich zwei Spulen (L_1 und L_2). Sie sollen hochfrequente Störungen fernhalten. Der Eingangswiderstand des Gerätes beträgt 5,3 Ω. Berechnen Sie die Grenzfrequenz.

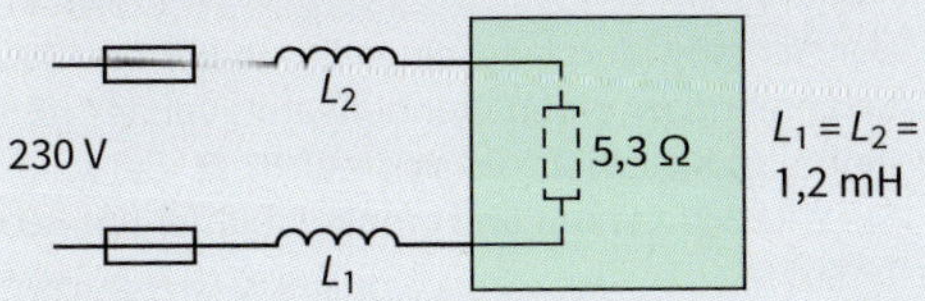

Lösung:

Geg.: $L = 1{,}2$ mH; $R = 5{,}5\ \Omega$
Ges.: f_g

$$f_g = \frac{R}{2\pi \cdot L} \qquad f_g = \frac{5{,}3\,\frac{V}{A}}{2\pi \cdot 2{,}4 \cdot 10^{-3}\,\frac{Vs}{A}} \qquad \underline{\underline{f_g = 351\ \text{Hz}}}$$

Aufgaben

1. Die Primärspule eines Ausgangsübertragers kann als Induktivität aufgefasst werden. In Reihe dazu liegt der Innenwiderstand des Endstufentransistors mit 536 Ω. Wie groß ist die Induktivität, wenn eine Grenzfrequenz für die Endstufe von 15 kHz angegeben wird?

2. Ermitteln Sie die Grenzfrequenz eines Tiefpasses mit $L = 18$ mH und $R = 120\ \Omega$.

3. Die Grenzfrequenz eines Hochpasses aus $R = 8{,}2\ k\Omega$ und L soll durch Zuschalten einer weiteren Induktivität von 5 kHz auf 15 kHz vergrößert werden.
   a) Berechnen Sie die Induktivität der Schaltung mit der Grenzfrequenz von 5 kHz.
   b) Zeichnen Sie das Schaltbild für die Grenzfrequenz von 15 kHz.
   c) Berechnen Sie den Wert der zugeschalteten Induktivität zur Erhöhung der Grenzfrequenz.

4. Wie groß muss der zuschaltbare Widerstand R_1 sein, damit sich durch ihn eine Grenzfrequenz von 53 kHz einstellt?

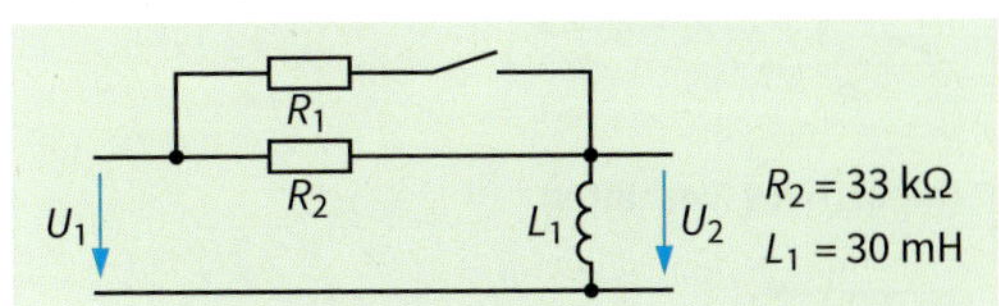

5. Ein Tiefpass mit $R = 2{,}2\ k\Omega$ und einem Kondensator hat eine Grenzfrequenz von 500 Hz.
   a) Berechnen Sie die Kapazität.
   b) Wie groß muss die Induktivität einer vergleichbaren Schaltung sein, wenn der Wirkwiderstand 2,2 kΩ bleiben soll?
   c) Wie groß ist die Windungszahl der Spule, wenn Kernmaterial mit einem A_L-Wert von 510 µH zur Verfügung steht?

6. Berechnen Sie die Induktivität L_2 des Tiefpasses, wenn eine Grenzfrequenz von 1,2 MHz erreicht werden soll.

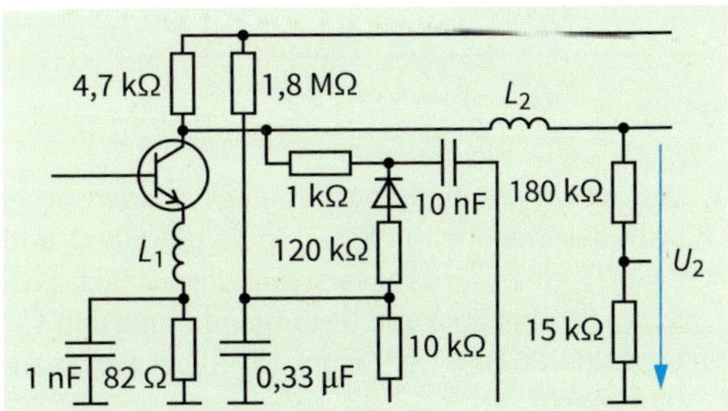

7.7 RCL-Schaltungen

7.7.1 Reihenschaltung

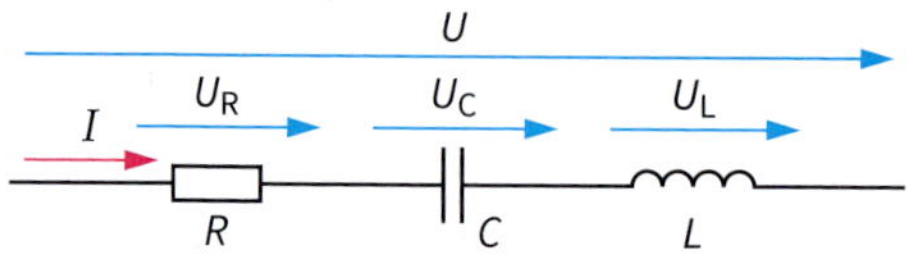

Induktives Verhalten $U_L > U_C$

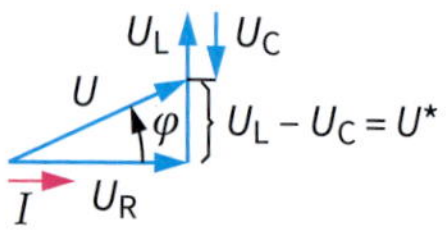

$U^2 = U_R^2 + U^{*2}$

$\sin \varphi = \frac{U^*}{U}$

Kapazitives Verhalten $U_C > U_L$

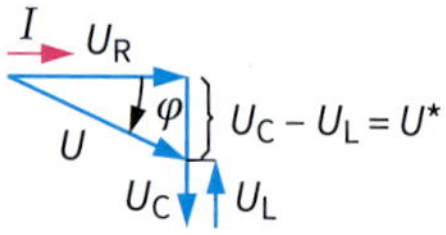

$\cos \varphi = \frac{U_R}{U}$

$\tan \varphi = \frac{U^*}{U_R}$

Induktives Verhalten $X_L > X_C$

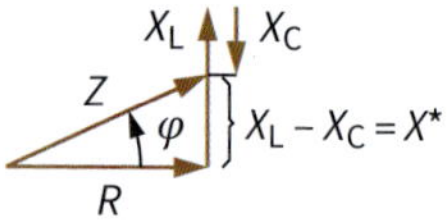

$Z^2 = R^2 + X^{*2}$

$\sin \varphi = \frac{X^*}{Z}$

Kapazitives Verhalten $X_C > X_L$

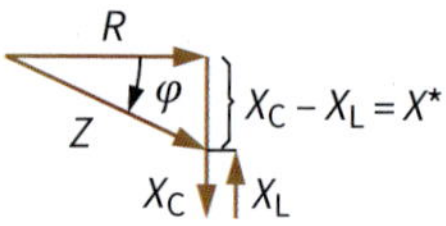

$\cos \varphi = \frac{R}{Z}$

$\tan \varphi = \frac{X^*}{R}$

Induktives Verhalten $Q_L > Q_C$

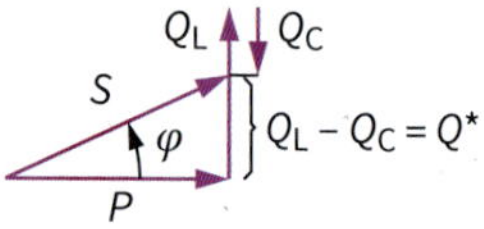

$S^2 = P^2 + Q^{*2}$

$\sin \varphi = \frac{Q^*}{S}$

Kapazitives Verhalten $Q_C > Q_L$

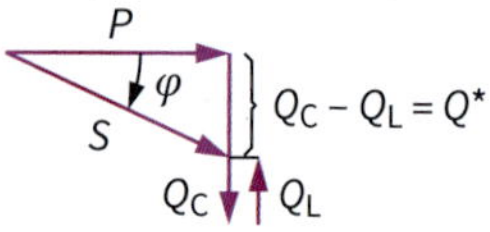

$\cos \varphi = \frac{P}{S}$

$\tan \varphi = \frac{Q^*}{P}$

Aufgaben

1. Wie groß muss die Kapazität eines Kondensators sein, der in Reihe mit einer Spule ($R = 500\ \Omega$ und $L = 2$ H) einen Phasenverschiebungswinkel zwischen Stromstärke und Gesamtspannung von 43° ergibt ($f = 50$ Hz)? Der Strom eilt dabei der Spannung nach.

Beispiel:

Das Wechselstromverhalten einer Reihenschaltung aus $C = 27$ nF und $L = 100$ mH (Verlustwiderstand $R_{ser} = 120\ \Omega$) soll rechnerisch für die beiden Frequenzen $f_1 = 2$ kHz und $f_2 = 5$ kHz bestimmt werden. Berechnen Sie für die beiden Frequenzen den Scheinwiderstand der Schaltung.

Lösung:

Geg.: $C = 27$ nF; $L = 100$ mH; $R_{ser} = 1{,}2$ kΩ
$f_1 = 2$ kHz; $f_2 = 6$ kHz

Ges.: Z_1 und Z_2

$X_{L1} = 2\pi \cdot f_1 \cdot L$	$X_{L1} = 1{,}26$ kΩ
$X_{C1} = \frac{1}{2\pi \cdot f_1 \cdot C}$	$X_{C1} = 2{,}95$ kΩ
$X^*_1 = X_{C1} - X_{L1}$	$X^*_1 = 1{,}69$ kΩ
$Z_1 = \sqrt{R^2 + X_1^{*2}}$	$\underline{\underline{Z_1 = 2{,}07\ \text{k}\Omega}}$ (kapazitives Verhalten)
$X_{L2} = 2\pi \cdot f_2 \cdot L$	$X_{L2} = 3{,}77$ kΩ
$X_{C2} = \frac{1}{2\pi \cdot f_1 \cdot C_2}$	$X_{C2} = 0{,}982$ kΩ
$X^*_2 = X_{L2} - X_{C2}$	$X^*_2 = 2{,}79$ kΩ
$Z_2 = \sqrt{R^2 + X_2^{*2}}$	$\underline{\underline{Z_2 = 3{,}03\ \text{k}\Omega}}$ (induktives Verhalten)

2. Eine Spule mit dem Wirkwiderstand 520 Ω und der Induktivität 0,7 H liegt mit einem Kondensator 1 µF in Reihe. Die Wechselspannung besitzt eine Frequenz von 100 Hz. In der Zuleitung wird eine Stromstärke von 17,2 mA gemessen.
   Berechnen Sie X_C, X_L, U_R, U_C, U_L und den Phasenverschiebungswinkel zwischen Stromstärke und Gesamtspannung.

3. Der Strom durch eine Spule mit $L = 0{,}8$ H und $R = 56\ \Omega$ soll durch einen in Reihe zu schaltenden Kondensator so verringert werden, dass bei 20 V und 50 Hz der Gesamtspannung ein Strom von 0,1 A fließt.
   a) Wie groß ist die Kondensatorkapazität?
   b) Berechnen Sie die Leistungen in der Schaltung.

4. Der Scheinwiderstand einer Spule beträgt 30 Ω. Schaltet man einen Kondensator von 47 µF in Reihe, dann erhöht er sich auf 57 Ω. Berechnen Sie Wirkwiderstand und Induktivität der Spule bei $f = 50$ Hz.

5. Wie groß muss die Kapazität eines Kondensators sein, der in Reihe mit einer Spule ($R = 500\ \Omega$ und $L = 2$ H) einen Phasenverschiebungswinkel zwischen Stromstärke und Gesamtspannung von 43° ergibt ($f = 50$ Hz)? Der Strom eilt dabei der Spannung nach.

6. In Leuchtstofflampenschaltungen ist zur Vermeidung des stroboskopischen Effektes oft in Reihe mit der Drosselspule und der Leuchtstofflampe ein Kondensator geschaltet. In dieser Duoschaltung wurden folgende Messwerte ermittelt:
$I = 0{,}42$ A; $U_R = 125$ V. Es sind außerdem folgende Größen gegeben: $C = 3{,}4$ nF, Betriebsspannung $U = 230$ V/50 Hz. Berechnen Sie die
a) Spannung am Kondensator,
b) Spannung an der Drosselspule und
c) Induktivität der Drosselspule (Wirkwiderstand vernachlässigbar).

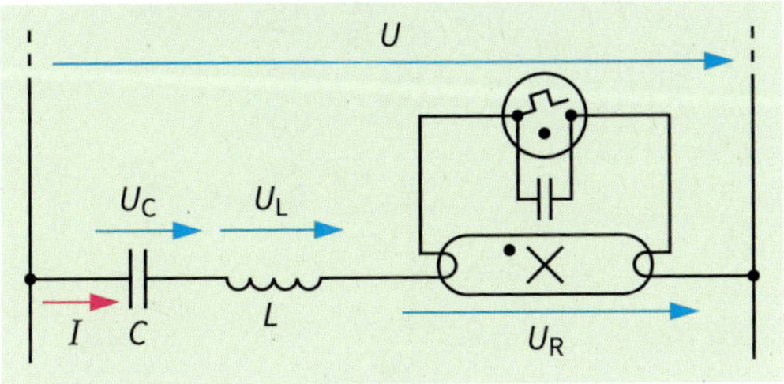

7. Eine Spule hat eine Induktivität von 0,6 H und einen Wirkwiderstand von 48 Ω. In Reihe dazu wird ein Kondensator von 12 μF geschaltet. Die Gesamtspannung beträgt 230 V/50 Hz.
a) Wie groß ist die Stromstärke?
b) Wie groß sind die Spannungen an R, X_L und X_C?

8. Durch eine Spule ($R = 58$ Ω und $L = 1{,}2$ H) und einen in Reihe liegenden Kondensator von 330 μF fließt bei $f = 10$ Hz ein Strom von 180 mA. Wie groß sind die Spannungen und der Scheinwiderstand?

9. Eine verlustbehaftete Spule liegt in Reihe mit einem Kondensator. Bei einer Stromstärke von 350 mA wird an der Spule (R und X_L) eine Spannung von 16 V gemessen. Am Kondensator liegt eine Spannung von 230 V. Die Gesamtspannung beträgt 220 V bei 50 Hz. Wie groß sind R und X_L der Spule?

10. Zwei Spulen mit 0,7 H und 1,3 H sind in Reihe geschaltet. Der Verlustwiderstand der beiden Spulen beträgt zusammen 35,8 Ω.
a) Wie groß ist die Stromstärke, wenn die Schaltung an 230 V (50 Hz) liegt?
b) Welcher Phasenverschiebungswinkel ergibt sich?
c) Wie verändern sich die Leistungen, wenn ein Kondensator von 10 μF in Reihe geschaltet wird?

11. Eine verlustbehaftete Spule verursacht eine Phasenverschiebung von 35°. Wenn man einen Kondensator von 22 μF in Reihe schaltet, verkleinert sich der Phasenverschiebungswinkel auf 5° (induktiv). Berechnen Sie L und R bei 50 Hz.

12. Eine Spule verursacht eine Phasenverschiebung von 35° (verlustbehaftete Spule). Schaltet man einen Kondensator von 1,6 μF in Reihe, wird die Phasenverschiebung auf 8° verkleinert. Wie groß sind L und R bei einer Frequenz von 50 Hz?

13. Durch eine Drosselspule fließt bei 110 V/50 Hz ein Strom von 1,8 A. Der Wirkwiderstand beträgt 8,3 Ω. Bei einer Reihenschaltung mit einem Kondensator sinkt die Stromstärke auf 0,5 A. Berechnen Sie die Kapazität des Kondensators und die Induktivität der verwendeten Drosselspule.

14. Ein Netzwerk einer elektronischen Schaltung besteht aus einem Kondensator, einer Spule und einem Wirkwiderstand. Das Netzwerk soll bei $f = 1$ kHz einen Scheinwiderstand von 1,6 kΩ besitzen. In der Reihenschaltung sind $C = 39$ nF, $L = 800$ mH (verlustlos angenommen) vorhanden. Wie groß muss der Widerstand R gewählt werden?

15. Ein Klangeinstellnetzwerk soll bei $f = 1$ kHz einen Scheinwiderstand von 1,6 kΩ besitzen. In der Reihenschaltung sind $C = 39$ nF; $L = 800$ mH (verlustlos angenommen) und ein Wirkwiderstand R vorhanden. Wie groß muss R gewählt werden?

16. Von der Reihenschaltung aus R, L und C sind folgende Größen bekannt:
Gesamtspannung U = 120 V/50 Hz, Wirkleistung der Schaltung: P = 80 W; Stromstärke: I = 0,4 A; Kapazität: $C = 5{,}6$ μF.
Gesucht sind: S, Q_C, Q_L, Q^* (resultierende Blindleistung); $\cos \varphi$.

17. R, L und C sind in Reihe geschaltet. Die Spannungen U_1, U_2 sollen sich bei 50 Hz wie 1 : 2 verhalten. $R = 47$ Ω, $L = 0{,}1$ H.
a) Wie groß ist die Kondensatorkapazität?
b) Wie groß ist die Stromstärke?

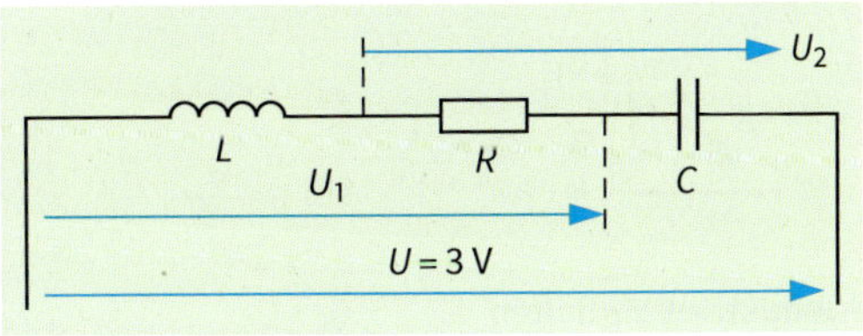

7.7.2 Parallelschaltung

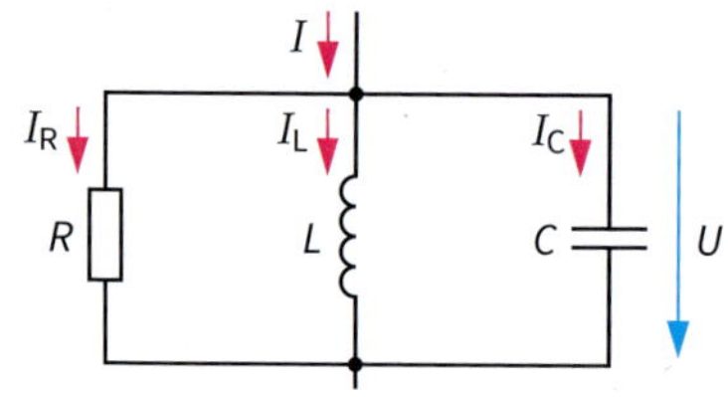

Kapazitives Verhalten $I_C > I_L$

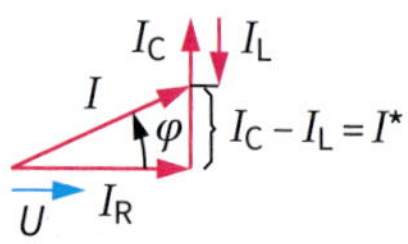

$$I^2 = I_R^2 + I^{*2}$$

$$\sin\varphi = \frac{I^*}{I}$$

Induktives Verhalten $I_L > I_C$

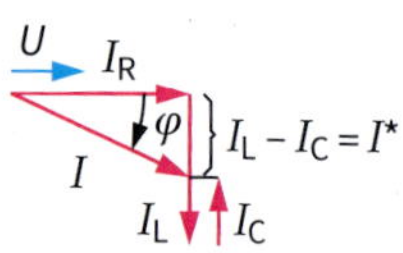

$$\cos\varphi = \frac{I_R}{I}$$

$$\tan\varphi = \frac{I^*}{I_R}$$

Kapazitives Verhalten $X_L > X_C$

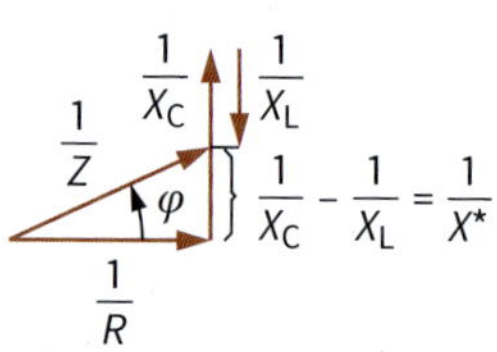

$$\left(\frac{1}{Z}\right)^2 = \left(\frac{1}{R}\right)^2 + \left(\frac{1}{X^*}\right)^2$$

$$Y^2 = G^2 + B^2$$

$$\sin\varphi = \frac{Z}{X^*}$$

Induktives Verhalten $X_C > X_L$

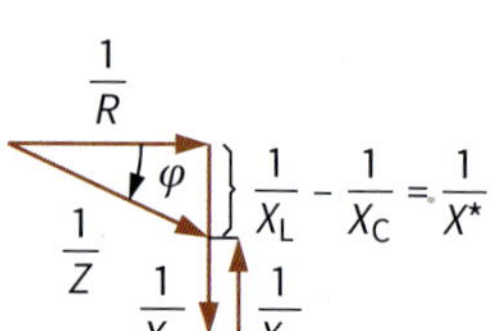

$$\cos\varphi = \frac{Z}{R}$$

$$\tan\varphi = \frac{R}{X^*}$$

Kapazitives Verhalten $Q_C > Q_L$

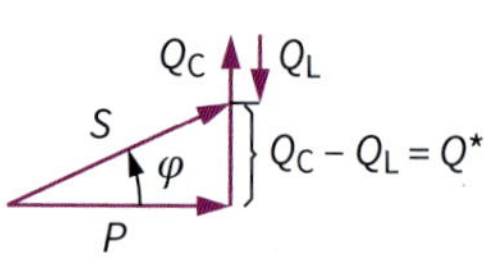

$$S^2 = P^2 + Q^{*2}$$

$$\sin\varphi = \frac{Q^*}{S}$$

Induktives Verhalten $Q_L > Q_C$

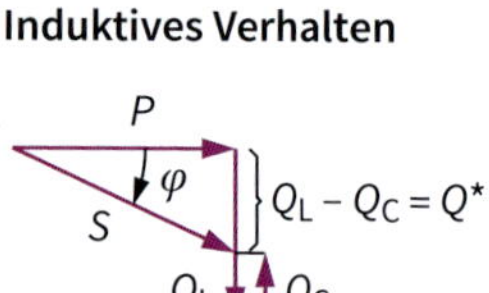

$$\cos\varphi = \frac{P}{S}$$

$$\tan\varphi = \frac{Q^*}{P}$$

Beispiel:

Ein Wirkwiderstand von 2,2 kΩ, ein Kondensator von 100 nF und eine Induktivität mit $L = 160$ mH (verlustlos angenommen) liegen parallel an einer Spannung von 5,6 V bei einer Frequenz von 1 kHz. Berechnen Sie X_L, X_C, I_C, I_L, I und Z.

Lösung:

Geg.: $R = 2{,}2\ \text{k}\Omega$; $C = 100\ \text{nF}$; $L = 160\ \text{mH}$
$U = 65{,}6\ \text{V}$; $f = 1\ \text{kHz}$

Ges.: X_L, X_C, I_C, I_L, I und Z

$X_L = 2\pi \cdot f \cdot L$ $\quad X_L = 2\pi \cdot \frac{10^3}{\text{s}} \cdot 160 \cdot 10^{-3}\,\frac{\text{Vs}}{\text{A}}$

$\underline{\underline{X_L = 1\ \text{k}\Omega}}$

$X_C = \frac{1}{2\pi \cdot f \cdot C}$ $\quad X_C = \frac{1}{2\pi \cdot \frac{10^3}{\text{s}} \cdot 0{,}1 \cdot 10^{-6}\,\frac{\text{Vs}}{\text{A}}}$

$\underline{\underline{X_C = 1{,}6\ \text{k}\Omega}}$

$I_L = \frac{U}{X_L}$ $\quad I_L = \frac{5{,}6\ \text{V}}{1\ \text{k}\Omega}$ $\quad \underline{\underline{I_L = 5{,}6\ \text{mA}}}$

$I_C = \frac{U}{X_C}$ $\quad I_C = \frac{5{,}6\ \text{V}}{1{,}6\ \text{k}\Omega}$ $\quad \underline{\underline{I_C = 3{,}5\ \text{mA}}}$

$I_R = \frac{U}{R}$ $\quad I_R = \frac{5{,}6\ \text{V}}{2{,}2\ \text{k}\Omega}$ $\quad I_R = 2{,}55\ \text{mA}$

$I^* = I_L - I_C$ $\quad I^* = 5{,}6\ \text{mA} - 3{,}5\ \text{mA}$

$I^* = 2{,}1\ \text{mA}$

$I = \sqrt{I_R^2 + I^{*2}}$ $\quad I = \sqrt{(2{,}55\ \text{mA})^2 + (2{,}1\ \text{mA})^2}$

$\underline{\underline{I = 3{,}3\ \text{mA}}}$

$Z = \frac{U}{I}$ $\quad Z = \frac{5{,}6\ \text{V}}{3{,}3\ \text{mA}}$ $\quad \underline{\underline{Z = 1{,}7\ \text{k}\Omega}}$

Aufgaben

1. Von einer Parallelschaltung aus R, X_L und X_C sind folgende Größen gegeben:
   $R = 200\ \Omega$; $I_R = 30\ \text{mA}$; $I_L = 100\ \text{mA}$; $I_C = 60\ \text{mA}$
   Berechnen Sie U, I, X_L, X_C und Z.
2. Wie groß sind in der Schaltung
   a) die Einzelströme, der Gesamtstrom,
   b) der Gesamtleitwert und
   c) die Leistungen?

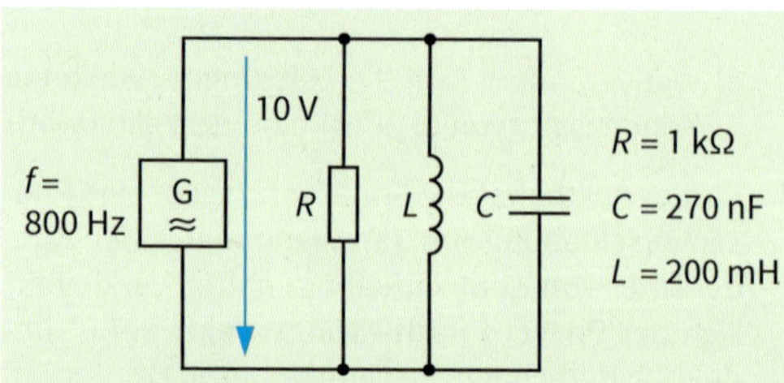

3. Bei einer Parallelschaltung von R, X_L und X_C sind folgende Größen gegeben: $R = 120\ \Omega$, $f = 100$ Hz, $U = 24$ V, $I_L = 68$ mA und $I_C = 50$ mA.
Berechnen Sie I, I_R, C, L, Z und φ.

4. Berechnen Sie die Parallelersatzschaltung der Spule und den Gesamtleitwert.

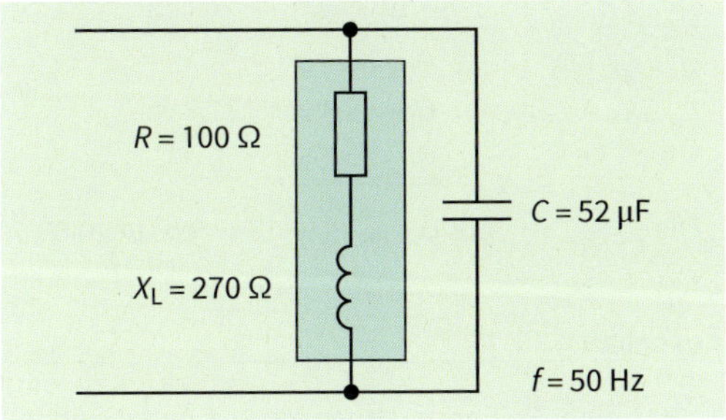

5. Die drei Bauteile $R = 100\ \Omega$, $C = 47$ nF und $L = 0{,}4$ H sollen in Reihe und parallel geschaltet werden. Es wird eine Spannung von 110 V mit 50 Hz verwendet. Berechnen Sie für beide Schaltungen die
a) Blind- und Scheinwiderstände,
b) Spannungen und Stromstärken.
c) Leistungen der einzelnen Bauteile,
d) Scheinleistungen und
e) Phasenverschiebung zwischen Stromstärke und Spannung.

6. Parallel zu einem Gerät mit induktiven Blindwiderständen liegt ein Kondensator. Für Steuerungszwecke werden auf die Energieleitungen Spannungen mit 500 Hz gegeben. Berechnen Sie den resultierenden Blindwiderstand und den Scheinwiderstand.

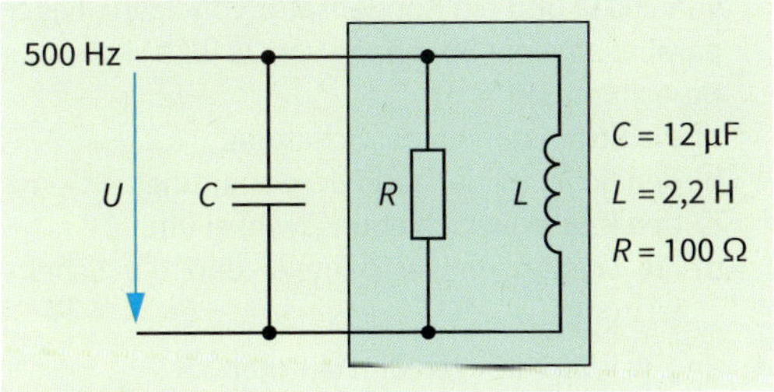

7. Zu einem verlustbehafteten Kondensator von 22 µF mit einem $\tan\delta = 6 \cdot 10^{-3}$ bei 50 Hz liegt eine Induktivität von 0,5 H parallel. Die Schaltung wird an einer Wechselspannung von 230 V (50 Hz) betrieben.
a) Wie groß ist der parallele Verlustwiderstand des Kondensators?
b) Wie groß sind die Stromstärken?
c) Welche Leistungen sind vorhanden?

8. Ein Wirkwiderstand von 300 Ω, eine Induktivität von 63,3 mH und ein Kondensator mit einer Kapazität von 1 µF sind parallel geschaltet. Wie groß sind bei einer Frequenz von 1 kHz der Scheinwiderstand und der Phasenverschiebungswinkel zwischen der anliegenden Spannung und der Gesamtstromstärke?

9. Der Leistungsfaktor der verlustbehafteten Spule beträgt 0,8. In der Spule fließt ein Strom von 0,5 A. Die Spannung beträgt 230 V (50 Hz). Der Kondensator hat eine Kapazität von 3,3 µF.
a) Rechnen Sie die Reihenschaltung aus R und X_L in eine Parallelschaltung um.
b) Wie groß sind die Stromstärken der Parallelschaltung?
c) Welchen Wert hat der Phasenverschiebungswinkel der Gesamtschaltung?

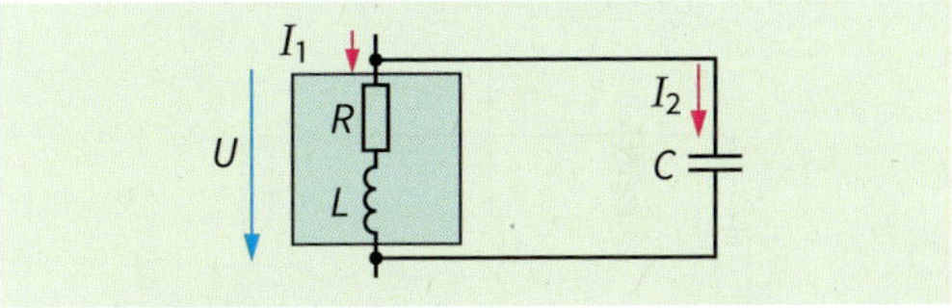

10. Eine Parallelschaltung aus $R = 100\ \Omega$, $X_L = 280\ \Omega$ und $X_C = 120\ \Omega$ liegt an einer konstanten Wechselspannung von 9,3 V mit $f = 800$ Hz.
a) Berechnen Sie L und C.
b) In der Schaltung wird ein Kondensator hinzugeschaltet. Durch ihn verdoppelt sich die Gesamtkapazität. Welche Auswirkungen hat diese Maßnahme auf I_R, I_L, X_C, I_C, I, Z und φ? Kennzeichnen Sie die Änderungen durch größer, kleiner oder konstant.

11. Ein an 230 V/50 Hz betriebenes Gerät hat eine Wirkleistung von 680 W auf. Es fließt ein Strom von 4,3 A. In der Schaltung befinden sich induktive Blindwiderstände.
a) Berechnen Sie die Scheinleistung und den Leistungsfaktor.
b) Wie groß sind der Wirk- und der Blindwiderstand?
c) Wie groß muss eine Kapazität sein, die die Wirkung der Induktivität gerade aufhebt?

12. Eine Spule mit der Induktivität von 0,3 H (Wirkwiderstand vernachlässigbar), ein Wirkwiderstand von 200 Ω und ein Kondensator von 2,2 µF liegen parallel an einer Spannung von 24 V/50 Hz.
Berechnen Sie
a) die Stromstärken der Schaltung,
b) den Scheinwiderstand der Schaltung,
c) den Phasenverschiebungswinkel und
d) die Leistungen der Bauteile und die Scheinleistung.

Leistungen

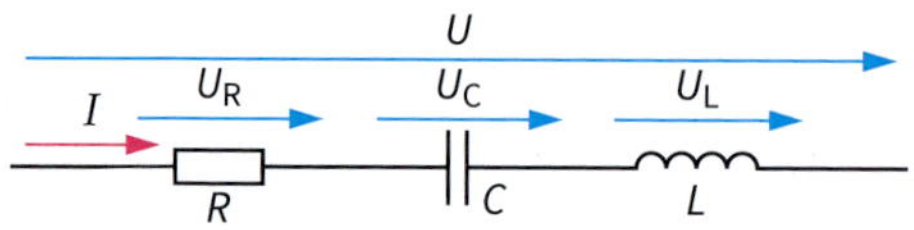

Induktives Verhalten $Q_L > Q_C$

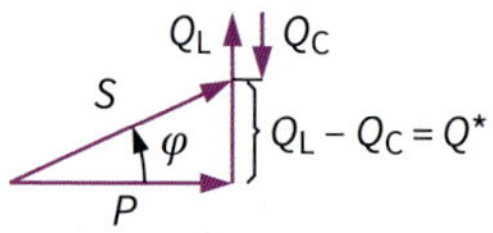

$S^2 = P^2 + Q^{*2}$

$\sin \varphi = \frac{Q^*}{S}$

Kapazitives Verhalten $Q_C > Q_L$

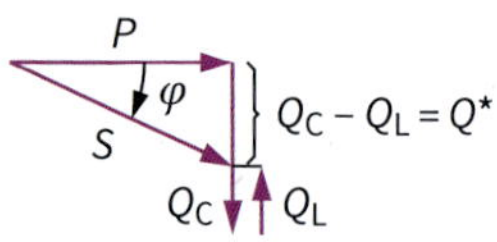

$\cos \varphi = \frac{P}{S}$

$\tan \varphi = \frac{Q^*}{P}$

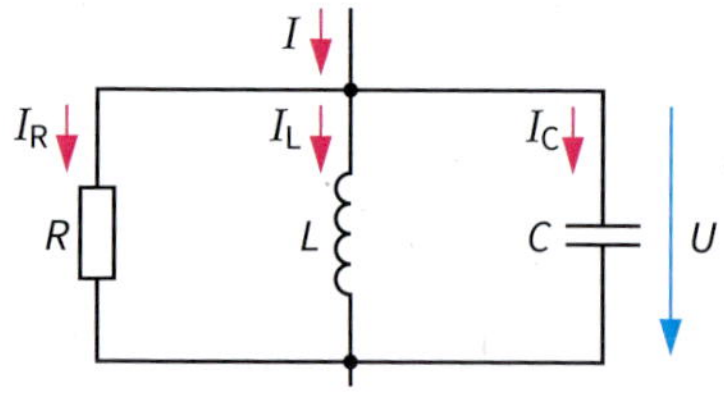

Kapazitives Verhalten $Q_C > Q_L$

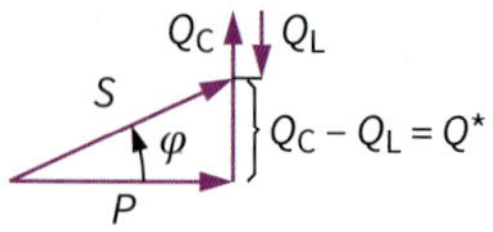

$S^2 = P^2 + Q^{*2}$

$\sin \varphi = \frac{Q^*}{S}$

Induktives Verhalten $Q_L > Q_C$

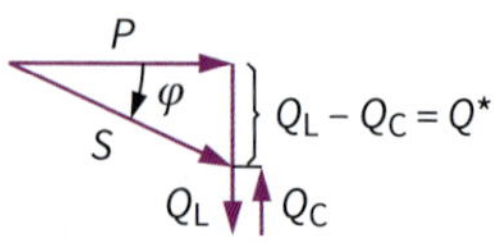

$\cos \varphi = \frac{P}{S}$

$\tan \varphi = \frac{Q^*}{P}$

Beispiel:

In Reihe mit einer Leuchtstofflampe liegen eine Drosselspule und ein Kondensator. Die Wirkleistung beträgt 48 W. Bei 230 V/50 Hz fließt ein Strom von 0,25 A. Der Kondensator hat eine Kapazität von 3,6 μF. Wie groß sind S, Q^*, Q_C, Q_L und der Leistungsfaktor?

Lösung:

Geg.: $P = 48\,\text{W}$; $U = 230\,\text{V}$; $f = 50\,\text{Hz}$
$I = 0{,}25\,\text{A}$; $C = 3{,}6\,\mu\text{F}$

Ges.: S, Q^*, Q_C, Q_L und $\cos \varphi$

$S = U \cdot I$ $\quad S = 230\,\text{V} \cdot 0{,}25\,\text{A}$ $\quad \underline{\underline{S = 57{,}5\,\text{VA}}}$

$S^2 = P^2 + Q^{*2}$

$Q^* = \sqrt{S^2 - P^2}$ $\quad Q^* = \sqrt{(57{,}5\,\text{VA})^2 - (48\,\text{W})^2}$

$\underline{\underline{Q^* = 31{,}7\,\text{var}}}$

$Q_C = I^2 \cdot X_C$ $\quad Q_C = \frac{I^2}{2\pi \cdot f \cdot C}$

$Q_C = \frac{(0{,}25\,\text{A})^2}{2\pi \cdot \frac{50}{\text{s}} \cdot 3{,}6\,\frac{\text{As}}{\text{V}} \cdot 10^{-6}}$ $\quad \underline{\underline{Q_C = 55{,}3\,\text{var}}}$

$Q^* = Q_C - Q_L$ $\quad Q_L = Q_C - Q^*$

$Q_L = 55{,}3\,\text{var} - 31{,}7\,\text{var}$

$\underline{\underline{Q_L = 23{,}6\,\text{var}}}$

$\cos \varphi = \frac{P}{S}$ $\quad \cos \varphi = \frac{48\,\text{W}}{57{,}5\,\text{VA}}$ $\quad \underline{\underline{\cos \varphi = 0{,}83}}$

Aufgaben

1. Von einer Reihenschaltung aus R, L und C sind folgende Größen bekannt:
   Gesamtspannung: $U = 230\,\text{V}/50\,\text{Hz}$; Wirkleistung der Schaltung: $P = 80\,\text{W}$; Stromstärke: $I = 0{,}4\,\text{A}$; Kapazität: $C = 5{,}6\,\mu\text{F}$.
   Gesucht sind: S, Q_L, Q_C, Q (resultierende Blindleistung) und $\cos \varphi$.
2. Ein an 230 V/50 Hz betriebenes Gerät besitzt eine Wirkleistung von 680 W. Es fließt ein Strom von 4,3 A. In der Schaltung befinden sich induktive Blindwiderstände.
   a) Berechnen Sie die Scheinleistung und den Leistungsfaktor.
   b) Wie groß sind Wirk- und Blindwiderstand?
   c) Wie groß muss eine Kapazität sein, die die Wirkung der Induktivität kompensiert?
3. Eine Spule mit der Induktivität von 0,3 H (Wirkwiderstand vernachlässigbar), ein Wirkwiderstand von 200 Ω und ein Kondensator von 2,2 μF liegen parallel an einer Spannung von 24 V/50 Hz.
   Berechnen Sie
   a) die Stromstärken der Schaltung,
   b) den Scheinwiderstand der Schaltung,
   c) den Phasenverschiebungswinkel und
   d) die Leistungen der Bauteile und die Scheinleistung.
4. An 230 V/50 Hz liegen drei Motoren.
   Es sind folgende Stromstärken vorhanden:
   $I_1 = 2{,}2\,\text{A}$; $I_2 = 3{,}8\,\text{A}$; $I_3 = 7{,}1\,\text{A}$.
   Die Motoren besitzen folgende Leistungsfaktoren:
   $\cos \varphi_1 = 0{,}6$; $\cos \varphi_2 = 0{,}8$; $\cos \varphi_3 = 0{,}75$.
   Parallel liegt ein Kondensator von 100 μF.
   Berechnen Sie
   a) die Wirkleistungen,
   b) die Einzel- und Gesamtblindleistung,
   c) die Gesamtstromstärke und
   d) den Gesamtleistungsfaktor.

5. Eine Leuchtstofflampenschaltung besitzt bei 230 V/50 Hz eine Wirkleistung von 55 W. Es fließt ein Strom von 0,48 A.
a) Wie groß ist der Leistungsfaktor?
b) Wie ändert sich die Gesamtstromstärke, wenn ein Kondensator von 4 µF zur Kompensation parallel geschaltet wird?

6. Zu einem Asynchronmotor mit 150 kW und einem Leistungsfaktor von 0,7 wird ein Kondensator parallel geschaltet. Die Blindleistung des Kondensators beträgt 110 kvar.
a) Wie groß ist die Scheinleistung vor und nach der Parallelschaltung?
b) Auf welchen Wert verändert sich der Leistungsfaktor durch die Parallelschaltung?

7. Ein Motor für 230 V (50 Hz) mit einer Leistung von $P_1 = 1$ kW besitzt einen Leistungsfaktor von 0,76. Zum Motor sind Glühlampen mit einer Leistung von insgesamt 760 W parallel geschaltet.
a) Wie groß sind die Gesamtstromstärke und der Gesamtleistungsfaktor?
b) Auf welchen Wert ändert sich die Stromstärke, wenn ein Kondensator von 33 µF parallel geschaltet wird?
c) Berechnen Sie die Leistungen für die Schaltung mit dem Kondensator.

8. Ein Schweißtransformator wird an 230 V (50 Hz) betrieben. Es fließt ein Strom von 3,1 A. Seine Blindleistung beträgt 61 % der Scheinleistung. Hinzugeschaltet wird ein Kondensator. Die Anlage besitzt jetzt einen Leistungsfaktor von 0,9. Berechnen Sie die Kapazität des Kondensators.

9. Berechnen Sie zu der Schaltung die Größen Z, I, U_R, U_C, U_L, P, Q, S und den $\cos\varphi$.

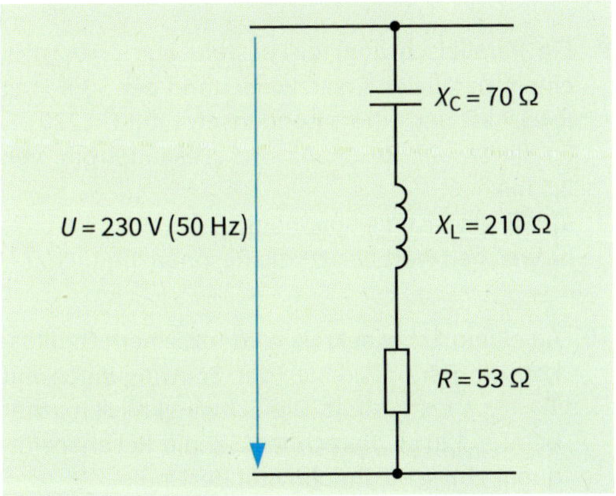

10. Zu einem verlustbehafteten Kondensator von 22 µF mit einem $\tan\delta = 6 \cdot 10^{-3}$ bei 50 Hz liegt eine Induktivität von 0,5 H parallel. Die Schaltung wird an einer Wechselspannung von 230 V (50 Hz) betrieben.
a) Wie groß ist der parallele Verlustwiderstand des Kondensators?
b) Wie groß sind die Stromstärken?
c) Welche Leistungen sind vorhanden?

11. Der Leistungsfaktor der verlustbehafteten Spule beträgt 0,8. In die Spule fließt ein Strom von 0,5 A. Die Spannung beträgt 230 V (50 Hz). Der Kondensator hat eine Kapazität von 3,3 µF.
a) Rechnen Sie die Reihenschaltung aus R und X_L in eine Parallelschaltung um.
b) Wie groß sind die Stromstärken der Parallelschaltung?
c) Welchen Wert hat der Phasenverschiebungswinkel der Gesamtschaltung?

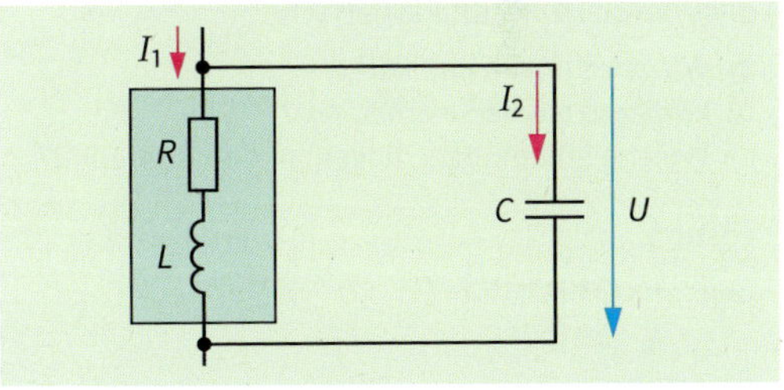

12. Ein Wirkwiderstand, ein induktiver Blindwiderstand und ein kapazitiver Blindwiderstand sind parallel geschaltet. Die Schaltung liegt an einer Wechselspannung von 230 V (50 Hz). Es werden folgende Stromstärken ermittelt:
$I_R = 3{,}5$ A; $I_C = 1{,}8$ A und $I_L = 0{,}5$ A.
a) Berechnen Sie die Gesamtstromstärke.
b) Wie groß sind die Widerstände, die Induktivität und die Kapazität?
c) Wie groß sind die einzelnen Leistungen?

13. Eine Reihenschaltung aus $R = 1$ kΩ, L (verlustlos angenommen) und C liegt an einer Wechselspannung von 230 V/50 Hz. Mit einem Leistungsmessgerät wird $P = 2{,}5$ W gemessen. Berechnen Sie die Scheinleistung und die resultierende Blindleistung Q^* der Schaltung.

14. In Reihe mit einer Leuchtstofflampe liegen eine Drosselspule und ein Kondensator. Die Wirkleistung beträgt 48 W. Bei 230 V/50 Hz fließt ein Strom von 0,25 A. Der Kondensator hat eine Kapazität von 3,6 µF. Wie groß sind S, Q^*, Q_C, Q_L und der Leistungsfaktor?

7.7.3 Schwingkreise

Reihenschwingkreis	Parallelschwingkreis

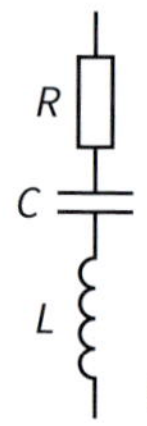

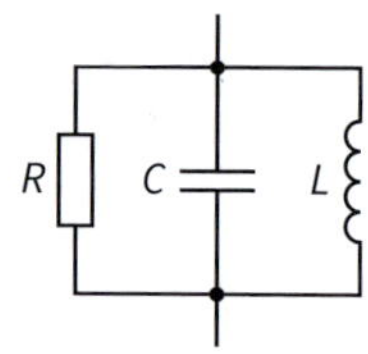

Resonanzfrequenz f_0

Resonanz:

$X_L = X_C$ $\qquad$ $f_0 = \dfrac{1}{2\pi \cdot \sqrt{L \cdot C}}$

Beispiel:

Ein Reihenschwingkreis mit $R = 330\ \Omega$ und $L = 5\ \text{H}$ liegt an einer Spannung von 380 V. Induktivität und Kapazität sind so aufeinander abgestimmt, dass bei 50 Hz Resonanz herrscht.

a) Wie groß ist die Kapazität?
b) Wie groß ist die Stromstärke?
c) Welche Spannungen liegen an den Bauteilen?

Lösung:

Geg.: $R = 330\ \Omega$; $L = 5\ \text{H}$; $U = 380\ \text{V}$
$f_0 = 50\ \text{Hz}$

Ges.: a) C b) f c) U_R d) U_C

a) $X_L = X_C$ $\qquad$ $2\pi \cdot f_0 \cdot L = \dfrac{1}{2\pi \cdot f_0 \cdot C}$

$C = \dfrac{1}{4\pi^2 \cdot f_0^2 \cdot L}$ $\qquad$ $C = \dfrac{1}{4\pi^2 \cdot \frac{50^2}{\text{s}^2} \cdot 5\,\frac{\text{Vs}}{\text{A}}}$

$\underline{\underline{C = 2{,}0\ \mu\text{F}}}$

b) $I = \dfrac{U}{R}$ $\qquad$ $I = \dfrac{380\ \text{V}}{330\ \Omega}$ $\qquad$ $\underline{\underline{I = 1{,}15\ \text{A}}}$

c) $\underline{\underline{U_R = 380\ \text{V}}}$

d) $U_C = I \cdot X_C$ $\qquad$ $\underline{\underline{U_C = 1830\ \text{V}}}$ $\qquad$ $\underline{\underline{U_C = U_L}}$

Aufgaben

1. Welchen Wert muss die Induktivität eines Schwingkreises haben, wenn eine Kapazität von 16 µF eingebaut ist? Die Resonanzfrequenz liegt bei 60 Hz.

2. Berechnen Sie bei einer Reihenschaltung die Resonanzfrequenz, die Stromstärke im Resonanzfall und die Spannungen an L und C, wenn $R = 22\ \Omega$; $L = 0{,}4\ \text{H}$; $C = 18\ \mu\text{F}$ und $U = 110\ \text{V}$ groß sind.

3. Berechnen Sie die Resonanzfrequenz eines Parallelschwingkreises, wenn folgende Größen gegeben sind: $C = 1\ \mu\text{F}$; $L = 10\ \text{H}$

4. Zwischen welchen Werten lässt sich in der Schaltung die Resonanzfrequenz verändern?

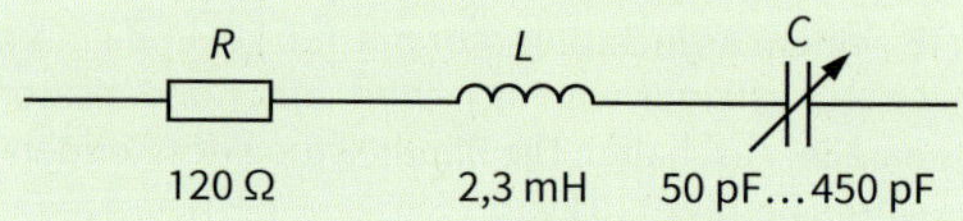

5. Der Verlustwiderstand eines Parallelschwingkreises wird mit $R = 853\ \Omega$ ermittelt. Die Resonanzfrequenz liegt bei 1 kHz. Der Kondensator besitzt eine Kapazität von 3,7 nF. Die Schaltung liegt an einer Spannung von 24 V.

a) Wie groß ist die Gesamtstromstärke?
b) Wie groß ist die Induktivität?
c) Wie groß sind die Ströme durch X_L und X_C im Resonanzfall?

6. Welchen Wert muss die Kapazität eines Kondensators haben, damit er die von der Spule mit der Induktivität von $L = 4{,}3\ \text{H}$ verursachte Phasenverschiebung bei 50 Hz gerade aufhebt?

7. Eine Reihenschaltung aus $R = 50\ \Omega$, $L = 3\ \text{H}$ und $C = 2\ \mu\text{F}$ liegt an einer Spannung von 120 V. Wie groß sind die Stromstärken und die Scheinwiderstände bei 63 Hz, 65 Hz und 67 Hz?

8. Bei einer Reihenschaltung von R, L und $C = 12\ \mu\text{F}$ ($f = 50\ \text{Hz}$) soll bei Resonanz an L und C eine Spannung liegen, die doppelt so groß wie die Gesamtspannung ist. Wie groß sind R und L?

9. Ein Parallelschwingkreis besteht aus $L = 0{,}2\ \text{mH}$, einem parallelen Ersatzwiderstand der Spule mit $R = 5{,}7\ \text{k}\Omega$ und einem Kondensator mit $C = 220\ \text{pF}$. Es fließt bei Resonanz ein Gesamtstrom von 2,5 mA.

a) Wie groß ist die Spannung?
b) Welchen Wert besitzt die Resonanzfrequenz?

10. An einem Schwingkreis wird mit einem Oszilloskop die Periodendauer der Schwingungen mit $T = 16\ \mu\text{s}$ festgestellt. Die Schwingkreiskapazität beträgt 120 pF. Berechnen Sie die Resonanzfrequenz sowie die Induktivität der Spule.

Q Güte

B Bandbreite $[B] = \text{Hz}$

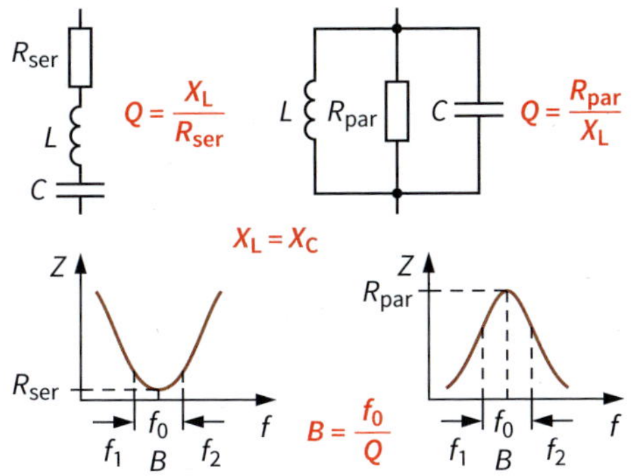

f_1 Untere Grenzfrequenz

f_2 Obere Grenzfrequenz

Beispiel:

Ein Parallelschwingkreis wird mit einem HF-Messsender untersucht. Bei der Frequenz von 250 kHz erhält man ein Spannungsmaximum. Bei den Frequenzen 212 kHz und 288 kHz ist die Spannung auf das $1/\sqrt{2}$-fache gesunken.
Ermitteln Sie mit diesen Daten die Resonanzfrequenz, die Bandbreite und die Güte.

Lösung:

Geg.: $f_0 = 250\ \text{kHz}$; $f_1 = 212\ \text{kHz}$; $f_2 = 288\ \text{kHz}$

Ges.: f_0, B und Q

$\underline{\underline{f_0 = 250\ \text{kHz}}}$ (Spannungsmaximum)

$B = f_2 - f_1$

$\underline{\underline{B = 76\ \text{kHz}}}$

$B = \frac{f_0}{Q}$ $\quad Q = \frac{f_0}{B}$ $\quad Q = \frac{250\ \text{kHz}}{76\ \text{kHz}}$

$\underline{\underline{Q = 3{,}3}}$

11. Die Abbildung zeigt das Ersatzschaltbild eines Schwingquarzes. Berechnen Sie mithilfe der vorgegebenen Daten die Resonanzfrequenz und die Güte.

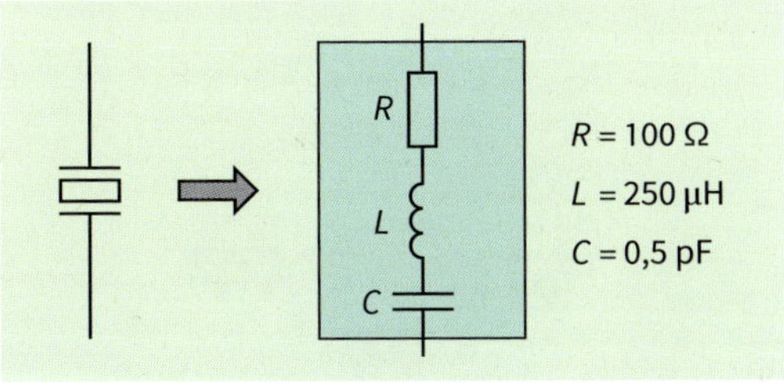

12. Die Abbildung zeigt die Spannungsresonanzkurve eines Parallelschwingkreises. Ermitteln Sie mit den gegebenen Daten die Bandbreite, die Güte, den Resonanzwiderstand und die Induktivität, wenn die Schwingkreiskapazität 220 pF beträgt.

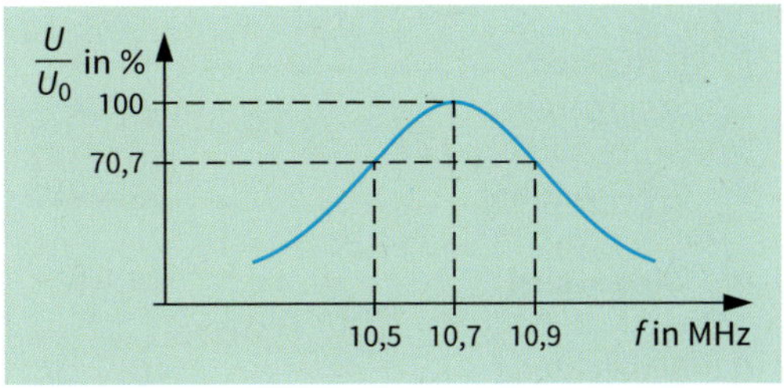

13. Eine Reihenschaltung besteht aus folgenden Bauteilen:
Spule mit $L = 150\ \mu\text{H}$ und $R_{ser} = 50\ \Omega$, Kondensator mit $C = 68\ \text{pF}$.

a) Berechnen Sie f_0, B und Q.

b) Wie groß ist der Resonanzwiderstand?

c) Berechnen Sie die Stromstärke bei $f = f_0$ und den Grenzfrequenzen, wenn die Spannung 3,5 V beträgt.

14. Ein Sperrkreis von 5,5 MHz soll eine Bandbreite von 300 kHz besitzen. Die Schwingkreiskapazität beträgt 120 pF. Berechnen Sie die Induktivität und die Güte des Schwingkreises.

15. Der Schwingkreis besitzt eine Bandbreite von 200 kHz und eine Güte von 55.

a) Berechnen Sie die Resonanzfrequenz.

b) Wie groß ist der parallele Verlustwiderstand des Kreises, wenn $C = 56\ \text{pF}$ groß ist?

c) Wie verändert sich die Güte und die Bandbreite, wenn die Widerstände der nachfolgenden Transistorstufe berücksichtigt werden?

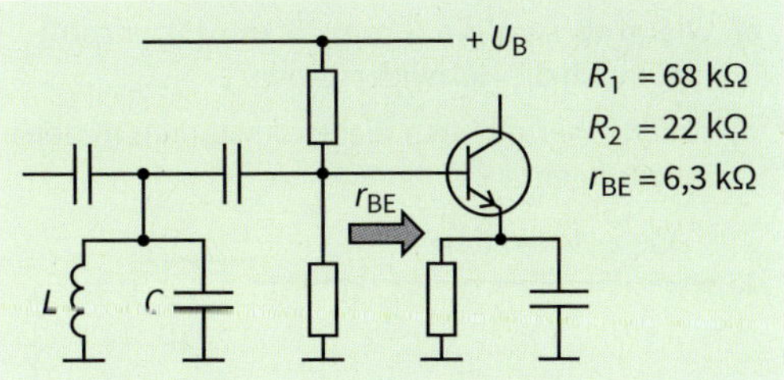

16. Bei einem Parallelschwingkreis mit der Resonanzfrequenz von 10,7 MHz wird in der Schaltung ein Parallelersatzwiderstand von 5,3 kΩ ermittelt. In der Schaltung befindet sich ein Kondensator mit der Kapazität von 100 pF.

a) Berechnen Sie die Parallelinduktivität.

b) Wie groß ist die Güte?

7.8 Dreiphasenwechselstrom

7.8.1 Sternschaltung

U_{Str}	Strangspannung	$[U_{Str}] = V$
U	Leiterspannung	$[U] = V$
	$U = \sqrt{3} \cdot U_{Str}$	
I	Leiterstrom	$[I] = A$
I_{Str}	Strangstrom	$[I_{Str}] = A$
	$I = I_{Str}$	
S	Scheinleistung	$[S] = VA$
	$S = \sqrt{3} \cdot U \cdot I$	
P	Wirkleistung	$[P] = W$
	$P = \sqrt{3} \cdot U \cdot I \cdot \cos\varphi$	
Q	Blindleistung	$[Q] = var$
	$Q = \sqrt{3} \cdot U \cdot I \cdot \sin\varphi$	

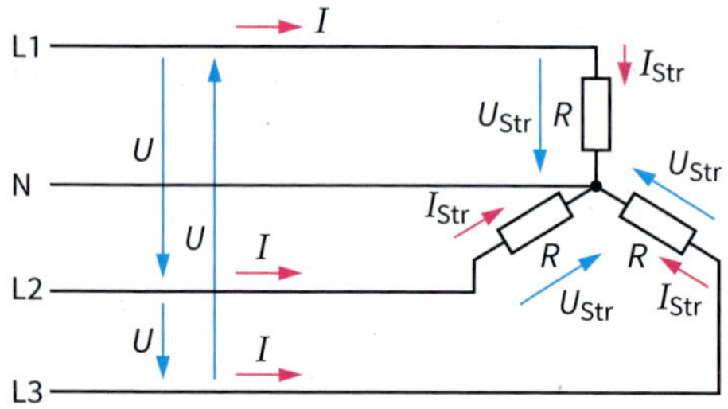

Beispiel:

Die drei Heizwiderstände eines Wärmespeichers sind an das Drehstrom-Verteilernetz 400/230 V angeschlossen. Die Anschlussleistung des Speichers beträgt 6 kW.

a) Wie groß ist die Spannung (Strangspannung), die an jedem Heizwiderstand (Strangwiderstand) anliegt?
b) Welche Leistung (Strangleistung) besitzt jeder Heizwiderstand?
c) Wie groß sind die Stromstärken (Strangströme) durch die Heizwiderstände?
d) Welche Werte haben die Stromstärken in den Zuleitungen?

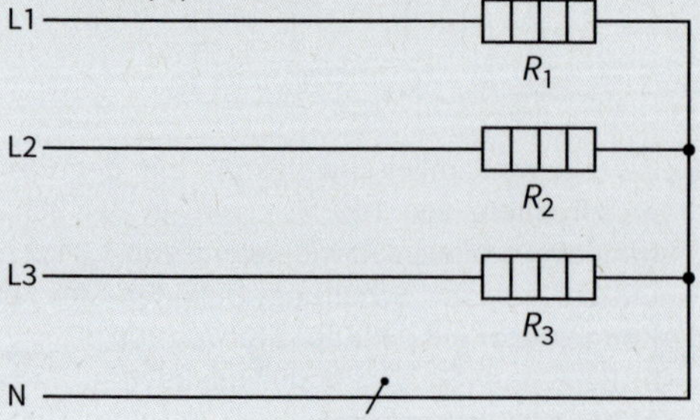

Lösung:

Geg.: Netz 400/230 V, Sternschaltung, $P = 6$ kW

Ges.: a) U_{Str} b) P_{Str} c) I_{Str} d) I

a) $\underline{\underline{U_{Str} = 230\text{ V}}}$

b) $P_{Str} = \frac{P}{3}$ $\quad P_{Str} = \frac{6000\text{ W}}{3}$ $\quad \underline{\underline{P_{Str} = 2000\text{ W}}}$

c) $I_{Str} = \frac{P_{Str}}{U_{Str}}$ $\quad I_{Str} = \frac{2000\text{ W}}{230\text{ V}}$ $\quad \underline{\underline{I_{Str} = 8{,}7\text{ A}}}$

d) $I = I_{Str}$ $\quad \underline{\underline{I = 8{,}7\text{ A}}}$

Aufgaben

1. Zwischen einem Außenleiter und dem Neutralleiter eines Drehstromnetzes wird eine Spannung von 132,8 V gemessen. Wie groß sind die Leiterspannungen?

2. Bei einem Speicherofen, der in Sternschaltung an das 400/230 V-Netz angeschlossen ist, beträgt die Leiterstromstärke 6 A. Berechnen Sie die Leistung des Ofens.

3. In den Zuleitungen zu einem Heizgerät, das in Sternschaltung an das 400/230 V-Netz angeschlossen ist, wird eine Leiterstromstärke von 15,8 A gemessen. Berechnen Sie die Strangwiderstände und die Gesamtleistung des Gerätes.

4. Die drei Widerstände eines Heißwassergerätes sind in Sternschaltung an das Drehstromnetz 400/230 V angeschlossen. Jeder Widerstand hat einen Wert von 13,255 Ω.
   a) Wie groß ist die Stromstärke in jedem Außenleiter?
   b) Wie groß sind die Strangleistungen?
   c) Wie groß ist die Gesamtleistung des Heißwassergeräts?
   d) Um wie viel Prozent ändert sich die Gesamtleistung, wenn die Netzspannung um 3,5 % absinkt?

Heißwassergeräte

5. Drei Widerstände mit je 10 Ω sind in Sternschaltung an ein Drehstromnetz mit der Leiterspannung 400 V angeschlossen.
Berechnen Sie
a) die Strangspannungen,
b) die Strangstromstärken,
c) die Strangleistungen und
d) die Gesamtleistung der Schaltung.

6. Ein Käfigläufermotor hat folgende Daten:
Y 400 V; 75 kW; 2935 $\frac{1}{\text{min}}$; $\eta = 91{,}5\,\%$; $\cos\varphi = 0{,}9$.
a) Wie groß ist die Wirkleistung?
b) Wie groß ist die Stromstärke in den Zuleitungen?
c) Welchen Wert hat die Blindleistung?

7. Ein Drehstrommotor hat auf seinem Leistungsschild folgende Daten: 5,5 kW; 11 A; $\cos\varphi = 0{,}86$; $\eta = 0{,}84$.
Wie hoch ist die Strangspannung des Drehstrommotors, wenn der Motor in Sternschaltung angeschlossen werden soll?

8. Wie groß sind Scheinleistung, Wirkleistung, Blindleistung und Wirkungsgrad des Schleifringläufermotors, siehe folgendes Leistungsschild, wenn der Motor an das Drehstromnetz 400/230 V in Sternschaltung angeschlossen ist?

230 / 400 V	370 W
2,2 / 1,2 A	50 Hz
cos φ 0,65	1340 / min
65 V 4 A	

9. Ein Drehstrommotor wird an das Drehstromnetz 400/230 V in Sternschaltung angeschlossen. Der Motor hat folgende Daten: 7,2 kW; $\cos\varphi = 0{,}8$; $\eta = 0{,}75$.
Wie groß ist die Stromstärke in jedem Außenleiter?

10. Die Leistung eines Heizgerätes für Drehstromanschluss beträgt am 400/230 V-Netz in Sternschaltung 6 kW. (Der Neutralleiter ist angeschlossen.)
a) Welche Leistung besitzt das Gerät noch, wenn ein Heizwiderstand defekt ist?
b) Welche Leistung besitzt das Gerät noch, wenn zwei Sicherungen defekt sind?

11. Wie groß sind Schein-, Wirk- und Blindleistung des Drehstrommotors einer Standbohrmaschine, der in Sternschaltung an das Drehstromnetz 400/230 V angeschlossen ist, wenn er das dargestellte Leistungsschild besitzt?

Mot. 3 ~	50 Hz	IEC 34
MT 71 A - 4	IP 54	Class. f
0,37 kW	1320 / min	
400 V Y / 1,5 A	230 V Δ / 2 A	
cos φ 0,84		

12. Bestimmen Sie mithilfe der Daten des Leistungsschildes die abgegebene Wirkleistung bei $\eta = 78\,\%$.

3 ~ Mot.		
230 / 400 V Δ / Y	4,1 / 2,4 A	
kW	cos φ 0,67	50 Hz
45 V Y	11 A	
1320 / min		

13. Berechnen Sie die Stromstärke eines Kurzschlussläufermotors mit der Bemessungsleistung 7,2 kW, wenn er bei Belastung am 400/230 V-Netz in Sternschaltung einen Leistungsfaktor von 0,82 und einen Wirkungsgrad von 0,86 hat.

14. Ein Drehstrommotor hat auf seinem Leistungsschild die Daten: 230/400 V ΔY; 1,9/1,1 A; 0,37 kW; 2750 $\frac{1}{\text{min}}$; $\eta = 64{,}7\,\%$; 50 Hz.
Welchen Wert hat der Leistungsfaktor, wenn der Motor an das Drehstromnetz 400/230 V in Sternschaltung angeschlossen wird?

15. Ein vierpoliger Käfigläufermotor hat folgende Daten: Y 400 V; 1485 $\frac{1}{\text{min}}$; 118,4 A; $\cos\varphi = 0{,}86$; $\eta = 94{,}7\%$.
a) Wie groß ist die Scheinleistung?
b) Welche Bemessungsleistung besitzt der Motor?
c) Wie groß ist die Blindleistung?

16. Der in Dänemark hergestellte Drehstrommotor für eine Fräsmaschine besitzt das dargestellte Typenschild. Bestimmen Sie für beide Drehzahlen des Motors:
a) die Scheinleistung und
b) den Wirkungsgrad

Typ UM - 400	3 ~ Phase	50 Hz
No. 1670	kW 0,18 / 0,11	Amp. 0,55 / 0,4
Volt 400	R / Min 2660 / 1380	cos φ 0,76

7.8.2 Dreieckschaltung

U_{Str} Strangspannung $[U_{Str}] = V$
U Leiterspannung $[U] = V$

$U = U_{Str}$

I Leiterstrom $[I] = A$
I_{Str} Strangstrom $[I_{Str}] = A$

$I = \sqrt{3} \cdot I_{Str}$

S Scheinleistung $[S] = VA$

$S = \sqrt{3} \cdot U \cdot I$

P Wirkleistung $[P] = W$

$P = \sqrt{3} \cdot U \cdot I \cdot \cos\varphi$

Q Blindleistung $[Q] = var$

$Q = \sqrt{3} \cdot U \cdot I \cdot \sin\varphi$

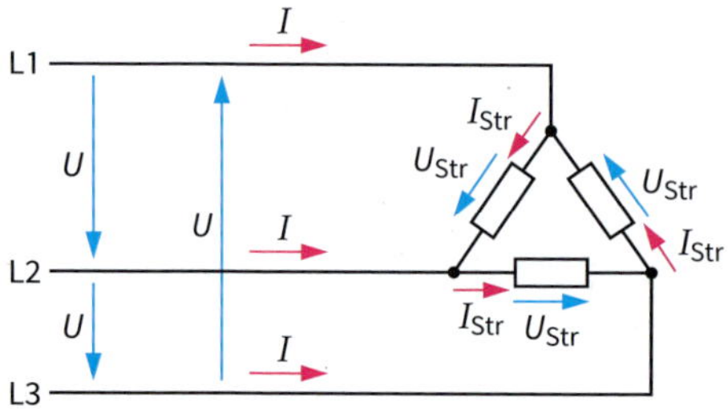

Beispiel:

Der dargestellte Drehstrommotor ist in Dreieckschaltung an das Drehstromnetz 400/230 V angeschlossen. Das Leistungsschild des Motors enthält u. a. folgende Angaben: 5,5 kW; 12,1 A; $\cos\varphi = 0{,}86$
Berechnen Sie folgende Werte:

a) Strangströme b) Strangleistungen
c) Gesamtleistung d) Wirkungsgrad

Lösung:

Geg.: $U = U_{Str} = 400\ V$, $P_{ab} = 5{,}5\ kW$, $I = 12{,}1\ A$, $\cos\varphi = 0{,}86$

Ges.: a) I_{Str} b) P_{Str} c) P d) η

a) $I_{Str} = \frac{I}{\sqrt{3}}$ $\quad I_{Str} = \frac{12{,}1\ A}{\sqrt{3}}$ $\quad \underline{\underline{I_{Str} = 6{,}99\ A}}$

b) $P_{Str} = U_{Str} \cdot I_{Str} \cdot \cos\varphi$

$P_{Str} = 400\ V \cdot 6{,}99\ A \cdot 0{,}86$

$\underline{\underline{P_{Str} = 2404{,}56\ W}}$

$\underline{\underline{P_{Str} = 2{,}4\ kW}}$

c) $P = 3 \cdot P_{Str}$ oder $P = \sqrt{3} \cdot U \cdot I \cdot \cos\varphi$

$P = 3 \cdot 2{,}4\ kW$ $\quad P = \sqrt{3} \cdot 400\ V \cdot 12{,}1\ A \cdot 0{,}86$

$\underline{\underline{P = 7{,}2\ kW}}$ $\quad \underline{\underline{P = 7{,}2\ kW}}$

d) $\eta = \frac{P_{ab}}{P_{zu}}$ $\quad \eta = \frac{5{,}5\ kW}{7{,}2\ kW}$ $\quad \underline{\underline{\eta = 0{,}764}}$

Drehstrommotor mit Klemmenkasten

Aufgaben

1. Ein Federdruck-Bremsmotor hat folgende Daten: △ 400 V; 7,5 kW; 14 A; $\eta = 87\,\%$.
a) Wie groß ist die Wirkleistung?
b) Bestimmen Sie den Leistungsfaktor.
c) Wie groß ist die Blindleistung?

2. Die Heizung eines Badespeichers hat eine Leistung von 7,5 kW. In den Zuleitungen der in Dreieck geschalteten Widerstände beträgt die Stromstärke jeweils 10,83 A. An welche Spannung ist der Badespeicher angeschlossen?

3. Ein Heißwasserspeicher hat drei Heizwiderstände mit je 80 Ω, die in Dreieckschaltung an das Drehstrom-Vierleiternetz 400/230 V angeschlossen sind.
a) Wie groß sind die Strangstromstärken?
b) Welche Werte haben die Leiterstromstärken?
c) Bestimmen Sie die Strangleistungen.
d) Welche Gesamtleistung hat das Gerät?
e) Auf welchen Wert ändert sich die Gesamtleistung, wenn eine Sicherung ausfällt?

4. Ein sechspoliger Bremsmotor hat folgende Daten: 400 V; 5,5 kW; 960 $\frac{1}{min}$; $\eta = 84\,\%$; $\cos\varphi = 0{,}76$.
a) Wie groß ist die aufgenommene Scheinleistung?
b) Wie groß ist die aufgenommene Wirkleistung?
c) Wie groß ist die Blindleistung?
d) Wie groß sind die Stromstärken in den Zuleitungen und in den einzelnen Strängen?

5. Ein Wärmespeicher hat eine Leistung von 3 kW. Die drei Heizwiderstände liegen in Dreieckschaltung an 400/230 V.
a) Welchen Wert haben die einzelnen Strangwiderstände?
b) Wie groß sind die Stromstärken in den Zuleitungen?

Beispiel:

Die drei Heizwiderstände eines Wärmespeichers können sowohl in Stern- als auch in Dreieckschaltung an das Drehstromnetz 400/230 V angeschlossen werden. Die Widerstände haben einen Wert von je 80 Ω. Berechnen Sie

a) die Strangstromstärken für Stern- und Dreieckschaltung,
b) die Leiterstromstärken für Stern- und Dreieckschaltung und
c) die Gesamtleistung für Stern- und Dreieckschaltung.

Lösung:

Geg.: $R_{Str} = 80\ \Omega$, $U = 400\ V$, Stern- und Dreieckschaltung

Ges.: a) I_{StrY} und $I_{Str\Delta}$ b) I_Y ind I_Δ
c) P_{StrY} und $P_{Str\Delta}$ d) P_Y und P_Δ

Sternschaltung	**Dreieckschaltung**
a) $I_{Str} = \frac{U_{Str}}{R_{Str}}$	$I_{Str} = \frac{U_{Str}}{R_{Str}}$
$I_{Str} = \frac{230\ V}{80\ \Omega}$	$I_{Str} = \frac{400\ V}{80\ \Omega}$
$\underline{\underline{I_{Str} = 2{,}875\ A}}$	$\underline{\underline{I_{Str} = 5\ A}}$
b) $I = I_{Str}$	$I = \sqrt{3} \cdot I_{Str}$
$\underline{\underline{I = 2{,}875\ A}}$	$\underline{\underline{I = 8{,}66\ A}}$
c) $P_{Str} = U_{Str} \cdot I_{Str} \cdot \cos\varphi$	$P_{Str} = U_{Str} \cdot I_{Str} \cdot \cos\varphi$
$P_{Str} = 230\ V \cdot 2{,}875\ A \cdot 1$	$P_{Str} = 400\ V \cdot 5\ A \cdot 1$
$\underline{\underline{P_{Str} = 661{,}25\ W}}$	$\underline{\underline{P_{Str} = 2000\ W}}$
d) $P = 3 \cdot P_{Str}$	$P = 3 \cdot P_{Str}$
$\underline{\underline{P = 1983{,}75\ W}}$	$\underline{\underline{P = 6000\ W}}$

Die Abweichungen bei den einzelnen Ergebnissen ergeben sich aus der Auf- bzw. Abrundung.
Für den gleichen Verbraucher gilt:

$I_\Delta = 3 \cdot I_Y \qquad P_\Delta = 3 \cdot P_Y$

6. Ermitteln Sie aus den Angaben des Leistungsschildes die Leiterstromstärken für Stern- und Dreieckschaltung, wenn der Motor in Sternschaltung einen Wirkungsgrad von 81,2 % und in Dreieckschaltung von 87,3 % besitzt.

Typ	DS 1	No.	123740
Amp.	1	Volt	230 / 400
kW	0,33	n	3000
$\cos\varphi$	0,82	f	50

7. Die drei Heizwiderstände eines Heißwasserspeichers haben einen Widerstand von je 36,1 Ω. Sie können sowohl in Stern- als auch in Dreieckschaltung an das Drehstromnetz 400/ 230 V angeschlossen werden.

a) Wie groß sind die Leiterstromstärken in Stern- und in Dreieckschaltung?
b) Wie groß sind die Leistungen der beiden Schaltungen?
c) Um wie viel Prozent ändern sich die Leiterstromstärken und die aufgenommenen Leistungen, wenn die Netzspannung um 5 % steigt?

8. Die drei Heizwiderstände eines 1000-Liter-Standspeichers haben in Dreieckschaltung an dem Drehstrom-Vierleiternetz 400/230 V eine Gesamtleistung von 24 kW.

a) Wie groß ist die Leistung, wenn die Widerstände in Sternschaltung umgeschaltet werden?
b) Wie groß sind die Leiterstromstärken in Stern- und Dreieckschaltung?
c) Wie groß sind die Heizleistungen noch, wenn in Stern- und Dreieckschaltung je eine Sicherung defekt ist?
d) Auf wie viel Prozent der ursprünglichen Leistung sinkt die Leistung ab, wenn bei der Sternschaltung zwei Sicherungen ausfallen?

9. Die drei Heizwiderstände eines 30-Liter-Heißwasserspeichers besitzen in Dreieckschaltung am Drehstromnetz 400/230 V eine Gesamtleistung von 6 kW. Durch Umschaltung der Heizwiderstände kann die Gesamtleistung auf 4 kW, 3 kW und 2 kW reduziert werden.

a) Wie müssen die Widerstände für die einzelnen Leistungen geschaltet werden?
b) Welche Werte haben bei den einzelnen Schaltungen die Leiterstromstärken?

10. Drei Kondensatoren werden zu Kompensationszwecken in Dreieckschaltung an ein Drehstromnetz 400/230 V mit der Frequenz 50 Hz angeschlossen. In den Zuleitungen werden je 18,72 A gemessen. Welche Kapazität hat jeder Kondensator?

11. Ein Drehstrom-Käfigläufermotor hat die Daten: 7,5 kW; △ 400 V; $\cos\varphi = 0{,}84$; $\eta = 0{,}87$.

a) Wie groß ist die Wirkleistung?
b) Welchen Wert hat die Blindleistung?
c) Wie groß sind die Leiterstromstärken in Dreieckschaltung bei Nennbetrieb?
d) Wie groß ist die Anlaufstromstärke in Sternschaltung, wenn mit dem siebenfachen Wert der Stromstärke gerechnet wird?

12. Ein Durchlauferhitzer ist an das Drehstromnetz 400/230 V angeschlossen. Bei Dreieckschaltung werden in den drei Außenleitern je 36,5 A gemessen.
a) Wie groß sind die Strangstromstärken, die Strangwiderstände und die Strangleistungen?
b) Wie groß ist die Gesamtleistung?
c) Wie groß wird die Gesamtleistung, wenn eine Sicherung ausfällt?
d) Auf welchen Wert ändert sich die Gesamtleistung, wenn die Widerstände in Sternschaltung an das Netz angeschlossen werden?
e) Wie groß wird die Gesamtleistung, wenn in Sternschaltung eine Sicherung ausfällt?

13. Die Heizwiderstände eines Backofens können mithilfe eines Stern-Dreieck-Schalters am Drehstromnetz 400/230 V umgeschaltet werden. Jeder Widerstand hat einen Wert von 35 Ω.
a) Wie groß sind die Strangstromstärken bei beiden Schaltungen?
b) Wie groß sind die Leiterstromstärken bei beiden Schaltungen?
c) Bestimmen Sie die Strang- und Gesamtleistungen beider Schaltungen.
d) Welche Gesamtleistung ist bei beiden Schaltungen noch vorhanden, wenn eine Sicherung ausfällt?

14. Die Heizwiderstände eines Heißwasserbereiters haben beim Anschluss in Dreieckschaltung an einem 400/230 V-Drehstromnetz eine Gesamtleistung von 12 kW.
a) Welche Werte haben die Strangwiderstände?
b) Wie groß sind die Strang- und Leiterstromstärken?
c) Wie groß wird die Gesamtleistung bei Anschluss in Sternschaltung?

15. Schaltet man die drei Heizwiderstände eines Härteofens in Dreieckschaltung an das 400/230 V-Drehstromnetz, so steigt die Leiterstromstärke um 5 A gegenüber der Leiterstromstärke bei Sternschaltung. Welchen Wert haben die Heizwiderstände?

16. Zwei Heizgeräte, deren Widerstände gleich groß sind, werden an ein Drehstromnetz in Dreieckschaltung parallel angeschlossen.
a) Steigt oder sinkt die Stromstärke in der gemeinsamen Zuleitung, wenn ein Ofen in Sternschaltung umgeschaltet wird?
b) Um wie viel Prozent der ursprünglichen Stromstärke ändert sich der Wert in der gemeinsamen Zuleitung, wenn ein Ofen in Sternschaltung umgeschaltet wird?

7.8.3 Unsymmetrische Belastung

Ein Vierteiler-Drehstromnetz kann durch verschiedene Betriebsmittel, z. B. Widerstände, Wechselstrom- und Drehstrommotoren, unsymmetrisch belastet werden.

Beispiel:

An ein Drehstrom-Vierleiternetz 400/230 V sind drei Verbraucher angeschlossen.
a) Wie groß ist der Strom im Neutralleiter?
b) Wie groß sind die einzelnen Wirkleistungen?
c) Berechnen Sie die gesamte Wirkleistung.

Lösung:

Geg.: Werte laut Abbildung
Ges.: a) I_N b) P_1, P_2, P_3 c) P

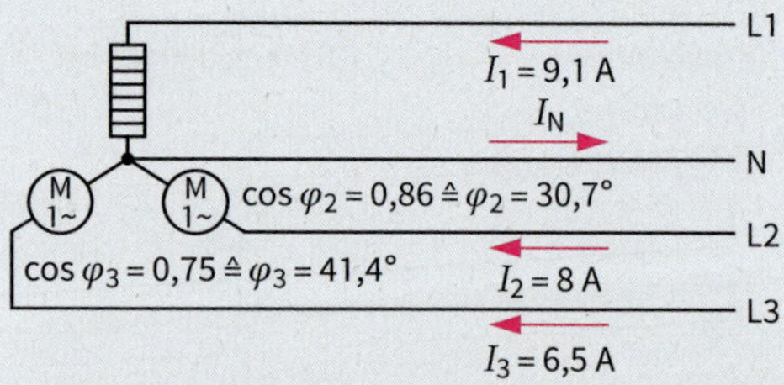

a) Man zeichnet das Zeigerdiagramm der Spannungen und trägt die Strangströme mit der Phasenlage zu ihren Strangspannungen maßstabsgerecht in das Zeigerdiagramm ein. Durch geometrische Addition (Größe und Richtung beachten) der Strangstromstärken erhält man die Stromstärke im Neutralleiter.

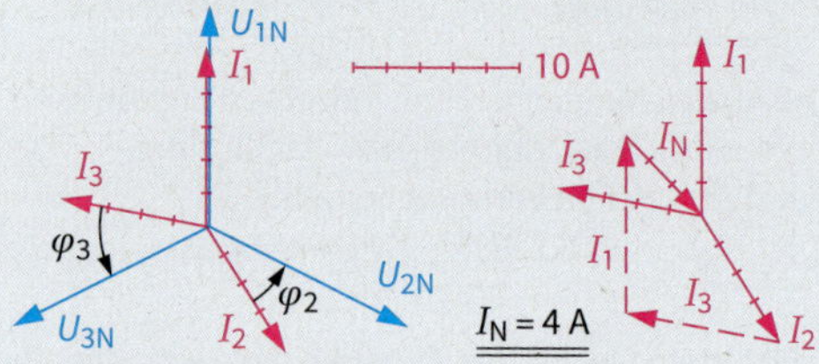

b) $P_1 = U_{Str} \cdot I_{Str1} \cdot \cos\varphi_1$ $\quad P_1 = 230\,V \cdot 9{,}1\,A \cdot 1$
$\underline{\underline{P_1 = 2093\,W}}$

$P_2 = U_{Str} \cdot I_{Str2} \cdot \cos\varphi_2$ $\quad P_2 = 230\,V \cdot 8\,A \cdot 0{,}86$
$\underline{\underline{P_2 = 1582\,W}}$

$P_3 = U_{Str} \cdot I_{Str3} \cdot \cos\varphi_3$ $\quad P_3 = 230\,V \cdot 6{,}5\,A \cdot 0{,}75$
$\underline{\underline{P_3 = 1121\,W}}$

c) $P = P_1 + P_2 + P_3$
$\underline{\underline{P = 4796\,W}}$

Aufgaben

1. In einem Drehstrom-Vierleiternetz 400/230 V werden in den Außenleitern folgende Stromstärken und Leistungsfaktoren gemessen:
L1: $I_1 = 30$ A, $\cos\varphi_1 = 0{,}707$ induktiv
L2: $I_2 = 25$ A, $\cos\varphi_2 = 0{,}5$ induktiv
L3: $I_3 = 20$ A, $\cos\varphi_3 = 0{,}866$ kapazitiv
Wie groß ist die Stromstärke im Neutralleiter?

2. In den Außenleitern L1 und L2 werden folgende Größen gemessen:
$I_1 = 20$ A und $\cos\varphi_1 = 0{,}8$ induktiv und
$I_2 = 18$ A und $\cos\varphi_2 = 0{,}5$ induktiv
Der Strom im Neutralleiter beträgt $I_N = 10$ A und ist mit der Spannung U_{2N} in Phase.
Bestimmen Sie die Stromstärke im Außenleiter L3.

3. Gegeben ist folgende Schaltung.
   a) Berechnen Sie die Stromstärken in den einzelnen Verbrauchern.
   b) Ermitteln Sie die Leiterstromstärken in den drei Außenleitern.
   c) Wie groß ist die Stromstärke im Neutralleiter? Kontrollieren Sie die Lösung mittels Zeigerdiagramm.

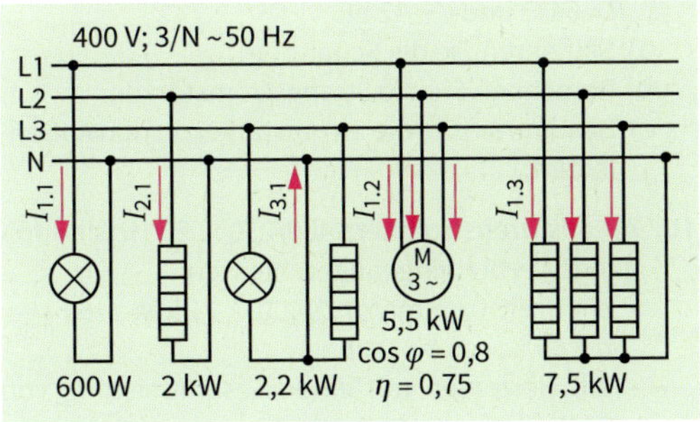

4. Ein Teil der Installation eines Einfamilienhauses ist wie folgt auf das Drehstrom-Vierleiternetz 400/230 V aufgeteilt.
   - Zwischen L1 und N: Lampen und Heizgeräte mit einer Gesamtleistung von 4,5 kW.
   - Zwischen L2 und N: Lampen und Motoren, die bei einer Gesamtlast von 3 kW einen Leistungsfaktor $\cos\varphi = 0{,}88$ verursachen.
   - Zwischen L3 und N: Warmwassergeräte mit einem Gesamtanschlusswert von 2 kW.
   - Außerdem sind die drei Heizwiderstände eines Durchlauferhitzers ($P_{ges} = 18$ kW) in Sternschaltung an das Netz angeschlossen.

   a) Skizzieren Sie die Schaltung mit den angeschlossenen Verbrauchern und kennzeichnen Sie die einzelnen Ströme.
   b) Bestimmen Sie die Stromstärken in den drei Außenleitern und im Neutralleiter.

Beispiel:

In einem Versuch sind drei Widerstände nach folgender Schaltung zusammengeschaltet. Die Spannungen zwischen den Außenleitern haben die gleichen Werte $U_{12} = U_{23} = U_{31} = 100$ V.

a) Wie groß sind die Strangstromstärken?
b) Wie groß sind die einzelnen Wirkleistungen?
c) Bestimmen Sie die Stromstärken in den drei Außenleitern.

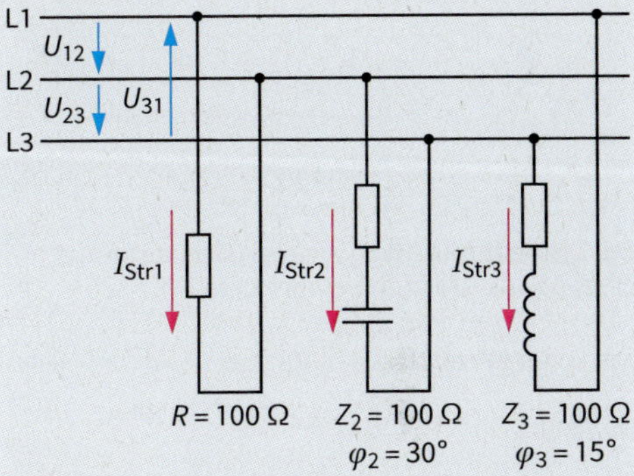

Lösung:

Geg.: Werte aus der Schaltung

Ges.: a) $I_{Str1}, I_{Str2}, I_{Str3}$
b) $P_{Str1}, P_{Str2}, P_{Str3}$
c) I_1, I_2, I_3

a) Da die drei Widerstandswerte gleich groß sind, ergeben sich für die Strangstromstärken gleiche Werte.

$$I_{Str1} = I_{Str2} = I_{Str3} = \frac{U_{Str}}{Z_{Str}} \qquad I_{Str} = \frac{100\ \text{V}}{100\ \Omega}$$

$$\underline{\underline{I_{Str1} = I_{Str2} = I_{Str3} = 1\ \text{A}}}$$

b) $P_{Str1} = U_{Str1} \cdot I_{Str1} \cdot \cos\varphi_1 \quad P_{Str1} = 100\ \text{V} \cdot 1\ \text{A} \cdot 1$

$\underline{\underline{P_{Str1} = 100\ \text{W}}}$

$P_{Str2} = U_{Str2} \cdot I_{Str2} \cdot \cos\varphi_2 \quad P_{Str2} = 100\ \text{V} \cdot 1\ \text{A} \cdot 0{,}866$

$\underline{\underline{P_{Str2} = 86{,}6\ \text{W}}}$

$P_{Str3} = U_{Str3} \cdot I_{Str3} \cdot \cos\varphi_3 \quad P_{Str3} = 100\ \text{V} \cdot 1\ \text{A} \cdot 0{,}966$

$\underline{\underline{P_{Str3} = 96{,}6\ \text{W}}}$

c) Man zeichnet das Diagramm der Spannungen (s. Seite 168). Unter Berücksichtigung der Phasenlage zeichnet man die drei Strangströme I_{Str1} in Phase mit U_{12}. I_{Str2} um 15° voreilend gegenüber U_{23} (gegen den Uhrzeigersinn gerichtet) und I_{Str3} um 30° nacheilend gegenüber U_{31}.

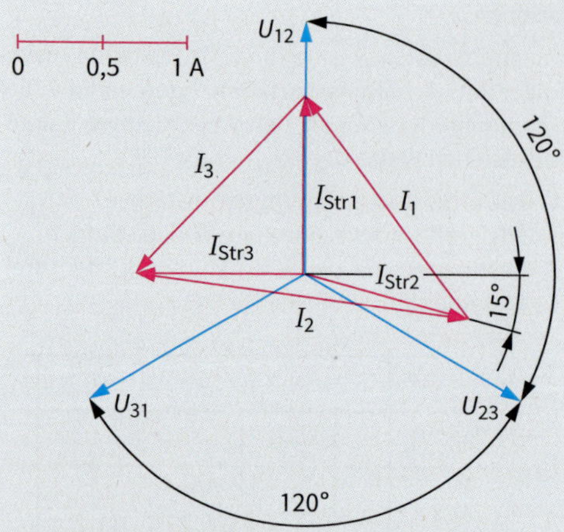

Die Leiterstromstärken ergeben sich aus der Differenz zweier Strangstromstärken.

Die Leiterstromstärken betragen:

$I_1 \approx 1{,}58$ A $I_2 \approx 1{,}98$ A $I_3 \approx 1{,}41$ A

5. Ein Drehstromnetz mit einer Leiterspannung von 230 V ist mit drei Widerständen von je 57,5 Ω in Dreieckschaltung belastet.
a) Wie groß sind die Strangstromstärken?
b) Wie groß sind die Stromstärken in den Außenleitern?
c) Wie ändern sich die Strang- und Leiterstromstärken, wenn ein Außenleiter ausfällt?

6. An das Drehstromnetz 400/230 V sind folgende Verbraucher angeschlossen:
- Zwischen L1 und N: Ein Heizaggregat mit einer Leistung von 2 kW.
- Zwischen L2 und N: Ein Wechselstrommotor mit den Daten $715\,\frac{1}{\text{min}}$; $\eta = 0{,}76$; $P_{ab} = 5{,}5$ kW; $\cos\varphi = 0{,}74$.
- Ein Drehstrommotor mit den Daten 400 V; $960\,\frac{1}{\text{min}}$; $\eta = 0{,}83$; $\cos\varphi = 0{,}76$; $P = 5{,}5$ kW.

a) Berechnen Sie die Stromstärken in den Zuleitungen zu den einzelnen Verbrauchern und die Phasenverschiebungswinkel zwischen diesen Strömen und den dazugehörenden Strangspannungen.
b) Zeichnen Sie das Zeigerdiagramm zu den Strömen I_1, I_2 und I_3.
c) Berechnen Sie die Stromstärken I_1, I_2 und I_3 in den drei Außenleitern und die Stromstärke I_N im Neutralleiter.

7. In den Außenleitern L1 und L3 werden die Stromstärken $I_1 = 20$ A bei einem $\cos\varphi_1 = 0{,}6$ induktiv und $I_3 = 15$ A bei einem $\cos\varphi_3 = 0{,}7$ kapazitiv gemessen. Der Strom im Neutralleiter hat einen Wert von 18 A und ist mit der Spannung U_{2N} in Phase. Bestimmen Sie die Stromstärke im Außenleiter L2.

8. Ein Drehstromnetz mit der Leiterspannung von 230 V ist mit drei Widerständen von je 55 Ω in Dreieckschaltung belastet.
a) Wie groß sind die Strangstromstärken?
b) Welche Werte haben die Leiterströme?
c) Auf welche Werte ändern sich die Strang- und Leiterstromstärken, wenn ein Außenleiter ausfällt?
d) Auf welche Werte ändern sich die Strang- und Leiterstromstärken, wenn der Widerstand zwischen L1 und L2 ausfällt?

9. An ein Drehstromnetz 400/230 V sind folgende Verbraucher angeschlossen ($f = 50$ Hz):
- Zwischen L1 und L2: Eine Reihenschaltung aus $R = 21{,}4$ Ω und $L = 0{,}1$ H.
- Zwischen L2 und L3: Ein Wirkwiderstand mit der Leistung 4 kW.
- Zwischen L3 und L1: Eine Parallelschaltung aus $R = 64$ Ω und $C = 42$ µF.

a) Skizzieren Sie die Schaltung.
b) Berechnen Sie die Strangstromstärken.
c) Bestimmen Sie die Stromstärken in den Außenleitern.

10. An das Drehstromnetz 400/230 V, 50 Hz sind folgende Verbraucher angeschlossen:
- ein Drehstrommotor △ 400 V; 11 kW; $1460\,\frac{1}{\text{min}}$; $\eta = 89\,\%$; $\cos\varphi = 0{,}88$.
- ein Härteofen mit einer Gesamtleistung von 9 kW (Dreieckschaltung).
- ein Heizgerät mit einer Gesamtleistung von 12 kW (Dreieckschaltung), bei dem der Heizwiderstand zwischen L1 und L2 defekt ist (Unterbrechung).

Bestimmen Sie
a) die Schein- und Wirkleistung des Motors,
b) die Strang- und Leiterstromstärken des Motors,
c) die Widerstandswerte des Härteofens,
d) die Strang- und Leiterstromstärken des Härteofens,
e) die Strangwiderstände des Heizgerätes,
f) die noch vorhandene Leistung des Heizgerätes,
g) die Strang- und Leiterstromstärken des Heizgerätes und
h) die Leiterstromstärken in den Außenleitern der gemeinsamen Zuleitung zu den Geräten.

8 Elektronische Bauelemente und Schaltungen

8.1 Dioden

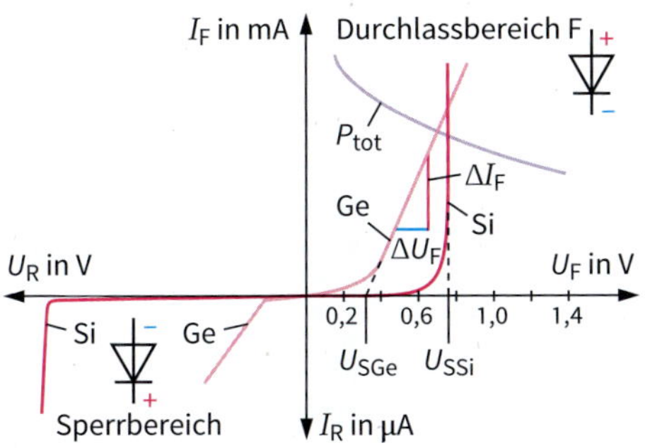

$R_F = \frac{U_F}{I_F}$ $R_R = \frac{U_R}{I_R}$

$r_F = \frac{\Delta U_F}{\Delta I_F}$ $r_R = \frac{\Delta U_R}{\Delta I_R}$

$P_{VF} = U_F \cdot I_F$ $P_{VR} = U_R \cdot I_R$

$P_V \leq P_{tot}$ $P_{tot} = \frac{T_j - T_U}{R_{th}}$

R_F	Gleichstromwiderstand in Durchlassrichtung	
R_R	Gleichstromwiderstand in Sperrrichtung	
r_F, r_R	Differentieller Widerstand	
U_S	Schwellspannung, Schleusenspannung	
U_F, I_F	Spannung, Stromstärke im Durchlassbereich	
P_V	Verlustleistung	
P_{tot}	Maximale Verlustleistung	
T_j	Sperrschichttemperatur	$[T_j] = °C$
T_U	Umgebungstemperatur	$[T_U] = °C$
R_{th}	Wärmewiderstand	$[R_{th}] = \frac{K}{W}$

Beispiel:

Das Widerstandsverhalten einer Silizium-Diode soll untersucht werden. Folgende Messreihe wurde für den Durchlassbereich ermittelt:

U_F in V	0,1	0,2	0,3	0,4	0,5
I_F in mA	0,002	0,004	0,007	0,016	0,08

U_F in V	0,6	0,65	0,7	0,75	0,8	0,85
I_F in mA	0,5	1,35	3,5	8,5	16,5	29,5

a) Berechnen Sie den Gleichstromwiderstand R_F, wenn im Arbeitspunkt $I_F = 16{,}8$ mA und $U_F = 0{,}8$ V gemessen werden.

b) Der differentielle Widerstand r_F ist im Arbeitspunkt zu ermitteln.

c) Nach Umpolung der Netzspannung ist der Sperrwiderstand der Si-Diode bei $U_R = 50$ V und $I_R = 20$ nA zu berechnen.

d) Welche Umgebungstemperatur T_U ist zulässig, wenn $P_{tot} = 250$ mW, $T_j = 150$ °C und $R_{th} \leq 380 \frac{K}{W}$ sind?

Lösung:

Geg.: $I_F = 16{,}8$ mA $U_F = 0{,}8$ V $U_R = 50$ V
$I_R = 20$ nA $P_{tot} = 250$ mW (Diodenkennlinie)
$T_j = 150$ °C $R_{th} = 380$ K/W

Ges.: R_F, r_F, R_R und T_U

a) $R_F = \frac{U_F}{I_F}$ $R_F = \frac{0{,}8\ V}{16{,}8\ mA}$ $\underline{\underline{R_F = 47{,}6\ \Omega}}$

b) Arbeitspunkt mit $I_F = 16{,}8$ mA und $U_F = 0{,}8$ V markieren ①. Tangente im Arbeitspunkt anlegen. Rechtwinkliges Dreieck z. B. mit $\Delta U_F = 0{,}1$ V und $\Delta I_F = 23$ mA zeichnen ②.

$r_F = \frac{\Delta U_F}{\Delta I_F}$ $r_F = \frac{0{,}1\ V}{23\ mA}$ $\underline{\underline{r_F = 4{,}3\ \Omega}}$

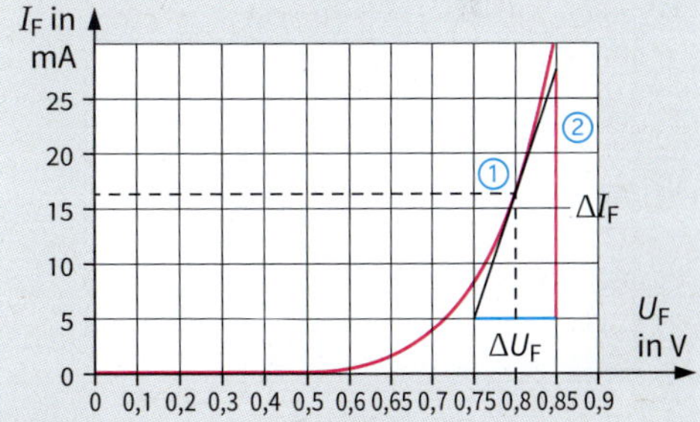

c) $R_R = \frac{U_R}{I_R}$ $R_R = \frac{50\ V}{20\ nA}$ $\underline{\underline{R_R = 2500\ M\Omega}}$

d) $P_{tot} = \frac{T_j - T_U}{R_{th}}$ $T_U = T_j - P_{tot} \cdot R_{th}$

$T_U = 150\ °C - 250\ mW \cdot 380 \frac{K}{W}$ $\underline{\underline{T_U = 55\ °C}}$

Aufgaben

1. Die maximale Verlustleistung für die Diode BAY 44 ist (Kennlinie in Aufgabe 2, S. 170) angegeben mit $P_{tot} = 250$ mW. Die Diode wird über einen Vorwiderstand mit $R_V = 1$ kΩ an $U_B = 10$ V betrieben.
   a) Berechnen Sie $I_{F\,max}$, wenn Sie die Diode als idealen Schalter ($R_F = 0\ \Omega$) betrachten.
   b) Skizzieren Sie die Arbeitsgerade für R_V und die Si-Diodenkennlinie. Die Diode soll im Arbeitspunkt mit einer Durchlassspannung von 0,9 V betrieben werden.
   c) Wie groß ist die Spannung am Vorwiderstand?
   d) Berechnen Sie P_V im Arbeitspunkt.
   e) Berechnen Sie $R_{V\,min}$ bei $U_F = 1$ V für den Fall, dass P_{tot} noch nicht überschritten ist.

Aufgaben

1. Die Diode BAY 45 soll mit $U_F = 1$ V betrieben werden. Der Hersteller gibt an:
$\vartheta = 25$ °C, $P_{tot} = 250$ mW.
a) Welchen Wert darf I_F nicht überschreiten?
b) Berechnen Sie die Verlustleistung, wenn $U_R = 150$ V und $I_R = 0{,}02$ µA betragen.

2. Von der Universaldiode BAY 44 sind im Diagramm die Durchlasskennlinien dargestellt.
a) Berechnen Sie den Gleichstromwiderstand $R_{F\,min}$, wenn bei $\vartheta_u = 25$°C $U_F = 0{,}8$ V beträgt.
b) Welche Änderung tritt ein, wenn ϑ_u bei $U_F = 0{,}8$ V auf 100°C steigt?
c) In welchem Bereich ändert sich r_F, wenn der Arbeitspunkt von $U_F = 0{,}8$ V auf $U_F = 0{,}9$ V verschoben wird?

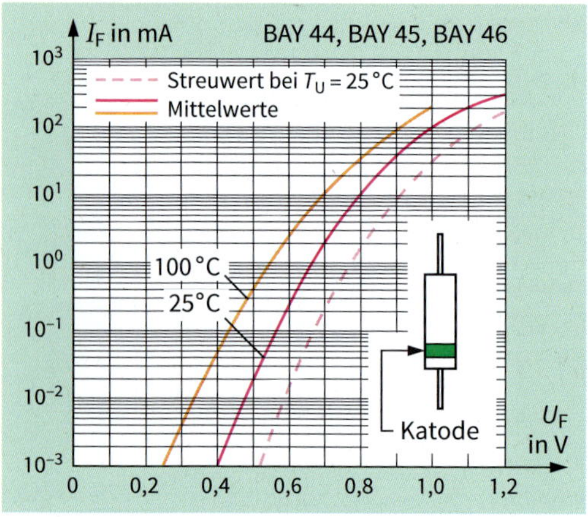

3. Aus dem Datenblatt für die Diode BAY 44 sind die Sperrkennlinien entnommen worden.
a) Berechnen Sie $R_{R\,max}$ für $U_R = 15$ V.
b) Welche Änderung ergibt sich für R_R, wenn bei $U_R = 50$ V T_U von 25 °C auf 100 °C steigt?

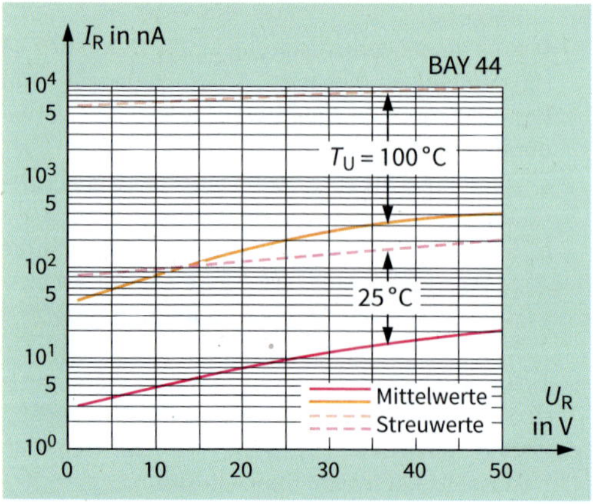

4. Eine Reihenschaltung besteht aus einem Widerstand und einer Diode.
a) Zeichnen Sie die Diodenkennlinie.
b) Ermitteln Sie U_F und I_F im Arbeitspunkt sowie U_R.
c) Bestimmen Sie ΔU_F und ΔI_F, wenn sich U_B um ± 10 % ändert.
d) Begründen Sie, warum die Schaltung zur Spannungsstabilisierung eingesetzt werden kann.

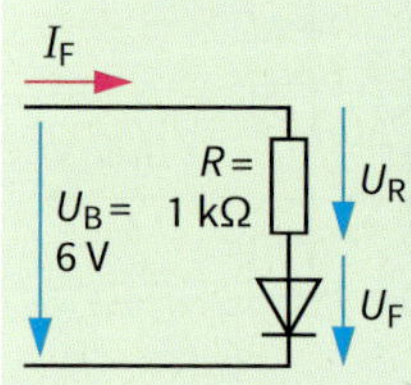

I_F	0	0,25	1	2	mA
U_F	0	0,7	0,85	1	V

I_F	3	4	6	mA
U_F	1,1	1,2	1,25	V

5. Ein Messwerk soll vor zu hohen positiven und negativen Eingangspannungen U_E geschützt werden.
a) Zeichnen Sie eine Schaltung, in der die Messspannung U_M im Bereich von ± 0,7 V bleibt.
b) Das Messgerät zeigt 100 mA bei $U_E = 9$ V an. Berechnen Sie R_V, wenn die Dioden mit $U_F = 0{,}7$ V und $I_F = 3{,}5$ mA betrieben werden.

6. Im Diagramm ist die Kennlinie der Silizium-Diode dargestellt. Die Werte gelten für eine Temperatur der Diode von $T_U = 25$ °C. In welchem Bereich sich die Werte befinden können, wird durch die Streugrenze angegeben. Das bedeutet, dass zwei Dioden mit der Bezeichnung 1N4148 unterschiedliche Daten haben können. Ermitteln Sie aus dem Diagramm die möglichen Werte der Durchlassspannung an der Diode, wenn die Stromstärke durch die Diode 20 mA beträgt.

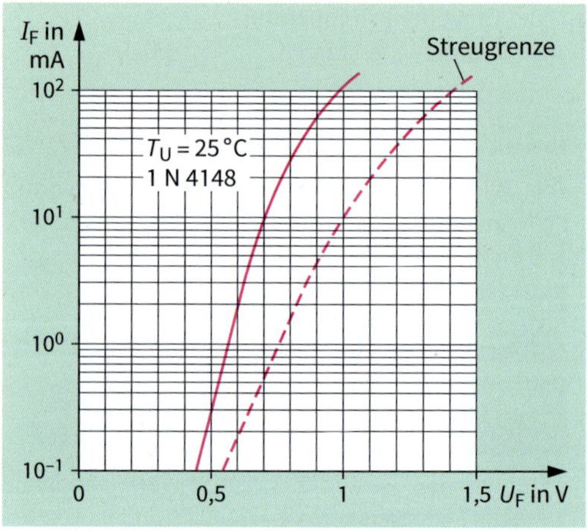

7. Wie groß ist die Stromstärke durch die Diode in Aufgabe 6, wenn an ihr eine Durchlassspannung von $U_F = 0{,}9$ V gemessen wird?

8. Wie groß darf die angelegte Spannung an einer Reihenschaltung aus $R_1 = 100\,\Omega$ und der Diode 1N4148 (Aufgabe 7) höchstens werden, wenn die Stromstärke 30 mA nicht überschreiten soll?

9. Die Siliziumdiode 1N4148 ist in Reihe mit einem Widerstand an eine Spannungsquelle mit $U = 2\,V$ angeschlossen. Die Stromstärke durch diese Reihenschaltung soll 8 mA betragen.

a) Ermitteln Sie aus der Diodenkennlinie (s. Aufgabe 7) die Spannungen an der Diode (U_F) und am Widerstand (U_R).

b) Welchen Wert muss der Widerstand haben?

10. Die oft störende Kapazität des PN-Übergangs von Halbleiterbauelementen verwendet man bei Kapazitätsdioden. Durch Verändern der Spannung an der Diode kann man den Wert der Kapazität in einem bestimmten Bereich verändern. Da die Kapazität eines Kondensators u. a. von der Frequenz abhängt, muss man diese bei der Darstellung von Kennlinien angeben ($f = 0{,}5$ MHz).

a) Wird die Kapazität der Diode größer oder kleiner, wenn man die angelegte Spannung erhöht?

b) Welche Kapazität in pF (Picofarad) hat die Kapazitätsdiode BB 105 A, wenn die angelegte Spannung 3 V beträgt?

c) Um wie viel Picofarad (pF) ändert sich die Kapazität der Diode BB 105 A, wenn die angelegte Spannung von 4 V auf 10 V erhöht wird?

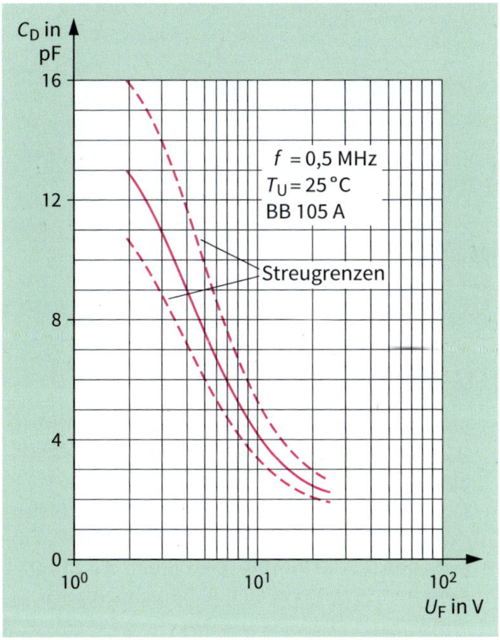

11. Die zulässige Sperrspannung einer LED beträgt oft nur einige Volt. Beim Betrieb an Wechselspannung ist eine Zusatzdiode antiparallel geschaltet.

a) Auf welchen Wert ist die Sperrspannung der LED ungefähr begrenzt, wenn R2 eine Si-Diode ist?

b) Berechnen Sie R_V, wenn R2 in Reihe zu einer IR-Diode (s. Kennlinie Aufgabe 13) geschaltet ist.

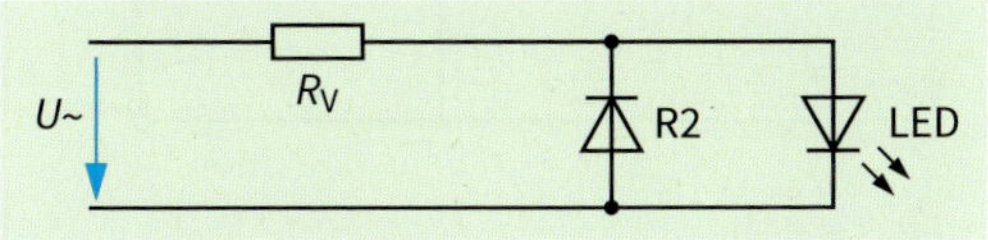

12. Eine **Fotodiode** BPY 12 wird zur Messung der Beleuchtungsstärke eines Arbeitsraums in Reihe mit $R_V = 62\,k\Omega$ an $U_B = 15\,V$ betrieben.

a) Berechnen Sie $I_{P\,max}$.

b) Geben Sie die Spannungs- und Stromwerte für die Fotodiode bei $E = 250$ lx, $E = 750$ lx und $E = 1250$ lx an.

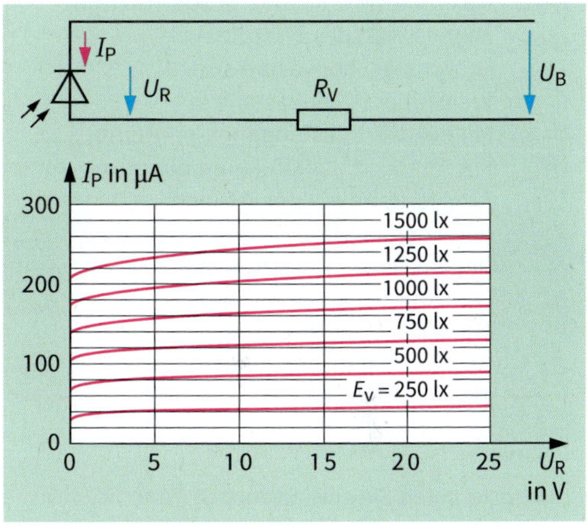

13. Eine rot leuchtende **LED** wird als Anzeigeelement eingesetzt. Sie soll bei $I_F = 20$ mA an $U_B = 6\,V$ betrieben werden.

a) Ermitteln Sie die Spannung U_F im Arbeitspunkt. Übernehmen Sie dazu die Kennlinie auf ein Extrablatt.

b) Welcher Vorwiderstand ist zur Strombegrenzung erforderlich?

c) Welcher Vorwiderstand ist anzuschließen, wenn die Betriebsspannung 10 V beträgt (I_F aus b))?

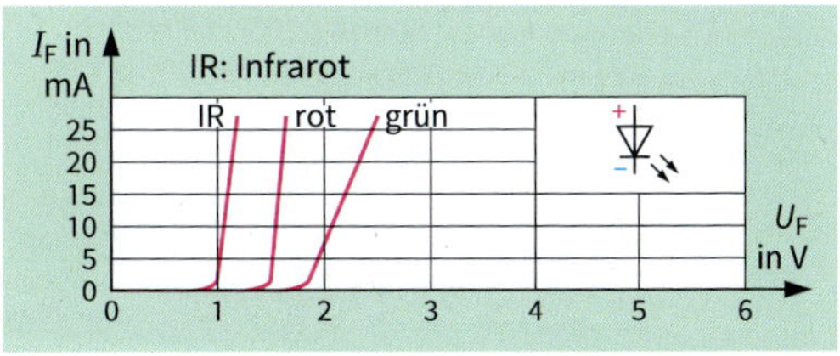

8.2 Z-Diode

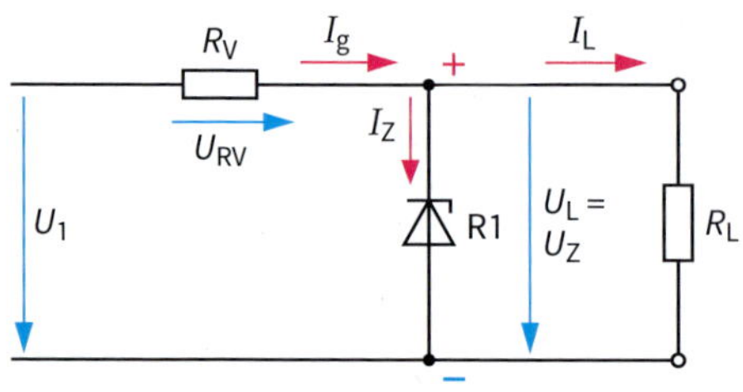

$I_{Z\,max} \leq \frac{P_{tot}}{U_Z}$ $\quad$ $I_{Z\,min} \geq 0{,}1 \cdot I_{Z\,max}$

$P_V = U_Z \cdot I_Z$ $\quad$ $r_Z = \frac{\Delta U_Z}{\Delta I_Z}$

$R_{V\,max} = \frac{U_{1\,min} - U_Z}{I_{L\,max} + I_{Z\,min}}$ $\quad$ $R_{V\,min} = \frac{U_{1\,max} - U_Z}{I_{L\,min} + I_{Z\,max}}$

$G = \frac{\Delta U_1}{\Delta U_Z}$ $\quad$ $G = 1 + \frac{R_V}{r_Z}$

I_Z	Arbeitsstrom der Z-Diode
$I_{Z\,max}$	Maximale Stromstärke in Sperrrichtung
$I_{Z\,min}$	Mindestwert des Z-Stroms
$I_{L\,max}$	Größtmöglicher Laststrom
$I_{L\,min}$	Kleinstmöglicher Laststrom
$U_{1\,min}$	Mindestwert der Eingangsspannung
$U_{1\,max}$	Maximalwert der Eingangsspannung
U_Z	Arbeitsspannung der Z-Diode
R_V	Vorwiderstand zur Strombegrenzung
r_Z	Dynamischer Widerstand der Z-Diode
P_V	Verlustleistung der Z-Diode
P_{tot}	Maximale Verlustleistung
G	Glättungsfaktor

Beispiel:

Dimensionieren Sie eine Spannungsstabilisierung mit Z-Diode, wenn $U_L = 4{,}8\,V \ldots 5{,}4\,V$, $I_{L\,max} = 50\,mA$ und $U_1 = 2{,}5 \cdot U_L$ sein sollen.

a) Wählen Sie eine Z-Diode nach der Tabelle, rechte Spalte.

b) Berechnen Sie den Vorwiderstand R_V.

c) Für welche Leistung muss R_V ausgelegt sein?

d) Berechnen Sie den minimalen Lastwiderstand.

Lösung:

a) BZX 97 C5V1

b) $R_{v\,max} = \frac{U_{1\,min} - U_Z}{I_{L\,max} + I_{Z\,min}} = \frac{12\,V - 5{,}1\,V}{50\,mA + (0{,}1 \cdot 80\,mA)}$

$R_{v\,max} = 119\,\Omega$

$R_{v\,min} = \frac{U_{1\,max} - U_Z}{I_{L\,min} + I_{Z\,max}} = \frac{13{,}5\,V - 5{,}1\,V}{0\,mA + 80\,mA}$

$R_{v\,min} = 105\,\Omega$

Es wird $R_V = 110\,\Omega \pm 5\,\%$ (E24) gewählt.

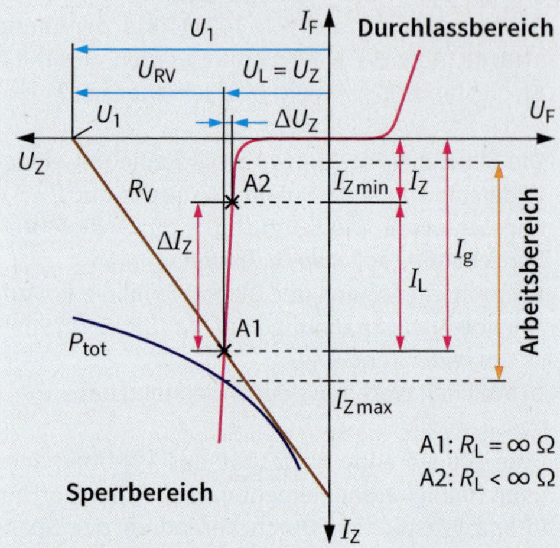

c) $P_{RV} = \frac{(U_{1\,max} - U_Z)^2}{R_V}$

$P_{RV} = \frac{(13{,}5\,V - 5{,}1\,)^2}{110\,\Omega}$ $\quad$ $P_{RV} = 641{,}5\,mW$

R_V kann als 1 W-Widerstand ausgelegt werden.

d) $R_{L\,min} = \frac{U_Z}{I_{L\,max}}$ $\quad$ $R_{L\,min} = \frac{5{,}1\,V}{50\,mA}$

$R_{L\,min} = 102\,\Omega$

Kenndaten ausgewählter Z-Dioden

Typ ($P_{tot} = 500\,mW$)	Z-Strom $T_U = 50\,°C$ $I_{Z\,max}$ (mA)	Nenn-spannung U_Z (V)	Durchbruch-spannungs-bereich $I_Z = 5\,mA$ U_Z (V)	dyn. Widerstand $f = 1000\,Hz$ $I_Z = 5\,mA$ U_Z (V)	$I_Z = 1\,mA$ r_Z (Ω)
BZX 97 C4V7	< 85	4,7	4,4 bis 5,0	< 60	< 600
BZX 97 C5V1	< 80	5,1	4,8 bis 5,4	< 35	< 550
BZX 97 C5V6	< 70	5,6	5,2 bis 6,0	< 25	< 450
BZX 97 C6V2	< 64	6,2	5,8 bis 6,6	< 10	< 200
BZX 97 C6V8	< 58	6,8	6,4 bis 7,2	< 8	< 150
BZX 97 C7V5	< 53	7,5	7,0 bis 7,9	< 7	< 50
BZX 97 C8V2	< 47	8,2	7,7 bis 8,7	< 7	< 50

Aufgaben

1. Für das Netzteil einer Steuerschaltung wird eine Betriebsspannung von ca. 9 V benötigt. Die Stabilisierung soll mithilfe einer Z-Diode $U_Z = 9{,}1\,V$; $I_{Z\,max} = 54\,mA$ und $I_{Z\,min} = 6\,mA$ erfolgen. Die Gleichrichterschaltung liefert eine unstabilisierte Spannung von $U_1 = 28\,V \pm 10\,\%$. Der Laststrom schwankt zwischen 50 mA und 60 mA. Berechnen Sie $R_{v\,min}$ und $R_{v\,max}$.

2. Die Spannung an $R_L = 180\ \Omega$ soll mit einer Z-Diode auf 13 V stabilisiert werden. U_1 ist mit 24 V gegeben (s. Kennlinie unten).

a) Wählen Sie zum Ablesen von $I_{Z\,max}$ aus der Fertigungsreihe BZX 83C.. die richtige Z-Dioden-Kennlinie und bestimmen Sie $I_{Z\,min}$.

b) Berechnen Sie ΔU_Z und r_Z im gesamten Arbeitsbereich der Z-Diode.

c) Zwischen welchen Werten ändert sich der statische Widerstand R_Z im gesamten Arbeitsbereich?

d) Wählen Sie den Vorwiderstand der Z-Diode so, dass bei sinkender Spannung U_1 der gesamte Arbeitsbereich genutzt werden kann.

e) Berechnen Sie die Spannung $U_{1\,min}$ bei der U_L noch 13 V beträgt.

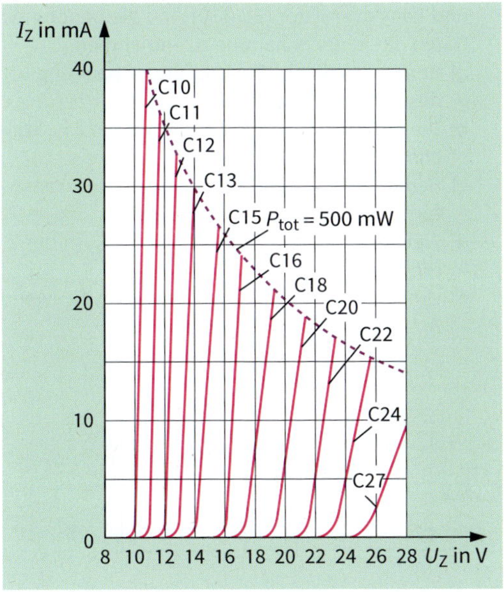

3. Die Ausgangsspannung in einer Z-Dioden-Stabilisierungsschaltung ist mit $U_1 = 24$ V nahezu konstant. I_L beträgt 0,2 A ±10 %. Die Ausgangsspannung soll mit einer Z-Diode BZX 97 C5V1 ($P_{tot} = 500$ mW) verkleinert und zusätzlich stabilisiert werden. Berechnen Sie die Grenzen des notwendigen Vorwiderstands R_V.

4. Eine Steuerschaltung benötigt eine Betriebsspannung von ca. 5 V. Die Stabilisierung erfolgt mithilfe einer Z-Diode. Die angeschlossene Gleichrichterschaltung liefert $U_1 = 15$ V ±10 %. Die Belastung schwankt zwischen 70 mA und 80 mA.

a) Entnehmen Sie Typ und $I_{Z\,max}$ (s. Tabelle S. 172).

b) Berechnen Sie $R_{V\,max}$ und $R_{V\,min}$ für den gesamten Arbeitsbereich.

5. In das Kennlinienfeld einer Z-Diode wurden drei Arbeitsgeraden für den Vorwiderstand R_V und die Kennlinie für P_{tot} eingetragen. Die Eingangsspannung schwankt um $\pm \Delta U_1$.

a) Bestimmen Sie die fehlenden Größen: U_1, ΔU_1, ΔU_Z, U_{RV}, I_Z, $I_{Z\,max}$, $I_{Z\,min}$.

b) Berechnen Sie $R_{V\,max}$ und $R_{V\,min}$ für $R_L = \infty\ \Omega$.

c) Wie groß ist der Glättungsfaktor?

d) Welche Verlustleistung wird in der Z-Diode umgesetzt?

e) Wie groß ist der dynamische Widerstand r_Z?

f) Berechnen Sie den Wert von U_1 auf den die Eingangsspannung erhöht werden kann, sodass die maximale Verlustleistung der Z-Diode nicht überschritten wird.

g) Berechnen Sie P_{tot}.

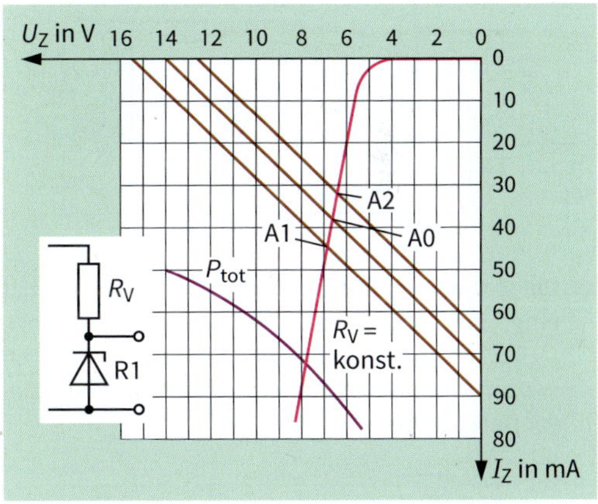

6. Zwei Z-Dioden R1 (BZX 97 C5V6) und R2 /BZX 97 C6V2) sind in Reihe geschaltet. Wie groß ist etwa die stabilisierte Spannung U_Z?

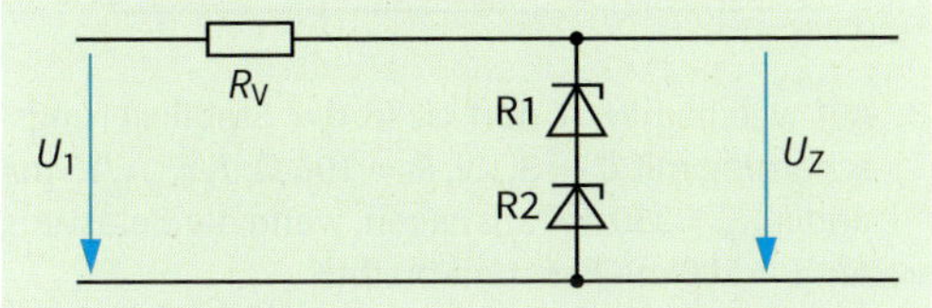

7. Um temperaturbedingte Spannungsänderungen bei einer Z-Diode BZX 97 C6V8 zu verringern, soll stattdessen eine Referenzdiode eingestzt werden. Bestimmen Sie den notwendigen Typ von R1 (s. Tabelle auf S. 172), wenn U_Z gleichzeitig um 1,5 % steigen soll.

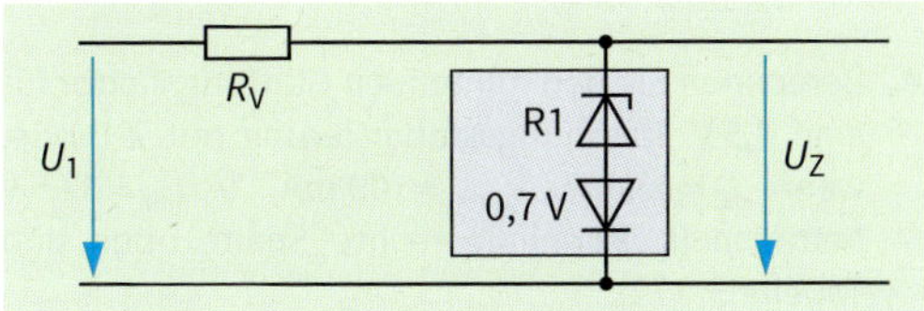

Aufgaben

1. Um eine noch größere Stabilisierung der Ausgangsspannung zu erreichen, werden Z-Dioden hintereinandergeschaltet.
Dabei sind $U_1 = 24$ V, $C_L = 100$ µF, R1 = BZX C12 und R2 = BZX C4V7, $P_{tot} = 500$ mW.

a) Berechnen Sie $I_{Z\,max}$ und $I_{Z\,min}$ für R1 und R2.

b) Zwischen welchen Werten darf R_{V2} liegen, wenn $\Delta U_{V1} = \pm 0{,}2$ V und $I_L = 195$ mA bzw. 200 mA betragen?

c) Welchen Glättungsfaktor hat die Schaltung bei Volllast, wenn der Gesamtglättungsfaktor das Produkt der Einzelfaktoren ist ($r_{Z1} = 30\ \Omega$, $r_{Z2} = 70\ \Omega$)?

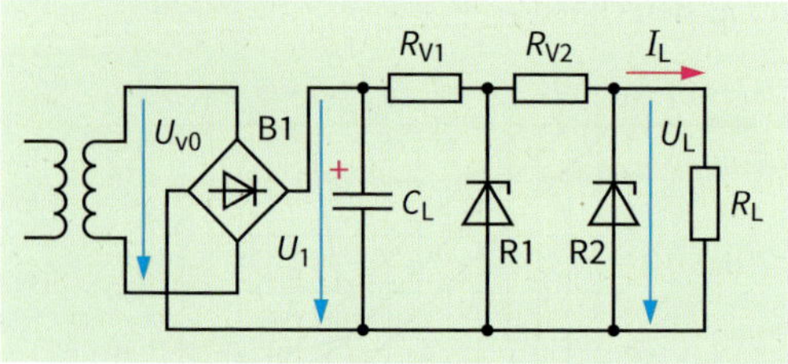

2. Die Z-Diode in der Stabilisierungsschaltung hat eine maximale Verlustleistung von 500 mW, $U_Z = 8{,}2$ V und $I_{Z\,min} = 10$ mA. Zwischen welchen Werten kann sich R_L unter Berücksichtigung dieser Daten ändern?

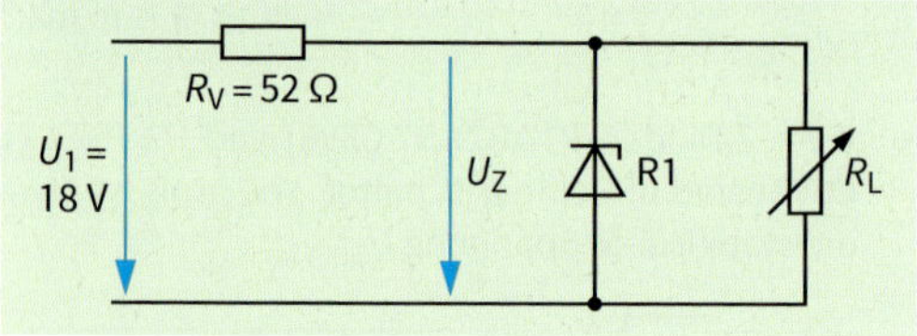

3. Auf welchen Wert darf U_1 in der Stabilisierungsschaltung mit $U_Z = 9{,}1$ V, $R_V = 100\ \Omega$, $I_{Z\,min} = 15$ mA und $I_{Z\,max} = 350$ mA ansteigen, wenn die Belastung mit $I_L = 200$ mA konstant bleibt?

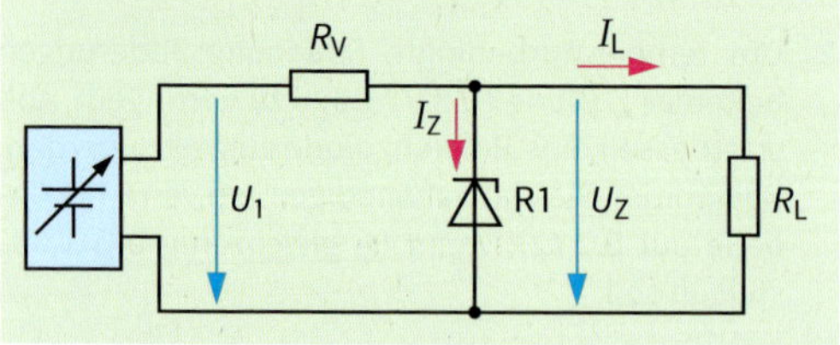

4. Berechnen Sie den minimalen Glättungsfaktor für eine 7,5 V Spannungsstabilisierung mit Z-Diode, wenn $I_Z = 20$ mA, $I_{L\,min} = 100$ mA, $U_{1\,max} = 22{,}5$ V betragen (s. Kennlinie rechte Spalte oben und Tabelle S. 172).

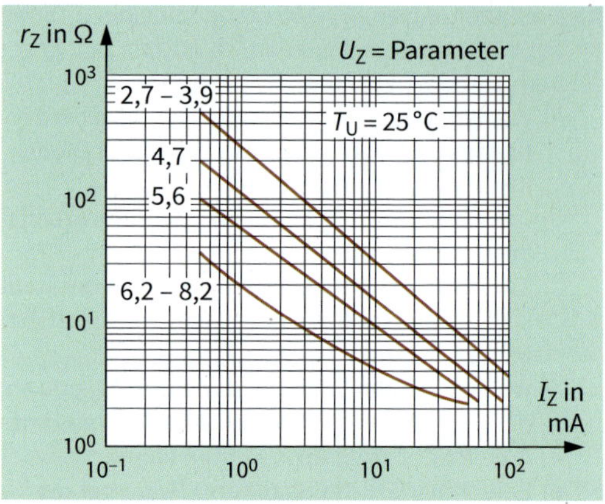

5. In einer Stabilisierungsschaltung mit Z-Diode (R1) und Längstransistor (BD 130) sind die benötigten Daten direkt der Schaltung zu entnehmen.

a) Berechnen Sie die Basis-Emitter-Spannung U_{BE} des Längstransistors.

b) Die Ausgangsspannung schwankt um 2 %. Welche Änderung erfährt U_{BE}?

c) Berechnen Sie R_V für den Fall, dass der Transistor sperrt und $I_{Z\,max} = 21$ mA beträgt.

d) Welche Verlustleistung wird bei $I_{Z\,max}$ in der Z-Diode umgesetzt?

e) Um welchen Betrag ändert sich U_Z, wenn $\Delta U_1 = 1{,}5$ V und $r_Z = 81{,}6\ \Omega$ sind?

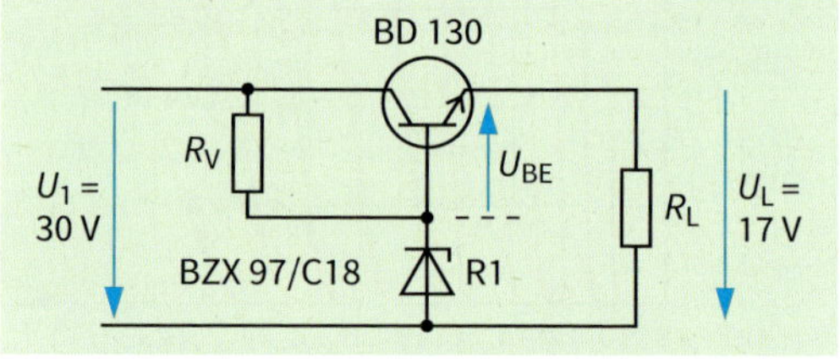

6. Der Arbeitsstrom I_Z einer Spannungsstabilisierung mit Z-Diode beträgt 10 mA. Der dynamische Widerstand wurde durch Belastung mit $r_Z = 20\ \Omega$ ermittelt. Berechnen Sie die Verlustleistung der Z-Diode.

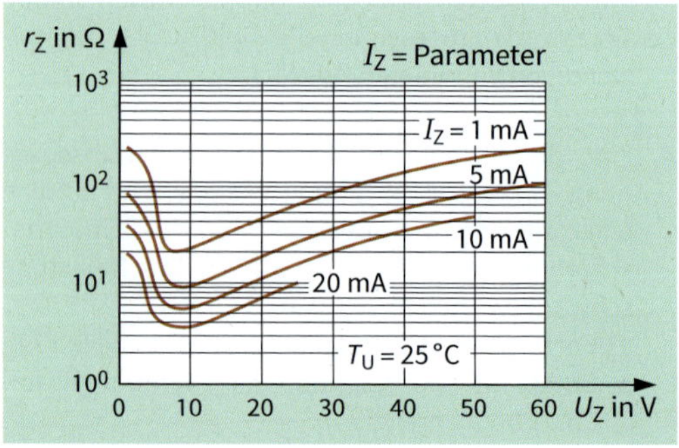

8.3 Gleichrichterschaltungen

8.3.1 Einpuls-Mittelpunktschaltung M1U

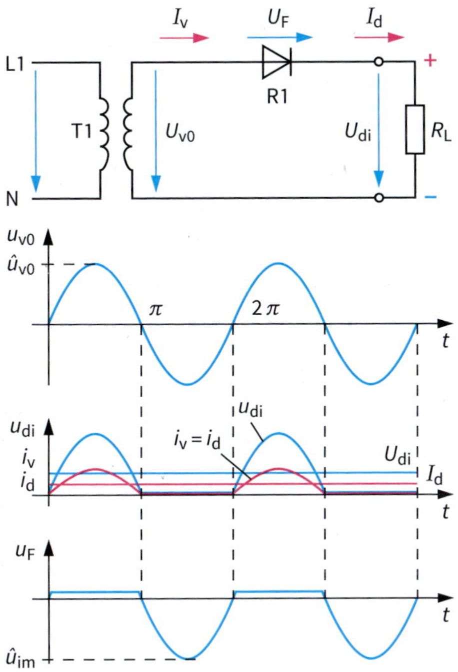

Bei $U_F = 0$ gilt:

$U_{di} = \frac{\hat{u}_{di}}{\pi}$ $\quad$ $U_{di} = \frac{\hat{u}_{v0}}{\pi}$

$U_{di} = 0{,}45 \cdot U_{v0}$

$I_d = \frac{\hat{i}_d}{\pi}$ $\quad$ $I_d = 0{,}64 \cdot I_v$

$U_w = 1{,}21 \cdot U_{di}$ $\quad$ $w_u = \frac{U_w}{U_{di}}$ $\quad$ $w_u = 1{,}21$

$\hat{u}_{im} = \sqrt{2} \cdot U_{v0}$ $\quad$ $\hat{u}_{im} = \sqrt{2} \cdot 2{,}22 \cdot U_{di}$

- U_{v0} Ventilseitige Leerlaufspannung
- U_{di} Arithmetischer Mittelwert von u_{di}
- I_d Arithmetischer Mittelwert von i_d
- I_v Ventilseitiger Leiterstrom
- U_w Effektivwert aller Wechselspannungsanteile von u_{di}
- w_u Welligkeit
- $\hat{u}_{im}$ Ideelle Scheitelspannung

Beispiel:

In einer Einpuls-Mittelpunktschaltung soll der Lastwiderstand $R_L = 100\ \Omega$ an 12 V betrieben werden.

a) Berechnen Sie die notwendige Spannung U_{v0} des Transformators.

b) Welcher arithmetische Mittelwert I_d ergibt sich, wenn der Scheitelwert des Halbwellenstroms mit 400 mA gemessen wurde?

c) Berechnen Sie die Welligkeitsspannung U_w.

Lösung:

Geg.: $R_L = 100\ \Omega$, $U_{di} = 12\ \text{V}$, $\hat{i}_d = 400\ \text{mA}$

Ges.: a) U_{v0} b) I_d c) U_w

a) $U_{v0} = \frac{U_{di}}{0{,}45}$ $\quad$ $U_{v0} = \frac{12\ \text{V}}{0{,}45}$ $\quad$ $\underline{\underline{U_{v0} = 26{,}67\ \text{V}}}$

b) $I_d = \frac{\hat{i}_d}{\pi}$ $\quad$ $I_d = \frac{400\ \text{mA}}{\pi}$ $\quad$ $\underline{\underline{I_d = 127{,}3\ \text{mA}}}$

c) $U_w = 1{,}21 \cdot U_{di}$ $\quad$ $U_w = 1{,}21 \cdot 12\ \text{V}$ $\quad$ $\underline{\underline{U_w = 14{,}52\ \text{V}}}$

Aufgaben

1. Ein Wechselspannungsmessgerät in einer Einpuls-Mittelpunktschaltung zeigt an R_L eine Spannung von 60 V. Welcher Gleichspannungsanteil U_{di} ergibt sich daraus?

2. Die Eingangsspannung in einer Gleichrichterschaltung M1U beträgt 24 V.

a) Wie groß ist der arithmetische Mittelwert der Ausgangsspannung?

b) Berechnen Sie den arithmetischen Mittelwert des Ausgangsstroms, wenn $R_L = 470\ \Omega$ beträgt.

c) Für welche maximale Sperrspannung muss R1 ausgelegt sein?

3. In einer Einpuls-Mittelpunktschaltung für 230 V Netzspannung ist der Schaltplan verloren gegangen. Die Schaltung ist mit Transformator aufgebaut. Der Laststrom beträgt 3 A. Die Grenzwerte der sperrimpulsfesten Silicium-Dioden sind mit $U_{R\,max} = 150\ \text{V}$ und $I_{F\,max} = 2\ \text{A}$ angegeben.
Zeichnen Sie den Schaltplan.

4. Die Grenzdaten einer Diode, die als Sperrventil dient, liegen bei $U_R = 50\ \text{V}$ und $I_R \leq 200\ \text{mA}$.

a) Wie groß darf der Scheitelwert $\hat{u}_{v0}$ in der Schaltungsart M1U höchstens sein?

b) Berechnen Sie den minimalen Sperrwiderstand R_R.

c) Wie groß ist U_{di}, wenn $\hat{u}_{v0} = 14{,}4\ \text{V}$ beträgt?

5. In einer M1U-Schaltung fließt bei Widerstandslast ein Strom von 350 mA. Die Messung für U_{v0} ergibt 12 V.

a) Berechnen Sie den Scheitelwert der Sperrspannung.

b) Berechnen Sie den Effektivwert U_w aller Wechselspannungsanteile von u_{di}.

c) Welchen Durchlasswiderstand R_F hat die Diode, wenn $U_{di} = 11\ \text{V}$ beträgt?

d) Berechnen Sie die Verlustleistung P_{VF}.

8.3.2 Zweipuls-Mittelpunktschaltung M2U

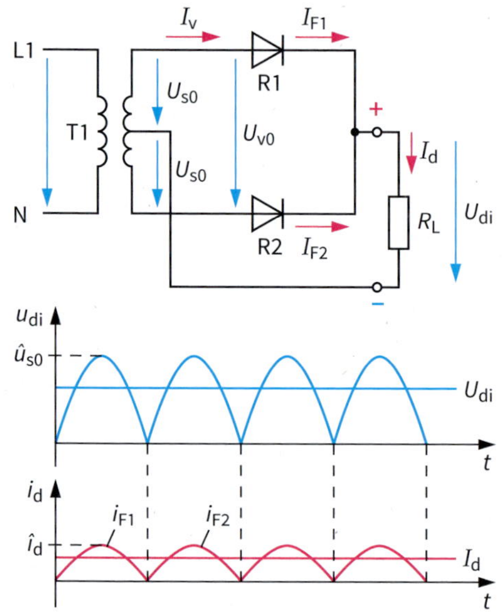

Bei $U_F = 0$ gilt:

$U_{di} = \frac{2 \cdot \hat{u}_{di}}{\pi}$ $\qquad$ $U_{di} = \frac{2 \cdot \hat{u}_{s0}}{\pi}$

$U_{di} = 0{,}45 \cdot U_{v0}$ $\qquad$ $U_{v0} = 2 \cdot U_{s0}$

$I_d = \frac{2 \cdot \hat{i}_d}{\pi}$ $\qquad$ $I_d = 1{,}28 \cdot I_v$

$I_{FAV} = 0{,}5 \cdot I_d$

$U_w = 0{,}48 \cdot U_{di}$ $\qquad$ $w_u = 0{,}48$

$I_{deff} = \frac{\hat{i}_d}{\sqrt{2}}$

I_{FAV} Arithmetischer Mittelwert von I_F
I_{deff} Effektivwert des Laststroms
U_{s0} Transformator-Teilspannung

Aufgaben

1. In einer Zweipuls-Mittelpunktschaltung M2U, in der der Transformator eine Mittelanzapfung besitzen muss, wird der Scheitelwert des Stroms durch $R_L = 20\ \Omega$ mit $\hat{i}_d = 1{,}5$ A gemessen. Berechnen Sie den
a) Effektivwert $I_{d\,eff}$ des Laststroms,
b) arithmetischen Mittelwert I_d und
c) arithmetischen Mittelwert U_{di}.

2. In einer Schaltung M2U mit $R_L = 100\ \Omega$ liefert der Transformator jeweils $U_{s0} = 24$ V.
a) Berechnen Sie den arithmetischen Mittelwert des Laststroms.
b) Um welchen Betrag hat sich ΔU_w verkleinert, wenn R_L zuvor in der Schaltungsvariante M1U mit $U_{v0} = 24$ V betrieben wurde?
c) Berechnen Sie den arithmetischen Mittelwert der Diodenströme.
d) Welche maximale Leistung $\hat{p}_1$ wird in der Sekundärwicklung des Transformators umgesetzt, wenn R_{CU} mit 2 Ω angegeben ist?

3. Die Spannung U_{di} in einer Zweipuls-Mittelpunktschaltung beträgt 4,7 V.
a) Berechnen Sie den Scheitelwert $\hat{u}_{di}$.
b) Welche Frequenz hat die Spannung U_{s0}, wenn als Frequenz von U_{di} 200 Hz ermittelt wurde?

4. In $R_L = 47\ \Omega$ einer M2U-Schaltung wird eine Leistung von 250 mW umgesetzt.
a) Berechnen Sie I_{deff}.
b) Wie groß ist der ventilseitige Strom I_v?

5. Das Oszillogramm zeigt u_{di} in einer Gleichrichterschaltung M2U. Ermitteln Sie:
a) $\hat{u}_{di}$, b) U_{di}, c) U_{v0}, d) U_w und e) f von U_{s0}.

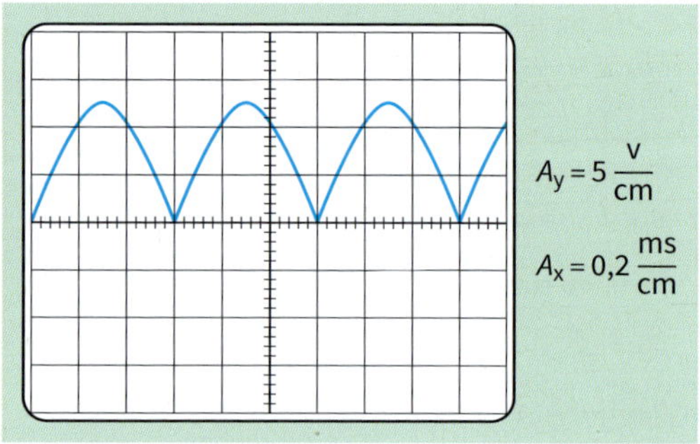

6. Wegen einer kurzzeitigen Überlastung in einer M2U-Schaltung ist eine Widerstandsmessung der Dioden vorzunehmen, um eventuelle Zerstörungen festzustellen.
a) Welche Funktion hat R_V?
b) Die Messungen ergeben folgende Ergebnisse:

Diode	Durchlassrichtung	Sperrrichtung
R1	niederohmig	hochohmig
R2	hochohmig	hochohmig

Welche Diode(n) ist (sind) defekt?
c) Welcher Strom $I_{F\,max}$ fließt in der Prüfschaltung?

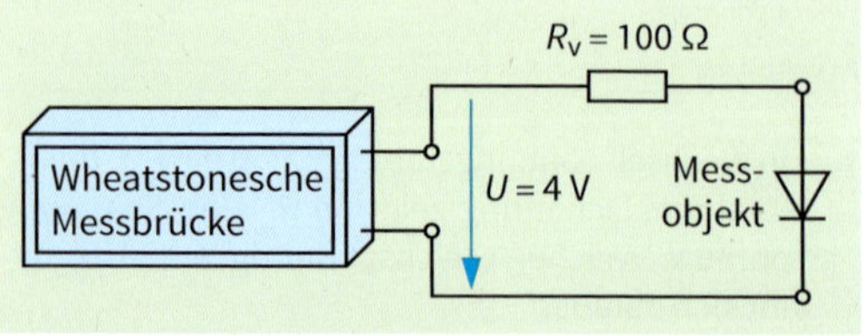

8.3.3 Zweipuls-Brückenschaltung B2U

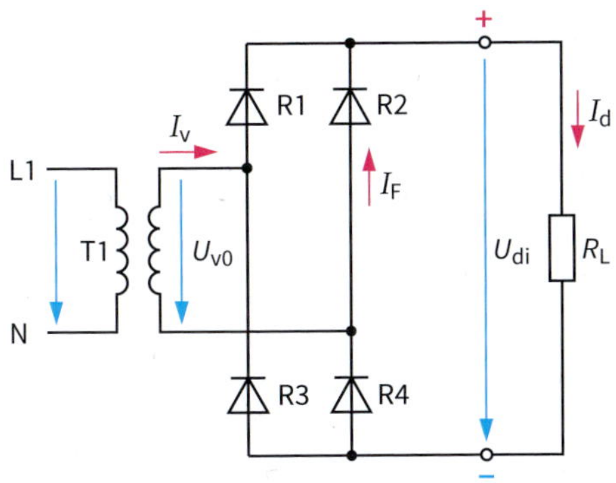

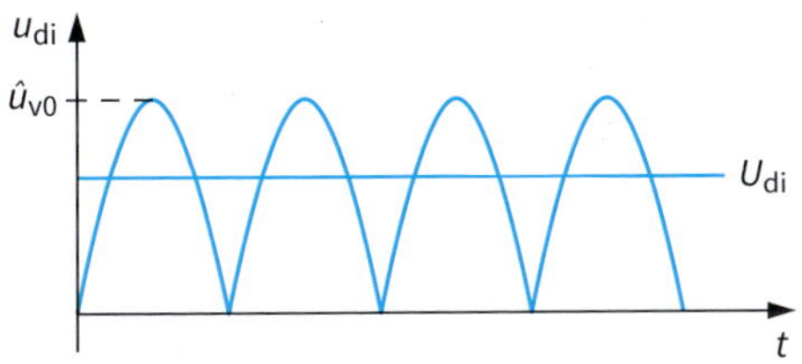

Bei $U_F = 0$ gilt:

$$U_{di} = \frac{2 \cdot \hat{u}_{di}}{\pi} \qquad U_{di} = \frac{2 \cdot \hat{u}_{v0}}{\pi}$$

$$U_{di} = 0{,}9 \cdot U_{v0}$$

$$I_d = \frac{2 \cdot \hat{i}_d}{\pi} \qquad I_d = 0{,}9 \cdot I_v$$

$$I_{FAV} = 0{,}5 \cdot I_d$$

$$U_w = 0{,}48 \cdot U_{di}$$

Diodenanschlüsse	für
gleichpolig	Verbraucher
verschiedenpolig	Wechselspannung

Schaltzeichen:

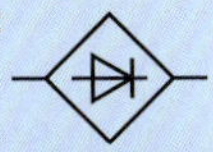

Kennzeichnung	Beispiel	Erläuterungen
1. Buchstabe	B	Brückenschaltung
1. Zahl	80	Effektivwert U_{v0}
2. Buchstabe	C	Kennzeichnung für kapazitive Belastung
2. Zahl	1500	Nennausgangsgleichstrom I_d in mA
3. Zahl (optional)	/2200	I_d ohne Kühlblech

Aufgaben

1. Eine Zweipuls-Brückenschaltung B2U wird direkt an 230 V Netzspannung betrieben. Der Gleichrichter ist mit $R_L = 100\ \Omega$ belastet.
   Berechnen Sie den
   a) arithmetischen Mittelwert U_{di},
   b) arithmetischen Mittelwert I_d und
   c) Effektivwert der Welligkeitsspannung U_w.

2. Ein Lastwiderstand $R_L = 540\ \Omega$ ist an einer B2U-Schaltung angeschlossen. Zur Platzersparnis auf der Leiterplatte ist auch der Brückengleichrichter in Miniaturform als SMD-Version eingesetzt. Die Spannung $\hat{u}_{di}$ wurde mit 13 V gemessen. Auf welchen Wert stellt sich ein Drehspulmessgerät bei der Laststrommessung ein?

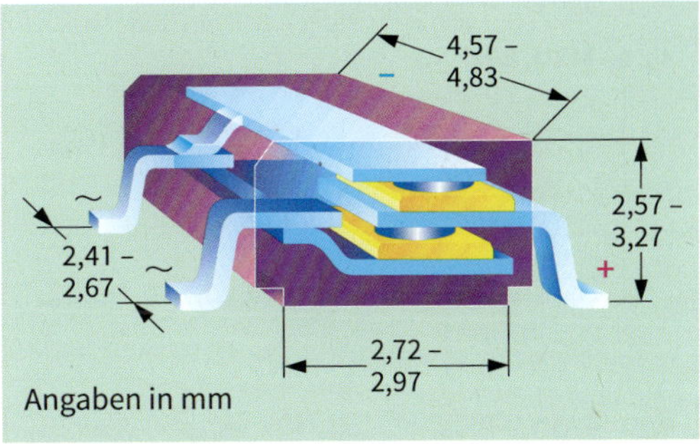

3. Am Verbraucher R_L einer Zweipuls-Brückenschaltung B2U wird $U_w = 2$ V ermittelt. Wir groß ist der Scheitelwert der Ausgangsspannung?

4. In einer Stabilisierungsschaltung ist ein B80 C5000/3300 ohne Kühlblech eingesetzt.
   a) Berechnen Sie $U_{di\,max}$.
   b) Wie klein darf R_L bei $U_{di\,max}$ werden, um die Brückenschaltung nicht zu überlasten?

5. Berechnen Sie mithilfe des Datenblattes eines Brückengleichrichters die Spannung am Lastwiderstand, wenn $I_F = 5{,}5$ A und $U_{v0} = 50$ V betragen.

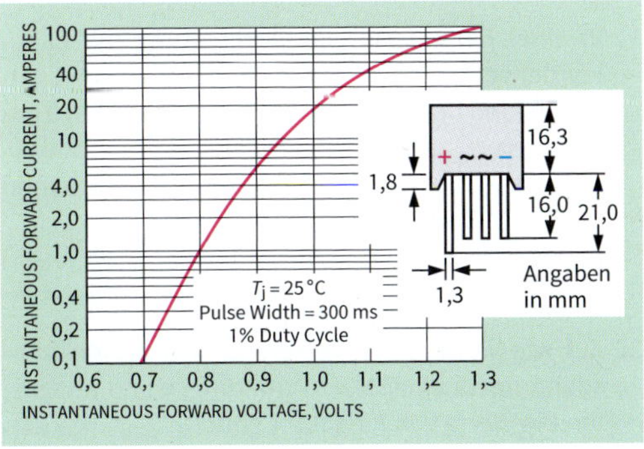

8.4 Gleichrichtung mit Ladekondensator

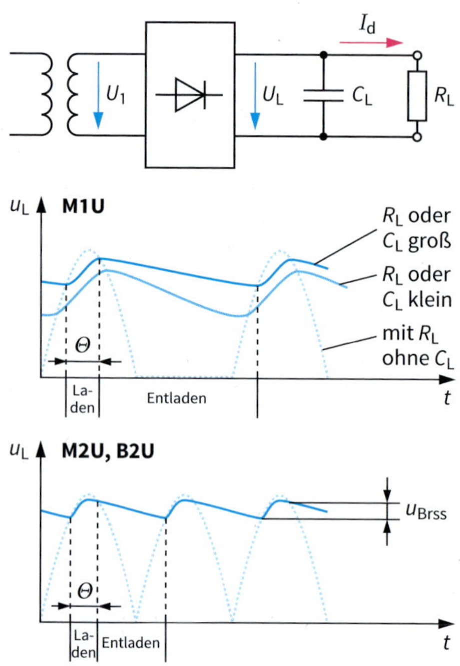

$U_L = \sqrt{2} \cdot U_1 \cdot \cos\frac{\Theta}{2}$ $\qquad$ $U_{Br} \approx k \cdot \frac{I_d}{C_L}$

Schaltung	Konstante k
M1U	$4{,}8 \cdot 10^{-3}$ s
M2U, B2U	$1{,}8 \cdot 10^{-3}$ s

U_1 Wechselspannung am Gleichrichtereingang
U_L Gleichspannung am Gleichrichterausgang
Θ Stromflusswinkel (60°…90°)
U_{Br} Brummspannung am Gleichrichterausgang
k schaltungsspezifische Konstante
C_L Ladekondensator

Aufgaben

1. In einer Einpuls-Mittelpunktschaltung mit Ladekondensator sollen die Gleichspannung am Lastwiderstand $U_L = 12$ V und der Laststrom $I_d = 270$ mA betragen.
   a) Welche Spannung U_1 ist erforderlich, wenn $\Theta = 80°$ beträgt?
   b) Wie groß ist die Brummspannung U_{Br}, wenn ein Ladekondensator $C_L = 2700$ µF vorhanden ist?

2. Auf wie viel Prozent verringert sich die Brummspannung in einer M2U-Schaltung, wenn ansonsten die Werte von Aufgabe 1 gelten?

3. Zur Verbesserung der Spannungskonstanz wird dem Widerstand R_L einer M2U-Schaltung ein Ladekondensator C_L parallel geschaltet. Der Gleichrichtwert U_L soll 10 V betragen.
   a) Wie groß ist U_w ohne C_L?
   b) Auf welchen Wert verkleinert sich U_{Br}, wenn $C_L = 470$ µF und $I_d = 100$ mA betragen?

4. Ein Brückengleichrichter B2U ist in einem Batterieladegerät für 12 V-Autoakkus eingesetzt. Der Ladegleichrichter ist mit einem Strombegrenzungsglied R_L ausgerüstet.
   a) Berechnen Sie den Effektivwert der sekundärseitigen Wechselspannung U_1.
   b) Wie groß muss U_1 unter Berücksichtigung von $U_F = 0{,}6$ V mindestens sein?
   c) Welche Grundfrequenz hat die Brummspannung?
   d) Zeichnen Sie den prinzipiellen Verlauf des Ladestroms I_d und der Ladespannung U_L bei völlig entladener Batterie.
   e) Welchen Wert muss C_L haben, wenn der Brückengleichrichter $I_d = 1{,}5$ A liefern und $U_{Br} = 2$ V nicht überschritten werden soll?

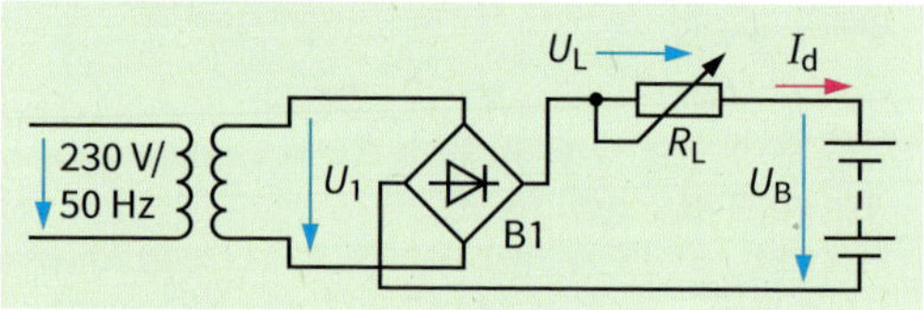

5. In einem Akkulader für 9 V arbeitet ein Si-Kleingleichrichter B40 C1500 mit einem Ladekondensator $C_L = 220$ µF/25 V.
   a) Welche Gleichrichtungsart liegt hier vor?
   b) Wie groß darf die Nennanschlussspannung U_1 sein?
   c) Berechnen Sie den Stromflusswinkel Θ, wenn U_1 mit 12 V gemessen wird.
   d) Wie groß ist U_{Br}, wenn der Ladestrom 20 mA beträgt?

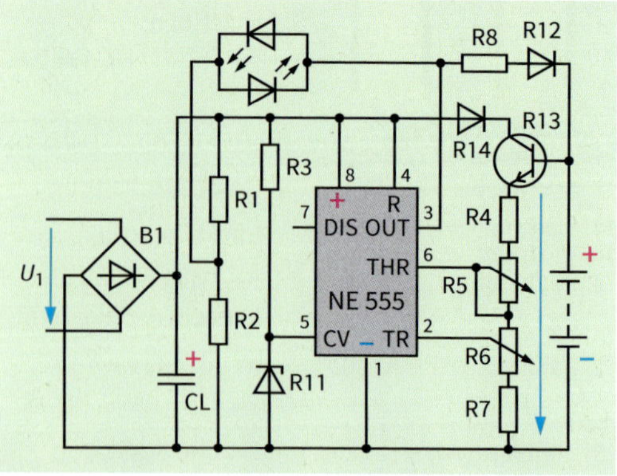

8.5 Siebung

RC-Siebung

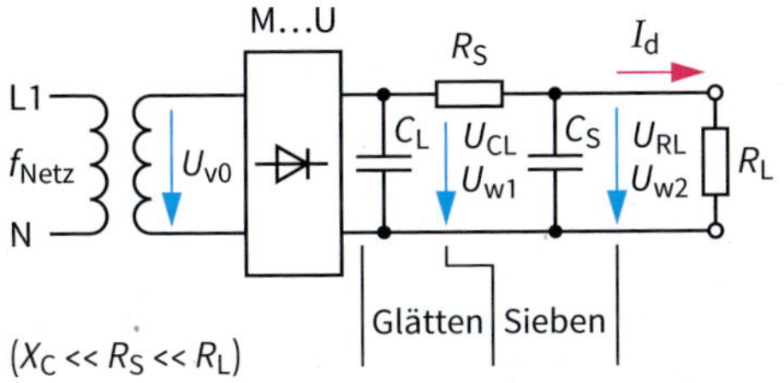

$(X_C << R_S << R_L)$

$s = \frac{U_{w1}}{U_{w2}}$ $\quad s = \sqrt{\frac{R_S^2 + X_{CS}^2}{X_{CS}}}$

$s = \sqrt{(2 \cdot \pi \cdot f \cdot R_S \cdot C_S)^2 + 1}$

$s \approx 2 \cdot \pi \cdot f \cdot R_S \cdot C_S$

$s_G = s_1 \cdot s_2 \ldots s_n$

f_{Netz}	50 Hz
f_{M1U}	50 Hz
f_{M2U} f_{B2U}	100 Hz

s Siebfaktor $\quad s_G$ Gesamtsiebfaktor
U_{w1} Brummspannung am Eingang
U_{w2} Brummspannung am Ausgang
R_S Siebwiderstand $\quad C_S$ Siebkondensator
f Frequenz der Brummspannung ($f_{M...U}$)
U_{CL} Gleichspannung am Ladekondensator
U_{RL} Gleichspannung am Lastwiderstand

Beispiel:

Zur Reduzierung der Brummspannung an R_L ist dem Ladekondensator einer Zweipuls-Brückenschaltung ein RC-Siebglied nachgeschaltet.
Die Brummspannung U_{w1} beträgt 0,6 V/100 Hz bei einem Gleichspannungsanteil von $U_{CL} = 24$ V. Als Siebkondensator ist $C_S = 1000\,\mu$F eingesetzt. Die Brummspannung am Ausgang soll auf $U_{w2} = 100$ mV reduziert werden. Berechnen Sie den

a) Siebfaktor,
b) Siebwiderstand und
c) Gleichspannungsanteil am Lastwiderstand, wenn $I_d = 220$ mA beträgt.

Lösung:

Geg.: $U_{w1} = 0{,}6$ V, $U_{w2} = 100$ mV, $f = 100$ Hz
$U_{CL} = 24$ V, $C_S = 1000\,\mu$F, $I_d - 220$ mA
Ges.: a) s b) R_S c) U_{RL}

a) $s = \frac{U_{w1}}{U_{w2}}$ $\quad s = \frac{600\text{ mV}}{100\text{ mV}}$ $\quad \underline{\underline{s = 6}}$

b) $R_S = \frac{s}{2\pi f C_S}$ $\quad R_S = \frac{6}{2\pi \cdot 100\text{ Hz} \cdot 1000\,\mu\text{F}}$

$\underline{\underline{R_S = 9{,}5\,\Omega}}$

c) $U_{RL} = U_{CL} + R_S \cdot I_d$ $\quad U_{RL} = 24\text{ V} - 2{,}09\text{ V}$

$\underline{\underline{U_{RL} = 21{,}91\text{ V}}}$

Aufgaben

1. Der Wechselspannungsanteil der Mischspannung an C_L beträgt $U_{w1} = 12$ V/100 Hz. Auf welchen Wert U_{w2} wird der Wechselspannungsanteil durch das RC-Siebglied verringert?

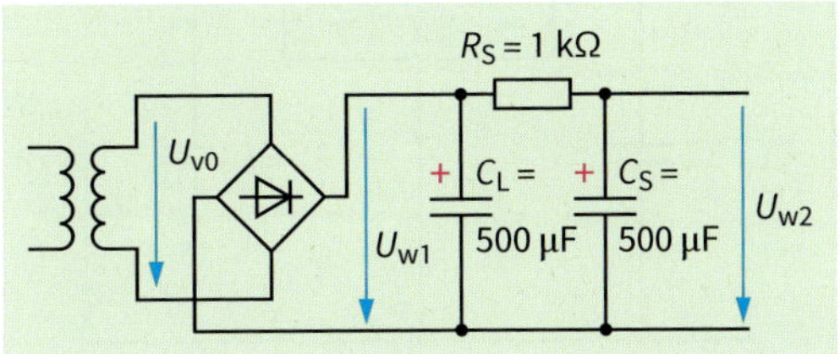

2. An den Wechselspannungs-Klemmen eines Brückengleichrichters werden 18 V gemessen. Die Brummspannung des Ladekondensators ($C_L = 1000\,\mu$F) soll bei $I_d = 230$ mA mit einem RC-Siebglied ($C_S = 1000\,\mu$F) auf $U_{w2} = 80$ mV/100 Hz verringert werden.
   a) Wie viel mal höher ist die Brummspannung am Eingang des Siebglieds?
   b) Welcher Siebwiderstand ist erforderlich?
   c) Auf welchen Wert lässt sich U_{w2} begrenzen, wenn ein zweites Siebglied mit $s_2 = 3$ nachgeschaltet wird?

3. Am Ausgang eines RC-Siebglieds wurde bei einem Siebfaktor von $s = 20$ $U_{w2} = 120$ mV ermittelt.
   a) Berechnen Sie U_{w1}.
   b) Wie viele solcher Siebglieder müsste die Schaltung enthalten, wenn die Brumspannung am Ausgang < 6 mV sein soll?

4. Ein 15 V-Festspannungsregler (MC 7815) wird an einer Eingangsgleichspannung $U_1 = 20$ V betrieben. Als Ladekondensator wird ein Tantal-Elektrolytkondensator $C_L = 2500\,\mu$F verwendet.
   a) Berechnen Sie die Gleichspannung zwischen PIN 1 und PIN 3.
   b) Dimensionieren Sie ein RC-Siebglied, mit dem die Brummspannung an C_S von 100 mV auf 10 mV herabgesetzt wird. Die Ausgangsspannung des Siebglieds soll dabei 12 V und der Ausgangsstrom 300 mA betragen.

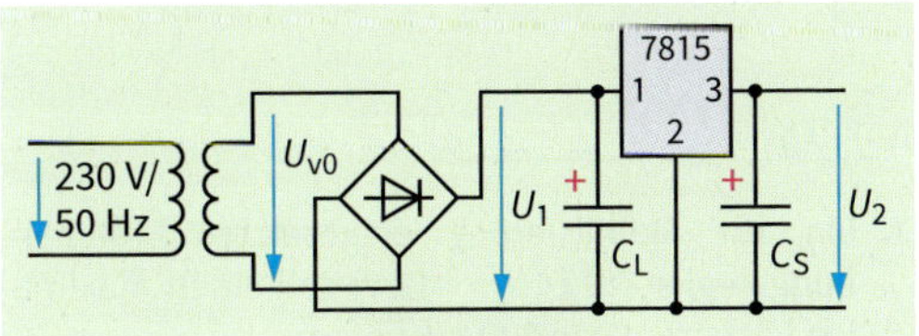

8.6 Spannungsregelung

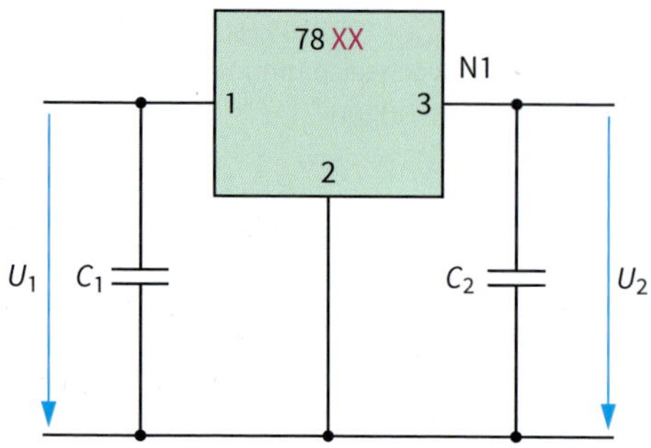

XX Spannung in Volt

$$P_{v\,max} = \frac{\vartheta_{j\,max} - \vartheta_U}{R_{thU}} \qquad I_{2\,max} = \frac{P_{v\,max}}{U_1 - U_2}$$

$\vartheta_{j\,max}$ maximale Sperrschichttemperatur
ϑ_U Umgebungstemperatur
R_{thU} Wärmewiderstand zwischen Sperrschicht und umgebende Luft

Beispiel:

Der Festspannungsregler MC 7815CT mit folgenden Daten $U_2 = 15\,V$, $\vartheta_{j\,max} = 170\,°C$ und $R_{thU} = 65\,\frac{°C}{W}$ soll an einer Eingangsspannung von 20 V betrieben werden. Berechnen Sie den maximal zulässigen Ausgangsstrom, wenn von einer Umgebungstemperatur 40 °C ausgegangen werden kann.

Lösung:

Geg.: $U_1 = 20\,V$, $U_2 = 15\,V$, $\vartheta_{j\,max} = 170\,°C$
$\vartheta_U = 40\,°C$, $R_{thU} = 65\,\frac{°C}{W}$

Ges.: $I_{2\,max}$

$$P_{v\,max} = \frac{\vartheta_{j\,max} - \vartheta_U}{R_{thU}} \qquad P_{v\,max} = \frac{170\,°C - 40\,°C}{65\,\frac{°C}{W}}$$

$$P_{v\,max} = 2{,}0\,W$$

$$I_{2\,max} = \frac{P_{v\,max}}{U_1 - U_2} \qquad I_{2\,max} = \frac{2\,W}{20\,V - 15\,V}$$

$$\underline{\underline{I_{2\,max} = 0{,}4\,A}}$$

Aufgaben

1. Ein zur Stabilisierung eingesetzter Festspannungsregler 7812 ($U_2 = +12\,V$) soll einen maximalen Laststrom von 600 mA liefern.
   Berechnen Sie die maximale Eingangsspannung, wenn die Verlustleistung 2,0 W nicht überschreiten darf.

2. Die Abbildung zeigt eine Schaltung zur Erhöhung der Ausgangsleistung eines Festspannungsreglers. Zum Schutz des Leistungstransistors ist ein zusätzlicher Transistor zur Strombegrenzung eingefügt.
   a) Berechnen Sie den Widerstand R_1, damit der Transistor R2 bei einem Laststrom größer als 0,8 A leitend wird.
   b) Berechnen Sie den Strombegrenzungswiderstand R_2, wenn durch den Leistungstransistor R2 ein maximaler Strom von 3,5 A fließen darf.

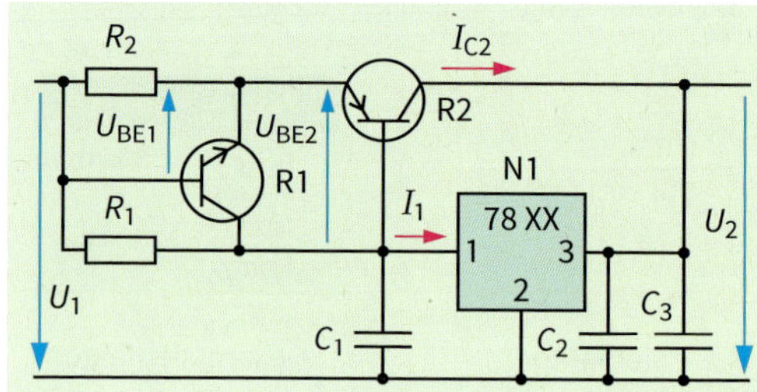

$$R_1 = \frac{U_{BE2}}{I_1} \qquad R_2 = \frac{U_{BE1}}{I_{C2\,max}}$$

3. Um die Ausgangsspannung eines Festspannungsreglers verändern zu können, eignet sich die dargestellte Schaltung. Berechnen Sie die sich einstellende Ausgangsspannung, wenn $R_1 = 5{,}6\,k\Omega$, $R_2 = 10\,k\Omega$ und die Nennausgangsspannung des Reglers mit 5 V angegeben wird.

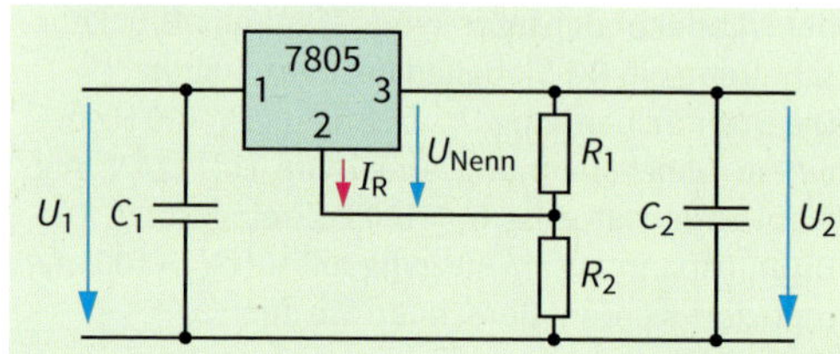

$$U_2 = U_{Nenn}\left(1 + \frac{R_2}{R_1}\right) \qquad (I_R \approx 0)$$

4. Erklären Sie die Funktion der abgebildeten Schaltung.
   a) Stellen Sie eine Formel zur Berechnung der Ausgangsspannung auf.
   b) Wie groß muss der Strom durch die Z-Diode mindestens sein?

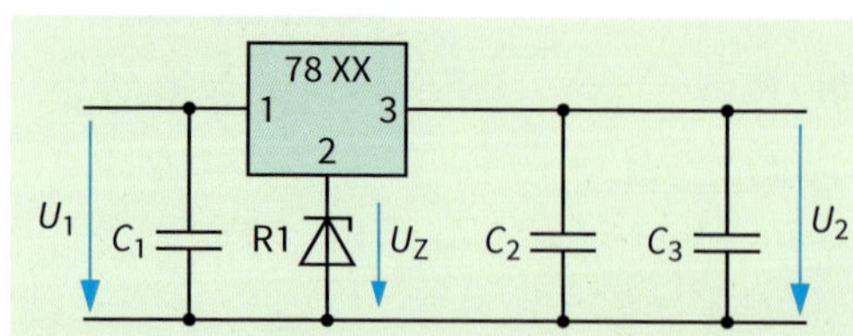

8.7 Halbleiterkühlung

Dauerbetrieb

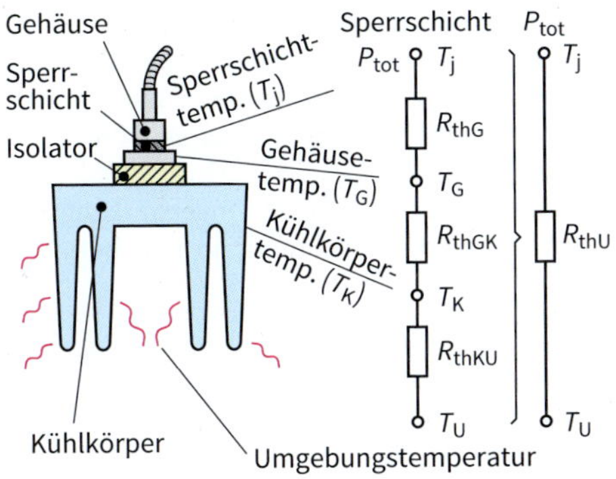

$P_{tot} = \frac{T_j - T_U}{R_{thU}}$ $\qquad$ $R_{thU} = R_{thG} + R_{thGK} + R_{thKU}$

Wärmewiderstand R_{th} $\quad [R_{th}] = \frac{K}{W}$

zwischen…

R_{thU} Sperrschicht und Umgebung
R_{thG} Sperrschicht und Gehäuse
R_{thGK} Gehäuse und Kühlkörper
R_{thKU} Kühlkörper und Umgebung
P_{tot} Gesamtverlustleistung $\quad [P_{tot}] = W$
T_j Sperrschichttemperatur $\quad [T_j] = °C$
T_U Umgebungstemperatur $\quad [T_U] = °C$

Änderung von 1 °C entspricht Änderung von 1 K.

Für die Berechnung gilt:

- Kleinleistungstransistoren ohne Kühlkörper:
  $R_{th} = R_{thU}$
- Leistungstransistoren mit Kühlkörper:
  $R_{th} = R_{thG} + R_{thGK} + R_{thKU}$
- Kühlkörper führen zur Verkleinerung von R_{thU}.

Beispiel:

Dem Datenblatt ist zu entnehmen, dass beim BC 140 die maximale Sperrschichttemperatur 175 °C betragen darf. Die Umgebungstemperatur beträgt 25 °C. Der Wärmewiderstand zwischen Sperrschicht und Umgebung ist mit 200 $\frac{K}{W}$ angegeben. Berechnen Sie die maximale Verlustleistung des Transistors.

Lösung:

Geg.: $T_j = 175\,°C$, $T_U = 25\,°C$, $R_{thU} = 200\,\frac{K}{W}$

Ges.: P_{tot}

$P_{tot} = \frac{T_j - T_U}{R_{thU}}$ $\qquad$ $P_{tot} = \frac{(175 - 25)\,K}{200\,\frac{K}{W}}$

$\underline{\underline{P_{tot} = 0{,}75\,W}}$

Aufgaben

1. Der NPN-Transistor BD 139 in einer NF-Treiberstufe hat folgende Daten: $T_j = 125\,°C$, $R_{thG} = 8\,\frac{K}{W}$. Er ist mittels einer Glimmerscheibe, deren Wärmewiderstand $R_{thGK} = 0{,}5\,\frac{K}{W}$ beträgt, auf einen Kühlkörper mit einem Wärmewiderstand $R_{thKU} = 6\,\frac{K}{W}$ montiert. Berechnen Sie die maximale Verlustleistung P_{tot} für eine Umgebungstemperatur von $T_U = 35\,°C$.

2. Für den Transistor BF 180 gibt der Hersteller die Gesamtverlustleistung P_{tot} mit 130 mW und den Wärmewiderstand zwischen Sperrschicht und Umgebung mit $1\,\frac{°C}{mW}$ an. Wie viel °C darf die maximale Sperrschichttemperatur von $T_U = 45\,°C$ betragen?

3. Im Datenblatt ist die Sperrschichttemperatur des Transistors BC 107 mit 175 °C angegeben. Bei $P_{tot} = 300\,mW$ beträgt der Wärmewiderstand $R_{thU} = 500\,\frac{°C}{W}$. Berechnen Sie die zulässige Umgebungstemperatur T_U.

4. Eine Diode hat eine Gesamtverlustleistung von 13 W. Die maximale Sperrschichttemperatur ist mit 175 °C angegeben. Der Wärmewiderstand des aus Aluminiumblech bestehenden Kühlkörpers beträgt $8\,\frac{K}{W}$. Berechnen Sie für eine Umgebungstemperatur von 45 °C den Wärmewiderstand zwischen Sperrschicht und Gehäuse.

5. Die Stromstärke-Spannungsabhängigkeit des Wärmewiderstands eines Transistors ist zu untersuchen.
   a) Ermitteln Sie die Wärmewiderstände bei $U_{CB} = 20\,V$ für die Stromstärken $I_C = 1{,}5\,A$; 0,8 A; 0,5 A und 0,2 A.
   b) In welchem Bereich verändert sich der Wärmewiderstand bei $I_C = 1{,}5\,A$, wenn die Spannung U_{CB} von 20 V auf 10 V verringert wird?

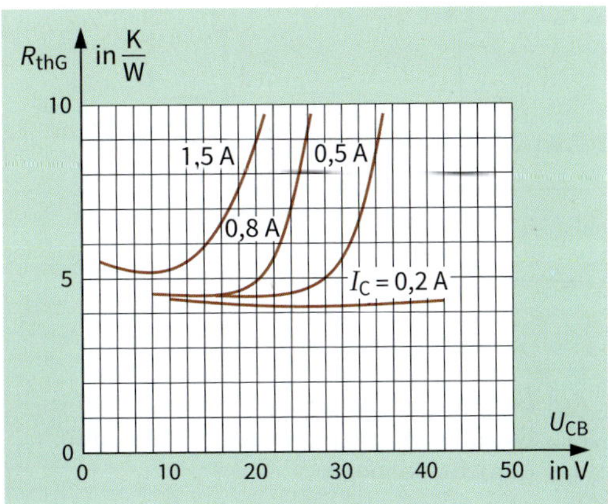

8.8 Bipolare Transistoren

8.8.1 Arbeitspunkteinstellung durch Basisvorwiderstand

Ströme und Spannungen

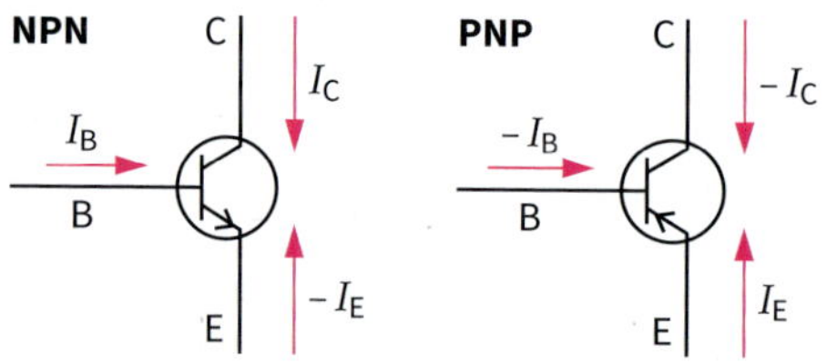

$$B = \frac{I_C}{I_B} \qquad \sum I = 0 \qquad I_E = I_C + I_B$$

B	Gleichstromverstärkung
I_B	Basisstrom
I_C	Kollektorstrom
I_E	Emitterstrom

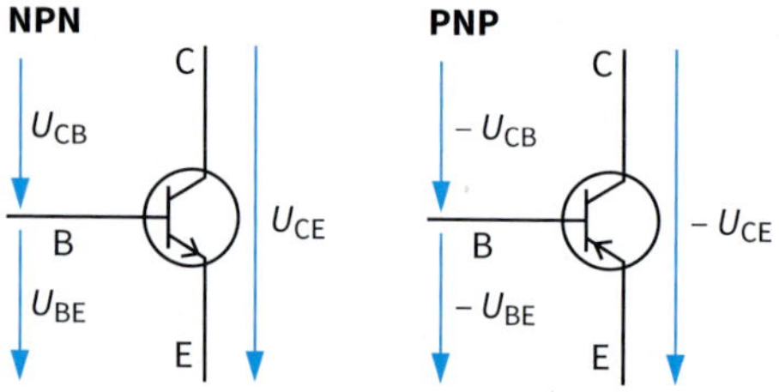

$$\sum U = 0 \qquad U_{CE} = U_{BE} + U_{CB}$$

U_{CE}	Kollektor-Emitter-Spannung
U_{CB}	Kollektor-Basis-Spannung
U_{BE}	Basis-Emitter-Spannung

Vorwiderstand

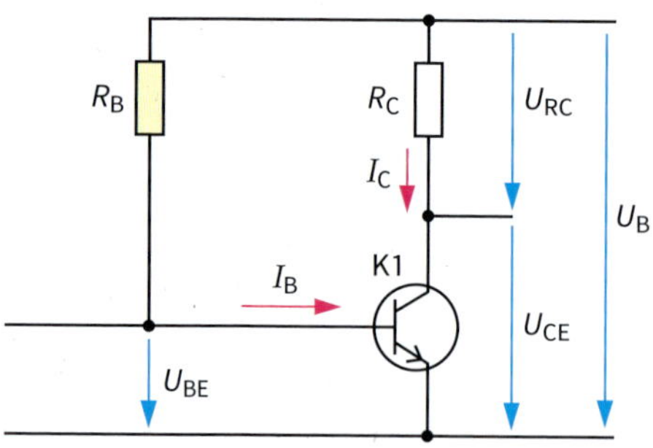

$$R_B = \frac{U_B - U_{BE}}{I_B} \qquad U_B = U_{RC} + U_{CE}$$

R_B	Basisvorwiderstand
R_C	Kollektorwiderstand (Arbeitswiderstand)
U_B	Betriebsspannung

Beispiel:

Laut Datenbuch soll die Basisvorspannung für einen Transistor 0,65 V betragen. Sie wird mit einem Basisvorwiderstand eingestellt.

a) Berechnen Sie R_B, wenn der Basisstrom mit 24 µA und die Betriebsspannung mit 9 V angegeben sind. Welchen Normwert würden Sie einbauen?

b) Wie groß ist der Gleichstromverstärkungsfaktor B, wenn der Kollektorstrom 3 mA beträgt?

Lösung:

Geg.: $U_B = 9\,\text{V}$, $U_{BE} = 0{,}65\,\text{V}$, $I_B = 24\,\mu\text{A}$, $I_C = 3\,\text{mA}$

Ges.: a) R_B b) B

a) $R_B = \dfrac{U_B - U_{BE}}{I_B}$ $\quad R_B = \dfrac{9\,\text{V} - 0{,}65\,\text{V}}{24\,\mu\text{A}}$

$R_B = \underline{\underline{347{,}9\,\text{k}\Omega}}$ $\quad$ Normwert: $\underline{\underline{R_B = 330\,\text{k}\Omega}}$

b) $B = \dfrac{I_C}{I_B}$ $\quad B = \dfrac{3\,\text{mA}}{24\,\mu\text{A}}$ $\quad \underline{\underline{B = 125}}$

AUFGABEN

1. Der Basisstrom eines Transistors beträgt 25 µA. Der Kollektorstrom ist mit 1,2 mA angegeben. Berechnen Sie den Emitterstrom.

2. Welcher Kollektorstrom stellt sich ein, wenn $I_B = 0{,}1$ mA und $I_C = 19{,}9$ mA betragen?

3. Bei einem Transistor wird zwischen Kollektor und Masse eine Spannung von 8,3 V gemessen. Die Spannung zwischen Basis und Masse beträgt 0,65 V. Welche Spannung stellt sich zwischen Kollektor und Basis ein?

4. Bei dem Transistor BC 108 ist der Kollektorstrom mit 2 mA angegeben. Die Gleichstromverstärkung B beträgt 290. Berechnen Sie den Vorwiderstand und seine Leistung bei einer Betriebsspannung von 10 V und einer Basis-Emitter-Spannung von 0,55 V.

5. Durch den 390 kΩ großen Basisvorwiderstand eines Transistors beträgt die Stromstärke 29 µA. Die Betriebsspannung ist mit 12 V angegeben. Wie groß ist die Basis-Emitter-Spannung?

6. Wie groß ist die Basisvorspannung, die mit einem Vorwiderstand von 20 kΩ eingestellt wird, wenn $U_B = 8$ V gewählt wurde und ein Basisstrom von 0,365 mA fließt?

8.8.2 Arbeitspunkteinstellung durch Basisspannungsteiler

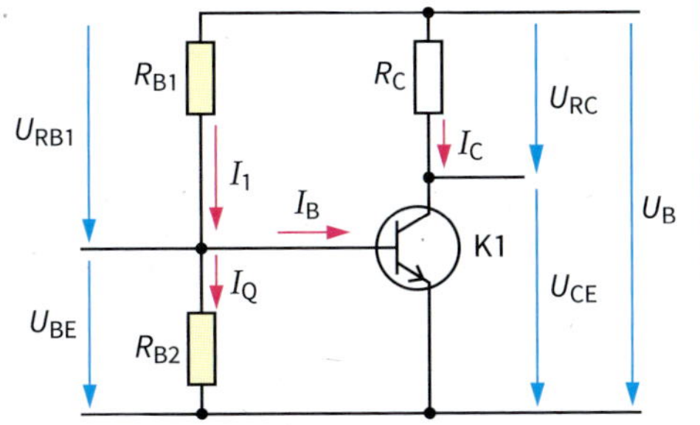

$U_{RB1} = I_1 \cdot R_{B1}$ $\qquad U_{RC} = I_C \cdot R_C$

$U_{CE} = U_B - I_C \cdot R_C$

$$R_{B1} = \frac{U_B - U_{BE}}{I_1}$$

$$R_{B2} = \frac{U_{BE}}{I_Q} \qquad R_{B2} = \frac{U_B - U_{RB1}}{I_Q}$$

$$I_1 = I_B + I_Q \qquad I_C = B \cdot I_B \qquad m = \frac{I_Q}{I_B}$$

R_{B1}, R_{B2} Spannungsteilerwiderstände
R_C Kollektorwiderstand
I_Q Querstrom
I_B Basisstrom
I_C Kollektorstrom
U_B Betriebsspannung
U_{CE} Kollektor-Emitter-Spannung
m Querstromfaktor

Beispiel:
Bei einem NF-Transistor soll die Einstellung der Basis-Emitter-Spannung von 0,7 V mit einem Basisspannungsteiler vorgenommen werden. Der Basisstrom beträgt 30 µA und die Betriebsspannung $U_B = 9$ V. Als Querstromfaktor wurde $m = 10$ gewählt. Berechnen Sie die Größe der Widerstände R_{B1} und R_{B2}.

Lösung:
Geg.: $U_{BE} = 0{,}7$ V, $U_B = 9$ V, $I_B = 30$ µA, $m = 10$
Ges.: R_{B1} und R_{B2}

$I_Q = m \cdot I_B \qquad I_Q = 10 \cdot 30\ \mu A \qquad I_Q = 300\ \mu A$

$I_1 = I_B + I_Q \qquad I_1 = 30\ \mu A + 300\ \mu A \qquad I_1 = 330\ \mu A$

$$R_{B1} = \frac{U_B - U_{BE}}{I_1} \qquad R_{B2} = \frac{U_{BE}}{I_Q}$$

$$R_{B1} = \frac{9\ V - 0{,}7\ V}{330\ \mu A} \qquad R_{B2} = \frac{0{,}7\ V}{300\ \mu A}$$

$\underline{\underline{R_{B1} = 25{,}2\ k\Omega}} \qquad \underline{\underline{R_{B2} = 2{,}33\ k\Omega}}$

Aufgaben

1. Ein Basisspannungsteiler dient zur Einstellung der Basisvorspannung bei einem Vorverstärker. Bei einer Betriebsspannung von 7,5 V und einem Basisstrom von 0,022 mA ergibt sich eine Basis-Emitter-Spannung von 0,65 V. Berechnen Sie R_{B2} und R_{B1} für $m = 8$.

2. In der Vorstufe eines HiFi-Receivers sitzt der Transistor BF 240. Infolge eines Kurzschlusses sind die Basisspannungsteilerwiderstände defekt und unkenntlich geworden. Aus dem Datenbuch lassen sich folgende Daten entnehmen: $U_{BE} = 0{,}7$ V; $I_C = 1{,}0$ mA und $B = 75$.
Die Betriebsspannung beträgt 12,7 V. Berechnen Sie R_{B1} und R_{B2} sowie I_B und I_Q, wobei $m = 10$ gewählt wird.

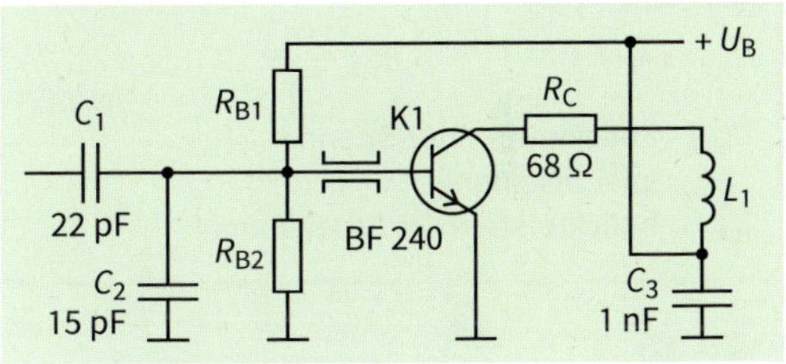

3. Für den Transistor BC 556 (PNP) in einer Schaltung gelten die folgenden Daten: $I_C = 2$ mA, $B = 120$ und $m = 5$.
   a) Welche Vorspannung stellt sich zwischen Basis und Emitter ein, wenn $R_{B1} = 53$ kΩ und $R_{B2} = 8{,}4$ kΩ sind?
   b) Berechnen Sie die Betriebsspannung.

4. Von einem Mikrofon-Vorverstärker sind aus einem Schaltbild die folgenden Daten entnommen: $R_{B1} = 330$ kΩ, $R_{B2} = 15$ kΩ, $U_B = 18$ V und $U_{BE} = 0{,}7$ V. Berechnen Sie den Querstromfaktor m.

5. Bei einer mit dem Transistor BC 108 aufgebauten Verstärkerstufe muss der Basisteilerspannungswiderstand R_{B1} ersetzt werden. Aus den technischen Unterlagen ist folgendes zu entnehmen: $U_B = 12$ V; $U_{BE} = 0{,}6$ V; $I_C = 2$ mA; $B = 250$ und $m = 10$. Berechnen Sie R_{B1} und seine Leistung.

6. Bei einer Transistorschaltung wird die Basisvorspannung des Transistors mithilfe eines Spannungsteilers erzeugt. Der Widerstand R_{B1} ist mit 68 kΩ angegeben. Der durch ihn fließende Strom lässt sich mit 0,24 mA ermitteln. Das Netzteil liefert eine Betriebsspannung von 17 V. Der Querstromfaktor m beträgt 5.
   a) Berechnen Sie I_B.
   b) Wie groß ist der Widerstand R_{B2}?

8.8.3 Arbeitspunkt im Ausgangskennlinienfeld

Arbeitspunkt bei halber Betriebsspannung

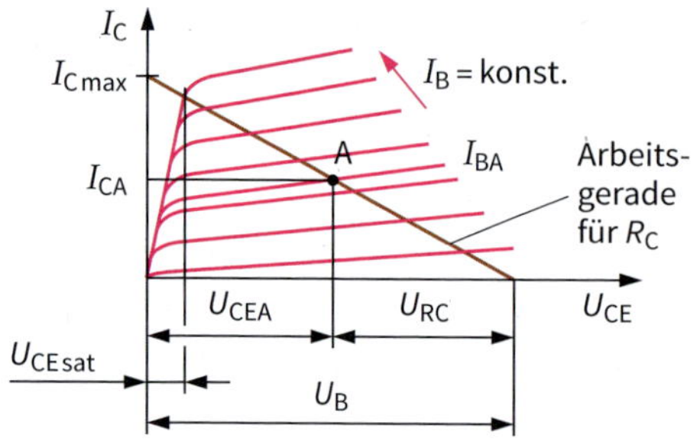

Spannungsaufteilung im Ausgangskennlinienfeld

$U_B = U_{RC} + U_{CEA}$

$U_{RC} = I_{CA} \cdot R_C \qquad R_C = \frac{U_B}{2\,I_{CA}}$

U_{CEA} Kollektor-Emitter-Spannung im Arbeitspunkt

I_{CA} Kollektorstrom im Arbeitspunkt

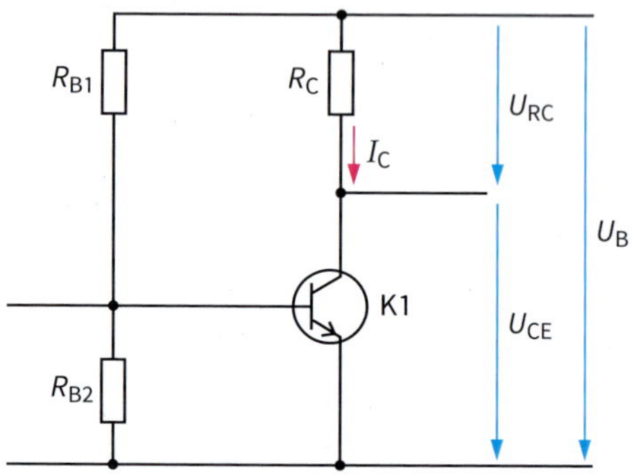

$R_C = \frac{U_B - U_{CE}}{I_C} \qquad U_{CEA} = \frac{U_B}{2}$

R_C Kollektorwiderstand (Arbeitswiderstand)

U_{CE} Kollektor-Emitter-Spannung

U_{RC} Spannung an R_C

Beispiel:

Der Arbeitswiderstand R_C des Transistors BC 237 A muss ersetzt werden. Die Betriebsspannung beträgt 18 V. Die Kollektor-Emitter-Spannung ist auf $\frac{U_B}{2}$ festgelegt. Berechnen Sie I_C, U_{CE} und R_C, wenn $I_B = 25\,\mu A$ und $B = 220$ betragen.

Lösung:

Geg.: $U_B = 18\,V$, $I_B = 25\,\mu A$, $B = 220$

Ges.: I_C, U_{CE} und R_C

$I_C = B \cdot I_B \qquad I_C = 220 \cdot 25\,\mu A \qquad \underline{\underline{I_C = 5{,}5\,mA}}$

$U_{CE} = \frac{U_B}{2} \qquad U_{CE} = \frac{18\,V}{2} \qquad \underline{\underline{U_{CE} = 9\,V}}$

$R_C = \frac{U_B - U_{CEA}}{I_{CA}} \qquad R_C = \frac{18\,V - 9\,V}{5{,}5\,mA}$

$\underline{\underline{R_C = 1{,}64\,k\Omega}}$

AUFGABEN

1. Für einen Transistor in einer Schaltung werden folgende Werte ermittelt:
   $R_C = 600\,\Omega$, $I_{CA} = 15\,mA$ und $U_{CEA} = 4\,V$.
   a) Berechnen Sie die Betriebsspannung.
   b) Zeichnen Sie ein I_C-U_{CE}-Diagramm und tragen Sie in dieses die Arbeitsgerade von R_C ein.
   c) Tragen Sie den Arbeitspunkt ein und begründen Sie, warum dessen Lage ungünstig ist.

2. Der Arbeitswiderstand RC des Transistors BC 237 A ist hochohmig geworden und muss ersetzt werden. Die Betriebsspannung beträgt 18 V. Die Kollektor-Emitter-Spannung ist auf die halbe Betriebsspannung festgelegt. Berechnen Sie die Größe von R_C, wenn der Basisstrom 25 µA und $B = 220$ betragen.

3. Laut Datenblatt darf für den Transistor BC 237 $I_{C\,max} = 1\,mA$ betragen. Die angelegte Betriebsspannung ist 40 V. Wie groß ist der Arbeitswiderstand R_C, wenn $U_{CE} = \frac{U_B}{2}$ sein soll?

4. Über den Transistor BC 413 im Eingangsverstärker wurden im Arbeitspunkt folgende Daten ermittelt: $U_{BE} = 0{,}7\,V$; $U_{CE} = 5\,V$; $I_C = 3\,mA$ und $B = 150$.
   Die anliegende Betriebsspannung beträgt 12 V. Berechnen Sie für den Querstromfaktor $m = 10$ die Widerstände des Basisspannungsteilers und den Arbeitswiderstand R_C.

5. Über den Transistor im Kopfhörer-Verstärker, dessen Arbeitspunkt mithilfe eines Basisspannungsteilers eingestellt wird, ist folgendes bekannt:
   $R_C = 1{,}8\,k\Omega$, $U_B = 14\,V$, $I_B = 25\,\mu A$, $B = 160$, $U_{BE} = 0{,}65\,V$ und $m = 5$.
   Berechnen Sie R_{B1}, R_{B2}, I_C und U_{RC}.

6. Berechnen Sie die Größe des Arbeitswiderstands R_C bei $I_B = 0{,}035\,mA$, $B = 120$, $U_B = 9\,V$ und $U_{CE} = 3{,}5\,V$.

7. Der Arbeitswiderstand R_C des Transistors BC 548 soll berechnet werden.
   Gegeben sind die Werte: $U_B = 12\,V$, $U_{CE} = -9\,V$ und $I_C = 11{,}1\,mA$. Wie groß ist R_C?

8.8.4 Arbeitspunktstabilisierung

Stromgegenkopplung (Emitter-Widerstand)

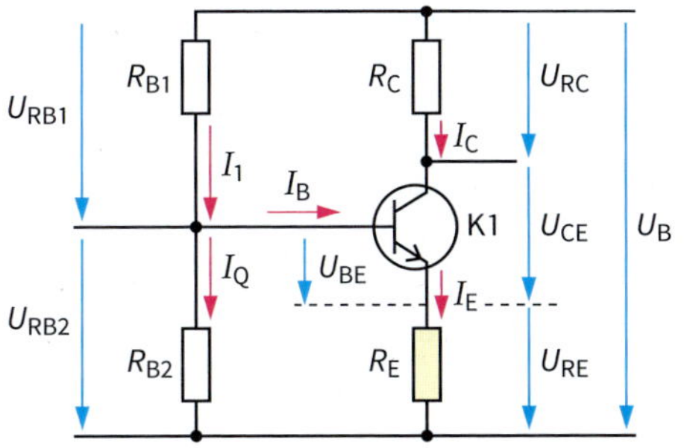

$U_{RB1} = U_B - U_{RB2}$ $\qquad R_{B1} = \frac{U_{RB1}}{I_1}$

$U_{RB2} = U_{BE} + U_{RE}$ $\qquad R_{B2} = \frac{U_{RB2}}{I_Q}$

$U_{RE} = U_B - U_{RC} - U_{CE}$ $\qquad R_E = \frac{U_{RE}}{I_E}$

$U_{RC} = U_B - U_{CE} - U_{RE}$ $\qquad R_C = \frac{U_{RC}}{I_C}$

Beispiel:

In eine Transistorschaltung mit einem Basisspannungsteiler ist in die Emitterleitung ein zusätzlicher Widerstand zur Arbeitspunktstabilisierung eingebaut worden. Folgende Werte sind bekannt: $U_B = 13\ \text{V}$, $U_{BE} = 0{,}7\ \text{V}$, $I_B = 35\ \mu\text{A}$, $B = 80$, $m = 10$ und $U_{CE} = U_{RC} = 6\ \text{V}$.
Berechnen Sie die Widerstände R_E, R_{B2}, R_{B1} und R_C.

Lösung:

Geg.: $U_B = 13\ \text{V}$, $U_{BE} = 0{,}7\ \text{V}$, $U_{CE} = U_{RC} = 6\ \text{V}$
$I_B = 35\ \mu\text{A}$, $B = 80$, $m = 10$

Ges.: R_E, R_{B2}, R_{B1} und R_C

$I_C = B \cdot I_B \qquad I_C = 80 \cdot 35\ \mu\text{A} \qquad I_C = 2{,}8\ \text{mA}$

$I_Q = m \cdot I_B \qquad I_Q = 10 \cdot 35\ \mu\text{A} \qquad I_Q = 0{,}35\ \text{mA}$

$I_1 = I_Q + I_B \qquad I_1 = 0{,}385\ \text{mA}$

$U_{RE} = U_B - U_{RC} - U_{CE} \qquad U_{RE} = 1\ \text{V}$

$R_E = \frac{U_{RE}}{I_C + I_B} \qquad R_F = \frac{1\ \text{V}}{2{,}835\ \text{mA}} \qquad \underline{\underline{R_E = 353\ \Omega}}$

$U_{RB2} = U_{BE} + U_{RE} \qquad U_{RB2} = 1{,}7\ \text{V}$

$R_{B2} = \frac{U_{RB2}}{I_Q} \qquad R_{B2} = \frac{1{,}7\ \text{V}}{0{,}35\ \text{mA}} \qquad \underline{\underline{R_{B2} = 4{,}86\ \text{k}\Omega}}$

$U_{RB1} = U_B - U_{RB2} \qquad U_{RB1} = 11{,}3\ \text{V}$

$R_{B1} = \frac{U_{RC}}{I_1} \qquad R_{B1} = \frac{11{,}3\ \text{V}}{0{,}385\ \text{mA}} \qquad \underline{\underline{R_{B1} = 29{,}35\ \text{k}\Omega}}$

$R_C = \frac{U_{RC}}{I_C} \qquad R_C = \frac{6\ \text{V}}{2{,}8\ \text{mA}} \qquad \underline{\underline{R_C = 2{,}14\ \text{k}\Omega}}$

Aufgaben

1. Ein Vorverstärker soll mit dem Transistor BC 107 B aufgebaut werden. Die Daten für den Arbeitspunkt lauten:
$U_{BE} = 0{,}62\ \text{V}$, $U_{CE} = 5\ \text{V}$, $I_C = 2\ \text{mA}$ und $B = 290$.
Der Querstromfaktor m für den Basisspannungsteiler beträgt 8. Am Emitterwiderstand soll eine Spannung von 1,2 V abfallen. Die Betriebsspannung ist auf 11 V eingestellt. Berechnen Sie die Größen der Widerstände R_{B1}, R_{B2}, R_E und R_C.

2. In einer Verstärkerschaltung muss der Transistor ausgewechselt werden, dessen Daten wie folgt gegeben sind:
$U_{BE} = 0{,}6\ \text{V}$, $I_C = 0{,}35\ \text{mA}$, $U_{CE} = 5\ \text{V}$, $U_B = 10\ \text{V}$,
$U_{RE} = 1{,}5\ \text{V}$, $m = 10$ und $B = 90$.
Berechnen Sie die Widerstände R_{B1}, R_{B2}, R_C und R_E.

3. Der Verstärker eines Gerätes ist mit dem Transistor BF 199 bestückt. An seiner Basis wird eine Spannung von 14,4 V gegen Masse und an seinem Emitter eine Spannung von 13,7 V gegen Masse gemessen. Sein Kollektorstrom beträgt 7,8 mA. Berechnen Sie R_E und R_{B2} des Basisspannungsteilers, wenn $B = 30$ und $m = 10$ gegeben sind ($I_E \approx I_C$ annehmen).

4. Ein mit dem Transistor BF 199 aufgebauter Verstärker liegt an einer Betriebsspannung von 20,5 V. Der durch den Basisspannungsteilerwiderstand R_{B1} fließende Strom beträgt 0,938 mA. Der Basisstrom wird mit 85,3 µA gemessen. Die Stromverstärkung beträgt 115 und U_{BE} ist mit 0,7 V angegeben, wobei an der Basis gegen Masse eine Spannung von 12,8 V gemessen wird. Berechnen Sie die Größen von R_{B1}, R_{B2} und R_E.

5. Der Basisspannungsteilerwiderstand R373 des Transistors T 371 ist zu berechnen. Die Messung des Kollektorstroms ergab 1,04 mA, während der Gleichstromverstärkungsfaktor $B = 58$ beträgt.

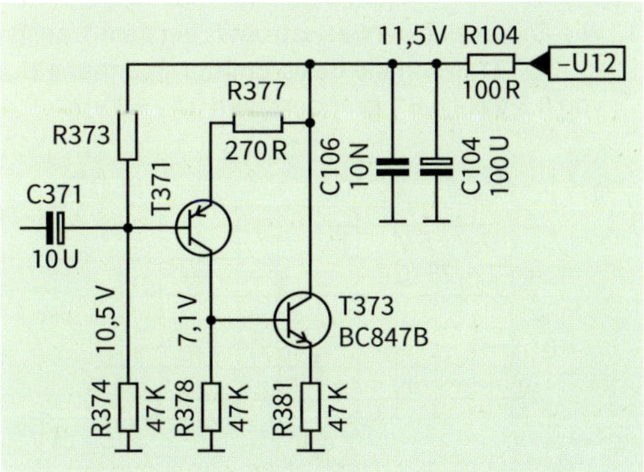

8.8.5 Wechselstromverstärkung

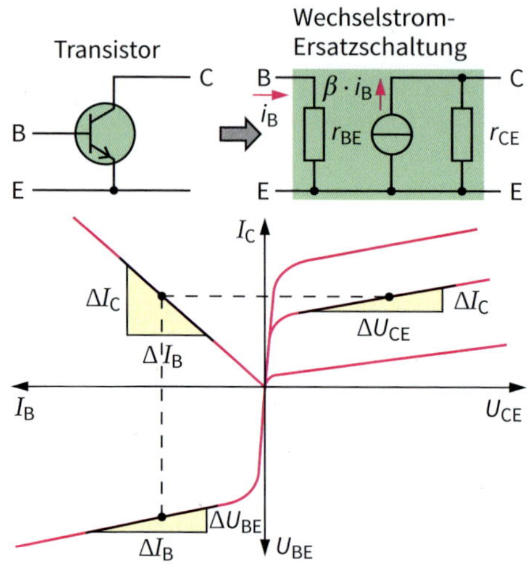

$r_{BE} = \frac{\Delta U_{BE}}{\Delta I_B}$ U_{CE} und T_j = konst.

$r_{CE} = \frac{\Delta U_{CE}}{\Delta I_C}$ I_B und T_j = konst.

$\beta = \frac{\Delta I_C}{\Delta I_B}$ U_{CE} und T_j = konst.

r_{BE} Wechselstrom-Eingangswiderstand
r_{CE} Wechselstrom-Ausgangswiderstand
β Wechselstromverstärkung

Ermittlung der Kenngrößen

- Im Arbeitspunkt wird die Tangente an die Kennlinie gezeichnet.
- Die Tangente wird dann zu einem rechtwinkligen Steigungsdreieck beliebiger Größe erweitert.
- Aus dem Verhältnis der Kathetenlängen errechnet man dann die gesuchte Kenngröße.

Beispiel:

Ermitteln Sie aus den Kennlinienfeldern (s. rechte Seite) des Transistors mit $R_C = 300\,\Omega$

a) den Wechselstrom-Eingangswiderstand r_{BE},
b) die Wechselstromverstärkung β und
c) den Wechselstrom-Ausgangswiderstand r_{CE} für den Arbeitspunkt $I_C = 50$ mA und $U_{CE} = 15$ V.
d) Berechnen Sie die Spannungsverstärkung.

Lösung:

Geg.: Arbeitspunkt $I_{CA} = 50$ mA, $U_{CEA} = 15$ V

Ges.: a) r_{BE} b) β c) r_{CE} d) v_u

a) Aus dem Eingangskennliniefeld ermittelt:

$\Delta U_{BE} = 0{,}1$ V $\Delta I_{B1} = 0{,}22$ mA

$r_{BE} = \frac{\Delta U_{BE}}{\Delta I_{B1}}$ $r_{BE} = \frac{0{,}1\text{ V}}{0{,}22\text{ mA}}$ $\underline{\underline{r_{BE} = 455\,\Omega}}$ ①

b) Aus der Stromsteuerkennlinie ermittelt:

$\Delta I_{C1} = 30$ mA $\Delta I_{B1} = 0{,}22$ mA

$\beta = \frac{\Delta I_{C1}}{\Delta I_{B1}}$ $\beta = \frac{30\text{ mA}}{0{,}22\text{ mA}}$ $\underline{\underline{\beta = 136{,}4}}$ ②

c) Aus dem Ausgangskennlinienfeld ermittelt:

$\Delta U_{CE} = 20$ V $\Delta I_C = 4$ mA

$r_{CE} = \frac{\Delta U_{CE}}{\Delta I_C}$ $r_{CE} = \frac{20\text{ V}}{4\text{ mA}}$ $\underline{\underline{r_{CE} = 5\text{ k}\Omega}}$ ③

d) $v_u = \frac{u_a}{u_e}$ $v_u = \frac{9\text{ V}}{0{,}1\text{ V}}$ $\underline{\underline{v_u = 90}}$

AUFGABEN

1. Wie ändert sich der Basisstrom I_B bei dem Transistor BC 171, wenn die Basis-Emitter-Spannung U_{BE} von 0,5 V auf 0,6 V geändert wird ($U_{CE} = 5$ V)?

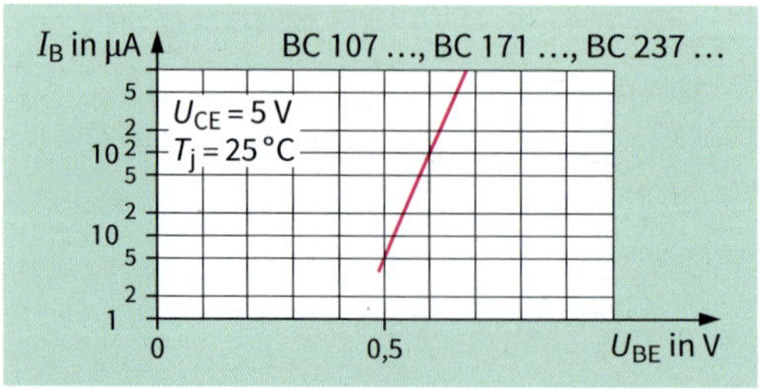

2. Bestimmen Sie aus dem Ausgangskennlinienfeld des Transistors BC 107 für den gewählten Arbeitspunkt $I_C = 35$ mA; $U_{CE} = 20$ V den Wechselstrom-Ausgangswiderstand r_{CE} des Transistors ($I_B = 0{,}1$ mA).

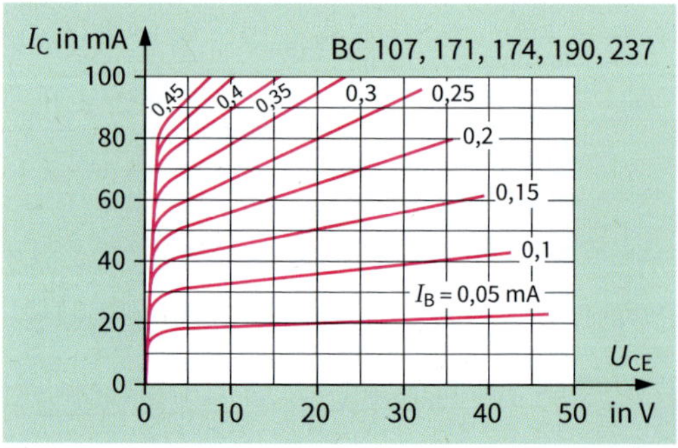

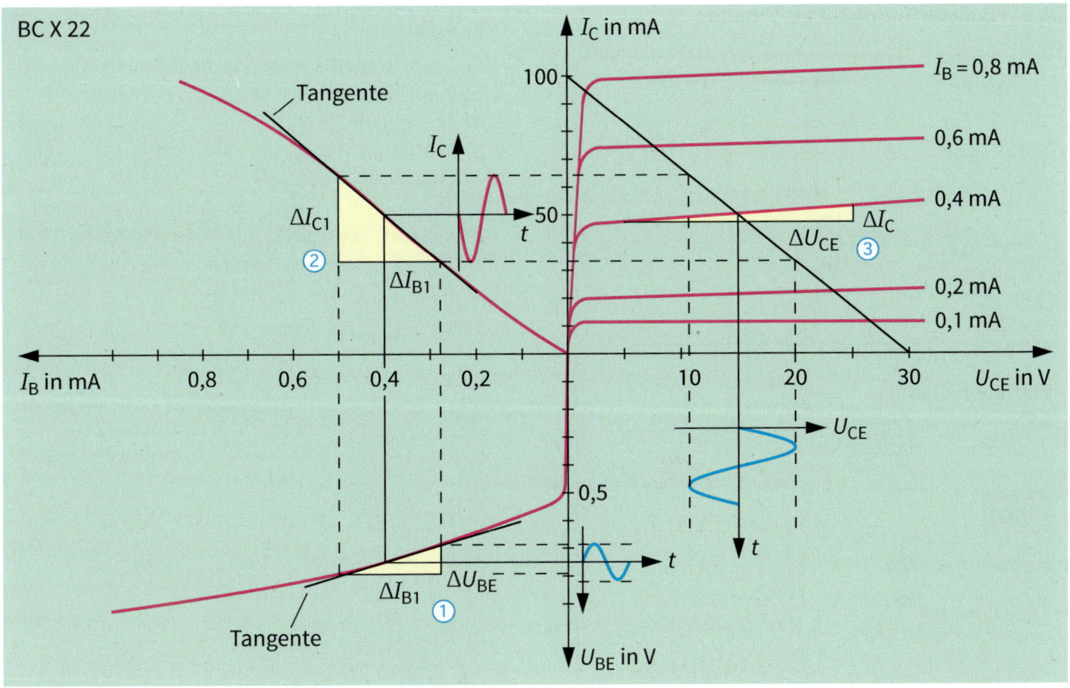

3. Der Transistor BC 107 (Kennlinien aus Aufgaben 1 und 2, S. 186) wird mit einer konstanten Kollektor-Emitter-Spannung von $U_{CE} = 5$ V betrieben.
   a) Welche Änderung des Basisstroms tritt ein, wenn die Basis-Emitter-Spannung von 0,57 V auf 0,62 V verändert wird?
   b) Welche Kollektorstromänderung ΔI_C hat dies zur Folge?
   c) Wie groß ist die Wechselstromverstärkung β des Transistors für die gegebenen Daten (Kennlinien aus Aufgaben 1 und 2, S. 186).
4. a) Bei dem Transistor BC 107 wurde bei $U_{CE} = 5$ V eine Basisstromänderung von $\Delta I_B = 90$ µA gemessen, als die Basisspannung um $\Delta U_{BE} = 0{,}08$ V geändert wurde. Diese Arbeitspunktverschiebung führte zu einer Kollektorstromänderung von $\Delta I_C = 20$ mA. Berechnen Sie r_{BE} und β.
   b) Bei konstantem I_B von 0,1 mA betrug $\Delta U_{CE} = 6$ V und $\Delta I_C = 2{,}5$ mA, während bei $\Delta U_{CE} = 20$ V ein $\Delta U_{BE} = 30$ mV gemessen wurde. Berechnen Sie r_{CE} und v_u.
5. Das rechts abgebildete Diagramm zeigt die Eingangs- und die Stromsteuerkennlinie eines Transistors.
   a) Ermitteln Sie im eingangsseitigen Arbeitspunkt die Kenngrößen r_{BE} und β.
   b) Wie verändern sich r_{BE} und β, wenn der Arbeitspunkt auf $U_{BE} = 0{,}65$ V und $I_B = 20$ µA eingestellt wird?
   c) Welche Auswirkungen ergeben sich, wenn bei wechselstrommäßiger Ansteuerung der Arbeitspunkt auf $U_{BE} = 0{,}62$ V und $I_B = 10$ µA eingestellt wird?

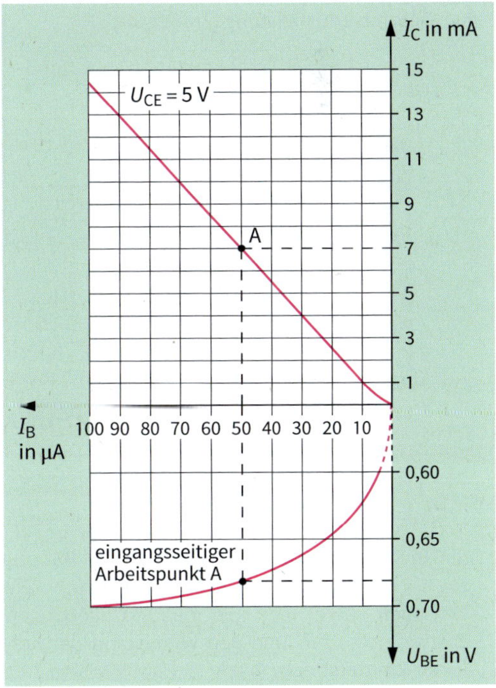

8.8.6 Bipolarer Transistor als Schalter

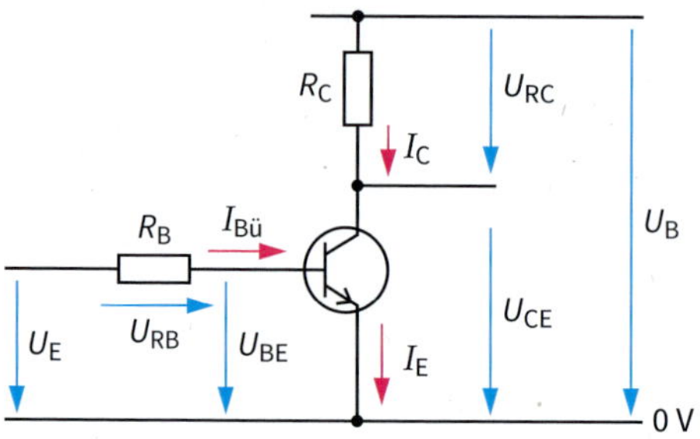

Betriebszustände:

EIN:

$U_{CE} = U_{CE\,sat} \approx 0\,V$

$I_C \approx I_{C\,max} = \dfrac{U_B}{R_C}$

$R_C = \dfrac{U_B - U_{CE\,sat}}{I_C}$

$I_{Bü} = ü \cdot I_B$

$P_V = I_C \cdot U_{CE\,sat}$

$P_{ST} = I_{Bü} \cdot U_{BE}$

$P_{tot} = P_V + P_{ST}$

AUS:

$U_{CE} \approx U_B$

$I_C = I_{CER} \approx 0\,A$

$R_C = \dfrac{U_B - U_{CE}}{I_{CER}}$

$I_{Bü}$ Basisstrom im Einschaltpunkt
$ü$ Übersteuerungsfaktor (2…10)
P_V Schaltverlustleistung
P_{ST} Steuerleistung
P_{tot} Gesamtverlustleistung (Transistor)

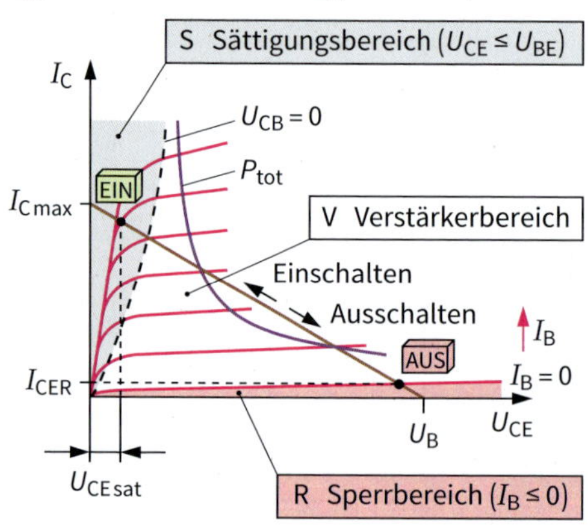

Beispiel:

Ein Schalttransistor wird in Emitterschaltung an 10 V mit einer Wirklast von 330 Ω betrieben.

a) Berechnen Sie $I_{C\,max}$.
b) Wie groß ist I_C im Einschaltpunkt, wenn $U_{CE\,sat} = 0{,}1\,V$ beträgt?
c) Mit $I_B = 100\,\mu A$ lässt sich der Transistor durchsteuern. Es wird ein Übersteuerungsfaktor 2 bei $U_{BE} = 0{,}7\,V$ gewählt. Berechnen Sie den dafür erforderlichen Widerstand R_B, wenn $U_E = 10\,V$ ist.
d) Berechnen Sie P_V, P_{ST} und P_{tot}.

Lösung:

Geg.: $U_B, R_C, U_{CE\,sat}, I_B, U_{BE}, ü$

Ges.: a) $I_{C\,max}$ b) I_C c) R_B d) P_V, P_{ST} und P_{tot}

a) $I_{C\,max} = \dfrac{U_B}{R_C}$ $\quad I_{C\,max} = \dfrac{10\,V}{330\,\Omega}$

$\underline{\underline{I_{C\,max} = 30{,}3\,mA}}$

b) $I_C = \dfrac{U_B - U_{CE\,sat}}{R_C}$ $\quad I_C = \dfrac{10\,V - 0{,}1\,V}{330\,\Omega}$

$\underline{\underline{I_C = 30\,mA}}$

c) $R_B = \dfrac{U_E - U_{BE}}{I_{Bü}}$ $\quad R_B = \dfrac{10\,V - 0{,}7\,V}{200\,\mu A}$

$\underline{\underline{R_B = 46{,}5\,k\Omega}}$

d) $P_V = I_C \cdot U_{CE\,sat}$ $\quad P_V = 30\,mA \cdot 0{,}1\,V$

$\underline{\underline{P_V = 3\,mW}}$

$P_{ST} = I_{Bü} \cdot U_{BE}$ $\quad P_{ST} = 200\,\mu A \cdot 0{,}7\,V$

$\underline{\underline{P_{ST} = 140\,\mu W}}$

$P_{tot} = P_V \cdot P_{ST}$ $\quad P_{tot} = 3\,mW + 140\,\mu W$

$\underline{\underline{P_{tot} = 3{,}14\,mW}}$

Aufgaben

1. Ein Inverter mit einem Schalttransistor BSY …, $U_{CE\,sat} = 0{,}35\,V$ und $I_{C\,max} = 200\,mA$ wird an $U_B = 12\,V$ betrieben. Berechnen Sie den dazugehörigen Lastwiderstand R_C und den Widerstand der Kollektor-Emitterstrecke R_{CE}.

2. Ein gesperrter Schalttransistor mit $R_C = 330\,\Omega$ liegt an $U_B = 12\,V$. Der Kollektor-Emitter-Reststrom beträgt 3 µA.
a) Berechnen Sie für diesen Fall den Widerstand R_C des gesperrten Transistors.
b) Zeichnen Sie im Vergleich das Ersatzschaltbild eines nichtidealen mechanischen Schalters und geben Sie mindestens zwei Nachteile dieser Schaltungsalternative an.
c) Wie groß ist die Verlustleistung des Transistors im ausgeschalteten Zustand?

3. Im eingeschalteten Zustand eines Transistors BC 109 fließt ein Basisstrom von 0,2 mA. Die Messung der Kollektor-Emitter-Sättigungsspannung ergibt 0,2 V.

a) Wie groß ist die anliegende Spannung U_B, wenn der zu schaltende Lastwiderstand mit 125 Ω angegeben ist? Ermitteln Sie I_C mithilfe des Kennlinienfeldes.

b) Die Gesamtverlustleistung des Transisitors ist mit $P = 300$ mW angegeben. Überprüfen Sie, ob der Schalterbetrieb mit den angegebenen Kenndaten zulässig ist.

c) Berechnen Sie die Schaltverlustleistung.

d) Wie lässt sich $U_{CE\,sat}$ des Transistors verringern?

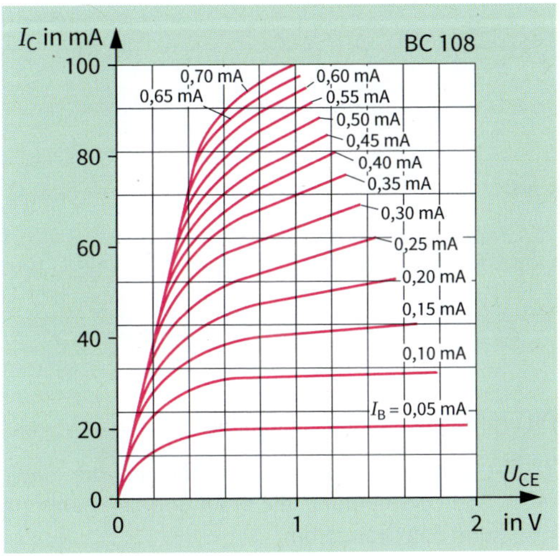

4. Der Transistor K1 schaltet eine induktive Last entsprechend der Arbeitskennlinie.

a) In welchem Fall ist die Gesamtverlustleistung des Transistors besonders groß?

b) Der Transistor wird mit $U_B = 12$ V betrieben. Die Diode R2 ist durch einen Defekt hochohmig geworden. Die zulässige Sperrspannung von K1 liegt bei 20 V. Welche Gefahr besteht für diesen Betriebsfall?

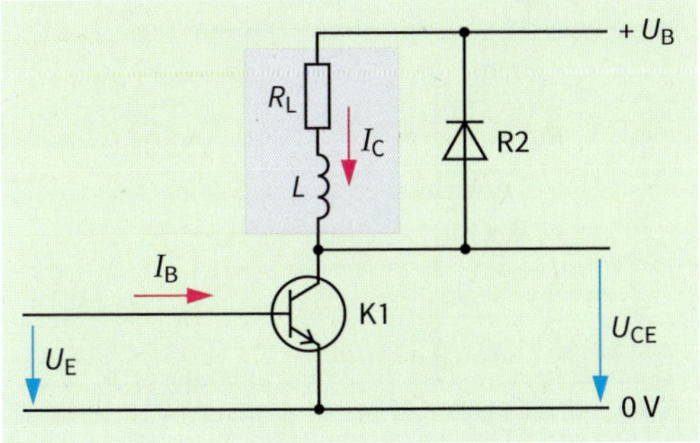

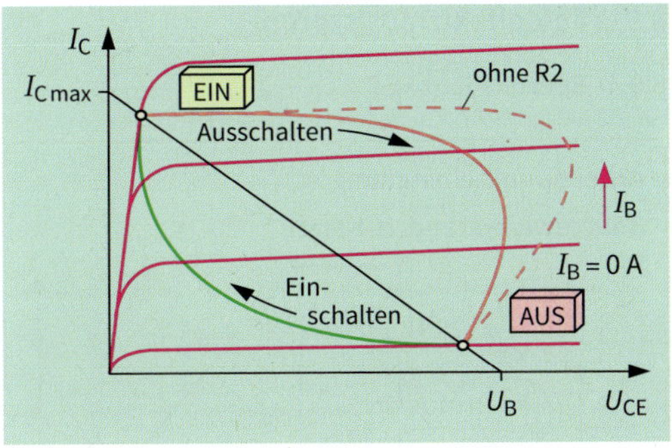

5. Ein Schaltverstärker ist bei $U_{BE} = 0{,}7$ V, $I_C = 60$ mA und $U_{CE\,sat} = 0{,}2$ V leitend. Die Gleichstromverstärkung ist mit $B = 160$ angegeben. Als Basisvorwiderstand R_B wird 2,7 kΩ ermittelt.

a) Berechnen Sie den Basisstrom I_{BEIN} im eingeschalteten Zustand, wenn $ü = 3$ gewählt wurde.

b) Wie groß muss jetzt U_E sein?

c) Berechnen Sie den Lastwiderstand R_C.

d) Warum ist zur kapazitiven Last C noch ein Widerstand R in Reihe geschaltet?

e) Zeichnen Sie den prinzipiellen Verlauf der Arbeitskennlinie für das Ein- und Ausschalten.

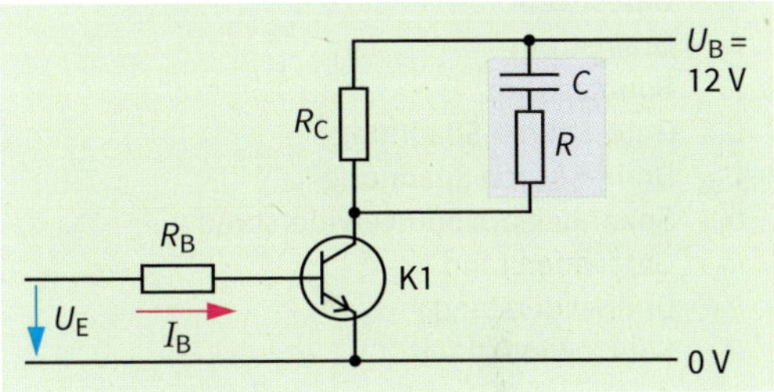

6. Der Schalttransistor K1 wird durch den Eingangswiderstand R_L der nachfolgenden Schaltung belastet. Der Sperrstrom des Transistors ist zu vernachlässigen. Die Schaltung liegt an $U_B = 12$ V. Die Widerstände sind mit je 1 kΩ gegeben. Der Übersteuerungsfaktor beträgt $ü = 4$ und $I_{BEIN} = 400$ µA.

a) Berechnen Sie $I_{C\,max}$.

b) Wie groß ist U_A?

c) Welche Eingangsspannung U_E und welche Steuerleistung P_{ST} ist erforderlich, wenn $U_{BE} = 0{,}7$ V betragen soll?

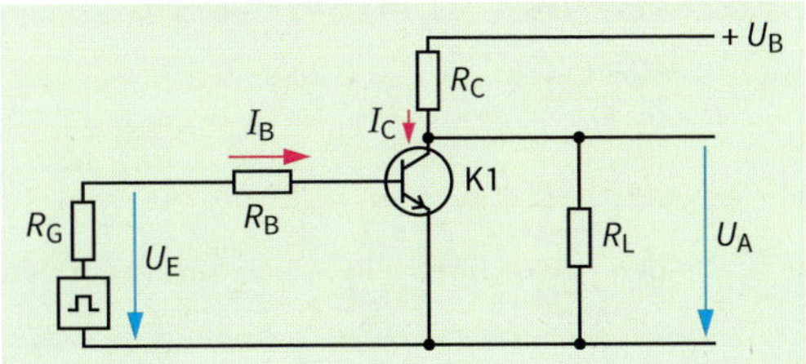

8.9 Feldeffekttransistoren

8.9.1 Sperrschicht FET

Arbeitspunkteinstellung

Sourcewiderstand, N-Kanal

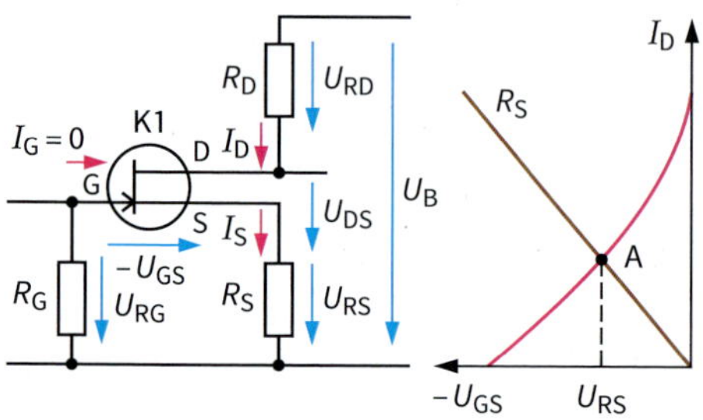

$U_B = U_{RD} + U_{DS} + U_{RS}$ $U_{RG} = 0\,\text{V}$

$R_S = \frac{-U_{GS}}{I_D}$ $R_S = \frac{U_{RS}}{I_S}$

$-U_{GS} = U_{RS}$ $I_S = I_D$

$U_{RD} = I_D \cdot R_D$ $R_D = \frac{U_B - U_{DS} - U_{RS}}{I_D}$

I_G Gatestrom
I_D Drainstrom
I_S Sourcestrom
U_{GS} Gate-Source-Spannung
U_{DS} Drain-Source-Spannung
U_{RS} Spannung am Sourcewiderstand
R_G Gatewiderstand
R_D Drainwiderstand
R_S Sourcewiderstand

Spannungsteiler

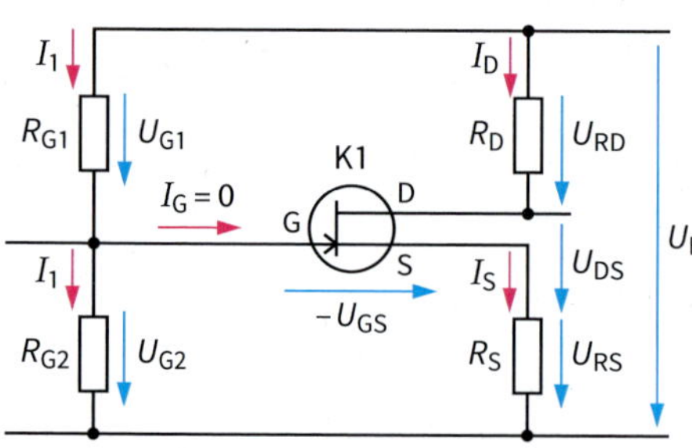

$-U_{GS} = U_{G2} - U_{RS}$ $U_{DS} = U_B - U_{RD} - U_{RS}$

$R_{G1} = \frac{U_B - U_{G2}}{I_1}$ $R_{G2} = \frac{U_{RS} - U_{GS}}{I_1}$

$R_D = \frac{U_B - U_{DS} - U_{RS}}{I_D}$ $R_S = \frac{U_{RS}}{I_S}$

$I_S = \frac{U_{G2} + U_{GS}}{R_S}$ $I_S = I_D$

Beispiel:

Ein Verstärker ist mit einem N-Kanal-Sperrschichttransistor aufgebaut. Die Betriebsspannung beträgt 14 V. Bei dem eingestellten Arbeitspunkt $-U_{GS} = 1{,}5\,\text{V}$ fließt ein Drainstrom von 7 mA. Eine Spannungsmessung zwischen Drain und Source ergab 6 V. Berechnen Sie den Drain- und Sourcewiderstand und wählen Sie einen Normwert.

Lösung:

Geg.: $U_B = 14\,\text{V}$, $-U_{GS} = 1{,}5\,\text{V}$, $U_{DS} = 6\,\text{V}$
$I_D = 7\,\text{mA}$

Ges.: R_S und R_D

$R_S = \frac{-U_{GS}}{I_D}$ $R_S = \frac{1{,}5\,\text{V}}{7\,\text{mA}}$ $\underline{\underline{R_S = 214{,}3\,\Omega}}$

Normwert: $\underline{\underline{R_S = 220\,\Omega}}$

$R_D = \frac{U_B - U_{DS} - U_{RS}}{I_D}$

$R_D = \frac{14\,\text{V} - 6\,\text{V} - 1{,}5\,\text{V}}{7\,\text{mA}}$ $\underline{\underline{R_D = 928{,}6\,\Omega}}$

Normwert: $\underline{\underline{R_D = 910\,\Omega}}$

AUFGABEN

1. a) Ermitteln Sie aus den Kennlinien die Gate-Source-Spannung, die Drain-Source-Spannung und den Drainstrom.
   b) Berechnen Sie den Source-Widerstand.
   c) Wie würde sich eine 1,3-fache Vergrößerung von R_S auf die Drain-Source-Spannung und den Aussteuerbereich des Transistors auswirken?

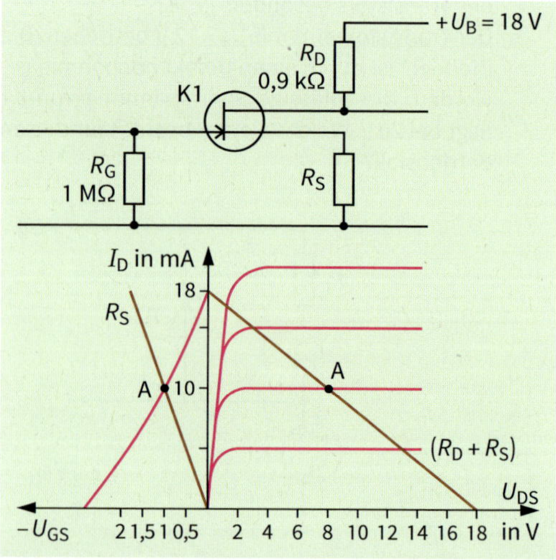

2. Die Abbildung stellt einen Vorverstärker mit dem FET-Transistor BF 245 dar. Berechnen Sie U_{GS}, U_{RD} und R_D.

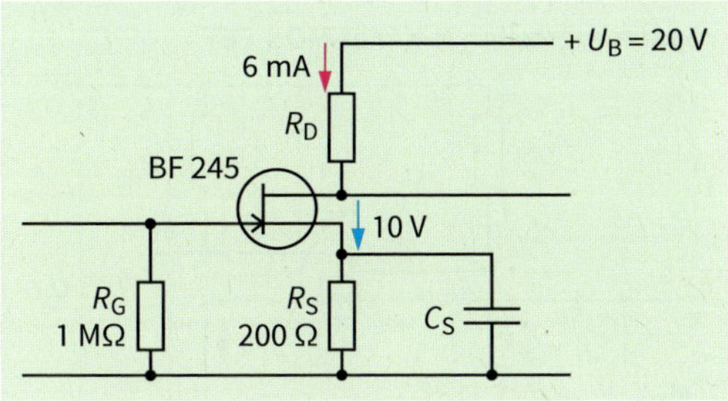

3. Der mit einem Sperrschicht-Feldeffekttransistor aufgebaute Vorverstärker soll dimensioniert werden.

a) Berechnen Sie den Widerstand R_{S2}.

b) Wie groß sind die Gate-Source- und Drain-Source-Spannung?

c) Welche Aufgabe erfüllt der Widerstand R_{S1}?

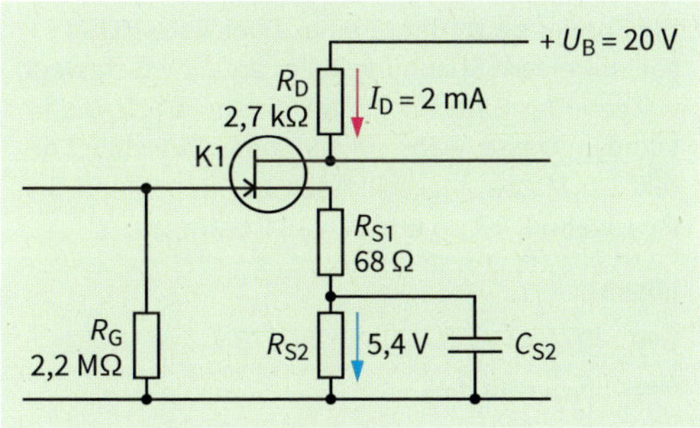

4. Die Gate-Source-Spannung des FET soll mithilfe eines Spannungsteilers erzeugt werden. Die Stromstärke durch R_{G1} und R_{G2} beträgt 15 µA. U_{DS} ist mit 12 V angegeben, während der Drainstrom 3 mA beträgt.

a) Wie groß sind die Widerstände R_D und R_{G1} sowie die Spannung U_{GS}?

b) Aufgrund eines Materialfehlers vergrößert sich der Widerstandswert von R_S. Welche Auswirkung hat dies auf den Arbeitspunkt des Transistors?

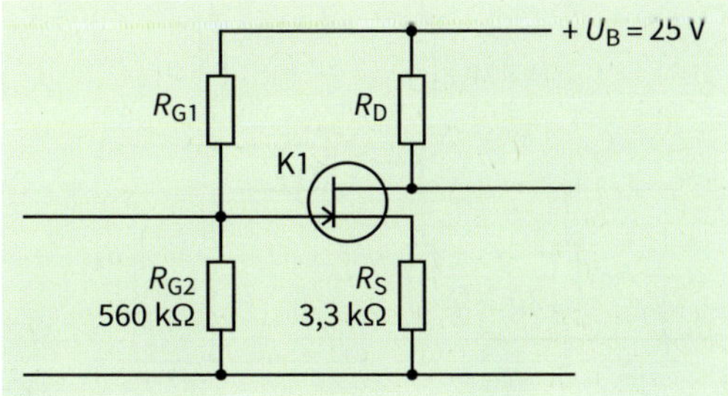

8.9.2 Isolierschicht FET

Arbeitspunkteinstellung

Spannungsteiler, N-Kanal-MOS-FET

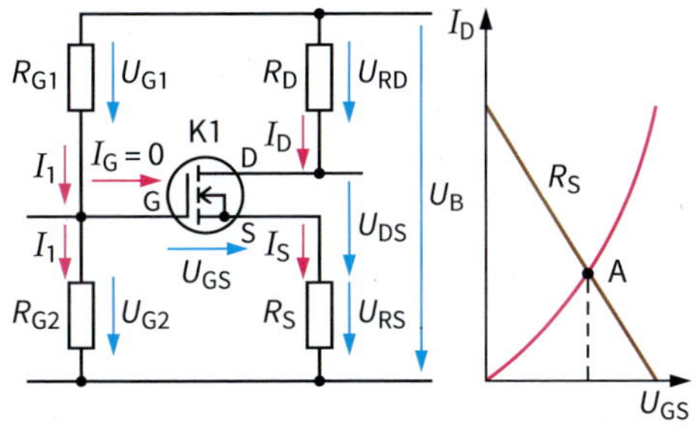

$R_D = \frac{U_B - U_{DS} - U_{RS}}{I_D}$ $\qquad R_S = \frac{U_{RS}}{I_S}$

$R_{G1} = \frac{U_B - U_{G2}}{I_1}$ $\qquad R_{G2} = \frac{U_{RS} + U_{GS}}{I_1}$

$U_{G2} = U_{GS} + U_{RS}$

Beispiel:

Bei einem selbstsperrenden Isolierschicht-FET (N-Kanal) soll im Arbeitspunkt die Gate-Source-Spannung 1 V betragen. Dabei soll ein Drainstorm von 1,5 mA fließen und der Querstrom I_1 durch den Spannungsteiler 2,5 µA betragen. Die Betriebsspannung der Schaltung beträgt 22 V und der Sourcewiderstand ist mit 150 Ω angegeben. Der Drainwiderstand besitzt den Wert 5,6 kΩ. Berechnen Sie die Drain-Source-Spannung und die Größe der Spannungsteilerwiderstände.

Lösung:

Geg.: $I_D = 1{,}5\,\text{mA}$, $I_1 = 2{,}5\,\mu\text{A}$, $U_B = 22\,\text{V}$
$U_{GS} = 1\,\text{V}$, $R_S = 150\,\Omega$, $R_D = 5{,}6\,\text{k}\Omega$

Ges.: U_{DS}, R_{G1} und R_{G2}

$U_{RS} = I_D \cdot R_S$ $\qquad U_{RS} = 1{,}5\,\text{mA} \cdot 150\,\Omega$

$U_{RS} = 0{,}225\,\text{V}$

$U_{G2} = U_{GS} + U_{RS}$ $\qquad U_{G2} = 1\,\text{V} + 0{,}225\,\text{V}$

$U_{G2} = 1{,}225\,\text{V}$

$R_{G2} = \frac{U_{G2}}{I_1}$ $\qquad R_{G2} = \frac{1{,}225\,\text{V}}{2{,}5\,\mu\text{A}}$ $\qquad \underline{\underline{R_{G2} = 0{,}49\,\text{M}\Omega}}$

$R_{G1} = \frac{U_B - U_{R2}}{I_1}$ $\qquad R_{G1} = \frac{22\,\text{V} - 1{,}225\,\text{V}}{2{,}5\,\mu\text{A}}$

$\underline{\underline{R_{G1} = 8{,}31\,\text{M}\Omega}}$

$R_D = \frac{U_B - U_{DS} - U_{RS}}{I_D}$

$U_{DS} = U_B - U_{RS} - I_D \cdot R_D$

$U_{DS} = 22\,\text{V} - 0{,}225\,\text{V} - 1{,}5\,\text{mA} \cdot 5{,}6\,\text{k}\Omega$

$\underline{\underline{U_{DS} = 13{,}38\,\text{V}}}$

1. Der Arbeitspunkt eines in Sourceschaltung arbeitenden selbstsperrenden Isolierschicht-Feldeffekttransistors soll auf $U_{GS} = 3{,}5\ V$ eingestellt werden. Die Spannung U_{DS} soll 8,5 V betragen, damit I_D eine Stromstärke von 2 mA besitzt. Berechnen Sie die Widerstände R_{G1}, R_{G2} und R_D.

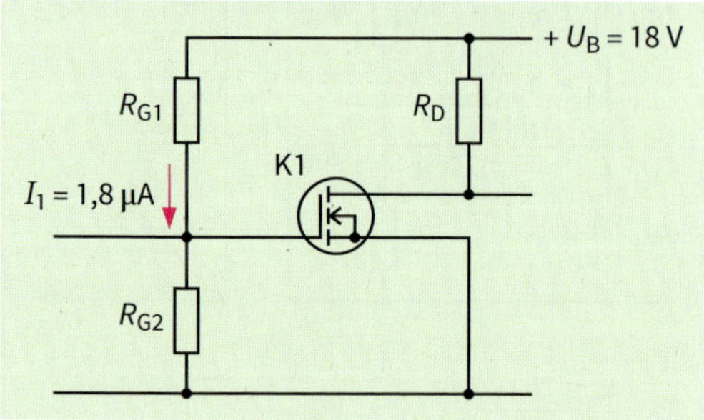

2. Die Abbildung zeigt einen selbstsperrenden MOS-FET, der in Sourceschaltung arbeitet. Berechnen Sie den Drainwiderstand R_D und den Spannungsteilerwiderstand R_{G1}, wenn die folgenden Daten bekannt sind: $U_B = 25\ V$, $U_{DS} = 12\ V$, $I_D = 3\ mA$, $I_1 = 2{,}5\ \mu A$, $R_S = 200\ \Omega$ und $R_{G2} = 1\ M\Omega$.

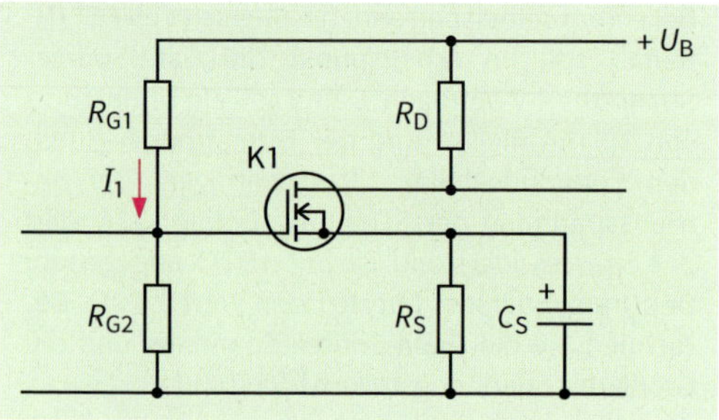

3. Die Schaltung ist gleichspannungsmäßig zu dimensionieren.
   a) Berechnen Sie den Querstrom I_1 durch die Spannungsteilerwiderstände.
   b) Wie groß ist die Stromstärke durch den Drainwiderstand?
   c) Wie würde sich U_{GS} verändern, wenn der Widerstand von R_{G2} vergrößert wird?

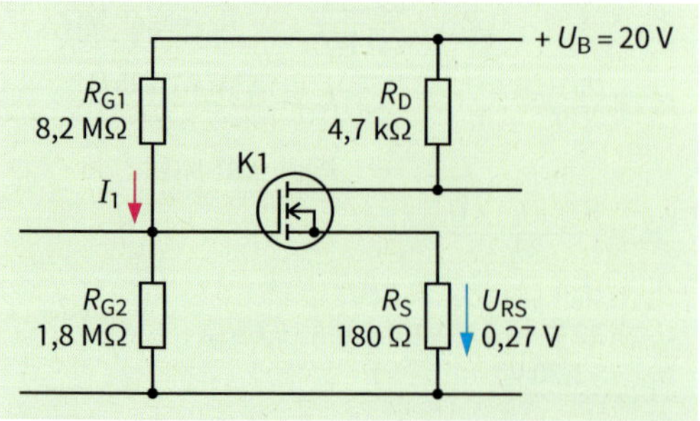

8.9.3 Dual-Gate-MOS-FET

Arbeitspunkteinstellung

Spannungsteiler, N-Kanal-MOS-FET

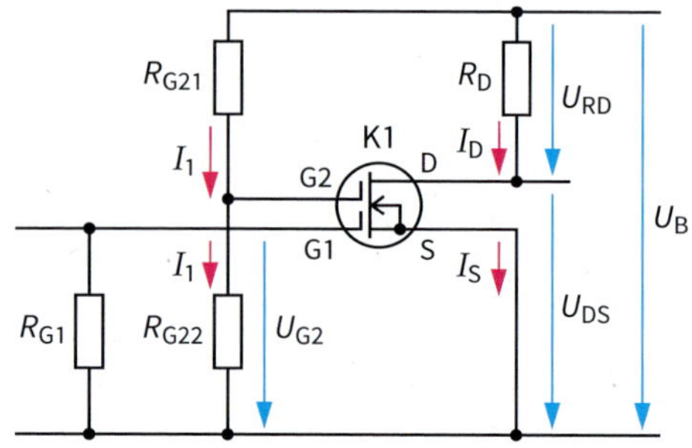

$U_{G1} = 0\ V$ $\quad I_{G1} = 0\ A$ $\quad I_{G2} = 0\ A$

$U_{G2} = I_1 \cdot R_{G22}$ $\quad U_{G2} = U_B - U_{RG21}$

Beispiel:

Die Spannung an Gate 2 eines Dual-Gate-MOS-FET soll mit einem Spannungsteiler auf +3 V festgelegt werden. Das Gate 1 liegt über einem 10 MΩ Widerstand an Masse, während der Source-Anschluss direkt an Masse angeschlossen ist. Berechnen Sie R_{G22}, wenn $I_1 = 3\ \mu A$ und $U_B = 18\ V$ betragen.

Lösung:

Geg.: $U_{G2} = 3\ V$, $I_1 = 3\ \mu A$, $U_B = 18\ V$

Ges.: R_{G21} und R_{G22}

$$R_{G21} = \frac{U_B - U_{G2}}{I_1} \qquad R_{G21} = \frac{18\ V - 3\ V}{3\ \mu A} \qquad \underline{\underline{R_{G21} = 5\ M\Omega}}$$

$$R_{G22} = \frac{U_{G2}}{I_1} \qquad R_{G22} = \frac{3\ V}{3\ \mu A} \qquad \underline{\underline{R_{G22} = 1\ M\Omega}}$$

4. In der Schaltung sind die Stromstärken für I_1 und I_D sowie die Spannungen U_{G1}, U_{G2}, U_{RD} und U_{DS} zu berechnen.

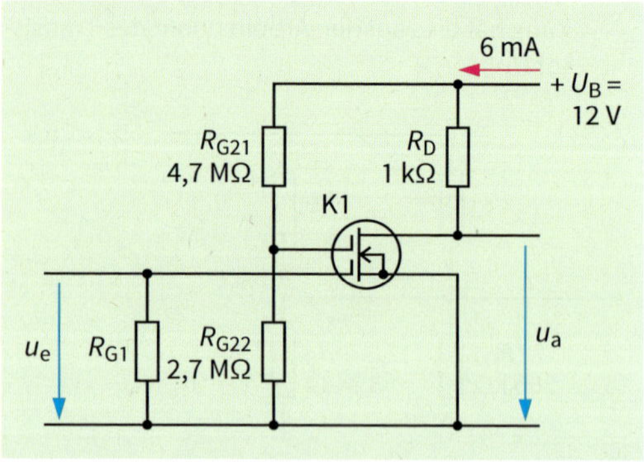

8.10 Wechselstromsteller

Prinzipschaltung mit Triac

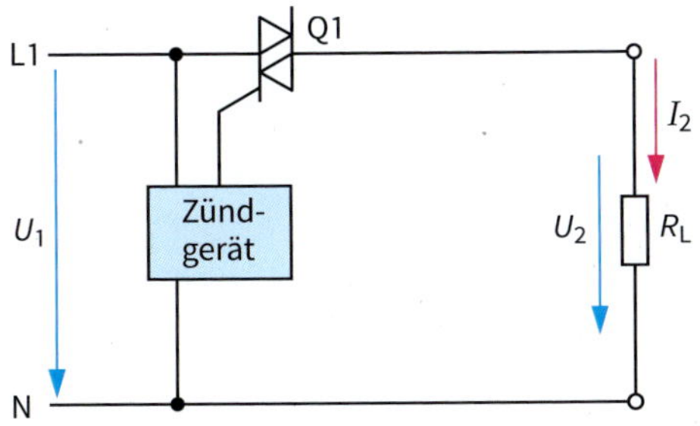

Phasenanschnittsteuerung

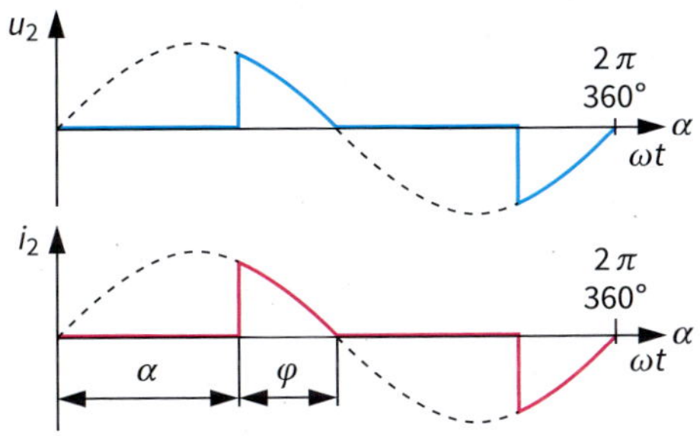

$$U_2 = \sqrt{1 - \frac{\alpha}{180°} + \frac{1}{2\pi}\sin 2\alpha} \cdot U_1$$

$$I_2 = \sqrt{1 - \frac{\alpha}{180°} + \frac{1}{2\pi}\sin 2\alpha} \cdot \frac{U_1}{R_L}$$

$$P = \left(1 - \frac{\alpha}{180°} + \frac{1}{2\pi}\sin 2\alpha\right) \cdot P_{max}$$

α Zündverzögerungswinkel
φ Stromflusswinkel

Beispiel:

Eine Beleuchtungseinrichtung (230 V/360 W) wird mit einer Phasenanschnittsteuerung leistungsgesteuert (gedimmt).
Berechnen Sie die Leistung bei einem Zündverzögerungswinkel von 65°.

Lösung:

Geg.: $P_{max} = 360$ W, $\alpha = 65°$
Ges.: P

$$P = \left(1 - \frac{\alpha}{180°} + \frac{1}{2\pi} \cdot \sin 2\alpha\right) P_{max}$$

$$P = \left(1 - \frac{65°}{180°} + \frac{1}{2\pi} \cdot \sin 130°\right) 360\text{ W}$$

$\underline{\underline{P = 273{,}9\text{ W}}}$

Schwingungspaketsteuerung

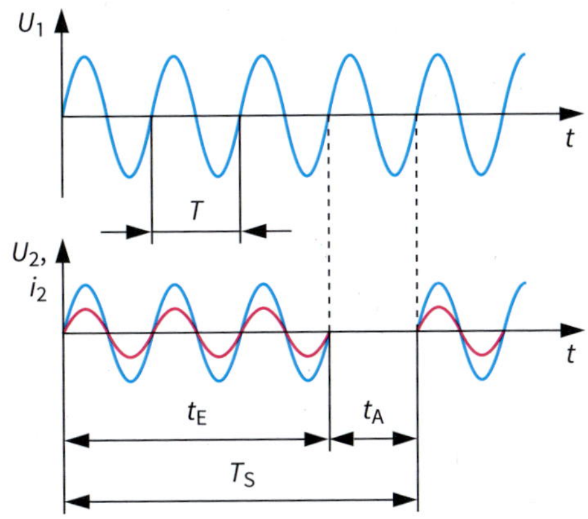

$$T_S = t_E + t_A$$

$$P = \frac{t_E}{T_S} \cdot P_{max}$$

Aufgaben

1. Zur Leistungssteuerung eines Verbrauchers wird die einstellbare Zündverzögerung mithilfe einer RC-Phasenschieberkette erzeugt.

a) Welche Leistung nimmt ein Verbraucher mit den Anschlusswerten 230 V/2000 W auf, wenn der Zündverzögerungswinkel auf $\alpha = 45°$ eingestellt ist?

b) Berechnen Sie die Effektivwerte von Strom und Spannung.

c) Welche Aufgabe haben die Bauelemente L_1 und C_1 bzw. R_3 und C_3?

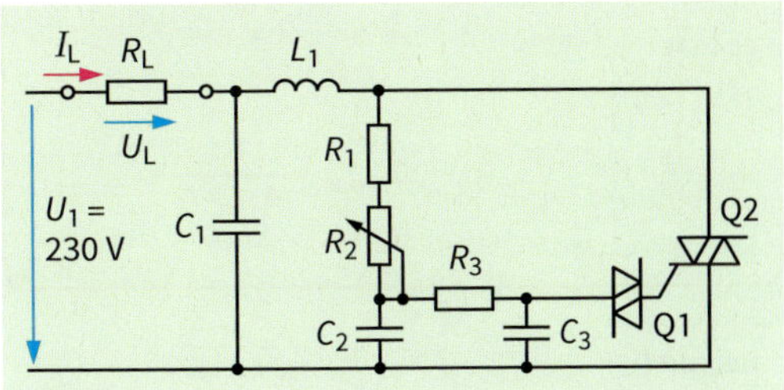

2. Ein Verbraucher ($R_L = 30\ \Omega$) liegt über ein ELR (Elektronisches Lastrelais) an einer Netzwechselspannung von 230 V/50 Hz. Die umgesetzte Leistung soll zwischen Null und maximal 1200 W gesteuert werden.

a) Berechnen Sie die maximale Einschaltzeit t_E bei einer Schaltperiodendauer von $T_S = 2$ s.

b) Berechnen Sie für die maximale Einschaltzeit die Anzahl der am Verbraucher anliegenden Perioden der Netzwechselspannung.

8.11 Gleichstromsteller

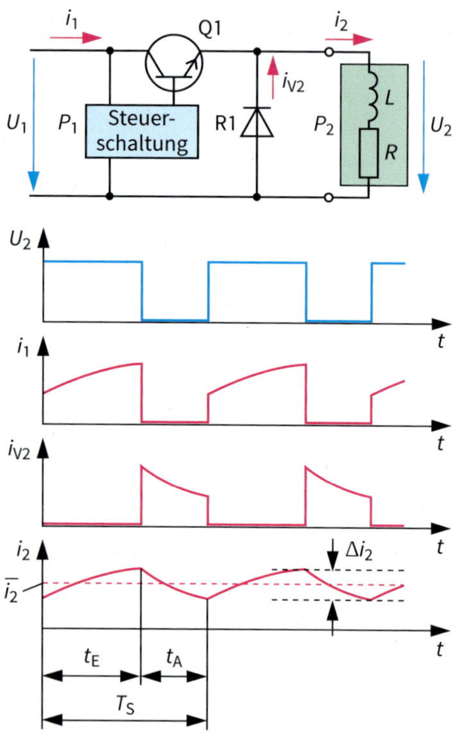

T_S Schaltperiodendauer
f_S Schaltfrequenz
t_E Einschaltzeit
t_A Ausschaltzeit
$\overline{i_2}$ arithmetischer Mittelwert des Laststroms
$\overline{u_2}$ arithmetischer Mittelwert der Lastspannung

$$\overline{u_2} = \frac{t_E}{T_S} \cdot U_1 \qquad T_S = t_E + t_A$$

$$\overline{i_2} = \frac{T_S}{t_E} \cdot \overline{i_1} \qquad \Delta i_{2\,max} = \frac{U_1}{4 \cdot L \cdot f_S}$$

$(t_E = t_A)$

Beispiel:

Zur Leistungssteuerung eines batteriebetriebenen Gabelstaplers mit $U_B = 48$ V wird ein Gleichstromsteller mit der Schaltfrequenz von $f_S = 120$ Hz eingesetzt.

a) Berechnen Sie die Mittelwerte von Spannung und Strom am Motor, wenn bei einer Einschaltzeit von 5 ms der Batterie ein Strom von 32 A fließt.

b) Berechnen Sie die im Motor umgesetzte Leistung für diesen Betriebsfall.

Lösung:

Geg.: $U_B = 48$ V, $f_S = 0{,}65$ V, $t_E = 5$ ms, $\overline{i_1} = 32$ A

Ges.: a) $\overline{u_2}, \overline{i_2}$ b) P_2

a) $\overline{u_2} = \frac{t_E}{T_S} \cdot U_1$ $\qquad \overline{u_2} = \frac{5\text{ ms}}{8{,}33\text{ ms}} \cdot 48\text{ V}$

$\underline{\underline{\overline{u_2} = 28{,}8\text{ V}}}$

$T_S = \frac{1}{f_S}$ $\qquad T_S = \frac{1}{120\text{ Hz}}$ $\qquad T_S = 8{,}33$ ms

$\overline{i_2} = \frac{T_S}{t_E} \cdot \overline{i_1}$ $\qquad \overline{i_2} = \frac{8{,}33\text{ ms}}{5\text{ ms}} \cdot 32\text{ A}$

$\underline{\underline{\overline{i_2} = 53{,}33\text{ A}}}$

b) $P_2 = \overline{u_2} \cdot \overline{i_2} = U_1 \cdot \overline{i_2}$ $\qquad P_2 = 48\text{ V} \cdot 32\text{ A}$

$\underline{\underline{P_2 = 1536\text{ W}}}$

AUFGABEN

1. Zur Steuerung der Antriebsleistung eines Elektrokarrens wird ein Gleichstromsteller mit einer Schaltfrequenz von 200 Hz eingesetzt. Dem Akkumulator ($U_B = 24$ V) werden bei einer Einschaltzeit von 4 ms ein mittlerer Strom von 33 A entnommen.

a) Berechnen Sie die Mittelwerte von Strom und Spannung am Antriebsmotor.

b) Berechnen Sie die umgesetzte Leistung.

c) Berechnen Sie die maximale Schwankung des Motorstroms, wenn dieser eine Induktivität von 10 mH besitzt.

2. Die Abbildung zeigt die Grundschaltung eines Gleichstromstellers mit Pufferkapazität und Pufferinduktivität, wie er bei der Fahrdrahtspeisung einer Straßenbahn eingesetzt werden kann.

a) Berechnen Sie den mittleren Strom, der dem Netz ($U_{Netz} = 400$ V) entnommen wird, wenn am Antriebsmotor eine Spannung von 250 V und ein Strom von 65 A gemessen werden.

b) Berechnen Sie die mittlere Stromstärke in der Freilaufdiode.

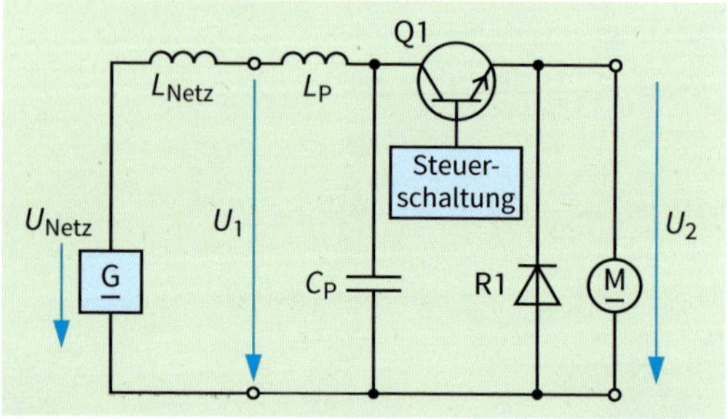

8.12 Operationsverstärker

8.12.1 Invertierer

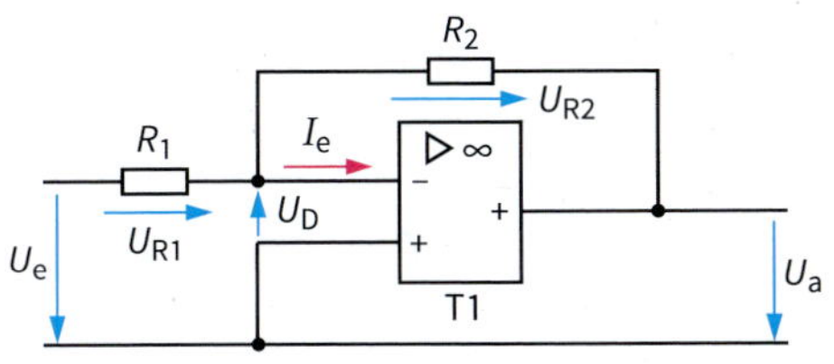

Bei $U_D \approx 0$, $I_e \approx 0$

Übertragungskennlinie:

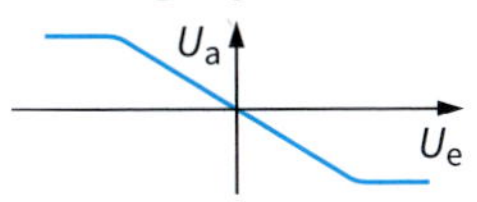

$U_e = U_{R1}$ $\quad U_a = -U_{R2}$

$v_U = -\frac{U_{R2}}{U_{R1}}$ $\quad v_U = -\frac{R_2}{R_1}$

$U_a = -\frac{R_2}{R_1} \cdot U_e$ (Phasenverschiebung $\varphi = 180°$)

R_1 Eingangswiderstand
R_2 Rückkopplungswiderstand

Beispiel:

Ein invertierender Verstärker soll eine Messspannung $U_e = \pm 200$ mV auf $U_a = \pm 5$ V verstärken. Für R_1 wurde ein Widerstand von 20 kΩ gewählt. Berechnen Sie v_U und R_2.

Lösung:

Geg.: $U_e = \pm 200$ mV, $U_a = \pm 5$ V, $R_1 = 20$ kΩ
Ges.: v_U und R_2

$v_U = \frac{U_a}{U_e}$ $\quad v_U = \frac{-5\text{ V}}{200\text{ mV}}$ $\quad \underline{\underline{v_U = -25}}$

$R_2 = -v_U \cdot R_1$ $\quad R_2 = 25 \cdot 20$ kΩ $\quad \underline{\underline{R_2 = 500\text{ k}\Omega}}$

AUFGABEN

1. In der Schaltung kann R_k von 0 bis 47 kΩ geändert werden. Welche Verstärkungswerte lassen sich einstellen und wie groß ist U_e, wenn U_a bei Linksanschlag des Potentiometers 5 V beträgt?

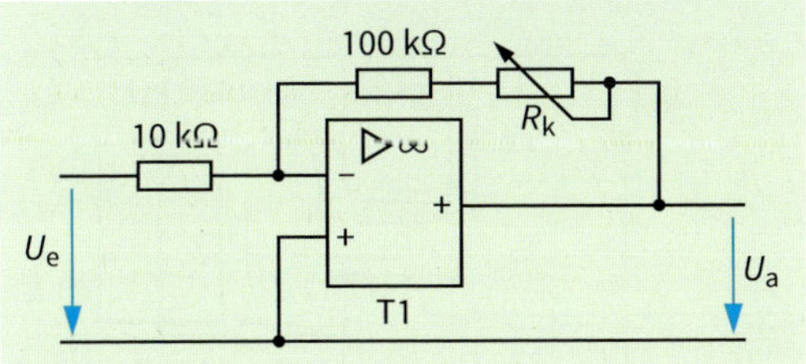

2. Skizzieren Sie einen Umkehrverstärker, dessen Verstärkung sich zwischen 10, 20 und 50 umschalten und feinabgleichen lässt, wenn $R_1 = 10$ kΩ ist. Welche Werte wählen Sie jeweils für R_2?

3. In der Schaltung kann R_e von 0 bis 47 kΩ geändert werden. Wie verändert sich U_a, wenn U_e mit 800 mV konstant bleibt?

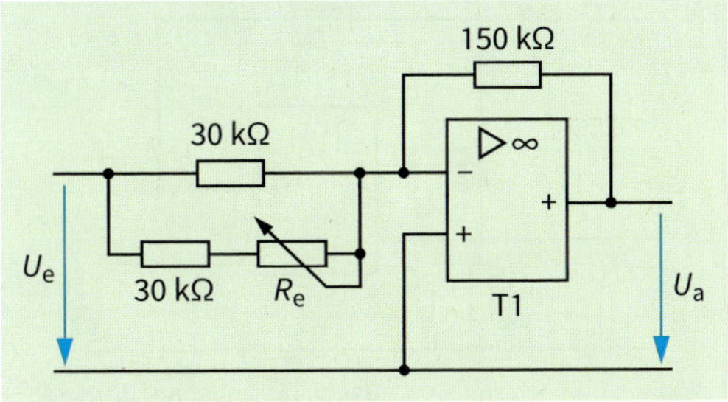

4. Ein invertierender Operationsverstärker hat einen Rückkopplungswiderstand von 47 kΩ. Die Eingangsspannung soll um den Faktor 30 verstärkt werden. Welcher Eingangswiderstand ist erforderlich?

5. Die Messergebnisse an einem invertierenden Verstärker sind eingetragen. Bestimmen Sie die Verstärkungsfaktoren und die beiden Widerstände R_2, wenn $R_1 = 1$ kΩ beträgt.

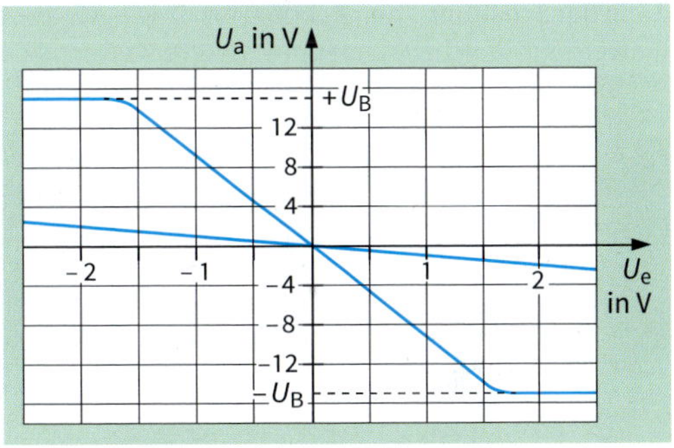

6. Zur Kompensation der Eingangsruheströme in einer invertierenden Verstärkerschaltung mit T1 ist R_3 vorgesehen. Die Kompensation der Offsetspannung übernimmt ein Potentiometer $R_4 = 10$ kΩ. Berechnen Sie R_1, R_2 und R_3, wenn $v_U = 80$ sein soll.

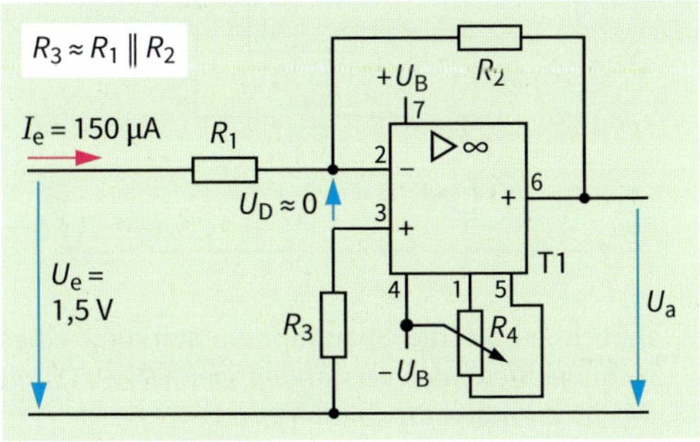

8.12.2 Nichtinvertierer

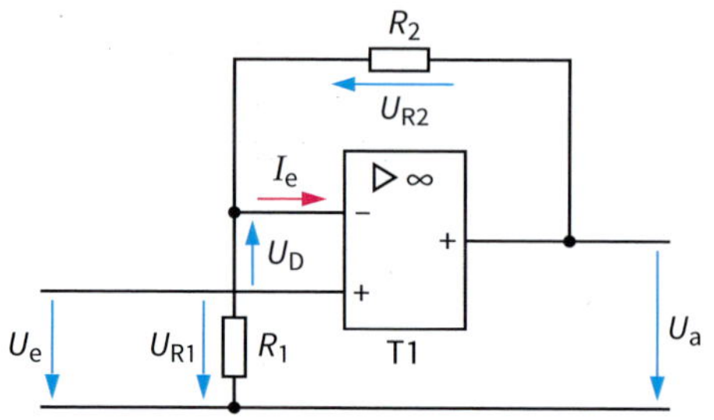

Bei $U_D \approx 0$, $I_e \approx 0$

$U_e = U_{R1}$

$U_a = U_{R2} + U_{R1}$

$v_U = 1 + \frac{U_{R2}}{U_{R1}}$

$v_U = 1 + \frac{R_2}{R_1}$ $\quad U_a = \left(1 + \frac{R_2}{R_1}\right) \cdot U_e$

Übertragungskennlinie:

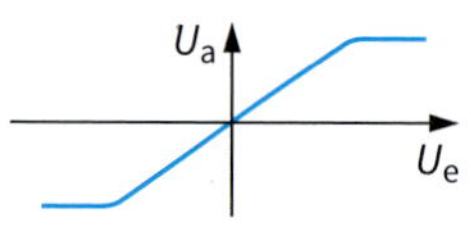

Aufgaben

1. In der Schaltung kann R_k von 0 bis 47 kΩ geändert werden. Welche Verstärkungswerte lassen sich einstellen und wie groß ist U_e, wenn U_a bei Rechtsanschlag des Potentiometers 5 V beträgt?

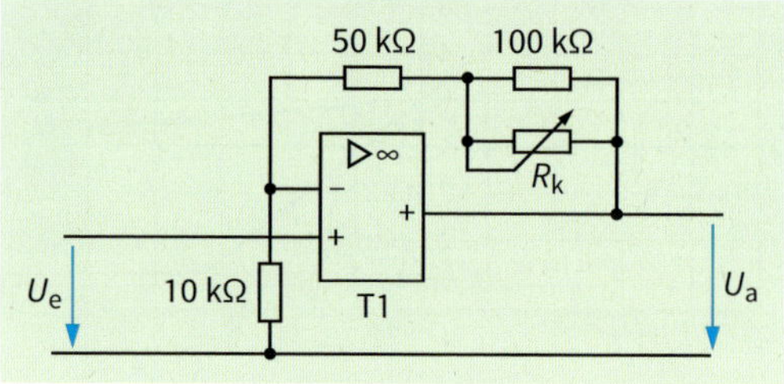

2. In der Schaltung kann R_e von 0 bis 47 kΩ geändert werden. Wie verändert sich U_a, wenn U_e mit 800 mV konstant bleibt?

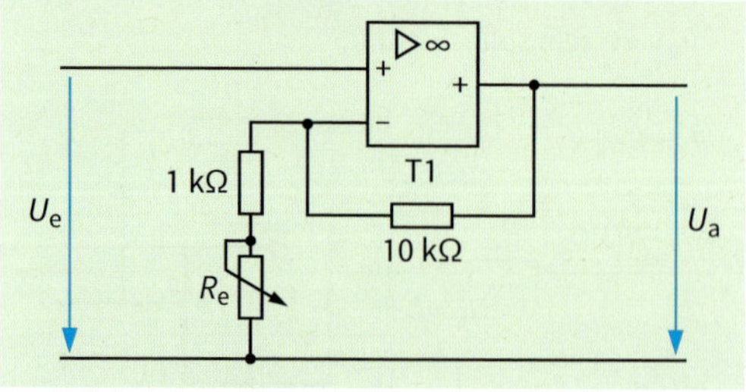

3. Berechnen Sie die Spannungsverstärkung eines nichtinvertierenden Verstärkers, wenn $R_2 = 0\ \Omega$ und $R_1 = \infty\ \Omega$ (Impedanzwandler) sind.

4. Ein Verstärker mit einem 741 ist dargestellt. Berechnen Sie die Verstärkung und die untere Grenzfrequenz des Hochpasses am Eingang.

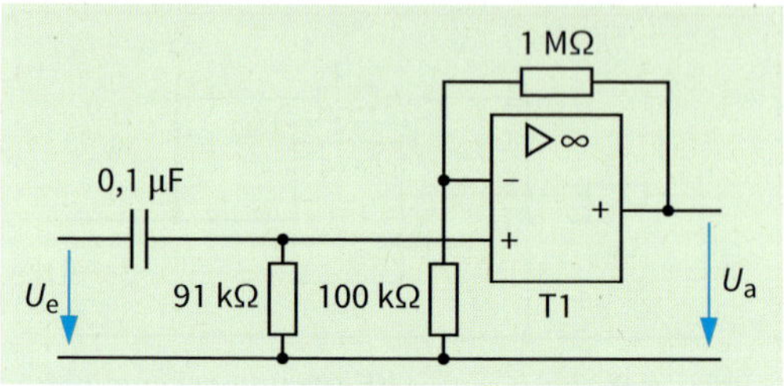

5. Mit der Steuerspannung U_{st} wird der Drain-Source-widerstand des Feldeffekttransistors verändert. In welchem Bereich ändert sich R_{DS}, wenn v_U des Regelverstärkers zwischen 1 und 150 änderbar ist?

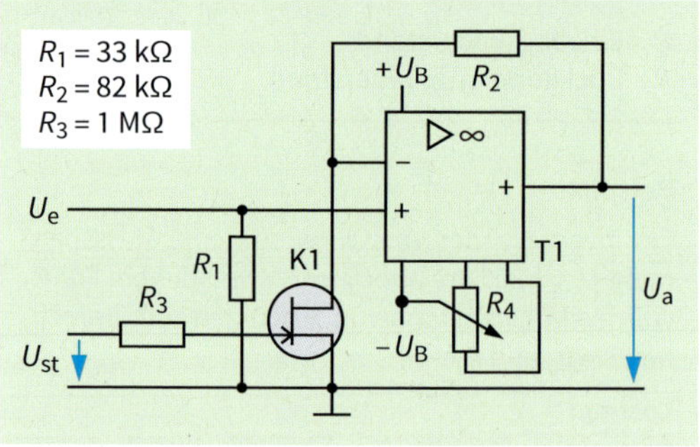

6. Mit einer LED-Farbsteuerschaltung kann die Farbe einer Zweifarb-LED (E1) von Grün über Gelb und Orange nach Rot stufenlos durch U_e geändert werden.

a) Welche von beiden ist die rote LED, wenn sie bei $U_e = 0{,}6$ V zu leuchten beginnt?

b) Welche Verstärkung hat der Nichtinvertierer?

c) Welche Spannung liegt an PIN 7 von T 1.2, wenn $U_e = 0{,}9$ V ist?

d) In welchem Bereich von U_e wird die grüne LED maximal leuchten?

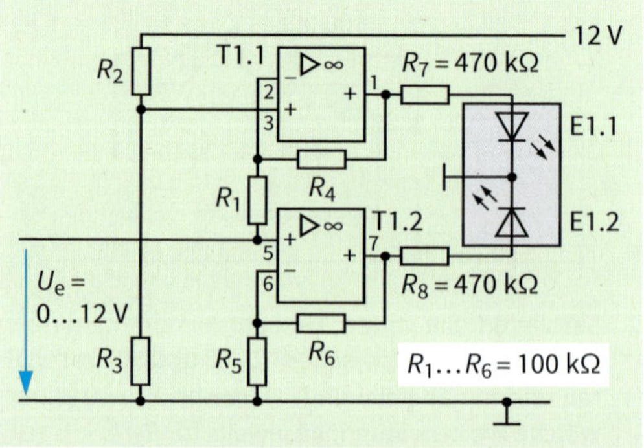

8.12.3 Summierer, Addierer

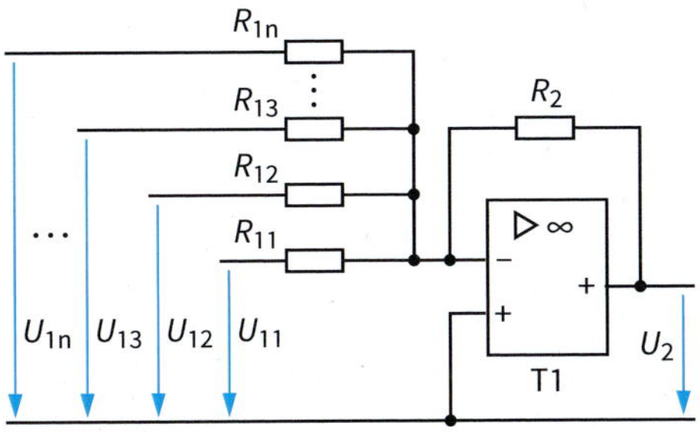

$$-U_2 = \frac{R_2}{R_{11}} \cdot U_{11} + \frac{R_2}{R_{12}} \cdot U_{12} + \frac{R_2}{R_{13}} \cdot U_{13} + \ldots + \frac{R_2}{R_{1n}} \cdot U_{1n}$$

Für $R_{11} = R_{12} = R_{13} = \ldots = R_{1n} = R_1$

$$-U_2 = \frac{R_2}{R_1} \cdot (U_{11} + U_{12} + U_{13} + \ldots + U_{1n})$$

Für $R_{11} = R_{12} = R_{13} = \ldots = R_{1n} = R_2$

$$-U_2 = U_{11} + U_{12} + U_{13} + \ldots + U_{1n}$$

Aufgaben

1. Zwei Eingangsspannungen werden in einem Mischpult über den Verstärkungsfaktor $v_U = 120$ verstärkt und addiert. Die Eingangsspannungen werden jeweils mit 147 Ω belastet. Berechnen Sie den Gegenkopplungswiderstand R_2.

2. In der Schaltung ist der Messpunkt für U_{13} nicht zugänglich. Bestimmen Sie U_{13} durch Berechnung.

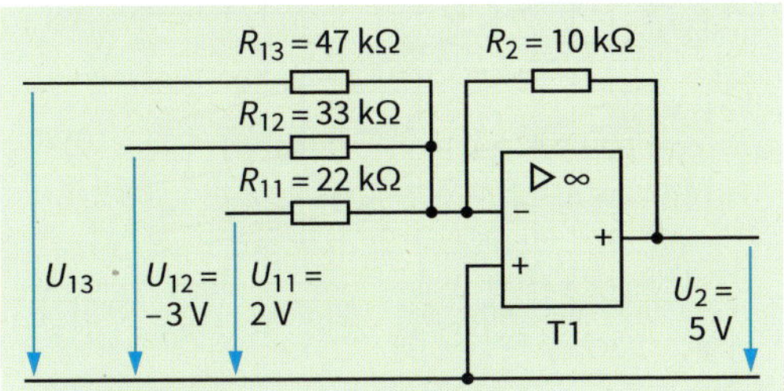

3. Berechnen Sie die Ausgangsspannung in einem 5-stufigen Addierer, dessen Widerstände alle gleich groß sind. Die kleinste Eingangsspannung beträgt 0,25 V. Sie wird an jedem weiteren Eingang verdoppelt.

4. Zwei Messspannungen $U_{11} = -0{,}1$ V, $U_{12} = 1{,}5$ V sollen addiert werden. Die kleinere Messspannung ist siebenfach zu berücksichtigen. Die Ausgangsspannung darf 5 V nicht überschreiten. Berechnen Sie R_{11} und R_{12}, wenn als Gegenkopplungswiderstand 47 kΩ vorgesehen ist.

5. In einem Mischpult zur Addition dreier Signalspannungsquellen ist zusätzlich für jeden Eingang ein Potentiometer zur Einstellung der Verstärkungsfaktoren vorgesehen. Zur Kompensation der Eingangsruheströme bzw. der Eingangsoffsetspannung ist für den Operationsverstärker je ein 10 kΩ Widerstand eingesetzt.
   a) Geben Sie den Bereich für die Verstärkungsfaktoren der einzelnen Eingangsspannungen an.
   b) Auf welchen Wert sind die Potentiometer z. B. eingestellt, wenn bei drei gleichen Eingangsspannungen U_2 um den Faktor 17 größer ist?

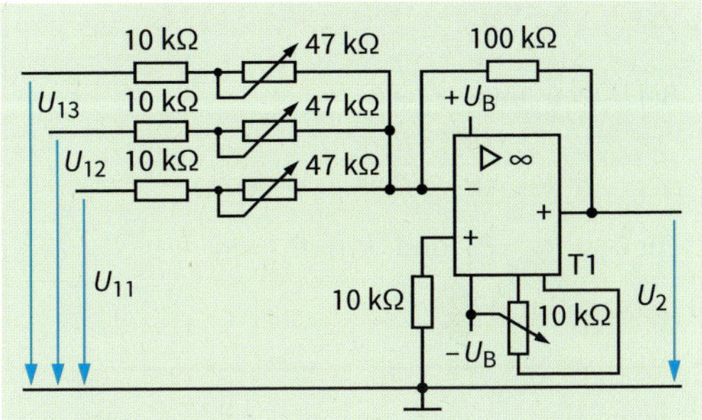

6. Der Addierer soll als Digital-Analog-Umsetzer arbeiten. Die digitalen Eingangsvariablen werden mit den Schaltern S1 bis S4 eingegeben.
   a) Welche Werte müssen R_{12}, R_{13} und R_{14} haben, damit der Dualcode umgesetzt werden kann?
   b) Ermitteln Sie $-U_2$ für alle Fälle a bis i.

	a	b	c	d	e	f	g	h	i
S1	0	1	0	1	0	1	0	1	0
S2	0	0	1	1	0	0	1	1	0
S3	0	0	0	0	1	1	1	1	0
S4	0	0	0	0	0	0	0	0	1

0 ≙ Schalter geöffnet
1 ≙ Schalter geschlossen

   c) Am Ausgang wird eine Spannung von −14 V gemessen. Geben Sie an, welche Schalter geschlossen sein müssen.

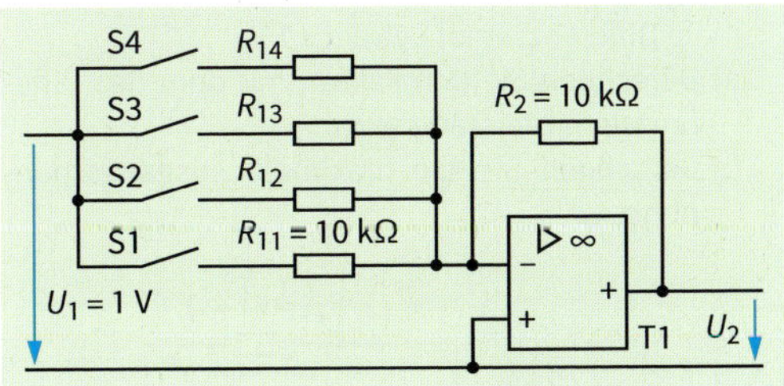

7. Ein Addierer soll zwischen zwei Spannungen ungleicher Polarität betragsmäßig so vergleichen, dass U_a jeweils durch die größere Eingangsspannung in die positive oder negative Sättigung gesteuert wird. Zeichnen Sie das Schaltbild.

8.12.4 Subtrahierer

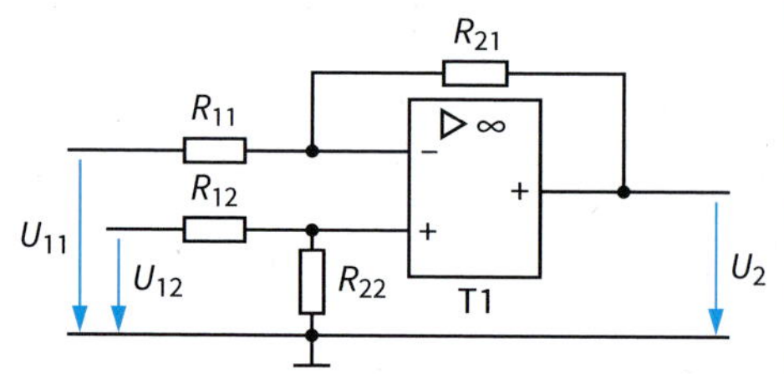

Bei $U_{11} = 0$

$$U_2 = U_{12} \cdot \frac{R_{22} \cdot (R_{21} + R_{11})}{R_{11} \cdot (R_{22} + R_{12})}$$

Bei $U_{12} = 0$

$$U_2 = -U_{11} \cdot \frac{R_{21}}{R_{11}}$$

Bei $U_{11} \neq 0$ und $U_{12} \neq 0$

$$U_2 = U_{12} \cdot \frac{R_{22} \cdot (R_{21} + R_{11})}{R_{11} \cdot (R_{22} + R_{12})} - U_{11} \cdot \frac{R_{21}}{R_{11}}$$

Für $R_{21} = R_{22} = R_2$ und $R_{11} = R_{12} = R_1$

$$U_2 = (U_{12} - U_{11}) \cdot \frac{R_2}{R_1}$$

AUFGABEN

1. Die Änderung des Drucks in einer chemischen Anlage wird über einen Dehnungsmessstreifen in einem Kraftaufnehmer erfasst. Der Subtrahierer ist mit $R_{11} = 10\ k\Omega$, $R_{21} = 100\ k\Omega$, $R_{12} = 47\ k\Omega$ und $R_{22} = 33\ k\Omega$ beschaltet.

a) Welche Ausgangsspannung ergibt sich, wenn die Messspannungen $U_{11} = -1{,}5\ V$ und $U_{12} = -3\ V$ betragen?

b) Durch einen defekten Sensor wird $U_{11} = 0$. Welche Änderung von U_2 ergibt sich?

2. In einem Differenz-Thermometer liefern zwei Temperatursensoren die Messspannungen zur Feststellung des Temperaturunterschieds zwischen zwei Punkten. Zur Differenzbildung der Messspannungen ist ein Subtrahierer eingesetzt. Das maximale Differenzsignal beträgt ±1 V.

a) Berechnen Sie den Faktor, mit dem das Differenzsignal verstärkt wird.

b) Berechnen Sie die maximale Ausgangsspannung.

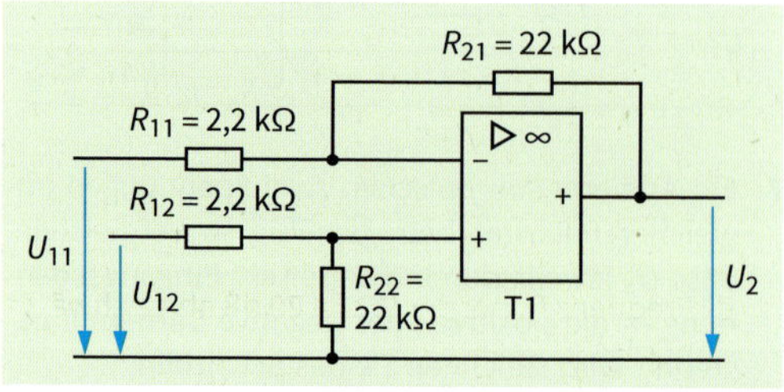

3. Messungen an einem Brückenspannungsverstärker ergeben $U_2 = 1{,}5\ V$ und $U_{BA} = 500\ mV$. Wie groß sind R_{11} und R_{12}?

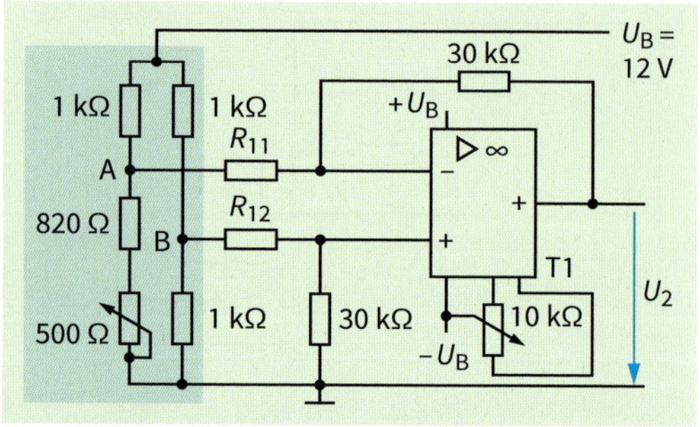

4. a) Berechnen Sie v_U für die Schaltung.

b) Bestimmen Sie U_2, wenn für R_1 der NTC mit $R = 6\ k\Omega$ eingesetzt ist. Die Temperatur am Messort 1 beträgt 90 °C. Am Messort 2 ist ein NTC mit $R = 1\ k\Omega$ geschaltet. Hier wird eine Temperatur von 50 °C gemessen.

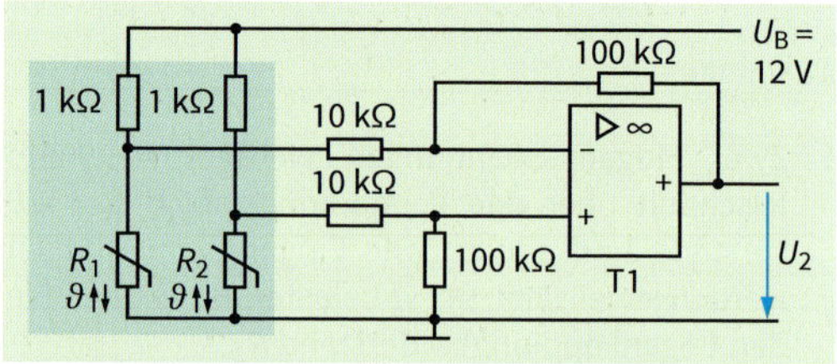

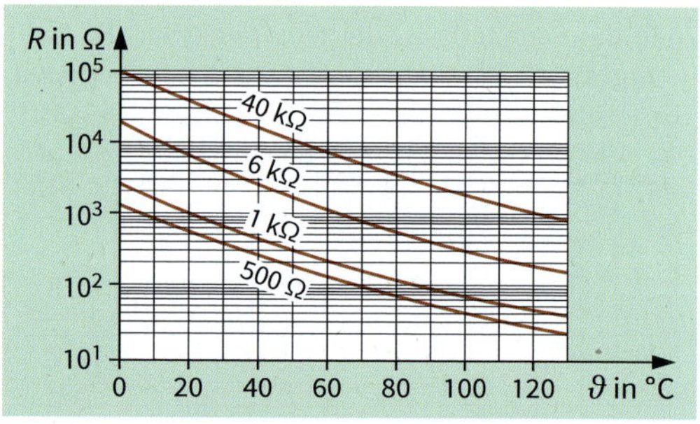

5. Gegeben sind die Spannungen einer Schaltung mit einem Operationsverstärker.

a) Um welche Schaltung handelt es sich?

b) Welche Formel gilt zur Berechnung von U_e?

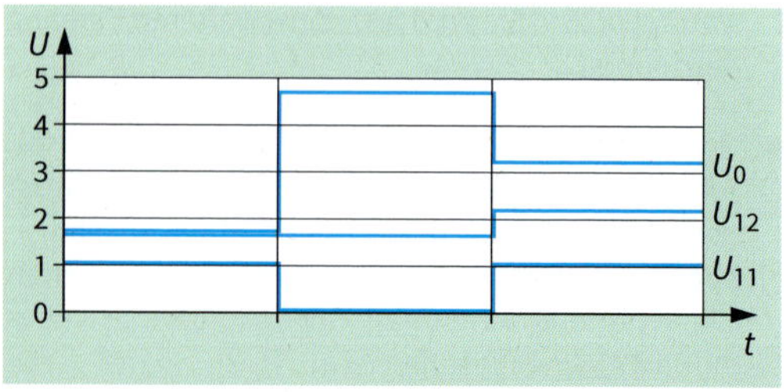

8.12.5 Integrierer

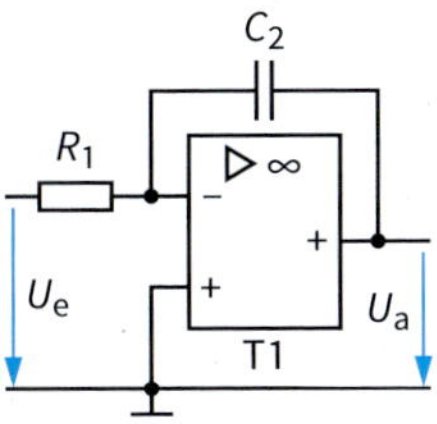

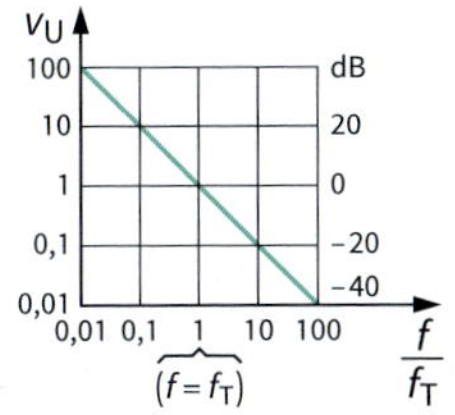

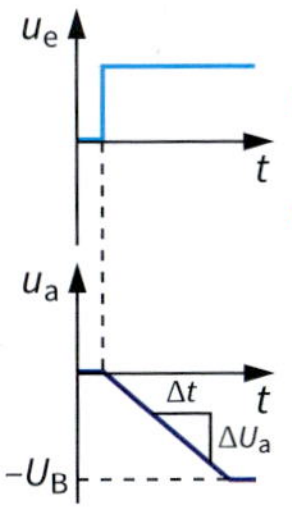

$$\Delta U_a = -\frac{U_e \cdot \Delta t}{R_1 \cdot C_2}$$

$$\Delta U_a = -K_I \cdot U_e \cdot \Delta t$$

$$K_I = \frac{1}{R_1 \cdot C_2}$$

$$T_I = R_1 \cdot C_2$$

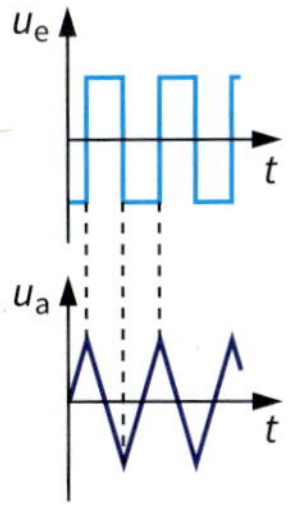

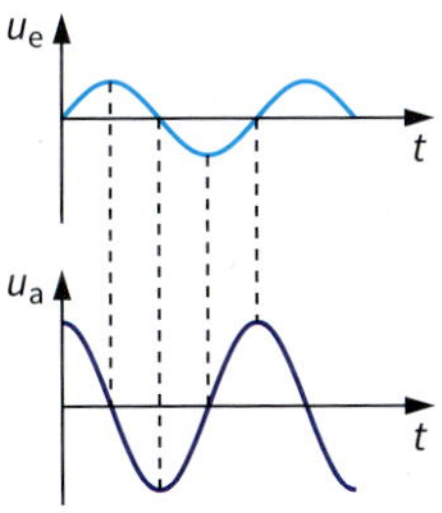

$$v_U = \frac{U_a}{U_e} \qquad v_U = \frac{X_{C2}}{R_1}$$

$$v_U = \frac{1}{2\pi \cdot f \cdot R_1 \cdot C_2}$$

$$f_T = \frac{1}{2\pi \cdot R_1 \cdot C_2}$$

ΔU_a	Änderung der Ausgangsspannung
Δt	Zeitdifferenz
K_I	Integrierbeiwert
f_T	Durchtrittsfrequenz, Transitfrequenz
T_I	Integrationszeitkonstante

Beispiel:

Wie viele Minuten nach dem Einschalten von $U_e = -10$ mV liefert ein Integrierer in einer Verzögerungsschaltung mit $R_1 = 1$ MΩ und $C_2 = 1$ µF eine Ausgangsspannungsänderung von 5 V. Wie groß ist der Integrierbeiwert?

Lösung:

Geg.: $U_e = -10$ mV, $R_1 = 1$ MΩ, $C_2 = 1$ µF
$\Delta U_a = 5$ V

Ges.: Δt und K_I

$$\Delta t = -\frac{\Delta U_a \cdot R_1 \cdot C_2}{U_e} \qquad \Delta t = -\frac{5\ \text{V} \cdot 1\ \text{M}\Omega \cdot 1\ \mu\text{F}}{-10\ \text{mV}}$$

$$\Delta t = 500\ \text{s} \qquad \underline{\underline{\Delta t = 8{,}33\ \text{min}}}$$

$$K_I = \frac{1}{R_1 \cdot C_2} \qquad K_I = \frac{1}{1\ \text{M}\Omega \cdot 1\ \mu\text{F}} \qquad \underline{\underline{K_I = 1}}$$

Aufgaben

1. Welcher Widerstand R_1 wäre notwendig, wenn die Ausgangsspannung bei sonst gleichen Werten wie in der Beispielaufgabe nach einer Minute gefordert ist?

2. Welche Eingangsfehlspannung führt nach 5 s zu einer Ausgangsspannungsänderung von 10 V, wenn der Integrierer mit $R_1 = 10$ kΩ und $C_2 = 100$ nF beschaltet ist?

3. Eine Rechteckspannung mit $f = 1$ kHz und einem Tastverhältnis von 1 : 1 soll mit einem Integrierer in eine Dreieckspannung gewandelt werden. Die Maximalwerte der Spannungen sind mit +5 V und −5 V angegeben. Berechnen Sie R_1, wenn $C_2 = 47$ nF ist.

4. Der Verlauf zweier Ausgangsspannungen eines Integrierers in Abhängigkeit von der Eingangsspannung ist dargestellt. Welche Kondensatoren C_2 befinden sich jeweils im Rückkopplungszweig, wenn $R_1 = 100$ kΩ groß ist?

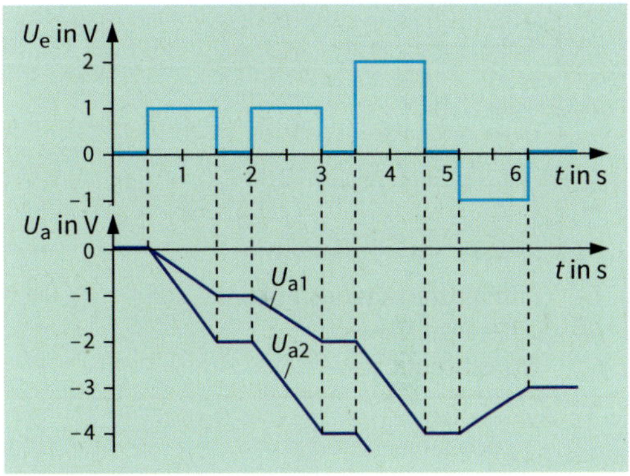

5. Die sinusförmige Eingangsspannung eines Integrierers beträgt 3 V bei $f = 8$ kHz.
   a) Berechnen Sie C_2, wenn $R_1 = 4{,}7$ kΩ beträgt und $v_U = 5$ ist.
   b) Ermitteln Sie die Durchtrittsfrequenz f_T. Wie groß ist in diesem Fall die Verstärkung?

6. An einem Operationsverstärker, der mit R_1 und C_2 als Integrierer geschaltet ist, liegt eine Sinusspannung mit $\hat{u}_e = 1$ V und $f = 10$ kHz. R_1 ist mit 82 kΩ angegeben. Die Messung der Ausgangsspannung ergibt $U_a = 707$ mV. Berechnen Sie:
   a) Gegenkopplungskondensator C_2
   b) Integrationszeitkonstante T_I
   c) Frequenz f_1, bei der U_e um 20 dB verstärkt wird
   d) Frequenz f_2, bei der U_e um 20 dB abgeschwächt wird

8.12.6 Differenzierer

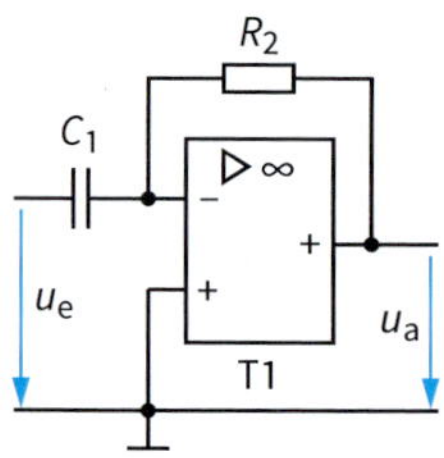

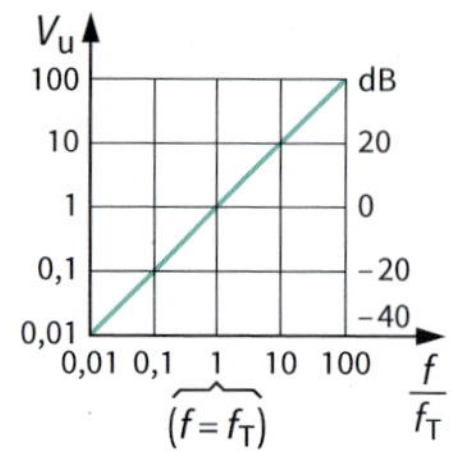

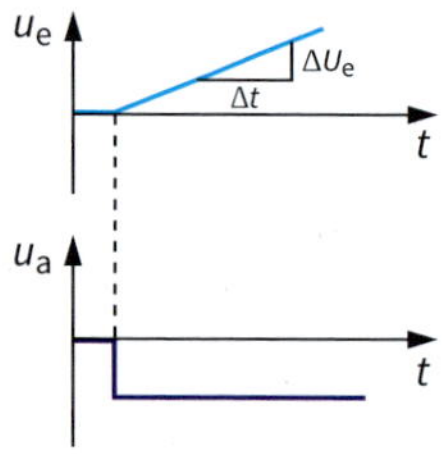

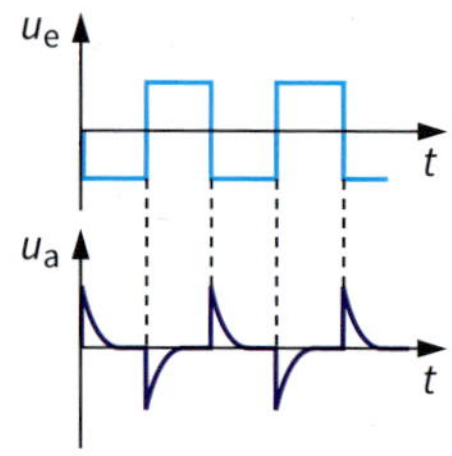

$$U_a = -\frac{R_2 \cdot C_1 \cdot \Delta U_e}{\Delta t}$$

$$T_D = R_2 \cdot C_1$$

$$U_a = -K_D \cdot \frac{\Delta U_e}{\Delta t}$$

$$K_D = R_2 \cdot C_1$$

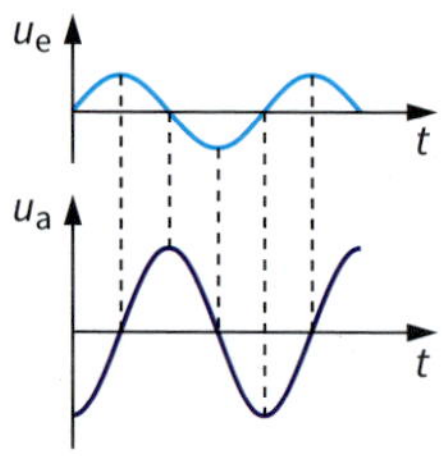

$$V_U = \frac{U_a}{U_e} \qquad V_U = \frac{R_2}{X_{C1}}$$

$$V_U = 2\pi \cdot f \cdot R_2 \cdot C_1$$

$$f_T = \frac{1}{2\pi \cdot R_2 \cdot C_1}$$

T_D Differenzierzeitkonstante
K_D Differenzierbeiwert
f_T Transitfrequenz

Aufgaben

1. Der Differenzierbeiwert eines Differenzierers zur Umformung einer Dreieck- in eine Rechteckspannung beträgt 10 ms. Die Frequenz der Dreieckspannung ist mit 500 Hz angegeben. Berechnen Sie C_1 und U_a, wenn $R_2 = 3{,}3\ \text{k}\Omega$ beträgt.

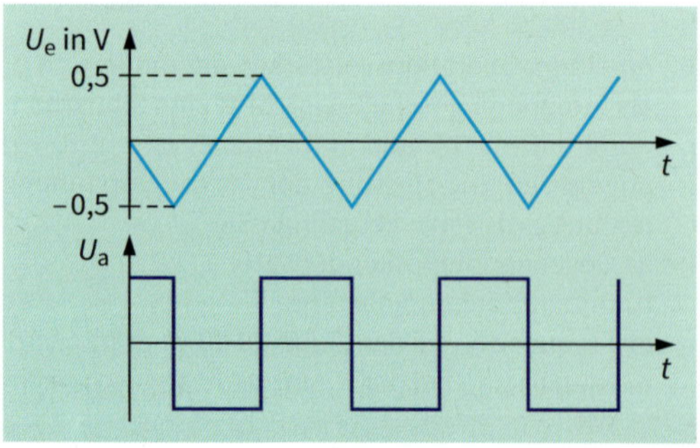

2. Ein Differenzierer ist mit $R_2 = 33\ \text{k}\Omega$ und $C_1 = 47\ \text{nF}$ beschaltet. Berechnen Sie die Zeit Δt, wenn die Eingangsspannungsänderung 50 mV und die konstante Ausgangsspannung $U_a = -10\ \text{V}$ betragen.

3. Am Eingang eines Differenzierers steigt die Spannung linear innerhalb einer Zeit $\Delta t = 0{,}2\ \text{s}$ von −3 V auf +6 V. Berechnen Sie den Gegenkopplungswiderstand, wenn U_a auf −5 V bleibt und $C_1 = 390\ \text{nF}$ groß ist.

4. Am Ausgang eines Differenzierers soll die Spannung $U_a = -8\ \text{V}$ konstant bleiben. Welche Eingangsspannungsänderung ist in der Zeit $\Delta t = 2\ \text{s}$ erforderlich, wenn $R_2 = 220\ \text{k}\Omega$ und $C_1 = 47\ \mu\text{F}$ betragen?

5. Die Differenzierzeitkonstante eines Operationsverstärkers beträgt 30 ms. Am Eingang des Differenzierers liegt eine Dreieckspannung mit $f = 900\ \text{Hz}$, die sich maximal von −0,1 V auf +0,1 V ändert. Berechnen Sie U_a.

6. Ein Operationsverstärker, der mit $R_2 = 27\ \text{k}\Omega$ und $C_1 = 22\ \text{nF}$ als Differenzierer beschaltet ist, verstärkt eine sinusförmige Eingangsspannung verzerrungsfrei auf $U_a = 10\ \text{V}$. Berechnen Sie die Frequenz bis zu der eine verzerrungsfreie Verstärkung von $U_e = 3{,}5\ \text{V}$ möglich ist.

7. Am Eingang eines Differenzierers wird eine sinusförmige Eingangsspannung mit $\hat{u} = 1{,}2\ \text{V}$ gemessen. Die Ausgangsspannung soll um 20 dB verstärkt werden. Berechnen Sie U_a und die Transitfrequenz f_T, wenn $T_D = 2\ \text{ms}$ ist.

8. Die Schwinganfälligkeit des Differenzierers wird mit R_1 herabgesetzt.
   a) Berechnen Sie R_2, wenn eine 50 Hz Dreieckspannung mit einem Spitze-Spitze-Wert von 1 V in eine rechteckförmige Spannung mit den Maximalwerten ± 10 V umgeformt werden soll.
   b) Wie müsste die Einstellung von R_1 geändert werden, wenn der Verlauf von U_a rechteckförmiger werden soll?

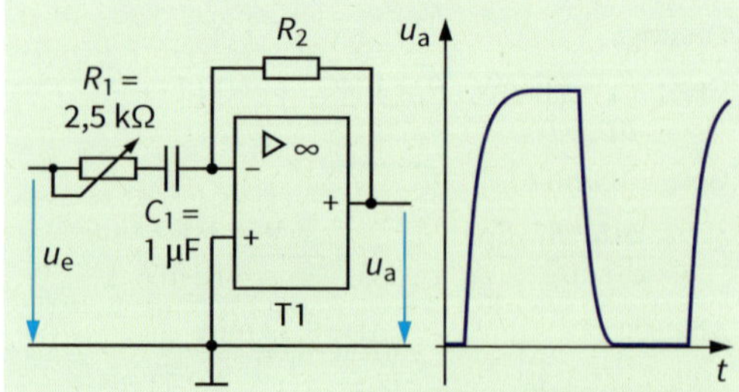

a) Schaltung b) U_a mit Dämpfung

9 Elektrische Maschinen

9.1 Transformatoren

9.1.1 Transformatorenhauptgleichung

U_0	Effektivwert der Leerlaufspannung	$[U_0] = \text{V}$
f	Frequenz	$[f] = \frac{1}{\text{s}}$, Hz
N_1	Windungszahl der Primärwicklung	
$\hat{B}$	Scheitelwert der magnetischen Flussdichte	$[\hat{B}] = 1\ \text{T} = 1\ \frac{\text{Vs}}{\text{m}^2}$
$\hat{\Phi}$	Scheitelwert des magnetischen Flusses	$[\hat{\Phi}] = 1\ \text{Vs} = 1\ \text{Tm}^2$
η_{Fe}	Eisenfüllfaktor	
A_{mag}	magnetischer Kernquerschnitt	$[A_{mag}] = \text{m}^2$
A_{geo}	geometrischer Kernquerschnitt	$[A_{geo}] = \text{m}^2$

Transformatorenhauptgleichung:

$$U_0 = 4{,}44 \cdot f \cdot N_1 \cdot \hat{\Phi}$$

$$\hat{\Phi} = \hat{B} \cdot A_{mag} \qquad \eta_{Fe} = \frac{A_{mag}}{A_{geo}}$$

Beispiel:
Ein Einphasentransformator hat den geometrischen Kernquerschnitt von 30 x 20 mm². Die Primärwicklung hat 1200 Windungen, der Eisenfüllfaktor beträgt 0,92. An welche Leerlaufspannung von 50 Hz wird die Primärwicklung bei einer Flussdichte von 1,6 T angeschlossen?

Lösung:
Geg.: $A_{geo} = 600\ \text{mm}^2 = 6 \cdot 10^{-4}\ \text{m}^2$, $\eta_{Fe} = 0{,}92$,
$f = 50\ \text{Hz}$, $N_1 = 1200$, $\hat{B} = 1{,}6\ \text{T} = 1{,}6\ \frac{\text{Vs}}{\text{m}^2}$

Ges.: U_0

$U_0 = 4{,}44 \cdot f \cdot N_1 \cdot \hat{\Phi}$

$\hat{\Phi} = \hat{B} \cdot A_{mag} \qquad A_{mag} = \eta_{Fe} \cdot A_{geo}$

$U_0 = 4{,}44 \cdot f \cdot N_1 \cdot \hat{B} \cdot \eta_{Fe} \cdot A_{geo}$

$U_0 = 4{,}44 \cdot 50\ \frac{1}{\text{s}} \cdot 1200 \cdot 1{,}6\ \frac{\text{Vs}}{\text{m}^2} \cdot 0{,}92 \cdot 6 \cdot 10^{-4}\ \text{m}^2$

$\underline{\underline{U_0 = 235\ \text{V}}}$

Aufgaben

1. Wie groß ist die Leerlaufspannung an der Primärwicklung eines Transformators, wenn nach den Angaben des Beispiels die Primärwindungszahlen a) 250 und b) 560 betragen?

2. Bei einem Transformator beträgt der geometrische Kernquerschnitt $A_{geo} = 6 \cdot 6\ \text{cm}^2$, der Scheitelwert der magnetischen Flussdichte 1,4 T. Der Transformator wird an der Spannung 230 V/50 Hz betrieben und hat einen Eisenfüllfaktor von 0,9.
   a) Wie viel Windungen hat die Primärwicklung?
   b) Berechnen Sie den Scheitelwert des magnetischen Flusses.

3. Der Transformator 230 V/50 Hz mit dem geometrischen Kernquerschnitt $5 \cdot 5\ \text{cm}^2$ hat einen Eisenfüllfaktor von 0,92. Die primäre Windungszahl beträgt 250. Wie groß sind
   a) der magnetische Kernquerschnitt A_{mag},
   b) der magnetische Fluss $\hat{\Phi}$ und
   c) die magnetische Flussdichte $\hat{B}$?

4. Die Abbildung zeigt den genormten UI-Blechschnitt (Maße in mm) eines Einphasentransformators. Der Eisenfüllfaktor ist mit 0,9 angegeben. Die Primärwicklung hat 800 Windungen, die Frequenz beträgt 50 Hz. Der Scheitelwert der Flussdichte beträgt 1,3 T. Berechnen Sie A_{mag} und den Effektivwert der Leerlaufspannung.

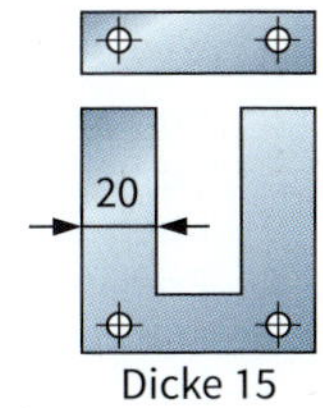

5. Ein Transformator liegt an der Wechselspannung 230 V/50 Hz. Der Querschnitt des Eisenkerns beträgt $30 \cdot 30\ \text{mm}^2$, die Primärwicklung hat 850 Windungen. Der Scheitelwert der Flussdichte beträgt 1,4 T.
   a) Berechnen Sie den Scheitelwert des magnetischen Flusses.
   b) Wie groß ist der Eisenfüllfaktor?

6. Der Transformator (230 V/50 Hz) mit der primären Windungszahl von 920 hat einen Eisenquerschnitt von 900 mm². Der Eisenfüllfaktor beträgt 0,89.
   a) Wie groß ist der magnetische Kernquerschnitt?
   b) Berechnen Sie den Scheitelwert der magnetischen Flussdichte.
   c) Wie groß ist der Scheitelwert des magnetischen Flusses?

7. Der geometrische Kernquerschnitt eines Transformators (230 V/50 Hz) beträgt $32 \cdot 25\ \text{mm}^2$, die magnetische Flussdichte 1,6 T. Der Eisenfüllfaktor wird mit 0,9 angegeben.
   a) Berechnen Sie den magnetischen Kernquerschnitt.
   b) Wie groß ist die primäre Windungszahl?

8. Der dargestellte Kleintransformator hat den Eisenfüllfaktor 0,92. Der magnetische Kernquerschnitt wird mit $8{,}28 \cdot 10^{-4}\ \text{m}^2$ angegeben. Die primäre Windungszahl beträgt 750.
   a) Welche Abmessungen in mm² hat der geometrische Kernquerschnitt?
   b) Berechnen Sie den Scheitelwert des magnetischen Flusses und der magnetischen Flussdichte bei Leerlauf.

9.1.2 Übersetzungsverhältnisse

Spannungs- und Stromübersetzung

U_1	Primärspannung	$[U_1] = \text{V}$
U_2	Sekundärspannung	$[U_2] = \text{V}$
N_1	Primärwindungszahl	$[N_1] = 1$
N_2	Sekundärwindungszahl	$[N_2] = 1$
N^*	Windungszahl pro Volt	$[N^*] = \frac{1}{\text{V}}$
I_1	Primärstromstärke	$[I_1] = \text{A}$
I_2	Sekundärstromstärke	$[I_2] = \text{A}$
$ü$	Übersetzungsverhältnis	$[ü] = 1$
S_1	Primärscheinleistung	$[S_1] = \text{VA}$
S_2	Sekundärscheinleistung	$[S_2] = \text{VA}$

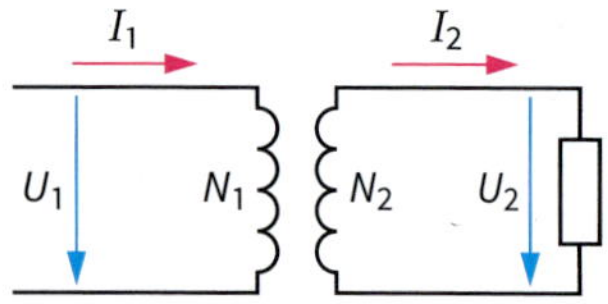

$\frac{N_1}{N_2} = \frac{U_1}{U_2}$ $\quad \frac{N_1}{N_2} = \frac{I_2}{I_1}$ $\quad ü = \frac{U_1}{U_2}$ $\quad ü = \frac{I_2}{I_1}$

$S_1 = U_1 \cdot I_1$ $\quad S_2 = U_2 \cdot I_2$

Beispiel:

Die Primärwicklung eines Klingeltransformators besitzt die Anschlussspannung $U_1 = 230\text{ V}$ und eine Windungszahl $N_1 = 1265$.

a) Wie viele Windungen hat die Sekundärwicklung, wenn die Sekundärspannung $U_2 = 8\text{ V}$ betragen soll?

b) Welche Spannungen können an der Sekundärwicklung zusätzlich gemessen werden, wenn die Wicklung nach 17 Windungen noch einen Abgriff besitzt?

Lösung:

Geg.: $U_1 = 230\text{ V}$, $N_1 = 1265$,
$U_{23} = 8\text{ V}$, $N_{21} = 17$

Ges.: a) N_2 b) U_{21} und U_{22}

a) **1. Möglichkeit:**

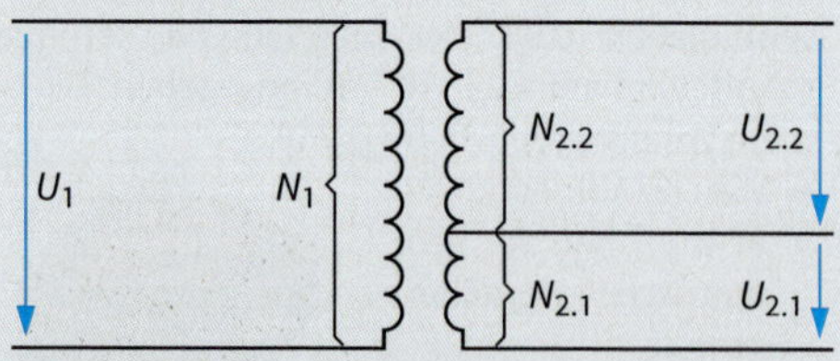

$\frac{U_1}{U_2} = \frac{N_1}{N_2}$ $\quad N_2 = \frac{N_1 \cdot U_2}{U_1}$ $\quad N_2 = \frac{1265 \cdot 8\text{ V}}{230\text{ V}}$

$\underline{\underline{N_2 = 44}}$

2. Möglichkeit:

$N^* = \frac{N_1}{U_1}$ $\quad N^* = \frac{1265}{230\text{ V}}$ $\quad \underline{\underline{N^* = 5{,}5\,\frac{1}{\text{V}}}}$

$N_2 = N^* \cdot U_2$ $\quad N_2 = 5{,}5\,\frac{1}{\text{V}} \cdot 8\text{ V}$ $\quad \underline{\underline{N_2 = 44}}$

b) $\frac{U_1}{U_{2.1}} = \frac{N_1}{N_{2.1}}$ $\quad U_{2.1} = \frac{U_1 \cdot N_{2.2}}{N_1}$

$U_{2.1} = \frac{230\text{ V} \cdot 17}{1265}$ $\quad \underline{\underline{U_{2.1} = 3\text{ V}}}$

$U_{2.2} = U_2 - U_{2.1}$ $\quad U_{2.2} = 8\text{ V} - 3\text{ V}$ $\quad \underline{\underline{U_{2.2} = 5\text{ V}}}$

Aufgaben

1. Berechnen Sie die Sekundärspannung eines Transformators, der an 230 V angeschlossen wird, wenn die Primärwicklung 700 und die Sekundärwicklung 25 Windungen besitzen.

2. Ein Transformator besitzt eine Primärwicklung mit 80 Windungen und eine Sekundärwicklung mit 600 Windungen. Wie groß ist die Sekundärspannung, wenn die Primärwicklung an 12 V angeschlossen wird?

3. Die Netzspannung 230 V soll auf 48 V heruntertransformiert werden. Die Primärwicklung besitzt 335 Windungen. Wie viele Windungen muss die Sekundärwicklung erhalten?

4. Die Primärwindungszahl eines Transformators an 230 V beträgt 1200. Wie viele Windungen muss die Sekundärwicklung erhalten, wenn die Sekundärspannung 110 V betragen soll?

5. Auf der Sekundärseite eines Transformators wird eine Leerlaufspannung von 12 V gemessen. Wie viele Windungen hat die Sekundärwicklung, wenn die 500 Windungen der Primärwicklung an 230 V angeschlossen werden?

Klingeltransformator

Baugrößen:
AC 230 V/
- 4-6-8 V; 8 VA
- 6-8-12 V; 8 VA
- 6-8-12 V; 12 VA

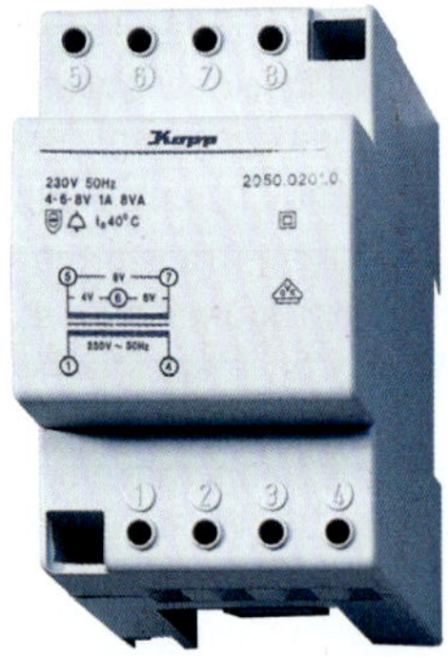

6. Ein Transformator mit dem Kern M 55/21 soll eine Primärwicklung für 230 V erhalten. Für eine magnetische Flussdichte von 1,2 T sind bei diesem Kern 12,2 Windungen pro Volt erforderlich. Wie viele Windungen muss die Wicklung erhalten?

7. Für den Transformatorkern M 42/15 wird eine Spannung von 0,043 V pro Windung angegeben. Für welche Spannung ist die Primärwicklung gewickelt, wenn sie eine Windungszahl von 2558 hat?

8. Die Sekundärwicklung eines Transformators soll so unterteilt werden, dass Spannungen von 3 V, 5 V und 8 V erzeugt werden können. Bei wie vielen Windungen muss jeweils ein Abgriff an der Sekundärwicklung erfolgen, wenn die Primärwicklung für 230 V ausgelegt ist und 820 Windungen besitzt?

9. Wie groß ist die Sekundärstromstärke eines Transformators, der bei einem Übersetzungsverhältnis von 5,4:1 bei Belastung eine Primärstromstärke von 2,3 A besitzt?

10. Wie groß ist die Primärstromstärke eines Transformators, wenn in der Sekundärwicklung eine Stromstärke von 17 A vorhanden ist? Die Primärwicklung besitzt 1080 Windungen und die Sekundärwicklung 52 Windungen.

11. Die Primärstromstärke eines Transformators beträgt 0,45 A bei einer Anschlussspannung $U = 230$ V. Welchen Wert hat die Sekundärstromstärke bei Belastung, wenn die Sekundärspannung 42 V beträgt?

12. Wie groß ist die Sekundärstromstärke in folgender Schaltung, wenn die Verluste vernachlässigt werden?

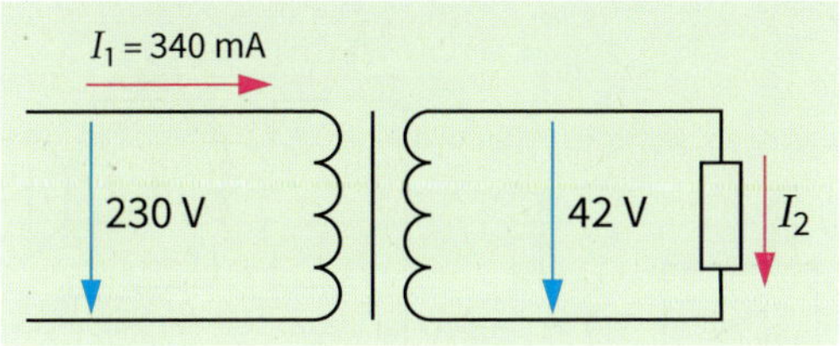

13. Welchen Wert hat die Primärspannung, an die ein Transformator angeschlossen ist, wenn sich bei einer Primärstromstärke von 65 A sekundärseitig bei einer Spannung von 500 V eine Stromstärke von 12 A einstellt?

14. Von einem Transformator ist bekannt, dass die Sekundärwicklung für eine Spannung von 24 V ausgelegt ist. Für welche Spannung die Primärwicklung ausgelegt wurde, ist nicht bekannt. Beim Anschluss der Sekundärwicklung an eine Wechselspannung von 10 V werden an den Anschlussklemmen der Primärseite 166,67 V gemessen. An welche Spannung kann die Primärwicklung angeschlossen werden, damit auf der Sekundärseite die Sekundärspannung vorhanden ist?

15. Das Leistungsschild eines Transformators für eine Niedervolt-Beleuchtungsanlage weist folgende Daten auf:
$U_1 = 230$ V/50 Hz, $U_2 = 12$ V und $I_2 = 5$ A
Berechnen Sie die Größen $ü$, I_1 und S_2.

16. Zu einem Transformator für eine NV-Beleuchtungsanlage sind folgende Daten bekannt:
$U_1 = 230$ V, $U_2 = 24$ V und $S_2 = 105$ VA
Wie groß sind $ü$, I_2 und I_1?

17. In einer Versuchsreihe (s. Abbildung) wird ein Transformator T2 an die unterschiedlichen Wechselspannungen 48 V, 110 V und 230 V angelegt. Der Transformator hat eine primäre Windungszahl von 4100. Das Übersetzungsverhältnis beträgt $ü = 20:1$. Berechnen Sie N_2 und jeweils die Sekundärspannungen U_2.

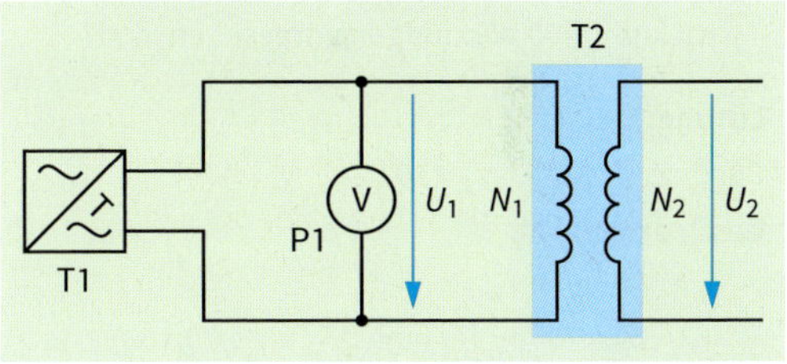

18. In einer weiteren Versuchsreihe (s. Abbildung) wird derselbe Transformator T2 über einen Stellwiderstand R unterschiedlich belastet. Für I_2 werden folgende Stromstärken gemessen:
0,25 A, 0,5 A und 1,0 A.
Berechnen Sie die jeweiligen Stromstärken für I_1.

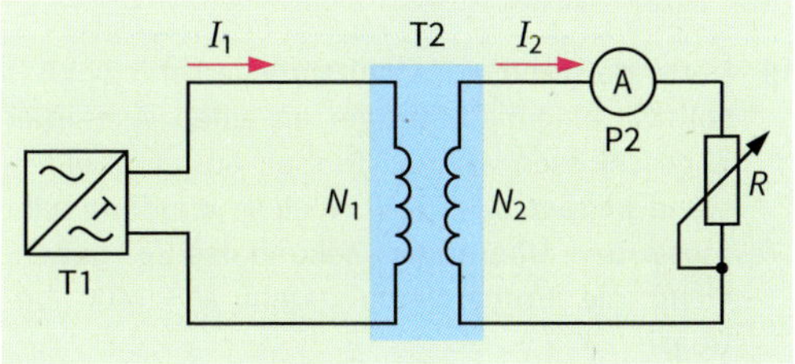

Widerstandsübersetzung

Z_1 Scheinwiderstand, Impedanz (primär)
Z_2 Scheinwiderstand (sekundär)

$Z_1 = \frac{U_1}{I_1}$ $\quad$ $Z_2 = \frac{U_2}{I_2}$ $\quad$ $[Z] = \Omega$

$\frac{Z_1}{Z_2} = \frac{U_1 \cdot I_2}{U_2 \cdot I_1}$ $\quad$ $\frac{Z_1}{Z_2} = \frac{N_1^2}{N_2^2}$

$ü = \sqrt{\frac{Z_1}{Z_2}}$ $\quad$ $[ü] = 1$

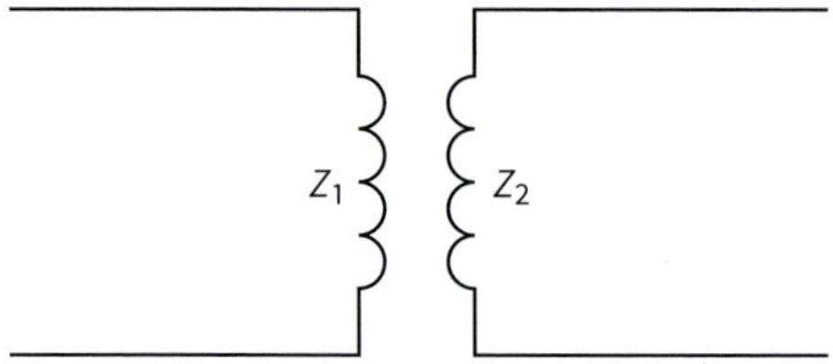

Beispiel:

Mithilfe eines Übertragers soll ein dynamisches Mikrofon ($Z_1 = 500\ \Omega$) an einen Verstärker mit dem Eingangswiderstand $Z_2 = 20\ \text{k}\Omega$ angeschlossen werden.

a) Welches Übersetzungsverhältnis muss der Übertrager haben?
b) Wie viele Windungen muss der Übertrager sekundärseitig erhalten, wenn für die Primärwicklung 400 Windungen vorgesehen sind?

Lösung:

Geg.: $Z_1 = 500\ \Omega$, $Z_2 = 20\ \text{k}\Omega$, $N_1 = 400$
Ges.: a) $ü$ b) N_2

a) $ü = \sqrt{\frac{Z_1}{Z_2}}$ $\quad$ $ü = \sqrt{\frac{500\ \Omega}{20000\ \Omega}}$ $\quad$ $\underline{\underline{ü = \frac{0{,}158}{1}}}$

b) $ü = \frac{N_1}{N_2}$

$N_2 = \frac{N_1}{ü}$ $\quad$ $N_2 = \frac{400}{0{,}158}$ $\quad$ $\underline{\underline{N_2 = 2532}}$

19. Der Widerstand eines Lautsprechers mit $Z_2 = 6\ \Omega$ soll mit einem Übertrager an einen Verstärker angeschlossen werden. Dessen Ausgangswiderstand beträgt $Z_1 = 750\ \Omega$. Welche Windungszahl muss der Übertrager sekundärseitig haben, wenn die Primärwindungszahl $N_1 = 1400$ beträgt?

20. Mit einem Übertrager soll der Widerstand eines Lautsprechers $Z_2 = 4\ \Omega$ an einen Verstärker mit dem Ausgangswiderstand $Z_1 = 800\ \Omega$ angeschlossen werden. Wie viele Windungen muss der Übertrager sekundärseitig haben, wenn sich auf der Primärseite 1500 Windungen befinden?

21. Um die Leistungsverluste möglichst klein zu halten, verwendet man bei langen Lautsprecherleitungen 100 V-Verstärkerausgänge. Die Anpassung des Lautsprechers wird dann mit einem Übertrager vorgenommen. Über einen solchen Übertrager ist ein Lautsprecher mit der Impedanz $Z_2 = 4\ \Omega$ an einen Verstärker angeschlossen. Es soll eine Leistung von 25 W übertragen werden. Berechnen Sie

a) die Spannung und Stromstärke an der Lautsprecherspule,
b) die Stromstärke in der 100 V-Wicklung des Übertragers,
c) das Übersetzungsverhältnis des Übertragers,
d) die Primärimpedanz Z_1 des Übertragers,
e) die Primärwindungszahl des Übertragers, wenn die Sekundärwicklung 200 Windungen hat.

22. Ein Lautsprecher mit der Impedanz $Z_2 = 16\ \Omega$ ist mit einem Übertrager an den 100 V-Ausgang eines Verstärkers angeschlossen. Die Stromstärke in der Lautsprecherspule beträgt 791 mA.

a) Berechnen Sie die Lautsprecherleistung.
b) Welchen Wert hat die Primärstromstärke (die Verluste sollen nicht berücksichtigt werden)?
c) Berechnen Sie das Übersetzungsverhältnis und den Scheinwiderstand der Primärspule des Übertragers.

23. Berechnen Sie die fehlenden Werte für Spannungen, Stromstärken, Übersetzungsverhältnisse und Scheinwiderstände folgender Schaltung.

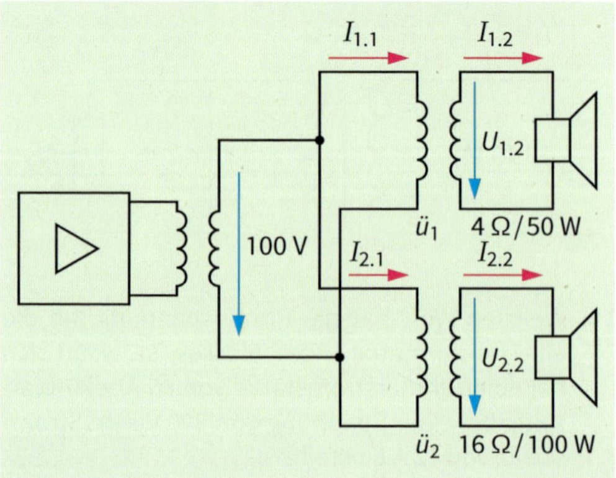

9.1.3 Strom- und Spannungswandler

$\ddot{u}$ Übersetzungsverhältnis

Für Stromwandler gilt abweichend von den Gesetzmäßigkeiten bei Transformatoren:

$\ddot{u} = \frac{I_1}{I_2}$ $[\ddot{u}] = 1$

Beispiel:

An einen Stromwandler ist ein Messgerät mit dem Messbereich 5 A angeschlossen. Das Leistungsschild des Stromwandlers enthält unter anderen folgende Angaben:
Übersetzungsverhältnis $\frac{150\,\text{A}}{5\,\text{A}}$,
Scheinleistung 10 VA und
Schutzklasse 0,5.

Das Messgerät zeigt eine Stromstärke von $I_2 = 3{,}65$ A an.

Wie groß ist die Stromstärke in der Primärwicklung des Stromwandlers?

Lösung:

Geg.: $\ddot{u} = \frac{150\,\text{A}}{5\,\text{A}}$, $I_2 = 3{,}65$ A

Ges.: I_1

$I_1 = \ddot{u} \cdot I_2$ $I_1 = \frac{150\,\text{A} \cdot 3{,}65\,\text{A}}{5\,\text{A}}$ $\underline{\underline{I_1 = 109{,}5\,\text{A}}}$

Aufgaben

1. An einen Messwandler 150 A/5 A ist ein Messgerät mit dem Messbereich 5 A angeschlossen. Auf der Skala wird eine Stromstärke von 2,5 A abgelesen. Wie groß ist die Stromstärke durch die Primärwicklung?

2. Ein Stromwandler hat folgende Beschriftung:
Primär: 15 A – 50 A – 100 A – 150 A – 200 A – 300 A – 600 A
Sekundär: 5 A
100 A: Leiter 6 x durchführen
150 A: Leiter 4 x durchführen
200 A: Leiter 3 x durchführen
300 A: Leiter 2 x durchführen
600 A: Leiter 1 x durchführen.
Wird der Leiter mit der zu messenden Stromstärke dreimal durch den Wandler durchgeführt, zeigt das angeschlossene Messgerät – mit dem Messbereich 5 A – eine Stromstärke von 4,68 A an. Wie groß ist die Primärstromstärke?

3. Der eingebaute Stromwandler eines Transformators hat auf seinem Leistungsschild folgende Angaben: 300 A/1 A, 30 VA, Klasse 3. Welchen Wert zeigt das Messgerät an, wenn primärseitig eine Stromstärke von 270 A vorhanden ist?

4. Durch die Primärwicklung eines Stromwandlers mit dem Übersetzungsverhältnis 1000 A/5 A fließt ein Strom von 775 A. Welche Stromstärke zeigt das Strommessgerät (Messbereich 5 A) sekundärseitig an?

5. Die Primärseite eines Spannungswandlers ist an eine Spannung von 4,3 kV angeschlossen. Welche Spannung zeigt das sekundärseitig angeschlossene Messgerät (Messbereich 100 V) an, wenn das Übersetzungsverhältnis des Wandlers 5000 V/100 V beträgt?

6. Am Messgerät eines Spannungswandlers mit dem Übersetzungsverhältnis 1500 V/100 V wird eine Spannung von 83 V abgelesen. Wie groß ist die Primärspannung?

7. Ein Klein-Schienenwandler (die Stromschiene wirkt als Primärwicklung) hat das Übersetzungsverhältnis 250 A/5 A. Welchen Wert zeigt das Messgerät an, wenn die Stromschiene von 220 A durchflossen wird?

8. Ein Aufsteckstromwandler hat das Übersetzungsverhältnis 400 A/5 A. Primärseitig besteht eine Stromstärke von 350 A. Welchen Wert zeigt das sekundärseitig angeschlossene Messgerät an?

9. Ein Durchsteckwandler hat folgende Beschriftung:

Vielfachinstrument	0,06 A	0,3 A	0,6 A	1,5 A	6 A
1 Durchsteckwindung	6 A	30 A	60 A	150 A	600 A

   a) Welchen Wert zeigt ein Messgerät mit dem Messbereich 0,3 A an, wenn die Zuleitung einmal durchgeführt ist, und in der Zuleitung die Stromstärke 14 A beträgt?
   b) Welchen Wert zeigt das Gerät an, wenn die Zuleitung zweimal durch den Wandler geführt wird?
   c) Wie oft müsste die Zuleitung durch den Wandler geführt werden, wenn ein Messgerät mit dem Messbereich 6 A bei einem Primärstrom von 30 A Vollausschlag haben sollte?

9.1.4 Kurzschlussspannung und Kurzschlussstrom

U_k	Kurzschlussspannung	$[U_k] = V$ $[u_k] = \%$
I_{kd}	Dauerkurzschlussstrom	$[I_{kd}] = A$

$$u_k = \frac{U_k \cdot 100\,\%}{U_1}$$

$$I_{kd} = \frac{100\,\% \cdot I}{u_k}$$

Beispiel:

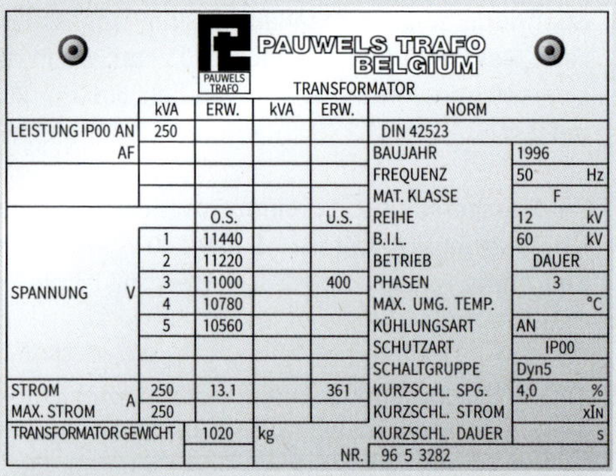

Die Abbildung zeigt das Leistungsschild eines Drehstromtransformators.
Bestimmen Sie
a) die Kurzschlussspannung in V für die Bemessungsspannung 11440 V und
b) die Dauerkurzschlussstromstärke.

Lösung:

Geg.: $U = 11440\,V$, $u_k = 4{,}0\,\%$, $I = 13{,}1\,A$
Ges.: a) U_k b) I_{kd}

a) $U_k = \frac{U \cdot u_k}{100\,\%}$ $\quad U_k = \frac{11440\,V \cdot 4{,}0\,\%}{100\,\%}$

$\underline{\underline{U_k = 458\,V}}$

b) $I_{kd} = \frac{100\,\% \cdot I}{u_k}$ $\quad I_{kd} = \frac{100\,\% \cdot 13{,}1\,A}{4{,}0\,\%}$

$\underline{\underline{I_{kd} = 327{,}5\,A}}$

Aufgaben

1. Bei einem Transformator 230 V/230 V ist die Kurzschlussspannung mit 12 % angegeben. Wie groß darf die Primärspannung höchstens werden, damit in der kurzgeschlossenen Sekundärwicklung die Bemessungsstromstärke vorhanden ist?

2. Ein Transformator hat eine Kurzschlussspannung von 30 %. Für welche Anschlussspannung ist der Transformator vorgesehen, wenn bei einer Primärspannung von 114 V in der kurzgeschlossenen Sekundärwicklung die Bemessungsstromstärke besteht?

3. Bei einem Schweißtransformator für 230 V fließt bei einer Schweißspannung von 24 V ein Schweißstrom von 90 A. Beim Zünden des Lichtbogens fließen 115 A. Wie groß ist die Kurzschlussspannung?

4. Bei der Bestimmung der Kurzschlussspannung von drei Transformatoren für die Netzspannung 230 V ergaben sich folgende Messergebnisse:

	Stromstärke	Kurzschlussspannung
Transformator 1	0,3 A	21 V
Transformator 2	0,5 A	220 V
Transformator 3	0,5 A	100 V

a) Geben Sie die Kurzschlussspannung in Prozent der drei Transformatoren an.
b) Wie groß kann die Dauerkurzschlussstromstärke bei den drei Transformatoren werden?

5. Ein defekter Transformator, der eine Kurzschlussspannung von etwa 20 % hatte, soll ausgewechselt werden. Zur Verfügung steht ein anderer Transformator, der die Daten 230 V/24 V und 0,2 A/2 A hat.
Bei der Messung zur Bestimmung der Kurzschlussspannung wird festgestellt, dass bei einer Primärspannung von 120 V die Bemessungsstromstärke vorhanden ist.
Entspricht dieser Transformator dem ursprünglichen Transformator oder ist er spannungsweicher oder spannungssteifer?

6. Bei einem Drehstromtransformator soll die Kurzschlussspannung bestimmt werden. Der Transformator hat die Daten:
$U_1 = 20000\,V$, $U_2 = 235\,V$, $I_1 = 1\,A$ und $I_2 = 85\,A$.
Die Kurzschlussstromstärke ist mit 21,75 A angegeben. Wie groß ist die Kurzschlussspannung in Prozent und Volt?

7. Ein Transformator für 230 V nimmt bei Belastung eine Stromstärke von 820 mA auf. Wie groß kann der Dauerkurzschlussstrom werden, wenn für den Transformator eine Kurzschlussspannung von 24 % angegeben ist?

9.1.5 Spartransformator

S_B Bauleistung $[S_B] = VA$
$S_D = S_2$ Durchgangsleistung $[S_D] = VA$
η Wirkungsgrad

Für $U_1 > U_2$ gilt:

$$S_B = S_D \cdot \left(1 - \frac{U_2}{U_1}\right)$$

Für $U_1 < U_2$ gilt:

$$S_B = S_D \cdot \left(1 - \frac{U_1}{U_2}\right)$$

$$\eta = \frac{S_2}{U_1 \cdot I_1}$$

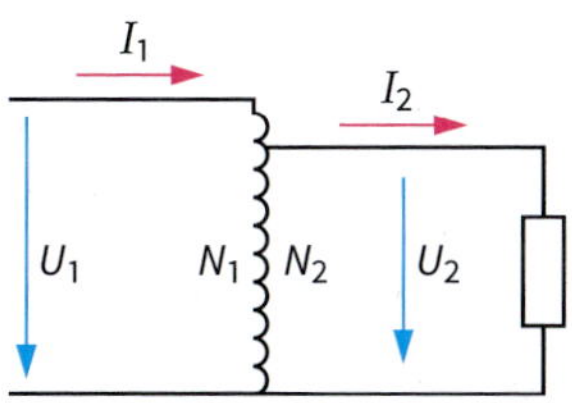

Beispiel:

Die Ausgangsspannung eines Spartransformators für 230 V soll 200 V betragen. Für den Bau des Transformators wird ein Kern M74/32 (50 VA, $\eta = 0{,}84$) verwendet.

a) Wie groß ist die Durchgangsleistung?
b) Wie groß kann die Stromstärke durch den Verbraucher werden?
c) Wie groß ist die Stromstärke in der Zuleitung?

Lösung:

Geg.: $S_B = 50$ VA, $\eta = 0{,}84$, $U_1 = 230$ V, $U_2 = 200$ V
Ges.: a) S_D b) I_2 c) I_1

a) $S_D = \dfrac{S_B}{1 - \dfrac{U_2}{U_1}}$ $\quad S_D = \dfrac{50\text{ VA}}{1 - \dfrac{200\text{ V}}{230\text{ V}}}$ $\quad \underline{\underline{S_D = 383\text{ VA}}}$

b) $I_2 = \dfrac{S_2}{U_2}$ $\quad I_2 = \dfrac{383\text{ VA}}{200\text{ V}}$ $\quad \underline{\underline{I_2 = 1{,}92\text{ A}}}$

c) $I_1 = \dfrac{S_2}{U_1 \cdot \eta}$ $\quad I_1 = \dfrac{383\text{ VA}}{230\text{ V} \cdot 0{,}84}$ $\quad \underline{\underline{I_1 = 1{,}98\text{ A}}}$

AUFGABEN

1. Die gesamte Wicklung eines Spartransformators für 230 V hat 660 Windungen. Welche Spannungen kann man nach
   a) 100 Windungen,
   b) 400 Windungen und
   c) 600 Windungen abgreifen?

2. Ein Spartransformator 230 V/250 V soll bei einem Wirkungsgrad von 0,9 eine Durchgangsleistung von 500 VA haben.
   a) Wie groß muss die Bauleistung sein?
   b) Wie groß wird die Stromstärke in der Zuleitung?

3. Mit dem Transformator El 170b (Bauleistung 850 VA) soll ein Spartransformator hergestellt werden. Die Eingangsspannung soll 230 V und die Durchgangsleistung 2000 VA betragen. Der Wirkungsgrad wird mit 0,9 angenommen.
   a) Wie groß darf die Ausgangsspannung werden?
   b) Wie groß wird die Stromstärke in der Zuleitung?

4. Die gesamte Windungszahl eines Spartransformators beträgt 900. Er ist für eine Anschlussspannung von 110 V vorgesehen. Bei wie vielen Windungen kann eine Spannung von 40 V abgegriffen werden?
   Bei wie vielen Windungen muss eine Spannung von 60 V angelegt werden, damit man ausgangsseitig 230 V erhält?

5. Wie groß ist die Ausgangsspannung bei einem Spartransformator, der für eine Spannung von 127 V vorgesehen ist, und bei dem die Wicklung für die Ausgangsspannung den sechsten Teil der Gesamtwicklung beträgt?

6. Mit welcher Stromstärke kann ein Spartransformator belastet werden, wenn die Gesamtwindungszahl der Wicklung 1000 und der Abgriff für die Ausgangsspannung bei 750 liegt? Die Primärstromstärke beträgt 5 A.

7. Bei der wievielten der insgesamt 1200 Windungen eines Spartransformators liegt der Abgriff für die Ausgangsspannung, wenn der Transformator eine Stromstärke von 2,5 A aufnimmt und mit 4 A belastet wird?

8. An welche Spannung kann ein Spartransformator angeschlossen werden, wenn die gesamte Wicklung eine Windungszahl von 1200 hat, und am Abgriff, der bei 327 Windungen gemacht wurde, eine Spannung von 60 V zur Verfügung stehen soll? Wie hoch wird die Spannung ausgangsseitig, wenn man bei 327 Windungen eine Spannung von 40 V anschließt?

9. Wie viele Windungen hat die Wicklung eines Spartransformators insgesamt, wenn die Anschlussspannung 400 V und die Ausgangsspannung 180 V betragen? Der Abgriff für die Ausgangsspannung ist mit 1700 gekennzeichnet.

10. Bei einem Spartransformator 230 V/170 V beträgt die Bauleistung 350 VA. Wie groß ist die Durchgangsleistung, wenn die Belastungsstromstärke 9 A beträgt?

9.1.6 Leistung und Wirkungsgrad

S_2	Bemessungsleistung = Abgegebene Scheinleistung	$[S_2]$ = VA
S_1	Aufgenommene Scheinleistung	$[S_1]$ = VA
P_2	Abgegebene Wirkleistung	$[P_2]$ = W
P_1	Aufgenommene Wirkleistung	$[P_1]$ = W
P_{vFe}	Eisenverluste	$[P_{vFe}]$ = W
P_{vCu}	Kupferverluste	$[P_{vCu}]$ = W
η	Wirkungsgrad	

$S_2 = U_2 \cdot I_2$ $\quad P_2 = U_2 \cdot I_2 \cdot \cos\varphi_2$

$S_1 = U_1 \cdot I_1$ $\quad P_1 = U_1 \cdot I_1 \cdot \cos\varphi_1$

$P_1 = P_2 + P_{vFe} + P_{vCu}$

$P_{vCu} = R_{Cu} \cdot I^2$

$$\eta = \frac{P_2}{P_1}$$

Bei Drehstromtransformatoren müssen die Leistungen noch mit dem Faktor $\sqrt{3}$ multipliziert werden.

Beispiel:

In den technischen Daten für Kernbleche der M-Reihe ist für den Kern M74/32 eine maximale Leistung von 50 VA bei einem Wirkungsgrad von 84 % angegeben.

a) Wie groß kann die maximale Stromstärke in der Sekundärwicklung werden, wenn die Sekundärspannung 18 V beträgt?

b) Wie groß sind die abgegebene und die aufgenommene Wirkleistung des Transformators, wenn auf der Primär- und Sekundärseite mit einem $\cos\varphi = 0{,}8$ gerechnet wird?

c) Wie groß ist primärseitig die Stromstärke bei einer Anschlussspannung von 110 V?

Lösung:

Geg.: $S_2 = 50$ VA, $U_2 = 18$ V, $\eta = 0{,}84$, $U_1 = 110$ V
$\cos\varphi_1 = \cos\varphi_2 = 0{,}8$

Ges.: a) I_2 b) P_1 und P_2 c) I_1

a) $S_2 = U_2 \cdot I_2$

$I_2 = \frac{S_2}{U_2}$ $\quad I_2 = \frac{50\ \text{VA}}{18\ \text{V}}$ $\quad \underline{\underline{I_2 = 2{,}78\ \text{A}}}$

b) $P_2 = S_2 \cdot \cos\varphi_2$ $\quad P_2 = 50\ \text{VA} \cdot 0{,}8$ $\quad \underline{\underline{P_2 = 40\ \text{W}}}$

$P_1 = \frac{P_2}{\eta}$ $\quad P_1 = \frac{40\ \text{W}}{0{,}84}$ $\quad \underline{\underline{P_1 = 47{,}62\ \text{W}}}$

c) $P_1 = U_1 \cdot I_1 \cdot \cos\varphi_1$ $\quad I_1 = \frac{P_1}{U_1 \cdot \cos\varphi_1}$

$I_1 = \frac{47{,}62\ \text{W}}{110\ \text{V} \cdot 0{,}8}$ $\quad \underline{\underline{I_1 = 0{,}54\ \text{A}}}$

Aufgaben

1. Mithilfe eines Transformators 230 V/230 V ist eine Naßschleifmaschine an das Netz angeschlossen. Die Maschine nimmt bei einer Leistung von 480 W eine Stromstärke von 2,3 A auf. Der Transformator hat dabei einen Wirkungsgrad von 82 %. Der Leistungsfaktor beträgt auf der Primärseite 0,92.

a) Wie groß ist der Leistungsfaktor auf der Sekundärseite?

b) Wie groß ist die aufgenommene Wirkleistung des Transformators?

c) Wie groß ist die Stromstärke in der Primärwicklung?

2. Für den Transformatorkern M 102b wird eine Bemessungsleistung von 180 VA angegeben. Bei einem $\cos\varphi = 1$ beträgt der Wirkungsgrad 89 %.

a) Wie groß sind die Verluste in Watt?

b) Wie groß sind die Verluste, wenn ein Verbraucher angeschlossen wird, der sekundärseitig einen $\cos\varphi_2 = 0{,}6$ und primärseitig einen $\cos\varphi_1 = 0{,}9$ hervorruft?

3. Die Bemessungsleistung eines Transformators 5000 V/400 V beträgt 4 kVA. Die Leistungsfaktoren sind $\cos\varphi_1 = 0{,}85$ und $\cos\varphi_2 = 0{,}81$. Der Wirkungsgrad beträgt 93 %.

a) Wie groß ist die sekundäre Wirkleistung?

b) Wie groß ist der Leistungsverlust?

c) Wie groß sind Primär- und Sekundärstromstärken?

4. Ein Transformator wird mit 200 A bei einer Spannung von 230 V und einem Leistungsfaktor $\cos\varphi_2 = 0{,}78$ belastet. Die aufgenommene Scheinleistung beträgt bei einem $\cos\varphi_1 = 0{,}85$ 75 kVA. Wie groß ist der Wirkungsgrad?

Jahreswirkungsgrad

η_a	Jahreswirkungsgrad	
t_B	Belastungsdauer	$[t_B]$ = h
t_E	Einschaltdauer	$[t_E]$ = h
P_{vFe}	Eisenverluste	$[P_{vFe}]$ = W
P_{vCu}	Kupferverluste	$[P_{vCu}]$ = W

$$\eta_a = \frac{W_{ab}}{W_{ab} + W_{Fe} + W_{Cu}}$$

$W_{ab} = U_2 \cdot I_2 \cdot \cos\varphi_2 \cdot t_B$

$W_{Fe} = P_{vFe} \cdot t_E$

$W_{Cu} = P_{vCu} \cdot t_B$

Beispiel:

Bei einem 160 kVA-Transformator betragen die Eisenverluste 1,5 kW und die Wicklungsverluste 5 kW. Der Transformator ist während des ganzen Jahres (8760 h) eingeschaltet, aber nur 1500 h belastet. Bei Belastung beträgt $\cos\varphi = 0{,}86$. Bestimmen Sie den Jahreswirkungsgrad.

Lösung:

Geg.: $P_{vFe} = 1{,}5\ \text{kW}$, $P_{vCu} = 5\ \text{kW}$,
$t_E = 8760\ \text{h}$, $t_B = 1500\ \text{h}$, $\cos\varphi = 0{,}86$

Ges.: η_a

$$\eta_a = \frac{W_{ab}}{W_{ab} + W_{Fe} + W_{Cu}}$$

$$\eta_a = \frac{S_2 \cdot \cos\varphi_2 \cdot t_B}{S_2 \cdot \cos\varphi_2 \cdot t_B + P_{vFe} \cdot t_E + P_{vCu} \cdot t_B}$$

$$\eta_a = \frac{160\ \text{kVA} \cdot 0{,}86 \cdot 1500\ \text{h}}{160\ \text{kVA} \cdot 0{,}86 \cdot 1500\ \text{h} + 1{,}5\ \text{kW} \cdot 8760\ \text{h} + 5\ \text{kW} \cdot 1500\ \text{h}}$$

$$\underline{\underline{\eta_a = 0{,}909}}$$

5. Bei einem 250 kVA-Transformator betragen die Eisenverluste 2,5 kW. Der Transformator war während des ganzen Jahres nur 700 Stunden bei einem $\cos\varphi = 0{,}75$ voll belastet. Der Jahreswirkungsgrad wurde mit 0,827 ermittelt.

a) Wie hoch sind die Kupferverluste?

b) Wie groß wird der Jahreswirkungsgrad, wenn der Transformator während des ganzen Jahres voll belastet wird?

c) Wie groß wird der Wirkungsgrad, wenn er nur 100 Stunden voll belastet wird?

6. Bei einem Transformator wird der Jahreswirkungsgrad zu 80 % bestimmt. Bei Belastung nahm der Transformator bei einer Spannung von 10 kV, einem $\cos\varphi_1 = 0{,}88$ und einem Wirkungsgrad von 95 % einen Strom von 1,2 A auf. Die Eisenverluste wurden zu 0,1 kW ermittelt. Der Transformator war insgesamt 200 Tage voll belastet.
Wie hoch sind die Kupferverluste des Transformators?

9.1.7 Transformator, Übertrager

U_1	Primärspannung	$[U_1] = \text{V}$
U_2	Sekundärspannung	$[U_2] = \text{V}$
N_1	Primärwindungszahl	$[N_1] = 1$
N_2	Sekundärwindungszahl	$[N_2] = 1$
I_1	Primärstromstärke	$[I_1] = \text{A}$
I_2	Sekundärstromstärke	$[I_2] = \text{A}$
S_1	Primärscheinleistung	$[S_1] = \text{VA}$
S_2	Sekundärscheinleistung	$[S_2] = \text{VA}$
$ü$	Übersetzungsverhältnis	$[ü] = 1$
η	Wirkungsgrad	
R_1	Auf die Primärseite transformierter Widerstand R_2	$[R_1] = \Omega$

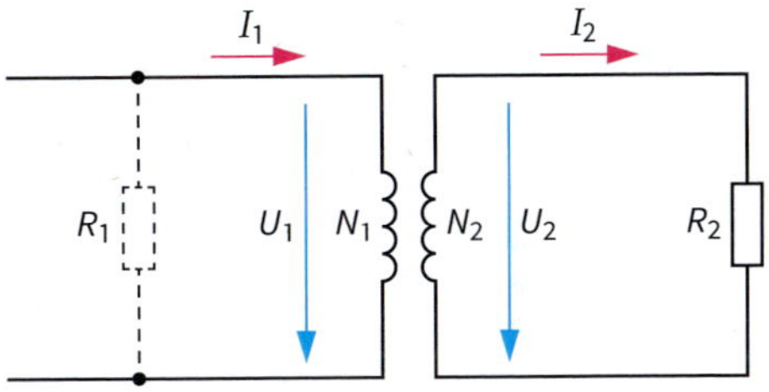

$$ü = \frac{U_1}{U_2} \qquad ü = \frac{N_1}{N_2} \qquad ü = \frac{I_2}{I_1} \qquad \eta = \frac{P_2}{P_1}$$

$$ü^2 = \frac{R_1}{R_2} \qquad ü^2 = \frac{Z_1}{Z_2}$$

Beispiel:

Eine Heizspannung von 6,3 V wird mit einem Netztransformator erzeugt. Dabei fließt ein Heizstrom von 730 mA. Die Sekundärseite des Transformators hat 380 Windungen. Der Wirkungsgrad beträgt 98 %. Berechnen Sie die Primärleistung, das Übersetzungsverhältnis, die Primärstromstärke und die primäre Windungszahl.

Lösung:

Geg.: $U_2 = 6{,}3\ \text{V}$, $I_2 = 730\ \text{mA}$, $N_2 = 380$,
$U_1 = 230\ \text{V}$, $\eta = 0{,}98$

Ges.: $P_1, ü, I_1$ und N_1

$$\eta = \frac{P_2}{P_1} \qquad P_1 = \frac{P_2}{\eta} \qquad P_1 = \frac{6{,}3\ \text{V} \cdot 0{,}73\ \text{A}}{0{,}98} \qquad \underline{\underline{P_1 = 4{,}69\ \text{W}}}$$

$$ü = \frac{U_1 \cdot \eta}{U_2} \qquad ü = \frac{230\ \text{V} \cdot 0{,}98}{6{,}3\ \text{V}} \qquad \underline{\underline{ü = 35{,}8}}$$

$$ü = \frac{I_2}{I_1} \qquad I_1 = \frac{I_2}{ü} \qquad I_1 = \frac{730\ \text{mA}}{35{,}8} \qquad \underline{\underline{I_1 = 20{,}4\ \text{mA}}}$$

$$ü = \frac{N_1}{N_2} \qquad N_1 = ü \cdot N_2 \qquad N_1 = 35{,}8 \cdot 380 \qquad \underline{\underline{N_1 = 13604}}$$

Aufgaben

1. Ein Transformator besitzt eine Primärwicklung mit 60 Windungen und eine Sekundärwicklung mit 1200 Windungen. Wie groß ist die Sekundärspannung, wenn die Primärwicklung an 4 V Wechselspannung angeschlossen wird?
2. Die Netzspannung 230 V soll auf 24 V heruntertransformiert werden. Die Primärwicklung besitzt 770 Windungen. Wie viele Windungen muss die Sekundärwicklung erhalten?
3. Der Netztransformator für die Spannungsversorgung eines Transistorgerätes liegt primärseitig an 230 V. Auf der Sekundärseite soll eine Spannung von 40 V zur Verfügung stehen, bei einer Stromstärke von 11 A. Die Primärwicklung hat 1100 Windungen. Der Wirkungsgrad wird mit 96 % angegeben. Berechnen Sie das Übersetzungsverhältnis, die Primärstromstärke und die sekundäre Windungszahl.
4. An einem Trenntransformator für 230 V ist auf der Sekundärseite ein Gerät mit 80 W angeschlossen. Wie groß ist die Primärstromstärke, wenn der Wirkungsgrad 95 % beträgt?
5. Die Sekundärwicklung eines Transformators soll so unterteilt werden, dass Spannungen von 3 V, 5 V und 8 V erzeugt werden können. Bei wie vielen Windungen muss jeweils ein Abgriff an der Sekundärseite erfolgen, wenn die Primärwicklung für 110 V ausgelegt ist und 760 Windungen besitzt?
6. Wie groß ist die Primärstromstärke eines Transformators, wenn in der Sekundärwicklung eine Stromstärke von 17 A vorhanden ist? Die Primärwicklung besitzt 1080 Windungen und die Sekundärwicklung 52 Windungen.
7. Ein NF-Übertrager (verlustlos angenommen) besitzt ein Übersetzungsverhältnis von 25. Auf der Sekundärseite liegt ein Belastungswiderstand von 370 Ω. Berechnen Sie den primären Belastungswiderstand und die Primärspannung, wenn auf der Sekundärseite 1,6 mV gemessen werden.
8. Der Übertrager zwischen zwei HF-Transistoren soll so dimensioniert werden, dass zwischen den Stufen Leistungsanpassung besteht.
   Widerstand zwischen Kollektor und Emitter auf der Primärseite: 14 kΩ,
   Widerstand zwischen Basis und Emitter auf der Sekundärseite: 5,3 kΩ.
   Berechnen Sie das Übersetzungsverhältnis und die Sekundärspannung, wenn auf der Primärseite 2,8 V gemessen werden.

9.1.8 Drehstromtransformatoren

Schaltgruppen

Schaltgruppe	Übersetzungsverhältnis $ü$
Yy 0	$\frac{U_1}{U_2} = \frac{N_1}{N_2}$
Yy 6	$\frac{U_1}{U_2} = \frac{N_1}{N_2}$
Dd 0	$\frac{U_1}{U_2} = \frac{N_1}{N_2}$
Dd 6	$\frac{U_1}{U_2} = \frac{N_1}{N_2}$
Dy 5	$\frac{U_1}{U_2} = \frac{N_1}{\sqrt{3}\,N_2}$
Dy 11	$\frac{U_1}{U_2} = \frac{N_1}{\sqrt{3}\,N_2}$
Yd 5	$\frac{U_1}{U_2} = \frac{\sqrt{3}\,N_1}{N_2}$
Yd 11	$\frac{U_1}{U_2} = \frac{\sqrt{3}\,N_1}{N_2}$
Yz 5	$\frac{U_1}{U_2} = \frac{2\,N_1}{\sqrt{3}\,N_2}$
Yz 11	$\frac{U_1}{U_2} = \frac{2\,N_1}{\sqrt{3}\,N_2}$

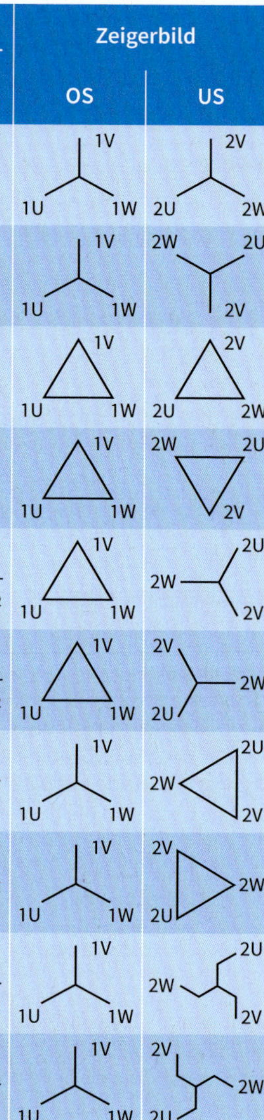

Bei vollbelastbarem Sternpunkt wird in der Schaltgruppe ein n ergänzt, z. B. Dyn 5.

Beispiel:

Ein Drehstromtransformator Dyn 5 mit 20 kV/0,4 kV hat auf der Oberspannungsseite 4500 Windungen.

a) Skizzieren Sie das Zeigerdiagramm für die Ober- und Unterspannungsseite.

b) Wie viele Windungen muss die Unterspannungsseite haben?

Lösung:

Geg.: $U_1 = 20$ kV, $U_2 = 0{,}4$ kV, $N_1 = 4500$
Schaltgruppe: Dyn 5

Ges.: a) Zeigerdiagramm für Ober- und Unterspannung
b) N_2

a) Oberspannung Unterspannung

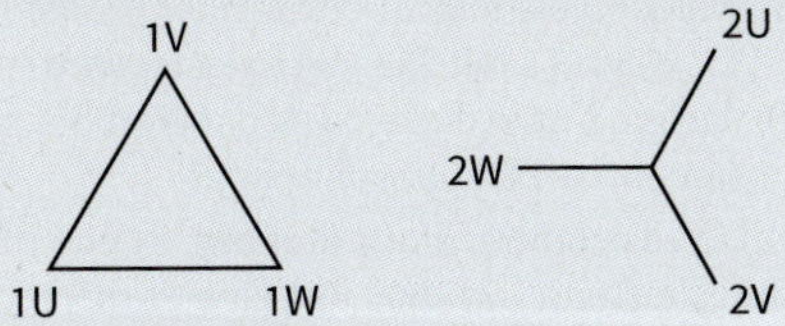

b) Für Dyn 5 gilt: $\frac{U_1}{U_2} = \frac{N_1}{\sqrt{3} \cdot N_2}$

$N_2 = \frac{N_1 \cdot U_2}{U_1 \cdot \sqrt{3}}$ $N_2 = \frac{4500 \cdot 0{,}4\text{ kV}}{20\text{ kV} \cdot \sqrt{3}}$ $\underline{\underline{N_2 = 52}}$

Aufgaben

1. Ein Drehstromtransformator 6000/500 V wird bei einem Leistungsfaktor von 0,82 mit 380 kW voll belastet. Die Oberspannungsseite ist in Dreieck und die Unterspannungsseite in Stern geschaltet.
a) Wie wird die Schaltgruppe des Transformators bezeichnet?
b) Berechnen Sie die Strang- und Leiterströme auf der Ober- und Unterspannungsseite.
c) Berechnen Sie die Bemessungsleistung des Transformators.

2. Ein Drehstromtransformator der Schaltgruppe Dy 5 hat bei einem Wirkungsgrad von 92 % und einem Leistungsfaktor von 0,9 eine Bemessungsleistung von 10 kVA. Wie groß sind die Ströme in den Ober- und Unterspannungswicklungen, wenn die Spannung auf der Eingangsseite 400 V beträgt und die Unterspannungswicklung für 231 V und 133,5 V umgeschaltet werden kann?

3. Ein Drehstromtransformator mit der Schaltgruppe Yy 0 ist für die Spannungen 10000/400 V bestimmt.
a) Wie viele Windungen hat jeder Strang der Oberspannungswicklung, wenn auf der Unterspannungsseite 150 Windungen je Strang vorhanden sind?
b) Wie hoch werden die Strangspannungen auf der Unterspannungsseite, wenn der Transformator in die Schaltgruppe Yd 5 umgeschaltet wird?

4. Einem Transformatorleistungsschild werden folgende Werte entnommen: Schaltgruppe Yz 5; Bemessungsspannungen:
(1) 20 500 V, (2) 20000 V, (3) 19500 V.
a) Skizzieren Sie die Zeigerdiagramme für die Ober- und Unterspannungen.
b) Um wie viel Prozent weichen die Oberspannungen 1 und 3 von der Bemessungsspannung 2 ab?
c) Wie viele Windungen müssen auf der Oberspannungsseite jeweils dazu- bzw. abgeschaltet werden, wenn die Wicklung auf der Unterspannungsseite für 400 V eine Windungszahl von 67 besitzt?

5. Ein Drehstromtransformator Dy 5 hat die Bemessungsspannungen 15 kV/400 V/231 V und eine Leistung von 10 kVA. Der Wirkungsgrad beträgt 96 %. Die Anzahl der Windungen auf der Oberspannungsseite kann durch Zu- bzw. Abschalten von Windungen um ±4 % der Windungszahl für 15 kV geändert werden.
a) Skizzieren Sie die Zeigerdiagramme für die Ober- und Unterspannungen.
b) Wie viele Windungen hat die Oberspannungsseite für die Bemessungsspannung 15 kV, wenn für die Unterspannung von 231 V eine Wicklung mit 35 Windungen vorhanden ist?
c) Wie groß ist die aufgenommene Leistung des Transformators?
d) Wie groß sind die Leiterstromstärken auf der Ober- und Unterspannungsseite, wenn der Transformator voll belastet wird und der $\cos \varphi$ auf beiden Seiten 0,87 beträgt?

6. Bei einem Drehstromtransformator der Schaltgruppe Dy 5 und den Spannungen 20000 V/400 V besteht durch Zu- bzw. Abschalten von Windungen die Möglichkeit, die Windungszahl der Oberspannungswicklung um +4 % bzw. −4 % zu verändern. Wie viele Windungen haben die Wicklungen der Oberspannungsseite für die drei Schaltmöglichkeiten, wenn die Windungszahl auf jeder Unterspannungswicklung 48 ist?

7. Ein Drehstromtransformator mit der Schaltgruppe Yd 5 ist für eine Eingangsspannung von 20 kV vorgesehen. Die Spannung auf der Ausgangsseite soll 231 V betragen. Wie viele Windungen müssen auf der Oberspannungsseite dazu- bzw. abgeschaltet werden können, wenn sich die Spannung auf der Eingangsseite um +800 V bzw. −800 V ändern kann? Die Wicklungen der Unterspannungsseite haben je 60 Windungen.

9.1.9 Parallelschaltung von Drehstromtransformatoren

$\ddot{U}_T$ Übertragungsleistung der einzelnen Transformatoren bei Parallelschaltung $[\ddot{U}_T] = VA$

S_{ges} Gesamte Übertragungsleistung bei Parallelschaltung $[S_{ges}] = VA$

u_{kges} Gesamte Kurzschlussspannung bei Parallelschaltung $[u_{kges}] = \%$

$$\frac{\ddot{U}_{T1}}{\ddot{U}_{T2}} = \frac{S_{2T1} \cdot u_{k2}}{S_{2T2} \cdot u_{k1}}$$

$$S_{ges} = \ddot{U}_{T1} + \ddot{U}_{T2}$$

$$u_{k\,ges} = \frac{\ddot{U}_{T1} + \ddot{U}_{T2}}{\frac{\ddot{U}_{T1}}{u_{k1}} + \frac{\ddot{U}_{T2}}{u_{k2}}}$$

Beispiel:

Zwei 60 kVA-Drehstromtransformatoren werden parallel geschaltet ($u_{k1} = 4{,}1\,\%$, $u_{k2} = 5{,}6\,\%$).

a) Welche Leistung (Übertragungsleistung) überträgt der Transformator mit der Kurzschlussspannung 5,6 %, wenn der andere Transformator seine volle Leistung überträgt?

b) Welche Leistung muss jeder Transformator übertragen, wenn eine Gesamtleistung von 120 kVA übertragen werden soll?

Lösung:

Geg.: T_1: $S_1 = 60$ kVA, $u_{k1} = 4{,}2\,\%$
T_2: $S_2 = 60$ kVA, $u_{k2} = 5{,}6\,\%$

Ges.: a) $\ddot{U}_{T2}$ b) $\ddot{U}_{T1}$ und $\ddot{U}_{T2}$

a) $\frac{\ddot{U}_{T1}}{\ddot{U}_{T2}} = \frac{S_{2T1} \cdot u_{k2}}{S_{2T2} \cdot u_{k1}}$ $\qquad S_{2T1} = S_{2T2}$

$\frac{\ddot{U}_{T1}}{\ddot{U}_{T2}} = \frac{u_{k2}}{u_{k1}}$ $\qquad \ddot{U}_{T2} = \frac{\ddot{U}_{T1} \cdot u_{k1}}{u_{k2}}$

$\ddot{U}_{T2} = \frac{60\text{ kVA} \cdot 4{,}1\,\%}{5{,}6\,\%}$ $\qquad \underline{\underline{\ddot{U}_{T2} = 43{,}93\text{ kVA}}}$

b) $\frac{\ddot{U}_{T1}}{\ddot{U}_{T2}} = \frac{u_{k2}}{u_{k1}}$ $\qquad \frac{S_{ges} - \ddot{U}_{T2}}{\ddot{U}_{T2}} = \frac{u_{k2}}{u_{k1}}$

$S_{ges} - \ddot{U}_{T2} = \frac{u_{k2} \cdot \ddot{U}_{T2}}{u_{k1}}$ $\qquad S_{ges} = \frac{u_{k2} \cdot \ddot{U}_{T2}}{u_{k1}} + \ddot{U}_{T2}$

$S_{ges} = \frac{u_{k2} \cdot \ddot{U}_{T2}}{u_{K1}} + \frac{u_{k1} \cdot \ddot{U}_{T2}}{u_{k1}}$

$S_{ges} = \frac{\ddot{U}_{T2}\,(u_{k2} + u_{k1})}{u_{k1}}$ $\qquad \ddot{U}_{T2} = \frac{S_{ges} \cdot u_{k1}}{u_{k1} + u_{k2}}$

$\ddot{U}_{T2} = \frac{120\text{ kVA} \cdot 4{,}1\,\%}{4{,}1\,\% + 5{,}6\,\%}$ $\qquad \underline{\underline{\ddot{U}_{T2} = 50{,}72\text{ kVA}}}$

$\ddot{U}_{T1} = S_{ges} - \ddot{U}_{T2}$ $\qquad \ddot{U}_{T1} = 120\text{ kVA} - 50{,}72\text{ kVA}$

$\underline{\underline{\ddot{U}_{T1} = 69{,}28\text{ kVA}}}$ (Überlastung)

Aufgaben

1. Zwei Drehstromtransformatoren sollen parallel geschaltet werden. Den Leistungsschildern werden folgende Daten entnommen:
T1: 160 kVA; 20000/400 V; 4,6/219 A; $u_{ki} = 4{,}1\,\%$.
T2: 250 kVA; 20000/400 V; 7,1/350 A; $u_{k2} = 3{,}8\,\%$.
   a) Berechnen Sie das Verhältnis der Übertragungsleistungen der beiden Transformatoren.
   b) Welche Leistung überträgt der Transformator T1, wenn T2 mit 250 kVA belastet wird?
   c) Wie groß ist in diesem Fall der Wert der gemeinsamen Kurzschlussspannung?
2. Ein Drehstromtransformator hat bei einer Bemessungsleistung von 1600 kVA eine Primärspannung von 30000 V und eine Sekundärspannung von 400 V. Die Kurzschlussspannung beträgt 6 %.
   a) Wie groß sind die Stromstärken primär- und sekundärseitig, wenn mit einem Wirkungsgrad von 90 % und auf beiden Seiten mit $\cos\varphi = 1$ gerechnet wird?
   b) Wie hoch kann der Kurzschlussstrom werden?
3. Zwei Drehstromtransformatoren werden parallel geschaltet. Der erste Transformator hat eine Bemessungsleistung von 140 kVA und eine Kurzschlussspannung von 5,4 %. Er überträgt eine Leistung von 90 kVA. Der zweite Transformator hat eine Bemessungsleistung von 60 kVA und eine Kurzschlussspannung von 7,6 %.
   a) Wie groß kann die von dem zweiten Transformator übertragene Leistung werden?
   b) Wie groß ist die gemeinsame übertragene Leistung?
4. Wie groß muss die Bemessungsleistung eines Transformators mit der Kurzschlussspannung 4,8 % mindestens sein, wenn er eine Leistung von 120 kVA übertragen soll? Dabei soll er mit einem zweiten Transformator parallel geschaltet werden, der eine Bemessungsleistung von 85 kVA und eine Kurzschlussspannung von 3,4 % hat. Dieser überträgt eine Leistung von 70 kVA.
5. Mit den in der Abbildung dargestellten Transformatoren soll eine Gesamtleistung von 350 kVA übertragen werden. Berechnen Sie
   a) die von jedem Transformator zu übertragende Leistung und
   b) die gemeinsame Kurzschlussspannung.

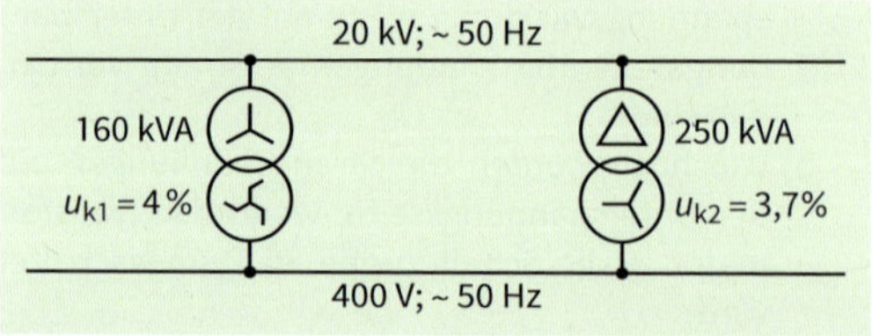

9.2 Umlaufende elektrische Maschinen

9.2.1 Drehzahl, Drehmoment, Leistung

n	Drehzahl, Umdrehungsfrequenz	$[n] = \frac{1}{\text{min}} = \text{min}^{-1}$
M	Drehmoment	$[M] = \text{Nm}$
P_{mech}	Mechan. Leistung	$[P_{mech}] = \frac{\text{Nm}}{\text{s}}$
P	Abgegebene Leistung	$[P] = \text{kW}$
		$1\,\frac{\text{Nm}}{\text{s}} = 1\,\text{W}$
F	Riemenzugkraft	$[F] = \text{N}$
r	Radius	$[r] = \text{m}$
s	Kreisumfang	$[s] = \text{m}$
t	Zeit für einen Umlauf	$[t] = \text{s, min}$

$M = F \cdot r$

Zusammenhang zwischen Leistung, Drehzahl und Drehmoment:

$W_{ab} = P \cdot t$ $\quad W_{mech} = F \cdot s$

$P \cdot t = F \cdot s$ $\quad P = \frac{F \cdot s}{t}$

$s = 2 \cdot \pi \cdot r$ $\quad t = \frac{1}{n}$

$P = \frac{F \cdot 2 \cdot \pi \cdot r}{t}$ $\quad P = \frac{F \cdot 2 \cdot \pi \cdot r \cdot n}{t}$ $\quad P = 2 \cdot \pi \cdot n \cdot M$

Gebräuchliche Formel: $P = \frac{n \cdot M}{9549}$ in kW

Beispiel:

Ein Elektromotor soll eine Arbeitsmaschine über eine Riemenscheibe antreiben. Diese hat einen Durchmesser von 200 mm. Die Riemenzugkraft beträgt 250 N, die Drehzahl 975 min⁻¹.

a) Wie groß muss das vom Motor abgegebene Drehmoment sein?

b) Welche mechanische Leistung hat der Motor an der Riemenscheibe?

Lösung:

Geg.: $F = 250\,\text{N}$, $d = 200\,\text{mm}$, $n = 975\,\text{min}^{-1}$

Ges.: a) M b) P

a) $M = F \cdot s$ $\quad s = \frac{d}{2}$ $\quad M = F \cdot \frac{d}{2}$

$M = 250\,\text{N} \cdot \frac{200}{2}\,\text{mm}$

$\underline{\underline{M = 25\,\text{Nm}}}$

b) $P = \frac{n \cdot M}{9549}$ $\quad P$ in kW $\quad M$ in Nm $\quad n$ in $\frac{1}{\text{min}}$

$P = \frac{975 \cdot 25}{9549}\,\text{kW}$

$\underline{\underline{P = 2{,}55\,\text{kW}}}$

Antrieb einer Arbeitsmaschine

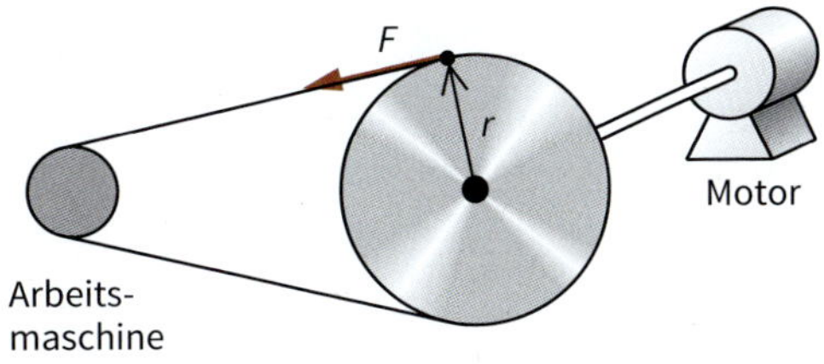

Aufgaben

1. Mit einer Wirbelstrombremse wird das Drehmoment eines Motors bestimmt. Der Hebelarm ist 235 mm lang. An der Waage werden 45 N angezeigt.

a) Wie groß ist das Drehmoment?

b) Wie groß ist die Leistung, wenn die Drehzahl mit $n = 1450\,\text{min}^{-1}$ gemessen wird?

2. Im folgenden Diagramm ist eine Drehzahl-Drehmomentenkurve dargestellt.
Wie groß ist die Leistung

a) bei $n = 1400\,\text{min}^{-1}$ und

b) bei $M = 0{,}25\,\text{Nm}$?

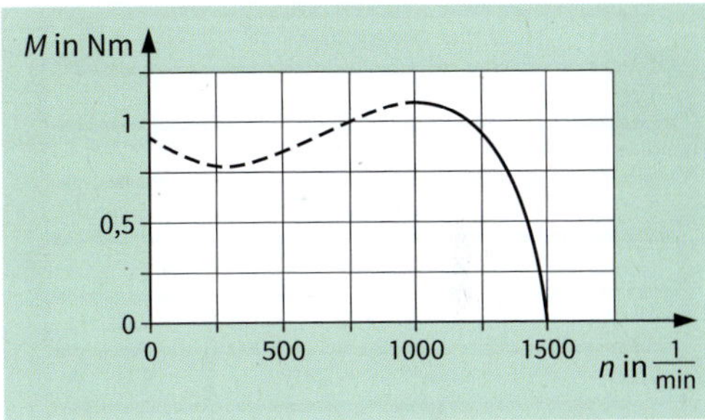

3. Welche Leistung muss ein Motor mit $n = 1900\,\text{min}^{-1}$ abgeben, wenn er ein Drehmoment von 25 Nm erzeugen soll?

4. Mit einer Magnetpulverbremse wurde das Drehmoment eines Motors mit $M = 3{,}75\,\text{Nm}$ bei einer Drehzahl von $n = 1750\,\text{min}^{-1}$ gemessen.
Wie groß ist die Leistung?

5. Das Leistungsschild eines Gleichstrommotors enthält u. a. folgende Angaben:
220 V, 16,2 A und 2200 min⁻¹.
Der Wirkungsgrad des Motors beträgt 84 %.

a) Welche Leistung gibt der Motor an der Antriebswelle ab?

b) Wie groß ist das Drehmoment?

6. Welche Leistung muss ein Motor abgeben, wenn er bei einer Drehzahl von $2870 \frac{1}{\text{min}}$ ein Drehmoment von 54 Nm erzeugen soll?

7. Wie groß ist die Leistung eines Motors mit $n = 935\ \text{min}^{-1}$, wenn bei der Abbremsung an der Waage eine Kraft von 245 N bei einem Hebelarm von 475 mm gemessen wird?

8. Mit einer Pendelmaschine wird das Drehmoment einer Maschine mit 44 Nm bestimmt. Die Drehzahl wird mit $2845 \frac{1}{\text{min}}$ gemessen. Wie groß ist die Leistung?

9. Mit einer Pendelmaschine wird das Drehmoment eines Motors bestimmt. Bei einem Hebelarm von 75 cm wird eine Kraft von 25 N gemessen.
a) Wie groß ist das Drehmoment?
b) Wie groß ist die Leistung, wenn eine Drehzahl von $2850 \frac{1}{\text{min}}$ gemessen wird?

10. Ein Elektromotor (s. Leistungsschild) soll eine Maschine über eine Riemenscheibe mit dem Durchmesser 250 mm antreiben. Wie groß ist die Riemenzugkraft des Motors bei der Bemessungsleistung?

Hersteller			
Typ			
3 ~ **Mot.**	**Nr.**		
Y 400 **V**	5,9 **A**		
2,5 **kW**	S1	**cos φ** 0,8	
1425 **/min**	50 **Hz**		
Lfr. Y 240 **V**	6,6 **A**		
Isol.-Kl. B/F	**IP** 33	35 **kg**	
VDE 0530 Teil 1, 12.84			

11. Welches Drehmoment hat ein 2,2 kW-Motor mit den Daten 400 V, 5 A, $1430\ \text{min}^{-1}$?
Welchen Durchmesser muss seine Riemenscheibe haben, wenn eine Riemenzugkraft von 85 N benötigt wird?

12. Welches Drehmoment erzeugt eine 750 W-Maschine bei einer Drehzahl von $980 \frac{1}{\text{min}}$?

13. Auf dem Leistungsschild eines 7,5 kW Motors ist eine Bemessungsdrehzahl von $2895 \frac{1}{\text{min}}$ angegeben. Wie groß ist das entsprechende Drehmoment?

Leistungsübertragung

Übersetzung i

Riementrieb

$i = \frac{n_1}{n_2} \quad i = \frac{d_2}{d_1}$

Zahnradtrieb

$i = \frac{n_1}{n_2} \quad i = \frac{z_2}{z_1}$

Drehmomente

$\frac{n_1}{n_2} = \frac{M_2}{M_1}$

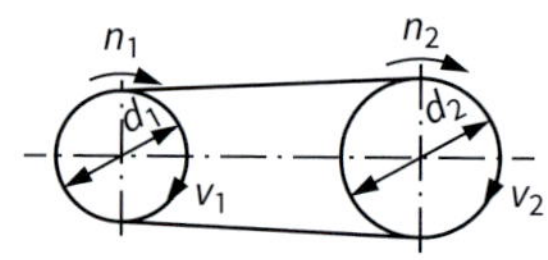

Umfangsgeschwindigkeit v $\quad [v] = \frac{\text{m}}{\text{s}}$

$v = n \cdot r \cdot 2 \cdot \pi$

$v = n \cdot d \cdot \pi$

Beispiel:

Ein 3 kW-Motor mit der Bemessungsdrehzahl $1440\ \text{min}^{-1}$ treibt über einen Riementrieb eine Bohrspindel an. Die Motorriemenscheibe hat einen Durchmesser von 120 mm.
a) Wie groß sind die Spindeldrehzahl und das Drehmoment an der Spindel, wenn deren Riemenscheibe einen Durchmesser von 320 mm hat?
b) Wie groß ist die Umfangsgeschwindigkeit eines Bohrers mit einem Durchmesser von 12 mm?

Lösung:

Geg.: $P = 3\ \text{kW}$, $n_1 = 1440\ \text{min}^{-1}$, $d_1 = 120\ \text{mm}$, $d_2 = 320\ \text{mm}$, $d_3 = 12\ \text{mm}$

Ges.: a) n_2, M_2 b) v

a) $\frac{n_2}{n_1} = \frac{d_1}{d_2}$ $\qquad n_2 = n_1 \frac{d_1}{d_2}$

$n_2 = 1440 \frac{120\ \text{mm}}{\text{min}\ 320\ \text{mm}}$ $\qquad \underline{\underline{n_2 = 540 \frac{1}{\text{min}}}}$

$\frac{n_1}{n_2} = \frac{M_2}{M_1}$ $\qquad P = \frac{n \cdot M}{9549}$

$M_2 = M_1 \cdot \frac{n_1}{n_2}$ $\qquad M_1 = \frac{P \cdot 9549}{n}$

$M_2 = 20\ \text{Nm} \cdot \frac{1440 \frac{1}{\text{min}}}{540 \frac{1}{\text{min}}}$ $\qquad M_1 = 3 \cdot \frac{9549}{1440}\ \text{Nm}$

$\underline{\underline{M_2 = 53{,}3\ \text{Nm}}}$ $\qquad M_1 = 20\ \text{Nm}$

b) $v = n_2 \cdot d_3 \cdot \pi$ $\qquad v = 540 \frac{1}{\text{min}} \cdot 12\ \text{mm} \cdot \pi$

$\underline{\underline{v = 0{,}34 \frac{\text{m}}{\text{s}}}}$

14. Ein Elektromotor mit $n_1 = 2850 \frac{1}{\text{min}}$ treibt eine Maschine über Zahnräder ($z_1 = 12$, $z_2 = 36$) an. Wie groß ist die Drehzahl der Maschine?

15. Eine Waschmaschine benötigt zum Schleudern eine Drehzahl von $900 \frac{1}{\text{min}}$. Der Antriebsmotor hat eine Drehzahl von $1485 \frac{1}{\text{min}}$ und seine Riemenscheibe einen Durchmesser von 80 mm. Welchen Durchmesser muss die zweite Riemenscheibe haben?

16. Welche Umfangsgeschwindigkeit hat die Trommel einer Wäscheschleuder mit einem Durchmesser von 480 mm? Die Drehzahl ist $1100 \frac{1}{\text{min}}$.

17. Ein 18 mm-Bohrer soll eine Umfangsgeschwindigkeit von $20 \frac{\text{m}}{\text{min}}$ haben. Die Bohrspindel wird von einem Motor mit $n = 1445 \frac{1}{\text{min}}$ über einen Riementrieb angetrieben. Die Motorriemenscheibe hat einen Durchmesser von 110 mm.
a) Wie groß muss der Durchmesser der Riemenscheibe der Bohrspindel sein?
b) Wie groß ist die Drehzahl der Spindel?
c) Wie groß ist die Motorleistung bei einem Drehmoment von 4,5 Nm?

18. Ein Motor hat folgende Daten:
400 V; 50 Hz; 3 kW; $955 \frac{1}{\text{min}}$ und 7,6 A.
a) Welches Bemessungsdrehmoment hat der Motor?
b) Welches Drehmoment wird bei einem Übersetzungsverhältnis von 1:2,5 auf die andere Maschine übertragen?
c) Welche Drehzahl hat dann die angetriebene Maschine?
d) Wie viele Zähne muss das zweite Zahnrad haben, wenn das erste 30 Zähne hat?

Leistungsschild eines Drehstrom-Asynchronmotors

Hersteller			
Typ			
3 ~ Mot.	Nr.		
Δ 400 V		24 A	
11 kW	S1	cos φ 0,78	
1445 /min		50 Hz	
Lfr. Y 245 V		28 A	
Isol.-Kl. B/F	IP 44	150 kg	
VDE 0530 Teil 1, 12.84			

Schneckenradgetriebe

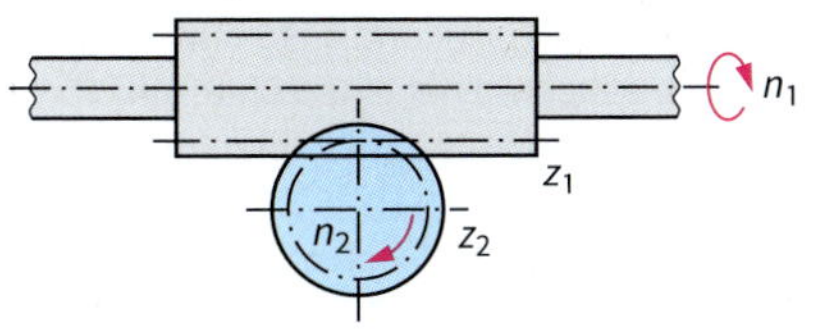

z_1 Zähnezahl der Schnecke (Motorwelle)
z_2 Zähnezahl des Schneckenrades
n_1 Drehzahl der Schnecke $[n_1] = \text{min}^{-1}$
n_2 Drehzahl des Schneckenrades $[n_2] = \text{min}^{-1}$
i Übersetzungsverhältnis
M_1 Drehmoment der Schnecke $[M_1] = \text{Nm}$
M_2 Drehmoment des Schneckenrades $[M_2] = \text{Nm}$

$$i = \frac{n_1}{n_2} = \frac{z_2}{z_1} = \frac{M_2}{M_1}$$

Beispiel:
Eine Motorwelle mit der Drehzahl 760 min^{-1} treibt das Schneckenrad mit 60 Zähnen und einer Drehzahl von 380 min^{-1} an.
a) Welche Zähnezahl z_1 hat die Schnecke?
b) Wie groß ist das Übersetzungsverhältnis?

Lösung:
Geg.: $n_1 = 760\ \text{min}^{-1}$, $z_2 = 60$, $n_2 = 380\ \text{min}^{-1}$
Ges.: a) z_1 b) i

a) $z_1 = \frac{z_2 \cdot n_2}{n_1}$ $\quad z_1 = \frac{60 \cdot 380\ \text{min}^{-1}}{760\ \text{min}^{-1}}$ $\quad \underline{\underline{z_1 = 30}}$

b) $i = \frac{n_1}{n_2}$ $\quad i = \frac{760\ \text{min}^{-1}}{380\ \text{min}^{-1}}$ $\quad \underline{\underline{i = 2:1}}$

19. Der Schneckenantrieb hat eine Drehzahl von 720 min^{-1}. Das Schneckenrad hat 60 Zähne und eine Drehzahl von 120 min^{-1}. Wie groß sind das Übersetzungsverhältnis und die Zähnezahl der Schnecke?

20. Das treibende Zahnrad mit $z_1 = 54$ wird von einem Drehstrommotor mit der Drehzahl von 960 min^{-1} angetrieben. Das Schneckenrad hat eine Zähnezahl von $z_2 = 72$.
a) Berechnen Sie die Drehzahl des getriebenen Zahnrads und das Übersetzungsverhältnis.
b) Wie groß ist das Drehmoment des Schneckenrads, wenn der Motor ein Drehmoment von 4,5 Nm besitzt?

21. Ein Antriebsmotor mit der Drehzahl von 360 min^{-1} treibt ein Schneckenradgetriebe mit dem Übersetzungsverhältnis von 4:1 an. Wie groß ist die Drehzahl des Schneckenrades?

22. Eine Schnecke mit der Zähnezahl 6 wird von einem Drehstrommotor mit den möglichen Drehzahlen von 960 min^{-1} und 1440 min^{-1} angetrieben. Das Schneckenrad hat eine Zähnezahl von $z_2 = 40$.
a) Wie groß sind die Drehzahlen des Schneckenrades?
b) Berechnen Sie das Übersetzungsverhältnis.

23. In Anlagen mit Fördertechnik befindet sich ein Schneckenantrieb für das Laufband, zu dessen Betrieb ein Drehmoment von 810 Nm benötigt wird. Die Motorwelle hat ein Zahnrad mit 12 Zähnen, das Schneckenrad hat 108 Zähne.
a) Wie groß ist das Übersetzungsverhältnis?
b) Wie groß muss das Drehmoment an der Motorwelle sein?

24. Zum Leistungsantrieb von Pressen wird ein Schneckenradgetriebe eingesetzt. Das Drehmoment an der Motorwelle wird mit 120 Nm angegeben. Zu den Zähnezahlen gibt es folgende Angaben: Motorwelle hat 16 Zähne, das Schneckenrad besitzt 192 Zähne. Berechnen Sie das Drehmoment des Schneckenrades zum Antrieb der Presse.

25. Zum mechanischen Antrieb von Zentrifugen werden schnelle Antriebe, z. B. über einen Schneckenantrieb, benötigt. Zu einem Schneckenradgetriebe sind folgende Daten bekannt: Antrieb über Drehstrommotor mit 1440 min^{-1}, Übersetzungsverhältnis 1:2 und erforderliches Drehmoment 20 Nm.
a) Welches Drehmoment entwickelt das Schneckenrad?
b) Mit welcher Drehzahl wird das Schneckenrad angetrieben?

26. In einem Aufzug wird ein Schneckenradgetriebe eingesetzt. Das Schneckenrad mit 90 Zähnen soll eine Drehzahl von 30 min^{-1} besitzen. Das Übersetzungsverhältnis beträgt 15:1.
a) Wie groß ist die Zähnezahl der Schnecke?
b) Berechnen Sie die Drehzahl der Schnecke (Motorwelle).

Schneckenradgetriebe

9.2.2 Drehstrom-Asynchronmotoren

n	Motordrehzahl	$[n] = min^{-1}$
n_f	Drehfelddrehzahl	$[n_f] = min^{-1}$
f	Netzfrequenz	$[f] = Hz$
p	Polpaarzahl	
n_s	Schlupfdrehzahl	$[n_s] = min^{-1}$
s	Schlupf	
P_{ab}	Abgegebene Leistung (Bemessungsleistung)	$[P_{ab}] = W, kW$
η	Wirkungsgrad	

$n_f = \frac{f}{p}$ $n_s = n_f - n$ $s = \frac{n_f - n}{n_f}$ $s_{\%} = \frac{n_f - n}{n_f} \cdot 100\,\%$

$P_{ab} = \sqrt{3} \cdot U \cdot I \cdot \cos\varphi \cdot \eta$

Berechnung der Anlasserwiderstände nach DIN VDE 0660-301 und DIN 48062

I_{er}	Läuferbemessungsstrom	$[I_{er}] = A$
U_{er}	Läuferstillstandsspannung	$[U_{er}] = V$
I_1	Läuferstrom, vor Kurzschließen einer Widerstandsstufe	$[I_1] = A$
I_2	Läuferstrom, nach Kurzschließen einer Widerstandsstufe	$[I_2] = A$
I_m	Mittlerer Anlassstrom	$[I_m] = A$
Z_r	Läuferimpedanz	$[Z_r] = \Omega$
k	Anlassschwere	
R_a	Anlasserkennwert	$[R_a] = \Omega$

$I_m = \frac{1}{2}(I_1 + I_2)$ $k = \frac{I_m}{I_{er}}$ $Z_r = \frac{U_{er}}{\sqrt{3}\, I_{er}}$ $R_a \approx 1{,}4 \frac{Z_r}{k}$

Kurzschlussläufermotor

Beispiel:

Zu einem vierpoligen Drehstrom-Asynchronmotor (Kurzschlussläufermotor) sind folgende Werte bekannt (s. Seite 215).
a) Wie groß sind die Schlupfdrehzahl und der Schlupf in Prozent?
b) Berechnen Sie Wirkungsgrad und Anlaufstrom bei $I_A = 4 \cdot I_N$.
c) Bestimmen Sie den Anlasserkennwert bei Volllastanlauf.

Lösung:

Geg.: $n = 1445\,\frac{1}{\text{min}}$, $k = 1{,}4$, $p = 2$, $P = 11\text{ kW}$,
$I_N = 24\text{ A}$, $U = 400\text{ V}$, $f = 50\text{ Hz}$, $\cos\varphi = 0{,}78$,
$U_{er} = 245\text{ V}$, $I_{er} = 28\text{ A}$, $I_A = 4 \cdot I_N$

Ges.: a) $n_s, s_\%$ b) η, I_A c) R_a

a) $n_f = \frac{f}{p}$ $\quad n_f = \frac{50 \cdot 60\,\frac{1}{\text{min}}}{2}$ $\quad n_f = 1500\,\frac{1}{\text{min}}$

$n_s = n_f - n$ $\quad n_s = 1500\,\frac{1}{\text{min}} - 1445\,\frac{1}{\text{min}}$

$n_s = 55\,\frac{1}{\text{min}}$

$s_\% = \frac{n_f - n}{n_f} \cdot 100\,\%$

$s_\% = 3{,}67\,\%$

b) $P = U \cdot I \cdot \sqrt{3} \cdot \cos\varphi \cdot \eta$

$\eta = \frac{P}{U \cdot I \cdot \sqrt{3} \cdot \cos\varphi}$ $\quad \eta = \frac{11000\text{ W}}{400\text{ V} \cdot 24\text{ A} \cdot \sqrt{3} \cdot 0{,}78}$

$\eta = 0{,}848$ $\quad \eta = 84{,}8\,\%$

$I_A = 4 \cdot I_N$ $\quad I_A = 4 \cdot 24\text{ A}$ $\quad I_A = 96\text{ A}$

c) $Z_r = \frac{U_{er}}{\sqrt{3} \cdot I_{er}}$ $\quad Z_r = \frac{245\text{ V}}{\sqrt{3} \cdot 28\text{ A}}$ $\quad Z_r = 5{,}05\,\Omega$

$R_a \approx 1{,}4\,\frac{Z_r}{k}$ $\quad R_a \approx 1{,}4\,\frac{5{,}05\,\Omega}{1{,}4}$ $\quad R_a \approx 5{,}05\,\Omega$

Normwert: $R_a = 5\,\Omega$

Kennwerte für Anlasser

k	Art des Anlaufs				
0,7	Halblastanlauf				
1,5	Volllastanlauf				
2,0	Schweranlauf				
Genormte Anlasserkennwerte R_a in Ω					
0,4	0,5	0,63	0,8	1	1,25
1,6	2	2,5	3,2	4	5
6,3	8	10	12,5	16	

Aufgaben

1. Ein vierpoliger Drehstrom-Asynchronmotor hat einen Schlupf von 4,5 %. Berechnen Sie die Drehzahl bei einer Frequenz von 50 Hz.

2. Die Drehzahl eines sechspoligen Drehstrom-Asynchronmotors ($f = 50$ Hz) beträgt bei Leerlauf 980 min^{-1} und bei Volllast 915 min^{-1}. Wie groß sind jeweils die Schlupfdrehzahl und der Schlupf?

3. Zu einem Drehstrom-Asynchronmotor sind folgende Daten bekannt:
400 V, 15 A, 7,5 kW, $\cos\varphi = 0{,}91$ und 2835 min^{-1}.
   a) Wie groß ist der Wirkungsgrad?
   b) Wie groß ist der Schlupf in %?
   c) Welche Schein- und Blindleistung hat der Motor?
   d) Wie groß ist der Anlaufstrom bei $I_A = 4{,}8 \cdot I_N$?
   e) Wie groß ist der Anlaufstrom, wenn der Motor über einen Stern-Dreieck-Schalter angelassen wird?

Daten von Drehstrom-Asynchronmotoren

Bemessungsleistung in kW	Bemessungsdrehzahl in 1/min	Bemessungsstrom bei 400 V in A	Anzugs- zu Bemessungsstrom I_A/I_N	Anzugs- zu Bemessungsdrehmoment M_A/M_N	Anzugsmoment M_A in Ncm	Bemessungsdrehmoment M_N in Ncm	Kippmoment M_K in Ncm	Wirkungsgrad η in %
3000 min^{-1} 50 Hz								
0,9	2820	2,4	5,1	2,66	820	304	910	67
1,2	2820	2,95	6,3	2,96	1200	405	1250	76
1,5	2820	3,35	6,55	3,1	1580	510	1670	77
1,85	2820	4,1	6,8	3,15	1975	627	2180	77
2,2	2820	4,83	7	3,9	2880	745	2600	77
1500 min^{-1} 50 Hz								
0,6	1380	1,65	4,3	2,0	680	346	700	55
0,6	1380	1,85	4,4	2,0	850	415	840	58
0,72	1390	2,1	4,5	2,1	1030	495	1100	61
0,85	1400	2,3	4,9	2,2	1250	580	1300	65
1,0	1400	2,5	5,6	2,1	1400	682	1500	71

4. Die Tabelle (s. Seite 217) zeigt einige Daten von Drehstrom-Asynchronmotoren.
Berechnen Sie für alle Drehstrommotoren
a) den Schlupf in %,
b) den Anlaufstrom und
c) den Leistungsfaktor
Tragen Sie die Werte in eine Tabelle ein.

5. Ein Drehstrom-Asynchronmotor hat folgendes Leistungsschild:

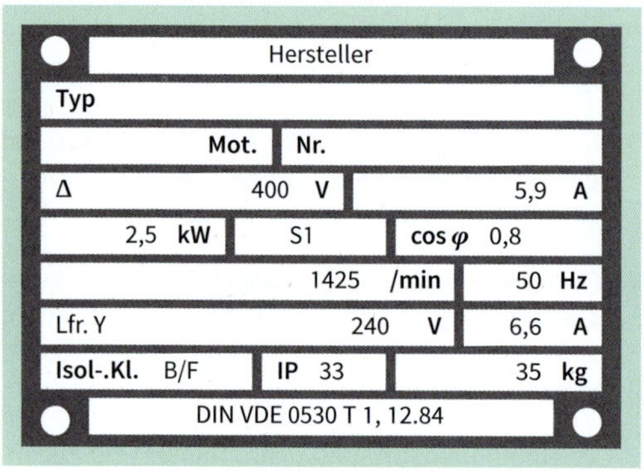

a) Wie groß ist der Wirkungsgrad?
b) Berechnen Sie die Schein- und Blindleistung.
c) Wie groß ist der Schlupf in %?
d) Wie groß ist der Anlaufstrom bei $I_A = 2{,}5 \cdot I_N$?
e) Bestimmen Sie den Anlasserkennwert bei Halblastanlauf.

6. Ein Schleifringläufermotor hat an 400 V, 50 Hz folgende Belastungskennlinien:

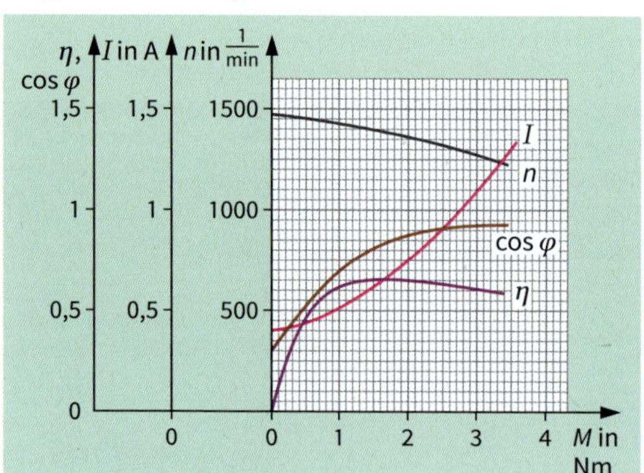

a) Wie groß sind die Leistung, die Stromstärke, der Leistungsfaktor und die Bemessungsdrehzahl bei dem Bemessungsdrehmoment von 1,5 Nm?
b) Wie groß sind die Schlupfdrehzahl und der Schlupf in Prozent?
c) Wie groß sind die Schein- und die Blindleistung?

9.2.3 Wechselstrommotoren – Universalmotoren

Kondensatormotor

Q_{CB} = 1 kvar pro kW Motorleistung
$Q_C = U^2 \cdot 2\pi f \cdot C$
$C_A = 3 \cdot C_B$

Abgegebene Leistung
$P = U \cdot I \cdot \cos\varphi \cdot \eta$

Drehstrommotoren an Wechselspannung (Steinmetzschaltung)

Netzspannung in V	230	400
C_B in µF pro kW Motorleistung	70	20

$C_A = 2 \cdot C_B$

Beispiel:

Ein vierpoliger Kondensatormotor hat folgende Daten:
$P = 1{,}5$ kW, $U = 230$ V, $f = 50$ Hz, $I = 13{,}5$ A, $\cos\varphi = 0{,}68$ und $n = 1420\ \text{min}^{-1}$.
a) Wie groß muss die Kapazität des Betriebs- und die des Anlaufkondensators sein?
b) Welchen Wirkungsgrad hat der Motor?
c) Wie groß ist der Schlupf in Prozent?

Lösung:

Geg.: $P = 1{,}5$ kW, $U = 230$ V, $f = 50$ Hz, $I = 13{,}5$ A, $\cos\varphi = 0{,}68$, $n = 1420\ \text{min}^{-1}$, $p = 2$

Ges.: a) C_B, C_A b) η c) $s_{\%}$

a) $Q_C = U^2 \cdot 2\pi f \cdot C$ $\qquad Q_C = 1{,}5\ \text{kW}\ \dfrac{1\ \text{kvar}}{\text{kW}}$

$C_B = \dfrac{Q_C}{U^2 \cdot 2\pi f}$ $\qquad Q_C = 1{,}5$ kvar

$C_B = \dfrac{1500\ \text{var}}{(230\ \text{V})^2 \cdot 2 \cdot \pi \cdot 50\ \text{Hz}}$

$C_B = 90{,}3\ \mu\text{F}$ $\qquad C_A = 3 \cdot C_B$

gewählt: $\qquad C_A = 3 \cdot 100\ \mu\text{F}$

$\underline{\underline{C_B = 100\ \mu\text{F}}}$ $\qquad \underline{\underline{C_A = 300\ \mu\text{F}}}$

b) $P = U \cdot I \cdot \cos\varphi \cdot \eta$

$\eta = \dfrac{P}{U \cdot I \cdot \cos\varphi}$ $\qquad \eta = \dfrac{1500\ \text{W}}{230\ \text{V} \cdot 13{,}5\ \text{A} \cdot 0{,}68}$

$\underline{\underline{\eta = 0{,}71}}$ $\qquad \underline{\underline{\eta = 71\,\%}}$

c) $s = \dfrac{n_f - n}{n_f} 100\,\%$ $\qquad n_f = \dfrac{f}{p}$

$s = \dfrac{1500\ \frac{1}{\text{min}} - 1420\ \frac{1}{\text{min}}}{1500\ \frac{1}{\text{min}}}$ $\qquad n_f = \dfrac{50 \cdot 60}{2\ \text{min}}$

$\underline{\underline{s = 5{,}33\,\%}}$ $\qquad n_f = 1500\ \dfrac{1}{\text{min}}$

Aufgaben

1. Welchen Wirkungsgrad hat ein Universalmotor mit folgenden Daten:
$P = 500$ W, $U = 230$ V, $I = 4{,}7$ A und $\cos\varphi = 0{,}68$?

2. In dem Prospekt eines Herstellers für Universalmotoren stehen u. a. folgende Angaben:
$n = 8000\ \text{min}^{-1}$, $U = 230$ V, $f = 50$ Hz, $I = 0{,}5$ A, $M_N = 0{,}045$ Nm und $\frac{I_A}{I_N} = 4{,}2$.

a) Wie groß ist der Anlaufstrom?
b) Welche Leistung hat der Motor?
c) Berechnen Sie den Leistungsfaktor bei einem Wirkungsgrad von 54%.

3. Ein Kondensatormotor hat folgendes Leistungsschild:

Hersteller			
Typ			
1 ~ Mot.	Nr.		
230 V	3,6 A		
0,5 kW	S1	cos φ 0,95	
2790 /min	50 Hz		
V	6,6 A		
Isol.-Kl. B	IP 44	8 kg	
DIN VDE 0530 T 1, 12.84			

a) Welchen Wirkungsgrad hat der Motor?
b) Wie groß muss die Kapazität des Betriebskondensators sein?
c) Welche Polzahl hat der Motor?
d) Wie groß ist der Schlupf in Prozent?
e) Wie groß ist das Drehmoment?
f) Wie groß ist das Anlaufdrehmoment bei $M_A = 0{,}46\ M_N$?

4. Folgendes Diagramm zeigt die Hochlaufkennlinien eines Kondensatormotors. Berechnen Sie die Leistung P_{ab} und den Schlupf des Motors.

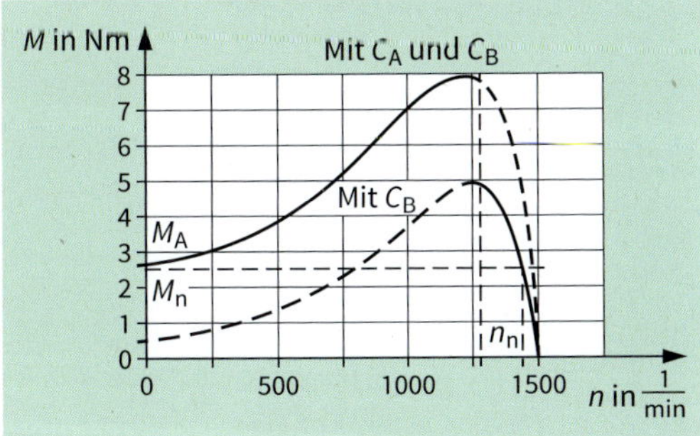

5. Ein Einphasen-Wechselstrommotor hat folgendes Leistungsschild:

Hersteller			
Typ			
1 ~ Mot.	Nr.		
230 V	8,5 A		
1,3 kW	S1	cos φ 0,93	
1440 /min	50 Hz		
Läufer V	A		
Isol.-Kl. B / F	IP 54	19 kg	
DIN VDE 0530 T 1, 12.84			

a) Welche Kapazität müssen Anlauf- und Betriebskondensator haben?
b) Welches Anlaufdrehmoment hat der Motor bei $\frac{I_A}{I_N} = 1{,}4$?
c) Wie groß ist der Anlaufstrom bei $\frac{I_A}{I_N} = 4$?
d) Wie groß ist der Schlupf in Prozent?
e) Welchen Wirkungsgrad hat der Motor?

6. Zu einem Kondensatormotor sind folgende Daten bekannt:
$P_{zu} = 30$ W, $P_{ab} = 7$ W, $U = 230$ V, $f = 50$ Hz, $\cos\varphi = 0{,}54$, $n = 1200\ \text{min}^{-1}$ und die Kennlinie laut Diagramm.

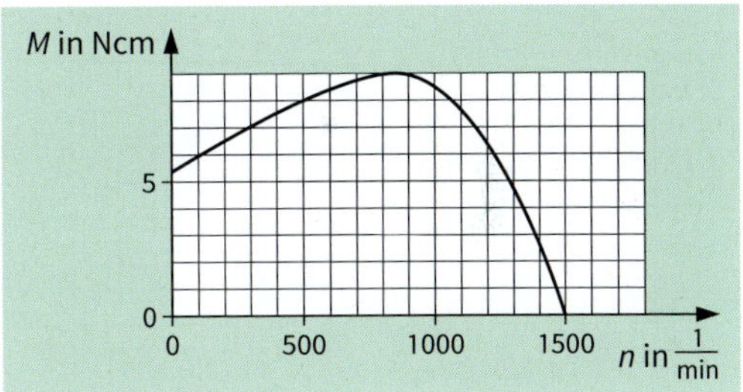

a) Wie groß sind Anlauf- und Kippdrehmoment?
b) Berechnen Sie den Wirkungsgrad.
c) Wie groß ist die Kapazität des Betriebskondensators?
d) Wie groß ist die Stromstärke?
e) Welchen Schlupf hat der Motor?
f) Welche Drehzahl hat der Motor bei dem Drehmoment 3 Ncm?

7. Ein Drehstrommotor mit $P = 1{,}2$ kW und $U = 230$ V/400 V soll an 230 V angeschlossen werden.

a) Wie groß muss die Kapazität des Anlauf- und des Betriebskondensators sein?
b) Welche Leistung hat der Motor, wenn seine Leistung von $P = 1{,}2$ kW um 20 % sinkt?

Aufgaben

8. Ein Wechselstrommotor mit Widerstandshilfsphase hat die Werte:
550 W, 230 V, 50 Hz, 1380 min^{-1}, 4,2 A und $\cos\varphi = 0{,}73$.
a) Wie groß ist der Wirkungsgrad?
b) Wie viele Pole hat der Motor?
c) Berechnen Sie den Schlupf in Prozent.

9. Für einen Spaltpolmotor werden folgende Werte angegeben:
$U = 230$ V, $f = 50$ Hz, $P_{ab} = 11$ W, $n = 2650\ \text{min}^{-1}$, $\cos\varphi = 0{,}35$, $P_{zu} = 55$ W und $M_A = 4{,}4$ Ncm.
a) Berechnen Sie die Stromstärke.
b) Wie groß ist das Verhältnis $\frac{M_A}{M_N}$?
c) Welchen Wirkungsgrad hat der Motor?
d) Wie viele Pole hat der Motor und wie groß ist der Schlupf in Prozent?

10. Die Diagramme zeigen die Kennlinien eines Motors aus einem Prospekt für gewerbliche Waschmaschinen-Motoren. Der Motor hat für den Waschvorgang eine Drehstromwicklung mit folgenden Werten:
400 V, 50 Hz, 0,95 A, 700 min^{-1} und $\cos\varphi = 0{,}45$.
Die Universalmotorwicklung für den Schleudervorgang hat die Werte:
230 V, 50 Hz, 10000 min^{-1} und $\cos\varphi = 0{,}8$.

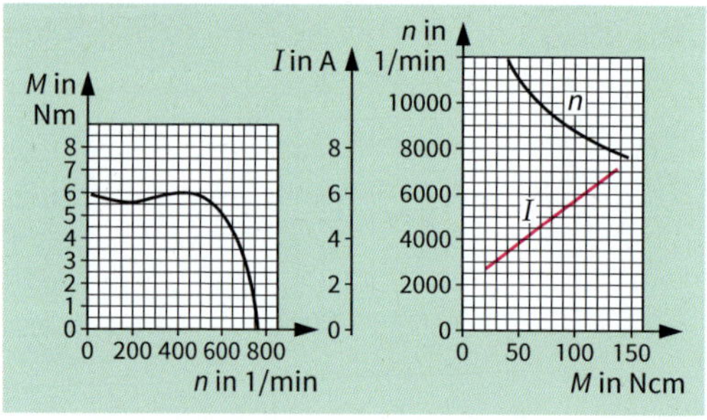

a) Berechnen Sie die Leistungen für beide Waschvorgänge.
b) Wie groß sind die Wirkungsgrade?
c) Wie groß ist beim Waschvorgang das Verhältnis $\frac{M_A}{M_N}$?
d) Welchen Schlupf in Prozent hat der Motor beim Waschvorgang?
e) Wie viele Pole hat die Drehstromwicklung?

11. Ein Wäscheschleudermotor in Spaltpolausführung hat folgende Werte:
230 V, 2,2 A, 50 Hz, 1350 min^{-1}, $P_{ab} = 55$ W und $P_{zu} = 230$ W.
Berechnen Sie den Wirkungsgrad und den Leistungsfaktor.

9.2.4 Synchronmaschinen

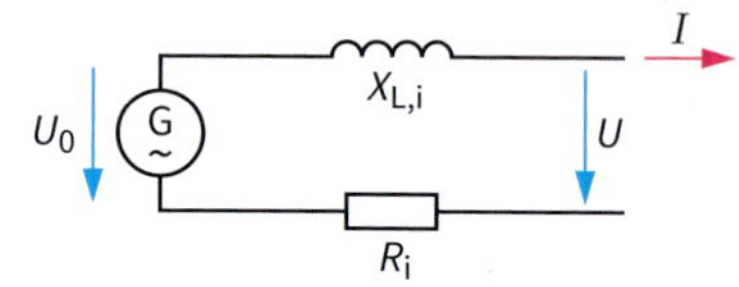

Generatorleistung	Motorleistung
$S = U \cdot I \cdot \sqrt{3}$	$P = U \cdot I \cdot \sqrt{3} \cdot \cos\varphi$
Wirkungsgrad	**Erregerleistung**
$\eta = \frac{P_{ab}}{P_{zu} + P_f}$	$P_f = U_f \cdot I_f$

Beispiel:

Eine zweipolige Drehstrom-Synchronmaschine ($S = 15$ kVA) arbeitet als Generator. Bei einer Drehzahl von 3000 min^{-1} und einer Belastung von 20 A mit $\cos\varphi = 0{,}75$ beträgt die Klemmenspannung 400 V.
a) Wie groß ist dann die Leerlaufspannung bei $R_i = 1{,}2\ \Omega$ und $X_{L,i} = 5\ \Omega$?
b) Wie groß ist die Stromstärke?
c) Berechnen Sie den Wirkungsgrad, wenn der Antriebsmotor die Leistung von 11,5 kW hat und die Erregerleistung $P_f = 750$ W beträgt.
d) Wie groß ist die Frequenz der erzeugten Wechselspannung?

Lösung:

Geg.: $S = 15$ kVA, $U = 400$ V, $I = 20$ A,
$n = 3000\ \text{min}^{-1}$, $p = 1$, $\cos\varphi = 0{,}75$,
$R_i = 1{,}2\ \Omega$, $X_{L,i} = 5\ \Omega$,
$P_{zu} = 11{,}5$ kW, $P_f = 750$ W

Ges.: a) U_0 b) I_N c) η d) f

a)

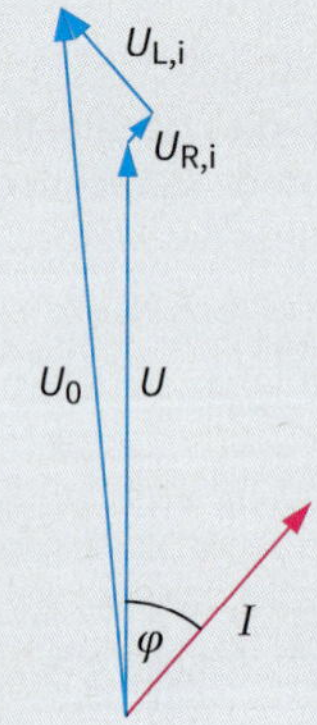

$U_{R,i} = I \cdot R_i$
$U_{R,i} = 20\ \text{A} \cdot 1{,}2\ \Omega$
$U_{R,i} = 24$ V
$U_{L,i} = I \cdot X_{L,i}$
$U_{L,i} = 20\ \text{A} \cdot 5\ \Omega$
$U_{L,i} = 100$ V
$\cos\varphi = 0{,}75$
$\varphi = 41°$

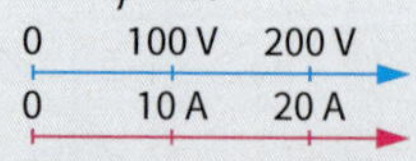

$U_0 = 4{,}9\ \text{cm} \cdot \frac{100\ \text{V}}{\text{cm}}$
$\underline{\underline{U_0 = 490\ \text{V}}}$

b) $S = U \cdot I \cdot \sqrt{3}$

$I_N = \frac{S}{U \cdot \sqrt{3}}$ $\quad I_N = \frac{15000\ \text{VA}}{400\ \text{V} \cdot \sqrt{3}}$ $\quad \underline{\underline{I_N = 21{,}7\ \text{A}}}$

c) $\eta = \frac{P_{ab}}{P_{zu} + P_f}$ $\qquad P_{ab} = U \cdot I \cdot \sqrt{3} \cdot \cos\varphi$

$P_{ab} = 400\,V \cdot 20\,A \cdot \sqrt{3} \cdot 0{,}75$

$P_{ab} = 10392\,W$

$\eta = \frac{10392\,W}{11500\,W + 750\,W}$

$\underline{\underline{\eta = 0{,}848}}$ $\qquad \underline{\underline{\eta = 84{,}8\,\%}}$

d) $f = n \cdot p$ $\qquad f = 3000\,\frac{1}{min} \cdot 1$

$\underline{\underline{f = 50\,Hz}}$

Aufgaben

1. Welche Drehzahlen kann ein Synchrongenerator haben ($p \leq 25$), der einen Drehstrom mit der Frequenz 50 Hz erzeugen soll? Berechnen Sie 4 mögliche Drehzahlen.

2. Welche Leistung hat ein Drehstrom-Synchrongenerator für 400 V, der mit 4 kW bei einem $\cos\varphi = 0{,}8$ belastet wird?

3. Das Diagramm zeigt die V-Kurven eines Drehstrom-Synchronmotors mit $n = 1500\,min^{-1}$ an 400 V, 50 Hz.

a) Wie groß ist die Stromstärke, die ein Motor bei einem Erregerstrom von $I_f = 4\,A$ und einem Drehmoment von 1,6 Nm aufnimmt?

b) Welche Leistung gibt der Motor ab?

c) Welchen Wirkungsgrad hat er bei einer Erregerspannung $U_f = 50\,V$?

d) Wie viele Pole hat der Motor?

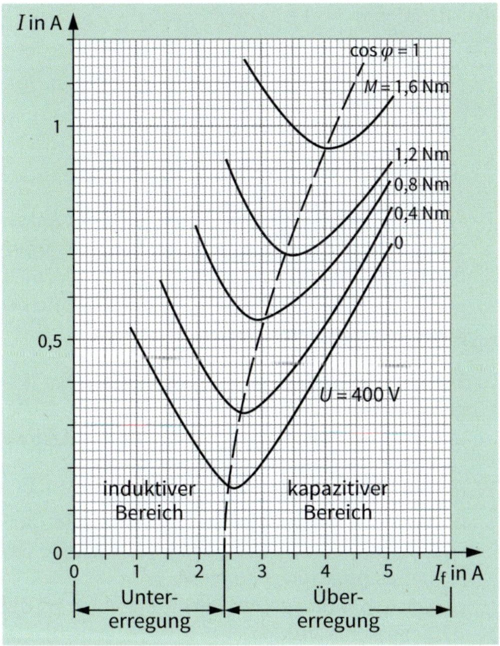

4. Ein vierpoliger Drehstrom-Synchrongenerator ($S = 10\,kVA$; $U = 400\,V$; $n = 500\,min^{-1}$) hat bei der Belastung von 10 A und dem $\cos\varphi = 0{,}8$ eine Klemmenspannung von 400 V. Er hat einen Innenwiderstand mit einem Wirkanteil von 2,4 Ω und einem induktiven Anteil von 10,5 Ω.

a) Wie groß ist die Leerlaufspannung?

b) Wie groß ist die Leistungsaufnahme bei der angegebenen Belastung?

c) Welcher maximale Belastungsstrom darf fließen?

d) Wie groß ist die Frequenz?

5. Ein Drehstrom-Synchronmotor wird an 400 V mit 4 kW belastet. Er hat einen Wirkungsgrad von 0,84 und wird als Phasenschiebermotor im kapazitiven Bereich mit einem Leistungsfaktor von 0,6 betrieben.

a) Wie groß ist die Stromstärke?

b) Welche Blindleistung gibt er ab?

6. Der Synchron-Kleinmotor in einem Zeitrelais hat folgende Daten:
$U = 230\,V$, $f = 50\,Hz$, $n = 375\,min^{-1}$, $P_{zu} = 1{,}45\,W$, $M_A = 0{,}116\,Ncm$, $M_N = 0{,}234\,Ncm$ und $\cos\varphi = 0{,}45$.

a) Wie groß ist die Stromstärke?

b) Wie viele Pole hat der Motor?

c) Wie groß ist sein Wirkungsgrad?

d) In welchem Verhältnis stehen Anlaufdrehmoment und Bemessungsdrehmoment zueinander?

7. Der Motor eines Regelventils wird mit 24 V, 50 Hz betrieben. Auf seinem Leistungsschild sind noch folgende zusätzliche Angaben:
$n = 250\,min^{-1}$, $P_{zu} = 8\,W$, $M_N = 10\,Ncm$, $M_A = 9\,Ncm$ und $\cos\varphi = 0{,}56$.

a) Welche Leistung gibt der Motor an der Welle bei Lastbetrieb ab?

b) Wie groß sind die Leistungsverluste im Motor bei Lastbetrieb?

c) Berechnen Sie den Wirkungsgrad.

d) Wie groß sind Stromstärke bei Lastbetrieb und Polpaarzahl?

8. Zu einem Synchronmotor sind folgende Daten bekannt:
$U = 230\,V/50\,Hz$, $P_{zu} = 1{,}2\,W$, $p = 8$, $\cos\varphi = 0{,}48$ und $M_N = 0{,}0022\,Nm$.

a) Berechnen Sie die Stromstärke und die Drehzahl.

b) Wie groß ist der Wirkungsgrad?

9.2.5 Gleichstromgeneratoren

Gleichstromgeneratoren sind ähnlich aufgebaut wie Gleichstrommotoren. Der Läufer im Generator wird z. B. durch eine Turbine angetrieben. Die Gleichspannung wird an den Bürsten abgenommen.

U_0	Leerlaufspannung	$[U_0] = \mathrm{V}$
U	Klemmenspannung	$[U] = \mathrm{V}$
U_i	Innerer Spannungsfall	$[U_i] = \mathrm{V}$
U_B	Spannungsfall an den Bürsten	$[U_B] = \mathrm{V}$
I_a	Ankerstrom	$[I_a] = \mathrm{A}$
I_f	Feldstrom	$[I_f] = \mathrm{A}$
R_a	Widerstand, Ankerwicklung	$[R_a] = \Omega$
R_f	Widerstand, Feldwicklung	$[R_f] = \Omega$
R_w	Widerstand, Wendepolwicklung	$[R_w] = \Omega$
R_k	Widerstand, Kompensationswicklung	$[R_k] = \Omega$
R_i	Innenwiderstand der Maschine	$[R_i] = \Omega$
η	Wirkungsgrad	
P_v	Gesamtverluste	$[P_v] = \mathrm{W}$

$U = U_0 - U_i - U_B$ $\quad$ $U_i = I_a \cdot R_i$

$\eta = \frac{P_{ab}}{P_{zu}}$ $\quad$ $\eta = \frac{P_{ab}}{P_{ab} + P_v}$

Beispiel:

Eine Gleichstrommaschine (2 kW) arbeitet als Nebenschlussgenerator (s. Abbildung). Bei einer Drehzahl von 1800 min⁻¹ beträgt ihre Leerlaufspannung $U_0 = 230\,\mathrm{V}$. Weiterhin sind $R_a = 1{,}7\,\Omega$, $R_w = 0{,}9\,\Omega$ und $R_f = 500\,\Omega$ bekannt.
Der Spannungsfall an den Bürsten beträgt 3 V.

a) Wie groß ist der Innenwiderstand des Generators?
b) Welche Klemmenspannung hat der Generator?
c) Wie groß ist die Stromstärke in der Feld- und Ankerwicklung?
d) Berechnen Sie den Wirkungsgrad, wenn die Reibungsverluste 1,25 % der Leistung P betragen.

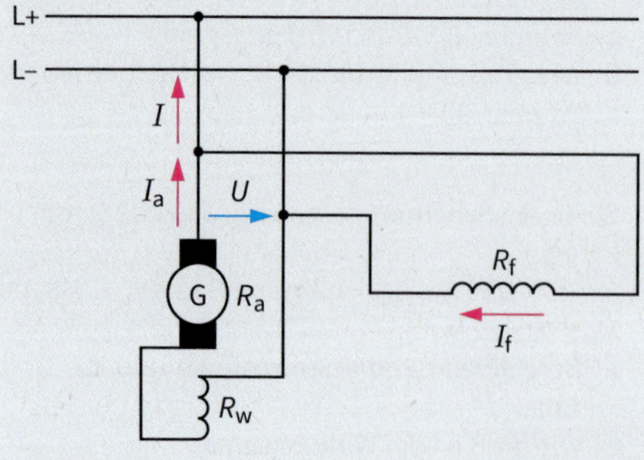

Lösung:

Geg.: $U_0 = 230\,\mathrm{V}$, $I = 10\,\mathrm{A}$, $U_B = 3\,\mathrm{V}$, $P_N = 2\,\mathrm{kW}$, $R_a = 1{,}7\,\Omega$, $R_w = 0{,}9\,\Omega$, $R_f = 500\,\Omega$,

Ges.: a) R_i b) U c) I_f, I_a d) η

a) $R_i = R_a + R_w \quad R_i = 1{,}7\,\Omega + 0{,}9\,\Omega \quad \underline{\underline{R_i = 2{,}6\,\Omega}}$

b) $U = U_0 - U_i - U_B \qquad U_i = I_a \cdot R_i$

$U = U_0 - \left(I + \frac{U}{R_f}\right) \cdot R_i - U_B \qquad I_a = I + I_f$

$U = \frac{U_0 - I \cdot R_i - U_B}{1 + \frac{R_i}{R_f}} \qquad I_f = \frac{U}{R_f}$

$U = \frac{230\,\mathrm{V} - 10\,\mathrm{A} \cdot 2{,}6\,\Omega - 3\,\mathrm{V}}{1 + \frac{2{,}6\,\Omega}{500\,\Omega}} \qquad \underline{\underline{U = 200\,\mathrm{V}}}$

c) $I_f = \frac{U}{R_f} \qquad I_a = I + I_f$

$I_f = \frac{200\,\mathrm{V}}{500\,\Omega} \qquad I_a = 10\,\mathrm{A} + 0{,}4\,\mathrm{A}$

$\underline{\underline{I_f = 0{,}4\,\mathrm{A}}} \qquad \underline{\underline{I_a = 10{,}4\,\mathrm{A}}}$

d) $P_v = I_a^2 \cdot R_i + U_B \cdot I_a + \frac{U^2}{R_f} + 0{,}0125 \cdot P_N$

$P_v = (10{,}4\,\mathrm{A})^2 \cdot 2{,}6\,\Omega + 3\,\mathrm{V} \cdot 10{,}4\,\mathrm{A} + \frac{(200\,\mathrm{V})^2}{500\,\Omega} + 0{,}0125 \cdot 2000\,\mathrm{W}$

$P_v = 417\,\mathrm{W}$

$\eta = \frac{P_{ab}}{P_{ab} + P_v} \qquad \eta = \frac{2000\,\mathrm{W}}{2000\,\mathrm{W} + 417\,\mathrm{W}}$

$\underline{\underline{\eta = 0{,}827}} \qquad \underline{\underline{\eta = 82{,}7\,\%}}$

Aufgaben

1. Wie groß sind die Klemmenspannung, der Ankerstrom und der innere Spannungsfall eines fremderregten Gleichstromgenerators mit $U_0 = 250\,\mathrm{V}$, $R_a = 1{,}2\,\Omega$, $R_w = 0{,}65\,\Omega$ und $U_B = 1{,}5\,\mathrm{V}$ je Bürste bei einer Belastung von 25 A?

2. Ein fremderregter Gleichstromgenerator hat folgende Daten:
   $U_0 = 325\,\mathrm{V}$, $R_a = 450\,\mathrm{m\Omega}$, $R_w = 55\,\mathrm{m\Omega}$, $R_k = 12{,}5\,\mathrm{m\Omega}$, $U_B = 2{,}5\,\mathrm{V}$, $I_N = 45\,\mathrm{A}$, $R_f = 525\,\Omega$ und $U_f = 200\,\mathrm{V}$.
   a) Wie groß ist die Klemmenspannung U?
   b) Welche Leistung muss die Arbeitsmaschine aufbringen, wenn die Reibungsverluste 2 % der Bemessungsleistung betragen?
   c) Welchen Wirkungsgrad hat die Maschine bei der Bemessungsleistung?

3. Das Diagramm zeigt die Belastungskennlinien eines fremderregten Gleichstromgenerators. Folgende Werte sind bekannt:
$U_B = 2$ V, $I = 2$ A, $P_f = 25$ W und $P_{v,\,mech} = 2\,\%$ von P.
a) Wie groß ist die Leerlaufspannung?
b) Wie groß ist der innere Spannungsfall?
c) Welchen Wert hat der innere Widerstand des Generators?
d) Wie groß ist der Wirkungsgrad?

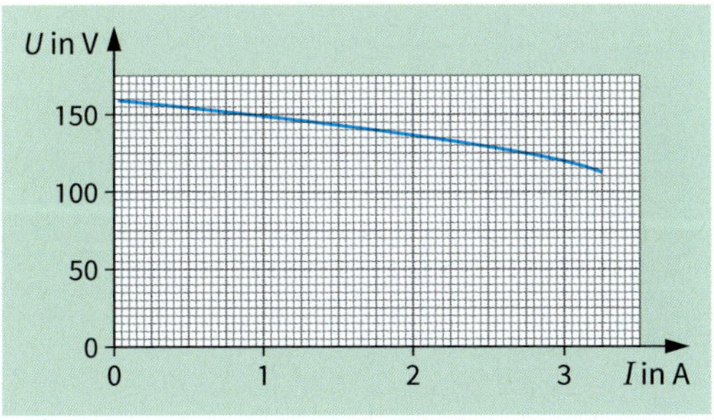

4. Ein Reihenschlussgenerator hat bei einer Belastung von 1,5 kW eine Klemmenspannung von 70 V. Die Wicklungen haben folgende Widerstände:
$R_a = 0{,}8\ \Omega$ und $R_f = 0{,}3\ \Omega$.
Wie groß sind bei $U_B = 2{,}5$ V
a) die Ankerstromstärke,
b) der innere Spannungsfall und
c) die Leerlaufspannung?
d) Wie groß ist der Wirkungsgrad, wenn die Reibungsverluste 1,5 % der Leistung betragen?

5. Ein Gleichstromgenerator hat das folgende Leistungsschild. Der Generator wird als Nebenschlussgenerator geschaltet.
a) Wie groß ist der abgegebene Strom?
b) Welche Leistung gibt der Generator ab?
c) Welche Erregerleistung benötigt der Generator?
d) Wie groß ist der Widerstand der Feldwicklung?
e) Wie groß ist die Leerlaufspannung bei $R_a = 705\ \text{m}\Omega$ und $U_B = 2$ V?

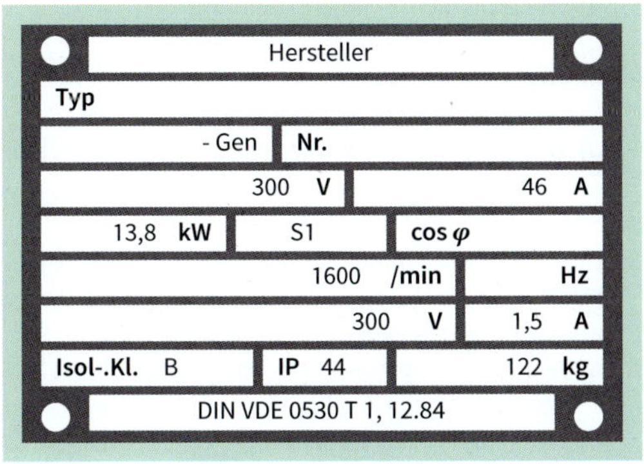

6. Zu einem Nebenschlussgenerator sind folgende Daten bekannt:
$P = 50$ kW, $U = 220$ V, $I = 227$ A, $n = 2500\ \text{min}^{-1}$,
$R_a = 0{,}15\ \Omega$, $U_B = 1{,}25$ V je Bürste, $I_f = 2{,}5$ A und
$R_w = 0{,}05\ \Omega$.
Wie groß sind bei Belastung
a) der Ankerstrom,
b) der innere Spannungsfall,
c) die Leerlaufspannung und
d) der Widerstand der Feldwicklung?
e) Wie groß ist der Wirkungsgrad unter Vernachlässigung der Reibungsverluste?

7. Ein Doppelschlussgenerator hat die Daten
$P = 50$ kW, $U = 400$ V, $I = 125$ A, $n = 1570\ \text{min}^{-1}$,
$U_B = 2{,}5$ V, $R_a = 75\ \text{m}\Omega$, $R_{f,\,ser} = 45\ \text{m}\Omega$, $I_f = 5$ A,
$R_w = 25\ \text{m}\Omega$ und $R_k = 35\ \text{m}\Omega$.
Berechnen Sie
a) die Größe des Ankerstroms,
b) den inneren Spannungsfall,
c) die Leerlaufspannung,
d) den Widerstand der Nebenschlusswicklung,
e) die Spannungsfälle an den Wicklungen und
f) den Wirkungsgrad unter Vernachlässigung der Reibungsverluste.

8. Die folgenden Diagramme zeigen die Leerlaufkennlinien einer Gleichstrommaschine mit $R_a = 0{,}75\ \Omega$ und $R_f = 83\ \Omega$.

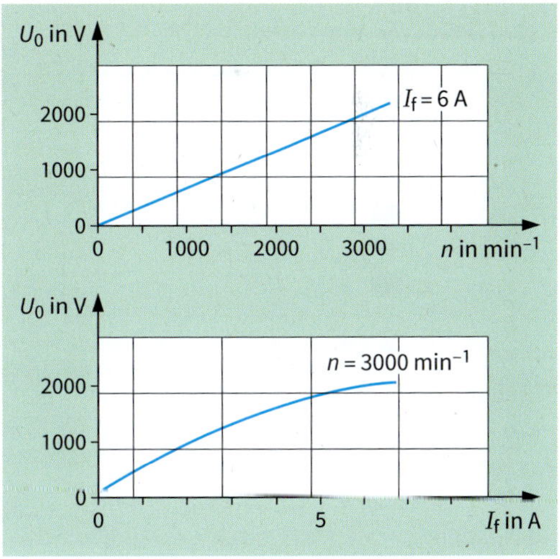

a) Mit welcher Drehzahl muss der Generator angetrieben werden, damit bei $U_f = 500$ V die Leerlaufspannung $U_0 = 1000$ V groß wird?
b) Wie groß muss bei $n = 3000\ \text{min}^{-1}$ und $U_0 = 1500$ V die Spannung an der Feldwicklung sein?
c) Wie groß ist die Klemmenspannung U der Maschine bei $I = 50$ A, $I_f = 4$ A und $n = 3000\ \text{min}^{-1}$?

9.2.6 Gleichstrommotoren

U_0	Gegenspannung	$[U_0] = \text{V}$
I_A	Anlaufstrom	$[I_A] = \text{A}$
M_A	Anlaufdrehmoment	$[M_A] = \text{Nm}$
P_{ab}	Abgegebene Leistung	$[P_{ab}] = \text{W}$
η	Wirkungsgrad	

$U = U_0 + U_i + U_B$ $\quad U_i = I_a \cdot R_i$

$P_{ab} = P_{zu} - P_v$

$\eta = \frac{P_{ab}}{P_{zu}}$ $\quad \eta = \frac{P_{zu} - P_v}{P_{zu}}$

Beispiel:

Ein Gleichstrom-Doppelschlussmotor (s. Abbildung) mit $R_{f,\,ser} = 0{,}5\ \Omega$, $R_{f,\,par} = 420\ \Omega$, $R_a = 1{,}2\ \Omega$, $U_B = 2\ \text{V}$ und $R_w = 0{,}3\ \Omega$ wird an 220 V angeschlossen. Bei einer Drehzahl von 1800 min^{-1} erzeugt der Motor im Anker eine Gegenspannung von 190 V.

a) Wie groß ist die Stromstärke in der Nebenschlusswicklung?
b) Berechnen Sie den Ankerstrom bei Betrieb.
c) Wie groß ist der Strom, den der Motor bei Belastung aufnimmt?
d) Wie groß ist der Anlaufstrom?
e) Berechnen Sie die abgegebene Leistung und den Wirkungsgrad, wenn die Reibungsverluste $P_{v,\,mech} = 50\ \text{W}$ betragen.

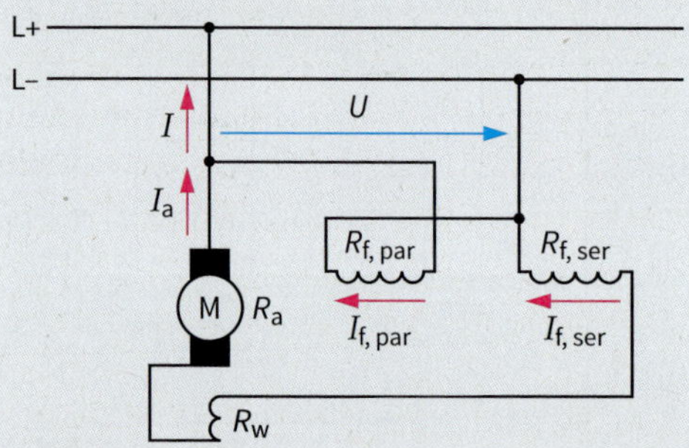

Lösung:

Geg.: $U = 220\ \text{V}$, $U_0 = 190\ \text{V}$, $U_B = 2\ \text{V}$, $R_{f,\,ser} = 0{,}5\ \Omega$, $R_{f,\,par} = 420\ \Omega$, $R_w = 0{,}3\ \Omega$, $R_a = 1{,}2\ \Omega$, $P_{v,\,mech} = 50\ \text{W}$

Ges.: a) $I_{f,\,par}$ b) I_a c) I d) I_A e) P_{ab}, η

a) $I_{f,\,par} = \frac{U}{R_{f,\,par}}$ $\quad I_{f,\,par} = \frac{220\ \text{V}}{420\ \Omega}$ $\quad \underline{\underline{I_{f,\,par} = 0{,}524\ \text{A}}}$

b) $U = U_0 + I_a \cdot R_i + U_B$

$R_i = R_a + R_{f,\,ser} + R_w$ $\quad R_i = 2\ \Omega$

$I_a = \frac{U - U_0 - U_B}{R_i}$ $\quad \underline{\underline{I_a = 14\ \text{A}}}$

c) $I = I_a + I_{f,\,par}$ $\quad I = 14\ \text{A} + 0{,}524\ \text{A}$ $\quad \underline{\underline{I = 14{,}5\ \text{A}}}$

d) $I_A = \frac{U - U_B}{R_i} + I_{f,\,par}$ $\quad I_A \approx \frac{U}{R_i}$

$I_A = \frac{220\ \text{V} - 2\ \text{V}}{2\ \Omega} + 0{,}524\ \text{A}$ $\quad I_A \approx \frac{220\ \text{V}}{2\ \Omega}$

$\underline{\underline{I_A = 109{,}5\ \text{A}}}$ $\quad \underline{\underline{I_A \approx 110\ \text{A}}}$

e) $P_{ab} = P_{zu} - P_v$

$P_{ab} = U \cdot I - \left(I_a^2 \cdot R_i + \frac{U^2}{R_{f,\,par}} + U_B \cdot I_a + P_{v,\,mech}\right)$

$\underline{\underline{P_{ab} = 2{,}6\ \text{kW}}}$

$\eta = \frac{P_{ab}}{P_{zu}}$

$\eta = \frac{2{,}6\ \text{kW}}{3{,}19\ \text{kW}}$

$\underline{\underline{\eta = 0{,}815}}$ $\quad \underline{\underline{\eta = 81{,}5\ \%}}$

Aufgaben

1. Ein Gleichstrommotor hat folgende Daten: $P = 4\ \text{kW}$, $U = 200\ \text{V}$, $I = 24\ \text{A}$, $U_f = 180\ \text{V}$, $I_f = 1{,}5\ \text{A}$ und $n = 1950\ \text{min}^{-1}$.
Der Motor wird als fremderregter Motor betrieben. Der Ankerwiderstand wurde mit 1,7 Ω gemessen. Der Spannungsfall an den Bürsten beträgt 2,5 V.
a) Wie groß ist der Anlaufstrom?
b) Bestimmen Sie den Motorstrom.
c) Wie groß ist bei Betrieb die Gegenspannung?
d) Welchen Widerstand hat die Feldwicklung?
e) Berechnen Sie den Wirkungsgrad und das Drehmoment bei Lastbetrieb. (Die Reibungsverluste werden vernachlässigt.)

2. Ein Reihenschlussmotor mit $U_B = 2\ \text{V}$, $R_a = 1{,}4\ \Omega$ und $R_f = 0{,}9\ \Omega$ nimmt an 220 V einen Strom von 15 A auf.
a) Wie groß ist die Gegenspannung?
b) Welchen Wert hat der Anlaufstrom?
c) Wie groß ist der Spannungsfall an der Ankerwicklung und der Feldwicklung?
d) Wie groß ist der Wirkungsgrad, wenn die Reibungsverluste vernachlässigt werden?

3. Die Betriebskennlinien eines Reihenschlussmotors mit $R_a = 2{,}4\ \Omega$, $R_f = 1{,}5\ \Omega$ bei $U_B = 2{,}75\ \text{V}$ an 220 V sind im Diagramm (s. Seite 225) dargestellt.
a) Wie groß sind die abgegebene und die aufgenommene Leistung bei $M_N = 1{,}25\ \text{Nm}$?
b) Wie groß ist das Verhältnis $\frac{I_A}{I_N}$?

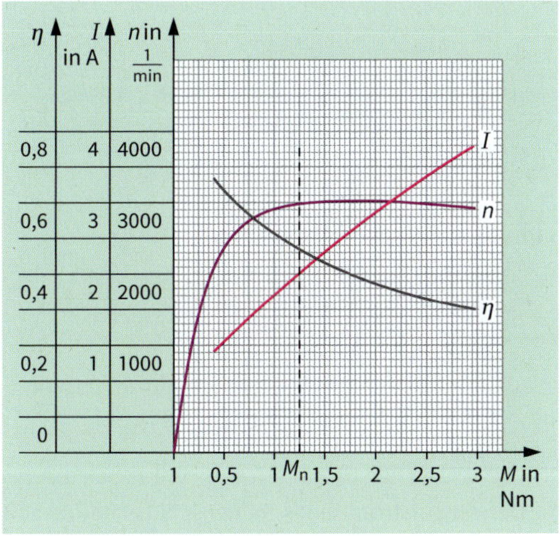

4. Ein Nebenschlussmotor hat folgende Werte:
$P = 6$ kW, $U = 200$ V, $I = 37{,}5$ A, $I_f = 1{,}5$ A,
$n = 3150$ min^{-1} und $U_B = 1{,}5$ V.

a) Welchen Widerstand haben Anker- und Feldwicklung?
b) Wie groß ist der Ankerstrom?
c) Welchen Wirkungsgrad hat der Motor?

5. Ein Gleichstrom-Nebenschlussmotor hat folgendes Leistungsschild:

Hersteller			
Typ			
Mot.	Nr.		
500 V	614 A		
226 kW	S1	cos φ	
2800 /min	Hz		
500 V	8,6 A		
Isol.-Kl. B	IP 44	1260 kg	
DIN VDE 0530 T 1, 12.84			

a) Welchen Wirkungsgrad hat der Motor?
b) Welches Drehmoment gibt der Motor ab?
c) Welchen Widerstand hat die Feldwicklung?
d) Wie groß sind die Verluste in der Ankerwicklung, wenn die Reibungsverluste 2 % der Leistung betragen?
e) Welchen Widerstand hat die Ankerwicklung?
f) Wie groß ist der Anlaufstrom?

6. Ein Gleichstrommotor hat folgende Werte:
$P = 10{,}6$ kW, $U = 440$ V, $I = 29$ A und $I_f = 1$ A.
Wie groß sind Wirkungsgrad, Ankerstrom, Anlaufstrom und der Widerstand der Feldwicklung?

7. Beim Anschluss an 110 V beträgt bei einem Nebenschlussmotor die Stromstärke 2,5 A.

a) Wie groß sind bei $R_f = 440\ \Omega$, $R_a = 1{,}9\ \Omega$ und $U_B = 1{,}5$ V je Bürste der Ankerstrom, der Strom durch die Feldwicklung, die Gegenspannung und der Anlaufstrom?
b) Welchen Wirkungsgrad hat der Motor unter Vernachlässigung der Reibungsverluste?
c) Wie groß ist sein Drehmoment bei der Bemessungsdrehzahl 1880 min^{-1}?

8. Zu einem Doppelschlussmotor sind folgende Daten bekannt:
$P = 5$ kW, $U = 500$ V, $I = 12{,}5$ A, $n = 1750$ min^{-1},
$U_f = 500$ V, $I_{f,\,par} = 0{,}8$ A, $R_a = 2{,}4\ \Omega$, $R_{f,\,ser} = 1{,}2\ \Omega$,
$R_w = 1{,}5\ \Omega$, $U_B = 2{,}5$ V und $M_N = 320$ Nm.

a) Wie groß sind bei Betrieb die Gegenspannung, der Ankerstrom und die Stromstärke in den Feldwicklungen?
b) Wie groß ist der Anlaufstrom?
c) Wie groß sind bei Betrieb der Wirkungsgrad, die mechanischen Verluste und die Drehzahl?

9. Das Leistungsschild eines Doppelschlussmotors mit $R_a = 450$ mΩ, $R_{f,\,ser} = 75$ mΩ und $R_w = 250$ mΩ ist in folgender Abbildung dargestellt:

Hersteller		
Typ		
Mot.	Nr.	
440 V	185 A	
50 kW	S1	cos φ
1448 /min	Hz	
440 V	3,75 A	
Isol.-Kl. B/F	IP 33	435 kg
DIN VDE 0530 T 1, 12.84		

a) Wie groß ist der Wirkungsgrad des Motors?
b) Berechnen Sie die Verlustleistung.
c) Wie groß sind die Reibungsverluste?
d) Berechnen Sie den Widerstand der Nebenschlussfeldwicklung.
e) Wie groß ist der Anlaufstrom?
f) Berechnen Sie das Drehmoment.

10. Ein Scheibenläufermotor hat folgende Werte:
24 V, 2,2 A, 33 W und 3500 min^{-1}.

a) Welchen Wirkungsgrad hat der Motor?
b) Welches Drehmoment gibt der Motor ab?

9.2.7 Anlasser und Feldsteller

Feldsteller

R_{St} Widerstand des Feldstellers $[R_{St}] = \Omega$

$I_{f,St}$ Feldstrom mit zugeschaltetem Feldsteller $[I_{f,St}] = A$

$$R_{St} = \frac{U}{I_{f,St}} - R_f$$

Anlasser

R_{Anl} Widerstand des Anlassers $[R_{Anl}] = \Omega$

$I_{A,Anl}$ Anlaufstrom mit zugeschaltetem Anlasser $[I_{A,Anl}] = A$

$$R_{Anl} = \frac{U}{I_{A,Anl}} - R_1$$ [1)]

1) U_a und R_i können beim Nebenschlussmotor hier vernachlässigt werden.

Beispiel:

Ein Gleichstrom-Nebenschlussmotor (s. Abbildung) nimmt beim Anschluss an 110 V einen Strom von 2 A auf. Die Feldwicklung hat einen Widerstand von 350 Ω, die Ankerwicklung 1,6 Ω und die Wendepolwicklung 0,9 Ω. Der Spannungsfall an den Bürsten beträgt 2 V. Der Motor soll über einen Feldstellanlasser angelassen werden. Dabei soll die Größe des Anlaufstroms auf das Zweifache der Größe des Netzstroms in dem Bereich $I_{f,St} = 0{,}5 \cdot I_f \ldots 1 \cdot I_f$ steuerbar sein.

Welchen Widerstand müssen das Anlassteil und das Feldstellteil haben?

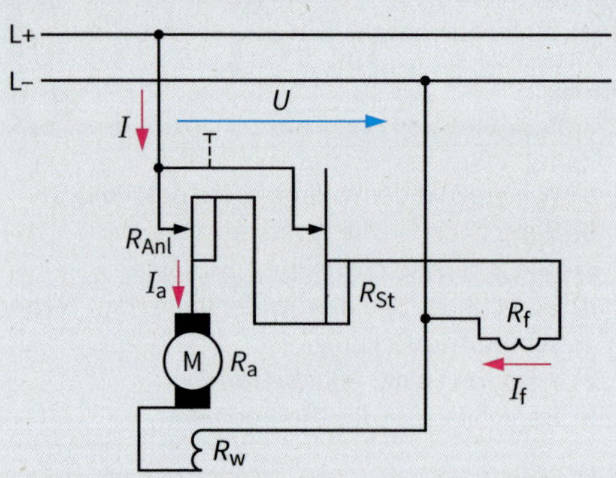

Lösung:

Geg.: $U = 110\,V$, $I = 2\,A$, $U_B = 2\,V$, $R_f = 350\,\Omega$, $R_a = 1{,}6\,\Omega$, $R_w = 0{,}9\,\Omega$, $I_A = 2 \cdot I$, $I_{f,St} = 0{,}5 \cdot I_f \ldots 1 \,.\, I_f$

Ges.: a) R_{Anl} b) R_{St}

a) $R_{Anl} = \frac{U}{I_{A,Anl}} - R_i$ $\quad I_{A,Anl} = 2 \cdot I$

$R_{Anl} = \frac{U}{2 \cdot I} - R_a - R_w$ $\quad R_i = R_a + R_w$

$\underline{\underline{R_{Anl} = 25\,\Omega}}$

b) $R_{St} = \frac{U}{I_{f,St}} - R_f$ $\quad I_{f,St} = 0{,}5 \cdot I_f$ $\quad I_f = \frac{U}{R_f}$

$R_{St} = \frac{U}{0{,}5 \cdot I_f} - R_f$ $\quad I_f = 314\,mA$

$\underline{\underline{R_{St} = 350\,\Omega}}$

Aufgaben

1. Der Anlaufstrom eines Reihenschlussmotors soll durch einen Anlasser auf $1{,}5 \cdot I$ begrenzt werden. Der Motor mit $R_a = 1{,}4\,\Omega$ und $R_f = 0{,}9\,\Omega$ nimmt an 220 V den Strom von 15 A auf. Welchen Widerstand muss der Anlasser haben?
2. Wie groß ist der Anlaufstrom eines Nebenschlussmotors, der über einen Anlasser mit 27 Ω angelassen wird? Die Daten auf dem Leistungsschild sind $U = 220\,V$, $R_a = 1{,}2\,\Omega$, $R_w = 0{,}3\,\Omega$, $R_f = 420\,\Omega$ und $U_B = 2{,}5\,V$.
3. Die Größe des Feldstroms eines Nebenschlussgenerators soll durch einen Feldsteller auf 70 % von I_f verringerbar sein. Folgende Daten sind bekannt: 250 V, 5 kW und $I_f = 1{,}2\,A$.
Welchen Widerstand muss der Feldsteller haben?
4. Ein fremderregter Generator mit $P = 2\,kW$ und $U = 220\,V$ hat eine Feldspannung von 150 V bei einem Feldstrom der Größe 250 mA. Der Feldstrom soll durch einen Feldsteller auf $0{,}4 \cdot I_f$ verändert werden können. Wie groß ist der Widerstand des Feldstellers?
5. Um wie viel Prozent wird die Größe des Feldstroms eines Nebenschlussgenerators verringert, wenn der Feldsteller mit $R_{St} = 400\,\Omega$ zugeschaltet wird? Der Feldstrom hat die Größe von 0,4 A bei der Spannung 200 V.
6. Die Daten eines Doppelschlussmotors sind 5 kW, 500 V, 12,5 A, $I_f = 0{,}8\,A$, $R_a = 2{,}4\,\Omega$, $R_{f,ser} = 1{,}2\,\Omega$, $R_w = 1{,}5\,\Omega$ und $U_B = 2{,}5\,V$.
   a) Wie groß muss der Widerstand des Anlassteils eines Feldstellanlassers sein, wenn die Größe des Anlaufstroms auf $2{,}5 \cdot I$ begrenzt werden soll?
   b) Welchen Widerstand muss das Feldstellteil haben, wenn die Größe des Feldstroms um 50 % verringerbar sein soll?

9.2.8 Schrittmotor

s_s	Schrittlänge	$[s_s] = \text{mm}$
s_z	Zeichenlänge	$[s_z] = \text{mm}$
z_s	Schrittzahl	
α	Schrittwinkel	$[\alpha] = \text{Grad}\,°$
m	Strangzahl	
p	Polpaarzahl	
f_z	Schrittfrequenz	$[f_z] = \frac{1}{s} = \text{Hz}$
f_s	Steuerfrequenz	$[f_s] = \frac{1}{s} = \text{Hz}$
v	Geschwindigkeit	$[v] = \frac{\text{mm}}{\text{s}}$
n	Drehzahl	$[n] = \text{min}^{-1}$

$$\alpha = \frac{360°}{z_s} \qquad \alpha = \frac{360°}{2 \cdot p \cdot m} \qquad \alpha = \frac{f_z}{z_s} \qquad z_s = \frac{s_z}{s_s}$$

$$v = d \cdot \pi \cdot n \qquad n = \frac{f_s}{z_s} \qquad s_s = \frac{d \cdot \pi}{z_s} \qquad v = d \cdot \pi \cdot \frac{f_s}{z_s}$$

Beispiel:

Ein Drucker wird durch einen Schrittmotor angetrieben. Der Motor hat einen Schrittwinkel von 15° bei einer Schrittzahl von 24 und bei 2 Wicklungssträngen. Das Drehmoment wird über eine Scheibe mit $d = 8$ mm auf das Farbband übertragen.

a) Wie viele Pole hat der Motor?
b) Mit welcher Geschwindigkeit wird das Farbband bei einer Steuerfrequenz 1,2 kHz transportiert?
c) Wie viele Schritte sind notwendig, um das Band pro Zeichen 3 mm zu transportieren?
d) Wie lange dauert der Transport pro Zeichen?

Lösung:

Geg.: $\alpha = 15°$, $z = 24$, $m = 2$, $d = 8$ mm,
$f_s = 1{,}2$ kHz, $s_z = 3$ mm

Ges.: a) $2p$ b) v c) z_s d) t_z

a) $\alpha = \dfrac{360°}{2p \cdot m}$ $\qquad 2p = \dfrac{360°}{m \cdot \alpha}$

$2p = \dfrac{360°}{2 \cdot 15°}$ $\qquad \underline{\underline{2p = 12}}$

b) $v = d \cdot \pi \cdot n$ $\qquad n = \frac{f_z}{z_s}$ $\qquad f_s = f_z$

$v = d \cdot \pi \cdot \dfrac{f_s}{z_s}$

$v = 8\,\text{mm} \cdot \pi \cdot \dfrac{1{,}2\,\text{kHz}}{24}$ $\qquad \underline{\underline{v = 1{,}26\,\frac{\text{m}}{\text{s}}}}$

c) $s_s = \dfrac{d \cdot \pi}{z_s}$ $\qquad s_s = \dfrac{8\,\text{mm} \cdot \pi}{24}$

$s_s = 1{,}05$ mm

$z_s = \dfrac{s_z}{s_s}$ $\qquad z_s = \dfrac{3\,\text{mm}}{1\,\text{mm}}$ $\qquad \underline{\underline{z_s = 3\ \text{Schritte}}}$

d) $t_z = 3 \cdot T$

$t_z = 3 \cdot \dfrac{1}{f_s}$ $\qquad t_z = 3 \cdot \dfrac{1}{1{,}2\,\text{kHz}}$ $\qquad \underline{\underline{t_z = 2{,}5\,\text{ms}}}$

Aufgaben

1. Zur Bewegung von Druckwalzen in Druckmaschinen werden Schrittmotoren eingesetzt. Bei einem Schrittwinkel von 18°, einer Schrittzahl von 16 Schritten und 2 Wicklungssträngen wirkt ein Drehmoment über eine Scheibe ($d = 10$ mm) auf das Farbband.
   a) Berechnen Sie die Anzahl der Pole.
   b) Wie groß ist die Geschwindigkeit des Farbbandes bei einer Steuerfrequenz von 1,0 kHz?

2. Das Typenrad einer Speicherschreibmaschine wird von einem Schrittmotor angetrieben. Er wird dabei im Reversierbetrieb über einen Verstellwinkel des Typenrades von maximal 180° im Start-Stopp-Betrieb betrieben. Die Schreibmaschine soll ca. 100 Zeichen bei einer Schreibgeschwindigkeit von 50 Zeichen pro Sekunde schreiben.
   a) Wie groß ist der Schrittwinkel des Motors?
   b) Wie viele Schritte muss der Motor für ein Zeichen maximal machen?
   c) Mit welcher Steuerfrequenz muss bei obiger mittlerer Schreibgeschwindigkeit gearbeitet werden?

3. Der Wagen eines Typendruckers wird durch einen Schrittmotor mit dem Schrittwinkel 7,5° und der Schrittzahl 48 angetrieben. Beim Wagenvorlauf wird mit einer Schrittfrequenz von 700 Hz und beim Wagenrücklauf mit der Schrittfrequenz von 1,25 kHz gearbeitet. Der Motor treibt über eine Riemenscheibe mit $d = 24$ mm den Riemen mit dem daran befestigten Wagen an.
   a) Wie viele Pole hat der Schrittmotor, wenn er zwei Wicklungsstränge besitzt?
   b) Welche Drehzahl hat der Motor beim Wagenvorlauf und beim Wagenrücklauf?

4. Ein Fahrtenschreiber besitzt als Antrieb einen Schrittmotor. Der Motor macht bei einer Umdrehung 100 Schritte und hat eine zweiphasige Wicklung.
   a) Berechnen Sie den Schrittwinkel.
   b) Wie viele Pole hat der Motor?
   c) Welche Drehzahl hat der Motor bei einer Schrittfrequenz von 500 Hz?
   d) Wie groß ist f_s bei der Drehzahl 180 min^{-1}?

5. Ein Lochstreifenleser hat als Antrieb einen Schrittmotor mit einer zweiphasigen Wicklung und 20 Polen.
   a) Berechnen Sie Schrittwinkel und Schrittzahl.
   b) Wie groß ist die Drehzahl bei $f_s = 150$ Hz?
   c) Mit welcher Frequenz muss der Motor angetrieben werden, damit die Drehzahl 150 min^{-1} beträgt?

9.2.9 Frequenzumrichter

U/f-Steuerung

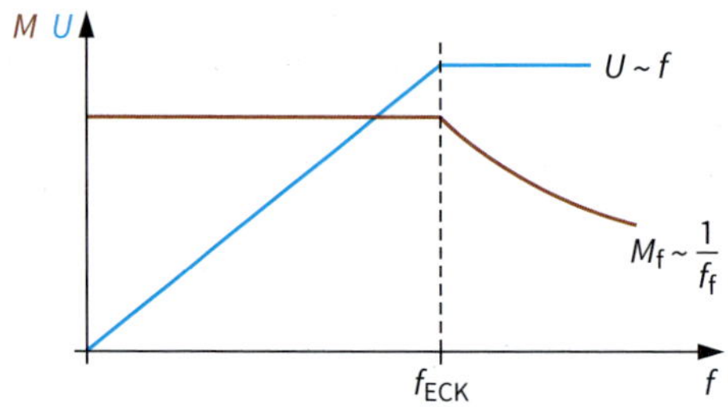

$\frac{U}{f}$ = **konstant**

(bis f_{ECK})

$M_f = M_N \cdot \frac{f_{ECK}}{f_f}$

M_N Bemessungsdrehmoment
M_f Frequenzabhängiges Drehmoment
f_{ECK} Bemessungsfrequenz des Motors (50 Hz bzw. 60 Hz)
f_f Frequenz des Umrichters

Beispiel:

Ein Asynchrondrehstrommotor für 400 V Bemessungsspannung und 50 Hz erzeugt ein Bemessungsdrehmoment von 15 Nm.

a) Berechnen Sie U/f bis f_{ECK}.

b) Der Motor wird mit einem Frequenzumrichter bei einer Frequenz von 25 Hz und 80 Hz betrieben. Berechnen Sie die am Motor liegende Spannung und das Drehmoment.

Lösung:

Geg.: $U = 400\ \text{V}$, $f_{Eck} = 50\ \text{Hz}$, $M_N = 15\ \text{Nm}$

Ges.: a) $\frac{U}{f}$

b) U_{25Hz}, M_{N25Hz}, U_{80Hz}, M_{N80Hz}

a) $\frac{U}{f} = \frac{400\ \text{V}}{50\ \text{Hz}}$ $\qquad$ $\underline{\underline{\frac{U}{f} = \frac{8\ \text{V}}{\text{Hz}}}}$

b) 25 Hz: $U = \frac{8\ \text{V} \cdot 25\ \text{Hz}}{\text{Hz}}$ $\qquad$ $\underline{\underline{U = 200\ \text{Hz}}}$

M_N = konstant $\qquad$ $M_N = 15\ \text{Nm}$

80 Hz: $\underline{\underline{U = 400\ \text{V}}}$ (s. Diagramm)

$M_f = M_N \cdot \frac{f_{ECK}}{f_f}$ $\qquad$ $M_f = \frac{15\ \text{Nm} \cdot 50\ \text{Hz}}{80\ \text{Hz}}$

$\underline{\underline{M_N = 9{,}375\ \text{Nm}}}$

Motor mit Frequenzumrichter

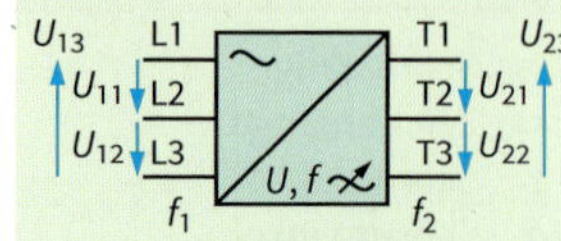

U_1 = konstant
f_1 = konstant
$U_2 = 0\ \text{V} \ldots U_{max}$
$f_2 = 0\ \text{Hz} \ldots f_{max}$

Aufgaben

1. Das Diagramm zeigt das Spannungs-Frequenz-Verhalten eines Drehstrom-Asynchronmotors in Sternschaltung ① und das Verhalten dieses Motors in Dreieckschaltung ②, wenn er an einem Frequenzumrichter angeschlossen ist. Bis 87 Hz kann das Drehmoment konstant gehalten werden.

a) Berechnen Sie, welcher U/f-Wert sich für die Dreieckschaltung ergibt.

b) Wie groß sind die Spannungen am Motor in Dreieckschaltung bei 60 Hz und 70 Hz?

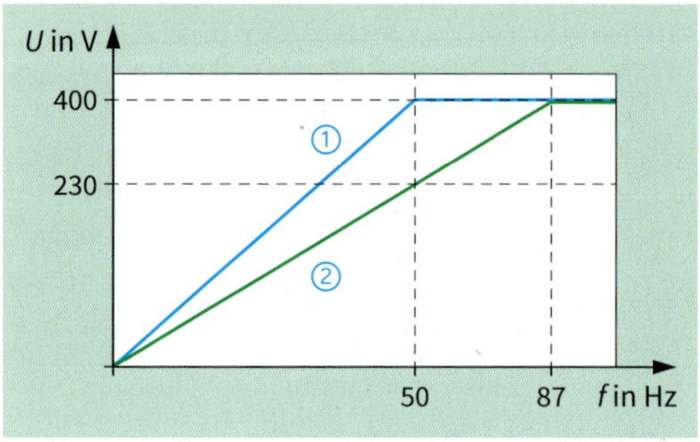

2. Bei kleinen Drehzahlen verursacht der Wirkwiderstand der Wicklungen ein zu geringes Drehmoment. Aus diesem Grunde hebt man im unteren Frequenzbereich die Spannung an (boost: steigern).
Ermitteln Sie das U/f-Verhältnis für $f_{ECK} = 50\ \text{Hz}$ und 60 Hz.

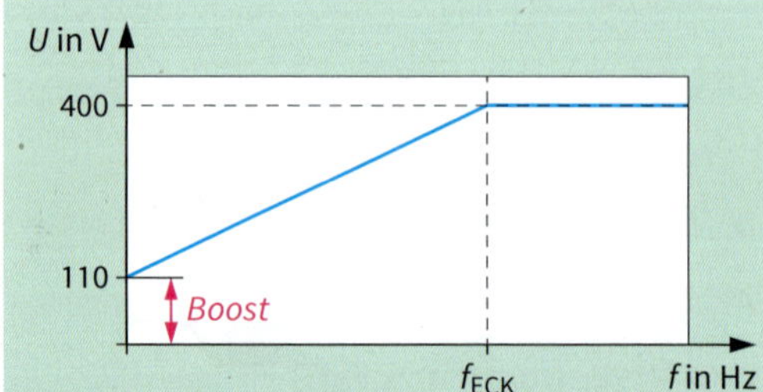

10 Elektrische Anlagen

10.1 Schutzmaßnahmen

10.1.1 Schutzmaßnahmen im TN-Netz

Schleifenimpedanz

U_0	Spannung zwischen Außenleiter und Erde	$[U_0] = \text{V}$
U_1	Spannungsfall an R_1	$[U_1] = \text{V}$
I_k	Kurzschlussstrom	$[I_k] = \text{A}$
R_L	Leiterwiderstand	$[R_L] = \Omega$
Z_S	Schleifenimpedanz	$[Z_S] = \Omega$

$$I_k = \frac{U_0}{Z_S} \qquad Z_S = \frac{U_0 - U_1}{I}$$

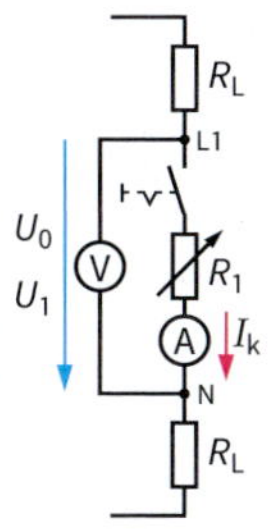

Beispiel:

In einer elektrischen Anlage (400/230 V, 50 Hz) kommt es zu einem Erdschluss. Der betroffene Stromkreis ist in der Stromkreisverteilung mit einer 16 A-Leitungsschutz-Sicherung abgesichert.

a) Geben Sie die Größe des Abschaltstroms an, wenn mit einer Abschaltung bei $t = 0{,}2$ s gerechnet wird (s. Seite 230).

b) Wie groß ist die Stromstärke bei Kurzschluss, wenn eine Schleifenimpedanz von 1,4 Ω vorliegt? Löst das Schutzprogramm aus?

c) Ab welcher Schleifenimpedanz wäre die Abschaltung nach 0,2 s nicht mehr gewährleistet?

Lösung:

Geg.: $U_0 = 230\text{ V}$, $I_N = 16\text{ A}$, $Z_{S1} = 1{,}4\ \Omega$

Ges.: a) I_a b) I_k c) Z_{S2}

a) Laut Diagramm $\underline{\underline{I_a \approx 150\text{ A}}}$

b) $I_k = \dfrac{U_0}{Z_{S1}}$ $\qquad I_k = \dfrac{230\text{ V}}{1{,}4\ \Omega}$ $\qquad \underline{\underline{I_k = 164{,}3\text{ A}}}$

Das Überstrom-Schutzorgan löst aus.

c) $Z_{S2} = \dfrac{U_0}{I_a}$ $\qquad Z_{S2} = \dfrac{230\text{ V}}{150\text{ A}}$ $\qquad \underline{\underline{Z_{S2} \geq 1{,}53\ \Omega}}$

Messung der Schleifenimpedanz

Aufgaben

1. Durch Messung wurden in zwei elektrischen Anlagen die Schleifenimpedanzen $Z_{S2} = 3{,}3\ \Omega$ und $Z_{S1} = 1{,}1\ \Omega$ ermittelt.

a) Wie groß wird jeweils die Stromstärke bei Kurzschluss und einer Spannung von 230 V?

b) Kann in den Anlagen zur Absicherung eine 16 A-Leitungsschutz-Sicherung bei einer Auslösezeit $t \leq 0{,}2$s verwendet werden?

2. Der Stromkreis in einer elektrischen Anlage (400/230 V, 50 Hz) wird mit einer 20 A-Leitungsschutz-Sicherung abgesichert. Die Schleifenimpedanz der Anlage beträgt 1,22 Ω.

a) Bestimmen Sie die Größen I_k und I_a.

b) Beurteilen Sie die Funktionsfähigkeit der Anlage im Kurzschlussfall, wenn die Auslösung innerhalb $t \leq 0{,}2$ s erfolgen soll.

3. In einer Verbraucheranlage im TN-C-S-Netz werden nach dem dargestellten Schaltbild folgende Werte gemessen:

$U_0 = 228$ V (Schalter offen) und

$U_1 = 202$ V, $I = 16$ A (Schalter geschlossen).

Bestimmen Sie die Schleifenimpedanz und die Stromstärke bei Kurzschluss.

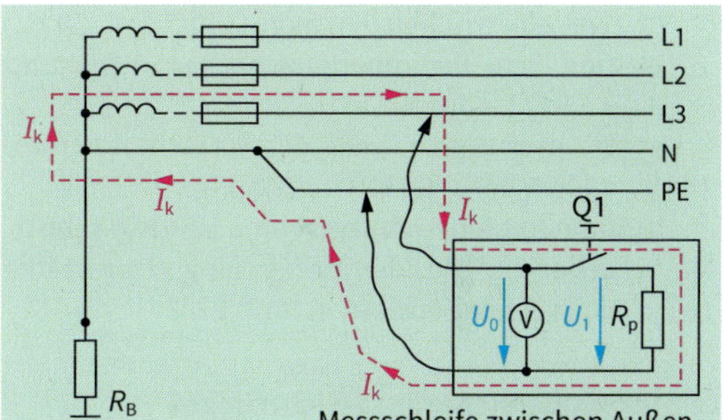

Messschleife zwischen Außenleiter und Schutzleiter

4. Bei Belastung mit elektrischen Verbrauchern in verschiedenen Anlagen mit 14 A sinkt die Netzspannung von

a) 230 V auf 226 V und

b) 230 V auf 218 V.

Berechnen Sie jeweils die Schleifenimpedanzen und die Kurzschlussströme I_k.

5. In elektrischen Anlagen (400/230 V, 50 Hz) werden folgende Schleifenimpedanzen direkt gemessen:

a) 0,5 Ω b) 1,5 Ω c) 1,7 Ω d) 2,2 Ω.

Beurteilen Sie die Funktionsfähigkeit der Anlage beim Einsatz von Leitungsschutz-Sicherungen mit den Bemessungsstromstärken von 16 A und 25 A im TN-C-S-Netz bei $t < 0{,}2$ s Auslösezeit. Legen Sie zur Lösung eine Tabelle an.

6. Wie groß darf die Schleifenimpedanz in einer elektrischen Anlage ($U_0 = 230$ V) im TN-C-S-Netz sein, damit eine Auslösung ($t \leq 0{,}2$ s) der 16 A-Leitungsschutz-Sicherung erfolgt?

7. Wie groß ist die Schleifenimpedanz Z_s, wenn durch Messung folgende Werte ermittelt werden: $U_0 = 230$ V, $U_1 = 208$ V und $I = 14$ A?

8. Bei einer Messung in zwei elektrischen Anlagen werden die Schleifenimpedanzen 0,6 Ω und 1,3 Ω ermittelt.
a) Wie groß sind die Kurzschlussstromstärken bei einer Netzspannung von 230 V?
b) Kann in den Anlagen zur Absicherung eine Leitungsschutz-Sicherung mit der Bemessungsstromstärke 35 A verwendet werden, wenn die Auslösezeit $t \leq 0{,}2$ s betragen soll?

9. Bei Belastung eines Verbraucherstromkreises mit 12 A sinkt die Netzspannung
a) von 230 V auf 224 V und
b) von 230 V auf 216 V.
Berechnen Sie jeweils die Schleifenimpedanz und die Kurzschlussstromstärke.

10. In zwei elektrischen Anlagen (400/230 V, 50 Hz) werden Schleifenimpedanzen $Z_{S1} = 1{,}5$ Ω und $Z_{S2} = 2{,}5$ Ω gemessen.
a) Wie groß sind jeweils die Kurzschlussstromstärken bei einer Netzspannung von 230 V?
b) Kann in beiden Anlagen eine Leitungsschutz-Sicherung mit der Bemessungsstromstärke 25 A verwendet werden ($t \leq 0{,}2$ s)?

11. Zwei Stromkreise sind mit Leitungsschutz-Sicherungen von 10 A und 20 A abgesichert.
Ermitteln Sie mithilfe des Diagramms den möglichen Abschaltstrom bei $t \leq 0{,}2$ s.

12. Wie groß darf die Schleifenimpedanz im TN-Netz ($U_0 = 230$ V) höchstens sein, damit die Auslösung bei $t \leq 0{,}2$ s folgender Leitungsschutz-Sicherungen erfolgt?
a) 4 A   d) 35 A
b) 10 A   e) 63 A
c) 20 A   f) 100 A

13. Für Leitungsschutz-Schalter nach der DIN VDE 0641 mit B-Charakteristik beträgt der Bemessungswert für die Abschaltstromstärke $I_a = 5 \cdot I_N$.
a) Berechnen Sie für die Bemessungsstromstärken 6 A, 10 A, 16 A, 20 A, 25 A und 35 A die Mindestwerte für die Schleifenimpedanzen bei der Netzspannung $U_0 = 230$ V.
b) Erstellen Sie eine Wertetabelle mit den Größen I_N, I_a und Z_s.

14. Um sich einen Überblick über die höchstzulässigen Schleifenimpedanzen in elektrischen Anlagen zu verschaffen, ist eine Tabelle anzufertigen. Für die Leitungsschutz-Sicherungen mit den genormten Bemessungsstromstärken von 16 A bis 100 A sind mithilfe der Zeit-Strom-Bereiche die entsprechenden Auslösestromstärken zu bestimmen und zwar für die Auslösezeiten
a) 0,2 s und b) 5 s.

Zeit-Strom-Bereiche für LS-Sicherungen

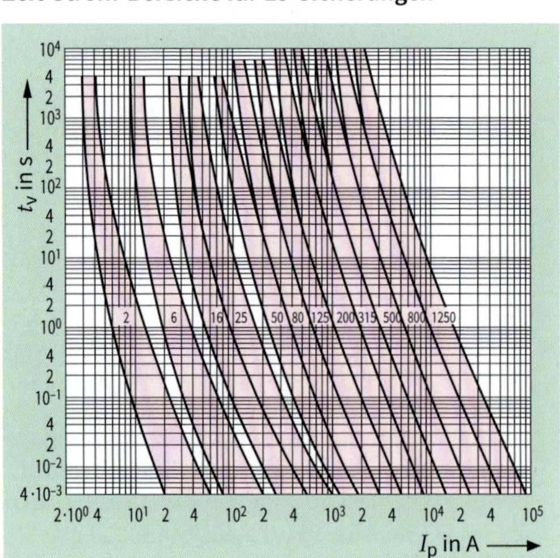

Zeit-Strom-Bereiche für LS-Sicherungen

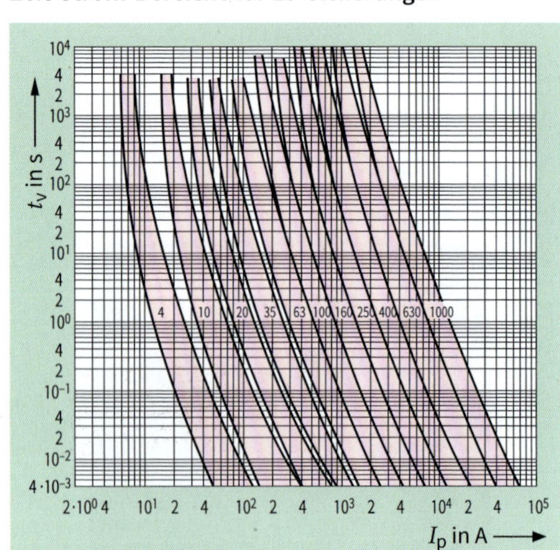

10.1.2 Isolationswiderstand

Isolationswiderstand des Fußbodens (Standortwiderstand)

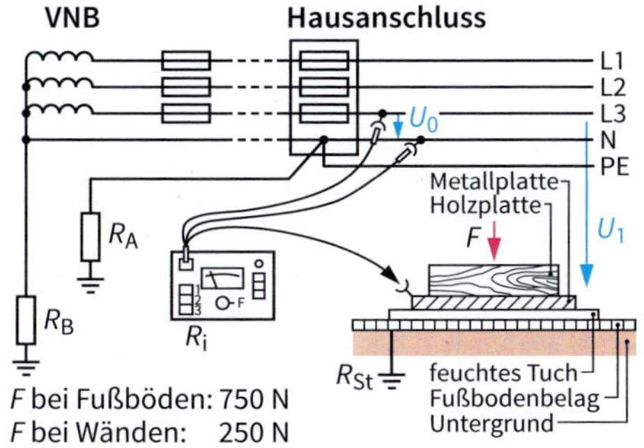

R_{St}	Widerstand von isolierenden Fußböden und Wänden (Standortwiderstand)	$[R_{St}] = \Omega$
F	Gewichtskraft	$[F] = \text{N}$
U_0	Spannung Außenleiter gegen Erde	$[U_0] = \text{V}$
U_1	Spannung gegen Standort	$[U_1] = \text{V}$
R_i	Innenwiderstand des Messgeräts	$[R_i] = \Omega$

$$R_{St} = \frac{U_0 - U_1}{U_1} \cdot R_i$$

Beispiel:

Mit der oben dargestellten Messschaltung soll der Widerstand von isolierenden Fußböden R_{St} mithilfe eines hochohmigen Messgeräts ($R_i = 10\ \text{k}\Omega$) bestimmt werden.
Die Spannungsmessungen ergeben folgende Werte: $U_0 = 228\ \text{V}$ und $U_1 = 12\ \text{V}$.

Lösung:

Geg.: $U_0 = 228\ \text{V}$, $U_1 = 12\ \text{V}$, $R_i = 10\ \text{k}\Omega$
Ges.: R_{St}

$$R_{St} = \frac{U_0 - U_1}{U_1} \cdot R_i$$

$$R_{St} = \frac{228\ \text{V} - 12\ \text{V}}{12\ \text{V}} \cdot 10\ \text{k}\Omega$$

$$\underline{\underline{R_{St} = 180\ \text{k}\Omega}}$$

Aufgaben

1. Wie groß ist der Widerstand eines isolierenden Fußbodens, wenn aufgrund einer Messung die Spannung zwischen Außenleiter und Fußboden auf den Wert $U_1 = 17{,}6\ \text{V}$ absinkt? Der Innenwiderstand des Messgeräts beträgt 5 kΩ, die Netzspannung 230 V.

2. Wie groß ist der Widerstand eines isolierenden Fußbodens R_{St}, wenn bei der Messung die Spannung zwischen Außenleiter und Fußboden auf 10 % der Netzspannung 226 V absinkt? Der Innenwiderstand des Messgeräts beträgt 4 kΩ.

3. Welche Spannung zeigt ein hochohmiges Spannungsmessgerät ($R_i = 6\ \text{k}\Omega$) an, wenn bei einer Netzspannung von 230 V der Widerstand des isolierenden Fußbodens $R_{St} = 36\ \text{k}\Omega$ beträgt?

4. Der Widerstand des isolierenden Fußbodens aus PVC in Unterrichtsräumen und Laboratorien soll mindestens 50 kΩ betragen. Bei einer Netzspannung von 230 V wird mit einem Messgerät ($R_i = 5\ \text{k}\Omega$) diese Angabe überprüft. Welcher Spannungswert für U_1 zwischen Außenleiter und Standort muss mindestens erreicht werden?

5. In welchem Verhältnis stehen der Innenwiderstand des Spannungsmessgeräts zum Widerstand des isolierenden Fußbodens, wenn zwischen Außenleiter und Fußboden eine Spannung von
a) $U_1 = 5\ \text{V}$, b) $U_1 = 10\ \text{V}$ und c) $U_1 = 20\ \text{V}$
gemessen wird (Netzspannung 230 V)?

6. Der Widerstand eines isolierenden Fußbodens ist laut DIN VDE 0100-600 unter Berücksichtigung der genormten Netzspannung (230 V) gegen Erde zu ermitteln. Zur Verfügung steht ein Isolationsmessgerät mit dem Kennwiderstand $13\ \frac{\text{k}\Omega}{\text{V}}$. Bei der Messung erfolgt eine Anzeige nach folgender Abbildung.
   a) Bestimmen Sie zunächst den Innenwiderstand des Messgeräts.
   b) Ermitteln Sie mithilfe des angezeigten Wertes für U_1 den Widerstand des isolierenden Fußbodens R_{St}.

Messanzeige zur Bestimmung von R_{St}

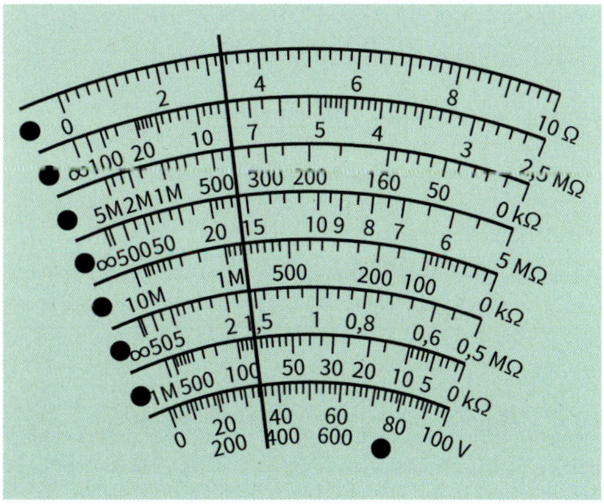

10.1.3 Fehlerstrom-Schutzeinrichtung

R_A Erdungswiderstand $[R_A] = \Omega$
U_B Berührungsspannung $[U_B] = V$
I_F Fehlerstrom $[I_F] = A$
$I_{\Delta N}$ Bemessungsfehlerstrom $[I_{\Delta N}] = A$

$$R_A = \frac{U_B}{I_F}$$

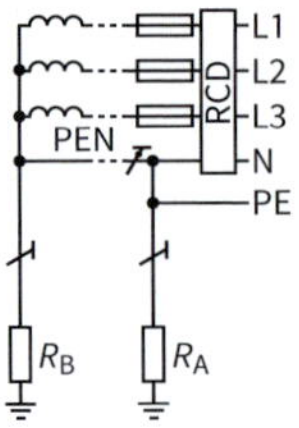

Beispiel:

Der Erdungswiderstand einer elektrischen Anlage im TT-Netz beträgt 160 Ω.

a) Wie groß ist der Fehlerstrom bei der zulässigen Berührungsspannung von 50 V?

b) Welche RCD ist auszuwählen?

Lösung:

Geg.: $R_A = 160\ \Omega$, $U_B = 50\ V$
Ges.: a) I_F b) RCD

a) $I_F = \frac{U_B}{R_A}$ $\quad I_F = \frac{50\ V}{160\ \Omega}$ $\quad \underline{\underline{I_F = 0{,}313\ A}}$

b) Gewählt: RCD mit $\underline{\underline{I_{\Delta N} = 0{,}3\ A}}$

Aufgaben

1. In einem TT-Netz beträgt der Erdungswiderstand der elektrischen Anlage 58 Ω.
   a) Wie groß wird bei den höchstzulässigen Berührungsspannungen von 50 V bzw. 25 V der mögliche Fehlerstrom?
   b) Wählen Sie die genormten RCDs aus.
2. Ein Baustromverteiler besitzt RCD-Schutzeinrichtungen für
   a) den Drehstromkreis $I_{\Delta N} = 0{,}5$ A und
   b) die Steckdosenstromkreise $I_{\Delta N} = 0{,}03$ A.
   Der Erdungswiderstand wurde mit 95 Ω ermittelt. Überprüfen Sie jeweils, ob die höchstzulässige Berührungsspannung überschritten wird.

RCD für Steckdosen- und Endstromkreise

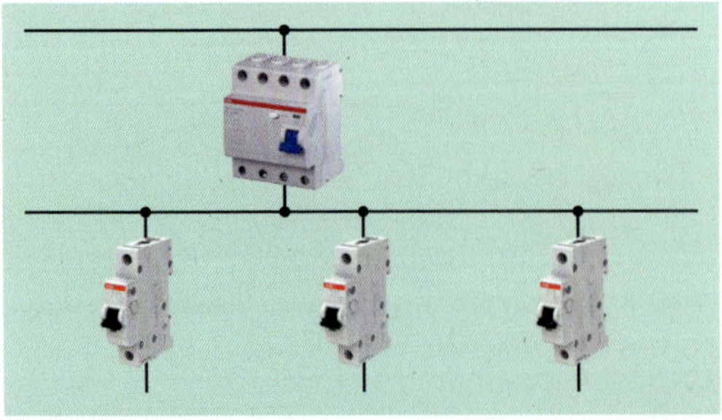

3. Die elektrische Anlage in einer landwirtschaftlichen Betriebsstätte mit Tieren ($U_B \leq 50$ V) wird mit einer FI-Schutzeinrichtung ($I_{\Delta N} = 0{,}3$ A) ausgestattet. Wie groß darf der Erdungswiderstand werden?
4. In einer elektrischen Anlage (230 V) ist durch Aderbruch der Schutzleiter unterbrochen. Beim Überbrücken der Fehlerspannung betragen $R_K = 1500\ \Omega$ und $R_{St} = 500\ \Omega$. Überprüfen Sie, ob in der Anlage die RCD ($I_{\Delta N} = 0{,}03$ A) im Fehlerfall bei einer Berührungsspannung von 210 V auslöst.
5. Ein FI/LS-Schalter hat eine Fehlerstromauslösung von 30 mA. Wie hoch kann die maximale Berührungsspannung werden, wenn ein relativ hoher Erdungswiderstand von 1,5 kΩ vorliegt?
6. In einer elektrischen Anlage mit einer RCD ($I_{\Delta N} = 0{,}5$ A) steigt im Fehlerfall die Berührungsspannung U_B in nichtzulässiger Weise auf 85 V an. Der Erdungswiderstand der Anlage beträgt 120 Ω.
   a) Wie groß ist der Fehlerstrom?
   b) Welchen Bemessungsfehlerstrom muss die RCD haben, damit die Anlage vorschriftsmäßig abgeschaltet wird?
7. Die höchstzulässigen Berührungsspannungen betragen 25 V und 50 V. Der Erdungswiderstand der Anlage ist mit 64 Ω angegeben.
   a) Wie groß sind die möglichen Fehlerströme?
   b) Welche RCDs müssen gewählt werden?
   c) Wie groß können die Berührungsspannungen bei den gewählten RCDs höchstens werden?
8. Die folgende Tabelle ist Teil eines Firmenprospekts. Es sollen die maximalen Erdungswiderstände bei den Berührungsspannungen
   a) 50 V und b) 25 V
   berechnet werden.
   Legen Sie zu den Werten eine Tabelle an.

Ausführung	Art.-Nr.	Best.-Nr.
I_N 25 $I_{\Delta N}$ 0,03 A	3125-0-4657	3125-0-4657
I_N 25 $I_{\Delta N}$ 0,3 A	3125-0-4632	3125-0-4632
I_N 25 $I_{\Delta N}$ 0,5 A	3125-0-4640	3125-0-4640
I_N 40 $I_{\Delta N}$ 0,03 A	3140-0-4664	3140-0-4664
I_N 40 $I_{\Delta N}$ 0,3 A	3140-0-4649	3140-0-4649
I_N 40 $I_{\Delta N}$ 0,5 A	3140-0-4656	3140-0-4656
I_N 63 $I_{\Delta N}$ 0,03 A	3163-0-4625	3163-0-4625
I_N 63 $I_{\Delta N}$ 0,3 A	3163-0-4609	3163-0-4609
I_N 63 $I_{\Delta N}$ 0,5 A	3163-0-4617	3163-0-4617

9. Folgender Fehlerstrom-Schutzschalter ($I_{\Delta N} = 0{,}03$ A) befindet sich in Anlagen mit den Erdungswiderständen: a) 500 Ω b) 800 Ω c) 1,2 kΩ d) 1,5 kΩ
Wie groß kann jeweils die Berührungsspannung maximal werden?

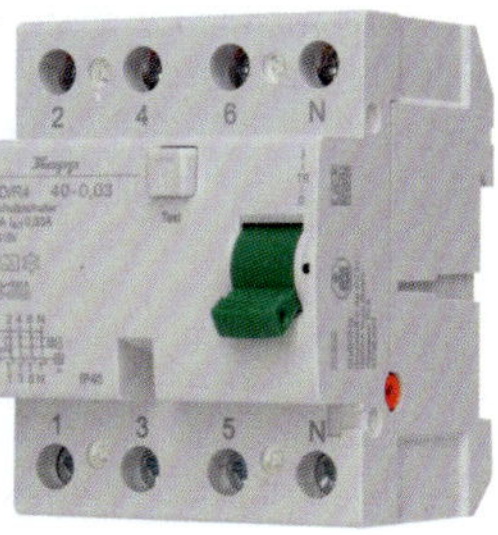

10. Überprüfen Sie die Betriebssicherheit der elektrischen Anlagen mit einer RCD ($I_{\Delta N} = 0{,}3$ A) und dem Erdungswiderstand von 90 Ω unter den Kriterien „Schutz von Menschen" und „Schutz von Nutztieren".

11. Der Erdungswiderstand ($R_A = 600$ Ω) wird durch einen zusätzlichen Banderder auf 40 % herabgesetzt. Um welchen Wert ändert sich die Berührungsspannung bei $I_{\Delta N} = 0{,}03$ A?

12. Der Erdungswiderstand einer elektrischen Anlage wurde mit 78 Ω ermittelt.
a) Berechnen Sie den möglichen Fehlerstrom, wenn eine höchstzulässige Berührungsspannung von 50 V eingehalten werden soll.
b) Wählen Sie einen geeigneten FI-Schutzschalter aus.

13. Eine Betriebsstätte ist mit einer Fehlerstrom-Schutzeinrichtung ($I_{\Delta N} = 0{,}3$ A) bei einer höchstzulässigen Berührungsspannung von 25 V ausgestattet. Wie groß darf der Erdungswiderstand sein?

14. Der Fehlerstrom-Schutzschalter in einer elektrischen Anlage besitzt den Bemessungsfehlerstrom $I_{\Delta N} = 30$ mA. Der Erdungswiderstand wurde mit 1,2 kΩ gemessen.
Berechnen Sie die maximale Berührungsspannung.

15. Der Erdungswiderstand einer elektrischen Anlage wird mit 54 Ω ermittelt. Als höchstzulässige Berührungsspannungen sind 25 V und 50 V zugelassen.
a) Berechnen Sie die möglichen Fehlerströme.
b) Wählen Sie geeignete RCDs aus.
c) Wie groß können bei den gewählten RCDs die Berührungsspannungen höchstens werden?

10.1.4 Erdungswiderstand

R_A	Erdungswiderstand	$[R_A] = \Omega$
U_E	Spannung zwischen Bezugserder R_A und Sonde	$[U_E] = \text{V}$
I_E	Messstrom	$[I_E] = \text{A}$

$$R_A = \frac{U_E}{I_E} \qquad I_E \triangleq I_F$$

Netzabhängige Messung von R_A
(Strom- und Spannungsmessung)

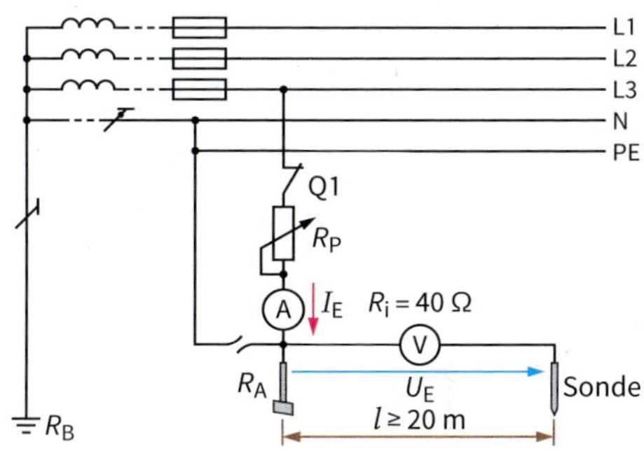

Beispiel:

Der Erdungswiderstand (Ausbreitungswiderstand) einer elektrischen Anlage soll über die netzabhängige Messung bestimmt werden. Mithilfe eines Vorwiderstands R_p wird bei einer Stromstärke von 0,6 A eine Spannung von 18 V gemessen. Bestimmen Sie den Erdungswiderstand R_A.

Lösung:

Geg.: $U_E = 18$ V, $I_E = 0{,}6$ A
Ges.: R_A

$$R_A = \frac{U_E}{I_E} \qquad R_A = \frac{18\ \text{V}}{0{,}6\ \text{A}} \qquad \underline{\underline{R_A = 30\ \Omega}}$$

Aufgaben

1. Wie groß ist jeweils der Erdungswiderstand R_A, wenn mit der Strom- und Spannungsmessung folgende Werte gemessen werden?
a) $I_E = 0{,}5$ A; $U_E = 22$ V
b) $I_E = 1{,}2$ A; $U_E = 30$ V
c) $I_E = 1{,}8$ A; $U_E = 36$ V
d) $I_E = 3{,}5$ A; $U_E = 24$ V
e) $I_E = 4{,}5$ A; $U_E = 20$ V

2. Welche Werte werden für die Spannung angezeigt, wenn bei einer jeweils eingestellten Stromstärke von 250 mA der Erdungswiderstand (Banderder) folgende Werte hat:
a) 20 Ω, b) 10 Ω, c) 5 Ω und d) 3 Ω?

3. Bei welcher Fehlerspannung muss die RCD ($I_{\Delta N} = 0{,}3$ A) spätestens abschalten, wenn der maximale Erdungswiderstand 80 Ω beträgt?

4. Wie groß dürfen die Erdungswiderstände bei der FI-Schutzeinrichtung höchstens sein, wenn die Bemessungsfehlerströme
a) 0,03 A, b) 0,3 A und c) 0,5 A
betragen, und die Anlage bei einer Fehlerspannung von $U_F \leq 40$ V abschalten soll?

5. Bestimmen Sie den maximalen Erdungswiderstand bei einer Fehlerspannung
a) 25 V und b) 50 V
für eine RCD mit den Werten $I_N = 63$ A, $U_0 = 400$ V und $I_{\Delta N} = 30$ mA.

6. Bestimmen Sie den Erdungswiderstand R_A, wenn durch eine Strom- und Spannungsmessung folgende Werte ermittelt wurden:
a) $I_E = 0{,}8$ A, $U_E = 24$ V
b) $I_E = 125$ mA, $U_E = 6{,}5$ V
c) $I_E = 450$ mA, $U_E = 16$ V
d) $I_E = 1{,}4$ A, $U_E = 20$ V

7. In verschiedenen elektrischen Anlagen wurden nach dem Dreileiterverfahren (s. Abbildung) folgende Erdungswiderstände ermittelt:
a) $R_A = 12{,}3$ Ω c) $R_A = 45$ Ω e) $R_A = 90$ Ω
b) $R_A = 24$ Ω d) $R_A = 75$ Ω f) $R_A = 120$ Ω
Welche Fehlerströme I_F bzw. I_E treten jeweils bei einer Fehlerspannung von 25 V auf?

Messung von R_A nach Dreileiterverfahren

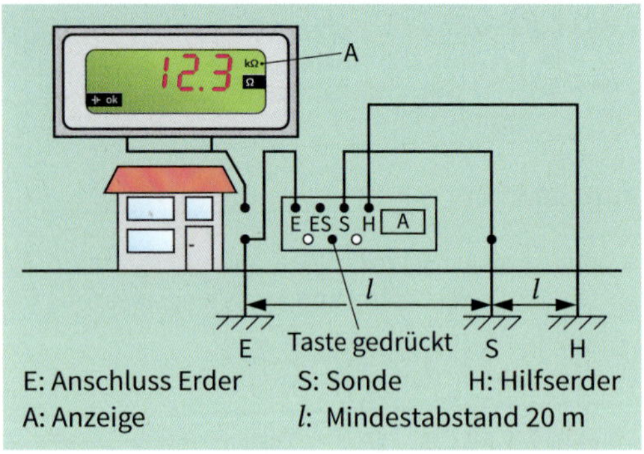

E: Anschluss Erder S: Sonde H: Hilfserder
A: Anzeige l: Mindestabstand 20 m

8. Eine elektrische Anlage hat einen Erder, bei dem ein Erdungswiderstand von $R_{A1} = 240$ Ω gemessen wird. Zur Verbesserung der Erdung wird ein zweiter Erder gesetzt, bei dem ein Erdungswiderstand von $R_{A2} = 120$ Ω gemessen wird. Bei welcher Fehlerspannung muss die RCD abschalten, wenn
a) $I_{\Delta N} = 0{,}3$ A und b) $I_{\Delta N} = 0{,}5$ A betragen?

9. In zwei elektrischen Anlagen soll mithilfe der FI-Schutzeinrichtung
a) $I_{\Delta N} = 0{,}3$ A und b) $I_{\Delta N} = 0{,}5$ A
jeweils bei einer Fehlerspannung von etwa 20 V eine Abschaltung erfolgen. Der vorhandene Erder mit dem Erdungswiderstand $R_{A1} = 215$ Ω reicht nicht aus und soll verbessert werden.
Bestimmen Sie die Größe des zweiten Erdungswiderstands R_{A2}.

10. In steinigem Boden beträgt bei einem Banderder von 10 m Länge der Erdungswiderstand $R_{A1} = 600$ Ω. Bei Erweiterung werden zusätzlich 20 m Bandstahl verlegt.
a) Bestimmen Sie den neuen Erdungswiderstand R_{A2}.
b) Wie groß wird dann bei einer Kontrollmessung die Spannung U_E bei $I_E = 0{,}08$ A?

11. Wie groß kann die maximale Fehlerspannung bei einem Erdungswiderstand von 95 Ω und dem Einsatz folgender RCDs werden?
a) $I_{\Delta N} = 0{,}03$ A b) $I_{\Delta N} = 0{,}3$ A c) $I_{\Delta N} = 0{,}5$ A

12. Bei der Bestimmung des Erdungswiderstands nach der Strom- und Spannungsmessung (s. Seite 233) sind folgende Werte bekannt:
$U_0 = 230$ V, $I_E = 575$ mA und $U_E = 22{,}5$ V.
Bestimmen Sie den Wert des eingestellten Vorwiderstandes R_P und die Größe von R_A.

Erdungsmessgerät

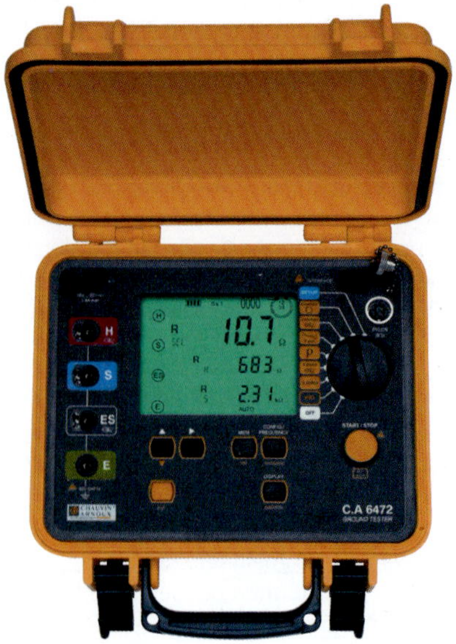

10.2 Leitungen in Wechselstromanlagen

q	Leiterquerschnitt	$[q] = \text{mm}^2$
ΔU	Spannungsfall	$[\Delta U] = \text{V}$
Δu	Spannungsfall	$[\Delta u] = \%$
l	einfache Leiterlänge	$[l] = \text{m}$

$$\Delta U = \frac{2 \cdot l \cdot I \cdot \cos\varphi}{\varkappa \cdot q}$$

$$\Delta U = \frac{2 \cdot l \cdot P}{\varkappa \cdot U \cdot q}$$

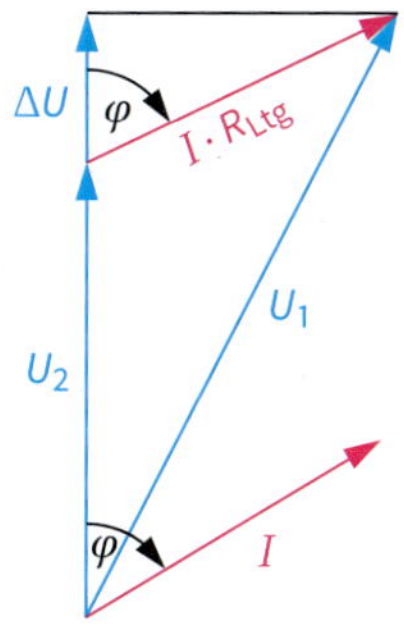

U_1	Spannung in der Verteilung
U_2	Spannung am Verbraucher
P_v	Verlustleistung

$$P_v = \frac{2 \cdot l \cdot I^2}{\varkappa \cdot q}$$

$$P_v = \frac{2 \cdot l}{\varkappa \cdot q} \cdot \left(\frac{P}{U \cdot \cos\varphi}\right)^2$$

$$U_1 \approx U_2 + \Delta U$$

Installationsleitungen können als induktivitäts- und kapazitätsfrei angenommen werden, sodass gilt:

$$\Delta U \approx I \cdot R_{Ltg} \cdot \cos\varphi$$

Der Blindwiderstand der Leitung kann gegenüber R_{Ltg} vernachlässigt werden.

Beispiel:

Ein Wechselstrommotor mit dem dargestellten Leistungsschild wird über eine NYM-Leitung ($l = 44$ m) bei der Verlegung im Elektroinstallationskanal auf der Wand fest an das Netz angeschlossen. Der Spannungsfall soll 3 % der Netzspannung nicht überschreiten.

a) Bestimmen Sie die Verlegeart (Gruppe) und den Leiterquerschnitt nach der Tabelle (s. Seite 236).
b) Kontrollieren Sie den Spannungsfall.
c) Welche Leitungsschutz-Sicherung muss nach der Tabelle gewählt werden?

Hersteller	
Typ	
E - Mot.	**Nr.**
⊥ 230 **V**	10,4 **A**
2 **kW** S1	**cos φ** 0,7
2760 **U/min**	50 **Hz**
DIN VDE 0530	

Lösung:

Geg.: $U = 230\ \text{V}$, $I = 10{,}4\ \text{A}$, $\cos\varphi = 0{,}7$
$l = 44\ \text{m}$, $\varkappa = 56\ \frac{\text{MS}}{\text{m}}$, $\Delta u = 3\%$, $\Delta U = 6{,}9\ \text{V}$

Ges.: a) Verlegeart und q_{Tab} b) ΔU, q_{Norm}
c) I_N der Leitungsschutz-Sicherung

a) Verlegeart nach Gruppe B2 $\quad q_{Tab} = 1{,}5\ \text{mm}^2$

b) $\Delta U = \dfrac{2 \cdot l \cdot I \cdot \cos\varphi}{\kappa \cdot q}$

$$\Delta U = \frac{2 \cdot 44\ \text{m} \cdot 10{,}4\ \text{A} \cdot 0{,}7}{56\ \frac{\text{MS}}{\text{m}} \cdot 1{,}5\ \text{mm}^2} \quad \Delta U = 7{,}63\ \text{V} \geq 6{,}9\ \text{V}$$

Gewählter Leiterquerschnitt: $q_{Norm} = 2{,}5\ \text{mm}^2$

$$\Delta U = \frac{2 \cdot 44\ \text{m} \cdot 10{,}4\ \text{A} \cdot 0{,}7}{56\ \frac{\text{MS}}{\text{m}} \cdot 2{,}5\ \text{mm}^2} \quad \Delta U = 4{,}58\ \text{V} \leq 6{,}9\ \text{V}$$

c) Bemessungsstrom der Sicherung laut Tabelle
$I_N = 20\ \text{A}$

Aufgaben

1. Über eine 30 m lange Kupferleitung (NYM, Elektroinstallationskanal auf der Wand) wird ein Wechselstrommotor an 230 V fest angeschlossen. Der Motor nimmt bei einem Leistungsfaktor von 0,75 einen Strom von 11 A auf. Der zulässige Spannungsfall beträgt 3 %.
a) Bestimmen Sie die Verlegeart und den Leiterquerschnitt aufgrund der Belastbarkeit nach der Tabelle (s. Seite 236).
b) Wie groß ist der Spannungsfall in Volt und Prozent?
c) Geben Sie die Bemessungsstromstärke der Sicherung an.
d) Wie groß ist der Leistungsverlust in Watt und Prozent?

2. Eine 60 m lange Kupferleitung (NYM, Elektroinstallationsrohr auf der Wand) soll bei 230 V, 50 Hz einen Strom von 9 A bei einem Leistungsfaktor von 0,76 übertragen.
a) Bestimmen Sie die Verlegeart und den Leiterquerschnitt nach der Tabelle.
b) Wie groß ist der Spannungsfall in Volt und Prozent?
c) Welcher Leiterquerschnitt muss gewählt werden, damit ein Spannungsfall von 3 % nicht überschritten wird?
d) Bestimmen Sie die Verlustleistung in Watt und Prozent für den gewählten Leiterquerschnitt.
e) Welche Leitungsschutz-Sicherung ist aufgrund der Belastung zu wählen?

Belastbarkeit von Kabel und Leitungen

	Verlegearten für feste Verlegung in Gebäuden und in der Luft[1]					
	A1	**A2**	**B1**	**B2**	**C**	**E**
	Betriebstemperatur am Leiter 70 °C (PVC) Umgebungstemperatur 30 °C					
Erklärung	Verlegung in wärmegedämmten Wänden. Aderleitung in Elektroinstallationsrohr in einer wärmegedämmten Wand	Verlegung in Elektroinstallationsrohren (ER), -kanal (EK) oder Unterflurkanal (UK) in einer wärmegedämmten Wand	Verlegung auf der Wand oder direkt in der Wand bzw. im Beton. Aderleitung im ER oder EK[2] auf der Wand oder im Beton	Verlegung in der Luft. Mehradrige Leitung oder Kabel im ER auf der Wand	Ein- oder mehradrige Leitung oder Kabel	Mehradrige Leitung oder Kabel mit einem Mindestabstand zur Wand von 0,3 x d[3]
Beispiel		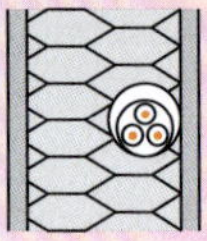				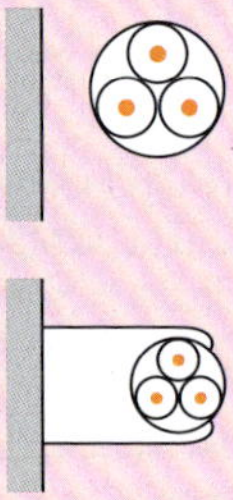

q in mm²	Zahl der belasteten Adern											
	2	**3**	**2**	**3**	**2**	**3**	**2**	**3**	**2**	**3**	**2**	**3**
	Strombelastbarkeit I_r in A[4]											
1,5	15,5	13,5	15,5	13,0	17,5	15,5	16,5	15,0	19,5	17,5	22	18,5
2,5	19,5	18	18,5	17,5	24	21	23	20	27	24	30	25
4	26	24	25	23	32	28	30	27	36	32	40	34
6	34	31	32	29	41	36	38	34	46	41	51	43
10	46	42	43	39	57	50	52	46	63	57	70	60
16	61	56	57	52	76	68	69	62	85	76	94	80
25	80	73	75	68	101	89	90	80	112	96	119	101
35	99	89	92	83	125	110	111	99	138	119	148	126
50	119	108	110	99	151	134	133	118	168	144	180	153
70	151	136	139	125	192	171	168	149	213	184	232	196

[1] Für die Verlegung in der Erde gilt die Referenzverlegeart D nach DIN VDE 0298-4.

[2] ER (Elektroinstallationsrohr); EK (Elektroinstallationskanal); UK (Unterflurkanal)

[3] Durchmesser der Leitung

[4] Bemessungsstromstärken I_N in A: 2, 4, 6, 10, 16, 20, 25, 35, 50, 63, 80, 100 (Schmelzsicherungen)
6, 10, 13, 16, 20, 25, 32, 40, 50 (Leitungsschutz-Schalter Charakteristik B)

Umrechnung (Faktor f_1) bei erhöhten Umgebungstemperaturen (s. DIN VDE 0298-4)

ϑ in °C	10	15	20	25	30	35	40	45	50	55	60
f_1	1,22	1,17	1,12	1,06	1,0	0,94	0,87	0,79	0,71	0,61	0,50

3. Vorübergehend soll ein Elektrogerät mit der Leistung von 2 kW ($\cos\varphi = 1$) über eine Verlängerungsleitung aus Kupfer an 230 V angeschlossen werden. Der Spannungsfall soll 3 % nicht überschreiten. Wie lang darf die Verlängerungsleitung maximal sein, wenn der Leiterquerschnitt
a) 1,5 mm² bzw. b) 2,5 mm² beträgt?

4. Über eine Anschlussleitung von 75 m Länge aus Kupfer soll eine Leistung von 2,4 kW bei einem Leistungsfaktor von 0,81 zu elektrischen Verbrauchern übertragen werden. Die Netzspannung beträgt 230 V, der Leiterquerschnitt 6 mm².
a) Wie groß ist der Leistungsverlust in Watt und Prozent?
b) Berechnen Sie den Spannungsfall in V und %.
c) Wie groß ist die Verlustleistung P_V, wenn bei gleichem Leistungsfaktor nur die halbe Leistung übertragen werden soll?
d) Welche Leitungsschutz-Sicherung ist bei der Leitungsverlegung nach B2 zu wählen?

5. Von der Verteilung einer Wechselstromanlage ist eine Aderleitung (Cu) im Elektroinstallationsrohr auf der Wand zu einem 23 m entfernten Heizgerät mit der Leistung 3 kW zu verlegen. Die Spannung beträgt 230 V, der Spannungsfall soll 3 % nicht überschreiten.
a) Welche Verlegeart und welcher Leiterquerschnitt ist aufgrund der Belastbarkeit zu wählen?
b) Überprüfen Sie den Leiterquerschnitt nach dem zulässigen Spannungsfall.
c) Bestimmen Sie den tatsächlichen Spannungsfall in Volt und Prozent.
d) Wie groß ist die Verlustleistung in Watt und Prozent?

6. Wie groß darf die Entfernung zwischen dem Aufstellungsort eines Elektrogeräts ($\cos\varphi = 1$) und der Unterverteilung maximal sein, wenn folgende Werte gegeben sind:
Cu-Leitung mit $q = 2{,}5\ \text{mm}^2$, $I = 18{,}5\ \text{A}$, $U = 230\ \text{V}$ und $\Delta u \leq 3\ \%$?

7. Die übertragbare Leistung einer elektrischen Anlage aus Aufgabe 6 wird durch eine 4 mm² Kupferleitung erweitert.
Welche Leistung kann maximal übertragen werden?

8. Ein Wechselstrommotor mit dem Leistungsschild (s. Seite 235), soll über eine 20 m lange Aderleitung (Cu, 2,5 mm²) im Elektroinstallationskanal an die Verteilung angeschlossen werden.
a) Überprüfen Sie, ob der Spannungsfall Δu unter 3 % liegt.
b) Welche Größen ändern sich, wenn ein weiterer Wechselstrommotor mit den gleichen Bemessungsgrößen (s. Seite 235) an dieselbe Leitung zugeschaltet wird?
c) Bestimmen Sie die Werte der sich ändernden Größen.

9. Von einer Verteilung soll über eine Leitung (Cu, $l = 31\ \text{m}$, $q = 4\ \text{mm}^2$) mit der Verlegeart C eine Leistung übertragen werden. Die Netzspannung beträgt 230 V, der Leistungsfaktor ist 1.
a) Wie groß ist die zu übertragende Leistung?
b) Berechnen Sie den Spannungsfall in V und %.
c) Welche Leistung kann übertragen werden, wenn der Spannungsfall maximal 3 % betragen darf?
d) Wie groß darf die Leitungslänge sein, wenn die unter a) berechnete Leistung übertragen werden soll?

10. In verschiedenen elektrischen Anlagen mit der Spannung 230 V sind Leitungen (Cu) nach den Verlegearten A1, A2, B1, B2 und C verlegt. Der Leistungsfaktor beträgt 1. Es liegen jeweils die Belastungsstromstärken von 23 A vor.
a) Wählen Sie aufgrund der Belastung die entsprechenden Leiterquerschnitte und Leitungsschutz-Sicherungen (s. Seite 236) aus.
b) Welche Leitungslängen müssen eingehalten werden, damit der Spannungsfall 3 % nicht überschritten wird?
c) Stellen Sie alle Werte in einer Tabelle zusammen!

11. Eine Leitung mit einem Leiterquerschnitt von 2,5 mm² ist in einer wärmegedämmten Wand nach der Verlegeart A2 verlegt.
a) Wie groß ist die Belastbarkeit der 2 Leiter in der 3-adrigen Leitung laut Tabelle (s. Seite 236)?
b) Berechnen Sie mithilfe des Umrechnungsfaktors für die Temperatur 45 °C die Belastbarkeit der Leitung.
c) Um wie viel Prozent ist die Strombelastbarkeit der Leitung gegenüber dem abgelesenen Wert von a) gesunken?
d) Wie groß darf die Bemessungsstromstärke der Leitungsschutz-Sicherung sein?

10.3 Verzweigte Wechselstromanlagen

$\cos\varphi_m$	Mittlerer Leistungsfaktor	
ΔU	Spannungsfall	$[\Delta U] = V$
P_v	Verlustleistung	$[P_v] = W$

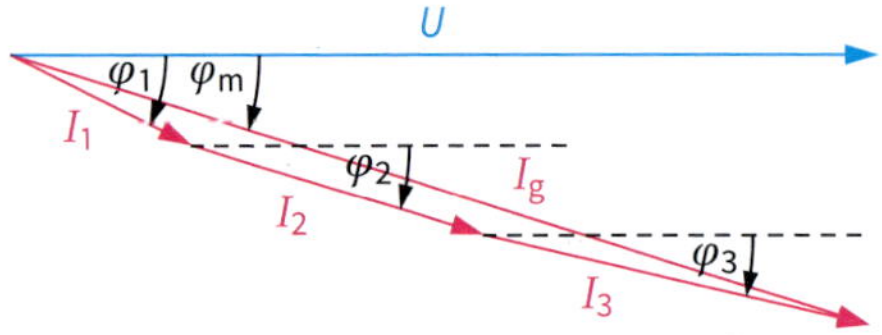

$$\Delta U = \frac{2 \cdot \cos\varphi_m}{\kappa \cdot q} \cdot \Sigma\,(I \cdot l)$$

$$P_v = \frac{2 \cdot \Sigma\,(I^2 \cdot l)}{\kappa \cdot q}$$

$$\Sigma\,(I \cdot l) = I_1 \cdot l_1 + I_2 \cdot l_2 + I_3 \cdot l_3 + \ldots + I_n \cdot l_n$$

Σ (sigma) ist das Zeichen für Summe.

Beispiel:

In einer verzweigten Wechselstromanlage (siehe Abbildung) mit unterschiedlichen Verbrauchern ist die Hauptleitung (Cu) als mehradrige Leitung im Elektroinstallationsrohr auf der Wand verlegt.

a) Wie groß ist der mittlere Leistungsfaktor?

b) Bestimmen Sie die Gesamtstromstärke in der Hauptleitung bis zur ersten Abzweigung.

c) Wie groß ist der Leiterquerschnitt der Hauptleitung, wenn alle Verbraucher gleichzeitig eingeschaltet sind und der Spannungsfall 0,5 % nicht überschreiten darf?

d) Wählen Sie die entsprechende Leitungsschutz-Sicherung aus.

Lösung:

Geg.: $l_1 = 10$ m, $l_2 = 20$ m, $l_3 = 25$ m,
$I_1 = 9$ A, $I_2 = 12$ A, $I_3 = 5$ A,
$\cos\varphi_1 = 0{,}7$, $\cos\varphi_2 = 0{,}8$, $\cos\varphi_3 = 1$,
$U = 230$ V, $\Delta u \leq 0{,}5\%$, $\varkappa = 56\,\frac{\text{MS}}{\text{m}}$

Ges.: a) $\cos\varphi_m$ b) I_g c) q_{Norm} d) I_N

a) und b) Zeichnerische Lösung:

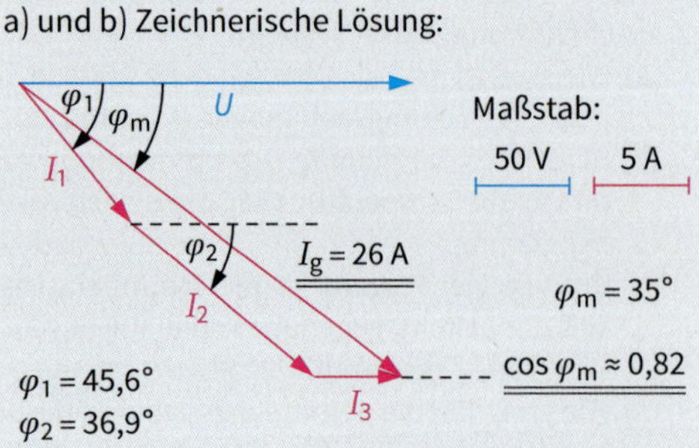

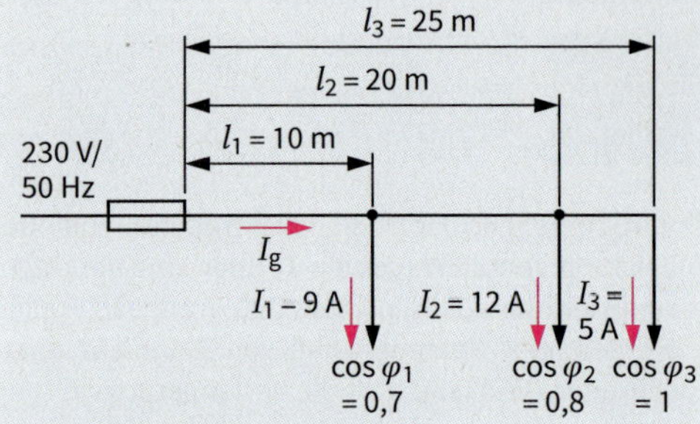

c) $\Delta U = \frac{\Delta u \cdot U}{100\,\%}$ $\qquad \Delta U = 1{,}15$ V

$\Sigma\,(I \cdot l) = I_1 \cdot l_1 + I_2 \cdot l_2 + I_3 \cdot l_3$

$\Sigma\,(I \cdot l) = 9\text{ A} \cdot 10\text{ m} + 12\text{ A} \cdot 20\text{ m} + 5\text{ A} \cdot 25\text{ m}$

$\Sigma\,(I \cdot l) = 455$ Am

$$q = \frac{2 \cdot \cos\varphi_m}{\varkappa \cdot \Delta U} \cdot \Sigma\,(I \cdot l)$$

$$q = \frac{2 \cdot 0{,}82}{56\,\frac{\text{MS}}{\text{m}} \cdot 1{,}15\text{ V}} \cdot 455\text{ Am} \qquad \underline{\underline{q = 11{,}6\text{ mm}^2}}$$

Gewählter Leiterquerschnitt: $\underline{\underline{q_{Norm} = 16\text{ mm}^2}}$

d) LS-Sicherung laut Tab. (s. Seite 236): $\underline{\underline{I_N = 63\text{ A}}}$

Aufgaben

1. In der elektrischen Anlage (siehe Abbildung) sind über Abzweigleitungen verschiedene elektrische Verbraucher angeschlossen. Die Hauptleitung (Cu) wird als mehradrige Leitung im Elektroinstallationsrohr auf der Wand verlegt.
   a) Wie groß ist die Stromstärke in den jeweiligen Abschnitten der Hauptleitung?
   b) Bestimmen Sie den Leiterquerschnitt aufgrund der Belastbarkeit. Der Spannungsfall soll 3 % nicht überschreiten. Führen Sie eine Kontrollrechnung durch.
   c) Welche Bemessungsstromstärke hat die Sicherung?

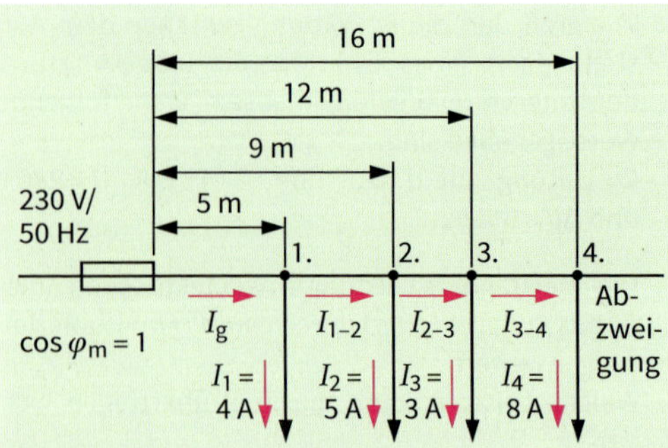

2. Die folgende Abbildung zeigt eine verzweigte Wechselstromanlage mit unterschiedlicher Belastung. Der mittlere Leistungsfaktor beträgt $\cos\varphi = 1$. Folgende Größen sollen bestimmt werden:
a) Leiterquerschnitt der Hauptleitung nach Tabelle (s. Seite 236).
b) Spannungsfall in Volt und Prozent beim gewählten Leiterquerschnitt.
c) Überprüfung des gewählten Leiterquerschnitts von a), wenn der zulässige Spannungsfall 3 % nicht überschreiten darf.
d) Leistungsverlust in Watt und Prozent auf der Hauptleitung.

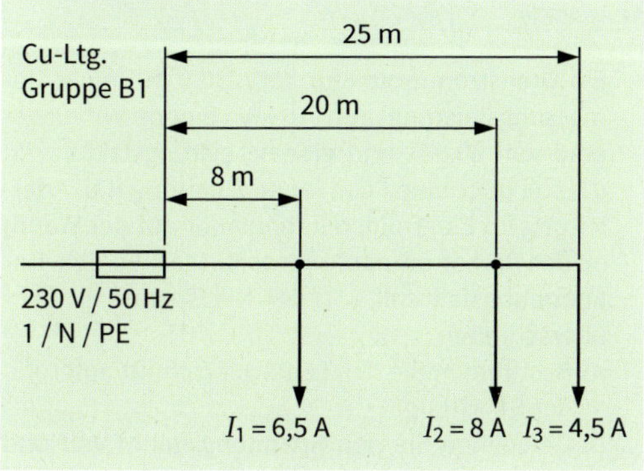

3. Über 5 Abzweigleitungen werden laut folgender Abbildung die angeschlossenen induktiven Verbraucher versorgt. Bei der Berechnung soll davon ausgegangen werden, dass alle Verbraucher gleichzeitig eingeschaltet sind.
a) Bestimmen Sie zeichnerisch den mittleren Leistungsfaktor der Anlage. Zeichnen Sie das Zeigerdiagramm mit dem Maßstab: 50 V ≙ 1 cm und 2 A ≙ 1 cm.
b) Wie groß ist die Gesamtstromstärke in der Hauptleitung bis zur ersten Abzweigung?
c) Bestimmen Sie den Leiterquerschnitt der Zuleitung aus Kupfer, wenn der Spannungsfall 3 % nicht überschreiten darf.
d) Welche Sicherung ist zu wählen?

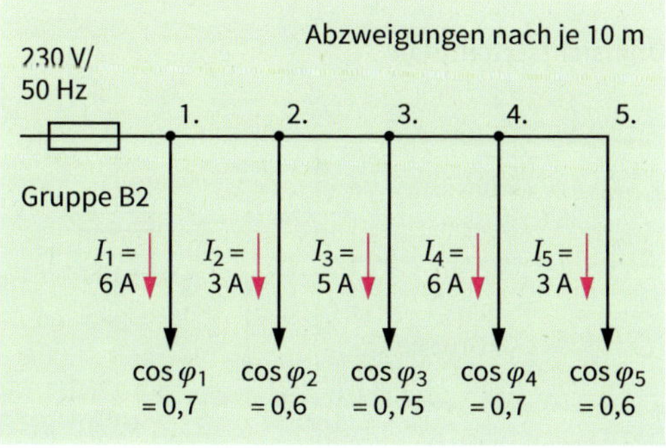

4. Drei Wechselstrommotoren mit einer Stromaufnahme von je 7,8 A und einem Leistungsfaktor von je 0,7 werden in der elektrischen Anlage (s. Abbildung) gleichzeitig betrieben. Der Spannungsfall soll 3 % nicht überschreiten.
a) Bestimmen Sie den Leiterquerschnitt aufgrund der Belastbarkeit.
b) Überprüfen Sie den zulässigen Spannungsfall in Volt und Prozent.
c) Wie groß ist die Bemessungsstromstärke der Leitungsschutz-Sicherung?

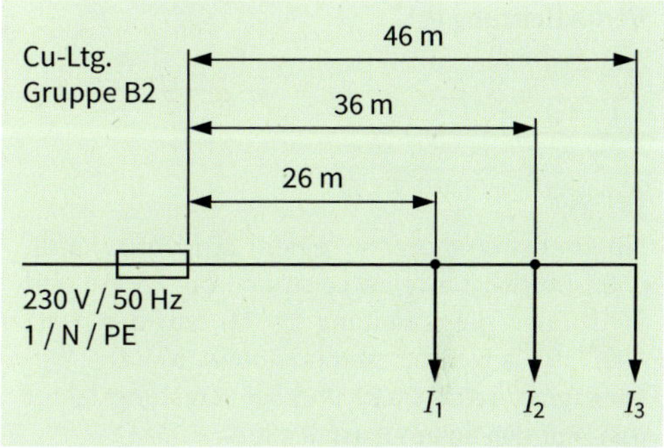

5. In folgender elektrischen Anlage mit unterschiedlicher Belastung werden alle Verbraucher gleichzeitig betrieben. Für die Hauptleitung (NYM), die im Elektroinstallationsrohr in einer wärmedämmenden Wand verlegt ist, sollen Sie folgende Aufgaben lösen:
a) Zeichnerische Bestimmung des mittleren Leistungsfaktors.
b) Bestimmung der Gesamtstromstärke für den Abschnitt in der Hauptleitung bis zur ersten Abzweigung.
c) Wahl des Leiterquerschnitts aufgrund der Belastbarkeit.
d) Spannungsfall in Volt und Prozent von der Netzspannung.
e) Reicht der gewählte Leiterquerschnitt aus, wenn 3 % Spannungsfall nicht überschritten werden darf?

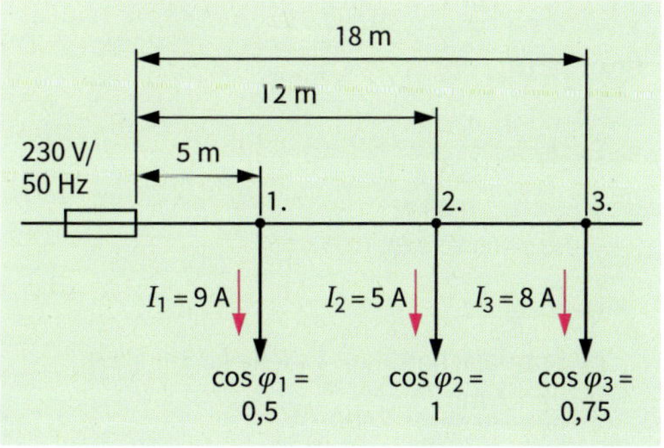

10.4 Leitungen in Drehstromanlagen

q Leiterquerschnitt $[q] = \text{mm}^2$

ΔU Spannungsfall $[\Delta U] = \text{V}$

$$\Delta U = \frac{\sqrt{3} \cdot l \cdot I \cdot \cos\varphi}{\varkappa \cdot q} \qquad \Delta U = \frac{l \cdot P}{\varkappa \cdot U \cdot q}$$

Verzweigte Drehstromanlagen

$$\Delta U = \frac{\sqrt{3} \cdot \cos\varphi_m \cdot \Sigma\,(I \cdot l)}{\varkappa \cdot q}$$

Verlustleistung P_v

$$P_v = \frac{3 \cdot I^2 \cdot l}{\varkappa \cdot q} \qquad P_v = \frac{l}{\varkappa \cdot q} \cdot \left(\frac{P}{U \cdot \cos\varphi}\right)^2$$

Beispiel:

Ein Drehstrommotor in einem landwirtschaftlichen Betrieb hat eine Leistung von 7,5 kW und wird über die Zuleitung (NYM) an das Netz 400/230 V angeschlossen (s. Abbildung). Der Wirkungsgrad beträgt 0,87 und sein Leistungsfaktor 0,88. Für den Spannungsfall gilt $\Delta u \leq 3\,\%$.

a) Bestimmen Sie die Stromstärke und den Leiterquerschnitt bei Verlegung im Elektroinstallationsrohr auf der Wand.

b) Wie groß ist der Spannungsfall in Volt? Führen Sie eine Kontrollrechnung durch und geben Sie den Normquerschnitt an.

400/230 V 50 Hz

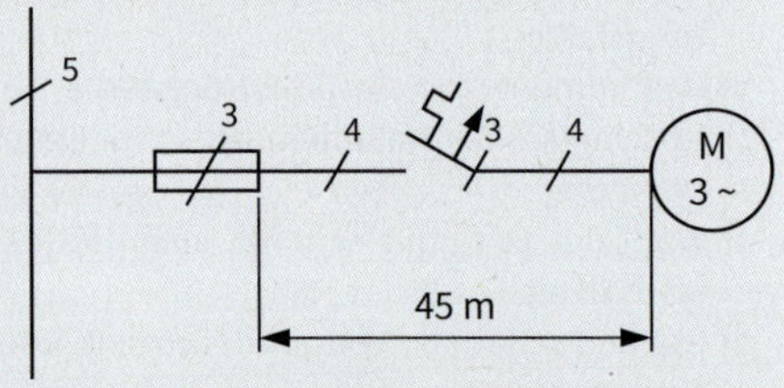

Lösung:

Geg.: $P_2 = 7{,}5\,\text{kW}$, $U = 400\,\text{V}$, $\eta = 0{,}87$, $\cos\varphi = 0{,}88$, $l = 45\,\text{m}$, $\Delta u = 3\%$, $\varkappa = 56\,\frac{\text{MS}}{\text{m}}$, $\Delta U = 12\,\text{V}$

Ges.: a) q_{Tab} b) ΔU, Δu, q_{Norm}

a) $$I = \frac{P_2}{\sqrt{3} \cdot U \cdot \cos\varphi \cdot \eta}$$

$$I = \frac{7500\,\text{W}}{\sqrt{3} \cdot 400\,\text{V} \cdot 0{,}88 \cdot 0{,}87}$$

$$\underline{\underline{I = 14{,}14\,\text{A}}}$$

Leiterquerschnitt laut Tabelle (s. Seite 236)

$$\underline{\underline{q_{\text{Tab}} = 1{,}5\,\text{mm}^2}}$$

b) $$\Delta U = \frac{\sqrt{3} \cdot l \cdot I \cdot \cos\varphi}{\varkappa \cdot q}$$

$$\Delta U = \frac{\sqrt{3} \cdot 45\,\text{m} \cdot 14{,}14\,\text{A} \cdot 0{,}88}{56\,\frac{\text{MS}}{\text{m}} \cdot 1{,}5\,\text{mm}^2} \qquad \underline{\underline{\Delta U = 11{,}55\,\text{V}}}$$

Kontrollrechnung:

$$\Delta u = \frac{\Delta U}{U} \cdot 100\% \qquad \Delta u = \frac{11{,}55\,\text{V}}{400\,\text{V}} \cdot 100\,\%$$

$$\underline{\underline{\Delta u = 2{,}88\,\% \leq 3\,\%}}$$

$$\underline{\underline{q_{\text{Norm}} = 1{,}5\,\text{mm}^2}}$$

Aufgaben

1. Ein Drehstrommotor für 400/230 V mit einer Bemessungsleistung von 10 kW, einem Wirkungsgrad von 90,5 % und einem Leistungsfaktor von 0,8 soll über eine 68 m lange Zuleitung (Cu, Aderleitung im Elektroinstallationsrohr auf der Wand) an das Drehstromnetz angeschlossen werden. Der Spannungsfall soll 3 % der Netzspannung nicht überschreiten.

a) Bestimmen Sie den Leiterquerschnitt aufgrund der Belastung!

b) Berechnen Sie den Spannungsfall in Volt und Prozent. Reicht der unter a) gewählte Leiterquerschnitt aus? Führen Sie eine Kontrollrechnung durch.

c) Wie groß ist beim verlegten Leiterquerschnitt der Leistungsverlust in Watt und Prozent?

2. In einem Haushalt soll ein elektrischer Durchlauferhitzer nachinstalliert werden. Das Gerät hat eine Leistungsaufnahme von 21 kW und wird über eine 53 m lange Leitung (Cu, Verlegeart C) an das Drehstromnetz 400/230 V angeschlossen. Der Spannungsfall soll 3 % nicht überschreiten.

a) Welcher Leiterquerschnitt ist nach der Belastbarkeit zu wählen?

b) Wie groß ist der Spannungsfall in Volt und Prozent? Reicht der Leiterquerschnitt aus?

c) Führen Sie eine Kontrollrechnung durch.

Übersichtsschaltplan

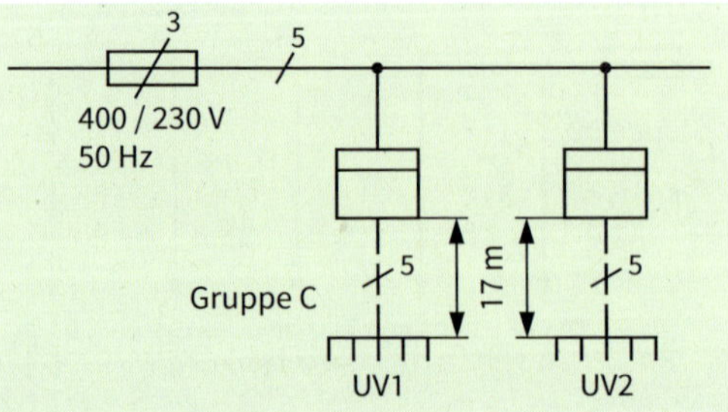

10.5 Gleichzeitigkeitsfaktor

Zur Dimensionierung elektrischer Anlagen hinsichtlich Leiterquerschnitt und Spannungsfall muss der sogenannte Gleichzeitigkeitsfaktor g bekannt sein. Dieser gibt den Anteil der gleichzeitig benötigten Gesamtleistung P an.

P	Gesamtleistung der Verbraucher	$[P] = \text{kW}$
P_{Nutz}	Gleichzeitig genutzte Leistung	$[P_{\text{Nutz}}] = \text{kW}$
g	Gleichzeitigkeitsfaktor	
n	Anzahl der Stromkreise	

$$P_{\text{Nutz}} = g \cdot P$$
$$P = \sqrt{3} \cdot U \cdot I \cdot \cos\varphi$$
$$I_g = n \cdot I_{1-n} \cdot g$$

Beispiel:

In einem Wohnhaus sind insgesamt 4 Wohnungen mit je 30 kW installierter Leistung nach folgender Abbildung vorhanden. Die Steigleitung (Cu) ist als Mantelleitung im Elektroinstallationsrohr auf der Wand verlegt.

a) Berechnen Sie die Teilstromstärken und die Gesamtstromstärke beim Leistungsfaktor 1.

b) Welcher Querschnitt ist zu wählen, damit der Spannungsfall 0,5 % der Netzspannung nicht übersteigt? Der Gleichzeitigkeitsfaktor beträgt 0,4.

Lösung:

Geg.: $P_{1-4} = 30\text{ kW}$, $U = 400/230\text{ V}$, $\cos\varphi = 1$, $n = 4$, $l_1 = 4\text{ m}$, $l_2 = 8\text{ m}$, $\Delta u \leq 0{,}5\,\%$, $g = 0{,}4$

Ges.: a) I_{1-4}, I_g b) $q_{\text{Norm}}, \Delta u$

a) $$I = \frac{P}{\sqrt{3} \cdot U \cdot \cos\varphi}$$

$$I = \frac{30\,000\text{ W}}{\sqrt{3} \cdot 400\text{ V} \cdot 1} \qquad \underline{\underline{I_{1-4} = 43{,}3\text{ A}}}$$

$$I_g = 4 \cdot I_{1-4} \cdot 0{,}4 \qquad I_g = 4 \cdot 43{,}3\text{ A} \cdot 0{,}4$$

$$\underline{\underline{I_g = 69{,}28\text{ A}}}$$

b) Gewählter Leiterquerschnitt: $\underline{\underline{q_{\text{Norm}} = 25\text{ mm}^2}}$

$$\Delta U = \frac{\sqrt{3} \cdot \cos\varphi_m}{\varkappa \cdot q} \cdot \Sigma(I \cdot l) \cdot 0{,}4$$

$$\Sigma(I \cdot l) = 2 \cdot I_{1-4} \cdot l_1 + 2 \cdot I_{1-4} \cdot l_2$$

$$\Sigma(I \cdot l) = 2 \cdot 43{,}3\text{ A} \cdot 4\text{ m} + 2 \cdot 43{,}3\text{ A} \cdot 8\text{ m}$$

$$\Sigma(I \cdot l) = 1039{,}2\text{ Am}$$

$$\Delta U = \frac{\sqrt{3} \cdot 1}{56\,\frac{\text{MS}}{\text{m}} \cdot 25\text{ mm}^2} \cdot 1039{,}2\text{ Am} \cdot 0{,}4$$

$$\Delta U = 0{,}5\text{ V} \quad \Delta u = \frac{\Delta U}{U} \cdot 100\,\% \quad \Delta u = \frac{0{,}5\text{ V}}{400\text{ V}} \cdot 100\,\%$$

$$\underline{\underline{\Delta u = 0{,}13\%}}$$

Beim gewählten Leiterquerschnitt ist $\Delta u \leq 0{,}5\,\%$.

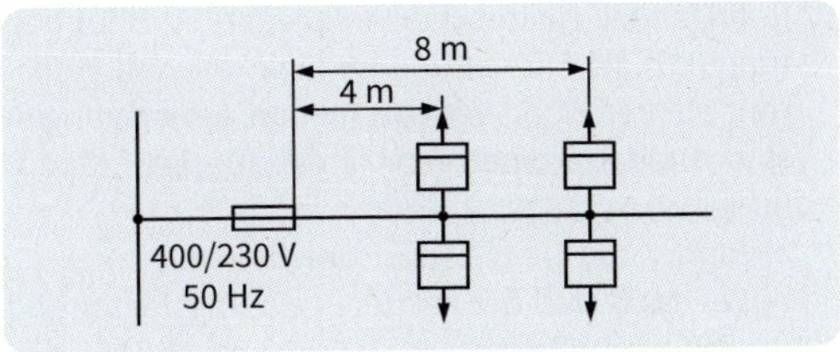

Aufgaben

1. Die Abbildung (s. Seite 240) zeigt den Ausschnitt eines Übersichtsschaltplans für ein Wohnhaus. Die installierte Leistung beträgt:
- Wohnung 1 (Unterverteilung UV1) 42 kW
- Wohnung 2 (Unterverteilung UV2) 65 kW

Für den Gleichzeitigkeitsfaktor wird 0,4 angegeben, der Leistungsfaktor beträgt 1. Der Spannungsfall Δu soll 3 % nicht überschreiten.

a) Bestimmen Sie die Stromstärken I_1 und I_2 und den Leiterquerschnitt für die Hauptleitung vom Zähler zur Unterverteilung aus der Tabelle (s. Seite 236).

b) Überprüfen Sie den zulässigen Spannungsfall und korrigieren Sie eventuell die entsprechende Größe!

2. Im folgenden Übersichtsschaltplan befinden sich zwei Stromkreise mit Drehstromverbrauchern. Der Spannungsfall soll 3 % nicht überschreiten. Der Leistungsfaktor beträgt 1 und der Gleichzeitigkeitsfaktor 1.

a) Berechnen Sie für die Stromkreise 1 und 4 die maximale Leitungslänge zwischen Unterverteilung und Elektrogerät.

b) Wie groß sind dann beim verlegten Leiterquerschnitt die jeweiligen Leistungsverluste bei Volllast?

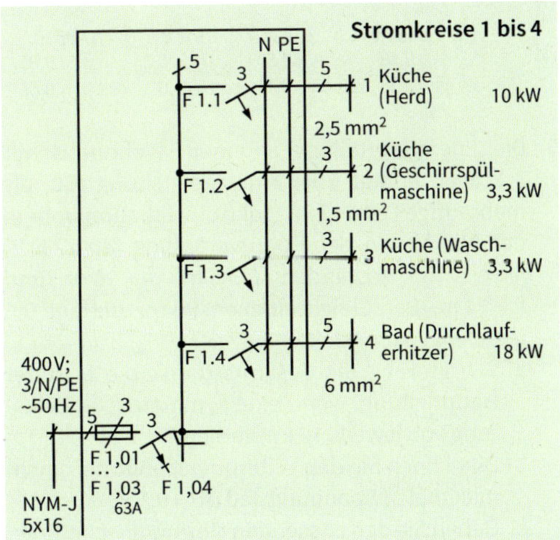

3. In folgender elektrischer Anlage ist die Hauptleitung (Cu) als Aderleitung im Elektroinstallationsrohr auf der Wand verlegt. An drei Abzweigungen sind Drehstrommotoren angeschlossen (Spannungsfall $\Delta u \leq 3\,\%$).

a) Berechnen Sie die Teilstromstärken.

b) Wie groß sind der mittlere Leistungsfaktor und die Gesamtstromstärke? (Zeichnerische Lösung)

c) Wie groß muss der Leiterquerschnitt sein, wenn der Gleichzeitigkeitsfaktor 1 ist?

d) Kontrollieren Sie den Spannungsfall Δu.

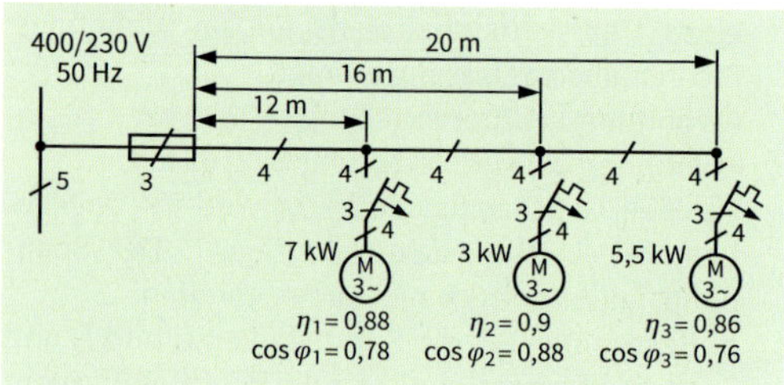

4. In einem Betrieb liegen über der Hauptleitung (Cu, mehradrige Leitung im Elektroinstallationsrohr auf der Wand) die in folgender Abbildung dargestellten Drehstrommotoren am Netz.

a) Berechnen Sie die Teilstromstärken in den Abzweigleitungen beim Gleichzeitigkeitsfaktor 1.

b) Wie groß sind der mittlere Leistungsfaktor und die Gesamtstromstärke? (Zeichnerische Lösung)

c) Welcher genormte Leiterquerschnitt gilt?

d) Berechnen Sie für den gewählten Leiterquerschnitt den Spannungsfall in Volt.

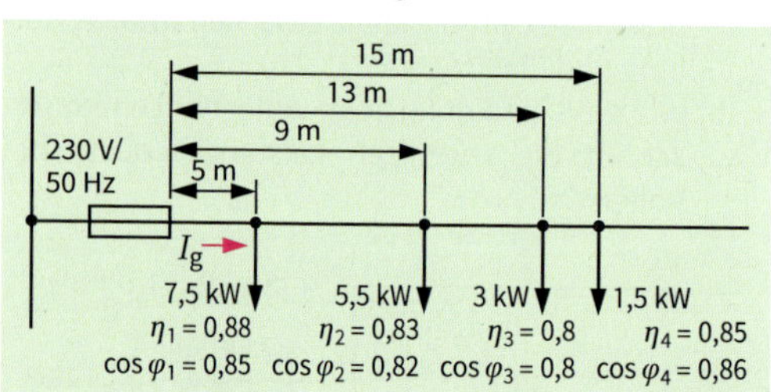

5. Die Energieverteilung in einem Wohnhaus mit 3 Etagen erfolgt über eine Steigleitung (Cu, als mehradrige Leitung im Elektroinstallationsrohr in der Wand) von der Hauptverteilung (400/230 V) jeweils in Abständen $l_1 = 6$ m, $l_2 = 10$ m und $l_3 = 14$ m. Der Gleichzeitigkeitsfaktor beträgt 0,6 und der Leistungsfaktor 1.

a) Wie groß ist die Gesamtstromstärke I_g in der Hauptleitung, wenn eine symmetrische Belastung von jeweils 16 kW vorliegt?

b) Berechnen Sie den Leiterquerschnitt bei einem maximalen Spannungsfall $\Delta u = 0{,}5\,\%$.

c) Geben Sie den passenden Normquerschnitt an.

6. Die Abbildung zeigt den Installationsplan der Schienenverteileranlage in einer Fabrik. Die Einspeisung erfolgt von einer Seite mit der Spannung 400/230 V, 50 Hz. Der Gleichzeitigkeitsfaktor beträgt 0,6, der mittlere Leistungsfaktor ist 0,8 je Maschinenstraße.

a) Berechnen Sie die Teilstromstärken und die Gesamtstromstärke I_g, wenn eine symmetrische Belastung vorliegt.

b) Entnehmen Sie der Tabelle die jeweiligen Schienenquerschnitte für die Außenleiter.

c) Wie groß ist der Spannungsfall auf der Sammelschiene?

Schienenverteileranlage

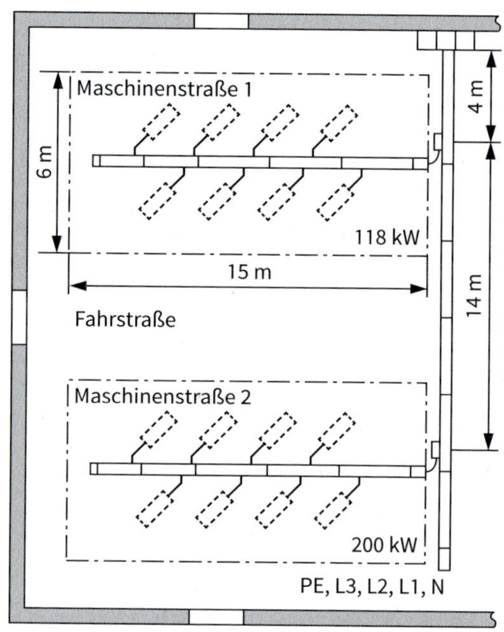

Belastungsstromstärken im stahlblechgekapselten Schienensystem (Auszug)

Schienen-system	BD 1-100	BD 1-200	BD 1-400
Bemessungs-stromstärke in A	140	250	400
Schienen-material	Cu	Cu	Cu
Schienenquer-schnitte für L1, L2, L3 in mm²	9 x 3	10 x 6	12 x 12
N in mm²	9 x 3	9 x 3	12 x 6
PE in mm²	16 x 1,6	16 x 1,6	10 x 6

10.6 Selektivität

Selektivität bedeutet, dass bei einem Fehlerfall in einer elektrischen Anlage nur die Schutzeinrichtung ausschalten darf, die unmittelbar vor der Fehlerstelle liegt.

Selektivität in einer Verbraucheranlage

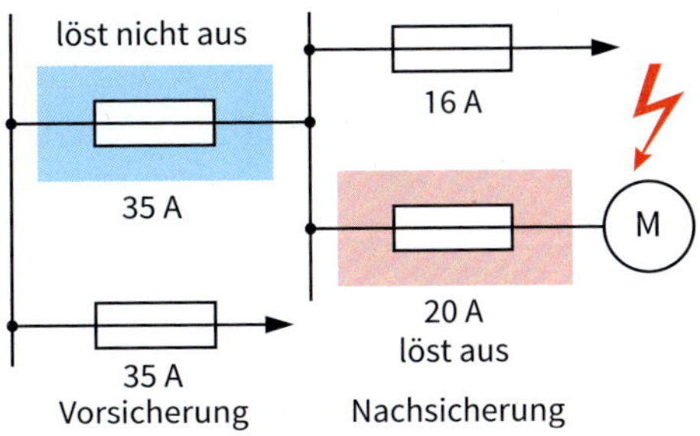

Bei Schmelzsicherungen besteht Selektivität, wenn sich die Bemessungsstromstärken um mindestens zwei Stufen unterscheiden (s. Abbildung). Der Unterschied wird durch den Faktor $k = 1{,}6$ gekennzeichnet.

$$\frac{I_{N,\,vor}}{I_{N,\,nach}} = k = 1{,}6$$

Beispiel:

Der Schmelzsicherung mit der Bemessungsstromstärke von 20 A ist eine weitere Schmelzsicherung vorgeschaltet. Wie groß darf die vorgeschaltete Schmelzsicherung sein, um Selektivität zu erreichen? Geben Sie den genormten Wert für die Vorsicherung an.

Lösung:

Geg.: $I_{N,\,nach} = 20\ \text{A}$

Ges.: $I_{N,\,vor}$

$I_{N,\,vor} = I_{N,\,nach} \cdot 1{,}6$

$I_{N,\,vor} = 20\ \text{A} \cdot 1{,}6$ $\quad$ $\underline{\underline{I_{N,\,vor} = 32\ \text{A}}}$

Gewählte Vorsicherung: $\underline{\underline{I_{N,\,vor} = 35\ \text{A}}}$

AUFGABEN

1. In einer elektrischen Anlage ist ein Stromkreis mit einer 25 A-Schmelzsicherung abgesichert. Berechnen Sie die Bemessungsstromstärke der vorgeschalteten Schmelzsicherung, um im Fehlerfall Selektivität zu erreichen.
   Welche genormte Schmelzsicherung ist zu wählen?

2. Ein Stromkreis ist mit einer Vorsicherung (35 A-Schmelzsicherung) abgesichert. Welche Bemessungsstromstärke $I_{N,\,nach}$ hat die nachgeschaltete Schmelzsicherung, damit Selektivität gewährleistet ist? Wählen Sie eine genormte Schmelzsicherung.

3. In einer elektrischen Anlage befinden sich Schmelzsicherungen mit der Bemessungsstromstärke $I_{N,\,nach} = 35\ \text{A}$. Welche Bemessungsstromstärke muss die vorgeschaltete Schmelzsicherung haben, damit Selektivität erreicht wird?

4. In einer Unterverteilung sind die Stromkreise durch 16 A-Schmelzsicherungen abgesichert.
   a) Bestimmen Sie die Bemessungsstromstärke der vorgeschalteten Schmelzsicherungen $I_{N,\,vor}$.
   Welche Normgröße ist zu wählen?
   b) Im Fehlerfall fließt ein Fehlerstrom von 80 A. Ermitteln Sie mithilfe der Diagramme zu den Zeit-Strom-Bereichen für LS-Sicherungen (s. Seite 230), ob im Fehlerfall die Abschaltung selektiv erfolgt.

5. In einer Wohnanlage sind Drehstromkreise mit Schmelzsicherungen als Vorsicherungen abgesichert (s. Verteilungsplan).
   Prüfen Sie, ob in der elektrischen Anlage zwischen den Schmelzsicherungen Selektivität vorliegt.

Verteilungsplan einer Anlage (Ausschnitt)

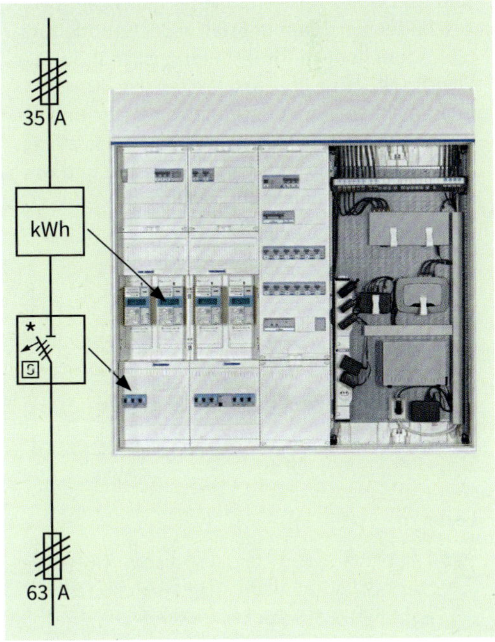

10.7 Ringleitungen

Beschreibung zum Lastpunkt Nr. 2:
2 zufließende Teilströme I_{A2} und I_{B2}
1 abfließender Laststrom I_2

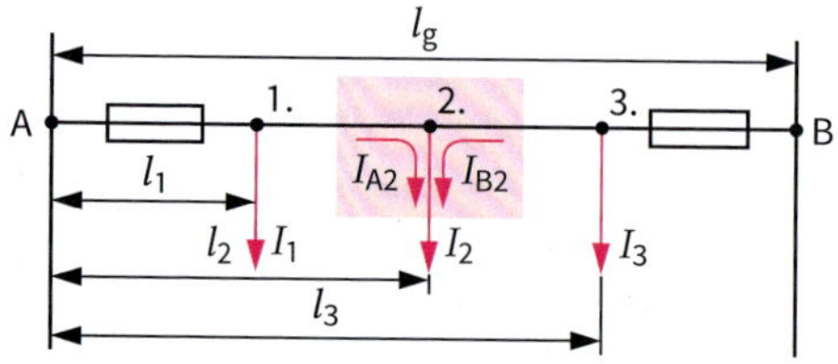

Bei gleichem Querschnitt und Spannungsfall links und rechts des Lastpunktes Nr. 2 gilt:

$\Sigma (I \cdot l)_{links} = \Sigma (I \cdot l)_{rechts}$

$I_1 \cdot l_1 + I_{A2} \cdot l_2 = I_{B2} \cdot (l_g - l_2) + I_3 \cdot (l_g - l_3)$

$I_{A2} + I_{B2} = I_2$

$I_{B2} + I_3 = I_B$ $\quad$ $I_{A2} + I_1 = I_A$

$I_B \cdot l_g = I_1 \cdot l_1 + I_2 \cdot l_2 + I_3 \cdot l_3$

Stromstärke I_B von Punkt A aus:

$$I_B = \frac{\Sigma (I \cdot l)}{l_g}$$

$$I_B = I_1 + I_2 + I_3 - I_A$$

Stromstärke I_A von Punkt B aus:

$$I_A = \frac{\Sigma (I \cdot l)}{l_g}$$

$$I_A = I_1 + I_2 + I_3 - I_B$$

Beispiel:

Über eine Ringleitung nach folgender Darstellung sind drei Drehstromverbraucher gleichzeitig eingeschaltet. Der Spannungsfall in der Hauptleitung (Cu, Aderleitungen im Installationskanal auf der Wand) soll 3 % nicht überschreiten ($\cos \varphi_m = 1$).

a) Berechnen Sie die Gesamtstromstärke und die vom Lastpunkt A aus eingespeiste Stromstärke.
b) Bestimmen Sie den Leiterquerschnitt und kontrollieren Sie den Spannungsfall.

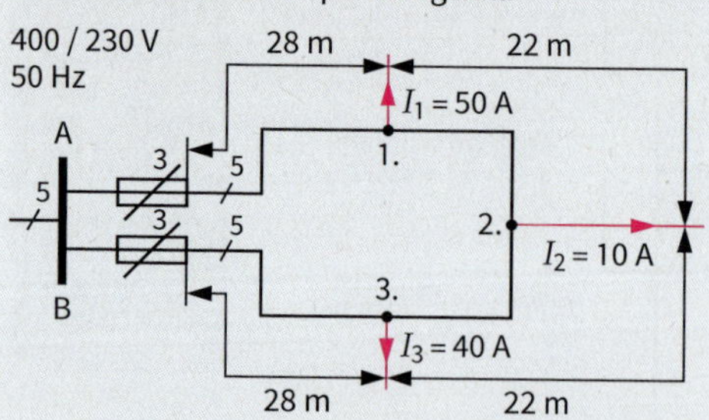

Lösung:

Geg.: $I_1 = 50$ A, $I_2 = 10$ A, $I_3 = 40$ A, $\varkappa = 56 \frac{\text{MS}}{\text{m}}$,
$l_1 = 28$ m, $l_2 = 50$ m, $l_3 = 72$ m, $l_g = 100$ m
$U = 400$ V, $\cos \varphi_m = 1$, $\Delta u \le 3\,\%$

Ges.: a) I_g, I_A b) q_{Norm}, Δu

a) $I_g = I_1 + I_2 + I_3$ $\quad$ $I_g = 50\text{ A} + 10\text{ A} + 40\text{ A}$

$\underline{\underline{I_g = 100\text{ A}}}$

$$I_B = \frac{\Sigma (I \cdot l)}{l_g}$$

$$I_B = \frac{50\text{ A} \cdot 28\text{ m} + 10\text{ A} \cdot 50\text{ m} + 40\text{ A} \cdot 72\text{ m}}{100\text{ m}}$$

$I_B = 47{,}8$ A

$I_A = I_g - I_B$ $\quad$ $I_A = 100\text{ A} - 47{,}8\text{ A}$ $\quad$ $\underline{\underline{I_A = 52{,}2\text{ A}}}$

Laststromstärke im Lastpunkt Nr. 2:
$I_{A2} = 2{,}2$ A und $I_{B2} = 7{,}8$ A

b) Leiterquerschnitt nach Tabelle (s. Seite 236):
$\underline{\underline{q_{Norm} = 16\text{ mm}^2}}$

$$\Delta U = \frac{\sqrt{3} \cdot \Sigma (I \cdot l) \cdot \cos \varphi_m}{\varkappa \cdot q}$$

$$\Delta U = \frac{\sqrt{3} \cdot (I_1 \cdot l_1 + I_{A2} \cdot l_2) \cdot \cos \varphi_m}{\varkappa \cdot q}$$

$$\Delta U = \frac{\sqrt{3} \cdot (50\text{ A} \cdot 28\text{ m} + 2{,}2\text{ A} \cdot 50\text{ m}) \cdot 1}{56 \frac{\text{MS}}{\text{m}} \cdot 16\text{ mm}^2}$$

$\Delta U = 2{,}92$ V

$$\Delta u = \frac{\Delta U}{U} \cdot 100\,\% \qquad \Delta u = \frac{2{,}92\text{ V}}{400\text{ V}} \cdot 100\,\%$$

$\underline{\underline{\Delta u = 0{,}73\,\% \le 3\,\%}}$

Aufgaben

1. Folgende Darstellung zeigt eine elektrische Anlage, deren Verbraucher über eine Ringleitung versorgt werden. Für den Spannungsfall in der Mantelleitung NYM (Cu, Gruppe C) gilt $\Delta u \le 3\,\%$.

a) Bestimmen Sie die Teilstromstärken und die Gesamtstromstärke (Gleichzeitigkeitsfaktor 1).
b) Wie groß ist die Einspeisestromstärke I_B vom Punkt A aus berechnet?
c) Wie groß sind die Teilstromstärken im Lastpunkt (4. Abzweigung)?
d) Bestimmen Sie den Leiterquerschnitt und führen Sie eine Kontrollrechnung durch.

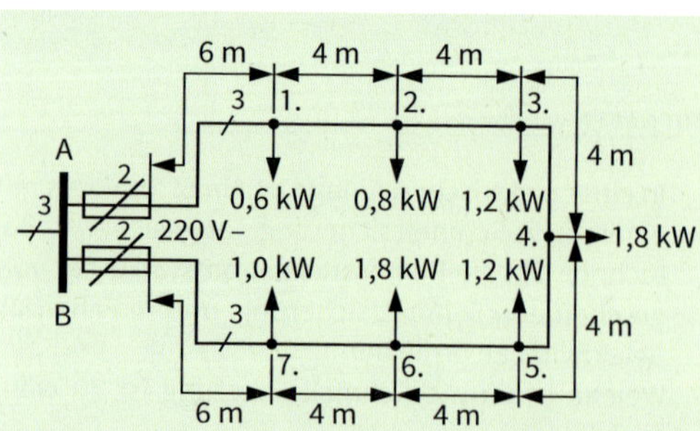

2. In einer Werkstatt werden nach folgender Abbildung sechs gleich große Wechselstrommotoren über eine Ringleitung (Cu, mehradrige Leitung im Elektroinstallationsrohr auf der Wand) gleichzeitig angeschlossen ($\Delta u \leq 3\,\%$).

a) Wie groß sind die Teilstromstärken und die Gesamtstromstärke?

b) Wie groß ist die Einspeisestromstärke I_B von Punkt A aus berechnet?

c) Bestimmen Sie die Teilstromstärken im Lastpunkt bei der 3. Abzweigung.

d) Wie groß ist der Leiterquerschnitt aufgrund der Belastung? Kontrollieren Sie Δu.

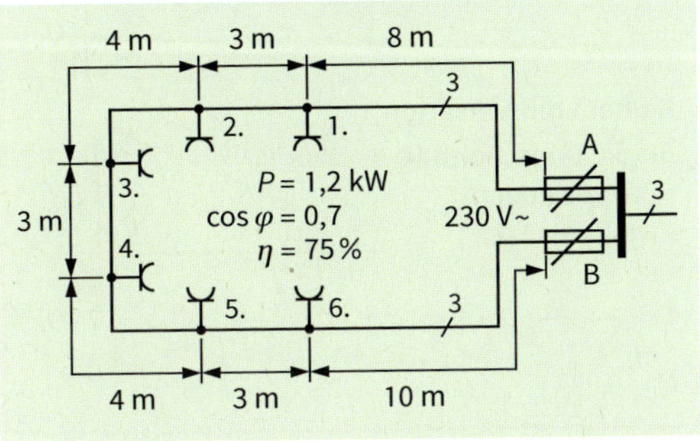

3. In einer Industrieanlage (s. Abbildung) sind fünf gleich große Drehstrommotoren über eine Ringleitung (Cu, mehradrige Leitung im Elektroinstallationsrohr auf der Wand) angeschlossen. Der Gleichzeitigkeitsfaktor ist 1.

a) Wie groß sind die Einzelstromstärken und die Gesamtstromstärke?

b) Berechnen Sie die Einspeisestromstärke I_B vom Punkt A aus.

c) Wie groß sind die Teilstromstärken im Lastpunkt bei der 3. Abzweigung?

d) Bestimmen Sie den Leiterquerschnitt.

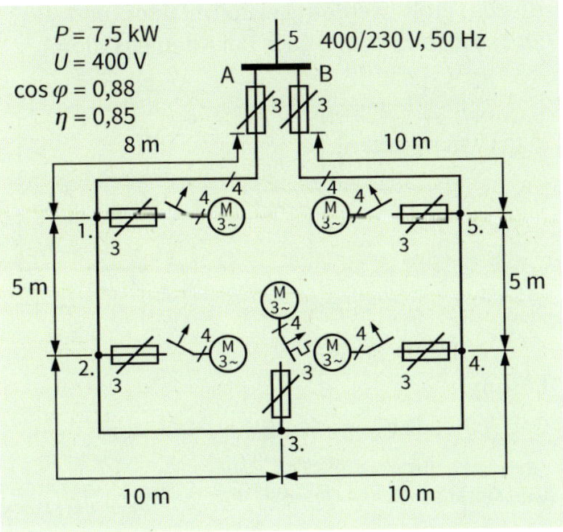

10.8 Strombelastbarkeit isolierter Leitungen bei erhöhter Umgebungstemperatur

I_{zul}	Strombelastbarkeit bei höherer Umgebungstemperatur	$[I_{zul}] = \text{A}$
f_1	Umrechnungsfaktor (s. Tabelle Seite 237)	

$$I_{zul} = f_1 \cdot I_{Tab}$$

Beispiel:

Eine 24 m lange, kunststoffisolierte Kupferleitung (Aderleitung im Elektroinstallationsrohr auf der Wand) soll zu einem Drehstrommotor mit folgenden Daten verlegt werden:

$P = 7{,}5\,\text{kW}$, $\cos\varphi = 0{,}85$ und $\eta = 86\,\%$.

Die Leitung verläuft durch einen Betriebsraum mit einer Temperatur von 48 °C. Für den Spannungsfall gilt $\Delta u \leq 3\,\%$ (400/230 V, 50 Hz).

a) Bestimmen Sie den Leiterquerschnitt mithilfe der Tabellen von Seite 236 und 237. Führen Sie eine Kontrollrechnung durch.

b) Wie groß ist der Spannungsfall in Volt und Prozent beim gewählten Querschnitt?

Lösung:

Geg.: $U = 400\,\text{V}$, $l = 24\,\text{m}$, $\Delta u \leq 3\,\%$, $\vartheta = 48\,°\text{C}$, $P = 7{,}5\,\text{kW}$, $\cos\varphi = 0{,}85$, $\eta = 0{,}86$, $f_1 = 0{,}79$, $\varkappa = 56\,\frac{\text{MS}}{\text{m}}$

Ges.: a) q_{Norm} b) ΔU, Δu

a) $I = \dfrac{P}{\sqrt{3} \cdot U \cdot \cos\varphi \cdot \eta}$

$I = \dfrac{7500\,\text{W}}{\sqrt{3} \cdot 400\,\text{V} \cdot 0{,}85 \cdot 0{,}86}$ $\quad I = 14{,}8\,\text{A}$

Leiterquerschnitt: $\underline{\underline{q_{Tab} = 1{,}5\,\text{mm}^2}}$

Strombelastbarkeit: $I_{Tab} = 15{,}5\,\text{A}$

Kontrollrechnung:

$I_{zul} = f_1 \cdot I_{Tab}$ $\quad I_{zul} = 0{,}79 \cdot 15{,}5\,\text{A}$ $\quad I_{zul} = 12{,}25\,\text{A}$

Leiterquerschnitt reicht nicht aus, da $I > I_{zul} > 12{,}25\,\text{A}$, deshalb: $\underline{\underline{q_{Norm} = 2{,}5\,\text{mm}^2}}$

Strombelastbarkeit: $I_{Tab} = 21\,\text{A}$

$I_{zul} = 0{,}79 \cdot 21\,\text{A}$ $\quad I_{zul} = 16{,}6\,\text{A}$

Gewählter Leiterquerschnitt reicht aus, da $I < I_{zul} < 16{,}6\,\text{A}$.

b) $\Delta U = \dfrac{\sqrt{3} \cdot l \cdot I \cdot \cos\varphi}{\varkappa \cdot q}$

$\Delta U = \dfrac{\sqrt{3} \cdot 24\,\text{m} \cdot 14{,}8\,\text{A} \cdot 0{,}85}{56\,\frac{\text{MS}}{\text{m}} \cdot 2{,}5\,\text{mm}^2}$ $\quad \underline{\underline{\Delta U = 3{,}74\,\text{V}}}$

$\underline{\underline{\Delta u = 0{,}94\,\%}} \leq 3\,\%$

Aufgaben

1. Eine 36 m lange Zuleitung (Cu, mehradrige Leitung im Elektroinstallationsrohr auf der Wand) zu einem Wechselstrommotor ist Umgebungstemperaturen von 36 °C bzw. 52 °C ausgesetzt. Die Leitung ist kunststoffisoliert, der Spannungsfall soll 3 % nicht überschreiten. Die Angaben zum Motor lauten:
$P = 1{,}4$ kW, $U = 230$ V, $\cos\varphi = 0{,}72$ und $\eta = 70$ %.
a) Bestimmen Sie den Leiterquerschnitt nach der Belastbarkeit und kontrollieren Sie Δu.
b) Reicht der Leiterquerschnitt bei den angegebenen Umgebungstemperaturen aus?

2. Die Zuleitung (Cu, mehradrige Leitung im Elektroinstallationsrohr auf der Wand) zu einem Drehstrommotor ist kunststoffisoliert und hat eine Länge von 32 m. Die Raumtemperatur kann maximal 54 °C betragen. Die Daten zum Motor lauten:
$P = 11$ kW, $U = 400$ V, $\eta = 89$ % und $\cos\varphi = 0{,}83$.
Der Spannungsfall soll 3 % nicht überschreiten.
a) Bestimmen Sie den Leiterquerschnitt nach der Tabelle (s. Seite 236) und kontrollieren Sie Δu.
b) Reicht der gewählte Leiterquerschnitt für die erhöhte Umgebungstemperatur von 54°C aus? Führen Sie eine Kontrollrechnung durch.

3. Die kunststoffisolierte Kupferleitung zu einem Drehstrommotor ist 42 m lang und als mehradrige Leitung direkt in der Wand verlegt. Sie ist einer Raumtemperatur von 58 °C ausgesetzt. Der Spannungsfall soll 3 % nicht überschreiten. Die Daten zum Drehstrommotor lauten:
$P = 15$ kW, $U = 400$ V, $\cos\varphi = 0{,}85$ und $\eta = 89$ %.
a) Bestimmen Sie den Leiterquerschnitt nach der Belastbarkeit und kontrollieren Sie Δu.
b) Bestimmen Sie den Leiterquerschnitt für die erhöhte Temperatur von 58 °C und führen Sie eine Kontrollrechnung durch.

4. Welche Leistung kann maximal im Drehstromnetz 400/230 V, 50 Hz über eine Kupferleitung mit Kunststoffisolierung und dem Leiterquerschnitt 4 mm² übertragen werden, wenn die Leitertemperatur maximal 55 °C beträgt (Verlegung nach Gruppe C)? Der Spannungsfall bleibt wegen der Kürze der Leitung unberücksichtigt. Der mittlere Leistungsfaktor ist 0,9.

5. In einer elektrischen Anlage (400/230 V, 50 Hz) sind Kupferleitungen mit PVC-Isolierung nach Gruppe B2 verlegt. Erstellen Sie für die Leiterquerschnitte 4 mm², 6 mm² und 10 mm² eine Tabelle der zulässigen Strombelastbarkeit in A. Verwenden Sie zur Hilfe die Tabelle (s. Seite 236 und 237).

10.9 Kompensation

10.9.1 Einzelkompensation

Q_C Kapazitive Blindleistung $[Q_C]$ = var, $[Q_C]$ = kvar

$Q_C = P \cdot (\tan\varphi_1 - \tan\varphi_2)$

Parallelkompensation

$C = \dfrac{Q_C}{U^2 \cdot 2 \cdot \pi \cdot f}$

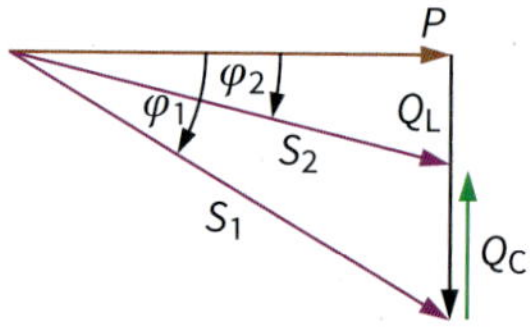

Reihenkompensation
für die Duoschaltung mit kapazitivem Zweig

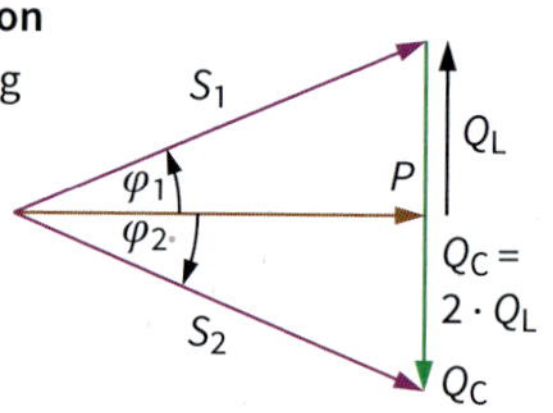

$C = \dfrac{P^2}{Q_C \cdot 2 \cdot \pi \cdot f}$

$Q_C = 2 \cdot Q_L$

Beispiel:
Das Vorschaltgerät einer Leuchtstofflampe hat eine Leistung von 30 W. Die Stromstärke beträgt 0,37 A. Der Leistungsfaktor wird durch Parallelkompensation auf $\cos\varphi_2 = 0{,}95$ verbessert.
a) Berechnen Sie den Leistungsfaktor $\cos\varphi_1$ der nicht kompensierten Lampe.
b) Wie groß ist die zu kompensierende Blindleistung?
c) Berechnen Sie die Kapazität des Kondensators. Wählen Sie aus der Tabelle (s. Seite 247) einen genormten Kondensator aus.
d) Wie groß werden Leistungsfaktor und Betriebsstromstärke nach der Kompensation?

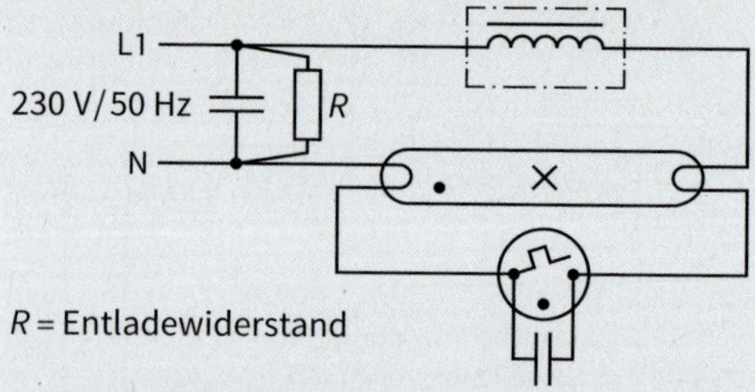

R = Entladewiderstand

Lösung:
Geg.: $U = 230$ V, $f = 50$ Hz, $P = 30$ W,
$I_1 = 0{,}37$ A, $\cos\varphi_2 = 0{,}95$
Ges.: a) $\cos\varphi_1$ b) Q_C c) C, C_{Norm} d) $\cos\varphi_2$, I_2

a) $\cos\varphi_1 = \frac{P}{U \cdot I}$ $\qquad \cos\varphi_1 = \frac{30\ \text{W}}{230\ \text{V} \cdot 0{,}37\ \text{A}}$

$\cos\varphi_1 = 0{,}3525$

b) $Q_C = P \cdot (\tan\varphi_1 - \tan\varphi_2)$

$Q_C = 30\ \text{W} \cdot (2{,}655 - 0{,}329)$ $\qquad Q_C = 69{,}78\ \text{var}$

c) $C = \frac{Q_C}{U^2 \cdot 2 \cdot \pi \cdot f}$ $\qquad C = \frac{69{,}78\ \text{var}}{(230\ \text{V})^2 \cdot 2 \cdot \pi \cdot 50\ \frac{1}{\text{s}}}$

$C = 4{,}2\ \mu\text{F}$

Laut Tabelle: $C_{Norm} = 4\ \mu\text{F}$

d) $Q_C' = C_{Norm} \cdot U^2 \cdot 2 \cdot \pi \cdot f$

$Q_C' = 4\ \mu\text{F} \cdot (230\ \text{V})^2 \cdot 2 \cdot \pi \cdot 50\ \frac{1}{\text{s}}$

$Q_C' = 66{,}48\ \text{var}$

$\tan\varphi_2' = \frac{P \cdot \tan\varphi_1 - Q_C'}{P}$

$\tan\varphi_2' = \frac{30\ \text{W} \cdot 2{,}655 - 66{,}48\ \text{var}}{30\ \text{W}}$

$\tan\varphi_2' = 0{,}439$ $\qquad \cos\varphi_2' = 0{,}916$

$I_2' = \frac{P}{U \cdot \cos\varphi_2'}$ $\qquad I_2' = \frac{30\ \text{W}}{230\ \text{V} \cdot 0{,}916}$

$I_2' = 0{,}142\ \text{A}$

Aufgaben

1. Eine Leuchtstofflampe hat an 230 V/50 Hz einschließlich Vorschaltgerät eine Leistung von 55 W. Die Betriebsstromstärke beträgt 0,43 A. Der Leistungsfaktor soll durch Parallelkompensation auf mindestens 0,95 verbessert werden.

a) Wie groß ist der Leistungsfaktor $\cos\varphi_1$?

b) Berechnen Sie die zu kompensierende Blindleistung.

c) Welche Kapazität hat der Kondensator? Wählen Sie einen genormten Kondensator aus (s. Tabelle).

d) Wie groß sind dann Leistungsfaktor und Stromstärke?

Genormte Kondensatorgrößen

Parallelkompensation: 230 V/50 Hz; bis 1,5 kvar									
Bemessungskapazität	2	2,5	3	3,5	4	4,5	5	6	7
C_N in µF, ± 10 %	8	9	10	12	13,5	16	18	20	25
Parallelkompensation: 400 V/50 Hz									
C_N in µF, ± 10 %	12	14	16	18	20	25			
Reihenkompensation: 420 V/50 Hz; bis 1,5 kvar									
C_N in µF, ± 4 %	3,6	4,4	5,7						

2. Eine Natriumdampf-Hochdrucklampe (70 W) wird an 230 V/50 Hz betrieben (s. Schaltung). Mit dem Vorschaltgerät betragen die Leistung 83 W und die Stromstärke 1 A.

a) Bestimmen Sie die Kapazität des Kompensationskondensators für einen Leistungsfaktor von mindestens 0,95. Wählen Sie aus dem Datenblatt einen genormten Kondensator aus.

b) Wie groß werden dann Leistungsfaktor und Betriebsstromstärke?

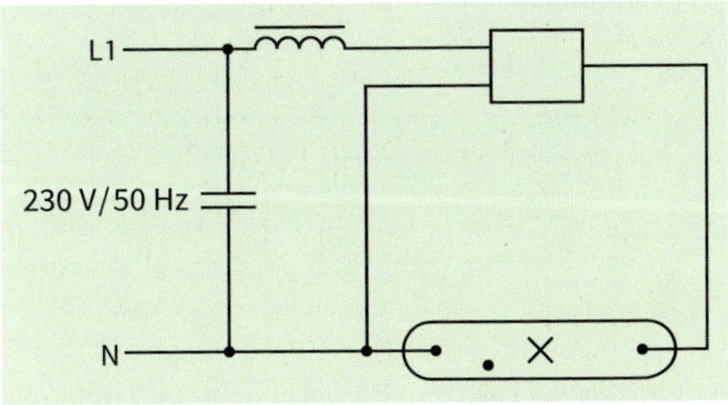

3. Das Datenblatt eines Lampenherstellers weist unter anderem Daten von Natriumdampf-Hochdrucklampen mit sehr hoher Lichtausbeute aus. Berechnen Sie jeweils für alle Lampen die Größe des Kompensationskondensators bei Parallelkompensation an 230 V/50 Hz, wenn auf mindestens $\cos\varphi_2 = 0{,}9$ kompensiert werden soll.
Wählen Sie aus dem Datenblatt jeweils einen genormten Kondensator aus.

4. Der Wechselstrommotor hat an der Spannung 230 V/50 Hz eine Leistung von 1,8 kW. Sein Leistungsfaktor beträgt 0,76.

a) Wie groß wird bei Parallelkompensation auf $\cos\varphi_2 = 0{,}9$ die kapazitive Blindleistung?

b) Welche Kapazität muss der Kondensator haben? Wählen Sie einen genormten Kondensator aus der Tabelle (s. Seite 248).

c) Berechnen Sie mit dem genormten Kondensator den genauen Wert für $\cos\varphi_2$.

Datenblatt: Natriumdampf-Hochdrucklampen

Bezeichnung	I in A	P mit Vorschaltgerät in W	Lichtausbeute in lm/W
NAVE100SUPER	1,2	115	95
NAVE150SUPER	1,8	170	103
NAVE250SUPER	3,0	275	120
NAVE400SUPER	4,4	450	129

Kompensationskondensatoren 50 Hz, C_N in µF									
	10	12	18	20	25	26	36	40	45

5. Zwei Leuchtstofflampen L58 W/32 werden laut Abbildung in Duoschaltung betrieben ($\cos\varphi_2 = 1$). Die Leistung je Drosselspule beträgt 13 W, die Betriebsstromstärke jeder Lampe 0,67 A.

a) Bestimmen Sie die Blindleistung im induktiven und kapazitiven Zweig.

b) Welche Kapazität hat der Kondensator? Wählen Sie aus der Tabelle (s. Seite 247) einen Kondensator mit einem genormten Wert aus.

c) Bestimmen Sie zeichnerisch mittels Zeigerdiagramm die Gesamtstromstärke.

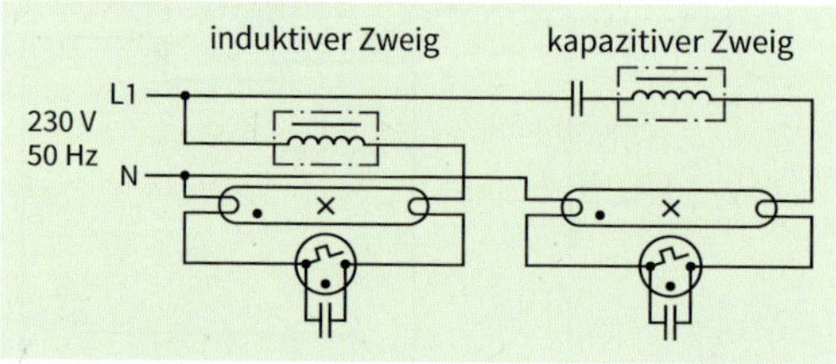

6. Eine Vitrine wird durch zwei Leuchtstofflampen in Tandemschaltung (230 V/50 Hz) ausgeleuchtet. Die Gesamtleistung der Lampen einschließlich Vorschaltgerät beträgt 26 W. Der Leistungsfaktor soll von 0,31 auf den Wert von mindestens 0,95 verbessert werden.

a) Berechnen Sie die Kapazität des Kondensators für Parallelkompensation.

b) Verwenden Sie einen Kondensator mit einem genormten Wert und berechnen Sie den genauen Leistungsfaktor.

7. Zwei Leuchtstofflampen mit einer Leistung von je 65 W werden in Duoschaltung betrieben. Die Betriebsstromstärke beträgt je Lampe 0,67 A, die Gesamtleistung mit Vorschaltgerät je Zweig 78 W. Der Leistungsfaktor der Duoschaltung soll 1 betragen.

a) Wie groß sind Leistungsfaktor und Blindleistung eines jeden Zweiges?

b) Wie groß muss die zu kompensierende Blindleistung sein?

c) Welche Kapazität hat der Kondensator?

d) Wählen Sie aus der Tabelle (s. Seite 247) einen genormten Kondensatorwert aus.

8. In einer Tandemschaltung sind zwei Leuchtstofflampen an 230 V/50 Hz angeschlossen. Mit Vorschaltgerät beträgt die Gesamtleistung 36 W. Der Leistungsfaktor soll von 0,33 auf mindestens 0,9 verbessert werden.

a) Wie groß ist der Kondensator bei Parallelkompensation?

b) Wählen Sie aus der Tabelle einen genormten Kondensatorwert aus und berechnen Sie den Leistungsfaktor $\cos\varphi_2$.

9. Zu drei Leuchtstofflampen, die an 230 V/50 Hz betrieben werden sollen, sind die folgenden Werte bekannt:

Leuchtstofflampe P_L: 15 W, 30 W, 40 W
Vorschaltgerät $P_V + P_L$: 25 W, 40 W, 50 W
Stromstärke I: 0,33 A, 0,365 A, 0,43 A

a) Wie groß ist jeweils der Leistungsfaktor $\cos\varphi_1$?

b) Welche Kapazität hat jeweils der Kondensator bei Parallelkompensation und einem Leistungsfaktor von mindestens 0,9? Wählen Sie aus der Tabelle (s. Seite 247) genormte Kondensatorwerte aus.

c) Berechnen Sie mit den genormten Werten für jede Lampe den Leistungsfaktor und die Betriebsstromstärke.

10. In einem Versorgungsnetz sind zwei Leuchtstofflampen in Duoschaltung geschaltet. Sie haben an 230 V/50 Hz jeweils die Betriebsstromstärke 0,43 A und eine Leistung mit Vorschaltgerät von 46 W. Die Anlage soll auf $\cos\varphi = 1$ kompensiert werden.

a) Welche Kapazität hat der Kondensator? Wählen Sie einen genormten Wert aus der Tabelle aus.

b) Bestimmen Sie zeichnerisch die Gesamtstromstärke.

11. Auf dem Leistungsschild des Wechselstrommotors sind folgende Werte angegeben:
$U = 230$ V, $f = 50$ Hz, $P = 1{,}6$ kW, $\cos\varphi_1 = 0{,}8$ und $\eta = 85\,\%$.

a) Bestimmen Sie die zu kompensierende Blindleistung, wenn der Leistungsfaktor $\cos\varphi_2$ mindestens 0,9 betragen soll.

b) Wie groß ist die Kapazität des Kondensators bei Parallelkompensation? Wählen Sie einen genormten Wert aus der Tabelle aus.

c) Berechnen Sie die Stromstärke vor und nach der Kompensation.

Motorkondensatoren nach DIN 48501 (Auszug)

U_N in V	125	220	240	260	280	320	360	400	450	480
C_N in µF	0,1	0,2	0,3	0,4	0,5	0,6	0,8	0,9	1	1,2
	1,4	1,6	1,8	2	2,5	3	3,5	4	4,5	5
	6	7	8	9	10	12	14	16	18	20
	25	30	35	40	45	50	60	70	80	90
	100									

Beispiel:

Das Leistungsschild eines Drehstrommotors enthält u. a. folgende Angaben:
22 kW, 400 V, 50 Hz, 45 A und Leistungsfaktor 0,85.
Zur Kompensation sollen 3 Kondensatoren (s. Schaltung) zugeschaltet werden, sodass die Kondensator-Blindleistung dem in der Tabelle (s. unten) angegebenen Wert entspricht.

a) Berechnen Sie die Wirkleistung P_1 des Motors.
b) Wie groß ist die zur Kompensation benötigte Blindleistung?
c) Welche Blindleistung und Kapazität hat der Kondensator? Wählen Sie einen genormten Kondensatorwert aus der Tabelle aus.
d) Berechnen Sie den Leistungsfaktor nach der Kompensation mit den genormten Kondensatorwerten.
e) Wie groß ist die Stromstärke nach der Kompensation?

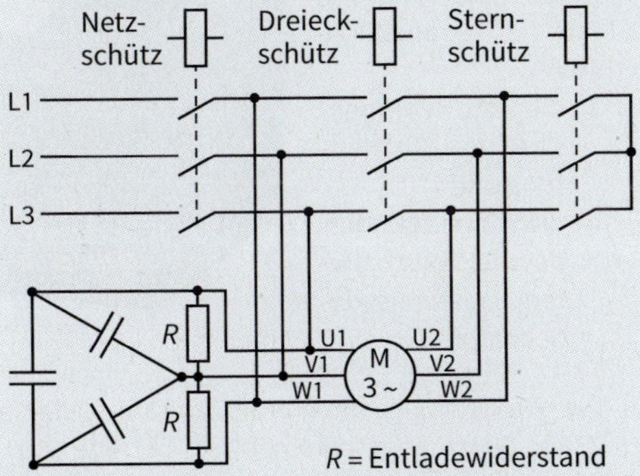

R = Entladewiderstand

Lösung:

Geg.: $P_2 = 22$ kW, $U = 400$ V, $f = 50$ Hz, $I_1 = 45$ A, $\cos\varphi_1 = 0{,}85$

Ges.: a) P_1 b) Q_C c) Q_1, C, C_{Norm} d) $\cos\varphi_2$ e) I_2

a) $P_1 = \sqrt{3} \cdot U \cdot I_1 \cdot \cos\varphi_1$

$P_1 = \sqrt{3} \cdot 400\,\text{V} \cdot 45\,\text{A} \cdot 0{,}85$ $\quad \underline{\underline{P_1 = 26{,}5\,\text{kW}}}$

b) $\underline{\underline{Q_C = 10\,\text{kvar}}}$ (laut Tabelle)

c) $Q_{C1} = \dfrac{Q_C}{3}$ $\quad Q_{C1} = \dfrac{10\,\text{kvar}}{3}$ $\quad \underline{\underline{Q_{C1} = 3{,}333\,\text{kvar}}}$

$C = \dfrac{Q_{C1}}{U^2 \cdot 2 \cdot \pi \cdot f}$ $\quad C = \dfrac{3333\,\text{var}}{(400\,\text{V})^2 \cdot 2 \cdot \pi \cdot 50\,\frac{1}{\text{s}}}$

$\underline{\underline{C = 66{,}3\,\mu\text{F}}}$

Laut Tabelle (s. Seite 248): $\underline{\underline{C_{Norm} = 70\,\mu\text{F}}}$

d) $Q_{C1}' = C \cdot U^2 \cdot 2 \cdot \pi \cdot f$

$Q_{C1}' = 70\,\mu\text{F} \cdot (400\,\text{V})^2 \cdot 2 \cdot \pi \cdot 50\,\frac{1}{\text{s}}$

$Q_{C1}' = 3518{,}6\,\text{var}$ $\quad Q_C' = 10{,}6\,\text{kvar}$

$Q_C' = P \cdot (\tan\varphi_1 - \tan\varphi_2)$

$\tan\varphi_2 = \dfrac{P \cdot \tan\varphi_1 - Q_C'}{P}$

$\tan\varphi_2 = \dfrac{26{,}5\,\text{kW} \cdot 0{,}6197 - 10{,}6\,\text{var}}{26{,}5\,\text{kW}}$

$\tan\varphi_2 = 0{,}2197$ $\quad \underline{\underline{\cos\varphi_2 = 0{,}9767}}$

e) $I_2 = \dfrac{P_1}{\sqrt{3} \cdot U \cdot \cos\varphi_2}$ $\quad I_2 = \dfrac{26500\,\text{W}}{\sqrt{3} \cdot 400\,\text{V} \cdot 0{,}9767}$

$\underline{\underline{I_2 = 39{,}2\,\text{A}}}$

12. Ein Drehstrommotor soll kompensiert werden (s. linke Schaltung). Das Leistungsschild weist folgende Angaben auf:
16 kW, 400 V, 50 Hz, 28 A und $\cos\varphi = 0{,}87$.

a) Welche Wirkleistung hat der Motor?
b) Wie groß ist die zur Kompensation benötigte Kondensator-Blindleistung?
c) Welche Blindleistung und Kapazität hat der Kondensator? Wählen Sie einen genormten Kondensatorwert laut Tabelle (s. Seite 248) aus.
d) Berechnen Sie den Leistungsfaktor nach der Kompensation mit den genormten Kondensatorwerten.
e) Wie groß ist die Stromstärke nach der Kompensation?

13. Die Drehstrommotoren mit den Leistungen
a) 30 kW b) 22 kW c) 4 kW
sollen je einzeln kompensiert werden. Die Kondensatoren werden in Dreieckschaltung zum Drehstrommotor an 400/230 V, 50 Hz geschaltet. Bestimmen Sie jeweils die Kondensatorleistung laut Tabelle und die Kapazität eines Kondensators. Wählen Sie genormte Kondensatoren aus.

Einzelkompensation von Motoren

Leistung P des Motors in kW	Blindleistung Q_C des Kondensators in kvar
1,0 … 3,9	ca. 55 % von P
4,0 … 4,9	2
5,0 … 5,9	3
6,0 … 7,9	3
8,0 … 10,9	4
11,0 … 13,9	5
14,0 … 17,9	6
18,0 … 21,9	7,5
22,0 … 29,9	10
ab 30,0	ca. 40 % von P

14. Um wie viel Prozent sinkt die Stromstärke eines Drehstrommotors bei gleicher Leistung und konstanter Netzspannung, wenn der Leistungsfaktor durch Blindleistungskompensation von 0,74 auf 0,94 verbessert wird?

15. Die Stromstärke eines Drehstrommotors verringert sich bei Blindleistungskompensation um 24 %. Bestimmen Sie $\cos\varphi_2$, wenn $\cos\varphi_1$ den Wert 0,73 hat.

16. Die Blindleistung eines Drehstrommotors soll kompensiert werden. Folgende Angaben sind bekannt:
400 VΔ, 50 Hz, 45 kW, $\cos\varphi_1 = 0{,}86$ und $\eta = 91\,\%$.
a) Wie groß muss die Blindleistung der Kondensatoren sein (s. Seite 249)?
b) Bestimmen Sie die Kapazität.
c) Wie groß sind Leistungsfaktor und Stromstärke nach der Kompensation?
d) Um wie viel Prozent verringert sich die Stromstärke nach der Kompensation?

17. In folgender Abbildung ist das Leistungsschild eines Drehstrom-Asynchronmotors dargestellt. Der Drehstrommotor soll kompensiert werden.
a) Berechnen Sie Wirkleistung und Wirkungsgrad des Motors.
b) Wie groß ist die Kondensator-Blindleistung, die zur Kompensation benötigt wird (s. Seite 249)?
c) Welche Kapazität hat der Kondensator?
d) Wie groß ist der Leistungsfaktor nach der Kompensation?
e) Berechnen Sie die Stromstärke nach der Kompensation.

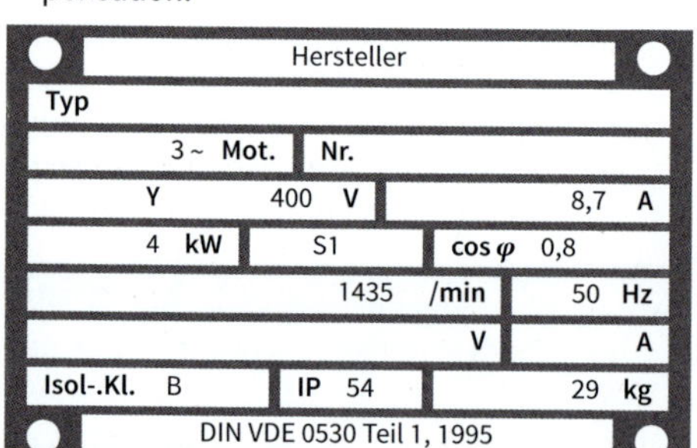

18. Ein Drehstromtransformator hat die Scheinleistung 160 kVA und die Bemessungsspannung 10/0,4 kV, 50 Hz. Die Blindleistung des Transformators soll durch sekundärseitig zuzuschaltende Kondensatoren in Dreieckschaltung kompensiert werden. Bestimmen Sie
a) die Kondensatorleistung der Kondensatoren laut Tabelle und
b) die Kapazität eines Kondensators.

19. Die Größe der Wirkleistung in kW bei Transformatoren hängt u. a. von der Scheinleistung und dem Leistungsfaktor ab. So beträgt zum Beispiel bei einem Leistungsfaktor von
$\cos\varphi_1 = 0{,}6$ die Wirkleistung 150 kW,
$\cos\varphi_2 = 0{,}9$ die Wirkleistung 225 kW.
a) Zeichnen Sie das Leistungsdreieck und ermitteln Sie die Scheinleistung.
b) Wie groß ist nach der Tabelle die Kondensatorleistung zur Blindleistungskompensation bei einem Drehstromtransformator 10/0,4 kV, 50 Hz?
c) Berechnen Sie die Kapazität der Leistungskondensatoren, wenn diese in Dreieckschaltung an 0,4 kV betrieben werden.

20. Schweißtransformatoren werden mit 50 % der Transformator-Scheinleistung primärseitig kompensiert. Berechnen Sie für einen Transformator (230 V, 50 Hz) mit der Stromstärke 16 A
a) die zu kompensierende Blindleistung und
b) die Kapazität des parallel geschalteten Leistungskondensators.

21. Die Wirkleistung eines Transformators, der an 230 V, 50 Hz angeschlossen ist, beträgt 500 W. Der Leistungsfaktor ist mit 0,82 angegeben. Durch Parallelschaltung eines Kompensationskondensators wird der Leistungsfaktor auf 0,9 erhöht.
a) Berechnen Sie die erforderliche kapazitive Blindleistung Q_C.
b) Berechnen Sie die Kapazität des Kompensationskondensators. Wie groß ist C_{Norm}?

Zuordnung der Kondensatoren zu Transformatoren

Transformator-Scheinleistung S in kVA	Kondensatorleistung Q_C in kvar bei Trafo-Primärspannungen		
	5 … 10 kV	15 … 20 kV	25 … 30 kV
25	2	3	3
50	4	5	6
5	5	6	7,5
100	6	7,5	10
160	10	10	15
250	15	15	20
315	15	20	25
400	20	20	30
630	30	30	40

10.9.2 Gruppenkompensation

P_g Gesamtleistung $[P_g]$ = W, kW
n Anzahl der Verbraucher je Phase

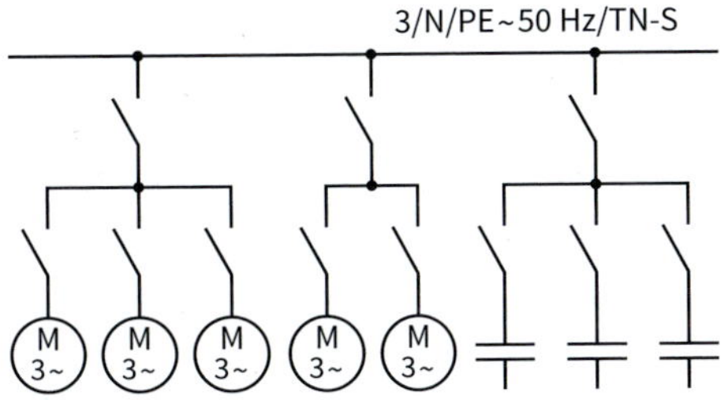

$P_g = n \cdot P \cdot 3$

$Q_C = P_g \cdot (\tan\varphi_1 - \tan\varphi_2)$

Beispiel:

In einer Halle sind 30 Leuchtstofflampen mit jeweils 65 W auf die drei Phasen des Drehstromnetzes 400/230 V, 50 Hz verteilt. Die Verlustleistung je Vorschaltgerät beträgt 13 W, die Stromstärke in jeder Lampe 0,63 A. Durch Gruppenkompensation soll der Leistungsfaktor auf mindestens 0,9 verbessert werden.

a) Berechnen Sie die zu kompensierende Blindleistung und die Kapazität des Kondensators.

b) Wählen Sie nach der Tabelle (s. Seite 247) genormte Kondensatoren aus.

c) Wie groß werden dann Blindleistung Q_C und Leistungsfaktor $\cos\varphi_2'$?

Lösung:

Geg.: $U = 400/230\,\text{V}$, $f = 50\,\text{Hz}$,
$P_L = 65\,\text{W}$, $I_L = 0{,}63\,\text{A}$,
$P_V = 13\,\text{W}$, $n = 10$, $\cos\varphi_2 = 0{,}9$

Ges.: a) Q_C, Q_{C1}, C b) Q_{Norm}
c) Q_{C1}', $\cos\varphi_2'$

a) $\cos\varphi_1 = \dfrac{P_L + P_V}{U \cdot I_L}$ $\quad \cos\varphi_1 = \dfrac{78\,\text{W}}{230\,\text{V} \cdot 0{,}63\,\text{A}}$

$\cos\varphi_1 = 0{,}538$

$\tan\varphi_1 = 1{,}566$

$P_g = n \cdot (P_L + P_V) \cdot 3 \quad P_g = 10 \cdot 78\,\text{W} \cdot 3$

$P_g = 2340\,\text{W}$

$Q_C = P_g \cdot (\tan\varphi_1 - \tan\varphi_2)$

$Q_C = 2340\,\text{W} \cdot (1{,}566 - 0{,}484) \quad \underline{\underline{Q_C = 2532\,\text{var}}}$

$Q_{C1} = \dfrac{Q_C}{3} \quad Q_{C1} = \dfrac{2532\,\text{var}}{3} \quad \underline{\underline{Q_{C1} = 844\,\text{var}}}$

$C = \dfrac{Q_{C1}}{U^2 \cdot 2 \cdot \pi \cdot f} \quad C = \dfrac{844\,\text{var}}{(400\,\text{V})^2 \cdot 2 \cdot \pi \cdot 50\,\frac{1}{\text{s}}}$

$\underline{\underline{C = 16{,}8\,\mu\text{F}}}$

b) Laut Tabelle (s. Seite 247): $\underline{\underline{C_{Norm} = 18\,\mu\text{F}}}$

c) $Q_{C1}' = C \cdot U^2 \cdot 2 \cdot \pi \cdot f$

$Q_{C1}' = 18\,\mu\text{F} \cdot (400\,\text{V})^2 \cdot 2 \cdot \pi \cdot 50\,\frac{1}{\text{s}}$

$\underline{\underline{Q_{C1}' = 905\,\text{var}}}$

$\tan\varphi_2 = \dfrac{P_g \cdot \tan\varphi_1 - 3 \cdot Q_{C1}'}{P_g}$

$\tan\varphi_2 = \dfrac{2340\,\text{W} \cdot 1{,}566 - 2715\,\text{var}}{2340\,\text{W}}$

$\tan\varphi_2 = 0{,}406 \quad \underline{\underline{\cos\varphi_2' = 0{,}927}}$

Aufgaben

1. Drei Lichtbänder in einer Halle bestehen aus jeweils 8 Leuchtstofflampen. Sie werden auf das Drehstromnetz 400/230 V, 50 Hz gleichmäßig verteilt. Zu jeder Lampe mit Vorschaltgerät gelten die Angaben
$U = 230\,\text{V}$, $f = 50\,\text{Hz}$, $P = 71\,\text{W}$ und $I = 0{,}67\,\text{A}$.
Die Leuchtstofflampen sollen durch Kondensatoren auf mindestens 0,9 kompensiert werden.

a) Wie groß ist die zu kompensierende Blindleistung?

b) Berechnen Sie die Kapazität der Kondensatoren und wählen Sie einen genormten Wert aus der Tabelle (s. Seite 247) aus.

c) Berechnen Sie mit diesen Werten die Blindleistung und den genauen Leistungsfaktor nach der Kompensation.

d) Wie groß ist die Leiterstromstärke vor und nach der Kompensation?

2. Zwei Wechselstrommotoren eines Transportbandes werden an 230 V/50 Hz betrieben. Mittels Gruppenkondensation soll der Leistungsfaktor auf 0,95 verbessert werden. Die Leistungsschilder der Motoren tragen u. a. folgende Angaben:
Motor 1: 230 V, 50 Hz, 7,3 A, $\cos\varphi_1 = 0{,}65$
Motor 2: 230 V, 50 Hz, 9 A, $\cos\varphi_2 = 0{,}78$

a) Bestimmen Sie zeichnerisch den mittleren Leistungsfaktor und die Gesamtstromstärke.

b) Berechnen Sie die zu kompensierende Blindleistung und die Kapazität des Kondensators bei Parallelkompensation.

10.9.3 Zentralkompensation

Zentralkompensation mit zentraler Blindleistungs-Regelanlage zur erforderlichen $\cos\varphi$-Einstellung.

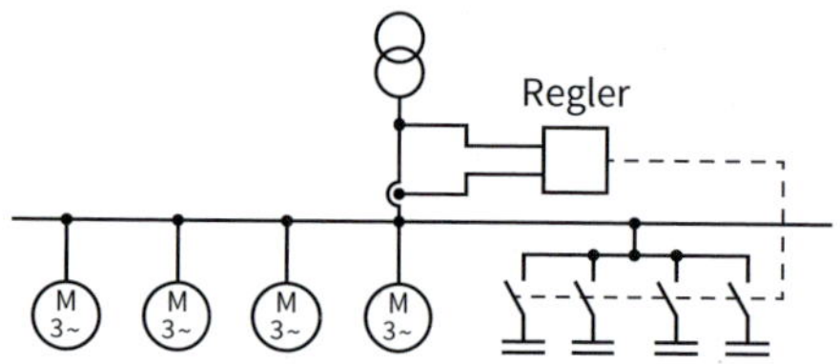

Aufgaben

1. Eine regelbare Anlage zur Zentralkompensation hat eine Bemessungsleistung von 20 kvar. Die Netzspannung beträgt 400/230 V, 50 Hz.

a) Welche Wirkleistung liegt vor, wenn der Leistungsfaktor von 0,66 auf 0,95 angehoben wird?

b) Wie hoch ist die monatliche Wirkarbeit bei 180 Betriebsstunden?

2. In einer elektrischen Anlage wird die monatliche Wirkarbeit (150 Betriebsstunden) mit 18 000 kWh und die Blindarbeit mit 24 000 kvarh gemessen.

a) Wie groß sind Wirk- und Blindleistung?

b) Berechnen Sie die Scheinleistung.

c) Bestimmen Sie mithilfe des Leistungsdiagramms den Leistungsfaktor $\cos\varphi_1$.

d) Berechnen Sie den Leistungsfaktor.

e) Bei gleicher Scheinleistung wird auf $\cos\varphi_2 = 0{,}95$ kompensiert. Ermitteln Sie mit dem Leistungsdiagramm die frei werdende Wirkleistung.

3. Eine elektrische Anlage für 400/230 V, 50 Hz soll mit einem Großphasenschieber ausgestattet werden. Bei 160 Betriebsstunden im Monat wird für diesen Zeitraum eine Wirkarbeit von 11 200 kWh gemessen. Der Leistungsfaktor soll von 0,7 auf 0,95 verbessert werden?

a) Welche Kondensatorregeleinheit ist nach der Tabelle zu wählen?

b) Berechnen Sie die Kapazität eines Kondensators bei Dreieckschaltung.

c) Welche Kapazität ist laut Tabelle für die ermittelte Regeleinheit vorgesehen?

4. Durch Blindleistungskompensation kann bei gleicher Scheinleistung eine größere Wirkleistung übertragen werden (s. Leistungsdiagramm). Bei einem Leistungsfaktor von 0,6 beträgt aufgrund der Darstellung der induktive Blindleistungsanteil der Anlage 80 %, der Wirkleistungsanteil 60 % der Scheinleistung.

a) Wie groß werden Wirk- und Blindleistungsanteil in Prozent, wenn bei gleicher Scheinleistung die Anlage auf $\cos\varphi = 0{,}9$ kompensiert wird?

b) Berechnen Sie die einzelnen Leistungen, wenn die Scheinleistung der Anlage 100 kVA beträgt.

c) Wie hoch ist die prozentuale Steigerung der übertragbaren Wirkleistung bei gleicher Scheinleistung?

d) Wie groß muss die Kondensatorleistung sein?

e) Ermitteln Sie mittels der Tabelle die Bemessungsleistung des Großphasenschiebers.

f) Wie groß ist die Bemessungskapazität pro Phase bei Δ-Schaltung im Netz 400/230 V, 50 Hz?

Leistungsdiagramm zur Kompensation

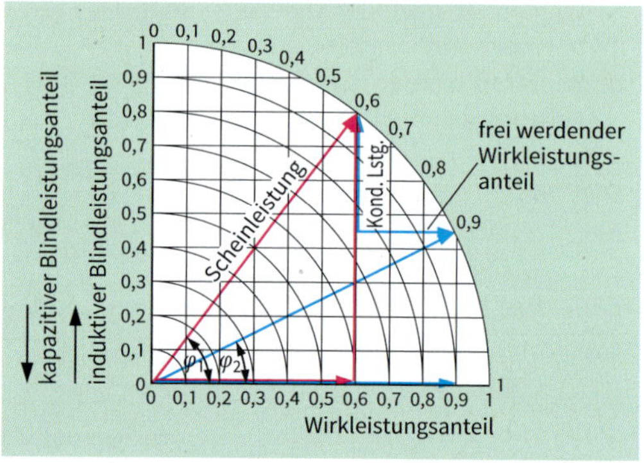

Herstellerangaben für Großphasenschieber (Auszug)
Leistungskondensatoren-Großphasenschieber von 13,2 bis 50 kvar

Bemessungsleistung in kvar	13,2	16,7	20	25	33,3	40	50
Bemessungsstrom in Δ-Schaltung in A	19	24	29	36	48	57,5	72
in E-Schaltung in A	32	41,5	50	62,5	83	100	125
Bemessungskapazität/Phase bei Δ-Schaltung in µF	86	110	132	167	223	226	333
Bemessungskapazität bei E-Schaltung in µF	257	330	396	501	665	798	999

10.10 Kosten der elektrischen Arbeit

K Gesamtkosten $[K] = €$
K_{VB} Energiekosten für Verbrauch $[K_{VB}] = \text{Cent (ct)}$
K_G Grundgebühr (Grundpreis) $[K_G] = €$

$K = K_{VB} + K_G$

Hochtarif HT
Niedertarif NT

Die Grundgebühr K_G in € wird je Zähler berechnet.

Beispiel:

Für die Nutzung der elektrischen Energie erhält ein Hauseigentümer die Rechnung (Auszug) nach folgender Abbildung. Die elektrische Arbeit wird mit einem Doppeltarifzähler (Hoch- und Niedertarif) gemessen.
Berechnen und überprüfen Sie mithilfe des Rechnungsauszugs die angegebenen Werte für

a) Energieverbrauch für HT und NT
b) Verbrauchsbetrag für HT und NT in €
c) Grundgebühr in €
d) Netto-Gesamtpreis für HT und NT in €
e) Brutto-Gesamtpreis (Energiekosten K_G) in €

Diverse Abgaben bleiben bei der Berechnung unberücksichtigt. Rechnen Sie mit einer Mehrwertsteuer von 19 %.

Lösung:

Geg.: Rechnungsauszug eines Verteilungsnetzbetreibers (VNB) Stand: 01.2020

Ges.: a) W_{HT}, W_{NT}
b) K_{VB} für HT, K_{VB} für NT
c) K_G
d) K (netto) für HT und NT
e) K (brutto)

a) $\underline{\underline{W_{HT} = 990\ \text{kWh}}}$ $\underline{\underline{W_{NT} = 3600\ \text{kWh}}}$

b) K_{VB} für HT: $990\ \text{kWh} \cdot 22{,}33\ \frac{\text{ct}}{\text{kWh}} = \underline{\underline{221{,}07\ €}}$

K_{VB} für NT: $3600\ \text{kWh} \cdot 22{,}33\ \frac{\text{ct}}{\text{kWh}} = \underline{\underline{803{,}88\ €}}$

c) $\underline{\underline{K_G = 48{,}55\ €}}$

d) $K = K_{VBHT} + K_{VBNT} + K_G$
$K = 221{,}07\ € + 803{,}88\ € + 48{,}55\ €$
$\underline{\underline{K = 1.073{,}50\ € \text{ (netto)}}}$

e) $K = K(\text{netto}) \cdot 19\,\%$
$K = 1073{,}50\ € \cdot 1{,}19$
$\underline{\underline{K = 1.277{,}47\ € \text{ (brutto)}}}$

Aufgaben

1. Für ein Haus werden pro Jahr 2540 kWh im HT-Bereich und 4250 kWh im NT-Bereich abgelesen. Berechnen Sie wie in der Beispielaufgabe K_{VB}, K(netto) und K(brutto).

2. In einem Mehrfamilienhaus wird mit dem Eintarifzähler in einem Verrechnungszeitraum eines Jahres die elektrische Arbeit von 12 750 kWh gemessen. Der Preis je kWh beträgt 13,14 ct, der Grundpreis 9,91 € pro Monat. Berechnen Sie die Gesamtenergiekosten K(netto) und K(brutto).

3. Monatlich fallen in einem Mehrfamilienhaus durchschnittlich 1850 kWh an. Die elektrische Arbeit wird mit einem Eintarifzähler gemessen. Der Preis je kWh beträgt 13,14 ct, der Grundpreis monatlich 8,33 €.
   a) Bestimmen Sie die jährliche Energiemenge.
   b) Wie hoch sind die Kosten K_{VB}?
   c) Errechnen Sie die Gesamtenergiekosten K(netto) und K(brutto).

4. Der Energiebedarf in einem Einfamilienhaus soll ermittelt werden, wenn folgende Zählerstände abgelesen wurden:
   NT: alt 38997 kWh und neu: 44097 kWh
   HT: alt 16501 kWh und neu: 20469 kWh
   a) Berechnen Sie die Energie für den NT- und den HT-Bereich.
   b) Ermitteln Sie die K_{VB}, K(netto) und K(brutto). Als Preis für Verbrauch und Grundpreis gelten folgende Werte:
   K_{VB} für HT: $29{,}32\ \frac{\text{ct}}{\text{kWh}}$,
   K_{VB} für NT: $23{,}74\ \frac{\text{ct}}{\text{kWh}}$ und
   $K_G = 8{,}33\ \frac{€}{\text{Monat}}$.

Rechnungsauszug

Tarifart	Verbrauch in kWh	Preis je kWh in ct	Verbrauchsbetrag in €	Grundpreis in €/Jahr	Anzahl der Tage	Nettobetr. in €	Mehrwertst. in %	Mehrwertst. in €	Bruttobetr. in €
HT	990	22,33	221,07	48,55	365	269,62	19	51,23	320,85
NT	3600	22,33	803,88		365	803,88	19	152,74	956,62
						1 073,50		203,97	**1 277,47**

10.11 Wärmebedarf in Verbraucheranlagen

W	Elektrische Arbeit	$[W] = \text{Ws}$
c	Spezifische Wärmekapazität	$[c] = \frac{\text{kJ}}{\text{kg} \cdot \text{K}}$
t	Aufheizzeit	$[t] = \text{s}$

$c = 4{,}19 \frac{\text{kJ}}{\text{kg} \cdot \text{K}}$ (Wasser)

$$W = \frac{m \cdot c \cdot \Delta T}{\eta}$$

$$t = \frac{W}{P}$$

Beispiel:

Ein 300 Liter-Standspeicher mit einem Anschlusswert von 6 kW ist an 400/230 V angeschlossen. Das Wasser hat eine Temperatur von 10 °C und wird auf 60 °C aufgeheizt. Der Wirkungsgrad beträgt 99 %.

a) Wie groß ist die elektrische Arbeit?

b) Welche Aufheizzeit in h und min wird benötigt?

Lösung:

Geg.: $m = 300\,\text{kg}$, $P = 6\,\text{kW}$, $\eta = 0{,}99$
$\vartheta_K = 10\,°\text{C}$, $\vartheta_W = 60\,°\text{C}$

Ges.: a) W b) t

a) $W = \frac{m \cdot c \cdot (\vartheta_W - \vartheta_K)}{\eta}$

$$W = \frac{300\,\text{kg} \cdot 4{,}19 \frac{\text{kJ}}{\text{kg} \cdot \text{K}} \cdot (60\,°\text{C} - 10\,°\text{C})}{0{,}99}$$

$W = 63484{,}8\,\text{kWs}$ $\quad$ $\underline{\underline{W = 17{,}63\,\text{kWh}}}$

b) $t = \frac{W}{P}$ $\quad$ $t = \frac{17{,}63\,\text{kWh}}{6\,\text{kW}}$

$\underline{\underline{t = 2{,}94\,\text{h}}}$ $\quad$ $\underline{\underline{t = 2\,\text{h}\;56{,}4\,\text{min}}}$

Aufgaben

1. Bei einem Verbraucher liegt ein Warmwasserbedarf ($\vartheta_W = 60\,°\text{C}$) von 200 *l* vor. Die Leistung des Heißwasserspeichers beträgt 4 kW, sein Wirkungsgrad 0,99. Das Kaltwasser hat eine Temperatur von 12 °C.

a) Berechnen Sie die elektrische Arbeit.

b) Wie groß ist die Aufheizzeit?

2. Zur Warmwasserversorgung größerer Verbrauchereinheiten werden Elektro-Heißwasserbereiter installiert. Berechnen Sie die Aufheizzeit, wenn das Wasser in folgenden Geräten (Inhalt und Anschlusswert) beim Wirkungsgrad von 95 % von 10 °C auf 60 °C aufgeheizt werden soll:

a) 400 *l*, $P = 9\,\text{kW}$

b) 600 *l*, $P = 7{,}5\,\text{kW}$

c) 1000 *l*, $P = 12\,\text{kW}$

3. Für Durchlauferhitzer mit folgenden Anschlusswerten

a) 18 kW b) 21 kW c) 24 kW

soll der Bedarf an Warmwasser in Liter/Minute für eine Temperatur von 37 °C bestimmt werden. Die Temperatur des Kaltwassers beträgt 10 °C. Der Wirkungsgrad aller Geräte kann mit 99 % angenommen werden. Berechnen Sie die Größe Masse/Zeit in $\frac{\text{kg}}{\text{min}}$ bzw. $\frac{l}{\text{min}}$.

4. In einer Verbraucheranlage liegt ein Warmwasserbedarf von 300 *l* vor. Die Leistung des Heißwasserspeichers beträgt 9 kW, sein Wirkungsgrad 99 %. Das Kaltwasser hat eine Temperatur von 10 °C.

a) Auf welche Temperatur ist das Wasser aufgeheizt, wenn mithilfe des Zählers 12,5 kWh gemessen werden?

b) Wie groß ist die Aufheizzeit?

c) Berechnen Sie die elektrische Arbeit und die Aufheizzeit, wenn das Wasser auf 60 °C aufgeheizt werden soll.

5. Ein 21 kW-Durchlauferhitzer soll folgende Warmwassertemperaturen erreichen:

55 °C, 50 °C, 45 °C, 40 °C und 36 °C.

Die Wassereinlauftemperatur beträgt 6 °C. Bestimmen Sie mithilfe der Kennlinie aus dem folgenden Diagramm die jeweilige Durchflussmenge (Zapfmenge) in $\frac{l}{\text{min}}$.

Legen Sie eine Tabelle mit den Werten für Bemessungsleistung, Warmwassertemperatur und Durchflussmenge an.

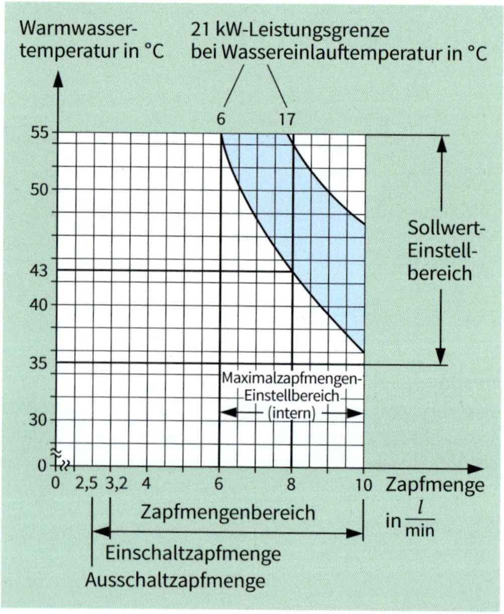

10.12 Licht- und Beleuchtungstechnik

Φ	Lichtstrom	$[\Phi] = \text{lm (lumen)}$
I	Lichtstärke	$[I] = \text{cd (Candela)}$
L	Leuchtdichte	$[L] = \frac{\text{cd}}{\text{m}^2}$
E	Beleuchtungsstärke	$[E] = \frac{\text{lm}}{\text{m}^2}\ (\text{lx})$
ω	Raumwinkel	
$a \cdot b$	Grundfläche des Raums	$[a \cdot b] = \text{m}^2$
h	Raumhöhe	$[h] = \text{m}$
n	Leuchtenzahl	
k	Raumindex	
η_B	Beleuchtungswirkungsgrad	
η_R	Raumwirkungsgrad	
η_{LB}	Leuchten-Betriebswirkungsgrad	
MF	Wartungsfaktor (s. DIN EN 12464-1) Wartung nach 3 Jahren	

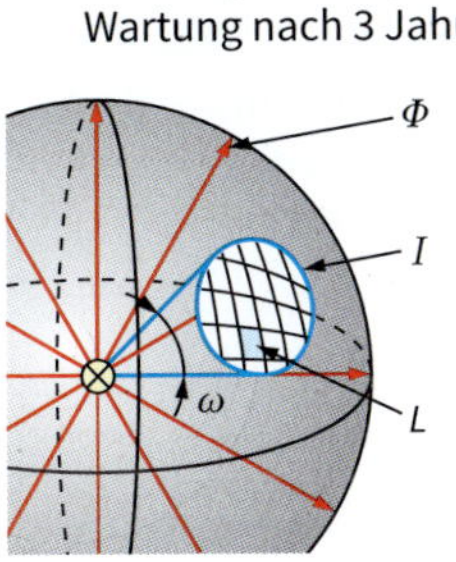

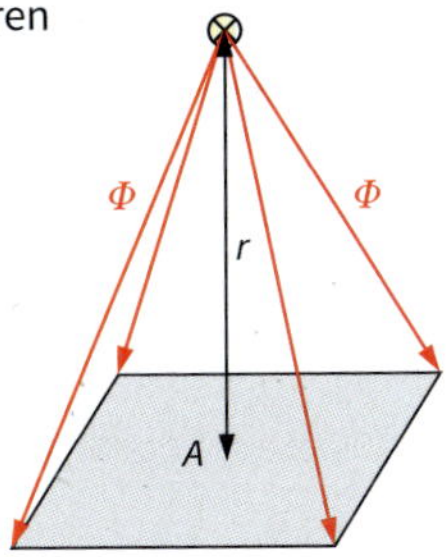

$$I = \frac{\Phi}{\omega} \qquad L = \frac{I}{A} \qquad E = \frac{\Phi}{A}$$

$$n = \frac{\text{MF} \cdot E \cdot A}{\Phi_L \cdot \eta_B} \qquad \eta_B = \eta_R \cdot \eta_{LB} \qquad k = \frac{a \cdot b}{h \cdot (a+b)}$$

Beispiel:

Ein Büroraum der Größe 8 m · 8 m soll mit einlampigen Rasterleuchten beleuchtet werden. Der Beleuchtungswirkungsgrad der Leuchten soll 0,47 betragen. Der Wartungsfaktor beträgt 0,67. Wie viele Leuchten müssen installiert werden, damit die nach DIN EN 12464 erforderliche Beleuchtungsstärke erreicht wird? Die verwendeten LED-Röhren haben einen Lichtstrom von 4760 lm.

Lösung:

Geg.: $A = 8\ \text{m} \cdot 8\ \text{m}$, $\eta_B = 0{,}47$,
$\Phi_L = 4760\ \text{lm}$, $\text{MF} = 0{,}67$, $E = 500\ \text{lx}$

Ges.: Anzahl n der LED-Röhren

$$n = \frac{\text{MF} \cdot E \cdot A}{\Phi_L \cdot \eta_B}$$

$$n = \frac{0{,}67 \cdot 500\ \frac{\text{lm}}{\text{m}^2} \cdot 8\ \text{m} \cdot 8\ \text{m}}{4760\ \text{lm} \cdot 0{,}47}$$

$$\underline{\underline{n = 9{,}6}}$$

Installiert werden 10 LED-Leuchten, die in 2 Lichtbänder aufgeteilt werden.

Beleuchtungsstärken nach DIN EN 12464

Raumart bzw. Tätigkeit	E in lx
Verkehrswege für Personen, Lagerräume	50
Verkehrswege für Personen und Fahrzeuge, Umkleideräume	100
Grobe und mittlere Maschinenarbeiten, Sitzungsräume	300
Feine Maschinenarbeiten, Montage von kleinen Motoren, Büroräume	500
Feinmechanik, Farbprüfung	1000
Montage feinster Teile, elektronische Bauteile	1500

Aufgaben

1. Ein Lichtstrom von 12000 lm trifft auf eine Fläche von 16 m² annähernd gleichmäßig. Welche Beleuchtungsstärke wird erzielt?
2. Auf einer Tischfläche 1,20 m · 0,75 m wird eine annähernd gleichmäßige Beleuchtungsstärke von 250 lx gemessen. Wie groß ist der auf die Tischfläche auftreffende Lichtstrom?
3. Ein Sitzungsraum von 36 m² soll durch vier LED-Röhren mit einem Lichtstrom von 4760 lm je Lampe ausgestattet werden. Der Beleuchtungswirkungsgrad beträgt 0,55 und der Wartungsfaktor 0,67. Wie groß ist die Beleuchtungsstärke und reicht sie für den Raum aus?
4. Ein Verkaufsraum mit einer Grundfläche von 80 m² wird durch 12 LED-Röhren je 28 W und einem Lichtstrom von je 4760 lm beleuchtet. Mit einem Luxmeter wird eine mittlere Beleuchtungsstärke von 300 lx über dem Fußboden ermittelt. Wie groß ist der Beleuchtungswirkungsgrad?
5. Ein Hausflur 8,00 m · 1,20 m soll mit 2 LED-Lampen, Lichtstrom je Lampe 500 lm, beleuchtet werden (MF = 0,57). Der Beleuchtungswirkungsgrad ist 0,45. Wird die Beleuchtungsstärke nach DIN EN erreicht?
6. Auf einer Ausstellungsfläche soll eine annähernd gleichmäßige Beleuchtungsstarke von 500 lx erreicht werden. Wie groß muss der auf die Fläche von 15,00 m · 25,00 m auftreffende Lichtstrom sein?
7. Ein Raum für grobe Maschinenarbeiten von 45 m² soll durch 6 LED-Röhren mit einem Lichtstrom von 3060 lm je Lampe ausgestattet werden. Der Beleuchtungswirkungsgrad beträgt 0,6 und MF = 0,5. Wie groß ist die Beleuchtungsstärke und reicht diese laut DIN EN aus?

8. Ein Sitzungsraum mit einer Grundfläche von 70 m^2 wurde mit Leuchtstofflampen und einem Lichtstrom $\Phi = 5400$ lm ausgestattet. Installiert sind 24 Leuchten. Mit einem Beleuchtungsstärkemesser wird eine mittlere Beleuchtungsstärke von 1080 lx in Tischhöhe gemessen. Wie groß ist der Beleuchtungswirkungsgrad?

9. Ein Maschinenraum mit mittleren Maschinenarbeiten nach folgender Abbildung wird mit 24 LED-Röhren (Lichtstrom je Lampe 3060 lm) beleuchtet. Der Beleuchtungswirkungsgrad beträgt 0,6 und MF = 0,6. Prüfen Sie, ob die nach DIN EN 12464 erforderliche Beleuchtungsstärke erreicht wird.

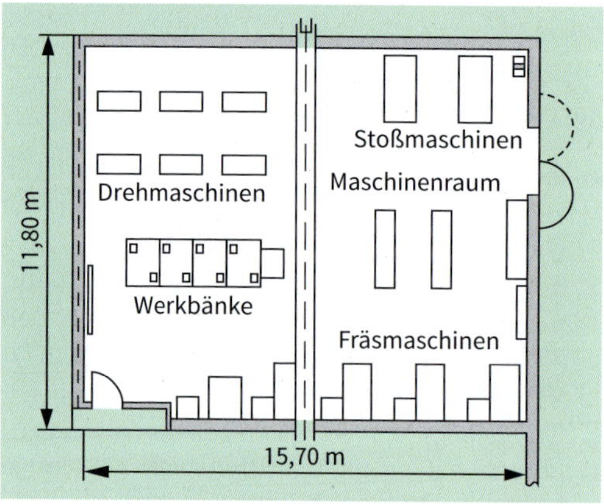

10. In einem Verkaufsraum besteht die Beleuchtungsanlage aus 40 Reflektorleuchten, die in die Decke eingelassen und mit 60 W Glühlampen bestückt sind ($\Phi_L = 730$ lm). Rechnen Sie nach, wie groß die Beleuchtungsstärke in Höhe der Verkaufstische ist, wenn mit einem Beleuchtungswirkungsgrad von 0,5 gerechnet werden kann und die Raumfläche 60 m^2 beträgt (MF = 0,57).
Um Energiekosten einzusparen und größere Installationskosten zu vermeiden, werden die Glühlampen durch 40 energiesparende LED-Lampen mit Schraubsockel E 27 ersetzt. Die Lampen haben jeweils 12 W Leistungsaufnahme und einen Lichtstrom von 810 lm.
Berechnen Sie die Steigerung der Beleuchtungsstärke und die Einsparung der Energiekosten in Prozent.

11. In einem Montageraum mit der Grundfläche von 75 m^2 werden elektronische Bauteile zusammengesetzt. Der Raum soll mit 33 LED-Röhren (Lichtstrom je Lampe 4760 lm) ausgestattet werden. Der Beleuchtungswirkungsgrad ist 0,65 und MF = 0,5. Reicht die nach DIN EN erforderliche Beleuchtungsstärke aus (s. Seite 255)?

Beispiel:

In einem Maschinenraum für grobe und mittlere Maschinenarbeiten sollen einlampige Rasterleuchten installiert werden. Folgende Daten sind bekannt: Abmessungen des Raumes: 8 m · 12 m, Leuchtenhöhe über der Messebene (Arbeitshöhe): 2,50 m, Wände aus Sichtbeton hell, Schallschluckdecke weiß, Fußboden aus Holzpflaster dunkel, Maschinen mittelgrau, keine Fenster, Tageslicht über Oberlichter in der Decke. Verwendet werden LED-Röhren mit einem Lichtstrom von 4760 lm je Lampe. Die Anzahl der installierten Leuchten ist zu bestimmen (Wartungsfaktor: 0,57).

Lösung:

Geg.: $A = 8\ \text{m} \cdot 12\ \text{m}$, $h = 2{,}50$ m, MF = 0,57,
$E = 300$ lx, $\varphi_L = 4760$ lm
Verwendungszweck des Raums
Farbgestaltung des Raums
Verwendete Leuchten und Lampen

Ges.: Anzahl n der Leuchten

$$n = \frac{\text{MF} \cdot E \cdot A}{\Phi_L \cdot \eta_B} \qquad \eta_B = \eta_R \cdot \eta_{LB}$$

$E = 300$ lx aus Tabelle (s. Seite 255)

Raumfaktor $k = \dfrac{a \cdot b}{h \cdot (a + b)}$ $\quad k = \dfrac{8\ \text{m} \cdot 12\ \text{m}}{2{,}5\ \text{m} \cdot (8\ \text{m} + 12\ \text{m})}$

$k = 1{,}92 \qquad k \approx 2{,}0$

Reflexionsgrade (s. Tabelle): (Werte gemittelt)

$\varrho_{\text{Decke}} = 0{,}7 \qquad \varrho_{\text{Wände}} = 0{,}5 \qquad \varrho_{\text{Nutz}} = 0{,}2$

Leuchten-Betriebswirkungsgrad aus Angaben des Leuchtenherstellers (s. Tabellen Seite 257):

$\eta_{LB} = 0{,}7 \qquad \eta_R = 0{,}88 \qquad \eta_B = 0{,}7 \cdot 0{,}88 \qquad \eta_B = 0{,}62$

$$n = \frac{0{,}57 \cdot 300\ \frac{\text{lm}}{\text{m}^2} \cdot 96\ \text{m}^2}{4760\ \text{lm} \cdot 0{,}62} \qquad \underline{\underline{n = 5{,}6}}$$

Installiert werden 6 Leuchten.

Reflexionsgrade verschiedener Farben und Materialien

Farbe	ϱ in %	Material	ϱ in %
weiß	70–80	Lacke, weiß	80–85
hellgelb	55–65	Zeichenkarton	70–75
hellgrau	40–45	Ahorn, Birke	50–60
beige, olivgrün	25–35	Beton, hell	30–50
mittelgrau	20–25	Eiche, hell	30–40
dunkelgrün	10–15	Ziegel, Beton dunkel	15–25
dunkelgrau	10–15	Nussbaum	15–20
schwarz	4	Klarglas	6–10

Leuchten-Betriebswirkungsgrad η_{LB}

Leuchtstofflampe	1 x L 36 W	1 x L 58 W
η_{LB}	0,72	0,70

Raumwirkungsgrade η_R von einlampigen Leuchten für Deckenmomtage

Decke Wand Nutzfläche	0,7 0,5 0,2	0,5 0,3 0,1	0,3 0,1 0,1
Raumindex k	η_R	η_R	η_R
0,6	0,47	0,38	0,33
1,0	0,66	0,56	0,51
2,0	0,88	0,78	0,73
3,0	0,97	0,87	0,83
5,0	1,05	0,94	0,90

12. In einem Arbeitsraum werden elektrische Montagearbeiten an kleineren Motoren und Geräten durchgeführt. Der Raum soll mit den gleichen Rasterleuchten wie in der Beispielaufgabe ausgestattet werden (MF = 0,57). Über den Arbeitsraum werden folgende Angaben gemacht:
Länge des Raums 8 m, Breite des Raums 4 m, Höhe des Raums 3,20 m, Höhe der Arbeitstische 0,85 m und Abstand der Leuchten von der Decke 0,75 m. Die Decke des Raums ist hellgelb, die Wände sind olivgrün gestrichen. Der Fußboden ist dunkelgrau ausgelegt. Verwendet werden LED-Röhren (Lichtstrom je Lampe 4760 lm). Der Leuchten-Betriebswirkungsgrad beträgt 0,7. Die Anzahl der benötigten Leuchten ist zu bestimmen.

13. Ein Unterrichtsraum 8 m · 8 m soll mit einlampigen Rasterleuchten ausgestattet werden (MF = 0,67). Für die Reflektionsgrade gelten die Daten der obigen Tabelle. Die Leuchten werden 2,20 m über den Tischflächen montiert. Die Decke des Raums ist weiß, die Wände sind hellgelb gestrichen. Der Fußboden hat eine mittelgraue Farbe, die Tische sind aus Eiche hell. Verwendet werden LED-Röhren (Lichtstrom je Lampe 4760 lm). Benötigt wird eine Beleuchtungsstärke von 500 lx. Wie viele Leuchten sind erforderlich?

14. In einem Konstruktionsbüro für Feinmechanik wurden 30 Deckenleuchten installiert, für die vom Hersteller eine Tabelle (s. S. 255) angegeben wurde. Die mittlere Beleuchtungsstärke soll 1000 lx betragen. Kontrollieren Sie den errechneten Wert. Für den Raum liegen folgende Daten vor:
Die Grundfläche beträgt 8,50 m · 8,50 m, die Leuchtenhöhe über der Arbeitsfläche 2,70 m, die Decke ist weiß und die Wände sind aus hellem Beton. Der Wartungsfaktor beträgt 0,8.

Zu berücksichtigen ist, dass eine Wand als Fensterfläche gebaut ist und keine Vorhänge angebracht sind. Arbeitsflächen und Fußboden sind olivgrün. Verwendet werden LED-Röhren mit Φ_L = 4760 lm.

Raum	Reflexionsgrade ϱ_R in %						
Decke	80	80	50	50	80	50	30
Wand	50	30	50	30	50	50	30
Nutzfläche	30	30	30	30	10	10	10
k	η_B in %						
0,6	24	19	22	18	23	21	17
0,8	29	24	27	23	28	25	21
1,0	34	29	31	26	31	29	25
1,25	39	33	35	31	36	33	29
1,5	43	37	38	35	38	36	32
2,0	48	43	43	39	43	39	35
2,5	51	46	45	42	45	42	38
3,0	54	50	48	45	47	44	41
4,0	57	54	51	48	50	46	43
5,0	59	56	52	50	51	48	44

15. Ein Vortragssaal 18 m · 15 m soll mit einlampigen Rasterleuchten ausgestattet werden (MF = 0,67). Für die Leuchten gelten die Daten der Tabelle für Raumwirkungsgrade. Der Leuchten-Betriebswirkungsgrad beträgt η_{LB} = 0,7. Die Leuchten werden an der Decke montiert, die Raumhöhe beträgt 4,50 m. Über den Raum liegen folgende Angaben vor: Die Decke des Raums ist hellgelb gestrichen, die Wände sind mit hellem Holz vertäfelt, der Fußboden ist mit einem dunkelgrünen Teppich ausgelegt. Verwendet werden LED-Röhren mit einem Lichtstrom je Lampe von 4760 lm. Wie viele Leuchten sind zu installieren, wenn eine Beleuchtungsstärke von 500 lx gefordert wird?

16. In einem Lagerraum sind 6 LED-Röhren (Lichtstrom je Lampe 3060 lm) zu installieren (MF = 0,57). Der Raum wird wie folgt beschrieben:
Die Grundfläche beträgt 20 m · 25 m, die Höhe der Leuchten über der Messebene ist 3 m. Der Raum ist stark verschmutzt, sodass für die Decke und Wände ein Reflexionsgrad von ϱ_R = 0,3 angenommen werden kann. Der Fußboden ist dunkelgrau.
Berechnen Sie die Beleuchtungsstärke E.
Durch welche Maßnahmen kann die Beleuchtungsstärke verbessert werden? Berechnen Sie daraufhin die Beleuchtungsstärke E_{Neu}.

10.13 Kommunikationstechnik

10.13.1 Leitungsgrößen

Symmetrische Kupferleitung

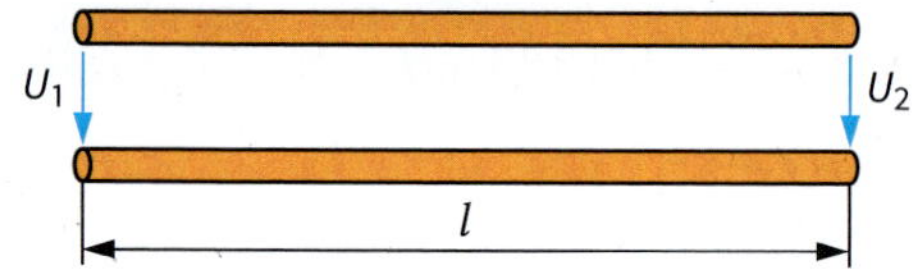

Ersatzschaltbild

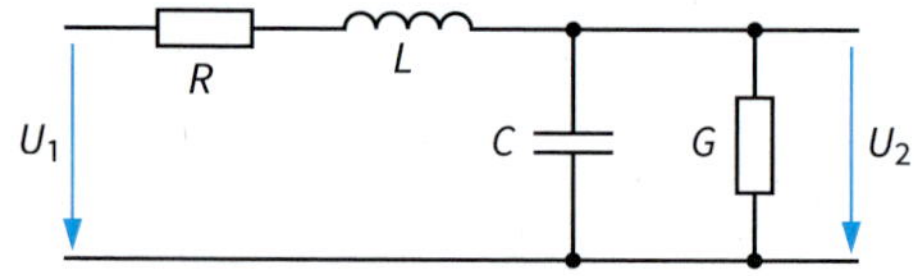

$R' = \frac{R}{l}$ $\quad$ $L' = \frac{L}{l}$

$C' = \frac{C}{l}$ $\quad$ $G' = \frac{G}{l}$

R' Widerstandsbelag $\quad$ C' Kapazitätsbelag
L' Induktivitätsbelag $\quad$ l Leitungslänge

Beispiel:

Eine symmetrische Doppelleitung besitzt folgende Leitungskennwerte:

Widerstandsbelag	$R' = 120\,\frac{\Omega}{\text{km}}$
Induktivitätsbelag	$L' = 0{,}65\,\frac{\text{mH}}{\text{km}}$
Kapazitätsbelag	$C' = 40\,\frac{\text{nF}}{\text{km}}$
Leitwertbelag	$G' = 1\,\frac{\mu\text{S}}{\text{km}}$

a) Berechnen Sie die Trennfrequenz der Leitung.

b) Berechnen Sie den Wellenwiderstand der Leitung bei der Frequenz $f = 800$ Hz.

Lösung:

Geg.: $R' = 120\,\frac{\Omega}{\text{km}}$, $L' = 0{,}65\,\frac{\text{mH}}{\text{km}}$

$C' = 40\,\frac{\text{nF}}{\text{km}}$, $G' = 1\,\frac{\mu\text{S}}{\text{km}}$

Ges.: f_{Tr} und Z_{w}

$$f_{\text{Tr}} = \frac{R'}{2\pi L'} \qquad f_{\text{Tr}} = \frac{120\,\frac{\Omega}{\text{km}}}{2\cdot\pi\cdot 0{,}65\,\frac{\text{mH}}{\text{km}}}$$

$$\underline{\underline{f_{\text{Tr}} = 29{,}382\text{ kHz}}}$$

$$Z_{\text{w}} = \sqrt{\frac{R'}{\omega C'}} \qquad Z_{\text{w}} = \sqrt{\frac{120\,\frac{\Omega}{\text{km}}}{2\pi\cdot 800\,\frac{1}{\text{s}}\cdot 40\,\frac{\text{nF}}{\text{km}}}}$$

$$\underline{\underline{Z_{\text{w}} = 772{,}5\,\Omega}}$$

Wellenwiderstand von Leitungen mit Verlusten

Näherung für niedrige Frequenzen:
$R \gg \omega L$

$$Z_{\text{w}} = \frac{R}{\omega C} \qquad Z_{\text{w}} = \sqrt{\frac{R'}{\omega C'}}$$

Näherung für hohe Frequenzen:
$R \ll \omega L$

$$Z_{\text{w}} = \sqrt{\frac{L}{C}} \qquad Z_{\text{w}} = \sqrt{\frac{L'}{C'}}$$

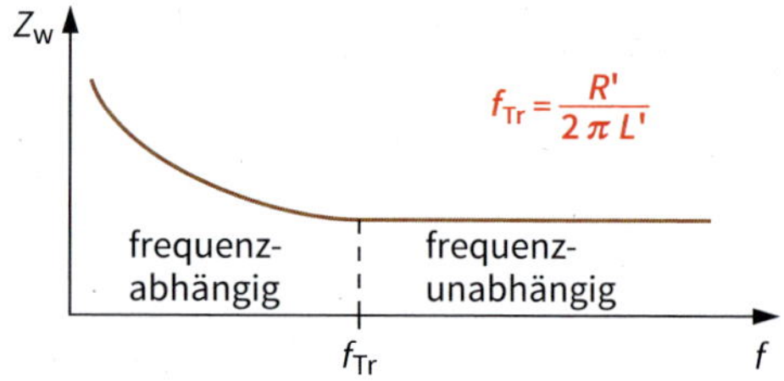

Z_{w} Wellenwiderstand
f_{Tr} Trennfrequenz ($R' = \omega L'$)

AUFGABEN

1. Eine symmetrische Cu-Doppelleitung ist mit folgenden Kennwerten angegeben:
$R' = 130\,\frac{\Omega}{\text{km}}$, $L' = 0{,}7\,\frac{\text{mH}}{\text{km}}$, $C' = 38\,\frac{\text{nF}}{\text{km}}$ und $G' = 0{,}1\,\frac{\mu\text{S}}{\text{km}}$

a) Berechnen Sie die Trennfrequenz der Leitung.

b) Berechnen Sie die Leitungsgrößen R, L, C und G einer 7,5 km langen Leitung.

c) Berechnen Sie den Wellenwiderstand der Leitung bei der Frequenz $f = 800$ Hz.

2. Eine papierisolierte Kupferleitung hat einen Widerstandsbelag von $R' = 57\,\frac{\Omega}{\text{km}}$. Bei einer Widerstandsmessung zur Fehlerortung wird ein Schleifenwiderstand von 432 Ω festgestellt. Berechnen Sie die Entfernung zwischen Messstelle und Fehlerort.

3. Eine sternverseilte Kabelleitung besitzt folgende Leitungskennwerte:
$R' = 25\,\frac{\Omega}{\text{km}}$, $L' = 0{,}7\,\frac{\text{mH}}{\text{km}}$, $C' = 32\,\frac{\text{nF}}{\text{km}}$ und $G' = 0{,}1\,\frac{\mu\text{S}}{\text{km}}$

a) Berechnen Sie die Trennfrequenz des Kabels.

b) Berechnen Sie den Wellenwiderstand bei einer Betriebsfrequenz von 60 Hz.

4. Berechnen Sie für eine sternverseilte symmetrische Kupferleitung mit dem Aderdurchmesser von $d = 0{,}8$ mm (Kennwerte s. Tabelle nächste Seite) den Wellenwiderstand bei einer Frequenz $f = 800$ Hz.

Wellenwiderstand eines Koaxialkabels

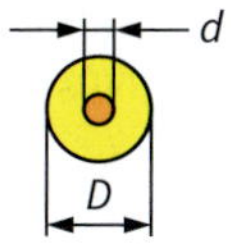

$$Z_W = \frac{60\,\Omega}{\sqrt{\varepsilon_r}} \ln \frac{D}{d} \qquad Z_W = \sqrt{\frac{L'}{C'}}$$

ε_r Permittivitätszahl
Z_W Wellenwiderstand

5. Berechnen Sie den Wellenwiderstand einer Kupferleitung mit dem Durchmesser $d = 1{,}4$ mm (Kennwerte s. Tabelle) bei der niedrigsten zu übertragenden Sprachfrequenz von 300 Hz und bei der höchsten zu übertragenden Sprachfrequenz von 3400 Hz.

6. Ein Hersteller gibt für eine Teilnehmeranschlussleitung folgende Daten an:
Widerstandsbelag $R' = 265\,\frac{\Omega}{\text{km}}$, Kapazitätsbelag $C' = 31\,\frac{\text{nF}}{\text{km}}$, Induktivitätsbelag $L' = 0{,}63\,\frac{\text{mH}}{\text{km}}$ und Leitwertbelag $G' = 0{,}7\,\frac{\mu\text{S}}{\text{km}}$.
a) Berechnen Sie die Trennfrequenz.
b) Berechnen Sie den Wellenwiderstand für die Frequenz $f = 800$ Hz.

7. Berechnen Sie den Wellenwiderstand einer Leitung mit dem Durchmesser $d = 1{,}2$ mm (Kennwerte s. Tabelle) bei folgenden Frequenzen:
$f_1 = 800$ Hz, $f_2 = 5{,}5$ kHz, $f_3 = 15$ kHz und $f_4 = 100$ kHz

8. Für eine Kupferleitung wird bei einer Frequenz von 800 Hz ein Wellenwiderstand von 780 Ω angegeben. Durch Gleichstrommessung wird für einen 1,5 km langen Leitungsabschnitt ein Schleifenwiderstand von 195 Ω festgestellt.
a) Berechnen Sie den Widerstandsbelag.
b) Berechnen Sie den Kapazitätsbelag unter der Annahme, dass die Trennfrequenz $f_{Tr} > 10$ kHz ist.

9. Eine Freileitung aus Bronze ($d = 1{,}5$ mm, $R' = 28{,}5\,\frac{\Omega}{\text{km}}$, $L' = 2{,}1\,\frac{\text{mH}}{\text{km}}$, $C' = 5{,}3\,\frac{\text{nF}}{\text{km}}$ und $G' = 0{,}48\,\frac{\mu\text{S}}{\text{km}}$) soll an eine Leitung mit dem Aderdurchmesser $d = 0{,}8$ mm (Leitungskennwerte s. Tabelle) mittels Übertrager angepasst werden. Wie groß muss das Übersetzungsverhältnis des Übertragers gewählt werden, wenn die Bezugsfrequenz 800 Hz zugrunde gelegt wird?

10. Für ein Koaxialkabel werden folgende Kennwerte angegeben: $L' = 0{,}3\,\frac{\text{mH}}{\text{km}}$, $C' = 84\,\frac{\text{nF}}{\text{km}}$
Berechnen Sie den Wellenwiderstand.

Koaxialkabel

Leitungskennwerte (Beispiele)

Aderdurchmesser d in mm	R' in $\frac{\Omega}{\text{km}}$	L' in $\frac{\text{mH}}{\text{km}}$	C' in $\frac{\text{nF}}{\text{km}}$	G' in $\frac{\mu\text{S}}{\text{km}}$
0,4	270	0,7	34	0,1
0,6	122	0,7	37	0,1
0,8	67	0,7	38	0,1
0,9	52	0,7	34	0,1
1,2	29	0,7	35	0,1
1,4	22	0,6	36	0,1

11. Ein Koaxialkabel mit einem Durchmesser des Außenleiters von 9,5 mm und einem Durchmesser des Innenleiters von 2,6 mm besitzt eine Luftisolierung zwischen den Leitern. Berechnen Sie den Wellenwiderstand.

12. Ein mit einem Wellenwiderstand von 75 Ω angegebenes Koaxialkabel hat einen Außendurchmesser von 4,4 mm und eine PE-Isolierung ($\varepsilon_r = 2{,}3$) zwischen Innen- und Außenleiter. Welchen Durchmesser hat der Innenleiter?

13. In welchem Verhältnis stehen Außen- und Innendurchmesser bei einem Koaxialkabel mit Luftisolierung, wenn der Wellenwiderstand 75 Ω betragen soll?

14. Die Abbildung zeigt das symmetrische Ersatzschaltbild einer Leitung mit dem Durchmesser $d = 0{,}8$ mm (Kennwerte s. Tabelle) und einer Länge von 2,5 km. Berechnen Sie
a) den Wellenwiderstand bei $f = 800$ Hz,
b) R_1, R_2, L_1, L_2 und C für das Ersatzschaltbild (G vernachlässigt) und
c) U_2 bei offener Leitung bzw. bei Anschluss mit einem Lastwiderstand von 600 Ω.

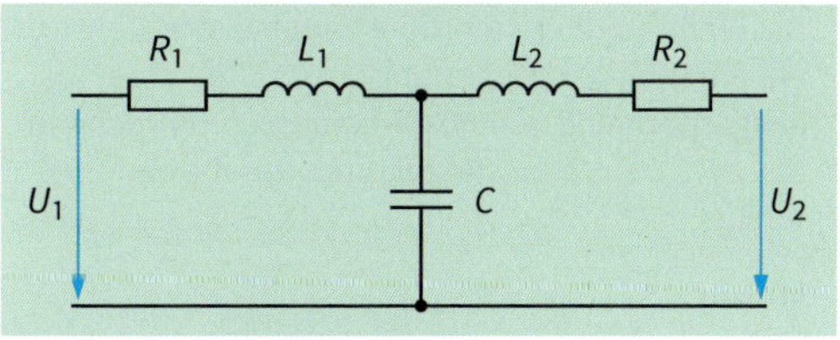

Symmetrische Doppeladern

10.13.2 Dämpfung

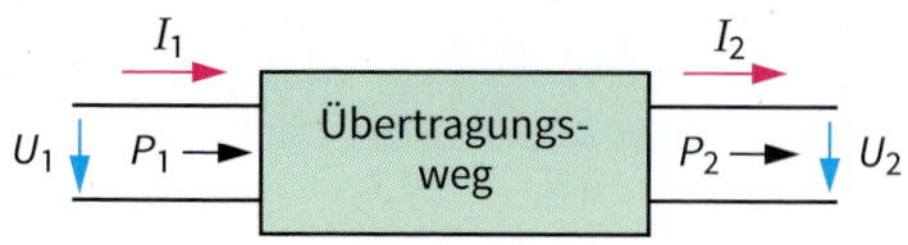

D_P, D_U, D_I Dämpfungsfaktor für Leistung, Spannung, Stromstärke
A_P, A_U, A_I Dämpfungsmaß für Leistung, Spannung, Stromstärke
V Verstärkungsfaktor
G Verstärkungsmaß
α Dämpfungskoeffizient (Dämpfungsbelag)
l Leitungslänge

Dämpfungsfaktor

$D_P = \frac{P_1}{P_2}$ $D_U = \frac{U_1}{U_2}$ $D_I = \frac{I_1}{I_2}$ $D = \frac{1}{V}$

Dämpfungsmaße

$A_P = 10 \cdot \lg \frac{P_1}{P_2}$ dB

$A_U = 20 \cdot \lg \frac{U_1}{U_2}$ dB

$A_I = 20 \cdot \lg \frac{I_1}{I_2}$ dB

Bei Anpassung gilt:

$A_P = A_U = A_I$

$A = -G$

Dämpfungskoeffizient

$\alpha = \frac{A}{l}$

Reihenschaltung

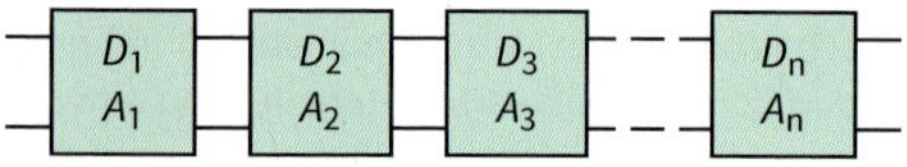

$D = D_1 \cdot D_2 \cdot D_3 \cdot \ldots \cdot D_n$
$A = A_1 + A_2 + A_3 + \ldots + A_n$

Beispiel:

Bei einer angepassten Übertragungsstrecke wird bei einer Eingangspannung von 0,5 mV eine Ausgangsspannung von 60 µV gemessen. Berechnen Sie den Dämpfungsfaktor und das Dämpfungsmaß.

Lösung:

Geg.: $U_1 = 0{,}5$ mV, $U_2 = 60$ µV
Ges.: D_U und A_U

$D_U = \frac{U_1}{U_2}$ $D_U = \frac{0{,}5\text{ mV}}{60\text{ µV}}$ $\underline{\underline{D_U = 8{,}33}}$

$A_U = 20 \cdot \lg \frac{U_1}{U_2}$ dB $A_U = 20 \cdot \lg \frac{0{,}5\text{ mV}}{60\text{ µV}}$

$\underline{\underline{A_U = 18{,}42\text{ dB}}}$

Aufgaben

1. Eine Antennenleitung wird mit 5 V gespeist. Leitungsverluste bewirken einen Spannungsverringerung auf 500 mV. Berechnen Sie
   a) den Dämpfungsfaktor und
   b) das Dämpfungsmaß der Leitung.

2. Am Eingang einer Übertragungsstrecke wird eine Spannung von 400 mV eingespeist. Das Dämpfungsmaß der Übertragungsstrecke ist mit 28 dB angegeben. Berechnen Sie die Spannung am Ausgang sowie den Dämpfungsfaktor der Übertragungsstrecke.

3. Am Eingang einer 3,5 km langen Leitung mit dem Dämpfungskoeffizient $\alpha = 0{,}7 \frac{\text{dB}}{\text{km}}$ und dem Wellenwiderstand $Z = 600\ \Omega$ wird bei Anpassung eine Leistung von 1 mW eingespeist.
   Berechnen Sie
   a) die elektrischen Größen am Eingang und am Ausgang der Leitung,
   b) das Dämpfungsmaß und die Dämpfungsfaktoren,
   c) das Verstärkungsmaß des einzusetzenden Verstärkers, wenn am Ausgang eine Spannung von 1,5 V gefordert wird.

4. Ein Antennenkabel wird vom Hersteller mit einem Wellenwiderstand von 75 Ω und einem Dämpfungskoeffizient von 4,2 dB/100 m angegeben. Berechnen Sie das Verstärkungsmaß eines einzusetzenden Verstärkers, wenn die Übertragungsstrecke eine Länge von 260 m besitzt und eine Restdämpfung von 1,8 dB zugelassen ist.

5. Das Verstärkungsmaß eines Operationsverstärkers ist mit 95 dB angegeben. Bei welcher Differenzspannung an den Eingängen wird die Aussteuergrenze von ±13,8 V erreicht?

6. Die Abbildung zeigt die gemessenen Spannungen auf einer Übertragungstrecke. Berechnen Sie
   a) die Dämpfungsmaße und die Dämpfungskoeffizienten der Leitungsabschnitte,
   b) die Verstärkungsmaße der Verstärker und
   c) das Gesamtdämpfungsmaß der Übertragungsstrecke.

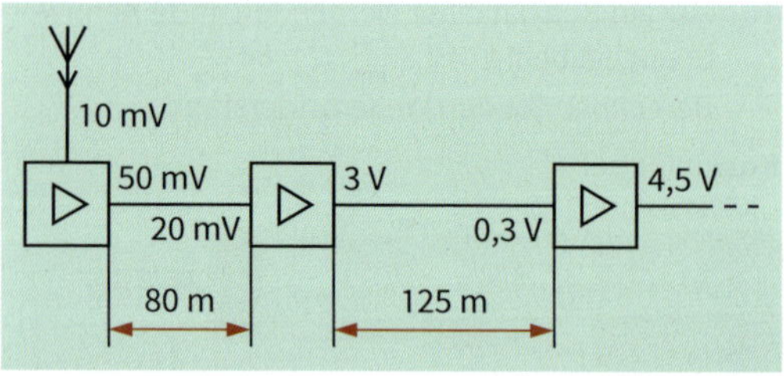

10.13.3 Pegel

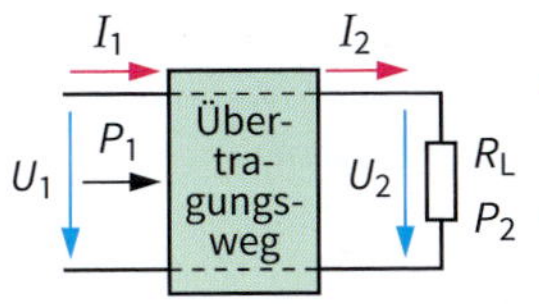

$L_{Prel} = 10 \lg \frac{P_2}{P_1}$ dB

$L_{Urel} = 20 \lg \frac{U_2}{U_1}$ dB

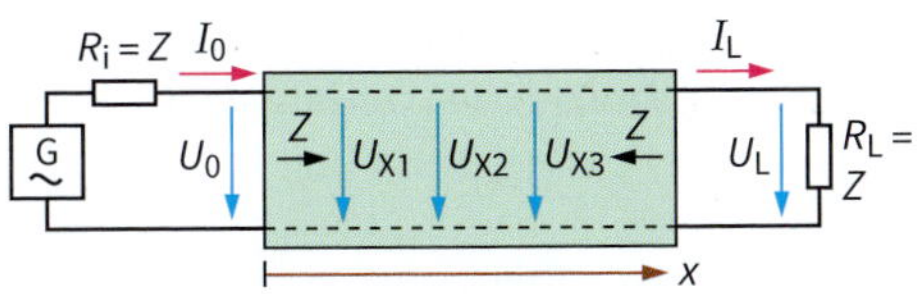

$L_{Pabs} = 10 \lg \frac{P_X}{P_N}$ dB(mW) $L_{Uabs} = 20 \lg \frac{U_X}{U_N}$ dB(mW)

Normalgenerator

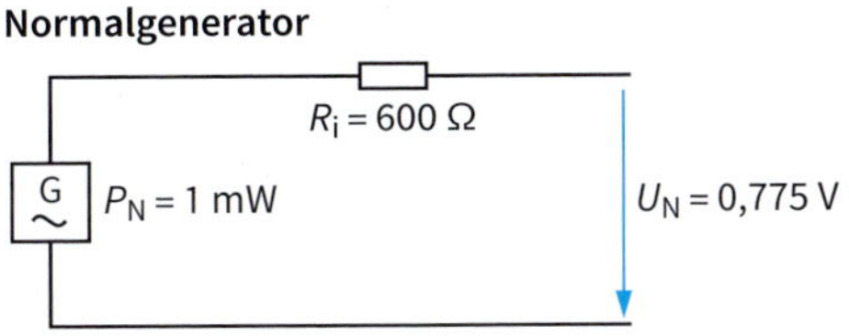

L_{Prel}, L_{Urel}	relativer Leistungs- bzw. Spannungspegel
L_{Pabs}, L_{Uabs}	absoluter Leistungs- bzw. Spannungspegel
P_N, U_N	Bezugsleistung, Bezugsspannung des Normalgenerators (Übertragungstechnik)
dB	Dezibel (relativ)
dB(mW)	Dezibel bezogen auf 1 mW (auch dBm)

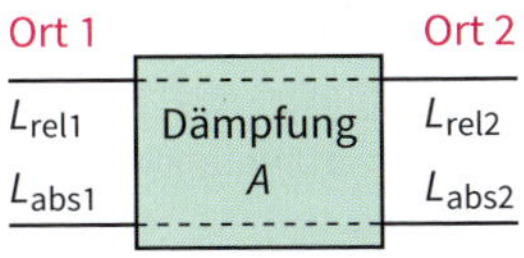

$A = L_{rel1} - L_{rel2}$

$A = L_{abs1} - L_{abs2}$

L_{rel1}, L_{abs1}	Pegel am Ort 1
L_{rel2}, L_{abs2}	Pegel am Ort 2

Aufgaben

1. Um die Übertragungseigenschaften einer Leitung mit einem Wellenwiderstand von 780 Ω zu ermitteln, wird mit einem Messsender ein Signal von 1,2 V/800 Hz eingespeist. Am angepassten Ausgang wird eine Spannung von 0,36 V gemessen. Berechnen Sie den relativen Spannungspegel sowie den relativen Leistungspegel am Ausgang der Leitung.

2. Am Eingang einer Übertragungsstrecke wird eine Spannung von 450 mV gemessen. Berechnen Sie die Eingangsspannung, wenn der relative Pegel mit – 12 dB angegeben ist.

Beispiel:

Auf den Eingang einer Übertragungsstrecke mit dem Wellenwiderstand 600 Ω gibt ein Messsender ($R_i = 600\ \Omega$) eine Leistung von 1 mW. Am angepassten Ausgang wird eine Spannung von 245 mV gemessen. Berechnen Sie den Spannungspegel und die Leistung am Ausgang.

Lösung:

Geg.: $Z = 600\ \Omega$, $R_i = 600\ \Omega$

$P_1 = 1$ mW, $U_2 = 245$ mV

Ges.: L_U und P_2

$$L_{Uabs} = 20 \cdot \lg \frac{U_2}{U_N}\ \text{dB(mW)} = 20 \cdot \lg \frac{0{,}245\ \text{V}}{0{,}775\ \text{V}}\ \text{dB(mW)}$$

$$\underline{\underline{L_{Uabs} = -10\ \text{dB(mW)}}}$$

$$P_2 = \frac{U_2^2}{R_L} \qquad P_2 = \frac{(0{,}245\ \text{V})^2}{600\ \Omega} \qquad \underline{\underline{P_2 = 100\ \mu\text{W}}}$$

3. Eine Fernleitung ($Z = 600\ \Omega$) mit dem Dämpfungskoeffizient $\alpha = 0{,}36 \frac{\text{dB}}{\text{km}}$ wird von einem Messsender ($R_i = 600\ \Omega$, $U_1 = 1{,}2$ V) gespeist. Berechnen Sie den absoluten Spannungspegel am Eingang und nach 25 km Leitungslänge, wenn Anpassung angenommen werden kann.

4. An eine Fernsprechleitung, deren Dämpfungskoeffizient vom Hersteller mit $0{,}68 \frac{\text{dB}}{\text{km}}$ angegeben ist, wird eine Spannung von 1,5 V angelegt. An den Spleißstellen (Verbindungsstellen) der Kabelabschnitte werden folgende Spannungen gemessen: 1,2 V; 1,0 V; 0,84 V und 0,71 V.
   a) Geben Sie die relativen und die absoluten Pegel der Spleißstellen an.
   b) Bestimmen Sie die Entfernung der Spleißstellen vom Leitungsanfang.

5. Ein eingangs- und ausgangsseitig an eine Fernleitung ($Z = 600\ \Omega$) angepasster Leitungsverstärker hat ein Verstärkungsmaß von 24 dB.
   a) Berechnen Sie die Ausgangsspannung des Verstärkers, wenn an seinem Eingang eine Spannung von 75 mV gemesen wurde.
   b) Berechnen Sie den absoluten Pegel am Eingang und am Ausgang des Verstärkers.

6. Der Messbereich eines Pegelmessers reicht von – 10 dB (mW) bis + 30 dB (mW). Geben Sie die Spannungswerte für den Anfang und das Ende des Messbereichs an.

7. Zur Überprüfung eines Leitungsverstärkers wird ein Messsender mit einem Pegel von 10 dB (mW) an den Eingang geschaltet. Welche Spannungen sind bei ordnungsgemäßer Funktion am Ausgang bei den Verstärkungsstufen 10 dB, 15 dB, 20 dB und 25 dB zu erwarten?

10.13.4 Pegelplan

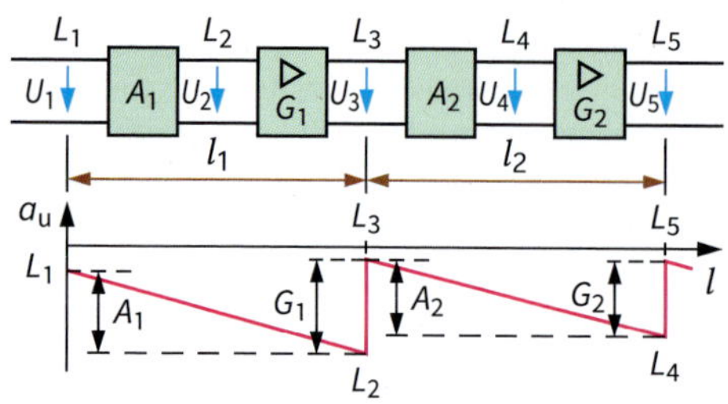

$$L_1 = 20 \cdot \lg \frac{U_1}{U_N}\ \text{dB (mW)} \qquad U_N = 0{,}775\ \text{V}$$

$L_2 = L_1 - A_1$

$L_3 = L_1 - A_1 + G_1$

$L_4 = L_1 - A_1 + G_1 - A_2$

$L_5 = L_1 - A_1 + G_1 - A_2 + G_2$

$\alpha_1 = \dfrac{A_1}{l_1} \qquad \alpha_2 = \dfrac{A_2}{l_2}$

L Pegel
l Leitungslänge
A Dämpfungsmaß
G Verstärkungsmaß
α Dämpfungskoeffizient (Dämpfungsbelag)

Beispiel:

Auf einer Übertragungstrecke zwischen zwei Anschlussstellen der Telekom ist eine maximale Dämpfung von 19 dB zulässig. Die Strecke besteht aus drei Leitungsabschnitten mit zwei eingefügten Verstärkern. Die Dämpfungen der Teilabschnitte betragen $A_1 = 24$ dB, $A_2 = 17$ dB und $A_3 = 10{,}5$ dB.

a) Berechnen Sie das Verstärkungsmaß des zweiten Verstärkers, wenn der erste Verstärker auf 25 dB eingestellt ist.

b) Berechnen Sie die Pegel am Anfang und am Ende der Übertragungstrecke, wenn eine Eingangsspannung von 245 mV anliegt.

Lösung:

Geg.: $A_1 = 24$ dB, $A_2 = 17$ dB, $A_3 = 10{,}5$ dB, $G_1 = 25$ dB, $U_1 = 245$ mV

Ges.: a) G_2 b) L_1, L_2

a) $A_{ges} = A_1 - G_1 + A_2 - G_2 + A_3$

$G_2 = A_1 - G_1 + A_2 + A_3 - A_{ges}$

$G_2 = 24\ \text{dB} - 25\ \text{dB} + 17\ \text{dB} + 10{,}5\ \text{dB} - 19\ \text{dB}$

$\underline{\underline{G_2 = 7{,}5\ \text{dB}}}$

b) $L_1 = 20 \cdot \lg \dfrac{U_1}{U_N} = 20 \cdot \lg \dfrac{0{,}245\ \text{V}}{0{,}775\ \text{V}} \qquad \underline{\underline{L_1 = -10\ \text{dB}}}$

$L_2 = L_1 - A_{ges} = -10\ \text{dB} - 19\ \text{dB} \qquad \underline{\underline{L_2 = -29\ \text{dB}}}$

Aufgaben

1. Die Abbildung zeigt den Dämpfungsplan 55 (dB) für ein Telefonnetz. Berechnen Sie die Spannungen an den Vermittlungsstellen, wenn beim gerufenen Teilnehmer die Pegel von

a) −21 dB (mW),
b) −30,5 dB (mW) und
c) −39,5 dB (mW)

gemessen und die zulässigen Dämpfungen auf den Leitungsabschnitten voll ausgenutzt werden.

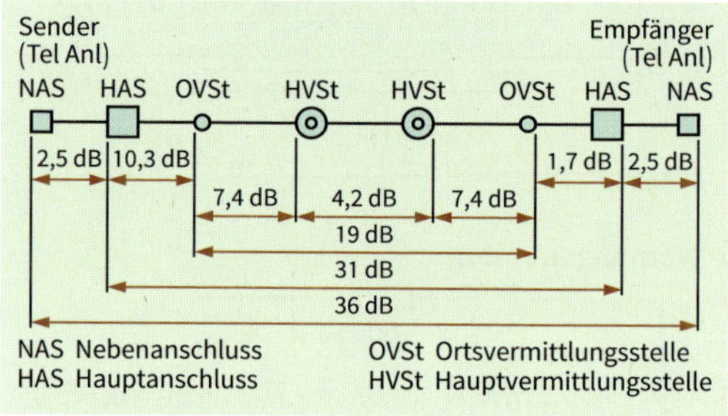

2. Auf einer Vierdraht-Fernleitung (250 km) soll ein Pegel von 4 dB nicht überschritten bzw. ein Pegel von −23 dB nicht unterschritten werden.

a) Berechnen Sie den Abstand zwischen den einzusetzenden Leitungsverstärkern, wenn der Dämpfungskoeffizient der Leitung $0{,}45\ \frac{\text{dB}}{\text{km}}$ beträgt.

b) Berechnen Sie die maximal zulässigen Verstärkungsmaße der Leitungsverstärker, wenn ein Pegel von 0 dB eingespeist wird.

c) Zeichnen Sie den Pegelplan.

3. In der Abbildung ist der Übersichtsplan und der Pegelplan einer Fernsprechverbindung bei Anpassung ($Z = 600\ \Omega$) dargestellt.

a) Ermitteln Sie aus dem Pegelplan die absoluten Pegel für die Messstellen 1 bis 7.

b) Rechnen Sie die unter a) ermittelten absoluten Pegel in Spannungen um.

c) Berechnen Sie das Dämpfungsmaß der Verstärker bzw. des Dämpfungsglieds.

d) Berechnen Sie die Leitungslängen.

e) Berechnen Sie das Gesamtdämpfungsmaß (Restdämpfung) der Fernsprechverbindung.

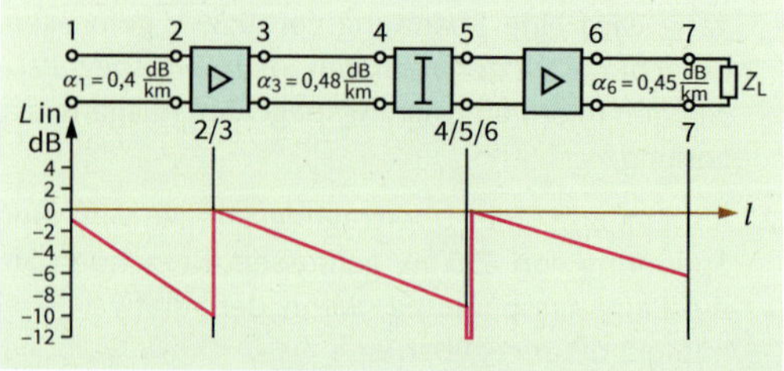

10.13.5 Terrestrische Empfangsanlagen

Einzel-Antennenanlage

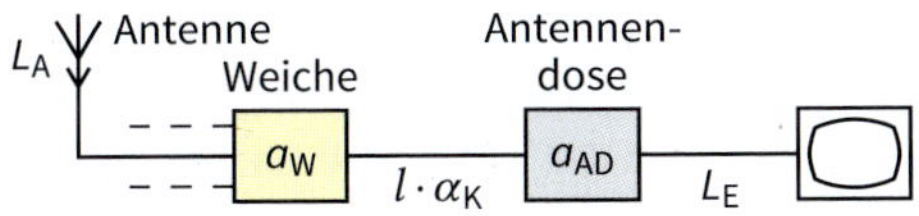

$a_{ges} = a_W + a_K + a_{AD}$ $\quad a_K = l \cdot \alpha_K$

$G_d = L_{min} - L_E$ $\quad L_E = L_A - a_{ges}$

$G_d = L_{min} - (L_A - a_{ges})$

a_{ges} Gesamtdämpfungsmaß in dB
a_W Dämpfungsmaß einer Weiche in dB
a_{AD} Anschlussdämpfungsmaß Antennendose in dB
a_K Kabeldämpfungsmaß
α_K Kabeldämpfung in $\frac{dB}{m}$ bzw. $\frac{dB}{100\,m}$
L_E Pegel am Empfänger in dBµV
L_A Pegel an der Antenne in dBµV
L_{min} Mindestpegel in dBµV (s. Tabelle 2)
G_d Antennengewinnmaß in dB

Relativer Pegel

$L_u = 20 \lg \frac{U_x}{U_0}$ dBµV $\qquad U_0 = 1$ µV an $R_L = 75\,\Omega$

1. Dämpfungsangaben in dB für Komponenten

Komponente	Formelzeichen	UKW 100 MHz	470 – 690 MHz
Weiche	a_W	1,5	0,5
Dose			
Anschlussdämpfungsm.	a_{AD}	10,5	8,5
Durchgangsdämpfungsm.	a_{DD}	1,8	2,2
Koaxialkabel			
Dämpfung pro 100 m	α_K	8,5	21,7
Verteiler			
2fach 4fach	a_V	6 7	4 7,5
Abzweiger			
Abzweiger-Dämpfungsm.	a_{AA}	14,5	14,5
Durchgangsdämpfungsm.	a_{DD}	3	1,5

2. Empfangspegel L_E

Frequenzbereich	min. dBµV	max. dBµV
UKW (Mono/Stereo)	40/50	70
DVB-C (64/256 QAM)	47/54	67/74
DVB-S, (QPSK)	47	77
DVB-S2, (QPSK, 8 PSK, 16 und 32 APSK)	47	77
DVB-T2 (16 QAM)	35	74
DVB-T2 (64 QAM)	39	74

Beispiel:

In einer Einzel-Antennenanlage werden folgende Pegel gemessen.
UKW: 60 dBµV
DVB-T2 (470 MHz bis 690 MHz): 65 dBµV

Zwischen der Antennenweiche und der Antennensteckdose werden 15 m Koaxialkabel verlegt (Daten s. Tabelle 1).

Wie groß ist der Pegel am Empfänger?

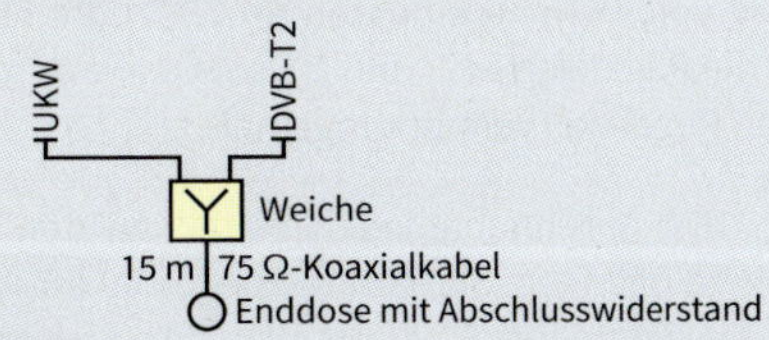

Lösung:

Geg.: Messwerte, Dämpfungsangaben der Komponenten und Leitungslänge 15 m.
Ges.: Pegel am Empfänger

Komponenten	Formelz.	Einheit		UKW 100 MHz	470 – 690 MHz
Weiche	a_W	dB	+	1,5	0,5
15 m Koaxialk.	α_K	dB	+	1,3	3,3
Dose	a_{AD}	dB	+	10,5	8,5
Summe	a_{ges}	dB	=	13,3	12,3
Pegel, min, Tabelle 2	L_{min}	dBµV		50	39
Antenne	L_A	dBµV		60	65
Summe	a_{ges}	dB	–	13,3	12,3
Pegel am Empfänger	L_E	dBµV	=	<u>46,7</u>	<u>52,7</u>

AUFGABEN

1. Bei einer Einzelantennen-Anlage wird am Antennenanschluss ein Pegel von 62 dBµV gemessen. Das Fernsehgerät wird über eine Weiche ($a_W = 1$ dB) direkt an die 10 m lange Antennenableitung ($\alpha_K = 12{,}7$ dB/100 m) angeschlossen. Die verwendete Antenne besitzt ein Antennengewinnmaß von 7 dB. Ermitteln Sie den Pegel am Empfängereingang.

2. An der Antennensteckdose eines Empfängers für DVB-T2 wird ein Pegel von 62 dBµV gemessen. Die 75 Ω-Koaxialkabelleitung zwischen Weiche und Antennendose ist 14 m lang. Wie groß ist die Spannung an den Anschlussklemmen der Antenne (Dämpfungsangaben s. Tabelle 1)?

DVB-T2 Antenne

3. Ein Antennen-Verstärker liefert bei einer Eingangsspannung von 0,4 mV eine Ausgangsspannung von 18 mV (gemessen an 75 Ω). Berechnen Sie die Pegelwerte L_{u1} und L_{u2} sowie aus dem relativen Pegel das Verstärkungsmaß.

4. Für UKW-Antennenanlagen gelten an den Empfängereingängen die Mindestpegel 50 dBμV und die Maximalpegel 80 dBμV. Welchen Spannungswerten entsprechen diese Angaben?

Gemeinschafts-Antennenanlage

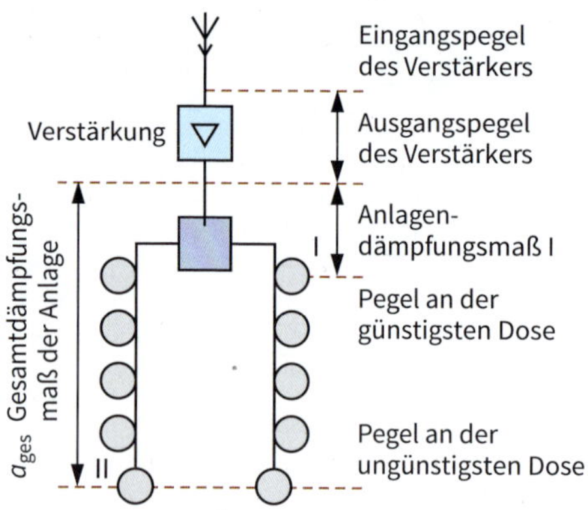

- Mindestverstärkung am Verstärkerausgang = Mindestpegel an II + Gesamtdämpfungsmaß der Anlage
- Mindestverstärkung = Mindestpegel am Verstärkerausgang – Eingangspegel
- Pegel an I = Mindestpegel am Verstärkerausgang – Anlagendämpfung I

$$a_{ges} = (n - 1)\, a_{DD} + a_K + a_{AD}$$

$$L_{VA\,min} = a_{ges} + L_{D\,min} \qquad V_{min} = L_{VA\,min} - L_A$$

n Anzahl der Antennensteckdosen
a_{DD} Durchgangsdämpfungsmaß einer Dose in dB
a_{AD} Anschlussdämpfungsmaß einer Dose in dB
a_K Dämpfungsmaß des Kabels in dB
$L_{VA\,min}$ Mindestpegel am Verstärkerausgang in dBμV
$L_{D\,min}$ Mindestpegel an der letzten Dose in dBμV
V_{min} Mindestverstärkung des Verstärkers in dB
L_A Pegel an der Antenne in dBμV

5. Eine Gemeinschafts-Antennenanlage für 15 Wohneinheiten ist entsprechend dem Schaltbild konzipiert worden.
a) Berechnen Sie das Gesamtdämpfungsmaß vom Verstärkerausgang bis zur ungünstigsten Antennensteckdose.
b) Bestimmen Sie den Pegel am Verstärkerausgang.
c) Welche Mindestverstärkung benötigt der Verstärker?
Bei der Berechnung ist ein Sicherheitszuschlag von 6 dB zu brücksichtigen.
Dämpfungsangaben für Komponenten S. 263.

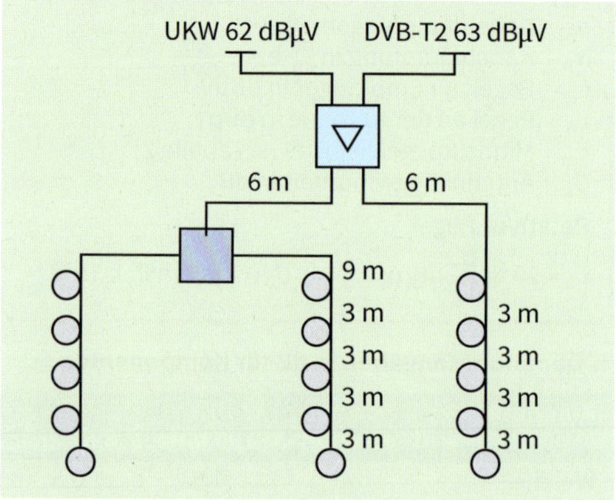

6. Vier Reihenhäuser sind mit einer Gemeinschafts-Antennenanlage auszurüsten. Mit den Empfangsantennen werden gemessen:
UKW 600 μV, DVB-T2 1,3 mV
Jedes Haus erhält zwei Antennensteckdosen. Die Zuleitung erfolgt mit Koaxialkabeln.
a) Welche Gesamtdämpfung tritt vom Verstärkerausgang bis zur ungünstigsten Dose auf?
b) Wie groß muss der Mindestpegel am Verstärkerausgang sein?
c) Für welche Verstärkung muss der Verstärker ausgelegt sein?
Bei der Berechnung ist ein Sicherheitszuschlag von 6 dB zu berücksichtigen.
Dämpfungsangaben für Komponenten S. 263

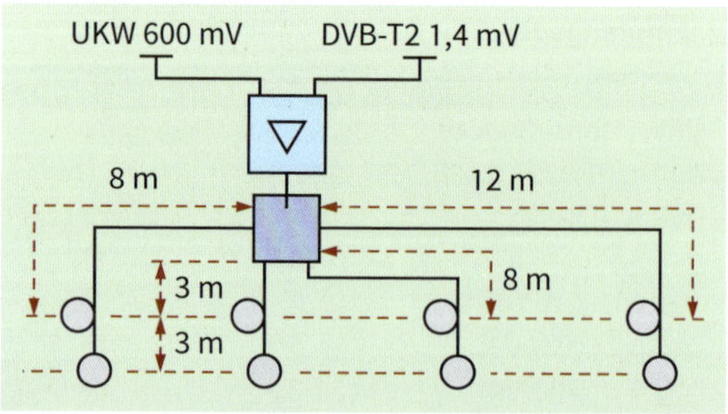

10.13.6 Breitbandkabelanlagen

Aufgaben

1. Eine BK-Anlage mit 8 Teilnehmern ist in Sternstruktur aufgebaut. Am Übergabepunkt (ÜP) betragen die angelieferten Pegel bei 100 MHz 64 dBμV und bei 450 MHz 67 dBμV. Der maximale Ausgangspegel des Verstärkers soll 98 dBμV nicht überschreiten. Die verwendeten Antennensteckdosen besitzen eine Anschlussdämpfung von 4 dB.
   a) Berechnen Sie das Dämpfungsmaß vom Verteiler bis zur ungünstigsten Dose.
   b) Welche Ausgangspegel stellen sich am Verstärker ein?
   c) Wie groß muss die erforderliche Verstärkung des Verstärkers sein, um die Mindestpegel bei 100 MHz bzw. 450 MHz am Ausgang der Empfänger-Anschlusskabel zu erreichen?

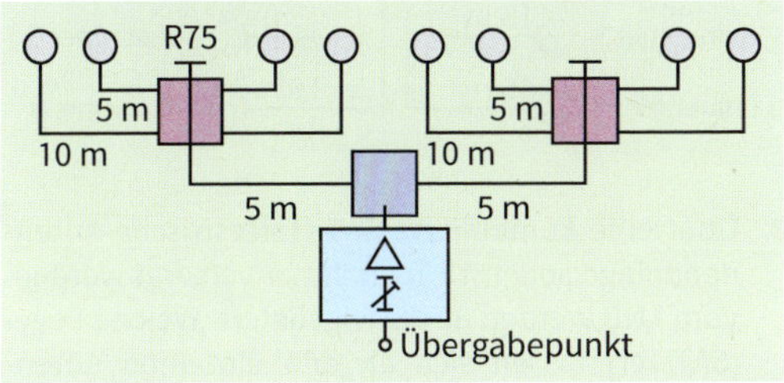

2. Über eine BK-Anlage in Baumstruktur werden 20 Teilnehmer versorgt. Der angegliederte Pegel wird am Übergabepunkt bei 100 MHz mit 64 dBμV und bei 450 MHz mit 66 dBμV gemessen. Der Ausgangspegel des Verstärkers darf 95 dBμV nicht überschreiten. Die Durchgangsdämpfung der Antennensteckdosen ist mit 1 dB und die Anschlussdämpfung mit 14,5 dB bei 100 MHz bzw. 13,5 dB bei 450 MHz angegeben (weitere Werte s. Tabelle rechte Spalte unten, Empfangspegel Kap. 10.13.5).
   a) Wie groß ist die Dämpfung zwischen dem Verteiler und der ungünstigsten Dose?
   b) Welche Pegel lassen sich am Verstärkerausgang messen?

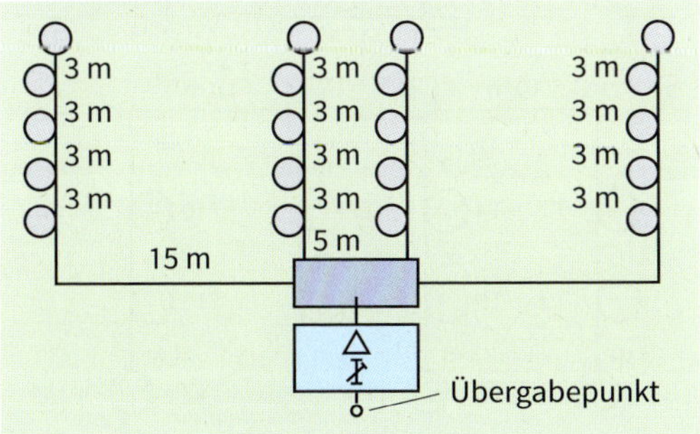

3. In einem Doppelhaus mit insgesamt 12 Wohneinheiten soll eine BK-Anlage installiert werden. Der Pegel am Übergabepunkt wird bei 100 MHz mit 68 dBμV und bei 450 MHz mit 72 dBμV gemessen. Der Ausgangspegel des Verstärkers soll auf 96 dBμV eingestellt werden. Die Antennensteckdosen besitzen ein Anschlussdämpfungsmaß von 15 dB und ein Durchgangsdämpfungsmaß von 0,8 dB (weitere Werte s. Tabelle rechte Spalte unten, Empfangspegel Kap. 10.13.5).
   a) Welche Dämpfung tritt zwischen Verteiler und ungünstigster Dose auf?
   b) Wie hoch sind die Pegel am Verstärkerausgang?

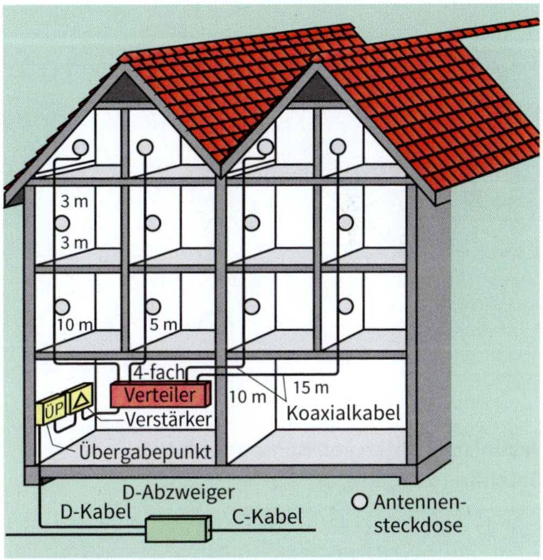

Dämpfungsangaben für Anlagenbauteile

Anlagenbauteile	Formelzeichen	LM 1 MHz	UKW 100 MHz	K9 230 MHz	K23-36 600 MHz	K42 800 MHz	Sat-ZF 1750 MHz
Weiche	a_W	1,5	1,5	1	0,5	0,5	1
Dose Anschlussdämpfung	a_{AD}	11	10,5	8	8,5	8,5	14
Durchgangsdämpfung	a_{DD}	1,5	1,8	1,8	2,2	2,2	2,5
Koaxialkabel Dämpfung pro 100 m	α_K	0,8	8,5	12,7	21,7	25,2	28
Verteiler 2fach 4fach	a_V	6 7	6 7	4 7	4 7,5	4 8	4,5 9
Abzweiger Abzweigerd. 1 Abzweiger 2 Abzweiger 4 Abzweiger	a_{AA}	 15 15 14	 14,5 15 16	 14,5 15 16	 14,5 15 16	 14,5 15 16	 12 15,5 17
Durchgangsdämpfung	a_{DD}	3	3	1,5	1,5	1,5	2,5

10.13.7 Satelliten-Empfangsanlagen

AUFGABEN

1. Es sollen zwei Teilnehmer an eine Satelliten-Anlage angeschlossen werden. Dazu wird ein Twin-LNB mit 2 F-Ausgängen verwendet. Jeder Ausgang kann über eine 14/18 V Schaltspannung in die horizontale bzw. vertikale Polarisationsebene umgeschaltet werden. Die Dämpfung der F-Stecker ist mit 2 dB angegeben. Welche Pegel lassen sich an den Ausgängen der Antennensteckdosen messen, wenn vom LNB ein Pegel von 75 dBµV geliefert wird (Koaxialkabel 28 dB/100 m)?

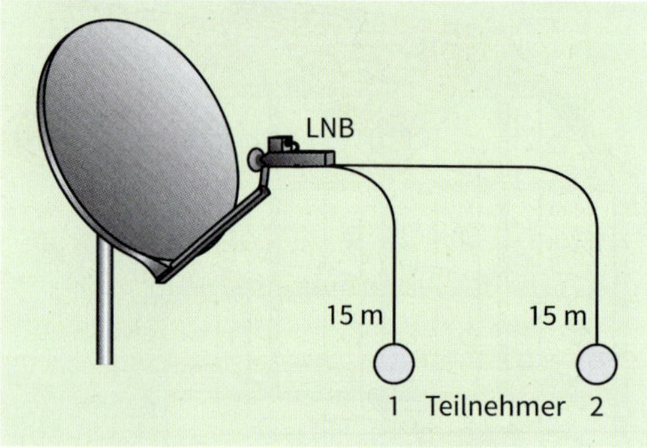

Technische Daten von Komponenten in Satelliten-Empfangsanlagen

Anlagenbauteile	Technische Daten		
2/8 Multiswitch	Eingänge 2	Ausgänge 8	Dämpfung in dB 10
UHF-VHF-SAT-Combiner 40 – 860 MHz 950 – 2050 MHz	Durchgangsdämpfungsmaß in dB 1,5 2		
Inline Verstärker (Terr. + SAT)	Verstärkung in dB 20	max. Eingangspegel in dBµv 86	max. Ausgangspegel in dBµV 106
Terr. Combiner mit Verstärker	Verstärkung in dB 8		
Antennensteckdose – für Sternverteilung	Auskoppeldämpfung in dB 1		
– für Reihenverteilung 0,1 – 870 MHz 950 – 2050 MHz	Durchgangsdämpfung in dB 2 2,5	Auskoppeldämpfung in dB 13 14	

2. Über eine SAT-Anlage sollen acht Teilnehmer versorgt werden. Es wird ein Dual-Output-LNB verwendet, dessen Pegel 76 dBµV beträgt. Die Dämpfung der Anschlussstecker ist mit 0,6 dB zu berücksichtigen. Berechnen Sie die Pegel an den einzelnen Antennensteckdosen.

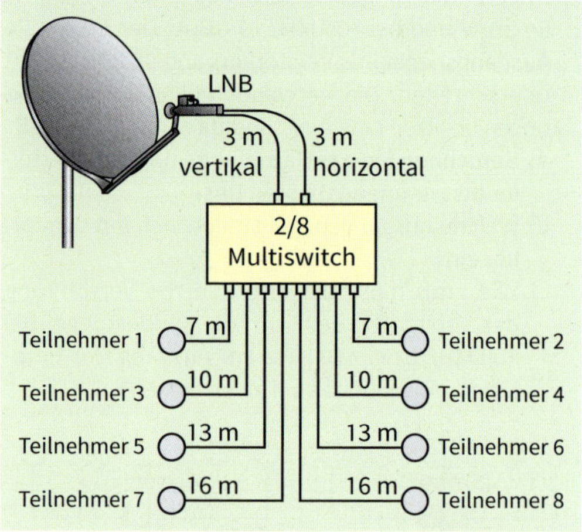

3. Über eine kombinierte SAT-/Terrestrische-Antennenanlage sollen 12 Teilnehmer versorgt werden. Vom LNB werden 82 dBµV geliefert. Welche Pegel (SAT/Ter) lassen sich an den einzelnen Antennensteckdosen ermitteln (weitere Angaben s. Kap. 10.13.5; Koaxialkabel 28 dB/100 m)?

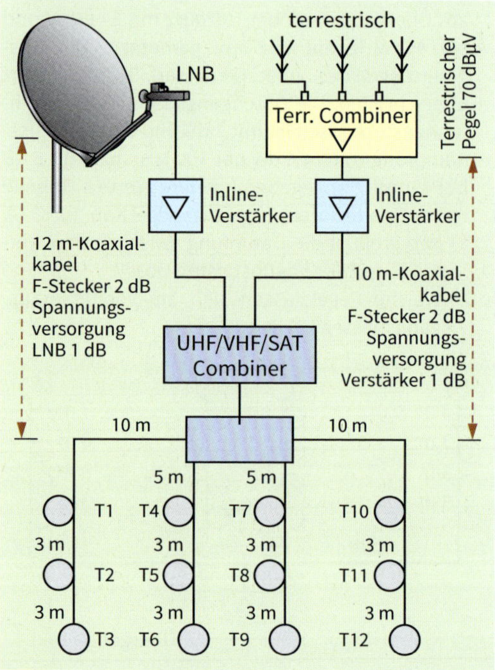

10.13.8 Windlast

$M_a = F_a \cdot l$ $\qquad$ $M_{ag} \le M_Z$

$M_{ag} = M_{a1} + M_{a2} + \ldots + M_{an}$

$M_{ag} = F_{a1} \cdot l_1 + F_{a2} \cdot l_2 + \ldots + F_{an} \cdot l_n$

$l_e \ge \frac{1}{6} l_g$ $\qquad$ $l_g = l_e + l_1$

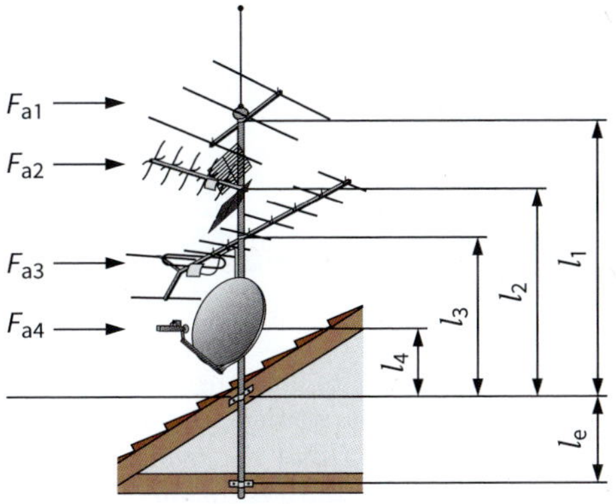

F_a Windlast einer Antenne in N
l_e Mindesteinspannlänge des Standrohrs in m
$l_{1\text{-}4}$ Abstände zwischen höchster Einspannstelle und den einzelnen Antennen in m
l_g Gesamtlänge des Standrohrs in m
M_a Biegelastmoment der Antenne in Nm
M_{ag} Gesamtbiegelastmoment aller Antennen in Nm
M_Z Zulässiges Nutzbiegemoment des Standrohrs in Nm (aus Herstellerkatalog entnehmen)

DVB-T2 Antenne

Beispiel:

Ein Antennenstandrohr besteht aus zwei Steckmasten (2 m und 3 m) und besitzt eine Gesamtlänge von 4,9 m. Das zulässige Nutzbiegemoment wird vom Hersteller mit 890 Nm angegeben. An dem Antennenstandrohr werden eine LMKU-, eine UHF- und eine VHF-Antenne befestigt.

a) Berechnen Sie das Gesamtbiegelastmoment.
b) Überprüfen Sie, ob das zulässige Biegemoment des Standrohrs überschritten wird.

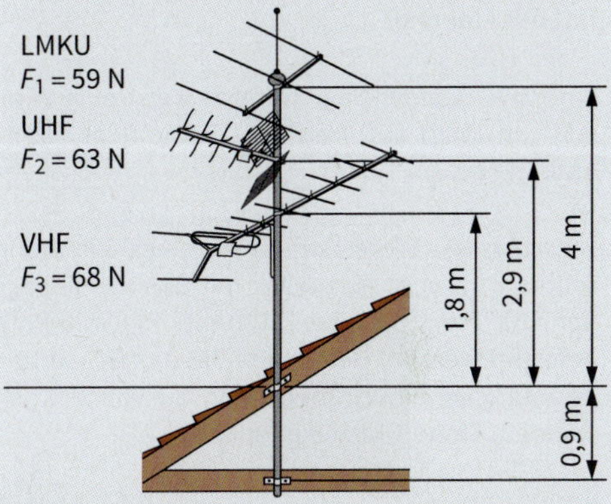

Lösung:

Geg.: $F_1 = 59$ N, $\quad F_2 = 63$ N, $\quad F_3 = 68$ N,
$l_1 = 4$ m, $\quad l_2 = 2{,}9$ m, $\quad l_3 = 1{,}8$ m

Ges.: M_{ag}

a) $M_{ag} = F_1 \cdot l_1 + F_2 \cdot l_2 + F_3 \cdot l_3$
$M_{ag} = 59\text{ N} \cdot 4\text{ m} + 63\text{ N} \cdot 2{,}9\text{ m} + 68\text{ N} \cdot 1{,}8\text{ m}$
$M_{ag} = 236\text{ Nm} + 182{,}7\text{ Nm} + 122{,}4\text{ nm}$
$\underline{\underline{M_{ag} = 541{,}1\text{ Nm}}}$

b) Zulässiges Nutzbiegemoment $M_Z = 890$ Nm wird nicht überschritten.

Aufgaben

1. Die zulässigen Nutzbiegemomente M_Z von Standrohren sind in der Tabelle angegeben.
   a) Entnehmen Sie den Herstellerangaben die zugelassenen Nutzbiegemomente für einen 4,9 m langen Mast.
   b) Um wie viel Prozent ist das Nutzbiegemoment bei Gebäuden über acht Geschosse bei diesem Mast geringer?

Zulässige Nutzbiegemomente auf Gebäuden

Rohrkombination	bis 8 Geschosse	über 8 Geschosse
Oberteil, Unterteil, 3,9 m	1050 Nm	980 Nm
Oberteil, Unterteil, 4,9 m	890 Nm	755 Nm

2. Eine 6-Element-UKW-Antenne mit einer Windlast von 105 N wird ganz oben an einem Standrohr mit 3,2 m freier Länge l_f angebracht. Das zulässige Nutzmoment des Rohres beträgt 510 Nm.

a) Berechnen Sie das auftretende Lastmoment.

b) Um wie viel Prozent ist es niedriger als das zulässige Nutzmoment des Mastes?

3. Wenn eine Antenne 2,9 m über der oberen Rohrbefestigung angebracht wird, entsteht ein Lastmoment von 380 Nm. Wie groß ist dabei die Windlast der Antenne?

4. Eine Zwei-Ebenen-Yagi-Antenne weist eine Windlast von 154 N auf. Welches Lastmoment hat die Antenne bei $l_g = 1{,}3$ m?

5. Das zulässige Biegelastmoment eines 6 m Standrohres wird vom Hersteller mit 890 Nm angegeben. An ihm soll eine UKW-Antenne mit Rotor befestigt werden. Berechnen Sie das Gesamtbiegelastmoment und überprüfen Sie, ob das verwendete Standrohr geeignet ist.

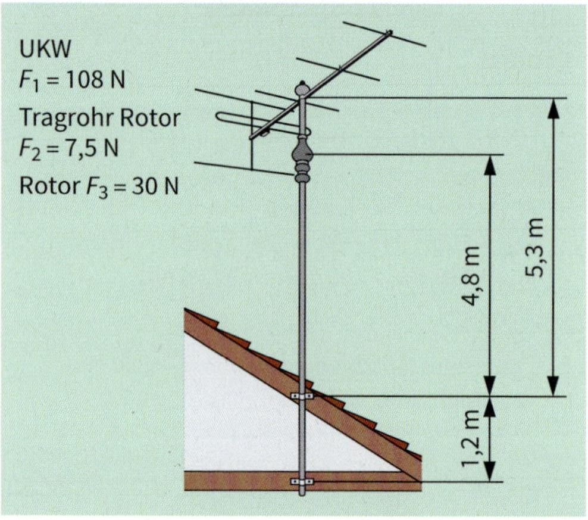

6. Eine Antennenanlage soll aufgebaut werden. Als Standrohr wird ein 2 x 2 m Steckmast aus feuerverzinktem Stahl mit Konusverbindung verwendet, dessen zulässiges Nutzbiegemoment 1050 Nm beträgt. Überprüfen Sie rechnerisch, ob der verwendete Mast geeignet ist (Abbildung rechte Spalte oben).

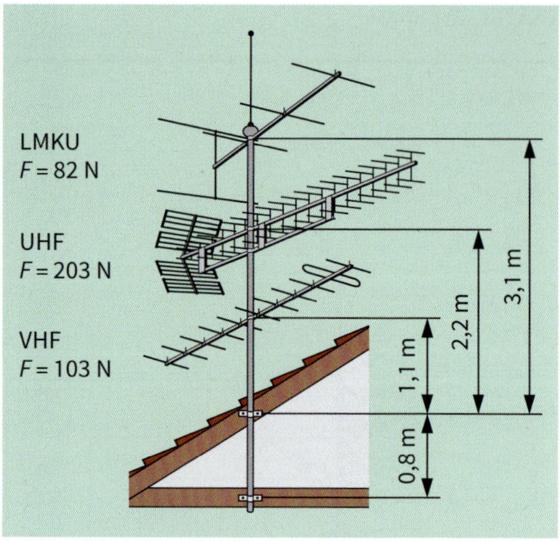

7. Es soll eine komplette Empfangsanlage mit SAT-Antenne aufgebaut werden. Der hochgesetzte LMKU-Antennenkopf darf nur montiert werden, wenn das zulässige Nutzbiegemoment des Standrohrs von 710 Nm nicht überschritten wird. Stellen Sie rechnerisch fest, ob der Aufbau des LMKU-Antennenkopfes statthaft ist.

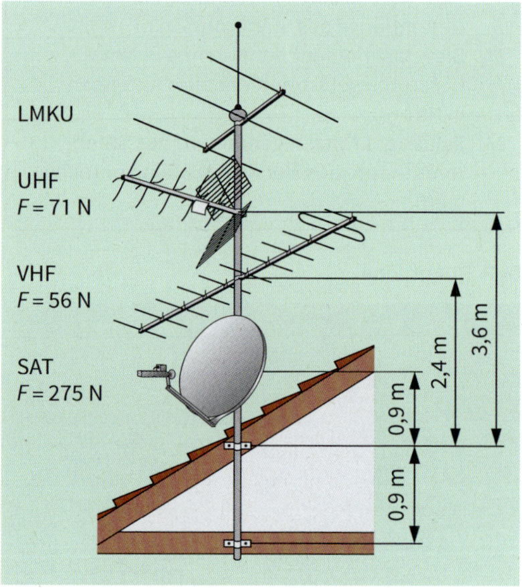

10.13.9 Lichtwellenleiter

Reichweitenbegrenzung durch Dämpfung
(Gradientenindexfaser)

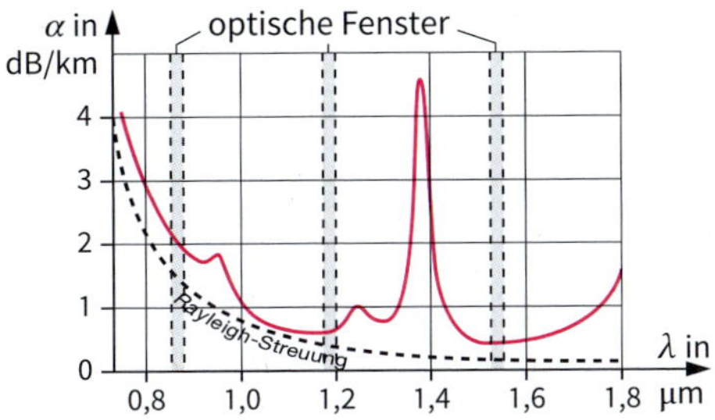

Reichweitenbegrenzung durch Dispersion

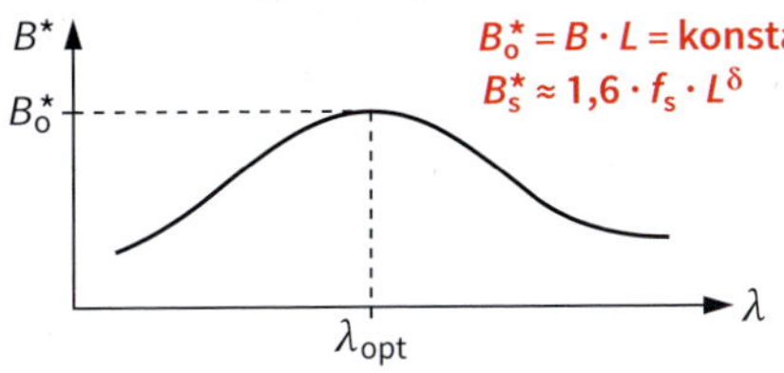

$B_o^* = B \cdot L =$ **konstant**
$B_s^* \approx 1{,}6 \cdot f_s \cdot L^{\delta}$

α	Dämpfungskoeffizient
B	Bandbreite
B_o^*	Bandbreiten-Längen-Produkt des LWL
B_s^*	erforderliches Bandbreiten-Längen-Produkt
λ	Wellenlänge
λ_{opt}	Wellenlänge für die der Lichtwellenleiter optimiert wurde (B_o^*)
L	Länge des Lichtwellenleiters
δ	Modenkopplungsgrad ($\delta = 1$ bei Einmodenfasern; $\delta = 0{,}5 \ldots 0{,}8$ bei Mehrmodenfasern)
f_s	Schwerpunktfrequenz des Übertragungscodes bzw. Modulationsfrequenz
1,6	Faktor um einen Störabstand von 5 dB zu gewährleisten

Beispiel:

Eine Bitrate von $1{,}6\,\frac{\text{Gbit}}{\text{s}}$ (Schwerpunktfrequenz $f_s = 0{,}8$ GHz) soll über eine LWL-Übertragungsstrecke mit einem Repeaterabstand von 6,5 km übertragen werden.
Berechnen Sie das benötigte Bandbreiten-Längen-Produkt, wenn eine Einmoden-Stufenindex-Faser ($\delta = 1$) eingesetzt werden soll.

Lösung:

Geg.: $f_s = 0{,}8$ GHz, $L = 6{,}5$ km, $\delta = 1$
Ges.: B_s

$B_s = 1{,}6 \cdot f_s \cdot L$ $\qquad B_s = 1{,}6 \cdot 0{,}8\text{ GHz} \cdot 6{,}5\text{ km}$

$\underline{\underline{B_s = 8{,}32\text{ GHz} \cdot \text{km}}}$

Aufgaben

1. Ein Einmoden-Stufenindex-Lichtwellenleiter hat laut Herstellerangaben ein Bandbreiten-Längenprodukt von 75 GHz·km bei Verwendung einer Laserdiode als optischen Sender mit der Wellenlänge von 1,3 µm.

a) Berechnen Sie den maximal möglichen Repeaterabstand, wenn mit einem binären Code eine Bitrate von $1{,}84\,\frac{\text{Gbit}}{\text{s}}$ übertragen werden soll.

b) Berechnen Sie den maximal möglichen Repeaterabstand, wenn bei einem Dämpfungskoeffizient $\alpha = 0{,}7\,\frac{\text{dB}}{\text{km}}$ eine Dämpfung von 30 dB nicht überschritten werden darf.

2. Die untere Abbildung zeigt einen typischen Dämpfungsverlauf eines Einmoden-Lichtwellenleiters aus GeO_2-dotiertem Quarzglas mit einem Bandbreiten-Längen-Produkt von 12 GHz·km.

a) Ermitteln Sie die Dämpfung einer 10 km langen Übertragungsstrecke bei den Wellenlängen 1,3 µm und 1,55 µm.

b) Berechnen Sie die maximal mögliche Übertragungsgeschwindigkeit für einen Binärcode.

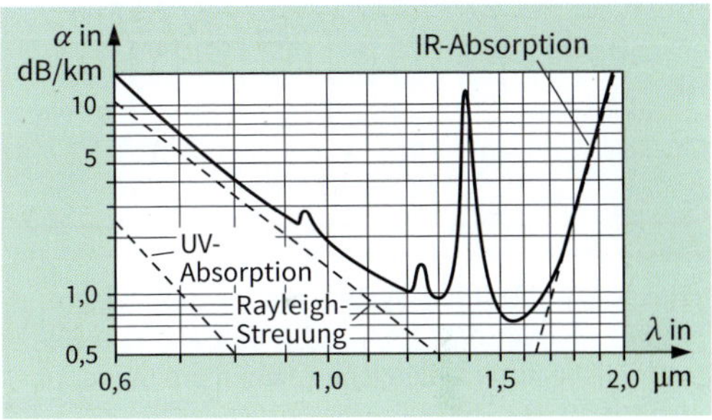

3. Die Abbildung zeigt die Übertragungskapazität einiger LWL-Systeme eines Herstellers.

a) Ermitteln Sie jeweils das Bitraten-Längen-Produkt der Systeme.

b) Ermitteln Sie für alle Systeme die maximale Reichweite, wenn eine Übertragungsgeschwindigkeit von $60\,\frac{\text{Mbit}}{\text{s}}$ vorgesehen ist.

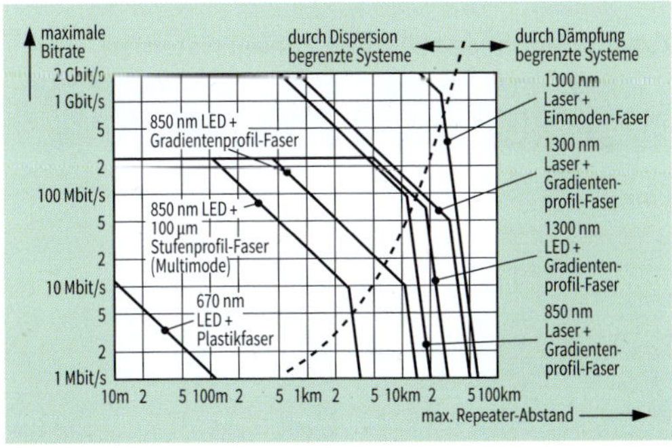

11 Informationstechnik

11.1 Zahlenarten und Umwandlungen

Dezimalzahlen-System
- Zeichenvorrat: 0, 1, 2, 3, 4, 5, 6, 7, 8 , 9
- Mögliche unterschiedliche Zeichen pro Stelle: 10
- Basis 10 (B = 10)
- Kennzeichnung: Index 10 oder D (dezimal)

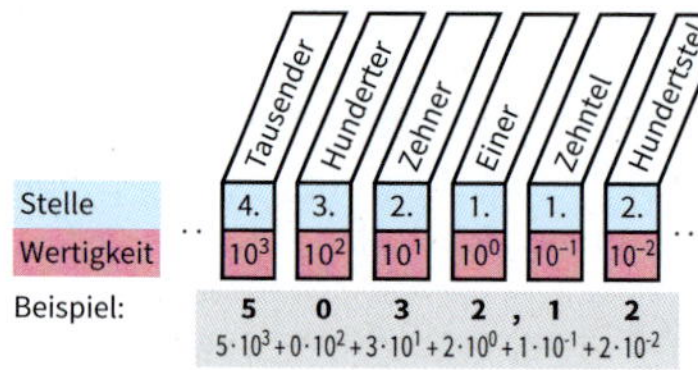

Dualzahlen-System
- Zeichenvorrat: 0 und 1
- Mögliche unterschiedliche Zeichen pro Stelle: 2
- Basis 2 (B = 2)
- Kennzeichnung: Index 2 oder B (binär)

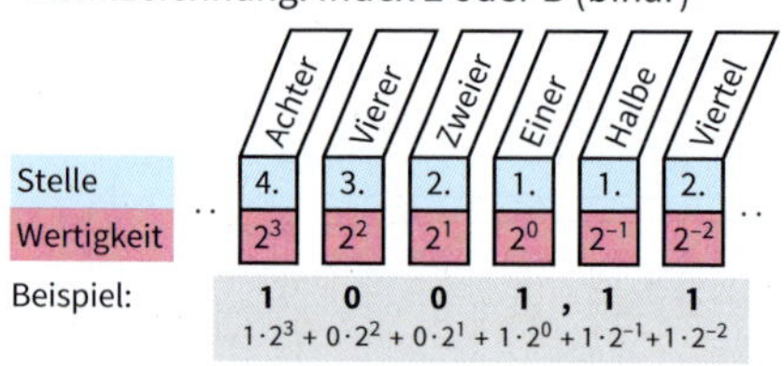

Hexadezimalzahlen-System (Sedezimal-System)
- Zeichenvorrat: 0, 1, 2, 3, 4, 5, 6, 7, 8 , 9, A, B, C, D, E, F
- Mögliche unterschiedliche Zeichen pro Stelle: 16
- Basis 16 (B = 16)
- Kennzeichnung: Index 16 oder H (hexadezimal)

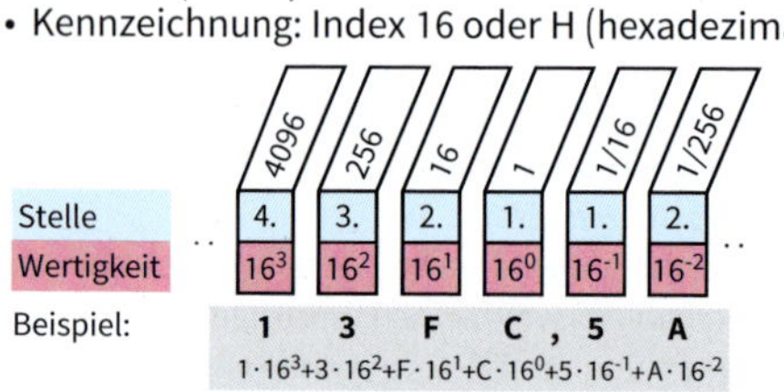

Zusammenhänge zwischen Zahlensystemen

Dezimal	Hexadezimal	Dual	Dezimal	Hexadezimal	Dual
0	0	0000	8	8	1000
1	1	0001	9	9	1001
2	2	0010	10	A	1010
3	3	0011	11	B	1011
4	4	0100	12	C	1100
5	5	0101	13	D	1101
6	6	0110	14	E	1110
7	7	0111	15	F	1111

Dezimalzahl in Dualzahl (Rest-Verfahren)

Beispiel: $13{,}3_D$

→ Schreib-, bzw. Leserichtung

Lösung:

Ganzzahliger Anteil	Nachkommastelle
13 : 2 = 6 Rest 1 6 : 2 = 3 Rest 0 3 : 2 = 1 Rest 1 1 : 2 = 0 Rest 1 ↓	0,3 · 2 = 0,6 + 0 0,6 · 2 = 0,2 + 1 0,2 · 2 = 0,4 + 0 0,4 · 2 = 0,8 + 0 0,8 · 2 = 0,6 + 1 0,6 · 2 = 0,2 + 1 . = . . = . ↑
← $13_D = 1101_B$	← $0{,}3_D = 0{,}010011\ldots_B$

$13{,}3_D = 1101{,}0\overline{1001}\ldots_B$

Dezimalzahl in Hexadezimalzahl (Rest-Verfahren)

Beispiel: $5116{,}33_D$

Lösung:

5116 : 16 = 319 Rest C 319 : 16 = 19 Rest F 19 : 16 = 1 Rest 3 1 : 16 = 0 Rest 1 ↓	0,33 · 16 = 0,28 + 5 0,28 · 16 = 0,48 + 4 0,48 · 16 = 0,68 + 7 0,68 · 16 = 0,88 + A 0,88 · 16 = 0,08 + E . = . . = . ↑
← $51116_D = 13FC_H$	← $0{,}33_D = 0{,}547AE\ldots_H$

$5116{,}33_D = 13FC{,}547AE\ldots_H$

Aufgaben

1. Wandeln Sie die Dezimalzahlen in Dualzahlen um.

a) 8 c) 16 e) 125 g) 1526 i) $1 \cdot 10^4$
b) 9 d) 24 f) 256 h) 2735 k) $5{,}3 \cdot 10^3$

2. Wandeln Sie die Dezimalzahlen in Dualzahlen um.

a) 0,4 c) 3,7 e) 14,34 g) 111,325 i) $1{,}6 \cdot 10^{-3}$
b) 0,5 d) 5,3 f) 24,75 h) 214,516 k) $0{,}534 \cdot 10^2$

3. Wandeln Sie die Dezimalzahlen in Hexadezimalzahlen um.

a) 25 d) 111 g) 18,0625
b) 39 e) 256,2 h) 24,0390625
c) 45,3 f) 4096,5 i) $1{,}3458 \cdot 10^3$

4. Wandeln Sie die Dezimalzahlen in Hexadezimalzahlen um.

a) 33 f) 639 k) 2398
b) 57 g) 2451 l) 8765
c) 99 h) 4568 m) 49152
d) 129 i) 9423 n) 40960
e) 254 j) 3287 o) 65535

Dualzahl in Dezimalzahl

Beispiel:

- **Potenzwert-Verfahren** $1001{,}11_B$

Lösung:

$$\begin{aligned}1001{,}11_B &= 1\cdot 2^3 + 0\cdot 2^2 + 0\cdot 2^1 + 1\cdot 2^0 + 1\cdot 2^{-1} + 1\cdot 2^{-2}{}_D\\ &= 8 \quad + 0 \quad + 0 \quad + 1 \quad + 0{,}5 \quad + 0{,}25_D\\ &= \underline{\underline{9{,}75_D}}\end{aligned}$$

- **Horner-Schema** $1101{,}0101_B$

Lösung:

1 1 0 1	0,0101
2 · 1 + 1 = 3	1 : 2 = 0,5
2 · 3 + 0 = 6	(0 + 0,5) : 2 = 0,25
2 · 6 + 1 = 13	(1 + 0,25) : 2 = 0,625
	(0 + 0,625) : 2 = 0,3125
$1101_B = 13_D$	$0{,}0101_B = 0{,}3125_D$

$\underline{\underline{1101{,}0101_B = 13{,}3125_D}}$

Hexadezimalzahl in Dezimalzahl

Beispiel:

- **Potenzwert-Verfahren** $C0A{,}E_H$

Lösung:

$$\begin{aligned}C0A{,}E_H &= 12\cdot 16^2 + 0\cdot 16^1 + 10\cdot 16^0 + 14\cdot 16^{-1}\\ &= 3072 \quad + \quad 0 \quad + \quad 10 \quad + \quad 0{,}875\\ &= \underline{\underline{3082{,}875_D}}\end{aligned}$$

- **Horner-Schema** $13FC{,}E8_H$

Lösung:

1 3 F C	0, E 8
16 · 1 + 3 = 19	8 : 16 = 0,5
16 · 19 + 15 = 319	(14 + 0,5) : 16 = 0,90625
16 · 319 + 12 = 5116	
$13FC_H = 5116_D$	$0{,}E8_H = 0{,}90625$

$\underline{\underline{1101{,}0101_B = 13{,}3125_D}}$

5. Wandeln Sie die Dualzahlen in Dezimalzahlen um.

a) 11 d) 1,1 g) 101,111 k) 11 1001,1101
b) 1001 e) 10,01 h) 100,001 l) 10 0011,0011
c) 1110 f) 11,11 i) 111,101 m) 10 1010,1011

6. Wandeln Sie die Hexadezimalzahlen in Dezimalzahlen um.

a) AB_H d) $123F4_H$ g) $4F{,}7A_H$ k) $A90125{,}3F_H$
b) $1F_H$ e) $A0781_H$ h) $13{,}DE_H$ l) $42CD11{,}F1_H$
c) $9C_H$ f) $ABCDE_H$ i) $AB{,}CD_H$ m) $73DFA4{,}AB_H$

7. Wandeln Sie die Hexadezimalzahlen in Dezimalzahlen um.

a) $4E_H$ e) $4F6_H$ i) $CC00_H$
b) $A2_H$ f) FFF_H j) $BADE_H$
c) 39_H g) $154A_H$ k) $AFFE_H$
d) $BE3_H$ h) $CA67_H$ l) $CAFE_H$

Dualzahl in Hexadezimalzahl

Beispiel:

$0101\ 1110_B$

- Dualzahl in „Viererblöcke" aufteilen.
- Jedem Block die Hexadezimalzahl zuordnen.

0101 → 5 1110 → E

Lösung:

$\underline{\underline{0101\ 1110_B = 5E_H}}$

Hexadezimalzahl in Dualzahl

Beispiel:

$7C3_H$

Jede Ziffer durch die entsprechende vierstellige Dualzahl ausdrücken.

7 → 0111 C → 1100 3 → 0011

Lösung:

$\underline{\underline{7C3_H = 0111\ \ 1100\ \ 0011_B}}$

8. Wandeln Sie die Dualzahlen in Hexadezimalzahlen um.

a) 111 d) 1 1011 g) 11 1000 k) 1110,01
b) 100 e) 1 0101 h) 10 1010 l) 1011,111
c) 101 f) 1 1001 i) 11 0011 m) 1101,011

9. Wandeln Sie die Dualzahlen in Hexadezimalzahlen um.

a) 001011010101
b) 110101101111
c) 110001011011
d) 011110000101
e) 100110110111
f) 011011010011

10. Wandeln Sie die Hexadezimalzahlen in Dualzahlen um.

a) $12A_H$ d) ABC_H g) $12F1{,}3C_H$
b) $F75_H$ e) $12{,}D_H$ h) $601D{,}4A_H$
c) $78F1_H$ f) $AB{,}EF_H$

11. Wandeln Sie die Hexadezimalzahlen in Dualzahlen um.

a) $3E_H$ e) $5C4_H$ i) $C000_H$
b) $B2_H$ f) CCC_H
c) 37_H g) $243B_H$
d) $CF2_H$ h) $CE98_H$

11.2 Rechnen mit Dual- und Hexadezimalzahlen

Addition

0 + 0 = 0
0 + 1 = 1
1 + 0 = 1
1 + 1 = 10 Übertrag (Carry)
0,1 + 0,1 = 1,0

Beispiel:

110,11	
+ 10011,01	
11111,10	Carry
10010,00	

Subtraktion

0 − 0 = 0
10 − 1 = 1 Entleihung (Borrow)
1 − 0 = 1
1 − 1 = 0
0,1 − 0,1 = 0,0

Beispiel:

11000,11	
− 01101,01	
00110,0	Borrow
10011,10	

Aufgaben

1. a) 110 + 10 b) 111 + 11 c) 101 + 101 d) 1010 + 1100 e) 11 1001 + 10110 f) 10 1110 + 110101 g) 10,1 + 10,11 h) 100,01 + 10,1011

2. a) 111 + 10101 + 100111
b) 110 + 1101,1 + 11,101
c) 101,11 + 0,111 + 111,001
d) 0,001 + 1,111 + 11,0101

3. a) 111 − 10 b) 1111 − 1010 c) 110101 − 111 d) 1100 1100 − 1010 1010 e) 11 − 101 f) 1101 − 1111 g) 11 0011 − 11 1000 h) 11 1110 − 11 1111

4. a) 111 − 11,1 b) 1001 − 0,11 c) 11101 − 1001,1 d) 111,01 − 10,1 e) 11,1 − 100,1 f) 1111,11 − 10 1100,111

5. a) 1101 + 110 − 11
b) 1 0010 − 111 + 11 0011
c) 1 1001 + 1100 − 111 0011
d) 11,11 + 111 − 1,01
e) 1100 − 110 − 10101
f) 1010 − 11,1 − 1100,11

Komplementbildung

B-Komplement: Ergänzung der gegebenen Zahl zur ganzen Potenz der Basis des gewählten Zahlensystems.
(B-1)-Komplement: B-Komplement minus 1

Beispiele:

Basis	Zahl	B-Komplement	(B-1-)Komplement
B = 10		Zehnerkomplement	Neunerkomplement
	6	4	3
	73	27	26
B = 2		Zweierkomplement	Einerkomplement
	111	001	000
	101	011	010

Subtraktion durch Addition des Komplements

Bildung des (B-1)-Komplements:
Ziffern invertieren (1 durch 0 und 0 durch 1 ersetzen)

Ohne Vorzeichenstelle

- **Übertrag bei Addition**

Beispiel: 1101 − 111

1101	Minuend,
+ 1000	Stellen angeglichen, (B-1)-Komplement gebildet,
+ 1	Zahl 1 addieren,
1 0110	Übertrag in höchster Stelle streichen,
+ 110	Ergebnis ist positive Zahl.

- **Kein Übertrag bei Addition**

Beispiel: 111 − 1101

0111	Minuend, Stellen angeglichen,
+ 0010	(B-1)-Komplement,
+ 1	Zahl 1 addieren,
0 1010	kein Übertrag in höchster Stelle, d. h.
+ 0110	(B-1)-Komplement bilden,
+ 1	Zahl 1 addieren,
− 110	Ergebnis ist negative Zahl.

Mit Vorzeichenstelle

Positive Zahlen: 0 in der Vorzeichenstelle
Negative Zahl: 1 in der Vorzeichenstelle

- **Übertrag bei Addition**

Beispiel: 1101 − 111

1101	Minuend,
+ 1000	Stellen angeglichen, (B-1)-Komplement gebildet,
+ 1	Zahl 1 addieren,
1 0110	Übertrag in höchster Stelle streichen,
+ 110	Ergebnis ist positive Zahl.

- **Kein Übertrag bei Addition**

Beispiel: 111 − 1101

0111	Minuend, Stellen angeglichen,
+ 0010	(B-1)-Komplement,
+ 1	Zahl 1 addieren,
0 1010	kein Übertrag in höchster Stelle, d. h.
+ 0110	(B-1)-Komplement bilden,
+ 1	Zahl 1 addieren,
− 110	Ergebnis ist negative Zahl.

6. Berechnen Sie die Subtraktionen nach dem Verfahren ohne Vorzeichenstelle.
a) 1111 − 1010 b) 1010 − 1110 c) 1100 − 1101 d) 111 0101 − 1 1010 e) 1010 1010 − 1 0011 0001 f) 1111 1010 − 1 1111 1000

7. Berechnen Sie die Subtraktionen aus Aufgabe 6 mit Vorzeichen.

Multiplikation

$0 \cdot 0 = 0$
$0 \cdot 1 = 0$
$1 \cdot 0 = 0$
$1 \cdot 1 = 1$

Beispiel:

```
  1010·101,1
  ----------
  1010
+ 0000
+  1010
+   1010
  ----------
  110111,0
  ========
```

Division

0 : 0 nicht definiert
$0 : 1 = 0$
1 : 0 nicht definiert
$1 : 1 = 1$

Beispiel:

$1010 : 11 = 11,\overline{01}$

```
 1010:11 = 11,01
-11
 ---
 100
- 11
 ---
  10
- 11
 ---
  100
-  11
  ---
   10
```

8. a) $110 \cdot 11$ b) $1110 \cdot 111$ c) $1010 \cdot 101$ d) $10 \cdot 11{,}1$ e) $101{,}1 \cdot 11$ f) $111010 \cdot 101$ g) $11{,}1 \cdot 1{,}1$ h) $101{,}11 \cdot 0{,}11$ i) $1100{,}1 \cdot 11{,}01$

9. a) 110 : 11 b) 1000 : 10 c) 10101 : 11 d) 111100 : 111110 e) 10101010 : 111 f) 1100110011 : 1011 g) 111,11 : 11 h) 1011,1 : 101 i) 11100,11 : 1101

10. Berechnen Sie von den folgenden Aufgaben das Ergebnis als
a) Dezimalzahl
b) Hexadezimalzahl
c) Dualzahl
1. $111_B + 4F_H + 10^2{}_D$
2. $110101_B - A3_H + 36_D$
3. $(F4A_H \cdot 13_D) : 14_H + 1101\,0011_B$
4. $(101\,0111_B - 23_D) : 10_H$

11. Addieren Sie die gegebenen Hexadezimalzahlen. Geben Sie das Ergebnis wieder als Hexadezimalzahl an.

a) $2A_H + 62_H$ b) $1C_H + 43_H$ c) $40_H + FE_H$
d) $AF_H + BE_H$ e) $CC_H + 70_H$ f) $AA_H + BB_H$
g) $BF4_H$, 54_H, $+ 642_H$ h) 769_H, 99_H, $+ F43_H$ i) $9AB_H$, AAA_H, $+ BA7_H$

11.3 RCD-Code (8421-Code)

BCD: **B**inary **C**oded **D**ecimal
(binär codierte Dezimalziffern)

Jeder Ziffer einer Dezimalzahl wird eine vierstellige Dualzahl (Tetrade) zugeordnet. Der BCD-Code ist für Additionen geeignet.

Dezimal-zahl	BCD-Code	Dezimal-zahl	BCD-Code
0	0000	10	0001 0000
1	0001	11	0001 0001
2	0010	12	0001 0010
3	0011	13	0001 0011
4	0100	14	0001 0100
5	0101	15	0001 0101
6	0110	16	0001 0110
7	0111	17	0001 0111
8	1000	18	0001 1000
9	1001	19	0001 1001
Pseudo-tetraden	1010 … 1111		0001 1010 … 0001 1111

Beispiel:

Addieren Sie im BCD-Code die Dezimalzahlen 23 + 54.

BCD	Dezimal
0010 0011	23
+ 0101 0100	+ 54
= 0111 0111	= 77

Lösung:

Wenn sich bei der Addition ein Tetradenübertrag oder eine Pseudotetrade ergibt, addiert man zur Ergebnistetrade 0110.

Aufgaben

1. Geben Sie für die folgenden Dezimalzahlen die Darstellung im BCD-Code an:
a) 35 b) 98 c) 110 d) 220 e) 480 f) 509 g) 1023 h) 5600

2. Gegeben sind die folgenden Dezimalzahlen, die im BCD-Code dargestellt sind. Ermitteln Sie die dazugehörigen Dezimalzahlen.
a) 0101 0100 b) 0010 001 c) 0110 0110 d) 0001 1000

3. Führen Sie mit dem BCD-Code die folgenden Rechenoperationen durch:
a) 7 + 8 b) 14 + 28 c) 39 + 18 d) 135 + 17

11.4 Logische Grundfunktionen

<table>
<tr><th>Schaltfunktion, Funktionsgleichung</th><th>Schaltzeichen</th><th>Wertetabelle[1)]</th><th>Signal-Zeit-Verlauf (Beispiel)</th></tr>
<tr><td>UND-Verknüpfung
(Konjunktion)
$x = a \wedge b$</td><td>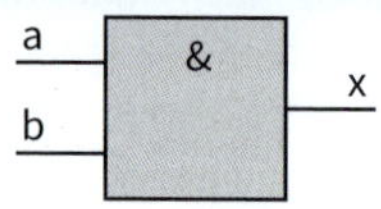</td><td><table><tr><th>a</th><th>b</th><th>x</th></tr><tr><td>0</td><td>0</td><td>0</td></tr><tr><td>0</td><td>1</td><td>0</td></tr><tr><td>1</td><td>0</td><td>0</td></tr><tr><td>1</td><td>1</td><td>1</td></tr></table></td><td>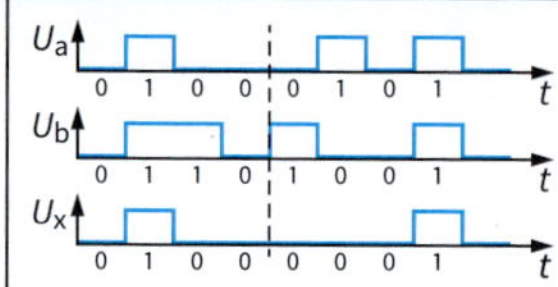</td></tr>
<tr><td>ODER-Verknüpfung
(Disjunktion)
$x = a \vee b$</td><td>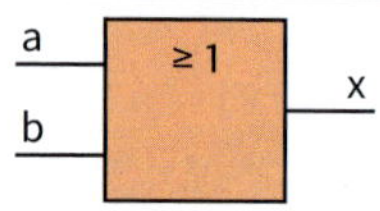</td><td><table><tr><th>a</th><th>b</th><th>x</th></tr><tr><td>0</td><td>0</td><td>0</td></tr><tr><td>0</td><td>1</td><td>1</td></tr><tr><td>1</td><td>0</td><td>1</td></tr><tr><td>1</td><td>1</td><td>1</td></tr></table></td><td>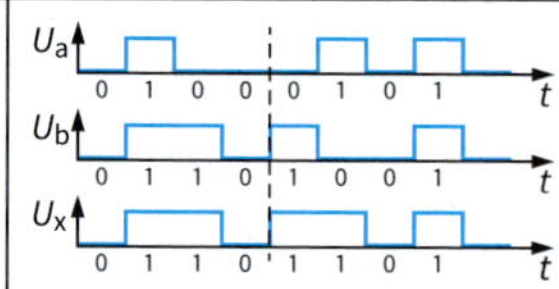</td></tr>
<tr><td>NICHT
(Negation)
$x = \overline{a}$</td><td>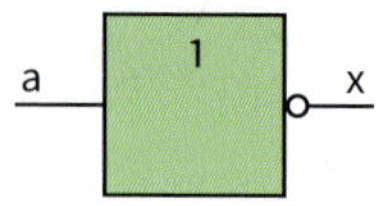</td><td><table><tr><th>a</th><th>x</th></tr><tr><td>0</td><td>1</td></tr><tr><td>1</td><td>0</td></tr></table></td><td>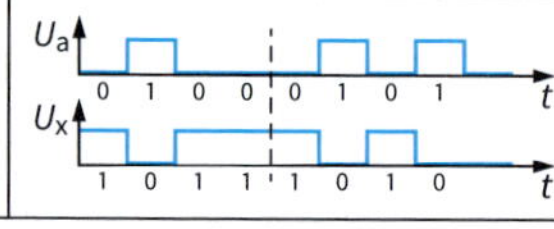</td></tr>
</table>

1) Auch: Funktionstabelle, Wahrheitstabelle

Beispiel:

Ermitteln Sie für die logische Verknüpfung die Funktionsgleichungen und die Wertetabelle.

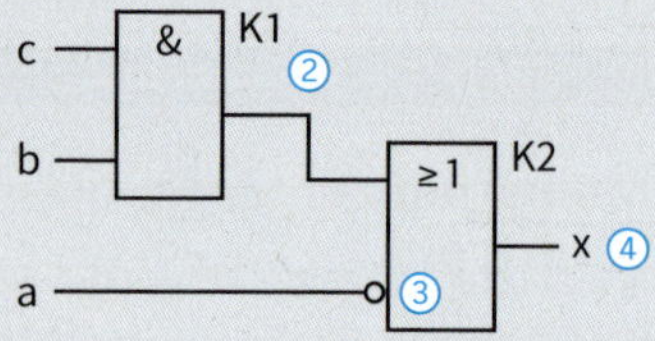

Lösung:

1. Wertetabelle erstellen. Für die Variablen a, b und c alle acht möglichen Kombinationen eintragen ①.
2. Logikzustände am Ausgang für K1 ermitteln ②.
3. Da Eingangssignal „a" für K2 negiert wird, Signal negieren ③.
4. Funktionsgleichung für die Schaltung (Ausgangssignal für „x") ermitteln ④.

①			②	③	④
c	b	a	$(c \wedge b)$	$\overline{a}$	$\overline{a} \vee (c \wedge b)$
0	0	0	0	1	1
0	0	1	0	0	0
0	1	0	0	1	1
0	1	1	0	0	0
1	0	0	0	1	1
1	0	1	0	0	0
1	1	0	1	1	1
1	1	1	1	0	1

Aufgaben

1. Ermitteln Sie für die logische Verknüpfung die Funktionsgleichungen und die Wertetabelle.

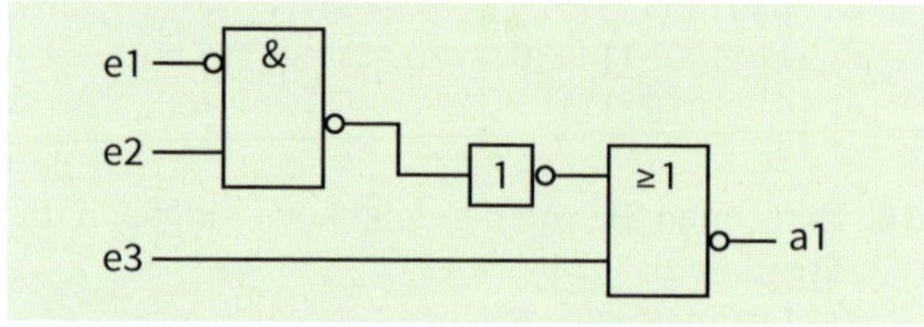

2. Vergleichen Sie die beiden Schaltungen in Form von Wertetabellen. Stellen Sie Gemeinsamkeiten und Unterschiede fest.

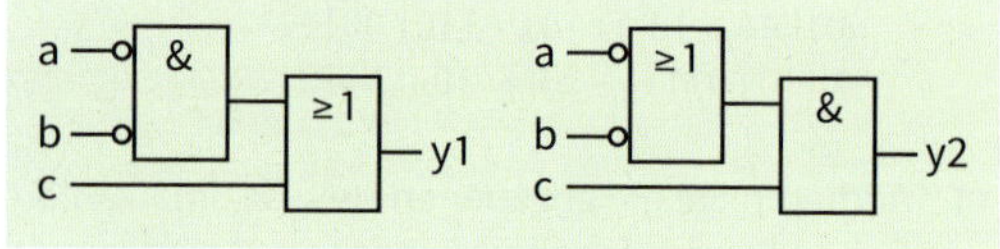

3. Zeichnen Sie eine Logikschaltung für die dargestellten Signal-Zeitverläufe.

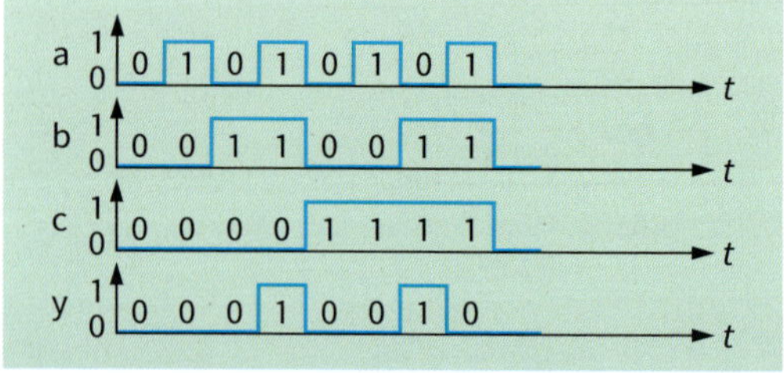

4. Für die gegebenen Wertetabellen werden jeweils die Funktionsgleichung und das Schaltnetz gesucht. In den Zeilen, in denen a1 bzw. a2 = 1 sind, werden alle Eingangsvariablen zu einer Teilfunktion UND-verknüpft. Alle ODER-verknüpften Teilfunktionen liefern dann die gesuchte Funktionsgleichung.

a)

e3	e2	e1	a1
0	0	0	0
0	0	1	1
0	1	0	0
0	1	1	0
1	0	0	1
1	0	1	0
1	1	0	0
1	1	1	1

b)

e3	e2	e1	a1	a2
0	0	0	0	1
0	0	1	0	0
0	1	0	1	0
0	1	1	0	1
1	0	0	1	0
1	0	1	0	0
1	1	0	0	0
1	1	1	1	0

5. Gegeben ist die Funktionsgleichung:
$y = \overline{\overline{\bar{a} \wedge b} \vee a \vee \bar{c} \vee \bar{b} \wedge c}$
Zeichnen Sie das dazugehörige Schaltnetz.

6. Untersuchen Sie die Schaltung in der Abbildung.
a) Ermitteln Sie die Funktionsgleichung.
b) Stellen Sie die Wertetabelle auf und überlegen Sie, welche Grundverknüpfung das Schaltnetz ersetzt.

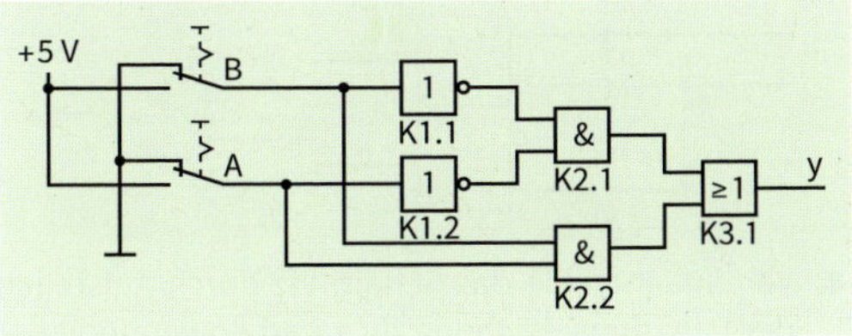

7. In einer Anlage soll immer dann eine Störmeldung erfolgen, wenn mindestens zwei von drei Messfühlern den Wert 1 haben.
a) Erstellen Sie die Wertetabelle.
b) Wie lautet die Gleichung in disjunktiver Normalform?
c) Zeichnen Sie den Funktionsplan, der sich aus der Funktionsgleichung ergibt.

8. Ein Lastenaufzug zwischen zwei Stockwerken eines Hauses darf nur dann losfahren, wenn
- die Aufzugstür geschlossen ist,
- die Überlastsicherung nicht ausgelöst hat,
- nur eine der Stockwerktasten ausgedrückt wird
- und die Kabinenstandsmeldung aussagt, dass sich der Aufzug nicht bereits im gewünschten Stockwerk befindet.

a) Erstellen Sie die Wertetabelle.
b) Wie lautet die Funktionsgleichung in der disjunktiven Normalform?

9. a) Stellen Sie für die Schaltungen die Wertetabellen auf.
b) Zeichnen Sie den Signal-Zeit-Verlauf.
c) Stellen Sie die Funktionsgleichungen auf.
d) Beschreiben Sie die Besonderheiten der Schaltungen und nennen Sie mögliche Anwendungsfälle.

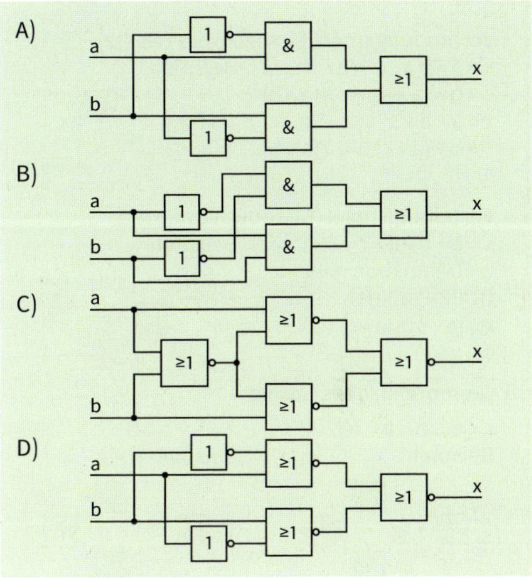

10. Von den acht Schaltungen besitzen jeweils zwei das gleiche logische Verhalten.
a) Weisen Sie das logische Verhalten durch Wertetabellen nach.
b) Benennen Sie die Schaltungen mit gleichem Verhalten.
c) Stellen Sie für jede Schaltung die mathematische Funktion auf und verknüpfen Sie die gleichen Teile durch ein Gleichheitszeichen.

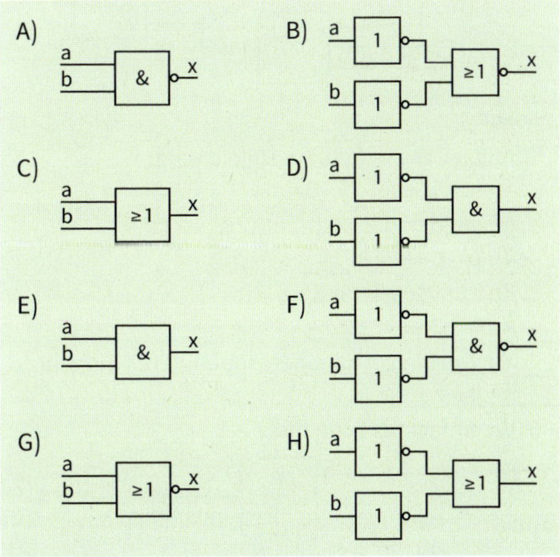

11.5 Schaltalgebra

Rechenregeln

- **Vertauschungsregel** (Kommutatives Gesetz)

  $x = a \wedge b = b \wedge a$ **Beispiel:**

  $x = a \vee b = b \vee a$

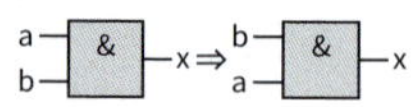

- **Verbindungsregel** (Assoziatives Gesetz)

  $x = a \wedge b \wedge c = a \wedge (b \wedge c)$ **Beispiel:**

  $= b \wedge (a \wedge c) = c \wedge (a \wedge b)$

  $x = a \vee b \vee c = a \vee (b \vee c)$

  $= b \vee (a \vee c) = c \vee (a \vee b)$

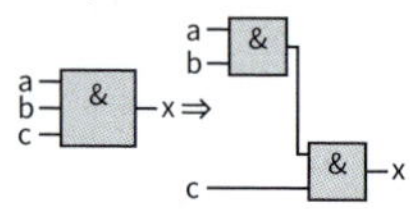

- **Verteilungsregel** (Distributives Gesetz)

  $x = a \wedge b \vee a \wedge c = a \wedge (b \vee c)$ **Beispiel:**

  UND-Funktion geht vor ODER-Funktion

  $x = (a \vee b) \wedge (a \vee c) = a \vee (b \wedge c)$

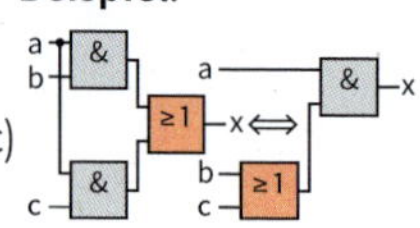

- **De-morgansches Gesetz**

  $x = \overline{a \wedge b} = \bar{a} \vee \bar{b}$ $x = \overline{a \vee b} = \bar{a} \wedge \bar{b}$

  Beispiel: **Beispiel:**

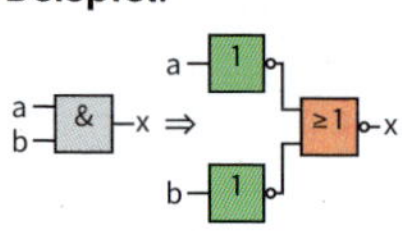

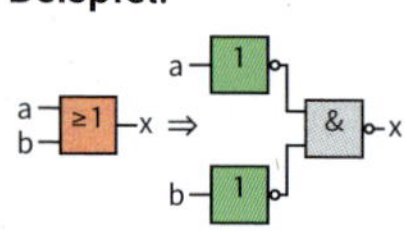

$x = \overline{a \wedge b} = \bar{a} \vee \bar{b}$ $x = \overline{a \vee b} = \bar{a} \wedge \bar{b}$

Beispiel:

Die zwei UND-Gatter mit je drei Eingängen sind so geschaltet, dass sie sich nur in einer Variablen unterscheiden.

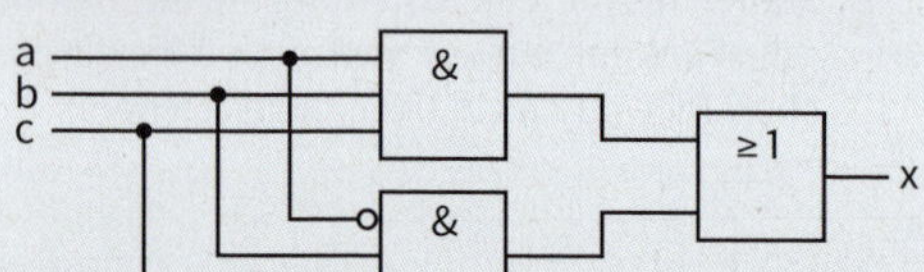

Lösung:

1. Aufstellen der Funktionsgleichung:
   $x = (a \wedge b \wedge c) \vee (\bar{a} \wedge b \wedge c)$
2. Anwenden des Distributionsgesetzes:
   $x = b \wedge c \wedge (a \vee \bar{a})$
3. Kürzungsregel für $a \vee \bar{a} = 1$:
   $x = b \wedge c \wedge 1$
4. Kürzungsregel für einen unbenutzten Eingang:
   $x = b \wedge c$
5. Vereinfachtes Schaltnetz

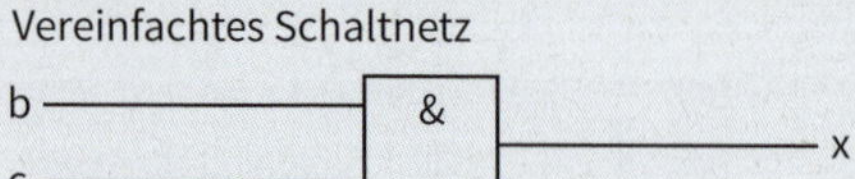

Aufgaben

1. Wenden Sie zur Vereinfachung des Schaltnetzes das Distributivgesetz an und zeichnen Sie die Schaltung mit nur zwei Gattern.

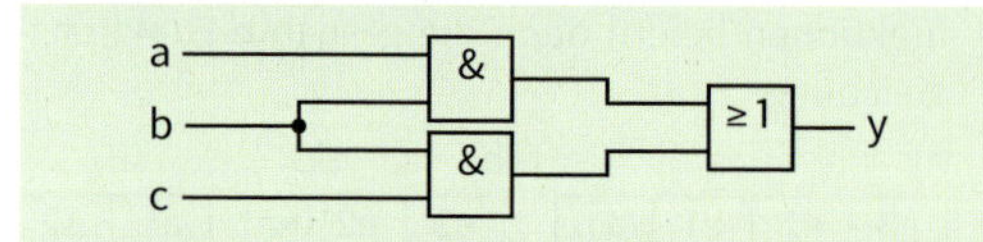

2. Die beiden Schaltungen sollen vereinfacht werden. Gesucht ist jeweils die einfachste Form der Funktionsgleichung.

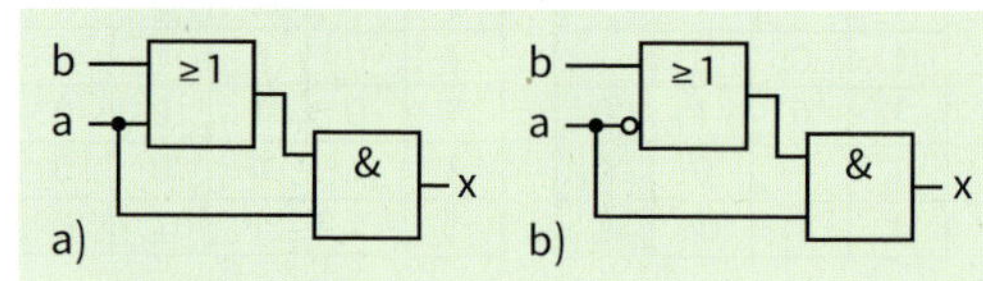

3. Einen Teil der Ansteuerschaltung eines Signalgebers in der Fernbedienung eines Gerätes zeigt die Abbildung.
   a) Stellen Sie die schaltalgebraische Gleichung auf.
   b) Formen Sie die Gleichung so um, dass Sie die Schaltung nur mit NOR-Bausteinen aufbauen können.

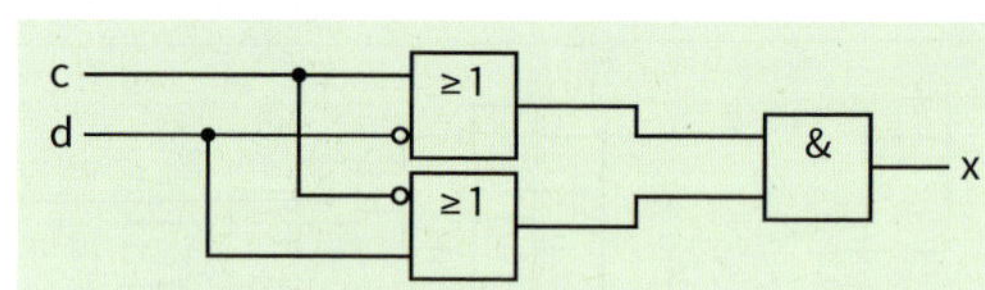

4. Vereinfachen Sie das Schaltnetz durch Aufstellen der Funktionsgleichung für x und Anwendung der schaltalgebraischen Rechenregeln.

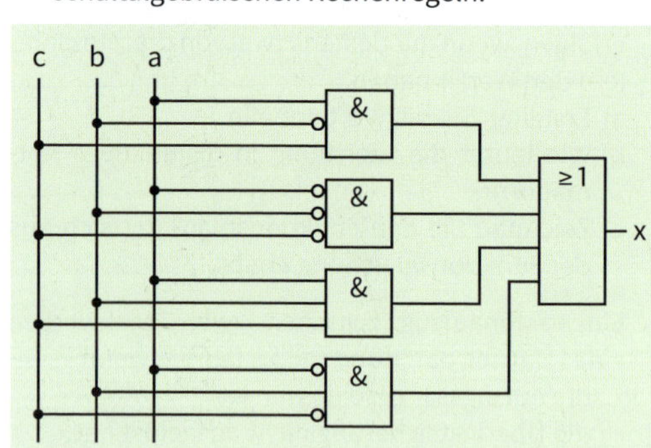

5. Die Gleichungen a) bis d) sind so zu berechnen, dass ein Ergebnis in einfachster Form entsteht.
   a) $x = (1 \vee 0) \wedge (1 \vee \bar{b})$
   b) $x = (1 \vee b) \vee (a \vee b)$
   c) $x = a \vee (0 \wedge 1 \wedge b)$
   d) $x = (1 \wedge \bar{a}) \vee (1 \wedge b)$

Vereinfachen Sie folgende Funktionsgleichungen.

6. a) $x = (a \wedge \overline{b}) \vee (a \wedge b)$ c) $x = (\overline{a} \wedge b) \vee (a \wedge b)$

b) $x = (\overline{a} \wedge \overline{b}) \vee (\overline{a} \wedge b)$ d) $x = (\overline{a} \wedge \overline{b}) \vee (a \wedge \overline{b})$

7. $x = (a \wedge b) \vee (a \wedge \overline{b}) \vee (\overline{a} \wedge b) \vee (\overline{a} \wedge \overline{b})$

8. $x = (\overline{a} \wedge b \wedge \overline{c}) \vee (\overline{a} \wedge b \wedge c) \vee (a \wedge b \wedge \overline{c})$

9. $x = (\overline{a} \wedge \overline{b} \wedge c) \vee (\overline{a} \wedge b \wedge c) \vee (a \wedge \overline{b} \wedge c)$

10. $x = (\overline{a} \wedge \overline{b} \wedge \overline{c}) \vee (\overline{a} \wedge b \wedge \overline{c}) \vee (a \wedge \overline{b} \wedge \overline{c})$

11. $x = (\overline{a} \wedge \overline{b} \wedge c) \vee (\overline{a} \wedge b \wedge \overline{c}) \vee (\overline{a} \wedge b \wedge c)$

12. $x = (a \wedge \overline{b} \wedge \overline{c}) \vee (a \wedge \overline{b} \wedge c) \vee (a \wedge b \wedge \overline{c})$

13. $x = (\overline{a} \wedge \overline{b} \wedge \overline{c}) \vee (\overline{a} \wedge \overline{b} \wedge c) \vee (a \wedge \overline{b} \wedge c)$

14. $x = (\overline{a} \wedge b \wedge \overline{c}) \vee (\overline{a} \wedge b \wedge c) \vee (a \wedge b \wedge \overline{c})$
$\vee (a \wedge b \wedge c)$

15. $x = (\overline{a} \wedge \overline{b} \wedge \overline{c}) \vee (\overline{a} \wedge \overline{b} \wedge c) \vee (a \wedge \overline{b} \wedge c)$
$\vee (a \wedge b \wedge \overline{c})$

16. $x = (a \wedge \overline{b} \wedge \overline{c}) \vee (a \wedge \overline{b} \wedge c) \vee (a \wedge b \wedge \overline{c})$
$\vee (a \wedge b \wedge c)$

17. $x = (\overline{a} \wedge \overline{b} \wedge \overline{c}) \vee (\overline{a} \wedge \overline{b} \wedge c) \vee (\overline{a} \wedge b \wedge \overline{c})$
$\vee (\overline{a} \wedge b \wedge c)$

18. $x = (\overline{a} \wedge \overline{b} \wedge \overline{c}) \vee (\overline{a} \wedge b \wedge \overline{c}) \vee (a \wedge \overline{b} \wedge \overline{c})$
$\vee (a \wedge b \wedge \overline{c})$

19. $x = (\overline{a} \wedge \overline{b} \wedge c) \vee (\overline{a} \wedge b \wedge c) \vee (a \wedge \overline{b} \wedge c)$
$\vee (a < b < c)$

20. $x = (a \wedge b \wedge \overline{c} \wedge \overline{d}) \vee (a \wedge b \wedge c \wedge \overline{d}) \vee (a \wedge b \wedge \overline{c} \wedge \overline{d})$
$\vee (a \wedge b \wedge c \wedge d)$

21. $x = (\overline{a} \wedge b \wedge c \wedge \overline{d}) \vee (\overline{a} \wedge b \wedge c \wedge d) \vee (\overline{a} \wedge b \wedge \overline{c} \wedge \overline{d})$
$\vee (\overline{a} \wedge b \wedge \overline{c} \wedge d)$

22. $x = (a \wedge \overline{b} \wedge c \wedge d) \vee (\overline{a} \wedge \overline{b} \wedge c \wedge d) \vee (a \wedge \overline{b} \wedge c \wedge \overline{d})$
$\vee (\overline{a} \wedge \overline{b} \wedge c \wedge \overline{d})$

23. $x = (\overline{a} \wedge b \wedge \overline{c} \wedge \overline{d}) \vee (\overline{a} \wedge b \wedge \overline{c} \wedge d) \vee (\overline{a} \wedge \overline{b} \wedge \overline{c} \wedge d)$
$\vee (\overline{a} \wedge \overline{b} \wedge \overline{c} \wedge d)$

24. $x = (a \wedge \overline{b} \wedge \overline{c} \wedge d) \vee (a \wedge \overline{b} \wedge \overline{c} \wedge \overline{d}) \vee (\overline{a} \wedge \overline{b} \wedge \overline{c} \wedge d)$
$\vee (\overline{a} \wedge \overline{b} \wedge \overline{c} \wedge d)$

25. Die Abbildungen geben die Signalzustände an den Eingängen verschiedener Steuerschaltungen für das Ausgangssignal $x = 1$ wieder.
Ermitteln Sie die Funktionsgleichungen und zeichnen Sie die minimierten Schaltungen.

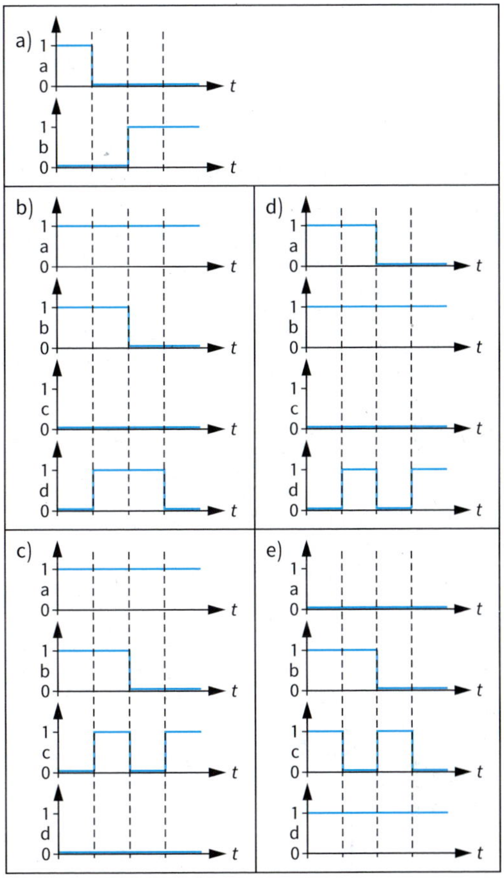

26. Wie lautet die Funktionsgleichung der abgebildeten Schaltung.
Zeichnen Sie die Schaltung, die sich aus der vereinfachten Gleichung ergibt.

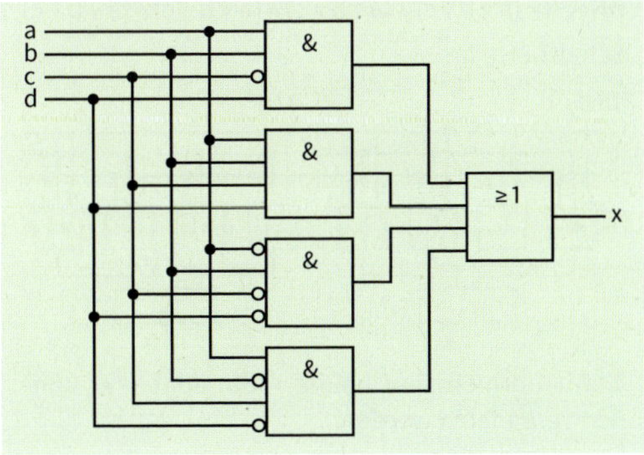

11.6 Normalformen

Nicht vereinfachte Funktionsgleichungen werden als Normalformen bezeichnet.

Verfahren

Disjunktive Normalform (DNF) ①:

- Zeilen in der Wertetabelle mit der Ausgangsvariablen „1“ wählen und die Eingangsvariablen durch **UND** verknüpfen.
- Ist eine Eingangsvaraible „0“, wird diese negiert.
- Alle UND-Verknüpfungen dann mit **ODER** verbinden.

Konjunktive Normalform (KNF) ③:

- Zeilen in der Wertetabelle mit der Ausgangsvariablen „0“ wählen und die Eingangsvariablen durch **ODER** verknüpfen.
- Ist eine Eingangsvariable „1“, wird diese negiert.
- Alle ODER-Verknüpfungen dann mit **UND** verbinden.

Beispiel:

Die Wertetabelle soll durch die Symbole der Schaltalgebra so umgeformt werden, dass sich daraus ein Schaltnetz aufbauen lässt.

Lösung:

Eingang	Ausgang	Ausdrücke für …	
a b c	x	DNF	KNF
0 0 0	0		$a \vee b \vee c$
0 0 1	0		$a \vee b \vee \bar{c}$
0 1 0	0		$a \vee \bar{b} \vee c$
0 1 1	1	$\bar{a} \wedge b \wedge c$	
1 0 0	0		$\bar{a} \vee b \vee c$
1 0 1	1	$a \wedge \bar{b} \wedge c$	
1 1 0	1	$a \wedge b \wedge \bar{c}$	
1 1 1	1	$a \wedge b \wedge c$	

DNF: $x = (\bar{a} \wedge b \wedge c) \vee (a \wedge \bar{b} \wedge c) \vee (a \wedge b \wedge \bar{c}) \vee (a \wedge b \wedge c)$

KNF: $x = (a \vee b \vee c) \wedge (a \vee b \vee \bar{c}) \wedge (a \vee \bar{b} \vee c) \wedge (\bar{a} \vee b \vee c)$

Schaltnetze für …

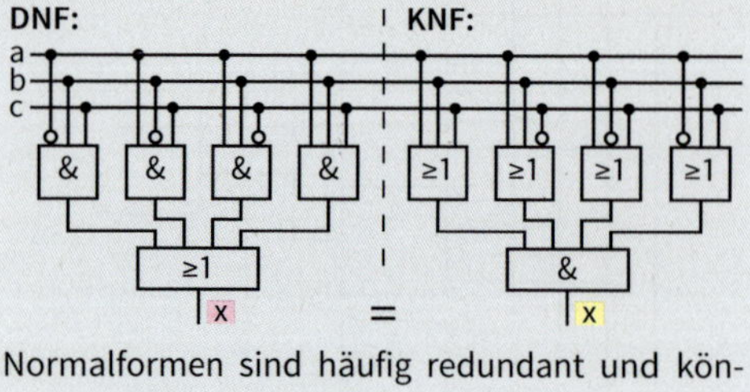

Normalformen sind häufig redundant und können vereinfacht werden.

Aufgaben

1. Wie lautet die Funktionsgleichung in konjunktiver Normalform für die Wertetabelle?

a	b	c	x
1	0	0	0
0	1	0	0
1	1	1	0

2. a) Stellen Sie für die Wertetabelle die Funktionsgleichung in disjunktiver Normalform auf.

b) Wie viele integrierte Bausteine werden für die Schaltung nach der konjunktiven und nach der disjunktiven Normalform jeweils benötigt, wenn folgende ICs zur Verfügung stehen: 6 Inverter pro IC, 4 UND-Gatter mit je 2 Eingängen pro IC, 4 ODER-Gatter mit je 2 Eingängen pro IC?

a	b	c	x
0	0	0	1
0	0	1	0
0	1	0	1
0	1	1	0
1	0	0	1
1	0	1	0
1	1	0	1
1	1	1	1

3. Ein Schaltnetz für die disjunktive Normalform ändert seine Ausgangsfunktion nicht, wenn die UND-Gatter und das ODER-Gatter ersetzt werden durch NAND-Gatter.

a) Zeichnen Sie das Schaltnetz der DNF aus der Beispielaufgabe in NAND-Technik.

b) Durch welche Gatter könnte man das Schaltnetz der KNF ersetzen?

4. Für die drei Wertetabellen sind jeweils gesucht:

a) Disjunktive und konjunktive Normalform.

b) Vollständiges Schaltnetz für DNF und KNF.

c) Schaltnetz der DNF in NAND-Technik.

d) Schaltnetz der KNF in NOR-Technik.

b	a	x1
0	0	0
0	1	1
1	0	1
1	1	0

c	b	a	x2
0	0	0	0
0	0	1	1
0	1	0	1
0	1	1	0
1	0	0	1
1	0	1	0
1	1	0	0
1	1	1	1

d	c	b	a	x3
0	0	0	0	1
0	0	0	1	0
0	0	1	0	1
0	0	1	1	0
0	1	0	0	1
0	1	0	1	0
0	1	1	0	1
0	1	1	1	0
1	0	0	0	0

11.7 Minimierung mit KV-Tafeln[1)]

KV-Tafeln für 2, 3 und 4 Variable

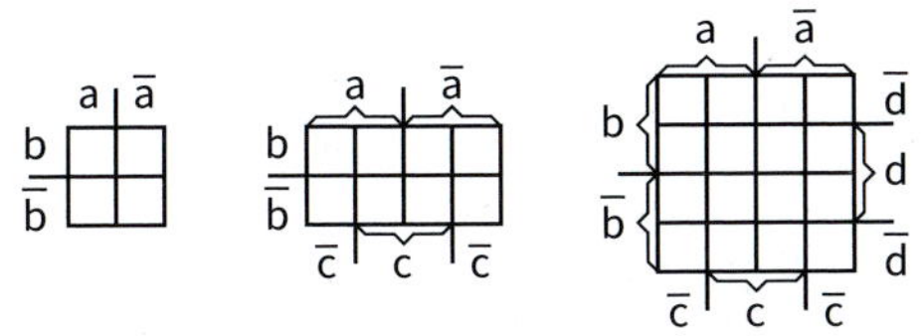

Vorgehensweise:
1. Kennzeichnung der Felder in der KV-Tafel, für die x = 1 ist.
2. Zusammenfassung von 2, 4 oder 8 neben- oder übereinanderliegenden Feldern zu Blöcken.
3. Ermittlung der vereinfachten Aussagen für die einzelnen Blöcke. Variablen, die in einem Block negiert und nicht negiert vorhanden sind, entfallen.
4. Zusammenfassung der einzelnen Aussagen zur vereinfachten Funktionsgleichung.

Beispiel 1:

Die abgebildete Steuerschaltung soll minimiert werden:

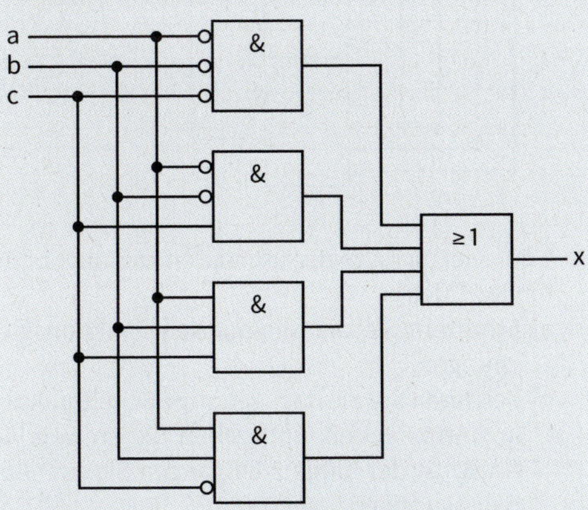

a) Wie lautet die Funktionsgleichung?
b) Minimieren Sie die Schaltung mit einer KV-Tafel.
c) Zeichnen Sie die Schaltung, die sich aus der vereinfachten Gleichung ergibt.

Lösung 1:

a) Funktionsgleichung:

$$x = \underbrace{(\bar{a} \land \bar{b} \land \bar{c})}_{1} \lor \underbrace{(\bar{a} \land \bar{b} \land c)}_{2} \lor \underbrace{(a \land b \land c)}_{3} \lor \underbrace{(a \land b \land \bar{c})}_{4}$$

b) Minimieren mit KV-Tafel

Es werden in der Tafel die Felder mit „1" entsprechend der Funktionsgleichung gekennzeichnet und Blöcke gebildet.

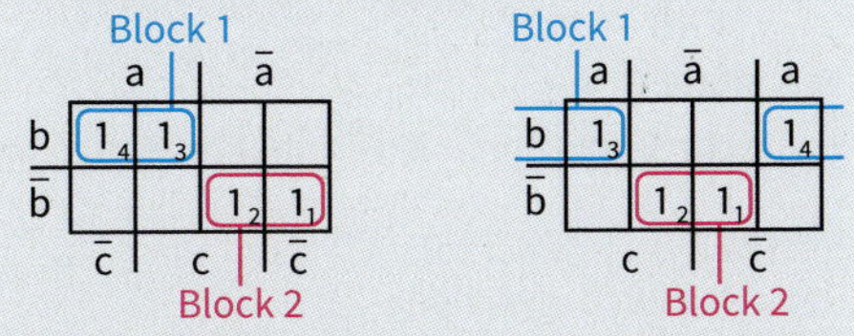

Auch Randfelder können zur Blockbildung verwendet werden.

Minimierte Aussage für die einzelen Blöcke:

Block 1: $x = a \land b$

Block 2: $x = \bar{a} \land \bar{b}$

(c und $\bar{c}$ entfallen, da $c \land \bar{c} = 0$ ist).

Zusammenfassung der einzelnen Aussagen zur minimierten Funktionsgleichung:

$x = (a \land b) \lor (\bar{a} \land \bar{b})$

c) Minimierte Steuerschaltung:

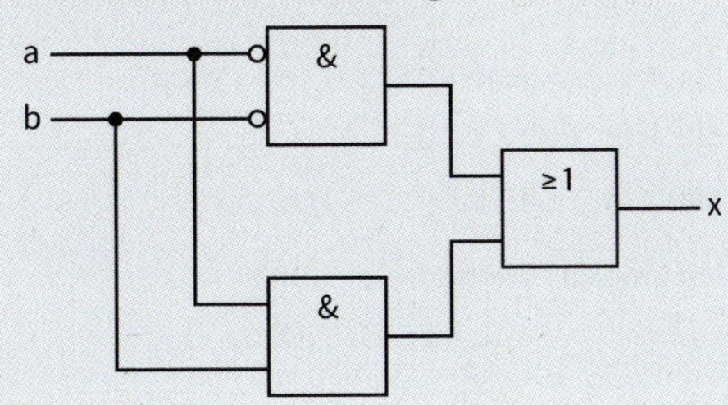

AUFGABEN

Minimieren Sie

1.

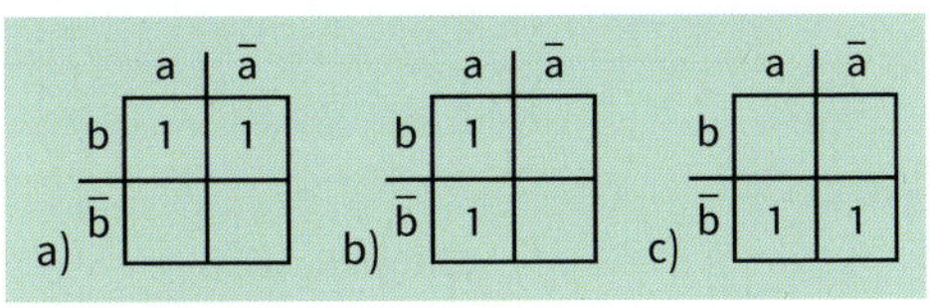

2. $x = (a \land b) \lor (\bar{a} \land \bar{b})$
(Begründen Sie das Ergebnis.)

3. $x = (a \land \bar{b}) \lor (\bar{a} \land \bar{b}) \lor (\bar{a} \land b)$

4.

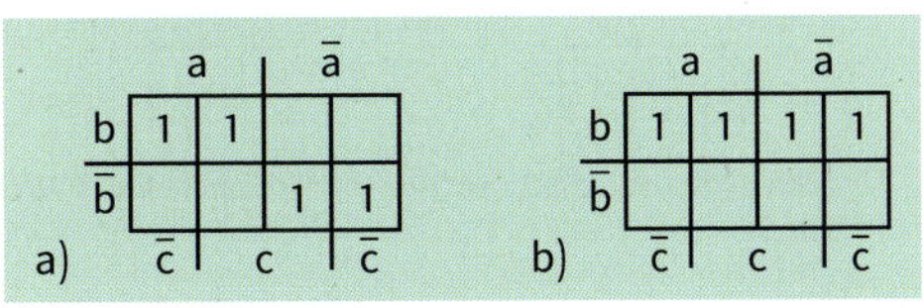

[1)] Karnaugh und Veitch (1952, 1953): Entwickler des Verfahrens

Beispiel 2:

Die Wirkungsweise einer Steuerschaltung wird durch die Funktionsgleichung
$x = (a \wedge b \wedge \bar{c} \wedge \bar{d}) \vee (a \wedge b \wedge c \wedge \bar{d}) \vee (a \wedge b \wedge c \wedge d)$
$\vee (\bar{a} \wedge b \wedge c \wedge d)$
beschrieben.

Ermitteln Sie die minimierte Funktionsgleichung.

Lösung 2:

Geg.: Funktionsgleichung
Ges.: Minimierte Funktionsgleichung

KV-Tafel und Blockbildung

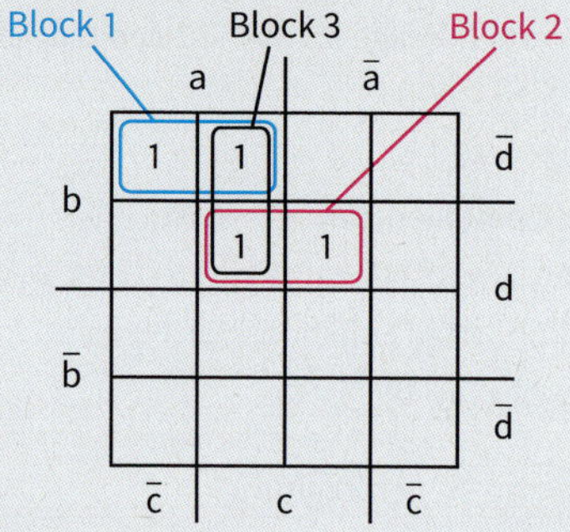

Block 1: $x = a \wedge b \wedge \bar{d}$

Block 2: $x = b \wedge c \wedge d$

Block 3: $x = a \wedge b \wedge c$

Minimierte Funktionsgleichung:
$x = (a \wedge b \wedge \bar{d}) \vee (b \wedge c \wedge d) \vee (a \wedge b \wedge c)$

Minimieren Sie

5.

a)

	a		$\bar{a}$	
b	1	1	1	
$\bar{b}$		1	1	1
	$\bar{c}$	c		$\bar{c}$

b)

	a		$\bar{a}$	
b	1	1		1
$\bar{b}$		1	1	
	c	$\bar{c}$		c

6.

	a		$\bar{a}$	
b	1	1		1
$\bar{b}$	1	1		1
	$\bar{c}$	c		$\bar{c}$

7.

a)

	a		$\bar{a}$		
b	1	1			$\bar{d}$
		1	1		d
$\bar{b}$			1	1	
				1	$\bar{d}$
	$\bar{c}$	c		$\bar{c}$	

b)

	a		$\bar{a}$		
b	1	1			$\bar{d}$
	1	1			d
$\bar{b}$			1	1	
			1	1	$\bar{d}$
	$\bar{c}$	c		$\bar{c}$	

8. $x = (a \wedge b \wedge c \wedge d) \vee (\bar{a} \wedge b \wedge c \wedge d) \vee (\bar{a} \wedge b \wedge \bar{c} \wedge d)$

9. $x = (\bar{a} \wedge b \wedge c \wedge \bar{d}) \vee (\bar{a} \wedge b \wedge c \wedge d) \vee (a \wedge \bar{b} \wedge \bar{c} \wedge d)$
$\vee (\bar{a} \wedge \bar{b} \wedge \bar{c} \wedge \bar{d})$

10. $x = (\bar{a} \wedge \bar{b} \wedge \bar{c} \wedge \bar{d}) \vee (\bar{a} \wedge b \wedge \bar{c} \wedge \bar{d}) \vee (\bar{a} \wedge \bar{b} \wedge \bar{c} \wedge d)$
$\vee (\bar{a} \wedge b \wedge \bar{c} \wedge d)$

11. $x = (\bar{a} \wedge \bar{b} \wedge \bar{c} \wedge \bar{d}) \vee (a \wedge \bar{b} \wedge \bar{c} \wedge \bar{d}) \vee (a \wedge b \wedge \bar{c} \wedge \bar{d})$
$\vee (\bar{a} \wedge b \wedge \bar{c} \wedge \bar{d}) \vee (\bar{a} \wedge \bar{b} \wedge c \wedge \bar{d}) \vee (\bar{a} \wedge \bar{b} \wedge c \wedge d)$
$\vee (\bar{a} \wedge \bar{b} \wedge \bar{c} \wedge d) \vee (a \wedge \bar{b} \wedge \bar{c} \wedge d) \vee (a \wedge b \wedge \bar{c} \wedge d)$
$\vee (\bar{a} \wedge b \wedge \bar{c} \wedge d) \vee (\bar{a} \wedge b \wedge c \wedge d) \vee (\bar{a} \wedge b \wedge c \wedge \bar{d})$

12. Ermitteln Sie die Funktionsgleichung aus der Schaltung. Minimieren Sie die Gleichung und zeichnen Sie die Schaltung, die sich aus der minimierten Gleichung ergibt.

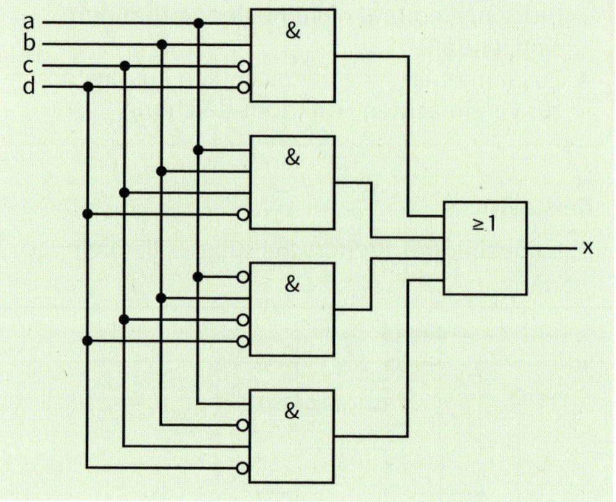

13. Über vier Schaltnetze existieren die abgebildeten KV-Tafeln.

a) Ermitteln Sie die minimierten Funktionsgleichungen.

b) Zeichnen Sie die dazugehörige Schaltfunktion in NAND-Technik und geben Sie an, wie viel NAND-Gatter mit je 2 Eingängen Sie zum Aufbau benötigen.

A)

	a		$\bar{a}$	
b	1	1	1	0
$\bar{b}$	0	1	1	1
	$\bar{c}$	c		$\bar{c}$

B)

	a		$\bar{a}$	
b	1	1	0	1
$\bar{b}$	0	1	1	0
	$\bar{c}$	c		$\bar{c}$

C)

	a		$\bar{a}$		
	1	1	1	1	$\bar{d}$
b	1	1	1	1	d
$\bar{b}$	1	1	1	1	
	1	1	1	0	$\bar{d}$
	$\bar{c}$	c		$\bar{c}$	

D)

	a		$\bar{a}$		
	1	0	0	1	$\bar{d}$
b	0	0	1	1	d
$\bar{b}$	0	0	1	1	
	1	0	0	1	$\bar{d}$
	$\bar{c}$	c		$\bar{c}$	

12 Automatisierungstechnik

12.1 Sensoren

Einheitssignale:

(normiert, elektrisch oder pneumatisch)

- Stromstärken (DIN IEC 60381-1)
  0 mA … 20 mA; 4 mA … 20 mA
- Spannungen (DIN IEC 60381-2)
  0 V … 10 V; 1 V … 5 V; 2 V … 10 V
- Pneumatik (DIN EN 60654-2)
  0,2 bar … 1 bar

Konstantspannungsquelle

Die Ausgangsspannung ist im definierten Spannungsbereich unabhängig von der Belastung konstant.

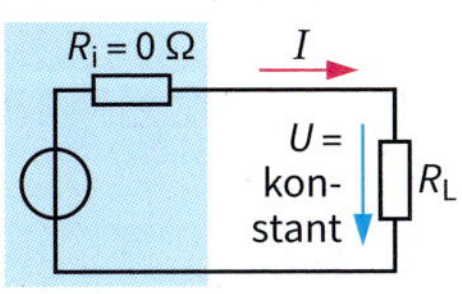

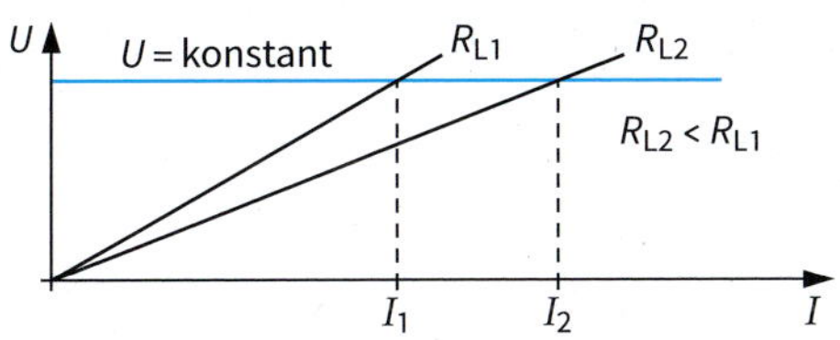

Konstantstromquelle

Die Ausgangsstromstärke ist im definierten Strombereich unabhängig von der Belastung konstant.

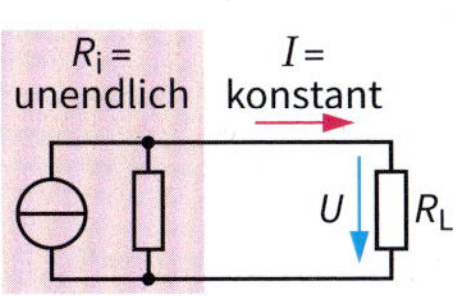

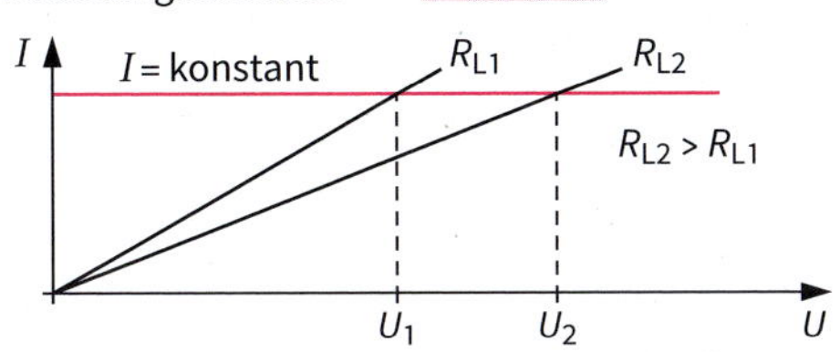

Beispiel 1:

Die konstante Spannung soll 10 V betragen. Berechnen Sie die Stromstärken bei $R_L = 10\ k\Omega$ und 20 kΩ.

Lösung 1:

$I_1 = \frac{U}{R_{L1}}$ $\quad I_1 = \frac{10\ V}{10\ k\Omega}$ $\quad \underline{\underline{I_1 = 1\ mA}}$

$I_2 = \frac{U}{R_{L2}}$ $\quad I_2 = \frac{10\ V}{20\ k\Omega}$ $\quad \underline{\underline{I_2 = 0{,}5\ mA}}$

Die Stromstärke ist umgekehrt proportional zum Widerstand.

Beispiel 2:

Die konstante Stromstärke soll 2 mA betragen. Berechnen Sie die Stromstärken bei $R_L = 500\ \Omega$ und $R_L = 200\ \Omega$.

Lösung 2:

$U_1 = I \cdot R_{L1}$ $\quad U_1 = 2\ mA \cdot 500\ \Omega$ $\quad \underline{\underline{U_1 = 1\ V}}$

$U_2 = I \cdot R_{L2}$ $\quad U_2 = 2\ mA \cdot 200\ \Omega$ $\quad \underline{\underline{U_2 = 0{,}4\ V}}$

Spannung und Widerstand sind proportional.
$U \sim R$

Aufgaben

1. In dem Schaltungsauszug befindet sich ein Wandler, der eine konstante Spannung von 0 V bis 10 V in Abhängigkeit von einer physikalischen Eingangsgröße abgeben kann. Am Ausgang sind vier Empfänger des Analogsignals dargestellt.
   Die Eingangswiderstände der Anzeige- bzw. Verarbeitungsgeräte betragen jeweils 100 kΩ. Der Wandler darf insgesamt mit 2 kΩ belastet werden. Ermitteln Sie, wie viele Geräte an diesen Wandler mit jeweils 100 kΩ angeschlossen werden könnten und berechnen Sie die Stromstärken.

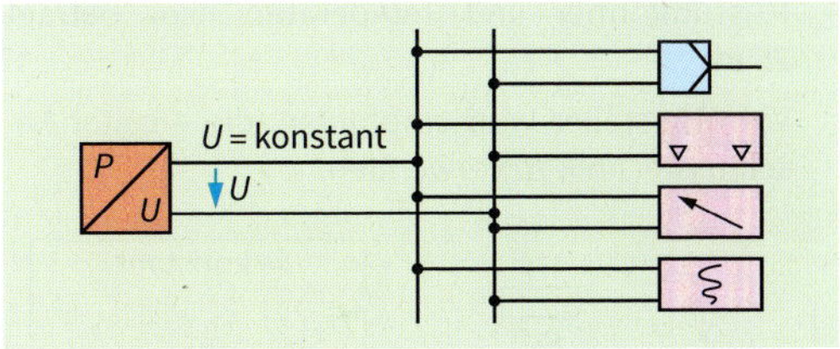

2. Der Wandler liefert am Ausgang eine konstante Stromstärke, die je nach physikalischem Signal zwischen 0 und 20 mA liegen kann.
   a) Der Wandler darf am Ausgang mit Widerständen von 0 bis 750 Ω belastet werden. Er ist also kurzschlussfest. Wie viele Geräte dürfen angeschlossen werden, wenn jedes Gerät einen Widerstand von 50 Ω besitzt?
   b) Berechnen Sie die Eingangsspannungen an den abgebildeten Geräten, wenn die Stromstärke 20 mA durch den Wandler beträgt und jedes Gerät einen Innenwiderstand von 50 Ω besitzt.
   c) Wie groß kann die Spannung am Ausgang des Wandlers maximal werden?

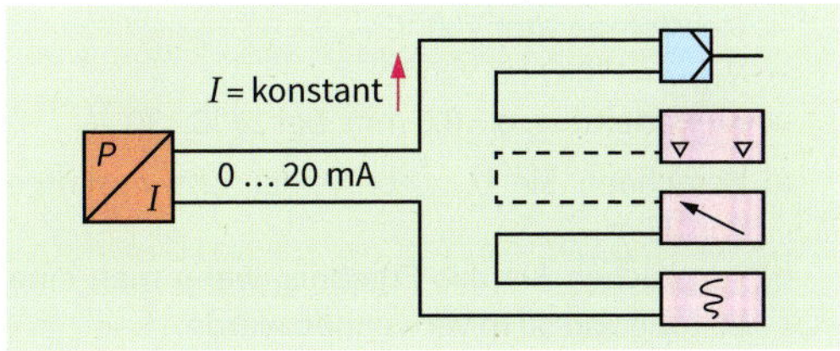

Anschlusstechnik analoger Sensoren
(Beispiel PTC)

2-Leiter
- Kurze Leitungen
- Leiterwiderstände verfälschen das Ergebnis

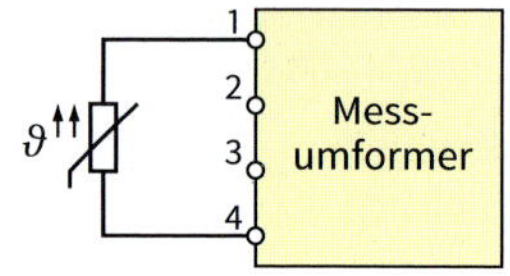

3-Leiter
- Lange Leitungen
- Gleich große Leiterwiderstände

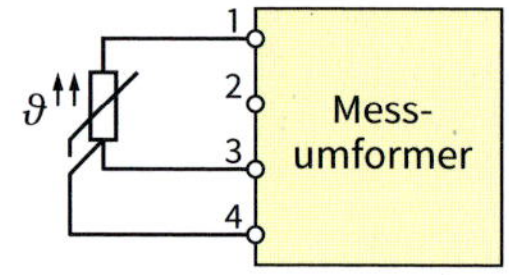

4-Leiter
- Große Entfernungen
- Unterschiedlich große Leiterwiderstände

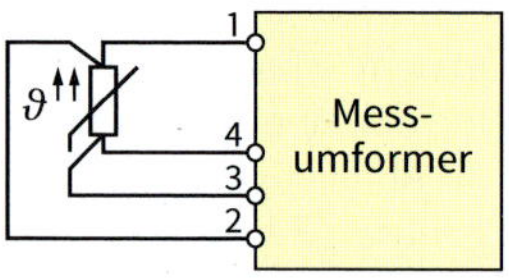

3. Ein PTC (Pt 100) wird zur Temperaturüberwachung in einer chemischen Anlage eingesetzt.
Die Entfernung zwischen Messumformer und Temperatursensor beträgt 25 m.

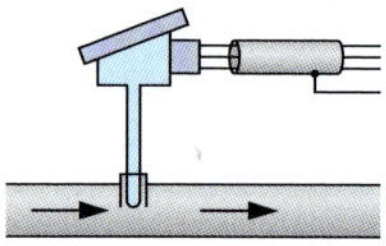

Vom Hersteller wird empfohlen, die 4-Leiter-Anschlusstechnik zu verwenden.

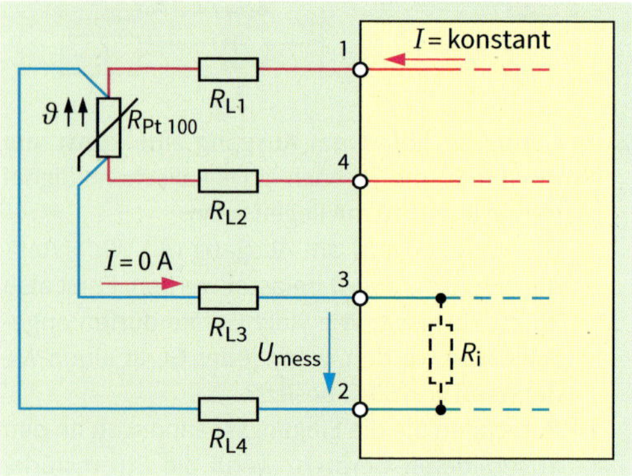

- R_L: Leiterwiderstände
- Der Messumformer erzeugt eine konstante Stromstärke von 1 mA.
- R_i: Innenwiderstand des Messumformers 10 kΩ
- Messtemperatur 200 °C
- R_{Pt100} = 170 Ω bis 200 °C
- Kupferleitung: d = 0,6 mm, bei 20 °C 130 $\frac{\Omega}{km}$

a) Berechnen Sie U_{mess} bei einer Leitungslänge von 25 m.

b) Vergleichen Sie das Ergebnis, wenn man eine Leitung von 50 m verwenden würde.

4. In der Brückenschaltung zur Temperaturanzeige befinden sich ein NTC-Widerstand und drei temperaturunabhängige Widerstände. Die Temperatur soll sich von – 20 °C bis 80 °C verändern.

a) Bei welcher Temperatur zeigt das Brückeninstrument 0 V an?

b) Welche Spannungen werden bei – 20 °C und bei 80 °C angezeigt und welche Richtung hat die Spannung zwischen den Anschlüssen A und B?

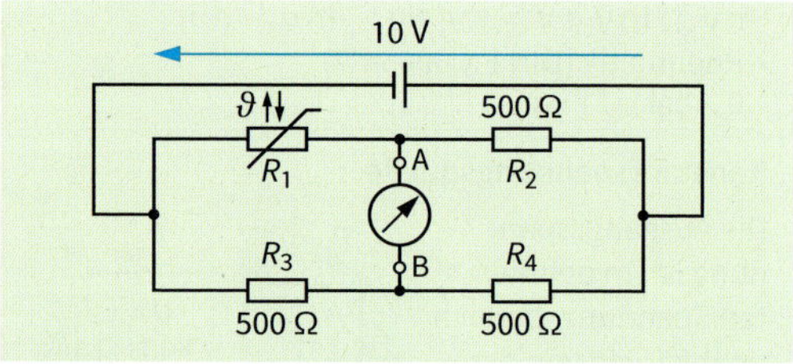

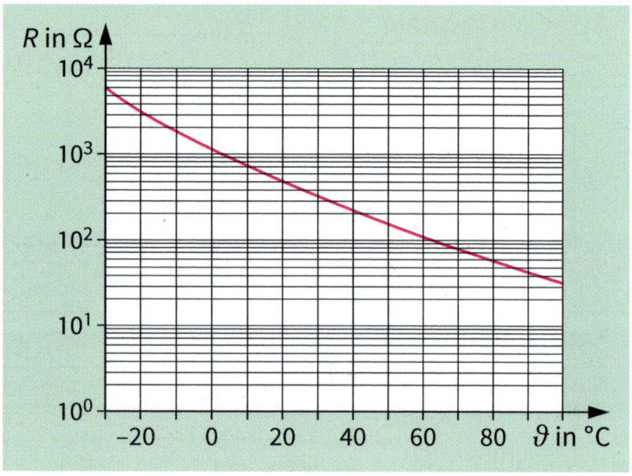

5. Eine Feldplatte befindet sich zur Messung der magnetischen Flussdichte im Luftspalt eines Wechselspannungsgenerators. Die Feldplatte hat bei 0 T einen Widerstand von R_0 = 100 Ω. Sie liegt in der Reihe mit einem Widerstand von 820 Ω. Die Gesamtspannung beträgt 10 V. Berechnen Sie mithilfe der normierten Kennlinie die minimale und maximale Stromstärke und Spannung an der Feldplatte, wenn sich B von 0 T bis ± 0,9 T ändert.

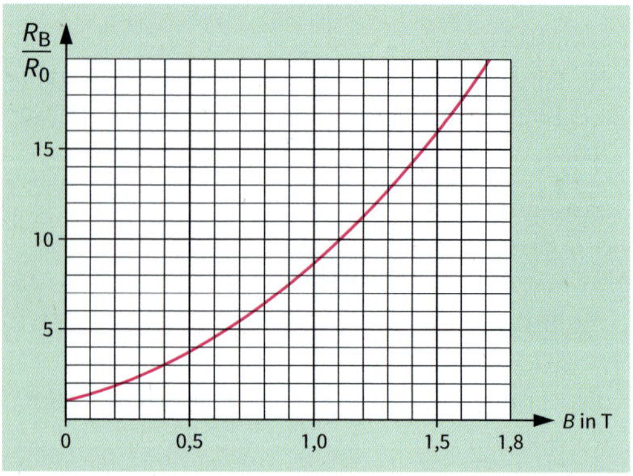

6. Die Abbildung zeigt eine Temperaturregelung für eine elektrische Heizung. Der Triac wird durch den Spannungsfall am Widerstand $R_3 = 330\ \Omega$ gesteuert. Mit dem Schalter können durch die PTC-Widerstände die Temperaturgrenzen 80 °C und 140 °C gewählt werden.
Berechnen Sie für jede Schalterstellung die Steuerspannung
a) bei 20 °C und
b) bei den Grenztemperaturen 80 °C und 140 °C.

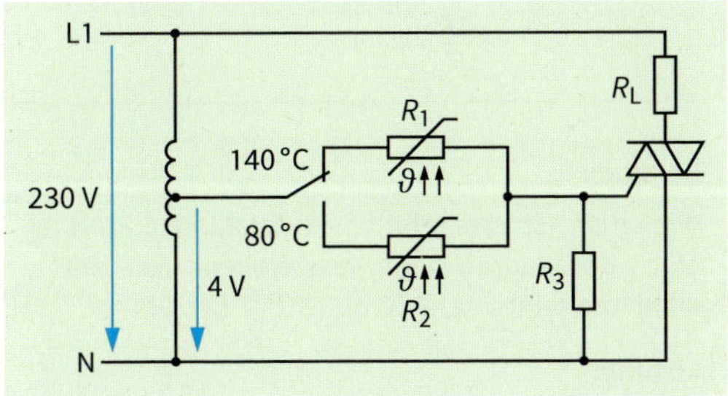

7. Die Abbildung zeigt eine elektronische Messeinrichtung für Flüssigkeitspegel. In Abhängigkeit von der Umgebung (Luft, Flüssigkeit) ändert der PTC (R_1) seinen Widerstand und somit ändert sich U_e.
Berechnen Sie die Spannung U_e, wenn die Temperatur des PTC 20 °C (Flüssigkeitstemperatur) und 100 °C (Aufheizung in der Luft) beträgt.

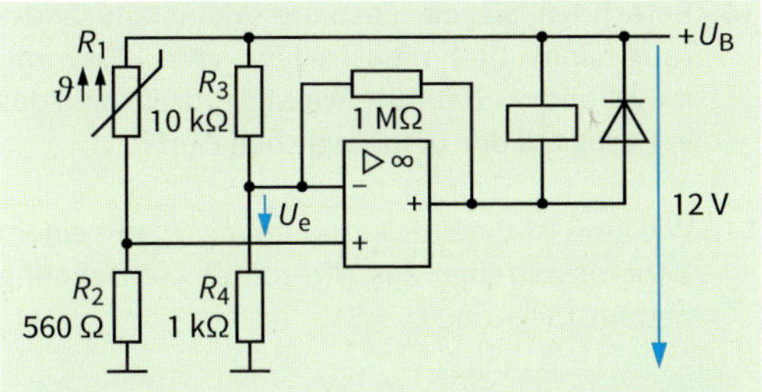

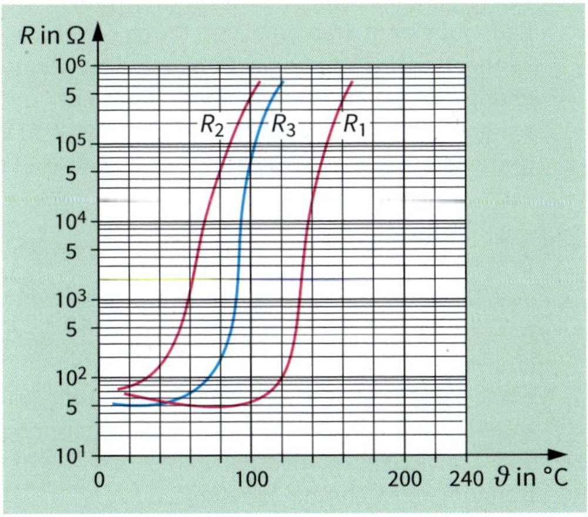

8. Zur Messung der Beleuchtungsstärke befindet sich ein lichtabhängiger Widerstand in der Brückenschaltung. Die Beleuchtungsstärke ändert sich von 0,1 lx bis 10^3 lx. Wie groß sind die Spannungen zwischen A und B und welche Richtungen ergeben sich?

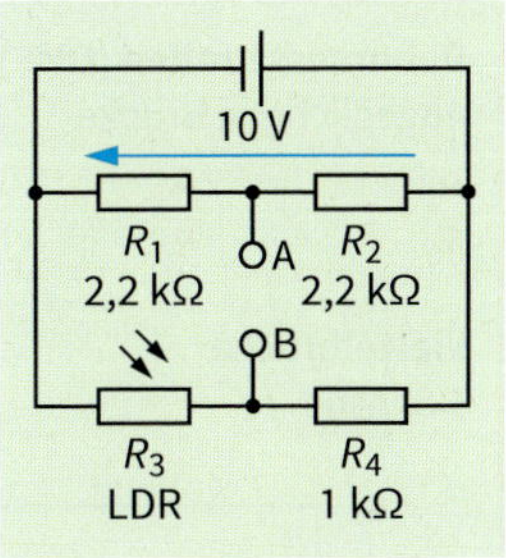

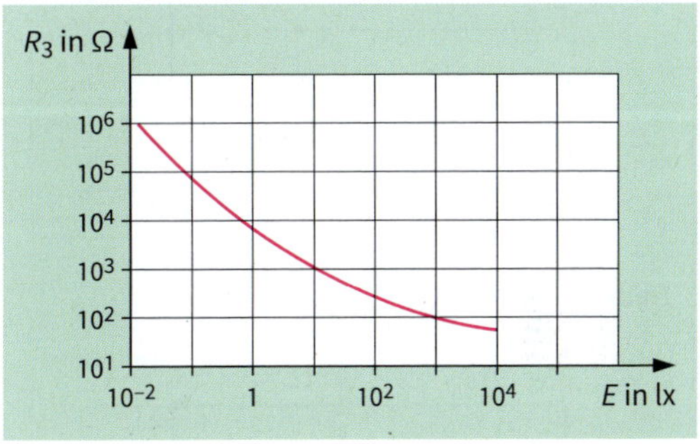

9. Ein in Form einer Brückenschaltung aufgebauter Drucksensor soll im Bereich von 1 bar bis 2 bar betrieben werden. Ein Schaltungsauszug sowie ein Diagramm über die Brückenspannung in Abhängigkeit vom Druck sind zu sehen. Berechnen Sie aufgrund der gegebenen Werte die Ausgangsspannung.

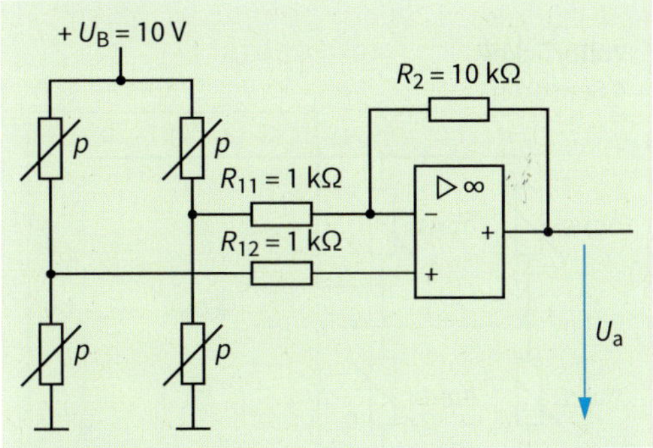

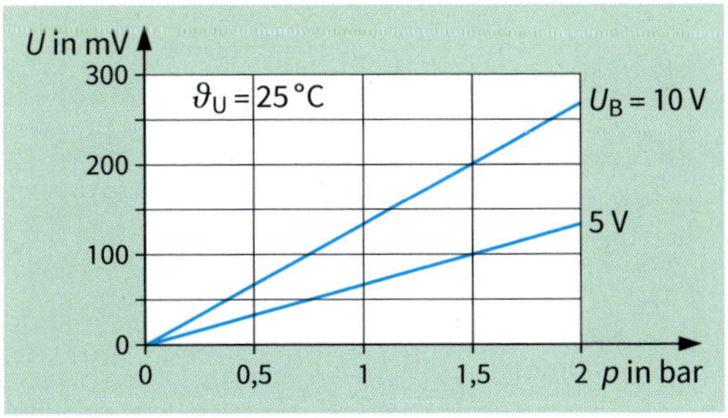

Dehnmessstreifen (DMS)
Abgeglichene Brücke

$\frac{R_1}{R_2} = 1$ $\frac{R_3}{R_4} = 1$

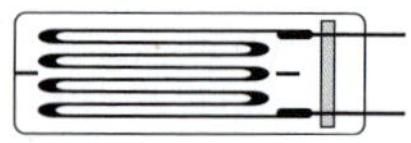

Viertelbrücke
1 Sensor

$U_m = \frac{U_V}{4} \cdot k \cdot \varepsilon$

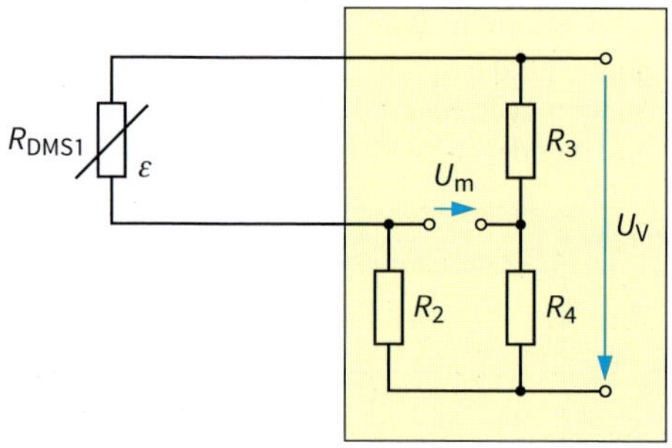

Halbbrücke
2 Sensoren

$U_m = \frac{U_V}{2} \cdot k \cdot \varepsilon$

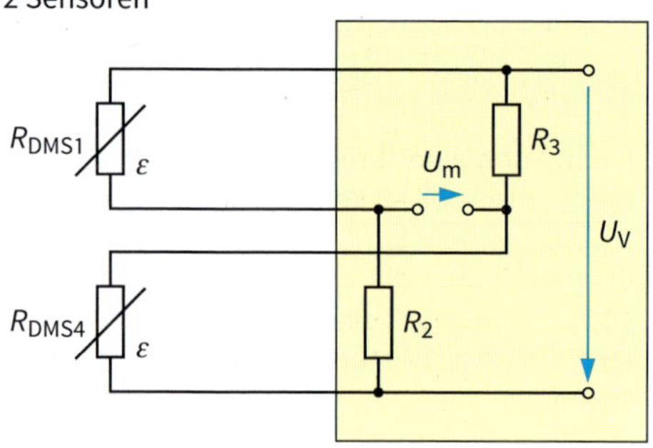

Vollbrücke
4 Sensoren

$U_m = U_V \cdot k \cdot \varepsilon$

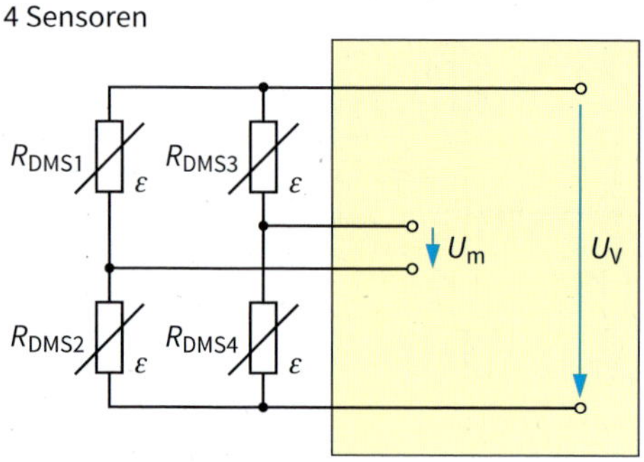

Δl	Längenänderung
l	Anfangslänge
ΔR	Widerstandsänderung
R	Anfangswiderstand
U_m	Brückenspannung
R_{DMS}	Widerstand des Dehnmessstreifens
k	Dehnungsempfindlichkeit
ε	Dehnung

k Dehnungsempfindlichkeit, k-Faktor

Beispiele:

Konstantan 2,05	Nichrome 2,2	Chromol 2,5
Platin-Wolfram 4,0	Platin 6,0	Silizium 10 … 200

ε Dehnung (im elastischen Bereich $F \sim \varepsilon$), relative Längenänderung

$\frac{\Delta l}{l} = \varepsilon$ $\frac{\Delta R}{R} = k \cdot \varepsilon$

Beispiel:

Wie groß ist die relative Widerstandsänderung eines Konstantan-Dehnmessstreifens von 100 Ω, wenn die relative Dehnung 750 $\frac{\mu m}{m}$ beträgt?

Lösung:

Geg.: $k = 2{,}05$, $\varepsilon = 750 \cdot 10^{-6}$, $R = 100\ \Omega$

Ges.: $\frac{\Delta R}{R}$

$\frac{\Delta R}{R} = k \cdot \varepsilon$ $\frac{\Delta R}{R} = 2{,}05 \cdot 750 \cdot 10^{-6}$

$\frac{\Delta R}{R} = 1{,}54 \cdot 10^{-3}$

10. Berechnen Sie die absolute Widerstandsänderung eines Drehmessstreifens von 120 Ω mit $k = 2{,}1$ und $\varepsilon = 200 \cdot 10^{-6}$. Wie viel Prozent sind das in Bezug auf den ursprünglichen Wert?

11. Wie groß ist die Brückenspannung U_m mit einem Dehnmessstreifen aus Nichrome? Die Dehnung beträgt 15 $\frac{\mu m}{m}$ und $U_V = 5$ V.

12. Zwei Dehnmessstreifen sind oberhalb und unterhalb auf einem Stab befestigt. Durch die einwirkende Kraft erfolgt eine Dehnung bzw. Stauchung der Dehnmessstreifen (Chromol mit $\varepsilon = 200 \cdot 10^{-6}$). Die Halbbrücke wird mit $U_V = 10$ V betrieben. Wie groß ist U_m?

13. Zur Messung des Drehmoments sind vier Dehnmessstreifen ($k = 2{,}1$) entsprechend der Skizze auf einer Welle befestigt. Die Betriebsspannung beträgt $U_V = 5$ V und es wird eine Brückenspannung von $U_m = 2{,}5$ mV gemessen. Berechnen Sie die Dehnung des Dehnmessstreifens.

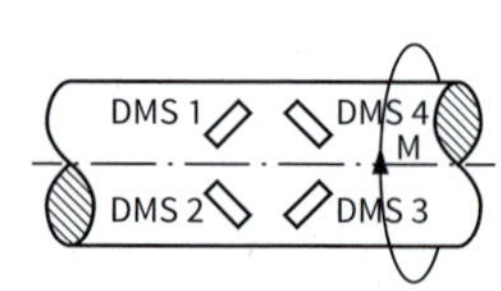

Schaltabstände binärer Sensoren

- s_n: Bemessungsschaltabstand (Nennschaltabstand)
  In diesem Wert sind keine äußeren Einflüsse oder Exemplarstreuungen enthalten.

- s_a: Gesicherter Schaltabstand ①
  (Arbeitsschaltabstand, sicher geschaltet)

Toleranzbereiche ②	
Induktive Sensoren	Kapazitive Sensoren
$s_a = 0{,}81 \ldots 1{,}21 \cdot s_n$	$s_a = 0{,}72 \ldots 1{,}32 \cdot s_n$

- s_r: Realschaltabstand
  Er liegt innerhalb der zulässigen Temperatur- und Spannungsbereiche und beträgt 90 % bis 110 % vom Bemessungsschaltabstand s_n.

- s_u: Nutzschaltabstand
  Er liegt innerhalb der zulässigen Temperatur- und Spannungsbereiche und beträgt 81 % bis 121 % vom Bemessungsschaltabstand s_n.

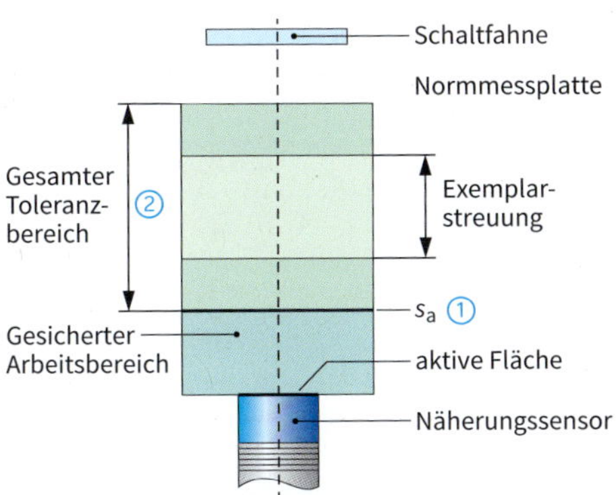

R_m Reduktionsfaktor (materialabhängige Größe)
Die technischen Daten für den Sensor beziehen sich auf die Normmessplatte (Stahl 235, 18 mm x 18 mm, d = 1 mm). Bei anderen Materialien muss ein Reduktionsfaktor R_m berücksichtigt werden.

Reduktionsfaktoren R_m (Beispiele)			
Induktive Sensoren		Kapazitive Sensoren	
Stahl S235	1	Wasser	1
Edelstahl	0,65 – 0,9	PVC	0,4
Aluminium	0,2 – 0,5	Öl	0,25

14. Ermitteln Sie für einen induktiven Näherungssensor mit einem Bemessungsschaltabstand von 20 mm den gesicherten Arbeitsbereich. Eingesetzt wird der Sensor zum Erkennen von Aluminium mit einem Reduktionsfaktor von 0,3.

15. Ermitteln Sie für einen kapazitiven Näherungssensor mit einem Bemessungsschaltabstand von 15 mm den gesicherten Arbeitsbereich. Eingesetzt wird der Sensor zum Erkennen von PVC.

16. Sensoren besitzen eine Schalthysterese. Sie ist der Wegunterschied zwischen dem Einschaltpunkt (Sensor genähert) und dem Ausschaltpunkt (Sensor entfernt) von der Materialprobe. Sie wird in Prozent des Realschaltabstandes angegeben.

Berechnen Sie die beiden Abstände, wenn der Bemessungsschaltabstand 20 mm beträgt und als Schalthysterese 10 % vom Realschaltabstand angegeben ist.

17. Von einem Hersteller sind die Schaltabstände induktiver Sensoren in der unteren Grafik verdeutlicht worden. Kennzeichnen Sie darin den Bemessungsschaltabstand, Realschaltabstand und Nutzschaltabstand unter Berücksichtigung maximaler und minimaler Werte.

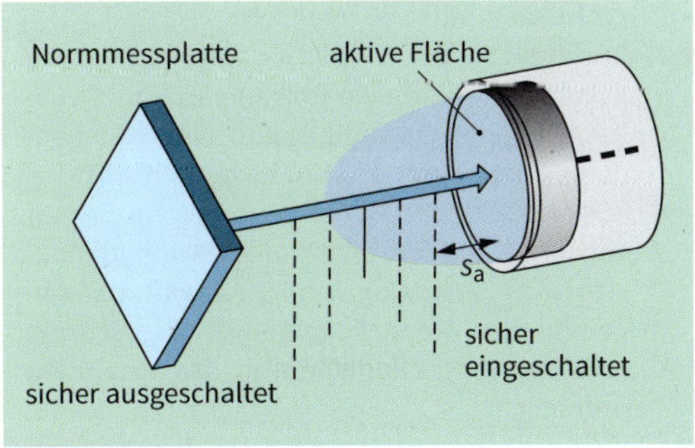

12.2 Regelstrecken

12.2.1 Regelstrecken mit Ausgleich (P-Strecken)

Regelkreis

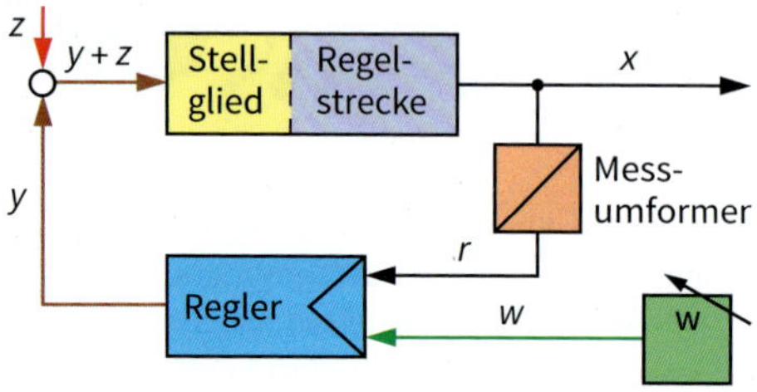

x Regelgröße
w Führungsgröße
y Stellgröße
z Störgröße
r Rückführgröße
X_h Regelbereich
Y_h Stellbereich
Z_h Störbereich
x_0 Regelgröße bei $y = 0$

Kenngrößen

K_{PS} Proportionalbeiwert der Regelstrecke
T_1 Zeitkonstante der Regelstrecke
T_t Totzeit
T_u Verzugszeit
T_{tE} Ersatztotzeit
T_A Anlaufzeit
T_g Ausgleichszeit
A Anlaufwert
v_x Geschwindigkeit der Regelgröße
s Regelbarkeit
s_w Regelbarkeit bei bekannter Führungsgröße w
Δx_w Regelgrößenänderung bis zum Erreichen der Führungsgröße

Zeitverhalten

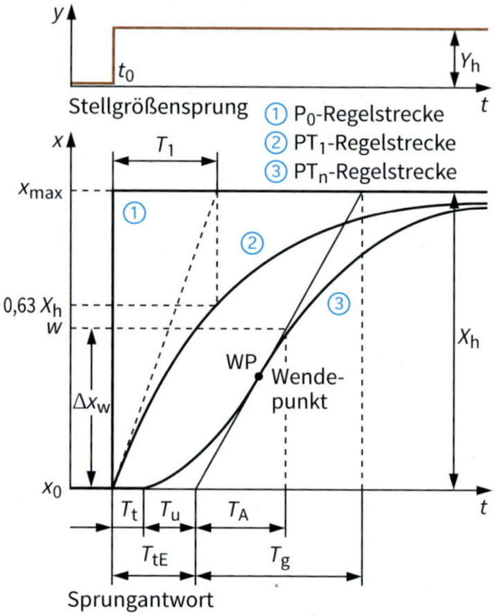

$$K_{PS} = \frac{\Delta x}{\Delta y} \qquad K_{PS} = \frac{X_h}{Y_h}$$

$$A = \frac{1}{v_{x\,max}} \qquad A = \frac{\Delta t}{\Delta x}$$

$$A = \frac{T_g}{K_{PS} \cdot Y_h} \qquad A = \frac{T_1}{K_{PS} \cdot Y_h}$$

$$\Delta x_w = w - x_0 \qquad X_h = x_{max} - x_0$$

$$T_A = A \cdot \Delta x_w \qquad T_g = A \cdot X_h$$

$$s = \frac{T_g \text{ (bzw. } T_1)}{T_{tE}} \qquad s_w = \frac{T_A}{T_{tE}}$$

$$T_{tE} = T_t + T_u$$

Beispiel:

Für einen Wärmeschrank (Temperaturregelstrecke) wurde der dargestellte Temperaturverlauf (s. Diagramm auf S. 287 unten) nach dem Einschalten der elektrischen Heizleistung von 5 kW aufgenommen.

a) Ermitteln Sie die Kenngrößen K_{PS}, A, T_t, T_u, T_g und Regelbarkeit s der Regelstrecke.
b) Ermitteln Sie die Zeit, die der Wärmeschrank benötigt, um die Solltemperatur (Führungsgröße) von 100 °C zu erreichen.
c) Ermitteln Sie den Proportionalbeiwert der Regelstrecke, wenn eine Phasenanschnittsteuerung als Stellglied mit einem Eingangsspannungsbereich von 0 … 10 V eingesetzt wird.
d) Zur Messung der Temperatur soll ein Sensor eingesetzt werden, der bei der Maximaltemperatur eine Spannung von 10 V abgibt. Berechnen Sie den Proportionalbeiwert des Sensors bzw. den Proportionalbeiwert der Gesamtanordnung.

Lösung:

Geg.: Sprungantwort, $Y_h = 5$ kW, $w = 100$ °C

Ges.: a) $K_{PS}, A, T_t, T_u, T_g, s$
b) T_{100}
c) K_{PS} bei $y = 0 \dots 10$ V
d) K_{PSs}, K_{PSg}

a) $K_{PS} = \dfrac{\Delta x}{\Delta y}$ $\qquad K_{PS} = \dfrac{X_h}{Y_h}$ ①

$K_{PS} = \dfrac{110\,°C}{5\,kW}$ $\qquad \underline{\underline{K_{PS} = 22\,\dfrac{°C}{kW}}}$

$A = \dfrac{\Delta t}{\Delta x}$ $\qquad A = \dfrac{T_g}{X_h}$

$A = \dfrac{23\,min}{110\,°C}$ $\qquad \underline{\underline{A = 0{,}209\,\dfrac{min}{°C}}}$

$\underline{\underline{T_t = 7{,}5\text{ min}}}$
$\underline{\underline{T_u = 2{,}5\text{ min}}}$ } aus der Sprungantwort
$\underline{\underline{T_g = 23\text{ min}}}$ ②

$s = \frac{T_A}{T_{tE}}$ $\qquad s = \frac{17{,}0\text{ min}}{10{,}0\text{ min}}$

$\underline{\underline{s = 1{,}75}}$ „schlecht regelbar“

b) $\underline{\underline{T_{100} = 27{,}0\text{ min}}}$ ③

c) $K_{PS1} = \frac{X_h}{Y_{h1}} = \frac{110\,°C}{10\text{ V}}$ $\qquad \underline{\underline{K_{PS1} = 11\,\frac{°C}{V}}}$

d) $K_{PSs} = \frac{X_a}{X_e} = \frac{10\text{ V}}{110\,°C}$ $\qquad \underline{\underline{K_{PSs} = 0{,}091\,\frac{V}{°C}}}$

$K_{PSg} = K_{PS1} \cdot K_{PSs} = 11\,\frac{°C}{V} \cdot 0{,}091\,\frac{V}{°C}$

$\underline{\underline{K_{PSg} = 1}}$

Beispiele für Regelstrecken

Regelstrecke	Stellgröße *y*	Regelgröße *x*
Rohrleitung	Ventilöffnung	Durchflussmenge
Gleichstrom-motor	Ankerstrom	Drehzahl
Transistor	Basisstrom	Kollektorstrom
Raumheizung	Heizleistung	Temperatur
Förderband	Schieber-stellung	Transport-menge
Spannungs-teiler	Eingangs-spannung	Ausgangs-spannung

s bzw. s_w	Regelbarkeit (*w* bekannt)
0 … 1,2	kaum
… 2,5	schlecht
… 5,0	mäßig
… 10	kaum
> 10	sehr gut

Sprungantwort einer Temperaturregelstrecke (Hilfslinien zur Auswertung)

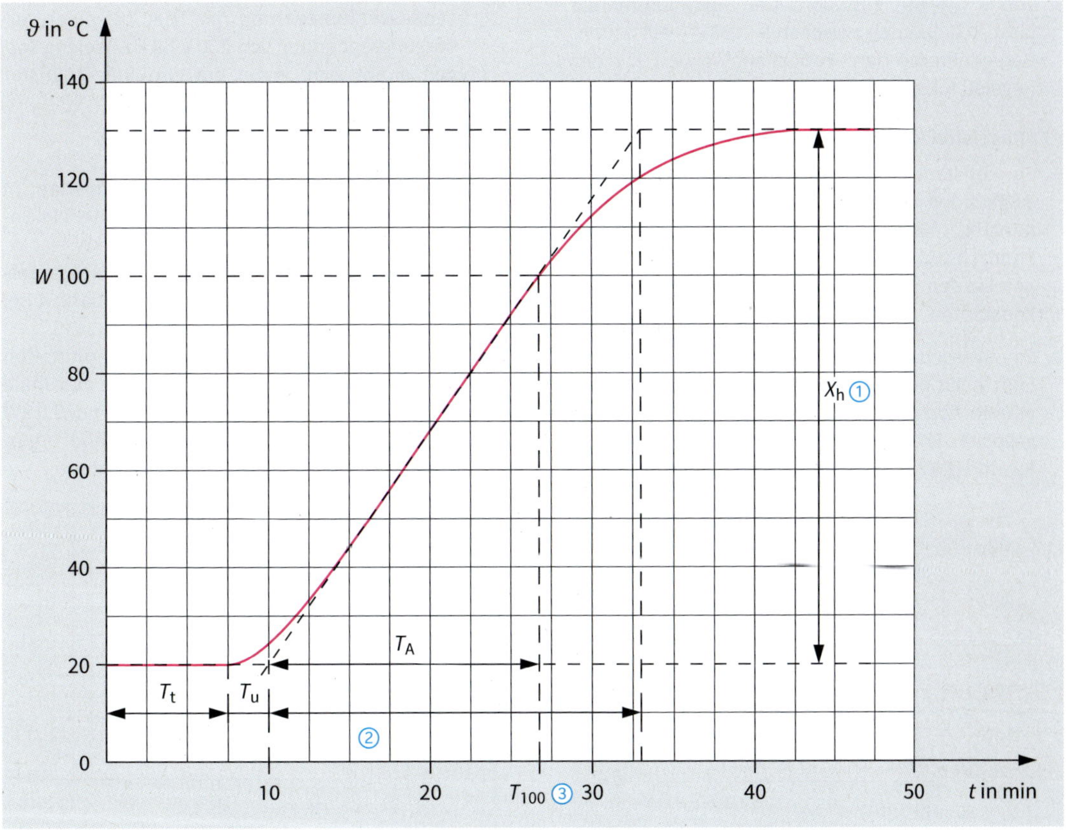

Aufgaben

P_0-Regelstrecken

1. Wird bei einer Durchflussregelstrecke die Ventilstellung um 10 mm Ventilhub verändert, so ändert sich die Durchflussmenge um 7,5 l/min.
a) Berechnen Sie den Proportionalbeiwert K_{PS} der Regelstrecke.
b) Berechnen Sie den Proportionalbeiwert, wenn der Ventilhub durch ein Gewinde mit der Steigung von 1 mm/Umdrehung erzeugt wird.

2. Berechnen Sie den Proportionalbeiwert eines Spannungsteilers mit den Widerständen $R_1 = 10\ \text{k}\Omega$ und $R_2 = 15\ \text{k}\Omega$ im Leerlauf und bei einer Belastung mit $R_L = 10\ \text{k}\Omega$.

3. Berechnen Sie den Proportionalbeiwert K_{PS} eines Transistors, dessen Kollektorstrom I_C geregelt werden soll. Im Arbeitspunkt ändert sich jeweils der Kollektorstrom um 120 mA, wenn sich
a) der Basisstrom I_B um 5 mA ändert bzw.
b) die Basis-Emitterspannung U_{BE} um 0,1 V geändert wird.

4. Der Antrieb eines Ventils wird mit einer Stellgröße von 0…20 mA gesteuert. Die Durchflussmenge lässt sich dadurch zwischen 5…50 $\frac{l}{\text{min}}$ einstellen. Berechnen Sie den Proportionalbeiwert K_{PS} der Regelstrecke.

PT_1-Regelstrecken

5. Ein konstant erregter Gleichstrommotor erreicht 5 Sekunden nach dem Einschalten der Ankerspannung $U_A = 40$ V eine Drehzahl von $1890 \cdot \frac{1}{\text{min}}$. Seine Enddrehzahl stellt sich auf $3000 \cdot \frac{1}{\text{min}}$ ein. Berechnen Sie den Proportionalbeiwert K_{PS} und die Zeitkonstante T_1 der Regelstrecke.

6. Eine Wasserturbine, die einen Generator antreibt, läuft nach dem in der Abbildung gezeigten Diagramm hoch. Die Turbine wird mit 5 $\frac{\text{m}^3}{\text{min}}$ Wasser gespeist. Ermitteln Sie den Proportionalbeiwert K_{PS} und die Zeitkonstante T_1 der Anlage.

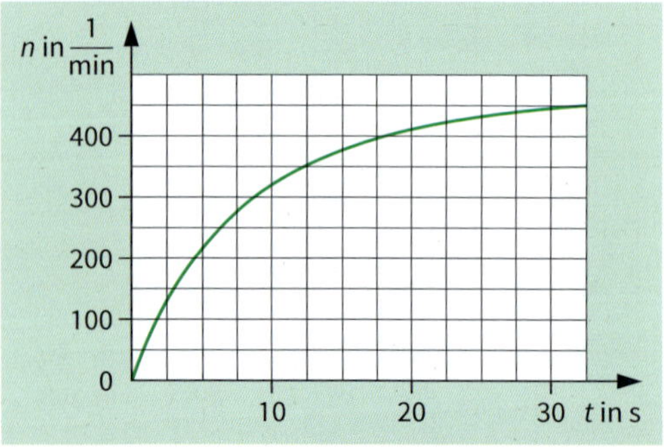

7. Berechnen Sie den Proportionalbeiwert und die Zeitkonstante eines RC-Gliedes bestehend aus $R = 5{,}6\ \text{k}\Omega$ und $C = 1\ \mu\text{F}$. Stellen Sie die Sprungantwort grafisch dar.

PT_t-Regelstrecken

8. Ein Förderband mit einem Förderweg von 12 m läuft mit einer Transportgeschwindigkeit von 0,5 $\frac{\text{m}}{\text{s}}$. Bei der maximalen Schütthöhe von 25 cm wird eine Förderleistung von 30 $\frac{\text{m}^3}{\text{h}}$ erreicht. Berechnen Sie die Totzeit und den Proportionalbeiwert K_{PS} des Förderbandes.

9. Bei der Mischung zweier Flüssigkeiten zur Regelung des pH-Wertes wird der Messwertfühler im Abstand von 2,2 m von der Zusammenführung installiert. Die mittlere Fließgeschwindigkeit beträgt 0,8 $\frac{\text{m}}{\text{s}}$.
a) Berechnen Sie die mittlere Totzeit T_{tm} der Regelstrecke.
b) Berechnen Sie den notwendigen Abstand zwischen Zusammenführung und Messfühler, wenn zur Durchmischung der Flüssigkeiten die Zeit von 1,5 s nötig ist.

10. Berechnen Sie die mittlere Totzeit T_{tm} einer Phasenanschnittsteuerung mit Triac bei einer Versorgungsspannung von 230 V/50 Hz. Welche Totzeit ergibt sich, wenn ein einzelner Thyristor eingesetzt wird?

PT_n-Regelstrecken

11. Das Diagramm zeigt den Temperaturverlauf in einem Raum nach dem Einschalten einer elektrischen Heizung mit der Leistung von 5 kW.
a) Ermitteln Sie die Kenngrößen der Regelstrecke und beurteilen Sie deren Regelbarkeit bei der gegebenen Führungsgröße von 24 °C.
b) Wie verändern sich die unter a) ermittelten Regelstreckenkennwerte, wenn die maximale Stellgröße aufgrund eines Defektes nur 3,5 kW beträgt? Bei welcher Führungsgröße ergibt sich die gleiche Regelbarkeit wie unter a)?

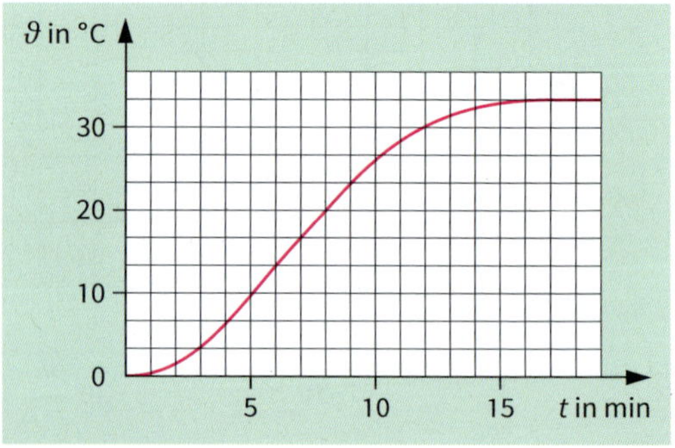

12. Das Diagramm zeigt die Sprungantwort einer Temperaturregelstrecke nach dem Einschalten der maximalen Stellgröße von 10 kW. Ermitteln Sie die Kenngrößen der Regelstrecke sowie jeweils die Anlaufzeit und die Regelbarkeit s für die Sollwerte $w_1 = 45\,°C$ und $w_2 = 60\,°C$.

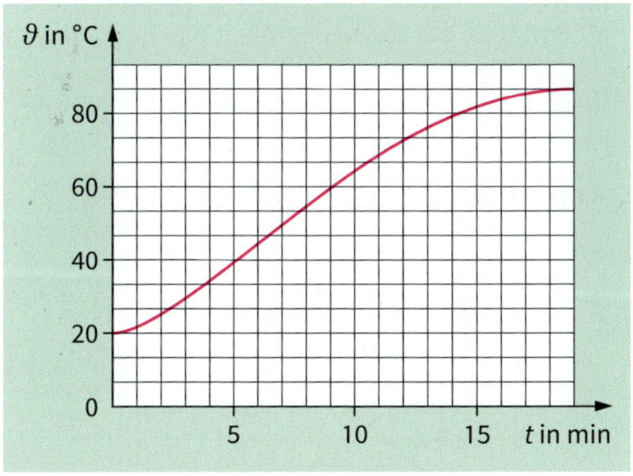

13. In einem Druckkessel baut sich nach dem Einschalten der maximalen Heizleistung von 20 kW der Druck entsprechend der dargestellten Sprungantwort auf. Berechnen Sie die Kennwerte sowie Anlaufzeit und Regelbarkeit s der Regelung bei der Führungsgröße $w = 4{,}5 \cdot 10^5 \frac{N}{m^2}$.

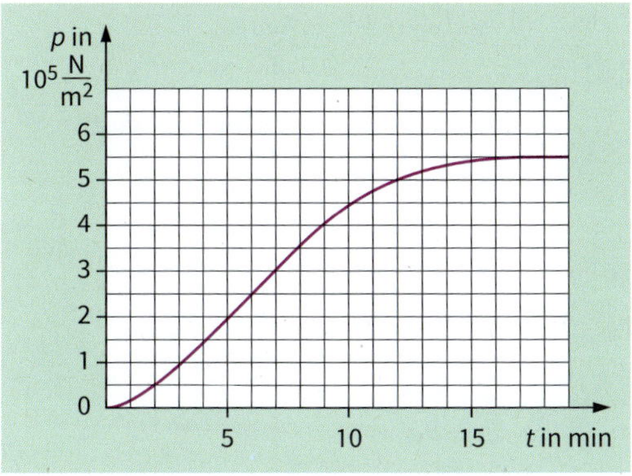

14. Ein pneumatisches Ventil kann mit einem Druck von 1 bar geöffnet werden. Berechnen Sie den Übertragungsbeiwert des Stellgrößenwandlers, wenn ein Einheitsregler mit dem Stellgrößenbereich 0 … 10 V eingesetzt werden soll.

15. Die Drehzahl eines Elektromotors soll im Bereich $0 \dots 3000 \frac{1}{min}$ geregelt werden können. Der eingesetzte Tachogenerator liefert bei einer Drehzahl von $1800 \frac{1}{min}$ eine Spannung von 10 V. Berechnen Sie den Übertragungsbeiwert des Messgrößenwandlers, wenn der Messbereich des Reglers 0 … 10 V beträgt.

16. Die Sprungantwort einer Temperaturregelstrecke wurde bei 50 % der maximalen Stellgröße $Y_h = 10$ kW aufgenommen. Der Sollwert beträgt 180 °C. Ermitteln Sie die Kenngrößen der Regelstrecke sowie die Regelbarkeit der als linear betrachteten Regelstrecke.

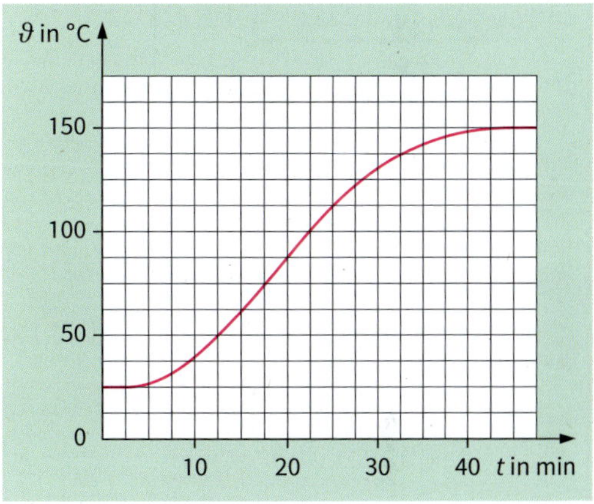

17. Zu Schulungszwecken wurde die unten dargestellte Regelstreckennachbildung gebaut. Berechnen Sie die Zeitkonstanten der Teilregelstrecken sowie den Proportionalbeiwert der Nachbildung.

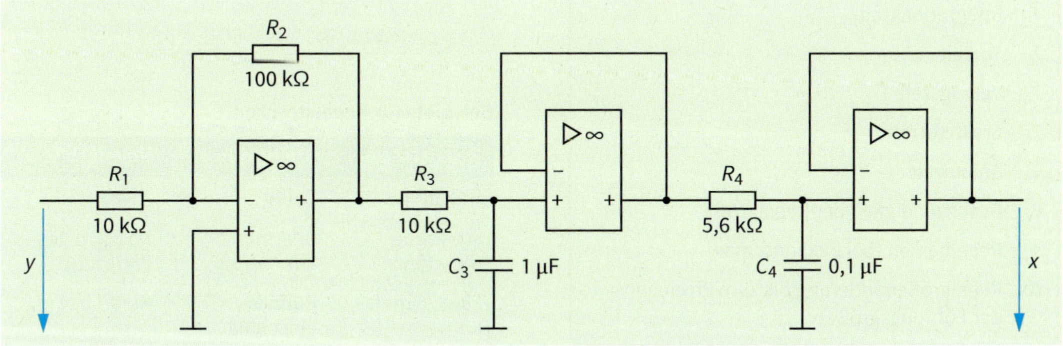

12.2.2 Regelstrecken ohne Ausgleich (I-Strecken)

Zeitverhalten

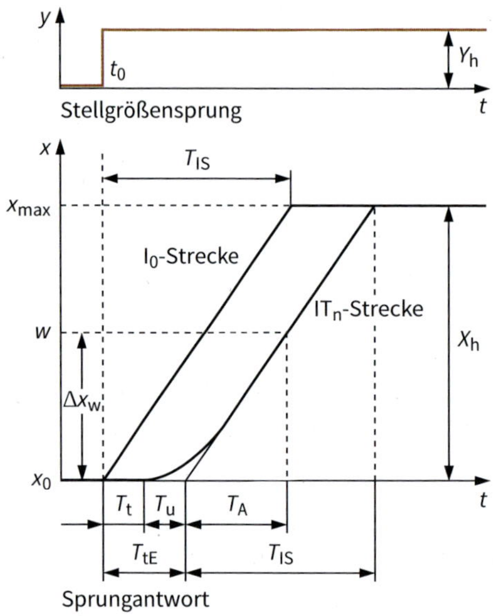

$K_{IS} = \frac{v_x}{y}$ $\qquad$ $K_{IS} = \frac{v_{x\,max}}{Y_h}$

$K_{IS} = \frac{1}{T_{IS}} \cdot \frac{X_h}{Y_h}$

$A = \frac{1}{v_{x\,max}}$ $\qquad$ $A = \frac{T_A}{\Delta x_w}$

$A = \frac{T_{IS}}{X_h}$ $\qquad$ $A = \frac{1}{K_{IS} \cdot Y_h}$

$T_A = A \cdot \Delta x_w$ $\qquad$ $T_{IS} = A \cdot X_h$

$s = \frac{T_{IS}}{T_{tE}}$ $\qquad$ $s_w = \frac{T_A}{T_{tE}}$

K_{IS} Integralbeiwert der Regelstrecke
T_{IS} Integrationszeit
T_t Totzeit
T_u Verzugszeit
T_{tE} Ersatztotzeit
T_A Anlaufzeit
v_x Geschwindigkeit der Regelgröße
$s_{(w)}$ Regelbarkeit (bei bekanntem w)
Δx_w Regelgrößenänderung bis zum Erreichen der Führungsgröße

Beispiel:

In einem Behälter ändert sich das Flüssigkeitsniveau (Regelgröße) nach vollständiger Öffnung (Y_h = 20 cm) des Zulaufventils und geschlossenem Ablauf entsprechend dem abgebildeten Diagramm (Sprungantwort der Füllstandsregelstrecke).

a) Ermitteln Sie die Kenngrößen K_{IS}, T_{IS}, T_t und s der Regelstrecke.
b) Berechnen Sie die Regelbarkeit der Regelstrecke für die Sollwerte x_1 = 3,5 m und x_2 = 5,0 m.

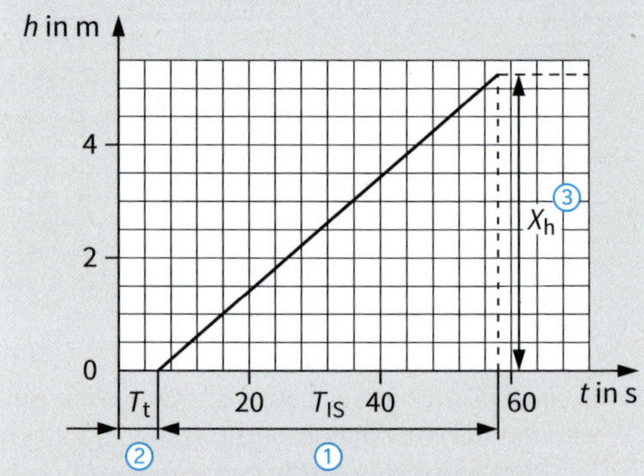

Lösung:

Geg.: Sprungantwort, Y_h = 20 cm, x_1 = 3,5 m, x_2 = 5,0 m
Ges.: a) T_{IS}, T_t, K_{IS}, s $\quad$ b) s_{w1}, s_{w2}

a) $T_{IS} = 52\,s$ ①
$T_t = 6\,s$ ② $\qquad$ aus Sprungantwort
$X_h = 5{,}25\,m$ ③

$K_{IS} = \frac{1}{T_{IS}} \cdot \frac{X_h}{Y_h}$

$K_{IS} = \frac{1}{52\,s} \cdot \frac{5{,}25\,m}{0{,}2\,m}$ $\qquad$ $K_{IS} = 0{,}5\,\frac{1}{s}$

$s = \frac{T_{IS}}{T_t} = \frac{52\,s}{6\,s}$ $\qquad$ $s = 8{,}67$

b) $s_{w1} = \frac{T_{A1}}{T_t} = \frac{34\,s}{6\,s}$ $\qquad$ $s_{w1} = \frac{T_{A2}}{T_t} = \frac{49\,s}{6\,s}$

$s_{w1} = 5{,}67$ $\qquad$ $s_{w2} = 8{,}17$

Beispiele für Regelstrecken

Regelstrecke	Stellgröße y	Regelgröße x
Behälter	Zulauf	Niveau
Werkzeugmaschine	Spannung am Antrieb	Position des Werkzeugs
Flug-/Schiffskörper	Rudereinschlag	Kurs/Lage

Aufgaben

1. Bei dem dargestellten Behälter ergibt sich bei maximaler Öffnung des Zulaufventils und geschlossenem Abflussventil ein Anstieg des Füllstandes von $15\,\frac{\text{cm}}{\text{min}}$.
   a) Berechnen Sie die Streckenintegrationszeit T_{IS} und den Anlaufwert der Regelstrecke.
   b) Wie verändern sich die Regelstreckenwerte, wenn im Betrieb die Ventilöffnung auf 75 % des Maximalwerts begrenzt wird?
   c) Stellen Sie das Regelstreckenverhalten für die Fälle a) und b) grafisch dar.
   d) Bestimmen Sie jeweils die Regelbarkeit der Regelstrecke bei einer anlagebedingten Totzeit von 75 s.

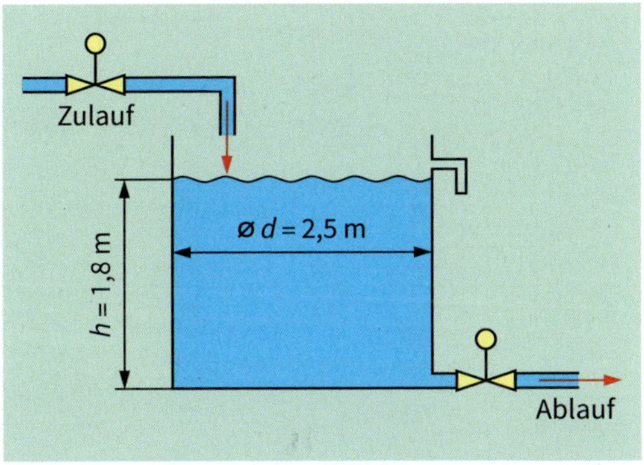

2. Eine Radarantenne erreicht bei maximaler Ansteuerung des Stellmotors eine Drehgeschwindigkeit von 60 %. Der Schwenkbereich der Antenne beträgt 330°. Berechnen Sie die Streckenkennwerte der Anlage.

3. An einer Werkzeugmaschine kann der Werkzeugträger maximal 800 mm in x-Richtung und 250 mm in y-Richtung verfahren werden. Bei maximaler Ansteuerung der als Stellgerät eingesetzten DC-Motoren ergibt sich eine Verfahrgeschwindigkeit von $80\,\frac{\text{mm}}{\text{s}}$.
   a) Berechnen Sie die Integrierzeit der Regelstrecke in x- und y-Richtung sowie die Anlaufwerte.
   b) Stellen Sie das Regelstreckenverhalten grafisch dar.
   c) Berechnen Sie die Regelbarkeit der Regelstrecken bei einer angenommenen Verzugszeit von jeweils 0,5 s.

4. Ermitteln Sie aus der Sprungantwort einer Regelstrecke die Kennwerte sowie die Regelbarkeit für die Führungsgröße $w = 7{,}5$ m.

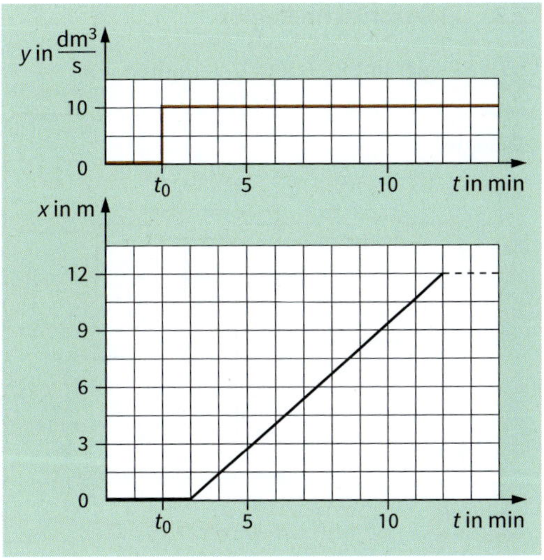

5. An einer Werkzeugmaschine kann der Werkzeugträger maximal 600 mm in x-Richtung bewegt werden. Der Stellantrieb erfolgt über einen Gleichstrommotor mit einer Maximaldrehzeit von $100\,\frac{1}{\text{min}}$ und einer Gewindesteigung von 1 mm pro Umdrehung. Berechnen Sie die Integrierzeit T_{IS} der Regelstrecke sowie die maximale Änderungsgeschwindigkeit der Regelgröße.

6. In der dargestellten Schaltung soll die Ausgangsspannung U_a geregelt werden. Der maximale Ladestrom beträgt 10 mA.
   a) Berechnen Sie die Integrationszeit und den Integrierbeiwert des Kondensators.
   b) Geben Sie den Zusammenhang zwischen dem Integrierbeiwert K_{IS} und der Kapazität C_1 an.
   c) Wie verändern sich die berechneten Werte, wenn ein zusätzlicher Kondensator von 68 µF parallel geschaltet wird?
   d) Stellen Sie das Regelstreckenverhalten grafisch dar.

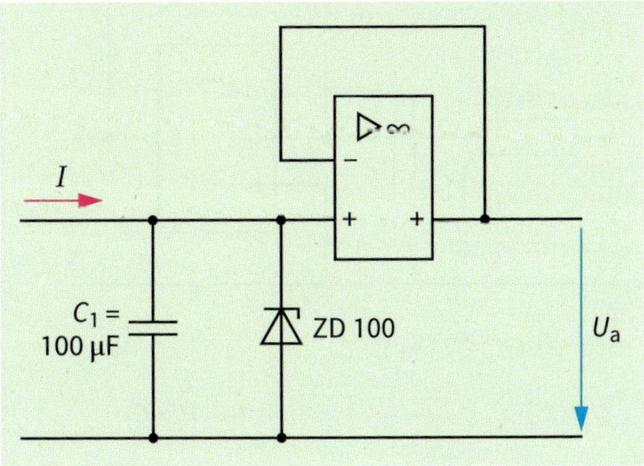

12.3 Elektronische Regler

12.3.1 Regler mit P-, I- und D-Verhalten

P-Regler

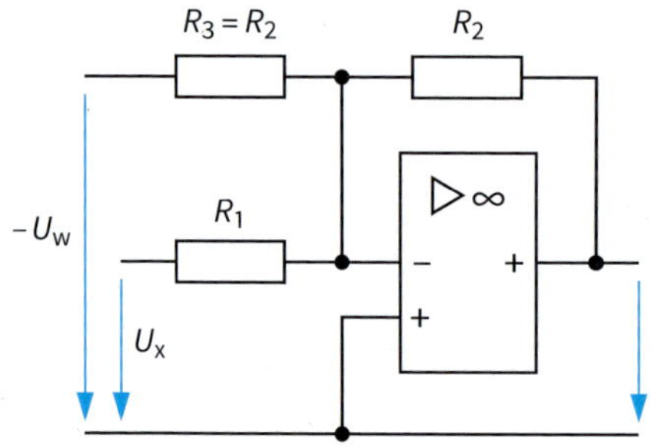

$K_{PR} = -\frac{R_2}{R_1}$ $\qquad U_e = U_x - U_w$

$U_y = \frac{R_2}{R_1} \cdot (U_w - U_x)$

I-Regler

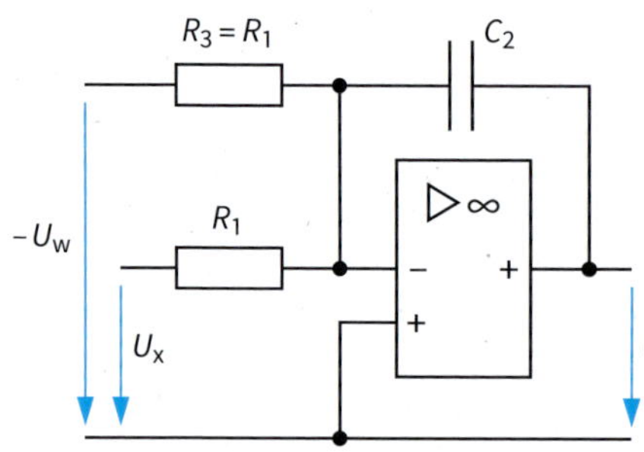

$K_{IR} = \frac{1}{T_{IR}} = -\frac{1}{R_1 \cdot C_2}$ $\qquad U_e = U_x - U_w$

$U_y = \frac{1}{R_1 \cdot C_2} \cdot (U_x - U_w) \cdot t$

D-Regler

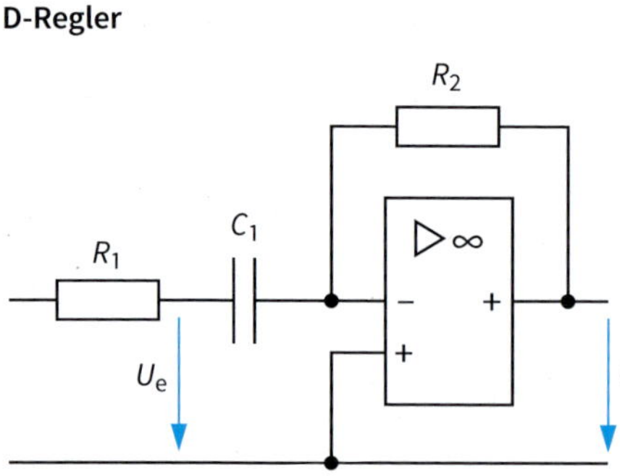

$K_{DR} = T_{DR} = -R_2 \cdot C_1$ $\qquad U_e = U_x - U_w$

$U_y = R_2 \cdot C_1 \cdot \frac{\Delta U_e}{\Delta t}$ $\qquad t_D = R_1 \cdot C_1$

Beispiel:

Ein elektronischer Regler lässt sich durch Betätigen des Schalters S1 vom P-Verhalten auf I-Verhalten umschalten.

a) Berechnen Sie den Proportionalbeiwert K_{PR} des P-Reglers.

b) Berechnen Sie den Integrierbeiwert K_{IR} sowie die Integrierzeit T_{IR} des I-Reglers.

c) Stellen Sie für den P-Regler den Verlauf der Stellgröße U_y dar, wenn am Führungsgrößengeber eine Spannung von −5 V eingestellt wird und die Regelgröße (Istwert) den dargestellten Verlauf zeigt.

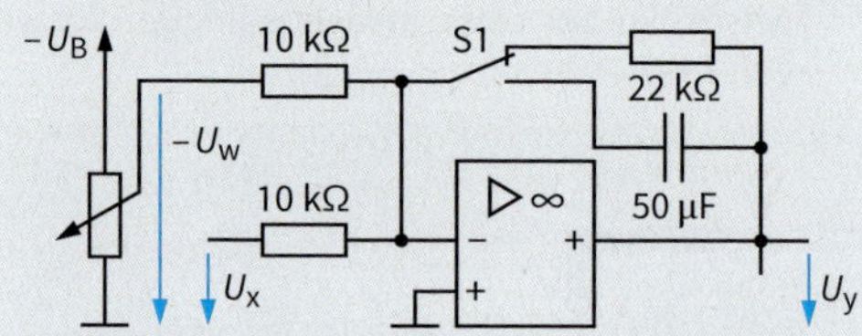

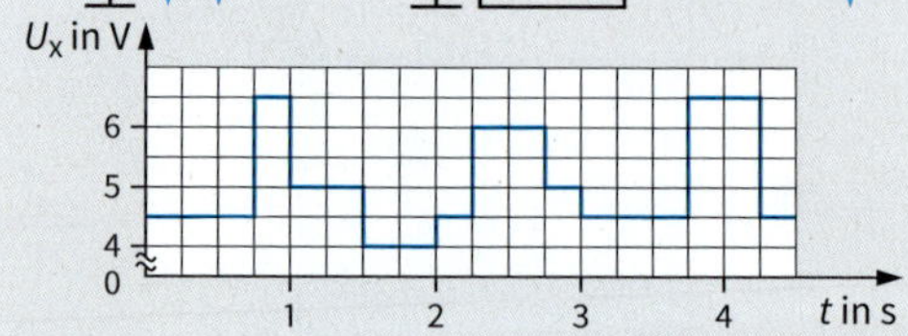

Lösung:

Geg.: Schaltung, Regelgrößenverlauf

Ges.: a) K_{PR} b) K_{IR}, T_{IR}
c) y bei $U_w = -5$ V

a) $K_{PR} = \frac{R_2}{R_1}$ $\qquad K_{PR} = \frac{22\ \text{k}\Omega}{10\ \text{k}\Omega}$ $\qquad \underline{\underline{K_{PR} = 2{,}2}}$

b) $K_{IR} = \frac{1}{R_1 \cdot C_2}$ $\qquad K_{IR} = \frac{1}{10\ \text{k}\Omega \cdot 50\ \mu\text{F}}$ $\qquad \underline{\underline{K_{IR} = 2\,\frac{1}{\text{s}}}}$

$T_{IR} = \frac{1}{K_{IR}}$ $\qquad T_{IR} = \frac{1}{2\,\frac{1}{\text{s}}}$ $\qquad \underline{\underline{T_{IR} = 0{,}5\ \text{s}}}$

c)

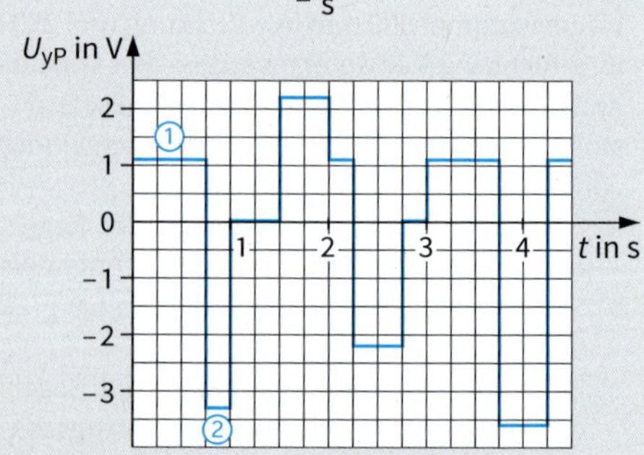

$U_{y1} = \frac{R_2}{R_1}(U_w - U_x)$

$U_{y1} = 2{,}2\,(5\ \text{V} - 4{,}5\ \text{V})$ $\qquad U_{y2} = 2{,}2\,(5\ \text{V} - 6{,}5\ \text{V})$

$\underline{\underline{U_{y1} = 1{,}1\ \text{V}}}$ ① $\qquad \underline{\underline{U_{y2} = -3{,}3\ \text{V}}}$ ②

Aufgaben

1. Es soll ein elektronischer P-Regler mit einem Proportionalbeiwert $K_{PR} = 15$ dimensioniert werden. Die Widerstände im Eingangskreis des Operationsverstärkers sollen einheitlich 10 kΩ betragen. Zeichnen Sie die invertierende bzw. nichtinvertierende Grundschaltung und berechnen Sie jeweils den erforderlichen Rückkopplungswiderstand.

2. An einem P-Regler werden folgende Eingangsspannungen angelegt:
$-U_w = -3$ V, $U_{x1} = 5$ V und $U_{x2} = -1$ V.
   a) Berechnen Sie die Stellgröße U_y.
   b) Zeichnen Sie den Stellgrößenverlauf bei einem sinusförmigen Regelgrößenverlauf mit dem Maximalwert $\hat{u}_{x1} = 4{,}5$ V und der Frequenz 10 Hz. (Maßstab: 1 V ≙ 1 cm; 100 ms ≙ 10 cm)

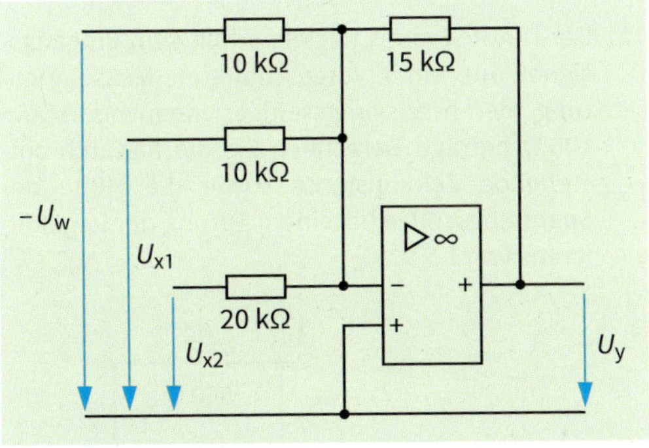

3. Ein I-Regler (invertierende Grundschaltung) besitzt in der Rückführung einen Kondensator mit der Kapazität von 10 µF. Der Widerstand im Eingangskreis beträgt 10 kΩ.
   a) Berechnen Sie den Integrierbeiwert K_{IR} bzw. die Integrierzeit T_{IR}.
   b) Stellen Sie den Verlauf der Stellgröße dar, wenn die in der Abbildung dargestellte Regeldifferenz auf den Reglereingang wirkt.

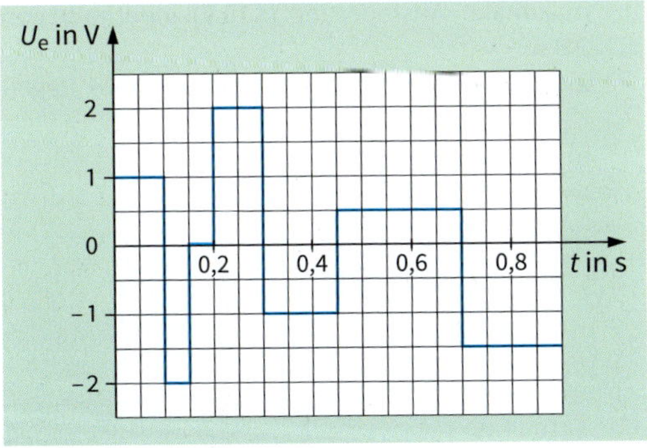

4. In der Abbildung sind zwei als P-Regler arbeitende Operationsverstärker dargestellt.
   a) Berechnen Sie den Proportionalbeiwert des P-Reglers.
   b) Berechnen Sie die Stellgröße bei einer Führungsgröße von $U_w = 4{,}8$ V und einer momentanen Regelgröße von $U_x = 3{,}5$ V.

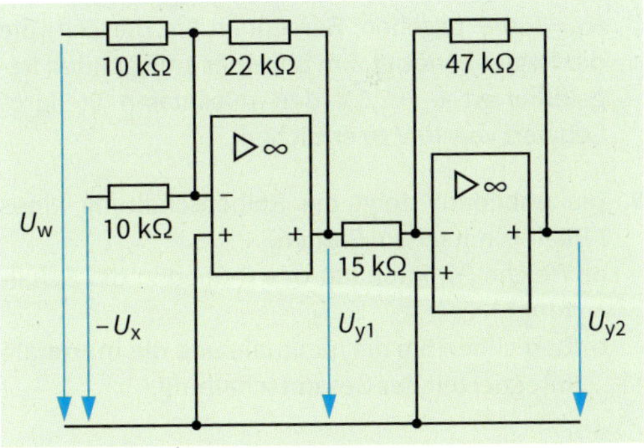

5. Die Integrierzeit eines I-Reglers soll umschaltbar sein zwischen 50 ms und 250 ms.
   a) Berechnen Sie die erforderlichen Kapazitäten bei einem Widerstand im Eingangskreis von 10 kΩ.
   b) Berechnen Sie jeweils die Zeit, die der I-Regler benötigt, um bei einer konstanten Regeldifferenz von 1 V die Stellgröße von 10 V zu bilden.

6. Zu Testzwecken wird auf den Eingang eines I-Reglers eine Rechteckspannung gegeben und der Verlauf der Stellgröße oszilloskopiert.
   a) Ermitteln Sie die Integrierzeit des Reglers.
   b) Zeichnen Sie den prinzipiellen Verlauf der Stellgröße bei einer sinusförmigen Eingangsspannung.

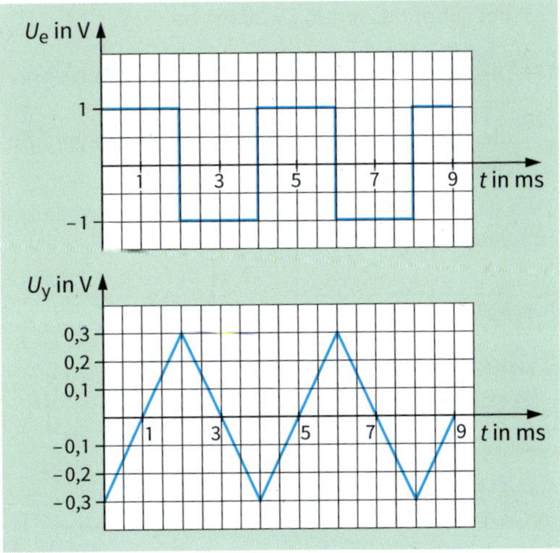

7. Bei einem elektronischen I-Regler ändert sich die Stellgröße innerhalb von $t_1 = 2$ ms bis $t_2 = 6$ ms von 1 V auf 6 V. Die anliegende Regeldifferenz von 2 V wirkt über einen 10 Ω-Widerstand auf den Eingang des Reglers. Berechnen Sie den Integrierbeiwert und die Integrierkapazität des Reglers.

8. Der Integrierbeiwert eines I-Reglers ist mit $K_{IR} = 120 \cdot \frac{1}{s}$ gegeben. Berechnen Sie die Zeit, die der Regler benötigt, um bei einer anliegenden Regeldifferenz $U_e = 2{,}5$ V den maximalen Stellgrößenwert von 10 V zu erreichen.

9. Die Abbildung zeigt die Reihenschaltung eines I-Reglers mit einem P-Glied.
a) Welche Funktion hat das P-Glied in der Schaltung?
b) Berechnen Sie die minimale und die maximale Integrierzeit der Gesamtschaltung.

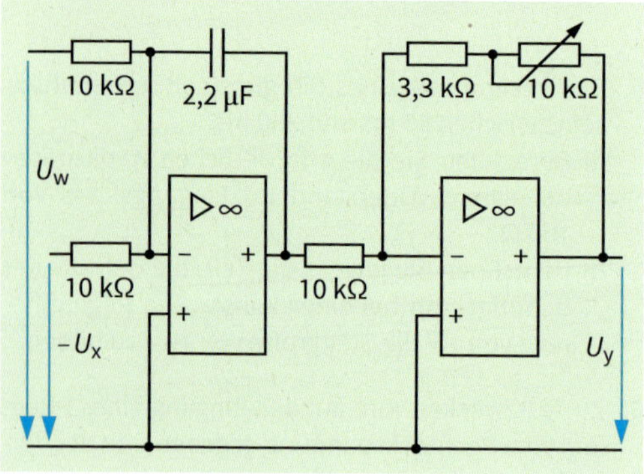

10. Am Eingang eines invertierenden D-Reglers liegt eine dreieckförmige Spannung. Innerhalb von $\Delta t = 10$ ms ändert sich die Spannung von +0,6 V auf −0,6 V. Berechnen Sie die Stellgröße, wenn der Differenzwert $K_{DR} = 20$ ms beträgt.

11. Die Abbildung zeigt einen P-Regler. Berechnen Sie den Proportionalbeiwert des Reglers sowie die Stellgröße bei einer momentanen Regeldifferenz von 1,8 V.

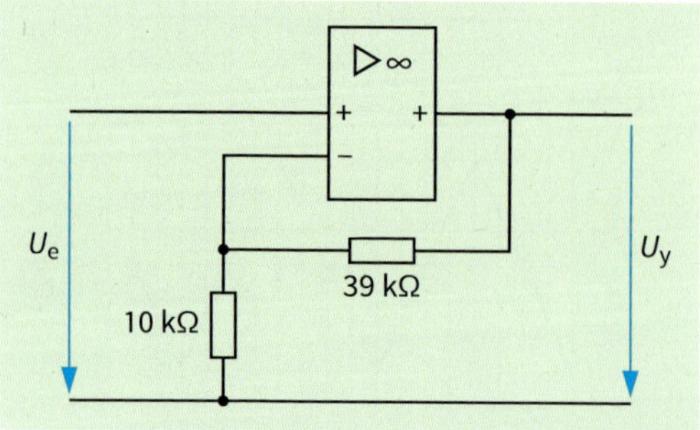

12. Am Eingang eines D-Reglers liegt die in der Abbildung dargestellte Spannung.
a) Berechnen Sie die Differenzierzeit T_{DR} des Reglers, wenn sich als Stellgröße eine Spannung von 5 V ergeben soll.
b) Wie groß muss die Kapazität des Kondensators gewählt werden, wenn $R_2 = 33$ kΩ vorgegeben ist?

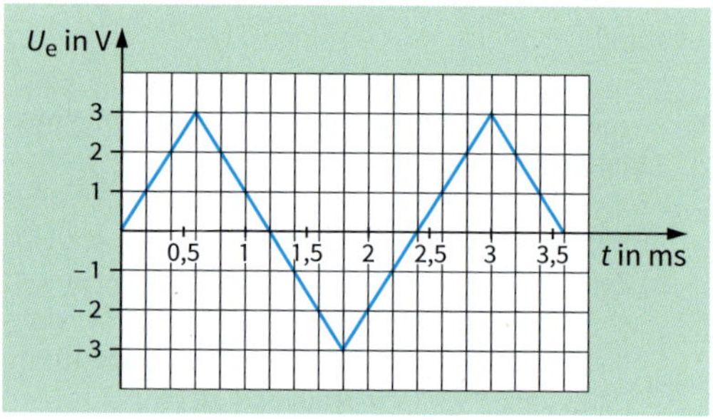

13. Der D-Anteil eines Reglers erhält sein Eingangssignal aus einer vorgeschalteten Messeinrichtung, deren ausgangsseitiger Innenwiderstand 100 Ω beträgt. Berechnen Sie die dadurch entstehende Zeitkonstante sowie die Höhe der Spannungsspitze bei einem Sprung der Regeldifferenz von 1,5 V.

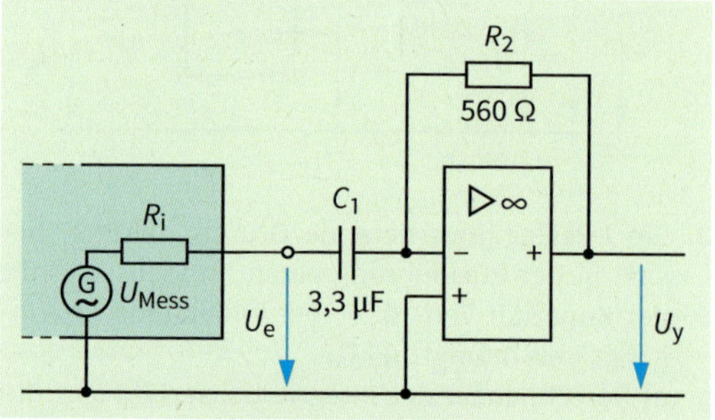

14. An einen elektronischen P-Regler mit dem Proportionalbeiwert $K_{PR} = 3{,}4$ ist ein Motorventil angeschlossen. Das Ventil öffnet bzw. schließt bei maximaler Ansteuerung (±10 V) innerhalb von 2,8 s.
a) Welches Verhalten zeigt die gesamte Regeleinrichtung?
b) Berechnen Sie ihren Kennwert.

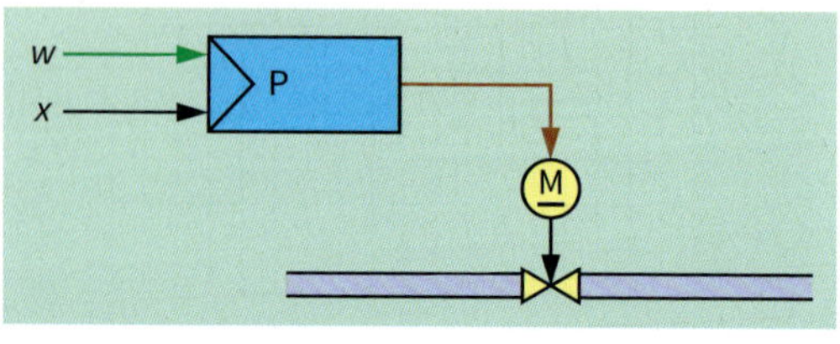

12.3.2 Regler mit PI-Verhalten

PI-Regler

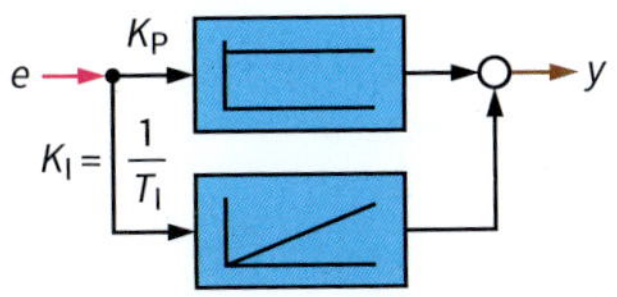

$K_{PR} = K_P$

$T_n = K_P \cdot T_I$

- **Invertierende Schaltung**

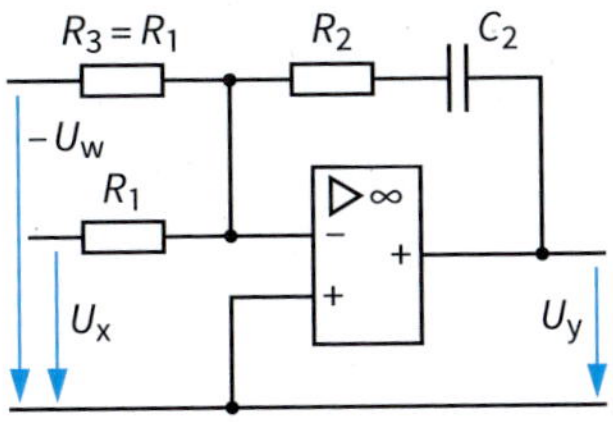

$K_{PR} = -\frac{R_2}{R_1}$

$T_n = K_{PR} \cdot T_{IR} = R_2 \cdot C_2$

$U_y = \frac{R_2}{R_1}\left[(U_w - U_x) + \frac{1}{R_2 \cdot C_2}(U_w - U_x) \cdot t\right]$

- **Nichtinvertierende Schaltung**

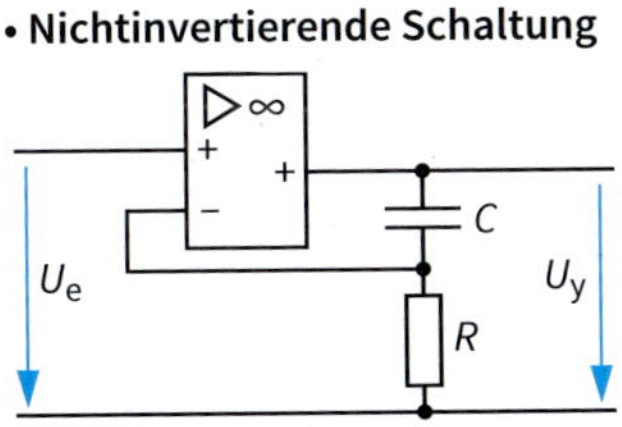

$K_{PR} = 1$

$T_n = R \cdot C$

$U_y = U_e + \frac{1}{R \cdot C} U_e \cdot t$

$U_e = U_w - U_x$

Beispiel:

Ein elektronischer PI-Regler ist entsprechend der Schaltung dimensioniert.

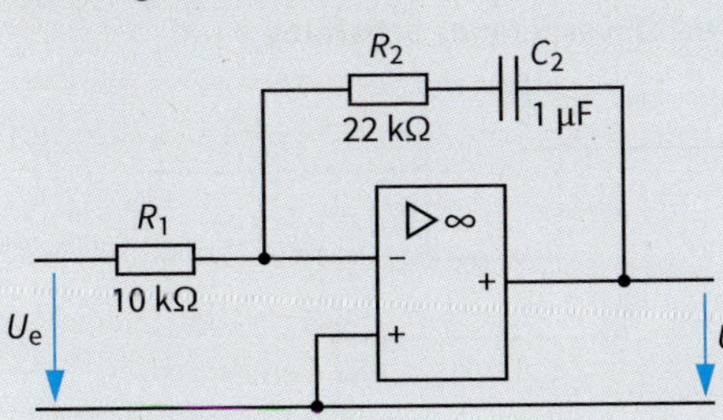

a) Berechnen Sie den Proportionalbeiwert K_{PR} und die Nachstellzeit T_n des Reglers.
b) Zeichnen Sie den Stellgrößenverlauf U_P, U_I und U_{PI}, wenn als Regeldifferenz eine Rechteckspannung von $U_e = 1$ V/50 Hz anliegt.
c) Berechnen Sie den Momentanwert der Stellgröße zum Zeitpunkt $t = 10$ ms.

Lösung:

Geg.: Schaltung, $U_e = 1$ V/50 Hz

Ges.: a) K_{PR}, T_n b) y_P, y_I, y_{PI} c) $y_{10\,ms}$

a) $K_{PR} = -\frac{R_2}{R_1}$ $\qquad K_{PR} = -\frac{22\ \text{k}\Omega}{10\ \text{k}\Omega}$

$\underline{\underline{K_{PR} = -2{,}2}}$

$T_n = R_2 \cdot C_2$ $\qquad T_n = 22\ \text{k}\Omega \cdot 1\ \mu\text{F}$

$\underline{\underline{T_n = 22\ \text{ms}}}$

b)

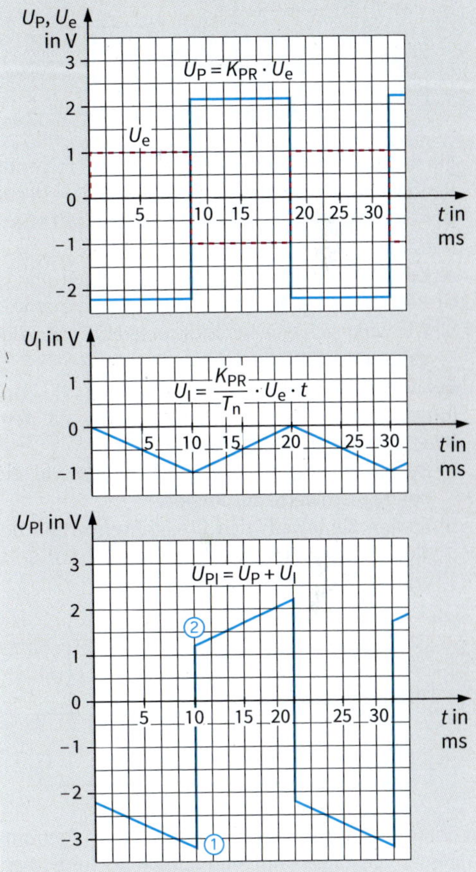

c) $U_{PI} = K_{PR}\,(U_e + \frac{1}{R_2 \cdot C_2} \cdot U_e \cdot t) + y_0$

$U_{PI} = -2{,}2\,(1\ \text{V} + \frac{1}{22\ \text{ms}} \cdot 1\ \text{V} \cdot 10\ \text{ms}) + 0$

$\underline{\underline{U_{PI} = -3{,}2\ \text{V}}}$ ①

$U_{PI} = -2{,}2\,(-1\ \text{V} + \underbrace{\frac{1}{22\ \text{ms}} \cdot (-1\ \text{V}) \cdot 0\ \text{ms}}_{0}) - 1\ \text{V}$

$\underline{\underline{U_{PI} = 1{,}2\ \text{V}}}$ ②

(Beginn der Integration)

Aufgaben

1. Ein elektronischer PI-Regler ist entsprechend der Schaltung dimensioniert.
   a) Berechnen Sie die Kenngrößen des Reglers.
   b) Zeichnen Sie den Stellgrößenverlauf nach einem Sprung von 1 V.
   c) Berechnen Sie den Momentanwert der Stellgröße nach Ablauf von $t = 50$ ms.

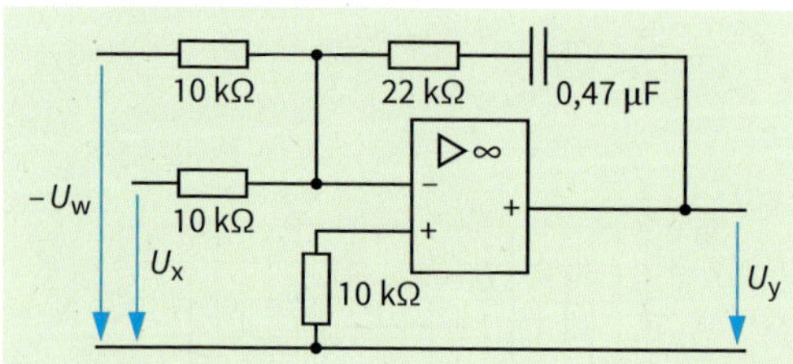

2. Ein nichtinvertierender PI-Regler soll auf folgende Kennwerte eingestellt werden: $K_{PR} = 2{,}5$; $T_n = 18$ ms. Der Eingangswiderstand der Schaltung soll 10 kΩ betragen.
   a) Zeichnen Sie die Schaltung des Reglers.
   b) Berechnen Sie die notwendigen Bauelemente.
   c) Wie wirkt sich eine Veränderung des Proportionalbeiwerts auf die Nachstellzeit aus?
3. Bei dem dargestellten Regler wird der Rückkopplungswiderstand durch einen anderen mit dem Widerstandswert 12 kΩ ersetzt.
   a) Berechnen Sie die ursprünglichen sowie die neuen Kennwerte des Reglers.
   b) Stellen Sie jeweils den Stellgrößenverlauf bei einem Regeldifferenzsprung von 0 V auf 0,5 V grafisch dar.

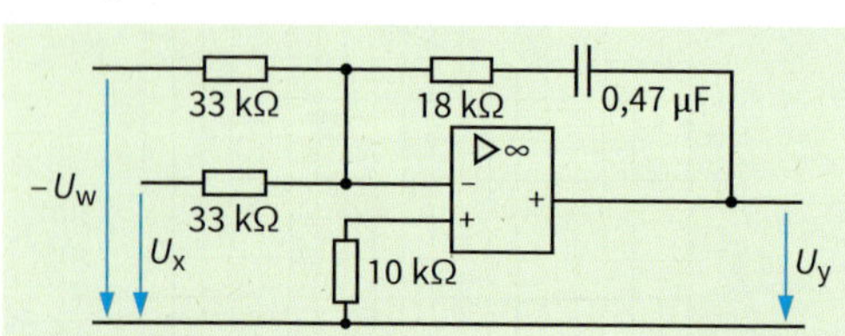

4. Ermitteln Sie aus dem zu Testzwecken aufgenommenen Oszillogramm von Eingangs- und Ausgangsspannung eines elektronischen Reglers dessen Kennwerte.

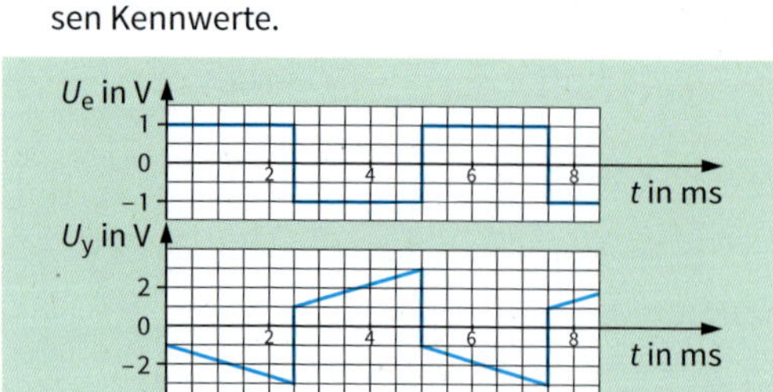

12.3.3 Regler mit PD-Verhalten

PD-Regler

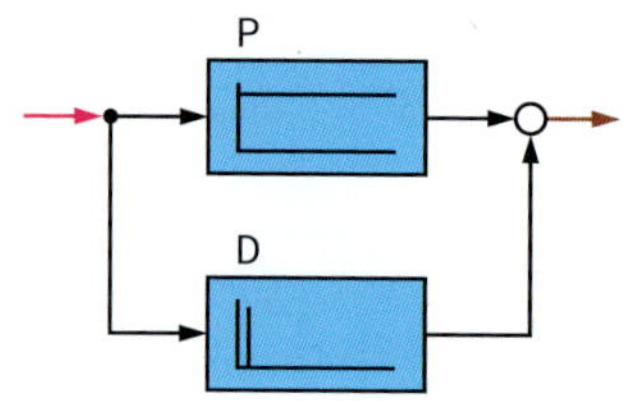

$K_{PR} = K_P$

$T_v = \frac{K_D}{K_P}$

- **Invertierende Schaltung**

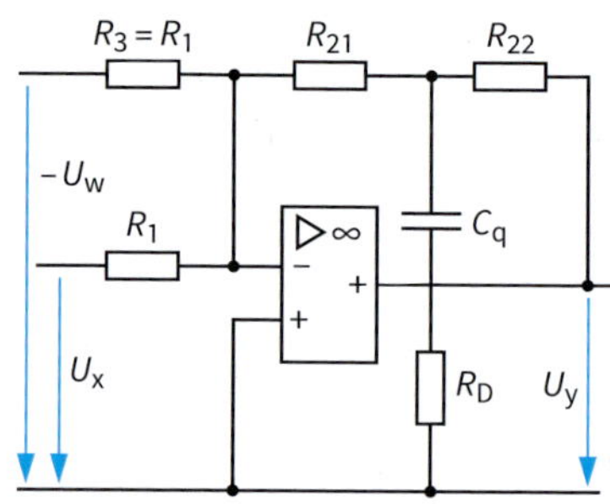

$$K_{PR} = -\frac{R_{21} + R_{22}}{R_1}$$

$$T_v = \left(\frac{R_{21} \cdot R_{22}}{R_{21} + R_{22}} + R_D\right) \cdot C_q$$

$$t_D = R_D \cdot C_q$$

$$U_y = \frac{R_{21} + R_{22}}{R_1} \left[(U_w - U_x) + \left(\frac{R_{21} \cdot R_{22}}{R_{21} + R_{22}}\right) \cdot C_q \cdot \frac{\Delta (U_w - U_x)}{\Delta t} \right]$$

- **Nichtinvertierende Schaltung**

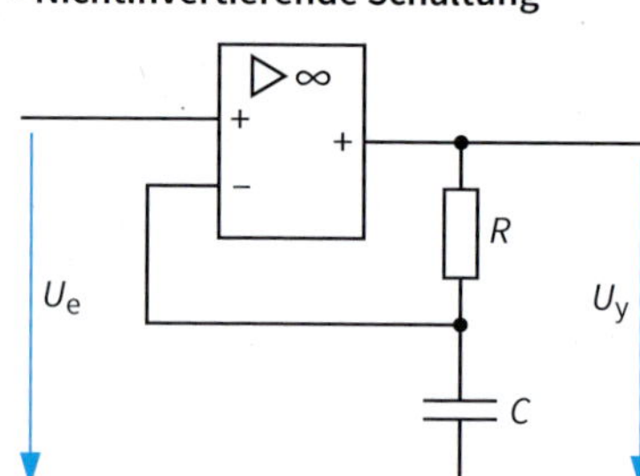

$T_v = R \cdot C$ $\quad K_{PR} = 1$

$$U_y = U_e + R \cdot C \frac{\Delta U_e}{\Delta t}$$

$$U_e = U_w - U_x$$

Aufgaben

1. Um für eine Anwendung ein optimales Regelkreisverhalten zu erzielen, soll ein PD-Regler mit den Kennwerten $K_{PR} = 3{,}5$ und $T_v = 5$ ms dimensioniert werden. Im Eingangskreis sollen 10 kΩ-Widerstände eingesetzt werden, der Rückkopplungswiderstand soll im Verhältnis 12 : 1 geteilt werden.

a) Berechnen Sie die notwendigen Bauelemente, wobei zur Bedämpfung der Schwingneigung ein Widerstand von 470 Ω eingesetzt werden soll.

b) Zeichnen Sie die dimensionierte Schaltung.

2. Ein nichtinvertierender PD-Regler mit vorgeschaltetem Differenzverstärker als Vergleichsstufe soll folgende Kennwerte besitzen: $K_{PR} = 1{,}8$ und $T_v = 7{,}5$ ms. Die Eingangswiderstände der Vergleichsstufe sollen jeweils 10 kΩ betragen. Zur Bildung der Vorhaltezeit steht eine Kapazität von 1 µF zur Verfügung.

a) Zeichnen Sie die Gesamtschaltung und berechnen Sie die erforderlichen Widerstände.

b) Wie wirkt sich eine Veränderung des Proportionalbeiwerts auf die Vorhaltezeit des Reglers aus?

3. Die Abbildung zeigt eine Schaltungsvariante und die zugehörigen Berechnungsformeln eines PD-Reglers dessen D-Anteil im Eingangskreis gebildet wird.

a) Berechnen Sie die Kennwerte bei gegebenen Bauelementen:
$R_1 = 8{,}2$ kΩ, $C_1 = 0{,}47$ µF und $R_2 = 15$ kΩ.

b) Zeichnen Sie die Anstiegsantwort des Reglers bei einer Änderungsgeschwindigkeit der Regeldifferenz von $0{,}1\ \frac{V}{ms}$.

c) Wodurch entsteht in dieser Schaltung die in der Sprungantwort sichtbare Zeitkonstante?

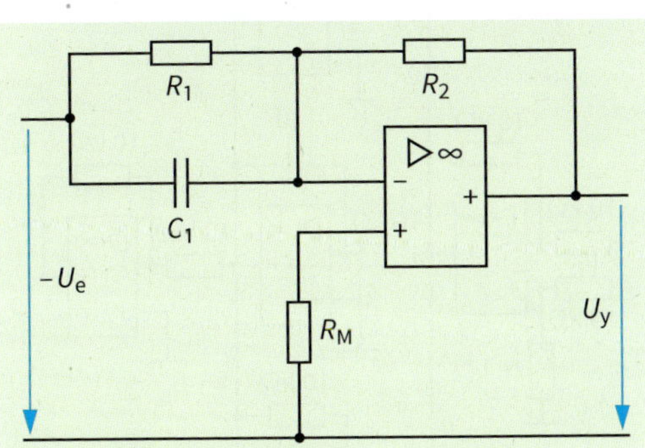

$K_{PR} = -\frac{R_2}{R_1}$ $\quad K_{DR} = C_1 \cdot R_2$ $\quad T_v = C_1 \cdot R_1$

$$U_y = \frac{R_2}{R_1} \cdot \left(U_e + C_1 \cdot R_1 \cdot \frac{\Delta U_e}{\Delta t} \right)$$

4. Ein PD-Regler wurde durch Parallelschaltung eines P- und D-Anteils realisiert. Der P-Anteil besitzt einen Proportionalbeiwert von $K_P = 3{,}8$, der D-Anteil hat einen Differenzierbeiwert $K_D = 12$ ms. Welche Kennwerte ergeben sich für den PD-Regler?

5. Ein PD-Regler entsprechend der Schaltung nach Aufgabe 3 soll einen Proportionalbeiwert von $K_{PR} = 5{,}3$ und eine Vorhaltezeit $T_v = 5$ ms besitzen. Berechnen Sie die Bauelemente im Eingangskreis bei einem gegebenen Rückkopplungswiderstand von 22 kΩ.

6. Ein elektronischer PD-Regler ist entsprechend der Abbildung dimensioniert.

a) Berechnen Sie die Kenngrößen des Reglers.

b) Berechnen Sie die Stellgröße zum Zeitpunkt $t = 40$ ms nach einem Sprung der Regeldifferenz von 0 V auf 1 V.

c) Zeichnen Sie den Stellgrößenverlauf des Reglers für die dargestellte Testfunktion.

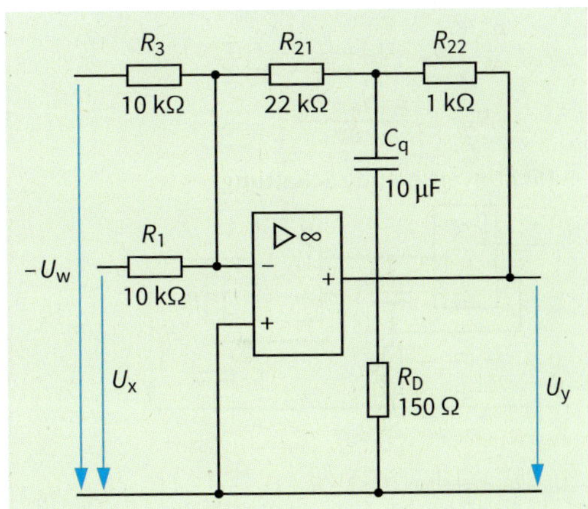

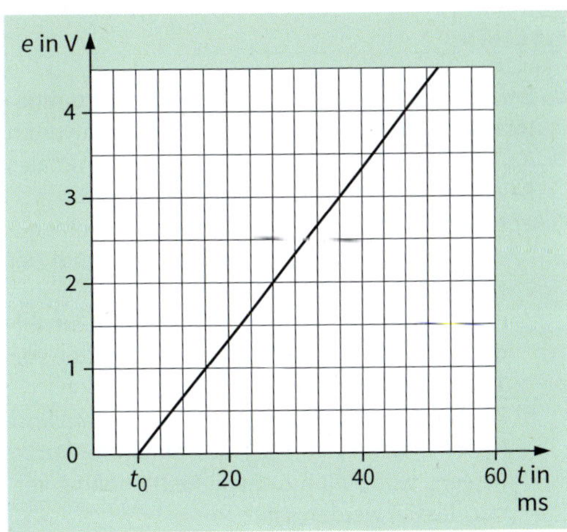

12.3.4 Regler mit PID-Verhalten

PID-Regler

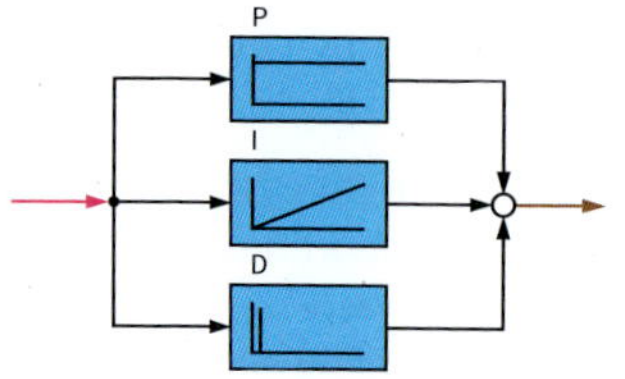

$K_{PR} = K_P$

$T_n = K_P \cdot T_I$

$T_v = \frac{K_D}{K_P}$

- **Invertierende Schaltung**

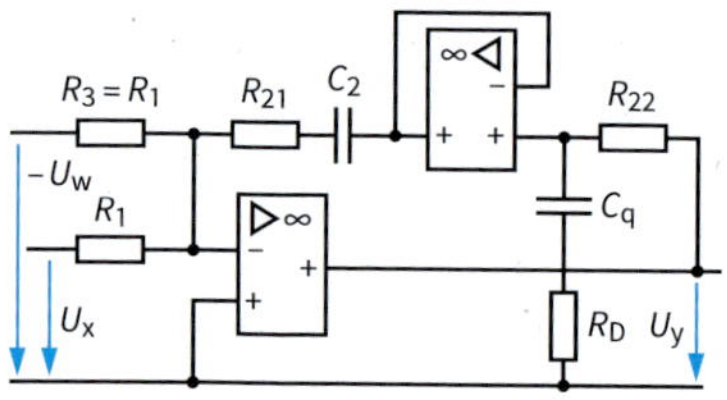

$K_{PR} = -\frac{R_{21}}{R_1}$ $\quad T_n = R_{21} \cdot C_2$

$T_v = R_{22} \cdot C_q$ $\quad t_D = R_D \cdot C_q$

$$U_y = \frac{R_{21}}{R_1}\left[(U_w - U_x) + \frac{1}{R_{21} \cdot C_2}(U_w - U_x) \cdot t + R_{22} \cdot C_q \frac{\Delta(U_w - U_x)}{\Delta t}\right]$$

- **Nichtinvertierende Schaltung**

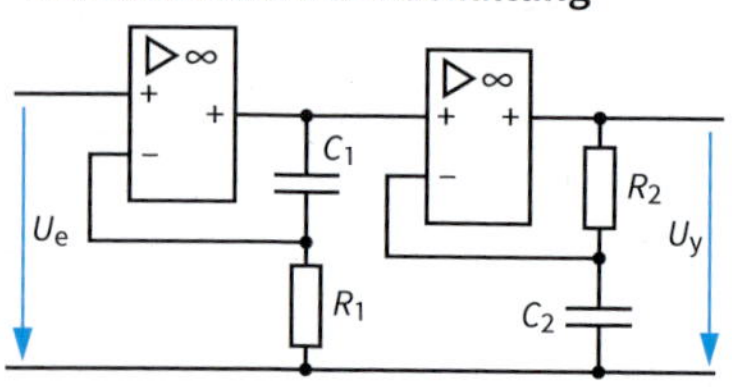

$T_n = R_1 \cdot C_1$ $\quad T_v = R_2 \cdot C_2$ $\quad K_{PR} = 1$

$$U_y = U_e + \frac{1}{R_1 \cdot C_1} U_e \cdot t + R_2 \cdot C_2 \frac{\Delta U_e}{\Delta t} \qquad U_e = U_w - U_x$$

Aufgaben

1. Bei der Drehzahlregelung eines Gleichstrommotors soll ein PID-Regler mit den Kennwerten $K_{PR} = 2{,}7$; $T_n = 18$ ms und $T_v = 3{,}5$ ms ein optimales Regelkreisverhalten erzeugen.
   a) Berechnen Sie die notwendigen Bauelemente der invertierenden Grundschaltung, wenn der zur Drehzahlmessung eingesetzte Tachogenerator mit 10 kΩ belastet werden soll. Zur Bildung der Vorhaltezeit soll eine Kapazität von 1 µF eingesetzt werden.
   b) Zeichnen Sie die Sprung- und Anstiegsantwort ($U_e = 1$ V bzw. $v_e = 0{,}1\,\frac{V}{ms}$) des dimensionierten Reglers, wobei eine zusätzliche Dämpfung vernachlässigt werden soll.

2. Die Abbildung zeigt eine Schaltungsvariante und die zugehörigen Berechnungsformeln eines PID-Reglers, dessen D-Anteil im Eingangskreis erzeugt wird.
   a) Berechnen Sie die Kennwerte des Reglers bei gegebenen Bauelementen:
   $R_1 = 5{,}6$ kΩ, $R_2 = 18$ kΩ, $C_1 = 0{,}47$ µF und $C_2 = 1$ µF.
   b) Zeichnen Sie die Sprungantwort des Reglers bei einem Sprung der Regeldifferenz vov 1 V.
   c) Zeichnen Sie die Anstiegsantwort des Reglers bei einer Anstiegsgeschwindigkeit der Regeldifferenz von $0{,}1\,\frac{V}{ms}$.

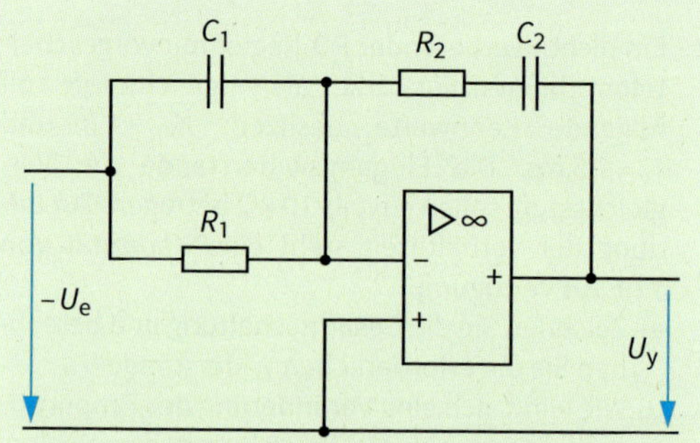

$K_{PR} = -\frac{R_2}{R_1}$ $\quad T_n = R_2 \cdot C_2$ $\quad T_v = R_1 \cdot C_1$

3. Ein PID-Regler wurde durch Parallelschaltung eines P-, I- und D-Anteils realisiert.
   a) Berechnen Sie die Kennwerte der dargestellten Einzelanteile.
   b) Berechnen Sie die Kennwerte der Gesamtschaltung.

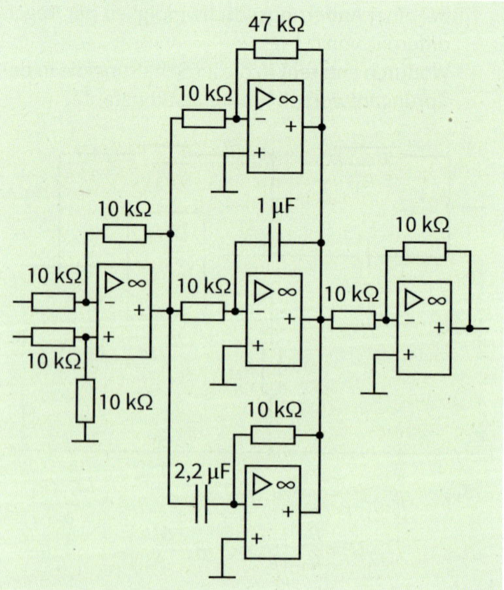

12.4 Elektronische Zweipunktregler

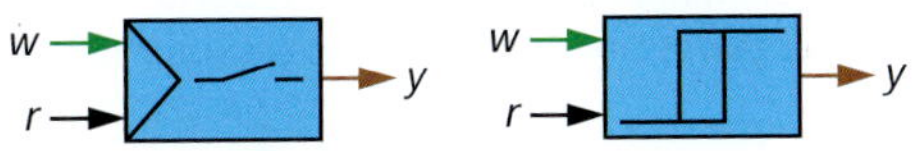

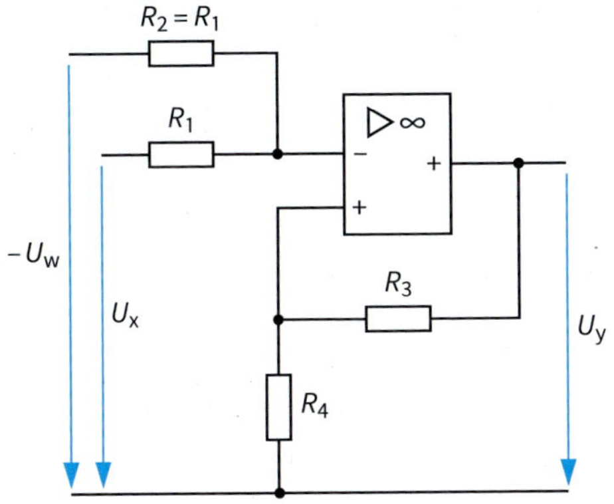

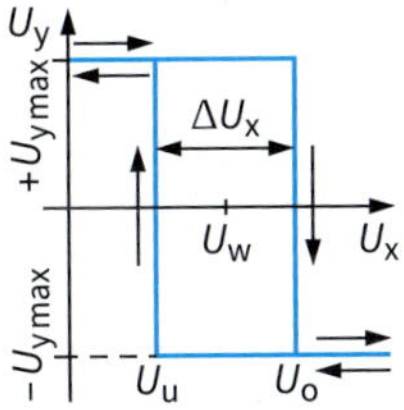

$$U_o = U_w + \frac{R_3}{R_3 + R_4} U_{y\,max}$$

$$U_u = U_w - \frac{R_3}{R_3 + R_4} U_{y\,max}$$

$$\Delta U_x = 2 \cdot \frac{R_3}{R_3 + R_4} U_{y\,max}$$

U_o obere Schaltspannung
U_u untere Schaltspannung
ΔU_x Schalthysterese
$U_{y\,max}$ maximale Ausgangsspannung

Beispiel:

Gegeben ist der dargestellte elektronische Zweipunktregler mit den Aussteuergrenzen des Operationsverstärkers von ±13,5 V.

a) Berechnen Sie die Schalthysterese sowie die Schaltspannungen, wenn die am Regler anliegende Führungsgröße $-U_w = -7$ V beträgt.

b) Stellen Sie die Kennlinie des Zweipunktreglers dar.

c) Berechnen Sie die Schaltspannungen bei einer Betriebsspannung von $+U_B$ gegen Masse.

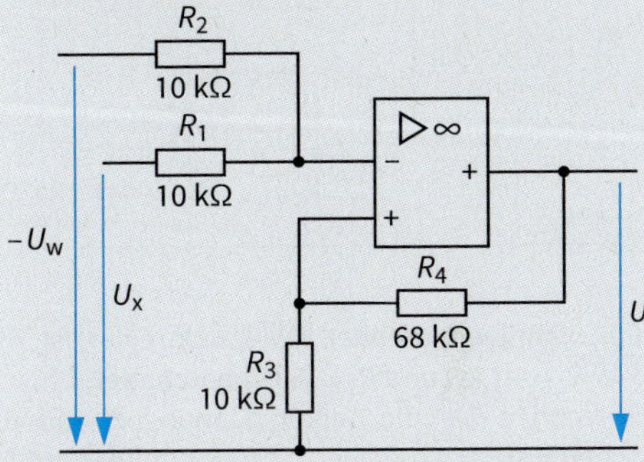

Lösung:

Geg.: Schaltung, $-U_w = -7$ V, $U_{y\,max} = 13{,}5$ V
Ges.: a) U_o, U_u, ΔU_x b) Kennlinie
c) U_o, U_u bei $+U_B$

a) $U_o = U_w + \frac{R_3}{R_3 + R_4} U_{y\,max}$

$\underline{\underline{U_o}} = 7\,\text{V} + \frac{10\,\text{k}\Omega}{10\,\text{k}\Omega + 68\,\text{k}\Omega} \cdot 13{,}5\,\text{V} = \underline{\underline{8{,}73\,\text{V}}}$ ①

$U_u = U_w - \frac{R_3}{R_3 + R_4} U_{y\,max}$

$\underline{\underline{U_u}} = 7\,\text{V} - \frac{10\,\text{k}\Omega}{10\,\text{k}\Omega + 68\,\text{k}\Omega} \cdot 13{,}5\,\text{V} = \underline{\underline{5{,}27\,\text{V}}}$ ②

$\underline{\underline{\Delta U_x}} = 8{,}73\,\text{V} - 5{,}27\,\text{V} = \underline{\underline{3{,}46\,\text{V}}}$ ③

b)

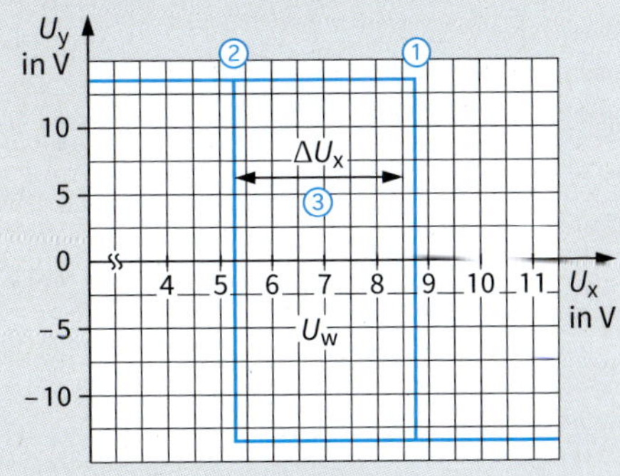

c) $U_{y\,max} = 0$ V

$\underline{\underline{U_u = U_w = 7\,\text{V}}}$ $\underline{\underline{U_o = 8{,}73\,\text{V}}}$

AUFGABEN

1. An einem elektronischen Zweipunktregler ist die Führungsgröße $-U_w = -2$ V.
   a) Berechnen Sie die Schaltspannungen und die Schalthysterese, wenn ein Operationsverstärker mit der Aussteuergrenze (y_{max}) von ±12 V eingesetzt wird.
   b) Berechnen Sie die Schaltspannungen sowie die Schalthysterese bei der Aussteuergrenze von ±13,5 V.

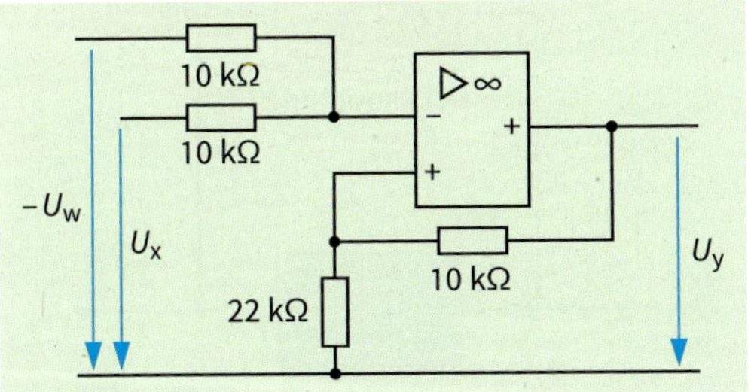

2. Der dimensionierte Zweipunktregler soll bei gegebener Führungsgröße von 4,5 V auf eine Schalthysterese von 6 V eingestellt werden.

a) Berechnen Sie die Schaltspannungen sowie die Teilwiderstände R_3 und R_4.

b) Welcher Vorteil ergibt sich aus dem Einsatz der gegeneinander geschalteten Z-Dioden?

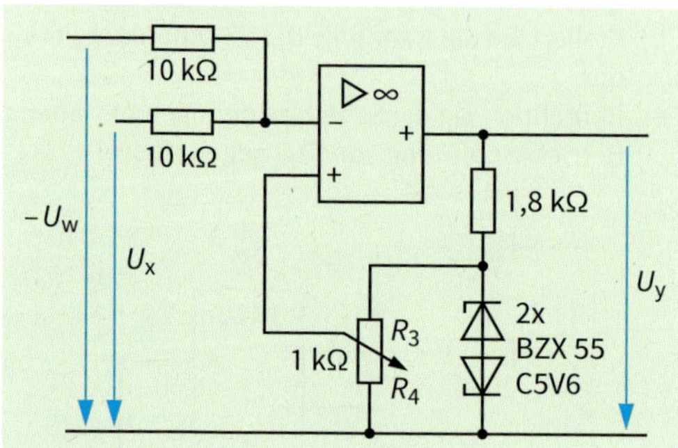

3. Ein nichtinvertierender Zweipunktregler ist mit $R_1 = R_2 = 4{,}7\ \text{k}\Omega$ und $R_3 = 15\ \text{k}\Omega$ beschaltet. Berechnen Sie die Schaltspannungen und die Schalthysterese bei einer Führungsgröße $U_w = 4{,}5\ \text{V}$ ($U_{y\,max} = \pm 13{,}5\ \text{V}$).

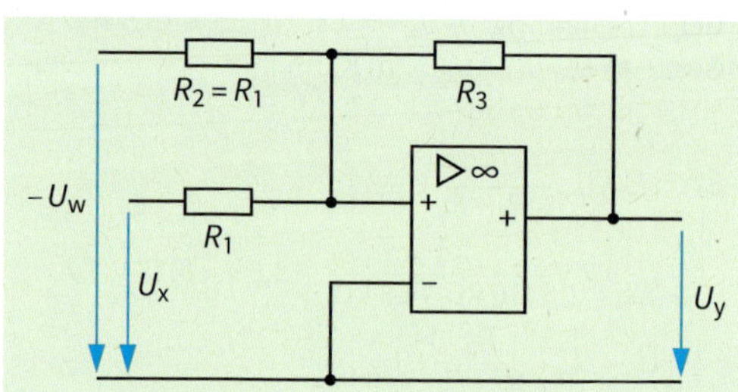

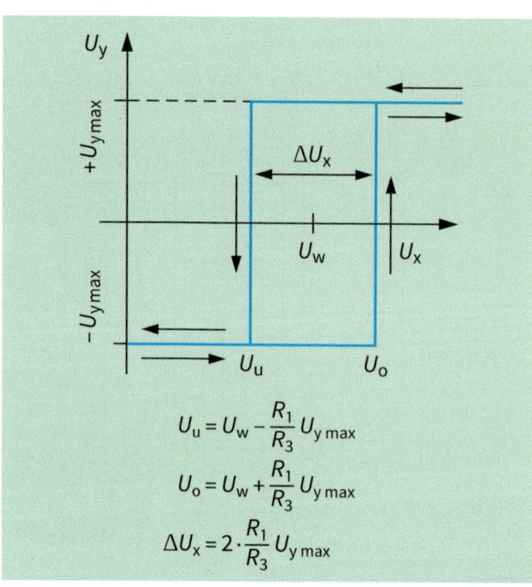

$$U_u = U_w - \frac{R_1}{R_3} U_{y\,max}$$

$$U_o = U_w + \frac{R_1}{R_3} U_{y\,max}$$

$$\Delta U_x = 2 \cdot \frac{R_1}{R_3} U_{y\,max}$$

4. Die Abbildung zeigt einen Zweipunktregler mit einstellbarer Schalthysterese. Berechnen Sie deren Minimal- bzw. Maximalwert bei der Aussteuergrenze des Operationsverstärkers von ± 13 V.

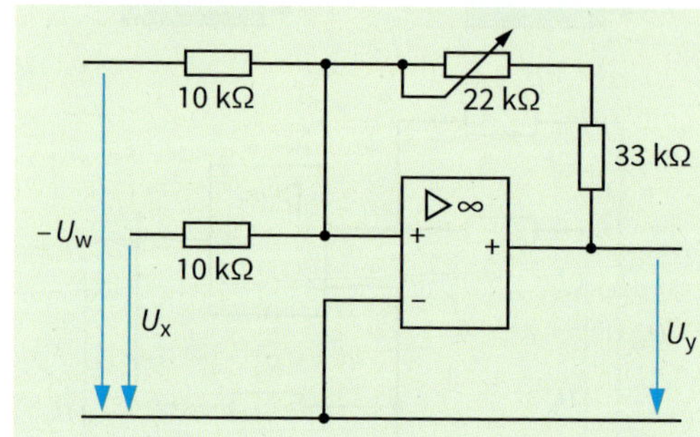

5. Berechnen Sie die Schalthysterese sowie die Schaltpunkte des dargestellten Zweipunktreglers bei einer Führungsgröße von 3 V.

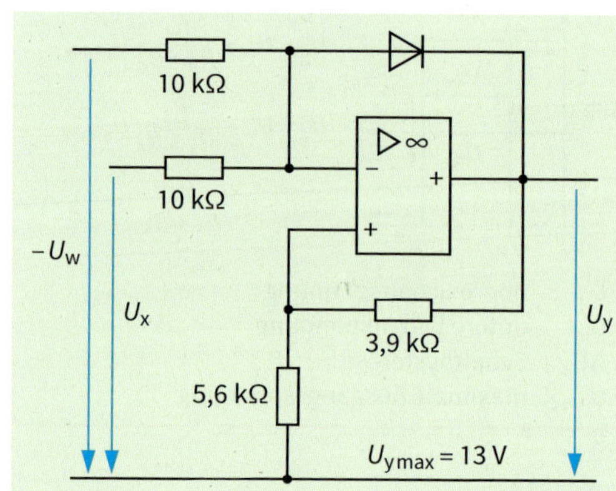

6. Die Abbildung zeigt einen Zweipunktregler mit verzögerter Rückkopplung. Die Schaltspannungen betragen +2 V bzw. +3 V, die maximale Stellgröße beträgt 6 V. Zeichnen Sie den Verlauf der Stellgröße U_y bei einem Eingangssprung von $U_e = 6\ \text{V}$. (Maßstab 1 cm ≙ 2 V, 1 cm ≙ 0,5 s)

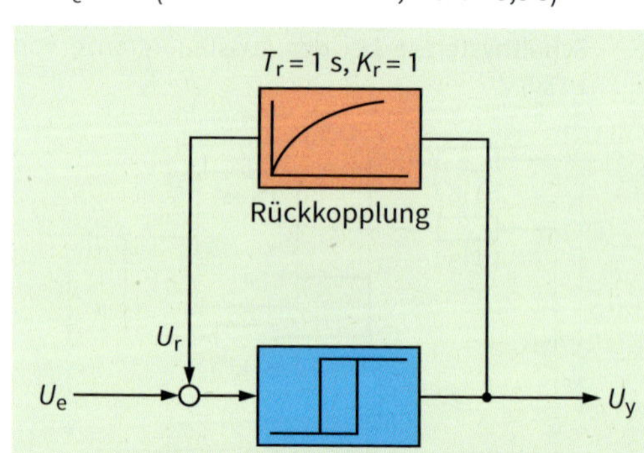

Mathematische Zeichen und Begriffe

Zeichen	Beispiele	Sprechweise bzw. Definition	Zeichen	Beispiele	Sprechweise bzw. Definition
$\approx$	$x \approx y$	*x* ist ungefähr (rund, angenähert) *y*	$\perp$	$g \perp h$	*g* und *h* stehen senkrecht zueinander
$\sim$	$x \sim y$	*x* ist proportional (äquivalent) zu *y*	$\parallel$	$g \parallel h$	*g* ist parallel zu *h*
$>$	$x > y$	*x* ist größer als *y*	$\uparrow\uparrow$	$g \uparrow\uparrow h$	*g* und *h* sind gleichsinnig parallel
$\geq$	$x \geq y$	*x* ist größer oder gleich *y*, *x* ist höchstens gleich *y*	$\uparrow\downarrow$	$g \uparrow\downarrow h$	*g* und *h* sind gegensinnig parallel
$\gg$	$x \gg y$	*x* ist groß gegen *y*	$\sphericalangle$	$\sphericalangle(g, h)$	Winkel zwischen *g* und *h*
$<$	$x < y$	*x* ist kleiner als *y*	$\overline{}$	$\overline{PQ}$	Strecke von *P* nach *Q*
$\leq$	$x \leq y$	*x* ist kleiner oder gleich *y*, *x* ist höchstens gleich *y*	Δ	$\Delta(ABC)$	Dreieck *ABC*
$\ll$	$x \ll y$	*x* ist klein gegen *y*	⦝		rechter Winkel
$=$	$x = y$	*x* ist gleich *y*	log	$\log_y x$	Logarithmus von *x* zur Basis *y*
$\neq$	$x \neq y$	*x* ist ungleich *y*	lg	$\lg x$	Dekadischer Logarithmus von *x* (Basis 10)
$\triangleq$	$x \triangleq y$	*x* entspricht *y*	sin	$\sin z$	Sinus von *z*
$+$	$x + y$	*x* plus *y*, Summe von *x* und *y*	cos	$\cos z$	Kosinus von *z*
$-$	$x - y$	*x* minus *y*, Differenz von *x* und *y*	tan	$\tan z$	Tangens von *z*
$\cdot$ x	$x \cdot y$, xy, $x \times y$	*x* mal (multipliziert mit) *y*, Produkt von *x* und *y*	cot	$\cot z$	Kotangens von *z*
– / :	$\frac{x}{y}$, x/y, $x : y$	*x* durch (geteilt durch) *y*, Quotient von *x* und *y*	$\subseteq$	$A \subseteq B$	*A* ist Teilmenge (Teilklasse) von *B*
$\mid$	$x \mid y$	*x* teilt *y*, *x* ist Teiler von *y*	$\subset$	$A \subset B$	*A* ist echte Teilmenge (Teilklasse) von *B*
	x^n	*x* hoch n, n-te Potenz von *x*	$\in$	$x \in M$	*x* ist Elemente von *M*
exp	$\exp z$, e^z	Exponentialfunktion von *z*	$\notin$	$x \notin M$	*x* ist nicht Elemente von *M*
$\sqrt{}$	$\sqrt{x}$	Wurzel (Quadratwurzel) aus *x*	$\cap$	$A \cap B$	Durchschnittsmenge von *A* und *B*, *A* geschnitten mit *B*
$\sqrt[n]{}$	$\sqrt[n]{x}$	n-te Wurzel aus *x*	$\cup$	$A \cup B$	Vereinigungsmenge von *A* und *B*, *A* vereinigt mit *B*
%		Prozent, von Hundert	$\setminus$	$A \setminus B$	*A* ohne *B*, Differenz von *A* und *B*
‰		Promill, von Tausend	$\{,\ldots,\}$	$\{x_1, \ldots, x_n\}$	die Menge mit den Elementen $x_1, \ldots, x_n$
∞		unendlich	$\mathbb{N}$		Menge der natürlichen Zahlen (Doppelstrich N)
$\mid\;\mid$	$\lvert x \rvert$	Betrag von *x*	$\mathbb{Z}$		Menge der ganzen Zahlen (Doppelstrich Z)
Σ		Summe	$\mathbb{Q}$		Menge der rationalen Zahlen (Doppelstrich Q)
$\ldots$		und so weiter bis, und so weiter (unbegrenzt), Punkt, Punkt, Punkt	$\mathbb{Q}_+$		Menge der gebrochenen Zahlen (Doppelstrich Q plus)
$\cong$	$M \cong N$	*M* ist kongruent zu *N*	$\mathbb{R}$		Menge der reellen Zahlen (Doppelstrich R)
$\rightarrow$	$\vec{a}, \vec{E}$	Vektor von *a*, Vektor von *E*	$\mathbb{I}$		Menge der irrationalen Zahlen (Doppelstrich I)

Taschenrechner, Funktionen und Tastenbelegungen

- ② SHIFT: Zweite Tastenbelegung
- ③ ALPHA: Dritte Tastenbelegung

- ① Cursor (Replay)
  ◀ links ▶ rechts ▲ oben ▼ unten

④
- MODE: Anwendungsmodi
  - COMP: Einfache Berechnungen MODE 1
  - …
  - BASE-N: Berechnungen mit Dezimal-, Hexadezimal-, Binär- und/oder Oktalwerten MODE 6
- Setup: Eingabe-Einstellungen (1 bis 8) SHIFT MODE

- ⑤ ON: Einschalten

1 Absoluter Zahlenwert |x| Quotient mit Rest
2 Kubikzahl
3 Bruch Gemischter Bruch
4 Quadratwurzel Kubikwurzel
5 Quadratzahl Periodische Dezimalzahlen Dezimal-Modus
6 Negatives Vorzeichen Variable A
7 Sexagesimal-Rechnung (Grad, Minute, …) Variable B
8 Hyperbolische Funktionen Variable C
9 Speicher aufrufen Wert speichern
10 Darstellung in Potenzschreibweise Umkehrung

1 Klammer auf Eingabewert wird zu Prozentsatz
2 Klammer zu Variable X

1 Zehnerpotenz e-Funktion; π
2 Antwortspeicher Winkelumrechnung[2]
3 Wissenschaftliche Konstanten[1]

1 Kehrwert 1/x
2 Logarithmus
3 Quadratzahl Wurzel aus … Hexadezimal-Modus
4 10er Logarithmus Zehnerpotenz Binär-Modus
5 Nat. Logarithmus e-Funktion Oktal-Modus
6 Sinusfunktion Winkel aus Funktionswert Variable D
7 Cosinusfunktion Winkel aus Funktionswert Variable E
8 Tangensfunktion Winkel aus Funktionswert Variable F
9 Umschaltung auf periodische Dezimalzahl und umgekehrt Variable Y
10 Unabhängiger Speicher Speichersubtraktion Variable M

1 Löchen links vom Cursor Nachträglich einfügen
2 Antwortspeicher aufrufen Ausschalten

1 Multiplikation
2 Division
3 Addition
4 Subtraktion
5 Gleich Ergebnis in Dezimalform

[1] Beispiele; 23 e, 32 ε_0, 33 μ_0
[2] Standardeinstellung: Gradmaß (degree); Umstellung in Bogenmaß (radiant)

Es ist sinnvoll, sich mithilfe der Bedienungsanleitung über den verwendeten Taschenrechner zu informieren.

Berechnungsbeispiele mit dem Taschenrechner

Brüche Kapitel 1.1.1, 1.1.2

$1+\frac{7}{6}=$	1	[+]	[■/□]	7	unten [▼]	6	[=]	$\frac{13}{6}$

Brüche Kapitel 1.1.1, 1.1.2

$\frac{3+\sqrt{6}}{8+\sqrt{3}}=$	[■/□]	3	[+] [√■]	6	rechts [▶] [▶]	8	[+] [√■]	3	[=]	0,5599528661

Brüche Kapitel 1.1.1, 1.1.2

$5-8\frac{1}{2}=$	5	[−] [SHIFT] [■/□]	8	rechts [▶]	1	unten [▼]	2	[=]	$-\frac{7}{2}$	[S⇔D]	−3,5

Multiplikation und Division von irrationalen Zahlen Kapitel 1.1.2

$\frac{4{,}25\cdot\pi}{\sqrt{2}}=$	[■/□]	4,25	[×] [SHIFT] [x10ˣ]	unten [▼]	[√■]	2	[=]	9,4411

Bruch ⇒ Anzeige als Bruch, periodische Dezimalzahl und zurück Kap.1.1.1, 1.1.2

1 : 7 =	1	[÷]	7	[=]	$\frac{1}{7}$	[S⇔D]	$0{,}\overline{142857}$	[S⇔D]	$\frac{1}{7}$

Technische Notation Kapitel 1.1.6

5631 =	5631	[=] [ENG]	$5{,}631 \times 10^3$

Addition von Potenzen Kapitel 1.1.4

$5^2+6^{1,5}=$	[x^2]	5	[▶] [▶] [▶]	[+]	[$x^{■}$]	6	[▶]	1,5	[▶]	[=]	39,6969…

Wurzeln Kapitel 1.1.5

$\sqrt{16}=$	[√■]	16	[=]	4

Wurzeln Kapitel 1.1.5

$\sqrt[3]{50}=$	[SHIFT] [√■]	50	[=]	3,684031499

Wurzeln Kapitel 1.1.5

$2\cdot\sqrt[3]{8}=$	2	[×]	[SHIFT] [√■]	8	[=]	4

Addition von Zehnerpotenzen Kapitel 1.1.6

$4\cdot10^2+5\cdot10^3=$	4	[x10ˣ]	2	[+]	5	[x10ˣ]	3	[=]	5400

Multiplikation von Zehnerpotenzen Kapitel 1.1.6

$3\cdot10^3\cdot4\cdot10^{-2}=$	3	[x10ˣ]	3	[×]	4	[x10ˣ]	[−]	2	[=]	120

Berechnungsbeispiele mit dem Taschenrechner

Addition von Logarithmen Kapitel 1.1.7

lg7 + lg3 =	log	7	)	+	log	3	)	=	1,3222…

Logarithmen ⇒ Zehnerpotenz Kapitel 1.1.7

lg3750 + lg50000 =	log	3750	)	+	log	50000	)	=	8,273…	Ans	=
					SHIFT	log	Ans	=	ENG	$187{,}4 \cdot 10^6$	

Prozentrechnung Kapitel 1.1.8

Wie viel sind 20 % von 300?	300	×	20	SHIFT	(	=	60

Prozentrechnung Kapitel 1.1.8

Wie viel % sind 660 von 800?	660	÷	800	SHIFT	(	=	$\frac{165}{2}$	S⇔D	82,5

Pythagoras Kapitel 1.1.14

$\sqrt{30^2 + 40^2} =$	√▬	(	x^2	30	▶	▶	▶	+	x^2	40
					▶	▶	▶	)	=	50

Winkel (Grad) = Winkelfunktion Kapitel 1.1.15

sin 30° =	sin	30	=	$\frac{1}{2}$

Voreinstellung

SHIFT	MODE	Setup	3

Winkelfunktion ⇒ Winkel (Grad) Kapitel 1.1.15

$\sin^{-1} 0{,}5 =$	SHIFT	sin	0,5	=	30

Winkel (Grad) ⇒ Winkelfunktion Kapitel 1.1.15

tan 80° =	tan	80	=	5,67128182

Winkelfunktion ⇒ Winkel (Grad) Kapitel 1.1.15

$\tan^{-1} 5{,}67 =$	SHIFT	tan	5,67	=	79,99778494

Winkel im Gradmaß ⇒ Winkel im Bogenmaß Kapitel 1.1.15

SHIFT	MODE	Setup	4				
45° =	45	SHIFT Ans	1	=	45°	$\frac{1}{4}\pi$	

Berechnungsbeispiele mit dem Taschenrechner

Winkel im Bogenmaß ⇒ Winkel im Gradmaß **Kapitel 1.1.15**						
[SHIFT]	[MODE]	Setup	3			
0,5 =	0,5	[SHIFT] [Ans]	2	[=]	0,5ʳ	28,64788976

Ausgangsgleichung:	Geg.:	Berechnung der Zeitkonstante:
$u_C = U_q \cdot (1 - e^{-\frac{t}{\tau}})$	$C = 47\ \mu F$ $R = 10\ k\Omega$ $t = 120\ ms$ $U_q = 10\ V$	$\tau = R \cdot C$ $\tau = 47\ \mu F \cdot 10\ k\Omega$ $\tau = 470 \cdot 10^{-3}\ s$ $\underline{\underline{\tau = 0{,}47\ s}}$

e-Funktion **Kapitel 5.4**													
$U_q \cdot (1 - e^{-\frac{t}{\tau}}) =$	10	[(]	1	[−]	[SHIFT]	[ln]	[−]	0,12	[÷]	0,47	rechts [▶]	[)]	2,25330…

Ausgangsgleichung:	Umstellung	Geg.:	Umstellung	Berechnungsformel:
$u_C = U_q \cdot e^{-\frac{t}{\tau}}$	$\frac{u_C}{U_q} = e^{-\frac{t}{\tau}}$	$C = 10\ \mu F$ $u_q = 100\ V$ $t = 2{,}2\ s$ dabei ist: $u_C = 60\ V$ Ges.: R	$-\frac{t}{\tau} = \ln 0{,}6$ $\tau = R \cdot C$ $-\frac{t}{R \cdot C} = \ln 0{,}6$	$R = \frac{-t}{C \cdot \ln 0{,}6}$

Natürlicher Logarithmus **Kapitel 5.4**																			
$\frac{-2{,}2}{10 \cdot \ln 0{,}6} =$	[▭/▭]	[−]	2,2	[▶]	10	[×]	[SHIFT]	[log]	[−]	6	[▶]	[×]	[ln]	0,6	[)]	[▶]	[=]	[ENG]	$431 \cdot 10^3$

Ausgangsgleichung:	Geg.:	1. Umstellung	2. Umstellung	Berechnungsformel:
$-a_u = 20 \cdot \lg \frac{U_2}{U_1}$	$-a_u = 26\ dB$ $U_1 = 0{,}025\ V$ Ges.: U_2	$\frac{-a_u}{20} = \lg \frac{U_2}{U_1}$	$\frac{U_2}{U_1} = 10^{\frac{-a_u}{20}}$	$U_2 = U_1 \cdot 10^{\frac{-a_u}{20}}$

Zehnerpotenzen **Kapitel 10.13.2**									
$0{,}025 \cdot 10^{\frac{26}{20}} =$	0,025	[×]	[SHIFT]	[log]	26	[÷]	20	[=]	0,4988

Berechnungen mit Dezimal-, Hexadezimal-, Binärwerten		
[MODE]	6	Dec 0

Einstellungen für **binäre** Eingaben			
[MODE]	6	[log]	Bin 00000…

Einstellungen für **hexadezimale** Eingaben			
[MODE]	6	[$x^{\blacksquare}$]	Hex 00000…

Umwandlung DEC in BIN **Kapitel 11.1**				
$125_{DEC} =$	125	[=]	[log]	1111101

Umwandlung DEC in HEX **Kapitel 11.1**				
$125_{DEC} =$	125	[=]	[$x^{\blacksquare}$]	7D

Addition von Dualzahlen **Kapitel 11.2**			
$1101_D + 110_D - 11_D =$	1101+110−11	[=]	10000

Addition von hexadezimalen Zahlen **Kapitel 11.2**						
$2A_H + 62_H =$	2	[(−)]	[+]	62	[=]	8C

Sachwortverzeichnis

Bildquellenverzeichnis

|ABB STOTZ-KONTAKT GmbH, Heidelberg: 232.3, 232.4, 232.5, 232.6. |Burgarella, Claudio, Köln: 102.1. |CHAUVIN ARNOUX GmbH, Kehl: 234.2. |Hager Vertriebsgesellschaft mbH & Co. KG, Blieskastel: 243.3. |Heinrich Kopp GmbH, Kahl: 202.2, 233.1. |Hübscher, Heinrich, Lüneburg: 33.3, 47.2, 47.3, 47.4, 123.2, 177.3, 179.4, 259.3, 259.4, 302.1. |ISMET GmbH, Villingen-Schwenningen: 201.2. |iStockphoto.com, Calgary: arogant 216.1. |Klaue, Jürgen, Bad Kreuznach: 164.1. |Lithos, Wolfenbüttel: Grafiken. |Megger GmbH, Oberursel: 229.3. |Nozag GmbH, Sinsheim: 216.2. |Pepperl+Fuchs GmbH, Mannheim: 285.1. |Shutterstock.com, New York: KYNA STUDIO 267.3. |Siemens AG, München: 228.1. |stock.adobe.com, Dublin: blende11.photo 57.1; homohomozaza 120.3; peshkova Titel, Titel; ratatosk 95.3; salita2010 117.4; Yemelyanov, Maksym 162.3; yevgeniy11 250.1. |Triax GmbH, Pliezhausen: 264.1. |wgr-logo, Braunschweig: 301.1.

Wir arbeiten sehr sorgfältig daran, für alle verwendeten Abbildungen die Rechteinhaberinnen und Rechteinhaber zu ermitteln. Sollte uns dies im Einzelfall nicht vollständig gelungen sein, werden berechtigte Ansprüche selbstverständlich im Rahmen der üblichen Vereinbarungen abgegolten.